高等学校土木工程专业毕业设计指导用书

# 高层建筑结构设计例题

沈蒲生　编著

中国建筑工业出版社

**图书在版编目（CIP）数据**

高层建筑结构设计例题/沈蒲生编著．—北京：中国建筑工业出版社，2004

高等学校土木工程专业毕业设计指导用书

ISBN 978-7-112-06661-2

Ⅰ．高…　Ⅱ．沈…　Ⅲ．高层建筑—结构设计—高等学校—教学参考资料　Ⅳ．TU973

中国版本图书馆 CIP 数据核字（2004）第 099858 号

本书依据最新颁布的国家标准和规范编写，着重阐述了高层建筑结构设计的基本知识和设计方法。

本书主要内容包括：基本知识、高层框架结构设计例题、高层剪力墙结构设计例题、高层框架－剪力墙结构设计例题、高层框架－筒体结构设计例题。

本书可作为高校土木工程专业本科毕业设计用书，也可供结构设计人员参考。

*　　*　　*

责任编辑：王　跃　吉万旺

责任设计：刘向阳

责任校对：李志瑛　张　虹　王　莉

高等学校土木工程专业毕业设计指导用书

**高层建筑结构设计例题**

沈蒲生　编著

*

中国建筑工业出版社出版、发行（北京西郊百万庄）

各地新华书店、建筑书店经销

廊坊市海涛印刷有限公司印刷

*

开本：787×1092 毫米　1/16　印张：28　字数：678 千字

2005 年 1 月第一版　　2016 年 7 月第五次印刷

定价：**47.00** 元

ISBN 978-7-112-06661-2

（20759）

# 前　　言

近二十年来，高层建筑在我国各地如雨后春笋般地发展。因此，许多高校土木工程专业都以高层建筑作为毕业设计的题目，要求学生独立地完成设计任务，并要求在结构设计中采用手算为主、电算复核的方法，完成结构设计任务。

采用手算方法进行结构设计，可以使学生较好地了解高层建筑结构设计的过程，较深入地掌握高层建筑结构的设计计算方法，较全面地学习综合运用力学、建筑材料、高层结构、抗震等方面知识的能力，从而为今后的工作奠定更扎实的基础。但是，高层建筑结构的计算内容较多，计算工作量较大，计算过程容易出错。为此，我们以高层框架结构、高层剪力墙结构、高层框架-剪力墙结构和高层框架-筒体结构为例，采用手算方法，进行了结构设计与计算。

本书第1章介绍高层建筑结构设计的基本知识。第2章介绍高层框架结构设计方法，给出了两个设计例题，一个不考虑抗震进行结构设计，一个考虑抗震进行结构设计，并将两个设计结果进行了比较。第3章以一个高层住宅建筑为例，介绍了高层剪力墙结构的设计方法。第4章介绍高层框架-剪力墙结构的设计方法，给出了两个设计例题，一个在进行协同工作分析时，假定连梁与总剪力墙的连接为铰接；一个在进行协同工作分析时，假定连梁与总剪力墙的连接为刚接。第5章通过一个设计例题，介绍了高层框架-筒体结构的设计计算方法。

刘霞、孟焕陵、廖超等人参加了例题计算。由于我们的水平所限，错误之处，欢迎批评指正。

沈蒲生

2004年8月于岳麓山

# 目　录

# 1 基 本 知 识

## 1.1 高层建筑结构的选型与布置

### 1.1.1 高层建筑结构的选型

10 层及 10 层以上或房屋高度大于 28m 的建筑，称为高层建筑。

高层建筑钢筋混凝土结构可采用框架、剪力墙、框架-剪力墙、筒体、板柱-剪力墙等结构体系。

框架结构布置灵活、可形成大的使用空间、施工简便且较为经济，但其抗侧刚度较小、侧移较大，适合在 20 层以下的高层建筑中采用。

剪力墙结构刚度大、侧移小、室内墙面平整，但平面布置不够灵活、结构自重较大、造价较高，适合在高层旅馆和高层住宅中采用。

框架-剪力墙结构具有框架结构和剪力墙结构各自的优点，因而在高层建筑中应用较为广泛。

筒体结构刚度大，抗震性好，适合在超高层建筑中使用。

板柱-剪力墙结构中，虽然板柱的抗侧刚度小，但有剪力墙与之配合，可以在高层建筑中使用。

钢筋混凝土高层建筑结构的最大适用高度和最大高宽比分为 A 级和 B 级。B 级高度高层建筑结构的最大适用高度和最大高宽比比 A 级的有所放宽，但其抗震等级、有关的计算和构造措施则比 A 级的要求严格。

A 级和 B 级高度钢筋混凝土高层建筑的最大适用高度分别如表 1-1 和表 1-2 所示。A 级和 B 级高度钢筋混凝土高层建筑结构适用的最大高宽比分别如表 1-3 和表 1-4 所示。

**A 级高度钢筋混凝土高层建筑的最大适用高度（m）** **表 1-1**

| 结构体系 | | 非抗震设计 | 抗震设防烈度 | | | |
|---|---|---|---|---|---|---|
| | | | 6 度 | 7 度 | 8 度 | 9 度 |
| 框 架 | | 70 | 60 | 55 | 45 | 25 |
| 框架-剪力墙 | | 140 | 130 | 120 | 100 | 50 |
| 剪力墙 | 全部落地剪力墙 | 150 | 140 | 120 | 100 | 60 |
| | 部分框支剪力墙 | 130 | 120 | 100 | 80 | 不应采用 |
| 筒 体 | 框架-核心筒 | 160 | 150 | 130 | 100 | 70 |
| | 筒中筒 | 200 | 180 | 150 | 120 | 80 |
| 板柱-剪力墙 | | 70 | 40 | 35 | 30 | 不应采用 |

注：1．房屋高度指室外地面至主要屋面高度，不包括局部突出屋面的电梯机房、水箱、构架等高度；

2. 表中框架不含异形柱框架结构；

3. 部分框支剪力墙结构指地面以上有部分框支剪力墙的剪力墙结构；

4. 平面和竖向均不规则的结构或Ⅳ类场地上的结构，最大适用高度应适当降低；

5. 甲类建筑，6、7、8 度时宜按本地区抗震设防烈度提高一度后符合本表的要求，9 度时应专门研究；

6. 9 度抗震设防、房屋高度超过本表数值时，结构设计应有可靠依据，并采取有效措施。

B 级高度钢筋混凝土高层建筑的最大适用高度（m）　　表 1-2

| 结构体系 | | 非抗震设计 | 抗震设防烈度 | | |
|---|---|---|---|---|---|
| | | | 6 度 | 7 度 | 8 度 |
| 框架-剪力墙 | | 170 | 160 | 140 | 120 |
| 剪力墙 | 全部落地剪力墙 | 180 | 170 | 150 | 130 |
| | 部分框支剪力墙 | 150 | 140 | 120 | 100 |
| 筒体 | 框架-核心筒 | 220 | 210 | 180 | 140 |
| | 筒中筒 | 300 | 280 | 230 | 170 |

注：1. 房屋高度指室外地面至主要屋面高度，不包括局部突出屋面的电梯机房、水箱、构架等高度；
2. 部分框支剪力墙结构指地面以上有部分框支剪力墙的剪力墙结构；
3. 平面和竖向均不规则的建筑或位于Ⅳ类场地的建筑，表中数值应适当降低；
4. 甲类建筑，6、7 度时宜按本地区设防烈度提高一度后符合本表的要求，8 度时应专门研究；
5. 当房屋高度超过表中数值时，结构设计应有可靠依据，并采取有效措施。

A 级高度钢筋混凝土高层建筑结构适用的最大高宽比　　表 1-3

| 结构体系 | 非抗震设计 | 抗震设防烈度 | | |
|---|---|---|---|---|
| | | 6 度、7 度 | 8 度 | 9 度 |
| 框架、板柱-剪力墙 | 5 | 4 | 3 | 2 |
| 框架-剪力墙 | 5 | 5 | 4 | 3 |
| 剪力墙 | 6 | 6 | 5 | 4 |
| 筒中筒、框架-核心筒 | 6 | 6 | 5 | 4 |

B 级高度钢筋混凝土高层建筑结构适用的最大高宽比　　表 1-4

| 非抗震设计 | 抗震设防烈度 | |
|---|---|---|
| | 6 度、7 度 | 8 度 |
| 8 | 7 | 6 |

高层建筑结构除了要对竖向承重结构的形式进行选择外，还要对楼盖、屋盖以及基础的形式进行合理选择。

楼盖和屋盖的主要形式有有梁体系和无梁体系两大类。有梁体系又可以分为单向板肋形楼盖、双向板肋形楼盖、井式楼盖、密肋楼盖等多种形式。无梁体系抗侧刚度弱，需配合剪力墙使用，只适用于 A 级高度房屋，且高度受到严格限制（见表 1-1）。

楼盖结构又可分为现浇式、装配整体式和装配式。它们的选用原则如下：

(1) 房屋高度超过 50m 时，框架-剪力墙结构、筒体结构及复杂高层建筑结构应采用现浇楼盖结构，剪力墙结构和框架结构宜采用现浇楼盖结构。

现浇楼盖的混凝土强度等级不宜低于 C20、不宜高于 C40。

(2) 房屋高度不超过 50m 时，8、9 度抗震设计的框架 – 剪力墙结构宜采用现浇楼盖结构；6、7 度抗震设计的框架-剪力墙结构可采用装配整体式楼盖，且应符合下列要求：

1）楼盖每层宜设置钢筋混凝土现浇层。现浇层厚度不应小于 50mm，混凝土强度等级不应低于 C20，不宜高于 C40，并应双向配置直径 6 ~ 8mm、间距 150 ~ 200mm 的钢筋网，钢筋应锚固在剪力墙内。

2）楼盖的预制板板缝宽度不宜小于 40mm，板缝大于 40mm 时应在板缝内配置钢筋，并宜贯通整个结构单元。预制板板缝、板缝梁的混凝土强度等级应高于预制板的混凝土强度等级，且不应低于 C20。

(3) 房屋高度不超过 50m 的框架结构或剪力墙结构，当采用装配式楼盖时，应符合下列要求：

1) 第 (2) 条中第 2) 点有关板缝的构造规定；

2) 预制板搁置在梁上或剪力墙上的长度分别不宜小于 35mm 和 25mm；

3) 预制板板端宜预留胡子筋，其长度不宜小于 100mm；

4) 预制板板孔堵头宜留出不小于 50mm 的空腔，并采用强度等级不低于 C20 的混凝土浇灌密实。

(4) 房屋的顶层、结构转换层、平面复杂或开洞过大的楼层、作为上部结构嵌固部位的地下室楼层应采用现浇楼盖结构。一般楼层现浇楼板厚度不应小于 80mm，当板内预埋暗管时不宜小于 100mm；顶层楼板厚度不宜小于 120mm，宜双层双向配筋；转换层楼板应符合规程 JGJ 3—2002 的有关规定；普通地下室顶板厚度不宜小于 160mm；作为上部结构嵌固部位的地下室楼层的顶楼盖应采用梁板结构，楼板厚度不宜小于 180mm，混凝土强度等级不宜低于 C30，应采用双层双向配筋，且每层每个方向的配筋率不宜小于 0.25%。

高层建筑基础的主要形式有：

(1) 柱下独立基础

适用：层数不多、土质较好的框架结构。

当地基为岩石时，可采用地锚将基础锚固在岩石上，锚入长度$\geqslant 40d$（$d$ 为锚固钢筋的直径）。

图 1-1 交叉梁基础

(2) 交叉梁基础（图 1-1 和图 1-2）

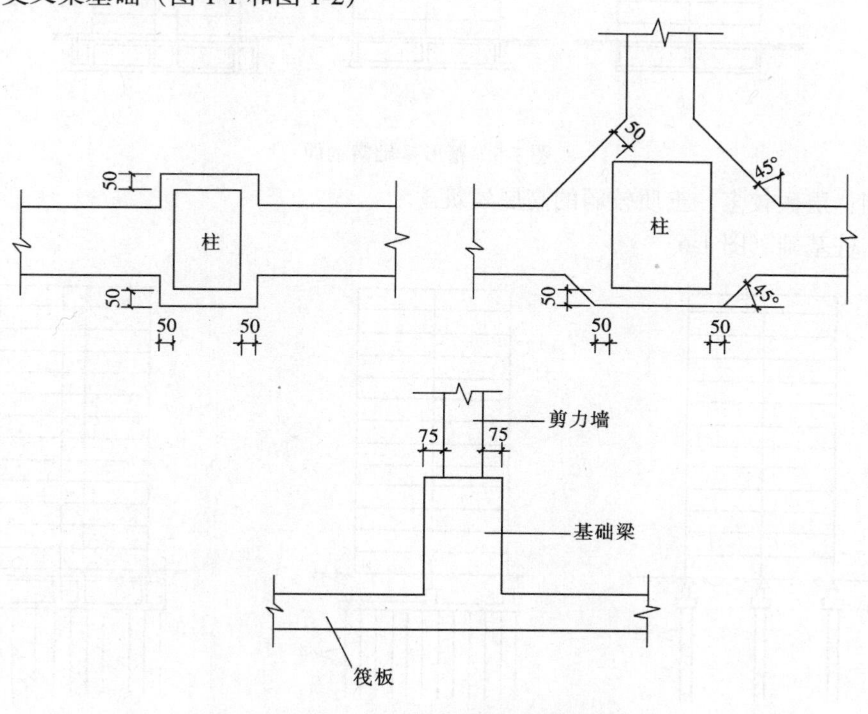


图 1-2 交叉梁与上部结构连接

交叉梁基础是双向为条形的基础。

适用：层数不多、土质一般的框架、剪力墙、框架-剪力墙结构。

（3）筏形基础（图 1-3 和图 1-4）

适用：层数不多、土质较弱，或层数较多、土质较好的情况。

（4）箱形基础（图 1-5）

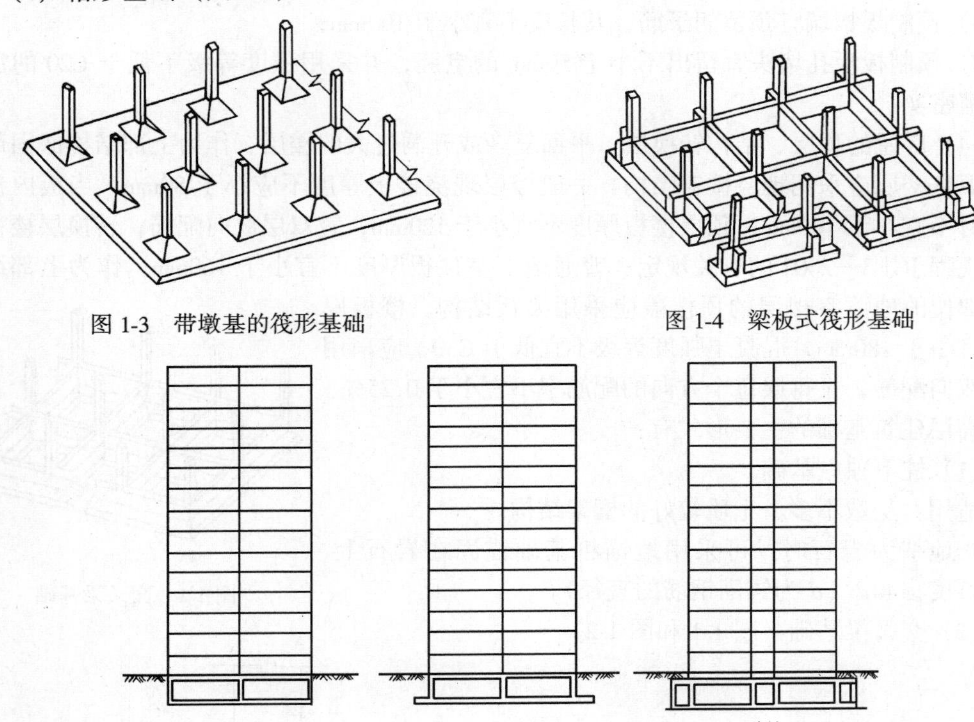


图 1-3　带墩基的筏形基础

图 1-4　梁板式筏形基础

图 1-5　箱形基础横剖面

适用：层数较多、土质较弱的高层建筑。

（5）桩基础（图 1-6）

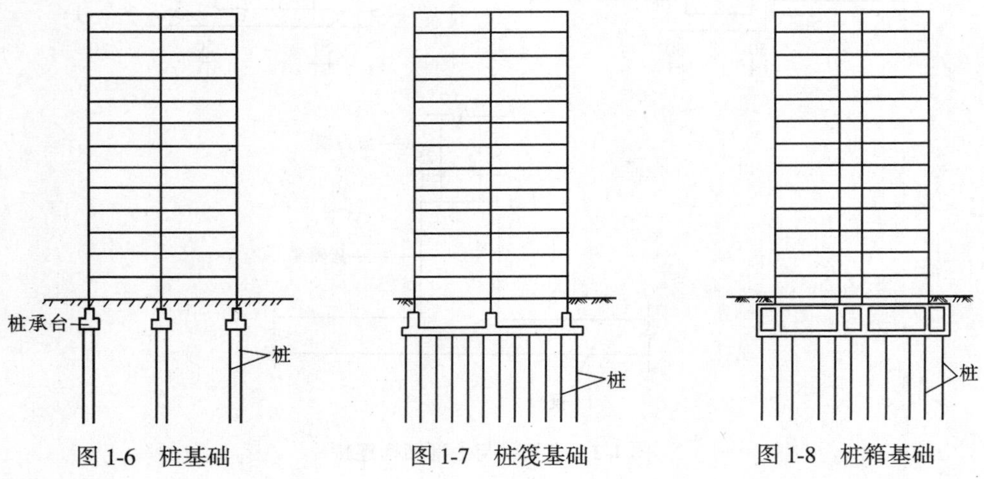


图 1-6　桩基础

图 1-7　桩筏基础

图 1-8　桩箱基础

适用：地基持力层较深时采用。

（6）复合基础（图 1-7 和图 1-8）

适用：层数较多或土质较弱时采用。

### 1.1.2 高层建筑结构的布置

（1）结构平面布置

高层建筑结构的平面布置要注意以下主要问题：

1）在高层建筑的一个独立结构单元内，宜使结构平面形状简单、规则，刚度和承载力分布均匀。不应采用严重不规则的平面布置。

2）抗震设计的 A 级高度钢筋混凝土高层建筑，其平面布置宜符合下列要求：

①平面宜简单、规则、均匀、对称，减少偏心；

②平面长度不宜过长，突出部分长度 $l$ 不宜过大（图 1-9）；$L$、$l$ 等值宜满足表 1-5 的要求；

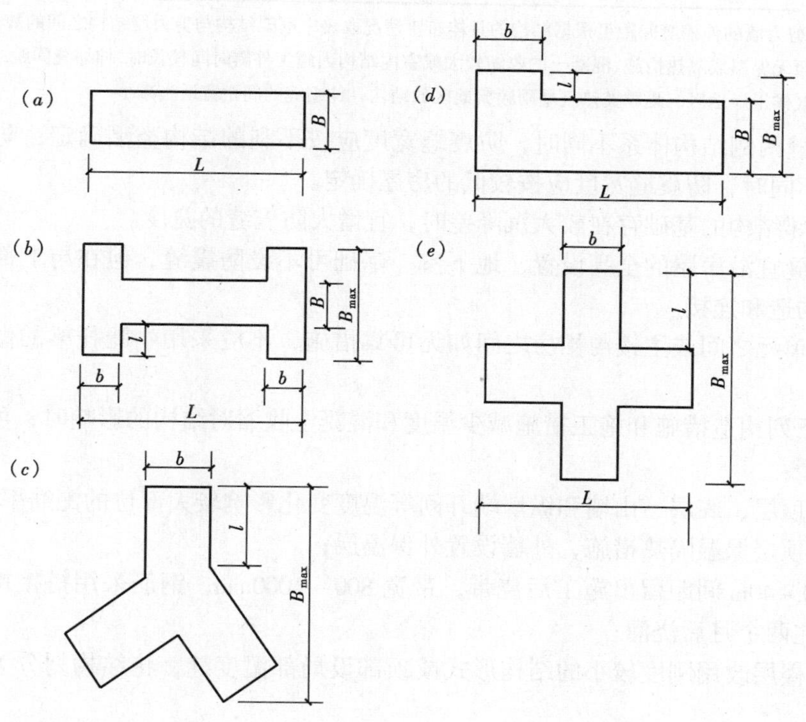


图 1-9 建筑平面

**$L$、$l$ 的限值** 表 1-5

| 设防烈度 | $L/B$ | $l/B_{max}$ | $l/b$ |
|---|---|---|---|
| 6、7度 | ≤6.0 | ≤0.35 | ≤2.0 |
| 8、9度 | ≤5.0 | ≤0.30 | ≤1.5 |

③不宜采用角部重叠的平面图形或细腰的平面图形（图 1-10）。

3）抗震设计的 B 级高度钢筋混凝土高层建筑、混合结构高层建筑和复杂高层建筑，其平面布置应简单、规则，减少偏心。

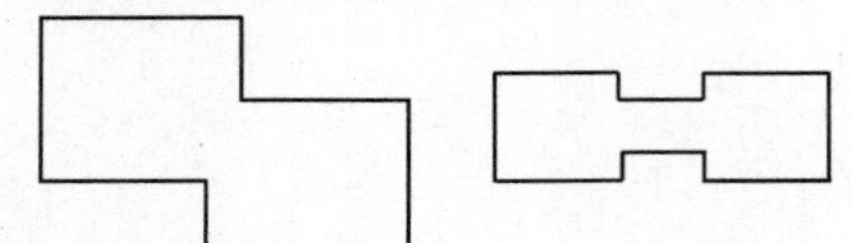

图 1-10 对抗震不利的建筑平面

4）高层建筑结构伸缩缝的最大间距宜符合表 1-6 的规定。

设置防震缝时，应符合下列规定：

1）防震缝最小宽度应符合下列要求：框架结构房屋，高度不超过 15m 的部分，可取 70mm；超过 15m 的部分，抗震设防烈度为 6 度、7 度、8 度和 9 度相应每增加高度 5m、4m、3m 和 2m，宜加宽 20mm。框架-剪力墙结构房屋可取上述数值的 70%，剪力墙房屋可取上述数值的 50%，但二者均不宜小于 70mm。

**伸缩缝的最大间距** **表 1-6**

| 结构体系 | 施工方法 | 最大间距（m） | 结构体系 | 施工方法 | 最大间距（m） |
|---|---|---|---|---|---|
| 框架结构 | 现浇 | 55 | 剪力墙结构 | 现浇 | 45 |

注：1. 框架-剪力墙的伸缩缝间距可根据结构的具体布置情况取表中框架结构与剪力墙结构之间的数值；
2. 当屋面无保温或隔热措施、混凝土的收缩较大或室内结构因施工外露时间较长时，伸缩缝间距应适当减小；
3. 位于气候干燥地区、夏季炎热且暴雨频繁地区的结构，伸缩缝的间距宜适当减小。

2）防震缝两侧结构体系不同时，防震缝宽度应按不利的结构类型确定；防震缝两侧的房屋高度不同时，防震缝宽度应按较低的房屋确定。

3）当相邻结构的基础存在较大沉降差时，宜增大防震缝的宽度。

4）防震缝宜沿房屋的全高设置，地下室、基础可不设防震缝，但在与上部防震缝对应处应加强构造和连接。

5）结构单元之间或主楼与裙房之间如无可靠措施，不应采用牛腿托梁的做法设置防震缝。

当采用下列构造措施和施工措施减少温度和混凝土收缩对结构的影响时，可适当放宽伸缩缝的间距：

1）提高顶层、底层、山墙和纵墙端开间等温度变化影响较大部位的配筋率；

2）加强顶层保温隔热措施，外墙设置外保温层；

3）每 30～40m 间距留出施工后浇带，带宽 800～1000mm，钢筋采用搭接接头，后浇带混凝土宜在两个月后浇灌；

4）顶部楼层改用刚度较小的结构形式或顶部设局部温度缝，将结构划分为较短的区段；

5）采用收缩小的水泥、减少水泥用量、在混凝土中加入适宜的外加剂；

6）提高每层楼板的构造配筋率或采用部分预应力结构。

（2）结构竖向布置

高层建筑结构的竖向布置应满足以下要求：

1）高层建筑的竖向体型宜规则、均匀，避免有过大的外挑和内收。结构的侧向刚度宜下大上小，逐渐均匀变化，不应采用竖向布置严重不规则的结构。

2）抗震设计的高层建筑结构，其楼层侧向刚度不宜小于相邻上部楼层侧向刚度的 70%或其上相邻三层侧向刚度平均值的 80%。

3）A 级高度高层建筑的楼层层间抗侧力结构的受剪承载力不宜小于其上一层受剪承

载力的80%，不应小于其上一层受剪承载力的65%；B级高度高层建筑的楼层层间抗侧力结构的受剪承载力不应小于其上一层受剪承载力的75%。

楼层层间抗侧力结构受剪承载力是指在所考虑的水平地震作用方向上，该层全部柱及剪力墙的受剪承载力之和。

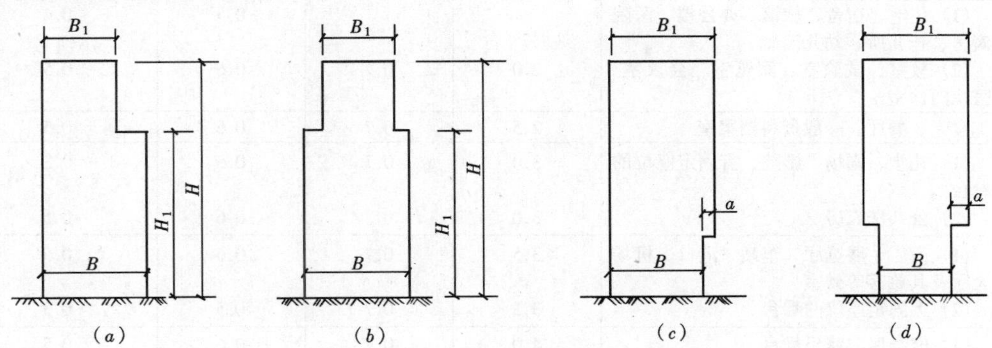


图 1-11　结构竖向收进和外挑示意

4）抗震设计时，结构竖向抗侧力构件宜上下连续贯通。

5）抗震设计时，当结构上部楼层收进部位到室外地面的高度 $H_1$ 与房屋高度 $H$ 之比大于0.2时，上部楼层收进后的水平尺寸 $B_1$ 不宜小于下部楼层水平尺寸 $B$ 的0.75倍（图1-11*a*、*b*）；当上部结构楼层相对于下部楼层外挑时，下部楼层的水平尺寸 $B$ 不宜小于上部楼层水平尺寸 $B_1$ 的0.9倍，且水平外挑尺寸 $a$ 不宜大于4m。（图1-11*c*、*d*）。

6）结构顶层取消部分墙、柱形成空旷房间时，应进行弹性动力时程分析计算并采取有效构造措施。

7）高层建筑宜设地下室。

## 1.2　高层建筑结构的荷载与地震作用

### 1.2.1　高层建筑结构的荷载

高层建筑结构的荷载分为恒载和活荷载两大类。恒载包括结构构件重量及其上的非结构构件重量。活荷载包括楼面活荷载、屋面活荷载、雪荷载和风荷载。

（1）恒载

恒载标准值等于构件的体积乘以材料的自重。常用材料的自重为：

| | | | |
|---|---|---|---|
| 钢筋混凝土 | 25kN/m³； | 钢材 | 78.5kN/m³ |
| 水泥砂浆 | 20kN/m³； | 混合砂浆 | 17kN/m³ |
| 铝型材 | 28kN/m³； | 玻璃 | 25.6kN/m³ |
| 杉木 | 4kN/m³； | 腐殖土 | 16kN/m³ |
| 砂土 | 17kN/m³； | 卵石 | 18kN/m³ |

其他材料的自重可从《建筑结构荷载规范》（GB 50009—2001）中查得。

（2）楼面活荷载

民用建筑楼面均布活荷载的标准值及其组合值、频遇值和准永久值系数，应按表1-7的规定采用。

**民用建筑楼面均布活荷载标准值及其组合值、频遇值和准永久值系数** **表 1-7**

| 项次 | 类　　别 | 标准值 (kN/m²) | 组合值系数 $\psi_c$ | 频遇值系数 $\psi_f$ | 准永久值系数 $\psi_q$ |
|---|---|---|---|---|---|
| 1 | (1) 住宅、宿舍、旅馆、办公楼、医院病房、托儿所、幼儿园 | | | 0.5 | 0.4 |
| | (2) 教室、试验室、阅览室、会议室、医院门诊室 | 2.0 | 0.7 | 0.6 | 0.5 |
| 2 | 食堂、餐厅、一般资料档案室 | 2.5 | 0.7 | 0.6 | 0.5 |
| 3 | (1) 礼堂、剧场、影院、有固定座位的看台 | 3.0 | 0.7 | 0.5 | 0.3 |
| | (2) 公共洗衣房 | 3.0 | 0.7 | 0.6 | 0.5 |
| 4 | (1) 商店、展览厅、车站、港口、机场大厅及其旅客等候室 | 3.5 | 0.7 | 0.6 | 0.5 |
| | (2) 无固定座位的看台 | 3.5 | 0.7 | 0.5 | 0.3 |
| 5 | (1) 健身房、演出舞台 | 4.0 | 0.7 | 0.6 | 0.5 |
| | (2) 舞厅 | 4.0 | 0.7 | 0.6 | 0.3 |
| 6 | (1) 书库、档案库、贮藏室 | 5.0 | | | |
| | (2) 密集柜书库 | 12.0 | 0.9 | 0.9 | 0.8 |
| 7 | 通风机房、电梯机房 | 7.0 | 0.9 | 0.9 | 0.8 |
| 8 | 汽车通道及停车库： | | | | |
| | (1) 单向板楼盖（板跨不小于 2m） | | | | |
| | 客车 | 4.0 | 0.7 | 0.7 | 0.6 |
| | 消防车 | 35.0 | 0.7 | 0.7 | 0.6 |
| | (2) 双向板楼盖和无梁楼盖（柱网尺寸不小于 6m×6m） | | | | |
| | 客车 | 2.5 | 0.7 | 0.7 | 0.6 |
| | 消防车 | 20.0 | 0.7 | 0.7 | 0.6 |
| 9 | 厨房 (1) 一般的 | 2.0 | 0.7 | 0.6 | 0.5 |
| | (2) 餐厅的 | 4.0 | 0.7 | 0.7 | 0.7 |
| 10 | 浴室、厕所、盥洗室： | | | | |
| | (1) 第 1 项中的民用建筑 | 2.0 | 0.7 | 0.5 | 0.4 |
| | (2) 其他民用建筑 | 2.5 | 0.7 | 0.6 | 0.5 |
| 11 | 走廊、门厅、楼梯： | | | | |
| | (1) 宿舍、旅馆、医院病房托儿所、幼儿园、住宅 | 2.0 | 0.7 | 0.5 | 0.4 |
| | (2) 办公楼、教室、餐厅，医院门诊部 | 2.5 | 0.7 | 0.6 | 0.5 |
| | (3) 消防疏散楼梯，其他民用建筑 | 3.5 | 0.7 | 0.5 | 0.3 |
| 12 | 阳台： | | | | |
| | (1) 一般情况 | 2. 5 | 0.7 | 0.6 | 0.5 |
| | (2) 当人群有可能密集时 | 3. 5 | | | |

注：1. 本表所给各项活荷载适用于一般使用条件，当使用荷载较大或情况特殊时，应按实际情况采用；

2. 第 6 项书库活荷载当书架高度大于 2m 时，书库活荷载尚应按每米书架高度不小于 2.5kN/m² 确定；

3. 第 8 项中的客车活荷载只适用于停放载人少于 9 人的客车；消防车活荷载是适用于满载总重为 300kN 的大型车辆；当不符合本表的要求时，应将车轮的局部荷载按结构效应的等效原则，换算为等效均布荷载；

4. 第 11 项楼梯活荷载，对预制楼梯踏步平板，尚应按 1.5kN 集中荷载验算；

5. 本表各项荷载不包括隔墙自重和二次装修荷载；对固定隔墙的自重应按恒荷载考虑，当隔墙位置可灵活自由布置时，非固定隔墙的自重应取每延米长墙重（kN/m）的 1/3 作为楼面活荷载的附加值（kN/m²）计入，附加值不小于 1.0kN/m²。

(3) 屋面活荷载

房屋建筑的屋面，其水平投影面上的屋面均布活荷载，应按表 1-8 采用。

屋面均布活荷载，不应与雪荷载同时组合。

**屋面均布活荷载** **表 1-8**

| 项次 | 类别 | 标准值 ($kN/m^2$) | 组合值系数 $\psi_c$ | 频遇值系数 $\psi_f$ | 准永久值系数 $\psi_q$ |
|---|---|---|---|---|---|
| 1 | 不上人的屋面 | 0.5 | 0.7 | 0.5 | 0 |
| 2 | 上人的屋面 | 2.0 | 0.7 | 0.5 | 0.4 |
| 3 | 屋顶花园 | 3.0 | 0.7 | 0.6 | 0.5 |

注：1. 不上人的屋面，当施工或维修荷载较大时，应按实际情况采用；对不同结构应按有关设计规范的规定，将标准值作 $0.2kN/m^2$ 的增减；

2. 上人的屋面，当兼作其他用途时，应按相应楼面活荷载采用；

3. 对于因屋面排水不畅、堵塞等引起的积水荷载，应采取构造措施加以防止；必要时，应按积水的可能深度确定屋面活荷载；

4. 屋顶花园活荷载不包括花圃土石等材料自重。

(4) 雪荷载

屋面水平投影面上的雪荷载标准值，应按下式计算：

$$s_k = \mu_r s_0 \tag{1-1}$$

式中 $s_k$——雪荷载标准值（$kN/m^2$）；

$\mu_r$——屋面积雪分布系数；

$s_0$——基本雪压（$kN/m^2$），重现期为 50 年的基本雪压值见图 1-12，重现期为 10 年和 100 年的基本雪压值见附表 2-1。

雪荷载的组合值系数为 0.7；频遇值系数为 0.6；准永久值系数应按雪荷载分区Ⅰ、Ⅱ和Ⅲ区的不同，分别取 0.5、0.2 和 0；雪荷载分区见图 1-13。

(5) 风荷载

主体结构计算时，垂直于建筑物表面的风荷载标准值应按式（1-2）计算，风荷载作用面应取垂直于风向的最大投影面积。

$$w_k = \beta_z \mu_s \mu_z w_0 \tag{1-2}$$

式中 $w_k$——风荷载标准值（$kN/m^2$）；

$w_0$——基本风压（$kN/m^2$）；

$\mu_z$——风压高度变化系数；

$\beta_z$——$z$ 高度处的风振系数。

1）基本风压 $w_0$

50 年重现期的基本风压值可从图 1-14 中查得。

对于特别重要或对风荷载比较敏感的高层建筑，其基本风压应按 100 年重现期的风压值采用。房屋高度大于 60m 的高层建筑可按 100 年一遇的风压值采用。100 年一遇的风压值可由附录 2 查得。

2）风压高度变化系数 $\mu_z$

风压高度变化系数可根据离地面或海平面高度和地面粗糙度类别由表 1-9 查得。

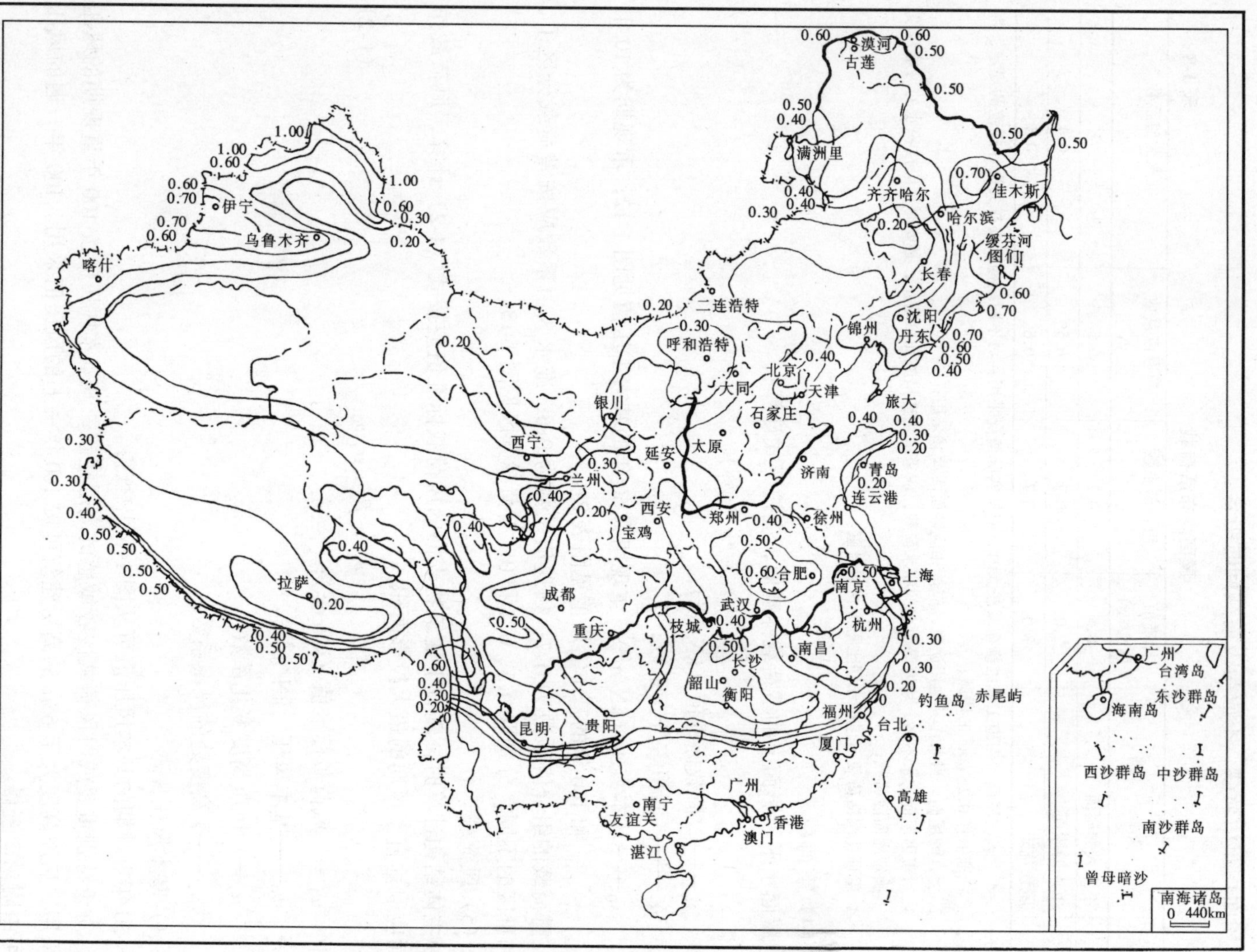


图 1-12 全国基本雪压分布图(单位:kN/m$^2$)

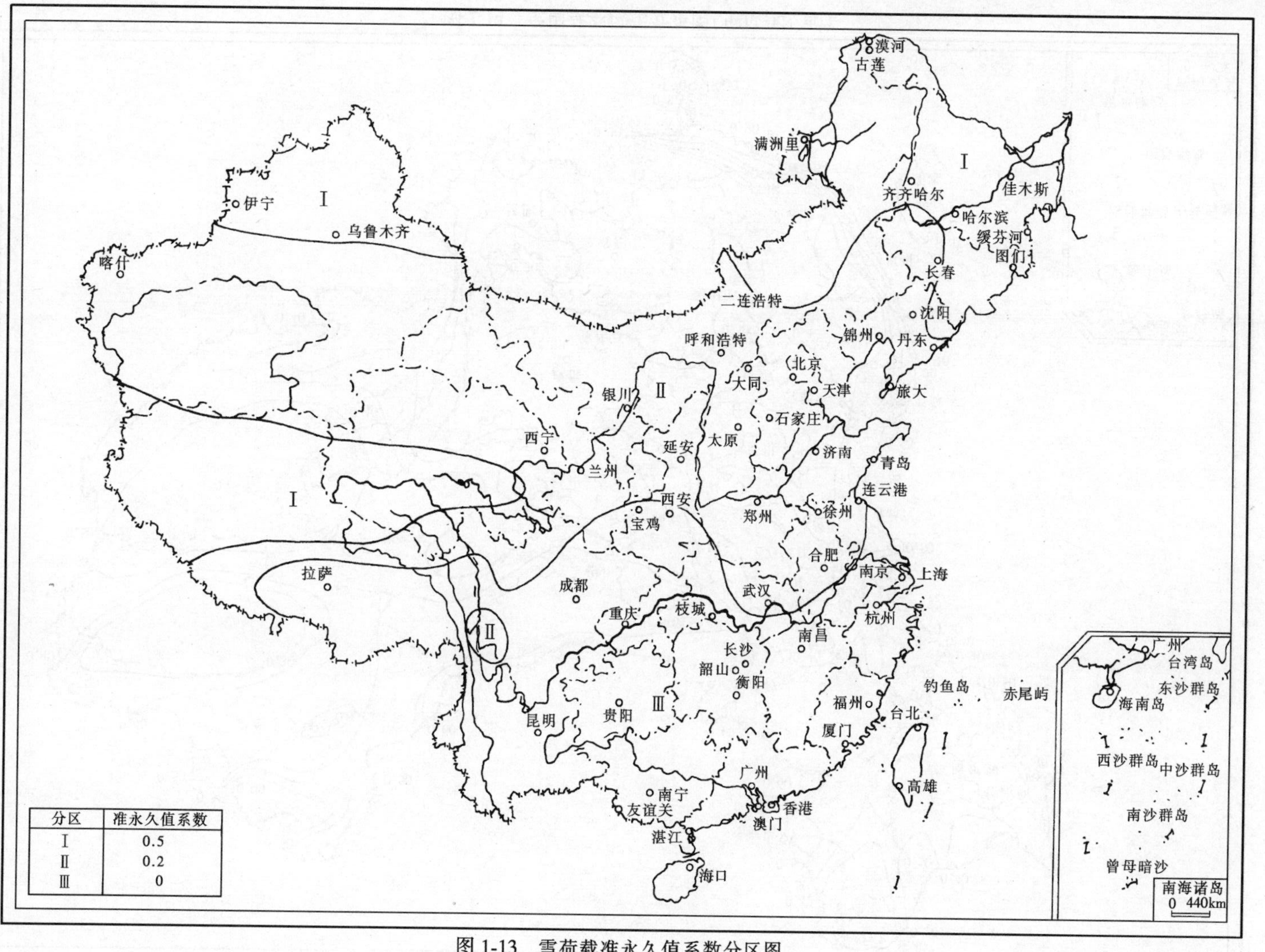


| 分区 | 准永久值系数 |
|---|---|
| Ⅰ | 0.5 |
| Ⅱ | 0.2 |
| Ⅲ | 0 |

图 1-13　雪荷载准永久值系数分区图

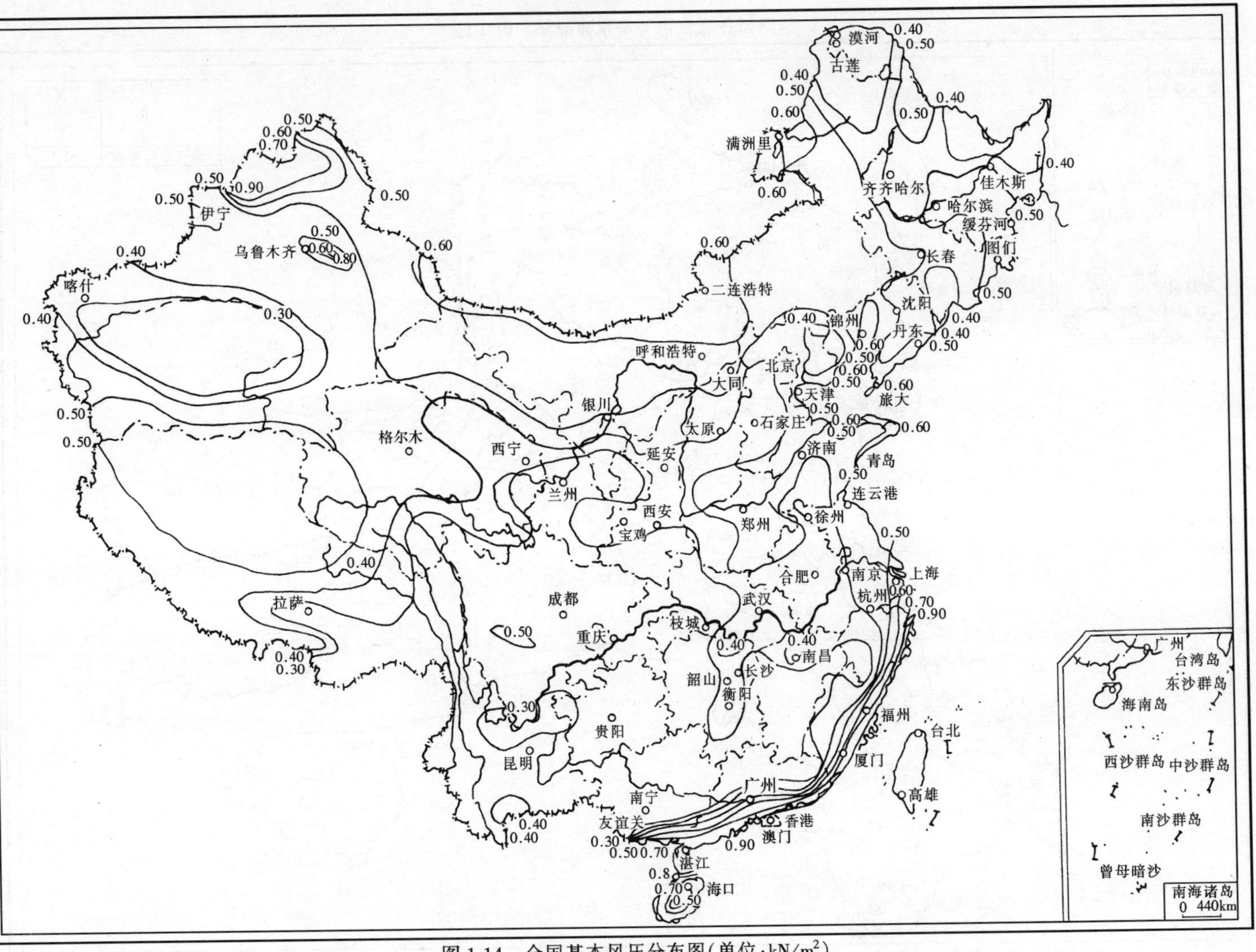


图 1-14 全国基本风压分布图(单位:kN/m²)

**风压高度变化系数 $\mu_z$** 表 1-9

| 离地面或海平面高度（m） | 地面粗糙度类别 | | | |
|---|---|---|---|---|
| | A | B | C | D |
| 5 | 1.17 | 1.00 | 0.74 | 0.62 |
| 10 | 1.38 | 1.00 | 0.74 | 0.62 |
| 15 | 1.52 | 1.14 | 0.74 | 0.62 |
| 20 | 1.63 | 1.25 | 0.84 | 0.62 |
| 30 | 1.80 | 1.42 | 1.00 | 0.62 |
| 40 | 1.92 | 1.56 | 1.13 | 0.73 |
| 50 | 2.03 | 1.67 | 1.25 | 0.84 |
| 60 | 2.12 | 1.77 | 1.35 | 0.93 |
| 70 | 2.20 | 1.86 | 1.45 | 1.02 |
| 80 | 2.27 | 1.95 | 1.54 | 1.11 |
| 90 | 2.34 | 2.02 | 1.62 | 1.19 |
| 100 | 2.40 | 2.09 | 1.70 | 1.27 |
| 150 | 2.64 | 2.38 | 2.03 | 1.61 |
| 200 | 2.83 | 2.61 | 2.30 | 1.92 |
| 250 | 2.99 | 2.80 | 2.54 | 2.19 |
| 300 | 3.12 | 2.97 | 2.75 | 2.45 |
| 350 | 3.12 | 3.12 | 2.94 | 2.68 |
| 400 | 3.12 | 3.12 | 3.12 | 2.91 |
| ≥450 | 3.12 | 3.12 | 3.12 | 3.12 |

注：地面粗糙度的 A 类指近海海面和海岛、海岸、湖岸及沙漠地区；B 类指田野、乡村、丛林、丘陵以及房屋比较稀疏的乡镇和城市郊区；C 类指有密集建筑群的城市市区；D 类指有密集建筑群且房屋较高的城市市区。

3）风荷载体型系数

风荷载体型系数应根据建筑物平面形状按下列规定取用：

①矩形平面（图 1-15 和表 1-10）。

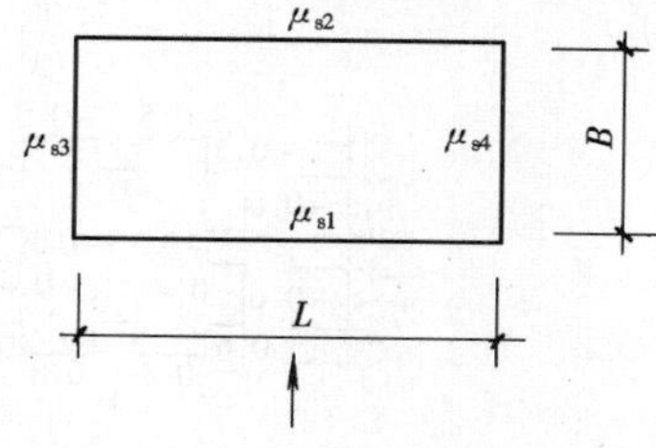


图 1-15 矩形平面

**矩形平面体型系数** 表 1-10

| $\mu_{s1}$ | $\mu_{s2}$ | $\mu_{s3}$ | $\mu_{s4}$ |
|---|---|---|---|
| 0.80 | $-\left(0.48+0.03\dfrac{H}{L}\right)$ | −0.60 | −0.60 |

注：$H$ 为房屋高度。

②L 形平面（图 1-16 和表 1-11）。

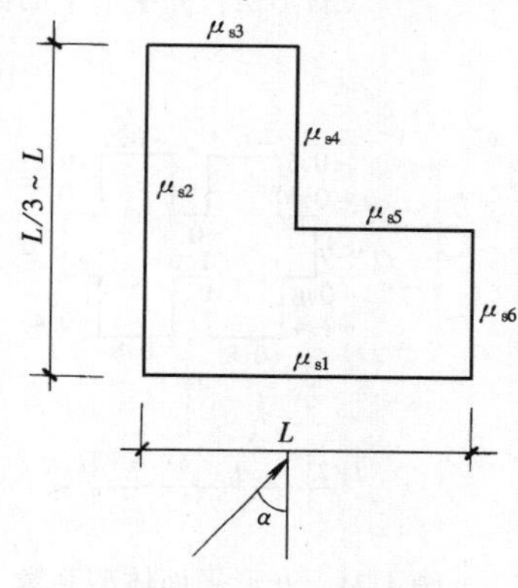


图 1-16 L 形平面

**L 形平面体型系数** 表 1-11

| $\alpha$ \ $\mu_s$ | $\mu_{s1}$ | $\mu_{s2}$ | $\mu_{s3}$ | $\mu_{s4}$ | $\mu_{s5}$ | $\mu_{s6}$ |
|---|---|---|---|---|---|---|
| 0° | 0.80 | −0.70 | −0.60 | −0.50 | −0.50 | −0.60 |
| 45° | 0.50 | 0.50 | −0.80 | −0.70 | −0.70 | −0.80 |
| 225° | −0.60 | −0.60 | 0.30 | 0.90 | 0.90 | 0.30 |

③槽形平面（图 1-17）。

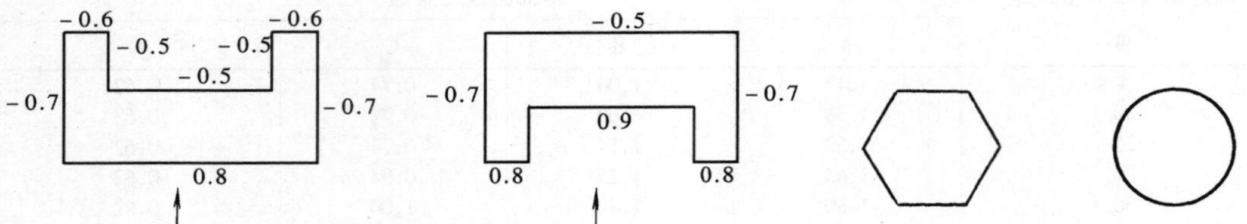


图 1-17　槽形平面体型系数　　图 1-18　正多边形平面和圆形平面

④正多边形平面、圆形平面（图 1-18）。

i）$\mu_s = 0.8 + \frac{1.2}{\sqrt{n}}$（$n$ 为边数）；

ii）当圆形高层建筑表面较粗糙时，$\mu_s = 0.8$。

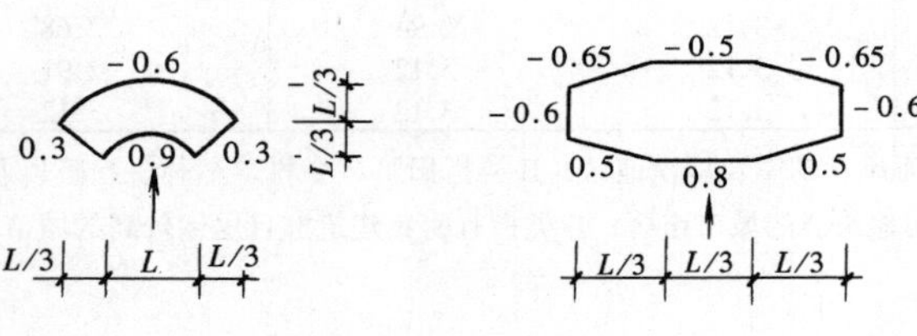


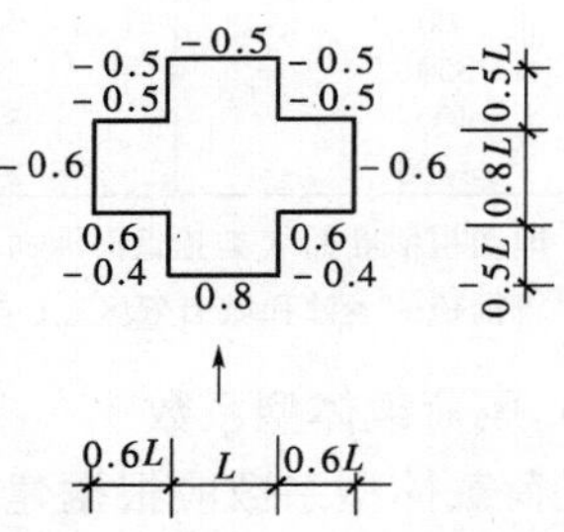


图 1-19　扇形平面体型系数　图 1-20　梭形平面体型系数　图 1-21　十字形平面体型系数

⑤扇形平面（图 1-19）。
⑥棱形平面（图 1-20）。
⑦十字形平面（图 1-21）。
⑧井字形平面（图 1-22）。
⑨X 形平面（图 1-23）。
⑩卄形平面（图 1-24）。
⑪六角形平面（图 1-25 和表 1-12）。
⑫Y 形平面（图 1-26 和表 1-13）。

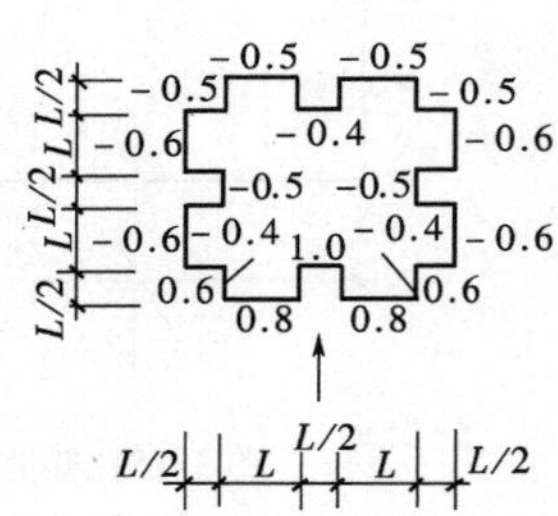


图 1-22　井字形平面体型系数

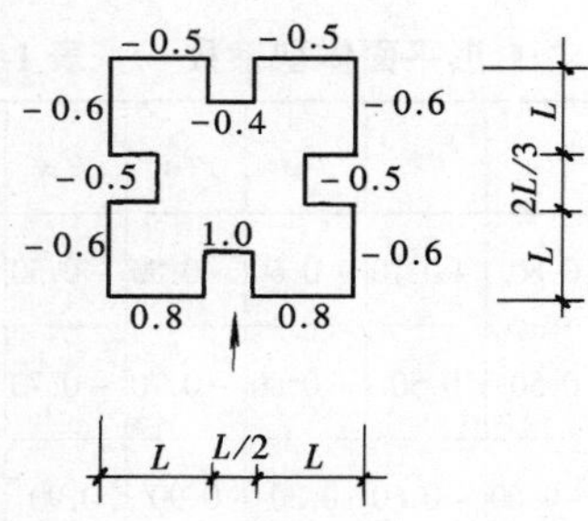


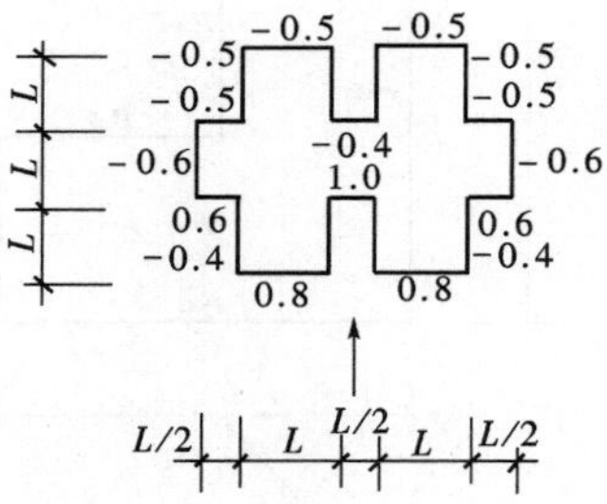


图 1-23　X 形平面体型系数　　图 1-24　卄形平面体型系数

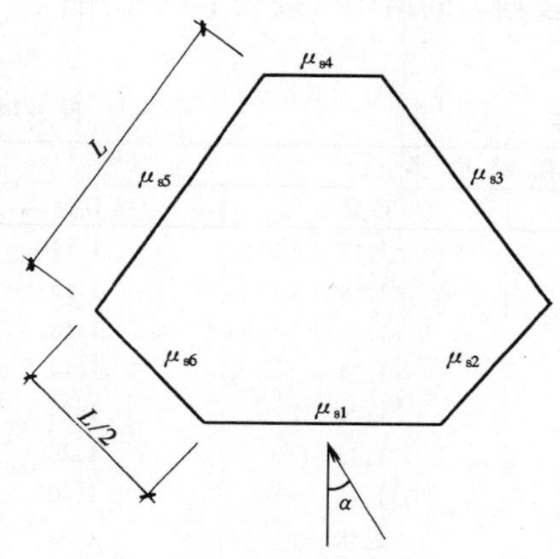


图 1-25　六角形平面

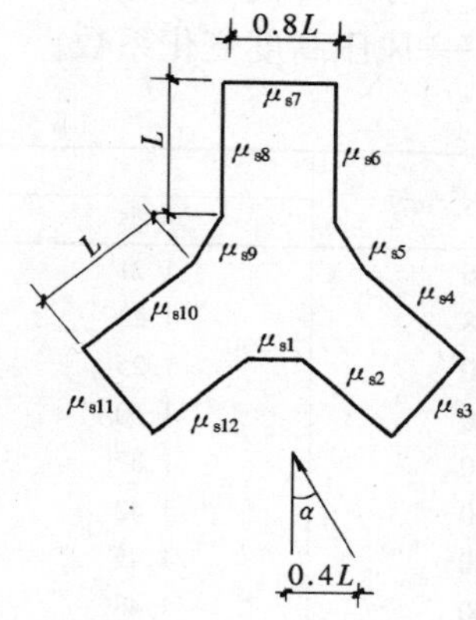


图 1-26　Y 形平面

六角形平面体型系数　　表 1-12

| $\alpha$ \ $\mu_s$ | $\mu_{s1}$ | $\mu_{s2}$ | $\mu_{s3}$ | $\mu_{s4}$ | $\mu_{s5}$ | $\mu_{s6}$ |
|---|---|---|---|---|---|---|
| 0° | 0.80 | -0.45 | -0.50 | -0.60 | -0.50 | -0.45 |
| 30° | 0.70 | 0.40 | -0.55 | -0.50 | -0.55 | -0.55 |

Y 形平面体型系数　　表 1-13

| $\mu_s$ \ $\alpha$ | 0° | 10° | 20° | 30° | 40° | 50° | 60° |
|---|---|---|---|---|---|---|---|
| $\mu_{s1}$ | 1.05 | 1.05 | 1.00 | 0.95 | 0.90 | 0.50 | -0.15 |
| $\mu_{s2}$ | 1.00 | 0.95 | 0.90 | 0.85 | 0.80 | 0.40 | -0.10 |
| $\mu_{s3}$ | -0.70 | -0.10 | 0.30 | 0.50 | 0.70 | 0.85 | 0.95 |
| $\mu_{s4}$ | -0.50 | -0.50 | -0.55 | -0.60 | -0.75 | -0.40 | -0.10 |
| $\mu_{s5}$ | -0.50 | -0.55 | -0.60 | -0.65 | -0.75 | -0.45 | -0.15 |
| $\mu_{s6}$ | -0.55 | -0.55 | -0.60 | -0.70 | -0.65 | -0.15 | -0.35 |
| $\mu_{s7}$ | -0.50 | -0.50 | -0.50 | -0.55 | -0.55 | -0.55 | -0.55 |
| $\mu_{s8}$ | -0.55 | -0.55 | -0.55 | -0.50 | -0.50 | -0.50 | -0.50 |
| $\mu_{s9}$ | -0.50 | -0.50 | -0.50 | -0.50 | -0.50 | -0.50 | -0.50 |
| $\mu_{s10}$ | -0.50 | -0.50 | -0.50 | -0.50 | -0.50 | -0.50 | -0.50 |
| $\mu_{s11}$ | -0.70 | -0.60 | -0.55 | -0.55 | -0.55 | -0.55 | -0.55 |
| $\mu_{s12}$ | 1.00 | 0.95 | 0.90 | 0.80 | 0.75 | 0.65 | 0.35 |

4）风振系数

高层建筑的风振系数 $\beta_z$ 可按下式计算：

$$\beta_z = 1 + \frac{\varphi_z \xi v}{\mu_z} \tag{1-3}$$

式中 $\varphi_z$——振型系数，可由结构动力计算确定，计算时可仅考虑受力方向基本振型的影响；对于质量和刚度沿高度分布比较均匀的弯剪型结构，也可近似采用振型计算点距室外地面高度 $z$ 与房屋高度 $H$ 的比值；

$\xi$——脉动增大系数，可按表 1-14 采用；

$v$——脉动影响系数，外形、质量沿高度比较均匀的结构可按表 1-15 采用；

$\mu_z$——风压高度变化系数。

**脉动增大系数 $\xi$** **表 1-14**

| $w_0T_1^2$（$kN_s^2/m^2$） | 地面粗糙度类别 | | | |
|---|---|---|---|---|
| | A类 | B类 | C类 | D类 |
| 0.06 | 1.21 | 1.19 | 1.17 | 1.14 |
| 0.08 | 1.23 | 1.21 | 1.18 | 1.15 |
| 0.10 | 1.25 | 1.23 | 1.19 | 1.16 |
| 0.20 | 1.30 | 1.28 | 1.24 | 1.19 |
| 0.40 | 1.37 | 1.34 | 1.29 | 1.24 |
| 0.60 | 1.42 | 1.38 | 1.33 | 1.28 |
| 0.80 | 1.45 | 1.42 | 1.36 | 1.30 |
| 1.00 | 1.48 | 1.44 | 1.38 | 1.32 |
| 2.00 | 1.58 | 1.54 | 1.46 | 1.39 |
| 4.00 | 1.70 | 1.65 | 1.57 | 1.47 |
| 6.00 | 1.78 | 1.72 | 1.63 | 1.53 |
| 8.00 | 1.83 | 1.77 | 1.68 | 1.57 |
| 10.00 | 1.87 | 1.82 | 1.73 | 1.61 |
| 20.00 | 2.04 | 1.96 | 1.85 | 1.73 |
| 30.00 | — | 2.06 | 1.94 | 1.81 |

注：$w_0$——基本风压；$T_1$——结构基本自振周期，可由结构动力学计算确定。对比较规则的结构，也可采用近似公式计算；框架结构 $T_1 =$（0.08～0.1）$n$，框架-剪力墙和框架-核心筒结构 $T_1 =$（0.06～0.08）$n$，剪力墙结构和筒中筒结构 $T_1 =$（0.05～0.06）$n$，$n$ 为结构层数。

**高层建筑的脉动影响系数 $v$** **表 1-15**

| $H/B$ | 粗糙度类别 | 房屋总高度 $H$（m） | | | | | | | |
|---|---|---|---|---|---|---|---|---|---|
| | | ≤30 | 50 | 100 | 150 | 200 | 250 | 300 | 350 |
| ≤0.5 | A | 0.44 | 0.42 | 0.33 | 0.27 | 0.24 | 0.21 | 0.19 | 0.17 |
| | B | 0.42 | 0.41 | 0.33 | 0.28 | 0.25 | 0.22 | 0.20 | 0.18 |
| | C | 0.40 | 0.40 | 0.34 | 0.29 | 0.27 | 0.23 | 0.22 | 0.20 |
| | D | 0.36 | 0.37 | 0.34 | 0.30 | 0.27 | 0.25 | 0.27 | 0.22 |
| 1.0 | A | 0.48 | 0.47 | 0.41 | 0.35 | 0.31 | 0.27 | 0.26 | 0.24 |
| | B | 0.46 | 0.46 | 0.42 | 0.36 | 0.36 | 0.29 | 0.27 | 0.26 |
| | C | 0.43 | 0.44 | 0.42 | 0.37 | 0.34 | 0.31 | 0.29 | 0.28 |
| | D | 0.39 | 0.42 | 0.42 | 0.38 | 0.36 | 0.33 | 0.32 | 0.31 |
| 2.0 | A | 0.50 | 0.51 | 0.46 | 0.42 | 0.38 | 0.35 | 0.33 | 0.31 |
| | B | 0.48 | 0.50 | 0.47 | 0.42 | 0.40 | 0.36 | 0.35 | 0.33 |
| | C | 0.45 | 0.49 | 0.48 | 0.44 | 0.42 | 0.38 | 0.38 | 0.36 |
| | D | 0.41 | 0.46 | 0.48 | 0.46 | 0.44 | 0.42 | 0.42 | 0.39 |
| 3.0 | A | 0.53 | 0.51 | 0.49 | 0.45 | 0.42 | 0.38 | 0.38 | 0.36 |
| | B | 0.51 | 0.50 | 0.49 | 0.45 | 0.43 | 0.40 | 0.40 | 0.38 |
| | C | 0.48 | 0.49 | 0.49 | 0.48 | 0.46 | 0.43 | 0.43 | 0.41 |
| | D | 0.43 | 0.46 | 0.49 | 0.49 | 0.48 | 0.46 | 0.46 | 0.45 |

续表

| H/B | 粗糙度类别 | 房屋总高度 H（m） | | | | | | | |
|---|---|---|---|---|---|---|---|---|---|
| | | ≤30 | 50 | 100 | 150 | 200 | 250 | 300 | 350 |
| 5.0 | A | 0.52 | 0.53 | 0.51 | 0.49 | 0.46 | 0.44 | 0.42 | 0.39 |
| | B | 0.50 | 0.53 | 0.52 | 0.50 | 0.48 | 0.45 | 0.44 | 0.42 |
| | C | 0.47 | 0.50 | 0.52 | 0.52 | 0.50 | 0.48 | 0.47 | 0.45 |
| | D | 0.43 | 0.48 | 0.52 | 0.53 | 0.53 | 0.52 | 0.51 | 0.50 |
| 8.0 | A | 0.53 | 0.54 | 0.53 | 0.51 | 0.48 | 0.46 | 0.43 | 0.42 |
| | B | 0.51 | 0.53 | 0.54 | 0.52 | 0.50 | 0.49 | 0.46 | 0.44 |
| | C | 0.48 | 0.51 | 0.54 | 0.53 | 0.52 | 0.52 | 0.50 | 0.48 |
| | D | 0.43 | 0.48 | 0.54 | 0.53 | 0.55 | 0.55 | 0.54 | 0.53 |

规程 JGJ 3—2002 给出的风振系数是仅指顺风向振动时的风振系数。由于风速的随机性，风振系数应根据随机振动理论导出，但对于外形和刚度沿高度变化不大的建筑结构，可近似只考虑基本振型影响。对质量和刚度沿建筑高度分布均匀的弯剪型结构，基本振型系数也可近似采用振型计算点高度 $z$ 与房屋高度 $H$ 的比值，这即是规程JGJ 3—91的算法，即式（1-4）。

$$\beta_z = 1 + \frac{H_i \xi \upsilon}{H \mu_z} \tag{1-4}$$

式中 $H_i$——第 $i$ 层标高；

$H$——建筑总高度；

$\xi$——脉动增大系数，可按表 1-14 采用；

$\upsilon$——脉动影响系数，按表 1-15 采用；

$\mu_z$——风压高度变化系数，按表 1-9 采用。

### 1.2.2 地震作用

（1）一般规定

1）建筑应根据其使用功能的重要性分为甲类、乙类、丙类和丁类四个抗震设防类别。甲类建筑应属于重大建筑工程和地震时可能发生严重次生灾害的建筑；乙类建筑应属于地震时使用功能不能中断或需尽快恢复的建筑；丙类建筑应属于除甲、乙、丁类以外的一般建筑；丁类建筑应属于抗震次要建筑。

各抗震设防类别的高层建筑地震作用的计算，应符合下列规定：

①甲类建筑：应按高于本地区抗震设防烈度计算，其值应按批准的地震安全性评价结果确定；

②乙、丙类建筑：应按本地区抗震设防烈度计算。

2）高层建筑结构应按下列原则考虑地震作用：

①一般情况下，应允许在结构两个主轴方向分别考虑水平地震作用计算；有斜交抗侧力构件的结构，当相交角度大于 15°时，应分别计算各抗侧力构件方向的水平地震作用；

②质量与刚度分布明显不对称、不均匀的结构，应计算双向水平地震作用下的扭转影响；其他情况，应计算单向水平地震作用下的扭转影响；

③8 度、9 度抗震设计时，高层建筑中的大跨度和长悬臂结构应考虑竖向地震作用；

④9 度抗震设计时应计算竖向地震作用。

3）计算单向地震作用时应考虑偶然偏心的影响。每层质心沿垂直于地震作用方向的偏移值可按下式采用：

$$e_i = \pm 0.05L_i \tag{1-5}$$

式中 $e_i$——第 $i$ 层质心偏移值（m），各楼层质心偏移方向相同；

$L_i$——第 $i$ 层垂直于地震作用方向的建筑物总长度（m）。

4）高层建筑结构应根据不同情况，分别采用下列地震作用计算方法：

①高层建筑结构宜采用振型分解反应谱法，对质量和刚度不对称、不均匀的结构以及高度超过 100m 的高层建筑结构应采用考虑扭转耦联振动影响的振型分解反应谱法；

②高度不超过 40m、以剪切变形为主且质量和刚度沿高度分布比较均匀的高层建筑结构，可采用底部剪力法；

③7～9 度抗震设防的高层建筑，下列情况应采用弹性时程分析法进行多遇地震下的补充计算：

i）甲类高层建筑结构；

ii）表 1.16 所列的乙、丙类高层建筑结构；

iii）不满足 1-12 节结构竖向布置中第（2）点至第（5）点规定的高层建筑结构；

iv）规程 JGJ3—2003 规定的复杂高层建筑结构；

v）质量沿竖向分布特别不均匀的高层建筑结构。

**采用时程分析法的高层建筑结构　表 1-16**

| 设防烈度、场地类别 | 建筑高度范围 |
|---|---|
| 8 度Ⅰ、Ⅱ类场地和 7 度 | ＞100m |
| 8 度Ⅲ、Ⅳ类场地 | ＞80m |
| 9　度 | ＞60m |

5）进行动力时程分析时，应符合下列要求：

①应按建筑场地类别和设计地震分组选用不少于两组实际地震记录和一组人工模拟的加速度时程曲线，其平均地震影响系数曲线应与振型分解反应谱法所采用的地震影响系数曲线在统计意义上相符，且弹性时程分析时，每条时程曲线计算所得的结构底部剪力不应小于振型分解反应谱法求得的底部剪力的 65%，多条时程曲线计算所得的结构底部剪力的平均值不应小于振型分解反应谱法求得的底部剪力的 80%。

②地震波的持续时间不宜小于建筑结构基本自振周期的 3～4 倍，也不宜少于 12s，地震波的时间间距可取 0.01s 或 0.02s。

③输入地震加速度的最大值，可按表 1-17 采用。

**弹性时程分析时输入地震加速度的最大值（$cm/s^2$）　表 1-17**

| 设防烈度 | 7 度 | 8 度 | 9 度 |
|---|---|---|---|
| 加速度最大值 | 35（55） | 70（110） | 140 |

注：7、8 度时括号内数值分别用于设计基本地震加速度为 0.15$g$ 和 0.30$g$ 的地区，此处 $g$ 为重力加速度。

④结构地震作用效应可取多条时程曲线计算结果的平均值与振型分解反应谱法计算结果的较大值。

6）计算地震作用时，建筑结构的重力荷载代表值应取永久荷载标准值和可变荷载组合值之和。可变荷载的组合值系数应按下列规定采用：

①雪荷载取 0.5；

②楼面活荷载按实际情况计算时取 1.0；按等效均布活荷载计算时，藏书库、档案库、库房取 0.8，一般民用建筑取 0.5。

7）建筑结构的地震影响系数应根据烈度、场地类别、设计地震分组和结构自振周期及阻尼比确定。其水平地震影响系数最大值 $\alpha_{max}$ 应按表 1-18 采用；特征周期应根据场地类别和设计地震分组按表 1-19 采用，计算 8、9 度罕遇地震作用时，特征周期应增加 0.05s。

**水平地震影响系数最大值 $\alpha_{max}$** **表 1-18**

| 地震影响 | 6 度 | 7 度 | 8 度 | 9 度 |
|---|---|---|---|---|
| 多遇地震 | 0.04 | 0.08（0.12） | 0.16（0.24） | 0.32 |
| 罕遇地震 | — | 0.50（0.72） | 0.90（1.20） | 1.40 |

注：7、8 度时括号内数值分别用于设计基本地震加速度为 $0.15g$ 和 $0.30g$ 的地区。

**特征周期值 $T_g$（s）** **表 1-19**

| 设计地震分组 \ 场地类别 | Ⅰ | Ⅱ | Ⅲ | Ⅳ |
|---|---|---|---|---|
| 第一组 | 0.25 | 0.35 | 0.45 | 0.65 |
| 第二组 | 0.30 | 0.40 | 0.55 | 0.75 |
| 第三组 | 0.35 | 0.45 | 0.65 | 0.90 |

8）高层建筑结构地震影响系数曲线（图 1-27）的形状参数和阻尼调整应符合下列要求：

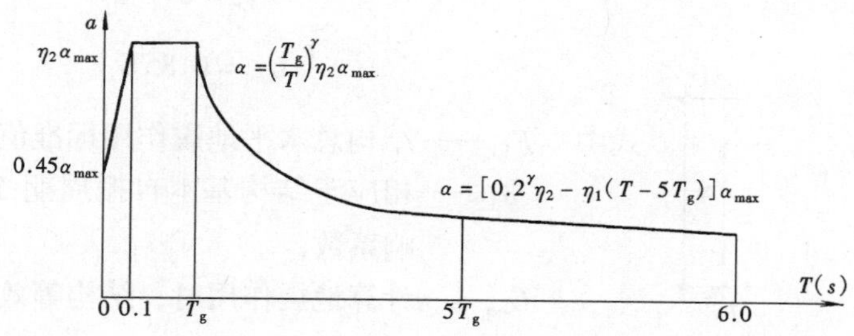


图 1-27 地震影响系数曲线

$\alpha$—地震影响系数；$\alpha_{max}$—地震影响系数最大值；$T$—结构自振周期；

$T_g$—特征周期；$\gamma$—衰减指数；$\eta_1$—直线下降段下降斜率调整系数；

$\eta_2$—阻尼调整系数

①除有专门规定外，钢筋混凝土高层建筑结构的阻尼比应取 0.05，此时阻尼调整系数 $\eta_2$ 应取 1.0，形状参数应符合下列规定：

ⅰ）直线上升段，周期小于 0.1s 的区段。

ⅱ）水平段，自 0.1s 至特征周期 $T_g$ 的区段，地震影响系数应取最大值 $\alpha_{max}$。

ⅲ）曲线下降段，自特征周期至 5 倍特征周期的区段，衰减指数 $\gamma$ 应取 0.9。

ⅳ）直线下降段，自 5 倍特征周期至 6.0s 的区段，下降斜率调整系数 $\eta_1$ 应取 0.02。

②当建筑结构的阻尼比不等于 0.05 时，地震影响系数曲线的分段情况与本条第 1 款相同，但其形状参数和阻尼调整系数 $\eta_2$ 应符合下列规定：

ⅰ）曲线水平段地震影响系数应取 $\eta_2\alpha_{max}$。

ⅱ）曲线下降段的衰减指数应按下式确定：

$$\gamma = 0.9 + \frac{0.05 - \zeta}{0.5 + 5\zeta} \tag{1-6}$$

式中 $\gamma$——曲线下降段的衰减指数；

$\zeta$——阻尼比。

ⅲ）直线下降段的下降斜率调整系数应按下式确定：

$$\eta_1 = 0.02 + (0.05 - \zeta)/8 \tag{1-7}$$

式中 $\eta_1$——直线下降段的斜率调整系数，小于 0 时应取 0。

ⅳ）阻尼调整系数应按下式确定：

$$\eta_2 = 1 + \frac{0.05 - \zeta}{0.06 + 1.7\zeta} \tag{1-8}$$

式中 $\eta_2$——阻尼调整系数，当 $\eta_2$ 小于 0.55 时，应取 0.55。

（2）底部剪力法

采用底部剪力法计算高层建筑结构的水平地震作用时，各楼层在计算方向可仅考虑一个自由度（图 1-28），并应符合下列规定：

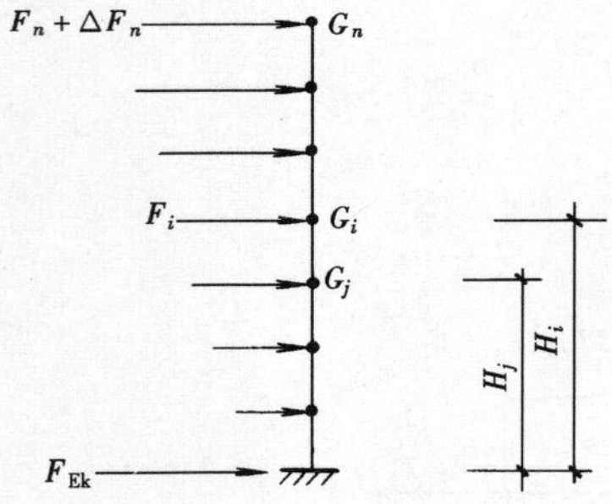

图 1-28 底部剪力法计算示意图

1）结构总水平地震作用标准值应按下列公式计算：

$$F_{Ek} = \alpha_1 G_{eq} \tag{1-9}$$

$$G_{eq} = 0.85 G_E \tag{1-10}$$

式中 $F_{Ek}$——结构总水平地震作用标准值；

$\alpha_1$——相应于结构基本自振周期 $T_1$ 的水平地震影响系数；

$G_{eq}$——计算地震作用时，结构等效总重力荷载代表值；

$G_E$——计算地震作用时，结构总重力荷载代表值，应取各质点重力荷载代表值之和。

2）质点 $i$ 的水平地震作用标准值可按下式计算：

$$F_i = \frac{G_i H_i}{\sum_{j=1}^{n} G_j H_j} F_{Ek}(1 - \delta_n) \tag{1-11}$$

$$(i = 1, 2, \cdots\cdots n)$$

式中 $F_i$——质点 $i$ 的水平地震作用标准值；

$G_i$、$G_j$——分别为集中于质点 $i$、$j$ 的重力荷载代表值；

$H_i$、$H_j$——分别为质点 $i$、$j$ 的计算高度；

$\delta_n$——顶部附加地震作用系数，可按表 1-20 采用。

**顶部附加地震作用系数 $\delta_n$** **表 1-20**

| $T_g$（s） | $T_1 > 1.4T_g$ | $T_1 \leqslant 1.4T_g$ |
|---|---|---|
| $\leqslant 0.35$ | $0.08T_1 + 0.07$ | 不考虑 |
| $0.35 \sim 0.55$ | $0.08T_1 + 0.01$ | |
| $\geqslant 0.55$ | $0.08T_1 - 0.02$ | |

注：$T_g$ 为场地特征周期；$T_1$ 为结构基本自振周期。

3）主体结构顶层附加水平地震作用标准值可按下式计算：

$$\Delta F_n = \delta_n F_{Ek} \tag{1-12}$$

式中 $\Delta F_n$——主体结构顶层附加水平地震作用标准值。

对于质量和刚度沿高度分布比较均匀的框架结构、框架-剪力墙结构和剪力墙结构，其基本自振周期可按下式计算：

$$T_1 = 1.7\psi_T\sqrt{u_T} \tag{1-13}$$

式中 $T_1$——结构基本自振周期（s）；

$u_T$——假想的结构顶点水平位移（m），即假想把集中在各楼层处的重力荷载代表值 $G_i$ 作为该楼层水平荷载计算的顶点弹性水平位移；

$\psi_T$——考虑非承重墙刚度对结构自振周期影响的折减系数，框架结构取 0.6～0.7，框架-剪力墙结构取 0.7～0.8，剪力墙结构取 0.9～1.0。对于其他结构体系或采用其他非承重墙体时，可根据工程情况而定。

（3）振型分解反应谱法

采用振型分解反应谱方法时，对于不考虑扭转耦联振动影响的结构，可按下列规定进行地震作用和作用效应的计算：

1）结构第 $j$ 振型 $i$ 质点的水平地震作用的标准值应按下式确定：

$$F_{ji} = \alpha_j\gamma_j X_{ji} G_i \tag{1-14}$$

$$\gamma_j = \frac{\sum_{i=1}^{n} X_{ji}G_i}{\sum_{i=1}^{n} X_{ji}^2 G_i} \quad (i = 1,2,\cdots\cdots,n; j = 1,2,\cdots\cdots,m) \tag{1-15}$$

式中 $G_i$——质点 $i$ 的重力荷载代表值；

$F_{ji}$——第 $j$ 振型 $i$ 质点水平地震作用的标准值；

$\alpha_j$——相应于 $j$ 振型自振周期的地震影响系数；

$X_{ji}$——$j$ 振型 $i$ 质点的水平相对位移；

$\gamma_j$——$j$ 振型的参与系数；

$n$——结构计算总质点数，小塔楼宜每层作为一个质点参与计算；

$m$——结构计算振型数，规则结构可取 3，当建筑较高、结构沿竖向刚度不均匀时可取 5～6。

2）水平地震作用效应（内力和位移）应按下式计算：

$$S=\sqrt{\sum_{j=1}^{m}S_j^2} \tag{1-16}$$

式中　$S$——水平地震作用效应；

$S_j$——$j$ 振型的水平地震作用效应（弯矩、剪力、轴向力和位移等）。

（4）考虑扭转影响的地震作用计算

考虑扭转影响的结构，各楼层可取两个正交的水平位移和一个转角位移共三个自由度，按下列振型分解法计算地震作用和作用效应。确有依据时，尚可采用简化计算方法确定地震作用效应。

1）$j$ 振型 $i$ 层的水平地震作用标准值，应按下列公式确定：

$$\left.\begin{aligned}F_{xji}&=\alpha_j\gamma_{tj}X_{ji}G_i\\F_{yji}&=\alpha_j\gamma_{tj}Y_{ji}G_i\\F_{tji}&=\alpha_j\gamma_{tj}r_i^2\varphi_{ji}G_i\end{aligned}\right\}(i=1,2,\cdots,n;j=1,2,\cdots,m) \tag{1-17}$$

式中　$F_{xji}$、$F_{yji}$、$F_{tji}$——分别为 $j$ 振型 $i$ 层的 $x$ 方向、$y$ 方向和转角方向的地震作用标准值；

$X_{ji}$、$Y_{ji}$——分别为 $j$ 振型 $i$ 层质心在 $x$、$y$ 方向的水平相对位移；

$\varphi_{ji}$——$j$ 振型 $i$ 层的相对扭转角；

$r_i$——$i$ 层转动半径，可取 $i$ 层绕质心的转动惯量除以该层质量的商的正二次方根；

$\alpha_j$——相应于第 $j$ 振型自振周期 $T_j$ 的地震影响系数；

$\gamma_{tj}$——考虑扭转的 $j$ 振型参与系数；

$n$——结构计算总质点数，小塔楼宜每层作为一个质点参加计算；

$m$——结构计算振型数，一般情况下可取 9～15，多塔楼建筑每个塔楼的振型数不宜小于 9。

当仅考虑 $x$ 方向地震作用时：

$$\gamma_{tj}=\sum_{i=1}^{n}X_{ji}G_i/\sum_{i=1}^{n}(X_{ji}^2+Y_{ji}^2+\varphi_{ji}^2r_i^2)G_i \tag{1-18}$$

当仅考虑 $y$ 方向地震作用时：

$$\gamma_{tj}=\sum_{i=1}^{n}Y_{ji}G_i/\sum_{i=1}^{n}(X_{ji}^2+Y_{ji}^2+\varphi_{ji}^2r_i^2)G_i \tag{1-19}$$

当考虑与 $x$ 方向夹角为 $\theta$ 的地震作用时：

$$\gamma_{tj}=\gamma_{xj}\cos\theta+\gamma_{yj}\sin\theta \tag{1-20}$$

式中　$\gamma_{xj}$、$\gamma_{yj}$——分别为由式(1-18)、式(1-19)求得的振型参与系数。

2）单向水平地震作用下，考虑扭转的地震作用效应，应按下列公式确定：

$$S=\sqrt{\sum_{j=1}^{m}\sum_{k=1}^{m}\rho_{jk}S_jS_k} \tag{1-21}$$

$$\rho_{jk}=\frac{8\zeta_j\zeta_k(1+\lambda_T)\lambda_T^{1.5}}{(1-\lambda_T^2)^2+4\zeta_j\zeta_k(1+\lambda_T)^2\lambda_T} \tag{1-22}$$

式中　$S$——考虑扭转的地震作用效应；

$S_j$、$S_k$——分别为 $j$、$k$ 振型地震作用效应；

$\rho_{jk}$——$j$ 振型与 $k$ 振型的耦联系数；

$\lambda_T$——$k$ 振型与 $j$ 振型的自振周期比；

$\zeta_j$、$\zeta_k$——分别 $j$、$k$ 振型的阻尼比。

3）考虑双向水平地震作用下的扭转地震作用效应，应按下列公式中的较大值确定：

$$S = \sqrt{S_x^2 + (0.85S_y)^2} \tag{1-23}$$

或

$$S = \sqrt{S_y^2 + (0.85S_x)^2} \tag{1-24}$$

式中　$S_x$——为仅考虑 $x$ 向水平地震作用时的地震作用效应；

$S_y$——为仅考虑 $y$ 向水平地震作用时的地震作用效应。

此处引用现行国家标准《建筑抗震设计规范》（GB 50011—2001）的规定。增加了考虑双向水平地震作用下的地震效应组合方法。根据强震观测记录的统计分析，两个方向水平地震加速度的最大值不相等，二者之比约为 1∶0.85；而且两个方向的最大值不一定发生在同一时刻，因此采用平方和开平方计算两个方向地震作用效应。公式中的 $S_x$ 和 $S_y$ 是指在两个正交的 $x$ 和 $y$ 方向地震作用下，在每个构件的同一局部坐标方向上的地震作用效应。

式（1-14）和式（1-17）所建议的振型数是对质量和刚度分布比较均匀的结构而言的。对于质量和刚度分布很不均匀的结构，振型分解反应谱法所需的振型数一般可取为振型有效质量达到总质量的 90%时所需的振型数。振型有效质量与总质量之比可由计算分析程序提供。

（5）竖向地震作用计算

竖向地震作用比较复杂，目前考虑方法大体有三种：

1）输入地震波的动力时程计算。该方法比较精确，但费时、费力，而且地震波的选择和输入方式会对计算结果产生较大的差异。

2）以结构或构件重力荷载代表值为基础的地震影响系数方法。

该方法以重力荷载代表值乘以竖向地震影响系数计算地震作用，并且按照构件重力荷载代表值的比例进行竖向地震作用的分配。9 度抗震设防的高层建筑一般可采用此方法计算。

3）直接将构件的重力荷载代表值乘以增大系数，更近似地考虑竖向地震作用的影响。大跨度结构、长悬臂结构、转换层结构的转换构件、连体结构的连接体等，在没有更精确的计算手段时，一般均可采用这种方法近似考虑竖向地震作用。

高层建筑结构中的长悬挑结构、大跨度结构以及结构上部楼层外挑的部分对竖向地震作用比较敏感，应考虑竖向地震作用进行结构计算。结构的竖向地震作用的精确计算比较繁杂，为简化计算，将竖向地震作用取为重力荷载代表值的百分比，直接加在结构上进行内力分析。

$G_n$　$F_{vn}$

$G_i$　$F_{vi}$　$H_i$

$F_{Evk}$

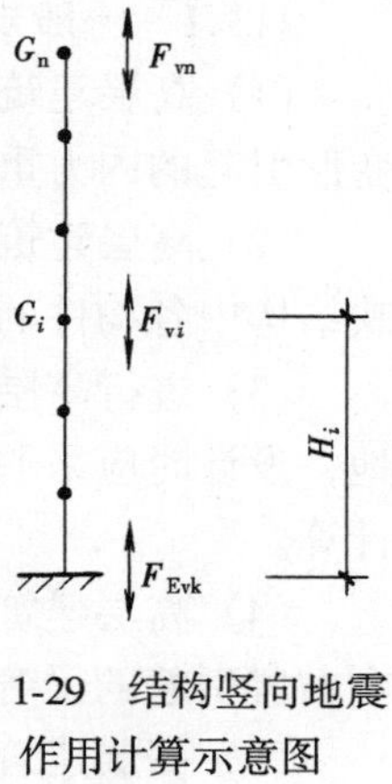

图 1-29　结构竖向地震作用计算示意图

结构竖向地震作用标准值可按下列规定计算（图 1-29）：

1）结构竖向地震作用的总标准值可按下列公式计算：

$$F_{\mathrm{Evk}} = \alpha_{\mathrm{vmax}} G_{\mathrm{eq}} \tag{1-25}$$

$$G_{\mathrm{eq}} = 0.75 G_{\mathrm{E}} \tag{1-26}$$

$$\alpha_{\mathrm{vmax}} = 0.65 \alpha_{\max} \tag{1-27}$$

2）结构质点 $i$ 的竖向地震作用标准值可按下式计算：

$$F_{\mathrm{v}i} = \frac{G_i H_i}{\sum_{j=1}^{n} G_j H_j} F_{\mathrm{Evk}} \tag{1-28}$$

式中 $F_{\mathrm{Evk}}$——结构总竖向地震作用标准值；

$\alpha_{\mathrm{vmax}}$——结构竖向地震影响系数的最大值；

$G_{\mathrm{eq}}$——结构等效总重力荷载代表值；

$G_{\mathrm{E}}$——计算竖向地震作用时，结构总重力荷载代表值，应取各质点重力荷载代表值之和；

$F_{\mathrm{v}i}$——质点 $i$ 的竖向地震作用标准值；

$G_i$、$G_j$——分别为集中于质点 $i$、$j$ 的重力荷载代表值；

$H_i$、$H_j$——分别为质点 $i$、$j$ 的计算高度。

3）楼层各构件的竖向地震作用效应可按各构件承受的重力荷载代表值比例分配，9度抗震设计时宜乘以增大系数 1.5。

水平长悬臂构件、大跨度结构以及结构上部楼层外挑部分考虑竖向地震作用时，竖向地震作用的标准值在 8 度和 9 度设防时，可分别取该结构或构件承受的重力荷载代表值的 10%和 20%。

所谓大跨度和长悬臂结构，是指结构转换层中的转换构件、跨度大于 24m 的楼盖或屋盖、悬挑大于 2m 的水平悬臂构件等，这些结构构件在 8 度和 9 度抗震设防时竖向地震作用的影响比较明显，设计中应予考虑。

## 1.3 高层建筑的内力与位移计算方法

### 1.3.1 一般规定

（1）高层建筑的内力与位移可按弹性方法计算。框架梁及连梁等构件可考虑局部塑性变形引起的内力重分布。

（2）高层建筑结构分析模型应根据实际情况确定。所选取的分析模型应能较准确地反映结构中各构件的实际受力状况。

（3）进行高层建筑内力与位移计算时，可假定楼板在自身平面内为无限刚性，相应地，设计时应采取必要措施保证楼板平面内的整体刚度；否则应考虑楼板的面内变形进行计算。

（4）高层建筑结构内力计算中，当楼面活荷载大于 $4\mathrm{kN/m^2}$ 时，应考虑楼面活荷载不利布置引起的梁弯矩的增大。

（5）高层建筑结构进行重力荷载作用效应分析时，柱、墙轴向变形宜考虑施工过程的影响。施工过程的模拟可根据需要采用适当的简化方法。

(6) 高层建筑结构进行风荷载效应分析时，正反两个方向的风荷载可按两个方向的较大值采用；体型复杂的高层建筑，应考虑风向角的影响。

### 1.3.2 计算参数

(1) 在内力与位移计算中，抗震设计的框架-剪力墙或剪力墙结构中的连梁刚度可予以折减，折减系数不宜小于0.5。

(2) 在结构内力与位移计算中，现浇楼面和装配整体式楼面中梁的刚度可考虑翼缘的作用予以增大。楼面梁刚度增大系数可根据翼缘情况取为1.3~2.0。

对于无现浇面层的装配式结构，可不考虑楼面翼缘的作用。

(3) 在竖向荷载作用下，可考虑框架梁端塑性变形内力重分布对梁端负弯矩乘以调幅系数进行调幅，并应符合下列规定：

1) 装配整体式框架梁端负弯矩调幅系数可取为0.7~0.8；现浇框架梁端负弯矩调幅系数可取为0.8~0.9；

2) 框架梁端负弯矩调幅后，梁跨中弯矩应按平衡条件相应增大；

3) 应先对竖向荷载作用下框架梁的弯矩进行调幅，再与水平作用产生的框架梁弯矩进行组合；

4) 截面设计时，框架梁跨中截面正弯矩设计值不应小于竖向荷载作用下按简支梁计算的跨中弯矩设计值的50%。

(4) 高层建筑结构楼面梁受扭计算中应考虑楼盖对梁的约束作用。当计算中未考虑楼盖对梁扭转的约束作用时，可对梁的计算扭矩乘以折减系数予以折减。梁扭矩折减系数应根据梁周围楼盖的情况确定。

### 1.3.3 重力二阶效应及结构稳定验算

重力二阶效应及结构稳定验算的要求是：

(1) 在水平力作用下，当高层建筑结构满足下列规定时，可不考虑重力二阶效应的不利影响：

1) 剪力墙结构、框架-剪力墙结构、筒体结构：

$$EJ_{\mathrm{d}} \geqslant 2.7H^2 \sum_{i=1}^{n} G_i \tag{1-29}$$

2) 框架结构：

$$D_i \geqslant 20 \sum_{j=i}^{n} G_j / h_i \quad (i = 1, 2, \cdots, n) \tag{1-30}$$

式中 $EJ_{\mathrm{d}}$——结构一个主轴方向的弹性等效侧向刚度，可按倒三角形分布荷载作用下结构顶点位移相等的原则，将结构的侧向刚度折算为竖向悬臂受弯构件的等效侧向刚度；

$H$——房屋高度；

$G_i$、$G_j$——分别为第 $i$、$j$ 楼层重力荷载设计值；

$h_i$——第 $i$ 楼层层高；

$D_i$——第 $i$ 楼层的弹性等效侧向刚度，可取该层剪力与层间位移的比值；

$n$——结构计算总层数。

(2) 高层建筑结构如果不满足上一条的规定时，应考虑重力二阶效应对水平力作用下结构内力和位移的不利影响。

(3) 高层建筑结构重力二阶效应，可采用弹性方法进行计算，也可采用对未考虑重力二阶效应的计算结果乘以增大系数的方法近似考虑。结构位移增大系数 $F_1$、$F_{1i}$ 以及结构构件弯矩和剪力增大系数 $F_2$、$F_{2i}$ 可分别按下列规定近似计算，位移计算结果仍应满足 1.3.5 节的规定：

1）对框架结构，可按下列公式计算：

$$F_{1i} = \frac{1}{1 - \sum_{j=i}^{n} G_j/(D_i h_i)} \quad (i = 1,2,\cdots,n) \tag{1-31}$$

$$F_{2i} = \frac{1}{1 - 2\sum_{j=i}^{n} G_j/(D_i h_i)} \quad (i = 1,2,\cdots,n) \tag{1-32}$$

2）对剪力墙结构、框架-剪力墙结构、筒体结构，可按下列公式计算：

$$F_1 = \frac{1}{1 - 0.14H^2 \sum_{i=1}^{n} G_i/(EJ_d)} \tag{1-33}$$

$$F_2 = \frac{1}{1 - 0.28H^2 \sum_{i=1}^{n} G_i/(EJ_d)} \tag{1-34}$$

(4) 高层建筑结构的稳定应符合下列规定：

1）剪力墙结构、框架-剪力墙结构、筒体结构应符合下式要求：

$$EJ_d \geqslant 1.4H^2 \sum_{i=1}^{n} G_i \tag{1-35}$$

2）框架结构应符合下式要求：

$$D_i \geqslant 10\sum_{j=i}^{n} G_j/h_i \quad (i = 1,2,\cdots,n) \tag{1-36}$$

$EJ_d$ 和 $D_i h_i$ 分别代表剪力墙结构、框架-剪力墙结构、筒体结构和框架结构的刚度，$\sum_{i=1}^{n} G_i$ 为重力荷载设计值，因此，稳定验算实际上是对刚度与重量之比（简称‘刚重比’）的验算。

### 1.3.4 水平地震作用标准值下楼层剪力验算

反应谱曲线是向下延伸的曲线，当结构的自振周期较长、刚度较弱时，所求得的地震剪力会较小，设计出来的高层建筑结构在地震中可能不安全，因此对于高层建筑规定其最小的地震剪力。

水平地震作用计算时，结构各楼层对应于地震作用标准值的剪力应符合下式要求：

$$V_{Eki} \geqslant \lambda \sum_{j=i}^{n} G_j \tag{1-37}$$

式中 $V_{Eki}$——第 $i$ 层对应于水平地震作用标准值的剪力；

$\lambda$——水平地震剪力系数，不应小于表 1-21 规定的值；对于竖向不规则结构的薄弱层，尚应乘以 1.15 的增大系数。

**楼层最小地震剪力系数值** 表 1-21

| 类别 | 7 度 | 8 度 | 9 度 |
|---|---|---|---|
| 扭转效应明显或基本周期小于 3.5s 的结构 | 0.016（0.024） | 0.032（0.048） | 0.064 |
| 基本周期大于 5.0s 的结构 | 0.012（0.018） | 0.024（0.032） | 0.040 |

注：1. 基本周期介于 3.5s 和 5.0s 之间的结构，应允许线性插入取值；

2.7、8 度时括号内数值分别用于设计基本地震加速度为 $0.15g$ 和 $0.30g$ 的地区。

由于地震影响系数在长周期段下降较快，对于基本周期大于 3s 的结构，由此计算所得的水平地震作用下的结构效应可能偏小。而对于长周期结构，地震地面运动速度和位移可能对结构的破坏具有更大影响，但是规范所采用的振型分解反应谱法尚无法对此作出估计。出于结构安全的考虑，增加了对各楼层水平地震剪力最小值的要求，规定了不同烈度下的楼层地震剪力系数（即剪重比），结构水平地震作用效应应据此进行相应调整。对于竖向不规则结构的薄弱层的水平地震剪力应乘以 1.15 的增大系数，并应符合本条的规定，即楼层最小剪力系数不应小于 1.15λ。

扭转效应明显的结构，一般是指楼层最大水平位移（或层间位移）大于楼层平均水平位移（或层间位移）1.2 倍的结构。

$V_{\mathrm{Ek}i}$为第 $i$ 层对应于水平地震作用标准值的剪力，$\sum_{j=i}^{n} G_j$ 为第 $i$ 层承受的重力荷载代表值，公式（1-37）实际上是对剪力与重量之比（简称‘剪重比’）的验算。

### 1.3.5 水平位移限值和舒适度要求

水平位移限值和舒适度的要求是：

（1）按弹性方法计算的楼层层间最大位移与层高之比 $\Delta u/h$ 宜符合以下规定：

1）高度不大于 150m 的高层建筑，其楼层层间最大位移与层高之比 $\Delta u/h$ 不宜大于表 1-22 的限值；

**楼层层间最大位移与层高之比的限值** 表 1-22

| 结构类型 | $\Delta u/h$ 限值 | 结构类型 | $\Delta u/h$ 限值 |
|---|---|---|---|
| 框架 | 1/550 | 筒中筒、剪力墙 | 1/1000 |
| 框架-剪力墙、框架-核心筒、板柱-剪力墙 | 1/800 | 框支层 | 1/1000 |

2）高度等于或大于 250m 的高层建筑，其楼层层间最大位移与层高之比 $\Delta u/h$ 不宜大于 1/500；

3）高度在 150～250m 之间的高层建筑，其楼层层间最大位移与层高之比 $\Delta u/h$ 的限值按本条第 1 款和第 2 款的限值线性插入取用。

楼层层间最大位移 $\Delta u$ 以楼层最大的水平位移差计算，不扣除整体弯曲变形。抗震设计时，本条规定的楼层位移计算不考虑偶然偏心的影响。

（2）高层建筑结构在罕遇地震作用下薄弱层弹塑性变形验算，应符合下列规定：

1）下列结构应进行弹塑性变形验算：

①7～9 度时楼层屈服强度系数小于 0.5 的框架结构；

②甲类建筑和 9 度抗震设防的乙类建筑结构；

③采用隔震和消能减震技术的建筑结构。

2）下列结构宜进行弹塑性变形验算：

①表 1-16 所列高度范围且不满足 1.1.2 节结构竖向布置（2）中第 2）点至第 5）点规定的高层建筑结构；

②7 度Ⅲ、Ⅳ类场地和 8 度抗震设防的乙类建筑结构；

③板柱-剪力墙结构。

楼层屈服强度系数为按构件实际配筋和材料强度标准值计算的楼层受剪承载力与按罕遇地震作用计算的楼层弹性地震剪力的比值。

（3）结构薄弱层（部位）层间弹塑性位移应符合下式要求：

$$\Delta u_p \leqslant [\theta_p] h \tag{1-38}$$

式中 $\Delta u_p$——层间弹塑性位移；

$[\theta_p]$——层间弹塑性位移角限值，可按表 1-23 采用；对框架结构，当轴压比小于 0.40 时，可提高 10%；当柱子全高的箍筋构造采用比本规程中框架柱箍筋最小含箍特征值大于 30%时，可提高 20%，但累计不超过 25%；

$h$——层高。

**层间弹塑性位移角限值** **表 1-23**

| 结构类别 | $[\theta_p]$ | 结构类别 | $[\theta_p]$ |
|---|---|---|---|
| 框架结构 | 1/50 | 剪力墙结构和筒中筒结构 | 1/120 |
| 框架-剪力墙结构、框架-核心筒结构、板柱-剪力墙结构 | 1/100 | 框支层 | 1/120 |

（4）高度超过 150m 的高层建筑结构应具有良好的使用条件，满足舒适度要求。10 年一遇的风荷载取值计算的顺风向与横风向结构顶点最大加速度 $a_{max}$ 不应超过表 1-24 的限值。必要时，可通过专门风洞试验结果计算确定顺风向与横风向结构顶点最大加速度 $a_{max}$，且不应超过表 1-24 的限值。

**结构顶点最大加速度限值 $a_{max}$** **表 1-24**

| 使用功能 | $a_{max}$（m/s²） |
|---|---|
| 住宅、公寓 | 0.15 |
| 办公、旅馆 | 0.25 |

## 1.4 作用效应组合与构件承载力计算方法

### 1.4.1 作用效应组合

（1）无地震作用效应组合

无地震作用效应组合时，荷载效应组合的设计值应按下式确定：

$$S = \gamma_G S_{Gk} + \psi_Q \gamma_Q S_{Qk} + \psi_w \gamma_w S_{wk} \tag{1-39}$$

式中 $S$——荷载效应组合的设计值；

$\gamma_G$——永久荷载分项系数；

$\gamma_Q$——楼面活荷载分项系数；

$\gamma_w$——风荷载的分项系数；

$S_{Gk}$——永久荷载效应标准值；

$S_{Qk}$——楼面活荷载效应标准值；

$S_{wk}$——风荷载效应标准值；

$\psi_Q$、$\psi_w$——分别为楼面活荷载组合值系数和风荷载组合值系数，当永久荷载效应起控制作用时应分别取 0.7 和 0.0；当可变荷载效应起控制作用时应分别取 1.0 和 0.6 或 0.7 和 1.0。

注：对书库、档案库、储藏室、通风机房和电梯机房，本条楼面活荷载组合值系数取 0.7 的场合应取为 0.9。

无地震作用效应组合时，荷载分项系数应按下列规定采用：

1）承载力计算时：

①永久荷载的分项系数 $\gamma_G$：当其效应对结构不利时，对由可变荷载效应控制的组合应取 1.2，对由永久荷载效应控制的组合应取 1.35；当其效应对结构有利时，应取不大于 1.0；

②楼面活荷载的分项系数 $\gamma_Q$：一般情况下应取 1.4；

③风荷载的分项系数 $\gamma_w$ 应取 1.4。

2）位移计算时，式（1-39）中各分项系数均应取 1.0。

无地震作用效应组合且永久荷载效应起控制作用（永久荷载分项系数取 1.35）时，仅考虑楼面活荷载效应参与组合，组合值系数一般取 0.7，风荷载效应不参与组合（组合值系数取 0.0）；无地震作用效应组合且可变荷载效应起控制作用（永久荷载分项系数取 1.2）的场合，当风荷载作为主要可变荷载、楼面活荷载作为次要可变荷载时，其组合值系数分别取 1.0、0.7；对书库、档案库、储藏室、通风机房和电梯机房等楼面活荷载较大且相对固定的情况，其楼面活荷载组合值系数应由 0.7 改为 0.9。当楼面活荷载作为主要可变荷载、风荷载作为次要可变荷载时，其组合值系数分别取 1.0 和 0.6。依此规定，当不考虑楼面活荷载的不利布置时，由式（1-39）至少可以有以下的组合：

$$S = 1.35S_{Gk} + 0.7 \times 1.4S_{Qk} \tag{1-40}$$

$$S = 1.26(S_{Gk} + S_{Qk})(\text{恒、活不分开}) \tag{1-41}$$

$$S = 1.2S_{Gk} + 1.0 \times 1.4S_{Qk} \pm 0.6 \times 1.4S_{wk} \tag{1-42}$$

$$S = 1.2S_{Gk} + 1.0 \times 1.4S_{wk} + 0.7 \times 1.4S_{Qk} \tag{1-43}$$

$$S = 1.0S_{Gk} + 1.0 \times 1.4S_{Qk} \pm 0.6 \times 1.4S_{wk} \tag{1-44}$$

$$S = 1.0S_{Gk} \pm 1.0 \times 1.4S_{wk} + 0.7 \times 1.4S_{Qk} \tag{1-45}$$

（2）有地震作用效应组合

有地震作用效应组合时，荷载效应和地震作用效应组合的设计值应按下式确定：

$$S = \gamma_G S_{GE} + \gamma_{Eh} S_{Ehk} + \gamma_{Ev} S_{Evk} + \psi_w \gamma_w S_{wk} \tag{1-46}$$

式中　$S$——荷载效应和地震作用效应组合的设计值；

$S_{GE}$——重力荷载代表值的效应；

$S_{Ehk}$——水平地震作用标准值的效应，尚应乘以相应的增大系数或调整系数；

$S_{Evk}$——竖向地震作用标准值的效应，尚应乘以相应的增大系数或调整系数；

$\gamma_G$——重力荷载分项系数；

$\gamma_w$——风荷载分项系数；

$\gamma_{Eh}$——水平地震作用分项系数；

$\gamma_{Ev}$——竖向地震作用分项系数；

$\psi_w$——风荷载的组合值系数，一般取 0.0，对 60m 以上的高层建筑取 0.2。

有地震作用效应组合时，荷载效应和地震作用效应的分项系数应按下列规定采用：

1）承载力计算时，分项系数应按表 1-25 采用。当重力荷载效应对结构承载力有利时，表 1-25 中 $\gamma_G$ 不应大于 1.0；

**有地震作用效应组合时荷载和作用分项系数　　表 1-25**

| 所考虑的组合 | $\gamma_G$ | $\gamma_{Eh}$ | $\gamma_{Ev}$ | $\gamma_w$ | 说　明 |
|---|---|---|---|---|---|
| 重力荷载及水平地震作用 | 1.2 | 1.3 | — | — | |
| 重力荷载及竖向地震作用 | 1.2 | — | 1.3 | — | 9 度抗震设计时考虑；水平长悬臂结构 8 度、9 度抗震设计时考虑 |
| 重力荷载、水平地震及竖向地震作用 | 1.2 | 1.3 | 0.5 | — | 9 度抗震设计时考虑；水平长悬臂结构 8 度、9 度抗震设计时考虑 |
| 重力荷载、水平地震作用及风荷载 | 1.2 | 1.3 | — | 1.4 | 60m 以上的高层建筑考虑 |
| 重力荷载、水平地震作用、竖向地震作用及风荷载 | 1.2 | 1.3 | 0.5 | 1.4 | 60m 以上的高层建筑，9 度抗震设计时考虑；水平长悬臂结构 8 度、9 度抗震设计时考虑 |

注：表中“—”号表示组合中不考虑该项荷载或作用效应。

2）位移计算时，式（1-46）中各分项系数均应取 1.0。

依据式（1-46）和表 1-26 的规定，有地震作用效应的组合数是非常多的，具体的组合数与房屋高度、抗震设防烈度和是否长悬臂结构有关，归纳如表 1-26 所示。

**与地震作用有关的作用效应组合工况数　　表 1-26**

| 组 合 数 | $\gamma_G$ | $\gamma_{Eh}$ | $\gamma_{Ev}$ | $\gamma_w$ | $\psi_w$ | 考 虑 的 场 合 |
|---|---|---|---|---|---|---|
| 1~8（8） | 1.2/1.0 | ±1.3 | 0.0 | 0.0 | 0.0 | 6、7、8、9 度 |
| 9~12（4） | 1.2/1.0 | 0.0 | ±1.3 | 0.0 | 0.0 | 9 度抗震设计时；水平长悬臂结构 8 度、9 度抗震设计时 |
| 13~28（16） | 1.2/1.0 | ±1.3 | ±0.5 | 0.0 | 0.0 | 9 度抗震设计时；水平长悬臂结构 8 度、9 度抗震设计时 |
| 29~44（16） | 1.2/1.0 | ±1.3 | 0.0 | ±1.4 | 0.2 | 60m 以上的高层建筑 |
| 45~76（32） | 1.2/1.0 | ±1.3 | ±0.5 | ±1.4 | 0.2 | 60m 以上的高层建筑，且 9 度抗震设计时或水平长悬臂结构 8 度、9 度抗震设计时 |

### 1.4.2 构件承载力计算

高层建筑结构构件承载力应按下列公式验算：

无地震作用组合　　　　　　$\gamma_0 S \leqslant R$　　　　　　(1-47)

有地震作用组合　　　　　　$S \leqslant R/\gamma_{RE}$　　　　　　(1-48)

式中 $\gamma_0$——结构重要性系数，对安全等级为一级或设计使用年限为100年及以上的结构构件，不应小于1.1；对安全等级为二级或设计使用年限为50年的结构构件，不应小于1.0；

$S$——作用效应组合的设计值；

$R$——构件承载力设计值；

$\gamma_{RE}$——构件承载力抗震调整系数。

抗震设计时，钢筋混凝土构件的承载力抗震调整系数应按表1-27采用；型钢混凝土构件和钢构件的承载力抗震调整系数分别按表1-28和表1-29采用。当仅考虑竖向地震作用组合时，各类结构构件的承载力抗震调整系数均应取为1.0。

**承载力抗震调整系数**　　　　**表 1-27**

| 构件类别 | 梁 | 轴压比小于0.15的柱 | 轴压比不小于0.15的柱 | 剪力墙 | | 各类构件 | 节点 |
|---|---|---|---|---|---|---|---|
| 受力状态 | 受弯 | 偏压 | 偏压 | 偏压 | 局部承压 | 受剪、偏拉 | 受剪 |
| $\gamma_{RE}$ | 0.75 | 0.75 | 0.80 | 0.85 | 1.0 | 0.85 | 0.85 |

A级高度高层建筑结构的抗震等级可由表1-28查得。

**A级高度的高层建筑结构抗震等级**　　　　**表 1-28**

| 结构类型 | | | 烈度 | | | | | | |
|---|---|---|---|---|---|---|---|---|---|
| | | | 6度 | | 7度 | | 8度 | | 9度 |
| 框架 | 高度（m） | | ≤30 | >30 | ≤30 | >30 | ≤30 | >30 | ≤25 |
| | 框架 | | 四 | 三 | 三 | 二 | 二 | 一 | 一 |
| 框架-剪力墙 | 高度（m） | | ≤60 | >60 | ≤60 | >60 | ≤60 | >60 | ≤50 |
| | 框架 | | 四 | 三 | 三 | 二 | 二 | 一 | 一 |
| | 剪力墙 | | 三 | | 二 | | 一 | 一 | 一 |
| 剪力墙 | 高度（m） | | ≤80 | >80 | ≤80 | >80 | ≤80 | >80 | ≤60 |
| | 剪力墙 | | 四 | 三 | 三 | 二 | 二 | 一 | 一 |
| 框支剪力墙 | 非底部加强部位剪力墙 | | 四 | 三 | 三 | 二 | 二 | | 不应采用 |
| | 底部加强部位剪力墙 | | 三 | 二 | 二 | | 一 | | |
| | 框支框架 | | 二 | | 二 | 一 | 一 | | |
| 筒体 | 框架-核心筒 | 框架 | 三 | | 二 | | 一 | | 一 |
| | | 核心筒 | 二 | | 二 | | 一 | | 一 |
| | 筒中筒 | 内筒 | 三 | | 二 | | 一 | | 一 |
| | | 外筒 | | | | | | | |
| 板柱-剪力墙 | 板柱的柱 | | 三 | | 二 | | 一 | | 不应采用 |
| | 剪力墙 | | 二 | | 二 | | 二 | | |

注：1. 接近或等于高度分界时，应结合房屋不规则程度及场地、地基条件适当确定抗震等级；

2. 底部带转换层的筒体结构，其框支框架的抗震等级应按表中框支剪力墙结构的规定采用；

3. 板柱-剪力墙结构中框架的抗震等级应与表中“板柱的柱”相同。

B 级高度高层建筑结构的抗震等级可按表 1-29 确定。

**B 级高度的高层建筑结构抗震等级　　表 1-29**

| 结构类型 | | 烈度 | | |
|---|---|---|---|---|
| | | 6度 | 7度 | 8度 |
| 框架-剪力墙 | 框架 | 二 | 一 | 一 |
| | 剪力墙 | 二 | 一 | 特一 |
| 剪力墙 | 剪力墙 | 二 | 一 | 一 |
| 框支剪力墙 | 非底部加强部位剪力墙 | 二 | 一 | 一 |
| | 底部加强部位剪力墙 | 一 | 一 | 特一 |
| | 框支框架 | 一 | 特一 | 特一 |
| 框架-核心筒 | 框架 | 二 | 一 | 一 |
| | 筒体 | 二 | 一 | 特一 |
| 筒中筒 | 外筒 | 二 | 一 | 特一 |
| | 内筒 | 二 | 一 | 特一 |

注：底部带转换层的筒体结构，其框支框架和底部加强部位筒体的抗震等级应按表中框支剪力墙结构的规定采用。

特一级是比一级抗震等级更严格的构造措施。这些措施主要体现在，采用型钢混凝土或钢管混凝土构件提高延性；增大构件配筋率和配箍率；加大强柱弱梁和强剪弱弯的调整系数；加大剪力墙的受弯和受剪承载力；加强连梁的构造配筋等。框架角柱的弯矩和剪力设计值仍应按规程 JGJ 3—2002 第 6.2.4 条的规定，乘以不小于 1.1 的增大系数。

高层规程中，特一级抗震等级主要用于抗震设计的 B 级高度高层建筑、复杂高层建筑结构、9 度抗震设防的乙类高层建筑结构。

高层建筑结构中，抗震等级为特一级的钢筋混凝土构件，除应符合一级抗震等级的基本要求外，尚应满足下列规定：

（1）框架柱应符合下列要求：

1）宜采用型钢混凝土柱或钢管混凝土柱；

2）柱端弯矩增大系数 $\eta_c$、柱端剪力增大系数 $\eta_{vc}$应增大 20%；

3）钢筋混凝土柱柱端加密区最小配箍特征值 $\lambda_v$ 应按规程 JGJ 3—2002 表 6.4.7 数值增大 0.02 采用；全部纵向钢筋最小构造配筋百分率，中、边柱取 1.4%，角柱取 1.6%。

（2）框架梁应符合下列要求：

1）梁端剪力增大系数 $\eta_{vb}$应增大 20%；

2）梁端加密区箍筋构造最小配箍率应增大 10%。

（3）框支柱应符合下列要求：

1）宜采用型钢混凝土柱或钢管混凝土柱；

2）底层柱下端及与转换层相连的柱上端的弯矩增大系数取 1.8，其余层柱端弯矩增大系数 $\eta_c$ 应增大 20%；柱端剪力增大系数 $\eta_{vc}$应增大 20%；地震作用产生的柱轴力增大系数取 1.8，但计算柱轴压比时可不计该项增大；

3）钢筋混凝土柱柱端加密区最小配箍特征值 $\lambda_v$ 应按规程 JGJ 3—2002 表 6.4.7 的数值增大 0.03 采用，且箍筋体积配箍率不应小于 1.6%；全部纵向钢筋最小构造配筋百分率取 1.6%。

（4）筒体、剪力墙应符合下列要求：

1）底部加强部位及其上一层的弯矩设计值应按墙底截面组合弯矩计算值的 1.1 倍采用，其他部位可按墙肢组合弯矩计算值的 1.3 倍采用；底部加强部位的剪力设计值，应按考虑地震作用组合的剪力计算值的 1.9 倍采用，其他部位的剪力设计值，应按考虑地震作用组合的剪力计算值的 1.2 倍采用；

2）一般部位的水平和竖向分布钢筋最小配筋率应取为 0.35%，底部加强部位的水平和竖向分布钢筋的最小配筋率应取为 0.4%；

3）约束边缘构件纵向钢筋最小构造配筋率应取为 1.4%，配箍特征值宜增大 20%；构造边缘构件纵向钢筋的配筋率不应小于 1.2%；

4）框支剪力墙结构的落地剪力墙底部加强部位边缘构件宜配置型钢，型钢宜向上、下各延伸一层。

（5）剪力墙和筒体的连梁应符合下列要求：

1）当跨高比不大于 2 时，宜配置交叉暗撑；

2）当跨高比不大于 1 时，应配置交叉暗撑；

3）交叉暗撑的计算和构造宜符合规程 JGJ 3—2002 第 9.3.8 条的规定。

# 2 高层框架结构设计例题

## 2.1 非抗震设计例题

### 2.1.1 设计任务书

(1) 工程名称：某高校图书馆阅览室（位于该图书馆伸缩缝一侧）。

(2) 建设地点：某大城市的郊区。

(3) 工程概况：平面尺寸为 15m × 30m，8 层，每层层高 4.2m，室内外高差为 0.6m，走廊宽度为 3m。设计使用年限为 50 年。

(4) 基本风压：$w_0 = 0.5\text{kN/m}^2$，地面粗糙程度为 B 类。

(5) 基本雪压：$s_0 = 0.35\text{kN/m}^2$，$\mu_r = 1.0$。

(6) 不考虑抗震设防。

要求：选择合理的结构形式，进行结构布置，并对其进行设计。只对房屋横向进行计算。

### 2.1.2 结构的选型与布置

(1) 结构选型

本建筑只有 8 层，且为阅览室，为了便于管理，采用大开间。为了使结构的整体刚度较好，楼面、屋面、楼梯、天沟等均采用现浇结构。基础为柱下独立基础。

(2) 结构布置

高层框架结构应设计成双向梁柱抗侧力体系，框架梁、柱中心线宜重合。当梁、柱偏心距大于该方向柱宽的 1/4 时，宜采取增设梁的水平加腋等措施。

结合建筑的平面、立面和剖面布置情况，本阅览室的结构平面和剖面布置分别如图 2-1和 2-2 所示。

框架结构房屋中，柱距一般为 5 ~ 10m，本建筑的柱距为 6m。根据结构布置，本建筑平面除个别板区格为单向板外，其余均为双向板。双向板的板厚 $h \leqslant \frac{1}{50}l$（$l$ 为区格短边边长）。本建筑由于楼面活荷载不大，为减轻结构自重和节省材料起见，楼面板和屋面板的厚度均取 120mm。

本建筑的材料选用如下：

混凝土：采用 C30；

钢筋：纵向受力钢筋采用热轧钢筋 HRB400，其余采用热轧钢筋 HPB235；

墙体：外墙、分户墙采用灰砂砖，其尺寸为 240mm × 120mm × 60mm，重度 $\gamma = 18\text{kN/m}^2$；

内隔墙采用水泥空心砖，其尺寸为 290mm × 290mm × 140mm，重度 $\gamma = 9.8\text{kN/m}^2$；

窗：钢塑门窗，$\gamma = 0.35\text{kN/m}^2$；

门：木门，$\gamma = 0.2\text{kN/m}^2$。

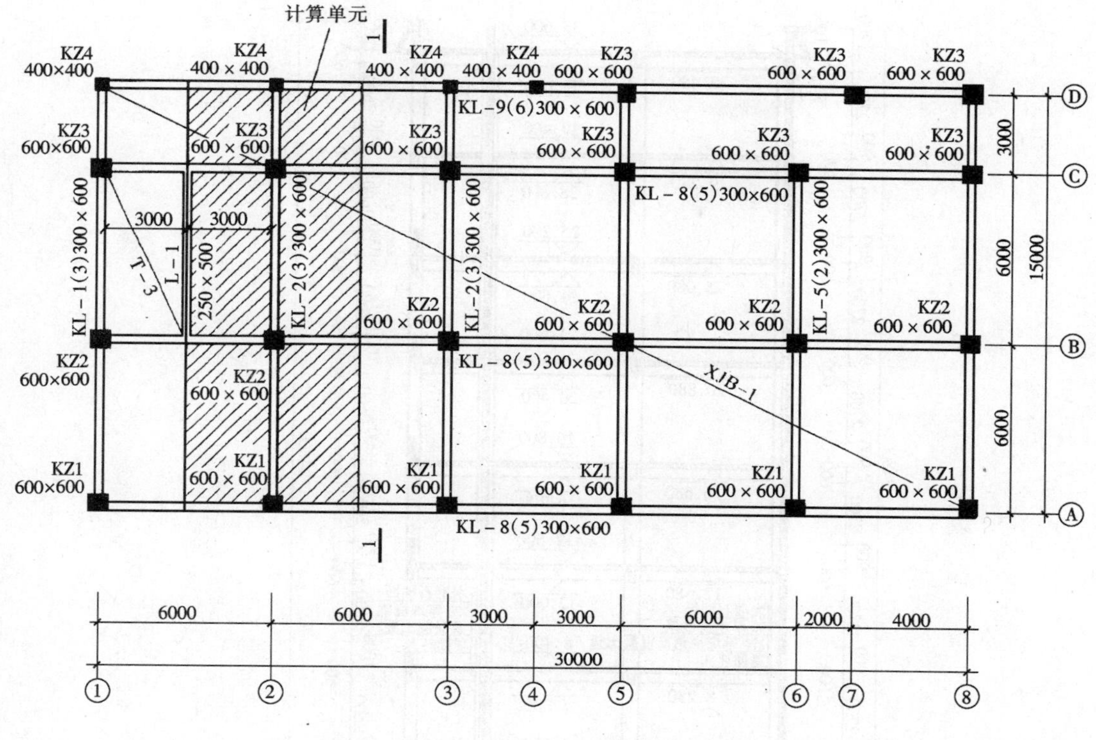


图 2-1　结构平面布置图

### 2.1.3　框架计算简图及梁柱线刚度

图 2-1 所示的框架结构体系纵向和横向均为框架结构，是一个空间结构体系，理应按空间结构进行计算。但是，采用手算和借助简单的计算工具计算空间框架结构太过复杂，《高层建筑混凝土结构技术规程》(JGJ 3—2002) 允许在纵、横两个方向将其按平面框架计算。本例中只作横向平面框架计算，纵向平面框架的计算方法与横向相同，故从略。

本建筑中，横向框架的间距均为 6m，荷载基本相同，可选用一榀框架进行计算与配筋，其余框架可参照此榀框架进行配筋。现以②轴线的 KJ-2 为例进行计算。

(1) 梁、柱截面尺寸估算

1) 框架横梁截面尺寸

框架横梁截面高度 $h = \left(\frac{1}{18} \sim \frac{1}{8}\right) l$，截面宽度 $b = \left(\frac{1}{3} \sim \frac{1}{2}\right) h$。本结构中，取

$$h = \frac{1}{10} l = \frac{6000}{10} = 600\text{mm}$$

$$b = \frac{1}{2} h = 300\text{mm}$$

2) 框架柱截面尺寸

底层柱轴力估算：

假定结构每平方米总荷载设计值为 12kN，则底层中柱的轴力设计值约为：

$$N = 12 \times 6 \times 6 \times 8 = 3456\text{kN}$$

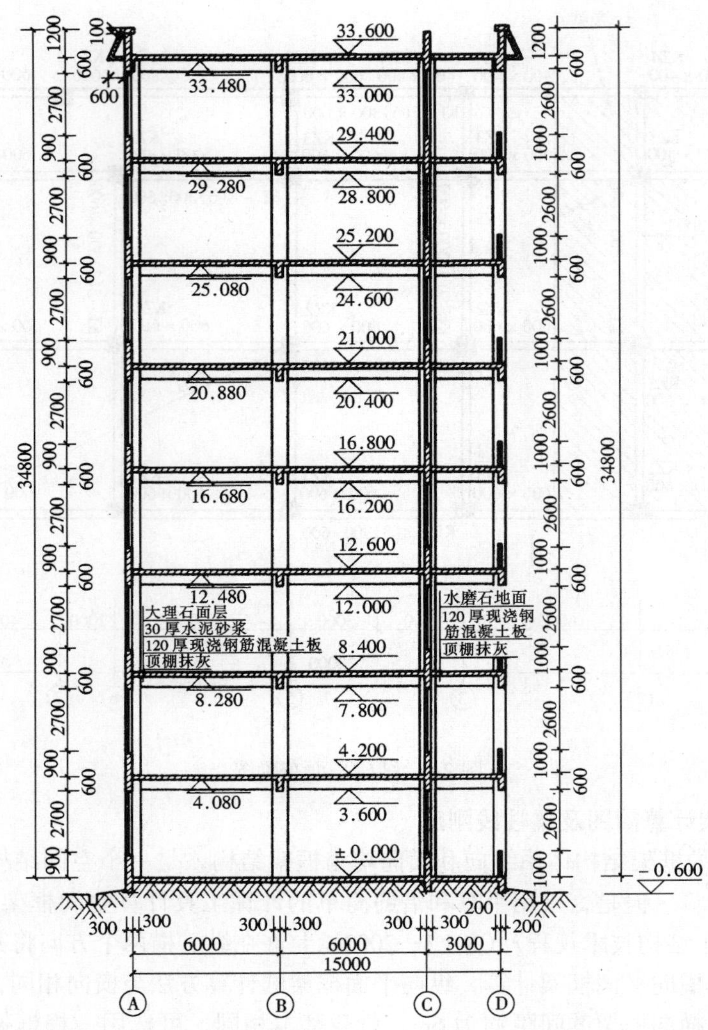


图 2-2　1-1 剖面图

若采用 C30 混凝土浇捣，由附表 9-2 查得 $f_c = 14.3\text{MPa}$。假定柱截面尺寸 $b \times h = 600\text{mm} \times 600\text{mm}$，则柱的轴压比为：

$$\mu = \frac{N}{f_c bh} = \frac{3456000}{14.3 \times 600 \times 600} = 0.67$$

故确定取柱截面尺寸为 600mm × 600mm。$D$ 轴柱受力较小，故一部分柱截面尺寸为400mm × 400mm（图 2-1）。

框架梁、柱编号及其截面尺寸如图 2-1 所示。为了简化施工，各柱截面从底层到顶层不改变。

（2）确定框架计算简图

框架的计算单元如图 2-1 所示。框架柱嵌固于基础顶面，框架梁与柱刚接。由于各层柱的截面尺寸不变，故梁跨等于柱截面形心轴线之间的距离。底层柱高从基础顶面算至二层楼面，室内外高差为 -0.600m，基础顶面至室外地坪通常取 -0.500m，故基顶标高至 ±0.000 的距离定

为 - 1.10m，二层楼面标高为 4.20m，故底层柱高为 5.30m。其余各层柱高从楼面算至上一层楼面（即层高），故均为 4.20m。由此可绘出框架的计算简图如图 2-3 所示。

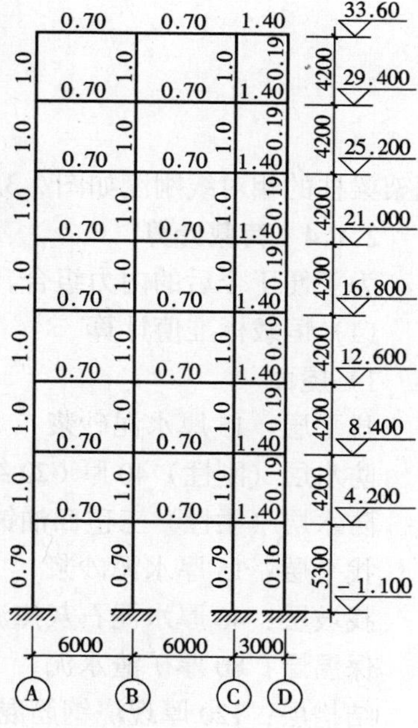

图 2-3 计算简图

（3）框架梁柱的线刚度计算

由于楼面板与框架梁的混凝土一起浇捣，对于中框架梁取 $I = 2I_0$

左跨梁：$i_{左跨梁} = EI/l = 3.0 \times 10^7 \times 2 \times \frac{1}{12} \times 0.3 \times (0.6)^3/6 = 5.4 \times 10^4 \text{kN·m}$

中跨梁：$i_{中跨梁} = EI/l = 3.0 \times 10^7 \times 2 \times \frac{1}{12} \times 0.3 \times (0.6)^3/6 = 5.4 \times 10^4 \text{kN·m}$

右跨梁：

$$i_{右跨梁} = EI/l = 3.0 \times 10^7 \times 2 \times \frac{1}{12} \times 0.3 \times (0.6)^3/3 = 10.8 \times 10^4 \text{kN·m}$$

A 轴 ~ C 轴底层柱：

$$i_{左底柱} = EI/h = 3.0 \times 10^7 \times \frac{1}{12} \times (0.6)^4/5.3 = 6.1 \times 10^4 \text{kN·m}$$

D 轴底层柱：

$$i_{右底柱} = EI/h = 3.0 \times 10^7 \times \frac{1}{12} \times (0.4)^4/5.3 = 1.2 \times 10^4 \text{kN·m}$$

A 轴 ~ C 轴其余各层柱：

$$i_{左余柱} = EI/h = 3.0 \times 10^7 \times \frac{1}{12} \times (0.6)^4/4.2 = 7.7 \times 10^4 \text{kN·m}$$

D 轴其余各层柱：

$$i_{右余柱} = EI/h = 3.0 \times 10^7 \times \frac{1}{12} \times (0.4)^4/4.2 = 1.5 \times 10^4 \text{kN·m}$$

令 $i_{左余柱} = 1.0$，则其余各杆件的相对线刚度为：

$$i'_{左跨梁} = \frac{5.4 \times 10^4}{7.7 \times 10^4} = 0.70$$

$$i'_{中跨梁} = \frac{5.4 \times 10^4}{7.7 \times 10^4} = 0.70$$

$$i'_{右跨梁} = \frac{10.8 \times 10^4}{7.7 \times 10^4} = 1.40$$

$$i'_{左底柱} = \frac{6.1 \times 10^4}{7.7 \times 10^4} = 0.79$$

$$i'_{右底柱} = \frac{1.2 \times 10^4}{7.7 \times 10^4} = 0.16$$

$$i'_{右余柱} = \frac{1.5 \times 10^4}{7.7 \times 10^4} = 0.19$$

框架梁柱的相对线刚度如图 2-3 所示，作为计算各节点杆端弯矩分配系数的依据。

### 2.1.4 荷载计算

为了便于今后的内力组合，荷载计算宜按标准值计算。

(1) 恒载标准值计算

1) 屋面

| | |
|---|---|
| 找平层：15 厚水泥砂浆 | $0.015 \times 20 = 0.30$ kN/m$^2$ |
| 防水层（刚性）40 厚 C20 细石混凝土防水 | 1.0 kN/m$^2$ |
| 防水层（柔性）三毡四油铺小石子 | 0.4 kN/m$^2$ |
| 找平层：15 厚水泥砂浆 | $0.015 \times 20 = 0.30$ kN/m$^2$ |
| 找坡层：40 厚水泥石灰焦渣砂浆 3‰找平 | $0.04 \times 14 = 0.56$ kN/m$^2$ |
| 保温层：80 厚矿渣水泥 | $0.08 \times 14.5 = 1.16$ kN/m$^2$ |
| 结构层：120 厚现浇钢筋混凝土板 | $0.12 \times 25 = 3$ kN/m$^2$ |
| 抹灰层：10 厚混合砂浆 | $0.01 \times 17 = 0.17$ kN/m$^2$ |
| 合计 | 6.89 kN/m$^2$ |

2) 各层走廊楼面

| | |
|---|---|
| 水磨石地面：10mm 面层；20mm 水泥砂浆打底；素水泥浆结合层一道 | 0.65 kN/m$^2$ |
| 结构层：120 厚现浇钢筋混凝土板 | $0.12 \times 25 = 3$ kN/m$^2$ |
| 抹灰层：10 厚混合砂浆 | $0.01 \times 17 = 0.17$ kN/m$^2$ |
| 合计 | 3.82 kN/m$^2$ |

3) 标准层楼面

| | |
|---|---|
| 大理石面层，水泥砂浆擦缝；30 厚 1:3 干硬性水泥砂浆，面上撒 2 厚素水泥；水泥浆结合层一道 | 1.16 kN/m$^2$ |
| 结构层：120 厚现浇钢筋混凝土板 | $0.12 \times 25 = 3$ kN/m$^2$ |
| 抹灰层：10 厚混合砂浆 | $0.01 \times 17 = 0.17$ kN/m$^2$ |
| 合计 | 4.33 kN/m$^2$ |

4) 梁自重

$b \times h = 300\text{mm} \times 600\text{mm}$

自重 $25 \times 0.3 \times (0.6 - 0.12) = 3.6$ kN/m

抹灰层：10 厚混合砂浆 $0.01 \times (0.6 - 0.12 + 0.3) \times 2 \times 17 = 0.27$ kN/m

---

合计 3.87 kN/m

$b \times h = 250\text{mm} \times 500\text{mm}$

自重 $25 \times 0.25 \times (0.5 - 0.12) = 2.38$ kN/m

抹灰层：10 厚混合砂浆 $0.01 \times (0.5 - 0.12 + 0.25 \times 2 \times 17) = 0.21$ kN/m

---

合计 2.59 kN/m

基础梁 $b \times h = 250\text{mm} \times 400\text{mm}$

自重 $25 \times 0.25 \times 0.4 = 2.5$ kN/m

5）柱自重

$b \times h = 600\text{mm} \times 600\text{mm}$

自重 $25 \times 0.6 \times 0.6 = 9$ kN/m

抹灰层：10 厚混合砂浆 $0.01 \times 0.6 \times 4 \times 17 = 0.41$ kN/m

---

合计 9.41 kN/m

$b \times h = 400\text{mm} \times 400\text{mm}$

自重 $25 \times 0.4 \times 0.4 = 4$ kN/m

抹灰层：10 厚混合砂浆 $0.01 \times 0.4 \times 4 \times 17 = 0.27$ kN/m

---

合计 4.27 kN/m

6）外纵墙自重

标准层：

纵墙 $0.9 \times 0.24 \times 18 = 3.89$ kN/m

铝合金窗 $0.35 \times 2.7 = 0.95$ kN/m

水刷石外墙面 $(4.2 - 2.7) \times 0.5 = 0.75$ kN/m

水泥粉刷内墙面 $(4.2 - 2.7) \times 0.36 = 0.54$ kN/m

---

合计 6.13 kN/m

底层：

纵墙（基础梁高 200mm×400mm） $(5.3 - 2.7 - 0.6 - 0.4) \times 0.24 \times 18 = 6.91$ kN/m

铝合金窗 $0.35 \times 2.7 = 0.95$ kN/m

| | |
|---|---|
| 水刷石外墙面 | $(4.2-2.7)\times 0.5=0.75$ kN/m |
| 水泥粉刷内墙面 | $(4.2-2.7)\times 0.36=0.54$ kN/m |
| 合计 | 9.15 kN/m |

7）内纵墙自重

标准层：

| | |
|---|---|
| 纵墙 | $3.6\times 0.24\times 18=15.55$ kN/m |
| 水泥粉刷内墙面 | $3.6\times 0.36\times 2=2.59$ kN/m |
| 合计 | 18.14 kN/m |

8）内隔墙自重

标准层：

| | |
|---|---|
| 内隔墙 | $0.9\times 0.29\times 9.8=2.56$ kN/m |
| 铝合金窗 | $0.35\times 2.7=0.95$ kN/m |
| 水泥粉刷墙面 | $0.9\times 2\times 0.36=0.65$ kN/m |
| 合计 | 4.16 kN/m |

底层：

| | |
|---|---|
| 内隔墙 | $(5.3-2.7-0.6-0.4)\times 0.29\times 9.8=4.55$ kN/m |
| 铝合金窗 | $0.35\times 2.7=0.95$ kN/m |
| 水泥粉刷墙面 | $(5.3-2.7-0.6-0.4)\times 2\times 0.36=1.15$ kN/m |
| 合计 | 6.65 kN/m |

9）栏杆自重

$$0.24\times 1.1\times 18+0.05\times 25\times 0.24=5.05\ \text{kN/m}$$

（2）活荷载标准值计算

1）屋面和楼面活荷载标准值

由表 1-7 和 1-8 查得：

上人屋面　　$2.0\text{kN/m}^2$

楼面：阅览室　$2.0\text{kN/m}^2$

　　　走　廊　$2.5\text{kN/m}^2$

2）雪荷载标准值

$$s_k = 1.0\times 0.35 = 0.35\text{kN/m}^2$$

屋面活荷载与雪荷载不同时考虑，两者中取大值。

（3）竖向荷载下框架受荷总图

1）A ~ B 轴间框架梁

屋面板传给梁的荷载：

确定板传递给梁的荷载时，要一个板区格一个板区格地考虑。确定每个板区格上的荷载传递时，先要区分此板区格是单向板还是双向板，若为单向板，可沿板的短跨作中线，将板上荷载平均分给两长边的梁；若为双向板，可沿四角点作 45°线，将区格板分为四小块，将每小块板上的荷载传递给与之相邻的梁。板传至梁上的三角形或梯形荷载可等效为均布荷载。本结构楼面荷载的传递示意图见图 2-4。

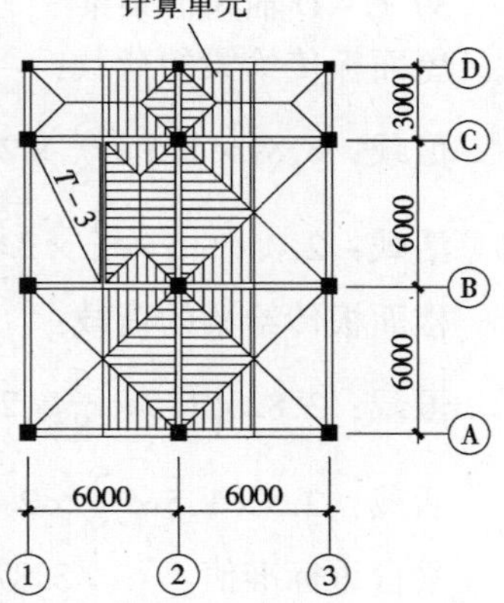

图 2-4 板传荷载示意图

恒载：$6.89\times3\times\frac{5}{8}\times2=25.84\text{kN/m}$

活载：$2.0\times3\times\frac{5}{8}\times2=7.5\text{kN/m}$

楼面板传给梁的荷载：

恒载：$4.33\times3\times\frac{5}{8}\times2=16.24\text{kN/m}$

活载：$2.0\times3\times\frac{5}{8}\times2=7.5\text{kN/m}$

梁自重标准值　　3.87kN/m

A ~ B 轴间框架梁均布荷载为：屋面梁　恒载 = 梁自重 + 板传荷载

$=3.87+25.84=29.71\text{kN/m}$

活载 = 板传荷载

$=7.5\text{kN/m}$

楼面梁　恒载 = 梁自重 + 板传荷载

$=3.87+16.24=20.11\text{kN/m}$

活载 = 板传荷载

$=7.5\text{kN/m}$

2）B ~ C 轴间框架梁

屋面板传给梁的荷载：

恒载：$6.89\times3\times\frac{5}{8}+6.89\times1.5\times(1-2\times0.25^2+0.25^3)=22.12\text{kN/m}$

活载：$2.0\times3\times\frac{5}{8}+2.0\times1.5\times(1-2\times0.25^2+0.25^3)=6.42\text{kN/m}$

楼面板传给梁的荷载：

恒载：$4.33\times3\times\frac{5}{8}+4.33\times1.5\times(1-2\times0.25^2+0.25^3)=13.90\text{kN/m}$

活载：$2.0\times3\times\frac{5}{8}+2.0\times1.5\times(1-2\times0.25^2+0.25^3)=6.42\text{kN/m}$

梁自重标准值　　3.87kN/m

B ~ C 轴间框架梁均布荷载为：屋面梁　恒载 = 梁自重 + 板传荷载

$=3.87+22.12=25.99\text{kN/m}$

活载 = 板传荷载

$=6.42\text{kN/m}$

楼面梁　恒载 = 梁自重 + 板传荷载

$= 3.87 + 13.90 = 17.77\text{kN/m}$

活载 = 板传荷载

$= 6.42\text{kN/m}$

3）C～D 轴间框架梁

屋面板传给梁的荷载：

恒载：$6.89 \times 1.5 \times \frac{5}{8} \times 2 = 12.92\text{kN/m}$

活载：$2.0 \times 1.5 \times \frac{5}{8} \times 2 = 3.75\text{kN/m}$

楼面板传给梁的荷载：

恒载：$3.82 \times 1.5 \times \frac{5}{8} \times 2 = 7.16\text{kN/m}$

活载：$2.5 \times 1.5 \times \frac{5}{8} \times 2 = 4.69\text{kN/m}$

梁自重标准值　　　3.87kN/m

C～D 轴间框架梁均布荷载为：屋面梁　恒载 = 梁自重 + 板传荷载

$= 3.87 + 12.92 = 16.79\text{kN/m}$

活载 = 板传荷载

$= 3.75\text{kN/m}$

楼面梁　恒载 = 梁自重 + 板传荷载

$= 3.87 + 7.16 = 11.03\text{kN/m}$

活载 = 板传荷载

$= 4.69\text{kN/m}$

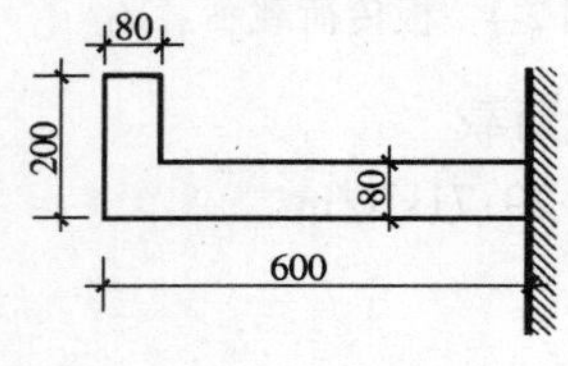


图 2-5　现浇天沟尺寸

4）A 轴柱纵向集中荷载的计算

顶层柱

女儿墙自重：（做法：墙高 1100mm，100mm 的混凝土压顶）

$0.24 \times 1.1 \times 18 + 25 \times 0.1 \times 0.24 + (1.2 \times 2 + 0.24) \times 0.5 = 6.67\text{kN/m}$

天沟自重：（琉璃瓦 + 现浇天沟）（图 2-5）

琉璃瓦自重：$1.05 \times 1.1 \qquad = 1.16\text{kN/m}$

现浇天沟自重：$25 \times [0.60 + (0.20 - 0.080)] \times 0.08 + (0.6 + 0.2) \times (0.5 + 0.36)$

$= 2.13\text{kN/m}$

---

合计　　　3.29kN/m

顶层柱恒载 = 女儿墙及天沟自重 + 梁自重 + 板传荷载

$= (6.67 + 3.29) \times 6 + 3.87 \times (6 - 0.6) + 12.92 \times 6$

$= 158.18\text{kN}$

顶层柱活载 = 板传活载

= 3.75 × 6 = 22.5kN

标准层柱恒载 = 墙自重 + 梁自重 + 板传荷载

= 6.13 ×（6 − 0.6）+ 3.87 ×（6 − 0.6）+ 8.12 × 6

= 102.72kN

标准层柱活载 = 板传活载

= 3.75 × 6 = 22.5kN

基础顶面恒载 = 底层外纵墙自重 + 基础梁自重

= 9.15 ×（6 − 0.6）+ 2.5 ×（6 − 0.6）= 62.91kN

5）B 轴柱纵向集中荷载的计算

顶层柱恒载 = 梁自重 + 板传荷载

= 3.87 ×（6 − 0.6）+ 12.92 ×（6 + 3）+ 6.89 × 1.5 × 5 × 3/（2 × 8）

+ 6.89 × 1.5 × 0.89 × 6/4 + 2.59 × 6/4

= 164.55kN

顶层柱活载 = 板传活载

= 3.75 ×（6 + 3）+ 2.0 × 1.5 × 5 × 3/（2 × 8）+ 2.0 × 1.5 × 0.89 × 6/4

= 40.57kN

标准层柱恒载 = 梁自重 + 板传荷载

= 3.87 ×（6 − 0.6）+ 8.12 ×（6 + 3）+ 4.33 × 1.5 × 5 × 3/（2 × 8）

+ 4.33 × 1.5 × 0.89 × 6/4 +（2.59 + 18.14）× 6/4

= 139.83kN

标准层柱活载 = 板传活载

= 3.75 ×（6 + 3）+ 2.0 × 1.5 × 5 × 3/（2 × 8）+ 2.0 × 1.5 × 0.89 × 6/4

= 40.57kN

基础顶面恒载 = 基础梁自重

= 2.5 ×（6 − 0.6）= 13.50kN

6）C 轴柱纵向集中荷载的计算

顶层柱恒载 = 梁自重 + 板传荷载

= 3.87 ×（6 − 0.6）+ 12.92 × 3 + 6.89 × 1.5 × 0.89 × 6 + 6.89 × 1.5 × 5

× 3/（2 × 8）+ 6.89 × 1.5 × 0.89 × 6/4 + 2.59 × 6/4

= 142.22kN

顶层柱活载 = 板传活载

= 3.75 × 3 + 2.0 × 1.5 × 0.89 × 6 + 2.0 × 1.5 × 5 × 3/（2 × 8）+ 2.0

× 1.5 × 0.89 × 6/4

= 34.09kN

标准层柱恒载 = 梁自重 + 隔墙自重 + 板传荷载

=（3.87 + 4.16）×（6 − 0.6）+ 8.12 × 3 + 3.82 × 1.5 × 0.89

$\times 6+4.33\times 1.5\times 5\times 3/(2\times 8)+4.33\times 1.5\times 0.89\times 6/4$

$+(2.59+18.14)\times 6/4$

$=144.18\text{kN}$

标准层柱活载 = 板传活载

$=3.75\times 3+2.5\times 1.5\times 0.89\times 6+2.0\times 1.5\times 5\times 3/(2\times 8)$

$+2.0\times 1.5\times 0.89\times 6/4$

$=38.09\text{kN}$

基础顶面恒载 = 底层内隔墙自重 + 基础梁自重

$=6.65\times(6-0.6)+2.5\times(6-0.6)=49.41\text{kN}$

7）D 轴柱纵向集中荷载的计算

顶层柱恒载 = 女儿墙及天沟自重 + 梁自重 + 板传荷载

$=(6.67+3.29)\times 6+3.87\times(6-0.6)+6.89\times 1.5\times 0.89\times 6$

$=135.85\text{kN}$

顶层柱活载 = 板传活载

$=2.0\times 1.5\times 0.89\times 6$

$=16.02\text{kN}$

标准层柱恒载 = 栏杆自重 + 梁自重 + 板传荷载

$=5.05\times(6-0.4)+3.87\times(6-0.4)+3.82\times 1.5\times 0.89\times 6$

$=80.55\text{kN}$

标准层柱活载 = 板传活载

$=2.5\times 1.5\times 0.89\times 6$

$=20.03\text{kN}$

基础顶面恒载 = 栏杆自重 + 基础梁自重

$=5.05\times(6-0.4)+2.5\times 6=43.28\text{kN}$

框架在竖向荷载作用下的受荷总图如图 2-6 所示（图中数值均为标准值）。由于Ⓐ、Ⓓ二轴的纵梁外边线分别与该二轴柱的外边线齐平，故此二轴上的竖向荷载与柱轴线偏心，Ⓐ轴的偏心距为 150mm，Ⓓ轴的偏心距为 50mm。

（4）风荷载标准值计算

作用在屋面梁和楼面梁节点处的集中风荷载标准值：

为了简化计算起见，通常将计算单元范围内外墙面的分布风荷载，化为等量的作用于楼面集中风荷载，计算公式如下：

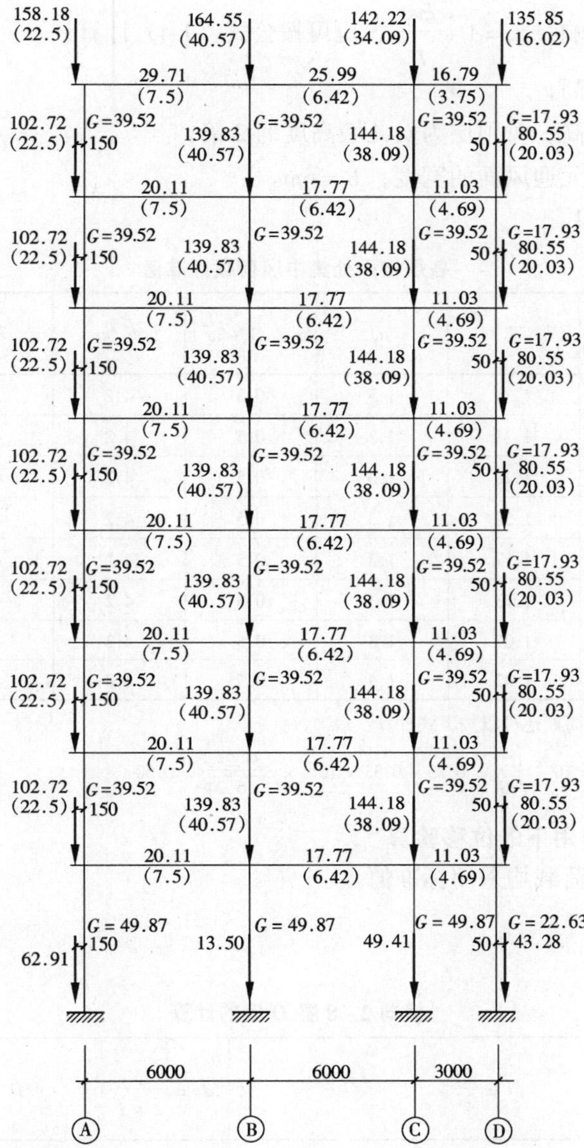


图 2-6　竖向受荷总图

注：1. 图中各值的单位为 kN；

2. 图中数值均为标准值。

$$W_k = \beta_z \mu_s \mu_z w_0 (h_i + h_j) B/2$$

式中　基本风压 $w_0 = 0.5\text{kN/m}^2$；

$\mu_z$——风压高度变化系数，因建设地点位于某大城市郊区，所以地面粗糙度为 B 类；

$\mu_s$——风荷载体型系数，本建筑 $H/B = 34.7/15 = 2.31 < 4$，$\mu_s = 1.3$；

$\beta_z$——风振系数，基本自振周期对于钢筋混凝土框架结构可用 $T_1 = 0.08n$（$n$ 是建筑层数）估算，大约为 $0.64\text{s} > 0.25\text{s}$，应考虑风压脉动对结构发生顺风向风振的影响，$\beta_z = 1 + \frac{\xi\nu\varphi_z}{\mu_z}$，也可按公式（1-4）计算；

$h_i$——下层柱高；

$h_j$——上层柱高，对顶层为女儿墙高度的2倍；

$B$——计算单元迎风面的宽度，$B = 6$m。

计算过程见表2-1。

各层楼面处集中风荷载标准值　　表2-1

| 离地高度 $z$/m | $\mu_z$ | $\beta_z$ | $\mu_s$ | $w_0$/（kN/m²） | $h_i$/m | $h_j$/m | $W_k$/kN |
|---|---|---|---|---|---|---|---|
| 34.2 | 1.48 | 1.36 | 1.3 | 0.5 | 4.2 | 2.4 | 25.90 |
| 30.0 | 1.42 | 1.31 | 1.3 | 0.5 | 4.2 | 4.2 | 30.47 |
| 25.8 | 1.35 | 1.28 | 1.3 | 0.5 | 4.2 | 4.2 | 28.30 |
| 21.6 | 1.28 | 1.22 | 1.3 | 0.5 | 4.2 | 4.2 | 25.58 |
| 17.4 | 1.19 | 1.17 | 1.3 | 0.5 | 4.2 | 4.2 | 22.81 |
| 13.2 | 1.09 | 1.13 | 1.3 | 0.5 | 4.2 | 4.2 | 20.18 |
| 9.0 | 1.00 | 1.07 | 1.3 | 0.5 | 4.2 | 4.2 | 17.53 |
| 4.8 | 1.00 | 1.02 | 1.3 | 0.5 | 4.8 | 4.2 | 17.90 |

注：对于框架结构自振周期还可以按下式计算：

$$T_1 = 0.25 + 0.53 \times 10^{-3} \frac{H^2}{\sqrt[3]{B}} = 0.25 + 0.53 \times 10^{-3} \times \frac{34.2^2}{\sqrt[3]{15.24}} = 0.50\text{s}$$

### 2.1.5 风荷载作用下的位移验算

位移计算时，各荷载均采用标准值。

（1）侧移刚度 $D$

见表2-2和表2-3。

横向2~8层 $D$ 值的计算　　表2-2

| 构件名称 | $\bar{i} = \frac{\Sigma i_b}{2 i_c}$ | $\alpha_c = \frac{\bar{i}}{2 + \bar{i}}$ | $D = \alpha_c i_c \frac{12}{h^2}$/(kN/m) |
|---|---|---|---|
| A轴柱 | $\frac{2 \times 5.4 \times 10^4}{2 \times 7.7 \times 10^4} = 0.7$ | 0.259 | 13567 |
| B轴柱 | $\frac{2 \times (5.4 \times 10^4 + 5.4 \times 10^4)}{2 \times 7.7 \times 10^4} = 1.4$ | 0.411 | 21529 |
| C轴柱 | $\frac{2 \times (5.4 \times 10^4 + 10.8 \times 10^4)}{2 \times 7.7 \times 10^4} = 2.1$ | 0.512 | 26819 |
| D轴柱 | $\frac{2 \times 10.8 \times 10^4}{2 \times 1.5 \times 10^4} = 7.2$ | 0.783 | 7990 |
| $\Sigma D = 13567 + 21529 + 26819 + 7990 = 69905$kN/m | | | |

**横向底层 $D$ 值的计算** 　　**表 2-3**

| 构件名称 | $\bar{i}=\frac{\Sigma i_b}{i_c}$ | $\alpha_c=\frac{0.5+\bar{i}}{2+\bar{i}}$ | $D=\alpha_c i_c \frac{12}{h^2}$/(kN/m) |
|---|---|---|---|
| A 轴柱 | $\frac{5.4\times10^4}{6.1\times10^4}=0.89$ | 0.481 | 12534 |
| B 轴柱 | $\frac{5.4\times10^4+5.4\times10^4}{6.1\times10^4}=1.77$ | 0.602 | 15688 |
| C 轴柱 | $\frac{5.4\times10^4+10.8\times10^4}{6.1\times10^4}=2.66$ | 0.678 | 17668 |
| D 轴柱 | $\frac{10.8\times10^4}{1.2\times10^4}=9$ | 0.864 | 4429 |
| $\Sigma D=12534+15688+17668+4429=50319$kN/m | | | |

(2) 风荷载作用下框架侧移计算

水平荷载作用下框架的层间侧移可按下式计算：

$$\Delta u_j=\frac{V_j}{\Sigma D_{ij}} \tag{2-1}$$

式中 $V_j$——第 $j$ 层的总剪力标准值；

$\Sigma D_{ij}$——第 $j$ 层所有柱的抗侧刚度之和；

$\Delta u_j$——第 $j$ 层的层间侧移。

第一层的层间侧移值求出以后，就可以计算各楼板标高处的侧移值的顶点侧移值，各层楼板标高处的侧移值是该层以下各层层间侧移之和。顶点侧移是所有各层层间侧移之和。

$j$ 层侧移

$$u_j=\sum_{j=1}^{j}\Delta u_j \tag{2-2}$$

顶点侧移

$$u=\sum_{j=1}^{n}\Delta u_j \tag{2-3}$$

框架在风荷载作用下侧移的计算见表 2-4。

**风荷载作用下框架楼层层间位移与层高之比计算** 　　**表 2-4**

| 层　次 | $W_j$/kN | $V_j$/kN | $\Sigma D$/(kN/m) | $\Delta u_j$/m | $\Delta u_j$/h |
|---|---|---|---|---|---|
| 八 | 25.90 | 25.90 | 69905 | 0.0004 | 1/11336 |
| 七 | 30.47 | 56.37 | 69905 | 0.0008 | 1/5208 |
| 六 | 28.30 | 84.67 | 69905 | 0.0012 | 1/3468 |
| 五 | 25.58 | 110.25 | 69905 | 0.0016 | 1/2663 |
| 四 | 22.81 | 133.06 | 69905 | 0.0019 | 1/2207 |
| 三 | 20.18 | 153.24 | 69905 | 0.0022 | 1/1916 |
| 二 | 17.53 | 170.77 | 69905 | 0.0024 | 1/1719 |
| 一 | 17.90 | 188.67 | 50319 | 0.0037 | 1/1414 |
| $u=\Sigma\Delta u_j=0.0143$m | | | | | |

侧移验算：

由表 1.22 可知，对于框架结构，楼层层间最大位移与层高之比的限值为 1/550。本框架的层间最大位移与层高之比在底层，其值为 1/1414，满足：

$$1/1414 < 1/550$$

要求，框架抗侧刚度足够。

### 2.1.6 内力计算

为简化计算，考虑如下几种单独受荷情况：

(1) 恒载作用；

(2) 活荷载作用于 A ~ B 轴跨间；

(3) 活荷载作用于 B ~ C 轴跨间；

(4) 活荷载作用于 C ~ D 轴跨间；

(5) 风荷载作用（从左向右或从右向左)。

框架在竖向荷载作用下，可采用分层法、迭代法、UBC 法等方法计算其内力。本例中，对于（1)、(2)、(3)、(4) 等 4 种竖向荷载作用，采用迭代法计算内力。

框架在水平荷载作用下，可采用反弯点法、D 值法、门架法等方法计算其内力。本例中，对于第（5）种情况，采用 D 值法计算内力。

在内力分析前，还应计算节点各杆的弯矩分配系数以及在竖向荷载作用下各杆端的固端弯矩。

(1) 恒荷载标准值作用下的内力计算

由前述的刚度比可根据下式求得节点各杆端的弯矩分配系数如图 2-7 所示：

$$\mu'_{ik} = -\frac{1}{2}\frac{i_{ik}}{\sum\limits_{(i)} i_{ik}} \tag{2-4}$$

均布恒载和集中荷载偏心引起的固端弯矩构成节点不平衡弯矩：

$$M_{均载} = -\frac{1}{12}ql^2$$

$$M_{集中荷载} = -Fe$$

$$M_{梁固端} = M_1 + M_2$$

根据上述公式计算的梁固端弯矩如图 2-7 所示。

将固端弯矩及节点不平衡弯矩填入图 2-7 中节点的方框后，即可进行迭代计算，直至杆端弯矩趋于稳定，最后按下式求得各杆端弯矩，如图 2-8 所示：

$$M_{ik} = M^{g}_{ik} + M'_{ik} + (M'_{ik} + M'_{ki}) \tag{2-5}$$

式中 $M_{ik}$——杆端最后弯矩；

$M^{g}_{ik}$——各杆端固端弯矩；

$M'_{ik}$——迭代所得的杆端近端转角弯矩；

$M'_{ki}$——迭代所得的杆端远端转角弯矩。

以上计算中，当已知框架 $M$ 图求 $V$ 图以及已知 $V$ 图求 $N$ 图时，可采用结构力学取脱离体的方法。如已知杆件（梁或柱）两端的弯矩（图 2-9$a$)，

其剪力：

$$V_{lk} = V_{0lk} - (M_{ijk} + M_{jik})/l \tag{2-6}$$

$$V_{rk} = V_{0rk} - (M_{ijk} + M_{jik})/l \tag{2-7}$$

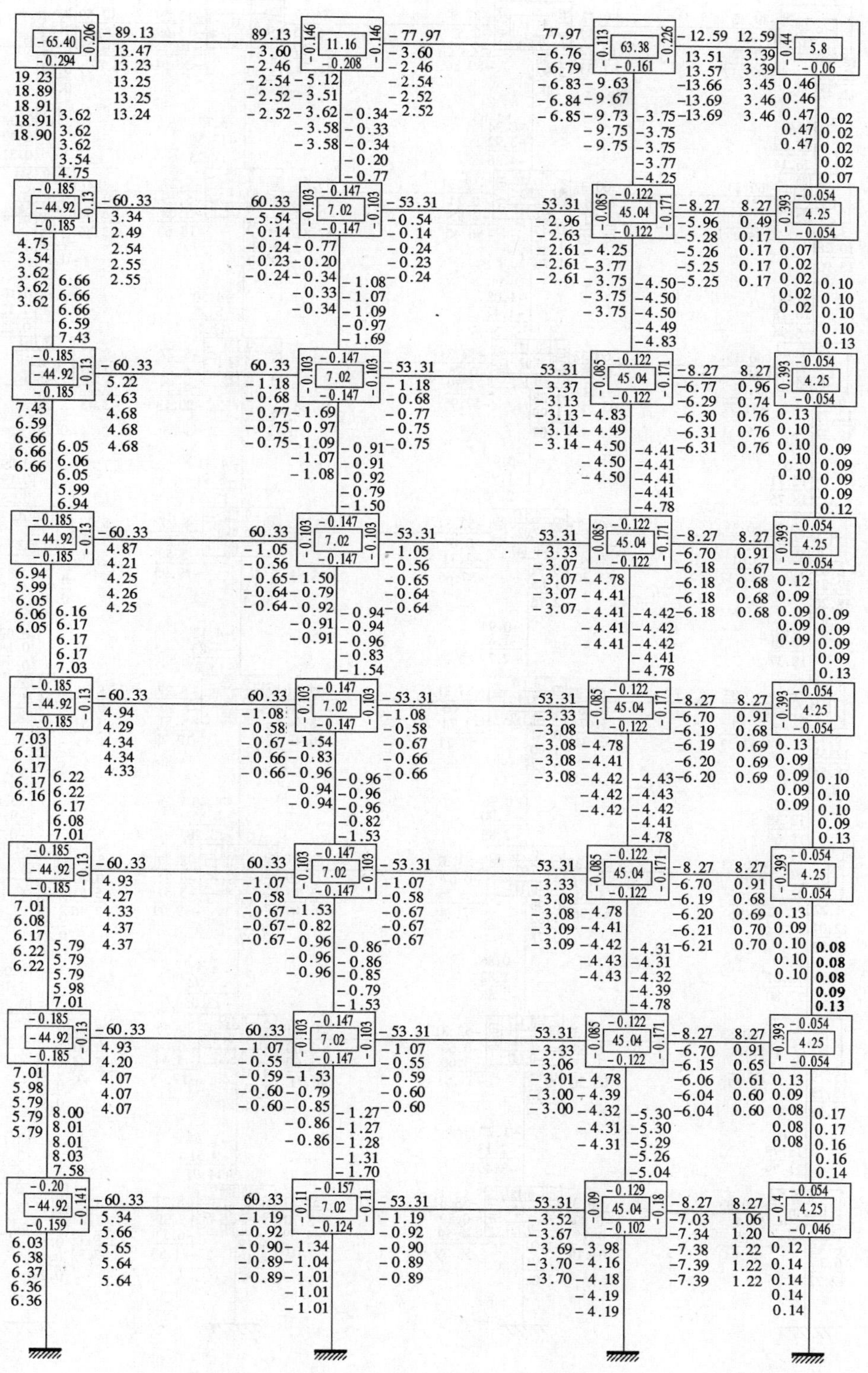

图 2-7　恒荷载作用下的迭代计算

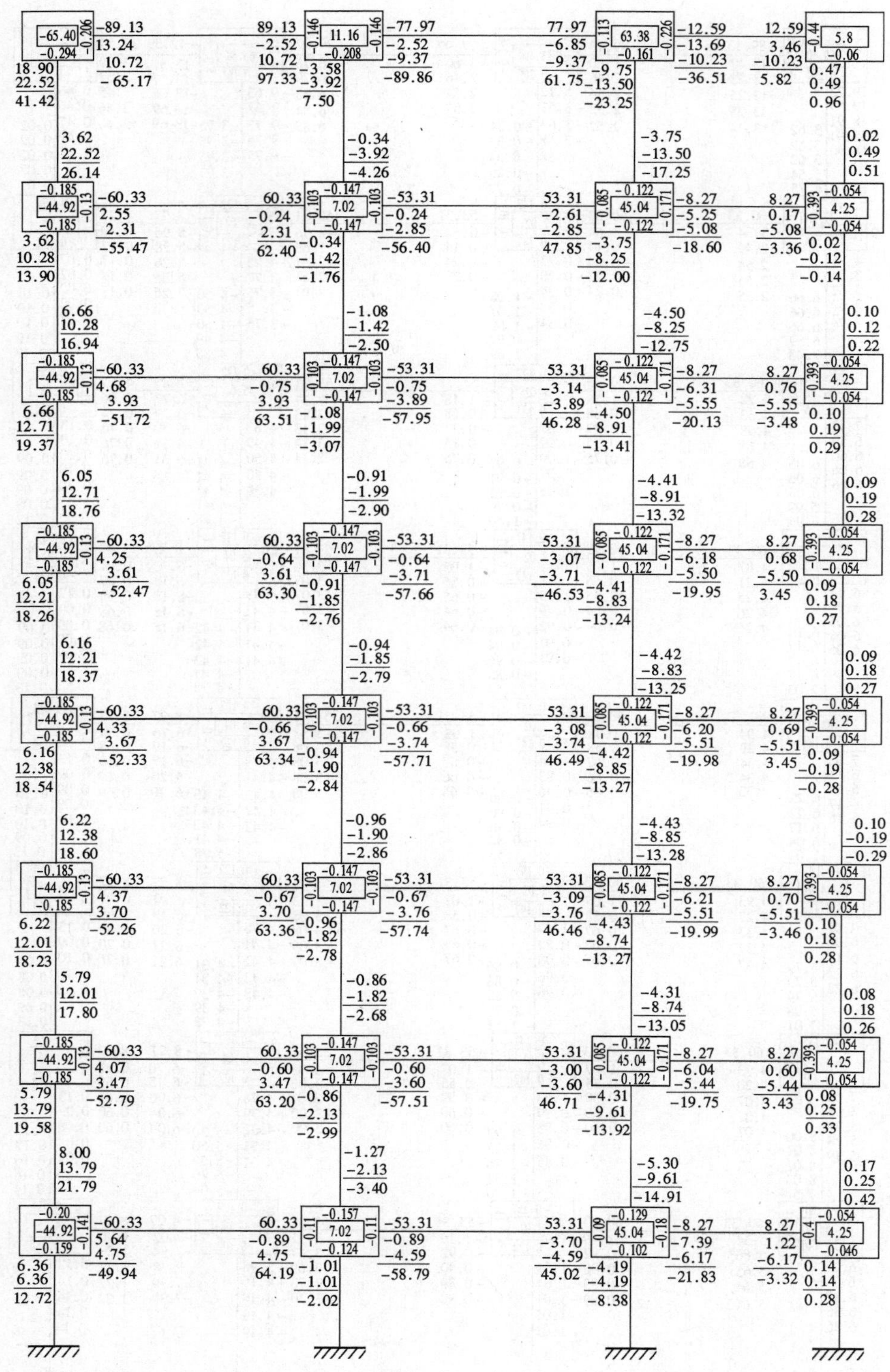

图 2-8　恒荷载作用下最后杆端弯矩（单位：kN·m）

式中　$V_{0lk}, V_{0rk}$ ——简支梁支座左端和右端的剪力标准值，当梁上无荷载作用时，$V_{0lk} = V_{0rk} = 0$，剪力以使所取隔离体产生顺时针转动为正；

$M_{ijk}, M_{jik}$ ——梁端弯矩标准值，以绕杆端顺时针为正，反之为负。

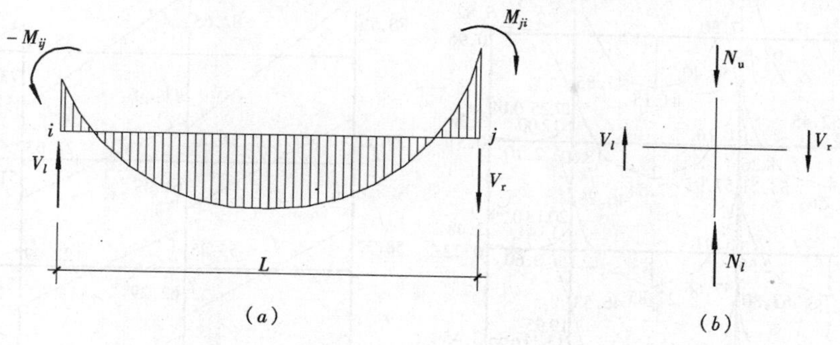


图 2-9　$V$ 及 $N$ 的计算简图

已知某节点上柱传来的轴力 $N_u$ 和左、右传来的剪力 $V_l$、$V_r$ 时，其下柱的轴力（图 2-9$b$）：

$$N_l = N_u - V_l + V_r \tag{2-8}$$

式中　$N_u$、$N_l$ 以压力为正，拉力为负。

恒荷载标准值作用下的弯矩图、剪力图、轴力图如图 2-10、图 2-11 和图 2-12 所示。

（2）活荷载标准值作用下的内力计算

活荷载标准值作用在 A ~ B 轴间的弯矩图、剪力图、轴力图如图 2-13、图 2-14 和图 2-15所示。

活荷载标准值作用在 B ~ C 轴间的弯矩图、剪力图、轴力图如图 2-16、图 2-17 和图 2-18所示。

活荷载标准值作用在 C ~ D 轴间的弯矩图、剪力图、轴力图如图 2-19、图 2-20 和图 2-21所示，框架柱节点弯矩分配图如图 2-22 所示。

（3）风荷载标准值作用下的内力计算

框架在风荷载（从左向右吹）下的内力用 D 值法（改进的反弯点法）进行计算。其步骤为：

1）求各柱反弯点处的剪力值；

2）求各柱反弯点高度；

3）求各柱的杆端弯矩及梁端弯矩；

4）求各柱的轴力和梁剪力。

第 $i$ 层第 $m$ 柱所分配的剪力为：$V_{im} = \dfrac{D_{im}}{\Sigma D} V_i$，$V_i = \sum_{j=i}^{n} W_i$，$W_i$ 为第 $i$ 层楼面处集中风荷载标准值，见表 2-1。$D_{im}$为第 $i$ 层第 $m$ 根柱的抗侧刚度，可查附表 4-1 计算。

框架柱自柱底开始计算的反弯点位置与柱高之比 $y = y_0 + y_1 + y_2 + y_3$，$y_0$、$y_1$、$y_2$、$y_3$ 可分别由附表 5-1 ~ 附表 5-3 查得，计算结果如表 2-5 ~ 表 2-8 所示。

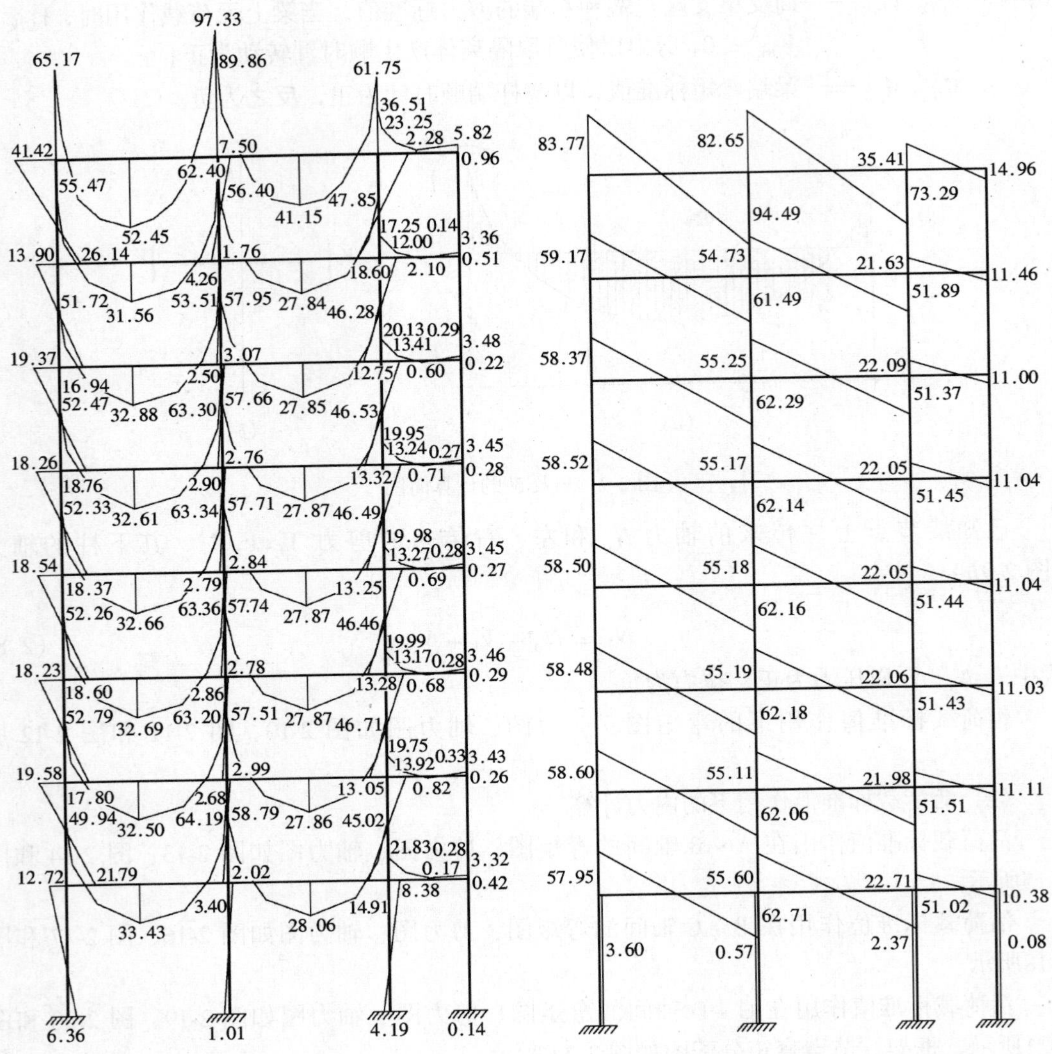

图 2-10　恒荷载作用下的 $M$ 图（单位：kN·m）

注：节点弯矩不平衡是因为节点有等代力矩的缘故。

图 2-11　恒荷载作用下的 $V$ 图（单位：kN）

**Ⓐ轴框架柱反弯点位置**

**表 2-5**

| 层号 | $h$/m | $\bar{i}$ | $y_0$ | $y_1$ | $y_2$ | $y_3$ | $y$ | $yh$/m |
|---|---|---|---|---|---|---|---|---|
| 8 | 4.2 | 0.70 | 0.30 | 0 | 0 | 0 | 0.30 | 1.26 |
| 7 | 4.2 | 0.70 | 0.40 | 0 | 0 | 0 | 0.40 | 1.68 |
| 6 | 4.2 | 0.70 | 0.45 | 0 | 0 | 0 | 0.45 | 1.89 |
| 5 | 4.2 | 0.70 | 0.45 | 0 | 0 | 0 | 0.45 | 1.89 |
| 4 | 4.2 | 0.70 | 0.45 | 0 | 0 | 0 | 0.45 | 1.89 |
| 3 | 4.2 | 0.70 | 0.45 | 0 | 0 | 0 | 0.45 | 1.89 |
| 2 | 4.2 | 0.70 | 0.50 | 0 | 0 | −0.015 | 0.49 | 2.04 |
| 1 | 5.3 | 0.89 | 0.65 | 0 | −0.0025 | 0 | 0.65 | 3.43 |

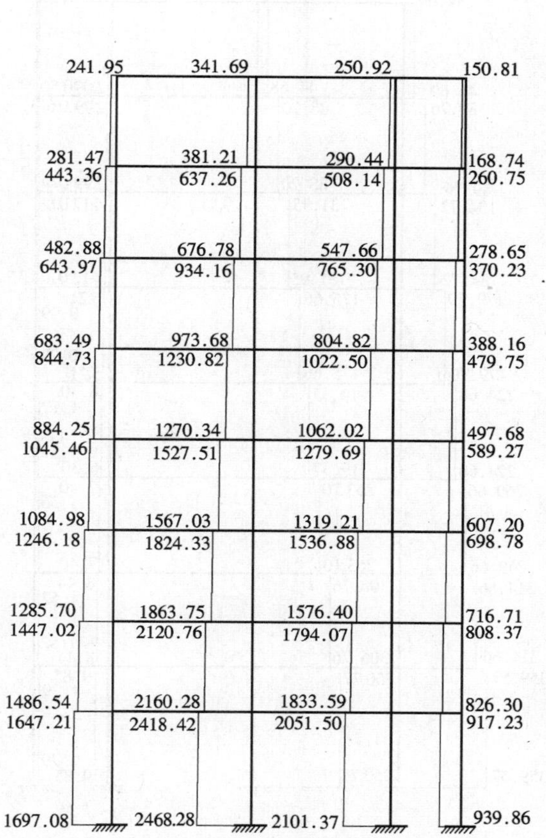


图 2-12　恒荷载作用下的 $N$ 图（单位：kN）

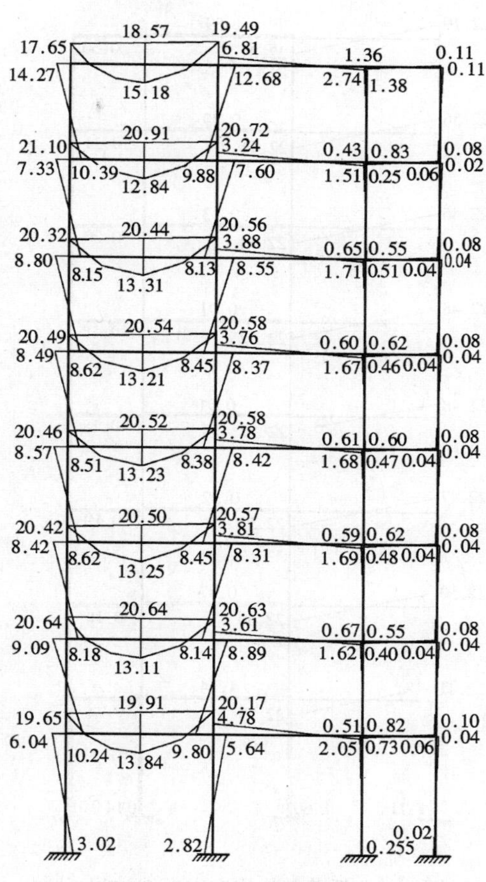

图 2-13　活荷载作用在Ⓐ～Ⓑ轴间的 $M$ 图（单位：kN·m）

注：节点弯矩不平衡是因为节点有等代力矩的缘故。

Ⓑ轴框架柱反弯点位置　　　　表 2-6

| 层号 | $h$/m | $\bar{i}$ | $y_0$ | $y_1$ | $y_2$ | $y_3$ | $y$ | $yh$/m |
|---|---|---|---|---|---|---|---|---|
| 8 | 4.2 | 1.4 | 0.37 | 0 | 0 | 0 | 0.37 | 1.55 |
| 7 | 4.2 | 1.4 | 0.42 | 0 | 0 | 0 | 0.42 | 1.76 |
| 6 | 4.2 | 1.4 | 0.45 | 0 | 0 | 0 | 0.45 | 1.89 |
| 5 | 4.2 | 1.4 | 0.47 | 0 | 0 | 0 | 0.47 | 1.97 |
| 4 | 4.2 | 1.4 | 0.47 | 0 | 0 | 0 | 0.47 | 1.97 |
| 3 | 4.2 | 1.4 | 0.50 | 0 | 0 | 0 | 0.50 | 2.10 |
| 2 | 4.2 | 1.4 | 0.50 | 0 | 0 | −0.006 | 0.49 | 2.07 |
| 1 | 5.3 | 1.77 | 0.573 | 0 | −0.0019 | 0 | 0.57 | 3.03 |

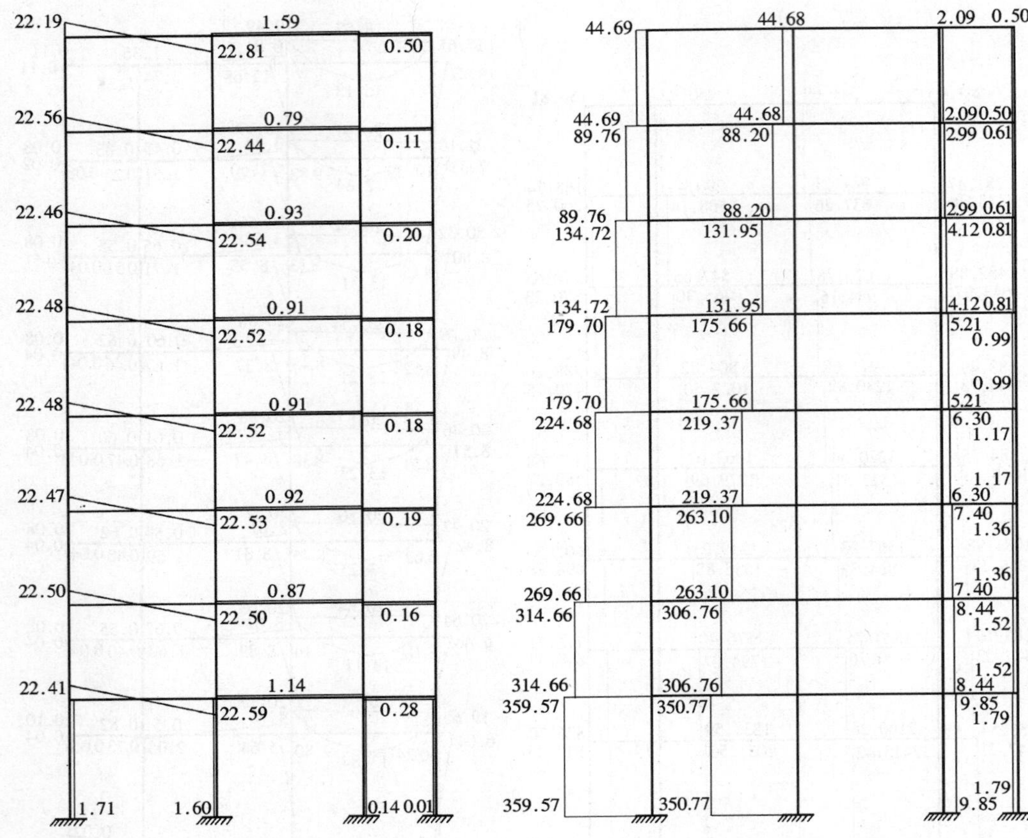


图 2-14　活荷载作用在Ⓐ～Ⓑ轴间的 $V$ 图（单位：kN）

图 2-15　活荷载作用在Ⓐ～Ⓑ轴间的 $N$ 图（单位：kN）

**Ⓒ轴框架柱反弯点位置**　　**表 2-7**

| 层号 | $h$/m | $\bar{i}$ | $y_0$ | $y_1$ | $y_2$ | $y_3$ | $y$ | $yh$/m |
|---|---|---|---|---|---|---|---|---|
| 8 | 4.2 | 2.1 | 0.405 | 0 | 0 | 0 | 0.405 | 1.70 |
| 7 | 4.2 | 2.1 | 0.455 | 0 | 0 | 0 | 0.455 | 1.91 |
| 6 | 4.2 | 2.1 | 0.455 | 0 | 0 | 0 | 0.455 | 1.91 |
| 5 | 4.2 | 2.1 | 0.50 | 0 | 0 | 0 | 0.50 | 2.10 |
| 4 | 4.2 | 2.1 | 0.50 | 0 | 0 | 0 | 0.50 | 2.10 |
| 3 | 4.2 | 2.1 | 0.50 | 0 | 0 | 0 | 0.50 | 2.10 |
| 2 | 4.2 | 2.1 | 0.50 | 0 | 0 | 0 | 0.50 | 2.10 |
| 1 | 5.3 | 2.66 | 0.55 | 0 | 0 | 0 | 0.55 | 2.92 |

**Ⓓ轴框架柱反弯点位置**　　**表 2-8**

| 层号 | $h$/m | $\bar{i}$ | $y_0$ | $y_1$ | $y_2$ | $y_3$ | $y$ | $yh$/m |
|---|---|---|---|---|---|---|---|---|
| 8 | 4.2 | 7.2 | 0.45 | 0 | 0 | 0 | 0.45 | 1.89 |
| 7 | 4.2 | 7.2 | 0.50 | 0 | 0 | 0 | 0.50 | 2.10 |
| 6 | 4.2 | 7.2 | 0.50 | 0 | 0 | 0 | 0.50 | 2.10 |
| 5 | 4.2 | 7.2 | 0.50 | 0 | 0 | 0 | 0.50 | 2.10 |
| 4 | 4.2 | 7.2 | 0.50 | 0 | 0 | 0 | 0.50 | 2.10 |
| 3 | 4.2 | 7.2 | 0.50 | 0 | 0 | 0 | 0.50 | 2.10 |
| 2 | 4.2 | 7.2 | 0.50 | 0 | 0 | 0 | 0.50 | 2.10 |
| 1 | 5.3 | 9.0 | 0.55 | 0 | 0 | 0 | 0.55 | 2.92 |

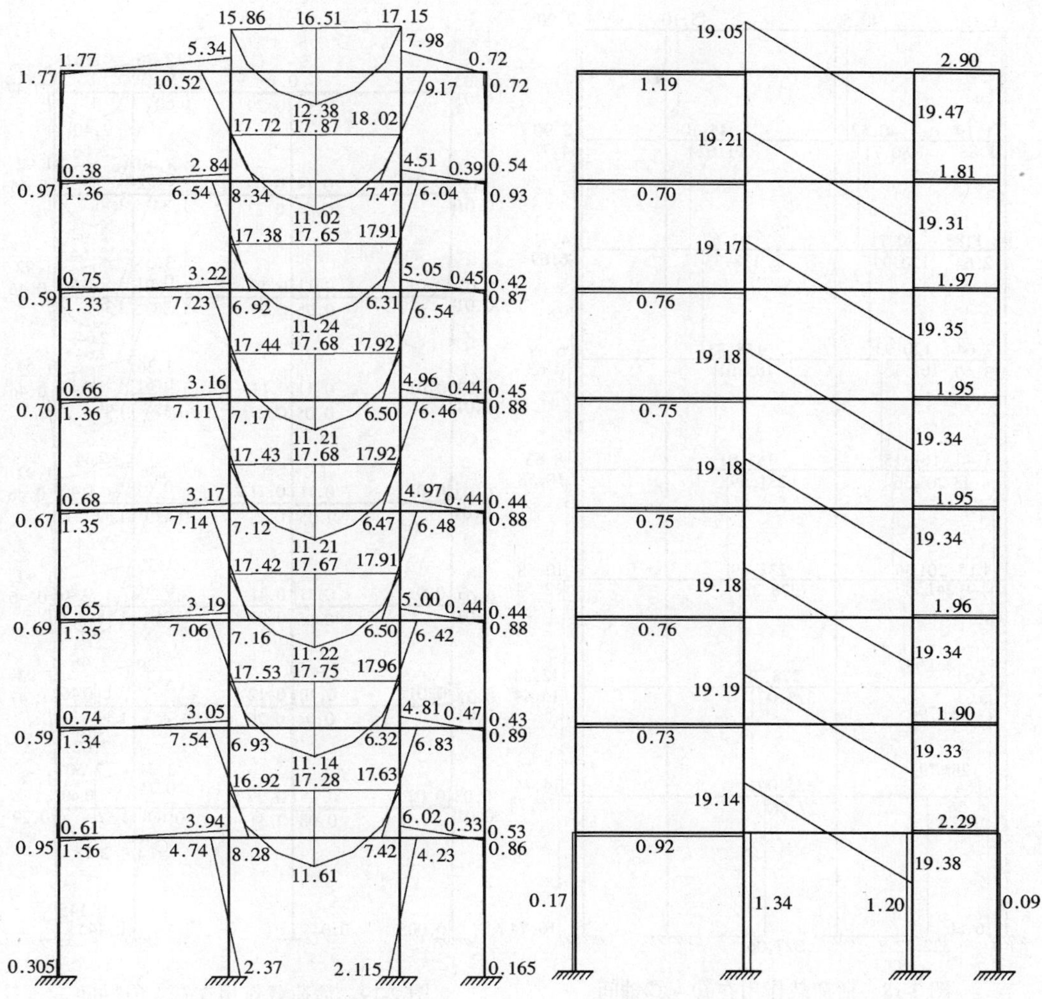


图 2-16　活荷载作用在Ⓑ～Ⓒ轴间的 $M$ 图（单位：kN·m）

图 2-17　活荷载作用在Ⓑ～Ⓒ轴间的 $V$ 图（单位：kN）

框架各柱的杆端弯矩、梁端弯矩按下式计算，计算过程如表 2-9～表 2-12 所示：

$$M_{c上} = V_{im}(1-y) \cdot h \tag{2-9}$$

$$M_{c下} = V_{im} y \cdot h \tag{2-10}$$

中柱

$$M_{b左j} = \frac{i_b^{左}}{i_b^{左} + i_b^{右}}(M_{c下j+1} + M_{c上j}) \tag{2-11}$$

$$M_{b右j} = \frac{i_b^{右}}{i_b^{左} + i_b^{右}}(M_{c下j+1} + M_{c上j}) \tag{2-12}$$

边柱

$$M_{b总j} = M_{c下j+1} + M_{c上j} \tag{2-13}$$

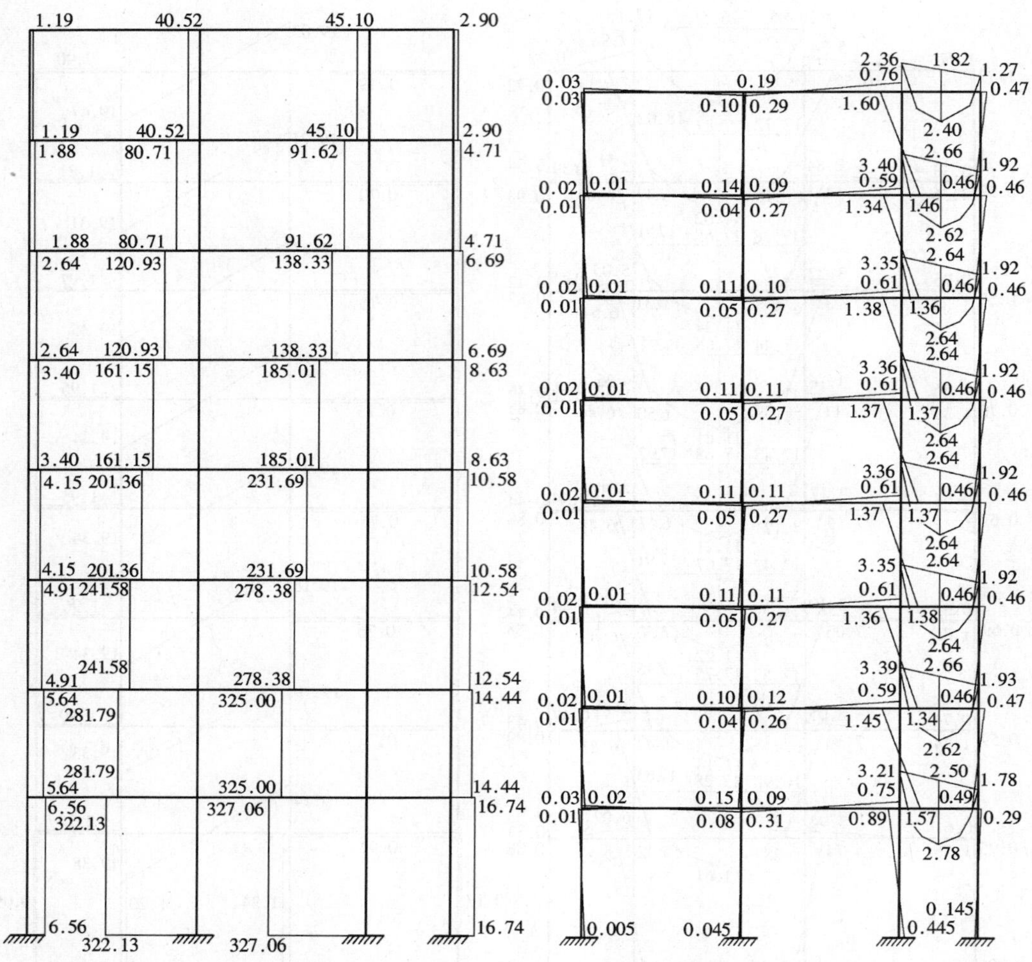


图 2-18 活荷载作用在Ⓑ～Ⓒ轴间的 $N$ 图（单位：kN）

图 2-19 活荷载作用在Ⓒ～Ⓓ轴间的 $M$ 图（单位：kN·m）

注：节点弯矩不平衡是因为节点有等代力矩的缘故。

**风荷载作用下Ⓐ轴框架柱剪力和梁柱端弯矩的计算** **表 2-9**

| 层 | $V_i$(kN) | $\Sigma D$ | $D_{im}$ | $D_{im}/\Sigma D$ | $V_{im}$/kN | $yh$ (m) | $M_{c上}$ (kN·m) | $M_{c下}$ (kN·m) | $M_{b总}$ (kN·m) |
|---|---|---|---|---|---|---|---|---|---|
| 8 | 25.90 | 69905 | 13567 | 0.194 | 5.03 | 1.26 | 14.78 | 6.33 | 14.78 |
| 7 | 56.37 | 69905 | 13567 | 0.194 | 10.94 | 1.68 | 27.57 | 18.38 | 33.90 |
| 6 | 84.67 | 69905 | 13567 | 0.194 | 16.43 | 1.89 | 37.96 | 31.06 | 56.34 |
| 5 | 110.25 | 69905 | 13567 | 0.194 | 21.40 | 1.89 | 49.43 | 40.44 | 80.48 |
| 4 | 133.06 | 69905 | 13567 | 0.194 | 25.82 | 1.89 | 59.65 | 48.81 | 100.09 |
| 3 | 153.24 | 69905 | 13567 | 0.194 | 29.74 | 1.89 | 68.70 | 56.21 | 117.51 |
| 2 | 170.77 | 69905 | 13567 | 0.194 | 33.14 | 2.04 | 71.59 | 67.61 | 127.80 |
| 1 | 188.67 | 50319 | 12534 | 0.249 | 47.00 | 3.43 | 87.88 | 161.20 | 155.49 |

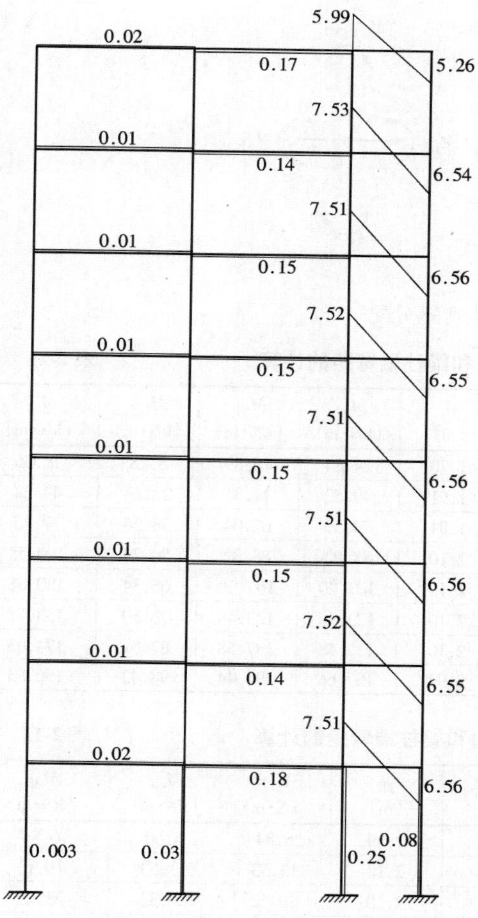


图 2-20　活荷载作用在Ⓒ～Ⓓ轴间的 $V$ 图（单位：kN）

0.02　0.20　17.52　21.28
0.02　0.20　17.52　21.28
0.03　0.35　37.89　47.86
0.03　0.35　37.89　47.86
0.04　0.51　58.25　74.44
0.04　0.51　58.25　74.44
0.06　0.67　78.61　101.03
0.06　0.67　78.61　101.03
0.07　0.83　98.98　127.61
0.07　0.83　98.98　127.61
0.08　0.98　119.34　154.20
0.08　0.98　119.34　154.20
0.09　1.14　139.70　180.78
0.09　1.14　139.70　180.78
0.11　1.33　160.09　207.37
0.11　1.33　160.09　207.37

图 2-21　活荷载作用在Ⓒ～Ⓓ轴间的 $N$ 图（单位：kN）

**风荷载作用下Ⓑ轴框架柱剪力和梁柱端弯矩的计算**　**表 2-10**

| 层 | $V_i$(kN) | $\Sigma D$ | $D_{im}$ | $D_{im}/\Sigma D$ | $V_{im}$(kN) | $yh$ (m) | $M_{c上}$ (kN·m) | $M_{c下}$ (kN·m) | $M_{b左}$ (kN·m) | $M_{b右}$ (kN·m) |
|---|---|---|---|---|---|---|---|---|---|---|
| 8 | 25.90 | 69905 | 21529 | 0.308 | 7.98 | 1.55 | 21.14 | 12.36 | 10.57 | 10.57 |
| 7 | 56.37 | 69905 | 21529 | 0.308 | 17.36 | 1.76 | 42.36 | 30.55 | 27.36 | 27.36 |
| 6 | 84.67 | 69905 | 21529 | 0.308 | 26.08 | 1.89 | 60.24 | 49.28 | 45.40 | 45.40 |
| 5 | 110.25 | 69905 | 21529 | 0.308 | 33.95 | 1.97 | 75.72 | 66.89 | 62.50 | 62.50 |
| 4 | 133.06 | 69905 | 21529 | 0.308 | 40.98 | 1.97 | 91.38 | 80.73 | 79.14 | 79.14 |
| 3 | 153.24 | 69905 | 21529 | 0.308 | 47.19 | 2.10 | 99.11 | 99.11 | 89.92 | 89.92 |
| 2 | 170.77 | 69905 | 21529 | 0.308 | 52.59 | 2.07 | 112.02 | 108.87 | 105.57 | 105.57 |
| 1 | 188.67 | 50319 | 15688 | 0.312 | 58.82 | 3.03 | 133.53 | 178.23 | 121.20 | 121.20 |

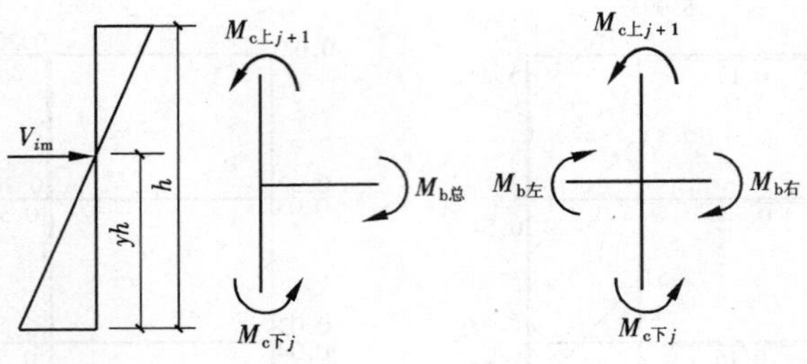


图 2-22 框架柱节点弯矩分配

**风荷载作用下©轴框架柱剪力和梁柱端弯矩的计算** 表 2-11

| 层 | $V_i$(kN) | $\Sigma D$ | $D_{im}$ | $D_{im}/\Sigma D$ | $V_{im}$(kN) | $yh$ (m) | $M_{c上}$ (kN·m) | $M_{c下}$ (kN·m) | $M_{b左}$ (kN·m) | $M_{b右}$ (kN·m) |
|---|---|---|---|---|---|---|---|---|---|---|
| 8 | 25.90 | 69905 | 26819 | 0.384 | 9.94 | 1.70 | 24.84 | 16.89 | 8.28 | 16.56 |
| 7 | 56.37 | 69905 | 26819 | 0.384 | 21.63 | 1.91 | 49.52 | 41.31 | 22.14 | 44.28 |
| 6 | 84.67 | 69905 | 26819 | 0.384 | 32.48 | 1.91 | 74.39 | 62.04 | 38.56 | 77.13 |
| 5 | 110.25 | 69905 | 26819 | 0.384 | 42.30 | 2.10 | 88.82 | 88.82 | 50.29 | 100.58 |
| 4 | 133.06 | 69905 | 26819 | 0.384 | 51.05 | 2.10 | 107.20 | 107.20 | 65.34 | 130.68 |
| 3 | 153.24 | 69905 | 26819 | 0.384 | 58.79 | 2.10 | 123.46 | 123.46 | 76.89 | 153.77 |
| 2 | 170.77 | 69905 | 26819 | 0.384 | 65.52 | 2.10 | 137.58 | 137.58 | 87.01 | 174.03 |
| 1 | 188.67 | 50319 | 17668 | 0.351 | 66.25 | 2.92 | 157.66 | 193.44 | 98.42 | 196.83 |

**风荷载作用下Ⓓ轴框架柱剪力和梁柱端弯矩的计算** 表 2-12

| 层 | $V_i$(kN) | $\Sigma D$ | $D_{im}$ | $D_{im}/\Sigma D$ | $V_{im}$(kN) | $yh$ (m) | $M_{c上}$ (kN·m) | $M_{c下}$ (kN·m) | $M_{b总}$ (kN·m) |
|---|---|---|---|---|---|---|---|---|---|
| 8 | 25.90 | 69905 | 7990 | 0.114 | 2.96 | 1.89 | 6.84 | 5.60 | 6.84 |
| 7 | 56.37 | 69905 | 7990 | 0.114 | 6.44 | 2.10 | 13.53 | 13.53 | 19.13 |
| 6 | 84.67 | 69905 | 7990 | 0.114 | 9.68 | 2.10 | 20.32 | 20.32 | 33.85 |
| 5 | 110.25 | 69905 | 7990 | 0.114 | 12.60 | 2.10 | 26.46 | 26.46 | 46.79 |
| 4 | 133.06 | 69905 | 7990 | 0.114 | 15.21 | 2.10 | 31.94 | 31.94 | 58.40 |
| 3 | 153.24 | 69905 | 7990 | 0.114 | 17.52 | 2.10 | 36.78 | 36.78 | 68.72 |
| 2 | 170.77 | 69905 | 7990 | 0.114 | 19.52 | 2.10 | 40.99 | 40.99 | 77.77 |
| 1 | 188.67 | 50.319 | 4429 | 0.088 | 16.61 | 2.92 | 39.52 | 48.49 | 80.51 |

框架柱轴力与梁端剪力的计算结果见表 2-13。

**风荷载作用下框架柱轴力与梁端剪力** 表 2-13

| 层 | 梁端剪力/kN | | | 柱轴力/kN | | | | | |
|---|---|---|---|---|---|---|---|---|---|
| | AB 跨 | BC 跨 | CD 跨 | A 轴 | B 轴 | | C 轴 | | D 轴 |
| | $V_{bAB}$ | $V_{bBC}$ | $V_{bCD}$ | $N_{cA}$ | $V_{bAB}-V_{bBC}$ | $N_{cB}$ | $V_{bBC}-V_{bCD}$ | $N_{cC}$ | $N_{cD}$ |
| 8 | 4.23 | 3.14 | 7.80 | -4.23 | 1.09 | 1.09 | -4.66 | -4.66 | 7.80 |
| 7 | 10.21 | 8.25 | 21.14 | -14.44 | 1.96 | 3.05 | -12.89 | -17.55 | 28.94 |
| 6 | 16.96 | 13.99 | 36.99 | -31.4 | 2.97 | 6.02 | -23.00 | -40.55 | 65.93 |
| 5 | 23.83 | 18.80 | 49.12 | -55.23 | 5.03 | 11.05 | -30.32 | -70.87 | 115.05 |
| 4 | 29.87 | 24.08 | 63.03 | -85.1 | 5.79 | 16.84 | -38.95 | -109.82 | 178.08 |
| 3 | 34.57 | 27.80 | 74.16 | -119.67 | 6.77 | 23.61 | -46.36 | -156.18 | 252.24 |
| 2 | 38.90 | 32.10 | 83.93 | -158.57 | 6.80 | 30.41 | -51.83 | -208.01 | 336.17 |
| 1 | 46.12 | 36.60 | 92.45 | -204.69 | 9.52 | 39.93 | -55.85 | -263.86 | 428.62 |

注：轴力压力为+，拉力为-。

### 2.1.7 内力组合

各种荷载情况下的框架内力求得后，根据最不利又是可能的原则进行内力组合。当考虑结构塑性内力重分布的有利影响时，应在内力组合之前对竖向荷载作用下的内力进行调幅。分别考虑恒荷载和活荷载由可变荷载效应控制的组合和由永久荷载效应控制的组合，并比较两种组合的内力，取最不利者。由于构件控制截面的内力值应取自支座边缘处，为此，进行组合前，应先计算各控制截面处的（支座边缘处的）内力值。

梁支座边缘处的内力值：

$$M_{边} = M - V \cdot \frac{b}{2} \tag{2-14}$$

$$V_{边} = V - q \cdot \frac{b}{2} \tag{2-15}$$

式中 $M_{边}$——支座边缘截面的弯矩标准值；

$V_{边}$——支座边缘截面的剪力标准值；

$M$——梁柱中线交点处的弯矩标准值；

$V$——与 $M$ 相应的梁柱中线交点处的剪力标准值；

$q$——梁单位长度的均布荷载标准值；

$b$——梁端支座宽度（即柱截面高度）。

柱上端控制截面在上层的梁底，柱下端控制截面在下层的梁顶。按轴线计算简图算得的柱端内力值，宜换算到控制截面处的值。为了简化起见，也可采用轴线处内力值，这样算得的钢筋用量比需要的钢筋用量略微多一点。

各内力组合见表 2-14～表 2-21。

**用于承载力计算的框架梁由可变荷载效应控制的基本组合表（梁 AB）　　表 2-14**

| 层 | | | 恒载 | 活载 | 活载 | 活载 | 左风 | 右风 | $M_{max}$相应的 $V$ | | $M_{min}$相应的 $V$ | | $\|V\|_{max}$相应的 $M$ | |
|---|---|---|---|---|---|---|---|---|---|---|---|---|---|---|
| | | | ① | ② | ③ | ④ | ⑤ | ⑥ | 组合项目 | 值 | 组合项目 | 值 | 组合项目 | 值 |
| 8 | 左 | $M$ | −48.05 | −15.39 | 1.98 | −0.03 | 18.91 | −18.91 | | | ①+0.7②+ | −77.75 | ①+②+ | −74.82 |
| | | $V$ | 89.83 | 27.92 | −1.67 | 0.03 | −5.92 | 5.92 | | | 0.7④+⑥ | 115.31 | ④+0.6⑥ | 121.32 |
| | 中 | $M$ | 62.94 | 21.25 | −2.51 | 0.06 | 2.95 | −2.95 | ①+②+ | 86.02 | | | | |
| | | $V$ | | | | | | | ④+0.6⑤ | | | | | |
| | 右 | $M$ | −82.78 | −17.71 | −6.98 | 0.13 | −13.02 | 13.02 | | | ①+②+ | −115.27 | ①+②+ | −115.27 |
| | | $V$ | −102.69 | −28.78 | −1.67 | 0.03 | −5.92 | 5.92 | | | ③+0.6⑤ | −136.69 | ③+0.6⑤ | −136.69 |
| 1 | 左 | $M$ | −39.07 | −18.10 | 1.80 | −0.02 | 198.31 | −198.31 | | | ①+0.7②+ | −250.06 | ①+0.7②+ | −250.06 |
| | | $V$ | 62.30 | 28.22 | −1.29 | 0.03 | −64.57 | 64.57 | | | 0.7④+⑥ | 146.65 | 0.7④+⑥ | 146.65 |
| | 中 | $M$ | 40.12 | 19.38 | −1.67 | 0.04 | 24.01 | −24.01 | ①+0.7②+ | 77.72 | | | | |
| | | $V$ | | | | | | | 0.7④+⑤ | | | | | |
| | 右 | $M$ | −54.45 | −18.75 | −5.13 | 0.10 | −150.3 | 150.3 | | | ①+0.7②+ | −221.47 | ①+0.7②+ | −221.47 |
| | | $V$ | −68.01 | −28.48 | −1.29 | 0.03 | −64.57 | 64.57 | | | 0.7③+⑤ | −153.42 | 0.7③+⑤ | −153.42 |

注：1. 活载②、③、④分别为活载作用在 AB 跨、BC 跨、CD 跨；
2. 恒载①为 $1.2M_{Gk}$和 $1.2V_{Gk}$；
3. 活载②、③、④和左风⑤、右风⑥为 $1.4M_{Qk}$和 $1.4V_{Qk}$；
4. 以上各值均为支座边的 $M$ 和 $V$；
5. 表中弯矩的单位为 kN·m，剪力的单位为 kN。

**用于承载力计算的框架梁由永久荷载效应控制的基本组合表（梁 AB）　　表 2-15**

| 层 | | | 恒载① | 活载② | 活载③ | 活载④ | $M_{max}$相应的 $V$ 组合项目 | 值 | $M_{min}$相应的 $V$ 组合项目 | 值 | $\|V\|_{max}$相应的 $M$ 组合项目 | 值 |
|---|---|---|---|---|---|---|---|---|---|---|---|---|
| 8 | 左 | $M$ | -54.05 | -10.77 | 1.38 | -0.02 | | | ①+②+④ | -64.84 | ①+②+④ | -64.84 |
| | | $V$ | 101.06 | 19.54 | -1.17 | 0.02 | | | | 120.62 | | 120.62 |
| | 中 | $M$ | 70.81 | 14.88 | -1.75 | 0.04 | ①+②+④ | 85.72 | | | | |
| | | $V$ | | | | | | | | | | |
| | 右 | $M$ | -93.13 | -12.39 | -4.88 | 0.09 | | | ①+②+③ | -110.40 | ①+②+③ | -110.40 |
| | | $V$ | -115.53 | -20.15 | -1.17 | 0.02 | | | | -136.84 | | -136.84 |
| 1 | 左 | $M$ | -43.95 | -12.67 | 1.26 | -0.01 | | | ①+②+④ | -56.63 | ①+②+④ | -56.63 |
| | | $V$ | 70.09 | 19.76 | -0.90 | 0.02 | | | | 89.86 | | 89.86 |
| | 中 | $M$ | 45.13 | 13.56 | -1.17 | 0.03 | ①+②+④ | 58.72 | | | | |
| | | $V$ | | | | | | | | | | |
| | 右 | $M$ | -61.26 | -13.13 | -3.59 | 0.07 | | | ①+②+③ | -77.97 | ①+②+③ | -77.97 |
| | | $V$ | -76.51 | -19.93 | -0.90 | 0.02 | | | | -97.35 | | -97.35 |

注：1. 恒载①为 $1.35M_{Gk}$和 $1.35V_{Gk}$；

2. 活载②、③、④分别为 $1.4\times0.7M_{Qk}$和 $1.4\times0.7V_{Qk}$；

3. 以上各值均为支座边的 $M$ 和 $V$；

4. 表中弯矩的单位为 kN·m，剪力的单位为 kN。

**用于承载力计算的框架梁由可变荷载效应控制的基本组合表（梁 BC）　　表 2-16**

| 层 | | | 恒载① | 活载② | 活载③ | 活载④ | 左风⑤ | 右风⑥ | $M_{max}$相应的 $V$ 组合项目 | 值 | $M_{min}$相应的 $V$ 组合项目 | 值 | $\|V\|_{max}$相应的 $M$ 组合项目 | 值 |
|---|---|---|---|---|---|---|---|---|---|---|---|---|---|---|
| 8 | 左 | $M$ | -78.08 | -8.87 | -14.20 | 0.33 | 13.48 | -13.48 | | | ①+②+③+0.6⑥ | -109.24 | ①+②+③+0.6⑥ | -109.24 |
| | | $V$ | 89.82 | 2.23 | 23.97 | -0.24 | -4.40 | 4.40 | | | | 118.66 | | 118.66 |
| | 中 | $M$ | 49.38 | -2.86 | 17.33 | -0.34 | 1.61 | -1.61 | ①+③+ +0.6⑤ | 67.68 | | | | |
| | | $V$ | | | | | | | | | | | | |
| | 右 | $M$ | -47.72 | 3.17 | -15.83 | -0.99 | -10.28 | 10.28 | | | ①+③+④+0.6⑤ | -70.71 | ①+③+④+0.6⑤ | -70.71 |
| | | $V$ | -78.59 | 2.23 | -24.56 | -0.24 | -4.40 | 4.40 | | | | -106.03 | | -106.03 |
| 1 | 左 | $M$ | -50.53 | -6.21 | -15.65 | 0.36 | 154.31 | -154.31 | | | ①+0.7②+0.7③+⑥ | -220.15 | ①+0.7②+0.7③+⑥ | -220.15 |
| | | $V$ | 60.32 | 1.60 | 24.10 | -0.25 | -51.24 | 51.24 | | | | 129.55 | | 129.55 |
| | 中 | $M$ | 33.67 | -1.92 | 16.25 | -0.31 | 15.95 | -15.95 | ①+③+0.6⑤ | 59.50 | | | | |
| | | $V$ | | | | | | | | | | | | |
| | 右 | $M$ | -35.66 | 2.39 | -16.54 | -0.97 | -122.42 | 122.42 | | | ①+0.7③+0.7④+⑤ | -170.34 | ①+0.7③+0.7④+⑤ | -170.34 |
| | | $V$ | -54.83 | 1.60 | -24.44 | -0.25 | -51.24 | 51.24 | | | | -123.35 | | -123.35 |

注：1. 活载②、③、④分别为活载作用在 AB 跨、BC 跨、CD 跨；

2. 恒载①为 $1.2M_{Gk}$和 $1.2V_{Gk}$；

3. 活载②、③、④和左风⑤、右风⑥为 $1.4M_{Qk}$和 $1.4V_{Qk}$；

4. 以上各值均为支座边的 $M$ 和 $V$；

5. 表中弯矩的单位为 kN·m，剪力的单位为 kN。

**用于承载力计算的框架梁由永久荷载效应控制的基本组合表（梁 BC）　　表 2-17**

| 层 | | | 恒载 | 活载 | 活载 | 活载 | $M_{max}$相应的 $V$ | | $M_{min}$相应的 $V$ | | $\|V\|_{max}$相应的 $M$ | |
|---|---|---|---|---|---|---|---|---|---|---|---|---|
| | | | ① | ② | ③ | ④ | 组合项目 | 值 | 组合项目 | 值 | 组合项目 | 值 |
| 8 | 左 | $M$ | −87.84 | −6.21 | −9.94 | 0.23 | | | ①+②+③ | −103.99 | ①+②+③ | −103.99 |
| | | $V$ | 101.05 | 1.56 | 16.78 | −0.17 | | | | 119.39 | | 119.39 |
| | 中 | $M$ | 55.55 | −2.00 | 12.13 | −0.24 | ①+③ | 67.68 | | | | |
| | | $V$ | | | | | | | | | | |
| | 右 | $M$ | −53.68 | 2.22 | −11.08 | −0.69 | | | ①+③+④ | −65.46 | ①+③+④ | −65.46 |
| | | $V$ | −88.42 | 1.56 | −17.19 | −0.17 | | | | −105.78 | | −105.78 |
| 1 | 左 | $M$ | −56.85 | −4.35 | −10.95 | 0.25 | | | ①+②+③ | −72.15 | ①+②+③ | −72.15 |
| | | $V$ | 67.86 | 1.12 | 16.87 | −0.18 | | | | 85.85 | | 85.85 |
| | 中 | $M$ | 37.88 | −1.34 | 11.38 | −0.22 | ①+③ | 49.26 | | | | |
| | | $V$ | | | | | | | | | | |
| | 右 | $M$ | −40.11 | 1.67 | −11.58 | −0.68 | | | ①+③+④ | −52.38 | ①+③+④ | −52.38 |
| | | $V$ | −61.68 | 1.12 | −17.10 | −0.18 | | | | −78.96 | | −78.96 |

注：1. 恒载①为 $1.35M_{Gk}$和 $1.35V_{Gk}$；

2. 活载②、③、④分别为 $1.4\times0.7M_{Qk}$和 $1.4\times0.7V_{Qk}$；

3. 以上各值均为支座边的 $M$ 和 $V$；

4. 表中弯矩的单位为 kN·m，剪力的单位为 kN。

**用于承载力计算的框架柱由可变荷载效应控制的基本组合表（B 轴柱）　　表 2-18**

| 层 | | | 恒载 | 活载 | 活载 | 活载 | 左风 | 右风 | $N_{max}$相应的 $M$ | | $N_{min}$相应的 $M$ | | $\|M\|_{max}$相应的 $N$ | |
|---|---|---|---|---|---|---|---|---|---|---|---|---|---|---|
| | | | ① | ② | ③ | ④ | ⑤ | ⑥ | 组合项目 | 值 | 组合项目 | 值 | 组合项目 | 值 |
| 4 | 上 | $M$ | 3.41 | 11.79 | −10.00 | 0.15 | 127.93 | −127.93 | ①+②+③+0.6⑤ | 81.96 | ①+⑥+0.7④ | −124.41 | ①+0.7②+0.7④+⑤ | 139.70 |
| | | $N$ | 1833.01 | 307.12 | 281.90 | −1.16 | 23.58 | −23.58 | | 2436.18 | | 1808.62 | | 2070.76 |
| | 下 | $M$ | −3.43 | −11.83 | 10.02 | −0.15 | −113.02 | 113.02 | ①+②+③+0.6⑤ | −73.05 | ①+⑥+0.7④ | 109.48 | ①+0.7②+0.7④+⑤ | −124.84 |
| | | $N$ | 1880.44 | 307.12 | 281.90 | −1.16 | 23.58 | −23.58 | | 2483.61 | | 1856.04 | | 2118.19 |
| | | $V$ | 1.63 | 5.63 | −4.76 | 0.07 | 57.37 | −57.37 | | 36.92 | | −55.69 | | 62.99 |
| 1 | 上 | $M$ | 2.42 | 7.90 | −6.64 | 0.13 | 186.94 | −186.94 | ①+②+③+0.6⑤ | 115.85 | ①+⑥+0.7④ | −184.43 | ①+0.7②+0.7④+⑤ | 194.98 |
| | | $N$ | 2902.10 | 491.08 | 450.98 | −1.86 | 55.90 | −55.90 | | 3877.70 | | 2844.90 | | 3300.46 |
| | 下 | $M$ | −1.21 | −3.95 | 3.32 | −0.06 | −249.52 | 249.52 | ①+②+③+0.6⑤ | −151.55 | ①+⑥+0.7④ | 248.26 | ①+0.7②+0.7④+⑤ | −253.54 |
| | | $N$ | 2961.94 | 491.08 | 450.98 | −1.86 | 55.90 | −55.90 | | 3937.54 | | 2904.73 | | 3360.29 |
| | | $V$ | 0.68 | 2.24 | −1.88 | 0.04 | 82.35 | −82.35 | | 50.458 | | −81.64 | | 84.63 |

注：1. 活载②、③、④分别为活载作用在 AB 跨、BC 跨、CD 跨；

2. 恒载①为 $1.2M_{Gk}$、$1.2V_{Gk}$和 $1.2N_{Gk}$；

3. 活载②、③、④和左风⑤、右风⑥为 $1.4M_{Qk}$、$1.4V_{Qk}$和 $1.4N_{Qk}$；

4. 表中弯矩的单位为 kN·m，剪力的单位为 kN。

**用于承载力计算的框架柱由永久荷载效应控制的基本组合表（B 轴柱）　　表 2-19**

| 层 | | | 恒载 | 活载 | 活载 | 活载 | $N_{max}$相应的 $M$ | | $N_{min}$相应的 $M$ | | $\|N\|_{max}$相应的 $N$ | |
|---|---|---|---|---|---|---|---|---|---|---|---|---|
| | | | ① | ② | ③ | ④ | 组合项目 | 值 | 组合项目 | 值 | 组合项目 | 值 |
| 4 | 上 | $M$ | 3.83 | 8.25 | −7.00 | 0.11 | ①+②+③ | 5.09 | ①+④ | 3.94 | ①+②+④ | 12.19 |
| | | $N$ | 2062.14 | 214.98 | 197.33 | −0.81 | | 2474.45 | | 2061.33 | | 2276.31 |
| | 下 | $M$ | −3.86 | −8.28 | 7.02 | −0.11 | ①+②+③ | −5.13 | ①+④ | −3.97 | ①+②+④ | −12.25 |
| | | $N$ | 2115.49 | 214.98 | 197.33 | −0.81 | | 2527.81 | | 2114.68 | | 2329.66 |
| | | $V$ | 1.84 | 3.94 | −3.33 | 0.05 | | 2.44 | | 1.89 | | 5.83 |

续表

| 层 | | | 恒载 | 活载 | 活载 | 活载 | $N_{max}$相应的 $M$ | | $N_{min}$相应的 $M$ | | $\|N\|_{max}$相应的 $N$ | |
|---|---|---|---|---|---|---|---|---|---|---|---|---|
| | | | ① | ② | ③ | ④ | 组合项目 | 值 | 组合项目 | 值 | 组合项目 | 值 |
| 1 | 上 | $M$ | 2.73 | 5.53 | -4.65 | 0.09 | ①+②+③ | 3.61 | ①+④ | 2.82 | ①+②+④ | 8.34 |
| | | $N$ | 3264.87 | 343.75 | 315.69 | -1.30 | | 3924.31 | | 3263.56 | | 3607.32 |
| | 下 | $M$ | -1.36 | -2.76 | 2.32 | -0.04 | ①+②+③ | -1.80 | ①+④ | -1.41 | ①+②+④ | -4.17 |
| | | $N$ | 3332.18 | 343.75 | 315.69 | -1.30 | | 3991.62 | | 3330.87 | | 3674.63 |
| | | $V$ | 0.77 | 1.57 | -1.31 | 0.03 | | 1.02 | | 0.80 | | 2.37 |

注：1. 恒载①为 $1.35M_{Gk}$、$1.35V_{Gk}$和 $1.35N_{Gk}$；

2. 活载②、③、④分别为 $1.4\times0.7M_{Qk}$、$1.4\times0.7V_{Qk}$和 $1.4\times0.7N_{Qk}$；

3. 表中弯矩的单位为 kN·m，剪力的单位为 kN。

**用于正常使用极限状态验算的框架梁基本组合表（梁 AB）** **表 2-20**

| 层 | | | 恒载 | 活载 | 活载 | 活载 | 左风 | 右风 | $M_{s,max}$ | | $M_{s,min}$ | |
|---|---|---|---|---|---|---|---|---|---|---|---|---|
| | | | ① | ② | ③ | ④ | ⑤ | ⑥ | 组合项目 | 值 | 组合项目 | 值 |
| 8 | 左 | $M$ | -40.04 | -10.99 | 1.41 | -0.02 | 13.51 | -13.51 | | | ①+0.7②+0.7④+⑥ | -61.26 |
| | 中 | $M$ | 52.45 | 15.18 | -1.79 | 0.04 | 2.11 | -2.11 | ①+②+④+0.6⑤ | 68.94 | | |
| | 右 | $M$ | -68.98 | -12.65 | -4.98 | 0.09 | -9.30 | 9.30 | | | ①+②+③+0.6⑤ | -92.19 |
| 1 | 左 | $M$ | -32.56 | -12.93 | 1.28 | -0.01 | 141.65 | -141.65 | | | ①+0.7②+0.7④+⑥ | -183.26 |
| | 中 | $M$ | 33.43 | 13.84 | -1.19 | 0.03 | 17.15 | -17.15 | ①+0.7②+0.7④+⑤ | 60.29 | | |
| | 右 | $M$ | -45.38 | -13.39 | -3.66 | 0.07 | -107.36 | 107.36 | | | ①+0.7②+0.7③+⑤ | -164.68 |

注：表中弯矩的单位为 kN·m。

**用于正常使用极限状态验算的框架梁基本组合表（梁 BC）** **表 2-21**

| 层 | | | 恒载 | 活载 | 活载 | 活载 | 左风 | 右风 | $M_{s,max}$ | | $M_{s,min}$ | |
|---|---|---|---|---|---|---|---|---|---|---|---|---|
| | | | ① | ② | ③ | ④ | ⑤ | ⑥ | 组合项目 | 值 | 组合项目 | 值 |
| 8 | 左 | $M$ | -65.07 | -6.33 | -10.15 | 0.24 | 9.63 | -9.63 | | | ①+②+③+0.6⑥ | -87.32 |
| | 中 | $M$ | 41.15 | -2.04 | 12.38 | -0.24 | 1.15 | -1.15 | ①+③+0.6⑤ | 54.22 | | |
| | 右 | $M$ | -39.76 | 2.26 | -11.31 | -0.71 | -7.34 | 7.34 | | | ①+③+④+0.6⑤ | -56.19 |
| 1 | 左 | $M$ | -42.11 | -4.44 | -11.18 | 0.26 | 110.22 | -110.22 | | | ①+0.7②+0.7③+⑥ | -163.26 |
| | 中 | $M$ | 28.06 | -1.37 | 11.61 | -0.22 | 11.39 | -11.39 | ①+③+0.6⑤ | 46.50 | | |
| | 右 | $M$ | -29.71 | 1.71 | -11.82 | -0.70 | -87.44 | 87.44 | | | ①+0.7③+0.7④+⑤ | -125.91 |

注：表中弯矩的单位为 kN·m。

### 2.1.8 截面设计与配筋计算

由附表 9-1 ~ 附表 9-5 查得：

混凝土强度　C30　$f_c = 14.3\text{N/mm}^2$　$f_t = 1.43\text{N/mm}^2$

$f_{tk} = 2.01\text{N/mm}^2$

钢筋强度　HPB235　$f_y = 210\text{N/mm}^2$　$f_{yk} = 235\text{N/mm}^2$

HRB400　$f_y = 360\text{N/mm}^2$　$f_{yk} = 400\text{N/mm}^2$

$$\xi_b = \frac{\beta_1}{1 + \dfrac{f_y}{E_s \varepsilon_{cu}}} = \frac{0.8}{1 + \dfrac{360}{2.0 \times 10^5 \times 0.0033}} = 0.518$$

（1）框架柱截面设计

1）轴压比验算

底层柱　$N_{max} = 3991.62\text{kN}$

轴压比　$\mu_N = \dfrac{N}{f_c A_c} = \dfrac{3991.62 \times 10^3}{14.3 \times 600^2} = 0.775 <$ [1.05]

则 B 轴柱的轴压比满足要求。

2）截面尺寸复核

取 $h_0 = 600 - 35 = 565\text{mm}$，$V_{max} = 84.63\text{kN}$，

因为　$h_w/b = \dfrac{565}{600} = 0.94 < 4$

所以　$0.25\beta_c f_c b h_0 = 0.25 \times 1.0 \times 14.3 \times 600 \times 565 = 1212\text{kN} > 84.63\text{kN}$ 满足要求。

3）正截面受弯承载力计算

柱同一截面分别承受正反向弯矩，故采用对称配筋。

B 轴柱　$N_b = \alpha_1 f_c b h_0 \xi_b = 14.3 \times 600 \times 565 \times 0.518 = 2511\text{kN}$

一层　从柱的内力组合表可见，$N > N_b$，为小偏压，选用 $M$ 大、$N$ 大的组合，最不利组合为：$\begin{cases} M = 1.80\text{kN·m} \\ N = 3991.62\text{kN} \end{cases}$ 和 $\begin{cases} M = 253.54\text{kN·m} \\ N = 3360.29\text{kN} \end{cases}$

第一组内力 $\begin{cases} M = 1.80\text{kN·m} \\ N = 3991.62\text{kN} \end{cases}$

在弯矩中没有由水平荷载产生的弯矩，柱的计算长度 $l_0 = 1.0H = 5.3\text{m}$

$$e_0 = \frac{M}{N} = \frac{1.80}{3991.62} \times 10^3 = 0.451\text{mm}$$

$$e_a = \max\begin{Bmatrix} 20\text{mm} \\ 600/30 = 20\text{mm} \end{Bmatrix} = 20\text{mm}$$

$$e_i = e_0 + e_a = 0.451 + 20 = 20.451\text{mm}$$

$$\xi_1 = \frac{0.5 f_c A}{N} = \frac{0.5 \times 14.3 \times 600^2}{3991.62 \times 10^3} = 0.645$$

因为 $l_0/h = 5.3/0.6 = 8.83 < 15$，所以 $\zeta_2 = 1.0$

$$\eta = 1 + \frac{1}{1400 e_i / h_0}\left(\frac{l_0}{h}\right)^2 \zeta_1 \zeta_2 = 1 + \frac{1}{1400 \times 20.451/565} \times \left(\frac{5300}{600}\right)^2 \times 0.645 \times 1.0 = 1.99$$

$$e = \eta e_i + \frac{h}{2} - a = 1.99 \times 20.451 + \frac{600}{2} - 35$$

$$= 305.70\text{mm}$$

$$\xi = \frac{N - \xi_b \alpha_1 f_c b h_0}{\dfrac{Ne - 0.43\alpha_1 f_c b h_0^2}{(\beta_1 - \xi_b)(h_0 - a'_s)} + \alpha_1 f_c b h_0} + \xi_b = 0.806 > \xi_b$$

$$A_s = A'_s = \frac{Ne - \alpha_1 f_c b h_0^2 \xi (1 - 0.5\xi)}{f_y (h_0 - a'_s)}$$

$$= \frac{3991.62 \times 10^3 \times 305.70 - 14.3 \times 600 \times 565^2 \times 0.806 \times (1 - 0.5 \times 0.806)}{360 \times (565 - 35)}$$

$$< 0$$

按构造配筋，由于纵向受力钢筋采用 HRB400，最小总配筋率 $\rho_{\min} = 0.5\%$

$$A_{s,\min} = A'_{s,\min} = 0.5\% \times 600^2/2 = 900\text{mm}^2$$

查附表 9-7，每侧实配 3 Φ 20（$A_s = A'_s = 941\text{mm}^2$）。

第二组内力 $\begin{cases} M = 253.54\text{kN} \cdot \text{m} \\ N = 3360.29\text{kN} \end{cases}$

弯矩中由风荷载作用产生的弯矩 > 75% $M_{\max}$，柱的计算长度 $l_0$ 取下列二式中的较小值：

$$l_0 = [1 + 0.15(\psi_u + \psi_l)]H$$

$$l_0 = (2 + 0.2\psi_{\min})H$$

式中 $\psi_u$，$\psi_l$——柱的上端、下端节点处交汇的各柱线刚度之和与交汇的各梁线刚度之和的比值；

$\psi_{\min}$——比值 $\psi_u$、$\psi_l$ 中的较小值；

$H$——柱的高度，对底层柱为从基础顶面到一层楼盖顶面的高度；对其余各层柱为上、下两层楼盖顶面之间的高度。

在这里，$\psi_u = \dfrac{6.1 \times 10^4 + 7.7 \times 10^4}{5.4 \times 10^4 \times 2} = 1.28 \qquad \psi_l = 0 \quad \psi_{\min} = 0$

$l_0 = [1 + 0.15(\psi_u + \psi_l)]H = (1 + 0.15 \times 1.28) \times 5.3 = 6.32\text{m}$

$l_0 = (2 + 0.2\psi_{\min})H = 2 \times 5.3 = 10.6\text{m}$

所以，$l_0 = 6.32\text{m}$

$$e_0 = \frac{M}{N} = \frac{253.54}{3360.29} \times 10^3 = 75.45\text{mm}$$

$$e_a = \max\begin{Bmatrix} 20\text{mm} \\ 600/30 = 20\text{mm} \end{Bmatrix} = 20\text{mm}$$

$$e_i = e_0 + e_a = 75.45 + 20 = 95.45\text{mm}$$

$$\zeta_1 = \frac{0.5 f_c A}{N} = \frac{0.5 \times 14.3 \times 600^2}{3360.29 \times 10^3} = 0.766$$

因为 $l_0/h=6.32/0.6=10.53<15$，所以 $\zeta_2=1.0$

$$\eta=1+\frac{1}{1400e_i/h_0}\left(\frac{l_0}{h}\right)^2\zeta_1\zeta_2=1+\frac{1}{1400\times95.45/565}\times\left(\frac{6320}{600}\right)^2\times0.766\times1.0$$
$$=1.36$$

$$e=\eta e_i+\frac{h}{2}-a_s=1.36\times95.45+\frac{600}{2}-35=394.81\text{mm}$$

$$\xi=\frac{N-\xi_b\alpha_1f_cbh_0}{\dfrac{Ne-0.43\alpha_1f_cbh_0^2}{(\beta_1-\xi_b)(h_0-a'_s)}+\alpha_1f_cbh_0}+\xi_b$$
$$=0.663>\xi_b$$

$$A_s=A'_s=\frac{Ne-\alpha_1f_cbh_0^2\xi(1-0.5\xi)}{f'_y(h_0-a'_s)}$$
$$=\frac{3360.29\times10^3\times394.81-14.3\times600\times565^2\times0.663\times(1-0.5\times0.663)}{360\times(565-35)}$$
$$=591\text{mm}^2<\rho_{min}bh$$

按构造配筋，由于纵向受力钢筋采用HRB400，最小总配筋率 $\rho_{min}=0.5\%$

$$A_{s,min}=A'_{s,min}=0.5\%\times600^2/2=900\text{mm}^2$$

查附表9-7，每侧实配3Φ20（$A_s=A'_s=941\text{mm}^2$）。

四层　最不利组合为 $\begin{cases}M=139.70\text{kN}\cdot\text{m}\\N=2070.76\text{kN}\end{cases}$

弯矩中由风荷载作用产生的弯矩 $>75\%M_{max}$，柱的计算长度 $l_0$ 取下列二式中的较小值：

$$l_0=[1+0.15(\psi_u+\psi_l)]H$$
$$l_0=(2+0.2\psi_{min})H$$

在这里，$\psi_u=\dfrac{2\times7.7\times10^4\text{kN}\cdot\text{m}}{5.4\times10^4\times2\text{kN}\cdot\text{m}}=1.43$，$\psi_l=\psi_u,\psi_{min}=1.43$

$$l_0=[1+0.15(\psi_u+\psi_l)]H=(1+0.15\times1.43\times2)\times4.2=6.00\text{m}$$
$$l_0=(2+0.2\psi_{min})H=(2+0.2\times1.43)\times4.2=9.60\text{m}$$

所以，$l_0=6.00\text{m}$

$$e_0=\frac{M}{N}=\frac{139.70}{2070.76}\times10^3=67.46\text{mm}$$

$$e_a=\max\begin{Bmatrix}20\text{mm}\\600/30=20\text{mm}\end{Bmatrix}=20\text{mm}$$

$$e_i=e_0+e_a=67.46+20=87.46\text{mm}$$

$$\zeta_1=\frac{0.5f_cA}{N}=\frac{0.5\times14.3\times600^2}{2070.76\times10^3}=1.24>1.0,\text{取 }\xi_1=1.0$$

因为 $l_0/h=6.00/0.6=10<15$，所以 $\zeta_2=1.0$

$$\eta=1+\frac{1}{1400e_i/h_0}\left(\frac{l_0}{h}\right)^2\zeta_1\zeta_2$$
$$=1+\frac{1}{1400\times87.46/565}\times\left(\frac{6000}{600}\right)^2\times1.0\times1.0=1.46$$

$$e = \eta e_i + \frac{h}{2} - a_s = 1.46 \times 87.46 + \frac{600}{2} - 35 = 392.69\text{mm}$$

$N < N_b$，为大偏压。

$$\xi = \frac{N}{\alpha_1 f_c b h_0}$$

$$= \frac{2070.76 \times 10^3}{14.3 \times 600 \times 565} = 0.427 < \xi_b$$

$$A_s = A'_s = \frac{Ne - \alpha_1 f_c b h_0^2 \xi(1 - 0.5\xi)}{f_y(h_0 - a'_s)}$$

$$= \frac{2070.76 \times 10^3 \times 392.69 - 14.3 \times 600 \times 565^2 \times 0.427 \times (1 - 0.5 \times 0.427)}{360 \times (565 - 35)}$$

$$< 0$$

按构造配筋，每侧实配 3Φ20（$A_s = A'_s = 941\text{mm}^2$）。

4）垂直于弯矩作用平面的受压承载力验算

1 层　$N_{max} = 3991.62\text{kN}$

$l_0/b = 5.3/0.6 = 8.83$ 查表得 $\varphi = 0.99$

$$0.9\varphi(f_c A + f'_y A'_s) = 0.9 \times 0.99 \times [14.3 \times 600^2 + 360 \times 941 \times 2]$$

$$= 5190.54\text{kN} > N_{max} = 3991.62\text{kN}$$

满足要求。

5）斜截面受剪承载力计算

B 轴柱

1 层　最不利内力组合 $\begin{cases} M = 253.54\text{kN·m} \\ N = 3360.29\text{kN} \\ V = 84.63\text{kN} \end{cases}$

因为　剪跨比 $\lambda = H_n/2h_0 = \dfrac{4.7\text{m}}{2 \times 0.565\text{m}} = 4.16 > 3$，所以 $\lambda = 3$

因为　$0.3 f_c A = 0.3 \times 14.3\text{N/mm}^2 \times (600\text{mm})^2 = 1544.4\text{kN} < N$，所以 $N = 1544.4\text{kN}$

$$\frac{A_{sv}}{s} = \frac{\left(V - \frac{1.75}{\lambda + 1} f_t b h_0 - 0.07N\right)}{f_{yv} h_0}$$

$$= \frac{\left(84.63 \times 10^3 N - \frac{1.75}{3 + 1} \times 1.43 \times 600 \times 565 - 0.07 \times 1544.4 \times 10^3\right)}{210 \times 565}$$

$$< 0$$

按构造配箍，取取复式箍 4Φ10@250。

4 层　最不利内力组合 $\begin{cases} M = 124.84\text{kN·m} \\ N = 2118.19\text{kN} \\ V = 62.99\text{kN} \end{cases}$

因为　剪跨比 $\lambda = H_n/2h_0 = \dfrac{3.6}{2 \times 0.565} = 3.19 > 3$，所以 $\lambda = 3$

因为　$0.3 f_c A = 0.3 \times 14.3 \times 600^2 = 1544.4\text{kN} < N$，所以 $N = 1544.4\text{kN}$

$$\frac{A_{sv}}{s}=\frac{\left(V-\frac{1.75}{\lambda+1}f_t bh_0-0.07N\right)}{f_{yv}h_0}$$

$$=\frac{\left(62.99\times10^3-\frac{1.75}{3+1}\times1.43\times600\times565-0.07\times1544.4\times10^3\right)}{210\times565}$$

$$<0$$

按构造配箍，取 4 肢箍 $\phi10@250$。

6）裂缝宽度验算

B 轴柱

1 层　$e_0/h_0=75.45/565=0.134<0.55$，可不验算裂缝宽度；

4 层　$e_0/h_0=67.46/565=0.119<0.55$，可不验算裂缝度度。

（2）框架梁截面设计

1）正截面受弯承载力计算

梁 AB（300mm × 600mm）

1 层　跨中截面 $M=77.72\text{kN}\cdot\text{m}$

$$\alpha_s=\frac{M}{\alpha_1 f_c bh_0^2}=\frac{77.72\times10^6}{1.0\times14.3\times300\times565^2}=0.057$$

$$\xi=1-\sqrt{1-2\alpha_s}=1-\sqrt{1-2\times0.057}=0.059<\xi_b$$

$$A_s=\frac{\alpha_1 f_c bh_0\xi}{f_y}=\frac{1.0\times14.3\times300\times565\times0.059}{360}=397\text{mm}^2$$

$$\rho_{min}=\max[0.2\%,(45f_t/f_y)\%]=0.2\%$$

$$A_{s,min}=\rho_{min}bh=0.002\times300\times600=360\text{mm}^2$$

查附表 9-7，下部实配 3 Φ 16（$A_s=603\text{mm}^2$），
上部按构造要求配筋。

梁 AB 和梁 BC 各截面的正截面受弯承载力配筋计算见表 2-22。

2）斜截面受剪承载力计算

梁 AB（1 层）

$V_b=153.42\text{kN}$

$0.25\beta_c f_c bh_0=0.25\times1.0\times14.3\times300\times565=605.96\text{kN}>V_b$

满足要求。

$$\frac{A_{sv}}{s}=\frac{(V_b-0.7f_t bh_0)}{1.25f_{yv}h_0}=\frac{(153.42\times10^3-0.7\times1.43\times300\times565)}{1.25\times210\times565}$$

$$<0$$

按构造要求配箍，取双肢箍 $\phi8@350$。

梁 AB 和梁 BC 各截面的斜截面受剪承载力配筋计算见表 2-23。

**框架梁正截面配筋计算** 表 2-22

| 层 | 计算公式 | 梁 AB | | | 梁 BC | | |
|---|---|---|---|---|---|---|---|
| | | 支座左截面 | 跨中截面 | 支座右截面 | 支座左截面 | 跨中截面 | 支座右截面 |
| 8 | $M/$（kN·m） | −77.75 | 86.02 | −115.27 | −109.24 | 67.68 | −70.71 |
| | $\alpha_s=\frac{M}{\alpha_1 f_c bh_0^2}$ | 0.057 | 0.063 | 0.084 | 0.080 | 0.049 | 0.052 |
| | $\xi=1-\sqrt{1-2\alpha_s}$ | 0.059 ($<\xi_b$) | 0.065 ($<\xi_b$) | 0.088 ($<\xi_b$) | 0.083 ($<\xi_b$) | 0.051 ($<\xi_b$) | 0.053 ($<\xi_b$) |
| | $A_s=\frac{\alpha_1 f_c bh_0\xi}{f_y}$ /mm² | 394 | 437 | 593 | 560 | 341 | 357 |
| | $A_{s,min}$/mm² | 360 | 360 | 360 | 360 | 360 | 360 |
| | 实配钢筋/mm² | 3 ⌀ 16 (603) | 3 ⌀ 16 (603) | 4 ⌀ 16 (804) | 4 ⌀ 16 (804) | 3 ⌀ 16 (603) | 3 ⌀ 16 (603) |
| 1 | $M/$（kN·m） | −250.06 | 77.72 | −221.47 | −220.15 | 59.50 | −170.34 |
| | $\alpha_s=\frac{M}{\alpha_1 f_c bh_0^2}$ | 0.183 | 0.057 | 0.162 | 0.161 | 0.043 | 0.124 |
| | $\xi=1-\sqrt{1-2\alpha_s}$ | 0.203 ($<\xi_b$) | 0.059 ($<\xi_b$) | 0.177 ($<\xi_b$) | 0.176 ($<\xi_b$) | 0.044 ($<\xi_b$) | 0.133 ($<\xi_b$) |
| | $A_s=\frac{\alpha'_1 f_c bh_0\xi}{f_y}$ /mm² | 1368 | 394 | 1195 | 1187 | 299 | 897 |
| | $A_{s,min}$/mm² | 360 | 360 | 360 | 360 | 360 | 360 |
| | 实配钢筋/mm² | 5 ⌀ 20 (1570) | 3 ⌀ 16 (603) | 5 ⌀ 20 (1570) | 5 ⌀ 20 (1570) | 3 ⌀ 16 (603) | 4 ⌀ 20 (1256) |

**框架梁斜截面配筋计算** 表 2-23

| | 梁 AB | | 梁 BC | |
|---|---|---|---|---|
| 层 | 8 | 1 | 8 | 1 |
| $V_b$（kN） | 136.84 | 153.42 | 119.39 | 129.55 |
| $0.25\beta_c f_c bh_0$/kN | 605.96 ($>V_b$) | 605.96 ($>V_b$) | 605.96 ($>V_b$) | 605.96 ($>V_b$) |
| $\frac{A_{sv}}{s}=\frac{(V_b-0.7f_t bh_0)}{1.25f_{yv}h_0}$ | $<0$ | $<0$ | $<0$ | $<0$ |
| 实配箍筋 | 2ϕ8@350 | 2ϕ8@350 | 2ϕ8@350 | 2ϕ8@350 |

3）裂缝宽度验算

裂缝宽度验算时，要求框架各梁按荷载效应的标准组合并考虑长期作用影响的最大裂缝宽度不大于规范规定的裂缝宽度限值。规范规定的裂缝宽度限值可由附表 6-2 查得。现以一层 AB 梁 A 支座截面为例，说明裂缝宽度的验算方法。由表 2-20 查得该截面正常使用极限状况下的荷载效应组合值为：

$$M_k = 183.26\text{kN}$$

$$\sigma_{sk} = \frac{M_k}{0.87h_0A_s} = \frac{183.26 \times 10^6}{0.87 \times 565 \times 1570} = 237.47\text{N/mm}^2$$

$$\rho_{te} = \frac{A_s}{A_{te}} = \frac{1570}{0.5 \times 300 \times 600} = 0.017$$

$$\psi = 1.1 - 0.65\frac{f_{tk}}{\rho_{te}\sigma_{sk}} = 1.1 - 0.65 \times \frac{2.01}{0.017 \times 237.47} = 0.776$$

$$d_{eq} = \frac{\Sigma n_i d_i^2}{\Sigma n_i v_i d_i} = \frac{5 \times 20^2}{5 \times 1.0 \times 20} = 20\text{mm}$$

$$\alpha_{cr} = 2.1$$

$$w_{max} = \alpha_{cr}\psi\frac{\sigma_{sk}}{E_s}\left(1.9c + 0.08\frac{d_{eq}}{\rho_{te}}\right)$$

$$= 2.1 \times 0.776 \times \frac{237.47}{2.0 \times 10^5} \times \left(1.9 \times 25 + 0.08 \times \frac{20}{0.017}\right)$$

$$= 0.274\text{mm} < w_{lim} = 0.3\text{mm}$$

框架 1 层和 8 层 AB 和 BC 梁各截面的裂缝宽度验算见表 2-24。

**框架梁裂缝宽度验算** **表 2-24**

| 层 | 计算公式 | 梁 AB | | | 梁 BC | | |
|---|---|---|---|---|---|---|---|
| | | 支座左截面 | 跨中截面 | 支座右截面 | 支座左截面 | 跨中截面 | 支座右截面 |
| 8 | $M_k$/（kN·m） | 61.26 | 68.94 | 92.19 | 87.32 | 54.22 | 56.19 |
| | $\sigma_{sk} = \frac{M_k}{0.87h_0A_s}$/（N/mm²） | 206.68 | 232.59 | 233.27 | 220.95 | 182.93 | 189.57 |
| | $\rho_{te} = \frac{A_s}{A_{te}}$ | 0.01 | 0.01 | 0.01 | 0.01 | 0.01 | 0.01 |
| | $\psi = 1.1 - 0.65\frac{f_{tk}}{\rho_{te}\sigma_{sk}}$ | 0.468 | 0.538 | 0.540 | 0.509 | 0.386 | 0.411 |
| | $d_{eq} = \frac{\Sigma n_i d_i^2}{\Sigma n_i v_i d_i}$/mm | 16 | 16 | 16 | 16 | 16 | 16 |
| | $\alpha_{cr}$ | 2.1 | 2.1 | 2.1 | 2.1 | 2.1 | 2.1 |
| | $w_{max} = \alpha_{cr}\psi\frac{\sigma_{sk}}{E_s}\left(1.9c + 0.08\frac{d_{eq}}{\rho_{te}}\right)$/mm | 0.178 | 0.231 | 0.232 | 0.207 | 0.130 | 0.144 |
| 1 | $M_k$/（kN·m） | 183.26 | 60.29 | 164.68 | 163.26 | 46.50 | 125.91 |
| | $\sigma_{sk} = \frac{M_k}{0.87h_0A_s}$/（N/mm²） | 237.47 | 203.4 | 213.39 | 211.55 | 156.88 | 203.94 |
| | $\rho_{te} = \frac{A_s}{A_{te}}$ | 0.017 | 0.01 | 0.017 | 0.017 | 0.01 | 0.014 |

续表

| 层 | 计算公式 | 梁 AB | | | 梁 BC | | |
|---|---|---|---|---|---|---|---|
| | | 支座左截面 | 跨中截面 | 支座右截面 | 支座左截面 | 跨中截面 | 支座右截面 |
| 1 | $\psi = 1.1 - 0.65\dfrac{f_{tk}}{\rho_{te}\sigma_{sk}}$ | 0.776 | 0.458 | 0.740 | 0.737 | 0.267 | 0.642 |
| | $d_{eq} = \dfrac{\Sigma n_i d_i^2}{\Sigma n_i v_i d_i}$/mm | 20 | 16 | 20 | 20 | 16 | 20 |
| | $\alpha_{cr}$ | 2.1 | 2.1 | 2.1 | 2.1 | 2.1 | 2.1 |
| | $w_{max} = \alpha_{cr}\psi\dfrac{\sigma_{sk}}{E_s}\left(1.9c + 0.08\dfrac{d_{eq}}{\rho_{te}}\right)$/mm | 0.274 | 0.172 | 0.235 | 0.232 | 0.077 | 0.223 |

由表 2-24 可见，各截面的裂缝宽度均小于规范允许的 0.3mm。

框架配筋图及基础设计从略。

## 2.2 抗震设计例题

### 2.2.1 设计任务书

房屋的平面、立面、剖面、构件截面尺寸、荷载等与 2-1 节中相同。抗震设防类别为丙类，抗震设防烈度为 7 度，Ⅱ类场地土，设计地震分组为第一组。

要求：按抗震进行结构设计，只做横向抗震计算，并与 2-1 节中的非抗震设计结果进行比较。不考虑偶然偏心影响。

### 2.2.2 水平地震作用计算

该建筑物的高度为 33.6m < 40m，以剪切变形为主，且质量和刚度沿高度均匀分布，故可采用底部剪力法计算水平地震作用。

(1) 重力荷载代表值的计算

屋面处重力荷载代表值 = 结构和构配件自重标准值 + 0.5 × 雪荷载标准值

楼面处重力荷载代表值 = 结构和构配件自重标准值 + 0.5 × 楼面活荷载标准值

其中结构和构配件自重取楼面上、下各半层层高范围内（屋面处取顶层的一半）的结构及构配件自重。

1) 屋面处的重力荷载标准值的计算

女儿墙和天沟的重力荷载代表值的计算（不计Ⓒ轴上屋顶一面小墙）：

$$G'_{女儿墙} = (g'_{女儿墙} + g_{天沟})l = (6.67 + 3.29) \times (30 + 15) \times 2 = 896.4\text{kN}$$

屋面板结构层及构造层自重标准值：

$$G'_{屋面板} = 6.89 \times (30.3 \times 15.3) = 3194.14\text{kN}$$

$$\begin{aligned} G'_{梁} = {} & 25 \times 0.3 \times (0.6 - 0.12) \times (5.4 \times 12) + 25 \times 0.3 \times (0.6 - 0.12) \times (2.4 \times 5) \\ & + 25 \times 0.2 \times (0.5 - 0.12) \times 5.4 + 25 \times 0.3 \times (0.75 - 0.12) \times (5.4 \times 15) \\ & + 25 \times 0.3 \times (0.75 - 0.12) \times (2 \times 5.6 + 2.6 + 2.5 + 7.4 + 3.4) = 796.52\text{kN} \end{aligned}$$

$$G'_{柱} = 21 \times 25 \times 0.6 \times 0.6 \times (2.1 - 0.12) + 4 \times 25 \times 0.4 \times 0.4 \times (2.1 - 0.12)$$
$$= 405.9\text{kN}$$

顶层的墙重：

$$G'_{墙} = \frac{1}{2} \times [6.13 \times (6 - 0.6) \times 5] + \frac{1}{2} \times [4.16 \times (6 - 0.6) \times 5]$$
$$+ \frac{1}{2} \times 5.05 \times [(4 - 0.6) + (8 - 0.6) + 2 \times (6 - 0.4) + 2 \times (3 - 0.4)]$$
$$+ \frac{1}{2} \times 18.14 \times [4 \times (6 - 0.6) + (3 - 0.6) + (3 - 0.5)] = 447.95\text{kN}$$

$$G_{顶层} = G'_{女儿墙} + G'_{屋面板} + G'_{梁} + G'_{柱} + G'_{墙}$$
$$= 896.4 + 3194.14 + 796.52 + 405.9 + 447.95 = 6177.06\text{kN}$$

2）其余各层楼面处重力荷载标准值计算

$$G'_{墙} = 895.9\text{kN}$$
$$G'_{楼面板} = 4.33 \times (30.3 \times 12.6) = 1653.10\text{kN}$$
$$G'_{走廊} = 3.82 \times (30.3 \times 3) = 347.24\text{kN}$$
$$G'_{梁} = 796.52\text{kN}$$
$$G'_{柱} = 21 \times 25 \times 0.6 \times 0.6 \times (4.2 - 0.12) + 4 \times 25 \times 0.4 \times 0.4 \times (4.2 - 0.12) = 836.4\text{kN}$$
$$G_{标准层} = G'_{墙} + G'_{楼面板} + G'_{走廊} + G'_{梁} + G'_{柱}$$
$$= 895.9 + 1653.1 + 347.24 + 796.52 + 836.4 = 4529.16\text{kN}$$

3）底层楼面处重力荷载标准值计算

$$G'_{墙} = 895.9 \times \frac{4.2/2 + 5.3/2 - 0.12}{4.2 - 0.12} = 895.9 \times 1.135 = 1016.85\text{kN}$$
$$G'_{楼板} = 1653.1 + 347.24 = 2000.34\text{kN}$$
$$G'_{梁} = 796.52\text{kN}$$
$$G'_{柱} = 836.4 \times 1.135 = 949.31\text{kN}$$
$$G_{底层} = G'_{墙} + G'_{楼板} + G'_{梁} + G'_{柱}$$
$$= 1016.85 + 2000.34 + 796.52 + 949.31 = 4763.02\text{kN}$$

4）屋顶雪荷载标准值计算

$$Q_{雪} = q_{雪} \times S = 0.35 \times (30.6 \times 15.6) = 167.08\text{kN}$$

5）楼面活载标准值计算

$$Q_{楼面} = q_{阅} \times S_{阅} + q_{走廊} \times S_{走廊}$$
$$= 2.0 \times (30.3 \times 12.6) + 2.5 \times (30.3 \times 3) = 1748.31\text{kN}$$

6）总重力荷载代表值的计算

屋面处：$G_{EW} =$ 屋面处结构和构件自重 $+ 0.5 \times$ 雪荷载标准值

$= 5740.9 + 0.5 \times 167.08 = 5824.44\text{kN}$(设计值为 7123kN)

楼面处：$G_{Ei} =$ 楼面处结构和构件自重 $+ 0.5 \times$ 活荷载标准值

$= 4529.16 + 0.5 \times 1748.31 = 5403.32\text{kN}$(设计值为 7882.6kN)

底层楼面处：$G_{E1}$ = 楼面处结构和构件自重 + 0.5 × 活荷载

= 4763.02 + 0.5 × 1748.31 = 5637.18kN(设计值为 8163.3kN)

(2) 框架柱抗侧刚度 $D$ 和结构基本自振周期计算

1) 横向 $D$ 值的计算

表 2-2 和表 2-3 中已将各层每一柱的 $D$ 值求出，各层柱的总 $D$ 值计算见表 2-25 和表 2-26。

**横向 2～8 层 $D$ 值计算** **表 2-25**

| 构件名称 | $D$ 值（kN/m） | 数 量 | $\Sigma D$（kN/m） |
|---|---|---|---|
| Ⓐ轴柱 | 13567 | 6 | 81402 |
| Ⓑ轴柱 | 21529 | 6 | 129174 |
| Ⓒ轴柱 | 26819 | 5 | 134095 |
| Ⓒ轴 600 柱 | 13567 | 1 | 13567 |
| Ⓓ轴 400 柱 | 7990 | 3 | 23970 |
| Ⓓ轴 600 柱 | 13567 | 2 | 27134 |
| $\Sigma D = 409342$kN/m | | | |

注：未计入Ⓓ轴上没有梁与Ⓒ轴梁柱相连的两柱。

**横向首层 $D$ 值计算** **表 2-26**

| 构件名称 | $D$ 值（kN/m） | 数 量 | $\Sigma D$（kN/m） |
|---|---|---|---|
| Ⓐ轴柱 | 12534 | 6 | 75204 |
| Ⓑ轴柱 | 15688 | 6 | 94128 |
| Ⓒ轴柱 | 17668 | 5 | 88340 |
| Ⓒ轴 600 柱 | 12534 | 1 | 12534 |
| Ⓓ轴 400 柱 | 4429 | 3 | 13287 |
| Ⓓ轴 600 柱 | 12534 | 2 | 25068 |
| $\Sigma D = 409342$kN/m | | | |

注：未计入Ⓓ轴上没有梁与Ⓒ轴梁柱相连的两柱。

2) 结构基本自振周期计算

结构基本自振周期有多种计算方法，下面将分别用假想顶点位移法、能量法和经验公式进行计算：

①用假想顶点位移 $\mu_T$ 计算结构基本自振周期

计算公式为公式（1-13）。现列表计算假想顶点位移（表 2-27）。

**假想顶点侧移 $\mu_T$ 计算结果** **表 2-27**

| 层 次 | $G_i$（kN） | $\Sigma G_i$（kN） | $\Sigma D$（kN/m） | $\Delta u_i$（m） | $u_i$（m） |
|---|---|---|---|---|---|
| 8 | 5824.44 | 5824.44 | 409342 | 0.0142 | 0.5188 |
| 7 | 5403.32 | 11227.76 | 409342 | 0.0274 | 0.5046 |
| 6 | 5403.32 | 16631.08 | 409342 | 0.0406 | 0.4772 |
| 5 | 5403.32 | 22034.40 | 409342 | 0.0538 | 0.4366 |

续表

| 层　次 | $G_i$（kN） | $\Sigma G_i$（kN） | $\Sigma D$（kN/m） | $\Delta u_i$（m） | $u_i$（m） |
|---|---|---|---|---|---|
| 4 | 5403.32 | 27437.72 | 409342 | 0.0670 | 0.3828 |
| 3 | 5403.32 | 32841.04 | 409342 | 0.0802 | 0.3158 |
| 2 | 5403.32 | 38244.36 | 409342 | 0.0934 | 0.2356 |
| 1 | 5637.18 | 43881.54 | 409342 | 0.1422 | 0.1422 |

结构基本自振周期考虑非结构墙影响折减系数 $\psi_T=0.6$，则结构的基本自振周期为：

$$T_1 = 1.7\psi_T\sqrt{\mu_T} = 1.7\times0.6\times\sqrt{0.5188} = 0.73\text{s}$$

②用能量法计算结构的基本自振周期

计算公式为：

$$T_1 = 2\pi\psi_T\sqrt{\frac{\Sigma G_i u_i^2}{g\Sigma G_i u_i}}$$

$\Sigma G_i u_i$ 和 $\Sigma G_i u_i^2$ 的计算结果列在表 2-28 中。

**能量法计算结构基本周期列表**　　**表 2-28**

| 层　次 | $G_i$（kN） | $\Sigma D$（kN/m） | $u_i$（m） | $G_iu_i$ | $G_iu_i^2$ |
|---|---|---|---|---|---|
| 8 | 5824.44 | 409342 | 0.5188 | 3021.72 | 1567.67 |
| 7 | 5403.32 | 409342 | 0.5046 | 2726.50 | 1375.8 |
| 6 | 5403.32 | 409342 | 0.4772 | 2578.46 | 1230.44 |
| 5 | 5403.32 | 409342 | 0.4366 | 2359.09 | 1029.98 |
| 4 | 5403.32 | 409342 | 0.3828 | 2068.39 | 791.78 |
| 3 | 5403.32 | 409342 | 0.3158 | 1706.37 | 538.87 |
| 2 | 5403.32 | 409342 | 0.2356 | 1273.02 | 299.92 |
| 1 | 5637.18 | 409342 | 0.1422 | 801.61 | 113.99 |
| Σ | | | | 16535.2 | 6948.45 |

将数字代入上述计算公式得：

$$T_1 = 2\times3.14\times0.6\sqrt{\frac{6948.45}{9.8\times16535.2}} = 0.648\text{s}$$

③用经验公式计算结构基本自振周期

$$T_1 = 0.25 + 0.00053\frac{H^2}{\sqrt[3]{B}} = 0.25 + 0.00053\frac{34.2^2}{\sqrt[3]{15.24}} = 0.50\text{s}$$

本次计算取 $T_1=0.648$s。

(3) 多遇水平地震作用计算

由于该工程所在地区抗震设防烈度为 7 度，场地土为Ⅱ类，设计地震分组为第一组，由表 1-18 和表 1-19 查得：

$$\alpha_{\max} = 0.08 \qquad T_g = 0.35\text{s}$$

$$G_{eq} = 0.85G_E = 0.85\times43881.54 = 37299.31\text{kN}$$

由于 $T_g<T_1<5T_g$，故

$$\alpha_1 = \left(\frac{T_g}{T_1}\right)^{\gamma} \eta_2 \alpha_{max} \tag{2-16}$$

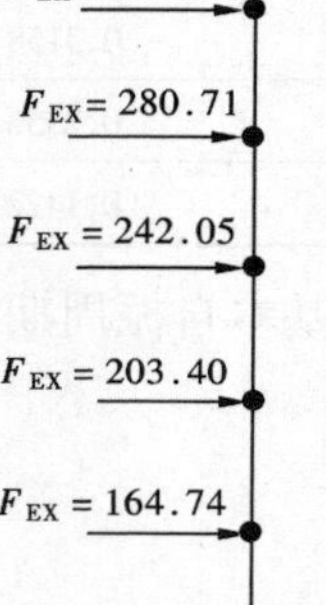

图 2-23 楼层水平地震作用标准值

式中 $\gamma$——衰减指数，在 $T_g < T_1 < 5T_g$ 的区间取 0.9；

$\eta_2$——阻尼调整系数，除有专门规定外，建筑结构的阻尼比应取 0.05，相应的 $\eta_2 = 1.0$。

纵向地震影响系数：

$$\alpha_1 = \left(\frac{T_g}{T_1}\right)^{0.9} \alpha_{max} = \left(\frac{0.35}{0.65}\right)^{0.9} \times 0.08 = 0.04579$$

$$T_1 = 0.648\text{s} > 1.4T_g = 0.49\text{s}$$

需要考虑顶部附加水平地震作用的影响，顶部附加地震作用系数：

$$\delta_n = 0.08T_1 + 0.07 = 0.08 \times 0.65 + 0.07 = 0.122$$

如图 2-23 所示，对于多质点体系，结构底部总纵向水平地震作用标准值：

$$F_{Ek} = \alpha_1 G_{eq} = 0.04579 \times 37299.31 = 1707.94\text{kN}$$

附加顶部集中力：

$$\Delta F_n = \delta_n F_{EK} = 0.122 \times 1707.94 = 208.37\text{kN}$$

$$F_i = \frac{G_i H_i}{\Sigma G_i H_i} F_{EK}(1 - \delta_n) \tag{2-17}$$

$$F_{EK} - \Delta F_n = 1707.94 - 208.37 = 1499.57\text{kN}$$

质点 $i$ 的水平地震作用标准值，楼层地震剪力及楼层层间位移的计算过程见表 2-29。

**$F_i$，$V_i$ 和 $\Delta u_i$ 的计算** **表 2-29**

| 层 | $G_i$ (kN) | $H_i$ (m) | $G_iH_i$ | $\Sigma G_iH_i$ | $F_i$ (kN) | $V_i$ (kN) | $\Sigma D$ | $\Delta u_i$ (m) |
|---|---|---|---|---|---|---|---|---|
| 8 | 5824.44 | 34.7 | 202108.1 | 880383.5 | 344.25 | 552.62 | 409342 | 0.00135 |
| 7 | 5403.32 | 30.5 | 164801.3 | 880383.5 | 280.71 | 833.33 | 409342 | 0.00204 |
| 6 | 5403.32 | 26.3 | 142107.3 | 880383.5 | 242.05 | 1075.38 | 409342 | 0.00263 |
| 5 | 5403.32 | 22.1 | 119413.4 | 880383.5 | 203.4 | 1278.78 | 409342 | 0.00312 |
| 4 | 5403.32 | 17.9 | 96719.43 | 880383.5 | 164.74 | 1443.52 | 409342 | 0.00353 |
| 3 | 5403.32 | 13.7 | 74025.48 | 880383.5 | 126.09 | 1569.61 | 409342 | 0.00383 |
| 2 | 5403.32 | 9.5 | 51331.54 | 880383.5 | 87.43 | 1657.04 | 409342 | 0.00405 |
| 1 | 5637.18 | 5.3 | 29877.05 | 880383.5 | 50.89 | 1707.93 | 308561 | 0.00554 |

楼层最大位移与楼层层高之比：

$$\frac{\Delta u_i}{h} = \frac{0.00554}{5.3} = \frac{1}{957} < \frac{1}{550}$$

满足位移要求。

（4）刚重比和剪重比验算

为了保证结构的稳定和安全，需分别按公式（1-30）和公式（1-37）进行结构刚重比和剪重比验算。各层的刚重比和剪重比见表 2-30。

**各层刚重比和剪重比** 表 2-30

| 层号 | $h_i$ (m) | $D_i$ (kN/m) | $D_ih_i$ (kN) | $V_{EKi}$ (kN) | $\sum_{j=i}^{n}G_j$ (kN) | $D_ih_i/\sum_{j=i}^{n}G_j$ | $V_{EKi}/\sum_{j=i}^{n}G_j$ |
|---|---|---|---|---|---|---|---|
| 8 | 4.2 | 409342 | 1719236.4 | 552.62 | 5824.44/7123.00 | 241.36 | 0.095 |
| 7 | 4.2 | 409342 | 1719236.4 | 833.33 | 11227.76/15005.60 | 114.57 | 0.074 |
| 6 | 4.2 | 409342 | 1719236.4 | 1075.38 | 16631.08/22888.20 | 75.11 | 0.065 |
| 5 | 4.2 | 409342 | 1719236.4 | 1278.78 | 22034.40/30770.80 | 55.87 | 0.058 |
| 4 | 4.2 | 409342 | 1719236.4 | 1443.52 | 27437.72/38653.40 | 44.48 | 0.053 |
| 3 | 4.2 | 409342 | 1719236.4 | 1569.61 | 32841.04/46536.00 | 36.94 | 0.048 |
| 2 | 4.2 | 409342 | 1719236.4 | 1657.04 | 38244.36/54418.60 | 31.59 | 0.043 |
| 1 | 5.3 | 308561 | 1635373.3 | 1707.93 | 43881.54/62581.90 | 26.13 | 0.039 |

注：$\sum_{j=i}^{n}G_j$一栏中，分子为第$j$层的重力荷载代表值，分母为第$j$层的重力荷载设计值。刚重比计算用重力荷载设计值，剪重比计算用重力荷载代表值。

由表 2-30 可见，各层的刚重比 $D_ih_i/\sum_{j=i}^{n}G_j$ 均大于 20，不必考虑重力二阶效应；各层的剪重比 $V_{EKi}/\sum_{j=i}^{n}G_j$ 均大于 0.016，满足剪重比的要求。

（5）框架地震内力计算

框架柱剪力和柱端弯矩计算采用 D 值法，计算过程和结果见表 2-31 ~ 表 2-34。其中，反弯点相对高度 $y$ 值已在表 2-5 ~ 表 2-8 中求得。

框架各柱的杆端弯矩、梁端弯矩按式（2-9）~式（2-13）计算，计算过程如表 2-31 ~ 表 2-34。

**横向水平地震荷载作用下Ⓐ轴框架柱剪力和柱端弯矩的计算** 表 2-31

| 层 | $V_i$ (kN) | $\Sigma D$ | $D_{im}$ | $D_{im}/\Sigma D$ | $V_{im}$ (kN) | $y$ (m) | $M_{C上}$ (kN·m) | $M_{C下}$ (kN·m) |
|---|---|---|---|---|---|---|---|---|
| 8 | 552.62 | 409342 | 13567 | 0.033 | 18.24 | 0.3 | 53.63 | 22.98 |
| 7 | 833.33 | 409342 | 13567 | 0.033 | 27.50 | 0.4 | 69.30 | 46.20 |
| 6 | 1075.38 | 409342 | 13567 | 0.033 | 35.48 | 0.45 | 81.96 | 67.08 |
| 5 | 1278.78 | 409342 | 13567 | 0.033 | 42.20 | 0.45 | 97.48 | 79.76 |
| 4 | 1443.52 | 409342 | 13567 | 0.033 | 47.64 | 0.45 | 110.05 | 90.04 |
| 3 | 1569.61 | 409342 | 13567 | 0.033 | 51.80 | 0.45 | 108.78 | 108.78 |
| 2 | 1657.04 | 409342 | 13567 | 0.033 | 54.68 | 0.49 | 114.83 | 114.83 |
| 1 | 1707.93 | 308561 | 12534 | 0.041 | 70.03 | 0.65 | 129.90 | 241.25 |

**横向水平地震荷载作用下Ⓑ轴框架柱剪力和柱端弯矩的计算** 表 2-32

| 层 | $V_i$ (kN) | $\Sigma D$ | $D_{im}$ | $D_{im}/\Sigma D$ | $V_{im}$ (kN) | $y$ (m) | $M_{C上}$ (kN·m) | $M_{C下}$ (kN·m) |
|---|---|---|---|---|---|---|---|---|
| 8 | 552.62 | 409342 | 21529 | 0.0526 | 29.07 | 0.37 | 83.02 | 39.07 |
| 7 | 833.33 | 409342 | 21529 | 0.0526 | 43.83 | 0.42 | 106.77 | 77.32 |

续表

| 层 | $V_i$（kN） | $\Sigma D$ | $D_{im}$ | $D_{im}/\Sigma D$ | $V_{im}$（kN） | $y$（m） | $M_{C上}$（kN·m） | $M_{C下}$（kN·m） |
|---|---|---|---|---|---|---|---|---|
| 6 | 1075.38 | 409342 | 21529 | 0.0526 | 56.56 | 0.45 | 130.65 | 106.9 |
| 5 | 1278.78 | 409342 | 21529 | 0.0526 | 67.26 | 0.47 | 149.72 | 132.77 |
| 4 | 1443.52 | 409342 | 21529 | 0.0526 | 75.93 | 0.47 | 169.02 | 149.89 |
| 3 | 1569.61 | 409342 | 21529 | 0.0526 | 82.56 | 0.50 | 173.38 | 173.38 |
| 2 | 1657.04 | 409342 | 21529 | 0.0526 | 87.16 | 0.49 | 183.04 | 183.04 |
| 1 | 1707.93 | 308561 | 15688 | 0.0508 | 86.76 | 0.57 | 193.13 | 266.70 |

**横向水平地震荷载作用下Ⓒ轴框架柱剪力和柱端弯矩的计算　　表 2-33**

| 层 | $V_i$（kN） | $\Sigma D$ | $D_{im}$ | $D_{im}/\Sigma D$ | $V_{im}$（kN） | $y$（m） | $M_{C上}$（kN·m） | $M_{C下}$（kN·m） |
|---|---|---|---|---|---|---|---|---|
| 8 | 552.62 | 409342 | 26819 | 0.066 | 36.47 | 0.405 | 90.37 | 62.8 |
| 7 | 833.33 | 409342 | 26819 | 0.066 | 55.00 | 0.455 | 125.9 | 105.1 |
| 6 | 1075.38 | 409342 | 26819 | 0.066 | 70.98 | 0.455 | 162.47 | 135.64 |
| 5 | 1278.78 | 409342 | 26819 | 0.066 | 84.46 | 0.50 | 177.24 | 177.24 |
| 4 | 1443.52 | 409342 | 26819 | 0.066 | 95.27 | 0.50 | 200.07 | 200.07 |
| 3 | 1569.61 | 409342 | 26819 | 0.066 | 103.6 | 0.50 | 217.56 | 217.56 |
| 2 | 1657.04 | 409342 | 26819 | 0.066 | 109.36 | 0.50 | 229.66 | 229.66 |
| 1 | 1707.93 | 308561 | 17668 | 0.066 | 97.35 | 0.55 | 232.18 | 283.78 |

**横向水平地震荷载作用下Ⓓ轴框架柱剪力和柱端弯矩的计算　　表 2-34**

| 层 | $V_i$（kN） | $\Sigma D$ | $D_{im}$ | $D_{im}/\Sigma D$ | $V_{im}$（kN） | $y$（m） | $M_{C上}$（kN·m） | $M_{C下}$（kN·m） |
|---|---|---|---|---|---|---|---|---|
| 8 | 552.62 | 409342 | 7990 | 0.02 | 11.05 | 0.45 | 25.53 | 20.88 |
| 7 | 833.33 | 409342 | 7990 | 0.02 | 16.67 | 0.50 | 35.00 | 35.00 |
| 6 | 1075.38 | 409342 | 7990 | 0.02 | 21.51 | 0.50 | 45.17 | 45.17 |
| 5 | 1278.78 | 409342 | 7990 | 0.02 | 25.58 | 0.50 | 53.72 | 53.72 |
| 4 | 1443.52 | 409342 | 7990 | 0.02 | 28.87 | 0.50 | 60.63 | 60.63 |
| 3 | 1569.61 | 409342 | 7990 | 0.02 | 31.39 | 0.50 | 65.92 | 65.92 |
| 2 | 1657.04 | 409342 | 7990 | 0.02 | 33.14 | 0.50 | 69.59 | 69.59 |
| 1 | 1707.93 | 308561 | 4429 | 0.014 | 24.59 | 0.55 | 58.65 | 71.68 |

横向水平地震作用下的弯矩、剪力和轴力图如图 2-24～图 2-26 所示。

### 2.2.3　重力荷载代表值计算

（1）作用于屋面处均布重力荷载代表值计算

$$q_{AB} = 1.2 \times 29.71 + 1.2 \times 0.5 \times 0.35 \times 3 \times \frac{5}{8} \times 2 = 36.44\text{kN/m}$$

$$q_{BC} = 1.2 \times 25.99 + 1.2 \times 0.5 \times \left[0.35 \times 3 \times \frac{5}{8} + 0.35 \times 1.5 \times (1 - 2 \times 0.25^2 + 0.25^3)\right]$$
$$= 31.87\text{kN/m}$$

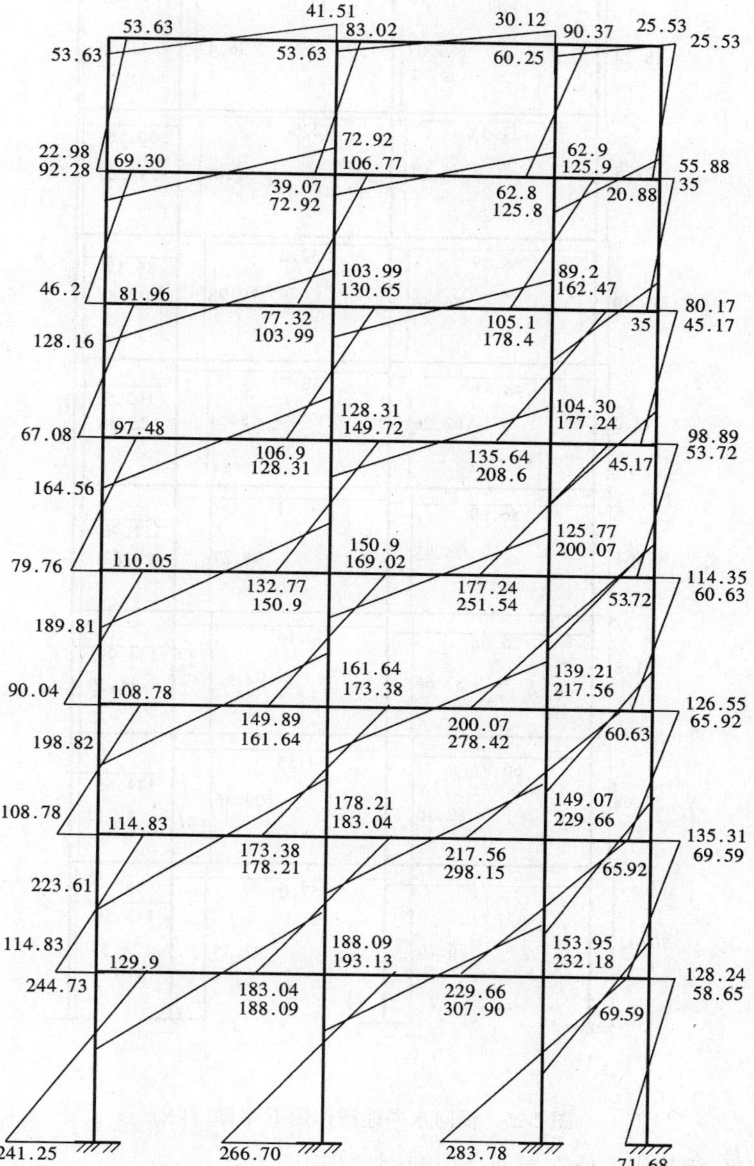


图 2-24　横向水平地震作用下 $M$ 图

$$q_{CD} = 1.2 \times 16.79 + 1.2 \times 0.5 \times 0.35 \times 1.5 \times \frac{5}{8} \times 2 = 20.54\text{kN/m}$$

（2）作用于楼面处均布重力荷载代表值计算

$$q_{AB} = 1.2 \times 20.11 + 1.2 \times 0.5 \times 7.5 = 28.63\text{kN/m}$$

$$q_{BC} = 1.2 \times 17.77 + 1.2 \times 0.5 \times 6.42 = 25.18\text{kN/m}$$

$$q_{CD} = 1.2 \times 11.03 + 1.2 \times 0.5 \times 4.69 = 16.05\text{kN/m}$$

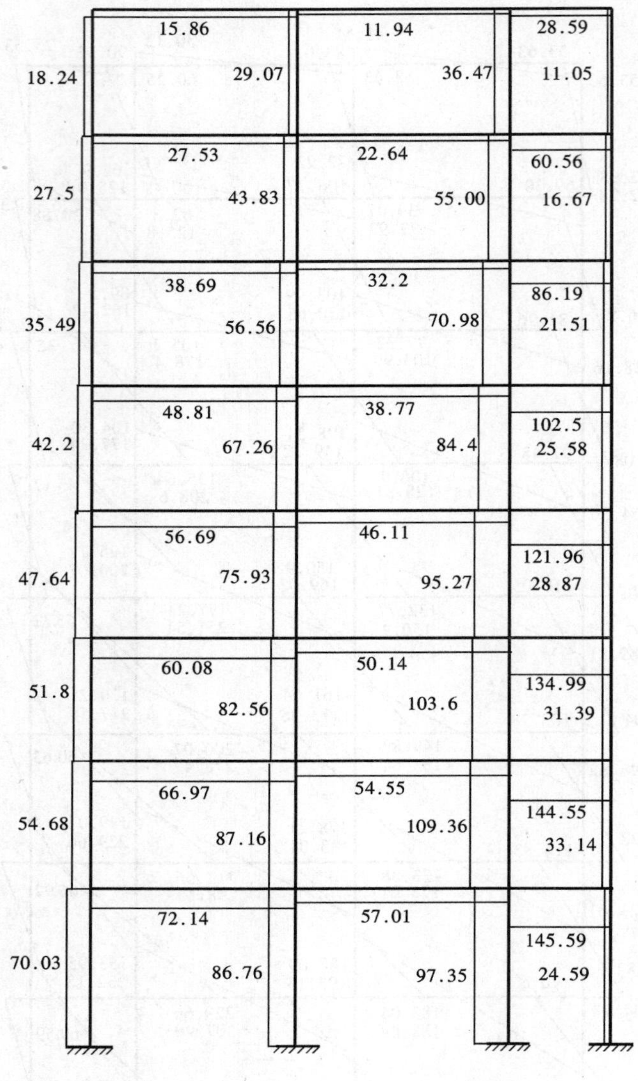

图 2-25　横向水平地震作用下 $V$ 图（kN）

（3）由均布荷载代表值在屋面处引起固端弯矩

$$M^{g}_{AW,BW}=-36.44\times 6^{2}/12=-109.32\text{kN}\cdot\text{m}$$

$$M^{g}_{BW,AW}=109.32\text{kN}\cdot\text{m}$$

$$M^{g}_{BW,CW}=-31.87\times 6^{2}/12=-95.61\text{kN}\cdot\text{m}$$

$$M^{g}_{CW,BW}=95.61\text{kN}\cdot\text{m}$$

$$M^{g}_{CW,DW}=-20.54\times 3^{2}/12=-15.41\text{kN}\cdot\text{m}$$

$$M^{g}_{DW,CW}=15.41\text{kN}\cdot\text{m}$$

（4）由均布荷载代表值在楼面处引起固端弯矩

$M^{g}_{Ab,Bb} = -28.63 \times 6^2/12 = -85.89\text{kN}\cdot\text{m}$

$M^{g}_{Bb,Ab} = 85.89\text{kN}\cdot\text{m}$

$M^{g}_{Bb,Cb} = -25.18 \times 6^2/12 = -75.54\text{kN}\cdot\text{m}$

$M^{g}_{Cb,Bb} = 75.54\text{kN}\cdot\text{m}$

$M^{g}_{Cb,Db} = -16.05 \times 3^2/12 = -12.04\text{kN}\cdot\text{m}$

$M^{g}_{Db,Cb} = 12.04\text{kN}\cdot\text{m}$

用弯矩分配法求解重力荷载代表值下的弯矩，首先将各节点的分配系数填在相应的方框内，将梁的固端弯矩填写在框架的横梁相应的位置，然后将节点放松，把各节点不平衡弯矩同时进行分配。假定远端固定进行传递（不向滑动端传递）：右（左）梁分配弯矩向左（右）梁传递；上（下）柱分配弯矩向下（上）传递（传递系数均为1/2）。第一次分配弯矩传递后，再进行第二次弯矩分配，然后不再传递。实际上，弯矩二次分配法，只将不平衡弯矩分配两次，将分配弯矩传递一次，计算图表如图2-27、图2-28、表2-35～表2-41。

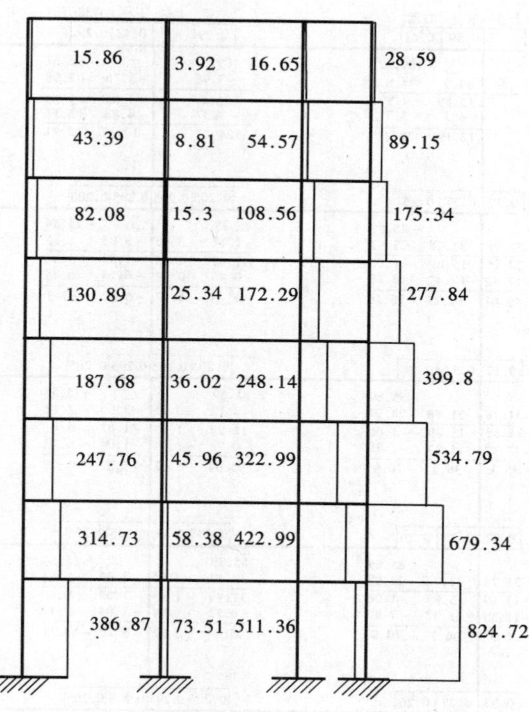


图2-26　横向水平地震作用下 $N$ 图（kN）

（本次所进行的重力荷载代表值下的弯矩图为设计值）

重力荷载代表值下 AB 跨梁端剪力计算　　表 2-35

| 层 | $q$ (kN/m) | $l$ (m) | $ql/2$ (kN) | $\Sigma M/l$ (kN) | $V_A=\frac{ql}{2}-\frac{\Sigma M}{l}$ (kN) | $V_B=\frac{ql}{2}+\frac{\Sigma M}{l}$ (kN) |
|---|---|---|---|---|---|---|
| 8 | 36.44 | 6 | 109.32 | 8.7 | 100.62 | 118.02 |
| 7 | 28.63 | 6 | 85.89 | 3.19 | 82.70 | 89.08 |
| 6 | 28.63 | 6 | 85.89 | 4.01 | 81.88 | 89.08 |
| 5 | 28.63 | 6 | 85.89 | 4.01 | 81.88 | 89.08 |
| 4 | 28.63 | 6 | 85.89 | 4.01 | 81.88 | 89.08 |
| 3 | 28.63 | 6 | 85.89 | 4.01 | 81.88 | 89.08 |
| 2 | 28.63 | 6 | 85.89 | 3.73 | 82.16 | 89.62 |
| 1 | 28.63 | 6 | 85.89 | 4.58 | 81.31 | 90.47 |

重力荷载代表值下 BC 跨梁端剪力计算　　表 2-36

| 层 | $q$ (kN/m) | $l$ (m) | $ql/2$ (kN) | $\Sigma M/l$ (kN) | $V_B=\frac{ql}{2}-\frac{\Sigma M}{l}$ (kN) | $V_C=\frac{ql}{2}+\frac{\Sigma M}{l}$ (kN) |
|---|---|---|---|---|---|---|
| 8 | 31.87 | 6 | 95.61 | -5.55 | 101.16 | 90.06 |
| 7 | 25.18 | 6 | 75.54 | -2.53 | 78.07 | 73.01 |

| A 上柱 | A 下柱 | A 右梁 | B 左梁 | B 上柱 | B 下柱 | B 右梁 | C 左梁 | C 上柱 | C 下柱 | C 右梁 | D 右梁 | D 下柱 | D 上柱 |
|---|---|---|---|---|---|---|---|---|---|---|---|---|---|
| | 0.59 | 0.41 | 0.29 | | 0.42 | 0.29 | 0.23 | | 0.32 | 0.45 | 0.88 | 0.12 | |
| | | -109.32 | 109.32 | | | -95.61 | 95.61 | | | -15.41 | 15.41 | | |
| | 64.5 | 44.8 | -3.98 | | -5.76 | -3.98 | -18.45 | | -25.66 | -36.10 | -13.56 | -1.85 | |
| | 15.89 | -1.99 | 22.4 | | -1.53 | -9.25 | -1.99 | | -7.62 | -6.78 | -18.05 | -0.65 | |
| | -8.2 | -5.7 | -3.37 | | -4.88 | -3.37 | 3.77 | | 5.24 | 7.38 | 16.46 | 2.24 | |
| | 72.19 | -72.21 | 124.37 | | -12.17 | -112.21 | 78.94 | | -28.04 | -50.91 | 0.26 | -0.26 | |
| 0.37 | 0.37 | 0.26 | 0.205 | 0.295 | 0.295 | 0.205 | 0.17 | 0.24 | 0.24 | 0.34 | 0.787 | 0.107 | 0.107 |
| | | -85.89 | 85.89 | | | -75.54 | 75.54 | | | -12.04 | 12.04 | | |
| 31.78 | 31.78 | 23.97 | -2.12 | -3.05 | -3.05 | -2.12 | -10.8 | -15.24 | -15.24 | -21.6 | -9.48 | -1.29 | -1.29 |
| 32.25 | 15.89 | -1.06 | 11.99 | -2.88 | -1.53 | -3.4 | -1.06 | -12.83 | -7.62 | -4.74 | -10.8 | -0.65 | -0.93 |
| -17.42 | -17.42 | -13.18 | -0.45 | -0.64 | -0.64 | -0.45 | 4.46 | 6.3 | 6.3 | 8.9 | 9.74 | 1.32 | 1.32 |
| 46.61 | 30.25 | -76.16 | 95.31 | -6.57 | -5.62 | -83.3 | 68.14 | -21.77 | -16.56 | -29.48 | 1.5 | -0.62 | -0.9 |
| 0.37 | 0.37 | 0.26 | 0.205 | 0.295 | 0.295 | 0.205 | 0.17 | 0.24 | 0.24 | 0.34 | 0.787 | 0.107 | 0.107 |
| | | -85.89 | 85.89 | | | -75.54 | 75.54 | | | -12.04 | 12.04 | | |
| 31.78 | 31.78 | 23.97 | -2.12 | -3.05 | -3.05 | -2.12 | -10.8 | -15.24 | -15.24 | -21.6 | -9.48 | -1.29 | -1.29 |
| 15.89 | 15.89 | -1.06 | 11.99 | -1.53 | -1.53 | -5.4 | -1.06 | -7.62 | -7.62 | -4.74 | -10.8 | -0.65 | -0.65 |
| -11.37 | -11.37 | -7.99 | -0.72 | -1.04 | -1.04 | -0.72 | 3.58 | 5.05 | 5.05 | 7.15 | 9.52 | 1.29 | 1.29 |
| 36.3 | 36.1 | -70.97 | 95.04 | -5.62 | -5.62 | -83.78 | 67.26 | -17.81 | -17.81 | -31.23 | 1.28 | -0.65 | -0.65 |
| 0.37 | 0.37 | 0.26 | 0.205 | 0.295 | 0.295 | 0.205 | 0.17 | 0.24 | 0.24 | 0.34 | 0.787 | 0.107 | 0.107 |
| | | -85.89 | 85.89 | | | -75.54 | 75.54 | | | -12.04 | 12.04 | | |
| 31.78 | 31.78 | 23.97 | -2.12 | -3.05 | -3.05 | -2.12 | -10.8 | -15.24 | -15.24 | -21.6 | -9.48 | -1.29 | -1.29 |
| 15.89 | 15.89 | -1.06 | 11.99 | -1.53 | -1.53 | -5.4 | -1.06 | -7.62 | -7.62 | -4.74 | -10.8 | -0.65 | -0.65 |
| -11.37 | -11.37 | -7.99 | -0.72 | -1.04 | -1.04 | -0.72 | 3.58 | 5.05 | 5.05 | 7.15 | 9.52 | 1.29 | 1.29 |
| 36.3 | 36.1 | -70.97 | 95.04 | -5.62 | -5.22 | -83.78 | 67.26 | -17.81 | -17.81 | -31.23 | 1.28 | -0.65 | -0.65 |
| 0.37 | 0.37 | 0.26 | 0.205 | 0.295 | 0.295 | 0.205 | 0.17 | 0.24 | 0.24 | 0.34 | 0.787 | 0.107 | 0.107 |
| | | -85.89 | 85.89 | | | -75.54 | 75.54 | | | -12.04 | 12.04 | | |
| 31.78 | 31.78 | 23.97 | -2.12 | -3.05 | -3.05 | -2.12 | -10.8 | -15.24 | -15.24 | -21.6 | -9.48 | -1.29 | -1.29 |
| 15.89 | 15.89 | -1.06 | 11.99 | -1.53 | -1.53 | -5.4 | -1.06 | -7.62 | -7.62 | -4.74 | -10.8 | -0.63 | -0.65 |
| -11.37 | -11.37 | -7.99 | -0.72 | -1.04 | -1.04 | -0.72 | 3.58 | 5.05 | 5.05 | 7.15 | 9.52 | 1.29 | 1.29 |
| 36.3 | 36.1 | -70.97 | 95.04 | -5.62 | -5.22 | -83.78 | 67.26 | -17.81 | -17.81 | -31.23 | 1.28 | -0.65 | -0.65 |
| 0.37 | 0.37 | 0.26 | 0.205 | 0.295 | 0.295 | 0.205 | 0.17 | 0.24 | 0.24 | 0.34 | 0.787 | 0.107 | 0.107 |
| | | -85.89 | 85.89 | | | -75.54 | 75.54 | | | -12.04 | 12.04 | | |
| 31.78 | 31.78 | 23.97 | -2.12 | -3.05 | -3.05 | -2.12 | -10.8 | -15.24 | -15.24 | -21.6 | -9.48 | -1.29 | -1.29 |
| 15.89 | 15.89 | -1.06 | 11.99 | -1.53 | -1.53 | -5.4 | -1.06 | -7.62 | -7.62 | -4.74 | -10.8 | -0.65 | -0.65 |
| -11.37 | -11.37 | -7.99 | -0.72 | -1.04 | -1.04 | -0.72 | 3.58 | 5.05 | 5.05 | 7.15 | 9.52 | 1.29 | 1.29 |
| 36.3 | 36.1 | -70.97 | 95.04 | -5.62 | -5.22 | -83.78 | 67.26 | -17.81 | -17.81 | -31.23 | 1.28 | -0.65 | -0.65 |
| 0.37 | 0.37 | 0.26 | 0.205 | 0.295 | 0.295 | 0.205 | 0.17 | 0.24 | 0.24 | 0.34 | 0.787 | 0.107 | 0.107 |
| | | -85.89 | 85.89 | | | -75.54 | 75.54 | | | -12.04 | 12.04 | | |
| 31.78 | 31.78 | 22.33 | -2.12 | -3.05 | -3.05 | -2.12 | -10.8 | -15.24 | -15.24 | -21.6 | -9.48 | -1.29 | -1.29 |
| 13.74 | 15.89 | -1.06 | 11.17 | -1.53 | -1.62 | -5.4 | -1.06 | -7.62 | -8.16 | -4.74 | -10.8 | -0.66 | -0.65 |
| -10.57 | -10.57 | -7.43 | -0.54 | -0.77 | -0.77 | -0.54 | 3.67 | 5.18 | 5.18 | 7.34 | 9.52 | 1.3 | 1.3 |
| 34.95 | 37.1 | -72.05 | 94.4 | -5.35 | -5.44 | -83.6 | 67.35 | -17.68 | -18.22 | -31.04 | 1.29 | -0.65 | -0.65 |
| 0.37 | 0.37 | 0.26 | 0.205 | 0.295 | 0.295 | 0.205 | 0.17 | 0.24 | 0.24 | 0.34 | 0.787 | 0.107 | 0.107 |
| | | -85.89 | 85.89 | | | -75.54 | 75.54 | | | -12.04 | 12.04 | | |
| 34.36 | 27.48 | 24.05 | -2.28 | -3.24 | -2.57 | -2.28 | -11.43 | -16.32 | -12.9 | -22.86 | -9.63 | -1.08 | -1.32 |
| 15.89 | | -1.14 | 12.03 | -1.53 | | -5.72 | -1.14 | -7.62 | | -4.82 | -11.43 | | -0.65 |
| -5.9 | -5.46 | -4.13 | -1.05 | -1.5 | -1.19 | -1.05 | 2.44 | 3.49 | 2.76 | 4.89 | 9.66 | 1.09 | 1.33 |
| 44.35 | 22.02 | -67.11 | 94.59 | -6.27 | -3.76 | -84.59 | 65.41 | -20.45 | -10.14 | -34.83 | 0.64 | 0.01 | -0.64 |

柱底：11.01　-1.88　-5.07　-0.005

图 2-27　重力荷载代表值作用下 *M* 图

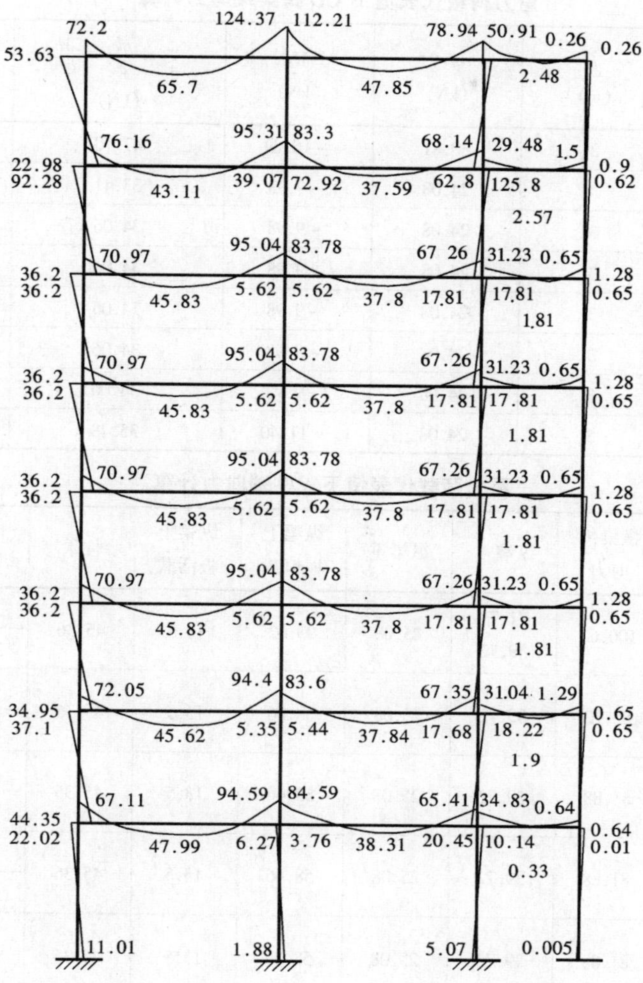

图 2-28　重力荷载代表值作用下 $M$ 图

续表

| 层 | $q$ (kN/m) | $l$ (m) | $ql/2$ (kN) | $\Sigma M/l$ (kN) | $V_B=\frac{ql}{2}-\frac{\Sigma M}{l}$ (kN) | $V_C=\frac{ql}{2}+\frac{\Sigma M}{l}$ (kN) |
|---|---|---|---|---|---|---|
| 6 | 25.18 | 6 | 75.54 | −2.75 | 78.29 | 72.79 |
| 5 | 25.18 | 6 | 75.54 | −2.75 | 78.29 | 72.79 |
| 4 | 25.18 | 6 | 75.54 | −2.75 | 78.29 | 72.79 |
| 3 | 25.18 | 6 | 75.54 | −2.75 | 78.29 | 72.79 |
| 2 | 25.18 | 6 | 75.54 | −2.71 | 78.25 | 72.83 |
| 1 | 25.18 | 6 | 75.54 | −3.20 | 78.74 | 72.34 |

**重力荷载代表值下 CD 跨梁端剪力计算** 表 2-37

| 层 | $q$ (kN/m) | $l$ (m) | $ql/2$ (kN) | $\Sigma M/l$ (kN) | $V_C=\frac{ql}{2}-\frac{\Sigma M}{l}$ (kN) | $V_D=\frac{ql}{2}+\frac{\Sigma M}{l}$ (kN) |
|---|---|---|---|---|---|---|
| 8 | 20.54 | 3 | 30.81 | -16.89 | 47.70 | 13.92 |
| 7 | 16.05 | 3 | 24.08 | -9.33 | 33.41 | 14.75 |
| 6 | 16.05 | 3 | 24.08 | -9.98 | 34.06 | 14.10 |
| 5 | 16.05 | 3 | 24.08 | -9.98 | 34.06 | 14.10 |
| 4 | 16.05 | 3 | 24.08 | -9.98 | 34.06 | 14.10 |
| 3 | 16.05 | 3 | 24.08 | -9.98 | 34.06 | 14.10 |
| 2 | 16.05 | 3 | 24.08 | -9.92 | 34.00 | 14.16 |
| 1 | 16.05 | 3 | 24.08 | -11.40 | 35.48 | 12.68 |

**重力荷载代表值下Ⓐ柱轴向力计算** 表 2-38

| 层 | 截面 | 横梁传剪力 | 纵墙重 | 纵梁重 | 纵梁上板恒载 | 纵梁上板活载 | 柱重 | ΔN (kN) | 柱轴力 (kN) |
|---|---|---|---|---|---|---|---|---|---|
| 8 | 1-1 | 100.62 | 71.71 | 25.08 | 93.02 | 13.5 | 45.36 | 303.93 | 303.93 |
| | 2-2 | | 39.72 | | | | | 389.01 | 389.01 |
| 7 | 3-3 | 82.70 | 39.72 | 25.08 | 58.46 | 13.5 | 45.36 | 179.74 | 568.75 |
| | 4-4 | | | | | | | 264.82 | 653.83 |
| 6 | 5-5 | 81.88 | 39.72 | 25.08 | 58.46 | 13.5 | 45.36 | 178.92 | 832.75 |
| | 6-6 | | | | | | | 264.00 | 917.83 |
| 5 | 7-7 | 81.88 | 39.72 | 25.08 | 58.46 | 13.5 | 45.36 | 178.92 | 1096.8 |
| | 8-8 | | | | | | | 264.00 | 1181.8 |
| 4 | 9-9 | 81.88 | 39.72 | 25.08 | 58.46 | 13.5 | 45.36 | 178.92 | 1360.8 |
| | 10-10 | | | | | | | 264.00 | 1445.8 |
| 3 | 11-11 | 81.88 | 39.72 | 25.08 | 58.46 | 13.5 | 45.36 | 178.92 | 1624.8 |
| | 12-12 | | | | | | | 264.00 | 1709.8 |
| 2 | 13-13 | 81.88 | 39.72 | 25.08 | 58.46 | 13.5 | 45.36 | 178.92 | 1885.8 |
| | 14-14 | | | | | | | 264.00 | 1973.8 |
| 1 | 15-15 | 81.88 | 59.29 | 25.08 | 58.46 | 13.5 | 57.24 | 178.92 | 2152.8 |
| | 16-16 | | | 16.2 | | | | 311.65 | 2464.4 |

**重力荷载代表值下Ⓑ柱轴向力计算** 表 2-39

| 层 | 截面 | 左横梁传剪力 | 右横梁传剪力 | 纵梁重 | 纵梁上板恒载 | 纵梁上板活载 | 柱重 | ΔN (kN) | 柱轴力 (kN) |
|---|---|---|---|---|---|---|---|---|---|
| 8 | 1-1 | 118.02 | 101.16 | 25.08 | 172.27 | 24.34 | 45.36 | 435.96 | 435.96 |
| | 2-2 | | | | | | | 481.32 | 481.32 |
| 7 | 3-3 | 89.08 | 78.07 | 25.08 | 142.72 | 24.34 | 45.36 | 354.27 | 835.59 |
| | 4-4 | | | | | | | 399.63 | 880.95 |

续表

| 层 | 截面 | 左横梁传剪力 | 右横梁传剪力 | 纵梁重 | 纵梁上板恒载 | 纵梁上板活载 | 柱重 | Δ*N* (kN) | 柱轴力 (kN) |
|---|---|---|---|---|---|---|---|---|---|
| 6 | 5-5 | 89.9 | 78.09 | 25.08 | 137.7 | 24.34 | 45.36 | 355.31 | 1236.3 |
| | 6-6 | | | | | | | 400.67 | 1281.6 |
| 5 | 7-7 | 89.9 | 78.29 | 25.08 | 137.7 | 24.34 | 45.36 | 355.31 | 1636.9 |
| | 8-8 | | | | | | | 400.67 | 1682.3 |
| 4 | 9-9 | 89.9 | 78.29 | 25.08 | 137.7 | 24.34 | 45.36 | 355.31 | 2037.6 |
| | 10-10 | | | | | | | 400.67 | 2082.9 |
| 3 | 11-11 | 89.9 | 78.29 | 25.08 | 137.7 | 24.34 | 45.36 | 355.31 | 2438.3 |
| | 12-12 | | | | | | | 400.67 | 2483.6 |
| 2 | 13-13 | 89.64 | 78.25 | 25.08 | 137.7 | 24.34 | 45.36 | 354.99 | 2838.6 |
| | 14-14 | | | | | | | 400.35 | 2838.9 |
| 1 | 15-15 | 90.47 | 78.74 | 25.08 | 137.7 | 24.34 | 57.24 | 356.33 | 3195.3 |
| | 16-16 | | | 16.2 | | | | 413.57 | 3252.5 |

**重力荷载代表值下Ⓒ柱轴向力计算** **表 2-40**

| 层 | 截面 | 横梁传剪力 | 内墙重 | 纵梁重 | 纵梁上板恒载 | 纵梁上板活载 | 柱重 | Δ*N* (kN) | 柱轴力 (kN) |
|---|---|---|---|---|---|---|---|---|---|
| 8 | 1-1 | 90.06 | 29.96 | 25.28 | 145.58 | 20.45 | 45.36 | 328.87 | 328.87 |
| | 2-2 | 47.7 | | | | | | 401.19 | 401.19 |
| 7 | 3-3 | 73.01 | 26.96 | 25.28 | 120.98 | 22.85 | 45.36 | 275.33 | 676.52 |
| | 4-4 | 33.41 | | | | | | 347.65 | 748.84 |
| 6 | 5-5 | 72.79 | 26.96 | 25.28 | 120.98 | 22.85 | 45.36 | 275.76 | 1024.6 |
| | 6-6 | 34.06 | | | | | | 348.08 | 1096.9 |
| 5 | 7-7 | 72.79 | 26.96 | 25.28 | 120.98 | 22.85 | 45.36 | 275.76 | 1372.7 |
| | 8-8 | 34.06 | | | | | | 348.08 | 1445.0 |
| 4 | 9-9 | 72.79 | 26.96 | 25.28 | 120.98 | 22.85 | 45.36 | 275.76 | 1720.8 |
| | 10-10 | 34.06 | | | | | | 348.08 | 1793.1 |
| 3 | 11-11 | 72.79 | 26.96 | 25.28 | 120.98 | 22.85 | 45.36 | 275.76 | 2068.8 |
| | 12-12 | 34.06 | | | | | | 348.08 | 2141.2 |
| 2 | 13-13 | 72.83 | 26.96 | 25.28 | 120.98 | 22.85 | 45.36 | 275.74 | 2416.9 |
| | 14-14 | 34.00 | | | | | | 348.06 | 2489.2 |
| 1 | 15-15 | 72.34 | 43.09 | 25.28 | 120.98 | 22.85 | 57.24 | 276.73 | 2765.9 |
| | 16-16 | 35.48 | | | | | | 377.06 | 2866.3 |

**重力荷载代表值下Ⓓ柱轴向力计算** 表 2-41

| 层 | 截面 | 横梁传剪力 | 纵墙重 | 纵梁重 | 纵梁上板恒载 | 纵梁上板活载 | 柱重 | $\Delta N$ (kN) | 柱轴力 (kN) |
|---|---|---|---|---|---|---|---|---|---|
| 8 | 1-1 | 13.92 | 71.71 | 26.0 | 66.23 | 9.61 | 20.16 | 187.47 | 187.47 |
| | 2-2 | | 33.94 | | | | | 241.57 | 241.57 |
| 7 | 3-3 | 14.75 | 33.94 | 26.0 | 36.72 | 12.01 | 20.16 | 89.48 | 331.05 |
| | 4-4 | | | | | | | 143.58 | 385.15 |
| 6 | 5-5 | 14.1 | 33.94 | 26.0 | 36.72 | 12.01 | 20.16 | 88.83 | 473.98 |
| | 6-6 | | | | | | | 142.93 | 528.28 |
| 5 | 7-7 | 14.1 | 33.94 | 26.0 | 36.72 | 13.5 | 20.16 | 88.83 | 616.91 |
| | 8-8 | | | | | | | 142.93 | 671.01 |
| 4 | 9-9 | 14.1 | 33.94 | 26.0 | 36.72 | 13.5 | 20.16 | 88.83 | 759.84 |
| | 10-10 | | | | | | | 142.93 | 813.94 |
| 3 | 11-11 | 14.1 | 33.94 | 26.0 | 36.72 | 13.5 | 20.16 | 88.83 | 902.77 |
| | 12-12 | | | | | | | 142.93 | 956.87 |
| 2 | 13-13 | 14.16 | 33.94 | 26.0 | 36.72 | 13.5 | 20.16 | 88.83 | 1045.8 |
| | 14-14 | | | | | | | 142.93 | 1099.9 |
| 1 | 15-15 | 12.68 | 33.94 | 26.0 | 36.72 | 13.5 | 25.44 | 87.41 | 1187.3 |
| | 16-16 | | 18 | | | | | 164.79 | 1264.7 |

### 2.2.4 内力组合

各种荷载情况下的框架内力求得后，根据最不利又是可能的原则进行内力组合。当考虑结构塑性内力重分布的有利影响时，应在内力组合之前对竖向荷载作用下的内力进行调幅。当有地震作用时，应分别考虑恒荷载和活荷载由可变荷载效应控制的组合、由永久荷载效应控制的组合及重力荷载代表值与地震作用的组合，并比较三种组合的内力，取最不利者。由于构件控制截面的内力值应取自支座边缘处，为此，进行组合前，应先计算各控制截面处的（支座边缘处的）内力值。

梁支座边缘处的内力值按式（2-14）和式（2-15）计算。

柱上端控制截面在上层的梁底，柱下端控制截面在下层的梁顶。按轴线计算简图算得的柱端内力值，宜换算成控制截面处的值。为了简化起见，也可采用轴线处内力值，这样算得的钢筋用量比需要的钢筋用量略微多一点。

因为建筑高度为 34.7m > 30m，设防烈度为 7 度，根据抗震规范确定框架的抗震等级为二级。对于框架梁，其梁端截面组合的剪力设计值应按下式调整：

$$V = \eta_{\mathrm{Vb}}\ (M_{\mathrm{b}}^{l} + M_{\mathrm{b}}^{\mathrm{r}})\ / \ l_{\mathrm{n}} + V_{\mathrm{Gb}} \tag{2-18}$$

式中 $V$——梁端截面组合的剪力设计值；

$l_{\mathrm{n}}$——梁的净跨；

$V_{\mathrm{Gb}}$——梁在重力荷载代表值作用下，按简支梁分析的梁端截面剪力设计值；

$M_{\mathrm{b}}^{l}$、$M_{\mathrm{b}}^{\mathrm{r}}$——分别为梁左、右端截面反时针或顺时针方向组合的弯矩设计值；

$\eta_{Vb}$——梁端剪力增大系数，一级取 1.3，二级取 1.2，三级取 1.1。

对于框架柱组合的剪力设计值应按下式调整：

$$V=\eta_{Vc}\ (M_c^b+M_c^t)\ /H_n \tag{2-19}$$

式中 $V$——柱端截面组合的剪力设计值；

$H_n$——柱的净高；

$M_c^t$、$M_c^b$——分别为柱上、下端顺时针或反时针方向截面组合的弯矩设计值；

$\eta_{Vc}$——柱剪力增大系数，一级取 1.4，二级取 1.2，三级取 1.1。

一、二、三级框架结构的底层，柱下端截面组合的弯矩设计值应分别乘以增大系数 1.5、1.25 和 1.15。底层柱纵向钢筋宜按上、下端的不利情况配置。

一、二、三级框架的梁柱节点处，除框架顶层和柱轴压比小于 0.15 者及框支梁与框支柱的节点外，柱端组合的弯矩设计值应符合下式要求：

$$\Sigma M_c=\eta_c\Sigma M_b \tag{2-20}$$

式中 $\Sigma M_c$——节点上、下柱端截面顺时针或反时针方向组合的弯矩设计值之和，上、下柱端的弯矩设计值，可按弹性分析分配；

$\Sigma M_b$——节点左、右梁端截面反时针或顺时针方向组合的弯矩设计值之和，一级框架节点左、右梁端均为负弯矩时，绝对值较小的弯矩应取零；

$\eta_c$——柱端弯矩增大系数，一级取 1.4，二级取 1.2，三级取 1.1。

（1）梁端弯矩最不利内力组合（表 2-42、表 2-43）

**第 8 层梁端控制截面弯矩不利组合** **表 2-42**

| 截面 | $1.3M_{EK}$ | $1.2M_{GE}$ | $1.0M_{GE}$ | $-(1.3M_{EK}+1.2M_{GE})$ | $1.3M_{EK}-1.0M_{GE}$ |
|---|---|---|---|---|---|
| AB 左 | 63.53 | 42.01 | 35.00 | 105.54 | 28.53 |
| AB 右 | 47.78 | 88.96 | 74.13 | 136.74 | — |
| BC 左 | 49.31 | 81.86 | 62.97 | 131.17 | — |
| BC 右 | 34.50 | 51.92 | 43.27 | 86.42 | — |
| CD 左 | 68.37 | 36.6 | 30.5 | 104.97 | 37.87 |
| CD 右 | 29.47 | 0.25 | 0.21 | 29.72 | 29.26 |

注：弯矩值均为梁端截面弯矩值，单位 kN·m，“—”表示不可能存在正弯矩。

**第 1 层梁端控制截面弯矩不利组合** **表 2-43**

| 截面 | $1.3M_{EK}$ | $1.2M_{GE}$ | $1.0M_{GE}$ | $-(1.3M_{EK}+1.2M_{GE})$ | $1.3M_{EK}-1.0M_{GE}$ |
|---|---|---|---|---|---|
| AB 左 | 290.01 | 42.72 | 35.6 | 332.73 | 254.41 |
| AB 右 | 216.39 | 67.45 | 56.21 | 283.84 | 160.18 |
| BC 左 | 222.27 | 60.97 | 50.81 | 283.24 | 171.46 |
| BC 右 | 177.91 | 43.71 | 36.43 | 221.62 | 141.48 |
| CD 左 | 371.92 | 24.19 | 20.16 | 396.11 | 351.76 |
| CD 右 | 147.81 | 0.62 | 0.52 | 148.43 | 147.29 |

注：弯矩值均为梁端截面弯矩值，单位 kN·m。

（2）梁端剪力最不利内力组合（表 2-44、表 2-45）

**第 8 层梁端控制截面剪力不利组合** **表 2-44**

| 截面 | $M_l$ (kN·m) | $M_r$ (kN·m) | $l_n$ (m) | $V_{GE}$ (kN) | $V = 1.2\frac{M_l + M_r}{l_n} + V_{GE}$ |
|---|---|---|---|---|---|
| AB 左 | 105.54 | — | 5.4 | 100.62 | 124.07 |
| AB 右 | 28.53 | 136.74 | 5.4 | 118.02 | 154.75 |
| BC 左 | 131.17 | — | 5.4 | 101.16 | 130.31 |
| BC 右 | — | 86.42 | 5.4 | 90.06 | 109.26 |
| CD 左 | 104.97 | 29.26 | 2.5 | 47.7 | 112.13 |
| CD 右 | 37.87 | 29.72 | 2.5 | 13.92 | 46.36 |

**第 1 层梁端控制截面剪力不利组合** **表 2-45**

| 截面 | $M_l$ (kN·m) | $M_r$ (kN·m) | $l_n$ (m) | $V_{GE}$ (kN) | $V = 1.2\frac{M_l + M_r}{l_n} + V_{GE}$ |
|---|---|---|---|---|---|
| AB 左 | 332.73 | 160.18 | 5.4 | 81.31 | 190.84 |
| AB 右 | 254.41 | 283.84 | 5.4 | 90.47 | 210.08 |
| BC 左 | 283.24 | 141.48 | 5.4 | 78.74 | 173.12 |
| BC 右 | 171.46 | 221.62 | 5.4 | 72.34 | 159.69 |
| CD 左 | 396.11 | 147.29 | 2.5 | 35.48 | 296.31 |
| CD 右 | 351.76 | 148.43 | 2.5 | 12.68 | 252.77 |

（3）梁跨中弯矩最不利内力组合（表 2-46）

**梁跨中弯矩最不利内力组合** **表 2-46**

| 截面 | 8-AB | 8-BC | 8-CD | 1-AB | 1-BC | 1-CD |
|---|---|---|---|---|---|---|
| $1.3M_{EK} + 1.2M_{GE}$ | 87.00 | 58.24 | 31.80 | 255.04 | 161.47 | 9.98 |

跨中截面弯矩组合过程如下，以 8-AB 为例：

$$R_A = \frac{ql}{2} - \frac{1}{l}(M_{GB} - M_{GA} + M_{EA} + M_{EB})$$

$$= \frac{5.4 \times 36.44}{2} - \frac{1}{5.4}(88.96 - 42.01 + 63.53 + 47.78) = 69.08\text{kN}$$

$$M_{max} = \frac{R_A^2}{2q} - M_{GA} + M_{EA}$$

$$= \frac{69.08^2}{2 \times 36.44} - 42.01 + 63.53 = 87\text{kN}$$

（4）横向水平地震作用与重力荷载代表值组合效应（Ⓑ轴柱）见表 2-47。

**横向水平地震作用与重力荷载代表值组合效应（Ⓑ轴柱）** **表 2-47**

| 层 | | | 重力荷载代表值① | 重力荷载代表值② | 地震作用(向右)③ | 地震作用(向左)④ | $N_{max}$相应的 $M$ | | $N_{min}$相应的 $M$ | | $\|M\|_{max}$相应的 $N$ | |
|---|---|---|---|---|---|---|---|---|---|---|---|---|
| | | | | | | | 组合项目 | 值 | 组合项目 | 值 | 组合项目 | 值 |
| 4 | 上 | $M$ | -5.62 | -4.68 | -149.72 | 149.72 | ①+④ | 172.92 | ②+③ | -185.28 | ①+③ | -186.41 |
| | | $N$ | 1636.93 | 1364.11 | -25.34 | 25.34 | | 1662.27 | | 1338.77 | | 1611.59 |
| | 下 | $M$ | 5.62 | 4.68 | 132.77 | -132.77 | | -152.58 | | 164.94 | | 166.07 |
| | | $N$ | 1682.29 | 1401.91 | -25.34 | 25.34 | ①+④ | 1707.63 | ②+③ | 1376.57 | ①+③ | 1656.95 |
| | | $V$ | -2.68 | -2.23 | -75.93 | 75.93 | | 108.5 | | -116.74 | | -117.49 |
| 1 | 上 | $M$ | -3.76 | -3.13 | -193.13 | 193.13 | ①+④ | 227.24 | ②+③ | -235.51 | ①+③ | -236.27 |
| | | $N$ | 3195.3 | 2662.75 | -73.51 | 73.51 | | 3268.81 | | 2589.24 | | 3121.79 |
| | 下 | $M$ | 1.88 | 1.57 | 266.7 | -266.7 | | -397.23* | | 402.4* | | 402.88* |
| | | $N$ | 3252.54 | 2710.45 | -73.51 | 73.51 | ①+④ | 3326.05 | ②+③ | 2636.94 | ①+③ | 3179.03 |
| | | $V$ | -1.06 | -0.88 | -86.76 | 86.76 | | 159.44 | | -162.87 | | -163.19 |

注：1. 重力荷载代表值①、②分别为 1.2、1.0 倍 $M_{GEk}$；

2. 地震作用③、④分别为 1.3 倍 $M_{Ehk}$和 1.3 倍 $V_{Ehk}$；

3. 表中的弯矩值处理：为组合后的弯矩值直接 ×1.2；根据规范公式，二级抗震等级 $\Sigma M_c = 1.2\Sigma M_b$，$\Sigma M_b$ 为同一节点左、右梁端，按顺时针和逆时针方向计算的两端考虑地震作用组合的弯矩设计值之和的较大值，这样的情况需要比较的弯矩值有 4 组，为简便起见，直接按柱的组合弯矩值 ×1.2，由文献记载这样的结果能反应真实情况，相差不大；

4. 表中剪力均为调整后的剪力，二级抗震等级由规范公式 $\Sigma V_c = 1.2\dfrac{(M_C^T + M_C^b)}{H_n}$，其中 $M_c^t$ 和 $M_t^b$ 为考虑地震组合，经过调整后的框架柱上、下端弯矩设计值；

5. 带 * 的弯矩值为弯矩设计值 ×1.25 的放大系数；

6. 表中弯矩的单位为 kN·m，剪力的单位为 kN。

### 2.2.5 配筋计算

由附表 9-1 ~ 附表 9-5 查得：

混凝土强度 C30 $f_c = 14.3\text{N/mm}^2$ $f_t = 1.43\text{N/mm}^2$

$f_{tk} = 2.01\text{N/mm}^2$

钢筋强度 HPB235 $f_y = 210\text{N/mm}^2$ $f_{yk} = 235\text{N/mm}^2$

HRB400 $f_y = 360\text{N/mm}^2$ $f_{yk} = 400\text{N/mm}^2$

（1）框架柱截面设计

由表 1-28 查得框架的抗震等级为二级。

1）轴压比验算

底层柱

$$N_{max} = 3326.05\text{kN}$$

轴压比

$$\mu_N = \frac{N}{f_c A_c} = \frac{3326.05\times 10^3}{14.3\times 600^2} = 0.65 \leqslant 0.8$$

则Ⓑ轴柱的轴压比满足要求。

2）正截面受弯承载力计算

柱同一截面分别承受正、反向弯矩，故采用对称配筋。

Ⓑ轴柱 $N_b = \alpha_1 f_c b h_0 \xi_b = 14.3\times 600\times 565\times 0.35 = 1696.7\text{kN}$

1层：从柱的内力组合表可见，$N > N_b$，为小偏压。选用 $M$ 大 $N$ 大的组合，最不利组合为 $\begin{cases} M = 397.23\text{kN·m} \\ N = 3326.05\text{kN} \end{cases}$。由表 1.27 查得 $\gamma_{RE} = 0.80$，则 $\gamma_{RE} N_c = 0.8 \times 3326.05 = 2660.84\text{kN}$。

在弯矩中由水平地震作用产生的弯矩设计值 > 75% $M_{max}$，柱的计算长度 $l_0$ 取下列二式中的较小值：

$$l_0 = [1 + 0.15(\psi_u + \psi_l)]H \tag{2-21}$$

$$l_0 = (2 + 0.2\psi_{min})H \tag{2-22}$$

式中 $\psi_u$、$\psi_l$——柱的上端、下端节点处交汇的各柱线刚度之和与交汇的各梁线刚度之和的比值；

$\psi_{min}$——比值 $\psi_u$、$\psi_l$ 中的较小值；

$H$——柱的高度，对底层柱为从基础顶面到一层楼盖顶面的高度；对其余各层柱为上、下两层楼盖顶面之间的高度。

在这里，$\psi_u = \dfrac{6.1 \times 10^4 + 7.7 \times 10^4}{5.4 \times 10^4 \times 2} = 1.28 \quad \psi_l = 0 \quad \psi_{min} = 0$

$$l_0 = [1 + 0.15(\psi_u + \psi_l)]H = (1 + 0.15 \times 1.28) \times 5.3 = 6.32\text{m}$$

$$l_0 = (2 + 0.2\psi_{min})H = 2 \times 5.3 = 10.6\text{m}$$

所以，$l_0 = 6.32\text{m}$

$$e_0 = \frac{M}{N} = \frac{397.23}{3326.05} = 119\text{mm}$$

$$e_a = \max\begin{cases} 20\text{mm} \\ 600/30 = 20\text{mm} \end{cases} = 20\text{mm}$$

$$e_i = e_0 + e_a = 119 + 20 = 139\text{mm}$$

$$\zeta_1 = \frac{0.5 f_c A}{\gamma_{RE} N} = \frac{0.5 \times 14.3 \times 600^2}{0.8 \times 3326.05 \times 10^3} = 0.97$$

$$\because \quad \frac{l_0}{h} = \frac{6.32}{0.6} = 10.53 < 15 \quad \therefore \zeta_2 = 1.0$$

$$\eta = 1 + \frac{1}{1400 e_i / h_0}\left(\frac{l_0}{h}\right)^2 \zeta_1 \zeta_2 = 1 + \frac{1}{1400 \times 139/565} \times \left(\frac{6320}{600}\right)^2 \times 0.97$$

$$\times 1.0 = 1.31$$

$$e = \eta e_i + \frac{h}{2} - a = 1.31 \times 139 + \frac{600}{2} - 35 = 447.09\text{mm}$$

$$\xi = \frac{\gamma_{RE} N - \xi_b \alpha_1 f_c b h_0}{\dfrac{\gamma_{RE} N e - 0.43 \alpha_1 f_c b h_0^2}{(\beta_1 - \xi_b)(h_0 - a'_s)} + \alpha_1 f_c b h_0} + \xi_b$$

$$= \frac{0.8 \times 3326.05 \times 10^3 - 0.35 \times 14.3 \times 600 \times 565}{\dfrac{0.8 \times 3326.05 \times 10^3 \times 447.09 - 0.43 \times 14.3 \times 600 \times 565^2}{(0.8 - 0.35)(565 - 35)} + 14.3 \times 600 \times 565}$$

$$+ 0.35 = 0.55 > \xi_b$$

$$A_s = A'_s = \frac{\gamma_{RE} N e - \alpha_1 f_c b h_0^2 \xi (1 - 0.5\xi)}{f_y (h_0 - a'_s)}$$

$$= \frac{0.8 \times 3326.05 \times 10^3 \times 447.09 - 14.3 \times 600 \times 565^2 \times 0.55 \times (1 - 0.5 \times 0.55)}{360 \times (565 - 35)}$$

$$= 510.89\text{mm}^2$$

最小总配筋率根据《建筑抗震设计规范》（GB 50011—2001）表 6.3.8-1 查得 $\rho_{\min} = 0.7\%$，故

$$A_{s,\min} = A'_{s,\min} = 0.7\% \times 600^2/2 = 1260\text{mm}^2$$

查附表 9-7，每侧实配 4 Φ 20（$A_s = A'_s = 1256\text{mm}^2$），另两侧配构造筋 4 Φ 16。

4 层：$N < N_b$ 为大偏压，选用 $M$ 大 $N$ 小的组合，最不利组合为 $\begin{cases} M = 164.94\text{kN·m} \\ N = 1376.57\text{kN} \end{cases}$。

在弯矩中由水平地震作用产生的弯矩 $> 75\% M_{\max}$，柱的计算长度 $l_0$ 取下列二式中的较小值：

$$\psi_u = \frac{7.7 \times 10^4 + 7.7 \times 10^4}{5.4 \times 10^4 \times 2} = 1.43$$

$$\psi_l = \frac{7.7 \times 10^4 + 7.7 \times 10^4}{5.4 \times 10^4 \times 2} = 1.43$$

$$\psi_{\min} = 1.43$$

$$l_0 = [1 + 0.15(\psi_u + \psi_l)]H = (1 + 0.15 \times 1.43 \times 2) \times 4.2 = 6.00\text{m}$$

$$l_0 = (2 + 0.2\psi_{\min})H = (2 + 0.2 \times 1.43) \times 4.2 = 9.6\text{m}$$

所以，$l_0 = 6.00\text{m}$

$$e_0 = \frac{M}{N} = \frac{164.94}{1376.57} = 120\text{mm}$$

$$e_a = \max\begin{cases} 20\text{mm} \\ 600/30 = 20\text{mm} \end{cases} = 20\text{mm}$$

$$e_i = e_0 + e_a = 120 + 20 = 140\text{mm}$$

$$\zeta_1 = \frac{0.5 f_c A}{\gamma_{RE} N} = \frac{0.5 \times 14.3 \times 600^2}{0.8 \times 1376.57 \times 10^3} = 2.33 > 1.0, \text{取 } \zeta_1 = 1.0$$

$$\because \frac{l_0}{h} = \frac{6}{0.6} = 10 < 15 \quad \therefore \zeta_2 = 1.0$$

$$\eta = 1 + \frac{1}{1400 e_i / h_0}\left(\frac{l_0}{h}\right)^2 \zeta_1 \zeta_2 = 1 + \frac{1}{1400 \times 140/565} \times \left(\frac{6000}{600}\right)^2 \times 1.0 \times 1.0$$

$$= 1.29$$

$$e = \eta e_i + \frac{h}{2} - a = 1.29 \times 150 + \frac{600}{2} - 35 = 458.5\text{mm}$$

$$\xi = \frac{\gamma_{RE} N}{\alpha_1 f_c b h_0} = \frac{0.8 \times 1376.57 \times 10^3}{14.3 \times 600 \times 565} = 0.23 < \xi_b$$

$$A_s = A'_s = \frac{\gamma_{RE} N e - \alpha_1 f_c b h_0^2 \xi (1 - 0.5\xi)}{f'_y (h_0 - a'_s)}$$

$$= \frac{0.8 \times 1376.57 \times 10^3 \times 458.5 - 14.3 \times 600 \times 565^2 \times 0.23 \times (1 - 0.5 \times 0.23)}{360 \times (565 - 35)}$$

$$< 0$$

按构造配筋，最小总配筋率根据《建筑抗震设计规范》（GB 50011—2001）表 6.3.8-1 查得 $\rho_{min}=0.7\%$，$A_{s,min}=A'_{s,min}=0.7\%\times600^2/2=1260mm^2$。

查附表 9-7，每侧实配 4 Φ 20（$A_s=A'_s=1256mm^2$），另两侧配构造筋 4 Φ 16。

3）垂直于弯矩作用平面的受压承载力验算

垂直于弯矩作用平面的受压承载力按轴心受压计算。

一层：$N_{max}=3326.05kN$

$l_0/b=6.32/0.6=10.53$　查附表 7-1 得 $\varphi=0.98$

$$0.9\varphi(f_cA+f'_yA'_s)=0.9\times0.98\times(14.3\times600^2+360\times1256\times2)$$
$$=5338.15kN>N_{max}=3326.05kN$$

满足要求。

4）斜截面受剪承载力计算

Ⓑ轴柱

一层：最不利内力组合$\begin{cases}M=402.88kN\cdot m\\N=3179.03kN\\V=163.19kN\end{cases}$

$\because$ 剪跨比 $\lambda=H_n/2h_0=\dfrac{4.7}{2\times0.565}=4.16>3\quad\therefore\lambda=3$

$\because 0.3f_cA=0.3\times14.3\times600^2=1544.4kN<N\quad\therefore N=1544.4kN$

$$\frac{A_{sv}}{s}=\frac{\left(\gamma_{RE}V-\dfrac{1.05}{\lambda+1}f_tbh_0-0.056N\right)}{f_{yv}h_0}$$
$$=\frac{\left(163.19\times0.85\times10^3-\dfrac{1.05}{3+1}\times1.43\times600\times565-0.056\times1544.4\times10^3\right)}{210\times565}$$
$$<0$$

柱箍筋加密区的体积配箍率为：

$$\rho_v\geqslant\lambda_vf_c/f_{yv}=0.13\times14.3/210=1.2\%>0.6\%$$

取复式箍 4ϕ10

$$s=\frac{n_1A_{s1}l_1+n_2A_{s2}l_2}{l_1l_2\rho_v}=\frac{78.5\times4\times(530+530)}{530\times530\times1.2\%}=98.74mm$$

加密区箍筋最大间距 min（$8d$，100，165），所以加密区取复式箍 4ϕ10@100。

柱上端加密区的长度取 max（$h$，$H_n/6$，500mm），取 800mm，柱根取 1600mm。

非加密区取 4ϕ10@150。

四层：最不利内力组合$\begin{cases}M=166.07kN\cdot m\\N=1656.95kN\\V=117.49kN\end{cases}$

剪跨比 $\lambda=H_n/2h_0=\dfrac{3.6}{2\times0.565}=3.19>3$，取 $\lambda=3$。

$0.3f_cA=0.3\times14.3\times600^2=1544.4kN<N$，取 $N=1544.4kN$。

$$\frac{A_{sv}}{s}=\frac{\left(\gamma_{RE}V-\dfrac{1.05}{\lambda+1}f_tbh_0-0.056N\right)}{f_{yv}h_0}$$

$$= \frac{\left(117.49 \times 10^3 - \frac{1.05}{3+1} \times 1.43 \times 600 \times 565 - 0.056 \times 1544.4 \times 10^3\right)}{210 \times 565}$$

$$< 0$$

柱箍筋加密区的体积配箍率为:

$$\rho_v \geqslant \lambda_v f_c / f_{yv} = 0.13 \times 14.3/210 = 0.88\% > 0.6\%$$

取复式箍 4ϕ10。

$$s = \frac{n_1 A_{s1} l_1 + n_2 A_{s2} l_2}{l_1 l_2 \rho_v} = \frac{78.5 \times 4 \times (530 + 530)}{530 \times 530 \times 0.88\%} = 134.6\text{mm}$$

加密区箍筋最大间距取 min（$8d$，100，165），所以加密区仍取复式箍 4ϕ10@100。

柱端加密区的长度取 max（$h$，$H_n/6$，500mm），取 600mm。

非加密区取 4ϕ10@150。

(2) 框架梁截面设计

1）正截面受弯承载力计算

梁 AB（300mm×600mm）

一层:

跨中截面 $M = 255.04\text{kN}\cdot\text{m}$，$\gamma_{RE} M = 0.75 \times 255.04 = 191.28\text{kN}\cdot\text{m}$

$$\alpha_s = \frac{\gamma_{RE} M}{\alpha_1 f_c b h_0^2} = \frac{191.28 \times 10^6}{14.3 \times 300 \times 565^2} = 0.14$$

$$\xi = 1 - \sqrt{1 - 2\alpha_s} = 1 - \sqrt{1 - 2 \times 0.14} = 0.151 < 0.35$$

$$A_s = \frac{\alpha_1 f_c b h_0 \xi}{f_y} = \frac{14.3 \times 300 \times 565 \times 0.151}{360} = 1016\text{mm}^2$$

$$\rho_{min} = \max[0.25\%, (55 f_t / f_y)\%] = 0.25\%$$

$$A_{s,min} = \rho_{min} b h = 0.0025 \times 300 \times 600 = 450\text{mm}^2$$

下部实配 4 Φ 20（$A_s = 1256\text{mm}^2$）

上部按构造要求配筋。

梁 AB 和梁 BC 各截面的正截面受弯承载力配筋计算见表 2-48。

**框架梁正截面配筋计算** **表 2-48**

| 层 | 计算公式 | 梁 AB | | | 梁 BC | | |
|---|---|---|---|---|---|---|---|
| | | 支座左截面 | 跨中截面 | 支座右截面 | 支座左截面 | 跨中截面 | 支座右截面 |
| 8 | $M$（kN·m） | −105.54 | 87.00 | −136.74 | −131.17 | 58.24 | −86.42 |
| | $\gamma_{RE} M$ | −79.15 | 65.25 | −102.56 | −98.38 | 43.68 | −64.82 |
| | $\alpha_s = \frac{\gamma_{RE} M}{\alpha_1 f_c b h_0^2}$ | 0.058 | 0.048 | 0.075 | 0.072 | 0.032 | 0.047 |
| | $\xi = 1 - \sqrt{1 - 2\alpha_s}$ | 0.060 (<0.35) | 0.049 (<0.35) | 0.078 (<0.35) | 0.075 (<0.35) | 0.033 (<0.35) | 0.048 (<0.35) |
| | $A_s = \frac{\alpha_1 f_c b h_0 \xi}{f_y}$ (mm²) | 403 | 330 | 525 | 505 | 222 | 323 |

续表

| 层 | 计算公式 | 梁 AB | | | 梁 BC | | |
|---|---|---|---|---|---|---|---|
| | | 支座左截面 | 跨中截面 | 支座右截面 | 支座左截面 | 跨中截面 | 支座右截面 |
| 8 | $A_{s,min}$ (mm²) | 540 | 450 | 540 | 540 | 450 | 540 |
| | 实配钢筋 (mm²) | 3⌀16 (603) | 3⌀16 (603) | 3⌀16 (603) | 3⌀16 (603) | 3⌀16 (603) | 3⌀16 (603) |
| 1 | $M$ (kN·m) | −332.73 | 255.04 | −283.84 | −283.24 | 161.47 | −221.62 |
| | $\gamma_{RE}M$ | −249.55 | 191.28 | −212.88 | −212.43 | 121.10 | −166.22 |
| | $\alpha_s=\dfrac{\gamma_{RE}M}{\alpha_1 f_c bh_0^2}$ | 0.182 | 0.140 | 0.155 | 0.155 | 0.088 | 0.121 |
| | $\xi=1-\sqrt{1-2\alpha_s}$ | 0.203 (<0.35) | 0.151 (<0.35) | 0.169 (<0.35) | 0.169 (<0.35) | 0.092 (<0.35) | 0.129 (<0.35) |
| | $A_s=\dfrac{\alpha_1 f_c bh_0\xi}{f_y}$ (mm²) | 1366 | 1017 | 1138 | 1138 | 619 | 869 |
| | $A_{s,min}$ (mm²) | 540 | 450 | 540 | 540 | 450 | 540 |
| | 实配钢筋 (mm²) | 3⌀25 (1473) | 3⌀22 (1140) | 3⌀25 (1473) | 3⌀25 (1473) | 2⌀22 (760) | 3⌀25 (1473) |

2）斜截面受剪承载力计算

梁 AB（一层）

$$V_b = 184.12\text{kN},\gamma_{RE}V_b = 156.5\text{kN}$$

∵跨高比 $l_0/h=6/0.6=10>2.5$

$0.20\beta_c f_c bh_0 = 0.2\times1.0\times14.3\times300\times565 = 484.77\text{kN} > \gamma_{RE}V_b$ 满足要求。

$$\frac{A_{sv}}{s} = \frac{(\gamma_{RE}V_b - 0.42f_t bh_0)}{1.25f_{yv}h_0} = \frac{(156.5\times10^3 - 0.42\times1.43\times300\times565)}{1.25\times210\times565}$$

$$= 0.369$$

梁端箍筋加密区取双肢箍 φ8，$s$ 取 min（$8d$，$h_b/4$，100mm），$s=100$mm

加密区的长度 max（$1.5h_b$，500mm），取 900mm

$$\frac{A_{sv}}{s} = \frac{101}{150} = 0.67 > 0.369$$

非加密区箍筋配置 2φ8@150。

$$\rho_{sv} = \frac{A_{sv}}{bs} = \frac{101}{300\times150} = 0.224\% > 0.28\frac{f_t}{f_{yv}} = 0.28\times\frac{1.43}{210} = 0.191\%$$

梁 AB 和梁 BC 各截面的斜截面受剪承载力配筋计算见表 2-49。

框架梁斜截面配筋计算　　　　　　　　　　　　　　　　　　　　表 2-49

| 层 | 梁 AB | | 梁 BC | |
|---|---|---|---|---|
| | 八 | 一 | 八 | 一 |
| $V_b$（kN） | 154.75 | 210.08 | 130.31 | 173.12 |
| $\gamma_{RE}V_b$（kN） | 131.54 | 178.57 | 110.76 | 147.15 |
| $0.20\beta_c f_c bh_0$（kN） | 484.77 ($>\gamma_{RE}V_b$) | 484.77 ($>\gamma_{RE}V_b$) | 484.77 ($>\gamma_{RE}V_b$) | 484.77 ($>\gamma_{RE}V_b$) |
| $0.25\beta_c f_c bh_0$（kN） | 605.96 ($>V_b$) | 605.96 ($>V_b$) | 605.96 ($>V_b$) | 605.96 ($>V_b$) |
| $\frac{A_{sv}}{s}=\frac{(\gamma_{RE}V_b-0.42f_t bh_0)}{1.25f_{yv}h_0}$ | 0.20 | 0.52 | 0.06 | 0.31 |
| $\frac{A_{sv}}{s}=\frac{(V_b-0.7f_t bh_0)}{1.25f_{yv}h_0}$ | $<0$ | $<0$ | $<0$ | $<0$ |
| 加密区实配箍筋 | 2ϕ8@100 | 2ϕ8@100 | 2ϕ8@100 | 2ϕ8@100 |
| 加密区长度（mm） | 900 | 900 | 900 | 900 |
| 实配的$\frac{A_{sv}}{s}$ | 1.01 | 1.01 | 1.01 | 1.01 |
| 非加密区实配箍筋 | 2ϕ8@150 | 2ϕ8@150 | 2ϕ8@150 | 2ϕ8@150 |
| $\rho_{sv}=\frac{A_{sv}}{bs}$ | 0.224% | 0.224% | 0.224% | 0.224% |
| $0.28\frac{f_t}{f_{yv}}$ | 0.191% | 0.191% | 0.191% | 0.191% |

（3）框架梁柱结点抗震验算

选择底层Ⓑ柱上节点进行验算，采用规范上如下公式，节点核心区剪力设计值：

$$V_j=1.2\frac{(M_b^l+M_b^r)}{h_{b0}-a'_s}\left(1-\frac{h_{b0}-a'_s}{H_c-h_b}\right)$$

$M_b^l=283.84\text{kN}\cdot\text{m}$

$M_b^r=283.24\text{kN}\cdot\text{m}$

$h_{b0}=565\text{mm}\quad h_b=600\text{mm}$

$$H_c=0.42\times5.3+0.5\times4.2=4.33\text{m}$$

$$V_j=1.2\frac{(283.84+283.24)}{0.565-0.035}\left(1-\frac{565-35}{4330-600}\right)=1102.79\text{kN}$$

应该满足 $V_j=\frac{1}{\gamma_{RE}}(0.3\eta_j\beta_c f_c b_j h_j)$，验算梁柱节点核心区受剪能力：

$$\gamma_{RE}=0.85\qquad f_c=14.3\text{N/mm}^2\qquad \eta_j=1.5$$

$$b_j=600\text{mm}\qquad \beta_c=1.0\qquad h_j=600\text{mm}$$

$$\frac{1}{\gamma_{RE}}(0.3\eta_j\beta_c f_c b_j h_j)=\frac{1}{0.85}(0.3\times1.5\times1.0\times14.3\times600\times600)=2725.42\text{kN}$$

$$> 1102.79\text{kN}$$

满足要求。

验算梁柱节点抗震受剪承载力，采用公式如下：

$$V_j = \frac{1}{\gamma_{RE}}\left(1.1\eta_j f_t b_j h_j + 0.05\eta_j N\frac{b_j}{b_c} + f_{yv}A_{svj}\frac{h_{bo} - a'_s}{s}\right)$$

$$0.5f_c b_c h_c = 0.5 \times 14.3 \times 600 \times 600 = 2574\text{kN}$$

$$N = 3268.81\text{kN} > 2574\text{kN}$$

取

$$N = 2574\text{kN}$$

$$\frac{1}{\gamma_{RE}}\left(1.1\eta_j f_t b_j h_j + 0.05\eta_j N\frac{b_j}{b_c} + f_{yv}A_{svj}\frac{h_{bo} - a'_s}{s}\right)$$

$$= \frac{1}{0.85}\left(1.1 \times 1.5 \times 1.43 \times 600 \times 600 + 0.05 \times 1.5 \times 2574 \times 10^3\frac{300}{600} + 210 \times 4 \times 78.5 \times \frac{530}{100}\right)$$

$$= \frac{1}{0.85}(849420 + 96525 + 349482) = 1524.03\text{kN} > 1102.79\text{kN}$$

满足要求。

框架配筋图从略。

### 2.2.6 抗震设计与非抗震设计的比较

(1) 配筋量比较（表 2-50～表 2-53）

**部分框架梁正截面配筋量抗震与非抗震比较　　表 2-50**

| 截　面 | 非抗震验算 | | | 抗震验算 | | |
|---|---|---|---|---|---|---|
| | $M$ (kN·m) | 需要配筋 (mm²) | 实际配筋 (mm²) | $\gamma_{RE}M$ (kN·m) | 需要配筋 (mm²) | 实际配筋 (mm²) |
| 8-AB 左 | 77.75 | 394 | 603 | 79.15 | 540 | 603 |
| 8-AB 中 | 86.02 | 437 | 603 | 65.25 | 450 | 603 |
| 8-AB 右 | 115.27 | 593 | 804 | 102.56 | 540 | 603 |
| 4-AB 左 | 175.83 | 928 | 942 | 210.31 | 1129 | 1140 |
| 4-AB 中 | 66.53 | 360 | 603 | 126.79 | 655 | 942 |
| 4-AB 右 | 127.4 | 659 | 763 | 190.45 | 1012 | 1140 |
| 1-AB 左 | 250.06 | 1368 | 1570 | 249.55 | 1365 | 1473 |
| 1-AB 中 | 77.72 | 394 | 603 | 191.28 | 1017 | 1140 |
| 1-AB 右 | 221.47 | 1195 | 1570 | 212.88 | 1144 | 1473 |
| 8-BC 左 | 109.24 | 560 | 763 | 98.38 | 540 | 603 |
| 8-BC 中 | 67.68 | 360 | 603 | 43.68 | 450 | 603 |
| 8-BC 右 | 70.71 | 360 | 603 | 64.82 | 540 | 603 |
| 4-BC 左 | 131.05 | 678 | 763 | 188.21 | 1000 | 1140 |
| 4-BC 中 | 54.93 | 360 | 603 | 81.30 | 450 | 603 |
| 4-BC 右 | 103.91 | 532 | 763 | 150.01 | 783 | 1140 |
| 1-BC 左 | 220.15 | 1187 | 1570 | 212.43 | 1141 | 1473 |
| 1-BC 中 | 59.5 | 360 | 603 | 121.10 | 624 | 760 |
| 1-BC 右 | 170.34 | 897 | 1256 | 166.22 | 874 | 1473 |

部分框架梁斜截面抗剪配筋量抗震与非抗震之比较　　表 2-51

| 截面 | 非抗震验算 | | 抗震验算 | | |
|---|---|---|---|---|---|
| | $V$（kN） | 实配箍筋 | $\gamma_{RE}V$（kN） | 加密区配箍 | 非加密区配箍 |
| 8-AB | 136.84 | 2ϕ8@350 | 131.54 | 2ϕ8@100 | 2ϕ8@150 |
| 1-AB | 153.42 | 2ϕ8@350 | 178.57 | 2ϕ8@100 | 2ϕ8@150 |
| 8-BC | 119.39 | 2ϕ8@350 | 110.76 | 2ϕ8@100 | 2ϕ8@150 |
| 1-BC | 129.55 | 2ϕ8@350 | 147.15 | 2ϕ8@100 | 2ϕ8@150 |

部分框架柱正截面抗弯配筋量抗震与非抗震之比较　　表 2-52

| 截面 | 非抗震验算 | | 抗震验算 | |
|---|---|---|---|---|
| | 每侧实配 | 构造配筋（单边） | 每侧实配 | 构造配筋（单边） |
| 1-B 柱 | 3 Φ 20（941mm$^2$） | 2 Φ 16（402mm$^2$） | 4 Φ 20（1256mm$^2$） | 2 Φ 16（402mm$^2$） |
| 4-B 柱 | 3 Φ 20（941mm$^2$） | 2 Φ 16（402mm$^2$） | 4 Φ 20（1256mm$^2$） | 2 Φ 16（402mm$^2$） |

部分框架柱斜截面抗剪配筋量抗震与非抗震之比较　　表 2-53

| 截面 | 非抗震验算 | 抗震验算 | |
|---|---|---|---|
| | 实际配箍 | 实际配箍 | 加密配箍 |
| 1-B 柱 | 4ϕ10@250 | 4ϕ10@150 | 4ϕ10@100 |
| 4-B 柱 | 4ϕ10@250 | 4ϕ10@150 | 4ϕ10@100 |

（2）结论

如表 2-50～表 2-53 所示，考虑抗震设防以后，框架的用钢量大幅度地提高，本表只对框架部分构件进行了分析，未对整榀框架进行统计，因此有一定的片面性。从表中可得出以下的结论：考虑抗震设防后梁的纵筋用钢量约提高 50%，柱子的纵筋用钢量约提高 20%，梁、柱的箍筋配筋量约提高 100%。

# 3　高层剪力墙结构设计例题

## 3.1　设 计 任 务 书

### 3.1.1　工程概况

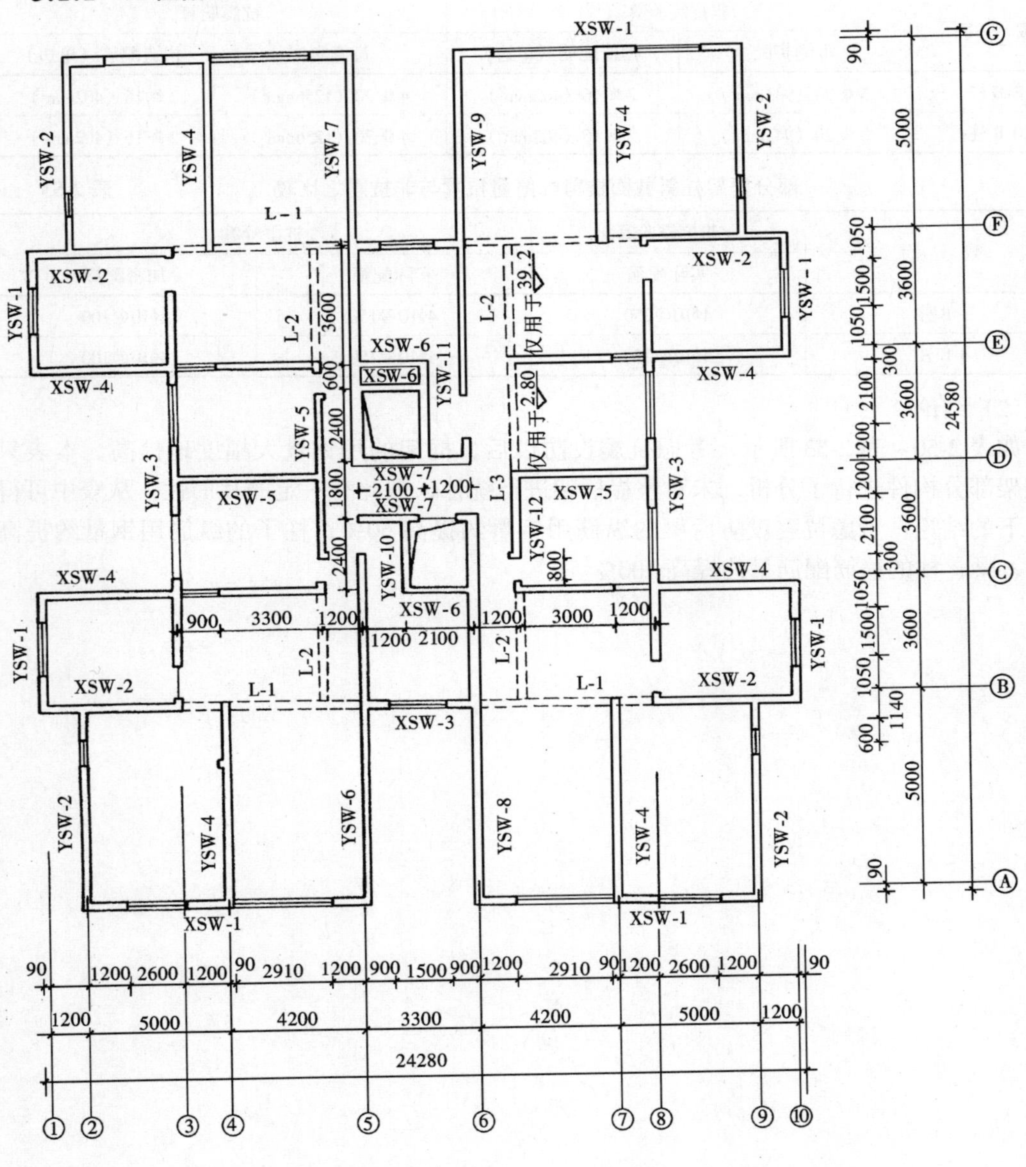

图 3-1　结构平面布置图

某高层住宅楼，采用剪力墙结构，地下 1 层，地上 15 层，1 ~ 15 层层高 2.8m，地下

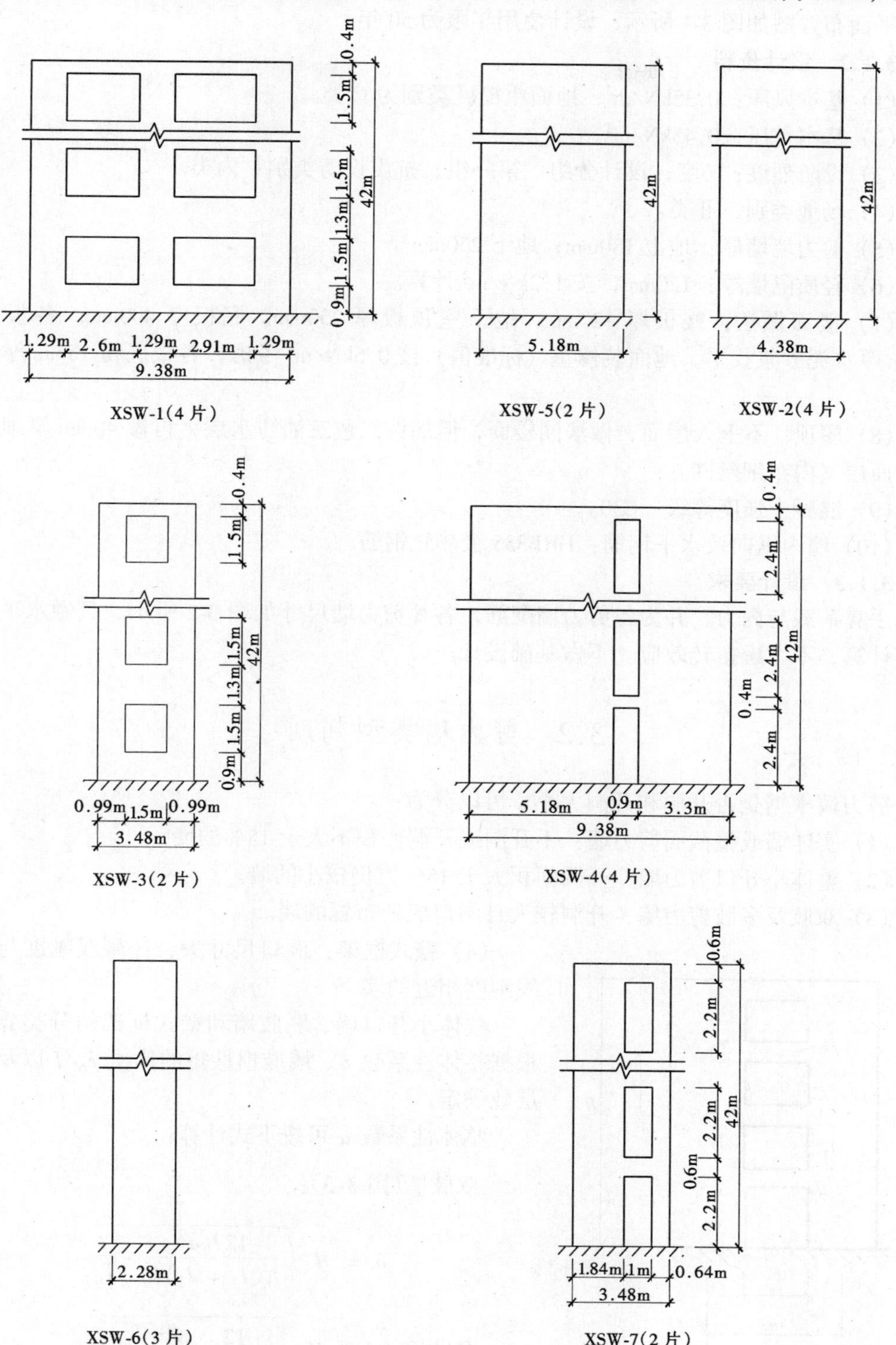


图 3-2　各片剪力墙的尺寸

室层高3.9m，电梯机房高3.2m，水箱高3.1m，室内外高差0.3m，阳台栏板顶高1.1m，结构平面布置图如图3-1所示，设计使用年限为50年。

### 3.1.2　设计资料

（1）基本风压：$0.35kN/m^2$；地面粗糙度类别为C类。

（2）基本雪压：$0.45kN/m^2$。

（3）设防烈度：7度；设计分组：第一组；抗震设防类别：丙类。

（4）场地类别：Ⅱ类。

（5）剪力墙墙厚：地上180mm；地下250mm。

（6）轻质隔墙厚：120mm，按$1.2kN/m^2$计算。

（7）楼面做法：楼板厚120mm，地下室顶板厚250mm，底板厚400mm。各板顶做20mm厚水泥砂浆找平，地面装修重（标准值）按$0.6kN/m^2$考虑，各板底粉15mm厚石灰砂浆。

（8）屋顶：不上人屋面，做法同楼面，但加做二毡三油防水层，再做40mm厚细石混凝土面层（内布细丝网）。

（9）混凝土强度等级：C30。

（10）墙内纵向及水平钢筋：HRB335级热轧钢筋。

### 3.1.3　设计要求

手算荷载与内力，并为各剪力墙配筋，各片剪力墙尺寸如图3-2所示。只做水平方向抗震计算，不考虑扭转效应。不做基础设计。

## 3.2　剪力墙类型判别

剪力墙根据是否开洞和开洞大小，可以分为：

（1）实体墙或整截面剪力墙：不开洞或开洞面积不大于15%的墙。

（2）整体小开口剪力墙：开洞面积大于15%但仍较小的墙。

（3）双肢及多肢剪力墙：开洞较大且洞口成列布置的墙。

（4）壁式框架：洞口尺寸大，连梁线刚度与墙肢线刚度相近的墙。

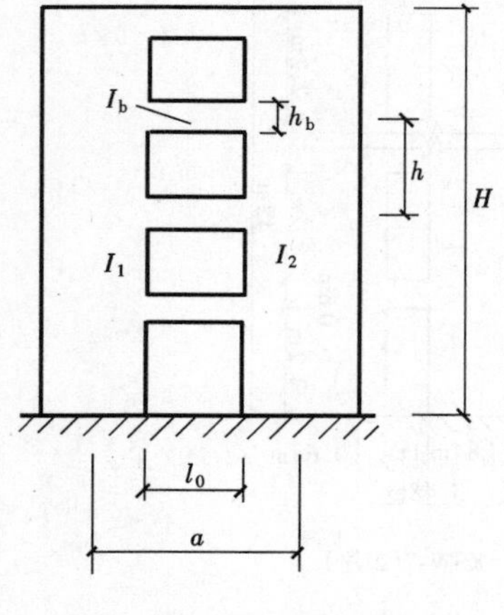


图3-3　双肢墙示意图

整体小开口墙、联肢墙和壁式框架的分类界限可根据整体性系数$\alpha$、墙肢惯性矩的比值$I_n/I$以及楼层层数确定。

整体性系数$\alpha$可按下式计算：

双肢墙(图3-3)：

$$\alpha = H\sqrt{\frac{12I_b a^2}{h(I_1 + I_2)l_b^3} \cdot \frac{I}{I_n}} \tag{3-1}$$

多肢墙：

$$\alpha = H\sqrt{\frac{12}{\tau h \sum_{j=1}^{m+1} I_j} \sum_{j=1}^{m} \frac{I_{bj}a_j^2}{l_{bj}^3}} \tag{3-2}$$

式中　$\tau$——考虑墙肢轴向变形的影响系数，当 3～4 肢时取 0.8；5～7 肢时取 0.85；8 肢以上取 0.9；

$I$——剪力墙对组合截面形心的惯性矩；

$I_n$——扣除墙肢惯性矩后剪力墙的惯性矩，$I_n = I - \sum_{j=1}^{m+1} I_j$；

$I_{bj}$——第 $j$ 列连梁的折算惯性矩，$I_{bj} = \dfrac{I_{bjo}}{1 + \dfrac{30\mu I_{bjo}}{A_{bj} l_{bj}^2}}$；

$I_1$、$I_2$——墙肢 1、2 的截面惯性矩；

$m$——洞口列数；

$h$——层高；

$H$——剪力墙总高度；

$a_j$——第 $j$ 列洞口两侧墙肢轴线距离；

$l_{bj}$——第 $j$ 列连梁计算跨度，取为洞口宽度加梁高的一半；

$I_j$——第 $j$ 墙肢的截面惯性矩；

$I_{bjo}$——第 $j$ 连梁截面惯性矩（刚度不折减）；

$\mu$——截面形状系数，矩形截面时 $\mu = 1.2$；I 形截面取 $\mu$ 等于墙全截面面积除以腹板毛截面面积；T 形截面时按表 3-1 取值；

$A_{bj}$——第 $j$ 列连梁的截面面积。

**T 形截面剪力不均匀系数 $\mu$**　　**表 3-1**

| $h_w/t$ \ $b_f/t$ | 2 | 4 | 6 | 8 | 10 | 12 |
|---|---|---|---|---|---|---|
| 2 | 1.383 | 1.496 | 1.521 | 1.511 | 1.483 | 1.445 |
| 4 | 1.441 | 1.876 | 2.287 | 2.682 | 3.061 | 3.424 |
| 6 | 1.362 | 1.097 | 2.033 | 2.367 | 2.698 | 3.026 |
| 8 | 1.313 | 1.572 | 1.838 | 2.106 | 2.374 | 2.641 |
| 10 | 1.283 | 1.489 | 1.707 | 1.927 | 2.148 | 2.370 |
| 12 | 1.264 | 1.432 | 1.614 | 1.800 | 1.988 | 2.178 |
| 15 | 1.245 | 1.374 | 1.519 | 1.669 | 1.820 | 1.973 |
| 20 | 1.228 | 1.317 | 1.422 | 1.534 | 1.648 | 1.763 |
| 30 | 1.214 | 1.264 | 1.328 | 1.399 | 1.473 | 1.549 |
| 40 | 1.208 | 1.240 | 1.284 | 1.334 | 1.387 | 1.442 |

系数 $\zeta$ 由 $\alpha$ 及层数按表 3-2 取用。

**系 数 $\zeta$ 的 数 值**　　**表 3-2**

| $\alpha$ \ 层数 $n$ | 8 | 10 | 12 | 16 | 20 | ≥30 |
|---|---|---|---|---|---|---|
| 10 | 0.886 | 0.948 | 0.975 | 1.000 | 1.000 | 1.000 |
| 12 | 0.886 | 0.924 | 0.950 | 0.994 | 1.000 | 1.000 |
| 14 | 0.853 | 0.908 | 0.934 | 0.978 | 1.000 | 1.000 |
| 16 | 0.844 | 0.896 | 0.923 | 0.964 | 0.988 | 1.000 |
| 18 | 0.836 | 0.888 | 0.914 | 0.952 | 0.978 | 1.000 |

续表

| 层数 $n$ / $\alpha$ | 8 | 10 | 12 | 16 | 20 | ≥30 |
|---|---|---|---|---|---|---|
| 20 | 0.831 | 0.880 | 0.906 | 0.945 | 0.970 | 1.000 |
| 22 | 0.827 | 0.875 | 0.901 | 0.940 | 0.965 | 1.000 |
| 24 | 0.824 | 0.871 | 0.897 | 0.936 | 0.960 | 0.989 |
| 26 | 0.822 | 0.867 | 0.894 | 0.932 | 0.955 | 0.986 |
| 28 | 0.820 | 0.864 | 0.890 | 0.929 | 0.952 | 0.982 |
| ≥30 | 0.818 | 0.861 | 0.887 | 0.926 | 0.950 | 0.979 |

当 $\alpha \geqslant 10$ 且 $\frac{I_n}{I} \leqslant \zeta$ 时，为整体小开口墙；

当 $\alpha \geqslant 10$ 且 $\frac{I_n}{I} > \zeta$ 时，为壁式框架；

当 $\alpha < 10$ 时，为联肢墙。

本例中，各片剪力墙经简化后的图形分别如图 3-2 所示。其中，XSW-2、XSW-5、XSW-6 为实体墙。XSW-1、XSW-3、XSW -4 和 XSW-7 在 $x$ 方向的截面特征值见表 3-3～表 3-5。

**XSW-1、XSW-3、XSW-4 和 XSW-7 的截面特征** 表 3-3

| 编号 | 墙平面尺寸（m） | 各墙肢截面面积（$m^2$） | | | 各墙肢截面惯性矩（$m^4$） | | | 形心 $x$（m） | 组合截面惯性矩 $I$（$m^4$） |
|---|---|---|---|---|---|---|---|---|---|
| | | $A_1$ | $A_2$ | $A_3$ | $I_1$ | $I_2$ | $I_3$ | | |
| XSW-1 | 1.29, 2.6, 1.29, 2.91, 1.29; 9.38; 0.18 | 0.2322 | 0.2322 | 0.2322 | 0.0322 | 0.0322 | 0.0322 | 4.638 | 7.6988 |
| | | $\Sigma A_j = 0.6966$ | | | $\Sigma I_j = 0.0966$ | | | | |
| XSW-3 | 0.99, 1.5, 0.99; 3.48; 0.18 | 0.1782 | 0.1782 | | 0.01455 | 0.01455 | | 1.740 | 0.5815 |
| | | $\Sigma A_j = 0.3564$ | | | $\Sigma I_j = 0.0291$ | | | | |
| XSW-4 | 5.18, 0.9, 3.3; 9.38; 0.18 | 0.9324 | 0.5940 | | 2.0849 | 0.5391 | | 4.590 | 12.2102 |
| | | $\Sigma A_j = 1.5264$ | | | $\Sigma I_j = 2.6240$ | | | | |
| XSW-7 | 1.84, 1.0, 0.64; 3.48; 0.18 | 0.3312 | 0.1152 | | 0.09344 | 0.00393 | | 1.498 | 0.5262 |
| | | $\Sigma A_j = 0.4464$ | | | $\Sigma I_j = 0.09737$ | | | | |

XSW-1、XSW-3、XSW-4 和 XSW-7 的联系梁折算惯性矩 表 3-4

| 编　号 | $l_{bjo}$ (m) | $h_b$ (m) | $l_{bj}$ (m) | $A_{bj}$ ($m^2$) | $\mu$ | $I_{bjo}$ ($m^4$) | $I_{bj}$ ($m^4$) | $a_j$ (m) | $\sum_{j=1}^{k}\frac{I_{bj}a_j^2}{l_{bj}^3}$ |
|---|---|---|---|---|---|---|---|---|---|
| XSW-1 | 2.60 | 1.30 | 3.25 | 0.2340 | 1.2 | 0.03300 | 0.02229 | 3.89 | 0.01904 |
| | 2.91 | 1.30 | 3.56 | 0.2340 | 1.2 | 0.03300 | 0.02356 | 4.20 | |
| XSW-3 | 1.50 | 1.30 | 2.15 | 0.2340 | 1.2 | 0.03300 | 0.01573 | 2.49 | 0.009813 |
| XSW-4 | 0.90 | 0.40 | 1.10 | 0.0720 | 1.2 | 0.00096 | 0.000687 | 5.14 | 0.01364 |
| XSW-7 | 1.00 | 0.60 | 1.30 | 0.1080 | 1.2 | 0.00324 | 0.00198 | 2.24 | 0.004522 |

注：1. $l_{bj}=l_{bjo}+\frac{h_b}{2}$；

2. $I_{bj}=\frac{I_{bjo}}{1+\frac{30\mu I_{bjo}}{A_{bj}l_{bj}^2}}$。

《高层建筑混凝土结构技术规程》（JGJ 3—2002）规定，高层建筑当满足：（1）地下室结构的楼层侧向刚度不小于相邻上部结构楼层侧向刚度的 2 倍；（2）地下室楼层采用现浇结构，地下室楼层的顶盖采用梁板结构；（3）地下室顶板厚度不宜小于 180mm，混凝土强度等级不宜低于 C30，采用双层双向配筋，且每层每个方向的配筋量不宜小于 0.25%时，地下室顶板可作为上部结构的嵌固端。为了简化计算，本设计将满足以上三点要求，取地下室顶板作为上部结构的嵌固端。

XSW-1、XSW-3、XSW-4 和 XSW-7 的类型判别 表 3-5

| 编　号 | $\Sigma I_j$ ($m^4$) | $I$ ($m^4$) | $I_n=I-\Sigma I_j$ ($m^4$) | $\sum_{j=1}^{k}\frac{I_{bj}a_j^2}{l_{bj}^3}$ | $\alpha$ | $\frac{I_n}{I}$ | 类型 |
|---|---|---|---|---|---|---|---|
| XSW-1 | 0.09660 | 7.6988 | 7.6022 | 0.01904 | $43>10$ | $0.987>\zeta=0.916$ | 壁式框架 |
| XSW-3 | 0.02910 | 0.5815 | 0.5524 | 0.009813 | $52>10$ | $0.950>\zeta=0.916$ | 壁式框架 |
| XSW-4 | 2.6240 | 12.2102 | 9.5862 | 0.01364 | $7.1<10$ | $0.785<\zeta=0.969$ | 双肢墙 |
| XSW-7 | 0.09737 | 0.5262 | 0.4288 | 0.004522 | $20>10$ | $0.815<\zeta=0.896$ | 整体小开口墙 |

注：$h=2.8$m，$H=42$m，$\tau=0.8$。

由图 3-2 及表 3-5 可见，本剪力墙住宅由于墙体开洞不同的原因，包含实体墙、整体小开口墙、双肢墙和壁式框架四种类型的墙体，应按框架-剪力墙结构设计计算。

## 3.3 剪力墙刚度计算

### 3.3.1 各片剪力墙刚度计算

（1）实体墙 XSW-2、XSW-5 和 XSW-6

XSW-2、XSW-5 和 XSW-6 的等效刚度见表 3-6。

XSW-2、XSW-5 和 XSW-6 的等效刚度　　表 3-6

| 编号 | $H$ (m) | $b\times h$ (m×m) | $A_W$ (m²) | $I_W$ (m⁴) | $\mu$ | $E_c$ (×10⁷) (kN/m²) | $E_cI_{eq}$ (×10⁷) (kN·m²) |
|---|---|---|---|---|---|---|---|
| XSW-2 | 42 | 0.18×5.18 | 0.9324 | 2.0849 | 1.2 | 3.0 | 6.1702 |
| XSW-5 | 42 | 0.18×4.38 | 0.7884 | 1.2604 | 1.2 | 3.0 | 3.7445 |
| XSW-6 | 42 | 0.18×2.28 | 0.4104 | 0.1778 | 1.2 | 3.0 | 0.5320 |

注：$E_cI_{eq}=\dfrac{E_cI_W}{1+\dfrac{9\mu I_W}{A_WH^2}}$。

（2）整体小开口墙 XSW-7

$A_w$ 和 $I_w$ 按有洞段和无洞段沿竖向取加权平均值。

$$A_W=\frac{0.4464\times2.2\times15+0.18\times3.48\times0.6\times15}{42}=0.4850\text{m}^2$$

$$I_W=\frac{0.5262\times2.2\times15+\frac{1}{12}\times0.18\times3.48^3\times0.6\times15}{42}=0.5489\text{m}^4$$

$$E_cI_{eq}=\frac{E_cI_W}{1+\dfrac{9\mu I_W}{A_WH^2}}=\frac{3\times10^7\times0.5489}{1+\dfrac{9\times1.2\times0.5489}{0.4850\times42^2}}=1.6354\times10^7\text{kN}\cdot\text{m}^2$$

（3）双肢墙 XSW-4

$$D=\frac{2a^2I_b}{l_b^3}=\frac{2\times5.14^2\times0.000687}{1.1^3}=0.02727$$

$$\alpha_1^2=\frac{6H^2D}{h(I_1+I_2)}=\frac{6\times42^2\times0.02727}{2.8\times(2.0849+0.5391)}=39.28$$

$$\tau=\frac{\alpha_1^2}{\alpha}=\frac{39.28}{7.1^2}=0.779$$

$$\gamma^2=\frac{2.5\mu(I_1+I_2)}{H^2(A_1+A_2)}=\frac{2.5\times1.2\times(2.0849+0.5391)}{42^2\times(0.9324+0.5940)}=0.002924$$

$$\psi_a=\frac{60}{11}\times\frac{1}{\alpha^2}\times\left(\frac{2}{3}+\frac{2\text{sh}\alpha}{\alpha^3\text{ch}\alpha}-\frac{2}{\alpha^2\text{ch}\alpha}-\frac{\text{sh}\alpha}{\alpha\text{ch}\alpha}\right)=0.05749$$

$$E_cI_{eq}=\frac{E_c\Sigma I_j}{1+\tau(\psi_a-1)+3.64\gamma^2}=28.4776\times10^7\text{kN}\cdot\text{m}^2$$

（4）壁式框架 XSW-1 和 XSW-3

1）XSW-1

壁式框架梁柱轴线由剪力墙连梁和墙肢的形心轴线决定。图 3-4 为 XSW-1 的计算简图，图 3-5 为壁式框架 XSW-1 的刚域长度。表 3-7 和表 3-8 分别计算壁梁和壁柱的等效刚度，表 3-9 和表 3-10 分别计算壁梁和壁柱的修正刚度，

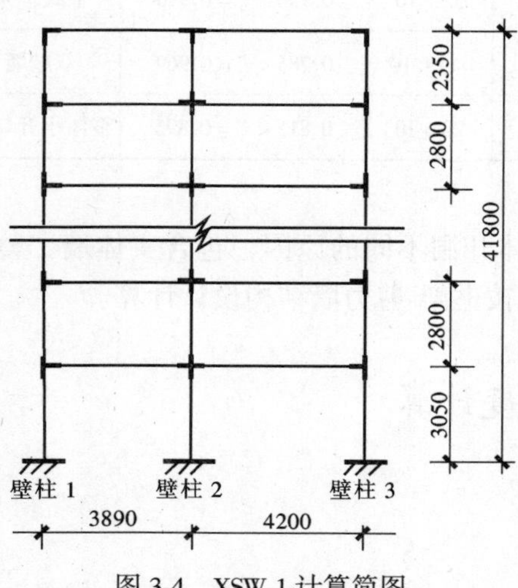

图 3-4　XSW-1 计算简图

将壁式框架转化为等效截面杆件，然后计算 XSW-1 柱的侧移刚度（表 3-11）。

2）XSW-3

图 3-8 为 XSW-3 的计算简图和刚域长度。表 3-12 和表 3-13 分别计算了壁梁和壁柱的等效刚度，表 3-14 和表 3-15 分别计算了壁梁和壁柱的修正刚度，将壁式框架转化为等效截面杆件，然后计算 XSW－3 柱的侧移刚度（表 3-16）。

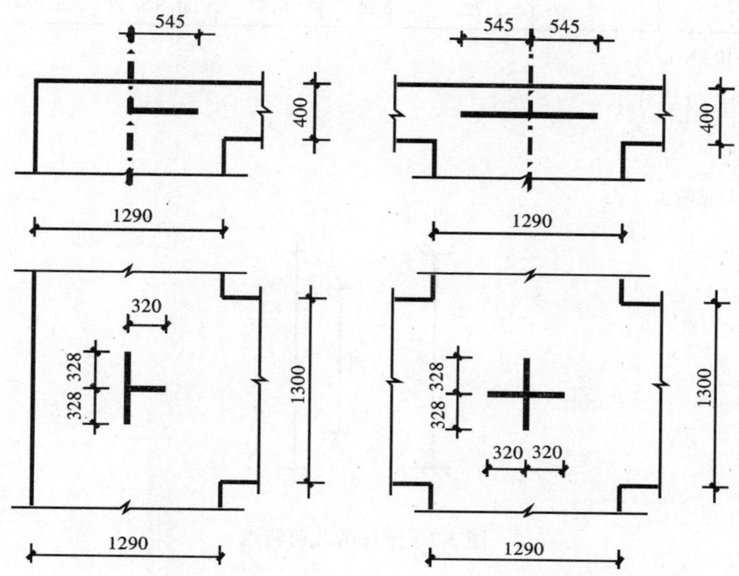


图 3-5　XSW-1 刚域长度

**XSW-1 壁梁的等效刚度计算**　　　**表 3-7**

| 楼层 | 梁 | $b_b \times h_b$ (m×m) | $I_b$ ($m^4$) | $l_0$ (m) | $l$ (m) | $\frac{h_b}{l_0}$ | $\eta_v$ | $E_cI$ (×$10^4$) (kN·m²) | $K_b$ (×$10^4$) (kN·m) |
|---|---|---|---|---|---|---|---|---|---|
| 15 | 左梁 | 0.18×0.4 | 0.00096 | 2.80 | 3.89 | 0.14 | 0.938 | 7.244 | 1.8622 |
| | 右梁 | | | 3.11 | 4.20 | 0.13 | 0.960 | 6.8097 | 1.6214 |
| 1～14 | 左梁 | 0.18×1.3 | 0.03295 | 3.25 | 3.89 | 0.40 | 0.680 | 115.26 | 29.63 |
| | 右梁 | | | 3.56 | 4.20 | 0.37 | 0.713 | 115.73 | 27.56 |

注：1. C30，$E_c = 3 \times 10^7 kN/m^2$；

2. $E_cI = E_cI_b\eta_v\left(\frac{l}{l_0}\right)^3$；

3. $K_b = \frac{E_cI}{l}$；

4. 表中符号见图 3-6。

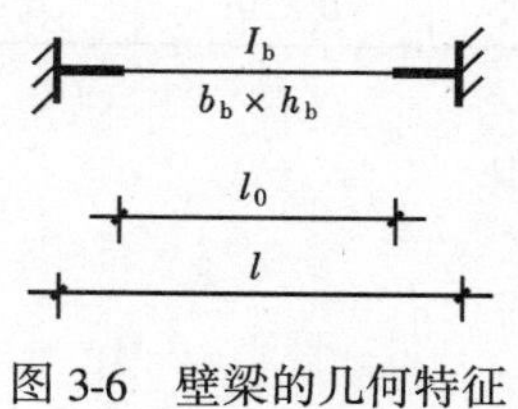


图 3-6　壁梁的几何特征

**XSW-1 壁柱的等效刚度计算** **表 3-8**

| 楼层 | $b_c \times h_c$ (m×m) | $I_c$ (m) | $h_0$ (m) | $h$ (m) | $\frac{h_c}{l_0}$ | $\eta_v$ | $E_cI$ (×$10^5$) (kN·m²) | $K_b$ (×$10^4$) (kN·m) |
|---|---|---|---|---|---|---|---|---|
| 15 | 0.18×1.29 | 0.0322 | 2.022 | 2.35 | 0.64 | 0.452 | 6.8545 | 29.168 |
| 2~14 | | | 2.144 | 2.80 | 0.60 | 0.480 | 10.3280 | 36.886 |
| 1 | | | 2.722 | 3.05 | 0.47 | 0.603 | 8.1946 | 26.868 |

注：1. $E_c = 3 \times 10^7 \text{kN/m}^2$；

2. $E_cI = E_cI_b\eta_v\left(\frac{h}{h_0}\right)^3$；

3. $K_c = \frac{E_cI}{h}$；

4. 表中符号见图 3-7。

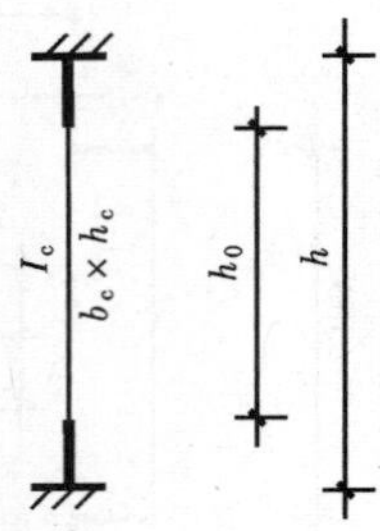


图 3-7 壁柱的几何特点

**XSW-1 壁梁的修正刚度** **表 3-9**

| 楼层 | 梁 | $a$ | $b$ | $\beta_i$ | $c$ | $c'$ | $c \times i_b$ (×$10^4$) (kN·m) | $c' \times i_b$ (×$10^4$) (kN·m) |
|---|---|---|---|---|---|---|---|---|
| 15 | 左梁 | 0.1401 | 0.1401 | 0.1540 | 2.3236 | 2.3236 | 4.3265 | 4.3265 |
| | 右梁 | 0.1298 | 0.1298 | 0.1173 | 2.2051 | 2.2051 | 3.5753 | 3.5753 |
| 1~14 | 左梁 | 0.08226 | 0.08226 | 0.5596 | 1.0995 | 1.0995 | 32.5782 | 32.5782 |
| | 右梁 | 0.07619 | 0.07619 | 0.4683 | 1.1184 | 1.1184 | 30.8231 | 30.8231 |

**XSW-1 壁柱的修正刚度** **表 3-10**

| 楼层 | $a$ | $b$ | $\beta_i$ | $c$ | $c'$ | $\frac{(c+c')}{2}i_c$ (×$10^4$) (kN·m) |
|---|---|---|---|---|---|---|
| 15 | 0.1396 | 0.0 | 0.8664 | 0.7238 | 0.9586 | 24.5361 |
| 2~14 | 0.1171 | 0.1171 | 1.1611 | 1.0303 | 1.0303 | 38.0036 |
| 1 | 0.0 | 0.1075 | 0.5716 | 0.9912 | 0.7988 | 24.0469 |

注：1. $\beta_i = \frac{12EI\mu}{GAl'^2}$；

2. $c = \frac{1+a-b}{(1+\beta_i)(1-a-b)^3}$；

3. $c' = \frac{1-a+b}{(1+\beta_i)(1-a-b)^3}$。

**XSW-1 壁柱的侧移刚度** 表 3-11

| 楼层 | $h$ (m) | $K_c$ ($\times 10^4$) (kN·m) | 柱号 | $\overline{K}=\frac{\Sigma K_b}{2K_c}$ | $\alpha_c=\frac{\overline{K}}{2+\overline{K}}$ | $\overline{K}=\frac{\Sigma K_b}{K_c}$ | $\alpha_c=\frac{0.5+\overline{K}}{2+\overline{K}}$ | $D=\alpha_c K_c\frac{12}{h^2}$ ($\times 10^5$) (kN/m) | 柱根数 | $G_n=h\Sigma D$ ($\times 10^5$) (kN) |
|---|---|---|---|---|---|---|---|---|---|---|
| 15 | 2.35 | 24.5361 | 壁柱1 | $\frac{4.3265+32.5782}{2\times 24.5361}=0.7520$ | 0.2733 | | | 1.4571 | 1 | 11.9476 |
| | | | 壁柱2 | $\frac{4.3265+3.5753+32.5782+30.8231}{2\times 24.5361}=1.4530$ | 0.4208 | | | 2.2435 | 1 | |
| | | | 壁柱3 | $\frac{3.5753+30.8231}{2\times 24.5361}=0.7010$ | 0.2595 | | | 1.3835 | 1 | |
| 2~14 | 2.80 | 38.0036 | 壁柱1 | $\frac{32.5782+32.5782}{2\times 38.0036}=0.8572$ | 0.3000 | | | 1.7451 | 1 | 16.9926 |
| | | | 壁柱2 | $\frac{(32.5782+30.8231)\times 2}{2\times 38.0036}=1.6683$ | 0.4549 | | | 2.6454 | 1 | |
| | | | 壁柱3 | $\frac{30.8231+30.8231}{2\times 38.0036}=0.8111$ | 0.2885 | | | 1.6782 | 1 | |
| 1 | 3.05 | 24.0469 | 壁柱1 | | | $\frac{32.5782}{24.0469}=1.3548$ | 0.5529 | 1.7151 | 1 | 16.7680 |
| | | | 壁柱2 | | | $\frac{32.5782+30.8231}{24.0469}=2.6366$ | 0.6765 | 2.0985 | 1 | |
| | | | 壁柱3 | | | $\frac{30.8231}{24.0469}=1.2818$ | 0.5429 | 1.6841 | 1 | |

**XSW-3 壁梁的等效刚度计算** 表 3-12

| 楼层 | $b_b\times h_b$ (m×m) | $I_b$ ($m^4$) | $l_0$ (m) | $l$ (m) | $\frac{h_b}{l_0}$ | $\eta_v$ | $E_cI$ ($\times 10^4$) (kN·m²) | $K_b$ ($\times 10^4$) (kN·m) |
|---|---|---|---|---|---|---|---|---|
| 15 | 0.18×0.4 | 0.00096 | 1.70 | 2.49 | 0.235 | 0.885 | 7.7377 | 3.1075 |
| 1~14 | 0.18×1.3 | 0.03295 | 2.15 | | 0.605 | 0.477 | 73.2671 | 29.4245 |

注：同表 3-7。

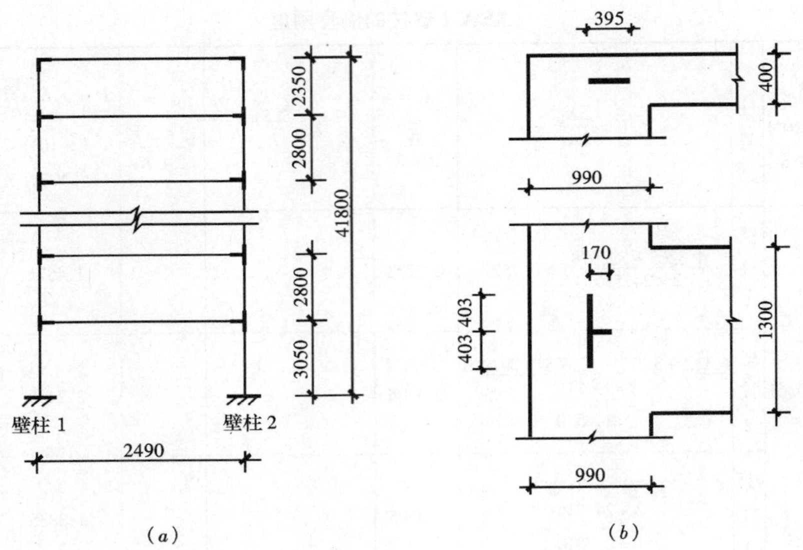


图 3-8　XSW-3 计算简图

（a）XSW-3 壁式框架；（b）XSW-3 刚域长度

**XSW-3 壁柱的等效刚度计算**　　　表 3-13

| 楼层 | $b_c \times h_c$ (m×m) | $I_c$ ($m^4$) | $h_0$ (m) | $h$ (m) | $\frac{h_c}{l_0}$ | $\eta_v$ | $E_cI$ (×$10^5$) (kN·m²) | $K_b$ (×$10^4$) (kN·m) |
|---|---|---|---|---|---|---|---|---|
| 15 | 0.18×0.99 | 0.01455 | 1.947 | 2.35 | 0.508 | 0.563 | 4.3211 | 1.8388 |
| 2~14 | | | 1.994 | 2.80 | 0.496 | 0.574 | 6.9374 | 2.4776 |
| 1 | | | 2.647 | 3.05 | 0.374 | 0.709 | 4.7344 | 1.5523 |

注：同表 3-8。

**XSW-3 壁梁的修正刚度**　　　表 3-14

| 楼层 | $a$ | $b$ | $\beta_i$ | $c$ | $c'$ | $c \times i_b$ (×$10^4$) (kN·m) | $c' \times i_b$ (×$10^4$) (kN·m) |
|---|---|---|---|---|---|---|---|
| 15 | 0.1586 | 0.1586 | 0.4462 | 2.1722 | 2.1722 | 6.7501 | 6.7501 |
| 1~14 | 0.06827 | 0.06827 | 0.8128 | 0.8569 | 0.8569 | 25.2139 | 25.2139 |

**XSW-3 壁柱的修正刚度**　　　表 3-15

| 楼层 | $a$ | $b$ | $\beta_i$ | $c$ | $c'$ | $\frac{(c+c')}{2}i_c$ (×$10^4$) (kN·m) |
|---|---|---|---|---|---|---|
| 15 | 0.1715 | 0.0 | 0.7676 | 0.8242 | 1.1654 | 18.2924 |
| 2~14 | 0.1439 | 0.1439 | 1.1750 | 1.2727 | 1.2727 | 30.3221 |
| 1 | 0.0 | 0.1321 | 0.4550 | 1.1902 | 0.9124 | 16.3193 |

XSW-3 壁柱的侧移刚度 表 3-16

| 楼层 | $h$ (m) | $K_c$ ($\times 10^4$) (kN·m) | $\overline{K}=\frac{\Sigma K_b}{2K_c}$ | $\alpha_c=\frac{\overline{K}}{2+\overline{K}}$ | $\overline{K}=\frac{\Sigma K_b}{K_c}$ | $\alpha_c=\frac{0.5+\overline{K}}{2+\overline{K}}$ | $D=\alpha_c K_c \frac{12}{h^2}$ ($\times 10^5$) (kN/m) | $G_{fi}=h\Sigma D$ ($\times 10^5$) (kN) |
|---|---|---|---|---|---|---|---|---|
| 15 | 2.35 | 18.2924 | 0.8737 | 0.3041 | | | 1.2087 | 5.6790 |
| 2～14 | 2.80 | 30.3221 | 0.8315 | 0.2937 | | | 1.3631 | 7.6334 |
| 1 | 3.05 | 16.3193 | | | 1.5512 | 0.5776 | 1.2159 | 7.4170 |

### 3.3.2 总框架、总剪力墙刚度与刚度特征值

框架-剪力墙结构的内力计算分两步进行：第一步要将各榀框架合并成一榀总框架，将各片剪力墙合并成一片总剪力墙，对总框架和总剪力墙进行协同工作分析，将水平荷载和地震作用分配给总框架和总剪力墙。第二步是将总框架和总剪力墙上的水平荷载和地震作用按刚度比分配给每一榀框架和每一片剪力墙，并对每一榀框架和每一片剪力墙在水平荷载和地震作用下的内力进行分析，然后与竖向荷载下的内力进行组合与配筋。总框架的刚度等于各榀框架的刚度之和。总剪力墙的刚度等于每片剪力墙的刚度之和。本例总框架和总剪力墙刚度见表 3-17 和表 3-18。

总壁式框架的剪切刚度 表 3-17

| 楼层 | $h$ (m) | $C_{fi}$ ($\times 10^5$) (kN) XSW-1 (4 片) | $C_{fi}$ ($\times 10^5$) (kN) XSW-3 (2 片) | 总壁式框架各层剪切刚度 ($\times 10^5$) (kN) | 总框架剪切刚度 $C_f$ ($\times 10^5$) (kN) |
|---|---|---|---|---|---|
| 15 | 2.35 | 11.9476 | 5.6790 | $11.9476\times 4+5.6790\times 2=56.1484$ | $\frac{59.1484\times 2.35+83.4388\times 2.8\times 13+81.906\times 3.05}{2.35+2.8\times 13+3.05}=81.9613$ |
| 2～14 | 2.80 | 17.0430 | 7.6334 | $17.0430\times 4+7.6334\times 2=83.4388$ | |
| 1 | 3.05 | 16.7680 | 7.4170 | $16.7680\times 4+7.4170\times 2=81.9060$ | |

总剪力墙的刚度 表 3-18

| 编号 | 类型 | 数量 | $E_cI_{eq}$ ($\times 10^7$) (kN·m$^2$) | 总剪力墙的等效刚度 ($\times 10^7$) (kN·m$^2$) |
|---|---|---|---|---|
| XSW-2 | 实体墙 | 4 | 6.1702 | $6.1702\times 4+3.7445\times 2+0.5320\times 3+1.6354\times 2+28.4776\times 4=150.9470$ |
| XSW-5 | | 2 | 3.7445 | |
| XSW-6 | | 3 | 0.5320 | |
| XSW-7 | 整体小开口墙 | 2 | 1.6354 | |
| XSW-4 | 双肢墙 | 4 | 28.4776 | |

为了简化计算，本例中假定连梁与总剪力墙之间的连接为铰接（图 3-9），则：

$$\text{刚度特征值 } \lambda = H\sqrt{\frac{C_f}{E_cI_{eq}}} = 42\times\sqrt{\frac{81.9613\times 10^5}{150.9470\times 10^7}} = 3.09$$

## 3.4 荷 载 计 算

### 3.4.1 重力荷载标准值计算

为了方便今后的内力组合，荷载宜按标准值计算。

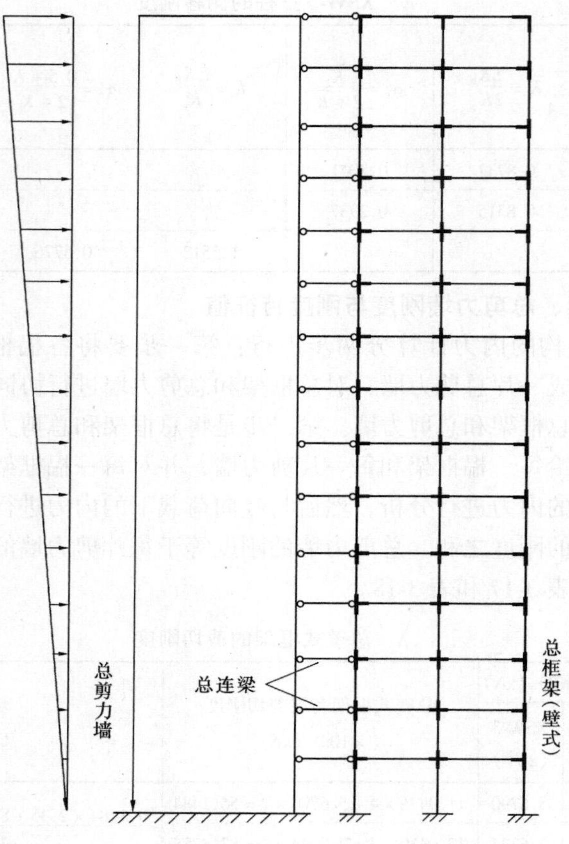


图 3-9 协同工作分析时的计算简图

(1) 屋面及楼面荷载标准值

1) 楼面及屋面的永久荷载标准值

楼面:

| | |
|---|---|
| 地面装修重 | $0.600kN/m^2$ |
| 20 厚水泥砂浆找平 | $0.02\times20=0.400kN/m^2$ |
| 120 厚钢筋混凝土板 | $0.12\times25=3.000kN/m^2$ |
| 15 厚石灰砂浆底粉 | $0.015\times17=0.255kN/m^2$ |
| | $\Sigma=4.255kN/m^2$ |

屋面:

| | |
|---|---|
| 40 细石混凝土(内布钢丝网) | $0.040\times40=1.600kN/m^2$ |
| 二毡三油防水层 | $0.300kN/m^2$ |
| 20 厚水泥砂浆找平 | $0.02\times20=0.400kN/m^2$ |
| 120 厚钢筋混凝土板 | $0.12\times25=3.000kN/m^2$ |
| 15 厚石灰砂浆底粉 | $0.015\times17=0.255kN/m$ |
| | $\Sigma=5.555kN/m^2$ |

2）楼面活荷载标准值

查表1-7，本建筑楼面活荷载标准值为：

住宅 $2.0\mathrm{kN/m^2}$

厨房　厕所 $2.0\mathrm{kN/m^2}$

走廊　门厅　楼梯 $2.0\mathrm{kN/m^2}$

3）屋面活荷载标准值

不上人屋面 $0.5\mathrm{kN/m^2}$

4）雪荷载标准值

本地区基本雪压 $S_0=0.45\mathrm{kN/m^2}$，查《建筑结构荷载规范》（GB 50009—2001）知，本建筑屋面积雪分布系数 $\mu_r=1.0$ 则雪荷载标准值为：$S_k=\mu_r S_0=1.0\times0.45=0.45\mathrm{kN/m^2}$

（2）梁自重、墙体自重标准值

1）梁自重

$b\times h=250\mathrm{mm}\times400\mathrm{mm}$

梁自重 $0.25\times(0.4-0.12)\times25=1.75\mathrm{kN/m^2}$

15厚水泥石灰膏砂浆 $0.015\times(0.4-0.12)\times2\times17=0.143\mathrm{kN/m^2}$

$\Sigma=1.893\mathrm{kN/m^2}$

$b\times h=250\mathrm{mm}\times550\mathrm{mm}$

梁自重 $0.25\times(0.55-0.12)\times25=2.688\mathrm{kN/m^2}$

15厚水泥石灰膏砂浆 $0.015\times(0.55-0.12)\times2\times17=0.219\mathrm{kN/m^2}$

$\Sigma=2.907\mathrm{kN/m^2}$

2）墙自重

外墙　6厚水泥砂浆罩面 $0.006\times20=0.120\mathrm{kN/m^2}$

12厚水泥砂浆 $0.012\times20=0.240\mathrm{kN/m^2}$

180厚钢筋混凝土墙 $0.18\times25=4.500\mathrm{kN/m^2}$

20厚水泥砂浆找平层 $0.02\times20=0.400\mathrm{kN/m^2}$

30厚稀土保温层 $0.03\times4=0.120\mathrm{kN/m^2}$

$\Sigma=5.38\mathrm{kN/m^2}$

内墙　5厚水泥石灰膏砂浆罩面（两面） $0.005\times14\times2=0.140\mathrm{kN/m^2}$

13厚水泥石灰膏砂浆打底（两面） $0.013\times14\times2=0.364\mathrm{kN/m^2}$

180厚钢筋混凝土墙 $0.18\times25=4.500\mathrm{kN/m^2}$

$\Sigma=5.004\mathrm{kN/m^2}$

隔墙 $1.2\mathrm{kN/m^2}$

女儿墙　6厚水泥砂浆罩面 $0.006\times20=0.120\mathrm{kN/m^2}$

12厚水泥砂浆打底 $0.012\times20=0.240\mathrm{kN/m^2}$

100厚钢筋混凝土墙 $0.1\times25=2.500\mathrm{kN/m^2}$

20厚水泥砂浆找平层 $0.02\times25=0.500\mathrm{kN/m^2}$

$$\Sigma = 3.360\text{kN/m}^2$$

女儿墙构造柱　　$0.18 \times 0.18 \times 25 = 0.810\text{kN/m}^2$

粉刷　　$(0.18 - 0.10) \times 0.02 \times 20 = 0.032\text{kN/m}^2$

$$\Sigma = 0.842\text{kN/m}^2$$

(3) 门窗重量标准值

木门：0.2kN/m²

铝合金门：0.4kN/m²

塑钢窗：0.45kN/m²

普通钢板门：0.45kN/m²

乙级防火门：0.45kN/m²

(4) 设备重量标准值

电梯桥箱及设备重取200kN，水水箱及设备取300kN。

### 3.4.2 风荷载标准值计算

$w_0 = 0.35\text{kN/m}^2$，由图1-23和图1-15可知，本建筑风荷载体形系数按图3-10及图3-11取用。

对于图3-10：$\mu_s B = (1.0 + 0.4) \times 7.02 + (0.8 + 0.5) \times 9.18 \times 2 = 33.70\text{m}$

对于图3-11：$\mu_s B = 1.3 \times 14.58 = 18.95\text{m}$

由于本建筑质量和刚度沿建筑高度分布较均匀，高度 $H = 42 + 0.3 = 42.3\text{m} > 30\text{m}$，而且高宽比$\dfrac{H}{B} = \dfrac{42.3}{24.28} = 1.742 > 1.5$，所以按下式计算风振系数：

$$\beta_z = 1 + \frac{H_i}{H}\frac{\xi v}{\mu_z}$$

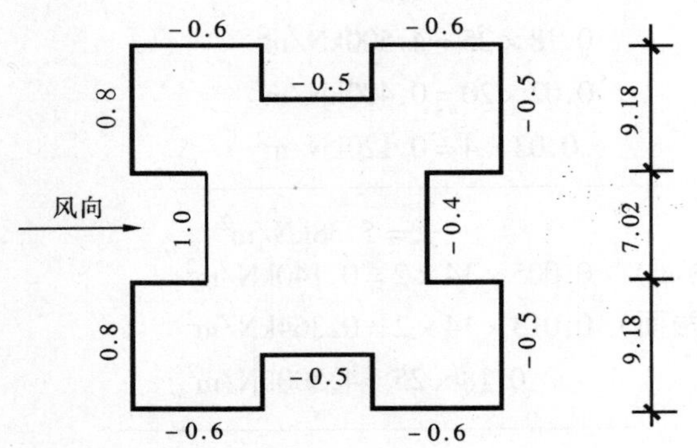


图3-10　楼层风荷载体型系数

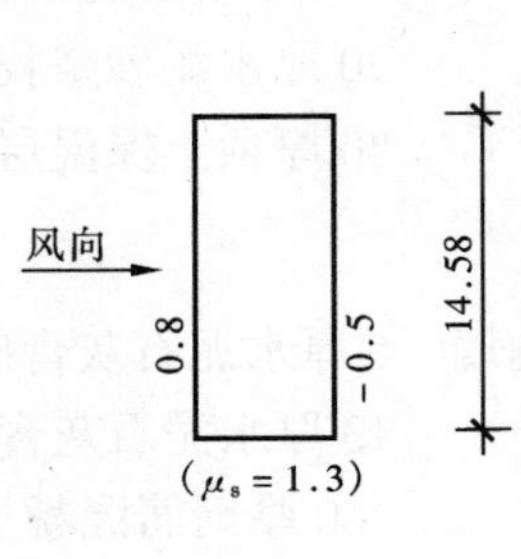


图3-11　机房、水箱间风荷载体型系数

脉动增大系数 $\xi$ 查表1-14，地面粗糙度类别为C类，结构自振周期 $T = 0.05n = 0.05 \times 15 = 0.75\text{s}$，查得脉动增大系数 $\xi = 1.24$。

脉动影响系数由表1-15查得 $\nu = 0.465$。

各楼层风荷载标准值的计算见表3-19。

各楼层风荷载计算 **表 3-19**

| 楼层 | $H_i$（m） | $\mu_z$ | $\beta_z$ | $h_i$（m） | $\mu_s B$（m） | $F_i$（kN） |
|---|---|---|---|---|---|---|
| 水箱间 | 50.3 | 1.25 | 1.55 | 2.15 | 18.95 | 27.63 |
| 机房 | 47.2 | 1.22 | 1.53 | 4 | | 49.52 |
| 15 | 42.3 | 1.16 | 1.50 | 2.45 | | 28.27 |
| | | | | 2.4 | 33.70 | 49.26 |
| 14 | 39.5 | 1.12 | 1.48 | 2.8 | | 54.74 |
| 13 | 36.7 | 1.09 | 1.46 | | | 52.56 |
| 12 | 33.9 | 1.05 | 1.44 | | | 49.94 |
| 11 | 31.1 | 1.01 | 1.42 | | | 47.37 |
| 10 | 28.3 | 0.97 | 1.40 | | | 44.85 |
| 9 | 25.5 | 0.93 | 1.37 | | | 42.09 |
| 8 | 22.7 | 0.88 | 1.35 | | | 39.23 |
| 7 | 19.9 | 0.84 | 1.32 | | | 36.62 |
| 6 | 17.1 | 0.78 | 1.30 | | | 33.49 |
| 5 | 14.3 | 0.74 | 1.26 | | | 30.79 |
| 4 | 11.5 | 0.74 | 1.21 | | | 29.57 |
| 3 | 8.7 | 0.74 | 1.16 | | | 28.35 |
| 2 | 5.9 | 0.74 | 1.11 | | | 27.13 |
| 1 | 3.1 | 0.74 | 1.06 | 2.95 | | 27.29 |

注：1. $\beta_z = 1 + \dfrac{H_i}{H}\dfrac{\xi\nu}{\mu_z}$；

2. $F_i = \beta_z \mu_s B h_i \mu_z \omega_0$；

3. $H = 42.3\text{m}$。

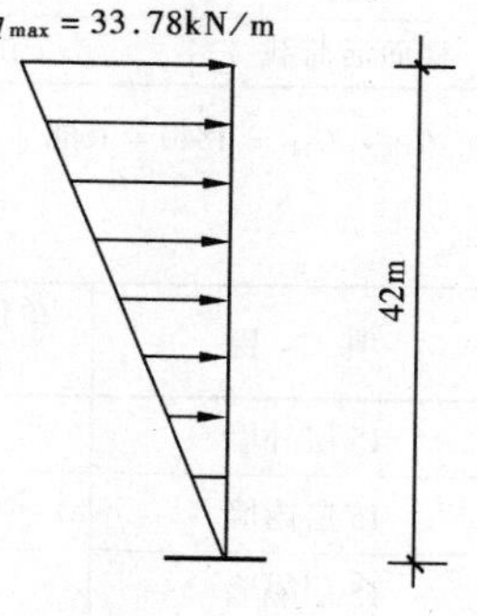

图 3-12

由于电梯机房及水箱间风荷载数值不大，不作为集中荷载作用在结构主体顶部，按照结构底部弯矩等效将各层风荷载转化为倒三角形分布，如图 3-12 所示。

倒三角形分布荷载最大值为：

$$q_{max} = 3\frac{\Sigma F_i H_i}{H^2} = 3 \times \frac{19860.54}{42^2} = 33.78\text{kN/m}$$

各层风荷载在底部产生的弯矩见表 3-20。

各层风荷载在底部产生的弯矩 **表 3-20**

| 楼　层 | $H_i$（m） | $F_i$（kN） | $M_i = F_i H_i$（kN·m） | 楼　层 | $H_i$（m） | $F_i$（kN） | $M_i = F_i H_i$（kN·m） |
|---|---|---|---|---|---|---|---|
| 水箱间 | 50 | 27.63 | 1381.50 | 8 | 22.4 | 39.23 | 878.75 |
| 机　房 | 46.9 | 49.52 | 2324.49 | 7 | 19.6 | 36.62 | 717.75 |
| 15 | 42 | 77.53 | 3256.26 | 6 | 16.8 | 33.49 | 562.63 |
| 14 | 39.2 | 54.74 | 2145.81 | 5 | 14 | 30.79 | 431.06 |
| 13 | 36.4 | 52.56 | 1913.81 | 4 | 11.2 | 29.57 | 331.18 |
| 12 | 33.6 | 49.94 | 1677.98 | 3 | 8.4 | 28.35 | 238.14 |
| 11 | 30.8 | 47.37 | 1459.00 | 2 | 5.6 | 27.13 | 151.93 |
| 10 | 28 | 44.85 | 1255.80 | 1 | 2.8 | 27.29 | 76.41 |
| 9 | 25.2 | 42.09 | 1060.67 | | | | |

$\Sigma = 19860.54$

## 3.5 水平地震作用计算

### 3.5.1 重力荷载代表值计算

重力荷载代表值 $G_1 \sim G_{14}$计算结果列于表 3-21，$G_{15}$计算结果列于表 3-22，$G_{16}$计算结果列于表 3-23，$G_{17}$计算结果列于表 3-24。

重力荷载代表值 $G_1 \sim G_{14}$计算　　表 3-21

| 项目 | 单位面积重量 (kN/m²) | 面积 (m²) | 单位长度重量 (kN/m) | 长度 (m) | 重量 (kN) |
|---|---|---|---|---|---|
| 外墙 | 5.380 | 342.04 | | | 1840 |
| 内墙 | 5.004 | 337.40 | | | 1688 |
| 隔墙 | 1.200 | 114.56 | | | 137 |
| 门窗 | 0.200 | 39.24 | | | 8 |
| 门窗 | 0.450 | 131.72 | | | 59 |
| 楼板 | 4.255 | 426.24 | | | 1814 |
| 楼梯间 电梯间 | 1.2×4.255 | 47.52 | | | 243 |
| 梁 | | | 1.893 | 25.2 | 48 |
| 楼面活荷载 | 2.0 | 473.76 | | | 948 |

$G_1 \sim G_{14}$ = 1840 + 1688 + 137 + 8 + 59 + 1814 + 243 + 48 + 0.5 × 948 = 6311 kN(设计值为 8332kN)

重力荷载代表值 $G_{15}$计算　　表 3-22

| 项目 | 单位面积重量 (kN/m²) | 面积 (m²) | 单位长度重量 (kN/m) | 长度 (m) | 重量 (kN) |
|---|---|---|---|---|---|
| 15层外墙 | | | | | 920 |
| 15层内墙 | | | | | 844 |
| 15层隔墙 | | | | | 69 |
| 15层门窗 | | | | | 34 |
| 15层屋面梁 | | | 2.808 | 25.2 | 71 |
| | | | 1.828 | 18 | 33 |
| 屋面板 | 5.555 | 391.68 | | | 2176 |
| 楼梯间 电梯间 | 1.2×4.255 | 82.08 | | | 419 |
| 女儿墙 | 3.36 | 140.20 | | | 471 |
| 女儿墙构造柱 | | | 0.842 | 50 | 42 |
| 电梯间外墙 | 5.38 | 87.69 | | | 472 |
| 电梯间内墙 | 5.004 | 68.73 | | | 344 |
| 电梯 门窗 | 0.45 | 11.28 | | | 5 |
| 电梯 设备 | | | | | 200 |
| 雪荷载 | 0.45 | 391.68 | | | 176 |
| 电梯间楼面活荷载 | 2.0 | 82.08 | | | 164 |

$G_{15}$ = 920 + 844 + 69 + 34 + 71 + 33 + 2176 + 419 + 471 + 42 + 472 + 344 + 5 + 200 + 0.5 × （176 + 164） = 6270 kN（设计值为 7784kN）

重力荷载代表值 $G_{16}$计算 表 3-23

| 项目 | 单位面积重量 (kN/m²) | 面积 (m²) | 重量 (kN) | 项目 | 单位面积重量 (kN/m²) | 面积 (m²) | 重量 (kN) |
|---|---|---|---|---|---|---|---|
| 电梯间外墙 | | | 472 | 水箱间内墙 | 5.004 | 14.835 | 74 |
| 电梯间内墙 | | | 344 | 水箱间窗 | 0.450 | 11.280 | 5 |
| 电梯间门窗 | | | 5 | 水水箱及设备 | | | 300 |
| 水箱间楼板 | 4.255 | 82.080 | 349 | 水箱间活载 | 2.0 | 70.200 | 140 |
| 水箱间外墙 | 5.380 | 51.030 | 275 | | | | |

$G_{16} = 472 + 344 + 5 + 349 + 275 + 74 + 5 + 300 + 0.5 \times 140 = 1894$ kN（设计值为 2385kN）

重力荷载代表值 $G_{17}$计算 表 3-24

| 项目 | 单位面积重量 (kN/m²) | 面积 (m²) | 重量 (kN) | 项目 | 单位面积重量 (kN/m²) | 面积 (m²) | 重量 (kN) |
|---|---|---|---|---|---|---|---|
| 水箱间外墙 | | | 275 | 水箱间屋面板 | 5.555 | 82.08 | 456 |
| 水箱间内墙 | | | 74 | 女儿墙 | 3.36 | 24.552 | 82 |
| 水箱间窗 | | | 5 | 屋面雪荷载 | 0.45 | 82.08 | 37 |

$G_{17} = 275 + 74 + 5 + 456 + 82 + 0.5 \times 37 = 911$ kN（设计值为 1167kN）

重力荷载代表值 $G_1 \sim G_7$的位置如图 3-13 所示。

### 3.5.2 结构基本自振周期计算

按照结构主体顶点位移相等的原则，将电梯间、水箱间质点的重力荷载代表值折算到主体定层，并将各质点重力荷载代表值转化为均布荷载（图 3-14）。

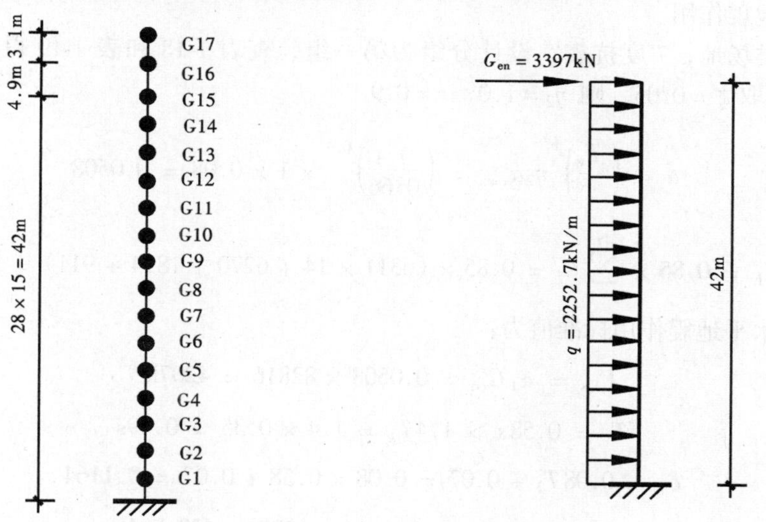


图 3-13 重力荷载代表值 $G_1 \sim G_{17}$　　　图 3-14 转化为均布荷载

$$G_{en} = G_{16}\left(1 + \frac{3}{2}\frac{h_1}{H}\right) + G_{17}\left(1 + \frac{3}{2}\frac{h_1 + h_2}{H}\right)$$

$$= 1894 \times \left(1 + \frac{3}{2} \times \frac{4.9}{42}\right) + 911 \times \left(1 + \frac{3}{2} \times \frac{4.9 + 3.1}{42}\right) = 3397\text{kN}$$

$$q = \frac{\sum_{i=1}^{15} G_i}{H} = \frac{6311 \times 14 + 6270}{42} = 2253.0\text{kN/m}$$

均布荷载作用下结构顶点的位移为：

$$u_{\mathrm{q}} = \frac{1}{\lambda^4}\left[\frac{\lambda \mathrm{sh}\lambda + 1}{\mathrm{ch}\lambda}(\mathrm{ch}\lambda - 1) - \lambda \mathrm{sh}\lambda + \frac{\lambda^2}{2}\right]\frac{qH^4}{E_{\mathrm{c}}I_{\mathrm{eq}}} = 0.133\text{m}$$

集中荷载作用下结构顶点位移：

$$u_{\mathrm{Gen}} = \frac{1}{\lambda^3}(\lambda - \mathrm{th}\lambda)\frac{G_{\mathrm{en}}H^3}{E_{\mathrm{c}}I_{\mathrm{eq}}} = 0.012\text{m}$$

$$u_{\mathrm{T}} = u_{\mathrm{q}} + u_{\mathrm{Gen}} = 0.133 + 0.012 = 0.145\text{m}$$

结构基本自振周期为：

$$T_1 = 1.7\Psi_{\mathrm{T}}\sqrt{u_{\mathrm{T}}} = 1.7 \times 0.9 \times \sqrt{0.145} = 0.58\text{s}$$

### 3.5.3 地震作用计算

我国《建筑抗震设计规范》（GB 50011—2001）规范，建筑结构的抗震计算应根据情况的不同采用底部剪力法或振型分解反应谱法计算，特别不规则的建筑、甲类建筑等，尚应采用时程分析法进行多遇地震下的补充计算。考虑到本建筑高度只有 42m，刚度特征值 $\lambda$ 较大，结构因开洞较大使框架特性较强和底部剪力法计算起来较简单等原因，采用底部剪力法计算地震作用。

根据Ⅱ类场地，7 度抗震，设计分组为第一组，查表 1-18 和表 1-19 得，$T_{\mathrm{g}} = 0.35\text{s}$，$\alpha_{\max} = 0.08$，取 $\zeta = 0.05$，则 $\eta_2 = 1.0$，$r = 0.9$

$$\alpha = \left(\frac{T_{\mathrm{g}}}{T}\right)^{\mathrm{r}}\eta_2\alpha_{\max} = \left(\frac{0.4}{0.66}\right)^{0.9} \times 1 \times 0.08 = 0.0508$$

$$G_{\mathrm{eq}} = 0.85G_{\mathrm{E}} = 0.85 \times \sum_{j=1}^{17} G_j = 0.85 \times (6311 \times 14 + 6270 + 1894 + 911) = 82816\text{kN}$$

结构总水平地震作用标准值为：

$$F_{\mathrm{EK}} = \alpha_1 G_{\mathrm{eq}} = 0.0508 \times 82816 = 4207\text{kN}$$

因为 $$T_1 = 0.58s > 1.4T_{\mathrm{g}} = 1.4 \times 0.35 = 0.49\text{s}$$

$$\delta_{\mathrm{n}} = 0.08T_1 + 0.07 = 0.08 \times 0.58 + 0.07 = 0.1164$$

所以 $$\Delta F_{\mathrm{n}} = \delta_{\mathrm{n}}F_{\mathrm{EK}} = 0.1164 \times 4207 = 489.7\text{kN}$$

各质点水平地震作用标准值计算见表 3 – 25。

**各质点水平地震作用标准值计算** **表 3-25**

| 质点 | 重力荷载代表值 $G_i$ (kN) | 距结构底部高度 $H_i$ (kN) | $G_iH_i$ (kN·m) | $F_i$ (kN) | $F_iH_i$ (kN·m) |
|---|---|---|---|---|---|
| 17 | 911 | 50.0 | 45550 | 75.2 | |
| 16 | 1894 | 46.9 | 88828.6 | 146.6 | |

续表

| 质点 | 重力荷载代表值 $G_i$ (kN) | 距结构底部高度 $H_i$ (kN) | $G_iH_i$ (kN·m) | $F_i$ (kN) | $F_iH_i$ (kN·m) |
|---|---|---|---|---|---|
| 15 | 6270 | 42.0 | 263340.0 | $\Delta F_n = 489.7$<br>434.5 | 18249 |
| 14 | 6311 | 39.2 | 247391.2 | 418.2 | 16001 |
| 13 | 6311 | 36.4 | 229720.4 | 379.1 | 13799 |
| 12 | 6311 | 33.6 | 212049.6 | 349.9 | 11757 |
| 11 | 6311 | 30.8 | 194378.8 | 320.8 | 9881 |
| 10 | 6311 | 28.0 | 176708.0 | 291.6 | 8165 |
| 9 | 6311 | 25.2 | 159037.2 | 262.4 | 6612 |
| 8 | 6311 | 22.4 | 141366.4 | 233.2 | 5226 |
| 7 | 6311 | 19.6 | 123695.6 | 204.1 | 4000 |
| 6 | 6311 | 16.8 | 106024.8 | 175.0 | 2940 |
| 5 | 6311 | 14.0 | 88354.0 | 145.8 | 2041 |
| 4 | 6311 | 11.2 | 70683.2 | 116.6 | 1306 |
| 3 | 6311 | 8.40 | 53012.4 | 87.5 | 735 |
| 2 | 6311 | 5.60 | 35341.6 | 58.3 | 326 |
| 1 | 6311 | 2.80 | 17670.8 | 29.2 | 82 |
| | $\Sigma G_i = 97429$ | | $\Sigma = 2253152.6$ | | $\Sigma = 101120$ |

注：$F_i = \dfrac{G_iH_i}{\sum\limits_{j=1}^{17} G_jH_j} F_{EK}(1-\delta_n)$，重力荷载设计值 $\sum\limits_{i=1}^{n} G_i = 127984\text{kN}$。

将电梯机房和水箱间质点的地震作用移至主体顶层，并附加一弯矩 $M_1$。

$$F_e = F_{16} + F_{17} = 146.6 + 75.2 = 221.8\text{kN}$$

$$M_1 = 146.6 \times 4.9 + 75.2 \times (4.9 + 3.1) = 1320\text{kN} \cdot \text{m}$$

再按照结构底部弯矩等效原则，将 $F_1 \sim F_{15}$ 和附加弯矩 $M_1$ 转化为等效倒三角形分布荷载，$F_e + \Delta F_n = 221.8 + 489.7 = 711.5\text{kN}$，作用于房屋顶部(图 3-15)。

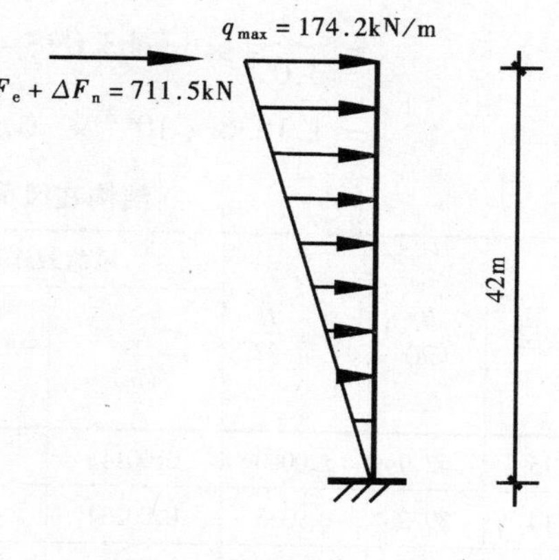

图 3-15

$$q_{max} = 3 \times \frac{M_1 + \sum\limits_{j=1}^{15} F_jH_j}{H^2}$$

$$= 3 \times \frac{1320 + 101120}{42^2} = 174.2\text{kN/m}$$

## 3.6 结构水平位移验算

(1) 风荷载作用下（倒三角形荷载）任一点位移

$$y = \frac{1}{\lambda^2}\left[\left(\frac{1}{\lambda^2} + \frac{\text{sh}\lambda}{2\lambda} - \frac{\text{sh}\lambda}{\lambda^3}\right)\left(\frac{\text{ch}\lambda\xi - 1}{\text{ch}\lambda}\right) + \left(\frac{1}{2} - \frac{1}{\lambda^2}\right)\left(\xi - \frac{\text{sh}\lambda\xi}{\lambda}\right) - \frac{\xi^3}{6}\right]\frac{q_{\max}H^4}{E_c I_{eq}}$$

$$= \frac{1}{3.09^2} \times \left[\left(\frac{1}{3.09^2} + \frac{\text{sh}3.09}{2 \times 3.09} - \frac{\text{sh}3.09}{3.09^3}\right)\left(\frac{\text{ch}3.09\xi - 1}{\text{ch}3.09}\right)\right.$$

$$\left. + \left(\frac{1}{2} - \frac{1}{3.09^2}\right)\left(\xi - \frac{\text{sh}3.09\xi}{3.09}\right) - \frac{\xi^3}{6}\right] \times \frac{33.78 \times 42^4}{150.947 \times 10^7}$$

$$= 7.2932 \times 10^{-3}\left[0.1369(\text{ch}3.09\xi - 1) + 0.3953(\xi - 0.3236 \times \text{sh}3.09\xi) - \frac{\xi^3}{6}\right]$$

（2）水平地震作用下任一点位移

1）倒三角形荷载作用下：

$$y = \frac{1}{\lambda^2}\left[\left(\frac{1}{\lambda^2} + \frac{\text{sh}\lambda}{2\lambda} - \frac{\text{sh}\lambda}{\lambda^3}\right)\left(\frac{\text{ch}\lambda\xi - 1}{\text{ch}\lambda}\right) + \left(\frac{1}{2} - \frac{1}{\lambda^2}\right)\left(\xi - \frac{\text{sh}\lambda\xi}{\lambda}\right) - \frac{\xi^3}{6}\right]\frac{q_{\max}H^4}{E_c I_{eq}}$$

$$= \frac{1}{3.09^2} \times \left[\left(\frac{1}{3.09^2} + \frac{\text{sh}3.09}{2 \times 3.09} - \frac{\text{sh}3.09}{3.09^3}\right)\left(\frac{\text{ch}3.09\xi - 1}{\text{ch}3.09}\right)\right.$$

$$\left. + \left(\frac{1}{2} - \frac{1}{3.09^2}\right)\left(\xi - \frac{\text{sh}3.09\xi}{3.09}\right) - \frac{\xi^3}{6}\right] \times \frac{174.2 \times 42^4}{150.947 \times 10^7}$$

$$= 0.03761\left[0.1369(\text{ch}3.09\xi - 1) + 0.3953(\xi - 0.3311 \times \text{sh}3.09\xi) - \frac{\xi^3}{6}\right]$$

2）顶点集中荷载作用下：

$$y = \frac{1}{\lambda^3}[(\text{ch}\lambda\xi - 1)\text{th}\lambda - \text{sh}\lambda\xi + \lambda\xi]\frac{FH^3}{E_c I_{eq}}$$

$$= \frac{1}{3.09^3} \times [(\text{ch}3.09\xi - 1)\text{th}3.09 - \text{sh}3.09\xi + 3.09\xi] \times \frac{711.5 \times 42^3}{150.947 \times 10^7}$$

$$= 1.1836 \times 10^{-3} \times [0.9959 \times (\text{ch}3.09\xi - 1) - \text{sh}3.09\xi + 3.09\xi]$$

**结构在风荷载及水平地震作用下位移验算** **表 3-26**

| 楼层 | $H_i$ (m) | $\xi = \frac{H_i}{42}$ | 风荷载作用下 |  | 水平地震作用下 |  |  |  |
|---|---|---|---|---|---|---|---|---|
|  |  |  | $y_i$ (m) | $\Delta u = y_i - y_{i-1}$ (m) | 倒三角形荷载作用下 $y_i$ (m) | 顶点集中荷载作用下 $y_i$ (m) | 总位移 $y_i$ (m) | $\Delta u = y_i - y_{i-1}$ (m) |
| 15 | 42.0 | 1.0000 | 0.00143 | 0.00009 | 0.00739 | 0.00248 | 0.00987 | 0.00068 |
| 14 | 39.2 | 0.9333 | 0.00134 | 0.00009 | 0.00693 | 0.00226 | 0.00919 | 0.00069 |
| 13 | 36.4 | 0.8667 | 0.00125 | 0.00009 | 0.00646 | 0.00204 | 0.00850 | 0.00072 |
| 12 | 33.6 | 0.8000 | 0.00116 | 0.00011 | 0.00596 | 0.00182 | 0.00778 | 0.00075 |
| 11 | 30.8 | 0.7333 | 0.00105 | 0.00011 | 0.00543 | 0.00160 | 0.00703 | 0.00077 |
| 10 | 28.0 | 0.6667 | 0.00094 | 0.00011 | 0.00487 | 0.00139 | 0.00626 | 0.00079 |
| 9 | 25.2 | 0.6000 | 0.00083 | 0.00012 | 0.00428 | 0.00119 | 0.00547 | 0.00082 |
| 8 | 22.4 | 0.5333 | 0.00071 | 0.00012 | 0.00366 | 0.00099 | 0.00465 | 0.00081 |
| 7 | 19.6 | 0.4667 | 0.00059 | 0.00012 | 0.00304 | 0.00080 | 0.00384 | 0.00079 |

续表

| 楼层 | $H_i$ (m) | $\xi = \frac{H_i}{42}$ | 风荷载作用下 | | 水平地震作用下 | | | |
|---|---|---|---|---|---|---|---|---|
| | | | $y_i$ (m) | $\Delta u = y_i - y_{i-1}$ (m) | 倒三角形荷载作用下 $y_i$ (m) | 顶点集中荷载作用下 $y_i$ (m) | 总位移 $y_i$ (m) | $\Delta u = y_i - y_{i-1}$ (m) |
| 6 | 16.8 | 0.4000 | 0.00047 | 0.00012 | 0.00243 | 0.00062 | 0.00305 | 0.00076 |
| 5 | 14.0 | 0.3333 | 0.00035 | 0.00010 | 0.00183 | 0.00046 | 0.00229 | 0.00076 |
| 4 | 11.2 | 0.2667 | 0.00025 | 0.00010 | 0.00127 | 0.00026 | 0.00153 | 0.00058 |
| 3 | 8.4 | 0.2000 | 0.00015 | 0.00008 | 0.00077 | 0.00018 | 0.00095 | 0.00049 |
| 2 | 5.6 | 0.1333 | 0.00007 | 0.00005 | 0.00037 | 0.00009 | 0.00046 | 0.00034 |
| 1 | 2.8 | 0.0667 | 0.00002 | 0.00002 | 0.00010 | 0.00002 | 0.00012 | 0.00012 |

风荷载作用下：

$$\frac{\Delta u}{h} = \frac{0.00012}{2.8} = \frac{1}{23333} < \left[\frac{\Delta u}{h}\right] = \frac{1}{1000}$$

满足要求。

水平地震作用下：

$$\frac{\Delta u}{h} = \frac{0.00082}{2.8} = \frac{1}{3415} < \left[\frac{\Delta u}{h}\right] = \frac{1}{1000}$$

满足要求。

## 3.7 刚重比和剪重比验算

### 3.7.1 刚重比验算

由图 3－15 可知，地震作用的倒三角形分布荷载的最大值为：

$$q = 174.2\text{kN/m}$$

在最大值 $q = 174.2\text{kN/m}$ 的倒三角形荷载作用下结构顶点质心的弹性水平位移已由表 3-26 求得，其值为

$$u = 0.00987\text{m}$$

结构一个主轴方向的弹性等效侧向刚度，可按倒三角形分布荷载作用下结构顶点位移相等的原则，将结构的侧向刚度折算为竖向悬臂受弯构件的等效侧向刚度，按下式计算：

$$EJ_\text{d} = \frac{11qH^4}{120u} = \frac{11 \times 174.2 \times 42^4}{120 \times 0.00987} = 5.0343 \times 10^9\text{kN} \cdot \text{m}^2$$

$$\frac{EJ_\text{d}}{H^2 \sum_{i=1}^{n} G_i} = \frac{5.0343 \times 10^9}{42^2 \times 127984} = 22.30 > 2.7$$

满足公式（1-29）的刚重比要求，可不考虑重力二阶效应的不利影响。

### 3.7.2 剪重比验算

由表 1-21 可知，对于本设计的房屋，要求的楼层最小地震剪力系数值为：

$$\lambda = 0.016$$

由 3.5.3 节可知，地震作用下底部的总剪力标准值为：

$$V_{\text{Ek1}} = F_{\text{EK}} = 4207\text{kN}$$

底层的重力荷载代表值 $\sum_{i=1}^{n} G_i = 97429\text{kN}$

剪重比为：

$$\frac{V_{\text{EK1}}}{\sum_{i=1}^{n} G_i} = \frac{4207}{97429} = 0.043 > 0.016$$

满足公式（1-37）要求。因此，结构水平地震剪力不必调整。

## 3.8 水平地震作用下结构内力设计值计算

### 3.8.1 总剪力墙、总框架内力设计值计算

（1）倒三角形荷载作用下（$q_{\max} = 1.3 \times 174.2 = 226.5\text{ kN/m}$）

$$V_{\text{W}} = \frac{1}{\lambda^2}\left[1 + \left(\frac{\lambda^2}{2} - 1\right)\text{ch}\lambda\xi - \left(\frac{\lambda^2\text{sh}\lambda}{2} - \text{sh}\lambda + \lambda\right)\frac{\text{sh}\lambda\xi}{\text{ch}\lambda}\right]q_{\max}H$$

$$= \frac{1}{3.09^2}\left[1 + \left(\frac{3.09^2}{2} - 1\right) \times \text{ch}3.09\xi - \left(\frac{3.09^2 \times \text{sh}3.09}{2} - \text{sh}3.09 + 3.09\right)\frac{\text{sh}3.09\xi}{\text{ch}3.09}\right] \times 226.5 \times 42$$

$$= 996.3 \times (1 + 3.7741 \times \text{ch}3.09\xi - 4.0391 \times \text{sh}3.09\xi)$$

$$V_{\text{f}} = \frac{1}{2}(1 - \xi^2)q_{\max}H - V_{\text{W}} = \frac{1}{2}(1 - \xi^2) \times 226.5 \times 42 - V_{\text{W}}$$

$$= 4756.5 \times (1 - \xi^2) - V_{\text{W}}$$

$$M_{\text{W}} = \frac{1}{\lambda^2}\left[\left(\frac{\lambda^2\text{sh}\lambda}{2} - \text{sh}\lambda + \lambda\right)\frac{\text{ch}\lambda\xi}{\text{ch}\lambda} - \left(\frac{\lambda^2}{2} - 1\right)\text{sh}\lambda\xi - \lambda\xi\right]q_{\max}H^2$$

$$= \frac{1}{3.09^2} \times \left[\left(\frac{3.09^2 \times \text{sh}3.09}{2} - \text{sh}3.09 + 3.09\right) \times \frac{\text{ch}3.09\xi}{\text{ch}3.09} - \left(\frac{3.09^2}{2} - 1\right) \times \text{sh}3.09\xi - 3.09\xi\right] \times 226.5 \times 42^2$$

$$= 41845.6 \times (4.0391 \times \text{ch}3.09\xi - 3.7741 \times \text{sh}3.09\xi - 3.09\xi)$$

（2）顶点集中荷载作用下（$F = 1.3 \times 711.5 = 925.0\text{kN}$）

$$V_{\text{W}} = (\text{ch}\lambda\xi - \text{th}\lambda\,\text{sh}\lambda\xi)F = (\text{ch}3.09\xi - \text{th}3.09 \times \text{sh}3.09\xi) \times 925.0$$

$$= 925.0 \times (\text{ch}3.09\xi - 0.9959 \times \text{sh}3.09\xi)$$

$$V_{\text{f}} = F - V_{\text{W}} = 925.0 - V_{\text{W}}$$

$$M_{\text{W}} = \frac{1}{\lambda}(\text{th}\lambda\,\text{ch}\lambda\xi - \text{sh}\lambda\xi)FH$$

$$= \frac{1}{3.09} \times (0.9959 \times \text{ch}3.09\lambda - \text{sh}3.09\xi) \times 925.0 \times 42$$

$$= 12572.8 \times (0.9959 \times \text{ch}3.09\xi - \text{sh}3.09\xi)$$

总剪力墙、总框架各层内力计算见表 3-27。

水平地震作用下总剪力墙-总框架各层内力设计值计算　　表 3-27

| 楼层 | $H_i$ (m) | $\xi=\frac{H_i}{42}$ | 倒三角形荷载作用下 | | | 顶点集中荷载作用下 | | | 总内力 | | |
|---|---|---|---|---|---|---|---|---|---|---|---|
| | | | $V_W$ (kN) | $M_W$ (kN·m) | $V_f$ (kN) | $V_W$ (kN) | $M_W$ (kN·m) | $V_f$ (kN) | $V_W$ (kN) | $M_W$ (kN·m) | $V_f$ (kN) |
| 15 | 42.0 | 1.000 | −1727.8 | 0.0 | 1727.8 | 83.7 | 0.0 | 841.3 | −1644.1 | 0.0 | 2569.1 |
| 14 | 39.2 | 0.9333 | −1147.0 | −12343.4 | 1763.0 | 85.5 | 240.4 | 839.5 | −1061.5 | −12103.0 | 2602.5 |
| 13 | 36.4 | 0.867 | −658.0 | −20160.3 | 1839.1 | 91.0 | 486.8 | 834.0 | −567.0 | −19673.5 | 2673.1 |
| 12 | 33.6 | 0.800 | −238.6 | −23947.6 | 1950.9 | 100.5 | 754.9 | 824.5 | −138.1 | −23201.7 | 2775.4 |
| 11 | 30.8 | 0.733 | 127.8 | −24362.1 | 2073.1 | 114.1 | 1053.9 | 810.9 | 241.9 | −23308.2 | 2884.0 |
| 10 | 28.0 | 0.667 | 456.3 | −21911.5 | 2184.1 | 132.5 | 1396.2 | 792.5 | 588.8 | −20515.3 | 2976.6 |
| 9 | 25.2 | 0.600 | 762.9 | −16577.6 | 2281.3 | 156.7 | 1800.3 | 768.3 | 919.6 | −14777. | 3049.6 |
| 8 | 22.4 | 0.533 | 1059.2 | −8656.6 | 2346.0 | 187.5 | 2280.1 | 737.5 | 1246.7 | −6376.5 | 3083.5 |
| 7 | 19.6 | 0.467 | 1358.1 | 1712.0 | 2361.1 | 226.2 | 2857.1 | 698.8 | 1584.3 | 4569.1 | 3059.9 |
| 6 | 16.8 | 0.400 | 1673.0 | 14867.6 | 2322.5 | 274.8 | 3557.5 | 650.2 | 1947.8 | 18425.1 | 2972.7 |
| 5 | 14.0 | 0.333 | 2016.1 | 30831.5 | 2213.0 | 334.9 | 4407.1 | 590.1 | 1351.0 | 35238.6 | 2803.1 |
| 4 | 11.2 | 0.267 | 2402.4 | 49816.3 | 2015.1 | 409.2 | 5444.4 | 515.8 | 2811.6 | 55260.7 | 2530.8 |
| 3 | 8.4 | 0.200 | 2849.3 | 72538.2 | 1716.9 | 501.1 | 6715.0 | 423.9 | 3350.4 | 79253.2 | 2140.8 |
| 2 | 5.6 | 0.133 | 3375.2 | 99457.9 | 1297.2 | 614.3 | 8272.2 | 310.7 | 3989.5 | 107730.1 | 1607.9 |
| 1 | 2.8 | 0.067 | 4001.1 | 131169.2 | 734.0 | 753.5 | 1177.8 | 171.5 | 4754.6 | 141347.0 | 905.5 |
| | 0.0 | 0.0 | 4756.5 | 169018.6 | 0.0 | 925.0 | 12521.3 | 0.0 | 5681.5 | 181539.9 | 0.0 |

### 3.8.2 剪力墙内力设计值计算

（1）将总剪力墙内力向各片剪力墙分配

根据各片剪力墙的等效刚度与总剪力墙等效刚度的比值，将总剪力墙内力分配给各片剪力墙，见表 3-28 和表 3-29。

各片剪力墙等效刚度比　　表 3-28

| 墙编号 | XSW-2 | XSW-5 | XSW-6 | XSW-7 | XSW-4 | 总剪力墙 |
|---|---|---|---|---|---|---|
| 等效刚度（$\times10^7$）(kN·m$^2$) | 6.1702 | 3.7445 | 0.5320 | 1.6354 | 28.4776 | 150.947 |
| 等效刚度比 | 0.04083 | 0.02481 | 0.00352 | 0.01083 | 0.18866 | |

水平地震作用各片剪力墙分配的内力设计值　　表 3-29

| 楼层 | $\xi$ | 总剪力墙内力 | | XSW-2（实体墙） | | XSW-5（实体墙） | | XSW-6（实体墙） | | XSW-7（整体小开口墙） | | XSW-4（双肢墙） | |
|---|---|---|---|---|---|---|---|---|---|---|---|---|---|
| | | $V_W$ (kN) | $M_W$ (kN·m) | $V_W$ (kN) | $M_W$ (kN·m) | $V_W$ (kN) | $M_W$ (kN·m) | $V_W$ (kN) | $M_W$ (kN·m) | $V_W$ (kN) | $M_W$ (kN·m) | $V_W$ (kN) | $M_W$ (kN·m) |
| 15 | 1.000 | −1727.8 | 0.0 | −67.2 | 0.0 | −40.8 | 0.0 | −5.8 | 0.0 | −17.8 | 0.0 | −310.2 | 0.0 |
| 14 | 0.933 | −1147.0 | −12343.4 | −43.4 | −494.8 | −26.3 | −300.3 | −3.7 | −42.6 | −11.5 | −131.1 | −200.3 | −2283.4 |
| 13 | 0.867 | −658.0 | −20160.3 | −23.2 | −804.3 | −14.1 | −488.1 | −2.0 | −69.3 | −6.1 | −213.1 | −107.0 | −3711.6 |
| 12 | 0.800 | −238.6 | −23947.6 | −5.6 | −948.5 | −3.4 | −575.6 | −0.5 | −81.7 | −1.5 | −251.3 | −26.1 | −4377.2 |
| 11 | 0.733 | 127.8 | −24362.1 | 9.9 | −952.8 | 6.0 | −578.3 | 0.9 | −82.0 | 2.6 | −252.4 | 45.6 | −4397.3 |

续表

| 楼层 | ξ | 总剪力墙内力 | | XSW-2（实体墙） | | XSW-5（实体墙） | | XSW-6（实体墙） | | XSW-7（整体小开口墙） | | XSW-4（双肢墙） | |
|---|---|---|---|---|---|---|---|---|---|---|---|---|---|
| | | $V_W$ (kN) | $M_W$ (kN·m) | $V_W$ (kN) | $M_W$ (kN·m) | $V_W$ (kN) | $M_W$ (kN·m) | $V_W$ (kN) | $M_W$ (kN·m) | $V_W$ (kN) | $M_W$ (kN·m) | $V_W$ (kN) | $M_W$ (kN·m) |
| 10 | 0.667 | 456.3 | -21911.5 | 24.1 | 838.7 | 14.6 | -509.0 | 2.1 | -72.2 | 6.4 | -222.2 | 111.1 | -3870.4 |
| 9 | 0.600 | 762.9 | -16577.6 | 37.6 | -604.1 | 22.8 | -366.6 | 3.2 | -52.0 | 10.0 | -160.0 | 173.5 | -2787.9 |
| 8 | 0.533 | 1059.2 | -8656.6 | 51.0 | -260.7 | 30.9 | -158.2 | 4.4 | -22.4 | 13.5 | -69.1 | 235.2 | -1203.0 |
| 7 | 0.467 | 1358.1 | 1712.0 | 64.8 | 186.8 | 39.3 | 113.4 | 5.6 | 16.1 | 17.2 | 49.5 | 298.9 | 862.0 |
| 6 | 0.400 | 1673.0 | 14867.6 | 79.6 | 753.2 | 48.3 | 457.1 | 6.9 | 64.9 | 21.1 | 199.5 | 367.5 | 3476.1 |
| 5 | 0.333 | 2016.1 | 30831.5 | 96.1 | 1440.6 | 58.3 | 874.3 | 8.3 | 124.0 | 25.5 | 381.6 | 443.5 | 6648.1 |
| 4 | 0.267 | 2402.4 | 49816.3 | 114.9 | 2259.1 | 69.8 | 1371.0 | 9.9 | 194.5 | 30.4 | 598.5 | 530.4 | 10425.5 |
| 3 | 0.200 | 2849.3 | 72538.2 | 137.0 | 3239.9 | 83.1 | 1966.3 | 11.8 | 279.0 | 36.3 | 858.3 | 632.0 | 14951.9 |
| 2 | 0.133 | 3375.2 | 99457.9 | 163.1 | 4404.0 | 99.0 | 2672.8 | 14.0 | 379.2 | 43.2 | 1166.7 | 752.7 | 21324.4 |
| 1 | 0.067 | 4001.1 | 131169.2 | 194.4 | 5778.3 | 118.0 | 3506.8 | 16.7 | 497.5 | 51.5 | 1530.8 | 897.0 | 26666.5 |
| | 0.0 | 4756.5 | 169018.6 | 232.3 | 7421.4 | 141.0 | 4504.0 | 20.0 | 639.0 | 61.5 | 1966.1 | 1071.9 | 34249.3 |

（2）（整体小开口墙）XSW-7 墙肢及连梁内力设计值

1）墙肢内力设计值

$$M_1 = 0.85M_W\frac{I_1}{I} + 0.15M_W\frac{I_1}{I_1 + I_2}$$

$$= 0.85M_W\frac{0.09344}{0.5262} + 0.15M_W\frac{0.09344}{0.09737} = 0.2949M_W$$

$$M_2 = 0.85M_W\frac{I_2}{I} + 0.15M_W\frac{I_2}{I_1 + I_2}$$

$$= 0.85M_W\frac{0.00393}{0.5262} + 0.15M_W\frac{0.00393}{0.09737} = 0.01240M_W$$

$$V_1 = \frac{1}{2}\left(\frac{A_1}{A_1 + A_2} + \frac{I_1}{I_1 + I_2}\right)V_W = 0.8508V_W$$

$$V_2 = \frac{1}{2}\left(\frac{A_2}{A_1 + A_2} + \frac{I_2}{I_1 + I_2}\right)V_W = 0.1492V_W$$

$$N_1 = 0.85M_W\frac{A_1 y_1}{I} = 0.3092M_W$$

$$N_2 = -N_1$$

2）连梁内力设计值

$$V_b = N_{k-1} - N_k$$

$$M_b = V_b\frac{l_0}{2} = \frac{1}{2}V_b$$

XSW-7 墙肢及连梁各层内力计算见表 3-30。

**XSW-7 水平地震作用下墙肢及连梁内力设计值计算** **表 3-30**

| 楼层 | $\xi$ | XSW-7 总内力 | | 墙肢 1 内力 | | | 墙肢 2 内力 | | | 连梁内力 | |
|---|---|---|---|---|---|---|---|---|---|---|---|
| | | $V_W$ (kN) | $M_W$ (kN·m) | $V_1$ (kN) | $M_1$ (kN·m) | $N_1$ (kN) | $V_2$ (kN) | $M_2$ (kN·m) | $N_2$ (kN) | $V_b$ (kN) | $M_b$ (kN·m) |
| 15 | 1.000 | -17.8 | 0.0 | -15.1 | 0.0 | 0.0 | -2.7 | 0.0 | 0.0 | 0.0 | 0.0 |
| 14 | 0.933 | -11.5 | -131.1 | -9.8 | -38.7 | -40.5 | -1.7 | -1.6 | 40.5 | -40.5 | -20.3 |
| 13 | 0.867 | -6.1 | -213.1 | -5.2 | -62.8 | -65.9 | -0.7 | -2.6 | 65.9 | -25.4 | -12.7 |
| 12 | 0.800 | -1.5 | -251.3 | -1.3 | -74.1 | -77.7 | -0.2 | -3.1 | 77.7 | -11.8 | -5.9 |
| 11 | 0.733 | 2.6 | -252.4 | 2.2 | -74.4 | -78.0 | 0.4 | -3.1 | 78.0 | -0.3 | -0.2 |
| 10 | 0.667 | 6.4 | -222.2 | 5.4 | -65.5 | -68.7 | 1.0 | -2.8 | 68.7 | 9.3 | 4.7 |
| 9 | 0.600 | 10.0 | -160.0 | 8.5 | -47.2 | -49.5 | 1.5 | -2.0 | 49.5 | 19.2 | 9.6 |
| 8 | 0.533 | 13.5 | -69.1 | 11.5 | -20.4 | -21.4 | 2.0 | -0.9 | 21.4 | 28.1 | 14.1 |
| 7 | 0.467 | 17.2 | 49.5 | 14.6 | 14.6 | 15.3 | 2.6 | 0.6 | -15.3 | 36.7 | 18.4 |
| 6 | 0.400 | 21.1 | 199.5 | 18.0 | 58.8 | 61.7 | 3.1 | 2.5 | -61.7 | 46.4 | 23.2 |
| 5 | 0.333 | 25.5 | 381.6 | 21.7 | 112.5 | 118.0 | 3.8 | 4.7 | -118.0 | 56.3 | 28.2 |
| 4 | 0.267 | 30.4 | 598.5 | 25.9 | 176.5 | 185.1 | 4.5 | 7.4 | -185.1 | 67.1 | 33.6 |
| 3 | 0.200 | 36.3 | 858.3 | 30.9 | 253.1 | 265.4 | 5.4 | 10.6 | -265.4 | 80.3 | 40.2 |
| 2 | 0.133 | 43.2 | 1166.7 | 36.8 | 344.0 | 360.7 | 6.4 | 14.5 | -360.7 | 95.3 | 47.7 |
| 1 | 0.067 | 51.5 | 1530.8 | 43.8 | 451.4 | 473.3 | 7.7 | 19.0 | -473.3 | 112.6 | 56.3 |
| | 0.000 | 61.5 | 1966.1 | 52.3 | 579.8 | 607.9 | 9.2 | 24.4 | -607.9 | | |

（3）双肢墙 XSW-4 内力设计值计算

1）将曲线分布剪力图近似转化为直线分布

图 3-16 为 XSW-4 沿高度分布的剪力图，根据剪力图面积相等的原则将曲线分布的剪力图近似简化成直线分布的剪力图，并分解为顶点集中荷载和均布荷载作用下两种剪力的叠加（图 3-17）。

负面积：

$$714.7 + 430.2 + 186.3 + 13.3 = 1344.5$$

正面积：

$40.6 + 219.4 + 398.4 + 572.2 + 747.7 + 933.0 + 1135.4 + 1363.5 + 1627.4 + 1938.6 + 2309.6 + 2756.5 = 14042.3$

由

$$\begin{cases} \dfrac{1}{2} F \times \dfrac{F}{q} = 1344.5 \\ \dfrac{1}{2}(qH - F)\left(H - \dfrac{F}{q}\right) = 14042.3 \end{cases}$$

解得：

$$F = \left(1 + \sqrt{\frac{14042.3}{1344.5}}\right) \times \frac{2 \times 1344.5}{42} = 270.93\text{kN}$$

$$q = \frac{1}{2 \times 1344.5} \times 270.93^2 = 27.30\text{kN/m}$$

2）XSW-4 在均布荷载作用下墙肢及连梁内力设计值计算

①连梁对墙肢的约束弯矩设计值

由 XSW-4 刚度计算知，$\alpha_1 = 6.27, \alpha = 7.1$

$$\Phi(\xi) = -\frac{\text{ch}\alpha(1-\xi)}{\text{ch}\alpha} + \frac{\text{sh}\alpha\xi}{\alpha\,\text{ch}\alpha} + (1-\xi)$$

$$= -\frac{\text{ch}7.1(1-\xi)}{\text{ch}7.1} + \frac{\text{sh}7.1\xi}{7.1\times\text{ch}7.1} + (1-\xi)$$

$$= -\frac{\text{ch}7.1(1-\xi)}{605.98} + \frac{\text{sh}7.1\xi}{4302.46} + (1-\xi)$$

$$V_0 = qH = 27.30\times 42 = 1146.6\text{kN}$$

$$m_i(\xi) = \Phi(\xi)\frac{\alpha_1^2}{\alpha^2}V_0 h = \Phi(\xi)\times\frac{6.27^2}{7.1^2}\times 1146.6\times 2.8$$

$$= 2503.7\Phi(\xi)$$

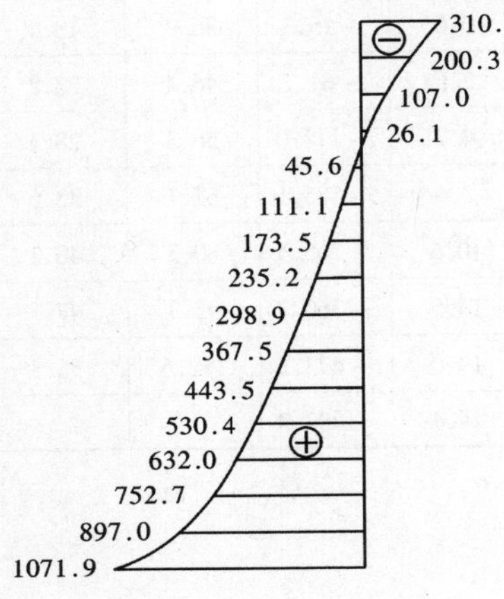


图 3-16　剪力图

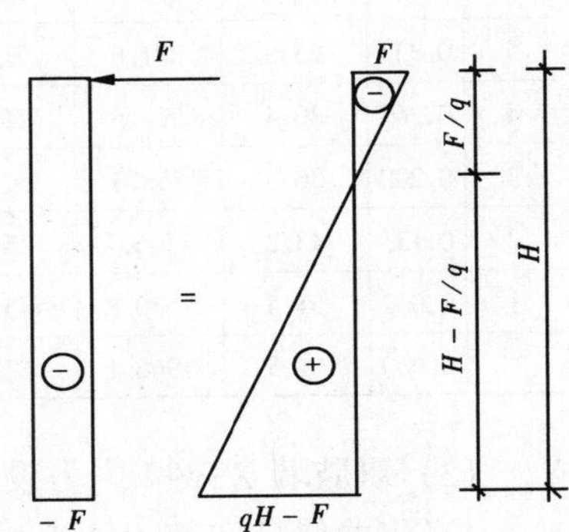


图 3-17　两种剪力图的叠加

②连梁内力设计值

连梁的剪力和梁端弯矩分别为：

$$V_b = m_i(\xi)\frac{h}{a} = 2503.7\Phi(\xi)\times\frac{2.8}{5.14} = 1363.9\Phi(\xi)$$

$$M_b = V_b\frac{l_b}{2} = 1363.9\Phi(\xi)\times\frac{0.9}{2} = 613.8\Phi(\xi)$$

③墙肢内力设计值

$$M_p(\xi) = \frac{1}{2}(1-\xi)^2 qH^2 = \frac{1}{2}(1-\xi)^2\times 27.30\times 42^2 = 24078.6(1-\xi)^2$$

$$M_1 = \frac{I_1}{I_1+I_2}\left[M_p(\xi) - \sum_i^{15} m_i(\xi)\right] = \frac{2.0849}{2.6240}\left[M_p(\xi) - \sum_i^{15} m_i(\xi)\right]$$

$$M_2 = \frac{I_2}{I_1+I_2}\left[M_p(\xi) - \sum_i^{15} m_i(\xi)\right] = \frac{0.5391}{2.6240}\left[M_p(\xi) - \sum_i^{15} m_i(\xi)\right]$$

$$I_{1\text{eq}} = \frac{I_1}{1+\dfrac{9\mu I_1}{A_1 H^2}} = \frac{2.0849}{1+\dfrac{9\times 1.2\times 2.0849}{0.9324\times 42^2}} = 2.0567$$

$$I_{2eq} = \frac{I_2}{1 + \frac{9\mu I_2}{A_2 H^2}} = \frac{0.5391}{1 + \frac{9 \times 1.2 \times 0.5391}{0.5940 \times 42^2}} = 0.5361$$

$$V_p(\xi) = qH(1 - \xi) = 27.30 \times 42(1 - \xi) = 1146.6(1 - \xi)$$

$$V_1 = \frac{I_{1eq}}{I_{1eq} + I_{2eq}} V_p(\xi) = \frac{2.0567}{2.0567 + 0.5361} V_p(\xi) = 0.7932 V_p(\xi)$$

$$V_2 = \frac{I_{2eq}}{I_{1eq} + I_{2eq}} V_p(\xi) = \frac{0.5361}{2.0567 + 0.5361} V_p(\xi) = 0.2068 V_p(\xi)$$

$$N_1 = \sum_{i}^{15} V_b$$

$$N_2 = - N_1$$

XSW-4 在均布荷载作用在下墙肢及连梁内力计算见表 3-31。

**双肢墙 XSW-4 在均布荷载（$q = 27.30$kN/m）作用在下墙肢及连梁内力计算　　表 3-31**

| 楼层 | $\xi$ | $\Phi(\xi)$ | $m_i(\xi)$ (kN·m) | $\sum_{i}^{15} m_i(\xi)$ (kN·m) | $M_p(\xi)$ (kN·m) | $V_p(\xi)$ (kN) | 连梁内力 | | 墙肢 1 内力 | | | 墙肢 2 内力 | | |
|---|---|---|---|---|---|---|---|---|---|---|---|---|---|---|
| | | | | | | | $V_b$ (kN) | $M_b$ (kN·m) | $M_1$ (kN·m) | $V_1$ (kN) | $N_1$ (kN) | $M_2$ (kN·m) | $V_2$ (kN) | $N_2$ (kN) |
| 15 | 1.000 | 0.1392 | 348.5 | 348.5 | 0.0 | 0.0 | 189.9 | 85.4 | -276.9 | 0.0 | 189.9 | -71.6 | 0.0 | -189.9 |
| 14 | 0.933 | 0.1527 | 382.3 | 730.8 | 108.1 | 76.8 | 208.3 | 93.7 | -494.8 | 60.9 | 398.2 | -127.9 | 15.9 | -398.2 |
| 13 | 0.867 | 0.1853 | 463.9 | 1194.7 | 425.9 | 152.5 | 252.7 | 113.7 | -610.9 | 121.0 | 650.9 | -157.9 | 31.5 | -650.9 |
| 12 | 0.800 | 0.2304 | 576.9 | 1771.6 | 963.1 | 229.3 | 314.2 | 141.4 | -642.4 | 181.9 | 965.1 | -166.1 | 47.4 | -965.1 |
| 11 | 0.733 | 0.2825 | 707.3 | 2478.9 | 1716.5 | 306.1 | 385.3 | 173.4 | -605.8 | 242.8 | 1350.4 | -156.6 | 63.3 | -1350.4 |
| 10 | 0.667 | 0.3374 | 844.7 | 3323.6 | 2670.1 | 381.8 | 460.2 | 207.1 | -519.2 | 302.8 | 1810.6 | -134.3 | 79.0 | -1810.6 |
| 9 | 0.600 | 0.3941 | 986.7 | 4310.3 | 3852.6 | 458.6 | 537.5 | 241.9 | -363.7 | 363.8 | 2348.1 | -94.0 | 94.8 | -2348.1 |
| 8 | 0.533 | 0.4494 | 1125.2 | 5435.5 | 5251.3 | 535.5 | 612.9 | 275.8 | -146.4 | 424.8 | 2961.0 | -37.8 | 110.7 | -2961.0 |
| 7 | 0.467 | 0.4999 | 1251.6 | 6687.1 | 6840.5 | 611.1 | 681.8 | 306.8 | 121.9 | 484.7 | 3642.8 | 31.5 | 126.4 | -3642.8 |
| 6 | 0.400 | 0.5435 | 1360.8 | 8047.9 | 8668.3 | 688.0 | 741.3 | 336.6 | 492.9 | 545.7 | 4384.1 | 127.5 | 142.3 | -4384.1 |
| 5 | 0.333 | 0.5742 | 1437.6 | 9485.5 | 10712.3 | 764.8 | 783.2 | 352.4 | 974.8 | 606.6 | 5167.3 | 252.0 | 158.2 | -5167.3 |
| 4 | 0.267 | 0.5835 | 1460.9 | 10946.4 | 12937.2 | 840.5 | 795.8 | 358.2 | 1581.8 | 666.7 | 5963.1 | 409.0 | 173.8 | -5963.1 |
| 3 | 0.200 | 0.5587 | 1398.8 | 12345.2 | 15410.3 | 917.3 | 762.0 | 342.9 | 2435.4 | 727.6 | 6725.1 | 629.7 | 189.7 | -6725.1 |
| 2 | 0.133 | 0.4783 | 1197.5 | 13542.7 | 18099.6 | 994.1 | 652.4 | 293.6 | 3620.7 | 788.5 | 7377.5 | 936.2 | 205.6 | -7377.5 |
| 1 | 0.067 | 0.3117 | 780.4 | 14323.1 | 20960.2 | 1069.8 | 425.1 | 191.3 | 5273.5 | 848.6 | 7802.6 | 1363.6 | 221.2 | -7802.6 |
| | 0.0 | 0.0 | 0.0 | 14323.1 | 1146.6 | 1146.6 | | | 7751.2 | 909.5 | 7802.6 | 2004.3 | 273.1 | -7802.6 |

3）XSW-4 在顶点集中荷载作用下墙肢及连梁的内力设计值计算

①连梁对墙肢的约束弯矩设计值

$$\Phi(\xi) = \frac{\text{sh}\alpha}{\text{ch}\alpha}\text{sh}\alpha\xi - \text{ch}\alpha\xi + 1 = \frac{\text{sh}7.1}{\text{ch}7.1} \times \text{sh}7.1\xi - \text{ch}7.1\xi + 1$$

$$V_0 = -270.93\text{kN}$$

$$m_i(\xi) = \Phi(\xi)\frac{\alpha_1^2}{\alpha^2} V_0 h = \Phi(\xi)\frac{6.27^2}{7.1^2}(-270.93) \times 2.8 = -591.6\Phi(\xi)$$

②连梁内力设计值

连梁的剪力和梁端弯矩分别为：

$$V_{\mathrm{b}} = m_i(\xi)\frac{h}{a} = -591.6\Phi(\xi)\times\frac{2.8}{5.14} = -322.3\Phi(\xi)$$

$$M_{\mathrm{b}} = V_{\mathrm{b}}\frac{l_{\mathrm{b}}}{2} = -322.3\Phi(\xi)\times\frac{0.9}{2} = -145.0\Phi(\xi)$$

③墙肢内力设计值

$$M_{\mathrm{p}}(\xi) = (1-\xi)FH = -270.93\times 42(1-\xi) = -11379.1(1-\xi)$$

$$M_1 = \frac{I_1}{I_1+I_2}\left[M_{\mathrm{p}}(\xi) - \sum_i^{15} m_i(\xi)\right] = \frac{2.0849}{2.6240}\left[M_{\mathrm{p}}(\xi) - \sum_i^{15} m_i(\xi)\right]$$

$$M_2 = \frac{I_2}{I_1+I_2}\left[M_{\mathrm{p}}(\xi) - \sum_i^{15} m_i(\xi)\right] = \frac{0.5391}{2.6240}\left[M_{\mathrm{p}}(\xi) - \sum_i^{15} m_i(\xi)\right]$$

$$V_{\mathrm{p}}(\xi) = -270.93\mathrm{kN}$$

$$V_1 = \frac{I_{1\mathrm{eq}}}{I_{1\mathrm{eq}}+I_{2\mathrm{eq}}}V_{\mathrm{p}}(\xi) = 0.7932V_{\mathrm{p}}(\xi) = 0.7932\times(-270.93) = -214.9\mathrm{kN}$$

$$V_2 = \frac{I_{2\mathrm{eq}}}{I_{1\mathrm{eq}}+I_{2\mathrm{eq}}}V_{\mathrm{p}}(\xi) = 0.2068\times(-270.93) = -56.0\mathrm{kN}$$

$$N_1 = \sum_i^{15} V_{\mathrm{b}i}$$

$$N_2 = -N_1$$

XSW-4 在顶点集中荷载作用下墙肢及连梁内力计算见表 3-32，表 3-33 为 XSW-4 的总内力设计值。

**双肢墙 XSW-4 在顶点集中荷载（$F = 270.93$kN）作用在下墙肢及连梁内力设计值计算**　　**表 3-32**

| 楼层 | $\xi$ | $\Phi(\xi)$ | $m_i(\xi)$ (kN·m) | $\sum_i^{15} m_i(\xi)$ (kN·m) | $M_{\mathrm{p}}(\xi)$ (kN·m) | $V_{\mathrm{p}}(\xi)$ (kN·m) | 连梁内力 | | 墙肢 1 内力 | | | 墙肢 2 内力 | | |
|---|---|---|---|---|---|---|---|---|---|---|---|---|---|---|
| | | | | | | | $V_{\mathrm{b}}$ (kN) | $M_{\mathrm{b}}$ (kN·m) | $M_1$ (kN·m) | $V_1$ (kN) | $N_1$ (kN) | $M_2$ (kN·m) | $V_2$ (kN) | $N_2$ (kN) |
| 15 | 1.000 | 0.9984 | −590.7 | −590.7 | 0.0 | −270.9 | −321.8 | −144.8 | 469.3 | −214.9 | −321.8 | 121.4 | −56.0 | 321.8 |
| 14 | 0.933 | 0.9981 | −590.5 | −1181.2 | −762.4 | −270.9 | −321.7 | −144.7 | 332.8 | −214.9 | −643.5 | 86.0 | −56.0 | 643.5 |
| 13 | 0.867 | 0.9976 | −590.2 | −1771.4 | −1513.4 | −270.9 | −321.5 | −144.7 | 205.0 | −214.9 | −965.0 | 53.0 | −56.0 | 965.0 |
| 12 | 0.800 | 0.9964 | −589.5 | −1360.9 | −2275.8 | −270.9 | −321.1 | −144.5 | 67.6 | −214.9 | −1286.1 | 17.5 | −56.0 | 1286.1 |
| 11 | 0.733 | 0.9943 | −588.2 | −2949.1 | −3038.2 | −270.9 | −320.5 | −144.2 | −70.8 | −214.9 | −1606.6 | −18.3 | −56.0 | 1606.6 |
| 10 | 0.667 | 0.9911 | −586.3 | −3535.4 | −3789.2 | −270.9 | −319.4 | 143.7 | −201.7 | −214.9 | −1926.0 | −52.1 | −56.0 | 1926.0 |
| 9 | 0.600 | 0.9858 | −583.2 | −4118.6 | −4554.6 | −270.9 | −317.7 | −142.9 | −344.0 | −214.9 | −2243.7 | −89.0 | −56.0 | 2243.7 |
| 8 | 0.533 | 0.9773 | −578.2 | −4696.8 | −5314.0 | −270.9 | −315.0 | −141.7 | −490.4 | −214.9 | −2558.7 | −126.8 | −56.0 | 2558.7 |
| 7 | 0.467 | 0.9637 | −570.1 | −5266.9 | −6065.1 | −270.9 | −310.6 | −139.7 | −634.2 | −214.9 | −2869.3 | −164.0 | −56.0 | 2869.3 |
| 6 | 0.400 | 0.9415 | −557.0 | −5823.9 | −6827.5 | −270.9 | −303.4 | −136.5 | −797.4 | −214.9 | −3172.7 | −206.2 | −56.0 | 3172.7 |
| 5 | 0.333 | 0.9060 | −536.0 | −6359.9 | −7589.9 | −270.9 | 292.0 | −131.4 | −977.3 | −214.9 | −3464.7 | −252.7 | −56.0 | 3464.7 |
| 4 | 0.267 | 0.8498 | −502.7 | −6862.6 | −8340.9 | −270.9 | −273.9 | −123.2 | −1174.6 | −214.9 | −3738.6 | −303.7 | −56.0 | 3738.6 |
| 3 | 0.200 | 0.7583 | −448.6 | −7311.2 | −9103.3 | −270.9 | −244.4 | −110.0 | −1423.9 | −214.9 | −3983.0 | −368.2 | −56.0 | 3983.0 |
| 2 | 0.133 | 0.6110 | −361.5 | 7672.7 | −9865.7 | −270.9 | −196.9 | −88.6 | −1742.4 | −214.9 | −4179.9 | −450.6 | −56.0 | 4179.9 |
| 1 | 0.067 | 0.3785 | −223.9 | −7896.6 | −10616.7 | −270.9 | −122.0 | −54.9 | −2161.3 | −214.9 | −4301.9 | −558.8 | −56.0 | 4301.9 |
| | 0.0 | 0.0 | 0.0 | −7896.6 | −11379.1 | −270.9 | | | −2767.0 | −214.9 | −4301.9 | −715.5 | −56.0 | 4301.9 |

双肢墙 XSW-4 在水平地震作用下墙肢及连梁内力设计值 表 3-33

| 楼 层 | ξ | 连梁内力设计值 | | 墙肢 1 内力设计值 | | | 墙肢 2 内力设计值 | | |
|---|---|---|---|---|---|---|---|---|---|
| | | $V_b$ (kN) | $M_b$ (kN·m) | $M_1$ (kN·m) | $V_1$ (kN) | $N_1$ (kN) | $M_2$ (kN·m) | $V_2$ (kN) | $N_2$ (kN) |
| 15 | 1.000 | -131.9 | -59.4 | 192.4 | -214.9 | -131.9 | 49.8 | -56.0 | 131.9 |
| 14 | 0.933 | -113.4 | -51.0 | -162.0 | -154.0 | -245.3 | -41.9 | -40.1 | 245.3 |
| 13 | 0.867 | -68.8 | -31.0 | -405.9 | -93.9 | -314.1 | -104.9 | -24.5 | 314.1 |
| 12 | 0.800 | -6.9 | -3.1 | -574.8 | -33.0 | -321.0 | -148.6 | -806 | 321.0 |
| 11 | 0.733 | 64.8 | 29.2 | -676.6 | 27.9 | -256.2 | -174.9 | 7.3 | 256.2 |
| 10 | 0.667 | 140.8 | 63.4 | -720.9 | 87.9 | -115.4 | -186.4 | 23.0 | 115.4 |
| 9 | 0.600 | 219.8 | 99.0 | -707.7 | 148.9 | 104.4 | -183.0 | 38.8 | -104.4 |
| 8 | 0.533 | 297.9 | 134.1 | -636.8 | 209.9 | 402.3 | -164.6 | 54.7 | -402.3 |
| 7 | 0.467 | 371.2 | 167.1 | -512.3 | 269.8 | 773.5 | -132.5 | 70.4 | -773.5 |
| 6 | 0.400 | 437.9 | 200.1 | -304.5 | 330.8 | 1211.4 | -78.7 | 86.3 | -1211.4 |
| 5 | 0.333 | 491.2 | 221.0 | -2.5 | 391.7 | 1702.6 | -0.7 | 102.2 | -1702.6 |
| 4 | 0.267 | 521.9 | 235.0 | 407.2 | 451.8 | 2224.5 | 105.3 | 117.8 | -2224.5 |
| 3 | 0.200 | 517.6 | 232.9 | 1011.5 | 512.7 | 2742.1 | 261.5 | 133.7 | -2742.1 |
| 2 | 0.133 | 455.5 | 205.5 | 1878.3 | 573.6 | 3197.6 | 485.6 | 149.6 | -3197.6 |
| 1 | 0.067 | 303.1 | 136.4 | 3112.2 | 633.7 | 3500.7 | 804.8 | 165.2 | -3500.7 |
| | 0.0 | | | 4984.2 | 694.6 | 3500.7 | 1288.8 | 181.1 | -3500.7 |

### 3.8.3 壁式框架内力设计值

选 XSW-1 计算。

(1) 壁柱弯矩设计值计算

总壁式框架层间侧移刚度计算见表 3-34。表 3-35 为水平地震作用下壁柱分配的剪力及壁柱弯矩设计值计算。

总壁式框架层间侧移刚度计算 表 3-34

| 楼 层 | 层高 $h$ (m) | XSW-1 $D_{ij}$ ($\times 10^5$) (kN/m) | | | XSW-3 $D_{ij}$ ($\times 10^5$) (kN/m) | | 层间总侧移刚度 $\Sigma D_{ij}$ ($\times 10^5$) (kN/m) |
|---|---|---|---|---|---|---|---|
| | | 壁柱 1 | 壁柱 2 | 壁柱 3 | 壁柱 1 | 壁柱 2 | |
| 15 | 2.35 | 104571 | 2.2435 | 1.3835 | 1.2083 | 1.2083 | 25.170 |
| 2~14 | 2.80 | 1.7451 | 2.6635 | 1.6782 | 1.3631 | 1.3631 | 29.800 |
| 1 | 3.05 | 1.7151 | 2.0985 | 1.6841 | 1.2159 | 1.2159 | 26.854 |

(2) 壁梁弯矩设计值计算

根据节点弯矩平衡条件计算梁端弯矩，对于中间节点，柱端弯矩之和应按左、右梁的线刚度比（表 3-36）分配给左、右梁端，壁梁弯矩计算结果见图 3-18。

表 3-35

**XSW-1(壁式框架)在水平地震作用下壁柱分配的剪力及柱弯矩设计值计算**

| 楼层 | $h_i$ (m) | $V_{fi}$ (kN) | $\Sigma D_{ij}$ $(\times 10^7)$ (kN/m) | $D_{ij}(\times 10^6)$ (kN/m) | | | $V_{ij}=\frac{D_{ij}}{\Sigma D_{ij}}V_{fi}$ (kN) | | | $y_i$ (m) | | | $M_c^u = V_{ij}(1-y_i)h_i$ (kN·m) | | | $M_c^l = V_{ij}y_ih_i$ (kN·m) | | |
|---|---|---|---|---|---|---|---|---|---|---|---|---|---|---|---|---|---|---|
| | | | | 壁柱 1 | 壁柱 2 | 壁柱 3 | 壁柱 1 | 壁柱 2 | 壁柱 3 | 壁柱 1 | 壁柱 2 | 壁柱 3 | 壁柱 1 | 壁柱 2 | 壁柱 3 | 壁柱 1 | 壁柱 2 | 壁柱 3 |
| 15 | 2.35 | 2569.1 | 0.25170 | 0.14571 | 0.22435 | 0.13835 | 148.726 | 228.994 | 141.214 | 0.58 | 0.60 | 0.56 | 146.8 | 215.3 | 146.0 | 202.7 | 322.9 | 185.8 |
| 14 | 2.8 | 2602.5 | 0.29800 | 0.17451 | 0.26635 | 0.16782 | 152.403 | 232.609 | 146.561 | 0.39 | 0.42 | 0.38 | 260.3 | 377.8 | 254.4 | 166.4 | 273.5 | 155.9 |
| 13 | 2.8 | 2673.1 | 0.29800 | 0.17451 | 0.26635 | 0.16782 | 156.538 | 238.920 | 150.537 | 0.42 | 0.46 | 0.42 | 254.2 | 361.2 | 244.5 | 184.1 | 307.7 | 177.0 |
| 12 | 2.8 | 2775.4 | 0.29800 | 0.17451 | 0.26635 | 0.16782 | 162.529 | 248.063 | 156.298 | 0.42 | 0.46 | 0.42 | 263.9 | 375.1 | 253.8 | 191.1 | 319.5 | 183.8 |
| 11 | 2.8 | 2884.0 | 0.29800 | 0.17451 | 0.26635 | 0.16782 | 168.888 | 257.770 | 162.414 | 0.46 | 0.46 | 0.46 | 255.4 | 389.7 | 245.6 | 217.5 | 332.0 | 209.2 |
| 10 | 2.8 | 2976.6 | 0.29800 | 0.17451 | 0.26635 | 0.16782 | 174.311 | 266.046 | 167.629 | 0.46 | 0.46 | 0.46 | 263.6 | 402.3 | 253.5 | 224.5 | 342.7 | 215.9 |
| 9 | 2.8 | 3049.6 | 0.29800 | 0.17451 | 0.26635 | 0.16782 | 178.586 | 272.571 | 171.740 | 0.46 | 0.50 | 0.46 | 270.0 | 381.6 | 259.7 | 230.0 | 381.6 | 221.2 |
| 8 | 2.8 | 3083.5 | 0.29800 | 0.17451 | 0.26635 | 0.16782 | 180.571 | 275.601 | 173.649 | 0.46 | 0.50 | 0.46 | 273.0 | 385.8 | 262.6 | 232.6 | 385.8 | 223.7 |
| 7 | 2.8 | 3059.9 | 0.29800 | 0.17451 | 0.26635 | 0.16782 | 179.189 | 273.491 | 172.320 | 0.46 | 0.50 | 0.46 | 270.9 | 382.9 | 260.5 | 230.8 | 382.9 | 221.9 |
| 6 | 2.8 | 2972.7 | 0.29800 | 0.17451 | 0.26635 | 0.16782 | 174.083 | 2654.698 | 167.409 | 0.46 | 0.50 | 0.46 | 263.2 | 372.0 | 253.1 | 224.2 | 372.0 | 215.6 |
| 5 | 2.8 | 2803.1 | 0.29800 | 0.17451 | 0.26635 | 0.16782 | 164.151 | 250.539 | 157.868 | 0.46 | 0.50 | 0.46 | 248.2 | 350.8 | 238.7 | 211.4 | 350.8 | 203.3 |
| 4 | 2.8 | 2530.8 | 0.29800 | 0.17451 | 0.26635 | 0.16782 | 148.205 | 226.201 | 142.523 | 0.50 | 0.50 | 0.49 | 207.5 | 316.7 | 203.5 | 207.5 | 316.7 | 195.5 |
| 3 | 2.8 | 2140.8 | 0.29800 | 0.17451 | 0.26635 | 0.16782 | 125.366 | 191.343 | 120.560 | 0.50 | 0.50 | 0.50 | 175.5 | 267.9 | 168.8 | 175.5 | 267.9 | 168.8 |
| 2 | 2.8 | 1607.9 | 0.29800 | 0.17451 | 0.26635 | 0.16782 | 94.159 | 143.713 | 90.550 | 0.54 | 0.50 | 0.54 | 121.3 | 201.2 | 116.6 | 142.4 | 201.2 | 136.9 |
| 1 | 3.05 | 905.5 | 0.26854 | 0.17151 | 0.20985 | 0.16841 | 57.832 | 70.760 | 56.787 | 0.49 | 0.49 | 0.49 | 90.0 | 110.1 | 88.3 | 86.4 | 105.8 | 84.9 |

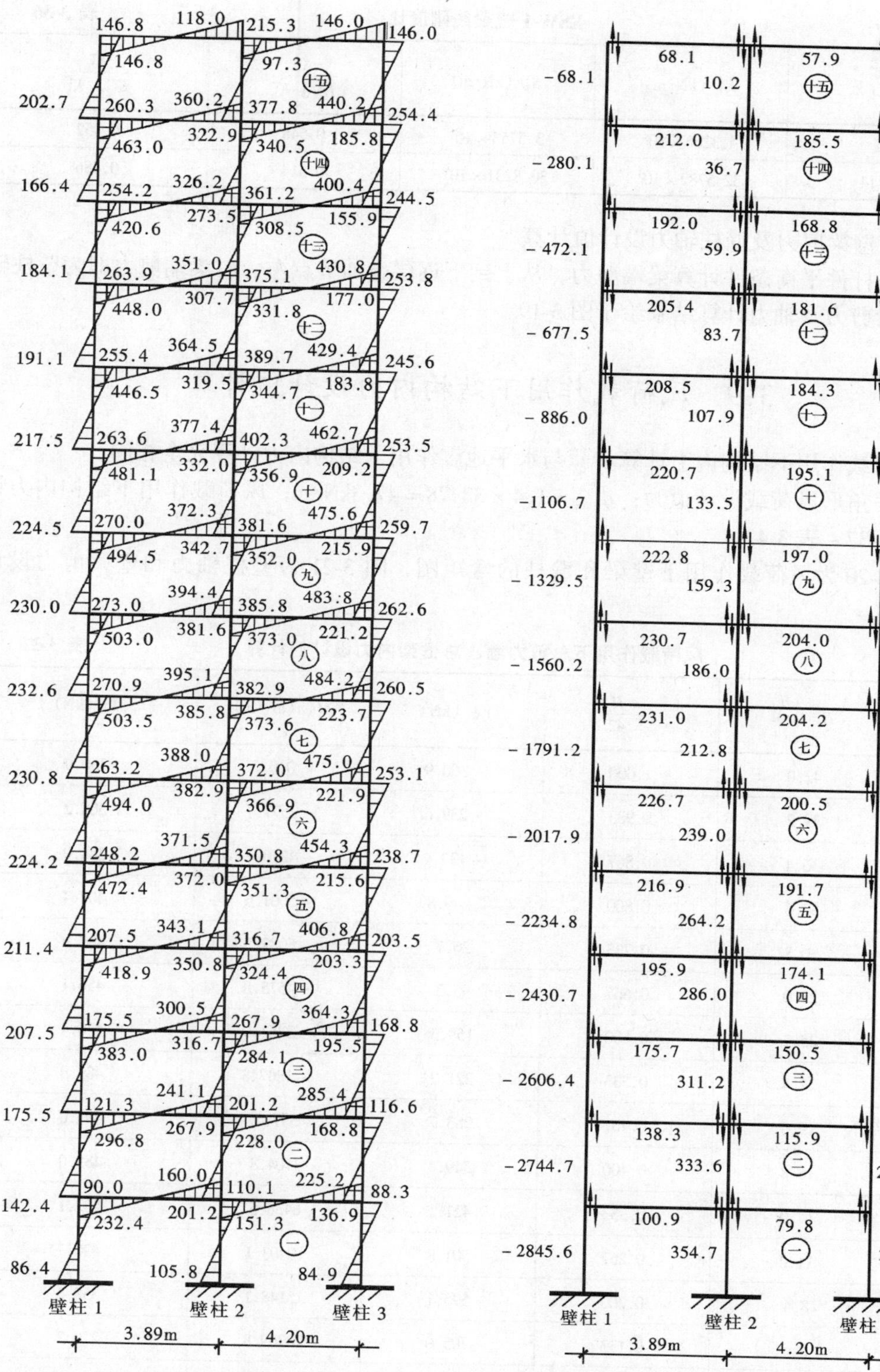


图 3-18 XSW-1 在水平地震作用下（$1.3F_{Ek}\rightarrow$）壁梁、壁柱弯矩图（单位：kN·m）

图 3-19 XSW-1 在水平地震作用下（$1.3F_{Ek}\rightarrow$）壁梁剪力、壁柱轴力（单位：kN）

XSW-1 壁梁线刚度比 表 3-36

| 楼　层 | $K_b^l$（kN·m） | $K_b^r$（kN·m） | $\frac{K_b^l}{K_b^r+K_b^l}$ | $\frac{K_b^r}{K_b^r+K_b^l}$ |
|---|---|---|---|---|
| 15 | $4.3265\times10^4$ | $3.5753\times10^4$ | 0.548 | 0.452 |
| 1～14 | $32.5782\times10^4$ | $30.8231\times10^4$ | 0.514 | 0.486 |

（3）壁梁剪力及壁柱轴力设计值计算

根据杆件平衡条件计算梁端剪力，从上到下逐层叠加节点左、右梁端剪力即为壁柱轴力，壁梁剪力及轴力计算结果绘于图 3-19。

## 3.9 风荷载作用下结构内力设计值计算

风荷载作用下结构内力计算步骤与水平地震作用下结构内力计算完全相同。

倒三角形风荷载设计值为：$q_{max}=1.4\times33.78=47.3$kN/m，风荷载作用下结构内力计算见表 3-37～表 3-43。

图 3-20 为风荷载作用下壁梁和壁柱的弯矩图，图 3-21 为壁柱轴力和壁梁剪力设计值。

风荷载作用下总剪力墙、总框架内力设计值计算 表 3-37

| 楼层 | $H_i$（m） | $\xi=\frac{H_i}{42}$ | $V_W$（kN） | $M_W$（kN·m） | $V_f$（kN） |
|---|---|---|---|---|---|
| 15 | 42.0 | 1.000 | －360.9 | 0.0 | 360.9 |
| 14 | 39.2 | 0.933 | －239.6 | －2577.7 | 368.2 |
| 13 | 36.4 | 0.867 | －137.4 | －4210.1 | 384.0 |
| 12 | 33.6 | 0.800 | －49.8 | －5001.0 | 407.4 |
| 11 | 30.8 | 0.733 | 26.7 | －5087.5 | 432.9 |
| 10 | 28.0 | 0.667 | 95.3 | －4575.8 | 456.1 |
| 9 | 25.2 | 0.600 | 159.3 | －3461.9 | 476.4 |
| 8 | 22.4 | 0.533 | 221.2 | －1807.8 | 489.9 |
| 7 | 19.6 | 0.467 | 283.7 | 357.5 | 493.0 |
| 6 | 16.8 | 0.400 | 349.4 | 3104.8 | 485.0 |
| 5 | 14.0 | 0.333 | 421.1 | 6438.5 | 462.1 |
| 4 | 11.2 | 0.267 | 501.8 | 10403.1 | 420.7 |
| 3 | 8.4 | 0.200 | 595.1 | 15148.1 | 358.5 |
| 2 | 5.6 | 0.133 | 705.0 | 20769.8 | 270.7 |
| 1 | 2.8 | 0.067 | 835.7 | 27392.0 | 153.1 |
|  | 0.0 | 0.0 | 993.5 | 35296.1 | 0.0 |

**风荷载作用下各片剪力墙分配的内力设计值** 表 3-38

| 楼层 | ξ | 总剪力墙内力 | | XSW-2（实体墙） | | XSW-5（实体墙） | | XSW-6（实体墙） | | XSW-7（整体小开口墙） | | XSW-4（双肢墙） | |
|---|---|---|---|---|---|---|---|---|---|---|---|---|---|
| | | $V_W$ (kN) | $M_W$ (kN·m) | $V_W$ (kN) | $M_W$ (kN·m) | $V_W$ (kN) | $M_W$ (kN·m) | $V_W$ (kN) | $M_W$ (kN·m) | $V_W$ (kN) | $M_W$ (kN·m) | $V_W$ (kN) | $M_W$ (kN·m) |
| 15 | 1.000 | -360.9 | 0.0 | -14.8 | 0.0 | -9.0 | 0.0 | -1.3 | 0.0 | -3.9 | 0.0 | -68.1 | 0.0 |
| 14 | 0.933 | -239.6 | -2577.7 | -9.8 | -105.4 | -5.9 | -64.0 | -0.8 | -9.1 | -2.6 | -27.9 | -45.2 | -486.3 |
| 13 | 0.867 | -137.4 | -4210.1 | -5.6 | -172.1 | -3.4 | -104.5 | -0.5 | -14.8 | -1.5 | -45.6 | -25.9 | -794.3 |
| 12 | 0.800 | -49.8 | -5001.0 | -2.0 | -204.4 | -1.2 | -124.1 | -0.2 | -17.6 | -0.5 | -54.2 | -9.4 | -943.5 |
| 11 | 0.733 | 26.7 | -5087.5 | 1.1 | -208.0 | 0.7 | -126.2 | 0.1 | -17.9 | 0.3 | -55.1 | 5.0 | -959.8 |
| 10 | 0.667 | 95.3 | -4575.8 | 3.9 | -187.1 | 2.4 | -113.5 | 0.3 | -16.1 | 1.0 | -49.6 | 18.0 | -863.3 |
| 9 | 0.600 | 159.3 | -3461.9 | 6.5 | -141.5 | 4.0 | -85.9 | 0.6 | -12.2 | 1.7 | -37.5 | 30.0 | -653.1 |
| 8 | 0.533 | 221.2 | -1807.8 | 9.0 | -73.9 | 5.5 | -44.9 | 0.8 | -6.4 | 2.4 | -19.6 | 41.7 | -341.1 |
| 7 | 0.467 | 283.7 | 357.5 | 11.6 | 14.6 | 7.0 | 8.9 | 1.0 | 1.3 | 3.1 | 3.9 | 53.5 | 67.4 |
| 6 | 0.400 | 349.4 | 3104.8 | 14.3 | 126.9 | 8.7 | 77.0 | 1.2 | 10.9 | 3.8 | 33.6 | 65.9 | 585.8 |
| 5 | 0.333 | 421.1 | 6438.5 | 17.2 | 263.2 | 10.4 | 159.7 | 1.5 | 22.7 | 4.6 | 69.7 | 79.4 | 1214.7 |
| 4 | 0.267 | 501.8 | 10403.1 | 20.5 | 4258.3 | 12.4 | 258..1 | 1.8 | 36.6 | 5.4 | 112.7 | 94.7 | 1962.6 |
| 3 | 0.200 | 595.1 | 15148.1 | 24.3 | 619.3 | 14.8 | 375.8 | 2.1 | 53.3 | 6.4 | 164.1 | 112.3 | 2857.8 |
| 2 | 0.133 | 705.0 | 20769.8 | 28.8 | 849.1 | 17.5 | 515.3 | 2.5 | 73.1 | 7.6 | 224.9 | 133.0 | 3918.4 |
| 1 | 0.067 | 835.7 | 27392.0 | 34.2 | 1119.8 | 20.7 | 679.6 | 2.9 | 96.4 | 9.1 | 196.7 | 157.7 | 5167.8 |
| | 0.0 | 993.5 | 35296.1 | 40.6 | 1442.9 | 24.6 | 875.7 | 3.5 | 124.2 | 10.8 | 382.3 | 187.4 | 6659.0 |

**XSW-7（整体小开口墙）水平风荷载作用下墙肢及连梁内力设计值计算** 表 3-39

| 楼层 | ξ | XSW-7 总内力 | | 墙肢 1 内力 | | | 墙肢 2 内力 | | | 连梁内力 | |
|---|---|---|---|---|---|---|---|---|---|---|---|
| | | $V_W$ (kN) | $M_W$ (kN·m) | $V_1$ (kN) | $M_1$ (kN·m) | $N_1$ (kN) | $V_2$ (kN) | $M_2$ (kN·m) | $N_2$ (kN) | $V_b$ (kN) | $M_b$ (kN·m) |
| 15 | 1.000 | -3.9 | 0.0 | -3.3 | 0.0 | 0.0 | -0.6 | 0.0 | 0.0 | 0.0 | 0.0 |
| 14 | 0.933 | -2.6 | -27.9 | -2.2 | -8.2 | -8.6 | -0.4 | -0.3 | 8.6 | -8.6 | -4.3 |
| 13 | 0.867 | -1.5 | -45.6 | -1.3 | -13.4 | -14.1 | -0.2 | -0.6 | 14.1 | -5.5 | -2.8 |
| 12 | 0.800 | -0.5 | -54.2 | -0.4 | -16.0 | -16.8 | -0.1 | -0.7 | 16.8 | -2.7 | -1.4 |
| 11 | 0.733 | 0.3 | -55.1 | 0.3 | -16.2 | -17.0 | 0.0 | -0.7 | 17.0 | -0.2 | -0.1 |
| 10 | 0.667 | 1.0 | -49.6 | 0.9 | -14.6 | -15.3 | 0.1 | -0.6 | 15.3 | 1.7 | 0.9 |
| 9 | 0.600 | 1.7 | -37.5 | 1.4 | -11.1 | -11.6 | 0.3 | -0.5 | 11.6 | 3.7 | 1.9 |
| 8 | 0.533 | 2.4 | -19.6 | 2.0 | -5.8 | -6.1 | 0.4 | -0.2 | 6.1 | 5.5 | 2.8 |

续表

| 楼层 | ξ | XSW-7 总内力 $V_W$ (kN) | $M_W$ (kN·m) | 墙肢 1 内力 $V_1$ (kN) | $M_1$ (kN·m) | $N_1$ (kN) | 墙肢 2 内力 $V_2$ (kN) | $M_2$ (kN·m) | $N_2$ (kN) | 连梁内力 $V_b$ (kN) | $M_b$ (kN·m) |
|---|---|---|---|---|---|---|---|---|---|---|---|
| 7 | 0.467 | 3.1 | 3.9 | 2.6 | 1.2 | 1.2 | 0.5 | 0.0 | -1.2 | 7.3 | 3.7 |
| 6 | 0.400 | 3.8 | 33.6 | 3.2 | 9.9 | 10.4 | 0.6 | 0.4 | -10.4 | 9.2 | 4.6 |
| 5 | 0.333 | 4.6 | 69.7 | 3.9 | 20.6 | 21.6 | 0.7 | 0.9 | -21.6 | 11.2 | 5.6 |
| 4 | 0.267 | 5.4 | 112.7 | 4.6 | 33.2 | 34.8 | 0.8 | 1.4 | -34.8 | 13.2 | 6.6 |
| 3 | 0.200 | 6.4 | 164.1 | 5.4 | 48.4 | 50.7 | 1.0 | 2.0 | -50.7 | 15.9 | 8.0 |
| 2 | 0.133 | 7.6 | 224.9 | 6.5 | 66.3 | 69.5 | 1.1 | 2.8 | -69.5 | 18.8 | 9.4 |
| 1 | 0.067 | 9.1 | 196.7 | 7.7 | 87.5 | 81.7 | 1.4 | 3.7 | -91.7 | 22.2 | 11.1 |
|  | 0.0 | 10.8 | 382.3 | 9.2 | 112.7 | 118.2 | 1.6 | 4.7 | -118.2 |  |  |

**双肢墙 XSW-4 在均布荷载($q=5.17$kN/m)作用在下墙肢及连梁内力设计值计算 表 3-40**

| 楼层 | ξ | Φ(ξ) | $m_l(\xi)$ (kN·m) | $\sum_i^{15} m_i(\xi)$ (kN·m) | $M_p(\xi)$ (kN·m) | $V_p(\xi)$ (kN) | 连梁内力 $V_b$ (kN) | $M_b$ (kN·m) | 墙肢 1 内力 $M_1$ (kN·m) | $V_1$ (kN) | $N_1$ (kN) | 墙肢 2 内力 $M_2$ (kN·m) | $V_2$ (kN) | $N_2$ (kN) |
|---|---|---|---|---|---|---|---|---|---|---|---|---|---|---|
| 15 | 1.000 | 0.1392 | 66.0 | 66.0 | 0.0 | 0.0 | 36.0 | 16.2 | -52.4 | 0.0 | 36.0 | -13.6 | 0.0 | -36.0 |
| 14 | 0.933 | 0.1527 | 72.4 | 138.4 | 20.5 | 14.5 | 39.4 | 17.7 | -93.7 | 11.5 | 75.4 | -24.2 | 3.0 | -75.4 |
| 13 | 0.867 | 0.1853 | 87.9 | 226.3 | 80.7 | 28.9 | 47.9 | 21.5 | -115.7 | 22.9 | 123.3 | -29.9 | 6.0 | -123.3 |
| 12 | 0.800 | 0.2304 | 109.2 | 335.5 | 182.4 | 43.4 | 59.5 | 26.8 | -121.6 | 34.4 | 182.8 | -31.5 | 9.0 | -182.8 |
| 11 | 0.733 | 0.2825 | 133.9 | 469.4 | 325.1 | 58.0 | 73.0 | 32.8 | -114.7 | 46.0 | 255.8 | -29.6 | 12.0 | -255.8 |
| 10 | 0.667 | 0.3374 | 160.0 | 629.4 | 505.6 | 72.3 | 87.2 | 39.2 | -98.4 | 57.3 | 343.0 | -25.4 | 15.0 | -343.0 |
| 9 | 0.600 | 0.3941 | 186.8 | 816.2 | 729.6 | 86.8 | 101.8 | 45.8 | -68.8 | 68.8 | 444.8 | -17.8 | 18.0 | -444.8 |
| 8 | 0.533 | 0.4494 | 213.1 | 1029.3 | 994.5 | 101.4 | 116.1 | 52.2 | -27.7 | 80.4 | 560.9 | -7.1 | 21.0 | -560.9 |
| 7 | 0.467 | 0.4999 | 237.0 | 1266.3 | 1295.4 | 115.7 | 129.1 | 58.1 | 23.1 | 91.8 | 690.0 | 6.0 | 23.9 | -690.0 |
| 6 | 0.400 | 0.5435 | 257.7 | 1524.0 | 1641.6 | 130.3 | 140.4 | 63.2 | 93.4 | 103.4 | 830.4 | 24.2 | 26.9 | -830.4 |
| 5 | 0.333 | 0.5742 | 272.2 | 1769.2 | 2028.6 | 144.8 | 148.3 | 66.7 | 184.7 | 114.9 | 978.7 | 47.7 | 29.9 | -978.7 |
| 4 | 0.267 | 0.5835 | 276.6 | 2072.8 | 2450.0 | 159.1 | 150.7 | 67.8 | 299.7 | 126.2 | 1129.4 | 77.5 | 32.9 | -1129.4 |
| 3 | 0.200 | 0.5587 | 264.9 | 2337.7 | 2918.3 | 173.7 | 144.3 | 64.9 | 461.3 | 137.8 | 1273.7 | 119.3 | 35.9 | -1273.7 |
| 2 | 0.133 | 0.4783 | 226.8 | 2564.5 | 3427.6 | 188.2 | 123.5 | 55.6 | 685.8 | 149.3 | 1397.2 | 177.3 | 38.9 | -1397.2 |
| 1 | 0.067 | 0.3117 | 147.8 | 2712.3 | 3969.3 | 202.6 | 80.5 | 36.2 | 998.7 | 160.7 | 1477.7 | 258.3 | 41.9 | -1477.7 |
|  | 0.0 | 0.0 | 0.0 | 2712.3 | 4559.9 | 217.1 |  |  | 1468.0 | 172.2 | 1477.7 | 379.6 | 44.9 | -1477.7 |

**双肢墙 XSW-4 在顶点集中荷载（$F=57.16$kN）作用在下墙肢及连梁内力设计值计算　　表 3-41**

| 楼层 | $\xi$ | $\Phi(\xi)$ | $m_i(\xi)$ (kN·m) | $\sum_{i}^{15} m_i(\xi)$ (kN·m) | $M_p(\xi)$ (kN·m) | $V_p(\xi)$ (kN·m) | 连梁内力 $V_b$ (kN) | $M_b$ (kN·m) | 墙肢 1 内力 $M_1$ (kN·m) | $V_1$ (kN) | $N_1$ (kN) | 墙肢 2 内力 $M_2$ (kN·m) | $V_2$ (kN) | $N_2$ (kN) |
|---|---|---|---|---|---|---|---|---|---|---|---|---|---|---|
| 15 | 1.000 | 0.9984 | -124.6 | -124.6 | 0.0 | -57.2 | -67.9 | -30.6 | 99.0 | -45.3 | -67.9 | 25.6 | -11.8 | 67.9 |
| 14 | 0.933 | 0.9981 | -124.6 | -249.2 | -160.8 | -57.2 | -67.9 | -30.5 | 70.2 | -45.3 | -135.8 | 18.2 | -11.8 | 135.8 |
| 13 | 0.867 | 0.9976 | -124.5 | -373.7 | -319.3 | -57.2 | -67.8 | -30.5 | 43.2 | -45.3 | -203.6 | 11.2 | -11.8 | 203.6 |
| 12 | 0.800 | 0.9964 | -124.4 | -498.1 | -480.1 | -57.2 | -67.8 | -30.5 | 14.3 | -45.3 | -271.4 | 3.7 | -11.8 | 271.4 |
| 11 | 0.733 | 0.9943 | -124.0 | -622.1 | -641.0 | -57.2 | -67.6 | -30.4 | -15.0 | -45.3 | -339.0 | -3.9 | -11.8 | 339.0 |
| 10 | 0.667 | 0.9911 | -123.7 | -745.8 | -799.4 | -57.2 | -67.4 | -30.3 | -42.6 | -45.3 | -406.4 | -11.0 | -11.8 | 406.4 |
| 9 | 0.600 | 0.9858 | -123.0 | -868.8 | -960.3 | -57.2 | -67.0 | -30.2 | -72.7 | -45.3 | -473.4 | -18.8 | -11.8 | 473.4 |
| 8 | 0.533 | 0.9773 | -122.0 | 990.8 | -1121.1 | -57.2 | -66.5 | -29.9 | -103.5 | -45.3 | -539.9 | -26.8 | -11.8 | 539.9 |
| 7 | 0.467 | 0.9637 | -120.3 | -1111.1 | -1295.6 | -57.2 | -65.5 | -29.5 | -146.6 | -45.3 | -605.4 | -37.9 | -11.8 | 605.4 |
| 6 | 0.400 | 0.9415 | -117.5 | -1228.6 | -1440.4 | -57.2 | -64.0 | -28.8 | -168.3 | -45.3 | -669.4 | -43.5 | -11.8 | 669.4 |
| 5 | 0.333 | 0.9060 | -113.1 | -1341.7 | -1601.3 | -57.2 | -61.6 | -27.7 | -206.3 | -45.3 | -731.0 | -53.3 | -11.8 | 731.0 |
| 4 | 0.267 | 0.8498 | -106.1 | -1447.8 | -1759.7 | -57.2 | -57.8 | -26.0 | -247.8 | -45.3 | -788.8 | -64.1 | -11.8 | 788.8 |
| 3 | 0.200 | 0.7583 | -94.6 | -1542.4 | -1920.6 | -57.2 | -51.3 | -23.2 | -300.5 | -45.3 | -840.1 | -77.7 | -11.8 | 840.1 |
| 2 | 0.133 | 0.6110 | -76.3 | -1618.7 | -2081.4 | -57.2 | -41.5 | -18.7 | -367.6 | -45.3 | -881.6 | -95.1 | -11.8 | 881.6 |
| 1 | 0.067 | 0.3785 | -47.2 | -1665.9 | -2239.8 | -57.2 | -25.7 | -11.6 | -456.0 | -45.3 | -907.3 | -117.9 | -11.8 | 907.3 |
|  | 0.0 | 0.0 | 0.0 | -1665.9 | -2400.7 | -57.2 |  |  | -583.8 | -45.3 | -907.3 | -151.0 | -11.8 | 907.3 |

**双肢墙 XSW-4 在风荷载作用下墙肢及连梁内力设计值　　表 3-42**

| 楼层 | $\xi$ | 连梁内力 $V_b$ (kN) | $M_b$ (kN·m) | 墙肢 1 内力 $M_1$ (kN·m) | $V_1$ (kN) | $N_1$ (kN) | 墙肢 2 内力 $M_2$ (kN·m) | $V_2$ (kN) | $N_2$ (kN) |
|---|---|---|---|---|---|---|---|---|---|
| 15 | 1.000 | -31.9 | -14.4 | 46.6 | -45.3 | -31.9 | 12.0 | -11.8 | 31.9 |
| 14 | 0.933 | -28.5 | -12.8 | -23.5 | -33.8 | -60.4 | -6.0 | -8.8 | 60.4 |
| 13 | 0.867 | -19.9 | -9.0 | -72.5 | -22.4 | -80.3 | -18.7 | -5.8 | 80.3 |
| 12 | 0.800 | 8.3 | -3.7 | -107.3 | -10.9 | -88.6 | -27.8 | -2.8 | 88.6 |
| 11 | 0.733 | 5.4 | 2.4 | -129.7 | 0.7 | -83.2 | -33.5 | 0.2 | 83.2 |
| 10 | 0.667 | 19.8 | 8.9 | -141.0 | 12.0 | -63.4 | -36.4 | 3.2 | 63.4 |
| 9 | 0.600 | 34.8 | 15.6 | -141.5 | 23.5 | -28.6 | -36.6 | 6.2 | 28.6 |
| 8 | 0.533 | 49.6 | 22.3 | -131.2 | 35.1 | 21.0 | -33.9 | 9.2 | -21.0 |
| 7 | 0.467 | 63.6 | 28.6 | -123.5 | 46.5 | 84.6 | -31.9 | 12.1 | -84.6 |
| 6 | 0.400 | 76.4 | 34.4 | -74.9 | 58.1 | 161.0 | -19.3 | 15.1 | -161.0 |
| 5 | 0.333 | 86.7 | 39.0 | -21.6 | 69.6 | 247.7 | -5.8 | 18.1 | -247.7 |
| 4 | 0.267 | 92.9 | 41.8 | 51.9 | 80.9 | 340.6 | 13.4 | 21.1 | -340.6 |
| 3 | 0.200 | 93.0 | 41.7 | 160.8 | 92.5 | 433.6 | 41.6 | 24.1 | -433.6 |
| 2 | 0.133 | 82.0 | 36.9 | 318.2 | 104.0 | 515.6 | 82.2 | 27.1 | -515.6 |
| 1 | 0.067 | 54.8 | 24.6 | 542.7 | 115.1 | 570.4 | 140.4 | 30.1 | -570.4 |
|  | 0.0 |  |  | 884.2 | 126.9 | 570.4 | 228.6 | 33.1 | -570.4 |

**壁式框架 XSW-1 在水平地震作用下壁柱分配的剪力及柱弯矩设计值计算** 表 3-43

| 楼层 | $h_i$ (m) | $V_{fi}$ (kN) | $\Sigma D_{ij}$ ($\times 10^7$) (kN/m) | $D_{ij}$($\times 10^6$) (kN/m) | | | $V_{ij}=\frac{D_{ij}}{\Sigma D_{ij}}V_{fi}$ (kN) | | | $y_i$ (m) | | | $M_c^u = V_{ij}(1-y_i)h_i$ (kN·m) | | | $M_c^l = V_{ij}y_ih_i$ (kN·m) | | |
|---|---|---|---|---|---|---|---|---|---|---|---|---|---|---|---|---|---|---|
| | | | | 壁柱 1 | 壁柱 2 | 壁柱 3 | 壁柱 1 | 壁柱 2 | 壁柱 3 | 壁柱 1 | 壁柱 2 | 壁柱 3 | 壁柱 1 | 壁柱 2 | 壁柱 3 | 壁柱 1 | 壁柱 2 | 壁柱 3 |
| 15 | 2.35 | 2569.1 | 0.25170 | 0.14571 | 0.22435 | 0.13835 | 20.893 | 32.168 | 19.837 | 0.58 | 0.60 | 0.56 | 20.6 | 30.2 | 20.5 | 28.5 | 45.4 | 26.1 |
| 14 | 2.8 | 2602.5 | 0.29800 | 0.17451 | 0.26635 | 0.16782 | 21.562 | 32.909 | 20.735 | 0.39 | 0.42 | 0.38 | 36.8 | 53.4 | 36.0 | 23.5 | 38.7 | 22.1 |
| 13 | 2.8 | 2673.1 | 0.29800 | 0.17451 | 0.26635 | 0.16782 | 22.487 | 34.322 | 21.625 | 0.42 | 0.46 | 0.42 | 36.5 | 51.9 | 35.1 | 26.4 | 44.2 | 25.4 |
| 12 | 2.8 | 2775.4 | 0.29800 | 0.17451 | 0.26635 | 0.16782 | 23.858 | 36.413 | 22.943 | 0.42 | 0.46 | 0.42 | 38.7 | 55.1 | 37.3 | 28.1 | 46.9 | 27.0 |
| 11 | 2.8 | 2884.0 | 0.29800 | 0.17451 | 0.26635 | 0.16782 | 25.351 | 38.692 | 24.379 | 0.46 | 0.46 | 0.46 | 38.3 | 58.8 | 36.9 | 32.7 | 49.8 | 31.4 |
| 10 | 2.8 | 2976.6 | 0.29800 | 0.17451 | 0.26635 | 0.16782 | 26.709 | 40.766 | 25.685 | 0.46 | 0.46 | 0.46 | 40.4 | 61.6 | 38.8 | 34.4 | 52.5 | 33.1 |
| 9 | 2.8 | 3049.6 | 0.29800 | 0.17451 | 0.26635 | 0.16782 | 27.898 | 42.580 | 26.829 | 0.46 | 0.50 | 0.46 | 42.2 | 59.6 | 40.6 | 35.9 | 59.6 | 34.6 |
| 8 | 2.8 | 3083.5 | 0.29800 | 0.17451 | 0.26635 | 0.16782 | 28.689 | 43.787 | 27.589 | 0.46 | 0.50 | 0.46 | 43.4 | 61.3 | 41.7 | 37.0 | 61.3 | 35.5 |
| 7 | 2.8 | 3059.9 | 0.29800 | 0.17451 | 0.26635 | 0.16782 | 28.870 | 44.064 | 27.764 | 0.46 | 0.50 | 0.46 | 43.7 | 61.7 | 42.0 | 37.2 | 61.7 | 35.8 |
| 6 | 2.8 | 2972.7 | 0.29800 | 0.17451 | 0.26635 | 0.16782 | 28.402 | 43.349 | 27.313 | 0.46 | 0.50 | 0.46 | 42.9 | 60.7 | 41.3 | 36.6 | 60.7 | 35.2 |
| 5 | 2.8 | 2803.1 | 0.29800 | 0.17451 | 0.26635 | 0.16782 | 27.061 | 41.302 | 26.023 | 0.46 | 0.50 | 0.46 | 40.9 | 57.8 | 39.3 | 34.9 | 57.8 | 33.5 |
| 4 | 2.8 | 2530.8 | 0.29800 | 0.17451 | 0.26635 | 0.16782 | 24.636 | 37.602 | 23.692 | 0.50 | 0.50 | 0.49 | 34.5 | 52.6 | 33.8 | 34.5 | 52.6 | 32.5 |
| 3 | 2.8 | 2140.8 | 0.29800 | 0.17451 | 0.26635 | 0.16782 | 20.994 | 32.042 | 20.189 | 0.50 | 0.50 | 0.50 | 29.4 | 44.9 | 28.3 | 29.4 | 44.9 | 28.3 |
| 2 | 2.8 | 1607.9 | 0.29800 | 0.17451 | 0.26635 | 0.16782 | 15.852 | 24.195 | 15.245 | 0.54 | 0.50 | 0.54 | 20.4 | 33.9 | 19.6 | 24.0 | 33.9 | 23.1 |
| 1 | 3.05 | 905.5 | 0.26854 | 0.17151 | 0.20985 | 0.16841 | 9.778 | 11.964 | 9.601 | 0.49 | 0.49 | 0.49 | 15.2 | 18.6 | 14.9 | 14.6 | 17.9 | 14.3 |

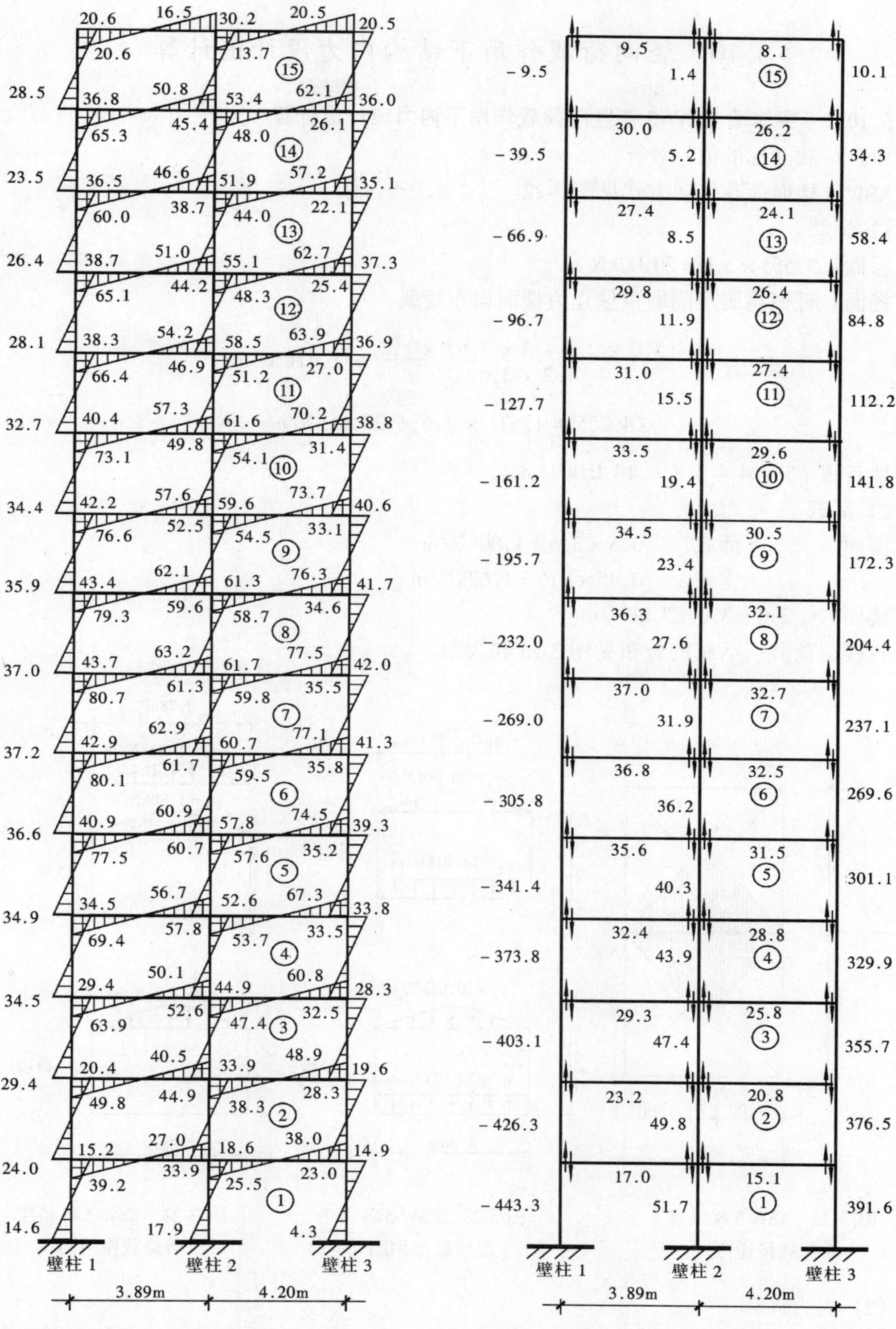


图 3-20 XSW-1 在风荷载作用下（$1.4W_{Ek}\rightarrow$）壁梁、壁柱弯矩图（单位：kN·m）

图 3-21 XSW-1 在风荷载作用下（$1.4W_{Ek}\rightarrow$）壁梁剪力、壁柱轴力图（单位：kN）

## 3.10 竖向荷载作用下结构内力设计值计算

### 3.10.1 实体墙 XSW-5 在竖向荷载作用下内力设计值计算

(1) 荷载（标准值）计算

XSW-5 楼面荷载传递方式见图 3-22。

1) 恒载

屋面：$5.555\times3.6=20.00\text{kN/m}$

楼面：近似将厨房隔墙重量化为楼面均布荷载

$$\frac{(3.6\times2.8+3\times2.8)\times1.2}{4.2\times3.6}=1.47\text{kN/m}$$

$$(4.255+1.47)\times3.6=20.61\text{kN/m}$$

墙自重：$5.004\times2.8=14.01\text{kN/m}$

2) 活载

屋面　　活载　$0.5\times3.6=1.80\text{kN/m}$

　　　　雪载　$0.45\times3.6=1.62\text{kN/m}$

楼面　$2.0\times3.6=7.2\text{kN/m}$

各楼层荷载、活载的分布见图 3-23 和 3-24。

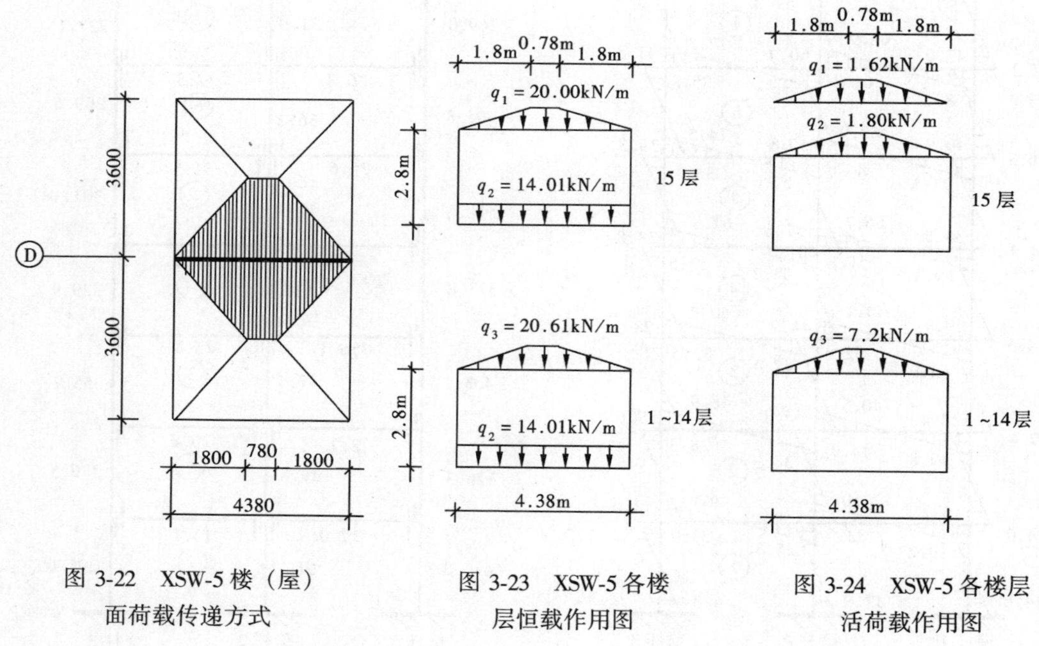


图 3-22 XSW-5 楼（屋）面荷载传递方式

图 3-23 XSW-5 各楼层恒载作用图

图 3-24 XSW-5 各楼层活荷载作用图

(2) 内力计算

表 3-44 为非地震时分别在 $G_k$、$1.4Q_k$ 作用下墙体的轴力计算，表 3-45 为地震时在 $1.2G_E$ 作用下墙体的轴力计算。

**实体墙 XSW-5 非地震时，分别在 $G_k$、$1.4Q_k$ 作用下墙体的轴力计算　　表 3-44**

| 楼层 | | 楼（屋）面恒载（kN） | 墙自重（kN） | N（kN） | 1.4楼（屋）面活载（kN） | N（kN） |
|---|---|---|---|---|---|---|
| 15 | 顶<br>底 | 51.6 | 61.36 | 51.6<br>112.96 | 6.50 | 6.50 |
| 14 | 顶<br>底 | 53.17 | 61.36 | 166.13<br>227.49 | 26.01 | 32.57 |
| 13 | 顶<br>底 | 53.17 | 61.36 | 280.66<br>342.02 | 26.01 | 58.52 |
| 12 | 顶<br>底 | 53.17 | 61.36 | 395.19<br>456.55 | 26.01 | 84.53 |
| 11 | 顶<br>底 | 53.17 | 61.36 | 509.72<br>571.08 | 26.01 | 110.54 |
| 10 | 顶<br>底 | 53.17 | 61.36 | 624.25<br>685.61 | 26.01 | 136.55 |
| 9 | 顶<br>底 | 53.17 | 61.36 | 736.98<br>798.34 | 26.01 | 162.56 |
| 8 | 顶<br>底 | 53.17 | 61.36 | 851.51<br>912.87 | 26.01 | 188.57 |
| 7 | 顶<br>底 | 53.17 | 61.36 | 966.04<br>1027.40 | 26.01 | 214.58 |
| 6 | 顶<br>底 | 53.17 | 61.36 | 1080.57<br>1141.93 | 26.01 | 240.59 |
| 5 | 顶<br>底 | 53.17 | 61.36 | 1195.10<br>1256.46 | 26.01 | 266.60 |
| 4 | 顶<br>底 | 53.17 | 61.36 | 1309.63<br>1370.99 | 26.01 | 292.61 |
| 3 | 顶<br>底 | 53.17 | 61.36 | 1424.16<br>1485.52 | 26.01 | 318.62 |
| 2 | 顶<br>底 | 53.17 | 61.36 | 1538.69<br>1600.05 | 26.01 | 344.63 |
| 1 | 顶<br>底 | 53.17 | 61.36 | 1653.22<br>1714.58 | 26.01 | 370.64 |

注：恒载分项系数在内力组合的考虑。

**实体墙 XSW-5 地震时，在 $1.2G_E$ 作用下墙体轴力计算　　表 3-45**

| 楼层 | | 1.2楼（屋）面恒载（kN） | 1.2墙自重（kN） | 1.2（0.5×雪荷载）或1.2（0.5×楼面活载）（kN） | N（kN） |
|---|---|---|---|---|---|
| 15 | 顶<br>底 | 61.92 | 73.64 | 2.51 | 64.43<br>138.07 |
| 14 | 顶<br>底 | 63.81 | 73.64 | 11.15 | 213.03<br>286.67 |
| 13 | 顶<br>底 | 63.81 | 73.64 | 11.15 | 361.63<br>435.27 |
| 12 | 顶<br>底 | 63.81 | 73.64 | 11.15 | 510.23<br>583.87 |
| 11 | 顶<br>底 | 63.81 | 73.64 | 11.15 | 658.83<br>732.47 |
| 10 | 顶<br>底 | 63.81 | 73.64 | 11.15 | 807.43<br>881.07 |

续表

| 楼层 | | 1.2楼（屋）面恒载（kN） | 1.2墙自重（kN） | 1.2（0.5×雪荷载）或1.2（0.5×楼面活载）（kN） | N（kN） |
|---|---|---|---|---|---|
| 9 | 顶 | 63.81 | | 11.15 | 956.03 |
| | 底 | | 73.64 | | 1029.67 |
| 8 | 顶 | 63.81 | | 11.15 | 1104.63 |
| | 底 | | 73.64 | | 1178.27 |
| 7 | 顶 | 63.81 | | 11.15 | 1253.23 |
| | 底 | | 73.64 | | 1326.87 |
| 6 | 顶 | 63.81 | | 11.15 | 1401.83 |
| | 底 | | 73.64 | | 1475.47 |
| 5 | 顶 | 63.81 | | 11.15 | 1550.43 |
| | 底 | | 73.64 | | 1624.07 |
| 4 | 顶 | 63.81 | | 11.15 | 1699.03 |
| | 底 | | 73.64 | | 1772.67 |
| 3 | 顶 | 63.81 | | 11.15 | 1847.63 |
| | 底 | | 73.64 | | 1921.27 |
| 2 | 顶 | 63.81 | | 11.15 | 1996.23 |
| | 底 | | 73.64 | | 2069.87 |
| 1 | 顶 | 63.81 | | 11.15 | 2144.83 |
| | 底 | | 73.64 | | 2218.47 |

### 3.10.2 整体小开口墙 XSW-7 在竖向荷载作用下结构内力设计值计算

（1）荷载标准值计算

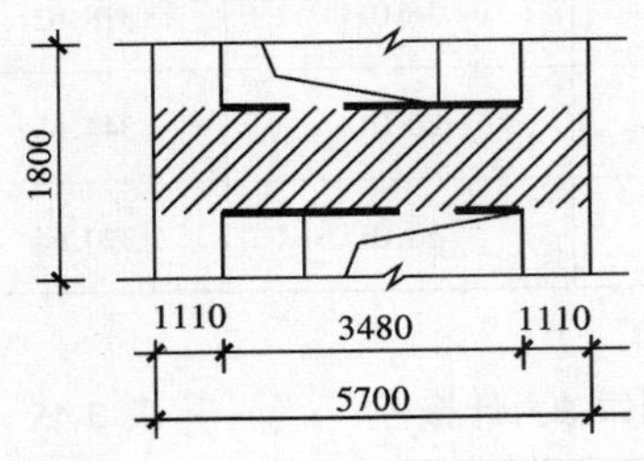


图 3-25 XSW-7 楼面荷载传递方式

近似认为图 3-25 中阴影部分楼面荷载由两片 XSW-7 墙承受。

1）恒载

水箱间传给 XSW-7 的荷载按 50kN 估计，机房传给 XSW-7 的荷载按 40kN。

楼面 $\frac{4.255\times0.9\times5.7}{3.48}=6.27\text{kN/m}$

机房墙重 $5.004\times4.9=24.52\text{kN/m}$

1～14 层墙的自重

$$\frac{5.004\times(3.48\times2.8-1\times2.2)+0.45\times1\times2.2}{3.48}=11.13\text{kN/m}$$

2）活载

楼面 $\frac{2\times0.9\times5.7}{3.48}=2.95\text{kN/m}$

图 3-26 和图 3-27 分别表示 XSW-7 各层恒载、活载的分布。

（2）内力计算

表 3-46 为非地震时分别在 $G_k$、$1.4Q_k$ 作用下墙肢的轴力计算，表 3-47 为地震时在 $1.2G_E$ 作用下墙肢的轴力计算。

**整体小开口墙 XSW-7 非震时，分别在 $G_k$、$1.4Q_k$ 作用下墙肢轴力计算　　表 3-46**

| 楼层 | | 墙肢 1 | | | | | 墙肢 2 | | | | |
|---|---|---|---|---|---|---|---|---|---|---|---|
| | | 楼（屋）面恒载（kN） | 墙自重（kN） | $N$（kN） | 1.4楼（屋）面活载（kN） | $N$（kN） | 楼（屋）面恒载（kN） | 墙自重（kN） | $N$（kN） | 1.4楼（屋）面活载（kN） | $N$（kN） |
| 16 | 顶 | 48.29 | | 48.29 | | | 23.53 | | 23.53 | | |
| | 底 | | 57.38 | 105.67 | | | | 27.95 | 51.48 | | |
| 15 | 顶 | 41.57 | | 147.24 | 9.66 | 9.66 | 20.25 | | 71.73 | 4.71 | 4.71 |
| | 底 | | 26.04 | 173.28 | | | | 12.69 | 84.42 | | |
| 14 | 顶 | 41.67 | | 187.95 | 9.66 | 19.32 | 7.15 | | 91.57 | 4.71 | 9.42 |
| | 底 | | 26.04 | 213.99 | | | | 12.69 | 104.26 | | |
| 13 | 顶 | 41.67 | | 228.66 | 9.66 | 28.98 | 7.15 | | 111.41 | 4.71 | 14.13 |
| | 底 | | 26.04 | 254.70 | | | | 12.69 | 124.10 | | |
| 12 | 顶 | 41.67 | | 269.37 | 9.66 | 38.64 | 7.15 | | 131.25 | 4.71 | 18.84 |
| | 底 | | 26.04 | 295.41 | | | | 12.69 | 143.94 | | |
| 11 | 顶 | 41.67 | | 310.08 | 9.66 | 48.30 | 7.15 | | 151.09 | 4.71 | 23.55 |
| | 底 | | 26.04 | 336.12 | | | | 12.69 | 163.78 | | |
| 10 | 顶 | 41.67 | | 350.79 | 9.66 | 57.96 | 7.15 | | 1170.93 | 4.71 | 28.26 |
| | 底 | | 26.04 | 376.83 | | | | 12.69 | 183.62 | | |
| 9 | 顶 | 41.67 | | 391.50 | 9.66 | 67.62 | 7.15 | | 190.77 | 4.71 | 32.97 |
| | 底 | | 26.04 | 417.54 | | | | 12.69 | 203.46 | | |
| 8 | 顶 | 41.67 | | 432.21 | 9.66 | 77.28 | 7.15 | | 210.61 | 4.71 | 37.68 |
| | 底 | | 26.04 | 458.25 | | | | 12.69 | 223.30 | | |
| 7 | 顶 | 41.67 | | 472.92 | 9.66 | 86.94 | 7.15 | | 230.45 | 4.71 | 42.39 |
| | 底 | | 26.04 | 498.96 | | | | 12.69 | 243.14 | | |
| 6 | 顶 | 41.67 | | 513.63 | 9.66 | 96.60 | 7.15 | | 250.29 | 4.71 | 47.10 |
| | 底 | | 26.04 | 539.67 | | | | 12.69 | 262.98 | | |
| 5 | 顶 | 41.67 | | 554.34 | 9.66 | 106.26 | 7.15 | | 270.13 | 4.71 | 51.81 |
| | 底 | | 26.04 | 580.38 | | | | 12.69 | 282.82 | | |
| 4 | 顶 | 41.67 | | 595.05 | 9.66 | 115.92 | 7.15 | | 289.97 | 4.71 | 56.52 |
| | 底 | | 26.04 | 621.09 | | | | 12.69 | 302.66 | | |
| 3 | 顶 | 41.67 | | 635.76 | 9.66 | 125.58 | 7.15 | | 309.81 | 4.71 | 61.23 |
| | 底 | | 26.04 | 661.80 | | | | 12.69 | 322.50 | | |
| 2 | 顶 | 41.67 | | 676.47 | 9.66 | 135.24 | 7.15 | | 329.65 | 4.71 | 65.94 |
| | 底 | | 26.04 | 702.51 | | | | 12.69 | 342.34 | | |
| 1 | 顶 | 41.67 | | 717.18 | 9.66 | 144.90 | 7.15 | | 349.49 | 4.71 | 70.65 |
| | 底 | | 26.04 | 743.22 | | | | 12.69 | 362.18 | | |

注：恒载分项系数在内力组合时考虑。

**整体小开口墙 XSW-7 地震时，在 $1.2G_E$ 作用下墙体的轴力计算　　表 3-47**

| 楼层 | | 墙肢 1 | | | | 墙肢 2 | | | |
|---|---|---|---|---|---|---|---|---|---|
| | | 1.2 楼（屋）面恒载（kN） | 1.2 墙自重（kN） | 1.2（0.5×雪荷载）或 1.2（0.5×楼面荷载）（kN） | $N$（kN） | 1.2 楼（屋）面恒载（kN） | 1.2 墙自重（kN） | 1.2（0.5×雪荷载）或 1.2（0.5×楼面荷载）（kN） | $N$（kN） |
| 16 | 顶 | 57.95 | | 4.14 | 62.09 | 28.23 | | 2.02 | 30.25 |
| | 底 | | 68.85 | | 130.94 | | 33.54 | | 63.79 |
| 15 | 顶 | 49.88 | | 4.14 | 184.96 | 24.3 | | 2.02 | 90.11 |
| | 底 | | 31.25 | | 216.21 | | 15.23 | | 105.34 |
| 14 | 顶 | 17.61 | | 4.14 | 237.96 | 8.58 | | 2.02 | 115.94 |
| | 底 | | 31.25 | | 269.21 | | 15.23 | | 131.17 |
| 13 | 顶 | 17.61 | | 4.14 | 290.96 | 8.58 | | 2.02 | 141.77 |
| | 底 | | 31.25 | | 322.21 | | 15.23 | | 157.00 |
| 12 | 顶 | 17.61 | | 4.14 | 343.96 | 8.58 | | 2.02 | 167.60 |
| | 底 | | 31.25 | | 375.21 | | 15.23 | | 182.83 |
| 11 | 顶 | 17.61 | | 4.14 | 396.96 | 8.58 | | 2.02 | 193.43 |
| | 底 | | 31.25 | | 428.21 | | 15.23 | | 208.66 |
| 10 | 顶 | 17.61 | | 4.14 | 449.96 | 8.58 | | 2.02 | 219.26 |
| | 底 | | 31.25 | | 481.21 | | 15.23 | | 234.49 |
| 9 | 顶 | 17.61 | | 4.14 | 502.96 | 8.58 | | 2.02 | 245.09 |
| | 底 | | 31.25 | | 534.21 | | 15.23 | | 260.32 |
| 8 | 顶 | 17.61 | | 4.14 | 555.96 | 8.58 | | 2.02 | 270.92 |
| | 底 | | 31.25 | | 587.21 | | 15.23 | | 286.15 |
| 7 | 顶 | 17.61 | | 4.14 | 608.96 | 8.58 | | 2.02 | 296.75 |
| | 底 | | 31.25 | | 640.21 | | 15.23 | | 311.98 |
| 6 | 顶 | 17.61 | | 4.14 | 661.96 | 8.58 | | 2.02 | 322.58 |
| | 底 | | 31.25 | | 693.21 | | 15.23 | | 337.81 |
| 5 | 顶 | 17.61 | | 4.14 | 714.96 | 8.58 | | 2.02 | 348.41 |
| | 底 | | 31.25 | | 746.21 | | 15.23 | | 363.64 |
| 4 | 顶 | 17.61 | | 4.14 | 767.96 | 8.58 | | 2.02 | 374.24 |
| | 底 | | 31.25 | | 799.21 | | 15.23 | | 389.47 |
| 3 | 顶 | 17.61 | | 4.14 | 820.96 | 8.58 | | 2.02 | 400.07 |
| | 底 | | 31.25 | | 852.21 | | 15.23 | | 415.30 |
| 2 | 顶 | 17.61 | | 4.14 | 873.96 | 8.58 | | 2.02 | 425.90 |
| | 底 | | 31.25 | | 905.21 | | 15.23 | | 441.13 |
| 1 | 顶 | 17.61 | | 4.14 | 926.96 | 8.58 | | 2.02 | 451.73 |
| | 底 | | 31.25 | | 958.21 | | 15.23 | | 466.96 |

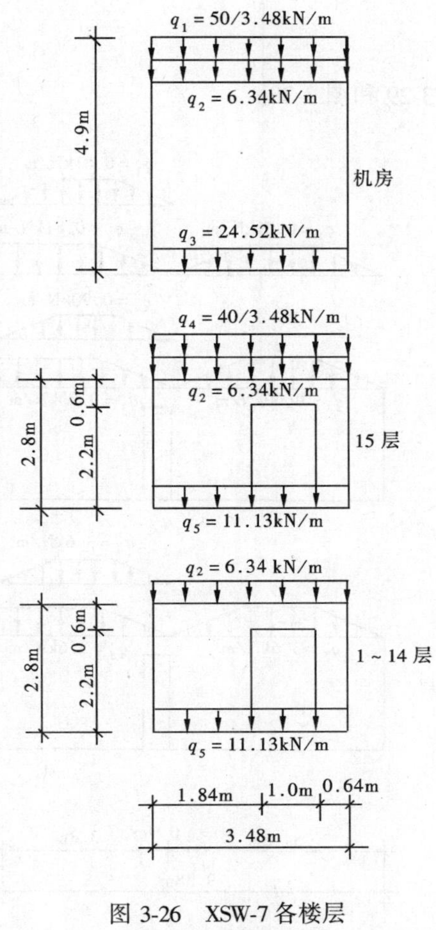


图 3-26　XSW-7 各楼层恒载作用图

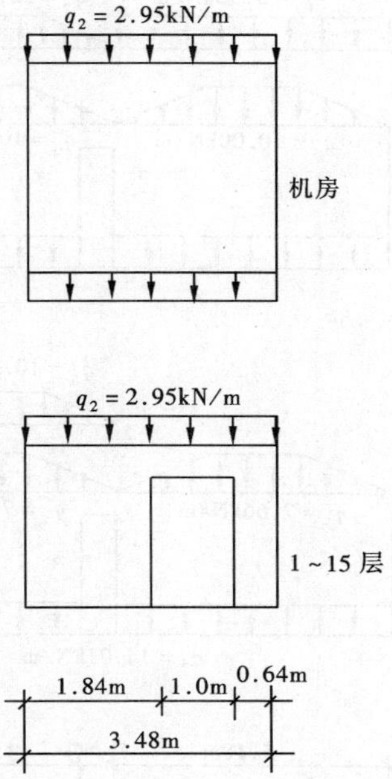

图 3-27　XSW-7 各楼层活载作用图

### 3.10.3　双肢墙 XSW-4 在竖向荷载作用下内力设计值计算

(1) 荷载标准值计算

XSW-4 楼面荷载传递方式见图 3-28。

1) 恒载

屋面：$5.555 \times 1.8 = 10.00$kN/m

楼面厨房：$(4.255 + 1.47) \times 1.8 = 10.31$kN/m

卧室 客厅：$4.255 \times 1.8 = 7.66$kN/m

女儿墙：$3.36 \times 1 = 3.36$kN/m

1 ~ 14 层墙自重：$5.004 \times 2.8 = 14.01$kN/m

窗自重：$0.45 \times 0.9 \times 2.4 = 0.97$kN/m

2)活载

屋面活载：$0.5 \times 1.8 = 0.9$kN/m

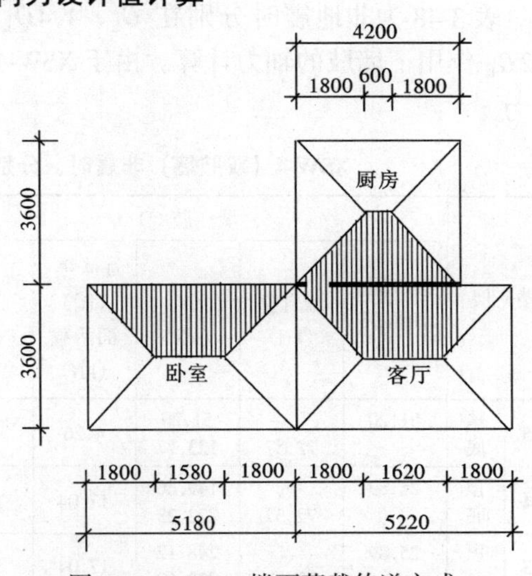


图 3-28　XSW-4 楼面荷载传递方式

雪载：$0.45 \times 1.8 = 0.81\text{kN/m}$

楼面：$2.0 \times 1.8 = 3.6\text{kN/m}$

XSW-4 各楼层恒载、活载的分布分别见图 3-29 和图 3-30。

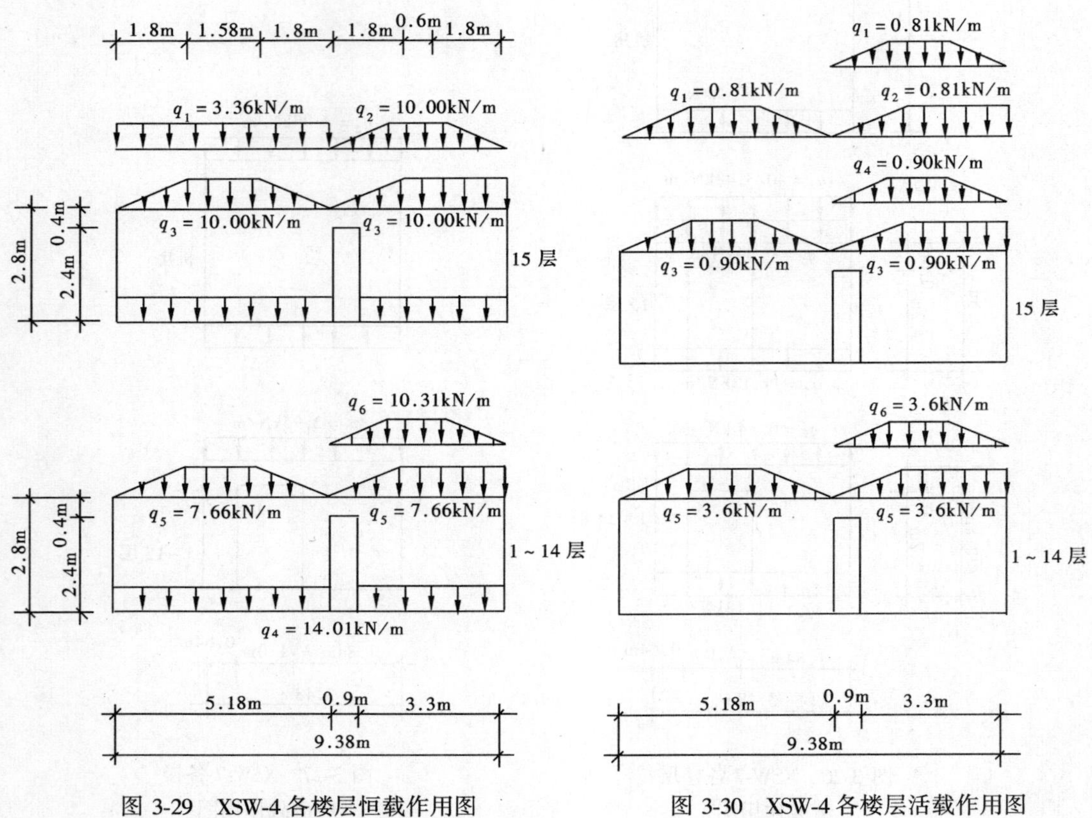


图 3-29　XSW-4 各楼层恒载作用图　　　　图 3-30　XSW-4 各楼层活载作用图

（2）内力计算

表 3-48 为非地震时分别在 $G_k$、$1.4Q_k$ 作用下墙肢的轴力计算，表 3-49 为地震时在 $1.2G_E$ 作用下墙肢的轴力计算。由于 XSW-4 连梁的尺寸较小，且荷载较小，故不计算连梁内力

**XSW-4（双肢墙）非震时，分别在 $G_k$、$1.4Q_k$ 作用下墙肢轴力计算**　　　表 3-48

| 楼层 | | 墙肢 1 | | | | | 墙肢 2 | | | | |
|---|---|---|---|---|---|---|---|---|---|---|---|
| | | 楼（屋）面恒载（kN） | 墙自重（kN） | $N$（kN） | 1.4 楼（屋）面活载（kN） | $N$（kN） | 楼（屋）面恒载（kN） | 墙自重（kN） | $N$（kN） | 1.4 楼（屋）面活载（kN） | $N$（kN） |
| 15 | 顶 | 51.20 | | 51.20 | 4.26 | 4.26 | 57.00 | | 57.00 | 7.18 | 7.18 |
| | 底 | | 72.57 | 123.77 | | | | 49.00 | 106.00 | | |
| 14 | 顶 | 25.89 | | 149.66 | 17.04 | 21.30 | 50.02 | | 156.02 | 28.73 | 35.91 |
| | 底 | | 72.57 | 222.23 | | | | 49.00 | 205.02 | | |
| 13 | 顶 | 25.89 | | 248.12 | 17.04 | 38.34 | 50.02 | | 255.04 | 28.73 | 64.64 |
| | 底 | | 72.57 | 320.69 | | | | 49.00 | 304.04 | | |

续表

| 楼层 | | 墙肢1 楼（屋）面恒载（kN） | 墙自重（kN） | N（kN） | 1.4楼（屋）面活载（kN） | N（kN） | 墙肢2 楼（屋）面恒载（kN） | 墙自重（kN） | N（kN） | 1.4楼（屋）面活载（kN） | N（kN） |
|---|---|---|---|---|---|---|---|---|---|---|---|
| 12 | 顶 | 25.89 | | 346.58 | 17.04 | 55.38 | 50.02 | | 354.06 | 28.73 | 93.37 |
| | 底 | | 72.57 | 419.15 | | | | 49.00 | 403.06 | | |
| 11 | 顶 | 25.89 | | 445.04 | 17.04 | 72.42 | 50.02 | | 453.08 | 28.73 | 122.10 |
| | 底 | | 72.57 | 517.61 | | | | 49.00 | 502.08 | | |
| 10 | 顶 | 25.89 | | 543.50 | 17.04 | 89.46 | 50.02 | | 552.10 | 28.73 | 150.83 |
| | 底 | | 72.57 | 616.07 | | | | 49.00 | 601.10 | | |
| 9 | 顶 | 25.89 | | 641.96 | 17.04 | 106.50 | 50.02 | | 651.12 | 28.73 | 179.56 |
| | 底 | | 72.57 | 714.53 | | | | 49.00 | 700.12 | | |
| 8 | 顶 | 25.89 | | 740.42 | 17.04 | 123.54 | 50.02 | | 750.14 | 28.73 | 208.29 |
| | 底 | | 72.57 | 812.99 | | | | 49.00 | 799.14 | | |
| 7 | 顶 | 25.89 | | 838.88 | 17.04 | 140.58 | 50.02 | | 849.16 | 28.73 | 237.02 |
| | 底 | | 72.57 | 911.45 | | | | 49.00 | 898.16 | | |
| 6 | 顶 | 25.89 | | 937.34 | 17.04 | 157.62 | 50.02 | | 948.18 | 28.73 | 265.75 |
| | 底 | | 72.57 | 1009.91 | | | | 49.00 | 997.18 | | |
| 5 | 顶 | 25.89 | | 1035.80 | 17.04 | 174.66 | 50.02 | | 1047.20 | 28.73 | 294.48 |
| | 底 | | 72.57 | 1108.37 | | | | 49.00 | 1096.20 | | |
| 4 | 顶 | 25.89 | | 1134.26 | 17.04 | 191.70 | 50.02 | | 1146.22 | 28.73 | 232.21 |
| | 底 | | 72.57 | 1206.83 | | | | 49.00 | 1195.22 | | |
| 3 | 顶 | 25.89 | | 1232.72 | 17.04 | 208.74 | 50.02 | | 1245.24 | 28.73 | 351.94 |
| | 底 | | 72.57 | 1305.29 | | | | 49.00 | 1294.24 | | |
| 2 | 顶 | 25.89 | | 1331.18 | 17.04 | 225.78 | 50.02 | | 1344.26 | 28.73 | 380.67 |
| | 底 | | 72.57 | 1403.75 | | | | 49.00 | 1393.26 | | |
| 1 | 顶 | 25.89 | | 1429.64 | 17.04 | 242.82 | 50.02 | | 1443.28 | 28.73 | 409.40 |
| | 底 | | 72.57 | 1502.21 | | | | 49.00 | 1492.28 | | |

注：恒载分项系数在内力组合时考虑。

**双肢墙 XSW-4 地震时，在 $1.2G_E$ 作用下墙体的轴力计算** 表 3-49

| 楼层 | | 墙肢1 1.2楼（屋）面恒载（kN） | 1.2墙自重（kN） | 1.2（0.5×雪荷载）或1.2（0.5×楼面荷载）（kN） | N（kN） | 墙肢2 1.2楼（屋）面恒载（kN） | 1.2墙自重（kN） | 1.2（0.5×雪荷载）或1.2（0.5×楼面荷载）（kN） | N（kN） |
|---|---|---|---|---|---|---|---|---|---|
| 15 | 顶 | 61.45 | | 1.64 | 63.09 | 68.40 | | 2.77 | 71.17 |
| | 底 | | 87.09 | | 150.18 | | 58.80 | | 129.97 |

续表

| 楼层 | | 墙肢 1 | | | | 墙肢 2 | | | |
|---|---|---|---|---|---|---|---|---|---|
| | | 1.2楼（屋）面恒载（kN） | 1.2墙自重（kN） | 1.2（0.5×雪荷载）或1.2（0.5×楼面荷载）（kN） | *N*（kN） | 1.2楼（屋）面恒载（kN） | 1.2墙自重（kN） | 1.2（0.5×雪荷载）或1.2（0.5×楼面荷载）（kN） | *N*（kN） |
| 14 | 顶 | 31.07 | | 7.30 | 188.55 | 60.03 | | 12.31 | 202.31 |
| | 底 | | 87.09 | | 275.64 | | 58.80 | | 261.11 |
| 13 | 顶 | 31.07 | | 7.30 | 314.04 | 60.03 | | 12.31 | 333.45 |
| | 底 | | 87.09 | | 401.01 | | 58.80 | | 392.25 |
| 12 | 顶 | 31.07 | | 7.30 | 439.47 | 60.03 | | 12.31 | 464.59 |
| | 底 | | 87.09 | | 526.56 | | 58.80 | | 523.39 |
| 11 | 顶 | 31.07 | | 7.30 | 564.93 | 60.03 | | 12.31 | 595.73 |
| | 底 | | 87.09 | | 652.02 | | 58.80 | | 654.53 |
| 10 | 顶 | 31.07 | | 7.30 | 690.39 | 60.03 | | 12.31 | 726.87 |
| | 底 | | 87.09 | | 777.48 | | 58.80 | | 785.67 |
| 9 | 顶 | 31.07 | | 7.30 | 815.85 | 60.03 | | 12.31 | 858.01 |
| | 底 | | 87.09 | | 902.94 | | 58.80 | | 916.81 |
| 8 | 顶 | 31.07 | | 7.30 | 941.31 | 60.03 | | 12.31 | 989.15 |
| | 底 | | 87.09 | | 1028.40 | | 58.80 | | 1047.95 |
| 7 | 顶 | 31.07 | | 7.30 | 1066.77 | 60.03 | | 12.31 | 1120.29 |
| | 底 | | 87.09 | | 1153.86 | | 58.80 | | 1179.09 |
| 6 | 顶 | 31.07 | | 7.30 | 1192.23 | 60.03 | | 12.31 | 1251.43 |
| | 底 | | 87.09 | | 1279.32 | | 58.80 | | 1310.23 |
| 5 | 顶 | 31.07 | | 7.30 | 1317.69 | 60.03 | | 12.31 | 1382.57 |
| | 底 | | 87.09 | | 1404.78 | | 58.80 | | 1441.37 |
| 4 | 顶 | 31.07 | | 7.30 | 1443.15 | 60.03 | | 12.31 | 1513.71 |
| | 底 | | 87.09 | | 1530.24 | | 58.80 | | 1572.51 |
| 3 | 顶 | 31.07 | | 7.30 | 1568.61 | 60.03 | | 12.31 | 1644.85 |
| | 底 | | 87.09 | | 1655.70 | | 58.80 | | 1703.65 |
| 2 | 顶 | 31.07 | | 7.30 | 1694.07 | 60.03 | | 12.31 | 1775.99 |
| | 底 | | 87.09 | | 1781.16 | | 58.80 | | 1834.79 |
| 1 | 顶 | 31.07 | | 7.30 | 1819.53 | 60.03 | | 12.31 | 1907.13 |
| | 底 | | 87.09 | | 1906.62 | | 58.80 | | 1965.93 |

### 3.10.4 壁式框架 XSW-1 在竖向荷载作用下结构内力设计值计算

（1）荷载计算

XSW-1 楼面荷载传递方式见图 3-31，近似认为阳台门窗全部传给 XSW-1，并且按三角形分布。

1）恒载标准值

女儿墙：$3.36\times1=3.36\text{kN/m}$

屋面：$5.555\times2.59=14.39\text{kN/m}$

$5.555\times2.1=11.67\text{kN/m}$

楼面：$4.255\times2.59=11.02\text{kN/m}$

$4.255\times2.1=8.94\text{kN/m}$

阳台门窗：$\dfrac{4.2\times2.8\times0.45\times2}{4.2}=2.52\text{kN/m}$

$8.94+2.52=11.46\text{kN/m}$

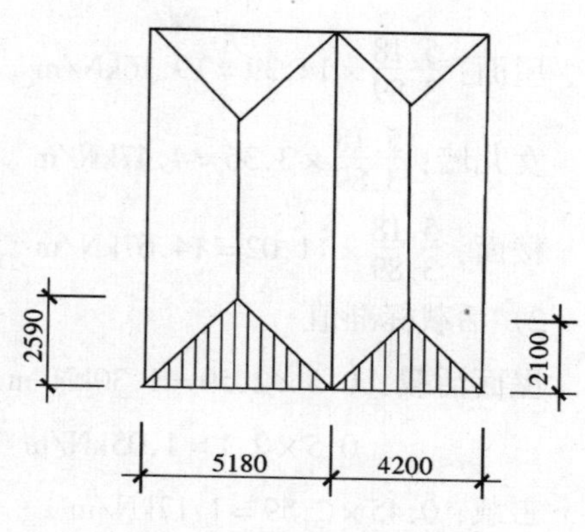


图 3-31 XSW-1 楼（屋）面荷载传递方式

壁柱 1 自重：

$5.38\times[(1.29+1.3)\times2.8-1.3\times1.5]+0.45\times1.3\times1.5=29.40\text{ kN}$

壁柱 2 自重：

$5.38\times[(1.29+1.3+1.46)\times2.8-1.3\times1.5-1.46\times1.5]+0.45\times(1.3+1.46)\times1.5=40.60\text{kN}$

壁柱 3 自重：

$5.38\times[(1.29+1.46)\times2.8-1.46\times1.5]+0.45\times1.46\times1.5=30.63\text{kN}$

各层恒载作用见图 3-32，将左跨墙上的三角形分布荷载按照支座剪力等效转化为 XSW-1 计算，见图 3-33 上的荷载。

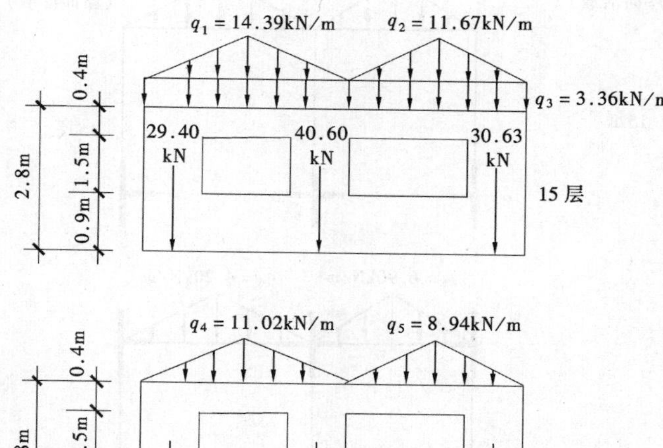


图 3-32 XSW-1 各层恒载作用图

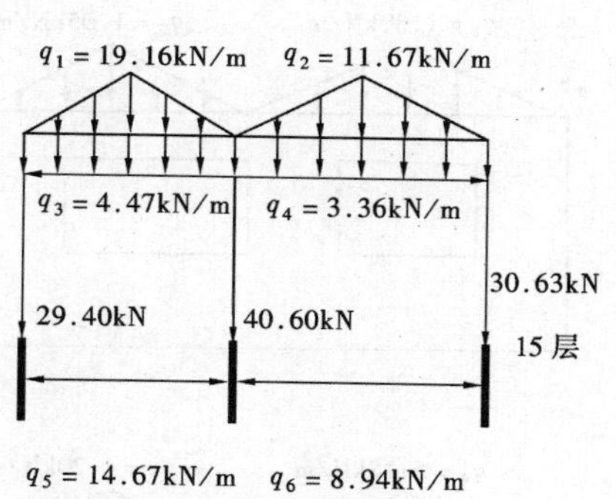


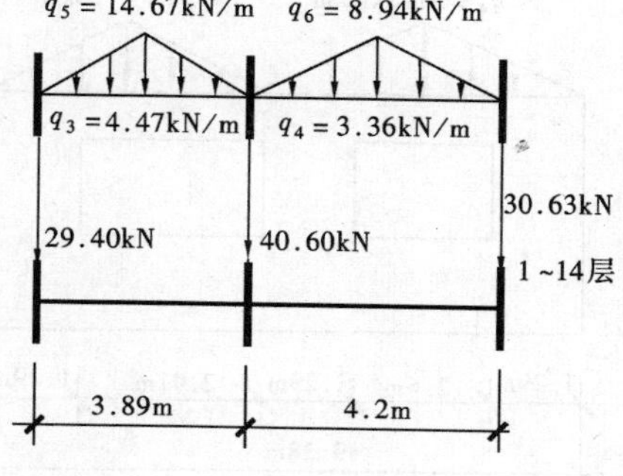


图 3-33 XSW-1 计算简图上各层恒载作用图

屋面：$\frac{5.18}{3.89} \times 14.39 = 19.16\text{kN/m}$

女儿墙：$\frac{5.18}{3.89} \times 3.36 = 4.47\text{kN/m}$

楼面：$\frac{5.18}{3.89} \times 11.02 = 14.67\text{kN/m}$

2）活载标准值

屋面活载：$0.5 \times 2.59 = 1.30\text{kN/m}$

$0.5 \times 2.1 = 1.05\text{kN/m}$

雪载：$0.45 \times 2.59 = 1.17\text{kN/m}$

$0.45 \times 2.1 = 0.95\text{kN/m}$

楼面活载：$2.0 \times 2.59 = 5.18\text{kN/m}$

$2.0 \times 2.1 = 4.20\text{kN/m}$

各层活载作用见图 3-34，将左跨墙上的三角形分布荷载按照支座剪力等效转化为 XSW-1 计算，如图 3-35 所示。

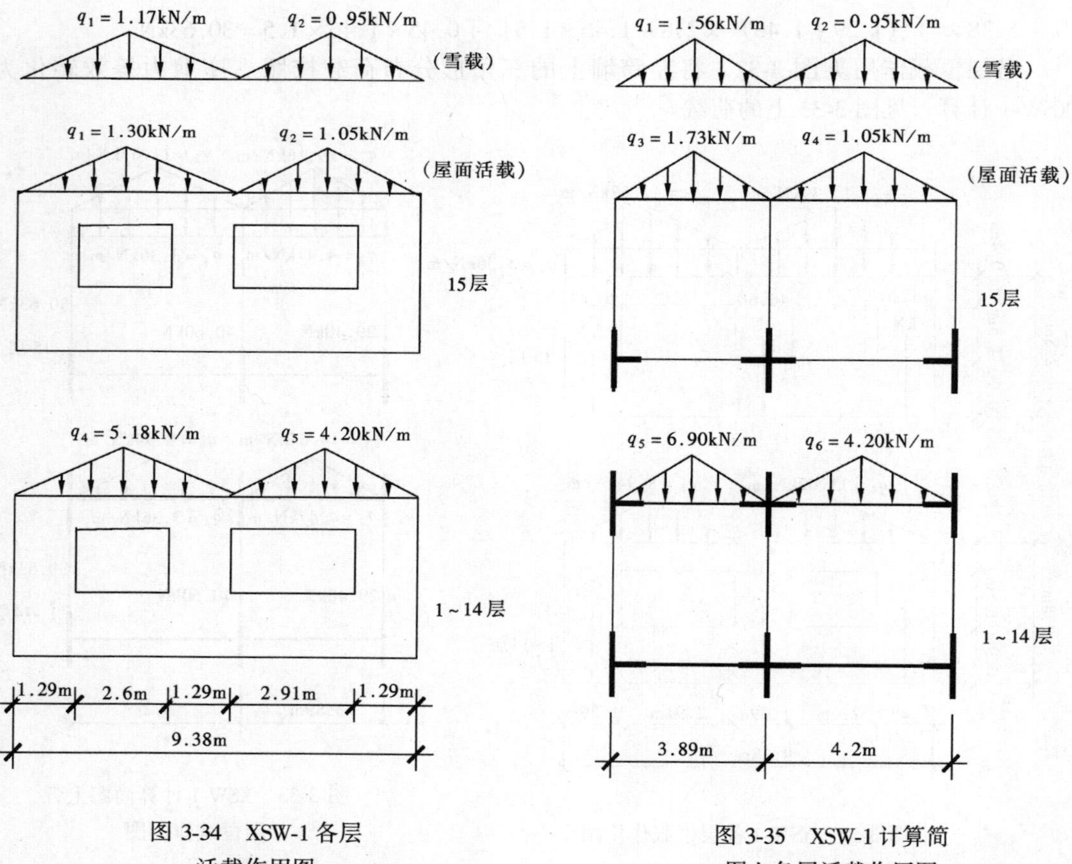


图 3-34 XSW-1 各层活载作用图

图 3-35 XSW-1 计算简图上各层活载作用图

屋面活载：$\frac{5.18}{3.89} \times 1.3 = 1.73\text{kN/m}$

雪载：$\frac{5.18}{3.89} \times 1.17 = 1.56\text{kN/m}$

楼面活载：$\frac{5.18}{3.89} \times 5.18 = 6.90\text{kN/m}$

3）荷载组合

非震时各层 $G_k$ 作用图见图 3-33，图 3-36 为非震时各层 $1.4Q_k$ 作用图，图 3-37 为地震时各层 $1.2G_E$ 作用图。

（2）非震时，$G_k$、$1.4Q_k$ 分别作用下结构内力计算

采用二次弯矩分配法计算（图 3-38、图 3-39），图 3-40、图 3-41 为壁梁、壁柱弯矩图，图 3-42、图 3-43 为壁梁剪力及壁柱轴力。

（3）地震时，$1.2G_E$ 作用下结构内力计算

计算方法同上，图 3-44 是二次弯矩分配法的计算过程，壁梁、壁柱弯矩见图 3-45，壁梁剪力及壁柱轴力见图 3-46。

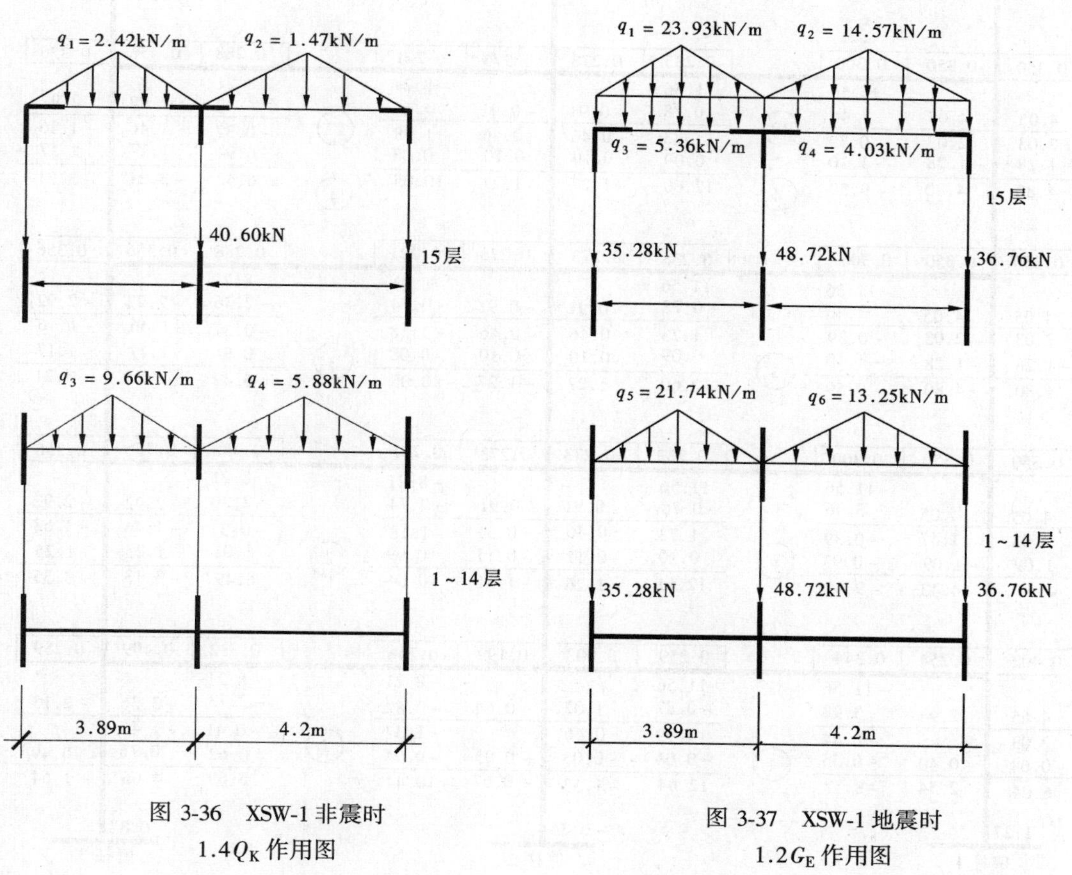


图 3-36　XSW-1 非震时 $1.4Q_K$ 作用图

图 3-37　XSW-1 地震时 $1.2G_E$ 作用图

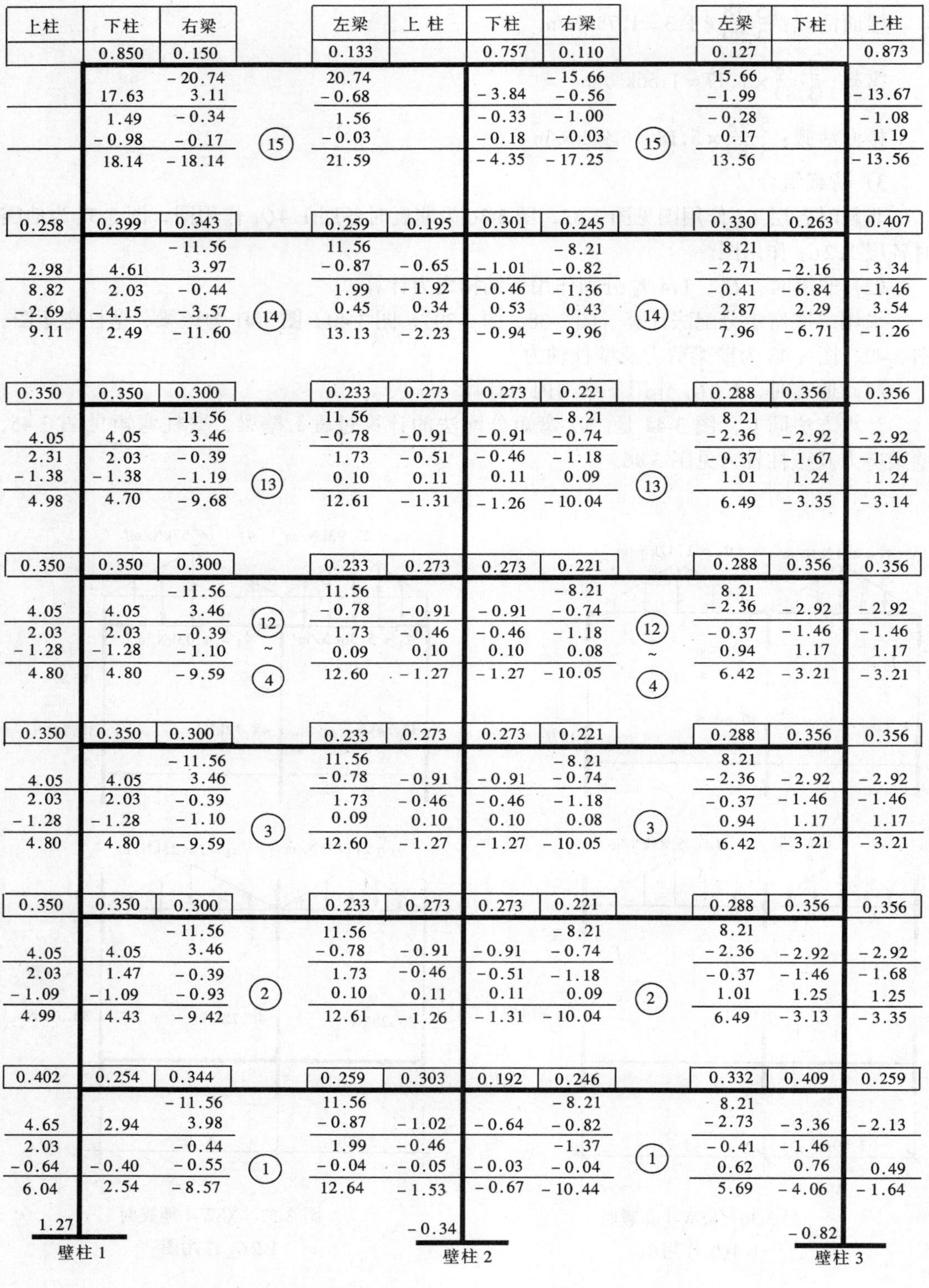

| 层 | 壁柱1 上柱 | 壁柱1 下柱 | 壁柱1 右梁 | 壁柱2 左梁 | 壁柱2 上柱 | 壁柱2 下柱 | 壁柱2 右梁 | 壁柱3 左梁 | 壁柱3 下柱 | 壁柱3 上柱 |
|---|---|---|---|---|---|---|---|---|---|---|
| ⑮ | | 0.850 | 0.150 | 0.133 | | 0.757 | 0.110 | 0.127 | | 0.873 |
| | | | -20.74 | 20.74 | | | -15.66 | 15.66 | | |
| | | 17.63 | 3.11 | -0.68 | | -3.84 | -0.56 | -1.99 | | -13.67 |
| | | 1.49 | -0.34 | 1.56 | | -0.33 | -1.00 | -0.28 | | -1.08 |
| | | -0.98 | -0.17 | -0.03 | | -0.18 | -0.03 | 0.17 | | 1.19 |
| | | 18.14 | -18.14 | 21.59 | | -4.35 | -17.25 | 13.56 | | -13.56 |
| ⑭ | 0.258 | 0.399 | 0.343 | 0.259 | 0.195 | 0.301 | 0.245 | 0.330 | 0.263 | 0.407 |
| | | | -11.56 | 11.56 | | | -8.21 | 8.21 | | |
| | 2.98 | 4.61 | 3.97 | -0.87 | -0.65 | -1.01 | -0.82 | -2.71 | -2.16 | -3.34 |
| | 8.82 | 2.03 | -0.44 | 1.99 | -1.92 | -0.46 | -1.36 | -0.41 | -6.84 | -1.46 |
| | -2.69 | -4.15 | -3.57 | 0.45 | 0.34 | 0.53 | 0.43 | 2.87 | 2.29 | 3.54 |
| | 9.11 | 2.49 | -11.60 | 13.13 | -2.23 | -0.94 | -9.96 | 7.96 | -6.71 | -1.26 |
| ⑬ | 0.350 | 0.350 | 0.300 | 0.233 | 0.273 | 0.273 | 0.221 | 0.288 | 0.356 | 0.356 |
| | | | -11.56 | 11.56 | | | -8.21 | 8.21 | | |
| | 4.05 | 4.05 | 3.46 | -0.78 | -0.91 | -0.91 | -0.74 | -2.36 | -2.92 | -2.92 |
| | 2.31 | 2.03 | -0.39 | 1.73 | -0.51 | -0.46 | -1.18 | -0.37 | -1.67 | -1.46 |
| | -1.38 | -1.38 | -1.19 | 0.10 | 0.11 | 0.11 | 0.09 | 1.01 | 1.24 | 1.24 |
| | 4.98 | 4.70 | -9.68 | 12.61 | -1.31 | -1.26 | -10.04 | 6.49 | -3.35 | -3.14 |
| ⑫~④ | 0.350 | 0.350 | 0.300 | 0.233 | 0.273 | 0.273 | 0.221 | 0.288 | 0.356 | 0.356 |
| | | | -11.56 | 11.56 | | | -8.21 | 8.21 | | |
| | 4.05 | 4.05 | 3.46 | -0.78 | -0.91 | -0.91 | -0.74 | -2.36 | -2.92 | -2.92 |
| | 2.03 | 2.03 | -0.39 | 1.73 | -0.46 | -0.46 | -1.18 | -0.37 | -1.46 | -1.46 |
| | -1.28 | -1.28 | -1.10 | 0.09 | 0.10 | 0.10 | 0.08 | 0.94 | 1.17 | 1.17 |
| | 4.80 | 4.80 | -9.59 | 12.60 | -1.27 | -1.27 | -10.05 | 6.42 | -3.21 | -3.21 |
| ③ | 0.350 | 0.350 | 0.300 | 0.233 | 0.273 | 0.273 | 0.221 | 0.288 | 0.356 | 0.356 |
| | | | -11.56 | 11.56 | | | -8.21 | 8.21 | | |
| | 4.05 | 4.05 | 3.46 | -0.78 | -0.91 | -0.91 | -0.74 | -2.36 | -2.92 | -2.92 |
| | 2.03 | 2.03 | -0.39 | 1.73 | -0.46 | -0.46 | -1.18 | -0.37 | -1.46 | -1.46 |
| | -1.28 | -1.28 | -1.10 | 0.09 | 0.10 | 0.10 | 0.08 | 0.94 | 1.17 | 1.17 |
| | 4.80 | 4.80 | -9.59 | 12.60 | -1.27 | -1.27 | -10.05 | 6.42 | -3.21 | -3.21 |
| ② | 0.350 | 0.350 | 0.300 | 0.233 | 0.273 | 0.273 | 0.221 | 0.288 | 0.356 | 0.356 |
| | | | -11.56 | 11.56 | | | -8.21 | 8.21 | | |
| | 4.05 | 4.05 | 3.46 | -0.78 | -0.91 | -0.91 | -0.74 | -2.36 | -2.92 | -2.92 |
| | 2.03 | 1.47 | -0.39 | 1.73 | -0.46 | -0.51 | -1.18 | -0.37 | -1.46 | -1.68 |
| | -1.09 | -1.09 | -0.93 | 0.10 | 0.11 | 0.11 | 0.09 | 1.01 | 1.25 | 1.25 |
| | 4.99 | 4.43 | -9.42 | 12.61 | -1.26 | -1.31 | -10.04 | 6.49 | -3.13 | -3.35 |
| ① | 0.402 | 0.254 | 0.344 | 0.259 | 0.303 | 0.192 | 0.246 | 0.332 | 0.409 | 0.259 |
| | | | -11.56 | 11.56 | | | -8.21 | 8.21 | | |
| | 4.65 | 2.94 | 3.98 | -0.87 | -1.02 | -0.64 | -0.82 | -2.73 | -3.36 | -2.13 |
| | 2.03 | | -0.44 | 1.99 | -0.46 | | -1.37 | -0.41 | -1.46 | |
| | -0.64 | -0.40 | -0.55 | -0.04 | -0.05 | -0.03 | -0.04 | 0.62 | 0.76 | 0.49 |
| | 6.04 | 2.54 | -8.57 | 12.64 | -1.53 | -0.67 | -10.44 | 5.69 | -4.06 | -1.64 |
| 柱底 | | 1.27 | | | | -0.34 | | | -0.82 | |

壁柱 1　　壁柱 2　　壁柱 3

图 3-38　XSW-1 非震时，在 $G_K$ 作用下壁梁、壁柱弯矩计算（单位 kN·m）

| Floor | 壁柱1 上柱 | 壁柱1 下柱 | 壁柱1 右梁 | 壁柱2 左梁 | 壁柱2 上柱 | 壁柱2 下柱 | 壁柱2 右梁 | 壁柱3 左梁 | 壁柱3 上柱 | 壁柱3 下柱 |
|---|---|---|---|---|---|---|---|---|---|---|
| 15 | | 0.850 | 0.150 | 0.133 | | 0.757 | 0.110 | 0.127 | | 0.873 |
| | | | -1.91 | 1.91 | | | -1.35 | 1.35 | | |
| | | 1.62 | 0.29 | -0.07 | | -0.42 | -0.06 | -0.17 | | -1.18 |
| | | 0.98 | -0.04 | 0.15 | | -0.22 | -0.09 | -0.03 | | -0.71 |
| | | -0.80 | -0.14 | 0.02 | | 0.12 | 0.02 | 0.09 | | 0.65 |
| | | 1.80 | -1.80 | 2.01 | | -0.52 | -1.48 | 1.24 | | -1.24 |
| 14 | 0.258 | 0.399 | 0.343 | 0.259 | 0.195 | 0.301 | 0.245 | 0.330 | 0.263 | 0.407 |
| | | | -7.61 | 7.61 | | | -5.40 | 5.40 | | |
| | 1.96 | 3.04 | 2.61 | -0.57 | -0.43 | -0.67 | -0.54 | -1.78 | -1.42 | -2.20 |
| | 0.81 | 1.33 | -0.29 | 1.31 | -0.21 | -0.30 | -0.89 | -0.27 | -0.59 | -0.96 |
| | -0.48 | -0.74 | -0.63 | 0.02 | 0.02 | 0.03 | 0.02 | 0.60 | 0.48 | 0.74 |
| | 2.29 | 3.63 | -5.92 | 8.37 | -0.62 | -0.94 | -6.81 | 3.95 | -1.53 | -2.42 |
| 13 | 0.350 | 0.350 | 0.300 | 0.233 | 0.273 | 0.273 | 0.221 | 0.288 | 0.356 | 0.356 |
| | | | -7.61 | 7.61 | | | -5.40 | 5.40 | | |
| | 2.66 | 2.66 | 2.28 | -0.51 | -0.60 | -0.60 | -0.49 | -1.56 | -1.92 | -1.92 |
| | 1.52 | 1.33 | -0.26 | 1.14 | -0.34 | -0.30 | -0.78 | -0.25 | -1.10 | -0.96 |
| | -0.90 | -0.90 | -0.78 | 0.07 | 0.08 | 0.08 | 0.06 | 0.67 | 0.82 | 0.82 |
| | 3.28 | 3.09 | -6.37 | 8.31 | -0.86 | -0.82 | -6.61 | 4.26 | -2.20 | -2.06 |
| 12~4 | 0.350 | 0.350 | 0.300 | 0.233 | 0.273 | 0.273 | 0.221 | 0.288 | 0.356 | 0.356 |
| | | | -7.61 | 7.61 | | | -5.40 | 5.40 | | |
| | 2.66 | 2.66 | 2.28 | -0.51 | -0.60 | -0.60 | -0.49 | -1.56 | -1.92 | -1.92 |
| | 1.33 | 1.33 | -0.26 | 1.14 | -0.30 | -0.30 | -0.78 | -0.25 | -0.96 | -0.96 |
| | -0.84 | -0.84 | -0.72 | 0.06 | 0.07 | 0.07 | 0.05 | 0.62 | 0.77 | 0.77 |
| | 3.15 | 3.15 | -6.31 | 8.30 | -0.83 | -0.83 | -6.62 | 4.21 | -2.11 | -2.11 |
| 3 | 0.350 | 0.350 | 0.300 | 0.233 | 0.273 | 0.273 | 0.221 | 0.288 | 0.356 | 0.356 |
| | | | -7.61 | 7.61 | | | -5.40 | 5.40 | | |
| | 2.66 | 2.66 | 2.28 | -0.51 | -0.60 | -0.60 | -0.49 | -1.56 | -1.92 | -1.92 |
| | 1.33 | 1.33 | -0.26 | 1.14 | -0.30 | -0.30 | -0.78 | -0.25 | -0.96 | -0.96 |
| | -0.84 | -0.84 | -0.72 | 0.06 | 0.07 | 0.07 | 0.05 | 0.62 | 0.77 | 0.77 |
| | 3.15 | 3.15 | -6.31 | 8.30 | -0.83 | -0.83 | -6.62 | 4.21 | -2.11 | -2.11 |
| 2 | 0.350 | 0.350 | 0.300 | 0.233 | 0.273 | 0.273 | 0.221 | 0.288 | 0.356 | 0.356 |
| | | | -7.61 | 7.61 | | | -5.40 | 5.40 | | |
| | 2.66 | 2.66 | 2.28 | -0.51 | -0.60 | -0.60 | -0.49 | -1.56 | -1.92 | -1.92 |
| | 1.33 | 0.97 | -0.26 | 1.14 | -0.30 | -0.34 | -0.78 | -0.25 | -0.96 | -1.16 |
| | -0.71 | -0.71 | -0.61 | 0.07 | 0.08 | 0.08 | 0.06 | 0.68 | 0.84 | 0.84 |
| | 3.28 | 2.92 | -6.20 | 8.31 | -0.82 | -0.86 | -6.61 | 4.27 | -2.04 | -2.04 |
| 1 | 0.402 | 0.254 | 0.344 | 0.259 | 0.303 | 0.192 | 0.246 | 0.332 | 0.409 | 0.259 |
| | | | -7.61 | 7.61 | | | -5.40 | 5.40 | | |
| | 3.06 | 1.93 | 2.62 | -0.57 | -0.67 | -0.42 | -0.54 | -1.79 | -2.21 | -1.40 |
| | 1.33 | | -0.29 | 1.31 | -0.30 | | -0.90 | -0.27 | -0.96 | |
| | -0.42 | -0.26 | -0.36 | -0.03 | -0.03 | -0.02 | -0.03 | 0.41 | 0.50 | 0.32 |
| | 3.97 | 1.67 | -5.64 | 8.32 | -1.00 | -0.44 | -6.87 | 3.75 | -2.67 | -1.08 |
| 柱底 | | 0.84 | | | | -0.22 | | | | -0.54 |

壁柱 1　　壁柱 2　　壁柱 3

图 3-39　XSW-1 非震时，在 $1.4Q_K$ 作用下壁梁、壁柱弯矩计算（单位 kN·m）

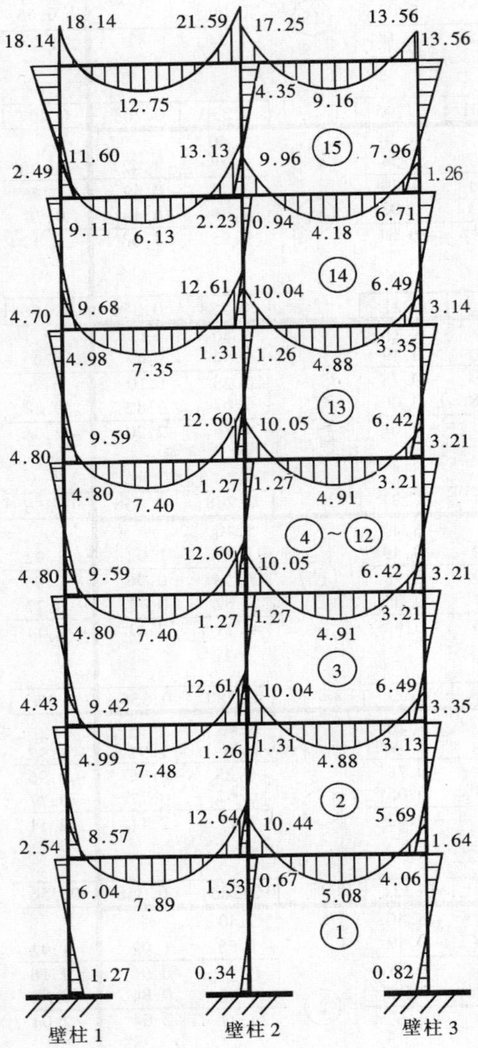


图 3-40　XSW-1 非震时，在 $G_K$ 作用下壁梁、壁柱弯矩计算（单位 kN·m）

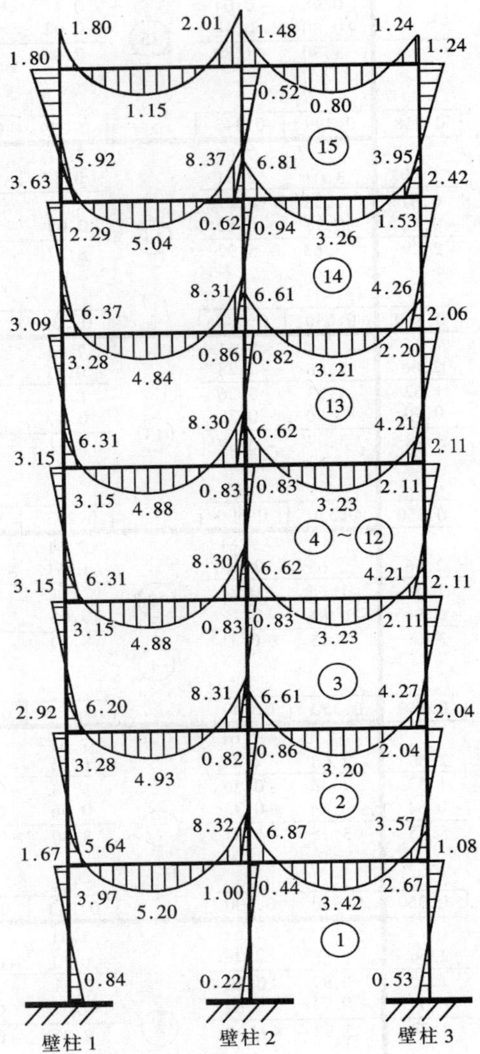


图 3-41　XSW-1 非震时，在 $1.4Q_K$ 作用下壁梁、壁柱弯矩计算（单位 kN·m）

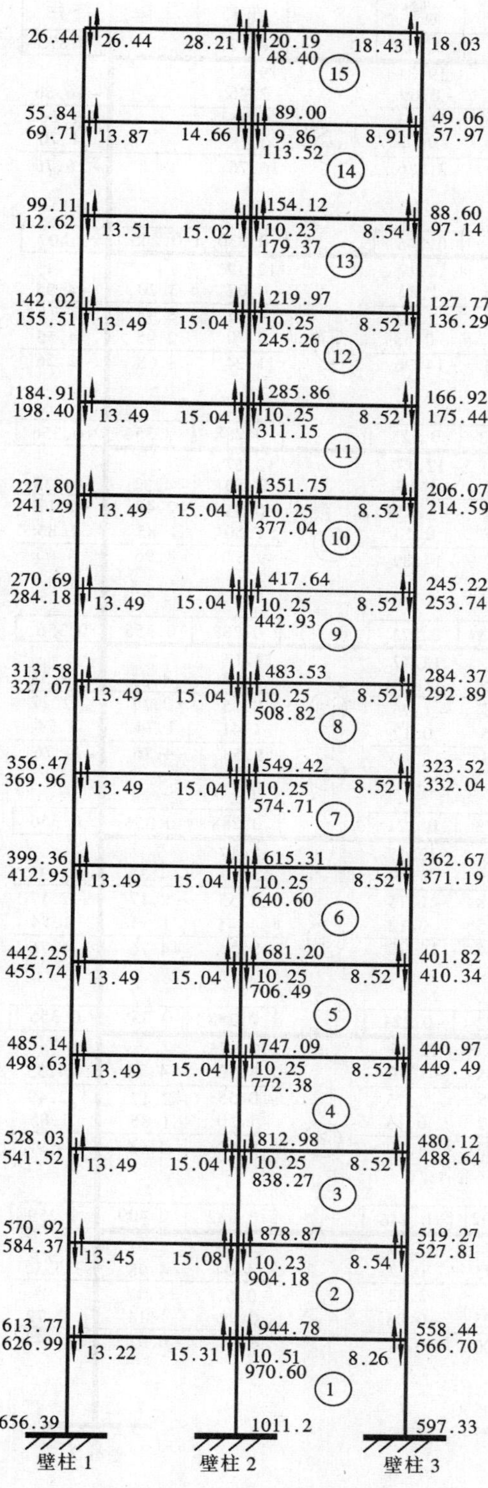

图 3-42　XSW-1 非震时，在 $G_K$ 作用下壁梁剪力及壁柱轴力（单位 kN）

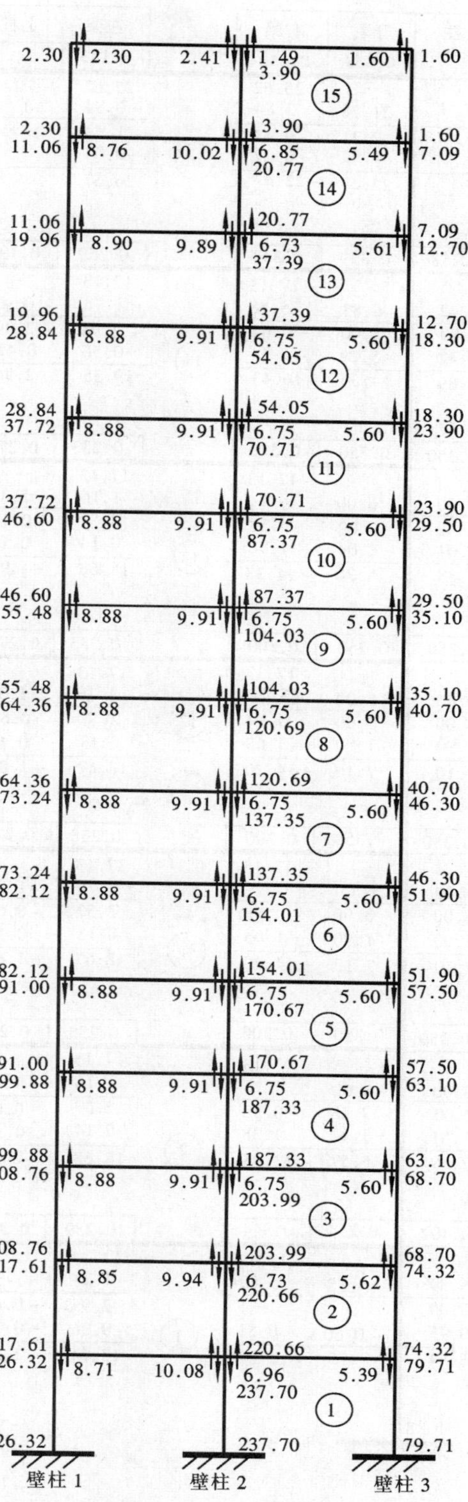

图 3-43　XSW-1 非震时，在 $1.4Q_K$ 作用下壁梁剪力及壁柱轴力（单位 kN）

| 层 | 壁柱 1 上柱 | 壁柱 1 下柱 | 壁柱 1 右梁 | 壁柱 2 左梁 | 壁柱 2 上柱 | 壁柱 2 下柱 | 壁柱 2 右梁 | 壁柱 3 左梁 | 壁柱 3 上柱 | 壁柱 3 下柱 |
|---|---|---|---|---|---|---|---|---|---|---|
| ⑮ |  | 0.850 | 0.150 | 0.133 |  | 0.757 | 0.110 | 0.127 |  | 0.873 |
|  |  |  | -25.62 | 25.62 |  |  | -19.31 | 19.31 |  |  |
|  |  | 21.78 | 3.84 | -0.84 |  | -4.78 | -0.69 | -2.45 |  | -16.86 |
|  |  | 2.21 | -0.42 | 1.92 |  | -0.43 | -1.23 | -0.35 |  | 1.60 |
|  |  | -1.52 | -0.27 | -0.03 |  | -0.20 | -0.03 | 0.25 |  | 1.70 |
|  |  | 22.47 | -22.47 | 26.67 |  | -5.41 | -21.26 | 16.76 |  | -16.76 |
| ⑭ | 0.258 | 0.399 | 0.343 | 0.259 | 0.195 | 0.301 | 0.245 | 0.330 | 0.263 | 0.407 |
|  |  |  | -17.13 | 17.13 |  |  | -12.17 | 12.17 |  |  |
|  | 4.42 | 6.83 | 5.88 | -1.28 | -0.97 | -1.49 | -1.22 | -4.02 | -3.20 | -4.95 |
|  | 10.89 | 3.00 | -0.64 | 2.94 | -2.39 | -0.61 | -2.10 | -0.61 | -8.43 | -2.71 |
|  | -3.42 | -5.29 | -4.54 | 0.56 | 0.42 | 0.65 | 0.53 | 3.70 | 2.95 | 4.56 |
|  | 11.89 | 4.54 | -16.43 | 19.35 | -2.94 | -1.45 | -14.96 | 11.24 | -8.68 | -2.56 |
| ⑬ | 0.350 | 0.350 | 0.300 | 0.233 | 0.273 | 0.273 | 0.221 | 0.288 | 0.356 | 0.356 |
|  |  |  | -17.13 | 17.13 |  |  | -12.17 | 12.17 |  |  |
|  | 6.00 | 6.00 | 5.14 | -1.16 | -1.35 | -1.35 | -1.10 | -3.50 | -4.33 | -4.33 |
|  | 3.42 | 3.00 | -0.58 | 2.57 | -0.75 | -0.68 | -1.75 | -0.55 | -2.48 | -2.17 |
|  | -2.04 | -2.04 | -1.76 | 0.14 | 0.17 | 0.17 | 0.13 | 1.50 | 1.85 | 1.85 |
|  | 7.38 | 6.96 | -14.33 | 18.68 | -1.93 | -1.86 | -14.89 | 9.62 | -4.96 | -4.65 |
| ⑫~④ | 0.350 | 0.350 | 0.300 | 0.233 | 0.273 | 0.273 | 0.221 | 0.288 | 0.356 | 0.356 |
|  |  |  | -17.13 | 17.13 |  |  | -12.17 | 12.17 |  |  |
|  | 6.00 | 6.00 | 5.14 | -1.16 | -1.35 | -1.35 | -1.10 | -3.50 | -4.33 | -4.33 |
|  | 3.00 | 3.00 | -0.58 | 2.57 | -0.68 | -0.68 | -1.75 | -0.55 | -2.17 | -2.17 |
|  | -1.90 | -1.90 | -1.63 | 0.13 | 0.15 | 0.15 | 0.12 | 1.41 | 1.74 | 1.74 |
|  | 7.10 | 7.10 | -14.20 | 18.67 | -1.88 | -1.88 | -14.90 | 9.53 | -4.76 | -4.76 |
| ③ | 0.350 | 0.350 | 0.300 | 0.233 | 0.273 | 0.273 | 0.221 | 0.288 | 0.356 | 0.356 |
|  |  |  | -17.13 | 17.13 |  |  | -12.17 | 12.17 |  |  |
|  | 6.00 | 6.00 | 5.14 | -1.16 | -1.35 | -1.35 | -1.10 | -3.50 | -4.33 | -4.33 |
|  | 3.00 | 3.00 | -0.58 | 2.57 | -0.68 | -0.68 | -1.75 | -0.55 | -2.17 | -2.17 |
|  | -1.90 | -1.90 | -1.63 | 0.13 | 0.15 | 0.15 | 0.12 | 1.41 | 1.74 | 1.74 |
|  | 7.10 | 7.10 | -14.20 | 18.67 | -1.88 | -1.88 | -14.90 | 9.53 | -4.76 | -4.76 |
| ② | 0.350 | 0.350 | 0.300 | 0.233 | 0.273 | 0.273 | 0.221 | 0.288 | 0.356 | 0.356 |
|  |  |  | -17.13 | 17.13 |  |  | -12.17 | 12.17 |  |  |
|  | 6.00 | 6.00 | 5.14 | -1.16 | -1.35 | -1.35 | -1.10 | -3.50 | -4.33 | -4.33 |
|  | 3.00 | 2.18 | -0.58 | 2.57 | -0.68 | -0.75 | -1.75 | -0.55 | -2.17 | -2.49 |
|  | -1.61 | -1.61 | -1.38 | 0.14 | 0.17 | 0.17 | 0.13 | 1.50 | 1.85 | 1.85 |
|  | 7.39 | 6.57 | -13.95 | 18.68 | -1.86 | -1.93 | -14.89 | 9.62 | -4.65 | -4.97 |
| ① | 0.402 | 0.254 | 0.344 | 0.259 | 0.303 | 0.192 | 0.246 | 0.332 | 0.409 | 0.259 |
|  |  |  | -17.13 | 17.13 |  |  | -12.71 | 12.71 |  |  |
|  | 6.89 | 4.35 | 5.89 | -1.28 | -1.50 | -0.95 | -1.22 | -4.04 | -4.98 | -3.15 |
|  | 3.00 |  | -0.64 | 2.95 | -0.68 |  | -2.02 | -0.61 | -2.17 |  |
|  | -0.95 | -0.60 | -0.81 | -0.06 | -0.08 | -0.05 | -0.06 | 0.92 | 1.14 | 0.72 |
|  | 8.94 | 3.75 | -12.69 | 18.74 | -2.26 | -1.00 | -15.47 | 8.44 | -6.01 | -2.43 |
| 柱底 |  | 1.88 |  |  |  | -0.50 |  |  |  | -1.22 |

图 3-44 XSW-1 地震时，在 $1.2G_E$ 作用下壁梁、壁柱弯矩计算（单位 kN·m）

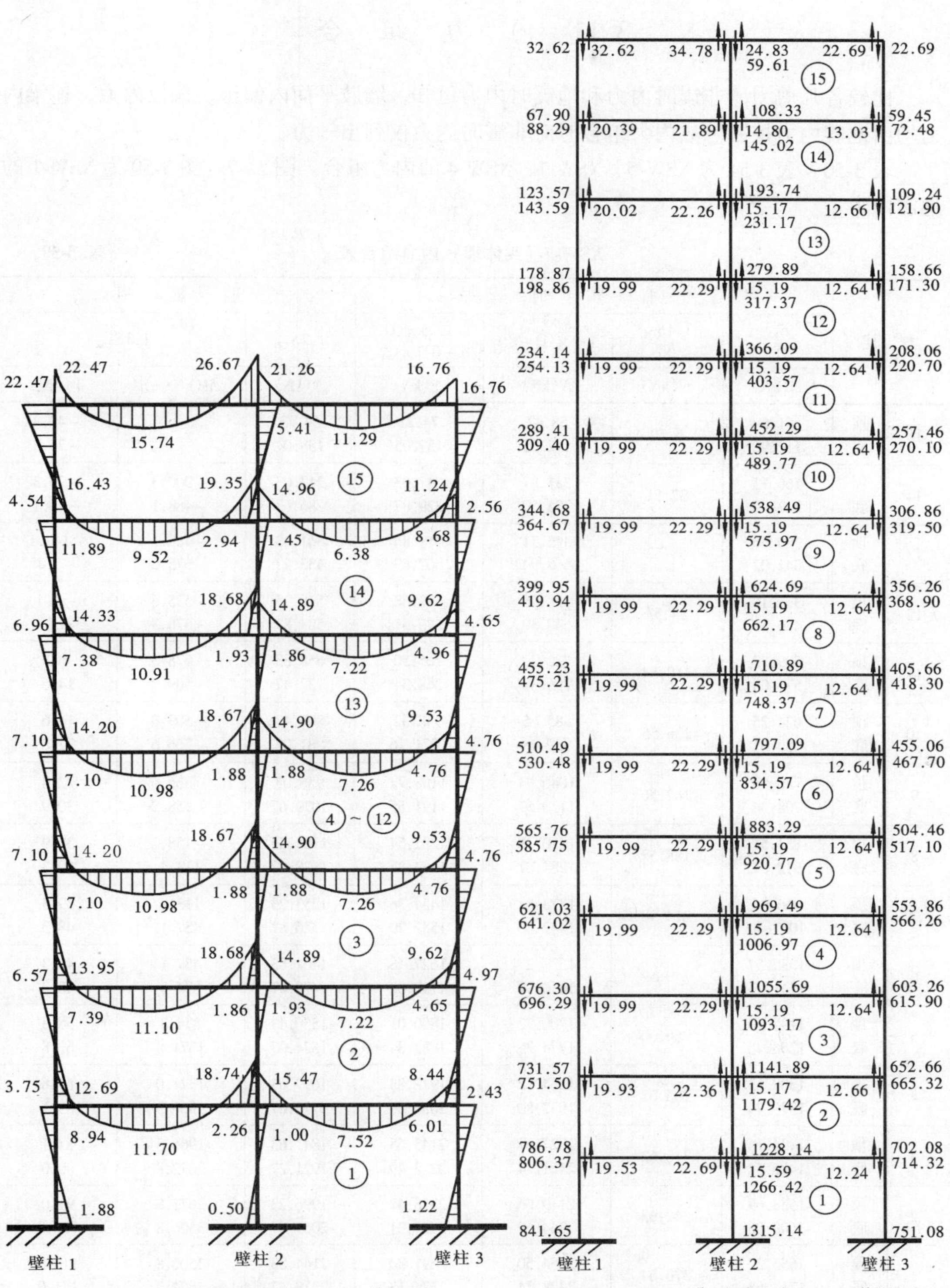


图 3-45 XSW-1 地震时，$1.2G_{\rm E}$ 作用下壁梁、壁柱弯矩计算（单位 kN·m）

图 3-46 XSW-1 非震时，在 $1.2G_{\rm E}$ 作用下壁梁剪力及壁柱轴力（单位 kN）

## 3.11 内 力 组 合

比较各片剪力墙非震时内力和地震时内力可知，墙肢平面内偏压、偏拉内力、连梁内力均由地震内力控制。故内力组合时对非震时内力仅列出轴力。

表3-50~表3-54为XSW-5、XSW-7、XSW-4的内力组合。图3-47~图3-50为XSW-1的地震内力。

**XSW-5（实体墙）内力组合表** **表 3-50**

| 楼层 | | 非震时 | | | | 地震时 | | |
|---|---|---|---|---|---|---|---|---|
| | | $S_{Gk}$ ① | $1.4S_{Qk}$ ② | 1.2×①+② | 1.35×①+0.7×② | $1.2S_{GE}$ | $1.3S_{Ehk}$ | |
| | | $N$(kN) | $N$(kN) | $N$(kN) | $N$(kN) | $N$(kN) | $M$(kN·m) | $V$(kN) |
| 15 | 顶 | 51.6 | 6.50 | 68.42 | 74.21 | 64.43 | | -40.8 |
| | 底 | 112.96 | | 142.05 | 157.05 | 138.07 | | -26.3 |
| 14 | 顶 | 166.13 | 32.51 | 231.87 | 247.03 | 213.03 | -300.3 | -26.3 |
| | 底 | 227.49 | | 305.50 | 329.87 | 286.67 | -488.1 | -14.1 |
| 13 | 顶 | 280.66 | 58.52 | 395.31 | 419.86 | 361.63 | -488.1 | -147.1 |
| | 底 | 342.02 | | 468.94 | 502.69 | 435.27 | -575.6 | -3.4 |
| 12 | 顶 | 395.19 | 84.53 | 558.76 | 592.68 | 510.23 | -575.6 | -3.4 |
| | 底 | 456.55 | | 638.39 | 675.51 | 583.87 | -578.3 | 6.0 |
| 11 | 顶 | 509.72 | 110.54 | 722.20 | 765.50 | 658.83 | -578.3 | 6.0 |
| | 底 | 571.08 | | 795.84 | 848.34 | 732.47 | -509.0 | 14.6 |
| 10 | 顶 | 624.25 | 136.55 | 885.65 | 938.32 | 807.43 | -509.0 | 14.6 |
| | 底 | 685.61 | | 959.28 | 1021.16 | 881.07 | -366.6 | 22.8 |
| 9 | 顶 | 736.98 | 162.56 | 1046.94 | 1108.72 | 956.03 | -366.6 | 22.8 |
| | 底 | 798.34 | | 1120.57 | 1191.55 | 1029.67 | -158.2 | 30.9 |
| 8 | 顶 | 851.51 | 188.57 | 1210.38 | 1281.54 | 1104.63 | -158.2 | 30.9 |
| | 底 | 912.87 | | 1284.01 | 1364.37 | 1178.27 | 113.4 | 39.3 |
| 7 | 顶 | 966.04 | 214.58 | 1373.83 | 1454.36 | 1253.23 | 113.4 | 39.3 |
| | 底 | 1027.40 | | 1447.46 | 1537.20 | 1326.87 | 457.1 | 48.3 |
| 6 | 顶 | 1080.57 | 240.59 | 1537.27 | 1627.18 | 1401.83 | 457.1 | 48.3 |
| | 底 | 1141.93 | | 1610.91 | 1710.02 | 1475.47 | 874.3 | 58.3 |
| 5 | 顶 | 1195.10 | 266.60 | 1700.72 | 1800.01 | 1550.43 | 874.3 | 58.3 |
| | 底 | 1256.46 | | 1774.35 | 1882.84 | 1624.07 | 1371.0 | 69.8 |
| 4 | 顶 | 1309.63 | 292.61 | 1864.12 | 1972.83 | 1699.03 | 1371.0 | 69.8 |
| | 底 | 1370.99 | | 1937.80 | 2055.66 | 1772.67 | 1966.3 | 83.1 |
| 3 | 顶 | 1424.16 | 318.62 | 2027.61 | 2145.65 | 1847.63 | 1966.3 | 83.1 |
| | 底 | 1485.52 | | 2101.24 | 2228.49 | 1921.27 | 2672.8 | 99.0 |
| 2 | 顶 | 1538.69 | 344.63 | 2119.06 | 2318.47 | 1996.23 | 2672.8 | 99.0 |
| | 底 | 1600.05 | | 2264.69 | 2401.31 | 2069.87 | 3506.8 | 118.0 |
| 1 | 顶 | 1653.22 | 370.64 | 2354.50 | 2491.30 | 2144.83 | 3506.8 | 118.0 |
| | 底 | 1714.58 | | 2428.14 | 2574.13 | 2218.47 | 4504.0 | 141.0 |

注：表中$1.3S_{Ehk}$栏内力为左向水平地震作用下的内力，右向水平地震作用下的内力数值相同，符号相反。

**XSW-7（整体小开口墙）非震时内力组合表** **表 3-51**

| 楼层 | | 墙肢 1 | | | | | 墙肢 2 | | | | |
|---|---|---|---|---|---|---|---|---|---|---|---|
| | | $S_{Gk}$ ① | $1.4S_{Qk}$ ② | $1.4S_{Wk}$ ③ | 内力组合 | | $S_{Gk}$ ① | $1.4S_{Qk}$ ② | $1.4S_{Wk}$ ③ | 内力组合 | |
| | | $N$（kN） | $N$（kN） | $N$（kN） | 组合项目 | 组合值 $N$（kN） | $N$（kN） | $N$（kN） | $N$（kN） | 组合项目 | 组合值 $N$（kN） |
| 15 | 顶 | 147.24 | 9.66 | 0.0 | 1.35×① | 205.5 | 71.73 | 4.71 | 0.0 | 1.35×① | 100.1 |
| | 底 | 173.28 | | −8.6 | +0.7×② | 240.7 | 84.42 | | 8.6 | +0.7×② | 117.3 |
| 14 | 顶 | 187.95 | 119.32 | −8.6 | 1.35×① | 267.3 | 91.57 | 9.42 | 8.6 | 1.35×① | 130.2 |
| | 底 | 213.99 | | −14.1 | +0.7×② | 302.4 | 104.26 | | 14.1 | +0.7×② | 147.4 |
| 13 | 顶 | 229.66 | 28.98 | −14.1 | 1.35×① | 329.0 | 111.41 | 14.13 | 14.1 | 1.35×① | 160.3 |
| | 底 | 254.70 | | −16.8 | +0.7×② | 364.1 | 124.10 | | 16.8 | +0.7×② | 177.4 |
| 12 | 顶 | 269.37 | 38.64 | −16.8 | 1.35×① | 390.7 | 131.25 | 18.84 | 16.8 | 1.35×① | 190.4 |
| | 底 | 295.41 | | −17.0 | +0.7×② | 426.9 | 143.94 | | 17.0 | +0.7×② | 207.5 |
| 11 | 顶 | 310.08 | 48.30 | −17.0 | 1.35×① | 452.4 | 151.09 | 23.55 | 17.0 | 1.35×① | 220.5 |
| | 底 | 336.12 | | −15.3 | +0.7×② | 487.6 | 163.78 | | 15.3 | +0.7×② | 237.6 |
| 10 | 顶 | 350.79 | 57.96 | −15.3 | 1.35×① | 514.1 | 170.93 | 28.26 | 15.3 | 1.35×① | 250.5 |
| | 底 | 376.83 | | −11.6 | +0.7×② | 549.3 | 183.62 | | 11.6 | +0.7×② | 267.7 |
| 9 | 顶 | 391.50 | 67.62 | −11.6 | 1.35×① | 575.9 | 190.77 | 32.97 | 11.6 | 1.35×① | 280.6 |
| | 底 | 417.54 | | −6.1 | +0.7×② | 611.0 | 203.46 | | 6.1 | +0.7×② | 297.8 |
| 8 | 顶 | 432.21 | 77.28 | −6.1 | 1.35×① | 637.6 | 210.61 | 37.68 | 6.1 | 1.35×① | 310.7 |
| | 底 | 458.25 | | 1.2 | +0.7×② | 672.7 | 223.30 | | −1.2 | +0.7×② | 327.8 |
| 7 | 顶 | 472.92 | 86.94 | 1.2 | 1.35×① | 699.3 | 230.45 | 42.39 | −1.2 | 1.35×① | 340.8 |
| | 底 | 498.96 | | 10.4 | +0.7×② | 734.5 | 243.14 | | −10.4 | +0.7×② | 357.9 |
| 6 | 顶 | 513.63 | 96.60 | 10.4 | 1.35×① | 761.0 | 250.29 | 47.10 | −10.4 | 1.35×① | 370.9 |
| | 底 | 539.67 | | 21.6 | +0.7×② | 796.2 | 262.98 | | −21.6 | +0.7×② | 388.0 |
| 5 | 顶 | 554.34 | 106.26 | 21.6 | 1.35×① | 822.7 | 270.13 | 51.81 | −21.6 | 1.35×① | 400.9 |
| | 底 | 580.38 | | 34.8 | +0.7×② | 857.9 | 282.82 | | −34.8 | +0.7×② | 418.1 |
| 4 | 顶 | 595.05 | 115.92 | 34.8 | 1.35×① | 884.5 | 289.97 | 56.52 | −34.8 | 1.2×①+ | 422.3 |
| | 底 | 621.09 | | 50.7 | +0.7×② | 919.6 | 302.66 | | −50.7 | 0.7×②+④ | 453.5 |
| 3 | 顶 | 635.76 | 125.58 | 50.7 | 1.35×① | 946.2 | 309.81 | 61.23 | −50.7 | 1.2×①+ | 465.3 |
| | 底 | 661.80 | | 69.5 | +0.7×② | 981.3 | 322.50 | | −69.5 | 0.7×②+④ | 499.4 |
| 2 | 顶 | 676.47 | 135.24 | 69.5 | 1.35×① | 1007.9 | 329.65 | 65.94 | −69.5 | 1.2×①+ | 511.2 |
| | 底 | 702.51 | | 91.7 | +0.7×② | 1043.1 | 342.34 | | −91.7 | 0.7×②+④ | 548.7 |
| 1 | 顶 | 717.18 | 144.90 | 91.7 | 1.2×①+ | 1053.8 | 349.49 | 70.65 | −91.7 | 1.2×①+ | 560.5 |
| | 底 | 743.22 | | 118.2 | 0.7×②+③ | 1111.5 | 362.18 | | −118.2 | 0.7×②+④ | 602.2 |

注：1. 表中 $1.4S_{Wk}$栏内力为左吹风时的内力，以③表示；

2. 右吹风时的内力数值相同，符号相反，以④表示。

**XSW-7（整体小开口墙）地震时内力组合表** **表 3-52**

| 楼层 | | 墙肢 1 | | | | | | 墙肢 2 | | | | | | 连梁内力 | |
|---|---|---|---|---|---|---|---|---|---|---|---|---|---|---|---|
| | | $1.2S_{GE}$ | $1.3S_{Ehk}$ | | | 内力组合 | | $1.2S_{GE}$ | $1.3S_{Ehk}$ | | | 内力组合 | | | |
| | | $N$ kN | $N$ kN | $V$ kN | $M$ KN·m | $N$ kN | $N$ kN | $N$ kN | $N$ kN | $V$ kN | $M$ KN·m | $N$ kN | $N$ kN | $V_b$ kN | $M_b$ KN·m |
| 15 | 顶 | 185.0 | 0.0 | -15.1 | 0.0 | 185.0 | 185.0 | 90.1 | 0.0 | -2.7 | 0.0 | 90.1 | 90.1 | 0.0 | 0.0 |
| | 底 | 216.2 | -40.5 | -9.8 | -38.7 | 175.7 | 256.7 | 105.3 | 40.5 | -1.7 | -1.6 | 145.8 | 64.8 | | |
| 14 | 顶 | 238.0 | -40.5 | -9.8 | -38.7 | 197.5 | 278.5 | 115.9 | 40.5 | -1.7 | -1.6 | 156.4 | 75.3 | -40.5 | -20.3 |
| | 底 | 269.2 | -65.9 | -5.2 | -62.8 | 203.3 | 335.1 | 131.2 | 65.9 | -0.9 | -2.6 | 197.1 | 65.3 | | |
| 13 | 顶 | 291.0 | -65.9 | -5.2 | -62.8 | 225.1 | 356.9 | 141.8 | 65.9 | -0.9 | -2.6 | 207.7 | 75.9 | -25.4 | -12.7 |
| | 底 | 322.2 | -77.7 | -1.3 | -74.1 | 244.5 | 399.9 | 157.0 | 77.7 | -0.2 | -3.1 | 234.7 | 79.3 | | |
| 12 | 顶 | 344.0 | -77.7 | -1.3 | -74.1 | 266.3 | 421.7 | 167.6 | 77.7 | -0.2 | -3.1 | 245.3 | 89.9 | -11.8 | -5.9 |
| | 底 | 375.2 | -78.0 | 2.2 | -74.4 | 297.2 | 453.2 | 182.8 | 78.0 | 0.4 | -3.1 | 260.8 | 104.8 | | |
| 11 | 顶 | 397.0 | -78.0 | 2.2 | -74.4 | 309.0 | 475.0 | 193.4 | 78.0 | 0.4 | -3.1 | 271.4 | 115.4 | -0.3 | -0.2 |
| | 底 | 428.2 | -68.7 | 5.4 | -65.5 | 359.5 | 496.9 | 208.7 | 68.7 | 1.0 | -2.8 | 277.4 | 140.0 | | |
| 10 | 顶 | 450.0 | -68.7 | 5.4 | -65.5 | 381.3 | 518.7 | 219.3 | 68.7 | 1.0 | -2.8 | 288.0 | 150.6 | 9.3 | 4.7 |
| | 底 | 428.2 | -49.5 | 8.5 | -47.2 | 431.7 | 530.7 | 234.5 | 49.5 | 1.5 | -2.0 | 284.0 | 185.0 | | |
| 9 | 顶 | 503.0 | -49.5 | 8.5 | -47.2 | 453.5 | 552.5 | 245.1 | 49.5 | 1.5 | -2.0 | 294.6 | 195.6 | 19.2 | 9.6 |
| | 底 | 534.2 | -21.4 | 11.5 | -20.4 | 512.8 | 555.6 | 260.3 | 21.4 | 2.0 | -0.9 | 281.7 | 238.9 | | |
| 8 | 顶 | 556.0 | -21.4 | 11.5 | -20.4 | 534.6 | 577.4 | 270.9 | 21.4 | 2.0 | -0.9 | 292.3 | 249.5 | 28.1 | 14.1 |
| | 底 | 587.2 | 15.3 | 14.6 | 14.6 | 602.5 | 571.9 | 286.2 | -15.3 | 2.6 | 0.6 | 270.9 | 301.5 | | |
| 7 | 顶 | 609.0 | 15.3 | 14.6 | 14.6 | 624.3 | 593.7 | 296.8 | -15.3 | 2.6 | 0.6 | 281.5 | 312.1 | 36.7 | 18.4 |
| | 底 | 640.2 | 61.7 | 18.0 | 58.8 | 701.9 | 578.5 | 312.0 | -61.7 | 3.1 | 2.5 | 250.3 | 373.7 | | |
| 6 | 顶 | 662.0 | 61.7 | 18.0 | 58.8 | 723.7 | 600.3 | 322.6 | -61.7 | 3.1 | 2.5 | 260.9 | 384.3 | 46.4 | 23.2 |
| | 底 | 693.2 | 118.0 | 21.7 | 112.5 | 811.2 | 575.2 | 337.8 | -118.0 | 3.8 | 4.7 | 219.8 | 455.8 | | |
| 5 | 顶 | 715.0 | 118.0 | 21.7 | 112.5 | 833.0 | 597.0 | 348.4 | -118.0 | 3.8 | 4.7 | 230.4 | 466.4 | 256.3 | 28.2 |
| | 底 | 746.2 | 185.1 | 25.9 | 176.5 | 931.3 | 561.1 | 363.6 | -185.1 | 4.5 | 7.4 | 178.5 | 548.7 | | |
| 4 | 顶 | 768.0 | 185.1 | 25.9 | 176.5 | 953.1 | 582.9 | 374.2 | -185.1 | 4.5 | 7.4 | 189.1 | 559.3 | 67.1 | 33.6 |
| | 底 | 799.2 | 265.4 | 30.9 | 253.1 | 1064.6 | 533.8 | 389.5 | -265.4 | 5.4 | 10.6 | 124.1 | 654.9 | | |
| 3 | 顶 | 821.0 | 265.4 | 30.9 | 253.1 | 1086.4 | 555.6 | 400.1 | -265.4 | 5.4 | 10.6 | 134.7 | 665.5 | 80.3 | 40.2 |
| | 底 | 852.2 | 360.7 | 36.8 | 344.1 | 1212.9 | 491.5 | 415.3 | -360.7 | 6.4 | 14.5 | 54.6 | 776.0 | | |
| 2 | 顶 | 874.0 | 360.7 | 36.8 | 344.1 | 1234.7 | 513.3 | 425.9 | -360.7 | 6.4 | 14.5 | 65.2 | 786.6 | 95.3 | 47.7 |
| | 底 | 905.2 | 473.3 | 43.8 | 451.4 | 1378.5 | 431.9 | 441.1 | -473.3 | 7.7 | 19.0 | -32.2 | 914.4 | | |
| 1 | 顶 | 927.0 | 473.3 | 43.8 | 451.4 | 1400.3 | 453.7 | 451.7 | -473.3 | 7.7 | 19.0 | -21.6 | 925.0 | 12.6 | 56.3 |
| | 底 | 958.2 | 607.9 | 52.3 | 579.8 | 1566.1 | 350.3 | 467.0 | -607.9 | 9.2 | 24.4 | -140.9 | 1074.9 | | |

注：1. 表中 $1.3S_{Ehk}$栏内力及连梁内力为左向水平地震作用下的内力；

2. 右向水平地震作用下的内力数值相同，符号相反；

3. 组合内力栏为重力荷载分别与左向水平地震作用、右向水平地震作用组合后的内力。

**XSW-4（双肢墙）非震时内力组合表** **表 3-53**

| 楼层 | | 墙肢 1 | | | | | 墙肢 2 | | | | |
|---|---|---|---|---|---|---|---|---|---|---|---|
| | | $S_{Gk}$ ① | $1.4S_{Qk}$ ② | $1.4S_{Wk}$ ③ | 内力组合 | | $S_{Gk}$ ① | $1.4S_{Qk}$ ② | $1.4S_{Wk}$ ③ | 内力组合 | |
| | | $N$（kN） | $N$（kN） | $N$（kN） | 组合项目 | 组合值 $N$（kN） | $N$（kN） | $N$（kN） | $N$（kN） | 组合项目 | 组合值 $N$（kN） |
| 15 | 顶 | 51.2 | 4.3 | －31.9 | 1.2×①＋ | 96.4 | 57.0 | 7.2 | 31.9 | 1.2×①＋ | 105.3 |
| | 底 | 123.8 | | －60.4 | 0.7×②＋④ | 212.0 | 106.0 | | 60.4 | 0.7×②＋③ | 192.6 |
| 14 | 顶 | 149.7 | 21.3 | －60.4 | 1.2×①＋ | 255.0 | 156.0 | 35.9 | 60.4 | 1.2×①＋ | 272.7 |
| | 底 | 222.2 | | －80.3 | 0.7×②＋④ | 361.9 | 205.0 | | 80.3 | 0.7×②＋③ | 351.4 |
| 13 | 顶 | 248.1 | 38.3 | －80.3 | 1.2×①＋ | 404.8 | 255.0 | 64.6 | 80.3 | 1.2×①＋ | 431.5 |
| | 底 | 320.7 | | －88.6 | 0.7×②＋④ | 500.3 | 304.0 | | 88.6 | 0.7×②＋③ | 498.6 |
| 12 | 顶 | 346.6 | 55.4 | －88.6 | 1.2×①＋ | 543.3 | 354.1 | 93.4 | 88.6＋ | 1.2×①＋ | 578.9 |
| | 底 | 419.2 | | －83.2 | 0.7×②＋④ | 625.0 | 403.1 | | 83.2 | 0.7×②＋③ | 632.3 |
| 11 | 顶 | 445.0 | 72.4 | －83.2 | 1.35×①＋ | 651.4 | 453.1 | 122.1 | 83.2 | 1.35×① | 697.2 |
| | 底 | 517.6 | | －63.4 | 0.7×② | 749.4 | 502.1 | | 63.4 | ＋0.7×② | 763.3 |
| 10 | 顶 | 543.5 | 89.5 | －63.4 | 1.35×① | 796.4 | 552.1 | 150.8 | 63.4 | 1.35×① | 850.9 |
| | 底 | 616.1 | | －28.6 | ＋0.7×② | 894.4 | 601.1 | | 28.6 | ＋0.7×② | 917.0 |
| 9 | 顶 | 642.0 | 106.5 | －28.6 | 1.35×① | 941.3 | 651.1 | 179.6 | 28.6 | 1.35×① | 1004.7 |
| | 底 | 714.5 | | 21.0 | ＋0.7×② | 1039.1 | 700.1 | | －21.0 | ＋0.7×② | 1070.9 |
| 8 | 顶 | 740.4 | 123.5 | 21.0 | 1.35×①＋ | 1086.0 | 750.1 | 208.3 | －21.0 | 1.35×① | 1158.4 |
| | 底 | 813.0 | | 84.6 | 0.7×② | 1184.0 | 799.1 | | －84.6 | ＋0.7×② | 1224.6 |
| 7 | 顶 | 838.9 | 140.6 | 84.6 | 1.2×①＋ | 1189.7 | 849.2 | 237.0 | －84.6 | 1.35×①＋ | 1312.3 |
| | 底 | 911.5 | | 161.0 | 0.7×②＋③ | 1353.2 | 898.2 | | －161.0 | 0.7×② | 1378.5 |
| 6 | 顶 | 937.3 | 157.6 | 161.0 | 1.2×①＋ | 1396.1 | 948.2 | 265.8 | －161.0 | 1.2×①＋ | 1484.9 |
| | 底 | 1009.9 | | 247.7 | 0.7×②＋③ | 1569.9 | 997.2 | | －247.7 | 0.7×②＋④ | 1630.4 |
| 5 | 顶 | 1035.8 | 174.7 | 247.7 | 1.2×①＋ | 1613.0 | 1047.2 | 294.5 | －247.7 | 1.2×①＋ | 1690.4 |
| | 底 | 1108.4 | | 340.6 | 0.7×②＋③ | 1793.0 | 1096.2 | | －340.6 | 0.7×②＋④ | 1842.1 |
| 4 | 顶 | 1134.3 | 191.7 | 340.6 | 1.2×①＋ | 1836.0 | 1146.2 | 323.2 | －340.6 | 1.2×①＋ | 1942.3 |
| | 底 | 1206.8 | | 433.6 | 0.7×②＋③ | 2016.0 | 1195.2 | | －433.6 | 0.7×②＋④ | 2094.1 |
| 3 | 顶 | 1232.7 | 208.7 | 433.6 | 1.2×①＋ | 2058.9 | 1245.2 | 351.9 | －433.6 | 1.2×①＋ | 2174.2 |
| | 底 | 1305.3 | | 515.6 | 0.7×②＋③ | 2228.1 | 1294.2 | | －515.6 | 0.7×②＋④ | 2315.0 |
| 2 | 顶 | 1331.2 | 225.8 | 515.6 | 1.2×①＋ | 2271.0 | 1344.3 | 380.7 | －515.6 | 1.2×①＋ | 2395.3 |
| | 底 | 1403.8 | | 570.4 | 0.7×②＋③ | 2413.0 | 1393.3 | | －570.4 | 0.7×②＋④ | 2508.9 |
| 1 | 顶 | 1429.6 | 242.8 | 570.4 | 1.2×①＋ | 2455.9 | 1443.3 | 409.4 | －570.4 | 1.2×①＋ | 2588.9 |
| | 底 | 1502.2 | | 570.4 | 0.7×②＋③ | 2543.0 | 1492.3 | | －570.4 | 0.7×②＋④ | 2647.7 |

注：1. 表中 $1.4S_{Wk}$栏内力为左吹风时的内力，以③表示；

2. 右吹风时的内力数值相同，符号相反，以④表示。

**XSW-4（双肢墙）地震时内力组合表** **表 3-54**

| 楼层 | | 墙肢 1 | | | | | | 墙肢 2 | | | | | | 连梁内力 | |
|---|---|---|---|---|---|---|---|---|---|---|---|---|---|---|---|
| | | $1.2S_{GE}$ | $1.3S_{Ehk}$ | | | 内力组合 | | $1.2S_{GE}$ | $1.3S_{Ehk}$ | | | 内力组合 | | | |
| | | $N$ kN | $N$ kN | $V$ kN | $M$ KN·m | $N$ kN | $N$ kN | $N$ kN | $N$ kN | $V$ kN | $M$ KN·m | $N$ kN | $N$ kN | $V_b$ kN | $M_b$ KN·m |
| 15 | 顶 | 63.1 | -131.9 | -214.9 | 192.4 | -68.8 | 195.0 | 71.2 | 131.9 | -56.0 | 49.8 | 203.1 | -60.7 | 131.9 | -59.4 |
| | 底 | 150.2 | -245.3 | -154.0 | -162.0 | -95.1 | 395.5 | 130.0 | 245.3 | -40.1 | -41.9 | 375.3 | -115.3 | | |
| 14 | 顶 | 188.6 | -245.3 | -154.0 | -162.0 | -56.7 | 433.9 | 202.3 | 245.3 | -40.1 | -41.9 | 447.6 | -43.0 | 113.4 | -51.0 |
| | 底 | 275.6 | -314.1 | -93.9 | -405.9 | -38.5 | 589.7 | 261.1 | 314.1 | -24.5 | -104.9 | 575.2 | -53.0 | | |
| 13 | 顶 | 314.0 | -314.1 | -93.9 | -405.9 | -0.1 | 628.1 | 333.5 | 314.1 | -24.5 | -104.9 | 647.6 | 19.4 | -68.8 | -31.0 |
| | 底 | 401.1 | -321.0 | -33.0 | -574.8 | 80.1 | 722.1 | 392.3 | 321.0 | -8.6 | -148.6 | 713.3 | 71.3 | | |
| 12 | 顶 | 439.5 | -321.0 | -33.0 | -574.8 | 118.5 | 760.5 | 464.6 | 321.0 | -8.6 | -148.6 | 785.6 | 143.6 | -6.9 | -3.1 |
| | 底 | 526.6 | -256.2 | 27.9 | -676.6 | 270.4 | 782.8 | 523.4 | 256.0 | 7.3 | -174.9 | 779.4 | 267.4 | | |
| 11 | 顶 | 564.9 | -256.2 | 27.9 | -676.6 | 308.7 | 821.1 | 595.7 | 256.0 | 7.3 | -174.9 | 851.7 | 339.7 | 64.8 | 29.2 |
| | 底 | 652.0 | -115.4 | 87.9 | -720.9 | 536.6 | 767.4 | 654.5 | 115.4 | 23.0 | -186.4 | 769.9 | 539.1 | | |
| 10 | 顶 | 690.4 | -115.4 | 87.9 | -720.9 | 575.0 | 805.8 | 726.9 | 115.4 | 23.0 | -186.4 | 842.3 | 611.5 | 140.8 | 63.4 |
| | 底 | 777.5 | 104.4 | 148.9 | -707.7 | 881.9 | 673.1 | 785.7 | -104.4 | 38.8 | -183.0 | 681.3 | 890.1 | | |
| 9 | 顶 | 815.9 | 104.4 | 148.9 | -707.7 | 920.3 | 711.5 | 858.0 | -104.4 | 38.8 | -183.0 | 753.6 | 962.4 | 219.8 | 99.0 |
| | 底 | 902.9 | 402.3 | 209.9 | -636.8 | 1305.2 | 500.6 | 916.8 | -402.3 | 54.7 | 164.6 | 514.5 | 1319.1 | | |
| 8 | 顶 | 941.3 | 402.3 | 209.9 | -636.8 | 1343.6 | 539.0 | 989.2 | -402.3 | 54.7 | -164.6 | 586.9 | 1391.5 | 297.9 | 134.1 |
| | 底 | 1028.4 | 773.5 | 269.8 | -512.3 | 1801.9 | 254.9 | 1048.0 | -773.5 | 70.4 | -132.5 | 274.5 | 1821.5 | | |
| 7 | 顶 | 1066.8 | 773.5 | 269.8 | -512.3 | 1840.3 | 293.3 | 1120.3 | -773.5 | 70.4 | -132.5 | 346.8 | 1893.8 | 371.2 | 167.1 |
| | 底 | 1153.9 | 1211.4 | 330.8 | -304.5 | 2365.3 | -57.5 | 1179.1 | -1211.4 | 86.3 | 78.7 | -32.3 | 2390.5 | | |
| 6 | 顶 | 1192.2 | 1211.4 | 330.8 | -304.5 | 2403.6 | -19.2 | 1251.4 | -1211.4 | 86.3 | 78.7 | 40.0 | 2462.8 | 437.9 | 200.1 |
| | 底 | 1279.3 | 1702.6 | 391.7 | -2.5 | 2981.9 | -423.3 | 1310.2 | -1702.6 | 102.2 | -0.7 | -392.4 | 3012.8 | | |
| 5 | 顶 | 1317.7 | 1702.6 | 391.7 | -2.5 | 3020.3 | -384.9 | 1382.6 | -1702.6 | 102.2 | -0.7 | -320.0 | 3085.2 | 491.2 | 221.0 |
| | 底 | 1404.8 | 2224.5 | 451.8 | 407.2 | 3629.3 | -819.7 | 1441.4 | -2224.5 | 117.8 | 105.3 | -783.1 | 3665.9 | | |
| 4 | 顶 | 1443.2 | 2224.5 | 451.8 | 407.5 | 3667.7 | -781.3 | 1513.7 | -2224.5 | 117.8 | 105.3 | -710.8 | 3738.2 | 521.9 | 235.0 |
| | 底 | 1530.2 | 2742.1 | 512.7 | 1011.5 | 4272.3 | -1211.9 | 1572.5 | -2742.1 | 133.7 | 261.5 | -1169.6 | 4314.6 | | |
| 3 | 顶 | 1568.6 | 2742.1 | 512.7 | 1011.5 | 4310.7 | -1173.5 | 1644.9 | -2742.1 | 133.7 | 261.5 | -1097.2 | 4387.0 | 517.6 | 232.9 |
| | 底 | 1655.7 | 3197.6 | 573.6 | 1878.3 | 4853.3 | -1541.9 | 1703.7 | -3197.6 | 149.6 | 485.6 | -1493.9 | 4901.3 | | |
| 2 | 顶 | 1694.1 | 3197.6 | 573.6 | 1878.3 | 4891.7 | -1503.5 | 1776.0 | -3197.6 | 149.6 | 485.6 | -1421.6 | 4973.6 | 455.5 | 205.0 |
| | 底 | 1718.2 | 3500.7 | 633.7 | 3112.2 | 5281.9 | -1719.5 | 1834.8 | -3500.7 | 165.2 | 804.8 | -1665.9 | 5335.5 | | |
| 1 | 顶 | 1819.5 | 3500.7 | 633.7 | 3112.2 | 5320.2 | -1681.2 | 1907.1 | -3500.7 | 165.2 | 804.8 | -1593.6 | 5407.8 | 303.1 | 136.4 |
| | 底 | 1906.6 | 3500.7 | 694.6 | 4984.2 | 5407.3 | -1594.1 | 1965.9 | -3500.7 | 181.1 | 1288.8 | -1534.8 | 5466.6 | | |

注：1. 表中 $1.3S_{Ehk}$栏内力及连梁内力为左向水平地震作用下的内力；

2. 右向水平地震作用下的内力数值相同，符号相反；

3. 组合内力栏为重力荷载分别与左向水平地震作用、右向水平地震作用组合后的内力。

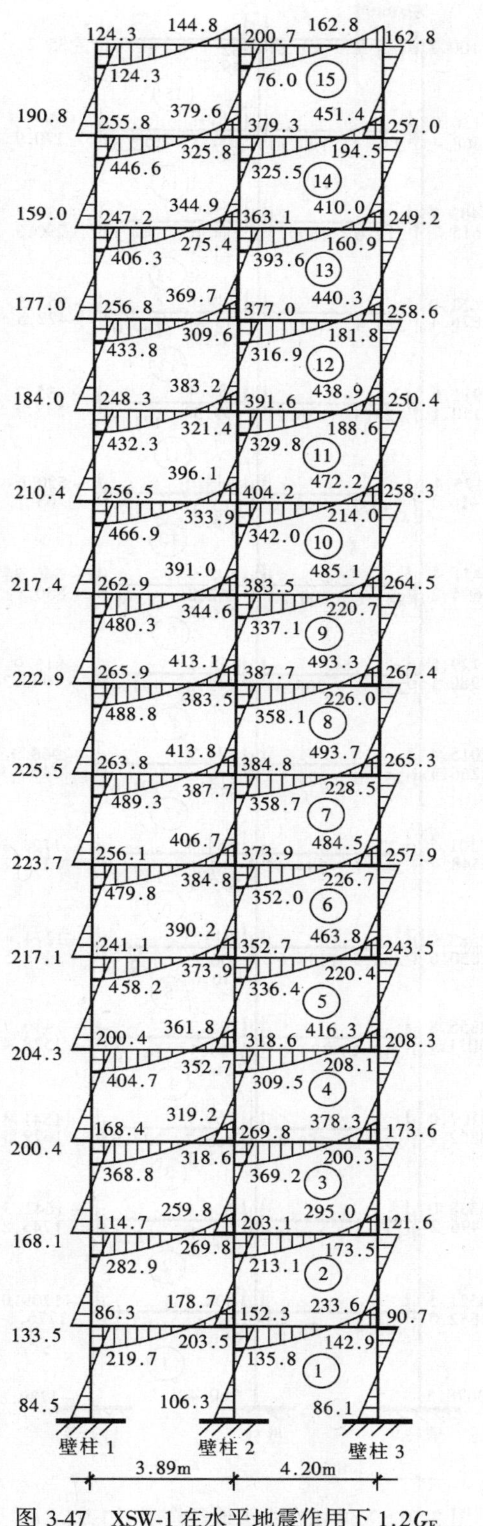

图 3-47　XSW-1 在水平地震作用下 $1.2G_E+1.3F_{Ek}$(→)壁梁、壁柱弯矩图(单位:kN·m)

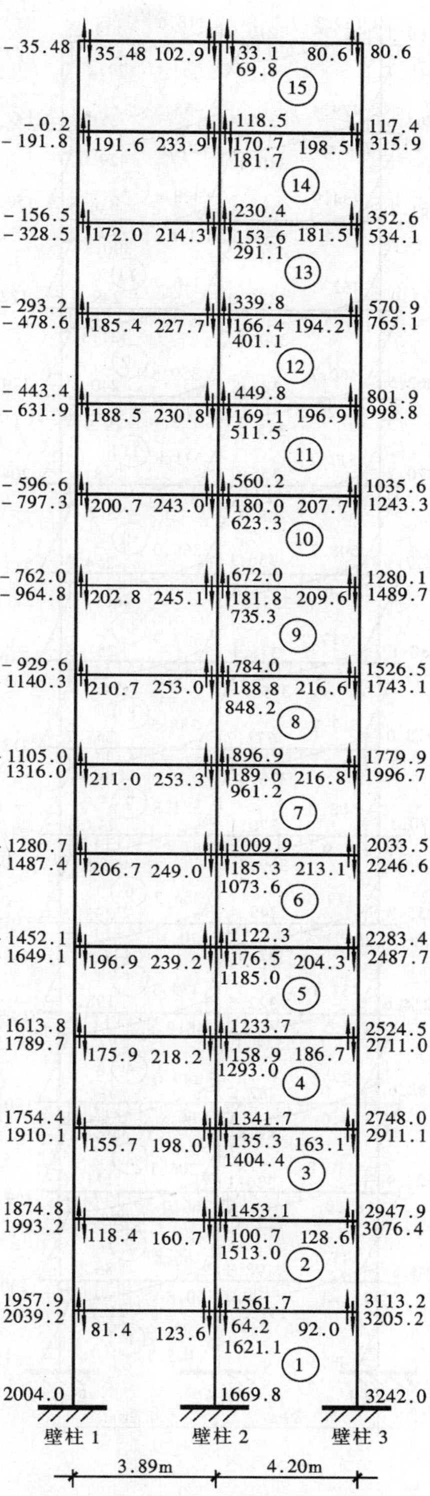

图 3-48　XSW-1 在水平地震作用下 $1.2G_E+1.3F_{Ek}$(→)壁梁剪力、壁柱轴力(单位:kN)

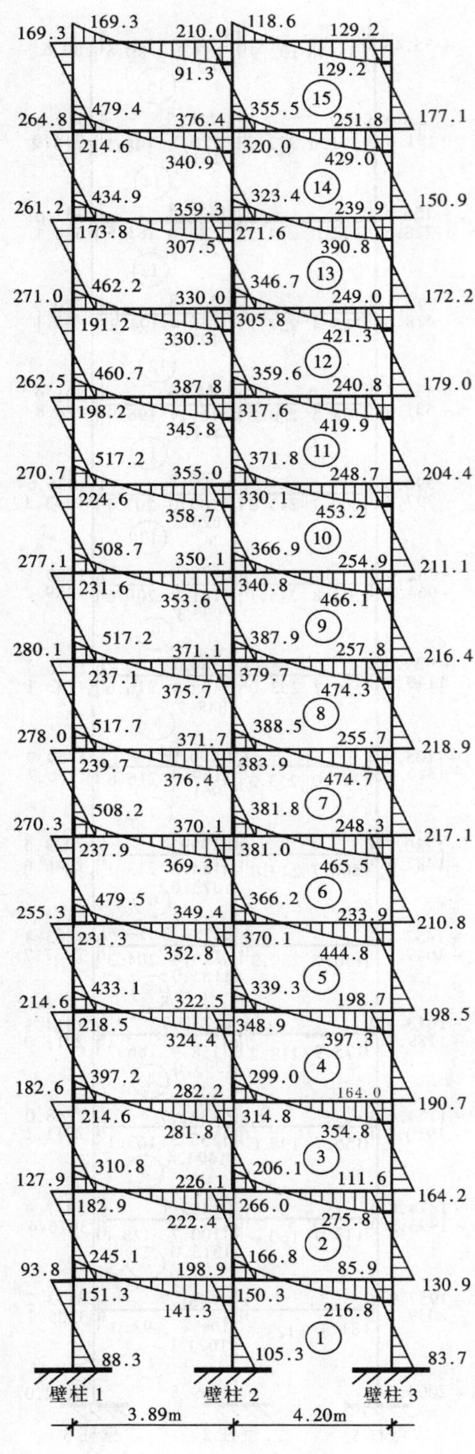


图 3-49 XSW-1 在水平地震作用下 $1.2G_E+1.3F_{Ek}$(←)壁梁、壁柱弯矩图(单位:kN·m)

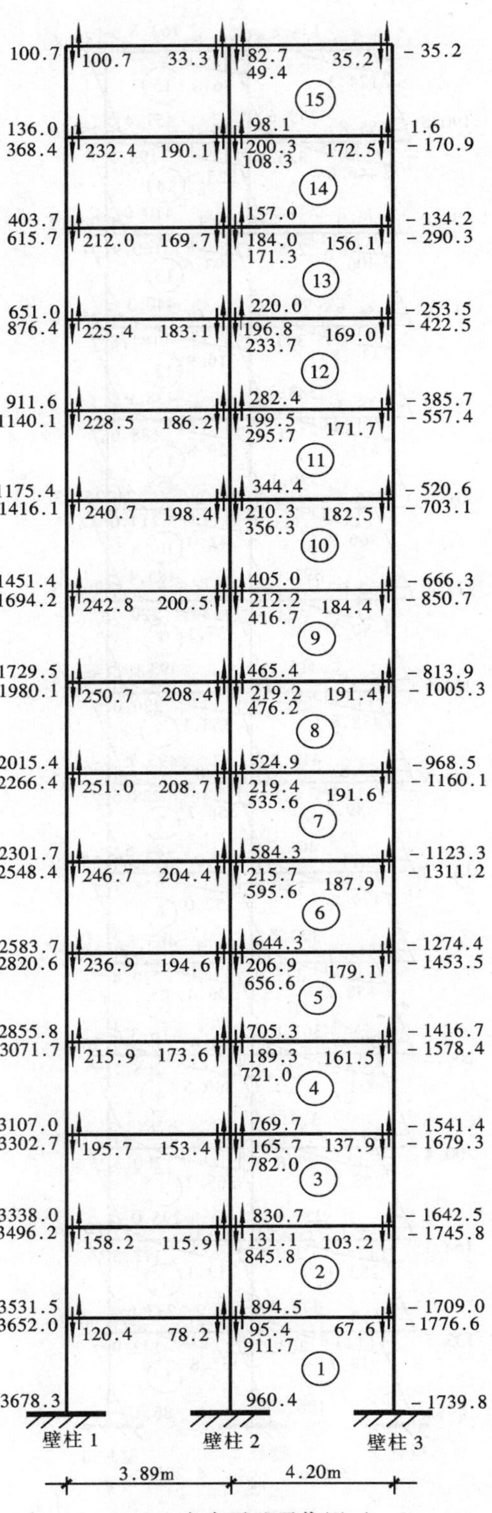


图 3-50 XSW-1 在水平地震作用下 $1.2G_E+1.3F_{Ek}$(←)壁梁剪力、壁柱轴力(单位:kN)

## 3.12 截 面 配 筋

### 3.12.1 实体墙 XSW-5 截面设计

$$\frac{H}{8} = \frac{42.0}{8} = 5.25 > 2.95$$

地震内力：$M = 4504.0\text{kN}\cdot\text{m}$  $N = 2218.47\text{kN}$  $V = 141.0\text{kN}$

非地震内力：$M = 2574.13\text{kN}$

（1）验算墙体截面尺寸

$$\frac{1}{\gamma_{\text{RE}}}(0.2\beta_c f_c b_w h_{w0}) = \frac{1}{0.85} \times 0.2 \times 14.3 \times 180 \times (5180 - 180)$$

$$= 3028.2 \times 10^3\text{N} > 141.0\text{kN}$$

满足要求

（2）正截面偏心受压承载力计算

$$h_{w0} = h_w - a = 5180 - 180 = 5000\text{mm}$$

取墙体分布筋为双排 $\phi 8@200$

$\frac{5180 - 480 \times 2}{200} = 21.1$，可布置 $21 \times 2 = 42$ 根，

$$A_{sw} = 50.3 \times 42 = 2112.6\text{mm}^2$$

$$\rho_w = \frac{2112.6}{(5180 - 360 \times 2) \times 180} = 0.0026 > \rho_{\min} = 0.002$$

$$x = \frac{\gamma_{\text{RE}} N + A_{sw} f_{yw}}{\alpha_1 f_c b_w h_{w0} + 1.5 A_{sw} f_{yw}} h_{w0}$$

$$= \frac{0.85 \times 2218.47 \times 10^3 + 2112.6 \times 210}{14.3 \times 180 \times 5000 + 1.5 \times 2112 \times 210} \times 5000$$

$$= 860\text{mm} < \xi_b h_{w0} = 0.550 \times 5000 = 2750\text{mm}$$

属于大偏心受压。

$$M_{sw} = \frac{1}{2}(h_{w0} - 1.5x)^2 \frac{A_{sw} f_{yw}}{h_{w0}} = \frac{1}{2} \times (5000 - 1.5 \times 860)^2 \times \frac{2112.6 \times 210}{5000} = 610.6 \times 10^6\text{N}\cdot\text{mm}$$

$$M_c = \alpha_1 f_c b_w x\left(h_{w0} - \frac{x}{2}\right) = 14.3 \times 180 \times 860 \times \left(5000 - \frac{860}{2}\right) = 10116.3 \times 10^6\text{N}\cdot\text{mm}$$

$$A_s = A'_s = \frac{\gamma_{\text{RE}} N\left(e_0 + h_{w0} - \frac{h_w}{2}\right) + M_{sw} - M_c}{f'_y(h_{w0} - a'_s)}$$

$$= \frac{0.85 \times \left[4504.0 \times 10^6 + 2218.47 \times 10^3 \times \left(5000 - \frac{5180}{2}\right)\right] + 610.5 \times 10^6 - 10116.3 \times 10^6}{300 \times (5000 - 180)} < 0$$

按构造要求，取 $0.005A_c$ 与 4 Φ 12 中的较大值。

$$0.005A_c = 0.005 \times 180 \times 480 = 432\text{mm}^2$$

选 4 Φ 12，箍筋取 $\phi 8@150$。

（3）斜截面受剪承载力计算

$$\lambda = \frac{M}{Vh_{w0}} = \frac{4504.0 \times 10^6}{141.0 \times 10^3 \times 5000} = 6.4 > 2.2, 取 \lambda = 2.2$$

$$0.2f_c b_w h_w = 0.2 \times 14.3 \times 180 \times 5180 = 2666.7 \times 10^3 \text{N} > N = 2218.47 \times 10^3 \text{N}$$

取 $N = 2218.47 \times 10^3\text{N}$

取水平分布筋为双排 $\phi8@200$

$$\frac{1}{\gamma_{RE}}\left[\frac{1}{\lambda - 0.5}\left(0.4f_t b_w h_{w0} + 0.1N\frac{A_w}{A}\right) + 0.8f_{yh}\frac{A_{sh}}{S}h_{w0}\right]$$

$$= \frac{1}{0.85} \times \left[\frac{1}{2.2 - 0.5} \times \left(0.4 \times 1.43 \times 180 \times 5000 + 0.1 \times 2218.47 \times 10^3 \times \frac{180 \times 5180}{180 \times 5180}\right)\right.$$
$$\left. + 0.8 \times 210 \times \frac{2 \times 50.3}{200} \times 5000\right] = 1006.9 \times 10^3\text{N} > V = 141.0 \times 10^3\text{N}$$

(4) 平面外轴心受压承载力计算

$\frac{l_b}{b} = \frac{2800}{180} = 15.6$，查附表 7-1 得 $\varphi = 0.81$

$$\varphi(f_c A + f'_y A'_s) = 0.81 \times (14.3 \times 5180 \times 180 + 300 \times 2 \times 452)$$
$$= 11019.7 \times 10^3\text{N} > N = 2574.13 \times 10^3\text{N}$$

经计算，各层配筋列于表 3-55。

**XSW-5 配 筋** **表 3-55**

| | 分 布 钢 筋 | 端 柱 配 筋 |
|---|---|---|
| 3～15层 | $\phi8@200$ 双排 | 4 Φ 12 箍筋 $\phi8@200$ |
| 1、2层 | | 4 Φ 12 箍筋 $\phi8@150$ |

### 3.12.2 整体小开口墙 XSW-7 截面设计

$\frac{H}{8} = \frac{42.0}{8} = 5.25\text{m} > 2.95\text{m}$，故一、二层为底部加强区，截面尺寸如图所示，以底层计算为例说明计算过程。

(1) 墙肢 1

地震内力：$M = 579.8\text{kN} \cdot \text{m}$；$N = 1566.1\text{kN}$（左震）；$N = 350.3\text{kN}$（右震）；$V = 52.3\text{kN}$

非地震内力：$N = 1111.49\text{kN}$

1) 截面尺寸验算

$$h_{w0} = 1840 - 180 = 1660\text{mm}$$

$$\frac{1}{\gamma_{RE}}(0.2\beta_c f_c b_w h_{w0}) = \frac{1}{0.85} \times 0.2 \times 14.3 \times 180 \times (1840 - 180)$$
$$= 1005.4 \times 10^3\text{N} > 52.3\text{kN}$$

满足要求。

2) 正截面偏心受压承载力计算

$$h_{w0} = h_w - a = 1840 - 180 = 1660\text{mm}$$

取墙体分布筋为双排 $\phi8@200$

$\frac{1840 - 400 \times 2}{200} = 5.2$，可布置 $5 \times 2 = 10$ 根，

$$A_{sw} = 50.3 \times 10 = 503\text{mm}^2$$

$$\rho_w = \frac{503}{(1840 - 400 \times 2) \times 180} = 0.0027 > \rho_{min} = 0.002$$

$$x = \frac{\gamma_{RE}N + A_{sw}f_{yw}}{\alpha_1 f_c b_w h_{w0} + 1.5A_{sw}f_{yw}} h_{w0}$$

$$= \frac{0.85 \times 1566.1 \times 10^3 + 503 \times 210}{14.3 \times 180 \times 1660 + 1.5 \times 503 \times 210} \times 1660 = 538\text{mm}$$

$< \xi_b h_{w0} = 0.550 \times 1660 = 913\text{mm}$（属于大偏心受压）

取 $N = 350.3\text{kN}$ 计算，$x = 151\text{mm}$，也属于大偏心受压，以下按 $N = 350.3\text{kN}$ 计算：

$$M_{sw} = \frac{1}{2}(h_{w0} - 1.5x)^2 \frac{A_{sw}f_{yw}}{h_{w0}} = 65.4 \times 10^6\text{N} \cdot \text{mm}$$

$$M_c = \alpha_1 f_c b_w x\left(h_{w0} - \frac{x}{2}\right) = 14.3 \times 180 \times 151 \times \left(1660 - \frac{151}{2}\right)$$

$$= 615.9 \times 10^6\text{N} \cdot \text{mm}$$

$$A_s = A'_s = \frac{\gamma_{RE}N\left(e_0 + h_{w0} - \frac{h_w}{2}\right) + M_{sw} - M_c}{f_y(h_{w0} - a'_s)}$$

$$= \frac{0.85 \times \left[579.8 \times 10^6 + 350.5 \times 10^3 \times \left(1660 - \frac{1840}{2}\right)\right] + 65.4 \times 10^6 - 615.9 \times 10^6}{300 \times (1660 - 180)}$$

$$= 367\text{mm}^2$$

按构造要求，取 $0.005A_c$ 与 4 Φ 12 中的较大值

$$0.005A_c = 0.005 \times 180 \times 400 = 360\text{mm}^2$$

选 4 Φ 12（$A_s = 452\text{mm}^2$），箍筋取 $\phi8@150$。

3）斜截面受剪承载力计算

$$\lambda = \frac{M}{Vh_{w0}} = \frac{579.8 \times 10^6}{52.3 \times 10^3 \times 1660} = 6.7 > 2.2, \text{取} \lambda = 2.2$$

$$0.2f_c b_w h_w = 0.2 \times 14.3 \times 180 \times 1840 = 947.2 \times 10^3\text{N} > N = 271.2 \times 10^3\text{N}$$

取 $N = 350.3 \times 10^3\text{N}$

取水平分布筋为双排 $\phi8@200$

$$\frac{1}{\gamma_{RE}}\left[\frac{1}{\lambda - 0.5}\left(0.4f_t b_w h_{w0} + 0.1N\frac{A_w}{A}\right) + 0.8f_{yh}\frac{A_{sh}}{S}h_{w0}\right]$$

$$= \frac{1}{0.85} \times \left[\frac{1}{2.2 - 0.5} \times (0.4 \times 1.43 \times 180 \times 1660 + 0.1 \times 350.3 \times 10^3 \times 1.0)\right.$$

$$\left. + 0.8 \times 210 \times \frac{2 \times 50.3}{200} \times 1660\right]$$

$$= 307.6 \times 10^3\text{N} > V = 52.3 \times 10^3\text{N}$$

4）平面外轴心受压承载力计算

$$\frac{l_b}{b} = \frac{2800}{180} = 15.6, \text{查附表 7-1}, \varphi = 0.81\text{。}$$

$$\varphi(f_c A + f_y A'_s) = 0.81 \times (14.3 \times 1840 \times 180 + 300 \times 2 \times 615)$$
$$= 4135.2 \times 10^3 \text{N} > N = 1566.1 \times 10^3 \text{N}$$

（2）墙肢 2

地震内力：$M = 24.4\text{kN·m}$；$N = -140.9\text{kN}$（左向地震）；$N = 1074.9\text{kN}$（右向地震）；$V = 9.2\text{kN}$

非地震内力：$N = 602.2\text{kN}$

$\frac{h_w}{b_w} = \frac{640}{180} = 3.6 < 4$，按钢筋混凝土柱计算。

1）截面尺寸验算

$$h_0 = 640 - 40 = 600\text{mm}$$

$$\frac{1}{\gamma_{RE}}(0.2\beta_c f_c b_w h_{w0}) = \frac{1}{0.85} \times 0.2 \times 14.3 \times 180 \times 600 = 363.4 \times 10^3 \text{N} > 9.2\text{kN}$$

满足要求。

2）正截面偏心受压承载力计算

$$h_{w0} = h_w - a = 640 - 40 = 600\text{mm}$$

$$x = \frac{\gamma_{RE} N}{\alpha_1 f_c b} = \frac{0.85 \times 1074.9 \times 10^3}{14.3 \times 180} = 355.0\text{mm} > \xi_b h_{w0} = 0.550 \times 600 = 330\text{mm}$$

$$e_0 = \frac{M}{N} = \frac{24.4 \times 10^6}{1074.9 \times 10^3} = 22.7 < 0.3h_0 = 180\text{mm}(\text{属于小偏心受压})$$

$$e_a = 0.12(0.3h_0 - e_0) = 0.12 \times (0.3 \times 600 - 23.8) = 18.7\text{mm}$$

$$e_i = e_0 + e_a = 22.7 + 18.7 = 41.4\text{mm}$$

$$e = e_i + 0.5h_0 - a'_s = 41.4 + 0.5 \times 600 - 40 = 301.4\text{mm}$$

$$\xi = \frac{\gamma_{RE} N - \xi_b \alpha_1 f_c b_w h_{w0}}{\dfrac{\gamma_{RE} Ne - 0.45\alpha_1 f_c b_w h_{w0}^2}{(0.8 - \xi_b)(h_{w0} - a'_s)} + \alpha_1 f_c b_w h_{w0}} + \xi_b = 0.671$$

$$A_s = A'_s = \frac{\gamma_{RE} Ne - \xi(1 - 0.5\xi)\alpha_1 f_c b_w h_{w0}^2}{f'_y(h_{w0} - a'_s)} < 0$$

按构造要求配筋：

$$0.010A_c = 0.010 \times 640 \times 180 = 1152\text{mm}^2$$

查附表 9-7，每侧选 4Φ14（$A_s = A'_s = 615\text{mm}^2$）。

3）偏心受拉正截面承载力验算

$$e_0 = \frac{M}{N} = \frac{24.4 \times 10^6}{140.9 \times 10^3} = 173 < 0.5h_w - a = 0.5 \times 640 - 40 = 280\text{mm}(\text{属于小偏心受拉})$$

$$e' = e_0 + 0.5h - a_s = 173 + 0.5 \times 600 - 40 = 433\text{mm}$$

$$A_s = A'_s = \frac{Ne'}{f_y(h_0 - a_s)} = 363\text{mm}^2 < 615\text{mm}^2$$

满足要求

4）平面外轴心受压承载力验算

$$\frac{l_b}{b} = \frac{2800}{180} = 15.6，查附表 7\text{-}1，得 \varphi = 0.81。$$

$$\varphi(f_c A + f'_y A'_s) = 0.81 \times (14.3 \times 640 \times 180 + 300 \times 2 \times 615)$$

$$= 1633 \times 10^3\text{N} > N = 1158.0 \times 10^3\text{N}$$

5）斜截面偏心受压受剪承载力验算

箍筋选用 $\phi 8@150$

$$\lambda = \frac{M}{Vh_{w0}} = \frac{24.4 \times 10^6}{9.2 \times 10^3 \times 600} = 4.42$$

$$0.3 f_c b_w h_w = 0.3 \times 14.3 \times 180 \times 640 = 494.2 \times 10^3\text{N} < N = 1074.9 \times 10^3\text{N}$$

取 $N = 494.2 \times 10^3\text{N}$

$$\frac{1}{\gamma_{RE}}\left(\frac{1.05}{\lambda + 1.0} f_c b_w h_{w0} + f_{yh}\frac{A_{sh}}{S}h_{w0} + 0.056N\right)$$

$$= 664.7 \times 10^3\text{N} > V = 9.2 \times 10^3\text{N}$$

6）斜截面偏心受拉受剪承载力验算

箍筋选用 $\phi 8@150$

$$\frac{1}{\gamma_{RE}}\left(\frac{1.05}{\lambda + 1.0} f_c b_w h_{w0} + f_{yh}\frac{A_{sh}}{S}h_{w0} - 0.2N\right)$$

$$= 418.0 \times 10^3\text{N} > V = 9.2 \times 10^3\text{N}$$

（3）连梁设计

地震内力　$M_b = 56.3\text{kN·m}$　$V_b = 112.6\text{kN}$

1）连梁截面尺寸验算

$$\frac{l_0}{h_0} = \frac{1000}{600} = 1.67 < 2.5，h_{b0} = h_b - a_s = 600 - 35 = 565\text{mm}$$

$$\frac{1}{\gamma_{RE}}(0.15\beta_c f_c b_b h_{b0}) = \frac{1}{0.85} \times 0.15 \times 14.3 \times 180 \times 565$$

$$= 256.6 \times 10^3\text{N} > 112.6\text{kN}$$

满足要求。

2）正截面抗弯承载力验算

$$A_s = A'_s = \frac{\gamma_{RE}M}{f_y(h_{b0} - a'_s)} = \frac{0.85 \times 56.3 \times 10^6}{300 \times (565 - 35)} = 301\text{mm}^2$$

查附表 9-7，选 3 Φ 12，$A_s = A'_s = 339\text{mm}^2$

3）斜截面受剪承载力验算

箍筋选用 $\phi 8@100$。

$$\frac{1}{\gamma_{RE}}\left(0.38 f_t b_b h_{b0} + 0.9 f_{yv}\frac{A_{sv}}{S}h_{b0}\right) = 191.4 \times 10^3\text{N} > V = 112.6 \times 10^3\text{N}$$

经计算，其他各层配筋列于表 3-56。

表 3-56

| 楼层 | 墙肢 1 | | 墙肢 2 | | 连梁 | |
|---|---|---|---|---|---|---|
| | 水平竖向分布筋 | 端柱配筋 | 纵筋 | 箍筋 | 纵筋 | 箍筋 |
| 3~14 | ϕ8@200 双排 | 4Φ14 ϕ8@200 | 4Φ14 | ϕ8@150 | 3Φ12 | ϕ8@100 |
| 1、2 | ϕ8@200 双排 | 4Φ14 ϕ8@150 | 4Φ14 | ϕ8@150 | 3Φ12 | ϕ8@100 |

### 3.12.3 壁式框架 XSW-1 截面设计

由内力分析结果比较可知，地震内力起控制作用。

(1) 壁柱截面设计

1) 截面尺寸验算

$$h_{w0} = 1290 - 135 = 1155\text{mm}$$

$$\frac{1}{\gamma_{RE}}(0.2\beta_c f_c b_w h_{w0}) = \frac{1}{0.85} \times 0.2 \times 14.3 \times 180 \times 1155 = 699.5 \times 10^3\text{N}$$

所以壁柱截面均满足要求。

2) 偏心受压正截面承载力验算

左向地震时壁柱 2 和壁柱 3、右向地震时壁柱 1 按偏压构件计算，以壁柱 1 第五层截面设计为例说明计算过程。

地震内力

$$M = 218.5\text{kN·m} \qquad N = 2855.8\text{kN}$$

取 $A_{sw} = 302\text{mm}^2$ (6ϕ8)

先按大偏压计算：

$$x = \frac{\gamma_{RE}N + A_{sw}f_{yw}}{\alpha_1 f_c b_w h_{w0} + 1.5A_{sw}f_{yw}} h_{w0}$$

$$= \frac{0.85 \times 2855.8 \times 10^3 + 302 \times 210}{14.3 \times 180 \times 1155 + 1.5 \times 302 \times 210} \times 1155 = 938\text{mm} > \xi_b h_{w0}$$

$$= 0.550 \times 1155 = 635\text{mm}(\text{属于小偏心受压})。$$

$$e_0 = \frac{M}{N} = \frac{218.5 \times 10^6}{2855.8 \times 10^3} = 76.5 < 0.3h_0 = 346.5\text{mm}(\text{属于小偏心受压})$$

$$e_a = 0.12(0.3h_0 - e_0) = 0.12 \times (0.3 \times 1155 - 76.5) = 32.4\text{mm}$$

$$e_i = e_0 + e_a = 76.5 + 32 = 108.9\text{mm}$$

$$e = e_i + 0.5h_0 - a'_s = 108.9 + 0.5 \times 1155 - 135 = 551.4\text{mm}$$

$$\xi = \frac{\gamma_{RE}N - \xi_b\alpha_1 f_c b_w h_{w0}}{\dfrac{\gamma_{RE}Ne - 0.45\alpha_1 f_c b_w h_{w0}^2}{(0.8 - \xi_b)(h_{w0} - a'_s)} + \alpha_1 f_c b_w h_{w0}} + \xi_b = 0.915$$

$$A_s = A'_s = \frac{\gamma_{RE}Ne - \xi(1 - 0.5\xi)\alpha_1 f_c b_w h_{w0}^2}{f'_y(h_{w0} - a'_s)} < 0$$

按构造要求配筋：

$$0.010A_c = 0.010 \times 1290 \times 180 = 2322\text{mm}^2$$

按上述方法计算壁柱 1、2、3 各层配筋，均为构造配筋。

3) 偏心受拉正截面承载力验算

左震时壁柱 1，右震时壁柱 2、壁柱 3，按偏拉构件计算，以壁柱 1 第五层截面设计为例说明计算过程。

地震内力

$$M = 241.1\text{kN·m} \quad N = -1649.1\text{kN}$$

取 $A_{sw} = 1230\text{mm}^2$（8$\phi$14），$A_s = 2513\text{mm}^2$（8$\phi$20）

$$N_{ou} = 2f_y A_s + f_{yw} A_{sw} = 1939.4\text{kN}$$

$$M_{wu} = f_y A_s (h_{w0} - a') + \frac{1}{2} f_{yw} A_{sw} (h_{w0} - a') = 989.1\text{kN·m}$$

$$e_0 = \frac{M}{N} = \frac{241.1 \times 10^6}{1649.1 \times 10^3} = 146\text{mm}$$

$$\frac{1}{\gamma_{RE}} \frac{1}{\dfrac{1}{N_{ou}} + \dfrac{e_0}{M_{wu}}} = 1773.8\text{kN} > N = 1694.1\text{kN}(\text{满足要求})$$

壁柱 1、2、3 各层配筋列于表 3-57。

**XSW-1 壁 柱 配 筋** 表 3-57

| 楼 层 | 壁柱 1 | | 壁柱 2、壁柱 3 | |
|---|---|---|---|---|
| | 端柱纵筋 | 分布钢筋 | 端柱纵筋 | 分布钢筋 |
| 7 ~ 14 | 8 ⌀ 18 $\phi$8@150 | 水平 $\phi$10@200 竖向 8 ⌀ 12 | 8 ⌀ 18 $\phi$8@150 | 水平 $\phi$8@150 竖向 8 ⌀ 20 |
| 1 ~ 6 | 8 ⌀ 20 $\phi$8@150 | 水平 $\phi$10@200 竖向 8 ⌀ 14 | | |

4）平面外轴压承载力验算

以右向地震时壁柱 1 柱底截面为例说明。$N = 3687.3\text{kN}$

$$\frac{l_b}{b} = \frac{2800}{180} = 15.6,\text{查表 } \varphi = 0.81$$

$$\begin{aligned}\varphi(f_c A + f'_y A'_s) &= 0.81 \times [14.3 \times 1290 \times 180 + 300 \times 2 \times (5026 + 1230)] \\ &= 5730 \times 10^3\text{N} \\ > N &= 3687.3 \times 10^3\text{N}\end{aligned}$$

满足要求。

5）斜截面偏心受压受剪承载力验算

以右向地震时壁柱 1 第五层计算为例，$V = 169.2\text{kN} \quad M = 218.5\text{kN·m}$

取水平分布筋为双排 $\phi$10@200。

$$\lambda = \frac{M}{Vh_{w0}} = \frac{218.5 \times 10^6}{169.2 \times 10^3 \times 1155} = 1.1 < 1.5,\text{取 } \lambda = 1.5$$

$$0.2 f_c b_w h_w = 0.2 \times 14.3 \times 180 \times 1290 = 664.1 \times 10^3\text{N} < N = 2855.8 \times 10^3\text{N}$$

取 $N = 664.1 \times 10^3\text{N}$

$$\frac{1}{\gamma_{RE}}\left[\frac{1}{\lambda - 0.5}\left(0.4 f_t b_w h_{w0} + 0.1 N \frac{A_w}{A}\right) + 0.8 f_{yh} \frac{A_{sh}}{S} h_{w0}\right]$$

$$= \frac{1}{0.85} \times \left[\frac{1}{1.5 - 0.5} \times (0.4 \times 1.43 \times 180 \times 1155 + 0.1 \times 664.1 \times 10^3 \times 1.0)\right.$$

$$+0.8\times210\times\frac{2\times78.6}{200}\times1155\Big]$$

$$=397.5\times10^{3}\text{N}>V=169.2\times10^{3}\text{N}$$

6）斜截面偏心受拉受剪承载力验算

以左向地震时壁柱 1 第五层计算为例，$M=241.1\text{kN}\cdot\text{m}$ $N=-1649.1\text{kN}$ $V=159.1\text{kN}$，取水平分布筋为双排 $\phi10@200$。

$$\lambda=\frac{M}{Vh_{w0}}=\frac{241.1\times10^{6}}{159.1\times10^{3}\times1155}=1.3<1.5,\text{取 }\lambda=1.5$$

$$\frac{1}{\gamma_{RE}}\Big[\frac{1}{\lambda-0.5}\Big(0.4f_{t}b_{w}h_{w0}-0.1N\frac{A_{w}}{A}\Big)+0.8f_{yh}\frac{A_{sh}}{S}h_{w0}\Big]$$

$$=\frac{1}{0.85}\times\Big[\frac{1}{1.5-0.5}\times(0.4\times1.43\times180\times1155-0.1\times1649.1\times10^{3}\times1.0)$$

$$+0.8\times210\times\frac{2\times78.6}{200}\times1155\Big]$$

$$=125.3\times10^{3}\text{N}$$

$$\frac{1}{\gamma_{RE}}0.8f_{yh}\frac{A_{sh}}{S}h_{w0}=179.4\text{N}>125.3\times10^{3}\text{N}$$

所以取 $V_{u}=179.4\text{N}>V=159.1\times10^{3}\text{N}$

(2) 壁梁截面设计

1）截面尺寸验算

跨高比　左跨 $\frac{2600}{1300}=2<2.5$

右跨 $\frac{2910}{1300}=2.2<2.5$

$$\frac{1}{\gamma_{RE}}(0.2\beta_{c}f_{c}b_{w}h_{w0})=\frac{1}{0.85}\times0.2\times14.3\times180\times1265=766.1\times10^{3}\text{N}$$

左右跨各层梁剪力均小于 766.1kN，满足要求。

2）正截面受弯承载力计算

以左跨第七层为例说明计算过程。采用对称配筋，近似按下式计算：

$$A_{s}=A'_{s}=\frac{\gamma_{RE}M}{J_{y}(h_{b0}-a'_{s})}=\frac{0.85\times489.3\times10^{6}}{300\times(1265-35)}=1127\text{mm}^{2}$$

选 4 Φ 20，$A_{s}=A'_{s}=1257\text{mm}^{2}$。

XSW-1 壁梁配筋见表 3-58。

**XSW-1 壁 梁 配 筋** 　　　　**表 3-58**

| 楼 层 | 左、右梁 | 楼 层 | 左、右梁 | 楼 层 | 左、右梁 |
|---|---|---|---|---|---|
| 15层 | 3 Φ 12　$\phi8@100$ | 3～14层 | 4 Φ 20 $\phi8@100$ | 1、2层 | 4 Φ 14 $\phi8@100$ |

3）斜截面受剪承载力验算

选 $\phi8@100$ 进行配筋，则：

$$\frac{1}{\gamma_{RE}}\Big(0.38f_{t}b_{b}h_{b0}+0.9f_{yv}\frac{A_{sv}}{S}h_{b0}\Big)=428.5\times10^{3}\text{N}$$

左、右跨梁各层剪力均小于428.5kN，满足要求。

### 3.12.4 双肢墙 XSW-4 截面设计

$\frac{H}{8}=\frac{42.0}{8}=5.25\text{m}>2.95\text{m}$，故一、二层为底部加强区，截面尺寸如图所示以底层计算为例说明计算过程。

（1）墙肢 1

地震内力：$M=4984.2\text{kN·m}$　$N=5407.3\text{kN}$（左震）　$N=-1594.1\text{kN}$（右震）　$V=694.6\text{kN}$

非地震内力：$N=2543.0\text{kN}$

1）截面尺寸验算

$$h_{w0}=5180-180=5000\text{mm}$$

$$\frac{1}{\gamma_{RE}}(0.2\beta_c f_c b_w h_{w0})=\frac{1}{0.85}\times 0.2\times 14.3\times 180\times 5000$$

$$=3028\times 10^3\text{N}>V=694.6\text{kN}$$

满足要求。

2）正截面偏心受压承载力计算

取墙体分布筋为双排 $\phi 8@200$，则：

$\frac{5180-480\times 2}{200}=21.1$，可布置 $21\times 2=42$ 根。

$$A_{sw}=50.3\times 42=2112.6\text{mm}^2$$

$$\rho_w=\frac{2112.6}{(5180-480\times 2)\times 180}=0.0028>\rho_{min}=0.002$$

$$x=\frac{\gamma_{RE}N+A_{sw}f_{yw}}{\alpha_1 f_c b_w h_{w0}+1.5A_{sw}f_{yw}}h_{w0}$$

$$=\frac{0.85\times 5407.3\times 10^3+2112.6\times 210}{14.3\times 180\times 5000+1.5\times 2112.6\times 210}\times 5000$$

$$=1861.7\text{mm}<\xi_b h_{w0}=0.550\times 5000=2750\text{mm}$$

属于大偏心受压。

$$M_{sw}=\frac{1}{2}(h_{w0}-1.5x)^2\frac{A_{sw}f_{yw}}{h_{w0}}=216.1\times 10^6\text{N}\cdot\text{mm}$$

$$M_c=\alpha_1 f_c b_w x\left(h_{w0}-\frac{x}{2}\right)=14.3\times 180\times 1861.7\times\left(5000-\frac{1861.7}{2}\right)$$

$$=19499.4\times 10^6\text{N}\cdot\text{mm}$$

$$A_s=A'_s=\frac{\gamma_{RE}N\left(e_0+h_{w0}-\frac{h_w}{2}\right)+M_{sw}-M_c}{f'_y(h_{w0}-a'_s)}$$

$$=\frac{0.85\times\left[4984.2\times 10^6+5407.3\times 10^3\times\left(5000-\frac{5180}{2}\right)\right]+216.1\times 10^6-19499.4\times 10^6}{300\times(5000-180)}<0$$

按构造要求，取 $0.005A_c$ 与 4 Φ 12 中的较大值：

$$0.005A_c=0.005\times 180\times 480=432\text{mm}^2$$

选 4 Φ 12（$A_s = 452\text{mm}^2$），箍筋取 $\phi8@150$。

3）偏心受拉正截面承载力验算

$$M = 4984.2\text{kN·m} \quad N = -1594.1\text{kN}$$

取 $A_{sw} = 3927\text{mm}^2$（$8\phi25$），$A_s = 5655\text{mm}^2$（$8\phi30$）

$$N_{ou} = 2f_y A_s + f_{yw} A_{sw} = 4571100\text{N}$$

$$M_{wu} = f_y A_s (h_{w0} - a') + \frac{1}{2} f_{yw} A_{sw} (h_{w0} - a') = 8186594070\text{N·mm}$$

$$e_0 = \frac{M}{N} = \frac{4984.2 \times 10^6}{1594.1 \times 10^3} = 3127\text{mm}$$

$$\frac{1}{\gamma_{RE}} \frac{1}{\dfrac{1}{N_{ou}} + \dfrac{e_0}{M_{wu}}} = 1958.4\text{kN} > N = 1594.1\text{kN} \quad \text{（满足要求）}$$

4）平面外轴压承载力验算

$$\frac{l_b}{b} = \frac{2800}{180} = 15.6, \text{查附表 7-1,得 } \varphi = 0.81。$$

$$\varphi(f_c A + f'_y A'_s) = 0.81 \times [14.3 \times 5180 \times 180 + 300 \times 2 \times (11310 + 3927)]$$

$$= 18205 \times 10^3\text{N} > N = 5407.3 \times 10^3\text{N}$$

满足要求。

5）斜截面偏心受压受剪承载力验算

以左震时壁柱 1 底面计算为例，$M = 4984.2\text{kN·m}$　$N = 5407.3\text{kN}$（左震）　$V = 694.6\text{kN}$

取水平分布筋为双排 $\phi10@200$

$$\lambda = \frac{M}{Vh_{w0}} = \frac{4984.2 \times 10^6}{694.6 \times 10^3 \times 5000} = 1.44 < 1.5, \text{取 } \lambda = 1.5$$

$$0.2 f_c b_w h_w = 0.2 \times 14.3 \times 180 \times 5180 = 2666.7 \times 10^3\text{N} < N = 5407.3 \times 10^3\text{N}$$

取 $N = 2666.7 \times 10^3\text{N}$

$$\frac{1}{\gamma_{RE}}\left[\frac{1}{\lambda - 0.5}\left(0.4 f_t b_w h_{w0} + 0.1 N \frac{A_w}{A}\right) + 0.8 f_{yh} \frac{A_{sh}}{S} h_{w0}\right]$$

$$= \frac{1}{0.85} \times \left[\frac{1}{1.5 - 0.5} \times (0.4 \times 1.43 \times 180 \times 5000 + 0.1 \times 2666.7 \times 10^3 \times 1.0)\right.$$

$$\left. + 0.8 \times 210 \times \frac{2 \times 78.6}{200} \times 5000\right]$$

$$= 1696 \times 10^3\text{N} > V = 694.6 \times 10^3\text{N}$$

6）斜截面偏心受拉受剪承载力验算

以右震时壁柱 1 第三层计算为例，$M = 4984.2\text{kN·m}$　$N = -1594.1\text{kN}$　$V = 694.6\text{kN}$

取水平分布筋为双排 $\phi10@200$

$$\lambda = \frac{M}{Vh_{w0}} = \frac{4984.2 \times 10^6}{694.6 \times 10^3 \times 5000} = 1.44 < 1.5, \text{取 } \lambda = 1.5$$

$$\frac{1}{\gamma_{RE}}\left[\frac{1}{\lambda - 0.5}\left(0.4 f_t b_w h_{w0} - 0.1 N \frac{A_w}{A}\right) + 0.8 f_{yh} \frac{A_{sh}}{S} h_{w0}\right]$$

$$=\frac{1}{0.85}\times\left[\frac{1}{1.5-0.5}\times(0.4\times1.43\times180\times5000-0.1\times1594.1\times10^3\times1.0)\right.$$

$$\left.+0.8\times210\times\frac{2\times78.6}{200}\times5000\right]$$

$$=1194.9\times10^3\text{N} > V=694.6\times10^3\text{N}$$

（2）墙肢 2

地震内力：$M=1288.8\text{kN}\cdot\text{m}$　$N=-1534.8\text{kN}$（左震）　$N=5466.6\text{kN}$（右震）　$V=181.1\text{kN}$

非地震内力：$N=2647.7\text{kN}$

1）截面尺寸验算

$$h_{w0}=3300-180=3120\text{mm}$$

$$\frac{1}{\gamma_{RE}}(0.2\beta_c f_c b_w h_{w0})=\frac{1}{0.85}\times0.2\times14.3\times180\times3120=1889.6\times10^3\text{N} > V=181.1\text{kN}$$

满足要求。

2）正截面偏心受压承载力计算

取墙体分布筋为双排 $\phi8@200$

$\frac{3300-480\times2}{200}=11.7$，可布置 $11\times2=22$ 根，

$$A_{sw}=50.3\times22=1106.6\text{mm}^2$$

$$\rho_w=\frac{1106.6}{(3300-480\times2)\times180}=0.0026 > \rho_{min}=0.002$$

$$x=\frac{\gamma_{RE}N+A_{sw}f_{yw}}{\alpha_1 f_c b_w h_{w0}+1.5A_{sw}f_{yw}}h_{w0}$$

$$=\frac{0.85\times5466.6\times10^3+1106.6\times210}{14.3\times180\times3120+1.5\times1106.6\times210}\times3120$$

$$=1816.6\text{mm} < \xi_b h_{w0}=0.550\times3120=1716\text{mm}$$

属于小偏心受压。

$$e_0=\frac{M}{N}=\frac{1288.8\times10^6}{5466.6\times10^3}=236\text{mm}$$

$$e_a=0.12(0.3h_0-e_0)=0.12\times(0.3\times3120-236)=84\text{mm}$$

$$e_i=e_0+e_a=236+84=320\text{mm}$$

$$e=e_i+0.5h_0-a'_s=320+0.5\times3120-180=1700\text{mm}$$

$$\xi=\frac{\gamma_{RE}N-\xi_b\alpha_1 f_c b_w h_{w0}}{\dfrac{\gamma_{RE}Ne-0.45\alpha_1 f_c b_w h_{w0}^2}{(0.8-\xi_b)(h_{w0}-a'_s)}+\alpha_1 f_c b_w h_{w0}}+\xi_b=0.613$$

$$A_s=A'_s=\frac{\gamma_{RE}Ne-\xi(1-0.5\xi)\alpha_1 f_c b_w h_{w0}^2}{f'_y(h_{w0}-a'_s)}<0$$

取 $0.005A_c$ 与 4Φ12 中的较大值：

$$0.005A_c=0.005\times180\times400=360\text{mm}^2$$

选 4Φ12（$A_s=452\text{mm}^2$），箍筋取 $\phi8@150$。

3）偏心受拉正截面承载力验算

地震内力

$$M = 1288.8\text{kN}\cdot\text{m} \quad N = -1534.8\text{kN}$$

取 $A_{sw} = 2513\text{mm}^2$（$8\phi20$），$A_s = 3927\text{mm}^2$（$8\phi25$）

$$N_{ou} = 2f_y A_s + f_{yw} A_{sw} = 3110100\text{N}$$

$$M_{wu} = f_y A_s(h_{w0} - a') + \frac{1}{2} f_{yw} A_{sw}(h_{w0} - a') = 3467308110\text{N}\cdot\text{mm}$$

$$e_0 = \frac{M}{N} = \frac{1288.8 \times 10^6}{1534.8 \times 10^3} = 840\text{mm}$$

$$\frac{1}{\gamma_{RE}} \frac{1}{\dfrac{1}{N_{ou}} + \dfrac{e_0}{M_{wu}}} = 2087\text{kN} > N = 1534.8\text{kN}$$

满足要求。

4）平面外轴压承载力验算

$$\frac{l_b}{b} = \frac{2800}{180} = 15.6,\text{查表 } \varphi = 0.81。$$

$$\varphi(f_c A + f'_y A'_s) = 0.81 \times [14.3 \times 3300 \times 180 + 300 \times 2 \times (7854 + 2513)]$$

$$= 11918.7 \times 10^3\text{N} > N = 1534.8\text{N}$$

满足要求。

5）斜截面偏心受压受剪承载力验算

以右震时壁柱 1 底面计算为例，$M = 1288.8\text{kN}\cdot\text{m}$ $N = 5466.6\text{kN}$（右震） $V = 181.1\text{kN}$

取水平分布筋为双排 $\phi10@200$

$$\lambda = \frac{M}{Vh_{w0}} = \frac{1288.8 \times 10^6}{181.1 \times 10^3 \times 3120} = 2.28 > 2.2,\text{取 } \lambda = 2.2$$

$$0.2 f_c b_w h_w = 0.2 \times 14.3 \times 180 \times 3300 = 1698.8 \times 10^3\text{N} < N = 5466.6 \times 10^3\text{N}$$

取 $N = 1698.8 \times 10^3\text{N}$

$$\frac{1}{\gamma_{RE}}\left[\frac{1}{\lambda - 0.5}\left(0.4 f_t b_w h_{w0} + 0.1 N \frac{A_w}{A}\right) + 0.8 f_{yh} \frac{A_{sh}}{S} h_{w0}\right]$$

$$= \frac{1}{0.85} \times \left[\frac{1}{2.2 - 0.5} \times (0.4 \times 1.43 \times 180 \times 3120 + 0.1 \times 1698.8 \times 10^3 \times 1.0)\right.$$

$$\left. + 0.8 \times 210 \times \frac{2 \times 78.6}{200} \times 3120\right]$$

$$= 824.6 \times 10^3\text{N} > V = 181.1 \times 10^3\text{N}$$

6）斜截面偏心受拉受剪承载力验算

以左震时壁柱 1 第三层计算为例，$M = 1288.8\text{kN}\cdot\text{m}$ $N = -1534.8\text{kN}$ $V = 181.1\text{kN}$

取水平分布筋为双排 $\phi10@200$

$$\lambda = \frac{M}{Vh_{w0}} = \frac{1288.8 \times 10^6}{181.1 \times 10^3 \times 3120} = 2.28 > 2.2,\text{ 取 } \lambda = 2.2$$

$$\frac{1}{\gamma_{RE}}\left[\frac{1}{\lambda - 0.5}\left(0.4 f_t b_w h_{w0} - 0.1 N \frac{A_w}{A}\right) + 0.8 f_{yh} \frac{A_{sh}}{S} h_{w0}\right]$$

$$=\frac{1}{0.85}\times\left[\frac{1}{2.2-0.5}\times(0.4\times1.43\times180\times3120-0.1\times1534.8\times10^3\times1.0)\right.$$

$$\left.+0.8\times210\times\frac{2\times78.6}{200}\times3120\right]$$

$$=600.8\times10^3\text{N}>V=181.1\times10^3\text{N}$$

(3) 连梁设计（略）

# 4 框架-剪力墙结构设计例题

## 4.1 按连梁与总剪力墙铰接的设计例题

### 4.1.1 设计任务书

基本条件与2.1节非抗震设计例题相同，即：

(1) 工程名称：某高校图书馆阅览室。

(2) 建设地点：某大城市郊区。

(3) 工程概况：建筑高度为33.6m，共8层，每层层高4.2m，室内外高差0.6m。

(4) 主导风向：全年为西北风，夏季为东南风，基本风压 $w_0=0.5\text{kN/m}^2$。

(5) 雨雪条件：年降雨量4150mm；最大积雪深度80mm，基本雪压 $s_0=0.5\text{kN/m}^2$，$\mu_r=1.0$。

(6) 地震条件：该工程所在地区抗震设防烈度为7度，场地土为Ⅱ类土，设计地震分组为第一组。

(7) 材料选用：

混凝土：采用C30。

钢　筋：纵向受力钢筋采用热轧HRB400，其余采用热轧钢筋HPB235。

墙　体：外墙、分户窗采用灰砂砖，其尺寸为240mm×120mm×60mm，重度 $\gamma=1.8\text{kN/m}^2$；

内隔墙采用水泥空心砖，其尺寸为290mm×290mm×140mm，重度 $\gamma=9.8\text{kN/m}^2$。

门、窗：木门，$\gamma=0.2\text{kN/m}^2$；钢塑门窗，$\gamma=0.35\text{kN/m}^2$。

(8) 设计使用年限：50年。

要求对其进行内力与配筋计算。只作横向计算。

### 4.1.2 结构选型与布置

(1) 结构体系选型：采用钢筋混凝土现浇框架-剪力墙结构，平面布置如图4-1所示。

(2) 屋面结构：采用现浇钢筋混凝土肋形屋盖，刚柔性屋面，屋面板厚120mm。

(3) 楼面结构：全部采用现浇钢筋混凝土肋形楼盖，板厚120mm。

(4) 楼梯结构：采用现浇钢筋混凝土梁式楼梯。

(5) 天沟：采用现浇天沟。

(6) 电梯间：采用剪力墙结构，墙厚180mm。

### 4.1.3 框架梁、柱及剪力墙刚度值计算

框架梁、柱截面尺寸与图2-1相同。当忽略连梁的作用时，本结构横向由两片墙、4榀框架和6根柱组成。

(1) 梁线刚度计算（表4-1）

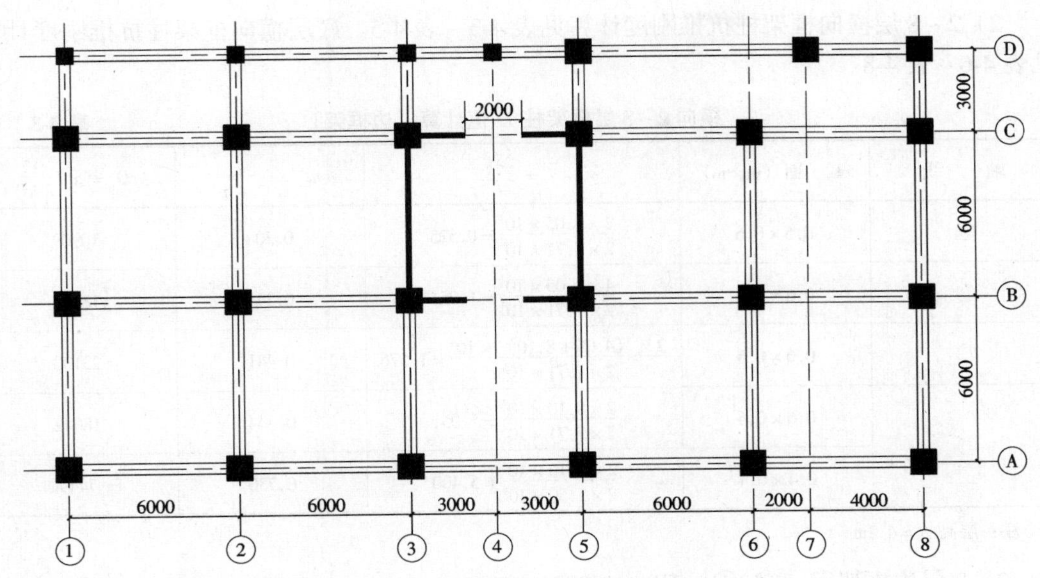

图 4-1 结构平面布置简图

**梁线刚度计算** **表 4-1**

| 位置 | 跨度 | 截面 (m×m) | $I_0 = 1/12 b_b h_b^3 (m^4)$ | 边跨 | | 中跨 | |
|---|---|---|---|---|---|---|---|
| | | | | $I_b = 1.5 I_0$ | $i = EI_b/l_b (10^4 kN \cdot m)$ | $I_b = 2.0 I_0$ | $i = EI_b/l_b (10^4 kN \cdot m)$ |
| AB跨 | 6.0 | 0.3×0.6 | 0.0054 | 0.0081 | 4.05 | 0.0108 | 5.40 |
| BC跨 | 6.0 | | | | 4.05 | | 5.40 |
| CD跨 | 3.0 | | | | 8.10 | | 10.80 |

注：C30 混凝土 $E = 3.0 \times 10^7 kN/m^2$。

(2) 柱线刚度计算（表 4-2）

**柱线刚度计算** **表 4-2**

| 轴线 | 层号 | 截面 (m×m) | 层高 $h$ (m) | $I_c = 1/12 b_c h_c^3 (m^4)$ | $i_c = EI_c/h (10^4 kN \cdot m)$ |
|---|---|---|---|---|---|
| Ⓐ、Ⓑ、Ⓒ | 2~8 | 0.6×0.6 | 4.2 | 0.0108 | 7.71 |
| | 1 | 0.6×0.6 | 5.3 | 0.0108 | 6.11 |
| Ⓓ | 2~8 | 0.6×0.6 | 4.2 | 0.0108 | 7.71 |
| | 1 | 0.6×0.6 | 5.3 | 0.0108 | 6.11 |
| | 2~8 | 0.4×0.4 | 4.2 | 0.0021 | 1.50 |
| | 1 | 0.4×0.4 | 5.3 | 0.0021 | 1.19 |

注：C30 混凝土 $E = 3.0 \times 10^7 kN/m^2$。

(3) 框架柱抗推刚度计算

1) 框架横向柱抗推刚度由如下 4 榀框架及 6 根柱的抗推刚度组成：

4 榀框架：边框架Ⓐ~Ⓓ/①、中框架Ⓐ~Ⓓ/②、中框架Ⓐ~Ⓒ/⑥及边框架Ⓐ~Ⓓ/⑧。

6 根柱：框架柱Ⓐ/③、柱Ⓐ/⑤、柱Ⓓ/④、柱Ⓓ/⑤及非框架柱Ⓓ/③、柱Ⓓ/⑦。

2）2～8层横向框架柱抗推刚度计算见表4-3～表4-5。底层横向框架柱抗推刚度计算见表4-6～表4-8。

**横向2～8层框架柱 $D$ 值计算（边框架）** **表4-3**

| 轴　线 | 截　面（m×m） | $\bar{i}=\frac{\Sigma i_b}{2i_c}$ | $\alpha_c=\frac{\bar{i}}{2+\bar{i}}$ | $D=\alpha_c i_c \frac{12}{h^2}$ |
|---|---|---|---|---|
| Ⓐ | 0.6×0.6 | $\frac{2\times4.05\times10^4}{2\times7.71\times10^4}=0.525$ | 0.208 | 10909 |
| Ⓑ | 0.6×0.6 | $\frac{4\times4.05\times10^4}{2\times7.71\times10^4}=1.051$ | 0.344 | 18042 |
| Ⓒ | 0.6×0.6 | $\frac{2\times(4.05+8.10)\times10^4}{2\times7.71\times10^4}=1.576$ | 0.441 | 23130 |
| Ⓓ | 0.6×0.6 | $\frac{2\times8.10\times10^4}{2\times7.71\times10^4}=1.051$ | 0.344 | 18042 |
|  | 0.4×0.4 | $\frac{2\times8.10\times10^4}{2\times1.50\times10^4}=5.400$ | 0.730 | 7449 |

注：层高 $h=4.2$m。

2～8层边框架Ⓐ～Ⓓ/①：$\Sigma D=10909+18042+23130+7449=59530$（kN/m）

2～8层边框架Ⓐ～Ⓓ/⑧：$\Sigma D=10909+18042+23130+18042=70123$（kN/m）

**横向2～8层框架柱 $D$ 值计算（中框架）** **表4-4**

| 轴　线 | 截　面（m×m） | $\bar{i}=\frac{\Sigma i_b}{2i_c}$ | $\alpha_c=\frac{\bar{i}}{2+\bar{i}}$ | $D=\alpha_c i_c \frac{12}{h^2}$ |
|---|---|---|---|---|
| Ⓐ | 0.6×0.6 | $\frac{2\times5.40\times10^4}{2\times7.71\times10^4}=0.700$ | 0.259 | 13584 |
| Ⓑ | 0.6×0.6 | $\frac{4\times5.40\times10^4}{2\times7.71\times10^4}=1.401$ | 0.412 | 21609 |
| Ⓒ | 0.6×0.6 | $\frac{2\times(5.40+10.80)\times10^4}{2\times7.71\times10^4}=2.101$ | 0.512 | 26854 |
| Ⓓ | 0.6×0.6 | $\frac{2\times10.80\times10^4}{2\times7.71\times10^4}=1.401$ | 0.412 | 21609 |
|  | 0.4×0.4 | $\frac{2\times10.80\times10^4}{2\times1.50\times10^4}=7.200$ | 0.783 | 7990 |

注：层高 $h=4.2$m。

2～8层中框架Ⓐ～Ⓓ/②：$\Sigma D=13584+21609+26854+7990=70037$（kN/m）

2～8层中框架Ⓐ～Ⓒ/⑥：$\Sigma D=13584+21609+13584=48777$（kN/m）

2～8层柱Ⓐ/③：$D=13584$（kN/m）；2～8层柱Ⓐ/⑤：$D=13584$（kN/m）

2～8层柱Ⓓ/③：$D=7990$（kN/m）；2～8层柱Ⓓ/⑤：$D=21609$（kN/m）

由于非框架柱Ⓓ/③、柱Ⓓ/⑦未与横向框架梁连接，现浇板对其约束较少，现取其轴线两侧各6倍板厚作为板带宽来考虑现浇板对柱抗推刚度的影响。

$$I_{板}=\frac{1}{12}b_{板}h_{板}^3=\frac{1}{12}\times(12\times0.12)\times0.12^3=2.07\times10^{-4}(\text{m}^4);$$

$$i_{板}=\frac{EI_{板}}{l_{板}}=\frac{3.0\times10^7\times2.07\times10^{-4}}{3.0}=0.27\times10^4(\text{kN}\cdot\text{m})$$

横向 2～8 层非框架柱 $D$ 值计算 表 4-5

| 编号 | 截面（m×m） | $\bar{i}=\frac{\Sigma i_{板}}{2i_c}$ | $\alpha_c=\frac{\bar{i}}{2+\bar{i}}$ | $D=\alpha_c i_c\frac{12}{h^2}$ |
|---|---|---|---|---|
| 柱Ⓓ/④ | 0.4×0.4 | $\frac{2\times0.27\times10^4}{2\times1.50\times10^4}=0.180$ | 0.083 | 847 |
| 柱Ⓓ/⑦ | 0.6×0.6 | $\frac{2\times0.27\times10^4}{2\times7.71\times10^4}=0.035$ | 0.017 | 892 |

注：层高 $h=4.2$m。

横向底层框架柱 $D$ 值计算（边框架） 表 4-6

| 轴线 | 截面（m×m） | $\bar{i}=\frac{\Sigma i_b}{i_c}$ | $\alpha_c=\frac{0.5+\bar{i}}{2+\bar{i}}$ | $D=\alpha_c i_c\frac{12}{h^2}$ |
|---|---|---|---|---|
| Ⓐ | 0.6×0.6 | $\frac{4.05\times10^4}{6.11\times10^4}=0.663$ | 0.437 | 11406 |
| Ⓑ | 0.6×0.6 | $\frac{2\times4.05\times10^4}{6.11\times10^4}=1.326$ | 0.549 | 14330 |
| Ⓒ | 0.6×0.6 | $\frac{(4.05+8.10)\times10^4}{6.11\times10^4}=1.989$ | 0.624 | 16288 |
| Ⓓ | 0.6×0.6 | $\frac{8.10\times10^4}{6.11\times10^4}=1.326$ | 0.549 | 14330 |
| | 0.4×0.4 | $\frac{8.10\times10^4}{1.19\times10^4}=6.807$ | 0.830 | 4219 |

注：层高 $h=5.3$m。

底层边框架Ⓐ～Ⓓ/①：$\Sigma D=11406+14330+16288+4219=46243$（kN/m）

底层边框架Ⓐ～Ⓓ/⑧：$\Sigma D=11406+14330+16288+14330=56354$（kN/m）

横向底层框架柱 $D$ 值计算（中框架） 表 4-7

| 轴线 | 截面（m×m） | $\bar{i}=\frac{\Sigma i_b}{i_c}$ | $\alpha_c=\frac{0.5+\bar{i}}{2+\bar{i}}$ | $D=\alpha_c i_c\frac{12}{h^2}$ |
|---|---|---|---|---|
| Ⓐ | 0.6×0.6 | $\frac{5.40\times10^4}{6.11\times10^4}=0.884$ | 0.480 | 12529 |
| Ⓑ | 0.6×0.6 | $\frac{2\times5.40\times10^4}{6.11\times10^4}=1.768$ | 0.602 | 15713 |
| Ⓒ | 0.6×0.6 | $\frac{(5.40+10.80)\times10^4}{6.11\times10^4}=2.651$ | 0.677 | 17671 |
| Ⓓ | 0.6×0.6 | $\frac{10.80\times10^4}{6.11\times10^4}=1.768$ | 0.602 | 15713 |
| | 0.4×0.4 | $\frac{10.80\times10^4}{1.19\times10^4}=9.076$ | 0.865 | 4397 |

注：层高 $h=5.3$m。

底层中框架Ⓐ～Ⓓ/②：$\Sigma D=12529+15713+17671+4397=50310$（kN/m）

底层中框架Ⓐ～Ⓒ/⑥：$\Sigma D=12529+15713+12529=40771$（kN/m）

底层柱Ⓐ/③：$D=12529$（kN/m）；底层柱Ⓐ/⑤：$D=12529$（kN/m）

底层柱Ⓓ/③：$D = 4397$（kN/m）；底层柱Ⓓ/⑤：$D = 15713$（kN/m）

**横向底层非框架柱 $D$ 值计算** **表 4-8**

| 编　号 | 截　面（m×m） | $\bar{i} = \dfrac{\Sigma i_{板}}{i_c}$ | $\alpha_c = \dfrac{0.5+\bar{i}}{2+\bar{i}}$ | $D = \alpha_c i_c \dfrac{12}{h^2}$ |
|---|---|---|---|---|
| 柱Ⓓ/④ | 0.4×0.4 | $\dfrac{0.27\times10^4}{1.19\times10^4}=0.227$ | 0.326 | 1657 |
| 柱Ⓓ/⑦ | 0.6×0.6 | $\dfrac{0.27\times10^4}{6.11\times10^4}=0.044$ | 0.266 | 6943 |

注：层高 $h = 5.3$m。

3）横向楼层总抗侧刚度：

2～8 层：$\Sigma D = 59530 + 70123 + 70037 + 48777 + 13584 + 13584 + 7990 + 21609 + 847 + 892 = 306973$（kN/m）

底层：$\Sigma D = 46243 + 56354 + 50310 + 40771 + 12529 + 12529 + 4397 + 15713 + 1657 + 6943 = 247446$（kN/m）

4）楼层柱平均抗侧刚度 $\overline{D}$：

$$\overline{D} = \frac{1}{H}\sum_{i=1}^{8} D_i h_i = \frac{1}{34.7}(306973 \times 7 \times 4.2 + 247446 \times 5.3) = 2977880(\text{kN/m})$$

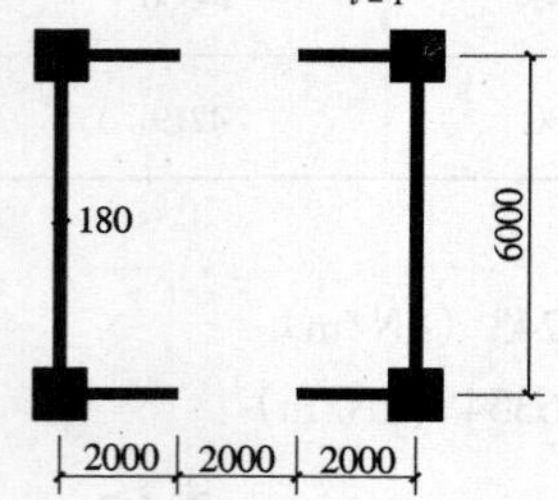

图 4-2　剪力墙截面

5）平均层高：

$$\bar{h} = \frac{34.7}{8} = 4.34(\text{m})$$

6）框架抗推刚度：

$$C_f = \overline{D}\,\bar{h} = 2977880 \times 4.34 = 1292800(\text{kN})$$

（4）剪力墙刚度计算

剪力墙截面如图 4-2 所示。

1）剪力墙截面：墙厚 180mm，1～8 层混凝土强度等级为 C30。

2）有效翼缘宽度：

$$b_f = \min\left\{x \leqslant \frac{a}{2} = \frac{6}{2} = 3\text{m}; x \leqslant \frac{b}{3} = \frac{6}{3} = 2\text{m}; x \leqslant \frac{H}{10} = \frac{34.7}{10} = 3.47\text{m}\right\} = 2\text{m}。$$

3）墙肢面积：$A_1 = 2 \times 0.6^2 + 0.18 \times 5.4 + 2 \times 0.18 \times 1.7 = 2.304\text{m}^2$；墙肢形心在截面中心。

4）剪力墙惯性矩：

$$I_w = 2 \times \left(\frac{1}{12} \times 0.6^3 + 0.6^2 \times 3^2\right) + \frac{1}{12} \times 0.18 \times 5.4^3 + 2 \times \left(\frac{1}{12} \times 1.7 \times 0.18^3 + 1.7 \times 0.18 \times 3^2\right) = 14.39\text{m}^4$$

$$EI_w = 3.0 \times 10^7 \times 2 \times 14.39 = 8.634 \times 10^8\text{kN} \cdot \text{m}^2$$

5）按层高加权平均：

$$\Sigma EI_w = \frac{8.634 \times 10^8 \times 4.2 \times 7 + 8.634 \times 10^8 \times 5.3}{34.7} = 8.634 \times 10^8\text{kN} \cdot \text{m}^2$$

### 4.1.4 风荷载计算

作用在楼层处集中风荷载标准值为：

$$W_k = \beta_z \mu_s \mu_z w_0 (h_i + h_j) B/2 \tag{4-1}$$

式中 $\beta_z$——风振系数，对于钢筋混凝土框架-剪力墙结构，基本自振周期可用 $T_1 = 0.08n$（$n$ 为建筑层数）估算，大约为 0.64s > 0.25s，故应考虑风压脉动对结构发生顺风向风振的影响，$\beta_z = 1 + \dfrac{\xi \nu \varphi_z}{\mu_z}$，其中 $\xi$ 为脉动增大系数，各系数值可由第 1 章的表中查得；

$\mu_s$——风荷载体型系数，根据建筑物的体型查得 $\mu_s = 1.3$；

$\mu_z$——风压高度变化系数，因建设地点位于某城市郊区，所以地面粗糙度为 B 类；

$w_0$——基本风压，取 $w_0 = 0.5\text{kN/m}^2$；

$h_i$——下层柱高；

$h_j$——上层柱高；对顶层为女儿墙高度的 2 倍；

$B$——迎风面的宽度，取 $B = 30.6\text{m}$。

集中风荷载标准值计算见表 4-9。

**集中风荷载标准值计算** **表 4-9**

| 层次 | 离地高度 $z_i$（m） | $H_i$ (m) | $\mu_z$ | $\beta_z$ | $\mu_s$ | $h_i$ (m) | $h_j$ (m) | $W_k$ (kN) | $M_i = W_k H_i$ ($10^3$kN·m) |
|---|---|---|---|---|---|---|---|---|---|
| 8 | 34.2 | 34.7 | 1.48 | 1.40 | 1.3 | 4.2 | 2.4 | 136.00 | 4.72 |
| 7 | 30.0 | 30.5 | 1.42 | 1.35 | 1.3 | 4.2 | 4.2 | 160.14 | 4.88 |
| 6 | 25.8 | 26.3 | 1.35 | 1.31 | 1.3 | 4.2 | 4.2 | 147.74 | 3.89 |
| 5 | 21.6 | 22.1 | 1.28 | 1.24 | 1.3 | 4.2 | 4.2 | 132.59 | 2.93 |
| 4 | 17.4 | 17.9 | 1.19 | 1.19 | 1.3 | 4.2 | 4.2 | 118.30 | 2.12 |
| 3 | 13.2 | 13.7 | 1.09 | 1.14 | 1.3 | 4.2 | 4.2 | 103.80 | 1.42 |
| 2 | 9.0 | 9.5 | 1.00 | 1.08 | 1.3 | 4.2 | 4.2 | 90.22 | 0.86 |
| 1 | 4.8 | 5.3 | 1.00 | 1.03 | 1.3 | 4.8 | 4.2 | 92.19 | 0.49 |
| Σ | | | | | | | | | 21.30 |

将楼层处集中力按基底弯矩折算成三角形荷载：

$$M_0 = \frac{1}{2} qH \times \frac{2}{3} H = \frac{1}{3} qH^2$$

$$q = \frac{3M_0}{H^2} = \frac{3 \times 21.30 \times 10^3}{34.7^2} = 53.07\text{kN/m}$$

$$V_0 = \frac{1}{2} qH = \frac{1}{2} \times 53.07 \times 34.7 = 920.76\text{kN}$$

### 4.1.5 地震作用计算

(1) 计算简图

如同第 3 章中所述，框架-剪力墙结构的内力分为两步：先将各单榀框架合并成总框架，将各单片剪力墙合并成总剪力墙，将各根连梁合并成总连梁，对总框架、总剪力墙和

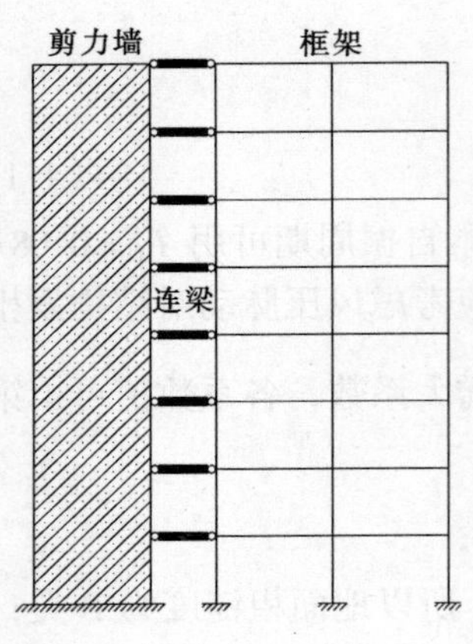


图 4-3 铰接体系

总连梁体系进行协同工作分析，求出它们各自承担的内力；然后按刚度比将总框架的内力分配给每榀框架，将总剪力墙的内力分配给每片剪力墙，将总连梁的内力分配给每根连梁。

在进行协同工作分析时，如果框架与剪力墙是通过楼板连接，由于假定楼板在自身平面内的刚度为无限大，而在其平面外的刚度为零，因此，它对各平面结构不产生约束弯矩，可以简化为铰接连杆，协同工作的计算简图如图 4-3 所示。

如果框架和剪力墙是通过连梁相连接，则连梁与剪力墙相连端宜视为刚接。连梁对框架柱的约束将反映在柱的 $D$ 值中，连梁与框架柱相连端仍可视为铰接。

连梁两端均为铰接的计算简图计算较为简单，本节设计例题采用这种计算简图计算。

（2）各层重力荷载代表值 $G$

计算见表 4-10～表 4-12。

**底层重力荷载代表值 $G_1$ 计算　　表 4-10**

| 项　目 | 单位面积重量（kN·m） | 面　积（m²） | 单位长度重量（kN/m） | 长　度（m） | 重　量（kN） |
|---|---|---|---|---|---|
| 外　墙 | 0.24×18+0.5+0.36=5.18 | (30−0.6×5)×0.9+(30−0.6×5.5−0.4×5.5)×4.15=125.98 | | | 652.58 |
| 内隔墙 | 0.29×9.8+0.36×2=3.56 | (30−0.6×5)×0.9=24.3 | | | 86.51 |
| 门　窗 | 0.35 | (1.15+2.05)×5.4×22=380.16 | | | 133.06 |
| 楼　板 | 4.33 | 30.3×15.3−(3−0.25)×(6−0.3)−30.3×3=357.02 | | | 1545.90 |
| 走　道 | 3.82 | 90.90 | | | 347.24 |
| 楼梯间 | 4.33×1.2=5.20 | (3−0.25)×(6−0.3)=15.68 | | | 81.51 |
| 梁 | | | 3.87 | 134.6 | 520.9 |
| | | | 2.59 | 5.70 | 14.76 |
| 柱 | | | 9.41 | 4.75×21=99.75 | 938.65 |
| | | | 4.27 | 4.75×4=19 | 81.13 |
| 栏　杆 | | | 5.05 | 27.10 | 136.86 |
| 剪力墙 | 0.18×2.5=0.45 | 2.65×(5.44×4)−2×2×2.2=48.86 | | | 21.99 |
| 楼面活载 | 2.50 | 30.3×15.3−106.58=357.01 | | | 892.53 |
| | 2.00 | 30.3×3+15.68=106.58 | | | 213.16 |

注：楼梯间楼面自重近视取一般楼面自重的 1.2 倍；

$G_1$ =652.58+86.51+133.06+1545.06+347.24+81.51+520.9+14.76+938.65
+81.13+136.86+21.99+0.5（892.53+213.16）
=5113.13kN（设计值为 7147.95kN）。

**2 ~ 7 层重力荷载代表值 $G_i$ 计算** 表 4-11

| 项　目 | 单位面积重量 (kN·m) | 面　积 ($m^2$) | 单位长度重量 (kN/m) | 长　度 (m) | 重　量 (kN) |
|---|---|---|---|---|---|
| 外　墙 | 5.18 | 119.70 | | | 620.05 |
| 内隔墙 | 3.56 | | 24.30 | | 86.51 |
| 门　窗 | 0.35 | | $2.7\times5.4\times22=320.76$ | | 112.27 |
| 楼　板 | 4.33 | $468.80-90.90=377.9$ | | | 1636.31 |
| 走　道 | 3.82 | 90.90 | | | 347.24 |
| 楼梯间 | 5.20 | 15.68 | | | 81.54 |
| 梁 | | | 3.87 | 81.54 | 315.56 |
| | | | 2.59 | 5.70 | 14.76 |
| 柱 | | | 9.41 | $4.2\times21=88.2$ | 829.86 |
| | | | 4.27 | $4.2\times4=16.8$ | 71.74 |
| 栏　杆 | | | 5.05 | 27.10 | 136.86 |
| 剪力墙 | $0.18\times2.5=0.45$ | $4.2\times(5.44\times4)-2\times2\times2.2=82.59$ | | | 37.17 |
| 楼面活载 | 2.50 | 350.01 | | | 875.03 |
| | 2.00 | 106.58 | | | 213.16 |

注：楼梯间楼面自重近视取一般楼面自重的 1.2 倍；

$$G_2\sim G_7=620.05+86.51+112.27+1636.31+347.24+81.54+315.56+14.76+829.86+71.74+136.86+37.17+0.5\times(875.86+213.16)=4833.94\text{kN}$$

(设计值为 6877.37kN)。

**顶层重力荷载代表值 $G_8$ 计算** 表 4-12

| 项　目 | 单位面积重量 (kN·m) | 面　积 ($m^2$) | 单位长度重量 (kN/m) | 长　度 (m) | 重　量 (kN) |
|---|---|---|---|---|---|
| 门　窗 | 0.35 | $1.55\times5.4\times22=184.14$ | | | 64.45 |
| 屋面板 | 6.89 | $30.3\times15.3=463.59$ | | | 3194.14 |
| 梁 | | | 3.87 | 81.54 | 315.56 |
| 柱 | | | 9.41 | 44.10 | 414.98 |
| | | | 4.27 | 8.40 | 35.87 |
| 女儿墙 | | | 6.67 | 90 | 600.30 |
| 天　沟 | | | 3.29 | 60 | 197.40 |
| 剪力墙 | $0.18\times2.5=0.45$ | $4.2\times(5.44\times4)-2\times2\times2.2=82.59$ | | | 37.17 |
| 屋面雪载 | 0.35 | 463.59 | | | 162.26 |

注：$G_8=64.45+3194.14+315.56+414.98+35.87+600.30+197.40+37.17+0.5\times162.26=4941.00\text{kN}$(设计值为 5883.88kN)。

各层重力荷载代表值 $G$ 如图 4-4 所示

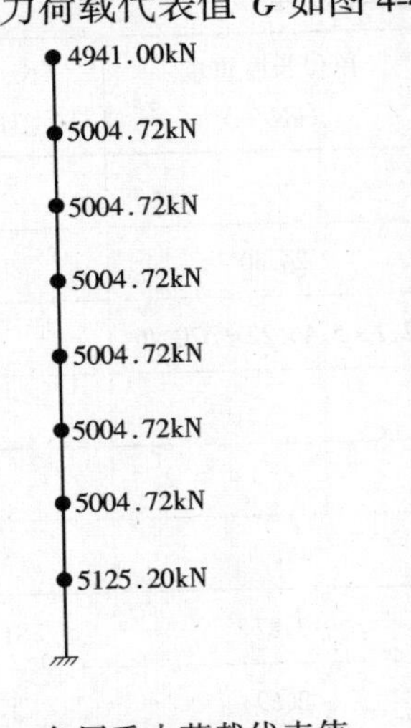


图 4-4　各层重力荷载代表值

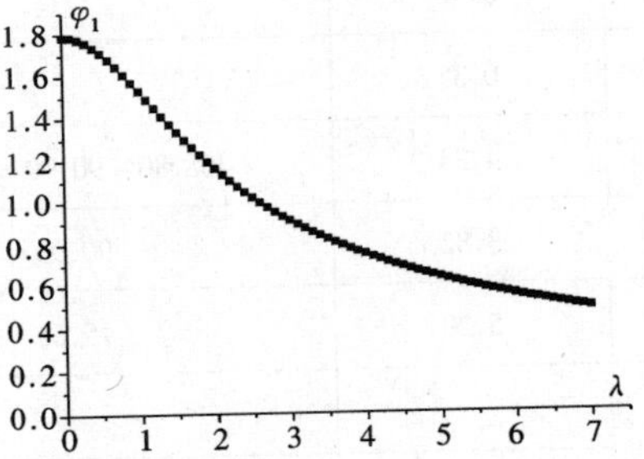

图 4-5　$\varphi_1$-$\lambda$ 图

(3) 总地震力作用计算

采用底部剪力法近似计算地震作用，为此先要确定结构的自振周期：

$$T_1 = \psi_T \varphi_1 H^2 \sqrt{\frac{G}{HgEI_w}}$$

式中　$G$——地面以上总重力荷载代表值；

$\varphi_1$——与刚度特征系数 $\lambda$ 有关的系数，可由 $\varphi_1$-$\lambda$ 图（图 4-5）查得；

$\psi_T$——考虑非承重墙的周期折减系数，取 $\psi_T = 0.7 \sim 0.8$；

$E$——钢筋混凝土剪力墙的弹性模量；

$I_w$——钢筋混凝土剪力墙的截面惯性矩；

$g$——重力加速度，取 $g = 9.8\text{m/s}^2$。

$$G_{eq} = 0.85G = 0.85 \times (4941.00 + 6 \times 5004.72 + 5125.20)$$
$$= 0.85 \times 40094.52 = 34080.34\text{kN}$$

$$\lambda = H\sqrt{\frac{C_f}{EI_w}} = 34.7\sqrt{\frac{1292877}{8.634 \times 10^8}} = 1.34$$

查得 $\varphi_1 = 1.393$

$$T_1 = 0.80 \times 1.393 \times 34.7^2\sqrt{\frac{34080.34}{34.7 \times 9.8 \times 8.634 \times 10^8}} = 0.457\text{s}$$

由于该工程所在地区抗震设防烈度为 7 度，Ⅱ类场地土，设计地震分组为第一组，由表 1-18 和表 1-19 可得：

$$\alpha_{max} = 0.08;\ T_g = 0.35\text{s}$$

$$T_g < T_1 < 5T_g \text{时，} \alpha_1 = \left(\frac{T_g}{T_1}\right)^{\gamma} \eta_2 \alpha_{max}$$

式中　$\gamma$——衰减指数，在 $T_g < T_1 < 5T_g$ 的区间内取 0.9；

$\eta_2$——阻尼调整系数，除专门规定外，建筑结构的阻尼比应取 0.05，对应的 $\eta_2 = 1.0$。

故横向地震影响系数 $\alpha_1=\left(\frac{0.35}{0.526}\right)^{0.9}\times1.0\times0.08=0.055$

总地震力：$F_{EK}=\alpha_1 G_{eq}=0.055\times40094.52=2109.66\text{kN}$

（4）各楼层质点水平地震作用计算

$$T_1=0.526\text{s}>1.4T_g=1.4\times0.35=0.49\text{s}$$

需要考虑顶点附加水平地震作用的影响，顶点附加地震作用系数：

$$\delta_n=0.08T_1+0.07=0.08\times0.526+0.07=0.112$$

附加水平地震作用：

$$\Delta F_n=\delta_n F_{EK}=0.112\times2109.66=236.28\text{kN}$$

$$F_{EK}-\Delta F_n=2109.66-236.28=1873.38\text{kN}$$

$$F_i=\frac{G_iH_i}{\Sigma G_iH_i}F_{EK}(1-\delta_n)=2109.66\times(1-0.112)\frac{G_iH_i}{\Sigma G_iH_i}=1873.38\frac{G_iH_i}{\Sigma G_iH_i}\text{kN}$$

楼层各质点水平地震作用计算见表4-13。

楼层各质点水平地震作用计算　　**表 4-13**

| 层次 | $h_i$（m） | $H_i$（m） | $G_i$（kN） | $G_iH_i$（kN·m） | $\frac{G_iH_i}{\Sigma G_iH_i}$ | $F_i$（kN） | $V_i$（kN） | $F_iH_i$（$10^3$kN·m） |
|---|---|---|---|---|---|---|---|---|
| 8 | 4.2 | 34.7 | 4941.00 | 171453 | 0.215 | 401.91 + 236.28 | 638.19 | 13.95 |
| 7 | 4.2 | 30.5 | 5004.72 | 152644 | 0.191 | 357.82 | 996.01 | 10.91 |
| 6 | 4.2 | 26.3 | 5004.72 | 131624 | 0.165 | 308.54 | 1304.55 | 8.11 |
| 5 | 4.2 | 22.1 | 5004.72 | 110604 | 0.138 | 259.27 | 1563.82 | 5.73 |
| 4 | 4.2 | 17.9 | 5004.72 | 89584 | 0.112 | 210.00 | 1773.82 | 3.76 |
| 3 | 4.2 | 13.7 | 5004.72 | 68565 | 0.086 | 160.72 | 1934.54 | 2.20 |
| 2 | 4.2 | 9.5 | 5004.72 | 47545 | 0.059 | 111.45 | 2045.99 | 1.06 |
| 1 | 5.3 | 5.3 | 5125.20 | 27164 | 0.034 | 63.67 | 2109.66 | 0.34 |
| Σ | 34.7 | | 40094.52 | 799183 | 1.000 | 1873.38 | | 46.06 |

将楼层处集中力按基底弯矩折算成三角形荷载：

$$M_0=\frac{1}{2}qH\times\frac{2}{3}H=\frac{1}{3}qH^2$$

$$q=\frac{3M_0}{H^2}=\frac{3\times46.06\times10^3}{34.7^2}=114.76\text{kN/m}$$

$$V_0=\frac{1}{2}qH=\frac{1}{2}\times114.76\times34.7=1991.09\text{kN}$$

### 4.1.6 风荷载作用下结构协同工作计算及水平位移验算

（1）由 $\lambda$ 值及荷载类型查图表计算

由于不考虑连梁约束刚度 $C_b$ 影响时，计算结构内力、位移所用的 $\lambda$ 值与计算地震力时相同，取 $\lambda=1.34$，倒三角形荷载作用下结构内力计算见表 4-14。

**倒三角形荷载作用下结构内力计算** **表 4-14**

| 层次 | 标高 $x$ (m) | $\lambda=1.34$，$M_0=21.30\times10^3$kN·m，$V_0=920.76$kN；$q=53.07$kN/m | | | | | | |
|---|---|---|---|---|---|---|---|---|
| | | $\xi=x/H$ | $M_w/M_0$ | $M_w$ ($10^3$kN/m) | $V_w/V_0$ | $V_w$ ($10^3$kN/m) | $V_F/V_0$ | $V_F$ ($10^3$kN/m) |
| 8 | 34.7 | 1.000 | 0.000 | 0.00 | −0.243 | −0.22 | 0.243 | 0.22 |
| 7 | 30.5 | 0.879 | −0.023 | −0.49 | −0.018 | −0.02 | 0.245 | 0.23 |
| 6 | 26.3 | 0.758 | −0.008 | −0.17 | 0.178 | 0.16 | 0.247 | 0.23 |
| 5 | 22.1 | 0.637 | 0.040 | 0.85 | 0.348 | 0.32 | 0.246 | 0.23 |
| 4 | 17.9 | 0.516 | 0.117 | 2.49 | 0.499 | 0.46 | 0.235 | 0.22 |
| 3 | 13.7 | 0.395 | 0.220 | 4.69 | 0.633 | 0.58 | 0.211 | 0.19 |
| 2 | 9.5 | 0.274 | 0.346 | 7.37 | 0.755 | 0.70 | 0.170 | 0.16 |
| 1 | 5.3 | 0.153 | 0.494 | 10.52 | 0.867 | 0.80 | 0.110 | 0.10 |
| 0 | 0 | 0.000 | 0.708 | 15.08 | 1.000 | 0.92 | 0.000 | 0.00 |

注：$M_w/M_0=\frac{3}{\lambda^2}\left[\left(1+\frac{\lambda\mathrm{sh}\lambda}{2}-\frac{\mathrm{sh}\lambda}{\lambda}\right)\frac{\mathrm{ch}\lambda\xi}{\mathrm{ch}\lambda}-\left(\frac{\lambda}{2}-\frac{1}{\lambda}\right)\mathrm{sh}\lambda\xi-\xi\right]$；

$V_w/V_0=\frac{2}{\lambda^2}\left[\left(1+\frac{\lambda\mathrm{sh}\lambda}{2}-\frac{\mathrm{sh}\lambda}{\lambda}\right)\frac{\lambda\mathrm{sh}\lambda\xi}{\mathrm{ch}\lambda}-\left(\frac{\lambda}{2}-\frac{1}{\lambda}\right)\lambda\mathrm{ch}\lambda\xi-1\right]$；

$V_F=\frac{1}{2}(1-\xi^2)qH-V_w$

（2）结构总内力计算汇总（表 4-15）

**结构总内力计算汇总** **表 4-15**

| 层次 | 总剪力墙 | | 总框架 |
|---|---|---|---|
| | $M_w$ ($10^3$kN/m) | $V_w$ ($10^3$kN/m) | $V_F$ ($10^3$kN/m) |
| 8 | 0.00 | −0.22 | 0.23 |
| 7 | −0.49 | −0.02 | 0.23 |
| 6 | −0.17 | 0.16 | 0.23 |
| 5 | 0.85 | 0.32 | 0.23 |
| 4 | 2.49 | 0.46 | 0.21 |
| 3 | 4.69 | 0.58 | 0.18 |
| 2 | 7.37 | 0.70 | 0.13 |
| 1 | 10.52 | 0.80 | 0.05 |
| 0 | 15.08 | 0.92 | — |

注：各层总框架柱剪力应由上、下层处 $V_F$ 值近视计算 $V_{Fi}=(V_{Fi-1}+V_{Fi})/2$。

（3）位移计算（表 4-16）

位 移 计 算 表 4-16

| 层 次 | $H_i$（m） | $\xi=x/H$ | $Y(\xi)/f_H$ | $Y(\xi)$（mm） | $\Delta y_i$（mm） |
|---|---|---|---|---|---|
| 8 | 34.7 | 1.000 | 0.592 | 4.837 | 0.735 |
| 7 | 30.5 | 0.879 | 0.502 | 4.101 | 0.735 |
| 6 | 26.3 | 0.758 | 0.412 | 3.366 | 0.743 |
| 5 | 22.1 | 0.637 | 0.321 | 2.623 | 0.727 |
| 4 | 17.9 | 0.516 | 0.232 | 1.895 | 0.678 |
| 3 | 13.7 | 0.395 | 0.149 | 1.217 | 0.572 |
| 2 | 9.5 | 0.274 | 0.079 | 0.645 | 0.425 |
| 1 | 5.3 | 0.153 | 0.027 | 0.221 | 0.221 |

注：倒三角形荷载作用下 $Y(\xi)/f_H=\frac{120}{11\lambda^2}\left[\left(1+\frac{\lambda\,\mathrm{sh}\lambda}{2}-\frac{\mathrm{sh}\lambda}{\lambda}\right)\frac{\mathrm{ch}\lambda\xi-1}{\lambda^2\mathrm{ch}\lambda}+\left(\frac{1}{2}-\frac{1}{\lambda^2}\right)\left(\xi-\frac{\mathrm{sh}\lambda\xi}{\lambda}\right)-\frac{\xi^3}{6}\right]$；$\lambda=1.34$；层间最大相对位移 $\left[\frac{\Delta y_i}{h_i}\right]_{max}=\frac{0.743}{4200}=\frac{1}{5653}<\left[\frac{1}{800}\right]$，满足要求。

### 4.1.7 地震作用下结构协同工作计算及水平位移验算

（1）由 $\lambda$ 值及荷载类型查图表计算

由于不考虑连梁约束刚度 $C_b$ 影响时，计算结构内力、位移所用的 $\lambda$ 值与计算地震力时相同，取 $\lambda=1.34$，倒三角形荷载作用下结构内力计算见表 4-17。

倒三角形荷载作用下结构内力计算 表 4-17

| 层 次 | 标 高 $x$（m） | $\lambda=1.34$，$M_0=46.06\times10^3$kN·m，$V_0=1991.09$kN；$q=114.76$kN/m | | | | | | |
|---|---|---|---|---|---|---|---|---|
| | | $\xi=x/H$ | $M_w/M_0$ | $M_w(10^3$kN/m) | $V_w/V_0$ | $V_w(10^3$kN/m) | $V_F/V_0$ | $V_F(10^3$kN/m) |
| 8 | 34.7 | 1.000 | 0.000 | 0.00 | −0.243 | −0.48 | 0.243 | 0.48 |
| 7 | 30.5 | 0.879 | −0.023 | −1.07 | −0.018 | −0.04 | 0.245 | 0.49 |
| 6 | 26.3 | 0.758 | −0.008 | −0.38 | 0.178 | 0.35 | 0.248 | 0.49 |
| 5 | 22.1 | 0.637 | 0.040 | 1.84 | 0.348 | 0.69 | 0.246 | 0.49 |
| 4 | 17.9 | 0.516 | 0.117 | 5.39 | 0.499 | 0.99 | 0.235 | 0.47 |
| 3 | 13.7 | 0.395 | 0.220 | 10.14 | 0.633 | 1.26 | 0.211 | 0.42 |
| 2 | 9.5 | 0.274 | 0.346 | 15.95 | 0.755 | 1.50 | 0.170 | 0.34 |
| 1 | 5.3 | 0.153 | 0.494 | 22.74 | 0.867 | 1.73 | 0.110 | 0.22 |
| 0 | 0 | 0.000 | 0.708 | 32.60 | 1.000 | 1.99 | 0.000 | 0.00 |

注：$M_w/M_0=\frac{3}{\lambda^2}\left[\left(1+\frac{\lambda\,\mathrm{sh}\lambda}{2}-\frac{\mathrm{sh}\lambda}{\lambda}\right)\frac{\mathrm{ch}\lambda\xi}{\mathrm{ch}\lambda}-\left(\frac{\lambda}{2}-\frac{1}{\lambda}\right)\mathrm{sh}\lambda\xi-\xi\right]$；

$V_w/V_0=\frac{2}{\lambda^2}\left[\left(1+\frac{\lambda\,\mathrm{sh}\lambda}{2}-\frac{\mathrm{sh}\lambda}{\lambda}\right)\frac{\lambda\,\mathrm{sh}\lambda\xi}{\mathrm{ch}\lambda}-\left(\frac{\lambda}{2}-\frac{1}{\lambda}\right)\lambda\,\mathrm{ch}\lambda\xi-1\right]$；

$V_F=\frac{1}{2}(1-\xi^2)qH-V_w$。

（2）结构总内力计算汇总（表 4-18）

结构总内力计算汇总　　　　表 4-18

| 层　次 | 总剪力墙 | | 总框架 |
|---|---|---|---|
| | $M_w$（$10^3$kN/m） | $V_w$（$10^3$kN/m） | $V_F$（$10^3$kN/m） |
| 8 | 0.00 | −0.48 | 0.49 |
| 7 | −1.07 | −0.04 | 0.49 |
| 6 | −0.38 | 0.35 | 0.49 |
| 5 | 1.84 | 0.69 | 0.48 |
| 4 | 5.39 | 0.99 | 0.44 |
| 3 | 10.14 | 1.26 | 0.38 |
| 2 | 15.95 | 1.50 | 0.28 |
| 1 | 22.74 | 1.73 | 0.11 |
| 0 | 32.60 | 1.99 | — |

注：各层总框架柱剪力应由上、下层处 $V_F$ 值近视计算 $V_{Fi}=(V_{Fi-1}+V_{Fi})/2$。

(3) 位移计算（表 4-19）

位　移　计　算　　　　表 4-19

| 层　次 | $H_i$（m） | $\xi=x/H$ | $Y(\xi)/f_H$ | $Y(\xi)$（mm） | $\Delta y_i$（mm） |
|---|---|---|---|---|---|
| 8 | 34.7 | 1.000 | 0.592 | 10.452 | 1.583 |
| 7 | 30.5 | 0.879 | 0.502 | 8.869 | 1.602 |
| 6 | 26.3 | 0.758 | 0.412 | 7.268 | 1.607 |
| 5 | 22.1 | 0.637 | 0.321 | 5.661 | 1.567 |
| 4 | 17.9 | 0.516 | 0.232 | 4.094 | 1.455 |
| 3 | 13.7 | 0.395 | 0.149 | 2.639 | 1.246 |
| 2 | 9.5 | 0.274 | 0.079 | 1.393 | 0.918 |
| 1 | 5.3 | 0.153 | 0.027 | 0.475 | 0.475 |

注：倒三角形荷载作用下 $Y(\xi)/f_H=\frac{120}{11\lambda^2}\left[\left(1+\frac{\lambda\,\mathrm{sh}\lambda}{2}-\frac{\mathrm{sh}\lambda}{\lambda}\right)\frac{\mathrm{ch}\lambda\xi-1}{\lambda^2\mathrm{ch}\lambda}+\left(\frac{1}{2}-\frac{1}{\lambda^2}\right)\left(\xi-\frac{\mathrm{sh}\lambda\xi}{\lambda}\right)-\frac{\xi^3}{6}\right]$；$\lambda=1.34$；层间最大相对位移 $\left[\frac{\Delta y_i}{h_i}\right]_{max}=\frac{1.607}{4200}=\frac{1}{2614}<\left[\frac{1}{800}\right]$，满足要求。

### 4.1.8 刚重比及剪重比验算

(1) 刚重比验算

由表 4-15 和表 4-18 的比较可见，地震作用下的侧移较大，应对地震作用下的刚重比进行验算。

倒三角形荷载下，$q=114.76$kN/m，$u=0.010452$m，$H=34.7$m。

等效侧向刚度：

$$EJ_d=\frac{11qH^4}{120u}=\frac{11\times114.76\times34.7^4}{120\times0.010452}$$

$$= 145.921 \times 10^7 kN \cdot m^2$$

按公式（1-29）对刚重比验算（重力荷载设计值 $\sum_{i=1}^{n} G_i = 54296.05kN$）：

$$\frac{EJ_d}{H^2 \sum_{i=1}^{n} G_i} = \frac{145.921 \times 10^7}{34.7^2 \times 54296.05} = 22.32 > 2.7$$

不必考虑重力二阶效应影响。

（2）剪重比验算

各层剪重比见表 4-20。

各 层 剪 重 比　　表 4-20

| 层　号 | $G_i$ (kN) | $\sum_{j=i}^{n} G_j$ (kN) | $V_{EKi}$ (kN) | $\frac{V_{EKi}}{\sum_{j=i}^{n} G_j}$ |
|---|---|---|---|---|
| 8 | 4941.00 | 4941.00 | 638.19 | 0.129 |
| 7 | 5004.72 | 9945.72 | 996.01 | 0.100 |
| 6 | 5004.72 | 14950.44 | 1304.55 | 0.087 |
| 5 | 5004.72 | 19955.16 | 1563.82 | 0.078 |
| 4 | 5004.72 | 24959.88 | 1773.82 | 0.071 |
| 3 | 5004.72 | 29964.60 | 1934.54 | 0.065 |
| 2 | 5004.72 | 34969.32 | 2045.99 | 0.059 |
| 1 | 5125.20 | 40094.52 | 2109.66 | 0.053 |

由表 4-20 可见，各层的剪重比均大于 0.016，满足对剪重比的要求。

### 4.1.9 风荷载作用下的内力在剪力墙上的分配

$$H = 34.7m < 50m; H/B = 34.7/15.6 = 2.22 < 4$$

剪力墙计算，第 $j$ 层第 $i$ 个墙肢的内力为：

剪力 $V_{wij} = \frac{EI_{eqi}}{\Sigma EI_{eqi}} V_{wj}$；弯矩 $M_{wij} = \frac{EI_{eqi}}{\Sigma EI_{eqi}} M_{wj}$

本题每层横向含有 2 片剪力墙，每片剪力墙的剪力和弯矩为：

$$V_{wij} = \frac{1}{2} V_{wj}, M_{wij} = \frac{1}{2} M_{wj}$$

风荷载作用下的剪力、弯矩和轴力在剪力墙上的分配见表 4-21。

风荷载作用下的剪力和弯矩在剪力墙上的分配　　表 4-21

| 层　次 | $M_{wj}$ ($10^3$kN·m) | $M_{wij}$ ($10^3$kN·m) | $V_{wj}$ ($10^3$kN) | $V_{wij}$ ($10^3$kN) |
|---|---|---|---|---|
| 8 | 0.00 | 0.000 | −0.22 | −0.110 |
| 7 | −0.49 | −0.245 | −0.02 | −0.010 |
| 6 | −0.17 | −0.085 | 0.16 | 0.080 |
| 5 | 0.85 | 0.425 | 0.32 | 0.160 |
| 4 | 2.49 | 1.245 | 0.46 | 0.230 |
| 3 | 4.69 | 2.345 | 0.58 | 0.290 |
| 2 | 7.37 | 3.685 | 0.70 | 0.350 |
| 1 | 10.52 | 5.260 | 0.80 | 0.400 |
| 0 | 15.08 | 7.540 | 0.92 | 0.460 |

单片剪力墙在风荷载作用下的弯矩图和剪力图如图 4-6、图 4-7 所示。

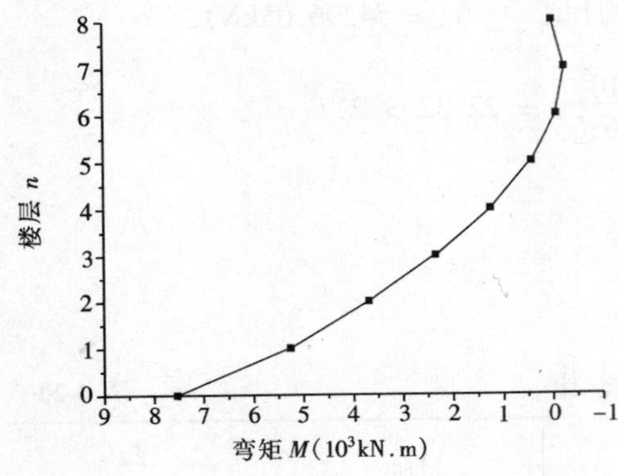


图 4-6 单片剪力墙在风荷载作用下的弯矩图

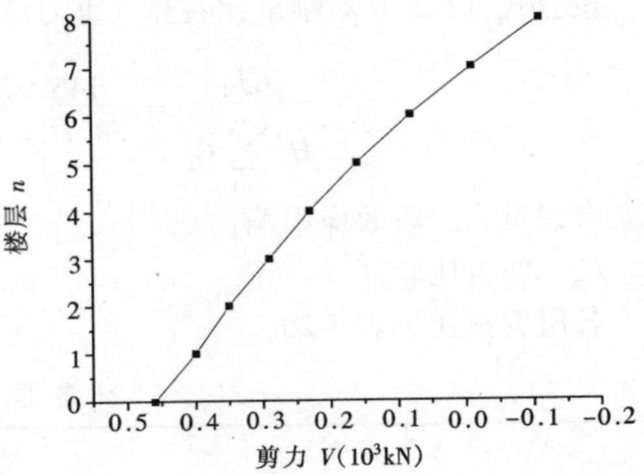

图 4-7 单片剪力墙在风荷载作用下的剪力图

### 4.1.10 风荷载作用下框架内力计算

框架风荷载剪力 $V_f$ 在各框架柱间分配（取②轴一榀横向框架）

框架剪力调整：

当 $V_f < 0.2V_0$ 时，取 $V_f = \min\{V_f = 1.5V_{max};\ V_f = 0.2V_0\}$；当 $V_f > 0.2V_0$ 时，不必调整。

框架中 4 ~ 8 层所有 $V_f > 0.2V_0 = 0.2 \times 920.76 = 184.15$kN，不必调整；

框架中 1 ~ 3 层所有 $V_f < 0.2V_0 = 184.15$kN，故要调整；又 $1.5V_{fmax} = 1.5 \times 0.23 \times 10^3 = 345$kN

$$1 \sim 3 \text{ 层风荷载剪力取 } V_f = \min\{345.00;\ 184.15\} = 184.15\text{kN}$$

第 $j$ 层第 $m$ 柱所分配剪力：$V_{im} = \dfrac{D_{im}}{\Sigma D_{im}} V_i$

框架柱反弯点位置确定见表 4-22 ~ 表 4-23。

框架柱Ⓐ/②、Ⓑ/②反弯点位置确定 表 4-22

| 层次 | 框架柱Ⓐ/②（边柱） | | | | | | 框架柱Ⓑ/②（边柱） | | | | | |
|---|---|---|---|---|---|---|---|---|---|---|---|---|
| | $\bar{i}$ | $y_0$ | $y_1$ | $y_2$ | $y_3$ | $y$ | $\bar{i}$ | $y_0$ | $y_1$ | $y_2$ | $y_3$ | $y$ |
| 8 | 0.700 | 0.30 | 0.00 | 0.00 | 0.00 | 0.30 | 1.401 | 0.37 | 0.00 | 0.00 | 0.00 | 0.37 |
| 7 | 0.700 | 0.40 | 0.00 | 0.00 | 0.00 | 0.40 | 1.401 | 0.42 | 0.00 | 0.00 | 0.00 | 0.42 |
| 6 | 0.700 | 0.45 | 0.00 | 0.00 | 0.00 | 0.45 | 1.401 | 0.45 | 0.00 | 0.00 | 0.00 | 0.45 |
| 5 | 0.700 | 0.45 | 0.00 | 0.00 | 0.00 | 0.45 | 1.401 | 0.47 | 0.00 | 0.00 | 0.00 | 0.47 |
| 4 | 0.700 | 0.45 | 0.00 | 0.00 | 0.00 | 0.45 | 1.401 | 0.47 | 0.00 | 0.00 | 0.00 | 0.47 |
| 3 | 0.700 | 0.45 | 0.00 | 0.00 | 0.00 | 0.45 | 1.401 | 0.50 | 0.00 | 0.00 | 0.00 | 0.50 |
| 2 | 0.700 | 0.50 | 0.00 | 0.00 | -0.02 | 0.48 | 1.401 | 0.50 | 0.00 | 0.00 | -0.01 | 0.49 |
| 1 | 0.884 | 0.65 | 0.00 | -0.05 | 0.00 | 0.60 | 1.768 | 0.78 | 0.00 | -0.01 | 0.00 | 0.77 |

注：$y = y_0 + y_1 + y_2 + y_3$。

框架柱Ⓒ/②、Ⓓ/②反弯点位置确定　　表 4-23

| 层次 | 框架柱Ⓒ/②（中柱） | | | | | | 框架柱Ⓓ/②（边柱） | | | | | |
|---|---|---|---|---|---|---|---|---|---|---|---|---|
| | $\bar{i}$ | $y_0$ | $y_1$ | $y_2$ | $y_3$ | $y$ | $\bar{i}$ | $y_0$ | $y_1$ | $y_2$ | $y_3$ | $y$ |
| 8 | 2.101 | 0.41 | 0.00 | 0.00 | 0.00 | 0.41 | 7.200 | 0.45 | 0.00 | 0.00 | 0.00 | 0.45 |
| 7 | 2.101 | 0.46 | 0.00 | 0.00 | 0.00 | 0.46 | 7.200 | 0.50 | 0.00 | 0.00 | 0.00 | 0.50 |
| 6 | 2.101 | 0.46 | 0.00 | 0.00 | 0.00 | 0.46 | 7.200 | 0.50 | 0.00 | 0.00 | 0.00 | 0.50 |
| 5 | 2.101 | 0.50 | 0.00 | 0.00 | 0.00 | 0.50 | 7.200 | 0.50 | 0.00 | 0.00 | 0.00 | 0.50 |
| 4 | 2.101 | 0.50 | 0.00 | 0.00 | 0.00 | 0.50 | 7.200 | 0.50 | 0.00 | 0.00 | 0.00 | 0.50 |
| 3 | 2.101 | 0.50 | 0.00 | 0.00 | 0.00 | 0.50 | 7.200 | 0.50 | 0.00 | 0.00 | 0.00 | 0.50 |
| 2 | 2.101 | 0.50 | 0.00 | 0.00 | 0.00 | 0.50 | 7.200 | 0.50 | 0.00 | 0.00 | 0.00 | 0.50 |
| 1 | 2.651 | 0.55 | 0.00 | 0.00 | 0.00 | 0.55 | 9.076 | 0.55 | 0.00 | 0.00 | 0.00 | 0.55 |

注：$y = y_0 + y_1 + y_2 + y_3$。

框架柱节点弯矩分配如图 4-8 所示。

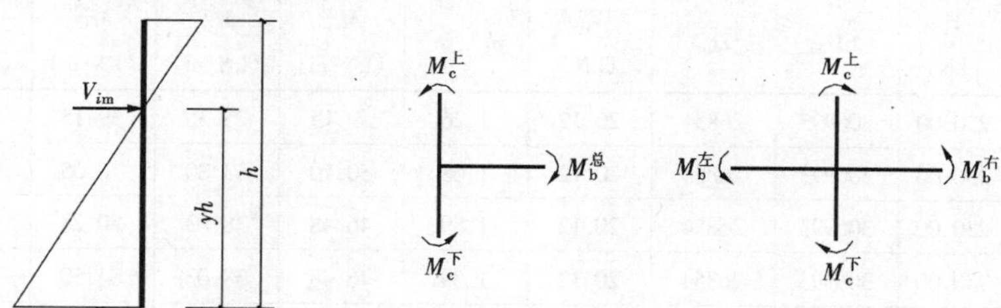


图 4-8　框架柱节点弯矩分配

横向风荷载作用下框架柱剪力及梁柱端弯矩计算见表 4-24 ~ 表 4-27 及图 4-9。

横向风荷载作用下框架柱Ⓐ/②剪力及梁柱端弯矩计算　　表 4-24

| 层　次 | 层　高 $h$（m） | $V_i$ (kN) | $\Sigma D_{im}$ | $D_{im}$ | $V_{im}$ (kN) | $yh$（m） | $M_c^上$ (kN·m) | $M_c^下$ (kN·m) | $M_b^总$ (kN·m) |
|---|---|---|---|---|---|---|---|---|---|
| 8 | 4.2 | 230.00 | 306993 | 13584 | 10.18 | 1.26 | 29.93 | 12.83 | 29.93 |
| 7 | 4.2 | 230.00 | 306993 | 13584 | 10.18 | 1.68 | 25.65 | 17.10 | 38.48 |
| 6 | 4.2 | 230.00 | 306993 | 13584 | 10.18 | 1.89 | 23.52 | 19.24 | 40.62 |
| 5 | 4.2 | 230.00 | 306993 | 13584 | 10.18 | 1.89 | 23.52 | 19.24 | 42.76 |
| 4 | 4.2 | 210.00 | 306993 | 13584 | 9.29 | 1.89 | 21.46 | 17.56 | 40.70 |
| 3 | 4.2 | 184.15 | 306993 | 13584 | 8.15 | 1.89 | 18.83 | 15.40 | 36.38 |
| 2 | 4.2 | 184.15 | 306993 | 13584 | 8.15 | 2.02 | 17.77 | 16.46 | 33.17 |
| 1 | 5.3 | 184.15 | 247446 | 12529 | 9.32 | 3.18 | 19.76 | 29.64 | 36.22 |

注：$M_c^上 = V_{im}(1-y)h$；$M_c^下 = V_{im}yh$；$M_b^总 = M_c^上 + M_c^下$。

### 横向风荷载作用下框架柱Ⓑ/②剪力及梁柱端弯矩计算　表 4-25

| 层次 | 层高 $h$ (m) | $V_i$ (kN) | $\Sigma D_{im}$ | $D_{im}$ | $V_{im}$ (kN) | $yh$ (m) | $M_c^{上}$ (kN·m) | $M_c^{下}$ (kN·m) | $M_b^{总}$ (kN·m) | $M_b^{左}$ (kN·m) | $M_b^{右}$ (kN·m) |
|---|---|---|---|---|---|---|---|---|---|---|---|
| 8 | 4.2 | 230.00 | 306993 | 21609 | 16.19 | 1.26 | 47.60 | 20.40 | 47.60 | 23.80 | 23.80 |
| 7 | 4.2 | 230.00 | 306993 | 21609 | 16.19 | 1.68 | 40.80 | 27.20 | 61.20 | 30.60 | 30.60 |
| 6 | 4.2 | 230.00 | 306993 | 21609 | 16.19 | 1.89 | 37.40 | 30.60 | 64.60 | 32.30 | 32.30 |
| 5 | 4.2 | 230.00 | 306993 | 21609 | 16.19 | 1.89 | 37.40 | 30.60 | 68.00 | 34.00 | 34.00 |
| 4 | 4.2 | 210.00 | 306993 | 21609 | 14.78 | 1.89 | 34.14 | 27.93 | 64.74 | 32.37 | 32.37 |
| 3 | 4.2 | 184.15 | 306993 | 21609 | 12.96 | 1.89 | 29.94 | 24.49 | 57.87 | 28.94 | 28.94 |
| 2 | 4.2 | 184.15 | 306993 | 21609 | 12.96 | 2.02 | 28.25 | 26.18 | 52.75 | 26.37 | 26.37 |
| 1 | 5.3 | 184.15 | 247446 | 15713 | 11.69 | 3.18 | 24.78 | 37.17 | 50.96 | 25.48 | 25.48 |

注：$M_c^{上} = V_{im}(1-y)h$；$M_c^{下} = V_{im}yh$；$M_b^{总} = M_c^{上} + M_c^{下}$；

$M_b^{左} = \frac{i_b^{左}}{i_b^{左}+i_b^{右}}M_b^{总}$；$M_b^{右} = \frac{i_b^{右}}{i_b^{左}+i_b^{右}}M_b^{总}$；$i_b^{左} = 5.4\times10^4$kN/m；$i_b^{右} = 5.4\times10^4$kN/m。

### 横向风荷载作用下框架柱Ⓒ/②剪力及梁柱端弯矩计算　表 4-26

| 层次 | 层高 $h$ (m) | $V_i$ (kN) | $\Sigma D_{im}$ | $D_{im}$ | $V_{im}$ (kN) | $yh$ (m) | $M_c^{上}$ (kN·m) | $M_c^{下}$ (kN·m) | $M_b^{总}$ (kN·m) | $M_b^{左}$ (kN·m) | $M_b^{右}$ (kN·m) |
|---|---|---|---|---|---|---|---|---|---|---|---|
| 8 | 4.2 | 230.00 | 306993 | 26854 | 20.12 | 1.26 | 59.15 | 25.35 | 59.15 | 19.72 | 39.44 |
| 7 | 4.2 | 230.00 | 306993 | 26854 | 20.12 | 1.68 | 50.70 | 33.80 | 76.05 | 25.35 | 50.70 |
| 6 | 4.2 | 230.00 | 306993 | 26854 | 20.12 | 1.89 | 46.48 | 38.03 | 80.28 | 26.76 | 53.52 |
| 5 | 4.2 | 230.00 | 306993 | 26854 | 20.12 | 1.89 | 46.48 | 38.03 | 84.50 | 28.17 | 56.34 |
| 4 | 4.2 | 210.00 | 306993 | 26854 | 18.37 | 1.89 | 42.43 | 34.72 | 80.46 | 26.82 | 53.64 |
| 3 | 4.2 | 184.15 | 306993 | 26854 | 16.11 | 1.89 | 37.21 | 30.45 | 71.93 | 23.98 | 47.96 |
| 2 | 4.2 | 184.15 | 306993 | 26854 | 16.11 | 2.02 | 35.12 | 32.54 | 65.57 | 21.86 | 43.71 |
| 1 | 5.3 | 184.15 | 247446 | 17671 | 13.15 | 3.18 | 27.88 | 41.82 | 60.42 | 20.14 | 40.28 |

注：$M_c^{上} = V_{im}(1-y)h$；$M_c^{下} = V_{im}yh$；$M_b^{总} = M_c^{上} + M_c^{下}$；

$M_b^{左} = \frac{i_b^{左}}{i_b^{左}+i_b^{右}}M_b^{总}$；$M_b^{右} = \frac{i_b^{右}}{i_b^{左}+i_b^{右}}M_b^{总}$；$i_b^{左} = 5.4\times10^4$kN/m；$i_b^{右} = 10.8\times10^4$kN/m。

### 横向风荷载作用下框架柱Ⓓ/②剪力及梁柱端弯矩计算　表 4-27

| 层次 | 层高 $h$ (m) | $V_i$ (kN) | $\Sigma D_{im}$ | $D_{im}$ | $V_{im}$ (kN) | $yh$ (m) | $M_c^{上}$ (kN·m) | $M_c^{下}$ (kN·m) | $M_b^{总}$ (kN·m) |
|---|---|---|---|---|---|---|---|---|---|
| 8 | 4.2 | 230.00 | 306993 | 7990 | 5.99 | 1.26 | 17.61 | 7.55 | 17.61 |
| 7 | 4.2 | 230.00 | 306993 | 7990 | 5.99 | 1.68 | 15.09 | 10.06 | 22.64 |
| 6 | 4.2 | 230.00 | 306993 | 7990 | 5.99 | 1.89 | 13.84 | 11.32 | 23.90 |
| 5 | 4.2 | 230.00 | 306993 | 7990 | 5.99 | 1.89 | 13.84 | 11.32 | 25.16 |
| 4 | 4.2 | 210.00 | 306993 | 7990 | 5.47 | 1.89 | 12.64 | 10.34 | 23.96 |
| 3 | 4.2 | 184.15 | 306993 | 7990 | 4.79 | 1.89 | 11.06 | 9.05 | 21.40 |
| 2 | 4.2 | 184.15 | 306993 | 7990 | 4.79 | 2.02 | 10.44 | 9.68 | 19.50 |
| 1 | 5.3 | 184.15 | 247446 | 4397 | 3.27 | 3.18 | 6.93 | 10.40 | 16.61 |

注：$M_c^{上} = V_{im}(1-y)h$；$M_c^{下} = V_{im}yh$；$M_b^{总} = M_c^{上} + M_c^{下}$。

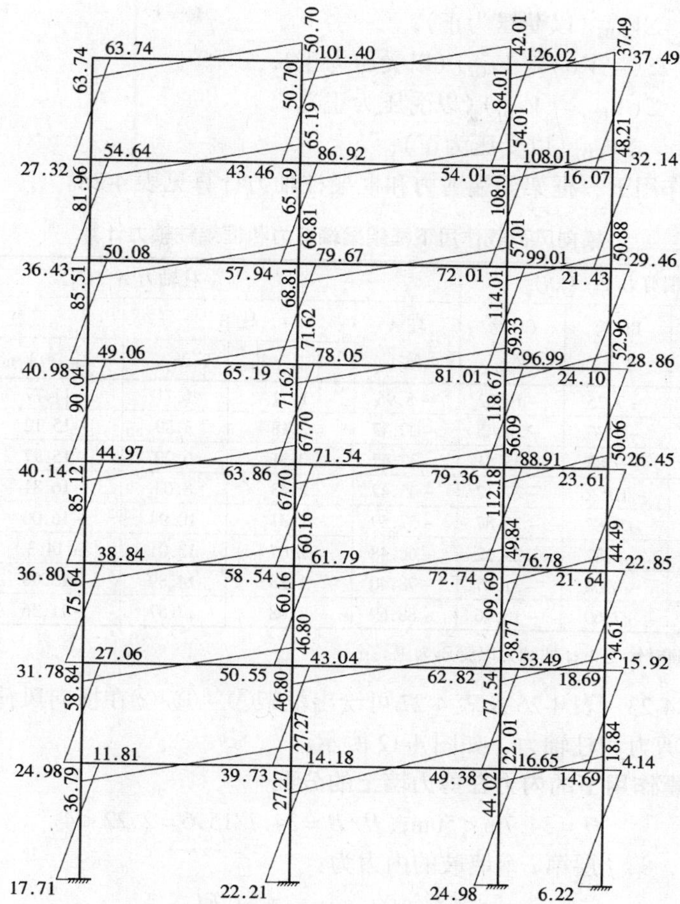


图 4-9 左向风荷载作用下框架梁柱端弯矩图

（单位：kN·m）

框架梁端剪力和框架柱轴力计算：

框架梁剪力计算如图 4-10 所示。

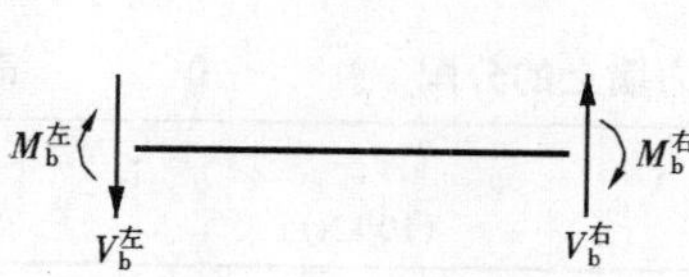


图 4-10 框架梁剪力计算

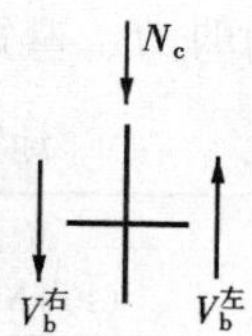


图 4-11 框架梁轴力计算

梁 AB：$V_{ABj} = V_{BCj} = -\dfrac{M_{bABj} + M_{bBAj}}{l} = -\dfrac{M_{bABj} + M_{bBAj}}{6}$（以顺时针为正）；

梁 BC：$V_{BCj} = V_{CBj} = -\dfrac{M_{bBCj} + M_{bCBj}}{l} = -\dfrac{M_{bBCj} + M_{bCBj}}{6}$（以顺时针为正）；

梁 CD：$V_{CDj} = V_{DCj} = -\dfrac{M_{bCDj} + M_{bDCj}}{l} = -\dfrac{M_{bCDj} + M_{bDCj}}{3}$（以顺时针为正）。

框架柱轴力计算如图 4-11 所示。

柱 A：$N_{cjA} = \Sigma V_{ABj}$（以受压为正）；

柱 B：$N_{cjB} = \Sigma(-V_{ABj} + V_{BCj})$（以受压为正）；

柱 C：$N_{cjC} = \Sigma(V_{BCj} - V_{CDj})$（以受压为正）。

柱 D：$N_{cjD} = -\Sigma V_{CDj}$（以受压为正）；

横向风荷载作用下，框架梁端剪力和框架柱轴力计算见表 4-28。

**横向风荷载作用下框架梁端剪力和框架柱轴力计算** **表 4-28**

| 层次 | 梁端剪力 $V_{bj}$（kN） | | | 柱轴力 $N$（kN） | | | | | |
|---|---|---|---|---|---|---|---|---|---|
| | AB 跨 | BC 跨 | CD 跨 | 柱 A | 柱 B | | 柱 C | | 柱 D |
| | $V_{ABj}$ | $V_{BCj}$ | $V_{CDj}$ | $N_{cjA}$ | $-V_{ABj}+V_{BCj}$ | $N_{cjB}$ | $-V_{BCj}+V_{CDj}$ | $N_{cjC}$ | $N_{cjD}$ |
| 8 | -8.96 | -7.25 | -19.02 | -8.96 | 1.71 | 1.71 | -11.77 | -11.77 | 19.02 |
| 7 | -11.51 | -9.33 | -24.45 | -20.47 | 2.18 | 3.89 | -15.12 | -26.89 | 43.46 |
| 6 | -12.15 | -9.84 | -25.81 | -32.62 | 2.31 | 6.20 | -15.97 | -42.86 | 69.27 |
| 5 | -12.79 | -10.36 | -27.17 | -45.42 | 2.43 | 8.63 | -16.81 | -59.67 | 96.44 |
| 4 | -12.18 | -9.87 | -25.87 | -57.59 | 2.31 | 10.94 | -16.00 | -75.67 | 122.30 |
| 3 | -10.89 | -8.82 | -23.12 | -68.48 | 2.07 | 13.01 | -14.3 | -89.97 | 145.42 |
| 2 | -9.92 | -8.04 | -21.07 | -78.40 | 1.88 | 14.89 | -13.03 | -103 | 166.49 |
| 1 | -10.28 | -7.60 | -18.96 | -88.69 | 2.68 | 17.57 | -11.36 | -114.36 | 185.46 |

注：梁端剪力以顺时针为正；柱轴力以受压为正。

因此，由表 4-23 ~ 表 4-26 及表 4-27 可绘出框架Ⓐ ~ Ⓓ/②在横向风荷载作用下，框架梁端剪力、柱端剪力和柱轴力，如图 4-12 所示。

### 4.1.11 地震作用下的内力在剪力墙上的分配

$$H = 34.7\text{m} < 50\text{m};\quad H/B = 34.7/15.6 = 2.22 < 4$$

剪力墙计算，第 $j$ 层第 $i$ 个墙肢的内力为：

$$V_{wij} = \frac{EI_{eqi}}{\Sigma EI_{eqi}} V_{wj};\qquad M_{wij} = \frac{EI_{eqi}}{\Sigma EI_{eqi}} M_{wj}$$

本题每层横向含有 2 片剪力墙，所以

$$V_{wij} = \frac{1}{2} V_{wj},\quad M_{wij} = \frac{1}{2} M_{wj}$$

地震作用下的剪力、弯矩和轴力在剪力墙上的分配见表 4-29。

**地震作用下的剪力和弯矩在剪力墙上的分配** **表 4-29**

| 层次 | $M_{wj}$ ($10^3$kN·m) | $M_{wij}$ ($10^3$kN·m) | $V_{wj}$ ($10^3$kN) | $V_{wij}$ ($10^3$kN) |
|---|---|---|---|---|
| 8 | 0.00 | 0 | -0.48 | -0.240 |
| 7 | -1.07 | -0.535 | -0.04 | -0.020 |
| 6 | -0.38 | -0.19 | 0.35 | 0.175 |
| 5 | 1.84 | 0.92 | 0.69 | 0.345 |
| 4 | 5.39 | 2.695 | 0.99 | 0.495 |
| 3 | 10.14 | 5.07 | 1.26 | 0.63 |
| 2 | 15.95 | 7.975 | 1.50 | 0.750 |
| 1 | 22.74 | 11.37 | 1.73 | 0.865 |
| 0 | 32.60 | 16.3 | 1.99 | 0.995 |

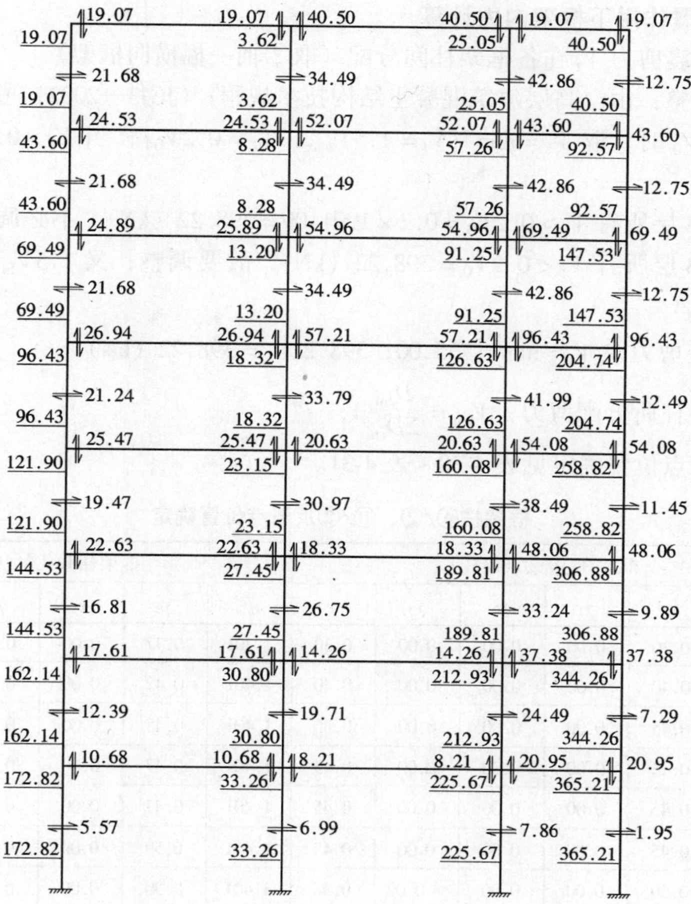

图 4-12　左向风荷载作用下框架梁端剪力、柱端剪力和柱轴力（单位：kN）

注：梁端剪力均为顺时针方向，取正；柱Ⓐ、柱Ⓒ受拉，取负，柱Ⓑ、柱Ⓓ受压，取正。

单片剪力墙在地震作用下的弯矩图和剪力图如图 4-13、图 4-14 所示。

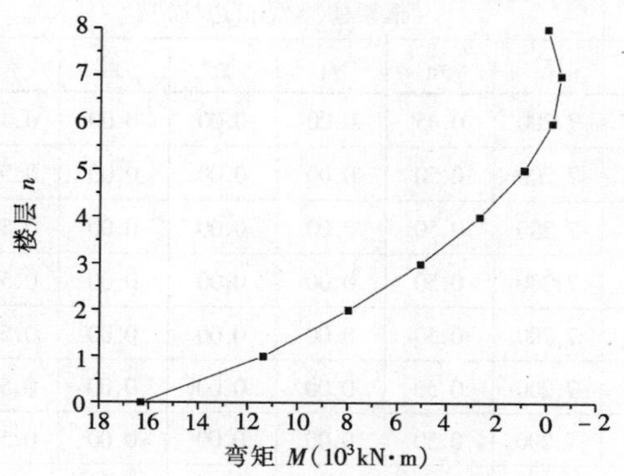


图 4-13　单片剪力墙在地震作用下的弯矩图

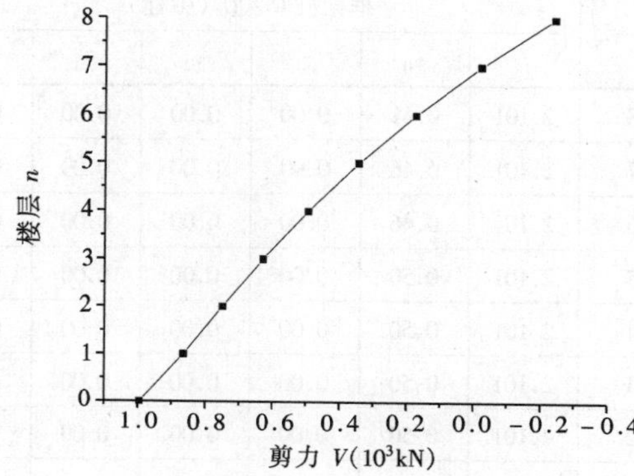


图 4-14　单片剪力墙在地震作用下的剪力图

### 4.1.12 地震作用下框架内力计算

(1) 框架地震剪力 $V_f$ 在各框架柱间分配（取②轴一榀横向框架）

框架剪力调整：由《高层建筑混凝土结构技术规程》(JGJ3—2002) 可知

当 $V_f<0.2V_0$ 时，取 $V_f=\min\{V_f=1.5V_{max};\ V_f=0.2V_0\}$；当 $V_f>0.2V_0$ 时，不必调整。

框架中 4~8 层所有 $V_f>0.2V_0=0.2\times1991.09=398.22$ (kN)，不必调整；

框架中 1~3 层所有 $V_f<0.2V_0=398.22$ (kN)，故要调整；又 $1.5V_{fmax}=1.5\times0.49\times10^3=735.00$ (kN)

1~3 层地震剪力取 $V_f=\min\{735.00;\ 398.22\}=398.22$ (kN)

第 $j$ 层第 $m$ 柱所分配剪力：$V_{im}=\dfrac{D_{im}}{\Sigma D_{im}}V_i$

框架柱反弯点位置确定见表 4-30 ~ 表 4-31。

**框架柱Ⓐ/②、Ⓑ/②反弯点位置确定** **表 4-30**

| 层次 | 框架柱Ⓐ/②（边柱） | | | | | | 框架柱Ⓑ/②（中柱） | | | | | |
|---|---|---|---|---|---|---|---|---|---|---|---|---|
| | $\bar{i}$ | $y_0$ | $y_1$ | $y_2$ | $y_3$ | $y$ | $\bar{i}$ | $y_0$ | $y_1$ | $y_2$ | $y_3$ | $y$ |
| 8 | 0.700 | 0.30 | 0.00 | 0.00 | 0.00 | 0.30 | 1.401 | 0.37 | 0.00 | 0.00 | 0.00 | 0.37 |
| 7 | 0.700 | 0.40 | 0.00 | 0.00 | 0.00 | 0.40 | 1.401 | 0.42 | 0.00 | 0.00 | 0.00 | 0.42 |
| 6 | 0.700 | 0.45 | 0.00 | 0.00 | 0.00 | 0.45 | 1.401 | 0.45 | 0.00 | 0.00 | 0.00 | 0.45 |
| 5 | 0.700 | 0.45 | 0.00 | 0.00 | 0.00 | 0.45 | 1.401 | 0.47 | 0.00 | 0.00 | 0.00 | 0.47 |
| 4 | 0.700 | 0.45 | 0.00 | 0.00 | 0.00 | 0.45 | 1.401 | 0.47 | 0.00 | 0.00 | 0.00 | 0.47 |
| 3 | 0.700 | 0.45 | 0.00 | 0.00 | 0.00 | 0.45 | 1.401 | 0.50 | 0.00 | 0.00 | 0.00 | 0.50 |
| 2 | 0.700 | 0.50 | 0.00 | 0.00 | -0.02 | 0.48 | 1.401 | 0.50 | 0.00 | 0.00 | -0.01 | 0.49 |
| 1 | 0.884 | 0.65 | 0.00 | -0.05 | 0.00 | 0.60 | 1.768 | 0.78 | 0.00 | -0.01 | 0.00 | 0.77 |

注：$y=y_0+y_1+y_2+y_3$。

**框架柱Ⓒ/②、Ⓓ/②反弯点位置确定** **表 4-31**

| 层次 | 框架柱Ⓒ/②（中柱） | | | | | | 框架柱Ⓓ/②（边柱） | | | | | |
|---|---|---|---|---|---|---|---|---|---|---|---|---|
| | $\bar{i}$ | $y_0$ | $y_1$ | $y_2$ | $y_3$ | $y$ | $\bar{i}$ | $y_0$ | $y_1$ | $y_2$ | $y_3$ | $y$ |
| 8 | 2.101 | 0.41 | 0.00 | 0.00 | 0.00 | 0.41 | 7.200 | 0.45 | 0.00 | 0.00 | 0.00 | 0.45 |
| 7 | 2.101 | 0.46 | 0.00 | 0.00 | 0.00 | 0.46 | 7.200 | 0.50 | 0.00 | 0.00 | 0.00 | 0.50 |
| 6 | 2.101 | 0.46 | 0.00 | 0.00 | 0.00 | 0.46 | 7.200 | 0.50 | 0.00 | 0.00 | 0.00 | 0.50 |
| 5 | 2.101 | 0.50 | 0.00 | 0.00 | 0.00 | 0.50 | 7.200 | 0.50 | 0.00 | 0.00 | 0.00 | 0.50 |
| 4 | 2.101 | 0.50 | 0.00 | 0.00 | 0.00 | 0.50 | 7.200 | 0.50 | 0.00 | 0.00 | 0.00 | 0.50 |
| 3 | 2.101 | 0.50 | 0.00 | 0.00 | 0.00 | 0.50 | 7.200 | 0.50 | 0.00 | 0.00 | 0.00 | 0.50 |
| 2 | 2.101 | 0.50 | 0.00 | 0.00 | 0.00 | 0.50 | 7.200 | 0.50 | 0.00 | 0.00 | 0.00 | 0.50 |
| 1 | 2.651 | 0.55 | 0.00 | 0.00 | 0.00 | 0.55 | 9.076 | 0.55 | 0.00 | 0.00 | 0.00 | 0.55 |

注：$y=y_0+y_1+y_2+y_3$。

框架柱节点弯矩分配如图 4-15 所示。

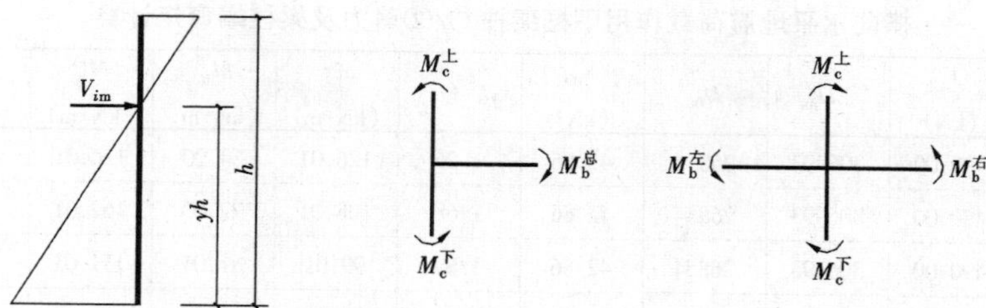


图 4-15 框架柱节点弯矩分配

（2）横向水平地震荷载作用下框架柱剪力及梁柱端弯矩计算（表 4-32～表 4-35）。

**横向水平地震荷载作用下框架柱Ⓐ/②剪力及梁柱端弯矩计算　　表 4-32**

| 层次 | 层高 $h$ (m) | $V_i$ (kN) | $\Sigma D_{im}$ | $D_{im}$ | $V_{im}$ (kN) | $yh$ (m) | $M_c^上$ (kN·m) | $M_c^下$ (kN·m) | $M_b^总$ (kN·m) |
|---|---|---|---|---|---|---|---|---|---|
| 8 | 4.2 | 490.00 | 306993 | 13584 | 21.68 | 1.26 | 63.74 | 27.32 | 63.74 |
| 7 | 4.2 | 490.00 | 306993 | 13584 | 21.68 | 1.68 | 54.63 | 36.42 | 81.95 |
| 6 | 4.2 | 490.00 | 306993 | 13584 | 21.68 | 1.89 | 50.08 | 40.98 | 86.50 |
| 5 | 4.2 | 480.00 | 306993 | 13584 | 21.24 | 1.89 | 49.06 | 40.14 | 90.04 |
| 4 | 4.2 | 440.00 | 306993 | 13584 | 19.47 | 1.89 | 44.98 | 36.80 | 85.12 |
| 3 | 4.2 | 398.22 | 306993 | 13584 | 17.62 | 1.89 | 40.70 | 33.30 | 77.50 |
| 2 | 4.2 | 398.22 | 306993 | 13584 | 17.62 | 2.02 | 38.41 | 35.59 | 71.71 |
| 1 | 5.3 | 398.22 | 247446 | 12529 | 20.16 | 3.18 | 42.74 | 64.11 | 78.33 |

注：$M_c^上 = V_{im}(1-y)h$；$M_c^下 = V_{im}yh$；$M_b^总 = M_c^上 + M_c^下$。

**横向水平地震荷载作用下框架柱Ⓑ/②剪力及梁柱端弯矩计算　　表 4-33**

| 层次 | 层高 $h$ (m) | $V_i$ (kN) | $\Sigma D_{im}$ | $D_{im}$ | $V_{im}$ (kN) | $yh$ (m) | $M_c^上$ (kN·m) | $M_c^下$ (kN·m) | $M_b^总$ (kN·m) | $M_b^左$ (kN·m) | $M_b^右$ (kN·m) |
|---|---|---|---|---|---|---|---|---|---|---|---|
| 8 | 4.2 | 490.00 | 306993 | 21609 | 34.49 | 1.26 | 101.40 | 43.46 | 101.40 | 50.70 | 50.70 |
| 7 | 4.2 | 490.00 | 306993 | 21609 | 34.49 | 1.68 | 86.91 | 57.94 | 130.37 | 65.19 | 65.19 |
| 6 | 4.2 | 490.00 | 306993 | 21609 | 34.49 | 1.89 | 79.67 | 65.19 | 137.62 | 68.81 | 68.81 |
| 5 | 4.2 | 480.00 | 306993 | 21609 | 33.79 | 1.89 | 78.05 | 63.86 | 143.24 | 71.62 | 71.62 |
| 4 | 4.2 | 440.00 | 306993 | 21609 | 30.97 | 1.89 | 71.54 | 58.53 | 135.40 | 67.70 | 67.70 |
| 3 | 4.2 | 398.22 | 306993 | 21609 | 28.03 | 1.89 | 64.75 | 52.98 | 123.28 | 61.64 | 61.64 |
| 2 | 4.2 | 398.22 | 306993 | 21609 | 28.03 | 2.02 | 61.11 | 56.62 | 114.08 | 57.04 | 57.04 |
| 1 | 5.3 | 398.22 | 247446 | 15713 | 25.29 | 3.18 | 53.61 | 80.42 | 110.24 | 55.12 | 55.12 |

注：$M_c^上 = V_{im}(1-y)h$；$M_c^下 = V_{im}yh$；$M_b^总 = M_c^上 + M_c^下$；

$M_b^左 = \frac{i_b^左}{i_b^左 + i_b^右} M_b^总$；$M_b^右 = \frac{i_b^右}{i_b^左 + i_b^右} M_b^总$；$i_b^左 = 5.4 \times 10^4 \text{kN/m}$；$i_b^右 = 5.4 \times 10^4 \text{kN/m}$。

横向水平地震荷载作用下框架柱©/②剪力及梁柱端弯矩计算 表 4-34

| 层次 | 层高 $h$（m） | $V_i$ (kN) | $\Sigma D_{im}$ | $D_{im}$ | $V_{im}$ (kN) | $yh$（m） | $M_c^上$ (kN·m) | $M_c^下$ (kN·m) | $M_b^总$ (kN·m) | $M_b^左$ (kN·m) | $M_b^右$ (kN·m) |
|---|---|---|---|---|---|---|---|---|---|---|---|
| 8 | 4.2 | 490.00 | 306993 | 26854 | 42.86 | 1.26 | 126.01 | 54.00 | 126.01 | 42.00 | 84.01 |
| 7 | 4.2 | 490.00 | 306993 | 26854 | 42.86 | 1.68 | 108.01 | 72.00 | 162.01 | 54.00 | 108.01 |
| 6 | 4.2 | 490.00 | 306993 | 26854 | 42.86 | 1.89 | 99.01 | 81.01 | 171.01 | 57.00 | 114.01 |
| 5 | 4.2 | 480.00 | 306993 | 26854 | 41.99 | 1.89 | 97.00 | 79.36 | 178.00 | 59.33 | 118.67 |
| 4 | 4.2 | 440.00 | 306993 | 26854 | 38.49 | 1.89 | 88.91 | 72.75 | 168.27 | 56.09 | 112.18 |
| 3 | 4.2 | 398.22 | 306993 | 26854 | 34.83 | 1.89 | 80.46 | 65.83 | 153.20 | 51.07 | 102.14 |
| 2 | 4.2 | 398.22 | 306993 | 26854 | 34.83 | 2.02 | 75.93 | 70.36 | 141.76 | 47.25 | 94.51 |
| 1 | 5.3 | 398.22 | 247446 | 17671 | 28.44 | 3.18 | 60.29 | 90.44 | 130.65 | 43.55 | 87.10 |

注：$M_c^上 = V_{im}(1-y)h$；$M_c^下 = V_{im}yh$；$M_b^总 = M_c^上 + M_c^下$；

$M_b^左 = \frac{i_b^左}{i_b^左 + i_b^右} M_b^总$；$M_b^右 = \frac{i_b^右}{i_b^左 + i_b^右} M_b^总$；$i_b^左 = 5.4 \times 10^4 kN/m$；$i_b^右 = 10.8 \times 10^4 kN/m$。

横向水平地震荷载作用下框架柱Ⓓ/②剪力及梁柱端弯矩计算 表 4-35

| 层次 | 层高 $h$（m） | $V_i$ (kN) | $\Sigma D_{im}$ | $D_{im}$ | $V_{im}$ (kN) | $yh$（m） | $M_c^上$ (kN·m) | $M_c^下$ (kN·m) | $M_b^总$ (kN·m) |
|---|---|---|---|---|---|---|---|---|---|
| 8 | 4.2 | 490.00 | 306993 | 7990 | 12.75 | 1.26 | 37.49 | 16.07 | 37.49 |
| 7 | 4.2 | 490.00 | 306993 | 7990 | 12.75 | 1.68 | 32.13 | 21.42 | 48.20 |
| 6 | 4.2 | 490.00 | 306993 | 7990 | 12.75 | 1.89 | 29.45 | 24.10 | 50.87 |
| 5 | 4.2 | 480.00 | 306993 | 7990 | 12.49 | 1.89 | 28.85 | 23.61 | 52.95 |
| 4 | 4.2 | 440.00 | 306993 | 7990 | 11.45 | 1.89 | 26.45 | 21.64 | 50.06 |
| 3 | 4.2 | 398.22 | 306993 | 7990 | 10.36 | 1.89 | 23.93 | 19.58 | 45.57 |
| 2 | 4.2 | 398.22 | 306993 | 7990 | 10.36 | 2.02 | 22.58 | 20.93 | 42.17 |
| 1 | 5.3 | 398.22 | 247446 | 4397 | 7.08 | 3.18 | 15.01 | 22.51 | 35.94 |

注：$M_c^上 = V_{im}(1-y)h$；$M_c^下 = V_{im}yh$；$M_b^总 = M_c^上 + M_c^下$。

横向水平地震荷载作用下，框架梁端剪力和框架柱轴力计算见表 4-36 和图 4-16。

横向水平地震荷载作用下框架梁端剪力和框架柱轴力计算 表 4-36

| 层次 | 梁端剪力 $V_{bj}$（kN） | | | 柱轴力 $N$（kN） | | | | | |
|---|---|---|---|---|---|---|---|---|---|
| | AB 跨 | BC 跨 | CD 跨 | 柱 A | 柱 B | | 柱 C | | 柱 D |
| | $V_{ABj}$ | $V_{BCj}$ | $V_{CDj}$ | $N_{cjA}$ | $-V_{ABj}+V_{BCj}$ | $N_{cjB}$ | $-V_{BCj}+V_{CDj}$ | $N_{cjC}$ | $N_{cjD}$ |
| 8 | -19.07 | -15.45 | -40.50 | -19.07 | 3.62 | 3.62 | -25.05 | -25.05 | 40.50 |
| 7 | -24.52 | -19.87 | -52.07 | -43.60 | 4.65 | 8.27 | -32.20 | -57.25 | 92.57 |
| 6 | -25.89 | -20.97 | -54.96 | -69.48 | 4.92 | 13.19 | -33.99 | -91.24 | 147.53 |
| 5 | -26.94 | -21.83 | -57.21 | -96.43 | 5.11 | 18.30 | -35.38 | -126.62 | 204.74 |
| 4 | -25.47 | -20.63 | -54.08 | -121.90 | 4.84 | 23.14 | -33.45 | -160.07 | 258.82 |
| 3 | -23.19 | -18.79 | -49.24 | -145.09 | 4.40 | 27.54 | -30.45 | -190.52 | 308.05 |
| 2 | -21.46 | -17.38 | -45.56 | -166.54 | 4.08 | 31.62 | -28.18 | -218.7 | 353.61 |
| 1 | -22.24 | -16.45 | -41.01 | -188.79 | 5.79 | 37.41 | -24.56 | -243.26 | 394.63 |

注：梁端剪力以顺时针为正；柱轴力以受压为正。

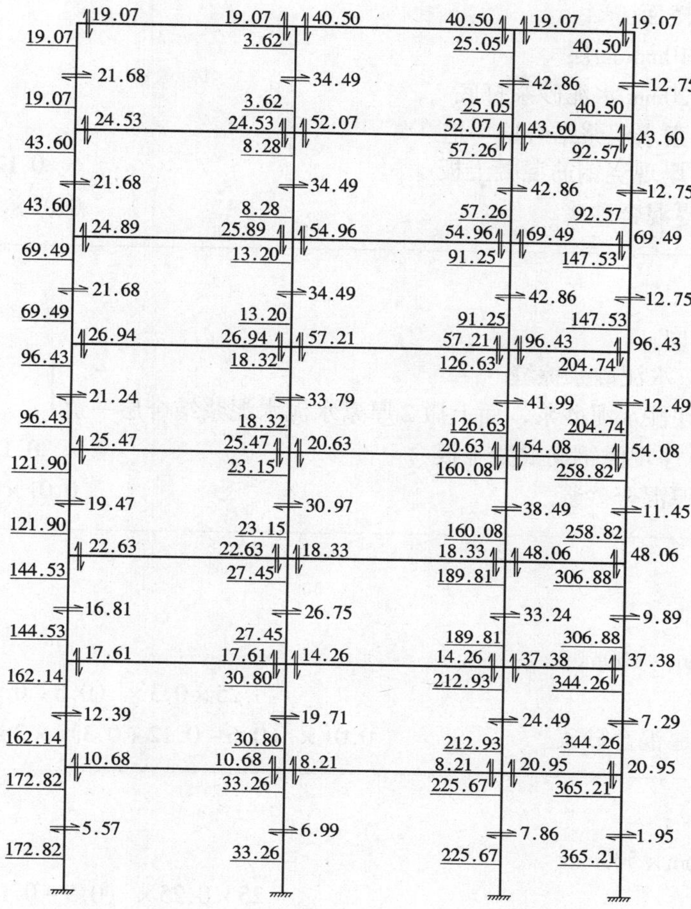

图 4-16　左向水平地震荷载作用下框架梁端剪力、柱端剪力和柱轴力（单位：kN）

注：梁端剪力均为顺时针方向，取正；柱Ⓐ、柱Ⓒ受拉，取负，柱Ⓑ、柱Ⓓ受压，取正。

### 4.1.13　竖向荷载作用下框架内力计算

（1）恒载标准值计算

1）屋面

| | |
|---|---|
| 防水层（刚性）30 厚 C20 细石混凝土防水 | $1.0\text{kN/m}^2$ |
| 防水层（柔性）三毡四油铺小石子 | $0.4\text{kN/m}^2$ |
| 找平层：15 厚水泥砂浆 | $0.015\times20=0.30\ \text{kN/m}^2$ |
| 找平层：15 厚水泥砂浆 | $0.015\times20=0.30\ \text{kN/m}^2$ |
| 找坡层：40 厚水泥石灰焦渣砂浆 3‰找平 | $0.04\times14=0.56\ \text{kN/m}^2$ |
| 保温层：80 厚矿渣水泥 | $0.08\times14.5=1.16\ \text{kN/m}^2$ |
| 结构层：120 厚现浇钢筋混凝土板 | $0.12\times25=3\ \text{kN/m}^2$ |
| 抹灰层：10 厚混合砂浆 | $0.01\times17=0.17\ \text{kN/m}^2$ |
| 合　计： | $6.89\text{kN/m}^2$ |

2）各层走廊楼面

水磨石地面 $\begin{cases}\text{10mm 面层}\\\text{20mm 水泥砂浆打底}\\\text{素水泥浆结合层一道}\end{cases}$ 0.65kN/m²

结构层：120厚现浇钢筋混凝土板 $0.12\times25=3\ \text{kN/m}^2$

抹灰层：10厚混合砂浆 $0.01\times17=0.17\ \text{kN/m}^2$

---

合　计： $3.82\text{kN/m}^2$

3）标准层楼面

大理石面层，水泥砂浆擦缝
30厚1:3干硬性水泥砂浆，面上撒2厚素水泥水泥浆结合层一道 } $1.16\text{kN/m}^2$

结构层：120厚现浇钢筋混凝土板 $0.12\times25=3\ \text{kN/m}^2$

抹灰层：10厚混合砂浆 $0.01\times17=0.17\ \text{kN/m}^2$

---

合　计： $4.33\text{kN/m}^2$

4）梁自重

$b\times h=300\text{mm}\times600\text{mm}$

梁自重 $25\times0.3\times(0.6-0.12)=3.6\ \text{kN/m}$

抹灰层：10厚混合砂浆 $0.01\times(0.6-0.12+0.3)\times2\times17=0.27\ \text{kN/m}$

---

合　计： $3.87\text{kN/m}$

$b\times h=250\text{mm}\times500\text{mm}$

梁自重 $25\times0.25\times(0.5-0.12)=2.38\ \text{kN/m}$

抹灰层：10厚混合砂浆 $0.01\times(0.5-0.12+0.25)\times2\times17=0.21\ \text{kN/m}$

---

合　计： $2.59\text{kN/m}$

基础梁 $b\times h=250\text{mm}\times400\text{mm}$

梁自重 $25\times0.25\times0.4=2.5\ \text{kN/m}$

5）柱自重

$b\times h=600\text{mm}\times600\text{mm}$

柱自重 $25\times0.6\times0.6=9\ \text{kN/m}$

抹灰层：10厚混合砂浆 $0.01\times0.6\times4\times17=0.41\ \text{kN/m}$

---

合　计： $9.41\text{kN/m}$

$b\times h=400\text{mm}\times400\text{mm}$

柱自重 $25\times0.4\times0.4=4\ \text{kN/m}$

抹灰层：10厚混合砂浆 $0.01\times0.4\times4\times17=0.27\ \text{kN/m}$

---

合　计： $4.27\text{kN/m}$

6）外纵墙自重

标准层：

纵　　墙：　$0.9 \times 0.24 \times 18 = 3.89$ kN/m

铝合金窗：　$0.35 \times 2.7 = 0.95$ kN/m

水刷石外墙面：　$(4.2 - 2.7) \times 0.5 = 0.75$ kN/m

水泥粉刷内墙面：　$(4.2 - 2.7) \times 0.36 = 0.54$ kN/m

---

合　计：　6.13kN/m

底层：

纵　　墙：　$(5.3 - 2.7 - 0.6 - 0.4) \times 0.24 \times 18 = 6.91$ kN/m

铝合金窗：　$0.35 \times 2.7 = 0.95$ kN/m

水刷石外墙面：　$(4.2 - 2.7) \times 0.5 = 0.75$ kN/m

水泥粉刷内墙面：　$(4.2 - 2.7 \times 0.36 = 0.54$ kN/m

---

合　计：　9.15kN/m

7）内纵墙自重

标准层：

纵　　墙：　$3.6 \times 0.24 \times 18 = 15.55$ kN/m

水泥粉刷内墙面：　$3.6 \times 0.36 \times 2 = 2.59$kN/m

---

合　计：　18.14kN/m

8）内隔墙自重

标准层：

内隔墙：　$0.9 \times 0.29 \times 9.8 = 2.56$ kN/m

铝合金窗：　$0.35 \times 2.7 = 0.95$ kN/m

水泥粉刷墙面：　$0.9 \times 2 \times 0.36 = 0.65$ kN/m

---

合　计：　4.16kN/m

底层：

内隔墙：　$(5.3 - 2.7 - 0.6 - 0.4) \times 0.29 \times 9.8 = 4.55$ kN/m

铝合金窗：　$0.35 \times 2.7 = 0.95$ kN/m

水泥粉刷墙面：　$(5.3 - 2.7 - 0.6 - 0.4) \times 2 \times 0.36 = 1.15$ kN/m

---

合　计：　6.65kN/m

9）栏杆自重

$$0.24 \times 1.1 \times 18 + 0.05 \times 25 \times 0.24 = 5.05\text{kN/m}$$

（2）活荷载标准值计算

1）屋面和楼面活荷载标准值

由表 1-7 和表 1-8 查得：

上人屋面：　　　　2.0kN/m$^2$

楼面：阅览室　　　2.0kN/m$^2$

走廊　　　　　　　2.5kN/m$^2$

2）雪荷载

$$s_k = 1.0 \times 0.35 = 0.35\text{kN/m}^2$$

屋面活荷载与雪荷载不同是考虑，两者中取大值。

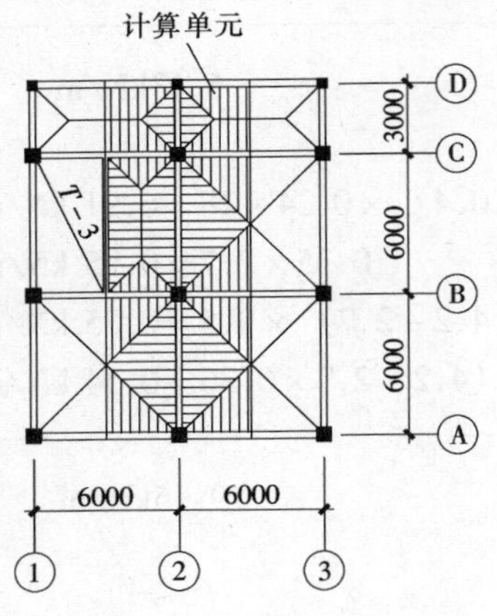

图 4-17　板传递荷载示意图

(3) 竖向荷载下框架受荷总图

1) Ⓐ～Ⓑ轴间框架梁

屋面板传荷载：

板传至梁上的三角形或梯形荷载等效为均布荷载，荷载的传递示意图如图 4-17 所示。

恒载：$6.89 \times 3 \times \dfrac{5}{8} \times 2 = 25.84\text{kN/m}$

活载：$2.0 \times 3 \times \dfrac{5}{8} \times 2 = 7.5\text{kN/m}$

楼面板传荷载：

恒载：$4.33 \times 3 \times \dfrac{5}{8} \times 2 = 16.24\text{kN/m}$

活载：$2.0 \times 3 \times \dfrac{5}{8} \times 2 = 7.5\text{kN/m}$

梁自重　　　　　　3.87kN/m

Ⓐ～Ⓑ轴间框架梁均布荷载为：屋面梁　恒载 = 梁自重 + 板传荷载

$= 3.87 + 25.84 = 29.71\text{kN/m}$

活载 = 板传荷载

$= 7.5\text{kN/m}$

楼面梁　恒载 = 梁自重 + 板传荷载

$= 3.87 + 16.24 = 20.11\text{kN/m}$

活载 = 板传荷载

$= 7.5\text{kN/m}$

2) Ⓑ～Ⓒ轴间框架梁

屋面板传荷载：

恒载：$6.89 \times 3 \times \dfrac{5}{8} + 6.89 \times 1.5 \times (1 - 2 \times 0.25^2 + 0.25^3) = 22.12\text{kN/m}$

活载：$2.0 \times 3 \times \dfrac{5}{8} + 2.0 \times 1.5 \times (1 - 2 \times 0.25^2 + 0.25^3) = 6.42\text{kN/m}$

楼面板传荷载：

恒载：$4.33 \times 3 \times \dfrac{5}{8} + 4.33 \times 1.5 \times (1 - 2 \times 0.25^2 + 0.25^3) = 13.90\text{kN/m}$

活载：$2.0 \times 3 \times \dfrac{5}{8} + 2.0 \times 1.5 \times (1 - 2 \times 0.25^2 + 0.25^3) = 6.42\text{kN/m}$

梁自重　　　　　　　　　　　　　　　　　　　　3.87kN/m

Ⓑ～Ⓒ轴间框架梁均布荷载为：屋面梁　恒载 = 梁自重 + 板传荷载

$= 3.87 + 22.12 = 25.99\text{kN/m}$

活载 = 板传荷载

$= 6.42\text{kN/m}$

楼面梁　恒载 = 梁自重 + 板传荷载

$= 3.87 + 13.90 = 17.77\text{kN/m}$

活载 = 板传荷载

$= 6.42\text{kN/m}$

3）Ⓒ～Ⓓ轴间框架梁

屋面板传荷载：

恒载：$6.89 \times 1.5 \times \frac{5}{8} \times 2 = 12.92\text{kN/m}$

活载：$2.0 \times 1.5 \times \frac{5}{8} \times 2 = 3.75\text{kN/m}$

楼面板传荷载：

恒载：$3.82 \times 1.5 \times \frac{5}{8} \times 2 = 7.16\text{kN/m}$

活载：$2.5 \times 1.5 \times \frac{5}{8} \times 2 = 4.69\text{kN/m}$

梁自重　　3.87kN/m

Ⓒ～Ⓓ轴间框架梁均布荷载为：屋面梁　恒载 = 梁自重 + 板传荷载

$= 3.87 + 12.92 = 16.79\text{kN/m}$

活载 = 板传荷载

$= 3.75\text{kN/m}$

楼面梁　恒载 = 梁自重 + 板传荷载

$= 3.87 + 7.16 = 11.03\text{kN/m}$

活载 = 板传荷载

$= 4.69\text{kN/m}$

4）Ⓐ轴柱纵向集中荷载的计算

顶层柱

女儿墙自重：（作法：墙高 1100mm，100mm 的混凝土压顶）

$0.24 \times 1.1 \times 18 + 25 \times 0.1 \times 0.24$

$+ (1.2 \times 2 + 0.24) \times 0.5 = 6.67\ \text{kN/m}$

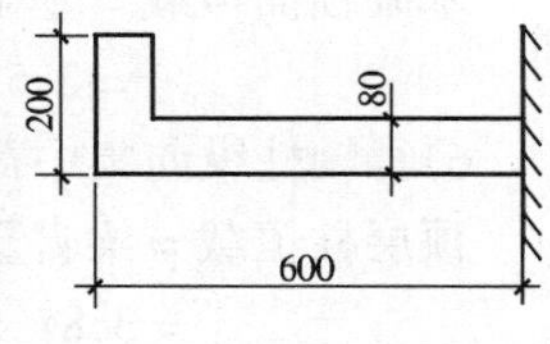

图 4-18　现浇天沟尺寸

现浇天沟尺寸如图 4-18 所示

天沟自重：（琉璃瓦 + 现浇天沟）

琉璃瓦自重：$1.05 \times 1.1 = 1.16\text{kN/m}$

现浇天沟自重：$25 \times [0.60 + (0.20 - 0.080)] \times 0.08\text{m}$

$+ (0.6 + 0.2) \times (0.5 + 0.36) = 2.13\text{kN/m}$

---

合　计：　　3.29kN/m

顶层柱恒载 = 女儿墙及天沟自重 + 梁自重 + 板传荷载

$= (6.67 + 3.29) \times 6 + 3.87 \times (6 - 0.6) + 12.92 \times 6$

$= 158.18\text{kN}$

顶层柱活载 = 板传活载

$= 3.75 \times 6 = 22.5\text{kN}$

标准层柱恒载 = 墙自重 + 梁自重 + 板传荷载

$= 6.13 \times (6 - 0.6) + 3.87 \times (6 - 0.6) + 8.12 \times 6$

$= 102.72\text{kN}$

标准层柱活载 = 板传活载

$= 3.75 \times 6 = 22.5\text{kN}$

基础顶面恒载 = 底层外纵墙自重 + 基础梁自重

$= 9.15 \times (6 - 0.6) + 2.5 \times (6 - 0.6) = 62.91\text{kN}$

5)Ⓑ轴柱纵向集中荷载的计算

顶层柱恒载 = 梁自重 + 板传荷载

$= 3.87 \times (6 - 0.6) + 12.92 \times (6 + 3) + 6.89 \times 1.5 \times 5 \times 3/(2 \times 8)$

$+ 6.89 \times 1.5 \times 0.89 \times 6/4 + 2.59 \times 6/4$

$= 164.55\text{kN}$

顶层柱活载 = 板传活载

$= 3.75 \times (6 + 3) + 2.0 \times 1.5 \times 5 \times 3/(2 \times 8) + 2.0 \times 1.5 \times 0.89 \times 6/4$

$= 40.57\text{kN}$

标准层柱恒载 = 梁自重 + 板传荷载

$= 3.87 \times (6 - 0.6) + 8.12 \times (6 + 3) + 4.33 \times 1.5 \times 5 \times 3/(2 \times 8)$

$+ 4.33 \times 1.5 \times 0.89 \times 6/4 + (2.59 + 18.14) \times 6/4$

$= 139.83\text{kN}$

标准层柱活载 = 板传活载

$= 3.75 \times (6 + 3) + 2.0 \times 1.5 \times 5 \times 3/(2 \times 8) + 2.0 \times 1.5 \times 0.89 \times 6/4$

$= 40.57\text{kN}$

基础顶面恒载 = 基础梁自重

$= 2.5 \times (6 - 0.6) = 13.50\text{kN}$

6)Ⓒ轴柱纵向集中荷载的计算

顶层柱恒载 = 梁自重 + 板传荷载

$= 3.87 \times (6 - 0.6) + 12.92 \times 3 + 6.89 \times 1.5 \times 0.89 \times 6 + 6.89$

$\times 1.5 \times 5 \times 3/(2 \times 8) + 6.89 \times 1.5 \times 0.89 \times 6/4 + 2.59 \times 6/4$

$= 142.22\text{kN}$

顶层柱活载 = 板传活载

$= 3.75 \times 3 + 2.0 \times 1.5 \times 0.89 \times 6 + 2.0 \times 1.5 \times 5 \times 3/(2 \times 8) + 2.0$

$\times 1.5 \times 0.89 \times 6/4$

$= 34.09\text{kN}$

标准层柱恒载 = 梁自重 + 隔墙自重 + 板传荷载

$= (3.87 + 4.16) \times (6 - 0.6) + 8.12 \times 3 + 3.82 \times 1.5 \times 0.89 \times 6 + 4.33$

$\times 1.5 \times 5 \times 3/(2 \times 8) + 4.33 \times 1.5 \times 0.89 \times 6/4 + (2.59 + 18.14) \times 6/4$

$=144.18\text{kN}$

标准层柱活载 = 板传活载

$=3.75\times3+2.5\times1.5\times0.89\times6+2.0\times1.5\times5\times3/(2\times8)+2.0\times1.5\times0.89\times6/4$

$=38.09\text{kN}$

基础顶面恒载 = 底层内隔墙自重 + 基础梁自重

$=6.65\times(6-0.6)+2.5\times(6-0.6)=49.41\text{kN}$

7)Ⓓ轴柱纵向集中荷载的计算

顶层柱恒载 = 女儿墙及天沟自重 + 梁自重 + 板传荷载

$=(6.67+3.29)\times6+3.87\times(6-0.6)+6.89\times1.5\times0.89\times6$

$=135.85\text{kN}$

顶层柱活载 = 板传活载

$=2.0\times1.5\times0.89\times6$

$=16.02\text{kN}$

标准层柱恒载 = 栏杆自重 + 梁自重 + 板传荷载

$=5.05\times(6-0.4)+3.87\times(6-0.4)+3.82\times1.5\times0.89\times6$

$=80.55\text{kN}$

标准层柱活载 = 板传活载

$=2.5\times1.5\times0.89\times6$

$=20.03\text{kN}$

基础顶面恒载 = 栏杆自重 + 基础梁自重

$=5.05\times(6-0.4)+2.5\times6=43.28\text{kN}$

框架在竖向荷载作用下的受荷总图如图 4-19 所示(图中数值均为标准值)。

(4)竖向荷载作用下框架内力计算

为简化计算,考虑如下几种单独受荷情况:

1) 恒载作用;

2) 活荷载作用于Ⓐ~Ⓑ轴跨间

3) 活荷载作用于Ⓑ~Ⓒ轴跨间

4) 活荷载作用于Ⓒ~Ⓓ轴跨间

框架在竖向荷载作用下,采用迭代法计算。

对于第 5)种情况,框架在水平荷载作用下,采用 D 值法计算。

在内力分析前,还应计算节点各杆的弯矩分配系数以及在竖向荷载作用下各杆端的固端弯矩。

①恒荷载标准值作用下的内力计算。

由前述的刚度比可根据下式求得节点各杆端的弯矩分配系数如图 4-20 所示:

$$\mu'_{ik}=-\frac{1}{2}\frac{i_{ik}}{\sum_{(i)}i_{ik}}$$

均布恒载和集中荷载偏心引起的固端弯矩构成节点不平衡弯矩:

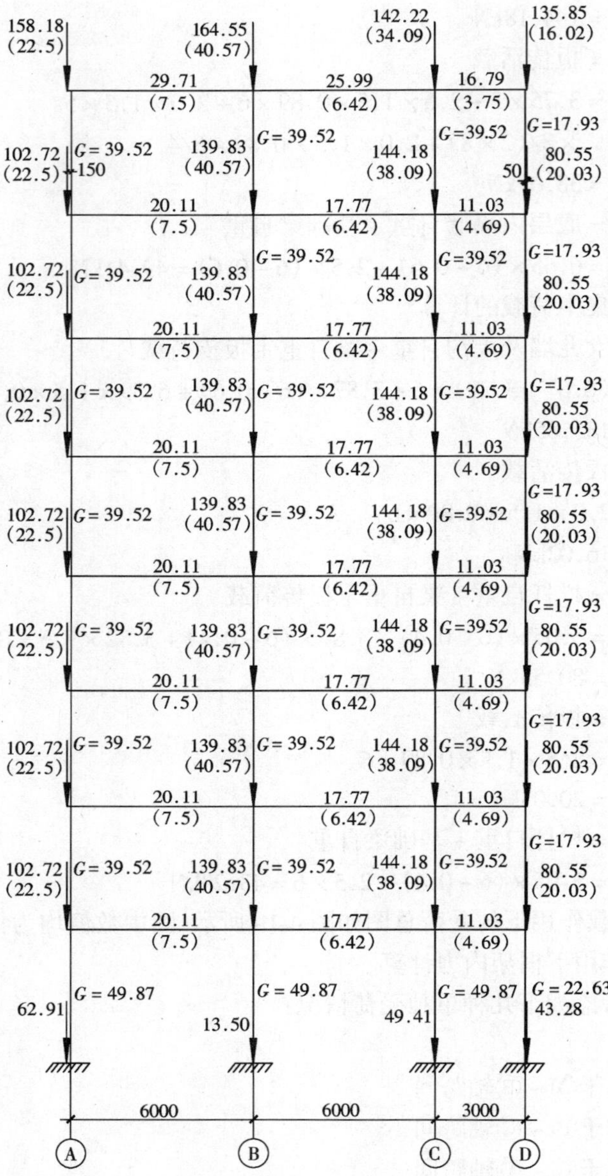


图 4-19　竖向受荷总图(单位:kN)

$$M_{均载} = -\frac{1}{12}ql^2$$

$$M_{集中荷载} = -Pe$$

$$M_{梁固端} = M_1 + M_2$$

根据上述公式计算的梁固端弯矩如图 4-20 所示。

将固端弯矩及节点不平衡弯矩填入图 4-20 中节点的方框后,即可进行迭代计算,直至杆端弯矩趋于稳定,最后按式(4-2)求得各杆端弯矩,如图 4-21 所示。

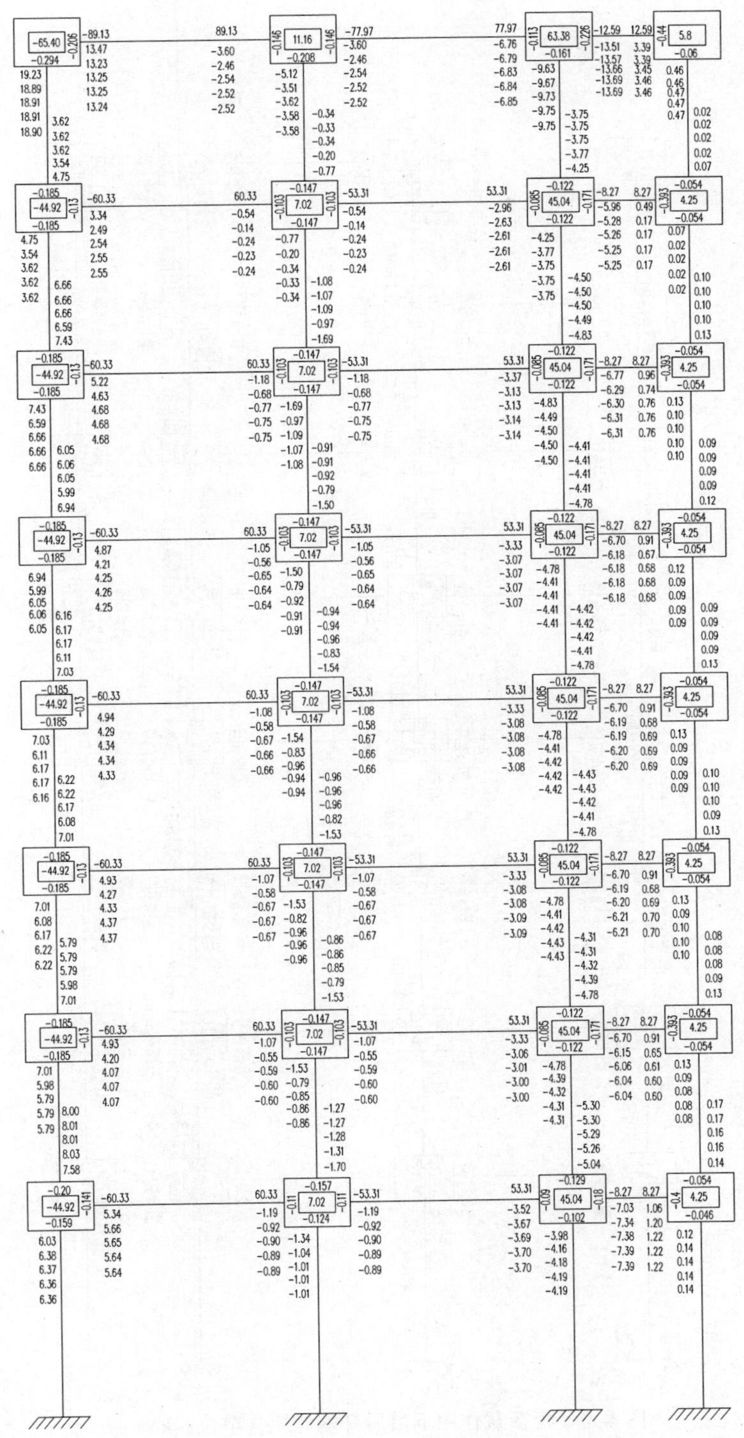

图 4-20　恒荷载作用下的迭代计算（单位：kN·m）

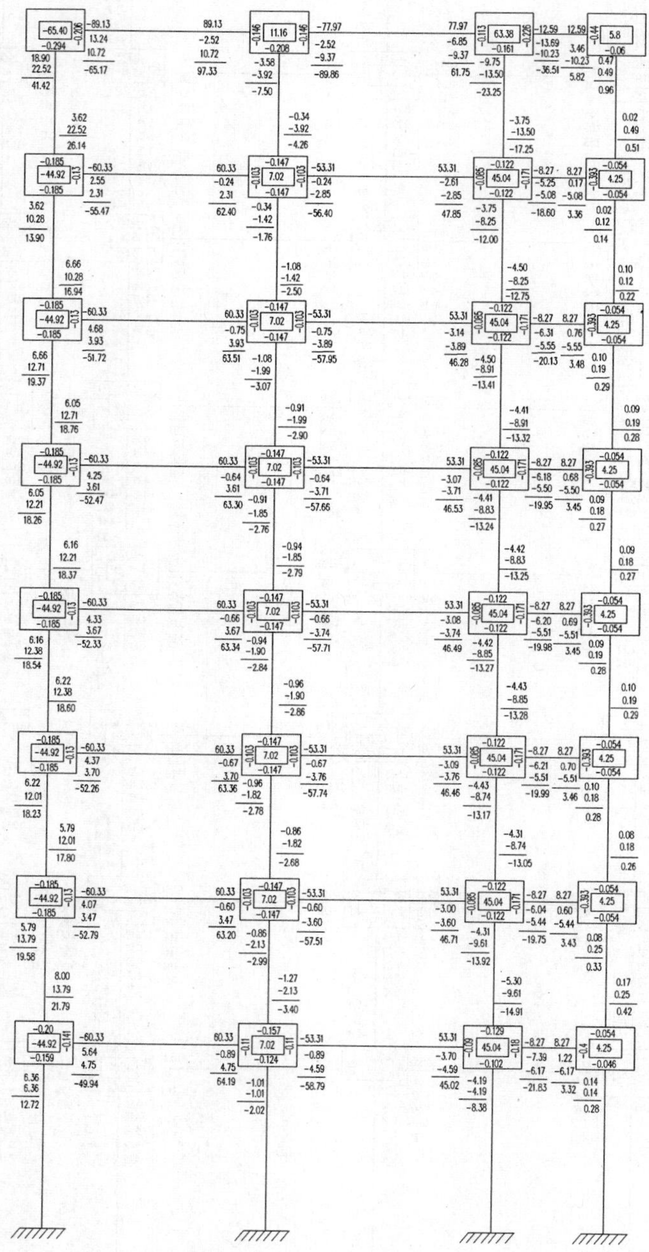

图 4-21　恒荷载作用下最后杆端弯矩（单位：kN·m）

$$M_{ik} = M^{g}_{ik} + M'_{ik} + (M'_{ik} + M'_{ki}) \tag{4-2}$$

式中 $M_{ik}$——杆端最后弯矩；

$M^{g}_{ik}$——各杆端固端弯矩；

$M'_{ik}$——迭代所得的杆端近端转角弯矩；

$M'_{ki}$——迭代所得的杆端远端转角弯矩。

以上计算中，当已知框架 $M$ 图求 $V$ 图以及已知 $V$ 图求 $N$ 图时，可采用结构力学取脱离体的方法。如已知杆件（梁或柱）两端的弯矩如图 4.22（$a$）所示，其剪力：

$$V_{lk} = V_{0lk} - (M_{ijk} + M_{jik})/l$$

$$V_{rk} = V_{0rk} - (M_{ijk} + M_{jik})/l$$

式中 $V_{0lk}$，$V_{0rk}$——简支梁支座左端和右端的剪力标准值，当梁上无荷载作用时，$V_{0lk} = V_{0rk} = 0$，剪力以使所取隔离体产生顺时针转动为正；

$M_{ijk}$，$M_{jik}$——梁端弯矩标准值，以绕杆端顺时针为正，反之为负。

已知某节点上柱传来的轴力 $N_u$ 和左、右传来的剪力 $V_l$、$V_r$ 时，其下柱的轴力（图 4.22$b$）

$$N_l = N_u - V_l + V_r$$

式中，$N_u$、$N_l$ 以压力为正，拉力为负。

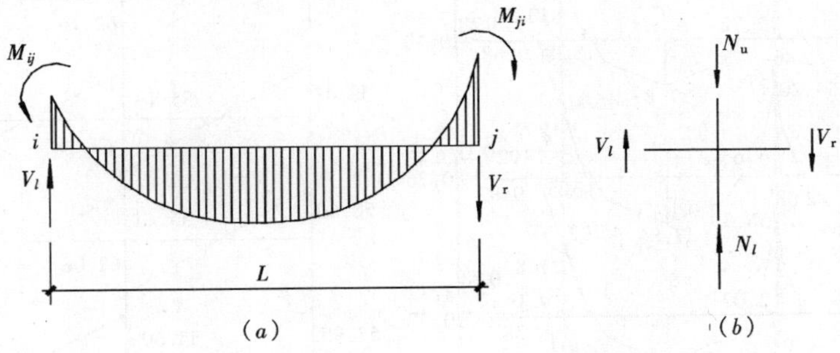


图 4-22　$V$ 及 $N$ 的计算简图

恒荷载标准值作用下的弯矩图、剪力图、轴力图如图 4-23 ~ 图 4-25 所示。

②活荷载标准值作用下的内力计算。

仿照以上计算过程，可以计算出活荷载标准值下框架的内力。

活荷载标准值作用在Ⓐ ~ Ⓑ轴间的弯矩图、剪力图、轴力图如图 4-26 ~ 图 4-28 所示。

活荷载标准值作用在Ⓑ ~ Ⓒ轴间的弯矩图、剪力图、轴力图如图 4-29 ~ 图 4-31 所示。

活荷载标准值作用在Ⓒ ~ Ⓓ轴间的弯矩图、剪力图、轴力图如图 4-32 ~ 图 4-34 所示。

**4.1.14　非地震作用下框架内力组合**

（1）由永久荷载效应控制的组合为

$$S = 1.35S_{GK} + 0.7 \times 1.4S_{QK}$$

当其效应对结构有利时，组合应为：

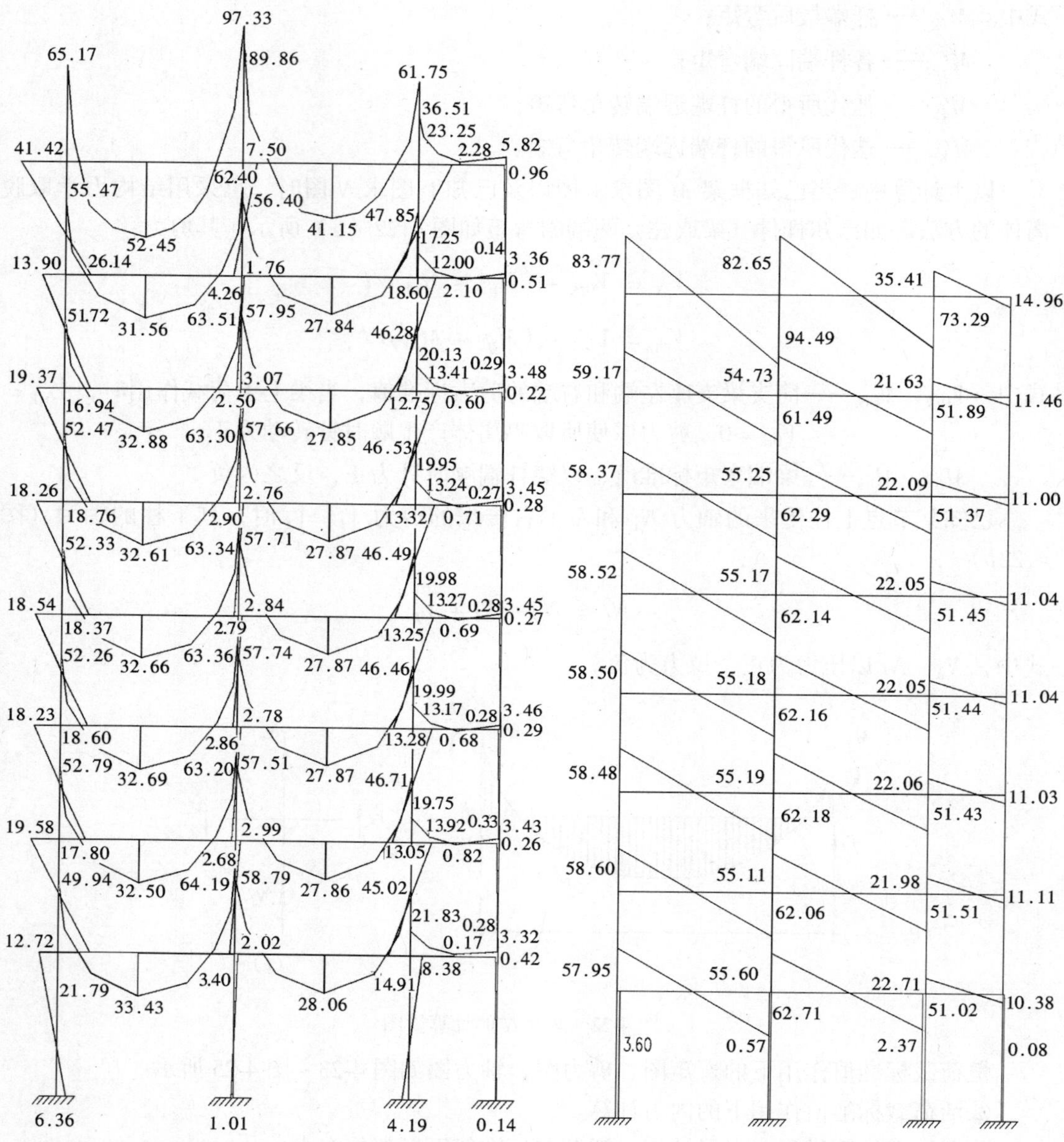


图 4-23 恒荷载标准值作用下的弯矩图（单位：kN·m）
（说明：节点弯矩不平衡是因为节点有等代力矩的缘故）

图 4-24 恒荷载标准值作用下的 $V$ 图
（单位：kN·m）

$$S = 1.35S_{GK} + 0.7 \times 1.4S_{QK}$$

（2）由可变荷载效应控制的组合为：

$$S = 1.2S_{GK} + 1.0 \times 1.4S_{QK} + 0.6 \times 1.4S_{WK}$$

或

$$S = 1.2S_{GK} + 0.7 \times 1.4S_{QK} + 1.0 \times 1.4S_{W}$$

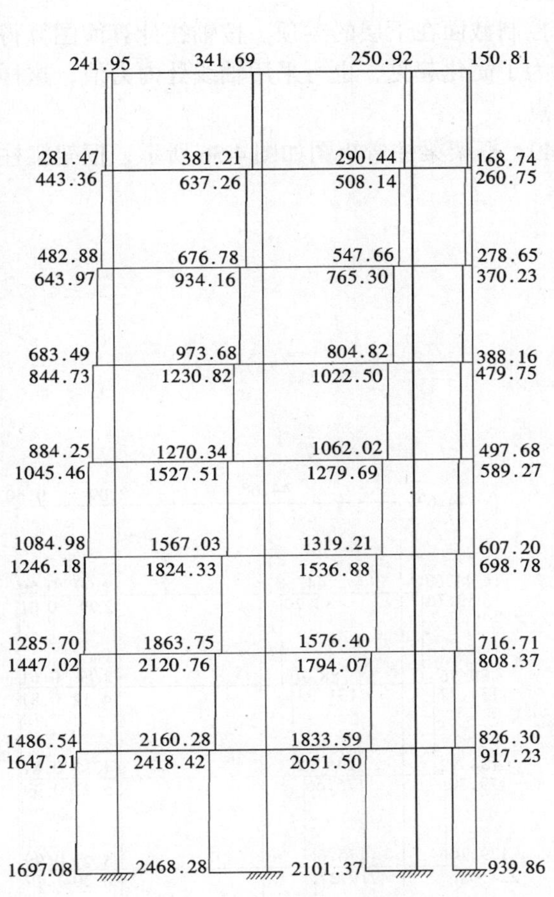


图 4-25　恒荷载标准值作用下的 $N$ 图
（单位：kN·m）

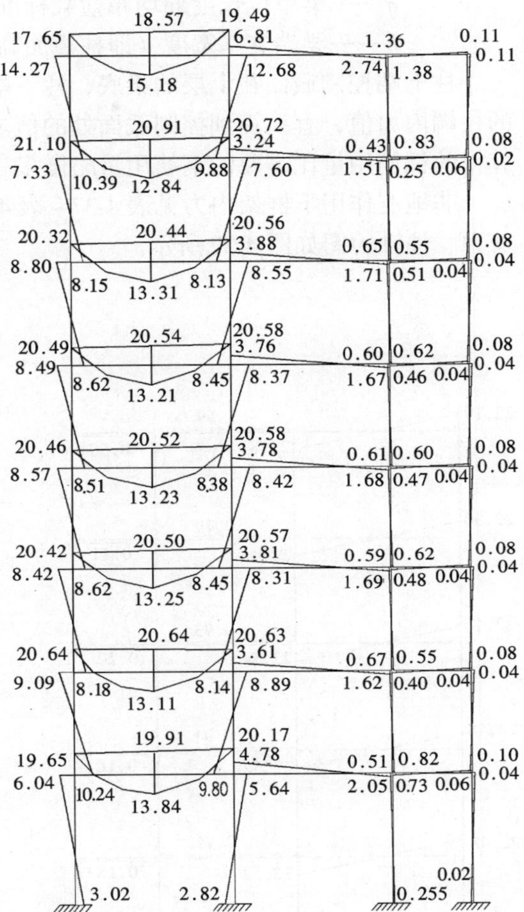


图 4-26　活荷载标准值作用在 AB 的 $M$ 图
（单位：kN·m）
（说明：节点弯矩不平衡是因为节点有等代力矩的缘故。）

各种荷载情况下的框架内力求得后，根据最不利又是可能的原则进行内力组合。当考虑结构塑性内力重分布的有利影响时，应在内力组合之前对竖向荷载作用下的内力进行调幅。分别考虑恒荷载和活荷载由可变荷载效应控制组合和由永久荷载效应控制组合，并比较两种组合的内力，取最不利者。由于构件控制截面的内力值应取自支座边缘处，为此，进行组合前，应先计算各控制截面处的（支座边缘处的）内力值。

梁支座边缘处的内力值：

$$M_{边} = M - V \cdot \frac{b}{2};V_{边} = V - q \cdot \frac{b}{2}$$

式中　$M_{边}$——支座边缘截面的弯矩标准值；

$V_{边}$——支座边缘截面的剪力标准值；

$M$——梁柱中线交点处的弯矩标准值；

$V$——与 $M$ 相应的梁柱中线交点处的剪力标准值；

$q$——梁单位长度的均布荷载标准值；

$b$——梁端支座宽度（即柱截面高度）。

柱上端控制截面在上层的梁底，柱下端控制截面在下层的梁顶。按轴线计算简图算得的柱端内力值，宜换算到控制截面处的值。为了简化起见，也可采用轴线处内力值，这样算得的钢筋用量比需要的钢筋用量略微多一点。

非地震作用下框架内力见表 4-37 ~ 表 4-49；框架梁柱弯矩图如图 4-36 所示，框架梁柱剪力、柱轴力图如图 4-37 所示。

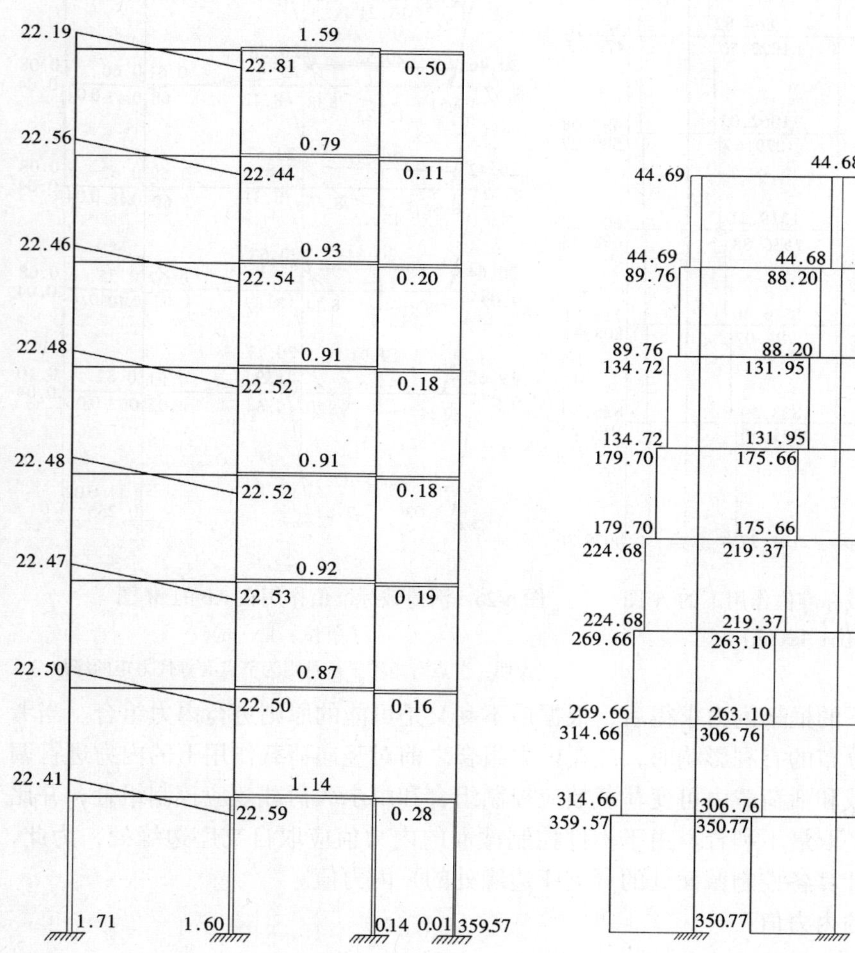


图 4-27　活荷载标准值作用在 AB 的 $V$ 图（单位：kN·m）

图 4-28　或荷载标准值作用在 AB 的 $N$ 图（单位：kN·m）

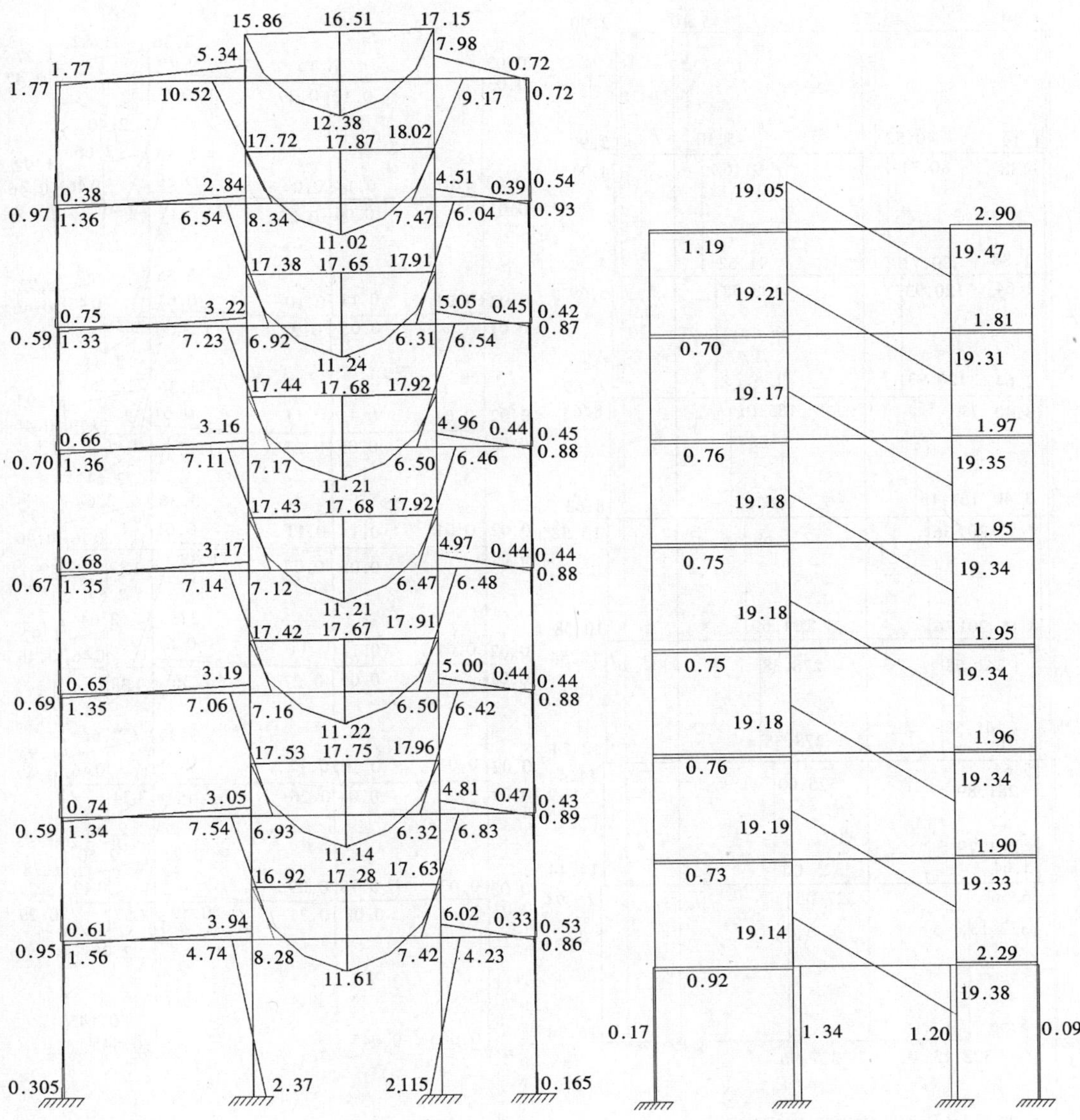


图 4-29 活荷载标准值作用在 BC 的 *M* 图
（单位：kN·m）
（说明：节点弯矩不平衡是因为节点有等代力矩的缘故。）

图 4-30 活荷载标准值作用在 BC 的 *V* 图
（单位：kN·m）

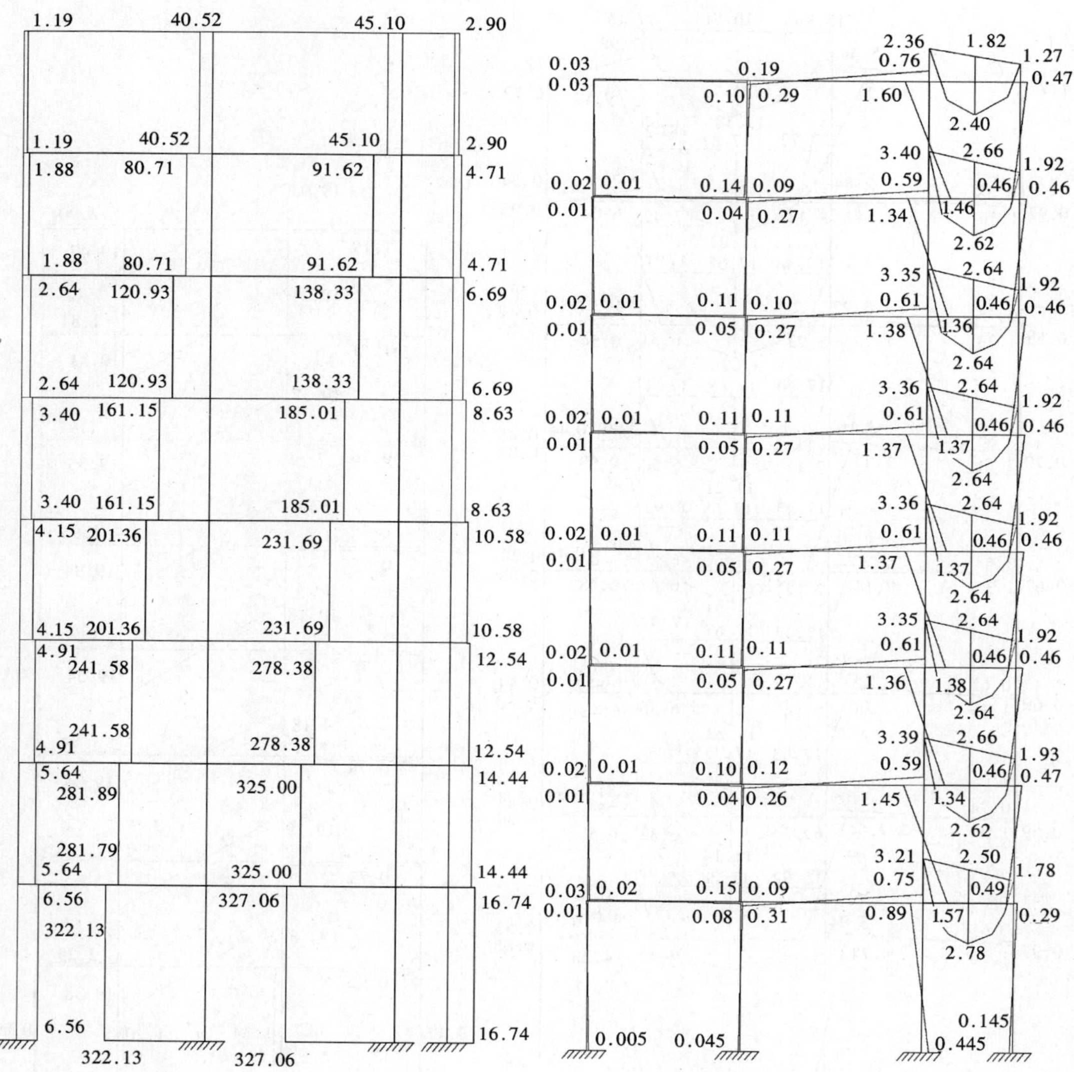


图 4-31　或荷载标准值作用在 BC 的 *N* 图
（单位：kN·m）

图 4-32　活荷载标准值作用在 BC 的 *M* 图
（单位：kN·m）
（说明：节点弯矩不平衡是因为节点有等代力矩的缘故。）

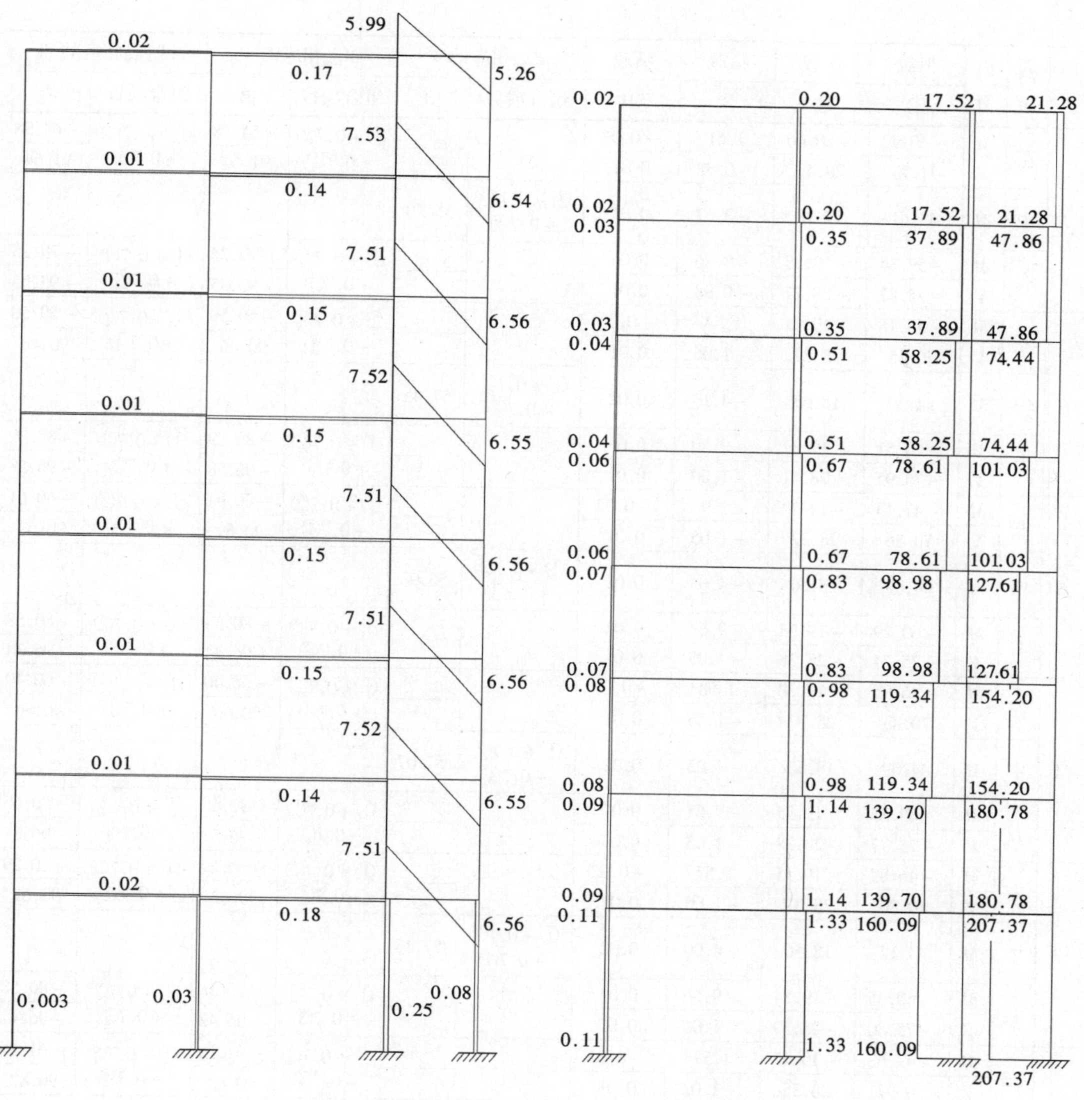


图 4-33 活荷载标准值作用在 BC 的 $V$ 图（单位：kN·m）

图 4-34 或荷载标准值作用在 BC 的 $N$ 图（单位：kN·m）

**用于承载力计算的框架梁由永久荷载效应控制的基本组合表**（梁 AB） **表 4-37**

| 层次 | 截面 | 内力 | 恒载 ① | 活载 ② | 活载 ③ | 活载 ④ | $M_{max}$相应的 $V$ 组合项目 | 值 | $M_{min}$相应的 $V$ 组合项目 | 值 | $\|V\|_{max}$相应的 $M$ 组合项目 | 值 |
|---|---|---|---|---|---|---|---|---|---|---|---|---|
| 8 | 左 | $M$ | −54.05 | −15.39 | 1.98 | −0.03 | | | ①+0.7②+0.7④ | −64.84 | ①+0.7②+0.7④ | −64.84 |
| | | $V$ | 101.06 | 27.92 | −1.67 | 0.03 | | | | 120.63 | | 120.63 |
| | 中 | $M$ | 70.80 | 21.25 | −2.50 | 0.05 | ①+0.7②+0.7④ | 85.71 | | | | |
| | 右 | $M$ | −93.13 | −17.71 | −6.98 | 0.13 | | | ①+0.7②+0.7③ | −110.41 | ①+0.7②+0.7③ | −110.41 |
| | | $V$ | −115.53 | −28.78 | −1.67 | 0.03 | | | | −136.85 | | −136.85 |

续表

| 层次 | 截面 | 内力 | 恒载 | 活载 | 活载 | 活载 | $M_{max}$相应的 $V$ | | $M_{min}$相应的 $V$ | | $\|V\|_{max}$相应的 $M$ | |
|---|---|---|---|---|---|---|---|---|---|---|---|---|
| | | | ① | ② | ③ | ④ | 组合项目 | 值 | 组合项目 | 值 | 组合项目 | 值 |
| 7 | 左 | $M$ | -50.92 | -20.06 | 1.61 | -0.02 | | | ①+0.7②+0.7④ | -64.98 | ①+0.7②+0.7④ | -64.98 |
| | | $V$ | 71.73 | 28.43 | -0.98 | 0.01 | | | | 91.64 | | 91.64 |
| | 中 | $M$ | 42.61 | 17.98 | -3.63 | 0.01 | ①+0.7②+0.7④ | 55.20 | | | | |
| | 右 | $M$ | -59.34 | -19.58 | -8.86 | 0.05 | | | ①+0.7②+0.7③ | -79.25 | ①+0.7②+0.7③ | -79.25 |
| | | $V$ | -74.87 | -28.27 | -0.98 | 0.01 | | | | -95.35 | | -95.35 |
| 6 | 左 | $M$ | -46.18 | -19.01 | 1.54 | -0.02 | | | ①+0.7②+0.7④ | -59.50 | ①+0.7②+0.7④ | -59.50 |
| | | $V$ | 70.65 | 28.29 | -1.06 | 0.01 | | | | 90.46 | | 90.46 |
| | 中 | $M$ | 44.39 | 18.63 | -4.13 | 0.02 | ①+0.7②+0.7④ | 57.45 | | | | |
| | 右 | $M$ | -60.51 | -19.32 | -9.80 | 0.07 | | | ①+0.7②+0.7③ | -80.89 | ①+0.7②+0.7③ | -80.89 |
| | | $V$ | -75.95 | -28.41 | -1.06 | 0.01 | | | | -96.58 | | -96.58 |
| 5 | 左 | $M$ | -47.13 | -19.24 | 1.59 | -0.02 | | | ①+0.7②+0.7④ | -60.61 | ①+0.7②+0.7④ | -60.61 |
| | | $V$ | 70.86 | 28.32 | -1.05 | 0.01 | | | | 90.69 | | 90.69 |
| | 中 | $M$ | 44.02 | 18.50 | -4.03 | 0.02 | ①+0.7②+0.7④ | 56.98 | | | | |
| | 右 | $M$ | -60.29 | -19.35 | -9.64 | 0.07 | | | ①+0.7②+0.7③ | -80.58 | ①+0.7②+0.7③ | -80.58 |
| | | $V$ | -75.74 | -28.38 | -1.05 | 0.01 | | | | -96.34 | | -96.34 |
| 4 | 左 | $M$ | -46.95 | -19.20 | 1.58 | -0.02 | | | ①+0.7②+0.7④ | -60.40 | ①+0.7②+0.7④ | -60.40 |
| | | $V$ | 70.83 | 28.32 | -1.05 | 0.01 | | | | 90.66 | | 90.66 |
| | 中 | $M$ | 44.09 | 18.52 | -4.05 | 0.02 | ①+0.7②+0.7④ | 57.07 | | | | |
| | 右 | $M$ | -60.33 | -19.35 | -9.68 | 0.07 | | | ①+0.7②+0.7③ | -80.65 | ①+0.7②+0.7③ | -80.65 |
| | | $V$ | -75.77 | -28.38 | -1.05 | 0.01 | | | | -96.37 | | -96.37 |
| 3 | 左 | $M$ | -46.87 | -19.15 | 1.57 | -0.02 | | | ①+0.7②+0.7④ | -60.29 | ①+0.7②+0.7④ | -60.29 |
| | | $V$ | 70.80 | 28.31 | -1.06 | 0.01 | | | | 90.62 | | 90.62 |
| | 中 | $M$ | 44.12 | 18.56 | -4.00 | 0.02 | ①+0.7②+0.7④ | 57.13 | | | | |
| | 右 | $M$ | -60.35 | -19.34 | -9.56 | 0.07 | | | ①+0.7②+0.7③ | -80.58 | ①+0.7②+0.7③ | -80.58 |
| | | $V$ | -75.80 | -28.39 | -1.06 | 0.01 | | | | -96.42 | | -96.42 |
| 2 | 左 | $M$ | -47.53 | -19.45 | 1.57 | -0.02 | | | ①+0.7②+0.7④ | -61.16 | ①+0.7②+0.7④ | -61.16 |
| | | $V$ | 70.97 | 28.35 | -1.02 | 0.01 | | | | 90.82 | | 90.82 |
| | 中 | $M$ | 43.88 | 18.36 | -4.34 | 0.01 | ①+0.7②+0.7④ | 56.74 | | | | |
| | 右 | $M$ | -60.19 | -19.43 | -10.25 | 0.05 | | | ①+0.7②+0.7③ | -80.97 | ①+0.7②+0.7③ | -80.97 |
| | | $V$ | -75.64 | -28.35 | -1.02 | 0.01 | | | | -96.20 | | -96.20 |
| 1 | 左 | $M$ | -43.95 | -18.10 | 1.80 | -0.03 | | | ①+0.7②+0.7④ | -56.64 | ①+0.7②+0.7④ | -56.64 |
| | | $V$ | 70.09 | 28.22 | -1.29 | 0.03 | | | | 89.87 | | 89.87 |
| | 中 | $M$ | 45.13 | 19.38 | -2.23 | 0.04 | ①+0.7②+0.7④ | 58.72 | | | | |
| | 右 | $M$ | -61.26 | -18.75 | -6.25 | 0.10 | | | ①+0.7②+0.7③ | -78.76 | ①+0.7②+0.7③ | -78.76 |
| | | $V$ | -76.51 | -28.48 | -1.29 | 0.03 | | | | -97.35 | | -97.35 |

注：1. 活载②、③、④分别为活载作用在 $AB$ 跨、$BC$ 跨、$CD$ 跨；

2. 恒载①为 $1.35M_{Gk}$和 $1.35V_{Gk}$；

3. 活载②、③、④分别为 $1.4M_{Qk}$和 $1.4V_{Qk}$；

4. 以上各值均为轴线处的 $M$ 和 $V$；$M$ 以下端受拉为正，$V$ 以顺时针方向为正；

5. 表中弯矩的单位为 kN·m，剪力的单位为 kN。

**用于承载力计算的框架梁由可变荷载效应控制的基本组合表（梁 AB）　　表 4-38**

| 层次 | 截面 | 内力 | 恒载 | 活载 | 活载 | 活载 | 左风 | 右风 | $M_{max}$相应的 $V$ | | $M_{min}$相应的 $V$ | | $\|V\|_{max}$相应的 $M$ | |
|---|---|---|---|---|---|---|---|---|---|---|---|---|---|---|
| | | | ① | ② | ③ | ④ | ⑤ | ⑥ | 组合项目 | 值 | 组合项目 | 值 | 组合项目 | 值 |
| 8 | 左 | $M$ | -48.05 | -15.39 | 1.98 | -0.03 | 34.33 | -34.33 | | | ①+0.7②+ | -93.17 | ①+②+ | -84.07 |
| | | $V$ | 89.83 | 27.92 | -1.67 | 0.03 | -10.27 | 10.27 | | | 0.7④+⑤ | 119.67 | ④+0.6⑤ | 123.94 |
| | 中 | $M$ | 62.93 | 21.25 | -2.50 | 0.05 | 2.92 | -2.92 | ①+②+④+0.6⑤ | 85.98 | | | | |
| | 右 | $M$ | -82.78 | -17.71 | -6.98 | 0.13 | -27.32 | 27.32 | | | ①+0.7② | -127.38 | ①+②+ | -123.86 |
| | | $V$ | -102.69 | -28.78 | -1.67 | 0.03 | -10.27 | 10.27 | | | +0.7③+⑤ | -134.28 | ③+0.6⑤ | -139.30 |
| 7 | 左 | $M$ | -45.26 | -20.06 | 1.61 | -0.02 | 46.18 | -46.18 | | | ①+0.7②+ | -105.50 | ①+②+ | -93.05 |
| | | $V$ | 63.76 | 28.43 | -0.98 | 0.01 | -13.81 | 13.81 | | | 0.7④+⑤ | 97.48 | ④+0.6⑤ | 100.49 |
| | 中 | $M$ | 37.87 | 17.98 | -3.63 | 0.01 | 3.94 | -3.94 | ①+②+④+0.6⑤ | 58.22 | | | | |
| | 右 | $M$ | -52.74 | -19.58 | -8.86 | 0.05 | -36.72 | 36.72 | | | ①+0.7②+ | -109.37 | ①+②+ | -103.21 |
| | | $V$ | -66.55 | -28.27 | -0.98 | 0.01 | -13.81 | 13.81 | | | 0.7③+⑤ | -100.84 | ③+0.6⑤ | -104.09 |
| 6 | 左 | $M$ | -41.05 | -19.01 | 1.54 | -0.02 | 48.74 | -48.74 | | | ①+0.7② | -103.11 | ①+②+ | -89.32 |
| | | $V$ | 62.80 | 28.29 | -1.06 | 0.01 | -14.58 | 14.58 | | | +0.7④+⑤ | 97.19 | ④+0.6⑤ | 99.85 |
| | 中 | $M$ | 39.46 | 18.63 | -4.13 | 0.02 | 4.16 | -4.16 | ①+②+④+0.6⑤ | 60.61 | | | | |
| | 右 | $M$ | -53.79 | -19.32 | -9.80 | 0.07 | -38.76 | 38.76 | | | ①+0.7②+ | -112.93 | ①+②+ | -106.17 |
| | | $V$ | -67.51 | -28.41 | -1.06 | 0.01 | -14.58 | 14.58 | | | 0.7③+⑤ | -102.72 | ③+0.6⑤ | -105.73 |
| 5 | 左 | $M$ | -41.90 | -19.24 | 1.59 | -0.02 | 51.31 | -51.31 | | | ①+0.7② | -106.69 | ①+②+ | -91.95 |
| | | $V$ | 62.98 | 28.32 | -1.05 | 0.01 | -15.35 | 15.35 | | | +0.7④+⑤ | 98.16 | ④+0.6⑤ | 100.52 |
| | 中 | $M$ | 39.13 | 18.50 | -4.03 | 0.02 | 4.38 | -4.38 | ①+②+④+0.6⑤ | 60.28 | | | | |
| | 右 | $M$ | -53.59 | -19.35 | -9.64 | 0.07 | -40.80 | 40.80 | | | ①+0.7② | -114.68 | ①+②+ | -107.06 |
| | | $V$ | -67.33 | -28.38 | -1.05 | 0.01 | -15.35 | 15.35 | | | +0.7③+⑤ | -103.28 | ③+0.6⑤ | -105.97 |
| 4 | 左 | $M$ | -41.74 | -19.20 | 1.58 | -0.02 | 48.84 | -48.84 | | | ①+0.7② | -104.03 | ①+②+ | -90.26 |
| | | $V$ | 62.96 | 28.32 | -1.05 | 0.01 | -14.62 | 14.62 | | | +0.7④+⑤ | 97.41 | ④+0.6⑤ | 100.06 |
| | 中 | $M$ | 39.19 | 18.52 | -4.05 | 0.02 | 4.17 | -4.17 | ①+②+④+0.6⑤ | 60.23 | | | | |
| | 右 | $M$ | -53.63 | -19.35 | -9.68 | 0.07 | -38.84 | 38.84 | | | ①+0.7②+ | -112.79 | ①+②+ | -105.96 |
| | | $V$ | -67.35 | -28.38 | -1.05 | 0.01 | -14.62 | 14.62 | | | 0.7③+⑤ | -102.57 | ③+0.6⑤ | -105.55 |
| 3 | 左 | $M$ | -41.66 | -19.15 | 1.57 | -0.02 | 43.66 | -43.66 | | | ①+0.7② | -98.74 | ①+②+ | -87.03 |
| | | $V$ | 62.94 | 28.31 | -1.06 | 0.01 | -13.07 | 13.07 | | | +0.7④+⑤ | 95.83 | ④+0.6⑤ | 99.10 |
| | 中 | $M$ | 39.22 | 18.56 | -4.00 | 0.02 | 3.72 | -3.72 | ①+②+④+0.6⑤ | 60.03 | | | | |
| | 右 | $M$ | -53.65 | -19.34 | -9.56 | 0.07 | -34.73 | 34.73 | | | ①+0.7② | -108.61 | ①+②+ | -103.39 |
| | | $V$ | -67.38 | -28.39 | -1.06 | 0.01 | -13.07 | 13.07 | | | +0.7③+⑤ | -101.07 | ③+0.6⑤ | -104.67 |

续表

| 层次 | 截面 | 内力 | 恒载 | 活载 | 活载 | 活载 | 左风 | 右风 | $M_{max}$相应的 $V$ | | $M_{min}$相应的 $V$ | | $\|V\|_{max}$相应的 $M$ | |
|---|---|---|---|---|---|---|---|---|---|---|---|---|---|---|
| | | | ① | ② | ③ | ④ | ⑤ | ⑥ | 组合项目 | 值 | 组合项目 | 值 | 组合项目 | 值 |
| 2 | 左 | $M$ | −42.25 | −19.45 | 1.57 | −0.02 | 39.80 | −39.80 | | | ①+0.7②+ | −95.68 | ①+②+ | −85.60 |
| | | $V$ | 63.08 | 28.35 | −1.02 | 0.01 | −11.90 | 11.90 | | | 0.7④+⑤ | 94.83 | ④+0.6⑤ | 98.58 |
| | 中 | $M$ | 39.00 | 18.36 | −4.34 | 0.01 | 3.40 | −3.40 | ①+②+④+0.6⑤ | 59.41 | | | | |
| | 右 | $M$ | −53.50 | −19.43 | −10.25 | 0.05 | −31.64 | 31.64 | | | ①+0.7② | −105.92 | ①+②+ | −102.16 |
| | | $V$ | −67.23 | −28.35 | −1.02 | 0.01 | −11.90 | 11.90 | | | +0.7③+⑤ | −99.69 | ③+0.6⑤ | −103.74 |
| 1 | 左 | $M$ | −39.07 | −18.10 | 1.80 | −0.03 | 43.46 | −43.46 | | | ①+0.7② | −95.22 | ①+②+ | −83.28 |
| | | $V$ | 62.30 | 28.22 | −1.29 | 0.03 | −12.34 | 12.34 | | | +0.7④+⑤ | 94.42 | ④+0.6⑤ | 97.95 |
| | 中 | $M$ | 40.12 | 19.38 | −2.23 | 0.04 | 5.37 | −5.37 | ①+②+④+0.6⑤ | 62.76 | | | | |
| | 右 | $M$ | −54.45 | −18.75 | −6.25 | 0.10 | −30.58 | 30.58 | | | ①+0.7② | −102.53 | ①+②+ | −97.80 |
| | | $V$ | −68.01 | −28.48 | −1.29 | 0.03 | −12.34 | 12.34 | | | +0.7③+⑤ | −101.19 | ③+0.6⑤ | −105.18 |

注：1. 活载②、③、④分别为活载作用在 $AB$ 跨、$BC$ 跨、$CD$ 跨；

2. 恒载①为 $1.2M_{Gk}$ 和 $1.2V_{Gk}$；

3. 活载②、③、④和左风⑤、右风⑥为 $1.4M_{Qk}$ 和 $1.4V_{Qk}$；

4. 以上各值均为轴线处的 $M$ 和 $V$；$M$ 以下端受拉为正，$V$ 以顺时针方向为正；

5. 表中弯矩的单位为 kN·m，剪力的单位为 kN。

**用于承载力计算的框架梁由可变荷载效应控制的基本组合表（梁 BC）　　表 4-39**

| 层次 | 截面 | 内力 | 恒载 | 活载 | 活载 | 活载 | 左风 | 右风 | $M_{max}$相应的 $V$ | | $M_{min}$相应的 $V$ | | $\|V\|_{max}$相应的 $M$ | |
|---|---|---|---|---|---|---|---|---|---|---|---|---|---|---|
| | | | ① | ② | ③ | ④ | ⑤ | ⑥ | 组合项目 | 值 | 组合项目 | 值 | 组合项目 | 值 |
| 8 | 左 | $M$ | −78.08 | −8.87 | −14.20 | 0.33 | 28.56 | −28.56 | | | ①+0.7② | −122.79 | ①+②+ | −118.29 |
| | | $V$ | 89.82 | 2.23 | 23.97 | −0.24 | −8.70 | 8.70 | | | +0.7③+⑥ | 116.86 | ③+0.6⑥ | 121.24 |
| | 中 | $M$ | 49.38 | −2.85 | 17.34 | −0.33 | 2.04 | −2.04 | ①+③+0.6⑤ | 67.94 | | | | |
| | 右 | $M$ | −47.72 | 3.17 | −15.83 | −0.99 | −23.66 | 23.66 | | | ①+0.7③ | −83.15 | ①+③+ | −78.74 |
| | | $V$ | −78.59 | 2.23 | −24.56 | −0.24 | −8.70 | 8.70 | | | +0.7④+⑤ | −104.65 | ④+0.6⑤ | −108.61 |
| 7 | 左 | $M$ | −47.98 | −4.20 | −16.74 | 0.32 | 28.56 | −28.56 | | | ①+0.7② | −91.20 | ①+②+ | −86.06 |
| | | $V$ | 59.28 | 1.11 | 24.20 | −0.20 | −11.20 | 11.20 | | | +0.7③+⑥ | 88.20 | ③+0.6⑥ | 91.31 |
| | 中 | $M$ | 33.41 | −1.21 | 15.43 | −0.22 | −0.78 | 0.78 | ①+③+0.6⑤ | 48.37 | | | | |
| | 右 | $M$ | −38.74 | 1.78 | −17.12 | −0.77 | −30.42 | 30.42 | | | ①+0.7③ | −81.68 | ①+③+ | −74.88 |
| | | $V$ | −55.87 | 1.11 | −24.34 | −0.20 | −11.20 | 11.20 | | | +0.7④+⑤ | −84.25 | ④+0.6⑤ | −87.13 |
| 6 | 左 | $M$ | −49.65 | −5.04 | −16.28 | 0.32 | 28.56 | −28.56 | | | ①+0.7② | −93.13 | ①+②+ | −88.11 |
| | | $V$ | 59.90 | 1.30 | 24.14 | −0.21 | −11.20 | 11.20 | | | +0.7③+⑥ | 88.91 | ③+0.6⑥ | 92.06 |
| | 中 | $M$ | 33.42 | −1.52 | 15.74 | −0.24 | −1.48 | 1.48 | ①+③+0.6⑤ | 48.27 | | | | |
| | 右 | $M$ | −37.04 | 2.00 | −16.95 | −0.79 | −32.11 | 32.11 | | | ①+0.7③ | −81.57 | ①+③+ | −74.05 |
| | | $V$ | −55.25 | 1.30 | −24.39 | −0.21 | −11.20 | 11.20 | | | +0.7④+⑤ | −83.67 | ④+0.6⑤ | −86.57 |

续表

| 层次 | 截面 | 内力 | 恒载 | 活载 | 活载 | 活载 | 左风 | 右风 | $M_{max}$相应的 $V$ | | $M_{min}$相应的 $V$ | | $\lvert V\rvert_{max}$相应的 $M$ | |
|---|---|---|---|---|---|---|---|---|---|---|---|---|---|---|
| | | | ① | ② | ③ | ④ | ⑤ | ⑥ | 组合项目 | 值 | 组合项目 | 值 | 组合项目 | 值 |
| 5 | 左 | $M$ | -49.33 | -4.88 | -16.36 | 0.32 | 28.56 | -28.56 | | | ①+0.7② | -92.76 | ①+②+ | -87.71 |
| | | $V$ | 59.81 | 1.27 | 24.16 | -0.21 | -12.43 | 12.43 | | | +0.7③+⑥ | 90.04 | ③+0.6⑥ | 92.70 |
| | 中 | $M$ | 33.44 | -1.46 | 15.69 | -0.24 | -2.19 | 2.19 | ①+③+0.6⑤ | 47.82 | | | | |
| | 右 | $M$ | -37.31 | 1.96 | -16.97 | -0.79 | -33.80 | 33.80 | | | ①+0.7③ | -83.54 | ①+③+ | -75.35 |
| | | $V$ | -55.34 | 1.27 | -24.38 | -0.21 | -12.43 | 12.43 | | | +0.7④+⑤ | -84.98 | ④+0.6⑤ | -87.39 |
| 4 | 左 | $M$ | -49.39 | -4.91 | -16.35 | 0.32 | 28.56 | -28.56 | | | ①+0.7② | -92.83 | ①+②+ | -87.79 |
| | | $V$ | 59.82 | 1.27 | 24.16 | -0.21 | -11.84 | 11.84 | | | +0.7③+⑥ | 89.46 | ③+0.6⑥ | 92.35 |
| | 中 | $M$ | 33.44 | -1.47 | 15.70 | -0.24 | -1.51 | 1.51 | ①+③+0.6⑤ | 48.23 | | | | |
| | 右 | $M$ | -37.27 | 1.97 | -16.97 | -0.79 | -32.18 | 32.18 | | | ①+0.7③ | -81.88 | ①+③+ | -74.34 |
| | | $V$ | -55.33 | 1.27 | -24.38 | -0.21 | -11.84 | 11.84 | | | +0.7④+⑤ | -84.38 | ④+0.6⑤ | -87.02 |
| 3 | 左 | $M$ | -49.42 | -4.95 | -16.33 | 0.32 | 28.56 | -28.56 | | | ①+0.7② | -92.88 | ①+②+ | -87.84 |
| | | $V$ | 59.83 | 1.29 | 24.16 | -0.21 | -10.58 | 10.58 | | | +0.7③+⑥ | 88.23 | ③+0.6⑥ | 91.63 |
| | 中 | $M$ | 33.44 | -1.48 | 15.72 | -0.24 | -0.09 | 0.09 | ①+③+0.6⑤ | 49.11 | | | | |
| | 右 | $M$ | -37.24 | 1.98 | -16.95 | -0.79 | -28.78 | 28.78 | | | ①+0.7③ | -78.44 | ①+③+ | -72.25 |
| | | $V$ | -55.32 | 1.29 | -24.38 | -0.21 | -10.58 | 10.58 | | | +0.7④+⑤ | -83.11 | ④+0.6⑤ | -86.26 |
| 2 | 左 | $M$ | -49.17 | -4.69 | -16.48 | 0.31 | 28.56 | -28.56 | | | ①+0.7② | -92.55 | ①+②+ | -87.48 |
| | | $V$ | 59.73 | 1.22 | 24.17 | -0.20 | -9.65 | 9.65 | | | +0.7③+⑥ | 87.15 | ③+0.6⑥ | 90.91 |
| | 中 | $M$ | 33.43 | -1.39 | 15.60 | -0.23 | 0.97 | -0.97 | ①+③+0.6⑤ | 49.61 | | | | |
| | 右 | $M$ | -37.51 | 1.90 | -17.03 | -0.77 | -26.23 | 26.23 | | | ①+0.7③ | -76.20 | ①+③+ | -71.05 |
| | | $V$ | -55.41 | 1.22 | -24.37 | -0.20 | -9.65 | 9.65 | | | +0.7④+⑤ | -82.26 | ④+0.6⑤ | -85.77 |
| 1 | 左 | $M$ | -50.53 | -6.21 | -15.65 | 0.36 | 28.56 | -28.56 | | | ①+0.7② | -94.39 | ①+②+ | -89.53 |
| | | $V$ | 60.32 | 1.60 | 24.10 | -0.25 | -9.12 | 9.12 | | | +0.7③+⑥ | 87.43 | ③+0.6⑥ | 91.49 |
| | 中 | $M$ | 33.67 | -1.91 | 16.26 | -0.31 | 1.83 | -1.83 | ①+③+0.6⑤ | 51.03 | | | | |
| | 右 | $M$ | -35.66 | 2.39 | -16.54 | -0.97 | -24.17 | 24.17 | | | ①+0.7③ | -72.09 | ①+③+ | -67.67 |
| | | $V$ | -54.83 | 1.60 | -24.44 | -0.25 | -9.12 | 9.12 | | | +0.7④+⑤ | -81.23 | ④+0.6⑤ | -84.99 |

注：1. 活载②、③、④分别为活载作用在 $AB$ 跨、$BC$ 跨、$CD$ 跨；

2. 恒载①为 $1.2M_{Gk}$和 $1.2V_{Gk}$；

3. 活载②、③、④和左风⑤、右风⑥为 $1.4M_{Qk}$和 $1.4V_{Qk}$；

4. 以上各值均为轴线处的 $M$ 和 $V$；$M$ 以下端受拉为正，$V$ 以顺时针方向为正；

5. 表中弯矩的单位为 kN·m，剪力的单位为 kN。

用于承载力计算的框架梁由可变荷载效应控制的基本组合表（梁 CD） **表 4-40**

| 层次 | 截面 | 内力 | 恒载 ① | 活载 ② | 活载 ③ | 活载 ④ | 左风 ⑤ | 右风 ⑥ | $M_{max}$相应的 $V$ 组合项目 | 值 | $M_{min}$相应的 $V$ 组合项目 | 值 | $\|V\|_{max}$相应的 $M$ 组合项目 | 值 |
|---|---|---|---|---|---|---|---|---|---|---|---|---|---|---|
| 8 | 左 | $M$ | -31.06 | 1.72 | -9.95 | -0.79 | 47.33 | -47.33 | | | ①+0.7③ | -85.91 | ①+0.7③ | -85.91 |
| | | $V$ | 36.45 | -0.70 | 4.06 | 10.60 | -22.82 | 22.82 | | | +0.7④+⑥ | 69.53 | +0.7④+⑥ | 69.53 |
| | 中 | $M$ | -2.73 | 0.89 | -5.08 | 3.37 | 10.92 | -10.92 | ①+0.7③+⑥ | -17.21 | | | | |
| | 右 | $M$ | -4.29 | -0.05 | 0.40 | -0.67 | -21.13 | 21.13 | | | ①+0.7② | -25.92 | ①+0.7② | -25.92 |
| | | $V$ | -14.93 | -0.70 | 4.06 | -6.58 | -22.82 | 22.82 | | | +0.7④+⑤ | -42.85 | +0.7④+⑤ | -42.85 |
| 7 | 左 | $M$ | -12.91 | 0.30 | -5.55 | -1.60 | 60.84 | -60.84 | | | ①+0.7③ | -78.76 | ①+0.7③ | -78.76 |
| | | $V$ | 21.99 | -0.15 | 2.53 | 13.29 | -29.34 | 29.34 | | | +0.7④+⑥ | 62.40 | +0.7④+⑥ | 62.40 |
| | 中 | $M$ | 2.52 | 0.12 | -2.51 | 3.66 | 14.03 | -14.03 | ①+0.7②+0.7④+⑤ | 19.20 | | | | |
| | 右 | $M$ | -1.97 | -0.09 | 0.92 | -1.31 | -27.17 | 27.17 | | | ①+0.7② | -30.12 | ①+0.7② | -30.12 |
| | | $V$ | -11.77 | -0.15 | 2.53 | -8.17 | -29.34 | 29.34 | | | +0.7④+⑤ | -46.93 | +0.7④+⑤ | -46.93 |
| 6 | 左 | $M$ | -16.20 | 0.63 | -6.24 | -1.54 | 64.22 | -64.22 | | | ①+0.7③ | -85.87 | ①+0.7③ | -85.87 |
| | | $V$ | 22.54 | -0.28 | 2.76 | 13.27 | -30.97 | 30.97 | | | +0.7④+⑥ | 64.73 | +0.7④+⑥ | 64.73 |
| | 中 | $M$ | 0.72 | 0.30 | -2.93 | 3.70 | 14.81 | -14.81 | ①+0.7②+0.7④+⑤ | 18.33 | | | | |
| | 右 | $M$ | -2.20 | -0.07 | 0.80 | -1.31 | -28.68 | 28.68 | | | ①+0.7② | -31.85 | ①+0.7② | -31.85 |
| | | $V$ | -11.21 | -0.28 | 2.76 | -8.20 | -30.97 | 30.97 | | | +0.7④+⑤ | -48.12 | +0.7④+⑤ | -48.12 |
| 5 | 左 | $M$ | -16.00 | 0.57 | -6.13 | -1.55 | 67.61 | -67.61 | | | ①+0.7③ | -88.99 | ①+0.7③ | -88.99 |
| | | $V$ | 22.49 | -0.25 | 2.73 | 13.28 | -32.60 | 32.60 | | | +0.7④+⑥ | 66.30 | +0.7④+⑥ | 66.30 |
| | 中 | $M$ | 0.85 | 0.27 | -2.86 | 3.69 | 15.59 | -15.59 | ①+0.7②+0.7④+⑤ | 19.21 | | | | |
| | 右 | $M$ | -2.15 | -0.07 | 0.82 | -1.31 | -30.19 | 30.19 | | | ①+0.7② | -33.31 | ①+0.7② | -33.31 |
| | | $V$ | -11.26 | -0.25 | 2.73 | -8.19 | -32.60 | 32.60 | | | +0.7④+⑤ | -49.77 | +0.7④+⑤ | -49.77 |
| 4 | 左 | $M$ | -16.04 | 0.58 | -6.14 | -1.55 | 64.37 | -64.37 | | | ①+0.7③ | -85.79 | ①+0.7③ | -85.79 |
| | | $V$ | 22.49 | -0.25 | 2.73 | 13.27 | -31.04 | 31.04 | | | +0.7④+⑥ | 64.73 | +0.7④+⑥ | 64.73 |
| | 中 | $M$ | 0.83 | 0.27 | -2.86 | 3.69 | 14.84 | -14.84 | ①+0.7②+0.7④+⑤ | 18.44 | | | | |
| | 右 | $M$ | -2.15 | -0.07 | 0.82 | -1.31 | -28.75 | 28.75 | | | ①+0.7② | -31.87 | ①+0.7② | -31.87 |
| | | $V$ | -11.26 | -0.25 | 2.73 | -8.20 | -31.04 | 31.04 | | | +0.7④+⑤ | -48.22 | +0.7④+⑤ | -48.22 |
| 3 | 左 | $M$ | -16.05 | 0.59 | -6.18 | -1.54 | 57.55 | -57.55 | | | ①+0.7③ | -79.00 | ①+0.7③ | -79.00 |
| | | $V$ | 22.50 | -0.27 | 2.74 | 13.27 | -27.74 | 27.74 | | | +0.7④+⑥ | 61.45 | +0.7④+⑥ | 61.45 |
| | 中 | $M$ | 0.82 | 0.28 | -2.88 | 3.70 | 13.28 | -13.28 | ①+0.7②+0.7④+⑤ | 16.89 | | | | |
| | 右 | $M$ | -2.17 | -0.07 | 0.82 | -1.31 | -25.68 | 25.68 | | | ①+0.7② | -28.82 | ①+0.7② | -28.82 |
| | | $V$ | -11.25 | -0.27 | 2.74 | -8.20 | -27.74 | 27.74 | | | +0.7④+⑤ | -44.92 | +0.7④+⑤ | -44.92 |

续表

| 层次 | 截面 | 内力 | 恒载 ① | 活载 ② | 活载 ③ | 活载 ④ | 左风 ⑤ | 右风 ⑥ | $M_{max}$相应的 $V$ 组合项目 | 值 | $M_{min}$相应的 $V$ 组合项目 | 值 | $\|V\|_{max}$相应的 $M$ 组合项目 | 值 |
|---|---|---|---|---|---|---|---|---|---|---|---|---|---|---|
| 2 | 左 | $M$ | −15.79 | 0.49 | −5.94 | −1.59 | 52.45 | −52.45 | | | ①+0.7③+0.7④+⑥ | −73.51 | ①+0.7③+0.7④+⑥ | −73.51 |
| | | $V$ | 22.41 | −0.22 | 2.66 | 13.28 | −25.28 | 25.28 | | | | 58.85 | | 58.85 |
| | 中 | $M$ | 0.98 | 0.22 | −2.74 | 3.66 | 12.11 | −12.11 | ①+0.7②+0.7④+⑤ | 15.81 | | | | |
| | 右 | $M$ | −2.12 | −0.08 | 0.85 | −1.33 | −23.40 | 23.40 | | | ①+0.7②+0.7④+⑤ | −26.51 | ①+0.7②+0.7④+⑤ | −26.51 |
| | | $V$ | −11.35 | −0.22 | 2.66 | −8.19 | −25.28 | 25.28 | | | | −42.52 | | −42.52 |
| 1 | 左 | $M$ | −18.02 | 0.90 | −7.47 | −1.34 | 48.34 | −48.34 | | | ①+0.7③+0.7④+⑥ | −72.53 | ①+0.7③+0.7④+⑥ | −72.53 |
| | | $V$ | 23.28 | −0.39 | 3.21 | 13.27 | −22.75 | 22.75 | | | | 57.57 | | 57.57 |
| | 中 | $M$ | −0.20 | 0.44 | −3.61 | 3.89 | 11.84 | −11.84 | ①+0.7②+0.7④+⑤ | 14.67 | | | | |
| | 右 | $M$ | −2.12 | −0.08 | 0.72 | −1.11 | −19.93 | 19.93 | | | ①+0.7②+0.7④+⑤ | −22.88 | ①+0.7②+0.7④+⑤ | −22.88 |
| | | $V$ | −10.47 | −0.39 | 3.21 | −8.20 | −22.75 | 22.75 | | | | −39.23 | | −39.23 |

注：1. 活载②、③、④分别为活载作用在 *AB* 跨、*BC* 跨、*CD* 跨；

2. 恒载①为 $1.2M_{Gk}$和 $1.2V_{Gk}$；

3. 活载②、③、④和左风⑤、右风⑥为 $1.4M_{Qk}$和 $1.4V_{Qk}$；

4. 以上各值均为轴线处的 $M$ 和 $V$；$M$ 以下端受拉为正，$V$ 以顺时针方向为正；

5. 表中弯矩的单位为 kN·m，剪力的单位为 kN。

**用于承载力计算的框架梁由永久荷载效应控制的基本组合表（柱 A）　　表 4-41**

| 层次 | 截面 | 内力 | 恒载 ① | 活载 ② | 活载 ③ | 活载 ④ | $N_{max}$相应的 $M$ 组合项目 | 值 | $N_{min}$相应的 $M$ 组合项目 | 值 | $\|M\|_{max}$相应的 $N$ 组合项目 | 值 |
|---|---|---|---|---|---|---|---|---|---|---|---|---|
| 8 | 左 | $M$ | −34.95 | 1.72 | −9.95 | −0.79 | | | ①+0.7③+0.7④ | −42.47 | ①+0.7③+0.7④ | −42.47 |
| | | $V$ | 41.00 | −0.70 | 4.06 | 10.60 | | | | 51.26 | | 51.26 |
| | 中 | $M$ | −3.07 | 0.89 | −5.08 | 3.37 | ①+0.7③（上端受拉） | −6.63 | | | | |
| | 右 | $M$ | −4.83 | −0.05 | 0.40 | −0.67 | | | ①+0.7②+0.7④ | −5.33 | ①+0.7②+0.7④ | −5.33 |
| | | $V$ | −16.80 | −0.70 | 4.06 | −6.58 | | | | −21.90 | | −21.90 |
| 7 | 左 | $M$ | −14.53 | 0.30 | −5.55 | −1.60 | | | ①+0.7③+0.7④ | −19.54 | ①+0.7③+0.7④ | −19.54 |
| | | $V$ | 24.73 | −0.15 | 2.53 | 13.29 | | | | 35.80 | | 35.80 |
| | 中 | $M$ | 2.84 | 0.12 | −2.51 | 3.66 | ①+0.7②+0.7④ | 5.49 | | | | |
| | 右 | $M$ | −2.22 | −0.09 | 0.92 | −1.31 | | | ①+0.7②+0.7④ | −3.20 | ①+0.7②+0.7④ | −3.20 |
| | | $V$ | −13.24 | −0.15 | 2.53 | −8.17 | | | | −19.06 | | −19.06 |
| 6 | 左 | $M$ | −18.23 | 0.63 | −6.24 | −1.54 | | | ①+0.7③+0.7④ | −23.68 | ①+0.7③+0.7④ | −23.68 |
| | | $V$ | 25.35 | −0.28 | 2.76 | 13.27 | | | | 36.57 | | 36.57 |
| | 中 | $M$ | 0.82 | 0.30 | −2.93 | 3.70 | ①+0.7②+0.7④ | 3.62 | | | | |
| | 右 | $M$ | −2.47 | −0.07 | 0.80 | −1.31 | | | ①+0.7②+0.7④ | −3.44 | ①+0.7②+0.7④ | −3.44 |
| | | $V$ | −12.62 | −0.28 | 2.76 | −8.20 | | | | −18.56 | | −18.56 |

续表

| 层次 | 截面 | 内力 | 恒载 ① | 活载 ② | 活载 ③ | 活载 ④ | $N_{max}$相应的 $M$ 组合项目 | 值 | $N_{min}$相应的 $M$ 组合项目 | 值 | $\|M\|_{max}$相应的 $N$ 组合项目 | 值 |
|---|---|---|---|---|---|---|---|---|---|---|---|---|
| 5 | 左 | $M$ | -18.00 | 0.57 | -6.13 | -1.55 | | | ①+0.7③+0.7④ | -23.38 | ①+0.7③+0.7④ | -23.38 |
| | | $V$ | 25.30 | -0.25 | 2.73 | 13.28 | | | | 36.51 | | 36.51 |
| | 中 | $M$ | 0.96 | 0.27 | -2.86 | 3.69 | ①+0.7②+0.7④ | 3.73 | | | | |
| | 右 | $M$ | -2.42 | -0.07 | 0.82 | -1.31 | | | ①+0.7②+0.7④ | -3.39 | ①+0.7②+0.7④ | -3.39 |
| | | $V$ | -12.67 | -0.25 | 2.73 | -8.19 | | | | -18.58 | | -18.58 |
| 4 | 左 | $M$ | -18.04 | 0.58 | -6.14 | -1.55 | | | ①+0.7③+0.7④ | -23.42 | ①+0.7③+0.7④ | -23.42 |
| | | $V$ | 25.30 | -0.25 | 2.73 | 13.27 | | | | 36.50 | | 36.50 |
| | 中 | $M$ | 0.94 | 0.27 | -2.86 | 3.69 | ①+0.7②+0.7④ | 3.71 | | | | |
| | 右 | $M$ | -2.42 | -0.07 | 0.82 | -1.31 | | | ①+0.7②+0.7④ | -3.39 | ①+0.7②+0.7④ | -3.39 |
| | | $V$ | -12.67 | -0.25 | 2.73 | -8.20 | | | | -18.59 | | -18.59 |
| 3 | 左 | $M$ | -18.05 | 0.59 | -6.18 | -1.54 | | | ①+0.7③+0.7④ | -23.45 | ①+0.7③+0.7④ | -23.45 |
| | | $V$ | 25.31 | -0.27 | 2.74 | 13.27 | | | | 36.52 | | 36.52 |
| | 中 | $M$ | 0.92 | 0.28 | -2.88 | 3.70 | ①+0.7②+0.7④ | 3.71 | | | | |
| | 右 | $M$ | -2.44 | -0.07 | 0.82 | -1.31 | | | ①+0.7②+0.7④ | -3.41 | ①+0.7②+0.7④ | -3.41 |
| | | $V$ | -12.66 | -0.27 | 2.74 | -8.20 | | | | -18.59 | | -18.59 |
| 2 | 左 | $M$ | -17.76 | 0.49 | -5.94 | -1.59 | | | ①+0.7③+0.7④ | -23.03 | ①+0.7③+0.7④ | -23.03 |
| | | $V$ | 25.21 | -0.22 | 2.66 | 13.28 | | | | 36.37 | | 36.37 |
| | 中 | $M$ | 1.11 | 0.22 | -2.74 | 3.66 | ①+0.7②+0.7④ | 3.83 | | | | |
| | 右 | $M$ | -2.38 | -0.08 | 0.85 | -1.33 | | | ①+0.7②+0.7④ | -3.37 | ①+0.7②+0.7④ | -3.37 |
| | | $V$ | -12.76 | -0.22 | 2.66 | -8.19 | | | | -18.65 | | -18.65 |
| 1 | 左 | $M$ | -20.27 | 0.90 | -7.47 | -1.34 | | | ①+0.7③+0.7④ | -26.44 | ①+0.7③+0.7④ | -26.44 |
| | | $V$ | 26.19 | -0.39 | 3.21 | 13.27 | | | | 37.73 | | 37.73 |
| | 中 | $M$ | -0.22 | 0.44 | -3.61 | 3.89 | ①+0.7②+0.7④ | 2.81 | | | | |
| | 右 | $M$ | -2.38 | -0.08 | 0.72 | -1.11 | | | ①+0.7②+0.7④ | -3.21 | ①+0.7②+0.7④ | -3.21 |
| | | $V$ | -11.78 | -0.39 | 3.21 | -8.20 | | | | -17.79 | | -17.79 |

注：1. 活载②、③、④分别为活载作用在 $AB$ 跨、$BC$ 跨、$CD$ 跨；

2. 恒载①为 $1.35M_{Gk}$和 $1.35V_{Gk}$；

3. 活载②、③、④分别为 $1.4M_{Qk}$和 $1.4V_{Qk}$；

4. 以上各值均为轴线处的 $M$ 和 $V$；$M$ 以下端受拉为正，$V$ 以顺时针方向为正；

5. 表中弯矩的单位为 kN·m，剪力的单位为 kN。

**用于承载力计算的框架梁由永久荷载效应控制的基本组合表（柱 A）** **表 4-42**

| 层次 | 截面 | 内力 | 恒载 ① | 活载 ② | 活载 ③ | 活载 ④ | $N_{max}$相应的 $M$ 组合项目 | 值 | $N_{min}$相应的 $M$ 组合项目 | 值 | $\|M\|_{max}$相应的 $N$ 组合项目 | 值 |
|---|---|---|---|---|---|---|---|---|---|---|---|---|
| 8 | 上 | $M$ | −55.92 | −19.97 | 2.48 | −0.04 | ①+0.7②+0.7④ | −69.93 | ①+0.7③ | −54.18 | ①+0.7②+0.7④ | −69.93 |
| | | $N$ | 326.63 | 62.56 | −1.67 | 0.03 | | 370.44 | | 325.46 | | 370.44 |
| | 下 | $M$ | 35.29 | 14.55 | −1.36 | 0.01 | ①+0.7②+0.7④ | 45.48 | ①+0.7③ | 34.34 | ①+0.7②+0.7④ | 45.48 |
| | | $N$ | 379.98 | 62.56 | −1.67 | 0.03 | | 423.79 | | 378.81 | | 423.79 |
| | | $V$ | −15.20 | −5.76 | 0.64 | −0.01 | | −19.24 | | −14.75 | | −19.24 |
| 7 | 上 | $M$ | −18.77 | −10.27 | 0.53 | −0.01 | ①+0.7②+0.7④ | −25.97 | ①+0.7③ | −18.40 | ①+0.7②+0.7④ | −25.97 |
| | | $N$ | 598.54 | 125.67 | −2.63 | 0.04 | | 686.54 | | 596.70 | | 686.54 |
| | 下 | $M$ | 22.87 | 11.41 | −0.83 | 0.01 | ①+0.7②+0.7④ | 30.86 | ①+0.7③ | 22.29 | ①+0.7②+0.7④ | 30.86 |
| | | $N$ | 651.89 | 125.67 | −2.63 | 0.04 | | 739.89 | | 650.05 | | 739.89 |
| | | $V$ | −6.94 | −3.61 | 0.23 | 0.00 | | −9.47 | | −6.78 | | −9.47 |
| 6 | 上 | $M$ | −26.15 | −12.32 | 1.05 | −0.01 | ①+0.7②+0.7④ | −34.78 | ①+0.7③ | −25.42 | ①+0.7②+0.7④ | −34.78 |
| | | $N$ | 869.36 | 188.61 | −3.69 | 0.05 | | 1001.42 | | 866.78 | | 1001.42 |
| | 下 | $M$ | 25.33 | 12.07 | −0.99 | 0.01 | ①+0.7②+0.7④ | 33.79 | ①+0.7③ | 24.64 | ①+0.7②+0.7④ | 33.79 |
| | | $N$ | 922.71 | 188.61 | −3.69 | 0.05 | | 1054.77 | | 920.13 | | 1054.77 |
| | | $V$ | −8.58 | −4.07 | 0.34 | 0.00 | | −11.43 | | −8.34 | | −11.43 |
| 5 | 上 | $M$ | −24.65 | −11.88 | 0.92 | −0.01 | ①+0.7②+0.7④ | −32.97 | ①+0.7③ | −24.01 | ①+0.7②+0.7④ | −32.97 |
| | | $N$ | 1140.39 | 251.59 | −4.76 | 0.08 | | 1365.56 | | 1137.06 | | 1316.56 |
| | 下 | $M$ | 24.80 | 11.92 | −0.93 | 0.01 | ①+0.7②+0.7④ | 33.15 | ①+0.7③ | 24.15 | ①+0.7②+0.7④ | 33.15 |
| | | $N$ | 1193.74 | 251.59 | −4.76 | 0.08 | | 1369.91 | | 1190.41 | | 1369.91 |
| | | $V$ | −8.24 | −3.97 | 0.31 | 0.00 | | −11.02 | | −8.02 | | −11.02 |
| 4 | 上 | $M$ | −25.03 | −12.00 | 0.95 | −0.01 | ①+0.7②+0.7④ | −33.44 | ①+0.7③ | −24.37 | ①+0.7②+0.7④ | −33.44 |
| | | $N$ | 1411.37 | 314.55 | −5.81 | 0.09 | | 1631.62 | | 1407.30 | | 1631.62 |
| | 下 | $M$ | 25.11 | 12.07 | −0.96 | 0.01 | ①+0.7②+0.7④ | 33.57 | ①+0.7③ | 24.44 | ①+0.7②+0.7④ | 33.57 |
| | | $N$ | 1464.72 | 314.55 | −5.81 | 0.09 | | 1684.97 | | 1460.65 | | 1684.97 |
| | | $V$ | −8.36 | −4.01 | 0.32 | 0.00 | | −11.17 | | −8.14 | | −11.17 |
| 3 | 上 | $M$ | −24.61 | −11.79 | 0.91 | −0.01 | ①+0.7②+0.7④ | −32.87 | ①+0.7③ | −23.97 | ①+0.7②+0.7④ | −32.87 |
| | | $N$ | 1682.34 | 377.52 | −6.88 | 0.11 | | 1946.68 | | 1677.52 | | 1946.68 |
| | 下 | $M$ | 24.03 | 11.45 | −0.83 | 0.01 | ①+0.7②+0.7④ | 32.05 | ①+0.7③ | 23.45 | ①+0.7②+0.7④ | 32.05 |
| | | $N$ | 1735.70 | 377.52 | −6.88 | 0.11 | | 2000.04 | | 1730.88 | | 2000.04 |
| | | $V$ | −8.11 | −3.88 | 0.29 | 0.00 | | −10.83 | | −7.91 | | −10.83 |
| 2 | 上 | $M$ | −26.43 | −12.72 | 1.04 | −0.01 | ①+0.7②+0.7④ | −35.34 | ①+0.7③ | −25.70 | ①+0.7②+0.7④ | −35.34 |
| | | $N$ | 1953.48 | 440.52 | −7.89 | 0.12 | | 2261.93 | | 1947.96 | | 2261.93 |
| | 下 | $M$ | 29.42 | 14.33 | −1.33 | 0.03 | ①+0.7②+0.7④ | 39.47 | ①+0.7③ | 28.49 | ①+0.7②+0.7④ | 39.47 |
| | | $N$ | 2006.83 | 440.52 | −7.89 | 0.12 | | 2315.28 | | 2001.31 | | 2315.28 |
| | | $V$ | −9.31 | −4.51 | 0.39 | −0.01 | | −12.47 | | −9.04 | | −12.47 |
| 1 | 上 | $M$ | −17.17 | −8.45 | 0.85 | −0.01 | ①+0.7②+0.7④ | −23.09 | ①+0.7③ | −16.58 | ①+0.7②+0.7④ | −23.09 |
| | | $N$ | 2223.73 | 503.40 | −9.19 | 0.16 | | 2576.22 | | 2217.30 | | 2576.22 |
| | 下 | $M$ | 8.59 | 4.23 | −0.44 | 0.01 | ①+0.7②+0.7④ | 11.56 | ①+0.7③ | 8.28 | ①+0.7②+0.7④ | 11.56 |
| | | $N$ | 2291.06 | 503.40 | −9.19 | 0.16 | | 2643.55 | | 2284.63 | | 2643.55 |
| | | $V$ | −4.29 | −2.12 | 0.22 | 0.00 | | −5.77 | | −4.14 | | −5.77 |

注：1. 活载②、③、④分别为活载作用在 $AB$ 跨、$BC$ 跨、$CD$ 跨；

2. 恒载①为 $1.35M_{Gk}$和 $1.35V_{Gk}$；

3. 活载②、③、④分别为 $1.4M_{Qk}$和 $1.4V_{Qk}$；

4. 以上各值均为轴线处的 $M$ 和 $V$；$M$ 以右侧受拉为正，$V$ 以顺时针方向为正，$N$ 以受压为正；

5. 表中弯矩的单位为 kN·m，剪力的单位为 kN。

**用于承载力计算的框架梁由可变荷载效应控制的基本组合表（柱 A）　　表 4-43**

| 层次 | 截面 | 内力 | 恒载① | 活载② | 活载③ | 活载④ | 左风⑤ | 右风⑥ | $N_{max}$相应的 $M$ 组合项目 | 值 | $N_{min}$相应的 $M$ 组合项目 | 值 | $\|M\|_{max}$相应的 $N$ 组合项目 | 值 |
|---|---|---|---|---|---|---|---|---|---|---|---|---|---|---|
| 8 | 上 | $M$ | −49.70 | −19.97 | 2.48 | −0.04 | 41.90 | −41.90 | ①+②+④+0.6⑥ | −94.85 | ①+0.7③+⑤ | −6.06 | ①+0.7②+0.7④+⑥ | −105.61 |
| | | $N$ | 290.34 | 62.56 | −1.67 | 0.03 | −12.54 | 12.54 | | 360.45 | | 276.63 | | 346.69 |
| | 下 | $M$ | 31.37 | 14.55 | −1.36 | 0.01 | −17.96 | 17.96 | ①+②+④+0.6⑥ | 56.71 | ①+0.7③+⑤ | 12.46 | ①+0.7②+0.7④+⑥ | 59.52 |
| | | $N$ | 337.76 | 62.56 | −1.67 | 0.03 | −12.54 | 12.54 | | 407.87 | | 324.05 | | 394.11 |
| | | $V$ | −13.51 | −5.76 | 0.64 | −0.01 | 14.25 | −14.25 | | −27.83 | | 1.19 | | −31.80 |
| 7 | 上 | $M$ | −16.68 | −10.27 | 0.53 | −0.01 | 35.91 | −35.91 | ①+②+④+0.6⑥ | −48.51 | ①+0.7③+⑤ | 19.60 | ①+0.7②+0.7④+⑥ | −59.79 |
| | | $N$ | 532.03 | 125.67 | −2.63 | 0.04 | −28.66 | 28.66 | | 674.94 | | 501.53 | | 648.69 |
| | 下 | $M$ | 20.33 | 11.41 | −0.83 | 0.01 | −23.94 | 23.94 | ①+②+④+0.6⑥ | 46.11 | ①+0.7③+⑤ | −4.19 | ①+0.7②+0.7④+⑥ | 52.26 |
| | | $N$ | 579.46 | 125.67 | −2.63 | 0.04 | −28.66 | 28.66 | | 722.37 | | 548.96 | | 696.12 |
| | | $V$ | −6.17 | −3.61 | 0.23 | 0.00 | 14.25 | −14.25 | | −18.33 | | 8.24 | | −22.95 |
| 6 | 上 | $M$ | −23.24 | −12.32 | 1.05 | −0.01 | 32.93 | −32.93 | ①+②+④+0.6⑥ | −55.33 | ①+0.7③+⑤ | 10.43 | ①+0.7②+0.7④+⑥ | −64.80 |
| | | $N$ | 772.76 | 188.61 | −3.69 | 0.05 | −45.67 | 45.67 | | 988.82 | | 724.51 | | 950.49 |
| | 下 | $M$ | 22.51 | 12.07 | −0.99 | 0.01 | −26.94 | 26.94 | ①+②+④+0.6⑥ | 50.75 | ①+0.7③+⑤ | −5.12 | ①+0.7②+0.7④+⑥ | 57.91 |
| | | $N$ | 820.19 | 188.61 | −3.69 | 0.05 | −45.67 | 45.67 | | 1036.25 | | 771.94 | | 997.92 |
| | | $V$ | −7.63 | −4.07 | 0.34 | 0.00 | 14.25 | −14.25 | | −20.25 | | 6.86 | | −24.73 |
| 5 | 上 | $M$ | −21.91 | −11.88 | 0.92 | −0.01 | 32.93 | −32.93 | ①+②+④+0.6⑥ | −53.56 | ①+0.7③+⑤ | 11.66 | ①+0.7②+0.7④+⑥ | −63.16 |
| | | $N$ | 1013.68 | 251.59 | −4.76 | 0.08 | −63.59 | 63.59 | | 1303.50 | | 946.76 | | 1253.44 |
| | 下 | $M$ | 22.04 | 11.92 | −0.93 | 0.01 | −26.94 | 26.94 | ①+②+④+0.6⑥ | 50.13 | ①+0.7③+⑤ | −5.55 | ①+0.7②+0.7④+⑥ | 57.33 |
| | | $N$ | 1061.10 | 251.59 | −4.76 | 0.08 | −63.59 | 63.59 | | 1350.92 | | 994.18 | | 1300.86 |
| | | $V$ | −7.33 | −3.97 | 0.31 | 0.00 | 14.25 | −14.25 | | −19.85 | | 7.14 | | −24.36 |
| 4 | 上 | $M$ | −22.25 | −12.00 | 0.95 | −0.01 | 30.04 | −30.04 | ①+②+④+0.6⑥ | −52.28 | ①+0.7③+⑤ | 8.46 | ①+0.7②+0.7④+⑥ | −60.70 |
| | | $N$ | 1254.55 | 314.55 | −5.81 | 0.09 | −80.63 | 80.63 | | 1617.57 | | 1169.85 | | 1555.43 |
| | 下 | $M$ | 22.32 | 12.07 | −0.96 | 0.01 | −24.58 | 24.58 | ①+②+④+0.6⑥ | 49.15 | ①+0.7③+⑤ | −2.93 | ①+0.7②+0.7④+⑥ | 55.36 |
| | | $N$ | 1301.98 | 314.55 | −5.81 | 0.09 | −80.63 | 80.63 | | 1665.00 | | 1217.28 | | 1602.86 |
| | | $V$ | −7.43 | −4.01 | 0.32 | 0.00 | 13.01 | −13.01 | | −19.25 | | 5.80 | | −23.25 |
| 3 | 上 | $M$ | −21.88 | −11.79 | 0.91 | −0.01 | 26.36 | −26.36 | ①+②+④+0.6⑥ | −49.50 | ①+0.7③+⑤ | 5.12 | ①+0.7②+0.7④+⑥ | −56.50 |
| | | $N$ | 1495.42 | 377.52 | −6.88 | 0.11 | −95.87 | 95.87 | | 1930.57 | | 1394.73 | | 1855.63 |
| | 下 | $M$ | 21.36 | 11.45 | −0.83 | 0.01 | −21.56 | 21.56 | ①+②+④+0.6⑥ | 45.76 | ①+0.7③+⑤ | −0.78 | ①+0.7②+0.7④+⑥ | 50.94 |
| | | $N$ | 1542.84 | 377.52 | −6.88 | 0.11 | −95.87 | 95.87 | | 1977.99 | | 1442.15 | | 1903.05 |
| | | $V$ | −7.21 | −3.88 | 0.29 | 0.00 | 11.41 | −11.41 | | −17.94 | | 4.40 | | −21.34 |
| 2 | 上 | $M$ | −23.50 | −12.72 | 1.04 | −0.01 | 24.88 | −24.88 | ①+②+④+0.6⑥ | −51.16 | ①+0.7③+⑤ | 2.11 | ①+0.7②+0.7④+⑥ | −57.29 |
| | | $N$ | 1736.42 | 440.52 | −7.89 | 0.12 | −109.76 | 109.76 | | 2242.92 | | 1621.14 | | 2154.63 |
| | 下 | $M$ | 26.15 | 14.33 | −1.33 | 0.03 | −23.04 | 23.04 | ①+②+④+0.6⑥ | 54.33 | ①+0.7③+⑤ | 2.18 | ①+0.7②+0.7④+⑥ | 59.24 |
| | | $N$ | 1783.85 | 440.52 | −7.89 | 0.12 | −109.76 | 109.76 | | 2290.35 | | 1668.57 | | 2202.06 |
| | | $V$ | −8.27 | −4.51 | 0.39 | −0.01 | 11.41 | −11.41 | | −19.64 | | 3.41 | | −22.84 |
| 1 | 上 | $M$ | −15.26 | −8.45 | 0.85 | −0.01 | 27.66 | −27.66 | ①+②+④+0.6⑥ | −40.32 | ①+0.7③+⑤ | 13.00 | ①+0.7②+0.7④+⑥ | −48.84 |
| | | $N$ | 1976.65 | 503.40 | −9.19 | 0.16 | −124.17 | 124.17 | | 2554.71 | | 1846.05 | | 2453.31 |
| | 下 | $M$ | 7.63 | 4.23 | −0.44 | 0.01 | −41.50 | 41.50 | ①+②+④+0.6⑥ | 36.77 | ①+0.7③+⑤ | −34.18 | ①+0.7②+0.7④+⑥ | 52.10 |
| | | $N$ | 2036.50 | 503.40 | −9.19 | 0.16 | −124.17 | 124.17 | | 2614.56 | | 1905.90 | | 2513.16 |
| | | $V$ | −3.82 | −2.12 | 0.22 | 0.00 | 13.05 | −13.05 | | −13.77 | | 9.38 | | −18.35 |

注：1. 活载②、③、④分别为活载作用在 $AB$ 跨、$BC$ 跨、$CD$ 跨；

2. 恒载①为 $1.2M_{Gk}$和 $1.2V_{Gk}$；

3. 活载②、③、④分别为 $1.4M_{Qk}$和 $1.4V_{Qk}$；

4. 以上各值均为轴线处的 $M$ 和 $V$；$M$ 以右侧受拉为正，$V$ 以顺时针方向为正；

5. 表中弯矩的单位为 kN·m，剪力的单位为 kN。

用于承载力计算的框架梁由永久荷载效应控制的基本组合表（柱 B）　　**表 4-44**

| 层次 | 截面 | 内力 | 恒载 | 活载 | 活载 | 活载 | $N_{max}$相应的 $M$ | | $N_{min}$相应的 $M$ | | $\|M\|_{max}$相应的 $N$ | |
|---|---|---|---|---|---|---|---|---|---|---|---|---|
| | | | ① | ② | ③ | ④ | 组合项目 | 值 | 组合项目 | 值 | 组合项目 | 值 |
| 8 | 上 | $M$ | 10.13 | 17.75 | -14.73 | 0.27 | ①+0.7②+0.7③ | 12.24 | ①+0.7④ | 10.32 | ①+0.7②+0.7④ | 22.74 |
| | | $N$ | 461.28 | 62.55 | 56.73 | -0.28 | | 544.78 | | 461.08 | | 504.87 |
| | 下 | $M$ | -5.75 | -13.83 | 11.68 | -0.05 | ①+0.7②+0.7③ | -7.26 | ①+0.7④ | -5.79 | ①+0.7②+0.7④ | -15.47 |
| | | $N$ | 514.63 | 62.55 | 56.73 | -0.28 | | 598.13 | | 514.43 | | 558.22 |
| | | $V$ | 2.65 | 5.27 | -4.40 | 0.05 | | 3.26 | | 2.69 | | 6.37 |
| 7 | 上 | $M$ | 2.38 | 10.64 | -9.16 | 0.12 | ①+0.7②+0.7③ | 3.42 | ①+0.7④ | 2.46 | ①+0.7②+0.7④ | 9.91 |
| | | $N$ | 860.30 | 123.48 | 113.00 | -0.49 | | 1025.84 | | 859.96 | | 946.39 |
| | 下 | $M$ | -3.38 | -11.39 | 9.69 | -0.07 | ①+0.7②+0.7③ | -4.57 | ①+0.7④ | -3.43 | ①+0.7②+0.7④ | -11.40 |
| | | $N$ | 913.65 | 123.48 | 113.00 | -0.49 | | 1079.19 | | 913.31 | | 999.74 |
| | | $V$ | 0.96 | 3.67 | -3.14 | 0.03 | | 1.33 | | 0.98 | | 3.55 |
| 6 | 上 | $M$ | 4.14 | 11.97 | -10.12 | 0.15 | ①+0.7②+0.7③ | 5.44 | ①+0.7④ | 4.25 | ①+0.7②+0.7④ | 12.62 |
| | | $N$ | 1261.12 | 184.73 | 169.31 | -0.72 | | 1508.95 | | 1260.62 | | 1389.93 |
| | 下 | $M$ | -3.92 | -11.83 | 10.04 | -0.07 | ①+0.7②+0.7③ | -5.17 | ①+0.7④ | -3.97 | ①+0.7②+0.7④ | -12.25 |
| | | $N$ | 1314.47 | 184.73 | 169.31 | -0.72 | | 1562.30 | | 1313.97 | | 1443.28 |
| | | $V$ | 1.34 | 3.97 | -3.36 | 0.03 | | 1.77 | | 1.36 | | 4.14 |
| 5 | 上 | $M$ | 3.73 | 11.72 | -9.96 | 0.16 | ①+0.7②+0.7③ | 4.96 | ①+0.7④ | 3.84 | ①+0.7②+0.7④ | 12.05 |
| | | $N$ | 1661.61 | 245.92 | 225.61 | -0.93 | | 1991.68 | | 1660.96 | | 1833.10 |
| | 下 | $M$ | -3.77 | -11.73 | 9.97 | -0.07 | ①+0.7②+0.7③ | -5.00 | ①+0.7④ | -3.82 | ①+0.7②+0.7④ | -12.03 |
| | | $N$ | 1714.96 | 245.92 | 225.61 | -0.93 | | 2045.03 | | 1714.31 | | 1886.45 |
| | | $V$ | 1.25 | 3.91 | -3.32 | 0.04 | | 1.66 | | 1.28 | | 4.02 |
| 4 | 上 | $M$ | 3.83 | 11.79 | -10.00 | 0.16 | ①+0.7②+0.7③ | 5.08 | ①+0.7④ | 3.94 | ①+0.7②+0.7④ | 12.20 |
| | | $N$ | 2062.14 | 307.12 | 281.91 | -1.16 | | 2474.46 | | 2061.33 | | 2276.31 |
| | 下 | $M$ | -3.86 | -11.83 | 10.03 | -0.07 | ①+0.7②+0.7③ | -5.12 | ①+0.7④ | -3.91 | ①+0.7②+0.7④ | -12.19 |
| | | $N$ | 2115.49 | 307.12 | 281.91 | -1.16 | | 2527.81 | | 2114.68 | | 2329.66 |
| | | $V$ | 1.28 | 3.94 | -3.34 | 0.04 | | 1.70 | | 1.31 | | 4.07 |
| 3 | 上 | $M$ | 3.75 | 11.64 | -9.88 | 0.16 | ①+0.7②+0.7③ | 4.98 | ①+0.7④ | 3.86 | ①+0.7②+0.7④ | 12.01 |
| | | $N$ | 2462.85 | 368.35 | 338.21 | -1.37 | | 2957.44 | | 2461.89 | | 2719.74 |
| | 下 | $M$ | -3.62 | -11.40 | 9.71 | -0.05 | ①+0.7②+0.7③ | -4.80 | ①+0.7④ | -3.66 | ①+0.7②+0.7④ | -11.64 |
| | | $N$ | 2516.06 | 368.35 | 338.21 | -1.37 | | 3010.65 | | 2515.10 | | 2772.95 |
| | | $V$ | 1.23 | 3.84 | -3.27 | 0.03 | | 1.63 | | 1.25 | | 3.94 |
| 2 | 上 | $M$ | 4.04 | 12.44 | -10.56 | 0.17 | ①+0.7②+0.7③ | 5.36 | ①+0.7④ | 4.16 | ①+0.7②+0.7④ | 12.87 |
| | | $N$ | 2863.03 | 429.47 | 394.51 | -1.60 | | 3439.82 | | 2861.91 | | 3162.54 |
| | 下 | $M$ | -4.59 | -13.72 | 11.59 | -0.11 | ①+0.7②+0.7③ | -6.08 | ①+0.7④ | -4.67 | ①+0.7②+0.7④ | -14.27 |
| | | $N$ | 2916.38 | 429.47 | 394.51 | -1.60 | | 3493.17 | | 2915.26 | | 3215.89 |
| | | $V$ | 1.44 | 4.37 | -3.69 | 0.05 | | 1.92 | | 1.48 | | 4.53 |
| 1 | 上 | $M$ | 2.73 | 7.89 | -6.64 | 0.12 | ①+0.7②+0.7③ | 3.61 | ①+0.7④ | 2.81 | ①+0.7②+0.7④ | 8.34 |
| | | $N$ | 3264.87 | 491.08 | 450.99 | -1.87 | | 3924.32 | | 3263.56 | | 3607.32 |
| | 下 | $M$ | -1.36 | -3.95 | 3.32 | -0.07 | ①+0.7②+0.7③ | -1.80 | ①+0.7④ | -1.41 | ①+0.7②+0.7④ | -4.17 |
| | | $N$ | 3332.18 | 491.08 | 450.99 | -1.87 | | 3991.63 | | 3330.87 | | 3674.63 |
| | | $V$ | 0.68 | 1.97 | -1.66 | 0.03 | | 0.90 | | 0.70 | | 2.08 |

注：1. 活载②、③、④分别为活载作用在 *AB* 跨、*BC* 跨、*CD* 跨；

2. 恒载①为 $1.35M_{Gk}$和 $1.35V_{Gk}$；

3. 活载②、③、④分别为 $1.4M_{Qk}$和 $1.4V_{Qk}$；

4. 以上各值均为轴线处的 $M$ 和 $V$；$M$ 以右侧受拉为正，$V$ 以顺时针方向为正，$N$ 以受压为正；

5. 表中弯矩的单位为 kN·m，剪力的单位为 kN。

**用于承载力计算的框架梁由可变荷载效应控制的基本组合表（柱 B）** **表 4-45**

| 层次 | 截面 | 内力 | 恒载 | 活载 | 活载 | 活载 | 左风 | 右风 | $N_{max}$相应的 $M$ | | $N_{min}$相应的 $M$ | | $\|M\|_{max}$相应的 $N$ | |
|---|---|---|---|---|---|---|---|---|---|---|---|---|---|---|
| | | | ① | ② | ③ | ④ | ⑤ | ⑥ | 组合项目 | 值 | 组合项目 | 值 | 组合项目 | 值 |
| 8 | 上 | $M$ | 9.00 | 17.75 | -14.73 | 0.27 | 66.64 | -66.64 | ①+②+③+0.6⑤ | 52.00 | ①+0.7④+⑥ | -57.45 | ①+0.7②+0.7④+⑤ | 88.25 |
| | | $N$ | 410.03 | 62.55 | 56.73 | -0.28 | 2.39 | -2.39 | | 530.74 | | 407.44 | | 456.01 |
| | 下 | $M$ | -5.11 | -13.83 | 11.68 | -0.05 | -28.56 | 28.56 | ①+②+③+0.6⑤ | -24.40 | ①+0.7④+⑥ | 23.42 | ①+0.7②+0.7④+⑤ | -43.39 |
| | | $N$ | 457.45 | 62.55 | 56.73 | -0.28 | 2.39 | -2.39 | | 578.16 | | 454.86 | | 503.43 |
| | | $V$ | 2.35 | 5.27 | -4.40 | 0.05 | 22.67 | -22.67 | | 16.82 | | -20.29 | | 28.74 |
| 7 | 上 | $M$ | 2.11 | 10.64 | -9.16 | 0.12 | 57.12 | -57.12 | ①+②+③+0.6⑤ | 37.86 | ①+0.7④+⑥ | -54.93 | ①+0.7②+0.7④+⑤ | 66.76 |
| | | $N$ | 764.71 | 123.48 | 113.00 | -0.49 | 5.45 | -5.45 | | 1004.46 | | 758.92 | | 856.25 |
| | 下 | $M$ | -3.00 | -11.39 | 9.69 | -0.07 | -38.08 | 38.08 | ①+②+③+0.6⑤ | -27.55 | ①+0.7④+⑥ | 35.03 | ①+0.7②+0.7④+⑤ | -49.10 |
| | | $N$ | 812.14 | 123.48 | 113.00 | -0.49 | 5.45 | -5.45 | | 1051.89 | | 806.35 | | 903.68 |
| | | $V$ | 0.85 | 3.67 | -3.14 | 0.03 | 22.67 | -22.67 | | 14.98 | | -21.80 | | 26.11 |
| 6 | 上 | $M$ | 3.68 | 11.97 | -10.12 | 0.15 | 52.36 | -52.36 | ①+②+③+0.6⑤ | 36.95 | ①+0.7④+⑥ | -48.58 | ①+0.7②+0.7④+⑤ | 64.52 |
| | | $N$ | 1120.99 | 184.73 | 169.31 | -0.72 | 8.68 | -8.68 | | 1480.24 | | 1111.81 | | 1258.48 |
| | 下 | $M$ | -3.48 | -11.83 | 10.04 | -0.07 | -42.84 | 42.84 | ①+②+③+0.6⑤ | -30.97 | ①+0.7④+⑥ | 39.31 | ①+0.7②+0.7④+⑤ | -54.65 |
| | | $N$ | 1168.42 | 184.73 | 169.31 | -0.72 | 8.68 | -8.68 | | 1527.67 | | 1159.24 | | 1305.91 |
| | | $V$ | 1.19 | 3.97 | -3.36 | 0.03 | 22.67 | -22.67 | | 15.40 | | -21.46 | | 26.66 |
| 5 | 上 | $M$ | 3.31 | 11.72 | -9.96 | 0.16 | 52.36 | -52.36 | ①+②+③+0.6⑤ | 36.49 | ①+0.7④+⑥ | -48.94 | ①+0.7②+0.7④+⑤ | 63.99 |
| | | $N$ | 1476.98 | 245.92 | 225.61 | -0.93 | 12.08 | -12.08 | | 1955.76 | | 1464.25 | | 1660.55 |
| | 下 | $M$ | -3.35 | -11.73 | 9.97 | -0.07 | -42.84 | 42.84 | ①+②+③+0.6⑤ | -30.81 | ①+0.7④+⑥ | 39.44 | ①+0.7②+0.7④+⑤ | -54.45 |
| | | $N$ | 1524.41 | 245.92 | 225.61 | -0.93 | 12.08 | -12.08 | | 2003.19 | | 1511.68 | | 1707.98 |
| | | $V$ | 1.11 | 3.91 | -3.32 | 0.04 | 22.67 | -22.67 | | 15.30 | | -21.53 | | 26.55 |
| 4 | 上 | $M$ | 3.41 | 11.79 | -10.00 | 0.16 | 47.80 | -47.80 | ①+②+③+0.6⑤ | 33.88 | ①+0.7④+⑥ | -44.28 | ①+0.7②+0.7④+⑤ | 59.58 |
| | | $N$ | 1833.01 | 307.12 | 281.91 | -1.16 | 15.32 | -15.32 | | 2431.23 | | 1816.88 | | 2062.50 |
| | 下 | $M$ | -3.43 | -11.83 | 10.03 | -0.07 | -39.10 | 39.10 | ①+②+③+0.6⑤ | -28.69 | ①+0.7④+⑥ | 35.62 | ①+0.7②+0.7④+⑤ | -50.86 |
| | | $N$ | 1880.44 | 307.12 | 281.91 | -1.16 | 15.32 | -15.32 | | 2478.66 | | 1864.31 | | 2109.93 |
| | | $V$ | 1.14 | 3.94 | -3.34 | 0.04 | 20.69 | -20.69 | | 14.15 | | -19.52 | | 24.62 |
| 3 | 上 | $M$ | 3.34 | 11.64 | -9.88 | 0.16 | 41.92 | -41.92 | ①+②+③+0.6⑤ | 30.25 | ①+0.7④+⑥ | -38.47 | ①+0.7②+0.7④+⑤ | 53.52 |
| | | $N$ | 2189.20 | 368.35 | 338.21 | -1.37 | 18.21 | -18.21 | | 2906.69 | | 2170.03 | | 2464.30 |
| | 下 | $M$ | -3.22 | -11.40 | 9.71 | -0.05 | -34.29 | 34.29 | ①+②+③+0.6⑤ | -25.48 | ①+0.7④+⑥ | 31.04 | ①+0.7②+0.7④+⑤ | -45.53 |
| | | $N$ | 2236.50 | 368.35 | 338.21 | -1.37 | 18.21 | -18.21 | | 2953.99 | | 2217.33 | | 2511.60 |
| | | $V$ | 1.09 | 3.84 | -3.27 | 0.03 | 18.14 | -18.14 | | 12.54 | | -17.03 | | 21.94 |
| 2 | 上 | $M$ | 3.59 | 12.44 | -10.56 | 0.17 | 39.55 | -39.55 | ①+②+③+0.6⑤ | 29.20 | ①+0.7④+⑥ | -35.84 | ①+0.7②+0.7④+⑤ | 51.97 |
| | | $N$ | 2544.91 | 429.47 | 394.51 | -1.60 | 20.85 | -20.85 | | 3381.40 | | 2522.94 | | 2865.27 |
| | 下 | $M$ | -4.08 | -13.72 | 11.59 | -0.11 | -36.65 | 36.65 | ①+②+③+0.6⑤ | -28.20 | ①+0.7④+⑥ | 32.49 | ①+0.7②+0.7④+⑤ | -50.41 |
| | | $N$ | 2592.34 | 429.47 | 394.51 | -1.60 | 20.85 | -20.85 | | 3428.83 | | 2570.37 | | 2912.70 |
| | | $V$ | 1.28 | 4.37 | -3.69 | 0.05 | 18.14 | -18.14 | | 12.84 | | -16.83 | | 22.51 |
| 1 | 上 | $M$ | 2.42 | 7.89 | -6.64 | 0.12 | 34.69 | -34.69 | ①+②+③+0.6⑤ | 24.48 | ①+0.7④+⑥ | -32.19 | ①+0.7②+0.7④+⑤ | 42.72 |
| | | $N$ | 2902.10 | 491.08 | 450.99 | -1.87 | 24.60 | -24.60 | | 3858.93 | | 2876.19 | | 3269.15 |
| | 下 | $M$ | -1.21 | -3.95 | 3.32 | -0.07 | -52.04 | 52.04 | ①+②+③+0.6⑤ | -33.06 | ①+0.7④+⑥ | 50.78 | ①+0.7②+0.7④+⑤ | -56.06 |
| | | $N$ | 2961.94 | 491.08 | 450.99 | -1.87 | 24.60 | -24.60 | | 3918.77 | | 2936.03 | | 3328.99 |
| | | $V$ | 0.61 | 1.97 | -1.66 | 0.03 | 16.37 | -16.37 | | 10.74 | | -15.74 | | 18.38 |

注：1. 活载②、③、④分别为活载作用在 *AB* 跨、*BC* 跨、*CD* 跨；

2. 恒载①为 $1.2M_{Gk}$和 $1.2V_{Gk}$；

3. 活载②、③、④分别为 $1.4M_{Qk}$和 $1.4V_{Qk}$；

4. 以上各值均为轴线处的 $M$ 和 $V$；$M$ 以右侧受拉为正，$V$ 以顺时针方向为正；

5. 表中弯矩的单位为 kN·m，剪力的单位为 kN。

**用于承载力计算的框架梁由永久荷载效应控制的基本组合表（柱 C）　　表 4-46**

| 层次 | 截面 | 内力 | 恒载 ① | 活载 ② | 活载 ③ | 活载 ④ | $N_{max}$相应的 $M$ 组合项目 | 值 | $N_{min}$相应的 $M$ 组合项目 | 值 | $\|M\|_{max}$相应的 $N$ 组合项目 | 值 |
|---|---|---|---|---|---|---|---|---|---|---|---|---|
| 8 | 上 | $M$ | 31.39 | −1.91 | 12.84 | −2.24 | ①+0.7③+0.7④ | 38.81 | ①+0.7② | 30.05 | ①+0.7③ | 75.60 |
| | | $N$ | 338.74 | −2.92 | 63.15 | 24.53 | | 400.12 | | 336.70 | | 331.43 |
| | 下 | $M$ | −23.29 | 0.35 | −10.45 | 2.04 | ①+0.7③+0.7④ | −29.18 | ①+0.7② | −23.05 | ①+0.7③ | 20.92 |
| | | $N$ | 392.09 | −2.92 | 63.15 | 24.53 | | 453.47 | | 390.05 | | 394.81 |
| | | $V$ | 9.11 | −0.37 | 3.88 | −0.72 | | 11.32 | | 8.85 | | 15.03 |
| 7 | 上 | $M$ | 16.20 | −0.60 | 8.45 | −1.88 | ①+0.7③+0.7④ | 20.80 | ①+0.7② | 15.78 | ①+0.7③ | 105.99 |
| | | $N$ | 685.99 | −4.19 | 128.27 | 53.04 | | 812.91 | | 683.06 | | 679.80 |
| | 下 | $M$ | −17.21 | 0.72 | −8.84 | 1.91 | ①+0.7③+0.7④ | −22.06 | ①+0.7② | −16.71 | ①+0.7③ | 72.58 |
| | | $N$ | 739.34 | −4.19 | 128.27 | 53.04 | | 866.26 | | 736.41 | | 741.36 |
| | | $V$ | 5.57 | −0.22 | 2.88 | −0.63 | | 7.15 | | 5.42 | | 11.98 |
| 6 | 上 | $M$ | 18.10 | −0.91 | 9.16 | −1.93 | ①+0.7③+0.7④ | 23.16 | ①+0.7② | 17.46 | ①+0.7③ | 153.67 |
| | | $N$ | 1033.16 | −5.77 | 193.67 | 81.55 | | 1225.81 | | 1029.12 | | 1026.78 |
| | 下 | $M$ | −17.98 | 0.64 | −9.11 | 1.92 | ①+0.7③+0.7④ | −23.01 | ①+0.7② | −17.53 | ①+0.7③ | 117.59 |
| | | $N$ | 1086.51 | −5.77 | 193.67 | 81.55 | | 1279.16 | | 1082.47 | | 1088.64 |
| | | $V$ | 6.01 | −0.26 | 3.04 | −0.64 | | 7.69 | | 5.83 | | 12.34 |
| 5 | 上 | $M$ | 17.87 | −0.84 | 9.04 | −1.92 | ①+0.7③+0.7④ | 22.85 | ①+0.7② | 17.28 | ①+0.7③ | 199.18 |
| | | $N$ | 1380.38 | −7.29 | 259.01 | 110.05 | | 1638.72 | | 1375.28 | | 1374.05 |
| | 下 | $M$ | −17.89 | 0.65 | −9.05 | 1.92 | ①+0.7③+0.7④ | −22.88 | ①+0.7② | −17.44 | ①+0.7③ | 163.42 |
| | | $N$ | 1433.73 | −7.29 | 259.01 | 110.05 | | 1692.07 | | 1428.63 | | 1435.84 |
| | | $V$ | 5.96 | −0.25 | 3.02 | −0.64 | | 7.63 | | 5.79 | | 12.31 |
| 4 | 上 | $M$ | 17.91 | −0.85 | 9.07 | −1.92 | ①+0.7③+0.7④ | 22.92 | ①+0.7② | 17.32 | ①+0.7③ | 244.96 |
| | | $N$ | 1727.58 | −8.83 | 324.36 | 138.57 | | 2051.63 | | 1721.40 | | 1721.20 |
| | 下 | $M$ | −17.93 | 0.67 | −9.11 | 1.93 | ①+0.7③+0.7④ | −22.96 | ①+0.7② | −17.46 | ①+0.7③ | 209.12 |
| | | $N$ | 1780.93 | −8.83 | 324.36 | 138.57 | | 2104.98 | | 1774.75 | | 1783.05 |
| | | $V$ | 5.97 | −0.26 | 3.03 | −0.64 | | 7.64 | | 5.79 | | 12.26 |
| 3 | 上 | $M$ | 17.78 | −0.83 | 8.99 | −1.91 | ①+0.7③+0.7④ | 22.74 | ①+0.7② | 17.20 | ①+0.7③ | 290.59 |
| | | $N$ | 2074.79 | −10.36 | 389.73 | 167.08 | | 2464.56 | | 2067.54 | | 2068.60 |
| | 下 | $M$ | −17.62 | 0.56 | −8.85 | 1.88 | ①+0.7③+0.7④ | −22.50 | ①+0.7② | −17.23 | ①+0.7③ | 255.19 |
| | | $N$ | 2128.14 | −10.36 | 389.73 | 167.08 | | 2517.91 | | 2120.89 | | 2130.23 |
| | | $V$ | 5.90 | −0.23 | 2.98 | −0.63 | | 7.55 | | 5.74 | | 12.59 |
| 2 | 上 | $M$ | 18.79 | −0.93 | 9.56 | −2.03 | ①+0.7③+0.7④ | 24.06 | ①+0.7② | 18.14 | ①+0.7③ | 337.29 |
| | | $N$ | 2421.99 | −11.81 | 455.00 | 195.59 | | 2877.40 | | 2413.72 | | 2414.72 |
| | 下 | $M$ | −20.13 | 1.03 | −10.39 | 2.20 | ①+0.7③+0.7④ | −25.86 | ①+0.7② | −19.41 | ①+0.7③ | 298.37 |
| | | $N$ | 2475.35 | −11.81 | 455.00 | 195.59 | | 2930.76 | | 2467.08 | | 2477.68 |
| | | $V$ | 6.49 | −0.33 | 3.33 | −0.71 | | 8.32 | | 6.26 | | 10.63 |
| 1 | 上 | $M$ | 11.31 | −0.72 | 5.92 | −1.24 | ①+0.7③+0.7④ | 14.59 | ①+0.7② | 10.81 | ①+0.7③ | 331.83 |
| | | $N$ | 2769.53 | −13.79 | 457.88 | 224.12 | | 3246.93 | | 2759.88 | | 2767.45 |
| | 下 | $M$ | −5.66 | 0.36 | −2.97 | 0.63 | ①+0.7③+0.7④ | −7.30 | ①+0.7② | −5.41 | ①+0.7③ | 314.86 |
| | | $N$ | 2836.85 | −13.79 | 457.88 | 224.12 | | 3314.25 | | 2827.20 | | 2837.89 |
| | | $V$ | 2.83 | −0.18 | 1.48 | −0.31 | | 3.65 | | 2.70 | | 2.83 |

注：1. 活载②、③、④分别为活载作用在 $AB$ 跨、$BC$ 跨、$CD$ 跨；

2. 恒载①为 $1.35M_{Gk}$和 $1.35V_{Gk}$；

3. 活载②、③、④分别为 $1.4M_{Qk}$和 $1.4V_{Qk}$；

4. 以上各值均为轴线处的 $M$ 和 $V$；$M$ 以右侧受拉为正，$V$ 以顺时针方向为正，$N$ 以受压为正；

5. 表中弯矩的单位为 kN·m，剪力的单位为 kN。

**用于承载力计算的框架梁由可变荷载效应控制的基本组合表（柱 C）　　表 4-47**

| 层次 | 截面 | 内力 | 恒载 | 活载 | 活载 | 活载 | 左风 | 右风 | $N_{max}$相应的 $M$ | | $N_{min}$相应的 $M$ | | $\|M\|_{max}$相应的 $N$ | |
|---|---|---|---|---|---|---|---|---|---|---|---|---|---|---|
| | | | ① | ② | ③ | ④ | ⑤ | ⑥ | 组合项目 | 值 | 组合项目 | 值 | 组合项目 | 值 |
| 8 | 上 | $M$ | 27.90 | -1.91 | 12.84 | -2.24 | 82.81 | -82.81 | ①+③+④+0.6⑥ | -11.19 | ①+0.7②+⑤ | 109.37 | ①+0.7③+⑤ | 119.70 |
| | | $N$ | 301.10 | -2.92 | 63.15 | 24.53 | -16.48 | 16.48 | | 398.67 | | 282.58 | | 328.83 |
| | 下 | $M$ | -20.70 | 0.35 | -10.45 | 2.04 | -35.49 | 35.49 | ①+③+④+0.6⑥ | -7.82 | ①+0.7②+⑤ | -55.95 | ①+0.7③+⑤ | -63.51 |
| | | $N$ | 348.53 | -2.92 | 63.15 | 24.53 | -16.48 | 16.48 | | 446.10 | | 330.01 | | 376.26 |
| | | $V$ | 8.10 | -0.37 | 3.88 | -0.72 | 28.17 | -28.17 | | -5.64 | | 36.01 | | 38.99 |
| 7 | 上 | $M$ | 14.40 | -0.60 | 8.45 | -1.88 | 70.98 | -70.98 | ①+③+④+0.6⑥ | -21.62 | ①+0.7②+⑤ | 84.96 | ①+0.7③+⑤ | 91.30 |
| | | $N$ | 609.77 | -4.19 | 128.27 | 53.04 | -37.65 | 37.65 | | 813.67 | | 569.19 | | 661.91 |
| | 下 | $M$ | -15.30 | 0.72 | -8.84 | 1.91 | -47.32 | 47.32 | ①+③+④+0.6⑥ | 6.16 | ①+0.7②+⑤ | -62.12 | ①+0.7③+⑤ | -68.81 |
| | | $N$ | 657.19 | -4.19 | 128.27 | 53.04 | -37.65 | 37.65 | | 861.09 | | 616.61 | | 709.33 |
| | | $V$ | 4.95 | -0.22 | 2.88 | -0.63 | 28.17 | -28.17 | | -9.70 | | 32.97 | | 35.14 |
| 6 | 上 | $M$ | 16.09 | -0.91 | 9.16 | -1.93 | 65.07 | -65.07 | ①+③+④+0.6⑥ | -15.72 | ①+0.7②+⑤ | 80.52 | ①+0.7③+⑤ | 87.57 |
| | | $N$ | 918.36 | -5.77 | 193.67 | 81.55 | -60.00 | 60.00 | | 1229.58 | | 854.32 | | 993.93 |
| | 下 | $M$ | -15.98 | 0.64 | -9.11 | 1.92 | -53.24 | 53.24 | ①+③+④+0.6⑥ | 8.77 | ①+0.7②+⑤ | -68.77 | ①+0.7③+⑤ | -75.60 |
| | | $N$ | 965.78 | -5.77 | 193.67 | 81.55 | -60.00 | 60.00 | | 1277.00 | | 901.74 | | 1041.35 |
| | | $V$ | 5.35 | -0.26 | 3.04 | -0.64 | 28.17 | -28.17 | | -9.15 | | 33.34 | | 35.65 |
| 5 | 上 | $M$ | 15.89 | -0.84 | 9.04 | -1.92 | 65.07 | -65.07 | ①+③+④+0.6⑥ | -16.03 | ①+0.7②+⑤ | 80.37 | ①+0.7③+⑤ | 87.29 |
| | | $N$ | 1227.00 | -7.29 | 259.01 | 110.05 | -83.54 | 83.54 | | 1646.18 | | 1138.36 | | 1324.77 |
| | 下 | $M$ | -15.90 | 0.65 | -9.05 | 1.92 | -53.24 | 53.24 | ①+③+④+0.6⑥ | 8.91 | ①+0.7②+⑤ | -68.69 | ①+0.7③+⑤ | -75.48 |
| | | $N$ | 1274.42 | -7.29 | 259.01 | 110.05 | -83.54 | 83.54 | | 1693.60 | | 1185.78 | | 1372.19 |
| | | $V$ | 5.30 | -0.25 | 3.02 | -0.64 | 28.17 | -28.17 | | -9.22 | | 33.30 | | 35.58 |
| 4 | 上 | $M$ | 15.92 | -0.85 | 9.07 | -1.92 | 59.40 | -59.40 | ①+③+④+0.6⑥ | -12.57 | ①+0.7②+⑤ | 74.73 | ①+0.7③+⑤ | 81.67 |
| | | $N$ | 1535.63 | -8.83 | 324.36 | 138.57 | -105.94 | 105.94 | | 2062.12 | | 1423.51 | | 1656.74 |
| | 下 | $M$ | -15.94 | 0.67 | -9.11 | 1.93 | -48.61 | 48.61 | ①+③+④+0.6⑥ | 6.05 | ①+0.7②+⑤ | -64.08 | ①+0.7③+⑤ | -70.93 |
| | | $N$ | 1583.05 | -8.83 | 324.36 | 138.57 | -105.94 | 105.94 | | 2109.54 | | 1470.93 | | 1704.16 |
| | | $V$ | 5.31 | -0.26 | 3.03 | -0.64 | 25.72 | -25.72 | | -7.73 | | 30.85 | | 33.15 |
| 3 | 上 | $M$ | 15.80 | -0.83 | 8.99 | -1.91 | 52.09 | -52.09 | ①+③+④+0.6⑥ | -8.37 | ①+0.7②+⑤ | 67.31 | ①+0.7③+⑤ | 74.18 |
| | | $N$ | 1844.26 | -10.36 | 389.73 | 167.08 | -125.96 | 125.96 | | 2476.65 | | 1711.05 | | 1991.11 |
| | 下 | $M$ | -15.66 | 0.56 | -8.85 | 1.88 | -42.63 | 42.63 | ①+③+④+0.6⑥ | 2.95 | ①+0.7②+⑤ | -57.90 | ①+0.7③+⑤ | -64.49 |
| | | $N$ | 1891.68 | -10.36 | 389.73 | 167.08 | -125.96 | 125.96 | | 2524.07 | | 1758.47 | | 2038.53 |
| | | $V$ | 5.24 | -0.23 | 2.98 | -0.63 | 22.55 | -22.55 | | -5.94 | | 27.63 | | 29.88 |
| 2 | 上 | $M$ | 16.70 | -0.93 | 9.56 | -2.03 | 49.17 | -49.17 | ①+③+④+0.6⑥ | -5.27 | ①+0.7②+⑤ | 65.22 | ①+0.7③+⑤ | 72.56 |
| | | $N$ | 2152.88 | -11.81 | 455.00 | 195.59 | -144.20 | 144.20 | | 2889.99 | | 2000.41 | | 2327.18 |
| | 下 | $M$ | -17.89 | 1.03 | -10.39 | 2.20 | -45.56 | 45.56 | ①+③+④+0.6⑥ | 1.26 | ①+0.7②+⑤ | -62.73 | ①+0.7③+⑤ | -70.72 |
| | | $N$ | 2200.31 | -11.81 | 455.00 | 195.59 | -144.20 | 144.20 | | 2937.42 | | 2047.84 | | 2374.61 |
| | | $V$ | 5.77 | -0.33 | 3.33 | -0.71 | 22.55 | -22.55 | | -5.14 | | 28.09 | | 30.65 |
| 1 | 上 | $M$ | 10.06 | -0.72 | 5.92 | -1.24 | 39.03 | -39.03 | ①+③+④+0.6⑥ | -8.68 | ①+0.7②+⑤ | 48.59 | ①+0.7③+⑤ | 53.23 |
| | | $N$ | 2461.80 | -13.79 | 457.88 | 224.12 | -160.10 | 160.10 | | 3239.86 | | 2292.05 | | 2622.22 |
| | 下 | $M$ | -5.03 | 0.36 | -2.97 | 0.63 | -58.55 | 58.55 | ①+③+④+0.6⑥ | 27.76 | ①+0.7②+⑤ | -63.33 | ①+0.7③+⑤ | -65.66 |
| | | $N$ | 2521.64 | -13.79 | 457.88 | 224.12 | -160.10 | 160.10 | | 3299.70 | | 2351.89 | | 2682.06 |
| | | $V$ | 2.51 | -0.18 | 1.48 | -0.31 | 18.41 | -18.41 | | -7.37 | | 20.79 | | 21.96 |

注：1. 活载②、③、④分别为活载作用在 *AB* 跨、*BC* 跨、*CD* 跨；

2. 恒载①为 $1.2M_{Gk}$和 $1.2V_{Gk}$；

3. 活载②、③、④分别为 $1.4M_{Qk}$和 $1.4V_{Qk}$；

4. 以上各值均为轴线处的 $M$ 和 $V$；$M$ 以右侧受拉为正，$V$ 以顺时针方向为正；

5. 表中弯矩的单位为 kN·m，剪力的单位为 kN。

**用于承载力计算的框架梁由永久荷载效应控制的基本组合表（柱 D）　　表 4-48**

| 层次 | 截面 | 内力 | 恒载 | 活载 | 活载 | 活载 | $N_{max}$相应的 $M$ | | $N_{min}$相应的 $M$ | | $\|M\|_{max}$相应的 $N$ | |
|---|---|---|---|---|---|---|---|---|---|---|---|---|
| | | | ① | ② | ③ | ④ | 组合项目 | 值 | 组合项目 | 值 | 组合项目 | 值 |
| 8 | 上 | $M$ | 1.30 | 0.16 | −1.01 | 0.65 | ①+0.7②+0.7④ | 1.87 | ①+0.7③ | 0.59 | ①+0.7②+0.7④ | 1.87 |
| | | $N$ | 203.59 | 0.71 | −4.07 | 29.79 | | 224.94 | | 200.74 | | 224.94 |
| | 下 | $M$ | −0.69 | −0.08 | 0.76 | −0.64 | ①+0.7②+0.7④ | −1.19 | ①+0.7③ | −0.16 | ①+0.7②+0.7④ | −1.19 |
| | | $N$ | 227.80 | 0.71 | −4.07 | 29.79 | | 249.15 | | 224.95 | | 249.15 |
| | | $V$ | 0.33 | 0.04 | −0.29 | 0.22 | | 0.51 | | 0.13 | | 0.51 |
| 7 | 上 | $M$ | 0.19 | 0.03 | −0.55 | 0.64 | ①+0.7②+0.7④ | 0.66 | ①+0.7③ | −0.20 | ①+0.7②+0.7④ | 0.66 |
| | | $N$ | 352.01 | 0.85 | −6.60 | 67.00 | | 399.51 | | 347.39 | | 399.51 |
| | 下 | $M$ | −0.30 | −0.05 | 0.59 | −0.64 | ①+0.7②+0.7④ | −0.78 | ①+0.7③ | 0.11 | ①+0.7②+0.7④ | −0.78 |
| | | $N$ | 376.18 | 0.85 | −6.60 | 67.00 | | 423.68 | | 371.56 | | 423.68 |
| | | $V$ | 0.08 | 0.01 | −0.19 | 0.22 | | 0.24 | | −0.05 | | 0.24 |
| 6 | 上 | $M$ | 0.39 | 0.05 | −0.63 | 0.64 | ①+0.7②+0.7④ | 0.87 | ①+0.7③ | −0.05 | ①+0.7②+0.7④ | 0.87 |
| | | $N$ | 499.81 | 1.13 | −9.36 | 104.21 | | 573.55 | | 493.26 | | 573.55 |
| | 下 | $M$ | −0.38 | −0.05 | 0.63 | −0.64 | ①+0.7②+0.7④ | −0.86 | ①+0.7③ | 0.06 | ①+0.7②+0.7④ | −0.86 |
| | | $N$ | 524.02 | 1.13 | −9.36 | 104.21 | | 597.76 | | 517.47 | | 597.76 |
| | | $V$ | 0.13 | 0.02 | −0.21 | 0.22 | | 0.30 | | −0.02 | | 0.30 |
| 5 | 上 | $M$ | 0.36 | 0.05 | −0.61 | 0.64 | ①+0.7②+0.7④ | 0.84 | ①+0.7③ | −0.07 | ①+0.7②+0.7④ | 0.84 |
| | | $N$ | 647.66 | 1.39 | −12.08 | 141.44 | | 747.64 | | 639.20 | | 747.64 |
| | 下 | $M$ | −0.36 | −0.05 | 0.61 | −0.64 | ①+0.7②+0.7④ | −0.84 | ①+0.7③ | 0.07 | ①+0.7②+0.7④ | −0.84 |
| | | $N$ | 671.87 | 1.39 | −12.08 | 141.44 | | 771.85 | | 663.41 | | 771.85 |
| | | $V$ | 0.12 | 0.02 | −0.21 | 0.22 | | 0.29 | | −0.03 | | 0.29 |
| 4 | 上 | $M$ | 0.38 | 0.05 | −0.61 | 0.64 | ①+0.7②+0.7④ | 0.86 | ①+0.7③ | −0.05 | ①+0.7②+0.7④ | 0.86 |
| | | $N$ | 795.51 | 1.64 | −14.81 | 178.65 | | 921.71 | | 785.14 | | 921.71 |
| | 下 | $M$ | −0.39 | −0.05 | 0.61 | −0.64 | ①+0.7②+0.7④ | −0.87 | ①+0.7③ | 0.04 | ①+0.7②+0.7④ | −0.87 |
| | | $N$ | 819.72 | 1.64 | −14.81 | 178.65 | | 945.92 | | 809.35 | | 945.92 |
| | | $V$ | 0.13 | 0.02 | −0.21 | 0.22 | | 0.30 | | −0.02 | | 0.30 |
| 3 | 上 | $M$ | 0.38 | 0.05 | −0.61 | 0.64 | ①+0.7②+0.7④ | 0.86 | ①+0.7③ | −0.05 | ①+0.7②+0.7④ | 0.86 |
| | | $N$ | 943.35 | 1.91 | −17.56 | 215.88 | | 1095.80 | | 931.06 | | 1095.80 |
| | 下 | $M$ | −0.35 | −0.05 | 0.60 | −0.64 | ①+0.7②+0.7④ | −0.83 | ①+0.7③ | 0.07 | ①+0.7②+0.7④ | −0.83 |
| | | $N$ | 967.56 | 1.91 | −17.56 | 215.88 | | 1120.01 | | 955.27 | | 1120.01 |
| | | $V$ | 0.12 | 0.02 | −0.21 | 0.22 | | 0.29 | | −0.03 | | 0.29 |
| 2 | 上 | $M$ | 0.45 | 0.05 | −0.65 | 0.65 | ①+0.7②+0.7④ | 0.94 | ①+0.7③ | 0.00 | ①+0.7②+0.7④ | 0.94 |
| | | $N$ | 1091.30 | 2.13 | −20.21 | 253.09 | | 1269.95 | | 1077.15 | | 1269.95 |
| | 下 | $M$ | −0.57 | −0.08 | 0.75 | −0.68 | ①+0.7②+0.7④ | −1.10 | ①+0.7③ | −0.05 | ①+0.7②+0.7④ | −1.10 |
| | | $N$ | 1115.51 | 2.13 | −20.21 | 253.09 | | 1294.16 | | 1101.36 | | 1294.16 |
| | | $V$ | 0.17 | 0.02 | −0.24 | 0.23 | | 0.35 | | 0.00 | | 0.35 |
| 1 | 上 | $M$ | 0.38 | 0.05 | −0.47 | 0.40 | ①+0.7②+0.7④ | 0.70 | ①+0.7③ | 0.05 | ①+0.7②+0.7④ | 0.70 |
| | | $N$ | 1238.26 | 2.51 | −23.44 | 290.32 | | 1443.24 | | 1221.85 | | 1443.24 |
| | 下 | $M$ | −0.19 | −0.03 | 0.24 | −0.21 | ①+0.7②+0.7④ | −0.36 | ①+0.7③ | −0.02 | ①+0.7②+0.7④ | −0.36 |
| | | $N$ | 1268.81 | 2.51 | −23.44 | 290.32 | | 1473.79 | | 1252.40 | | 1473.79 |
| | | $V$ | 0.09 | 0.01 | −0.11 | 0.10 | | 0.17 | | 0.01 | | 0.17 |

注：1. 活载②、③、④分别为活载作用在 *AB* 跨、*BC* 跨、*CD* 跨；

2. 恒载①为 $1.35M_{Gk}$和 $1.35V_{Gk}$；

3. 活载②、③、④分别为 $1.4M_{Qk}$和 $1.4V_{Qk}$；

4. 以上各值均为轴线处的 $M$ 和 $V$；$M$ 以右侧受拉为正，$V$ 以顺时针方向为正，$N$ 以受压为正；

5. 表中弯矩的单位为 kN·m，剪力的单位为 kN。

**用于承载力计算的框架梁由可变荷载效应控制的基本组合表（柱 D）　　表 4-49**

| 层次 | 截面 | 内力 | 恒载 | 活载 | 活载 | 活载 | 左风 | 右风 | $N_{max}$相应的 $M$ | | $N_{min}$相应的 $M$ | | $\|M\|_{max}$相应的 $N$ | |
|---|---|---|---|---|---|---|---|---|---|---|---|---|---|---|
| | | | ① | ② | ③ | ④ | ⑤ | ⑥ | 组合项目 | 值 | 组合项目 | 值 | 组合项目 | 值 |
| 8 | 上 | $M$ | 1.15 | 0.16 | -1.01 | 0.65 | 24.65 | -24.65 | ①+0.7②+0.7④+⑤ | 26.37 | ①+0.7③+⑥ | -24.21 | ①+0.7②+0.7④+⑤ | 26.37 |
| | | $N$ | 180.97 | 0.71 | -4.07 | 29.79 | 26.63 | -26.63 | | 228.95 | | 151.49 | | 228.95 |
| | 下 | $M$ | -0.61 | -0.08 | 0.76 | -0.64 | -10.57 | 10.57 | ①+0.7②+0.7④+⑤ | -11.68 | ①+0.7③+⑥ | 10.49 | ①+0.7②+0.7④+⑤ | -11.68 |
| | | $N$ | 202.49 | 0.71 | -4.07 | 29.79 | 26.63 | -26.63 | | 250.47 | | 173.01 | | 250.47 |
| | | $V$ | 0.29 | 0.04 | -0.29 | 0.22 | 8.39 | -8.39 | | 8.86 | | -8.30 | | 8.86 |
| 7 | 上 | $M$ | 0.17 | 0.03 | -0.55 | 0.64 | 21.13 | -21.13 | ①+0.7②+0.7④+⑤ | 21.77 | ①+0.7③+⑥ | -21.35 | ①+0.7②+0.7④+⑤ | 21.77 |
| | | $N$ | 312.90 | 0.85 | -6.60 | 67.00 | 60.84 | -60.84 | | 421.24 | | 247.44 | | 421.24 |
| | 下 | $M$ | -0.26 | -0.05 | 0.59 | -0.64 | -14.08 | 14.08 | ①+0.7②+0.7④+⑤ | -14.82 | ①+0.7③+⑥ | 14.23 | ①+0.7②+0.7④+⑤ | -14.82 |
| | | $N$ | 334.38 | 0.85 | -6.60 | 67.00 | 60.84 | -60.84 | | 442.72 | | 268.92 | | 442.72 |
| | | $V$ | 0.07 | 0.01 | -0.19 | 0.22 | 8.39 | -8.39 | | 8.62 | | -8.45 | | 8.62 |
| 6 | 上 | $M$ | 0.35 | 0.05 | -0.63 | 0.64 | 19.38 | -19.38 | ①+0.7②+0.7④+⑤ | 20.21 | ①+0.7③+⑥ | -19.47 | ①+0.7②+0.7④+⑤ | 20.21 |
| | | $N$ | 444.28 | 1.13 | -9.36 | 104.21 | 96.98 | -96.98 | | 615.00 | | 340.75 | | 615.00 |
| | 下 | $M$ | -0.34 | -0.05 | 0.63 | -0.64 | -15.85 | 15.85 | ①+0.7②+0.7④+⑤ | -16.67 | ①+0.7③+⑥ | 15.95 | ①+0.7②+0.7④+⑤ | -16.67 |
| | | $N$ | 465.79 | 1.13 | -9.36 | 104.21 | 96.98 | -96.98 | | 636.51 | | 362.26 | | 636.51 |
| | | $V$ | 0.11 | 0.02 | -0.21 | 0.22 | 8.39 | -8.39 | | 8.67 | | -8.43 | | 8.67 |
| 5 | 上 | $M$ | 0.32 | 0.05 | -0.61 | 0.64 | 19.38 | -19.38 | ①+0.7②+0.7④+⑤ | 20.18 | ①+0.7③+⑥ | -19.49 | ①+0.7②+0.7④+⑤ | 20.18 |
| | | $N$ | 575.70 | 1.39 | -12.08 | 141.44 | 135.02 | -135.02 | | 810.70 | | 432.22 | | 810.70 |
| | 下 | $M$ | -0.32 | -0.05 | 0.61 | -0.64 | -15.85 | 15.85 | ①+0.7②+0.7④+⑤ | -16.65 | ①+0.7③+⑥ | 15.96 | ①+0.7②+0.7④+⑤ | -16.65 |
| | | $N$ | 597.22 | 1.39 | -12.08 | 141.44 | 135.02 | -135.02 | | 832.22 | | 453.74 | | 832.22 |
| | | $V$ | 0.11 | 0.02 | -0.21 | 0.22 | 8.39 | -8.39 | | 8.67 | | -8.43 | | 8.67 |
| 4 | 上 | $M$ | 0.34 | 0.05 | -0.61 | 0.64 | 17.70 | -17.70 | ①+0.7②+0.7④+⑤ | 18.52 | ①+0.7③+⑥ | -17.79 | ①+0.7②+0.7④+⑤ | 18.52 |
| | | $N$ | 707.12 | 1.64 | -14.81 | 178.65 | 171.22 | -171.22 | | 1004.54 | | 525.53 | | 1004.54 |
| | 下 | $M$ | -0.35 | -0.05 | 0.61 | -0.64 | -14.48 | 14.48 | ①+0.7②+0.7④+⑤ | -15.31 | ①+0.7③+⑥ | 14.56 | ①+0.7②+0.7④+⑤ | -15.31 |
| | | $N$ | 728.64 | 1.64 | -14.81 | 178.65 | 171.22 | -171.22 | | 1026.06 | | 547.05 | | 1026.06 |
| | | $V$ | 0.11 | 0.02 | -0.21 | 0.22 | 7.66 | -7.66 | | 7.94 | | -7.70 | | 7.94 |
| 3 | 上 | $M$ | 0.34 | 0.05 | -0.61 | 0.64 | 15.48 | -15.48 | ①+0.7②+0.7④+⑤ | 16.30 | ①+0.7③+⑥ | -15.57 | ①+0.7②+0.7④+⑤ | 16.30 |
| | | $N$ | 838.54 | 1.91 | -17.56 | 215.88 | 203.59 | -203.59 | | 1194.58 | | 622.66 | | 1194.58 |
| | 下 | $M$ | -0.31 | -0.05 | 0.60 | -0.64 | -12.67 | 12.67 | ①+0.7②+0.7④+⑤ | -13.46 | ①+0.7③+⑥ | 12.78 | ①+0.7②+0.7④+⑤ | -13.46 |
| | | $N$ | 860.05 | 1.91 | -17.56 | 215.88 | 203.59 | -203.59 | | 1216.09 | | 644.17 | | 1216.09 |
| | | $V$ | 0.11 | 0.02 | -0.21 | 0.22 | 6.71 | -6.71 | | 6.99 | | -6.75 | | 6.99 |
| 2 | 上 | $M$ | 0.40 | 0.05 | -0.65 | 0.65 | 14.62 | -14.62 | ①+0.7②+0.7④+⑤ | 15.51 | ①+0.7③+⑥ | -14.68 | ①+0.7②+0.7④+⑤ | 15.51 |
| | | $N$ | 970.04 | 2.13 | -20.21 | 253.09 | 233.09 | -233.09 | | 1381.78 | | 722.80 | | 1381.78 |
| | 下 | $M$ | -0.50 | -0.08 | 0.75 | -0.68 | -13.55 | 13.55 | ①+0.7②+0.7④+⑤ | -14.58 | ①+0.7③+⑥ | 13.58 | ①+0.7②+0.7④+⑤ | -14.58 |
| | | $N$ | 991.56 | 2.13 | -20.21 | 253.09 | 233.09 | -233.09 | | 1403.30 | | 744.32 | | 1403.30 |
| | | $V$ | 0.15 | 0.02 | -0.24 | 0.23 | 6.71 | -6.71 | | 7.04 | | -6.73 | | 7.04 |
| 1 | 上 | $M$ | 0.34 | 0.05 | -0.47 | 0.40 | 9.70 | -9.70 | ①+0.7②+0.7④+⑤ | 10.36 | ①+0.7③+⑥ | -9.69 | ①+0.7②+0.7④+⑤ | 10.36 |
| | | $N$ | 1100.68 | 2.51 | -23.44 | 290.32 | 259.64 | -259.64 | | 1565.30 | | 824.63 | | 1565.30 |
| | 下 | $M$ | -0.17 | -0.03 | 0.24 | -0.21 | -14.56 | 14.56 | ①+0.7②+0.7④+⑤ | -14.90 | ①+0.7③+⑥ | 14.56 | ①+0.7②+0.7④+⑤ | -14.90 |
| | | $N$ | 1127.83 | 2.51 | -23.44 | 290.32 | 259.64 | -259.64 | | 1592.45 | | 851.78 | | 1592.45 |
| | | $V$ | 0.08 | 0.01 | -0.11 | 0.10 | 4.58 | -4.58 | | 4.74 | | -4.58 | | 4.74 |

注：1. 活载②、③、④分别为活载作用在 $AB$ 跨、$BC$ 跨、$CD$ 跨；

2. 恒载①为 $1.2M_{Gk}$和 $1.2V_{Gk}$；

3. 活载②、③、④分别为 $1.4M_{Qk}$和 $1.4V_{Qk}$；

4. 以上各值均为轴线处的 $M$ 和 $V$；$M$ 以右侧受拉为正，$V$ 以顺时针方向为正；

5. 表中弯矩的单位为 kN·m，剪力的单位为 kN。

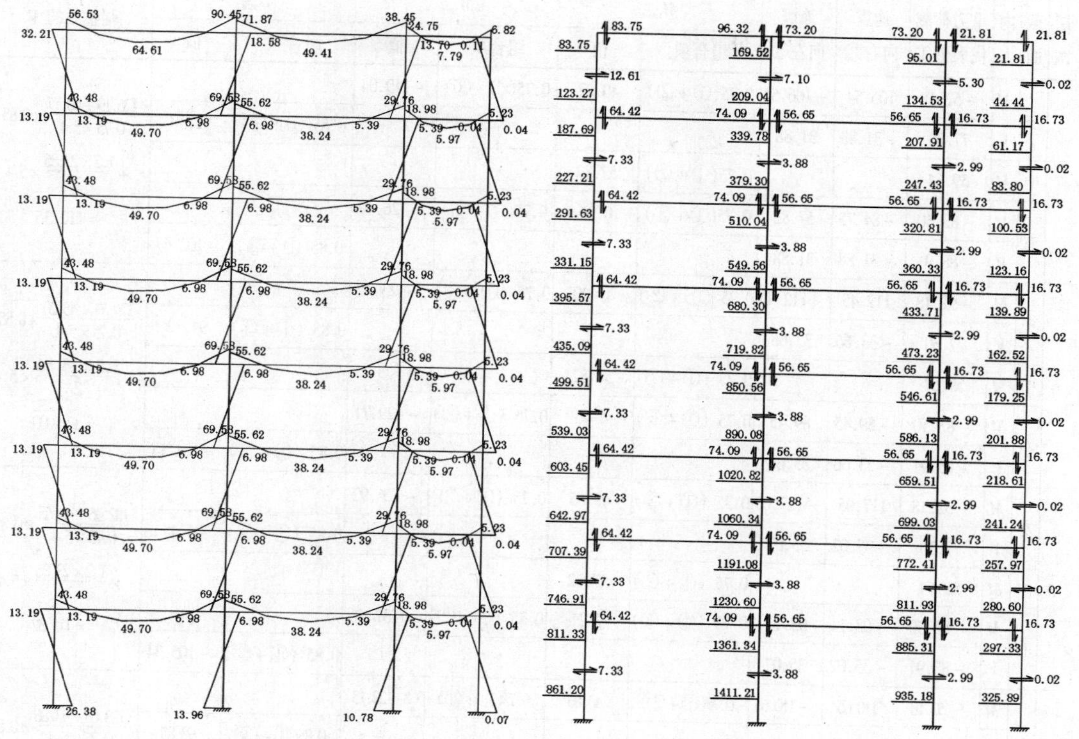


图 4-35　框架梁柱弯矩图（单位：kN·m）

（说明：节点弯矩不平衡是因为节点有等代力矩的缘故。）

图 4-36　框架梁柱剪力、柱轴力图（单位：kN）

### 4.1.15　地震作用下框架内力组合

地震作用时框架内力组合见表 4-50 ~ 表 4-56。

由重力荷载控制的组合为：

$$S = 1.2S_{\mathrm{GE}} + 1.3S_{\mathrm{Ehk}}$$

当重力荷载效应对结构有利时，组合应为

$$S = 1.0S_{\mathrm{GE}} + 1.3S_{\mathrm{Ehk}}$$

**考虑地震作用框架梁 AB 内力组合表**　　　　**表 4-50**

| 层次 | 截面 | 内力 | 重力荷载代表值① | 地震向右② | 地震向左③ | $M_{max}$ 组合项 | $M_{max}$ 值 | $M_{min}$ 组合项 | $M_{min}$ 值 | $V_{max}$ 组合项 | $V_{max}$ 值 | 调整后的 $V$ |
|---|---|---|---|---|---|---|---|---|---|---|---|---|
| 8 | 左 | $M$ | −67.84 | 82.86 | −82.86 | 0.75（①+②） | 11.27 | 0.75（①+③） | −113.03 | | | |
| | | $V$ | 100.50 | −24.79 | 24.79 | | | | | 0.85（①+③） | 106.50 | $\frac{130.84+11.27}{0.75\times5.4}\times0.85+\frac{1.2\times31.02}{2}\times5.4=130.33$ |
| | 中 | $M$ | 77.53 | | | 0.75（①+②） | 54.38 | | | | | |
| | 右 | $M$ | −108.54 | −65.91 | 65.91 | 0.75（①+③） | −31.97 | 0.75（①+②） | −130.84 | | | |
| | | $V$ | −115.58 | −24.79 | 24.79 | | | | | 0.85（①+②） | −119.31 | |

续表

| 层次 | 截面 | 内力 | 重力荷载代表值① | 地震向右② | 地震向左③ | $M_{max}$ 组合项 | 值 | $M_{min}$ 组合项 | 值 | $N_{max}$ 组合项 | 值 | 调整后的 $V$ |
|---|---|---|---|---|---|---|---|---|---|---|---|---|
| 7 | 左 | $M$ | −52.18 | 106.54 | −106.54 | 0.75(①+②) | 40.77 | 0.75(①+③) | −119.04 | | | $\frac{126.19+40.77}{0.75\times5.4}\times0.85$ |
| | | $V$ | 77.30 | −31.88 | 31.88 | | | | | 0.85(①+③) | 92.80 | $+\frac{1.2\times23.86}{2}\times5.4$ |
| | 中 | $M$ | 59.64 | | | 0.75(①+②) | 57.82 | | | | | $=112.35$ |
| | 右 | $M$ | −83.50 | −84.75 | 57.82 | 0.75(①+③) | 0.94 | 0.75(①+②) | −126.19 | | | |
| | | $V$ | −88.91 | −31.88 | 31.88 | | | | | 0.85(①+②) | −102.67 | |
| 6 | 左 | $M$ | −52.18 | 112.45 | −112.45 | 0.75 (①+②) | 45.20 | 0.75 (①+③) | −123.47 | | | $\frac{129.71+45.20}{0.75\times5.4}\times0.85$ |
| | | $V$ | 77.30 | −33.66 | 33.66 | | | | | 0.85 (①+③) | 94.32 | $+\frac{1.2\times23.86}{2}\times5.4$ |
| | 中 | $M$ | 59.64 | | | 0.75 (①+②) | 57.82 | | | | | $=114.02$ |
| | 右 | $M$ | −83.50 | −89.45 | 89.45 | 0.75 (①+③) | 4.46 | 0.75 (①+②) | −129.71 | | | |
| | | $V$ | −88.91 | −33.66 | 33.66 | | | | | 0.85 (①+②) | −104.18 | |
| 5 | 左 | $M$ | −52.18 | 117.05 | −117.05 | 0.75 (①+②) | 48.65 | 0.75 (①+③) | −126.92 | | | $\frac{132.46+48.65}{0.75\times5.4}\times0.85$ |
| | | $V$ | 77.30 | −35.02 | 35.02 | | | | | 0.85 (①+③) | 95.47 | $\times\frac{1.2\times23.86}{2}\times5.4$ |
| | 中 | $M$ | 59.64 | | | 0.75 (①+②) | 57.82 | | | | | $=115.32$ |
| | 右 | $M$ | −83.50 | −93.11 | 93.11 | 0.75 (①+③) | 7.21 | 0.75 (①+②) | −132.46 | | | |
| | | $V$ | −88.91 | −35.02 | 35.02 | | | | | 0.85 (①+②) | −105.34 | |
| 4 | 左 | $M$ | −52.18 | 110.66 | −110.66 | 0.75(①+②) | 43.86 | 0.75(①+③) | −122.13 | | | $\frac{128.63+43.86}{0.75\times5.4}\times0.85$ |
| | | $V$ | 77.30 | −33.11 | 33.11 | | | | | 0.85(①+③) | 93.85 | $+\frac{1.2\times23.86}{2}\times5.4$ |
| | 中 | $M$ | 59.64 | | | 0.75(①+②) | 57.82 | | | | | $=113.51$ |
| | 右 | $M$ | −83.50 | −88.01 | 88.01 | 0.75(①+③) | 3.38 | 0.75(①+②) | −128.63 | | | |
| | | $V$ | −88.91 | −33.11 | 33.11 | | | | | 0.85(①+②) | −103.72 | |
| 3 | 左 | $M$ | −52.18 | 100.75 | −100.75 | 0.75 (①+②) | 36.43 | 0.75 (①+③) | −114.70 | | | $\frac{122.72+36.43}{0.75\times5.4}\times0.85$ |
| | | $V$ | 77.30 | −30.15 | 30.15 | | | | | 0.85 (①+③) | 91.33 | $+\frac{1.2\times23.86}{2}\times5.4$ |
| | 中 | $M$ | 59.64 | | | 0.75 (①+②) | 57.82 | | | | | $=110.71$ |
| | 右 | $M$ | −83.50 | −80.13 | 80.13 | 0.75 (①+③) | −2.53 | 0.75 (①+②) | −122.72 | | | |
| | | $V$ | −88.91 | −30.15 | 30.15 | | | | | 0.85 (①+②) | −101.20 | |
| 2 | 左 | $M$ | −52.18 | 93.22 | −93.22 | 0.75(①+②) | 30.78 | 0.75(①+③) | −109.05 | | | $\frac{118.24+30.78}{0.75\times5.4}\times0.85$ |
| | | $V$ | 77.30 | −27.90 | 27.90 | | | | | 0.85(①+③) | 89.42 | $+\frac{1.2\times23.86}{2}\times5.4$ |
| | 中 | $M$ | 59.64 | | | 0.75(①+②) | 57.82 | | | | | $=108.58$ |
| | 右 | $M$ | −83.50 | −74.15 | 74.15 | 0.75(①+③) | −7.01 | 0.75(①+②) | −118.24 | | | |
| | | $V$ | −88.91 | −27.90 | 27.90 | | | | | 0.85(①+②) | −99.29 | |
| 1 | 左 | $M$ | −52.18 | 101.83 | −101.83 | 0.75(①+②) | 37.24 | 0.75(①+③) | −115.51 | | | $\frac{116.37+37.24}{0.75\times5.4}\times0.85$ |
| | | $V$ | 77.30 | −28.91 | 28.91 | | | | | 0.85(①+③) | 90.28 | $+\frac{1.2\times23.86}{2}\times5.4$ |
| | 中 | $M$ | 59.64 | | | 0.75(①+②) | 57.82 | | | | | $=109.55$ |
| | 右 | $M$ | −83.50 | −71.66 | 71.66 | 0.75(①+③) | −8.88 | 0.75(①+②) | −116.37 | | | |
| | | $V$ | −88.91 | −28.91 | 28.91 | | | | | 0.85(①+②) | −100.15 | |

注：1．重力荷载代表值①为 $1.2M_{GK}$ 或 $1.2V_{GK}$；

2．地震向右②、地震向左③为 $1.3M_{Ehk}$ 或 $1.3V_{Ehk}$；

3．以上各值均为支座边的 $M$ 和 $V$；

4．表中弯矩的单位为 kN·m，剪力的单位为 kN。

## 考虑地震作用框架梁 BC 内力组合表

表 4-51

| 层次 | 截面 | 内力 | 重力荷载代表值① | 地震向右② | 地震向左③ | $M_{max}$ 组合项 | $M_{max}$ 值 | $M_{min}$ 组合项 | $M_{min}$ 值 | $V_{max}$ 组合项 | $V_{max}$ 值 | 调整后的 $V$ |
|---|---|---|---|---|---|---|---|---|---|---|---|---|
| 8 | 左 | $M$ | −86.24 | 65.91 | −65.91 | 0.75(①+②) | −15.25 | 0.75(①+③) | −114.11 | | | |
| | | $V$ | 87.84 | −20.09 | 20.09 | | | | | 0.85(①+③) | 91.74 | $\frac{114.11+6.35}{0.75\times5.4}\times0.85+\frac{1.2\times27.11}{2}\times5.4=87.84$ |
| | 中 | $M$ | 59.29 | | | 0.75(①+②) | 46.09 | | | | | |
| | 右 | $M$ | −46.14 | −54.60 | 54.60 | 0.75(①+③) | 6.35 | 0.75(①+②) | −75.56 | | | |
| | | $V$ | −87.84 | −20.09 | 20.09 | | | | | 0.85(①+②) | −91.74 | |
| 7 | 左 | $M$ | −66.74 | 84.75 | −84.75 | 0.75(①+②) | 13.51 | 0.75(①+③) | −113.62 | | | |
| | | $V$ | 67.98 | −25.83 | 25.83 | | | | | 0.85(①+③) | 79.74 | $\frac{113.62+25.87}{0.75\times5.4}\times0.85+\frac{1.2\times20.98}{2}\times5.4=97.25$ |
| | 中 | $M$ | 45.89 | | | 0.75(①+②) | 40.88 | | | | | |
| | 右 | $M$ | −35.71 | −70.20 | 70.20 | 0.75(①+③) | 25.87 | 0.75(①+②) | −79.43 | | | |
| | | $V$ | −67.98 | −25.83 | 25.83 | | | | | 0.85(①+②) | −79.74 | |
| 6 | 左 | $M$ | −66.74 | 89.45 | −89.45 | 0.75(①+②) | 17.03 | 0.75(①+③) | −117.14 | | | |
| | | $V$ | 67.98 | −27.26 | 27.26 | | | | | 0.85(①+③) | 80.95 | $\frac{117.14+28.79}{0.75\times5.4}\times0.85+\frac{1.2\times20.98}{2}\times5.4=98.60$ |
| | 中 | $M$ | 45.89 | | | 0.75(①+②) | 40.88 | | | | | |
| | 右 | $M$ | −35.71 | −74.10 | 74.10 | 0.75(①+③) | 28.79 | 0.75(①+②) | −82.36 | | | |
| | | $V$ | −67.98 | −27.26 | 27.26 | | | | | 0.85(①+②) | −80.95 | |
| 5 | 左 | $M$ | −66.74 | 93.11 | −93.11 | 0.75(①+②) | 19.78 | 0.75(①+③) | −119.89 | | | |
| | | $V$ | 67.98 | −28.38 | 28.38 | | | | | 0.85(①+③) | 81.91 | $\frac{119.89+31.07}{0.75\times5.4}\times0.85+\frac{1.2\times20.98}{2}\times5.4=99.66$ |
| | 中 | $M$ | 45.89 | | | 0.75(①+②) | 40.88 | | | | | |
| | 右 | $M$ | −35.71 | −77.13 | 77.13 | 0.75(①+③) | 31.07 | 0.75(①+②) | −84.63 | | | |
| | | $V$ | −67.98 | −28.38 | 28.38 | | | | | 0.85(①+②) | −81.91 | |
| 4 | 左 | $M$ | −66.74 | 88.01 | −88.01 | 0.75(①+②) | 15.95 | 0.75(①+③) | −116.06 | | | |
| | | $V$ | 67.98 | −26.82 | 26.82 | | | | | 0.85(①+③) | 80.58 | $\frac{116.06+27.91}{0.75\times5.4}\times0.85+\frac{1.2\times20.98}{2}\times5.4=98.19$ |
| | 中 | $M$ | 45.89 | | | 0.75(①+②) | 40.88 | | | | | |
| | 右 | $M$ | −35.71 | −72.92 | 72.92 | 0.75(①+③) | 27.91 | 0.75(①+②) | −81.47 | | | |
| | | $V$ | −67.98 | −26.82 | 26.82 | | | | | 0.85(①+②) | −80.58 | |
| 3 | 左 | $M$ | −66.74 | 80.13 | −80.13 | 0.75(①+②) | 10.04 | 0.75(①+③) | −110.15 | | | |
| | | $V$ | 67.98 | −24.43 | 24.43 | | | | | 0.85(①+③) | 78.55 | $\frac{110.15+23.01}{0.75\times5.4}\times0.85+\frac{1.2\times20.98}{2}\times5.4=95.92$ |
| | 中 | $M$ | 45.89 | | 0.00 | 0.75(①+②) | 40.88 | | | | | |
| | 右 | $M$ | −35.71 | −66.39 | 66.39 | 0.75(①+③) | 23.01 | 0.75(①+②) | −76.58 | | | |
| | | $V$ | −67.98 | −24.43 | 24.43 | | | | | 0.85(①+②) | −78.55 | |
| 2 | 左 | $M$ | −66.74 | 74.15 | −74.15 | 0.75(①+②) | 5.56 | 0.75(①+③) | −105.67 | | | |
| | | $V$ | 67.98 | −22.59 | 22.59 | | | | | 0.85(①+③) | 76.98 | $\frac{105.67+19.29}{0.75\times5.4}\times0.85+\frac{1.2\times20.98}{2}\times5.4=94.20$ |
| | 中 | $M$ | 45.89 | | | 0.75(①+②) | 40.88 | | | | | |
| | 右 | $M$ | −35.71 | −61.43 | 61.43 | 0.75(①+③) | 19.29 | 0.75(①+②) | −72.86 | | | |
| | | $V$ | −67.98 | −22.59 | 22.59 | | | | | 0.85(①+②) | −76.98 | |

续表

| 层次 | 截面 | 内力 | 重力荷载代表值① | 地震向右② | 地震向左③ | $M_{max}$ |  | $M_{min}$ |  | $V_{max}$ |  | 调整后的 $V$ |
|---|---|---|---|---|---|---|---|---|---|---|---|---|
|  |  |  |  |  |  | 组合项 | 值 | 组合项 | 值 | 组合项 | 值 |  |
| 1 | 左 | $M$ | −66.74 | 71.66 | −71.66 | 0.75(①+②) | 3.69 | 0.75(①+③) | −103.80 |  |  | $\frac{103.80+15.68}{0.75\times5.4}\times0.85+\frac{1.2\times20.98}{2}\times5.4=93.05$ |
|  |  | $V$ | 67.98 | −21.39 | 21.39 |  |  |  |  | 0.85(①+③) | 75.96 |  |
|  | 中 | $M$ | 45.89 |  |  | 0.75(①+②) | 40.88 |  |  |  |  |  |
|  | 右 | $M$ | −35.71 | −56.62 | 56.62 | 0.75(①+③) | 15.68 | 0.75(①+②) | −69.25 |  |  |  |
|  |  | $V$ | −67.98 | −21.39 | 21.39 |  |  |  |  | 0.85(①+②) | −75.96 |  |

注：1. 重力荷载代表值①为 $1.2M_{GK}$或 $1.2V_{GK}$；
2. 地震向右②、地震向左③为 $1.3M_{Ehk}$或 $1.3V_{Ehk}$；
3. 以上各值均为支座边的 $M$ 和 $V$；
4. 表中弯矩的单位为 kN·m，剪力的单位为 kN。

**考虑地震作用框架梁 CD 内力组合表** 表 4-52

| 层次 | 截面 | 内力 | 重力荷载代表值① | 地震向右② | 地震向左③ | $M_{max}$ |  | $M_{min}$ |  | $V_{max}$ |  | 调整后的 $V$ |
|---|---|---|---|---|---|---|---|---|---|---|---|---|
|  |  |  |  |  |  | 组合项 | 值 | 组合项 | 值 | 组合项 | 值 |  |
| 8 | 左 | $M$ | −29.70 | 109.21 | −109.21 | 0.75(①+②) | 59.63 | 0.75(①+③) | −104.18 |  |  | $\frac{104.18+30.42}{0.75\times2.5}\times0.85+\frac{1.2\times17.45}{2}\times2.5=87.19$ |
|  |  | $V$ | 26.17 | −52.65 | 52.65 |  |  |  |  | 0.85(①+③) | 67.00 |  |
|  | 中 | $M$ | 9.35 |  |  | 0.75(①+②) | 74.07 |  |  |  |  |  |
|  | 右 | $M$ | −8.18 | −48.74 | 48.74 | 0.75(①+③) | 30.42 | 0.75(①+②) | −42.69 |  |  |  |
|  |  | $V$ | −26.17 | −52.65 | 52.65 |  |  |  |  | 0.85(①+②) | −67.00 |  |
| 7 | 左 | $M$ | −22.78 | 140.41 | −140.41 | 0.75(①+②) | 88.22 | 0.75(①+③) | −122.39 |  |  | $\frac{122.39+42.29}{0.75\times2.5}\times0.85+\frac{1.2\times13.38}{2}\times2.5=94.72$ |
|  |  | $V$ | 20.08 | −67.69 | 67.69 |  |  |  |  | 0.85(①+③) | 74.60 |  |
|  | 中 | $M$ | 7.16 |  |  | 0.75(①+②) | 157.74 |  |  |  |  |  |
|  | 右 | $M$ | −6.28 | −62.66 | 62.66 | 0.75(①+③) | 42.29 | 0.75(①+②) | −51.71 |  |  |  |
|  |  | $V$ | −20.08 | −67.69 | 67.69 |  |  |  |  | 0.85(①+②) | −74.60 |  |
| 6 | 左 | $M$ | −22.78 | 148.21 | −148.21 | 0.75(①+②) | 94.07 | 0.75(①+③) | −128.24 |  |  | $\frac{128.24+44.89}{0.75\times2.5}\times0.85+\frac{1.2\times13.38}{2}\times2.5=98.56$ |
|  |  | $V$ | 20.08 | −71.45 | 71.45 |  |  |  |  | 0.85(①+③) | 77.80 |  |
|  | 中 | $M$ | 7.16 |  |  | 0.75(①+②) | 157.74 |  |  |  |  |  |
|  | 右 | $M$ | −6.28 | −66.13 | 66.13 | 0.75(①+③) | 44.89 | 0.75(①+②) | −54.31 |  |  |  |
|  |  | $V$ | −20.08 | −71.45 | 71.45 |  |  |  |  | 0.85(①+②) | −77.80 |  |
| 5 | 左 | $M$ | −22.78 | 154.27 | −154.27 | 0.75(①+②) | 98.62 | 0.75(①+③) | −132.79 |  |  | $\frac{132.79+46.92}{0.75\times2.5}\times0.85+\frac{1.2\times13.38}{2}\times2.5=101.54$ |
|  |  | $V$ | 20.08 | −74.37 | 74.37 |  |  |  |  | 0.85(①+③) | 80.28 |  |
|  | 中 | $M$ | 7.16 |  |  | 0.75(①或②) | 157.74 |  |  |  |  |  |
|  | 右 | $M$ | −6.28 | −68.84 | 68.84 | 0.75(①+③) | 46.92 | 0.75(①+②) | −56.34 |  |  |  |
|  |  | $V$ | −20.08 | −74.37 | 74.37 |  |  |  |  | 0.85(①+②) | −80.28 |  |
| 4 | 左 | $M$ | −22.78 | 145.83 | −145.83 | 0.75(①+②) | 92.29 | 0.75(①+③) | −126.46 |  |  | $\frac{126.46+44.10}{0.75\times2.5}\times0.85+\frac{1.2\times13.38}{2}\times2.5=97.39$ |
|  |  | $V$ | 20.08 | −70.30 | 70.30 |  |  |  |  | 0.85(①+③) | 76.82 |  |
|  | 中 | $M$ | 7.16 |  |  | 0.75(①+②) | 157.74 |  |  |  |  |  |
|  | 右 | $M$ | −6.28 | −65.08 | 65.08 | 0.75(①+③) | 44.10 | 0.75(①+②) | −53.52 |  |  |  |
|  |  | $V$ | −20.08 | −70.30 | 70.30 |  |  |  |  | 0.85(①+②) | −76.82 |  |

续表

| 层次 | 截面 | 内力 | 重力荷载代表值① | 地震向右② | 地震向左③ | $M_{max}$ | | $M_{min}$ | | $V_{max}$ | | 调整后的 $V$ |
|---|---|---|---|---|---|---|---|---|---|---|---|---|
| | | | | | | 组合项 | 值 | 组合项 | 值 | 组合项 | 值 | |
| 3 | 左 | $M$ | −22.78 | 132.78 | −132.78 | 0.75(①+②) | 82.50 | 0.75(①+③) | −116.67 | | | |
| | | $V$ | 20.08 | −64.01 | 64.01 | | | | | 0.85(①+③) | 71.48 | $\frac{116.67+39.72}{0.75\times2.5}\times0.85$ |
| | 中 | $M$ | 7.16 | | 0.00 | 0.75(①+②) | 157.74 | | | | | $+\frac{1.2\times13.38}{2}\times2.5$ |
| | 右 | $M$ | −6.28 | −59.24 | 59.24 | 0.75(①+③) | 39.72 | 0.75(①+②) | −49.14 | | | |
| | | $V$ | −20.08 | −64.01 | 64.01 | | | | | 0.85(①+②) | −71.48 | $=90.97$ |
| 2 | 左 | $M$ | −22.78 | 122.86 | −122.86 | 0.75(①+②) | 75.06 | 0.75(①+③) | −109.23 | | | |
| | | $V$ | 20.08 | −59.23 | 59.23 | | | | | 0.85(①+③) | 67.41 | $\frac{109.23+36.41}{0.75\times2.5}\times0.85$ |
| | 中 | $M$ | 7.16 | | | 0.75(①+②) | 157.74 | | | | | $+\frac{1.2\times13.38}{2}\times2.5$ |
| | 右 | $M$ | −6.28 | −54.82 | 54.82 | 0.75(①+③) | 36.41 | 0.75(①+②) | −45.83 | | | |
| | | $V$ | −20.08 | −59.23 | 59.23 | | | | | 0.85(①+②) | −67.41 | $=86.09$ |
| 1 | 左 | $M$ | −22.78 | 113.23 | −113.23 | 0.75(①+②) | 67.84 | 0.75(①+③) | −102.01 | | | |
| | | $V$ | 20.08 | −53.31 | 53.31 | | | | | 0.85(①+③) | 62.38 | $\frac{102.01+30.33}{0.75\times2.5}\times0.85$ |
| | 中 | $M$ | 7.16 | | | 0.75(①+②) | 157.74 | | | | | $+\frac{1.2\times13.38}{2}\times2.5$ |
| | 右 | $M$ | −6.28 | −46.72 | 46.72 | 0.75(①+③) | 30.33 | 0.75(①+②) | −39.75 | | | |
| | | $V$ | −20.08 | −53.31 | 53.31 | | | | | 0.85(①+②) | −62.38 | $=80.06$ |

注：1. 重力荷载代表值①为 $1.2M_{GK}$ 或 $1.2V_{GK}$；
2. 地震向右②、地震向左③为 $1.3M_{Ehk}$ 或 $1.3V_{Ehk}$；
3. 以上各值均为支座边的 $M$ 和 $V$；
4. 表中弯矩的单位为 kN·m，剪力的单位为 kN。

**考虑地震作用框架柱 A 内力组合表** **表 4-53**

| 层次 | 截面 | 内力 | 重力荷载代表值① | 地震向右② | 地震向左③ | $N_{max}$ 及相应的 $M$ 值 | | $M_{min}$ 及相应的 $M$ 值 | | $M_{max}$ 及相应的 $N$ 值 | | 调整后的 $M$ | 调整后的 $V$ |
|---|---|---|---|---|---|---|---|---|---|---|---|---|---|
| | | | | | | 组合项 | 值 | 组合项 | 值 | 组合项 | 值 | | |
| 8 | 上 | $M$ | 38.65 | −82.86 | 82.86 | 0.75(①+③) | 91.13 | 0.75(①+②) | −33.16 | 0.75(①+③) | 91.13 | 不考虑 | |
| | | $N$ | 100.50 | −24.79 | 24.79 | | 93.97 | | 56.78 | | 93.97 | | |
| | 下 | $M$ | 15.83 | −35.52 | 35.52 | 0.75(①+③) | 38.51 | 0.75 (①+②) | −14.77 | 0.75 (①+③) | 38.51 | 不考虑 | |
| | | $N$ | 147.92 | −24.79 | 24.79 | | 129.53 | | 92.35 | | 129.53 | | |
| | | $V$ | −15.13 | 28.18 | −28.18 | 0.85 (①+③) = −36.81 | | | | | | | 36.67 |
| 7 | 上 | $M$ | 15.83 | −71.02 | 71.02 | 0.75(①+③) | 65.14 | 0.75 (①+②) | −41.39 | 0.75 (①+③) | 65.14 | 不考虑 | |
| | | $N$ | 225.23 | −56.68 | 56.68 | | 211.43 | | 126.41 | | 211.43 | | |
| | 下 | $M$ | 15.83 | −47.35 | 47.35 | 0.75(①+③) | 47.39 | 0.75 (①+②) | −23.64 | 0.75 (①+③) | 47.39 | 不考虑 | |
| | | $N$ | 272.65 | −56.68 | 56.68 | | 247.00 | | 161.98 | | 247.00 | | |
| | | $V$ | −8.80 | 28.18 | −28.18 | 0.85 (①+③) = −31.43 | | | | | | | 30.74 |
| 6 | 上 | $M$ | 15.83 | −65.10 | 65.10 | 0.75(①+③) | 60.70 | 0.75(①+②) | −36.95 | 0.75(①+③) | 60.70 | 不考虑 | |
| | | $N$ | 349.96 | −90.32 | 90.32 | | 330.21 | | 194.73 | | 330.21 | | |
| | 下 | $M$ | 15.83 | −53.27 | 53.27 | 0.75(①+③) | 51.83 | 0.75(①+②) | −28.08 | 0.75(①+③) | 51.83 | 不考虑 | |
| | | $N$ | 397.38 | −90.32 | 90.32 | | 365.78 | | 230.30 | | 365.78 | | |
| | | $V$ | −8.80 | 28.18 | −28.18 | 0.85 (①+③) = −31.43 | | | | | | | 30.76 |

续表

| 层次 | 截面 | 内力 | 重力荷载代表值① | 地震向右② | 地震向左③ | $N_{max}$及相应的 $M$ 值 组合项 | 值 | $M_{min}$及相应的 $M$ 值 组合项 | 值 | $M_{max}$及相应的 $N$ 值 组合项 | 值 | 调整后的 $M$ | 调整后的 $V$ |
|---|---|---|---|---|---|---|---|---|---|---|---|---|---|
| 5 | 上 | $M$ | 15.83 | −63.78 | 63.78 | 0.75(①+③) | 59.71 | 0.75(①+②) | −35.96 | 0.75(①+③) | 59.71 | 不考虑 | |
| | | $N$ | 474.68 | −125.36 | 125.36 | | 450.03 | | 261.99 | | 450.03 | | |
| | 下 | $M$ | 15.83 | −52.18 | 52.18 | 0.75(①+③) | 51.01 | 0.75 (①+②) | −27.26 | 0.75 (①+③) | 51.01 | 不考虑 | |
| | | $N$ | 522.11 | −125.36 | 125.36 | | 485.60 | | 297.56 | | 485.60 | | |
| | | $V$ | −8.80 | 27.61 | −27.61 | 0.85 (①+③) = −31.43 | | | | | | | 30.12 |
| 4 | 上 | $M$ | 15.83 | −58.47 | 58.47 | 0.75(①+③) | 55.73 | 0.75 (①+②) | −31.98 | 0.75 (①+③) | 55.73 | 不考虑 | |
| | | $N$ | 599.41 | −158.47 | 158.47 | | 568.41 | | 330.71 | | 568.4 | | |
| | 下 | $M$ | 15.83 | −47.84 | 47.84 | 0.75 (①+③) | 47.75 | 0.75 (①+②) | −24.01 | 0.75 (①+③) | 47.75 | 60.66 | |
| | | $N$ | 646.84 | −158.47 | 158.47 | 0.80(①+⑤) | 644.25 | | 366.28 | 0.80(①+③) | 644.25 | | |
| | | $V$ | −8.80 | 25.31 | −25.31 | 0.85 (①+③) = −28.99 | | | | | | | 40.31 |
| 3 | 上 | $M$ | 15.83 | −52.91 | 52.91 | 0.75(①+③) | 51.56 | 0.75 (①+②) | −27.81 | 0.75 (①+③) | 51.56 | 65.51 | |
| | | $N$ | 724.14 | −188.62 | 188.62 | 0.80(①+③) | 730.21 | | 401.64 | 0.80 (①+③) | 730.21 | | |
| | 下 | $M$ | 15.83 | −43.29 | 43.29 | 0.75(①+③) | 44.34 | 0.75 (①+②) | −20.60 | 0.75 (①+③) | 44.34 | 56.79 | |
| | | $N$ | 771.56 | −188.62 | 188.62 | 0.80(①+③) | 768.14 | | 437.21 | 0.80(①+③) | 768.14 | | |
| | | $V$ | −8.80 | 22.91 | −22.91 | 0.85 (①+③) = −26.95 | | | | | | | 42.35 |
| 2 | 上 | $M$ | 15.83 | −49.93 | 49.93 | 0.75(①+③) | 49.32 | 0.75(①+②) | −25.58 | 0.75 (①+③) | 49.32 | 63.17 | |
| | | $N$ | 848.87 | −216.50 | 216.50 | 0.80(①+③) | 852.30 | | 474.28 | 0.80(①+③) | 852.30 | | |
| | 下 | $M$ | 15.83 | −46.27 | 46.27 | 0.75 (①+③) | 46.58 | 0.75 (①+②) | −22.83 | 0.75 (①+③) | 46.58 | 59.11 | |
| | | $N$ | 896.29 | −216.50 | 216.50 | 0.8(①+③) | 890.23 | | 509.84 | 0.80(①+③) | 890.23 | | |
| | | $V$ | −8.80 | 22.91 | −22.91 | 0.85 (①+③) = −26.95 | | | | | | | 42.35 |
| 1 | 上 | $M$ | 15.83 | −55.56 | 55.56 | 0.75 (①+③) | 53.54 | 0.75(①+②) | −29.80 | 0.75 (①+③) | 53.54 | 67.95 | |
| | | $N$ | 973.60 | −245.43 | 245.43 | 0.80(①+③) | 975.22 | | 546.13 | 0.80(①+③) | 975.22 | | |
| | 下 | $M$ | 31.66 | −83.34 | 83.34 | 0.75 (①+③) | 86.25 | 0.75 (①+②) | −38.76 | 0.75 (①+③) | 86.25 | 99.19 | |
| | | $N$ | 1033.44 | −245.43 | 245.43 | 0.80(①+③) | 1023.10 | 0.80(①+②) | 630.41 | 0.80(①+②) | 1023.10 | | |
| | | $V$ | −10.10 | 26.21 | −26.21 | 0.85 (①+③) = −30.86 | | | | | | | 44.33 |

注：1. 重力荷载代表值①为 $1.2M_{GK}$或 $1.2V_{GK}$；

2. 地震向右②、地震向左③为 $1.3M_{Ehk}$或 $1.3V_{Ehk}$；

3. 以上各值均为支座边的 $M$ 和 $V$；

4. 表中弯矩的单位为 kN·m，剪力的单位为 kN；

5. 按“强柱弱梁”计算 $M$ 时，$\Sigma M_c = \eta_c \Sigma M_b$；按“强剪弱弯”计算的 $V = \eta_{vc}(M_c^t + M_c^b)/H_n$。

**考虑地震作用框架柱 *B* 内力组合表** **表 4-54**

| 层次 | 截面 | 内力 | 重力荷载代表值① | 地震向右② | 地震向左③ | $N_{max}$及相应的 $M$ 值 组合项 | 值 | $N_{min}$及相应的 $M$ 值 组合项 | 值 | $M_{max}$及相应的 $N$ 值 组合项 | 值 | 调整后的 $M$ | 调整后的 $V$ |
|---|---|---|---|---|---|---|---|---|---|---|---|---|---|
| 8 | 上 | $M$ | −22.30 | −131.82 | 131.82 | 0.75(①+②) | −115.59 | 0.75 (①+③) | 82.14 | 0.75 (①+②) | −115.59 | 不考虑 | |
| | | $N$ | 203.42 | 4.71 | −4.71 | | 156.10 | | 149.03 | | 156.10 | | |
| | 下 | $M$ | −8.38 | −56.50 | 56.50 | 0.75(①+②) | −48.66 | 0.75 (①+③) | 36.09 | 0.75(①+②) | −48.66 | 不考虑 | |
| | | $N$ | 250.85 | 4.71 | −4.71 | | 191.67 | | 184.61 | | 191.67 | | |
| | | $V$ | 8.52 | 44.84 | −44.84 | 0.85 (①+②) = 45.36 | | | | | | | 52.53 |

续表

| 层次 | 截面 | 内力 | 重力荷载代表值① | 地震向右② | 地震向左③ | $N_{max}$及相应的$M$值 组合项 | 值 | $N_{min}$及相应的$M$值 组合项 | 值 | $M_{max}$及相应的$N$值 组合项 | 值 | 调整后的$M$ | 调整后的$V$ |
|---|---|---|---|---|---|---|---|---|---|---|---|---|---|
| 7 | 上 | $M$ | -8.38 | -112.98 | 112.98 | 0.75(①+②) | -91.02 | 0.75(①+③) | 78.45 | 0.75 (①+②) | -91.02 | 不考虑 | |
| | | $N$ | 407.74 | 10.75 | -10.75 | | 313.87 | | 297.74 | | 313.87 | | |
| | 下 | $M$ | -8.38 | -75.32 | 75.32 | 0.75 (①+②) | -62.78 | 0.75 (①+③) | 50.21 | 0.75 (①+②) | -62.78 | 不考虑 | |
| | | $N$ | 455.16 | 10.75 | -10.75 | | 349.43 | | 333.31 | | 349.43 | | |
| | | $V$ | 4.66 | 44.84 | -44.84 | 0.85 (①+②) = 42.08 | | | | | | | 48.91 |
| 6 | 上 | $M$ | -8.38 | -103.57 | 103.57 | 0.75 (①+②) | -83.96 | 0.75 (①+③) | 71.39 | 0.75 (①+②) | -83.96 | 不考虑 | |
| | | $N$ | 612.05 | 17.15 | -17.15 | | 471.90 | | 446.18 | | 471.90 | | |
| | 下 | $M$ | -8.38 | -84.75 | 84.75 | 0.75(①+②) | -69.85 | 0.75(①+③) | 57.28 | 0.75 (①+②) | -69.85 | 76.84 | |
| | | $N$ | 659.47 | 17.15 | -17.15 | | 507.47 | | 481.74 | | 507.47 | | |
| | | $V$ | 4.66 | 44.84 | -44.84 | 0.85 (①+②) = 42.08 | | | | | | | 55.68 |
| 5 | 上 | $M$ | -8.38 | -101.47 | 101.47 | 0.75 (①+②) | -82.39 | 0.75 (①+③) | 69.82 | 0.75 (①+②) | -82.39 | 90.63 | |
| | | $N$ | 816.36 | 23.79 | -23.79 | 0.80(①+②) | 672.12 | 0.80(①+③) | 634.06 | 0.80(①+②) | 672.12 | | |
| | 下 | $M$ | -8.38 | -83.02 | 83.02 | 0.75 (①+②) | -68.55 | 0.75 (①+③) | 55.98 | 0.75 (①+②) | -68.55 | 75.40 | |
| | | $N$ | 863.78 | 23.79 | -23.79 | 0.80(①+②) | 710.06 | 0.80(①+③) | 671.99 | 0.80(①+②) | 710.06 | | |
| | | $V$ | 4.66 | 43.93 | -43.93 | 0.85 (①+②) = 41.30 | | | | | | | 57.50 |
| 4 | 上 | $M$ | -8.38 | -93.00 | 93.00 | 0.75 (①+②) | -76.04 | 0.75 (①+③) | 63.47 | 0.75 (①+②) | -76.04 | 83.64 | |
| | | $N$ | 1020.67 | 30.08 | -30.08 | 0.80(①+②) | 840.60 | 0.80(①+③) | 792.47 | 0.80(①+②) | 840.60 | | |
| | 下 | $M$ | -8.38 | -76.09 | 76.09 | 0.75 (①+②) | -63.35 | 0.75 (①+③) | 50.78 | 0.75 (①+②) | -63.35 | 69.68 | |
| | | $N$ | 1068.10 | 30.08 | -30.08 | 0.80(①+②) | 878.54 | 0.80(①+③) | 830.42 | 0.80(①+②) | 878.54 | | |
| | | $V$ | 4.66 | 40.26 | -40.26 | 0.85 (①+②) = 38.18 | | | | | | | 53.09 |
| 3 | 上 | $M$ | -8.38 | -84.18 | 84.18 | 0.75 (①+②) | -69.42 | 0.75 (①+③) | 56.85 | 0.75 (①+②) | -69.42 | 76.36 | |
| | | $N$ | 1224.98 | 35.80 | -35.80 | 0.80(①+②) | 1008.62 | 0.80(①+③) | 951.34 | 0.80(①+②) | 1008.62 | | |
| | 下 | $M$ | -8.38 | -68.87 | 68.87 | 0.75 (①+②) | -57.94 | 0.75 (①+③) | 45.37 | 0.75 (①+②) | -57.94 | 63.73 | |
| | | $N$ | 1272.41 | 35.80 | -35.80 | 0.80(①+②) | 1046.57 | 0.80(①+③) | 989.29 | 0.80(①+②) | 1046.57 | | |
| | | $V$ | 4.66 | 36.44 | -36.44 | 0.85 (①+②) = 34.94 | | | | | | | 48.51 |
| 2 | 上 | $M$ | -8.38 | -79.44 | 79.44 | 0.75 (①+②) | -65.87 | 0.75 (①+③) | 53.30 | 0.75 (①+②) | -65.87 | 72.45 | |
| | | $N$ | 1429.30 | 41.11 | -41.11 | 0.80(①+②) | 1176.33 | 0.80(①+③) | 1110.55 | 0.80(①+②) | 1176.33 | | |
| | 下 | $M$ | -8.38 | -73.61 | 73.61 | 0.75 (①+②) | -61.49 | 0.75 (①+③) | 48.92 | 0.75 (①+②) | -61.49 | 67.65 | |
| | | $N$ | 1476.72 | 41.11 | -41.11 | 0.80(①+②) | 1214.26 | 0.80(①+③) | 1148.49 | 0.80(①+②) | 1214.26 | | |
| | | $V$ | 4.66 | 36.44 | -36.44 | 0.85 (①+②) = 34.94 | | | | | | | 48.52 |
| 1 | 上 | $M$ | -8.38 | -69.69 | 69.69 | 0.75 (①+②) | -58.55 | 0.75 (①+③) | 45.98 | 0.75 (①+②) | -58.55 | 64.42 | |
| | | $N$ | 1633.61 | 48.63 | -48.63 | 0.80(①+②) | 1345.79 | 0.80(①+③) | 1267.98 | 0.80(①+②) | 1345.79 | | |
| | 下 | $M$ | -16.75 | -104.55 | 104.55 | 0.75 (①+②) | -90.98 | 0.75 (①+③) | 65.85 | 0.75 (①+②) | -90.98 | 104.63 | |
| | | $N$ | 1693.45 | 48.63 | -48.63 | 0.80(①+②) | 1393.66 | 0.80(①+③) | 1315.86 | 0.80(①+②) | 1393.66 | | |
| | | $V$ | 5.35 | 32.88 | -32.88 | 0.85 (①+②) = 32.50 | | | | | | | 44.84 |

注：1. 重力荷载代表值①为 $1.2M_{GK}$或 $1.2V_{GK}$；

2. 地震向右②、地震向左③为 $1.3M_{Ehk}$或 $1.3V_{Ehk}$；

3. 以上各值均为支座边的 $M$ 和 $V$；

4. 表中弯矩的单位为 kN·m，剪力的单位为 kN；

5. 按"强柱弱梁"计算 $M$ 时，$\Sigma M_c=\eta_c\Sigma M_b$；按"强剪弱弯"计算的 $V=\eta_{vc}(M_c^t+M_c^b)/H_n$。

**考虑地震作用框架柱 C 内力组合表** **表 4-55**

| 层次 | 截面 | 内力 | 重力荷载代表值① | 地震向右② | 地震向左③ | $N_{max}$及相应的 $M$ 值 | | $N_{min}$及相应的 $M$ 值 | | $M_{max}$及相应的 $M$ 值 | | 调整后的 $M$ | 调整后的 $V$ |
|---|---|---|---|---|---|---|---|---|---|---|---|---|---|
| | | | | | | 组合项 | 值 | 组合项 | 值 | 组合项 | 值 | | |
| 8 | 上 | $M$ | −16.44 | −163.81 | 163.81 | 0.75 (①+③) | 110.53 | 0.75 (①+②) | −135.19 | 0.75 (①+③) | 110.53 | 不考虑 | |
| | | $N$ | 114.01 | −32.57 | 32.57 | | 109.94 | | 61.08 | | 109.94 | | |
| | 下 | $M$ | −6.47 | −70.20 | 70.20 | 0.75(①+③) | 47.80 | 0.75 (①+②) | −57.50 | 0.75 (①+③) | 47.80 | 不考虑 | |
| | | $N$ | 161.44 | −32.57 | 32.57 | | 145.51 | | 96.65 | | 145.51 | | |
| | | $V$ | 6.36 | 55.72 | −55.72 | 0.85 (①+②) = 52.77 | | | | | | | 63.37 |
| 7 | 上 | $M$ | −6.47 | −140.41 | 140.41 | 0.75 (①+③) | 100.46 | 0.75 (①+②) | −110.16 | 0.75 (①+③) | 100.46 | 不考虑 | |
| | | $N$ | 249.49 | −74.43 | 74.43 | | 242.04 | | 131.30 | | 242.94 | | |
| | 下 | $M$ | −6.47 | −93.60 | 93.60 | 0.75 (①+③) | 65.35 | 0.75 (①+②) | −75.05 | 0.75 (①+③) | 65.35 | 82.55 | |
| | | $N$ | 296.92 | −74.43 | 74.43 | | 278.51 | | 166.87 | | 278.51 | | |
| | | $V$ | 3.59 | 55.72 | −55.72 | 0.85 (①+②) = 50.41 | | | | | | | 63.38 |
| 6 | 上 | $M$ | −6.47 | −128.71 | 128.71 | 0.75 (①+③) | 91.68 | 0.75 (①+②) | −101.39 | 0.75 (①+③) | 91.68 | 111.52 | |
| | | $N$ | 384.97 | −118.61 | 118.61 | | 377.69 | | 199.77 | | 377.69 | | |
| | 下 | $M$ | −6.47 | −105.31 | 105.31 | 0.75 (①+③) | 74.13 | 0.75 (①+②) | −83.84 | 0.75 (①+③) | 74.13 | 92.21 | |
| | | $N$ | 432.40 | −118.61 | 118.61 | | 413.26 | | 235.34 | | 413.26 | | |
| | | $V$ | 3.59 | 55.72 | −55.72 | 0.85 (①+②) = 50.41 | | | | | | | 70.55 |
| 5 | 上 | $M$ | −6.47 | −126.10 | 126.10 | 0.75 (①+③) | 89.72 | 0.75 (①+②) | −99.43 | 0.75 (①+③) | 89.72 | 109.36 | |
| | | $N$ | 520.45 | −164.61 | 164.61 | | 513.80 | | 266.88 | | 513.80 | | |
| | 下 | $M$ | −6.47 | −103.17 | 103.17 | 0.75 (①+③) | 72.53 | 0.75 (①+②) | −82.23 | 0.75 (①+③) | 72.53 | 86.52 | |
| | | $N$ | 567.88 | −164.61 | 164.61 | | 549.37 | | 302.45 | | 549.37 | | |
| | | $V$ | 3.59 | 54.59 | −54.59 | 0.85 (①+②) = 49.45 | | | | | | | 67.83 |
| 4 | 上 | $M$ | −6.47 | −115.58 | 115.58 | 0.75 (①+③) | 81.83 | .75 (①+②) | −99.43 | 0.75 (①+③) | 81.83 | 104.62 | |
| | | $N$ | 655.93 | −208.09 | 208.09 | 0.80(①+③) | 656.43 | | 335.88 | 0.80(①+③) | 656.43 | | |
| | 下 | $M$ | −6.47 | −94.58 | 94.58 | 0.75 (①+③) | 66.08 | 0.75 (①+②) | −82.23 | 0.75 (①+③) | 66.08 | 86.93 | |
| | | $N$ | 703.36 | −208.09 | 208.09 | 0.80(①+③) | 694.38 | | 371.45 | 0.80(①+③) | 694.38 | | |
| | | $V$ | 3.59 | 50.04 | −50.04 | 0.85 (①+②) = 45.59 | | | | | | | 66.33 |
| 3 | 上 | $M$ | −6.47 | −104.60 | 104.60 | 0.75(①+③) | 73.60 | 0.75 (①+②) | −83.30 | 0.75(①+③) | 73.60 | 88.06 | |
| | | $N$ | 791.41 | −247.68 | 247.68 | 0.80(①+③) | 831.27 | | 407.80 | 0.80(①+③) | 831.27 | | |
| | 下 | $M$ | −6.47 | −85.58 | 85.58 | 0.75(①+③) | 59.33 | 0.75 (①+②) | −69.04 | 0.75(①+③) | 59.33 | 75.94 | |
| | | $N$ | 838.84 | −247.68 | 247.68 | 0.80(①+③) | 869.22 | | 443.37 | 0.80(①+③) | 869.22 | | |
| | | $V$ | 3.59 | 45.28 | −45.28 | 0.85 (①+②) = 41.54 | | | | | | | 56.79 |
| 2 | 上 | $M$ | −6.47 | −98.71 | 98.71 | 0.75 (①+③) | 69.18 | 0.75 (①+②) | −78.89 | 0.75(①+③) | 69.18 | 86.77 | |
| | | $N$ | 926.89 | −284.31 | 284.31 | 0.80 (①+③) | 968.96 | | 481.94 | 0.80(①+③) | 968.96 | | |
| | 下 | $M$ | −6.47 | −91.47 | 91.47 | 0.75(①+③) | 63.75 | 0.75 (①+②) | −73.46 | 0.75(①+③) | 63.75 | 80.80 | |
| | | $N$ | 974.32 | −284.31 | 284.31 | 0.80(①+③) | 1006.90 | | 517.51 | 0.80(①+③) | 1006.90 | | |
| | | $V$ | 3.59 | 45.28 | −45.28 | 0.85 (①+②) = 41.54 | | | | | | | 58.03 |

续表

| 层次 | 截面 | 内力 | 重力荷载代表值① | 地震向右② | 地震向左③ | $N_{max}$及相应的 $M$ 值 | | $N_{min}$及相应的 $M$ 值 | | $M_{max}$及相应的 $M$ 值 | | 调整后的 $M$ | 调整后的 $V$ |
|---|---|---|---|---|---|---|---|---|---|---|---|---|---|
| | | | | | | 组合项 | 值 | 组合项 | 值 | 组合项 | 值 | | |
| 1 | 上 | $M$ | -6.47 | -78.38 | 78.38 | 0.75(①+③) | 53.93 | 0.75(①+②) | -63.64 | 0.75(①+③) | 53.93 | 70.00 | |
| | | $N$ | 1062.37 | -316.24 | 316.24 | 0.80(①+③) | 1102.89 | | 559.60 | 0.80(①+③) | 1102.89 | | |
| | 下 | $M$ | -12.94 | -117.57 | 117.57 | 0.75(①+③) | 78.47 | 0.75(①+②) | -97.88 | 0.75(①+③) | 78.47 | 112.56 | |
| | | $N$ | 1122.22 | -316.24 | 316.24 | 0.80(①+③) | 1150.77 | 0.80(①+②) | 644.78 | 0.80(①+③) | 1150.77 | | |
| | | $V$ | 4.13 | 36.97 | -36.97 | 0.85(①+②)=34.94 | | | | | | | 48.42 |

注：1. 重力荷载代表值①为 $1.2M_{GK}$或 $1.2V_{GK}$；

2. 地震向右②、地震向左③为 $1.3M_{Ehk}$或 $1.3V_{Ehk}$；

3. 以上各值均为支座边的 $M$ 和 $V$；

4. 表中弯矩的单位为 kN·m，剪力的单位为 kN；

5. 按"强柱弱梁"计算 $M$ 时，$\Sigma M_c=\eta_c\Sigma M_b$；按"强剪弱弯"计算的 $V=\eta_{vc}(M_c^t+M_c^b)/H_n$。

**考虑地震作用框架柱 D 内力组合表** **表 4-56**

| 层次 | 截面 | 内力 | 重力荷载代表值① | 地震向右② | 地震向左③ | $N_{max}$及相应的 $M$ 值 | | $N_{min}$及相应的 $M$ 值 | | $M_{max}$及相应的 $N$ 值 | | 调整后的 $M$ | 调整后的 $V$ |
|---|---|---|---|---|---|---|---|---|---|---|---|---|---|
| | | | | | | 组合项 | 值 | 组合项 | 值 | 组合项 | 值 | | |
| 8 | 上 | $M$ | 0.13 | -48.74 | 48.74 | 0.75(①+②) | -36.46 | 0.75(①+③) | 36.65 | 0.75(①+②) | -36.46 | 不考虑 | |
| | | $N$ | 26.17 | 52.65 | -52.65 | | 59.12 | | -19.86 | | 59.12 | | |
| | 下 | $M$ | 0.05 | -20.89 | 20.89 | 0.75(①+②) | -15.63 | 0.75(①+③) | 15.71 | 0.75(①+②) | -15.63 | 不考虑 | |
| | | $N$ | 53.33 | 52.65 | -52.65 | | 79.49 | | 0.51 | | 79.49 | | |
| | | $V$ | -0.02 | 16.58 | -16.58 | 0.85(①+③)=-14.11 | | | | | | | 18.10 |
| 7 | 上 | $M$ | 0.05 | -41.77 | 41.77 | 0.75(①+②) | -31.29 | 0.75(①+③) | 31.37 | 0.75(①+②) | -31.29 | 不考虑 | |
| | | $N$ | 73.40 | 120.34 | -120.34 | | 145.31 | | -35.21 | | 145.31 | | |
| | 下 | $M$ | 0.05 | -27.85 | 27.85 | 0.75(①+②) | -20.85 | 0.75(①+③) | 20.93 | 0.75(①+②) | -20.85 | 不考虑 | |
| | | $N$ | 100.56 | 120.34 | -120.34 | | 165.68 | | -14.84 | | 165.68 | | |
| | | $V$ | -0.02 | 16.58 | -16.58 | 0.85(①+③)=-14.11 | | | | | | | 18.08 |
| 6 | 上 | $M$ | 0.05 | -38.29 | 38.29 | 0.75(①+②) | -28.68 | 0.75(①+③) | 28.76 | 0.75(①+②) | -28.68 | 不考虑 | |
| | | $N$ | 120.64 | 191.79 | -191.79 | | 234.68 | | -53.36 | | 234.32 | | |
| | 下 | $M$ | 0.05 | -31.33 | 31.33 | 0.75(①+②) | -23.46 | 0.75(①+③) | 23.54 | 0.75(①+②) | -23.46 | 28.21 | |
| | | $N$ | 147.79 | 191.79 | -191.79 | | 254.69 | | -33.00 | | 254.69 | | |
| | | $V$ | -0.02 | 16.58 | -16.58 | 0.85(①+③)=-14.11 | | | | | | | 19.73 |
| 5 | 上 | $M$ | 0.05 | -37.51 | 37.51 | 0.75(①+②) | -28.10 | 0.75(①+③) | 28.17 | 0.75(①+②) | -28.10 | 33.76 | |
| | | $N$ | 167.87 | 266.16 | -266.16 | 0.80(①+②) | 347.22 | | -73.72 | 0.80(①+②) | 347.22 | | |
| | 下 | $M$ | 0.05 | -30.69 | 30.69 | 0.75(①+②) | -22.98 | 0.75(①+③) | 23.06 | 0.75(①+②) | -22.98 | 29.23 | |
| | | $N$ | 195.02 | 266.16 | -266.16 | 0.80(①+②) | 368.94 | | -53.36 | 0.80(①+②) | 368.94 | | |
| | | $V$ | -0.02 | 16.24 | -16.24 | 0.85(①+③)=-13.82 | | | | | | | 21.81 |

续表

| 层次 | 截面 | 内力 | 重力荷载代表值① | 地震向右② | 地震向左③ | $N_{max}$及相应的 $M$ 值 | | $N_{min}$及相应的 $M$ 值 | | $M_{max}$及相应的 $N$ 值 | | 调整后的 $M$ | 调整后的 $V$ |
|---|---|---|---|---|---|---|---|---|---|---|---|---|---|
| | | | | | | 组合项 | 值 | 组合项 | 值 | 组合项 | 值 | | |
| 4 | 上 | $M$ | 0.05 | -34.39 | 34.39 | 0.75 (①+②) | -25.76 | 0.75 (①+③) | 25.83 | 0.75 (①+②) | -25.76 | 32.74 | |
| | | $N$ | 215.10 | 336.47 | -336.47 | 0.80(①+②) | 441.26 | | -91.03 | 0.80(①+②) | 441.26 | | |
| | 下 | $M$ | 0.05 | -28.13 | 28.13 | 0.75 (①+②) | -21.06 | 0.75 (①+③) | 21.14 | 0.75 (①+②) | -21.06 | 27.96 | |
| | | $N$ | 242.26 | 336.47 | -336.47 | 0.80(①+②) | 462.98 | | -70.66 | 0.80(①+②) | 462.98 | | |
| | | $V$ | -0.02 | 14.89 | -14.89 | | | 0.85 (①+③) = -12.67 | | | | | 21.02 |
| 3 | 上 | $M$ | 0.05 | -31.11 | 31.11 | 0.75 (①+②) | -23.30 | 0.75 (①+③) | 23.37 | 0.75 (①+②) | -23.30 | 30.91 | |
| | | $N$ | 262.33 | 400.47 | -400.47 | 0.80(①+②) | 530.24 | | -103.61 | 0.80(①+②) | 530.24 | | |
| | 下 | $M$ | 0.05 | -25.45 | 25.45 | 0.75 (①+②) | -19.05 | 0.75 (①+③) | 19.13 | 0.75 (①+②) | -19.05 | 25.11 | |
| | | $N$ | 289.49 | 400.47 | -400.47 | 0.80(①+②) | 551.97 | | -83.24 | 0.80(①+②) | 551.97 | | |
| | | $V$ | -0.02 | 13.47 | -13.47 | | | 0.85 (①+③) = -11.47 | | | | | 19.40 |
| 2 | 上 | $M$ | 0.05 | -29.35 | 29.35 | 0.75 (①+②) | -21.98 | 0.75 (①+③) | 22.05 | 0.75 (①+②) | -21.98 | 28.94 | |
| | | $N$ | 309.56 | 459.69 | -459.69 | 0.80(①+②) | 615.40 | | -112.60 | 0.80(①+②) | 615.40 | | |
| | 下 | $M$ | 0.05 | -27.21 | 27.21 | 0.75 (①+②) | -20.37 | 0.75 (①+③) | 20.45 | 0.75 (①+②) | -20.37 | 29.17 | |
| | | $N$ | 336.72 | 459.69 | -459.69 | 0.80(①+②) | 637.13 | | -92.23 | 0.80(①+②) | 637.13 | | |
| | | $V$ | -0.02 | 13.47 | -13.47 | | | 0.85 (①+③) = -11.47 | | | | | 20.12 |
| 1 | 上 | $M$ | 0.05 | -19.51 | 19.51 | 0.75 (①+②) | -14.60 | 0.75 (①+③) | 14.67 | 0.75 (①+②) | -14.60 | 21.24 | |
| | | $N$ | 356.80 | 513.02 | -513.02 | 0.80(①+②) | 695.86 | | -117.17 | 0.80(①+②) | 695.86 | | |
| | 下 | $M$ | 0.08 | -29.26 | 29.26 | 0.75 (①+②) | -21.89 | 0.75 (①+③) | 22.01 | 0.75 (①+②) | -21.89 | 25.31 | |
| | | $N$ | 391.07 | 513.02 | -513.02 | 0.80(①+②) | 723.27 | | -91.46 | 0.80(①+②) | 723.27 | | |
| | | $V$ | -0.02 | 9.20 | -9.20 | | | 0.85 (①+③) = -7.84 | | | | | 12.35 |

注:1. 重力荷载代表值①为 $1.2M_{GK}$或 $1.2V_{GK}$;

2. 地震向右②、地震向左③为 $1.3M_{Ehk}$或 $1.3V_{Ehk}$;

3. 以上各值均为支座边的 $M$ 和 $V$;

4. 表中弯矩的单位为 kN·m,剪力的单位为 kN;

5. 按"强柱弱梁"计算 $M$ 时, $\Sigma M_c = \eta_c \Sigma M_b$;按"强剪弱弯"计算的 $V = \eta_{vc}(M_c^t + M_c^b)/H_n$。

### 4.1.16 框架截面配筋

(1)框架梁正截面配筋计算见表 4-57 ~ 表 4-59。

**框架梁 AB 正截面配筋计算** **表 4-57**

| 层次 | 计 算 公 式 | 铰 接 体 系 | | |
|---|---|---|---|---|
| | | 支座左截面顶部/底部 | 跨中截面 | 支座右截面顶部/底部 |
| 8 | $M$(kN·m) | -113.03/11.27 | 85.98 | -130.84/-31.97 |
| | $\alpha_s = M/\alpha_1 f_c b h_0^2$ | 0.08/0.01 | 0.06 | 0.10 |
| | $\xi = 1 - \sqrt{1 - 2\alpha_s}$ | 0.09/0.01 | 0.06 | 0.10 |
| | $A_s = \alpha_1 f_c b h_0 \xi / f_y$(mm$^2$) | 696.90/66.77 | 524.27 | 812.80 |

续表

| 层次 | 计算公式 | 铰接体系 | | |
|---|---|---|---|---|
| | | 支座左截面顶部/底部 | 跨中截面 | 支座右截面顶部/底部 |
| 7 | $M$(kN·m) | -119.04/40.27 | 58.22 | -126.19/0.94 |
| | $\alpha_s = M/\alpha_1 f_c b h_0^2$ | 0.09/0.03 | 0.04 | 0.09/0.00 |
| | $\xi = 1-\sqrt{1-2\alpha_s}$ | 0.09/0.03 | 0.04 | 0.10/0.00 |
| | $A_s = \alpha_1 f_c b h_0 \xi / f_y$(mm$^2$) | 735.81/241.18 | 351.11 | 782.36/5.55 |
| 6 | $M$(kN·m) | -123.47/45.20 | 60.61 | -129.71/4.46 |
| | $\alpha_s = M/\alpha_1 f_c b h_0^2$ | 0.09/0.03 | 0.04 | 0.09/0.00 |
| | $\xi = 1-\sqrt{1-2\alpha_s}$ | 0.09/0.03 | 0.05 | 0.10/0.00 |
| | $A_s = \alpha_1 f_c b h_0 \xi / f_y$(mm$^2$) | 764.62/271.22 | 365.86 | 805.39/26.36 |
| 5 | $M$(kN·m) | -126.92/48.65 | 60.28 | -132.46//7.21 |
| | $\alpha_s = M/\alpha_1 f_c b h_0^2$ | 0.09/0.02 | 0.04 | 0.10/0.01 |
| | $\xi = 1-\sqrt{1-2\alpha_s}$ | 0.10/0.02 | 0.05 | 0.10/0.01 |
| | $A_s = \alpha_1 f_c b h_0 \xi / f_y$(mm$^2$) | 787.13/292.31 | 363.83 | 823.44/42.65 |
| 4 | $M$(kN·m) | -122.13/43.86 | 60.23 | -128.63/3.38 |
| | $\alpha_s = M/\alpha_1 f_c b h_0^2$ | 0.09/0.03 | 0.04 | 0.09/0.00 |
| | $\xi = 1-\sqrt{1-2\alpha_s}$ | 0.09/0.03 | 0.04 | 0.10/0.00 |
| | $A_s = \alpha_1 f_c b h_0 \xi / f_y$(mm$^2$) | 755.89/263.04 | 363.52 | 798.32/19.97 |
| 3 | $M$(kN·m) | -114.70/36.43 | 60.03 | -122.72/-2.53 |
| | $\alpha_s = M/\alpha_1 f_c b h_0^2$ | 0.08/0.03 | 0.04 | 0.09 |
| | $\xi = 1-\sqrt{1-2\alpha_s}$ | 0.09/0.03 | 0.04 | 0.09 |
| | $A_s = \alpha_1 f_c b h_0 \xi / f_y$(mm$^2$) | 707.69/217.86 | 362.28 | 759.73 |
| 2 | $M$(kN·m) | -109.05/30.78 | 59.41 | -118.24/-7.01 |
| | $\alpha_s = M/\alpha_1 f_c b h_0^2$ | 0.08/0.02 | 0.04 | 0.09 |
| | $\xi = 1-\sqrt{1-2\alpha_s}$ | 0.08/0.02 | 0.04 | 0.09 |
| | $A_s = \alpha_1 f_c b h_0 \xi / f_y$(mm$^2$) | 671.25/183.68 | 358.45 | 730.62 |
| 1 | $M$(kN·m) | -115.51/37.24 | 62.76 | -116.37/-8.88 |
| | $\alpha_s = M/\alpha_1 f_c b h_0^2$ | 0.08/0.03 | 0.05 | 0.08 |
| | $\xi = 1-\sqrt{1-2\alpha_s}$ | 0.09/0.03 | 0.05 | 0.09 |
| | $A_s = \alpha_1 f_c b h_0 \xi / f_y$(mm$^2$) | 712.93/222.78 | 379.16 | 718.50 |

**框架梁 BC 正截面配筋计算** **表 4-58**

| 层次 | 计算公式 | 铰接体系 | | |
|---|---|---|---|---|
| | | 支座左截面顶部/底部 | 跨中截面 | 支座右截面顶部/底部 |
| 8 | $M$(kN·m) | −114.11/−15.25 | 67.94 | −75.56/6.35 |
| | $\alpha_s = M/\alpha_1 f_c bh_0^2$ | 0.08 | 0.05 | 0.06 |
| | $\xi = 1-\sqrt{1-2\alpha_s}$ | 0.09 | 0.05 | 0.06 |
| | $A_s = \alpha_1 f_c bh_0 \xi / f_y$(mm²) | 703.88 | 411.29 | 458.81 |
| 7 | $M$(kN·m) | −113.62/13.51 | 48.38 | −79.43/25.87 |
| | $\alpha_s = M/\alpha_1 f_c bh_0^2$ | 0.08/0.01 | 0.04 | 0.06/0.02 |
| | $\xi = 1-\sqrt{1-2\alpha_s}$ | 0.09/0.01 | 0.04 | 0.06/0.02 |
| | $A_s = \alpha_1 f_c bh_0 \xi / f_y$(mm²) | 700.71/80.10 | 290.66 | 483.05/154.09 |
| 6 | $M$(kN·m) | −117.14/17.03 | 48.62 | −82.36/28.79 |
| | $\alpha_s = M/\alpha_1 f_c bh_0^2$ | 0.09/0.01 | 0.04 | 0.06/0.02 |
| | $\xi = 1-\sqrt{1-2\alpha_s}$ | 0.09/0.01 | 0.04 | 0.06/0.02 |
| | $A_s = \alpha_1 f_c bh_0 \xi / f_y$(mm²) | 723.48/101.10 | 292.12 | 501.46/171.68 |
| 5 | $M$(kN·m) | −119.89/19.78 | 48.60 | −84.63/31.07 |
| | $\alpha_s = M/\alpha_1 f_c bh_0^2$ | 0.09/0.01 | 0.04 | 0.06/0.02 |
| | $\xi = 1-\sqrt{1-2\alpha_s}$ | 0.09/0.01 | 0.04 | 0.06/0.02 |
| | $A_s = \alpha_1 f_c bh_0 \xi / f_y$(mm²) | 741.33/117.55 | 292.00 | 515.75/185.43 |
| 4 | $M$(kN·m) | −116.06/15.95 | 48.61 | −81.47/27.91 |
| | $\alpha_s = M/\alpha_1 f_c bh_0^2$ | 0.08/0.01 | 0.04 | 0.06/0.02 |
| | $\xi = 1-\sqrt{1-2\alpha_s}$ | 0.09/0.01 | 0.04 | 0.06/0.02 |
| | $A_s = \alpha_1 f_c bh_0 \xi / f_y$(mm²) | 716.49/94.65 | 292.06 | 495.87/166.37 |
| 3 | $M$(kN·m) | −110.15/10.04 | 48.62 | −76.58/23.01 |
| | $\alpha_s = M/\alpha_1 f_c bh_0^2$ | 0.08/0.01 | 0.04 | 0.06/0.02 |
| | $\xi = 1-\sqrt{1-2\alpha_s}$ | 0.08/0.01 | 0.04 | 0.06/0.02 |
| | $A_s = \alpha_1 f_c bh_0 \xi / f_y$(mm²) | 678.33/59.45 | 292.12 | 465.19/136.91 |
| 2 | $M$(kN·m) | −105.67/5.56 | 49.61 | −72.86/19.29 |
| | $\alpha_s = M/\alpha_1 f_c bh_0^2$ | 0.08/0.00 | 0.04 | 0.05/0.01 |
| | $\xi = 1-\sqrt{1-2\alpha_s}$ | 0.08/0.00 | 0.04 | 0.05/0.01 |
| | $A_s = \alpha_1 f_c bh_0 \xi / f_y$(mm²) | 649.53/32.87 | 298.19 | 441.94/114.62 |
| 1 | $M$(kN·m) | −103.80/3.69 | 51.03 | −69.25/15.68 |
| | $\alpha_s = M/\alpha_1 f_c bh_0^2$ | 0.08/0.00 | 0.04 | 0.05/0.01 |
| | $\xi = 1-\sqrt{1-2\alpha_s}$ | 0.08/0.00 | 0.04 | 0.05/0.01 |
| | $A_s = \alpha_1 f_c bh_0 \xi / f_y$(mm²) | 637.54/21.80 | 306.89 | 419.44/93.04 |

**框架梁 CD 正截面配筋计算** **表 4-59**

| 层次 | 计算公式 | 铰接体系 | | |
|---|---|---|---|---|
| | | 支座左截面顶部/底部 | 跨中截面 | 支座右截面顶部/底部 |
| 8 | $M$(kN·m) | −104.18/59.63 | 74.07/−17.21 | −42.69/30.42 |
| | $\alpha_s = M/\alpha_1 f_c b h_0^2$ | 0.08/0.04 | 0.05 | 0.03/0.02 |
| | $\xi = 1 - \sqrt{1-2\alpha_s}$ | 0.08/0.04 | 0.06 | 0.03/0.02 |
| | $A_s = \alpha_1 f_c b h_0 \xi / f_y$ ($mm^2$) | 639.98/359.81 | 449.49 | 255.91/181.51 |
| 7 | $M$(kN·m) | −122.39/88.22 | 157.74 | −51.71/42.29 |
| | $\alpha_s = M/\alpha_1 f_c b h_0^2$ | 0.09/0.06 | 0.12 | 0.04/0.03 |
| | $\xi = 1 - \sqrt{1-2\alpha_s}$ | 0.09/0.07 | 0.12 | 0.04/0.03 |
| | $A_s = \alpha_1 f_c b h_0 \xi / f_y$ ($mm^2$) | 757.58/538.41 | 991.45 | 311.06/253.47 |
| 6 | $M$(kN·m) | −128.24/94.07 | 157.74 | −54.31/44.89 |
| | $\alpha_s = M/\alpha_1 f_c b h_0^2$ | 0.09/0.07 | 0.12 | 0.04/0.03 |
| | $\xi = 1 - \sqrt{1-2\alpha_s}$ | 0.10/0.07 | 0.12 | 0.04/0.03 |
| | $A_s = \alpha_1 f_c b h_0 \xi / f_y$ ($mm^2$) | 795.77/575.48 | 991.45 | 327.03/269.33 |
| 5 | $M$(kN·m) | −132.79/98.62 | 157.74 | −56.34/46.92 |
| | $\alpha_s = M/\alpha_1 f_c b h_0^2$ | 0.10/0.07 | 0.12 | 0.04/0.03 |
| | $\xi = 1 - \sqrt{1-2\alpha_s}$ | 0.10/0.07 | 0.12 | 0.04/0.03 |
| | $A_s = \alpha_1 f_c b h_0 \xi / f_y$ ($mm^2$) | 825.60/604.44 | 991.45 | 339.52/281.73 |
| 4 | $M$(kN·m) | −126.46/92.29 | 157.74 | −53.52/44.10 |
| | $\alpha_s = M/\alpha_1 f_c b h_0^2$ | 0.09/0.07 | 0.12 | 0.04/0.04 |
| | $\xi = 1 - \sqrt{1-2\alpha_s}$ | 0.10/0.07 | 0.12 | 0.04/0.04 |
| | $A_s = \alpha_1 f_c b h_0 \xi / f_y$ ($mm^2$) | 784.13/564.18 | 991.45 | 322.18/264.51 |
| 3 | $M$(kN·m) | −116.67/82.50 | 157.74 | −49.14/39.72 |
| | $\alpha_s = M/\alpha_1 f_c b h_0^2$ | 0.09/0.06 | 0.12 | 0.04/0.03 |
| | $\xi = 1 - \sqrt{1-2\alpha_s}$ | 0.09/0.06 | 0.12 | 0.04/0.03 |
| | $A_s = \alpha_1 f_c b h_0 \xi / f_y$ ($mm^2$) | 720.44/502.34 | 991.45 | 295.31/237.84 |
| 2 | $M$(kN·m) | −109.23/75.06 | 157.74 | −45.83/36.41 |
| | $\alpha_s = M/\alpha_1 f_c b h_0^2$ | 0.08/0.04 | 0.12 | 0.03/0.03 |
| | $\xi = 1 - \sqrt{1-2\alpha_s}$ | 0.08/0.05 | 0.12 | 0.03/0.03 |
| | $A_s = \alpha_1 f_c b h_0 \xi / f_y$ ($mm^2$) | 672.40/455.68 | 991.45 | 275.07/217.74 |
| 1 | $M$(kN·m) | −102.01/67.84 | 157.74 | −39.75/30.33 |
| | $\alpha_s = M/\alpha_1 f_c b h_0^2$ | 0.07/0.05 | 0.12 | 0.03/0.02 |
| | $\xi = 1 - \sqrt{1-2\alpha_s}$ | 0.08/0.05 | 0.12 | 0.03/0.02 |
| | $A_s = \alpha_1 f_c b h_0 \xi / f_y$ ($mm^2$) | 626.09/410.67 | 991.45 | 238.02/180.96 |

（2）框架梁斜截面配筋计算见表 4-60 ~ 表 4-62。

**框架梁 AB 斜截面配筋计算** **表 4-60**

| 层次 | $V_b=0.20\beta_c f_c bh_0$ ($0.25\beta_c f_c bh_0$) (kN) | $0.7f_t bh_0$ (kN) | 选用箍筋 | $A_{sv}=nA_{sv1}$ (mm) | 非加密区 | | | 加密区 | | | |
|---|---|---|---|---|---|---|---|---|---|---|---|
| | | | | | $V$ (kN) | $s=\dfrac{1.25f_{yv}A_{sv}h_0}{V-0.7f_1 bh_0}$ (mm) | 实配箍筋间距 (mm) | $V$ (kN) | $s=\dfrac{1.25f_{yv}A_{sv}h_0}{V-0.7f_1 bh_0}$ (mm) | 实配箍筋间距 (mm) | 长度 (mm) |
| 8 | (605.96) | 169.67 | 2$\phi$8 | 101 | 139.30 | <0 | 150 | 139.30 | <0 | 100 | 900 |
| 7 | 484.77 | 169.67 | 2$\phi$8 | 101 | 112.35 | <0 | 150 | 112.35 | <0 | 100 | 900 |
| 6 | 484.77 | 169.67 | 2$\phi$8 | 101 | 114.02 | <0 | 150 | 114.02 | <0 | 100 | 900 |
| 5 | 484.77 | 169.67 | 2$\phi$8 | 101 | 115.32 | <0 | 150 | 115.32 | <0 | 100 | 900 |
| 4 | 484.77 | 169.67 | 2$\phi$8 | 101 | 113.51 | <0 | 150 | 113.51 | <0 | 100 | 900 |
| 3 | 484.77 | 169.67 | 2$\phi$8 | 101 | 110.71 | <0 | 150 | 110.71 | <0 | 100 | 900 |
| 2 | 484.77 | 169.67 | 2$\phi$8 | 101 | 108.58 | <0 | 150 | 108.58 | <0 | 100 | 900 |
| 1 | 484.77 | 169.67 | 2$\phi$8 | 101 | 109.55 | <0 | 150 | 109.55 | <0 | 100 | 900 |

**框架梁 BC 斜截面配筋计算** **表 4-61**

| 层次 | $V_b=0.20\beta_c f_c bh_0$ ($0.25\beta_c f_c bh_0$) (kN) | $0.7f_1 bh_0$ (kN) | 选用箍筋 | $A_{sv}=nA_{sv1}$ (mm) | 非加密区 | | | 加密区 | | | |
|---|---|---|---|---|---|---|---|---|---|---|---|
| | | | | | $V$ (kN) | $s=\dfrac{1.25f_{yv}A_{sv}h_0}{V-0.7f_t bh_0}$ (mm) | 实配箍筋间距 (mm) | $V$ (kN) | $s=\dfrac{1.25f_{yv}A_{sv}h_0}{V-0.7f_t bh_0}$ (mm) | 实配箍筋间距 (mm) | 长度 (mm) |
| 8 | (605.96) | 169.67 | 2$\phi$8 | 101 | 121.24 | <0 | 150 | 121.24 | <0 | 100 | 900 |
| 7 | 484.77 | 169.67 | 2$\phi$8 | 101 | 97.25 | <0 | 150 | 97.25 | <0 | 100 | 900 |
| 6 | 484.77 | 169.67 | 2$\phi$8 | 101 | 98.60 | <0 | 150 | 98.60 | <0 | 100 | 900 |
| 5 | 484.77 | 169.67 | 2$\phi$8 | 101 | 99.66 | <0 | 150 | 99.66 | <0 | 100 | 900 |
| 4 | 484.77 | 169.67 | 2$\phi$8 | 101 | 98.19 | <0 | 150 | 98.19 | <0 | 100 | 900 |
| 3 | 484.77 | 169.67 | 2$\phi$8 | 101 | 95.92 | <0 | 150 | 95.92 | <0 | 100 | 900 |
| 2 | 484.77 | 169.67 | 2$\phi$8 | 101 | 94.20 | <0 | 150 | 94.20 | <0 | 100 | 900 |
| 1 | 484.77 | 169.67 | 2$\phi$8 | 101 | 93.05 | <0 | 150 | 93.05 | <0 | 100 | 900 |

**框架梁 CD 斜截面配筋计算** **表 4-62**

| 层次 | $V_b=0.20\beta_c f_c bh_0$ (kN) | $0.7f_1 bh_0$ (kN) | 选用箍筋 | $A_{sv}=nA_{sv1}$ (mm) | 非加密区 | | | 加密区 | | | |
|---|---|---|---|---|---|---|---|---|---|---|---|
| | | | | | $V$ (kN) | $s=\dfrac{1.25f_{yv}A_{sv}h_0}{V-0.7f_t bh_0}$ (mm) | 实配箍筋间距 (mm) | $V$ (kN) | $s=\dfrac{1.25f_{yv}A_{sv}h_0}{V-0.7f_t bh_0}$ (mm) | 实配箍筋间距 (mm) | 长度 (mm) |
| 8 | 484.77 | 169.67 | 2$\phi$8 | 101 | 87.19 | <0 | 150 | 87.19 | <0 | 100 | 900 |
| 7 | 484.77 | 169.67 | 2$\phi$8 | 101 | 94.72 | <0 | 150 | 94.72 | <0 | 100 | 900 |
| 6 | 484.77 | 169.67 | 2$\phi$8 | 101 | 98.56 | <0 | 150 | 98.56 | <0 | 100 | 900 |
| 5 | 484.77 | 169.67 | 2$\phi$8 | 101 | 101.54 | <0 | 150 | 101.54 | <0 | 100 | 900 |
| 4 | 484.77 | 169.67 | 2$\phi$8 | 101 | 97.39 | <0 | 150 | 97.39 | <0 | 100 | 900 |
| 3 | 484.77 | 169.67 | 2$\phi$8 | 101 | 90.97 | <0 | 150 | 90.97 | <0 | 100 | 900 |
| 2 | 484.77 | 169.67 | 2$\phi$8 | 101 | 86.09 | <0 | 150 | 86.09 | <0 | 100 | 900 |
| 1 | 484.77 | 169.67 | 2$\phi$8 | 101 | 80.06 | <0 | 150 | 80.06 | <0 | 100 | 900 |

（3）框架柱偏心距增大系数见表4-63～表4-66。

框架柱A偏心距增大系数计算　　表4-63

| 层次 | 不利组合 | $M$ (kN·m) | $N$ (kN) | $e_0$ (mm) | $e_a$ (mm) | $e_i$ (mm) | $e_i/h_0$ | $\zeta_1$ | $l_0$ (mm) | $l_0/h$ | $\zeta_2$ | $\eta$ |
|---|---|---|---|---|---|---|---|---|---|---|---|---|
| 8 | ① | 91.17 | 93.97 | 970.20 | 0.00 | 970.20 | 1.717 | 0.027 | 5.25 | 8.750 | 1.000 | 1.001 |
|  | ② | 105.61 | 346.69 | 304.62 | 0.00 | 304.62 | 0.539 | 0.007 | 5.25 | 8.750 | 1.000 | 1.001 |
| 7 | ① | 65.14 | 211.43 | 308.09 | 0.00 | 308.09 | 0.545 | 0.012 | 7.80 | 13.000 | 1.000 | 1.003 |
|  | ② | 59.52 | 648.69 | 91.75 | 9.15 | 100.90 | 0.179 | 0.004 | 5.25 | 8.750 | 1.000 | 1.001 |
| 6 | ① | 60.70 | 330.21 | 183.82 | 0.00 | 183.82 | 0.325 | 0.008 | 7.80 | 13.000 | 1.000 | 1.003 |
|  | ② | 64.80 | 950.49 | 68.18 | 11.98 | 80.15 | 0.142 | 0.003 | 5.25 | 8.750 | 1.000 | 1.001 |
| 5 | ① | 59.71 | 450.03 | 132.68 | 4.24 | 136.92 | 0.242 | 0.006 | 7.80 | 13.000 | 1.000 | 1.003 |
|  | ② | 63.16 | 1253.44 | 50.39 | 14.11 | 64.50 | 0.114 | 0.002 | 5.25 | 8.750 | 1.000 | 1.001 |
| 4 | ① | 55.73 | 568.41 | 98.05 | 8.39 | 106.44 | 0.188 | 0.005 | 5.25 | 8.750 | 1.000 | 1.001 |
|  | ② | 60.70 | 1555.43 | 39.02 | 15.48 | 54.50 | 0.096 | 0.002 | 5.25 | 8.750 | 1.000 | 1.001 |
| 3 | ① | 65.51 | 730.21 | 89.71 | 9.39 | 99.11 | 0.175 | 0.004 | 5.25 | 8.750 | 1.000 | 1.001 |
|  | ② | 56.50 | 1855.63 | 30.45 | 16.51 | 46.95 | 0.083 | 0.001 | 5.25 | 8.750 | 1.000 | 1.001 |
| 2 | ① | 63.17 | 852.30 | 74.12 | 11.27 | 85.38 | 0.151 | 0.003 | 5.25 | 8.750 | 1.000 | 1.001 |
|  | ② | 57.29 | 2154.63 | 26.59 | 16.97 | 43.56 | 0.077 | 0.001 | 5.25 | 8.750 | 1.000 | 1.001 |
| 1 | ① | 99.19 | 1023.10 | 96.95 | 8.53 | 105.48 | 0.187 | 0.003 | 6.625 | 11.042 | 1.000 | 1.001 |
|  | ② | 48.84 | 2453.31 | 19.91 | 17.77 | 37.68 | 0.067 | 0.001 | 6.625 | 11.042 | 1.000 | 1.001 |

注：1. $e_a = 0.12(0.3h_0 - e_a) = 20.16 - 0.12e_0, e_i = e_0 + e_a$;

2. $\xi_1 = 0.5f_cA/N$，当 $\xi_1 > 1$，取 $\xi_1 = 1$；$\xi_2 = 1.15 - 0.01l_0/h$，当 $l_0/h < 15$，取 $\xi_2 = 1.0$；

3. $\eta = 1 + \xi_1\xi_2(l_0/h_0)^2/(1400 \times e_i/h_0)$；当 $l_0/h_0 \leqslant 8$ 时，取 $\eta = 1.0$。

框架柱B偏心距增大系数计算　　表4-64

| 层次 | 不利组合 | $M$ (kN·m) | $N$ (kN) | $e_0$ (mm) | $e_a$ (mm) | $e_i$ (mm) | $e_i/h_0$ | $\zeta_1$ | $l_0$ (mm) | $l_0/h$ | $\zeta_2$ | $\eta$ |
|---|---|---|---|---|---|---|---|---|---|---|---|---|
| 8 | ① | 115.59 | 156.10 | 740.49 | 0.00 | 740.49 | 1.311 | 0.016 | 5.10 | 8.500 | 1.000 | 1.001 |
|  | ② | 88.25 | 456.01 | 193.53 | 0.00 | 193.53 | 0.343 | 0.006 | 5.10 | 8.500 | 1.000 | 1.001 |
| 7 | ① | 91.02 | 313.87 | 289.99 | 0.00 | 289.99 | 0.513 | 0.008 | 5.10 | 8.500 | 1.000 | 1.001 |
|  | ② | 66.76 | 856.25 | 77.97 | 10.80 | 88.77 | 0.157 | 0.003 | 5.10 | 8.500 | 1.000 | 1.001 |
| 6 | ① | 83.96 | 471.90 | 177.92 | 0.00 | 177.92 | 0.315 | 0.005 | 5.10 | 8.500 | 1.000 | 1.001 |
|  | ② | 64.52 | 1258.48 | 51.27 | 14.01 | 65.28 | 0.116 | 0.002 | 5.10 | 8.500 | 1.000 | 1.001 |
| 5 | ① | 90.63 | 672.12 | 134.84 | 3.98 | 138.82 | 0.246 | 0.004 | 5.10 | 8.500 | 1.000 | 1.001 |
|  | ② | 63.99 | 1660.55 | 38.54 | 15.54 | 54.07 | 0.096 | 0.002 | 5.10 | 8.500 | 1.000 | 1.001 |
| 4 | ① | 83.64 | 840.60 | 99.50 | 8.22 | 107.72 | 0.191 | 0.003 | 5.10 | 8.500 | 1.000 | 1.001 |
|  | ② | 59.58 | 2062.50 | 28.89 | 16.69 | 45.58 | 0.081 | 0.001 | 5.10 | 8.500 | 1.000 | 1.001 |
| 3 | ① | 76.36 | 1008.62 | 75.71 | 11.08 | 86.78 | 0.154 | 0.003 | 5.10 | 8.500 | 1.000 | 1.001 |
|  | ② | 53.52 | 2464.30 | 21.72 | 17.55 | 39.27 | 0.070 | 0.001 | 5.10 | 8.500 | 1.000 | 1.001 |

续表

| 层 次 | 不利组合 | M (kN·m) | N (kN) | $e_0$ (mm) | $e_a$ (mm) | $e_i$ (mm) | $e_i/h_0$ | $\zeta_1$ | $l_0$ (mm) | $l_0/h$ | $\zeta_2$ | $\eta$ |
|---|---|---|---|---|---|---|---|---|---|---|---|---|
| 2 | ① | 72.45 | 1176.33 | 61.59 | 12.77 | 74.36 | 0.132 | 0.002 | 5.10 | 8.500 | 1.000 | 1.001 |
| | ② | 51.97 | 2865.27 | 18.14 | 17.98 | 36.12 | 0.064 | 0.001 | 5.10 | 8.500 | 1.000 | 1.001 |
| 1 | ① | 104.63 | 1393.66 | 75.08 | 11.15 | 86.23 | 0.153 | 0.002 | 5.30 | 8.833 | 1.000 | 1.001 |
| | ② | 56.06 | 3328.99 | 16.84 | 18.14 | 34.98 | 0.062 | 0.001 | 6.316 | 10.527 | 1.000 | 1.001 |

注：1. $e_a = 0.12(0.3h_0 - e_a) = 20.16 - 0.12e_0, e_i = e_0 + e_a$;

2. $\xi_1 = 0.5f_cA/N$，当 $\xi_1 > 1$，取 $\xi_1 = 1$；$\xi_2 = 1.15 - 0.01l_0/h$，当 $l_0/h < 15$，取 $\xi_2 = 1.0$；

3. $\eta = 1 + \xi_1\xi_2(l_0/h_0)^2/(1400 \times e_i/h_0)$；当 $l_0/h_0 \leqslant 8$ 时，取 $\eta = 1.0$。

**框架柱 C 偏心距增大系数计算** **表 4-65**

| 层 次 | 不利组合 | M (kN·m) | N (kN) | $e_0$ (mm) | $e_a$ (mm) | $e_i$ (mm) | $e_i/h_0$ | $\zeta_1$ | $l_0$ (mm) | $l_0/h$ | $\zeta_2$ | $\eta$ |
|---|---|---|---|---|---|---|---|---|---|---|---|---|
| 8 | ① | 135.19 | 61.08 | 144.96 | 2.76 | 147.72 | 0.261 | 0.002 | 5.10 | 8.500 | 1.000 | 1.000 |
| | ② | 109.37 | 282.58 | 311.48 | 0.00 | 311.48 | 0.551 | 0.008 | 5.10 | 8.500 | 1.000 | 1.001 |
| 7 | ① | 110.30 | 131.30 | 142.32 | 3.08 | 145.40 | 0.257 | 0.001 | 5.40 | 9.000 | 1.000 | 1.000 |
| | ② | 105.99 | 679.80 | 215.94 | 0.00 | 215.94 | 0.382 | 0.006 | 5.25 | 8.750 | 1.000 | 1.001 |
| 6 | ① | 111.52 | 199.77 | 140.48 | 3.30 | 143.78 | 0.254 | 0.001 | 5.40 | 9.000 | 1.000 | 1.000 |
| | ② | 153.67 | 1026.78 | 180.04 | 0.00 | 180.04 | 0.319 | 0.005 | 5.25 | 8.750 | 1.000 | 1.001 |
| 5 | ① | 109.36 | 266.88 | 139.68 | 3.40 | 143.08 | 0.253 | 0.001 | 5.40 | 9.000 | 1.000 | 1.000 |
| | ② | 199.18 | 1374.05 | 97.81 | 8.42 | 106.24 | 0.188 | 0.002 | 5.25 | 8.750 | 1.000 | 1.001 |
| 4 | ① | 104.62 | 335.88 | 110.95 | 6.85 | 117.79 | 0.208 | 0.001 | 5.40 | 9.000 | 1.000 | 1.000 |
| | ② | 244.96 | 1721.20 | 3147.29 | 0.00 | 3147.29 | 5.570 | 0.048 | 5.25 | 8.750 | 1.000 | 1.000 |
| 3 | ① | 88.06 | 407.80 | 373.30 | 0.00 | 373.30 | 0.661 | 0.009 | 5.40 | 9.000 | 1.000 | 1.001 |
| | ② | 290.59 | 2068.60 | 1154.73 | 0.00 | 1154.73 | 2.044 | 0.022 | 5.25 | 8.750 | 1.000 | 1.001 |
| 2 | ① | 86.77 | 481.94 | 155.91 | 1.45 | 157.36 | 0.279 | 0.004 | 5.40 | 9.000 | 1.000 | 1.001 |
| | ② | 337.29 | 2414.72 | 860.36 | 0.00 | 860.36 | 1.523 | 0.015 | 5.25 | 8.750 | 1.000 | 1.001 |
| 1 | ① | 112.56 | 1150.77 | 149.66 | 2.20 | 151.86 | 0.269 | 0.003 | 5.978 | 9.963 | 1.000 | 1.001 |
| | ② | 314.86 | 2837.89 | 642.85 | 0.00 | 642.85 | 1.138 | 0.011 | 6.00 | 10.000 | 1.000 | 1.001 |

注：1. $e_a = 0.12(0.3h_0 - e_a) = 20.16 - 0.12e_0, e_i = e_0 + e_a$;

2. $\xi_1 = 0.5f_cA/N$，当 $\xi_1 > 1$，取 $\xi_1 = 1$；$\xi_2 = 1.15 - 0.01l_0/h$，当 $l_0/h < 15$，取 $\xi_2 = 1.0$；

3. $\eta = 1 + \xi_1\xi_2(l_0/h_0)^2/(1400 \times e_i/h_0)$；当 $l_0/h_0 \leqslant 8$ 时，取 $\eta = 1.0$。

**框架柱 D 偏心距增大系数计算** **表 4-66**

| 层 次 | 不利组合 | M (kN·m) | N (kN) | $e_0$ (mm) | $e_a$ (mm) | $e_i$ (mm) | $e_i/h_0$ | $\zeta_1$ | $l_0$ (mm) | $l_0/h$ | $\zeta_2$ | $\eta$ |
|---|---|---|---|---|---|---|---|---|---|---|---|---|
| 8 | ① | 15.71 | 0.51 | 30803.92 | 0.00 | 30803.92 | 54.520 | 1.000 | 4.457 | 11.143 | 1.000 | 1.002 |
| | ② | 24.21 | 151.49 | 159.81 | 0.98 | 160.80 | 0.285 | 0.017 | 4.457 | 11.143 | 1.000 | 1.005 |
| 7 | ① | 20.93 | 14.84 | 1410.38 | 0.00 | 1410.38 | 2.496 | 0.173 | 4.542 | 11.355 | 1.000 | 1.006 |
| | ② | 21.35 | 247.44 | 86.28 | 9.81 | 96.09 | 0.170 | 0.010 | 4.452 | 11.130 | 1.000 | 1.005 |

续表

| 层次 | 不利组合 | $M$ (kN·m) | $N$ (kN) | $e_0$ (mm) | $e_a$ (mm) | $e_i$ (mm) | $e_i/h_0$ | $\zeta_1$ | $l_0$ (mm) | $l_0/h$ | $\zeta_2$ | $\eta$ |
|---|---|---|---|---|---|---|---|---|---|---|---|---|
| 6 | ① | 28.21 | 33.00 | 854.85 | 0.00 | 854.85 | 1.513 | 0.078 | 4.542 | 11.355 | 1.000 | 1.005 |
|  | ② | 19.47 | 340.75 | 57.14 | 13.30 | 70.44 | 0.125 | 0.008 | 4.452 | 11.130 | 1.000 | 1.006 |
| 5 | ① | 29.23 | 53.36 | 547.79 | 0.00 | 547.79 | 0.970 | 0.048 | 4.542 | 11.355 | 1.000 | 1.005 |
|  | ② | 19.49 | 432.22 | 45.09 | 14.75 | 59.84 | 0.106 | 0.006 | 4.452 | 11.130 | 1.000 | 1.005 |
| 4 | ① | 27.96 | 70.66 | 395.70 | 0.00 | 395.70 | 0.700 | 0.036 | 4.542 | 11.355 | 1.000 | 1.005 |
|  | ② | 17.79 | 525.53 | 33.85 | 16.10 | 49.95 | 0.088 | 0.005 | 4.452 | 11.130 | 1.000 | 1.005 |
| 3 | ① | 25.11 | 83.24 | 301.66 | 0.00 | 301.66 | 0.534 | 0.031 | 4.542 | 11.355 | 1.000 | 1.005 |
|  | ② | 15.57 | 622.66 | 25.01 | 17.16 | 42.16 | 0.075 | 0.004 | 4.452 | 11.130 | 1.000 | 1.005 |
| 2 | ① | 29.17 | 92.23 | 316.27 | 0.00 | 316.27 | 0.560 | 0.028 | 4.542 | 11.355 | 1.000 | 1.005 |
|  | ② | 14.68 | 722.80 | 20.31 | 17.72 | 38.03 | 0.067 | 0.004 | 4.452 | 11.130 | 1.000 | 1.005 |
| 1 | ① | 25.31 | 91.46 | 276.73 | 0.00 | 276.73 | 0.490 | 0.028 | 5.499 | 13.748 | 1.000 | 1.008 |
|  | ② | 14.56 | 851.78 | 17.09 | 18.11 | 35.20 | 0.062 | 0.003 | 5.499 | 13.748 | 1.000 | 1.007 |

注：1. $e_a = 0.12(0.3h_0 - e_a) = 20.16 - 0.12e_0$, $e_i = e_0 + e_a$;

2. $\xi_1 = 0.5f_cA/N$,当 $\xi_1 > 1$,取 $\xi_1 = 1$;$\xi_2 = 1.15 - 0.01l_0/h$,当 $l_0/h < 15$,取 $\xi_2 = 1.0$;

3. $\eta = 1 + \xi_1\xi_2(l_0/h_0)^2/(1400 \times e_i/h_0)$;当 $l_0/h_0 \leqslant 8$ 时,取 $\eta = 1.0$。

（4）框架柱正截面配筋计算见表4-67～表4-70。

**框架柱 A 正截面配筋计算** **表 4-67**

| 层次 | 不利组合 | $b \times h$ (mm²) | $N$ (kN) | $e_i$ (mm) | $\eta$ | $e$ (mm) | $e'$ (mm) | $\xi$ | $A_s = A_s'$ | $\Sigma A_s$ | 实配钢筋 |
|---|---|---|---|---|---|---|---|---|---|---|---|
| 8 | ① | 600×600 | 93.97 | 970.20 | 1.001 |  | −153 | 0.020 | 720 | 1440 | 4⌀16+4⌀16 |
|  | ② | 600×600 | 346.69 | 304.62 | 1.001 | 315 |  | 0.072 | 720 | 1440 | 4⌀16+4⌀16 |
| 7 | ① | 600×600 | 211.43 | 308.09 | 1.003 | 359 |  | 0.044 | 720 | 1440 | 4⌀16+4⌀16 |
|  | ② | 600×600 | 648.69 | 100.90 | 1.001 | 307 |  | 0.135 | 720 | 1440 | 4⌀16+4⌀16 |
| 6 | ① | 600×600 | 330.21 | 183.82 | 1.003 | 345 |  | 0.069 | 720 | 1440 | 4⌀16+4⌀16 |
|  | ② | 600×600 | 950.49 | 80.15 | 1.001 | 304 |  | 0.198 | 720 | 1440 | 4⌀16+4⌀16 |
| 5 | ① | 600×600 | 450.03 | 136.92 | 1.003 | 366 |  | 0.094 | 720 | 1440 | 4⌀16+4⌀16 |
|  | ② | 600×600 | 1253.44 | 64.50 | 1.001 | 298 |  | 0.261 | 720 | 1440 | 4⌀16+4⌀16 |
| 4 | ① | 600×600 | 568.41 | 106.44 | 1.001 |  | 838 | 0.118 | 720 | 1440 | 4⌀16+4⌀16 |
|  | ② | 600×600 | 1555.43 | 54.50 | 1.001 |  | 40 | 0.324 | 720 | 1440 | 4⌀16+4⌀16 |
| 3 | ① | 600×600 | 730.21 | 99.11 | 1.001 |  | 105 | 0.152 | 720 | 1440 | 4⌀16+4⌀16 |
|  | ② | 600×600 | 1855.63 | 46.95 | 1.001 |  | −159 | 0.386 | 720 | 1440 | 4⌀16+4⌀16 |

续表

| 层次 | 不利组合 | $b\times h$ ($mm^2$) | $N$ (kN) | $e_i$ (mm) | $\eta$ | $e$ (mm) | $e'$ (mm) | $\xi$ | $A_i = A'_s$ | $\Sigma A_s$ | 实配钢筋 |
|---|---|---|---|---|---|---|---|---|---|---|---|
| 2 | ① | 600×600 | 852.30 | 85.38 | 1.001 | | -38 | 0.177 | 720 | 1440 | 4Φ16+4Φ16 |
| | ② | 600×600 | 2154.63 | 43.56 | 1.001 | 340 | | 0.448 | 720 | 1440 | 4Φ16+4Φ16 |
| 1 | ① | 600×600 | 1023.10 | 105.48 | 1.001 | | -99 | 0.213 | 720 | 1440 | 4Φ16+4Φ16 |
| | ② | 600×600 | 2453.31 | 37.68 | 1.001 | 325 | | 0.511 | 720 | 1440 | 4Φ16+4Φ16 |

**框架柱 B 正截面配筋计算** 表 4-68

| 层次 | 不利组合 | $b\times h$ ($mm^2$) | $N$ (kN) | $e_i$ (mm) | $\eta$ | $e$ (mm) | $e'$ (mm) | $\xi$ ($\xi_m$) | $A_s = A'_s$ | $\Sigma A_s$ | 实配钢筋 |
|---|---|---|---|---|---|---|---|---|---|---|---|
| 8 | ① | 600×600 | 156.10 | 740.49 | 1.001 | | 481 | 0.032 | 720 | 1440 | 4Φ16+4Φ16 |
| | ② | 600×600 | 456.01 | 193.53 | 1.001 | | -66 | 0.095 | 720 | 1440 | 4Φ16+4Φ16 |
| 7 | ① | 600×600 | 313.87 | 289.99 | 1.001 | | 30 | 0.065 | 720 | 1440 | 4Φ16+4Φ16 |
| | ② | 600×600 | 856.25 | 88.77 | 1.001 | 349 | | 0.178 | 720 | 1440 | 4Φ16+4Φ16 |
| 6 | ① | 600×600 | 471.90 | 177.92 | 1.001 | 438 | | 0.098 | 720 | 1440 | 4Φ16+4Φ16 |
| | ② | 600×600 | 1258.48 | 65.28 | 1.001 | 325 | | 0.262 | 720 | 1440 | 4Φ16+4Φ16 |
| 5 | ① | 600×600 | 672.12 | 138.82 | 1.001 | 399 | | 0.140 | 720 | 1440 | 4Φ16+4Φ16 |
| | ② | 600×600 | 1660.55 | 54.07 | 1.001 | 314 | | 0.346 | 720 | 1440 | 4Φ16+4Φ16 |
| 4 | ① | 600×600 | 840.60 | 107.72 | 1.001 | 368 | | 0.175 | 720 | 1440 | 4Φ16+4Φ16 |
| | ② | 600×600 | 2062.50 | 45.58 | 1.001 | 306 | | 0.429 | 720 | 1440 | 4Φ16+4Φ16 |
| 3 | ① | 600×600 | 1008.62 | 86.78 | 1.001 | 347 | | 0.210 | 720 | 1440 | 4Φ16+4Φ16 |
| | ② | 600×600 | 2464.30 | 39.27 | 1.001 | 299 | | 0.513 | 720 | 1440 | 4Φ16+4Φ16 |
| 2 | ① | 600×600 | 1176.33 | 74.36 | 1.001 | 334 | | 0.245 | 720 | 1440 | 4Φ16+4Φ16 |
| | ② | 600×600 | 2865.27 | 36.12 | 1.001 | 296 | | 0.596 | 720 | 1440 | 4Φ16+4Φ16 |
| 1 | ① | 600×600 | 1393.66 | 86.23 | 1.001 | 346 | | 0.290 | 720 | 1440 | 4Φ16+4Φ16 |
| | ② | 600×600 | 3328.99 | 34.98 | 1.001 | 295 | | 0.693 | 720 | 1440 | 4Φ16+4Φ16 |

**框架柱 C 正截面配筋计算** 表 4-69

| 层次 | 不利组合 | $b\times h$ ($mm^2$) | $N$ (kN) | $e_i$ (mm) | $\eta$ | $e$ (mm) | $e'$ (mm) | $\xi$ ($\xi_m$) | $A_s = A'_s$ | $\Sigma A_s$ | 实配钢筋 |
|---|---|---|---|---|---|---|---|---|---|---|---|
| 8 | ① | 600×600 | 61.08 | 147.72 | 1.000 | | -112 | 0.013 | 720 | 1440 | 4Φ16+4Φ16 |
| | ② | 600×600 | 282.58 | 311.48 | 1.001 | | 52 | 0.059 | 720 | 1440 | 4Φ16+4Φ16 |

续表

| 层次 | 不利组合 | $b\times h$ ($mm^2$) | $N$ (kN) | $e_i$ (mm) | $\eta$ | $e$ (mm) | $e'$ (mm) | $\xi$ ($\xi_m$) | $A_s=A_s'$ | $\Sigma A_s$ | 实配钢筋 |
|---|---|---|---|---|---|---|---|---|---|---|---|
| 7 | ① | 600×600 | 131.30 | 145.40 | 1.000 | | −115 | 0.027 | 720 | 1440 | 4Φ16+4Φ16 |
| | ② | 600×600 | 679.80 | 215.94 | 1.001 | | −44 | 0.141 | 720 | 1440 | 4Φ16+4Φ16 |
| 6 | ① | 600×600 | 199.77 | 143.78 | 1.000 | | −116 | 0.042 | 720 | 1440 | 4Φ16+4Φ16 |
| | ② | 600×600 | 1026.78 | 180.04 | 1.001 | 440 | | 0.214 | 720 | 1440 | 4Φ16+4Φ16 |
| 5 | ① | 600×600 | 266.88 | 143.08 | 1.000 | | −117 | 0.056 | 720 | 1440 | 4Φ16+4Φ16 |
| | ② | 600×600 | 1374.05 | 106.24 | 1.001 | 366 | | 0.286 | 720 | 1440 | 4Φ16+4Φ16 |
| 4 | ① | 600×600 | 335.88 | 117.79 | 1.000 | | −142 | 0.070 | 720 | 1440 | 4Φ16+4Φ16 |
| | ② | 600×600 | 1721.20 | 3147.29 | 1.000 | 3407 | | 0.358 | 720 | 1440 | 4Φ16+4Φ16 |
| 3 | ① | 600×600 | 407.80 | 373.30 | 1.001 | | 114 | 0.085 | 720 | 1440 | 4Φ16+4Φ16 |
| | ② | 600×600 | 2068.60 | 1154.73 | 1.001 | 1416 | | 0.431 | 720 | 1440 | 4Φ16+4Φ16 |
| 2 | ① | 600×600 | 481.94 | 157.36 | 1.001 | | −102 | 0.100 | 720 | 1440 | 4Φ16+4Φ16 |
| | ② | 600×600 | 2414.72 | 860.36 | 1.001 | 1121 | | 0.503 | 720 | 1440 | 4Φ16+4Φ16 |
| 1 | ① | 600×600 | 1150.77 | 151.86 | 1.001 | 412 | | 0.240 | 720 | 1440 | 4Φ16+4Φ16 |
| | ② | 600×600 | 2837.89 | 642.85 | 1.001 | 903 | | 0.591 | 720 | 1440 | 4Φ16+4Φ16 |

**框架柱 D 正截面配筋计算** **表 4-70**

| 层次 | 不利组合 | $b\times h$ ($mm^2$) | $N$ (kN) | $e_i$ (mm) | $\eta$ | $e$ (mm) | $e'$ (mm) | $\xi$ | $A_s=A_s'$ | $\Sigma A_s$ | 实配钢筋 |
|---|---|---|---|---|---|---|---|---|---|---|---|
| 8 | ① | 600×600 | 0.51 | 30803.92 | 1.002 | | 30606 | 0.000 | 320 | 640 | 3Φ12+3Φ12 |
| | ② | 600×600 | 151.49 | 160.80 | 1.005 | | −98 | 0.032 | 320 | 640 | 3Φ12+3Φ12 |
| 7 | ① | 600×600 | 14.84 | 1410.38 | 1.006 | | 1159 | 0.003 | 320 | 640 | 3Φ12+3Φ12 |
| | ② | 600×600 | 247.44 | 96.09 | 1.005 | | −163 | 0.051 | 320 | 640 | 3Φ12+3Φ12 |
| 6 | ① | 600×600 | 33.00 | 854.85 | 1.005 | | 599 | 0.007 | 320 | 640 | 3Φ12+3Φ12 |
| | ② | 600×600 | 340.75 | 70.44 | 1.006 | | −189 | 0.071 | 320 | 640 | 3Φ12+3Φ12 |
| 5 | ① | 600×600 | 53.36 | 547.79 | 1.005 | | 291 | 0.011 | 320 | 640 | 3Φ12+3Φ12 |
| | ② | 600×600 | 432.22 | 59.84 | 1.005 | | −200 | 0.090 | 320 | 640 | 3Φ12+3Φ12 |
| 4 | ① | 600×600 | 70.66 | 395.70 | 1.005 | | 138 | 0.015 | 320 | 640 | 3Φ12+3Φ12 |
| | ② | 600×600 | 525.53 | 49.95 | 1.005 | | −210 | 0.109 | 320 | 640 | 3Φ12+3Φ12 |
| 3 | ① | 600×600 | 83.24 | 301.66 | 1.005 | | 43 | 0.017 | 320 | 640 | 3Φ12+3Φ12 |
| | ② | 600×600 | 622.66 | 42.16 | 1.005 | | −218 | 0.130 | 320 | 640 | 3Φ12+3Φ12 |

续表

| 层次 | 不利组合 | $b \times h$ ($mm^2$) | $N$ (kN) | $e_i$ (mm) | $\eta$ | $e$ (mm) | $e'$ (mm) | $\xi$ | $A_s = A'_s$ | $\Sigma A_s$ | 实配钢筋 |
|---|---|---|---|---|---|---|---|---|---|---|---|
| 2 | ① | 600×600 | 92.23 | 316.27 | 1.005 |  | 58 | 0.019 | 320 | 640 | 3Φ12+3Φ12 |
|  | ② | 600×600 | 722.80 | 38.03 | 1.005 |  | −222 | 0.150 | 320 | 640 | 3Φ12+3Φ12 |
| 1 | ① | 600×600 | 91.46 | 276.73 | 1.008 |  | 19 | 0.019 | 320 | 640 | 3Φ12+3Φ12 |
|  | ② | 600×600 | 851.78 | 35.20 | 1.007 |  | −225 | 0.177 | 320 | 640 | 3Φ12+3Φ12 |

说明:

①钢筋为 HRB335（$f_y = 300\text{N/mm}^2$，$\xi_b = 0.550$）混凝土为 C30（$f_c = 14.3\text{N/mm}^2$）;

② $e = \eta e_i + h/2 - a_s = \eta e_i + 600/2 - 40 = \eta e_i + 260$;

③ $e' = \eta e_i - h/2 + a_s = \eta e_i - 600/2 + 40 = \eta e_i - 260$;

④ $\xi = N/600 \times 560 \times 14.3 \times 10^{-3} = N/4804.8$;

当 $\xi < \xi_b$ 时,

$$A_s = A'_s = [Ne - \xi(1 - \xi/2) \times 14.3 \times 600 \times 560^2 \times 10^{-3}]/[360 \times (560 - 40) \times 10^{-3}] = Ne/187.2 - 14373\xi(1 - \xi/2)$$

当 $\xi > \xi_b$ 时,

$$\xi_m = \frac{N - \xi_b \alpha_1 f_c b h_0}{\dfrac{Ne - 0.43\alpha_1 f_c b h_0^2}{(0.8 - \xi_b)(h_0 - a'_s)} + f_c b h_0} + \xi_b = \frac{N - 2511}{(Ne/146.64) - 8257} + 0.550$$

当 $\xi_0 \geqslant \xi \geqslant 2a'_s/h_0$ 时,

$$A_s = A'_s = Ne/187.2 - 14373\xi_m(1 - \xi_m/2)$$

当 $\xi < 2a'_s/h_0 = 2 \times 40/560 = 0.143$ 时

$$A_s = A'_s = Ne'/[360 \times (560 - 40) \times 10^{-3}] = Ne'/1872;$$

⑤框架柱钢筋截面最少面积:

柱 A、柱 B、柱 C

$$A_{min} = \rho_{min} \times A = 0.2\% \times 600 \times 600 = 720\text{mm}^2$$

柱 D

$$A_{min} = \rho_{min} \times A = 0.2\% \times 400 \times 400 = 320\text{mm}^2$$

（5）框架柱斜截面配筋计算见表 4-71～表 4-74。

说明:

$$s = \frac{f_{yv} A_{sv} h_0}{V - \dfrac{1.05}{\lambda + 1} f_t b h_0 - 0.056N} \ (N\text{为压力}), \quad s = \frac{f_{yv} A_{sv} h_0}{V - \dfrac{1.05}{\lambda + 1} f_t b h_0 + 0.2N} \ (N\text{为拉力});$$

当 $N > 0.3 f_c A = 0.3 \times 14.3 \times 600^2 = 1544.4\text{kN}$ 时,取 1544.4kN。

对于截面尺寸 $b \times h = 400\text{mm} \times 400\text{mm}$ 的柱，当 $N > 0.3 f_c A = 0.3 \times 14.3 \times 400^2 =$

686.4kN时，取686.4kN。

**框架柱A斜截面配筋计算** **表4-71**

| 层次 | $V_b=0.25\beta_c f_c bh_0$ (kN) | $0.7f_t bh_0$ (kN) | 选用箍筋 | $A_{sv}=nA_{sv1}$ (mm) | 非加密区 | | | 加密区 | | | |
|---|---|---|---|---|---|---|---|---|---|---|---|
| | | | | | V (kN) | s (mm) | 实配箍筋间距 (mm) | V (kN) | s (mm) | 实配箍筋间距 (mm) | 长度 (mm) |
| 8 | 960.96 | 126.13 | 4$\phi$8 | 201 | 36.81 | 构造配箍 | 150 | 36.81 | 构造配箍 | 100 | 600 |
| 7 | 960.96 | 126.13 | 4$\phi$8 | 201 | 31.43 | 构造配箍 | 150 | 31.43 | 构造配箍 | 100 | 600 |
| 6 | 960.96 | 126.13 | 4$\phi$8 | 201 | 31.43 | 构造配箍 | 150 | 31.43 | 构造配箍 | 100 | 600 |
| 5 | 960.96 | 126.13 | 4$\phi$8 | 201 | 31.43 | 构造配箍 | 150 | 31.43 | 构造配箍 | 100 | 600 |
| 4 | 960.96 | 126.13 | 4$\phi$8 | 201 | 40.31 | 构造配箍 | 150 | 40.31 | 构造配箍 | 100 | 600 |
| 3 | 960.96 | 126.13 | 4$\phi$8 | 201 | 42.35 | 构造配箍 | 150 | 42.35 | 构造配箍 | 100 | 600 |
| 2 | 960.96 | 126.13 | 4$\phi$8 | 201 | 42.35 | 构造配箍 | 150 | 42.35 | 构造配箍 | 100 | 600 |
| 1 | 960.96 | 126.13 | 4$\phi$8 | 201 | 44.33 | 构造配箍 | 150 | 44.33 | 构造配箍 | 100 | 600 |

**框架柱B斜截面配筋计算** **表4-72**

| 层次 | $V_b=0.25\beta_c f_c bh_0$ (kN) | $0.7f_t bh_0$ (kN) | 选用箍筋 | $A_{sv}=nA_{sv1}$ (mm) | 非加密区 | | | 加密区 | | | |
|---|---|---|---|---|---|---|---|---|---|---|---|
| | | | | | V (kN) | s (mm) | 实配箍筋间距 (mm) | V (kN) | s (mm) | 实配箍筋间距 (mm) | 长度 (mm) |
| 8 | 960.96 | 126.13 | 4$\phi$8 | 201 | 52.53 | 构造配箍 | 150 | 52.53 | 构造配箍 | 100 | 600 |
| 7 | 960.96 | 126.13 | 4$\phi$8 | 201 | 48.91 | 构造配箍 | 150 | 48.91 | 构造配箍 | 100 | 600 |
| 6 | 960.96 | 126.13 | 4$\phi$8 | 201 | 55.68 | 构造配箍 | 150 | 55.68 | 构造配箍 | 100 | 600 |
| 5 | 960.96 | 126.13 | 4$\phi$8 | 201 | 57.50 | 构造配箍 | 150 | 57.50 | 构造配箍 | 100 | 600 |
| 4 | 960.96 | 126.13 | 4$\phi$8 | 201 | 53.09 | 构造配箍 | 150 | 53.09 | 构造配箍 | 100 | 600 |
| 3 | 960.96 | 126.13 | 4$\phi$8 | 201 | 48.51 | 构造配箍 | 150 | 48.51 | 构造配箍 | 100 | 600 |
| 2 | 960.96 | 126.13 | 4$\phi$8 | 201 | 48.52 | 构造配箍 | 150 | 48.52 | 构造配箍 | 100 | 600 |
| 1 | 960.96 | 126.13 | 4$\phi$8 | 201 | 44.84 | 构造配箍 | 150 | 44.84 | 构造配箍 | 100 | 600 |

**框架柱C斜截面配筋计算** **表4-73**

| 层次 | $V_b=0.25\beta_c f_c bh_0$ (kN) | $0.7f_t bh_0$ (kN) | 选用箍筋 | $A_{sv}=nA_{sv1}$ (mm) | 非加密区 | | | 加密区 | | | |
|---|---|---|---|---|---|---|---|---|---|---|---|
| | | | | | V (kN) | s (mm) | 实配箍筋间距 (mm) | V (kN) | s (mm) | 实配箍筋间距 (mm) | 长度 (mm) |
| 8 | 960.96 | 126.13 | 4$\phi$8 | 201 | 63.37 | 构造配箍 | 150 | 63.37 | 构造配箍 | 100 | 600 |
| 7 | 960.96 | 126.13 | 4$\phi$8 | 201 | 63.38 | 构造配箍 | 150 | 63.38 | 构造配箍 | 100 | 600 |
| 6 | 960.96 | 126.13 | 4$\phi$8 | 201 | 70.55 | 构造配箍 | 150 | 70.55 | 构造配箍 | 100 | 600 |
| 5 | 960.96 | 126.13 | 4$\phi$8 | 201 | 67.83 | 构造配箍 | 150 | 67.83 | 构造配箍 | 100 | 600 |
| 4 | 960.96 | 126.13 | 4$\phi$8 | 201 | 66.33 | 构造配箍 | 150 | 66.33 | 构造配箍 | 100 | 600 |
| 3 | 960.96 | 126.13 | 4$\phi$8 | 201 | 56.79 | 构造配箍 | 150 | 56.79 | 构造配箍 | 100 | 600 |
| 2 | 960.96 | 126.13 | 4$\phi$8 | 201 | 58.03 | 构造配箍 | 150 | 58.03 | 构造配箍 | 100 | 600 |
| 1 | 960.96 | 126.13 | 4$\phi$8 | 201 | 48.42 | 构造配箍 | 150 | 48.42 | 构造配箍 | 100 | 600 |

框架柱 D 斜截面配筋计算　　表 4-74

| 层次 | $V_b=0.25\beta_c f_c bh_0$ (kN) | $0.7f_t bh_0$ (kN) | 选用箍筋 | $A_{sv}=nA_{sv1}$ (mm) | 非加密区 V (kN) | 非加密区 s (mm) | 非加密区 实配箍筋间距 (mm) | 加密区 V (kN) | 加密区 s (mm) | 加密区 实配箍筋间距 (mm) | 加密区 长度 (mm) |
|---|---|---|---|---|---|---|---|---|---|---|---|
| 8 | 960.96 | 126.13 | 4$\phi$8 | 201 | 18.10 | 构造配箍 | 150 | 18.10 | 构造配箍 | 100 | 600 |
| 7 | 960.96 | 126.13 | 4$\phi$8 | 201 | 18.08 | 构造配箍 | 150 | 18.08 | 构造配箍 | 100 | 600 |
| 6 | 960.96 | 126.13 | 4$\phi$8 | 201 | 19.73 | 构造配箍 | 150 | 19.73 | 构造配箍 | 100 | 600 |
| 5 | 960.96 | 126.13 | 4$\phi$8 | 201 | 21.81 | 构造配箍 | 150 | 21.81 | 构造配箍 | 100 | 600 |
| 4 | 960.96 | 126.13 | 4$\phi$8 | 201 | 21.02 | 构造配箍 | 150 | 21.02 | 构造配箍 | 100 | 600 |
| 3 | 960.96 | 126.13 | 4$\phi$8 | 201 | 19.40 | 构造配箍 | 150 | 19.40 | 构造配箍 | 100 | 600 |
| 2 | 960.96 | 126.13 | 4$\phi$8 | 201 | 20.12 | 构造配箍 | 150 | 20.12 | 构造配箍 | 100 | 600 |
| 1 | 960.96 | 126.13 | 4$\phi$8 | 201 | 12.35 | 构造配箍 | 150 | 12.35 | 构造配箍 | 100 | 600 |

### 4.1.17 竖向重力荷载代表值下剪力墙内力计算

（1）屋面、楼面荷载传递方式如图 4-37 所示。

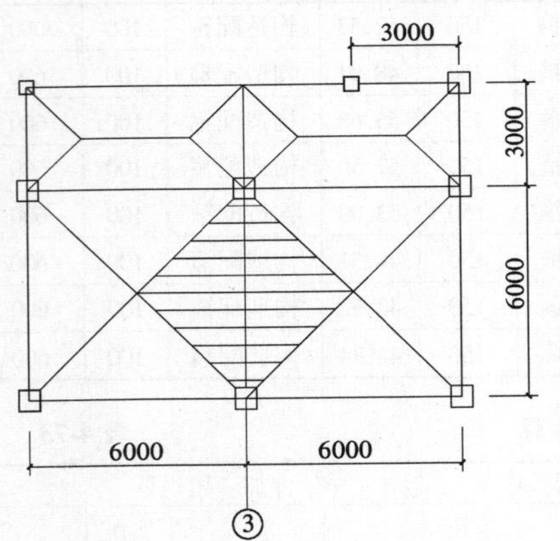


图 4-37 屋面、楼面荷载传递方式图

（2）荷载计算。

1）恒载：

屋面

三角形荷载 $6.89\times3\times2=41.34\text{kN/m}$

化成等效均布荷载 $41.34\times5/8=25.84\text{kN/m}$

$P_1=3.87\times(3-0.3)+12.92\times6\times2+2.32\times(3-0.3)=171.15\text{kN}$

$P_2=3.87\times(3-0.3)+12.92\times6+6.89\times1.5\times5/8\times3+6.89\times1.5\times3+2.32\times(3-0.3)=144.86\text{kN}$

楼面

三角形荷载 $4.32\times3\times2=25.98\text{kN/m}$

化成等效均布荷载 $25.98\times5/8=16.24\text{kN/m}$

$P_6=3.87\times(3-0.3)+8.12\times6\times2+2.32\times(3-0.3)=114.15\text{kN}$

$P_7=3.87\times(3-0.3)+8.12\times6+4.33\times1.5\times5/8\times3+4.33\times1.5\times3+2.32\times(3-0.3)=97.10\text{kN}$

2）构件自重：

剪力墙 $4.5\times4.2\ (5.3)=18.90\ (23.85)\ \text{kN/m}$

$P_5=0.6\times0.6\times25\times4.2(5.3)+0.18\times1.7\times2.2\times25+0.18\times(2.7-1.7)\times1.4(2.5)=$

60.39(75.78)kN

括号内数值为底层的数值。

3）雪载、活载：

屋面雪载

三角形荷载 $0.5\times0.35\times3\times2=1.05\text{kN/m}$

化成等效均布荷载 $1.05\times5/8=0.66\text{kN/m}$

$P_3=0.66\times6\times2=7.92\text{kN}$

$P_4=0.66\times6 + 0.5\times0.35\times1.5\times5/8\times3 + 0.5\times0.35\times1.5\times3=5.24\text{kN}$

楼面活载

三角形荷载 $0.5\times2.0\times3\times2=6.00\text{kN/m}$

化成等效均布荷载 $6.00\times5/8=3.75\text{kN/m}$

$P_8=3.75\times6\times2=45.00\text{kN}$

$P_9=3.75\times6 + 0.5\times2.50\times1.5\times5/8\times3 + 0.5\times2.50\times1.5\times3=31.64\text{kN}$

(3) 屋面、楼面荷载作用如图 4-38 所示。

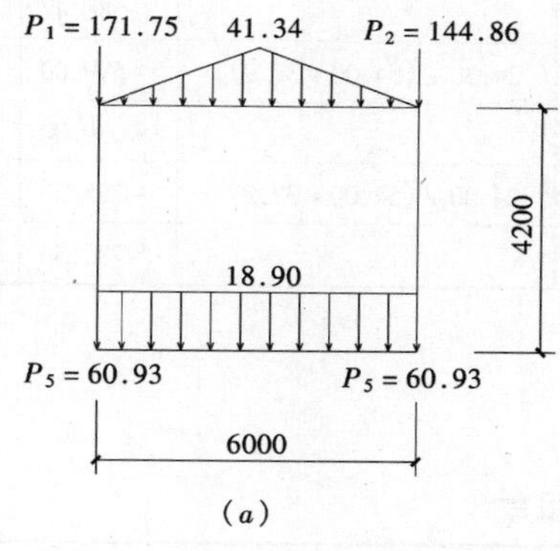


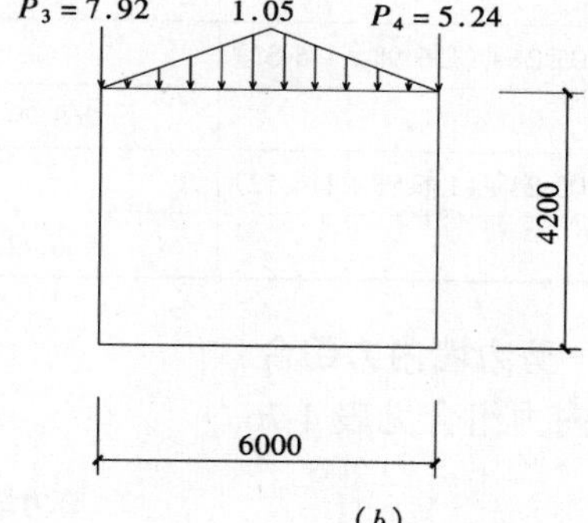


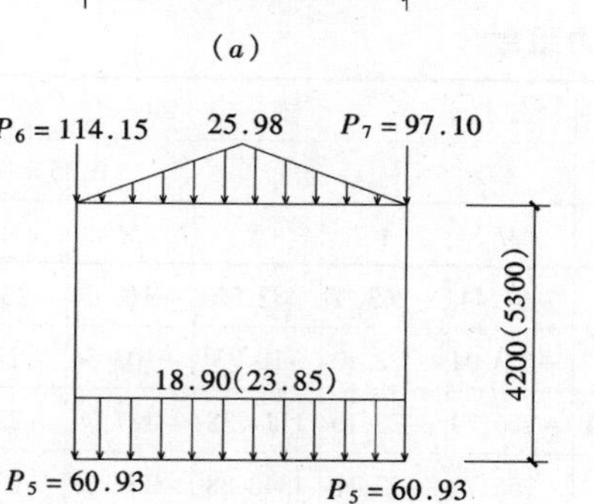


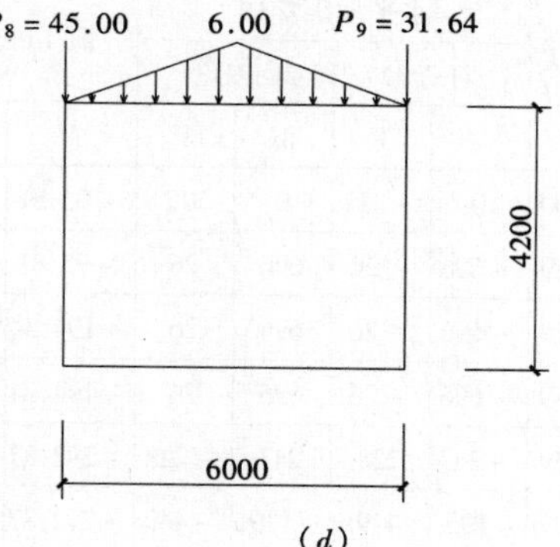


图 4-38 层面、楼面荷载作用

(a) 顶层恒载作用；(b) 顶层雪载作用；

(c) 标准层（底层）恒载作用图；(d) 标准层（底层）活载作用图

（4）竖向重力荷载代表值作用下剪力墙内力计算（表 4-75）。

**竖向重力荷载代表值作用下剪力墙内力计算** **表 4-75**

| 楼层 | 截面 | 1.2 楼(屋)面恒载 + ($P_1+P_2$)或($P_6+P_7$) (kN) | 1.2(剪力墙自重 + $P_5$) (kN) | 1.2(0.5×屋面雪载)或 1.2(0.5×楼面活载) + ($P_3+P_4$)或($P_8+P_9$)(kN) | $M$ (kN·m) | $N$ (kN) |
|---|---|---|---|---|---|---|
| 8 | 顶 | 167.45 + (206.10 + 173.83) | | 4.27 + (9.50 + 6.29) | −95.81 | 567.44 |
| | 底 | | 268.70 | | −95.81 | 836.15 |
| 7 | 顶 | 105.24 + (136.98 + 116.52) | | 24.30 + (54.00 + 37.97) | −194.34 | 1311.04 |
| | 底 | | 268.70 | | −194.34 | 1579.86 |
| 6 | 顶 | 105.24 + (136.98 + 116.52) | | 24.30 + (54.00 + 37.97) | −292.87 | 2054.87 |
| | 底 | | 268.70 | | −292.87 | 2323.57 |
| 5 | 顶 | 105.24 + (136.98 + 116.52) | | 24.30 + (54.00 + 37.97) | −391.40 | 2798.58 |
| | 底 | | 268.70 | | −391.40 | 3067.28 |
| 4 | 顶 | 105.24 + (136.98 + 116.52) | | 24.30 + (54.00 + 37.97) | −489.94 | 3542.29 |
| | 底 | | 268.70 | | −489.94 | 3810.99 |
| 3 | 顶 | 105.24 + (136.98 + 116.52) | | 24.30 + (54.00 + 37.97) | 588.47 | 4286.00 |
| | 底 | | 268.70 | | −588.47 | 4554.71 |
| 2 | 顶 | 105.24 + (136.98 + 116.52) | | 24.30 + (54.00 + 37.97) | −699.00 | 5029.16 |
| | 底 | | 268.70 | | −699.00 | 5298.42 |
| 1 | 顶 | 105.24 + (136.98 + 116.52) | | 24.30 + (54.00 + 37.97) | −785.53 | 5773.43 |
| | 底 | | 336.42 | | −785.53 | 6109.85 |

### 4.1.18 剪力墙内力组合

剪力墙内力组合见表 4-76。

**剪力墙内力组合** **表 4-76**

| 层次 | 截面 | $\xi=\frac{X}{H}$ | 水平地震作用 | | | | 恒 + 0.5 活③ | | 内力组合 | | | | | |
|---|---|---|---|---|---|---|---|---|---|---|---|---|---|---|
| | | | 向右① | | 向左② | | | | 0.85×(①+③) | | | 0.85×(②+③) | | |
| | | | $M$ | $V$ | $M$ | $V$ | $M$ | $N$ | $M$ | $V$ | $N$ | $M$ | $V$ | $N$ |
| 8 | 上 | 1.000 | 0 | −312 | 0 | 312 | −95.81 | 567.44 | −81.44 | −265.20 | 482.32 | −346.64 | −265.20 | 482.32 |
| | 下 | 0.879 | −696 | −26 | 696 | 26 | −95.81 | 836.15 | −673.04 | −22.10 | 710.73 | −103.54 | −22.10 | 710.73 |
| 7 | 上 | 0.879 | −696 | −26 | 696 | 26 | −194.34 | 1311.04 | −756.79 | −22.10 | 1114.38 | −187.29 | −22.10 | 1114.38 |
| | 下 | 0.759 | −696 | −26 | 696 | 26 | −194.34 | 1579.86 | −756.79 | −22.10 | 1342.88 | −187.29 | −22.10 | 1342.88 |
| 6 | 上 | 0.759 | −247 | 228 | 247 | −228 | −292.87 | 2054.87 | −458.89 | 193.80 | 1746.64 | −55.14 | 193.80 | 1746.64 |
| | 下 | 0.637 | 1196 | 449 | −1196 | −449 | −292.87 | 2323.57 | 767.66 | 381.65 | 1975.03 | 132.71 | 381.65 | 1975.03 |
| 5 | 上 | 0.637 | 1196 | 449 | −1196 | −449 | −391.4 | 2798.58 | 683.91 | 381.65 | 2378.79 | 48.96 | 381.65 | 2378.79 |
| | 下 | 0.516 | 3504 | 644 | −3504 | −644 | −391.4 | 3067.28 | 2645.71 | 547.40 | 2607.19 | 214.71 | 547.40 | 2607.19 |
| 4 | 上 | 0.516 | 3504 | 644 | −3504 | −644 | −489.94 | 3542.29 | 2561.95 | 547.40 | 3010.95 | 130.95 | 547.40 | 3010.95 |
| | 下 | 0.395 | 6591 | 819 | −6591 | −819 | −489.94 | 3810.99 | 5185.90 | 696.15 | 3239.34 | 279.70 | 696.15 | 3239.34 |

续表

| 层次 | 截面 | $\xi=\frac{X}{H}$ | 水平地震作用 | | | | 恒+0.5活③ | | 内力组合 | | | | | |
|---|---|---|---|---|---|---|---|---|---|---|---|---|---|---|
| | | | 向右① | | 向左② | | | | 0.85×(①+③) | | | 0.85×(②+③) | | |
| | | | $M$ | $V$ | $M$ | $V$ | $M$ | $N$ | $M$ | $V$ | $N$ | $M$ | $V$ | $N$ |
| 3 | 上 | 0.395 | 6591 | 819 | -6591 | -819 | 588.47 | 4286.00 | 6102.55 | 696.15 | 3643.10 | 1196.35 | 696.15 | 3643.10 |
| | 下 | 0.273 | 10368 | 975 | -10368 | -975 | -588.47 | 4554.71 | 8312.60 | 828.75 | 3871.50 | 328.55 | 828.75 | 3871.50 |
| 2 | 上 | 0.273 | 10368 | 975 | -10368 | -975 | -699 | 5029.16 | 8218.65 | 828.75 | 4274.79 | 234.60 | 828.75 | 4274.79 |
| | 下 | 0.153 | 14781 | 1125 | -14781 | -1125 | -699 | 5298.42 | 11969.70 | 956.25 | 4503.66 | 362.10 | 956.25 | 4503.66 |
| 1 | 上 | 0.153 | 14781 | 1575 | -14781 | -1575 | -785.53 | 5773.43 | 11896.15 | 1338.75 | 4907.42 | 671.05 | 1338.75 | 4907.42 |
| | 下 | 0.000 | 21190 | 1811.6 | -21190 | -1811.6 | -785.53 | 6109.85 | 17343.80 | 1539.86 | 5193.37 | 872.16 | 1539.86 | 5193.37 |

注：剪力墙的底部加强法，其高度为 $H_w/8=34.7/8=4.34$，故取第一层。其剪力应乘以 1.4 的放大系数。

### 4.1.19 剪力墙墙肢截面设计

剪力墙抗震等级为二级（一层墙体为加强墙）。

(1)墙肢截面尺寸及材料

混凝土 C30，$f_c=14.3\text{N/mm}^2$

$h_w=6600\text{mm}$，$b_w=180\text{mm}$，$a_s=a'_s=300\text{mm}$，$h_{w0}=h_w-a'_s=6600-300=6300\text{mm}$

水平及竖向分布筋网片 HPB235 级筋 $f_{yw}=210\text{N/mm}^2$；端部明柱加强筋 HRB335 级钢筋 $f_{yw}=300\text{N/mm}^2$。

(2)配筋计算

轴压比 $N/b_wh_wf_c=5193.37/(180\times6300\times14.3)=0.32<0.7$（剪力墙抗震等级为二级），满足要求。

墙肢竖向钢筋采用 $\phi8@200$ 双向配置 $\rho_w=2\times0.503/(18\times20)=0.279\%>0.25\%$，符合要求。

$A_{sw}=b_wh_{w0}\rho_w=180\times6300\times0.279\%=3168$

$\xi=x/h_{w0}<\xi_b=0.550$ 时，为大偏心受压。

$$
\begin{aligned}
M_{sw}&=1/2(h_{w0}-1.5x)^2A_{sw}f_{yw}/h_{w0}\\
&=1/2\times(6300-1.5x)^2\times3167\times210/6300\\
&=5.279\times10^{-5}\times(6300-1.5x)^2
\end{aligned}
$$

当 $180=b_w<x<h_f=600$ 时：

$$
\begin{aligned}
x&=[N-\alpha_1f_c(b'_f-b_w)h'_f+A_{sw}f_{yw}]h_{w0}/(\alpha_1f_cb_wh_{w0}+1.5A_{sw}f_{yw})\\
&=[N-14.3\times(600-180)\times600+3167\times210]\times6300/(14.3\times180\times6300+1.5\times3167\\
&\quad\times210)\\
&=0.366(N-2938.53)
\end{aligned}
$$

$$
\begin{aligned}
M_c&=\alpha_1f_cb'_fx(h_{w0}-x/2)\\
&=14.3\times600x(6300-x/2)\\
&=8.58\times10^{-3}x(6300-x/2)
\end{aligned}
$$

当 $x\geqslant h'_f=600$ 时：

$$
x=(N+A_{sw}f_{yw})h_{w0}/(\alpha_1f_cb_wh_{w0}+1.5A_{sw}f_{yw})
$$

$= (N + 3167\times 210)\times 6300/(14.3\times 180\times 6300 + 1.5\times 3167\times 210)$

$= 0.366(N + 665.07)$

$M_c = \alpha_1 f_c b_w x(h_{w0} - x/2) + \alpha_1 f_c(b'_f - b_w)h'_f(h_{w0} - h'_f/2)$

$= 14.3\times 180x(6300 - x/2) + 14.3\times(600 - 180)\times 600\times(6300 - 180/2)$

$= 2.574\times 10^{-3}x(6300 - x/2) + 22378$

$A_s = A'_s = [N(e_0 + h_{w0} - h_w/2) + M_{sw} - M_c]/[f'_y(h_{w0} - a'_s)]$

$= [N(M/N + 6300 - 6600/2) + M_{sw} - M_c]/[300\times(6300 - 300)]$

$= [N(M/N + 6300 - 6600/2) + M_{sw} - M_c]/1.8$

$= [N(M/N + 3.0) + M_{sw} - M_c]/1.8$

端部明柱箍筋计算:选用 $\phi10@100$。

$\rho_v = (6\times 78.54\times 560 + 4\times 78.54\times 560)/(100\times 560\times 560)$

$= 0.014 > [\rho_v] = \lambda_v f_c/f_{yv} = 0.2\times 14.3/210 = 0.0136$

端部明柱主筋计算见表 4-77。

**端部明柱主筋计算** **表 4-77**

| 层次 | 截面 | $M$ (kN·m) | $N$ (kN) | $x$ (mm) | $M_{sw}$ (kN·m) | $M_c$ (kN·m) | $A_s = A'_s$ (mm) | 约束边缘构件 $\rho_w = 1.0\%$ 构造边缘构件 $\rho_w = 0.6\%$ | 选用钢筋 |
|---|---|---|---|---|---|---|---|---|---|
| 8 | 顶 | −346.64 | 482.32 | −898.97 | 3088.16 | −52060.05 | <0 | 600×600×0.6% = 2160 | 12Φ16 |
| | 底 | −103.54 | 710.73 | −815.37 | 2987.73 | −46926.42 | <0 | 600×600×0.6% = 2160 | 12Φ16 |
| 7 | 顶 | −187.29 | 1114.38 | −667.64 | 2814.30 | −38000.78 | <0 | 600×600×0.6% = 2160 | 12Φ16 |
| | 底 | −187.29 | 1342.88 | −584.01 | 2718.43 | −33031.13 | <0 | 600×600×0.6% = 2160 | 12Φ16 |
| 6 | 顶 | −55.14 | 1746.64 | −436.23 | 2553.08 | −24396.45 | <0 | 600×600×0.6% = 2160 | 12Φ16 |
| | 底 | 132.71 | 1975.03 | −352.64 | 2461.85 | −19595.14 | <0 | 600×600×0.6% = 2160 | 12Φ16 |
| 5 | 顶 | 48.96 | 2378.79 | −204.86 | 2304.62 | −11253.81 | <0 | 600×600×0.6% = 2160 | 12Φ16 |
| | 底 | 214.71 | 2607.19 | −121.27 | 2217.98 | −6618.24 | <0 | 600×600×0.6% = 2160 | 12Φ16 |
| 4 | 顶 | 130.95 | 3010.95 | 26.51 | 2068.87 | 1429.73 | <0 | 600×600×0.6% = 2160 | 12Φ16 |
| | 底 | 279.70 | 3239.34 | 110.10 | 1986.83 | 5899.15 | <0 | 600×600×0.6% = 2160 | 12Φ16 |
| 3 | 顶 | 1196.35 | 3643.10 | 257.87 | 1845.85 | 13653.77 | <0 | 600×600×0.6% = 2160 | 12Φ16 |
| | 底 | 328.55 | 3871.50 | 341.47 | 1768.39 | 17957.45 | <0 | 600×600×0.6% = 2160 | 12Φ16 |
| 2 | 顶 | 234.60 | 4274.79 | 489.07 | 1635.68 | 25410.12 | <0 | 600×600×0.6% = 2160 | 12Φ16 |
| | 底 | 362.10 | 4503.66 | 572.84 | 1562.67 | 29556.43 | <0 | 600×600×0.6% = 2160 | 12Φ16 |
| 1 | 顶 | 671.05 | 4907.42 | 2039.53 | 554.41 | 50097.93 | <0 | (600×600 + 190×390) ×1% − 201 = 4101 | 12Φ22 |
| | 底 | 872.16 | 5193.37 | 2144.19 | 502.00 | 51231.56 | <0 | (600×600 + 190×390) ×1% − 201 = 4101 | 12Φ22 |

剪力墙水平钢筋计算见表 4-78。

**剪力墙水平钢筋计算** **表 4-78**

| 层次 | 截面 | $M$(kN·m) | $N$(kN) | $\lambda$ | [$V_w$](kN) | $V_w$ < [$V_w$] |
|---|---|---|---|---|---|---|
| 8 | 顶 | -346.64 | 482.32 | 1.5 | 7067.09 | -265.20 |
| | 底 | -103.54 | 710.73 | 1.5 | 7089.93 | -22.10 |
| 7 | 顶 | -187.29 | 1114.38 | 1.5 | 7130.29 | -22.10 |
| | 底 | -187.29 | 1342.88 | 1.5 | 7153.14 | -22.10 |
| 6 | 顶 | -55.14 | 1746.64 | 1.5 | 7193.52 | 193.80 |
| | 底 | 132.71 | 1975.03 | 1.5 | 7216.36 | 381.65 |
| 5 | 顶 | 48.96 | 2378.79 | 1.5 | 7256.73 | 381.65 |
| | 底 | 214.71 | 2607.19 | 1.5 | 7279.57 | 547.40 |
| 4 | 顶 | 130.95 | 3010.95 | 1.5 | 7319.95 | 547.40 |
| | 底 | 279.70 | 3239.34 | 1.5 | 7342.79 | 696.15 |
| 3 | 顶 | 1196.35 | 3397.68 | 1.5 | 7358.62 | 696.15 |
| | 底 | 328.55 | 3397.68 | 1.5 | 7358.62 | 828.75 |
| 2 | 顶 | 234.60 | 3397.68 | 1.5 | 7358.62 | 828.75 |
| | 底 | 362.10 | 3397.68 | 1.5 | 7358.62 | 956.25 |
| 1 | 顶 | 671.05 | 3397.68 | 1.5 | 7358.62 | 1338.75 |
| | 底 | 872.16 | 3397.68 | 1.5 | 7358.62 | 1539.86 |

注：

1. 当 $N \leqslant 0.2 f_c b_w h_w = 0.2 \times 14.3 \times 180 \times 6600 = 3397.68$kN 时，取 $N = 3397.68$kN；

   当 $N > 0.2 f_c b_w h_w = 0.2 \times 14.3 \times 180 \times 6600 = 3397.68$kN 时，取 $N$；

2. $\lambda = M/Vh_{w0}$，当 $\lambda < 1.5$ 时，取 1.5；当 $\lambda > 2.2$ 时，取 2.2；

3. 墙肢水平钢筋采用 $\phi 8$@200 双排配置，$\rho_w = 2 \times 0.503/(18 \times 20) = 0.279\% > 0.25\%$，符合要求；

4. $[V_w] = 1/(\lambda - 0.5)(0.4 f_t b_w h_{w0} + 0.1 N A_{sw}/A) + 0.8 f_{yv} A_{sw} h_{w0}/s$

   $= 1/(\lambda - 0.5)(0.4 \times 14.3 \times 180 \times 6300 + 0.1N) + 0.8 \times 210 \times 2 \times 50.3 \times 6300/200$

   $= 1/(\lambda - 0.5)(6486.48 + 0.1N) + 532.375$。

### 4.1.20 剪力墙墙肢截面配筋图（略）

框架 kJ-4 配筋图如图 4-39（$a$）所示；框架梁、柱截面配筋如图 4-39（$b$）所示；剪力墙配筋如图 4-40 所示。

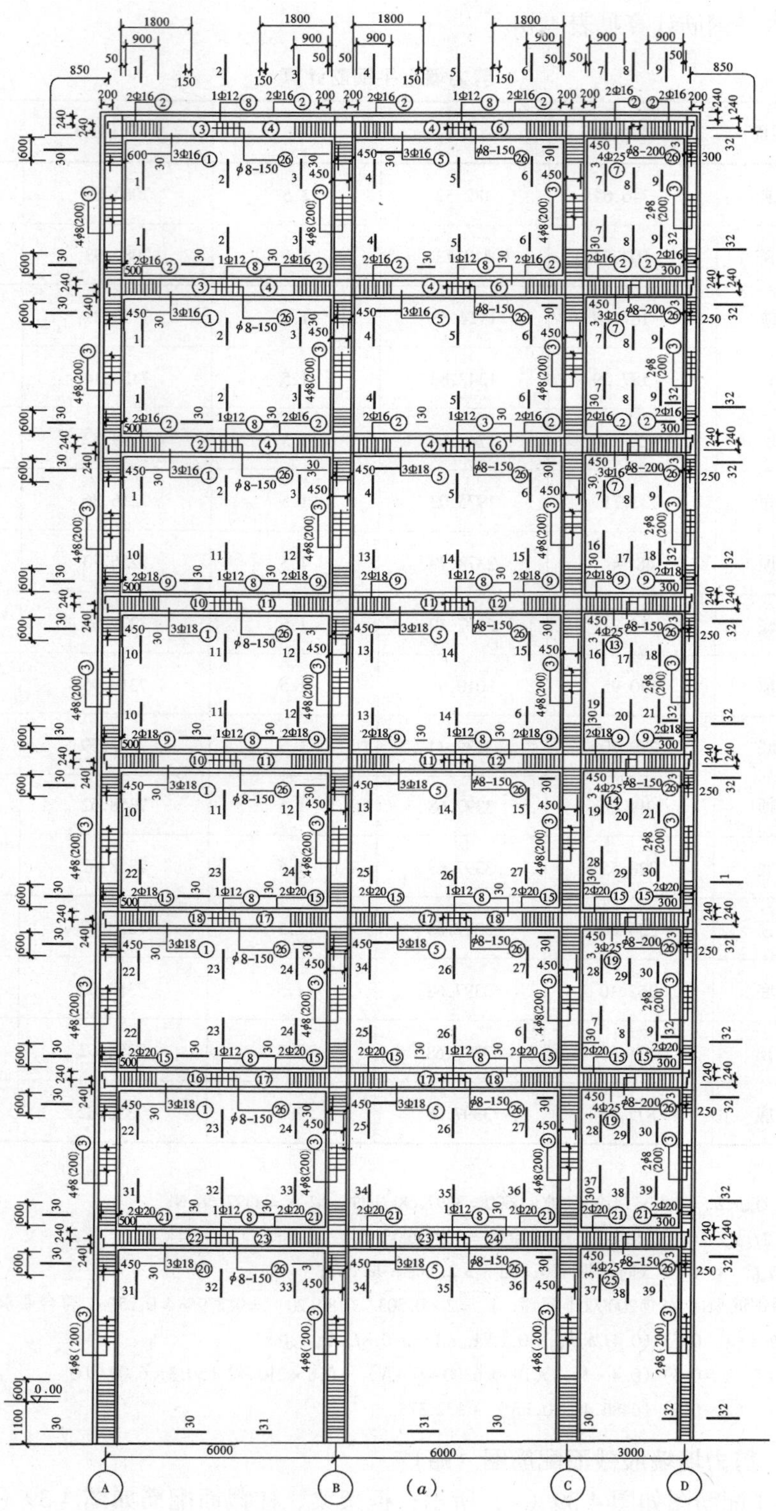

图 4-39 框架 KJ-4 及框架梁、柱截面配筋图（一）
（*a*）框架 KJ-4 配筋图

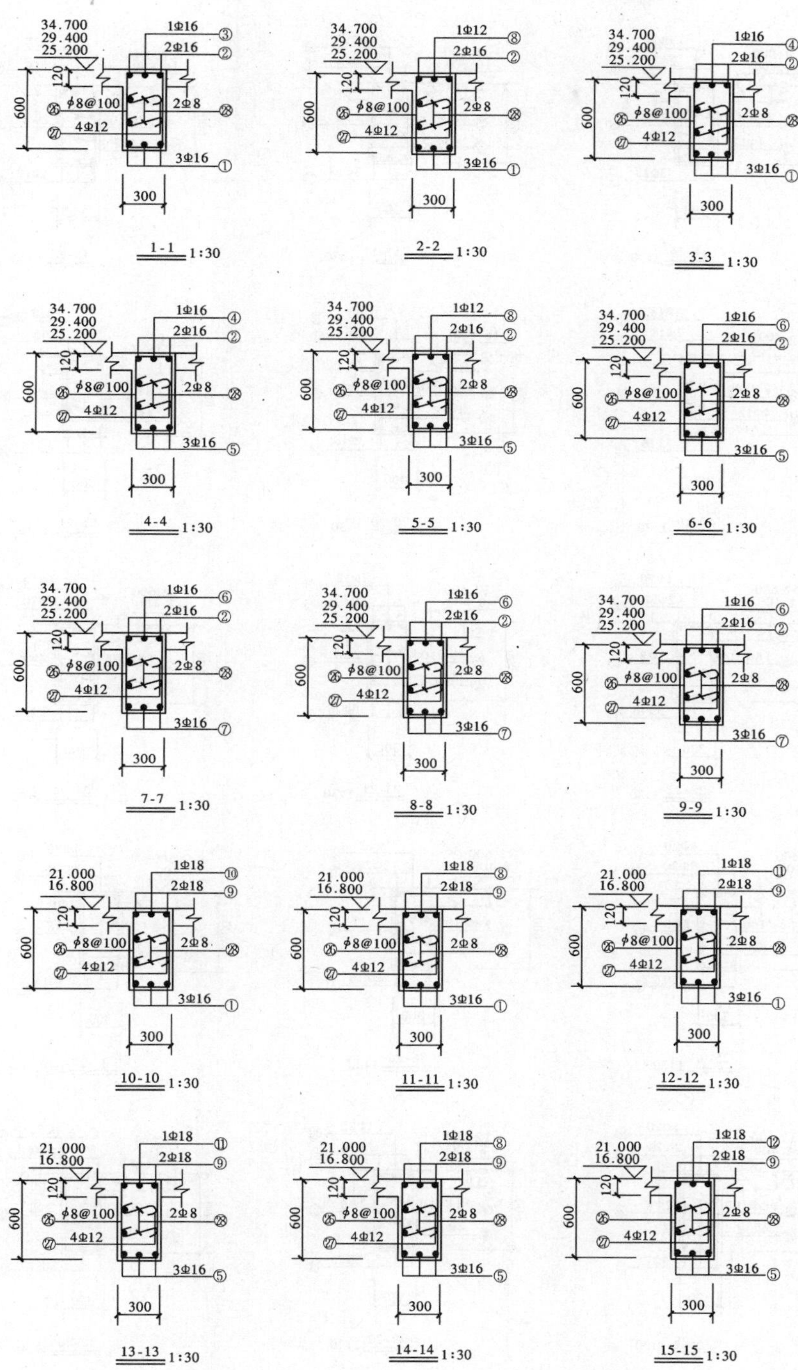


图 4-39　框架 KJ-4 及框架梁、柱截面配筋图（二）

（*b*）框架梁、柱截面配筋图

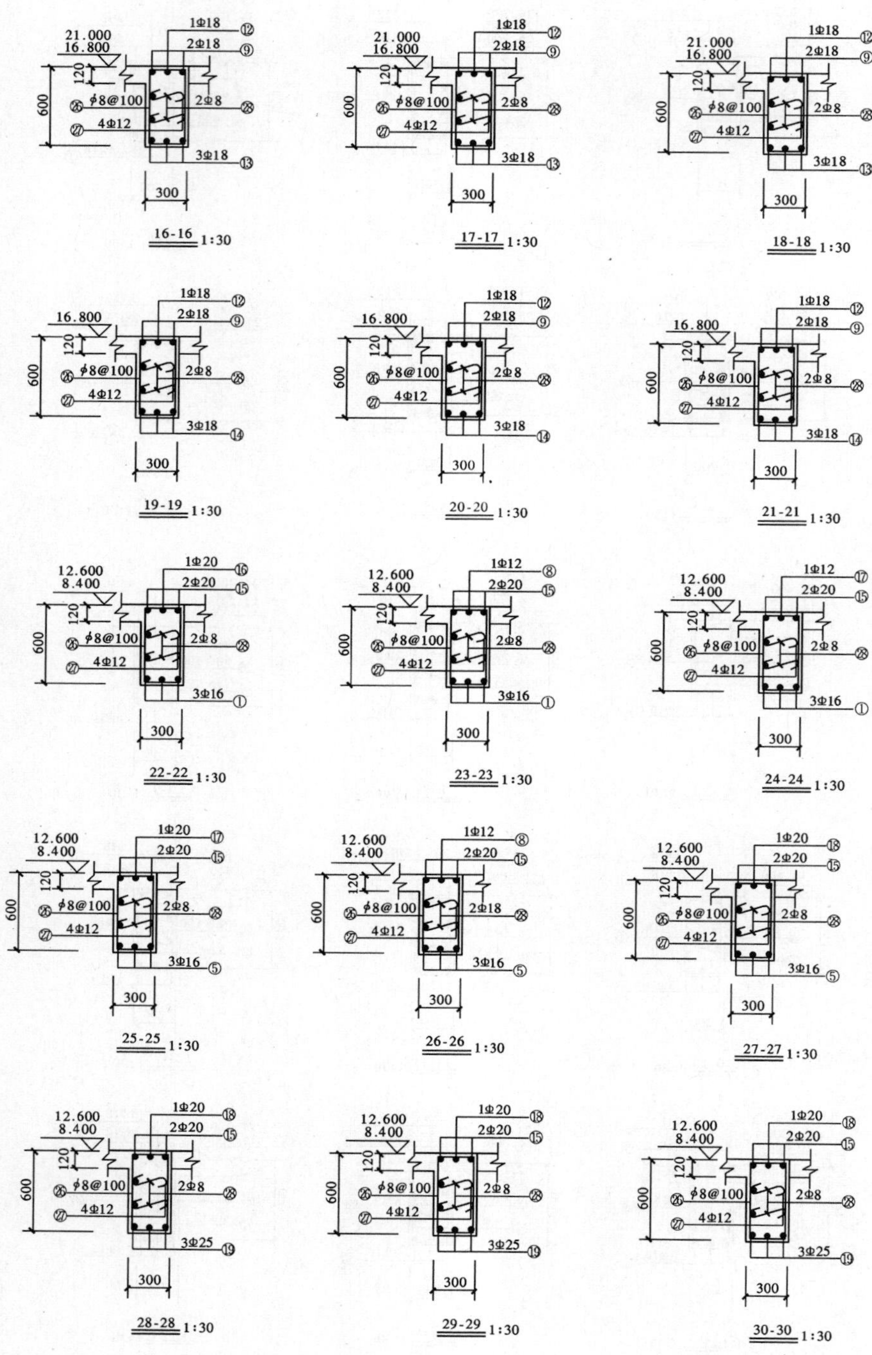


图 4-39　框架 KJ-4 及框架梁、柱截面配筋图（三）

（*b*）框架梁、柱截面配筋图

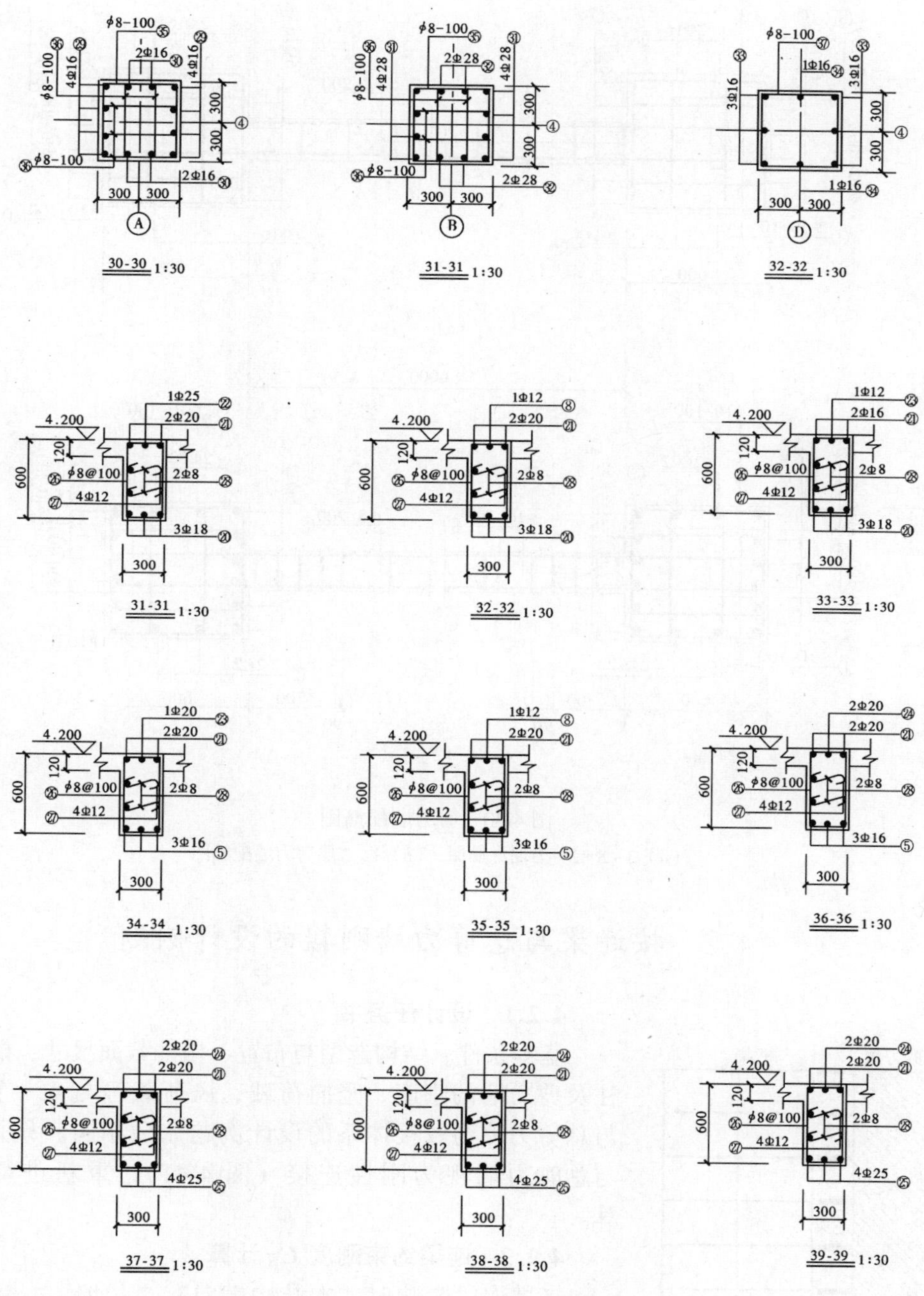


图 4-39　框架 KJ-4 及框架梁、柱截面配筋图（四）

（*b*）框架梁、柱截面配筋图

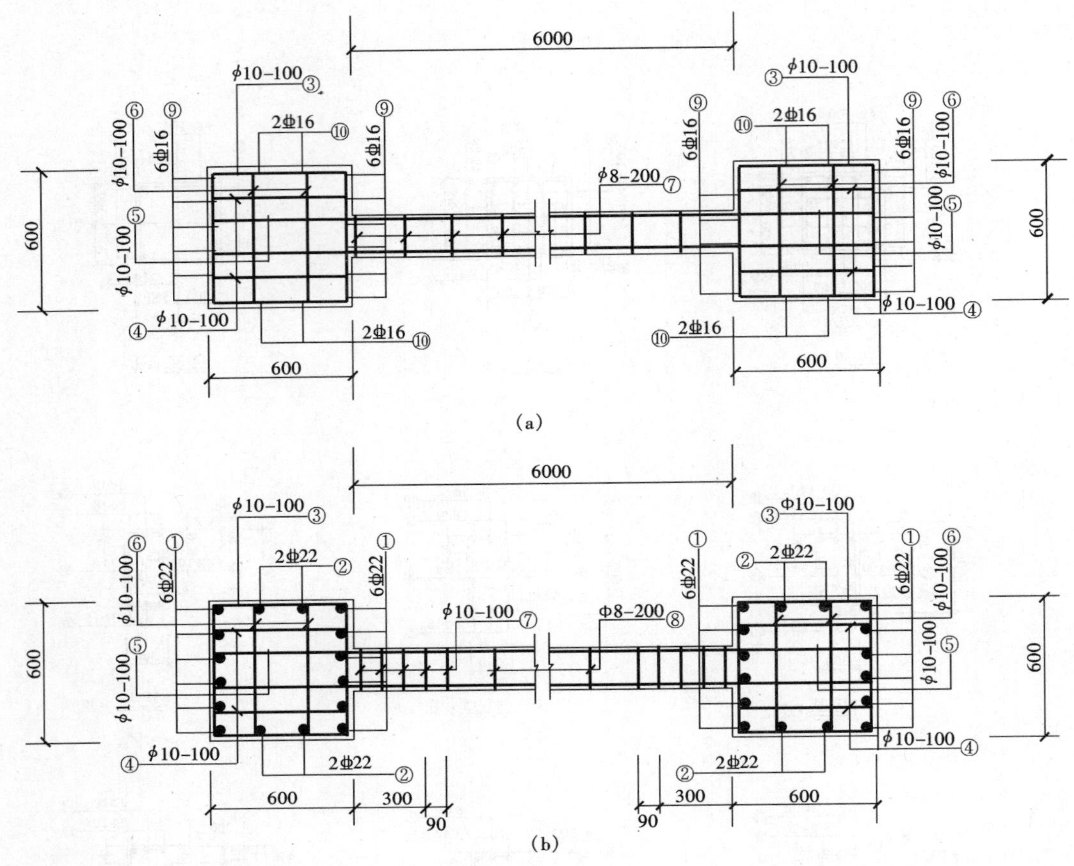


图 4-40 剪力墙配筋图

(*a*) 3~8 层剪力墙配筋图；(*b*) 1、2 层剪力墙配筋图

## 4.2 按连梁与总剪力墙刚接的设计例题

### 4.2.1 设计任务书

基本条件、结构选型与布置、构件截面尺寸、框架梁、柱及剪力墙的刚度、竖向荷载、风荷载等与 4.1 节按连梁与总剪力墙为铰接体系的设计例题完全相同。只是将连梁与总剪力墙视为刚性连接（图 4-41），重新进行设计计算。

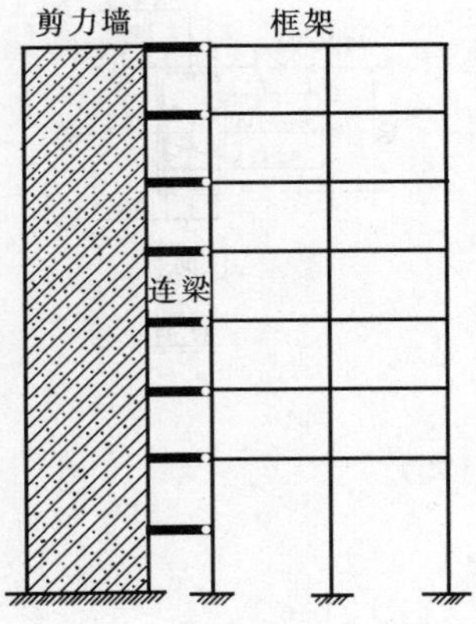

图 4-41 刚接体系

### 4.2.2 连梁约束刚度 $C_b$ 计算

考虑连梁影响时，本结构横向有 2 片墙、4 榀框架、6 根柱和 4 根连梁。

（1）连梁截面：0.3m×0.6m，1~8 层混凝土强度等级为 C30。

（2）刚域取法如图 4-42 所示。

（3）连梁刚性端部约束弯矩：

$$m_{12}=\frac{6(1+a)}{(1+\beta)(1-a)^3}\frac{EI_b}{l}$$

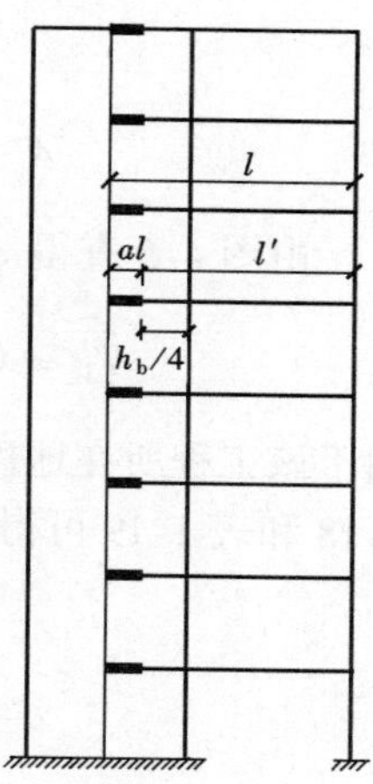

图 4-42　刚域示意图

式中　$E$——混凝土连梁的弹性模量，取 $E=3.0\times10^7\text{kN/m}^2$；

$I_b$——混凝土连梁的截面惯性矩，取 $I_b=\frac{1}{12}b_bh_b^3=\frac{1}{12}\times0.3\times0.6^3=0.0054\text{m}^4$。

$a=\frac{al}{l}$，其中 $al$ 为连梁刚性段长度，取墙肢形心轴至洞边距离减去连梁高的 1/4；$l$ 为剪力墙形心轴至框架柱中心的距离。即 $al=\frac{6+0.6}{2}-\frac{0.6}{4}=3.15\text{m}$；对框架柱Ⓐ/③及Ⓐ/⑤，$l=\frac{6}{2}+6=9\text{m}$；对框架柱Ⓓ/③及Ⓓ/⑤，$l=\frac{6}{2}+3=6\text{m}$。于是，对框架柱Ⓐ/③及Ⓐ/⑤，$a=\frac{3.15}{9}=0.350$；对框架柱Ⓓ/③及Ⓓ/⑤，$a=\frac{3.15}{6}=0.525$。

剪切变形影响系数 $\beta=\frac{12\mu EI_b}{GAl'^2}$，其中 $G=0.42E$，$\mu$ 为 $T$ 形截面形状系数，当截面形状为矩形时，取 $\mu=1.2$；$A$ 为混凝土连梁截面面积，取 $A=0.3\times0.6=0.18\text{m}^2$，$l'$ 为连梁的净跨，对框架柱Ⓐ/③及Ⓐ/⑤，$l'=l-al=9-3.15=5.85\text{m}$，对框架柱Ⓓ/③及Ⓓ/⑤，$l'=l-al=6-3.15=2.85\text{m}$

于是，对框架柱Ⓐ/③及Ⓐ/⑤，$\beta=\frac{12\times1.2\times0.0054}{0.42\times0.18\times5.85^2}=0.030$；

对框架柱Ⓓ/③及Ⓓ/⑤，$\beta=\frac{12\times1.2\times0.0054}{0.42\times0.18\times2.85^2}=0.127$。

因此，与框架柱Ⓐ/③及Ⓐ/⑤连接的连梁端部约束弯矩：

$$m_{12}=\frac{6\times(1+0.350)}{(1+0.030)(1-0.350)^3}\frac{3.0\times10^7\times0.0054}{9}=5.15\times10^5\text{kN}\cdot\text{m}$$

与框架柱Ⓓ/③及Ⓓ/⑤连接的连梁端部约束弯矩：

$$m_{12}=\frac{6\times(1+0.525)}{(1+0.127)(1-0.525)^3}\frac{3.0\times10^7\times0.0054}{6}=2.045\times10^6\text{kN}\cdot\text{m}$$

（4）连梁约束刚度 $C_b$：

$$C_b=\sum_{j=1}^{8}C_{bj}h_j/H=\sum_{j=1}^{8}\left(\sum_{i=1}^{4}C_{bi}\right)h_j/H=\sum_{j=1}^{8}\left(\sum_{i=1}^{4}\frac{m_{12}}{h_j}\right)h_j/H=\sum_{j=1}^{8}\left(\sum_{i=1}^{4}m_{12}\right)/H$$

$$=\frac{(2\times5.15\times10^5+2\times2.045\times10^6)\times8}{34.7}$$

$$=1.18\times10^6\text{kN}$$

### 4.2.3　风荷载计算

见 4.1.4 节。

### 4.2.4　地震作用计算

采用底部剪力法近似计算地震作用。

$$G_{eq}=0.85G=0.85\times(4941.11+7\times5004.72+5125.20)$$

$$= 0.85 \times 45099.35 = 38334.45\text{kN}$$

$$\lambda = H\sqrt{\frac{C_f + C_b}{EI_w}} = 34.7\sqrt{\frac{1292877 + 1.18 \times 10^6}{8.634 \times 10^8}} = 1.86$$

由图 4-5 查得 $\varphi_1 = 1.162$

$$T_1 = 0.80 \times 1.162 \times 34.7^2\sqrt{\frac{45099.35}{34.7 \times 9.8 \times 8.634 \times 10^8}} = 0.439\text{s}$$

由于该工程所在地区抗震设防烈度为 7 度，Ⅱ类场地土，设计地震分组为第一组，查表 1-18 和表 1-19 可得：

$$\alpha_{max} = 0.08 \qquad T_g = 0.35\text{s}$$

$$T_g < T_1 < 5T_g \qquad \alpha_1 = \left(\frac{T_g}{T_1}\right)^{\gamma}\eta_2\alpha_{max}$$

式中 $\gamma$——衰减指数，在 $T_g < T_1 < 5T_g$ 的区间内取 0.9；

$\eta_2$——阻尼调整系数，除专门规定外，建筑结构的阻尼比应取 0.05，对应的 $\eta_2 = 1.0$。

故横向地震影响系数 $\alpha_1 = \left(\frac{0.35}{0.439}\right)^{0.9} \times 1.0 \times 0.08 = 0.065$

总地震力： $F_{EK} = \alpha_1 G_{eq} = 0.065 \times 38334.45 = 2491.74\text{kN}$

$$T_1 = 0.439\text{s} < 1.4T_g = 1.4 \times 0.35 = 0.49\text{s}$$

不需要考虑顶点附加水平地震作用的影响

$$F_i = \frac{G_iH_i}{\Sigma G_iH_i}F_{EK} = 2491.74\frac{G_iH_i}{\Sigma G_iH_i}\text{kN}$$

楼层各质点水平地震作用计算见表 4-79。

**楼层各质点水平地震作用计算** **表 4-79**

| 层次 | $h_i$（m） | $H_i$（m） | $G_i$（kN） | $G_iH_i$（kN·m） | $\frac{G_iH_i}{\Sigma G_iH_i}$ | $F_i$（kN） | $V_i$（kN） | $F_iH_i$（$10^3$kN·m） |
|---|---|---|---|---|---|---|---|---|
| 8 | 4.2 | 34.7 | 4941.00 | 171453 | 0.215 | 536.04 | 536.04 | 18.60 |
| 7 | 4.2 | 30.5 | 5004.72 | 152644 | 0.191 | 476.21 | 1012.25 | 14.52 |
| 6 | 4.2 | 26.3 | 5004.72 | 131624 | 0.165 | 411.38 | 1423.63 | 10.82 |
| 5 | 4.2 | 22.1 | 5004.72 | 110604 | 0.138 | 344.07 | 1767.70 | 7.60 |
| 4 | 4.2 | 17.9 | 5004.72 | 89584 | 0.112 | 279.24 | 2046.94 | 5.00 |
| 3 | 4.2 | 13.7 | 5004.72 | 68565 | 0.086 | 214.42 | 2261.36 | 2.94 |
| 2 | 4.2 | 9.5 | 5004.72 | 47545 | 0.059 | 147.10 | 2408.46 | 1.40 |
| 1 | 5.3 | 5.3 | 5125.20 | 27164 | 0.034 | 84.77 | 2493.23 | 0.45 |
| Σ | 34.7 | | 40094.52 | 799183 | 1 | 2493.23 | | 61.33 |

将楼层处集中力按基底弯矩折算成三角形荷载：

$$M_0 = \frac{1}{2}qH \times \frac{2}{3}H = \frac{1}{3}qH^2$$

$$q = \frac{3M_0}{H^2} = \frac{3 \times 61.33 \times 10^3}{34.7^2} = 152.80\text{kN/m}$$

$$V_0 = \frac{1}{2}qH = \frac{1}{2} \times 152.80 \times 34.7 = 2651.08\text{kN}$$

### 4.2.5　风荷载作用下结构协同工作及水平位移计算

（1）由 $\lambda$ 值及荷载类型查图表计算

当考虑连梁约束刚度 $C_b$ 影响时，计算结构内力、位移所用的 $\lambda$ 值与计算结构周期时不同，应考虑连梁塑性调幅，连梁约束刚度 $C_b$ 乘以 0.55 折减系数，重新计算计算 $\lambda$ 值。倒三角形荷载作用下结构内力计算见表 4-80。塑性调幅后连梁约束刚度为：

$$C_b^* = 0.55C_b = 0.55 \times 1.18 \times 10^6 = 6.49 \times 10^5\text{kN}$$

$$\lambda = H\sqrt{\frac{C_f + C_b^*}{EI_w}} = 34.7\sqrt{\frac{1292877 + 6.49 \times 10^5}{8.634 \times 10^8}} = 1.65$$

**倒三角形荷载作用下结构内力计算**　　**表 4-80**

| 层次 | 标高 $x$(m) | $\lambda=1.73$，$M_0=21.27\times10^3$kN·m，$V_0=919.38$kN；$q=52.99$kN/m | | | | | | | | | |
|---|---|---|---|---|---|---|---|---|---|---|---|
| | | $\xi=x/H$ | $M_w/M_0$ | $M_w$ ($10^3$kN/m) | $V'_w/V_0$ | $V'_w$ ($10^3$kN/m) | $\overline{V_F}/V_0$ | $\overline{V_F}$ ($10^3$kN/m) | $V_F$ ($10^3$kN/m) | $m$（$\xi$）($10^3$kN/m) | $V_w$ ($10^3$kN/m) |
| 8 | 34.7 | 1.000 | 0.000 | 0.00 | −0.303 | −0.28 | 0.303 | 0.28 | 0.22 | 0.06 | −0.22 |
| 7 | 30.5 | 0.879 | −0.034 | −0.72 | −0.081 | −0.07 | 0.308 | 0.28 | 0.22 | 0.06 | −0.01 |
| 6 | 26.3 | 0.758 | −0.031 | −0.66 | 0.109 | 0.10 | 0.317 | 0.29 | 0.23 | 0.06 | 0.16 |
| 5 | 22.1 | 0.637 | 0.004 | 0.09 | 0.274 | 0.25 | 0.321 | 0.30 | 0.23 | 0.07 | 0.32 |
| 4 | 17.9 | 0.516 | 0.067 | 1.43 | 0.421 | 0.39 | 0.313 | 0.29 | 0.22 | 0.06 | 0.45 |
| 3 | 13.7 | 0.395 | 0.156 | 3.32 | 0.558 | 0.51 | 0.286 | 0.26 | 0.20 | 0.06 | 0.57 |
| 2 | 9.5 | 0.274 | 0.269 | 5.72 | 0.689 | 0.63 | 0.236 | 0.22 | 0.17 | 0.05 | 0.68 |
| 1 | 5.3 | 0.153 | 0.406 | 8.64 | 0.822 | 0.76 | 0.155 | 0.14 | 0.11 | 0.03 | 0.79 |
| 0 | 0 | 0.000 | 0.615 | 13.08 | 1.000 | 0.92 | 0.000 | 0.00 | 0.00 | 0.00 | 0.92 |

注：$M_w/M_0 = \frac{3}{\lambda^2}\left[\left(1+\frac{\lambda\text{sh}\lambda}{2}-\frac{\text{sh}\lambda}{\lambda}\right)\frac{\text{ch}\lambda\xi}{\text{ch}\lambda}-\left(\frac{\lambda}{2}-\frac{1}{\lambda}\right)\text{sh}\lambda\xi-\xi\right]$；

$V'_w/V_0 = \frac{2}{\lambda^2}\left[\left(1+\frac{\lambda\text{sh}\lambda}{2}-\frac{\text{sh}\lambda}{\lambda}\right)\frac{\lambda\text{sh}\lambda\xi}{\text{ch}\lambda}-\left(\frac{\lambda}{2}-\frac{1}{\lambda}\right)\lambda\text{ch}\lambda\xi-1\right]$；

$\frac{\overline{V_F}}{V_0} = (1-\xi^2)-\frac{V'_w}{V_0}$；

$V_F = \frac{C_F}{C_F+C_b}\overline{V_F} = \frac{1292877}{1292877+3.691\times10^5}\overline{V_F} = 0.778\,\overline{V_F}$；

$m = \frac{C_b}{C_F+C_b}\overline{V_F} = (1-0.778)\,\overline{V_F} = 0.222\,\overline{V_F}$；

$V_w = V'_w = m$；

（2）结构总内力计算汇总（表 4-81）

**结构总内力计算汇总**　　**表 4-81**

| 层　次 | 总剪力墙 | | 总框架 | 总连梁 |
|---|---|---|---|---|
| | $M_w$（$10^3$kN/m） | $V_w$（$10^3$kN/m） | $V_F$（$10^3$kN/m） | $M_{bj}$（$10^3$kN/m） |
| 8 | 0.00 | −0.22 | 0.22 | $0.06\times\frac{4.2}{2}=0.13$ |
| 7 | −0.72 | −0.01 | 0.23 | 0.25 |

续表

| 层次 | 总剪力墙 | | 总框架 | 总连梁 |
|---|---|---|---|---|
| | $M_w$（$10^3$kN/m） | $V_w$（$10^3$kN/m） | $V_F$（$10^3$kN/m） | $M_{bj}$（$10^3$kN/m） |
| 6 | −0.66 | 0.16 | 0.23 | 0.25 |
| 5 | 0.09 | 0.32 | 0.23 | 0.29 |
| 4 | 1.43 | 0.45 | 0.21 | 0.25 |
| 3 | 3.32 | 0.57 | 0.19 | 0.25 |
| 2 | 5.72 | 0.68 | 0.14 | 0.21 |
| 1 | 8.64 | 0.79 | 0.06 | $0.03\times\frac{(4.2+5.3)}{2}=0.14$ |
| 0 | 13.08 | 0.92 | — | — |

注：各层总框架柱剪力应由上、下层处 $V_F$ 值近视计算 $V_{Fi}=(V_{Fi-1}+V_{Fi})/2$；各层连梁总约束弯矩 $M_{bj}=\frac{m(\xi)(h_i+h_{i-1})}{2}$。

（3）位移计算（表 4-82）

**位移计算** **表 4-82**

| 层次 | $H_i$（m） | $\xi=x/H$ | $Y(\xi)/f_H$ | $Y(\xi)$（mm） | $\Delta y_i$（mm） |
|---|---|---|---|---|---|
| 8 | 34.7 | 1.000 | 0.468 | 3.819 | 0.547 |
| 7 | 30.5 | 0.879 | 0.401 | 3.272 | 0.563 |
| 6 | 26.3 | 0.758 | 0.332 | 2.709 | 0.579 |
| 5 | 22.1 | 0.637 | 0.261 | 2.130 | 0.571 |
| 4 | 17.9 | 0.516 | 0.191 | 1.559 | 0.539 |
| 3 | 13.7 | 0.395 | 0.125 | 1.020 | 0.473 |
| 2 | 9.5 | 0.274 | 0.067 | 0.547 | 0.359 |
| 1 | 5.3 | 0.153 | 0.023 | 0.188 | 0.188 |

注：倒三角形荷载作用下 $Y(\xi)/f_H=\frac{120}{11\lambda^2}\left[\left(1+\frac{\lambda\,\mathrm{sh}\lambda}{2}-\frac{\mathrm{sh}\lambda}{\lambda}\right)\frac{\mathrm{ch}\lambda\xi-1}{\lambda^2\mathrm{ch}\lambda}+\left(\frac{1}{2}-\frac{1}{\lambda^2}\right)\left(\xi-\frac{\mathrm{sh}\lambda\xi}{\lambda}\right)-\frac{\xi^3}{6}\right]$；

层间最大相对位移 $\left[\frac{\Delta y_i}{h_i}\right]_{\max}=\frac{0.579}{4200}=\frac{1}{7254}<\left[\frac{1}{800}\right]$，满足要求。

（4）风荷载作用下连梁内力计算

计算简图如图 4-43 所示。

与框架柱Ⓐ/③及Ⓐ/⑤连接的连梁端部

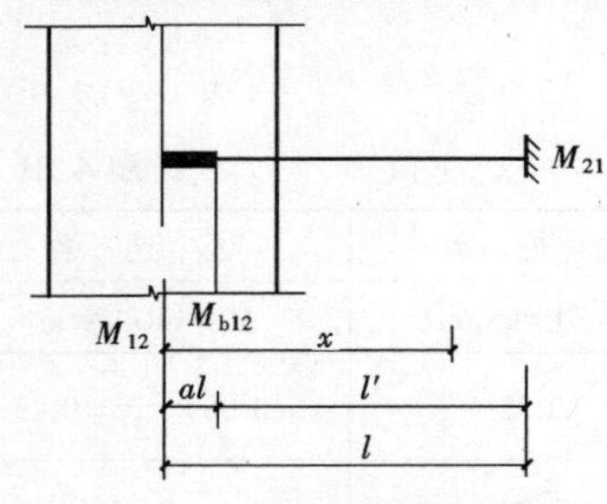

图 4-43 一端刚域连梁计算简图

$$a=0.350;\beta=0.030;l=9\mathrm{m};l'=5.85\mathrm{m}$$

约束弯矩 $m_{12}=5.15\times10^5\mathrm{kN\cdot m}$

$$m_{21}=\frac{6}{(1+\beta)(1-a)^2}\frac{EI_b}{l}$$

$$=\frac{6}{(1+0.030)(1-0.350)^2}\frac{3.0\times10^7\times0.0054}{9}$$

$$=2.482\times10^5\mathrm{kN\cdot m}$$

$$\therefore \quad x = \frac{m_{12}}{m_{12} + m_{21}} l = \frac{5.15}{5.15 + 2.482} \times 9 = 6.07\text{mm}$$

连梁计算弯矩 $$m_{b12} = \frac{x - al}{x} M_{12} = \frac{6.07 - 3.15}{6.07} M_{12} = 0.481 M_{12}$$

$$m_{b12} = \frac{l - x}{x} M_{12} = \frac{9 - 6.07}{6.07} M_{12} = 0.483 M_{12}$$

连梁计算弯矩 $$V_{bj} = \frac{M_{b12} + M_{b21}}{l'} = \frac{0.481 + 0.483}{5.85} M_{12} = 0.165 M_{12}$$

与框架柱Ⓓ/③及Ⓓ/⑤连接的连梁端部

$$a = 0.525;\ \beta = 0.127;\ l = 6\text{m};\ l' = 2.85\text{m}$$

约束弯矩 $m_{12} = 2.045 \times 10^6 \text{kN} \cdot \text{m}$

$$m_{21} = \frac{6}{(1 + \beta)(1 - a)^2} \frac{EI_b}{l} = \frac{6}{(1 + 0.127)(1 - 0.525)^2} \frac{3.0 \times 10^7 \times 0.0054}{6}$$

$$= 6.371 \times 10^5 \text{kN} \cdot \text{m}$$

$$\therefore \quad x = \frac{m_{12}}{m_{12} + m_{21}} l = \frac{20.45}{20.45 + 6.371} \times 6 = 4.57\text{mm}$$

连梁计算弯矩 $$m_{b12} = \frac{x - al}{x} M_{12} = \frac{4.57 - 3.15}{4.57} M_{12} = 0.311 M_{12}$$

$$m_{b12} = \frac{l - x}{x} M_{12} = \frac{6 - 4.57}{4.57} M_{12} = 0.313 M_{12}$$

连梁计算弯矩 $$V_{bj} = \frac{M_{b12} + M_{b21}}{l'} = \frac{0.311 + 0.313}{2.85} M_{12} = 0.219 M_{12}$$

风荷载作用下连梁内力计算见表 4-83（单根连梁）。

**风荷载作用下连梁内力计算（单根连梁）　　表 4-83**

| 层次 | 与框架柱Ⓐ/③及Ⓐ/⑤连接的连梁 | | | | | 与框架柱Ⓓ/③及Ⓓ/⑤连接的连梁 | | | | |
|---|---|---|---|---|---|---|---|---|---|---|
| | $M_{12}$ ($10^3$kN·m) | $M_{b12}$ ($10^3$kN·m) | $M_{b21}$ ($10^3$kN·m) | $V_{bj}$ ($10^3$kN) | $\Sigma V_{bj}$ ($10^3$kN) | $M_{12}$ ($10^3$kN·m) | $M_{b12}$ ($10^3$kN·m) | $M_{b21}$ ($10^3$kN·m) | $V_{bj}$ ($10^3$kN) | $\Sigma V_{bj}$ ($10^3$kN) |
| 8 | 0.025 | 0.015 | 0.005 | 0.003 | 0.003 | 0.040 | 0.012 | 0.012 | 0.009 | 0.009 |
| 7 | 0.049 | 0.029 | 0.009 | 0.006 | 0.009 | 0.076 | 0.024 | 0.024 | 0.017 | 0.025 |
| 6 | 0.049 | 0.029 | 0.009 | 0.006 | 0.015 | 0.076 | 0.024 | 0.024 | 0.017 | 0.042 |
| 5 | 0.057 | 0.033 | 0.011 | 0.007 | 0.022 | 0.088 | 0.027 | 0.028 | 0.019 | 0.061 |
| 4 | 0.049 | 0.029 | 0.009 | 0.006 | 0.028 | 0.076 | 0.024 | 0.024 | 0.017 | 0.078 |
| 3 | 0.049 | 0.029 | 0.009 | 0.006 | 0.034 | 0.076 | 0.024 | 0.024 | 0.017 | 0.095 |
| 2 | 0.041 | 0.024 | 0.008 | 0.005 | 0.039 | 0.064 | 0.020 | 0.020 | 0.014 | 0.109 |
| 1 | 0.027 | 0.016 | 0.005 | 0.004 | 0.043 | 0.043 | 0.013 | 0.013 | 0.009 | 0.118 |

注：与框架柱Ⓐ/③及Ⓐ/⑤连接的连梁（单根），$M_{12} = \frac{1.312}{1.312 + 2.045} \frac{M_{bj}}{2} = 0.195 M_{bj}$；

与框架柱Ⓓ/③及Ⓓ/⑤连接的连梁（单根），$M_{12} = \frac{2.045}{1.312 + 2.045} \frac{M_{bj}}{2} = 0.305 M_{bj}$。

（5）铰接体系与刚接体系计算结果比较（表 4-84）

**计算结果比较** 表 4-84

| 层次 | 标高 $x$ (m) | $\xi=\frac{x}{H}$ | $M_w$ ($10^3$kN/m) | | $V_w$ ($10^3$kN/m) | | $V_F$ ($10^3$kN/m) | | $Y$ ($\xi$) (mm) | | $\Delta y_i$ (mm) | |
|---|---|---|---|---|---|---|---|---|---|---|---|---|
| | | | 铰接体系 | 刚接体系 | 铰接体系 | 刚接体系 | 铰接体系 | 刚接体系 | 铰接体系 | 刚接体系 | 铰接体系 | 刚接体系 |
| 8 | 34.7 | 1.000 | 0.00 | 0.00 | −0.22 | −0.22 | 0.23 | 0.22 | 4.837 | 3.819 | 0.735 | 0.547 |
| 7 | 30.5 | 0.879 | −0.49 | −0.72 | −0.02 | −0.01 | 0.23 | 0.23 | 4.101 | 3.272 | 0.735 | 0.563 |
| 6 | 26.3 | 0.758 | −0.17 | −0.66 | 0.16 | 0.16 | 0.23 | 0.23 | 3.366 | 2.709 | 0.743 | 0.579 |
| 5 | 22.1 | 0.637 | 0.85 | 0.09 | 0.32 | 0.32 | 0.23 | 0.23 | 2.623 | 2.130 | 0.727 | 0.571 |
| 4 | 17.9 | 0.516 | 2.49 | 1.43 | 0.46 | 0.45 | 0.21 | 0.21 | 1.895 | 1.559 | 0.678 | 0.539 |
| 3 | 13.7 | 0.395 | 4.69 | 3.32 | 0.58 | 0.57 | 0.18 | 0.19 | 1.217 | 1.020 | 0.572 | 0.473 |
| 2 | 9.5 | 0.274 | 7.37 | 5.72 | 0.70 | 0.68 | 0.13 | 0.14 | 0.645 | 0.547 | 0.425 | 0.359 |
| 1 | 5.3 | 0.153 | 10.52 | 8.64 | 0.80 | 0.79 | 0.05 | 0.06 | 0.221 | 0.188 | 0.221 | 0.188 |
| 0 | 0 | 0.000 | 15.08 | 13.08 | 0.92 | 0.92 | — | — | — | — | — | — |

由表 4-83 容易看出：

1）剪力墙承担弯矩 $M_w$：按刚接体系算的 $M_w$ 较按铰接体系算的 $M_w$ 减少；

2）剪力墙承担剪力 $V_w$：按刚接体系算的 $V_w$ 较按铰接体系算的 $V_w$ 减少；

3）框架承担剪力 $V_F$：按刚接体系算的 $V_F$ 较按铰接体系算的 $V_F$ 减少；

4）框架-剪力墙结构绝对位移 $Y$（$\xi$）：按刚接体系算的 $Y$（$\xi$）较按铰接体系算的 $Y$（$\xi$）减少；

5）框架-剪力墙结构层间相对位移 $\Delta y_i$：按刚接体系算的 $\Delta y_i$ 较按铰接体系算的 $\Delta y_i$ 减少。

这是因为，刚接体系考虑了连梁的约束刚度 $C_b$ 的影响，结构刚度特征值 $\lambda$ 增大，结构自振周期 $T_1$ 减少，风荷载作用减少，因此底部总剪力 $V_0$ 减少，顶部位移 $f_H$ 减少；同时，随着结构刚度特征值 $\lambda$ 增大，各种比例系数（各层弯矩与底层总弯矩 $M_w$ 之比、各层剪力与底部总剪力 $V_0$ 之比、各层位移与顶部位移 $f_H$ 之比）相应减少。

同时，由于本题所选的连梁截面不是太大，所以考虑与不考虑连梁约束刚度 $C_b$ 的影响计算所得到的内力及位移相差不多。因此在连梁刚度很小时，近视计算中可忽略其抗弯刚度而按铰接体系计算。

### 4.2.6 地震作用下结构协同工作及水平位移计算

（1）由 $\lambda$ 值及荷载类型查图表计算

当考虑连梁约束刚度 $C_b$ 影响时，计算结构内力、位移所用的 $\lambda$ 值与计算地震力时不同，应考虑连梁塑性调幅，连梁约束刚度 $C_b$ 乘以 0.55 折减系数，重新计算计算 $\lambda$ 值。倒三角形荷载作用下结构内力计算见表 4-85。塑性调幅后连梁约束刚度为：

$$C_b^{*\prime} = 0.55C_b = 0.55 \times 1.18 \times 10^6 = 6.49 \times 10^5(\text{kN})。$$

$$\lambda = H\sqrt{\frac{C_f + C_b^*}{EI_w}} = 34.7\sqrt{\frac{1292877 + 6.49 \times 10^5}{8.634 \times 10^8}} = 1.65$$

倒三角形荷载作用下结构内力计算　　表 4-85

| 层次 | 标高 $x$(m) | $\lambda=1.65$，$M_0=61.33\times10^3$kN·m，$V_0=2651.08$kN；$q=152.80$kN/m | | | | | | | | | |
|---|---|---|---|---|---|---|---|---|---|---|---|
| | | $\xi=x/H$ | $M_w/M_0$ | $M_w$ ($10^3$kN/m) | $V'_w/V_0$ | $V'_w$ ($10^3$kN/m) | $\overline{V_F}/V_0$ | $\overline{V_F}$ ($10^3$kN/m) | $V_F$ ($10^3$kN/m) | $m$ ($\xi$) ($10^3$kN/m) | $V_w$ ($10^3$kN/m) |
| 8 | 34.7 | 1.000 | 0.000 | 0.00 | −0.303 | −0.80 | 0.303 | 0.80 | 0.63 | 0.18 | −0.63 |
| 7 | 30.5 | 0.879 | −0.034 | −2.10 | −0.081 | −0.21 | 0.308 | 0.82 | 0.64 | 0.18 | −0.03 |
| 6 | 26.3 | 0.758 | −0.031 | −1.92 | 0.109 | 0.29 | 0.317 | 0.84 | 0.65 | 0.19 | 0.47 |
| 5 | 22.1 | 0.637 | 0.004 | 0.22 | 0.274 | 0.73 | 0.321 | 0.85 | 0.66 | 0.19 | 0.91 |
| 4 | 17.9 | 0.516 | 0.067 | 4.10 | 0.421 | 1.12 | 0.313 | 0.83 | 0.65 | 0.18 | 1.30 |
| 3 | 1.37 | 0.395 | 0.156 | 9.56 | 0.558 | 1.48 | 0.286 | 0.76 | 0.59 | 0.17 | 1.65 |
| 2 | 9.5 | 0.274 | 0.269 | 16.51 | 0.689 | 1.83 | 0.236 | 0.62 | 0.49 | 0.14 | 1.97 |
| 1 | 5.3 | 0.153 | 0.406 | 24.92 | 0.822 | 2.18 | 0.155 | 0.41 | 0.32 | 0.09 | 2.27 |
| 0 | 0 | 0.000 | 0.615 | 37.70 | 1.000 | 2.65 | 0.000 | 0.00 | 0.00 | 0.00 | 2.65 |

注：$M_w/M_0=\frac{3}{\lambda^2}\left[\left(1+\frac{\lambda\,\mathrm{sh}\lambda}{2}-\frac{\mathrm{sh}\lambda}{\lambda}\right)\frac{\mathrm{ch}\lambda\xi}{\mathrm{ch}\lambda}-\left(\frac{\lambda}{2}-\frac{1}{\lambda}\right)\mathrm{sh}\lambda\xi-\xi\right]$；

$V'_w/V_0=\frac{2}{\lambda^2}\left[\left(1+\frac{\lambda\,\mathrm{sh}\lambda}{2}-\frac{\mathrm{sh}\lambda}{\lambda}\right)\frac{\lambda\,\mathrm{sh}\lambda\xi}{\mathrm{ch}\lambda}-\left(\frac{\lambda}{2}-\frac{1}{\lambda}\right)\lambda\,\mathrm{ch}\lambda\xi-1\right]$；

$\frac{\overline{V_F}}{V_0}=(1-\xi^2)-\frac{V'_w}{V_0}$；

$V_F=\frac{C_F}{C_F+C_b}\overline{V_F}=\frac{1292877}{1292877+3.691\times10^5}\overline{V_F}=0.778\,\overline{V_F}$；

$m=\frac{C_b}{C_F+C_b}\overline{V_F}=(1-0.778)\overline{V_F}=0.222\,\overline{V_F}$；

$V_w=V'_w=m$。

（2）结构总内力计算汇总（表 4-86）

结构总内力计算汇总　　表 4-86

| 层　次 | 总　剪　力　墙 | | 总　框　架 | 总　连　梁 |
|---|---|---|---|---|
| | $M_w$（$10^3$kN/m） | $V_w$（$10^3$kN/m） | $V_F$（$10^3$kN/m） | $M_{bj}$（$10^3$kN/m） |
| 8 | 0.00 | −0.63 | 0.63 | $0.18\times\frac{4.2}{2}=0.38$ |
| 7 | −2.10 | −0.03 | 0.64 | 0.76 |
| 6 | −1.92 | 0.47 | 0.66 | 0.80 |
| 5 | 0.22 | 0.91 | 0.65 | 0.80 |
| 4 | 4.10 | 1.30 | 0.62 | 0.76 |
| 3 | 9.56 | 1.65 | 0.54 | 0.71 |
| 2 | 16.51 | 1.97 | 0.40 | 0.59 |
| 1 | 24.92 | 2.27 | 0.16 | $0.09\times\frac{(4.2+5.3)}{2}=0.43$ |
| 0 | 37.70 | 2.65 | — | — |

注：各层总框架柱剪力应由上、下层处 $V_F$ 值近视计算 $V_{Fi}=(V_{Fi-1}+V_{Fi})/2$；各层连梁总约束弯矩 $M_{bj}=\frac{m(\xi)(h_i+h_{i-1})}{2}$。

(3) 位移计算(表 4-87)

**位 移 计 算** **表 4-87**

| 层 次 | $H_i$ (m) | $\xi = x/H$ | $Y(\xi)/f_H$ | $Y(\xi)$ (mm) | $\Delta y_i$ (mm) |
|---|---|---|---|---|---|
| 8 | 34.7 | 1.000 | 0.468 | 11.011 | 1.583 |
| 7 | 30.5 | 0.879 | 0.401 | 9.482 | 1.622 |
| 6 | 26.3 | 0.758 | 0.332 | 7.806 | 1.658 |
| 5 | 22.1 | 0.637 | 0.261 | 6.148 | 1.651 |
| 4 | 17.9 | 0.516 | 0.191 | 4.497 | 1.564 |
| 3 | 13.7 | 0.395 | 0.125 | 2.933 | 1.366 |
| 2 | 9.5 | 0.274 | 0.067 | 1.567 | 1.026 |
| 1 | 5.3 | 0.153 | 0.023 | 0.541 | 0.541 |

注:倒三角形荷载作用下 $Y(\xi)/f_H = \frac{120}{11\lambda^2}\left[\left(1+\frac{\lambda \text{sh}\lambda}{2}-\frac{\text{sh}\lambda}{\lambda}\right)\frac{\text{ch}\lambda\xi-1}{\lambda^2\text{ch}\lambda}+\left(\frac{1}{2}-\frac{1}{\lambda^2}\right)\left(\xi-\frac{\text{sh}\lambda\xi}{\lambda}\right)-\frac{\xi^3}{6}\right]$;

层间最大相对位移 $\left[\frac{\Delta y_i}{h_i}\right]_{max}=\frac{1.622}{4200}=\frac{1}{2589}<\left[\frac{1}{800}\right]$,满足要求。

(4) 地震作用下连梁内力计算

计算简图如图 4-44 所示。

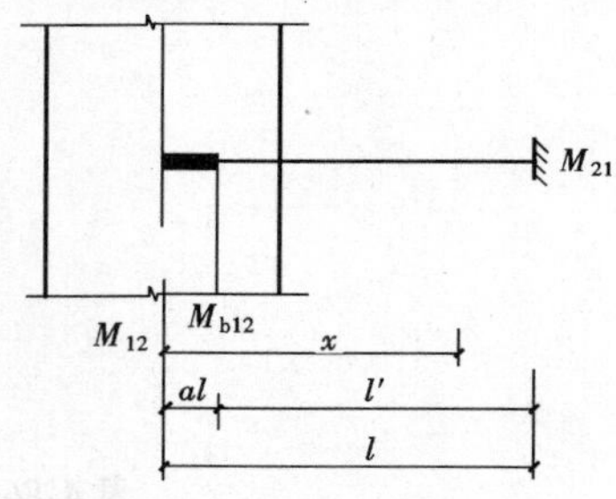


图 4-44 一端刚域连梁计算简图

与框架柱Ⓐ/③及Ⓐ/⑤连接的连梁端部

$$a = 0.350;\beta = 0.030; l = 9\text{m}; l' = 5.85\text{m}$$

约束弯矩 $m_{12} = 1.312\times10^6\text{kN}\cdot\text{m}$

$$m_{21} = \frac{6}{(1+\beta)(1-a)^2}\frac{EI_b}{l} = \frac{6}{(1+0.030)(1-0.350)^2}\frac{3.0\times10^7\times0.0054}{9} = 2.482\times10^5\text{kN}\cdot\text{m}$$

$$\therefore\quad x = \frac{m_{12}}{m_{12}+m_{21}}l = \frac{13.12}{13.12+2.482}\times9 = 7.57\text{mm}$$

连梁计算弯矩 $$m_{b12} = \frac{x-al}{x}M_{12} = \frac{7.57-3.15}{7.57}M_{12} = 0.584M_{12}$$

$$m_{b12} = \frac{l-x}{x}M_{12} = \frac{9-7.57}{7.57}M_{12} = 0.189M_{12}$$

连梁计算弯矩 $$V_{bj} = \frac{M_{b12}+M_{b21}}{l'} = \frac{0.584+0.189}{5.85}M_{12} = 0.132M_{12}$$

与框架柱Ⓓ/③及Ⓓ/⑤连接的连梁端部

$$a = 0.525;\ \beta = 0.127;\ l = 6\text{m};\ l' = 2.85\text{m}$$

约束弯矩 $m_{12} = 2.045\times10^6\text{kN}\cdot\text{m}$

$$m_{21} = \frac{6}{(1+\beta)(1-a)^2}\frac{EI_b}{l} = \frac{6}{(1+0.127)(1-0.525)^2}\frac{3.0\times10^7\times0.0054}{6}$$

$$= 6.371\times10^5\text{kN}\cdot\text{m}$$

$$\therefore\quad x = \frac{m_{12}}{m_{12}+m_{21}}l = \frac{20.45}{20.45+6.371}\times6 = 4.57(\text{mm})$$

连梁计算弯矩 $m_{b12}=\frac{x-al}{x}M_{12}=\frac{4.57-3.15}{4.57}M_{12}=0.311M_{12}$

$$m_{b12}=\frac{l-x}{x}M_{12}=\frac{6-4.57}{4.57}M_{12}=0.313M_{12}$$

连梁计算弯矩 $V_{bj}=\frac{M_{b12}+M_{b21}}{l'}=\frac{0.311+0.313}{2.85}M_{12}=0.219M_{12}$

地震作用下连梁内力计算见表 4-88（单根连梁）。

**地震作用下连梁内力计算（单根连梁）** **表 4-88**

| 层次 | 与框架柱Ⓐ/③及Ⓐ/⑤连接的连梁 | | | | | 与框架柱Ⓓ/③及Ⓓ/⑤连接的连梁 | | | | |
|---|---|---|---|---|---|---|---|---|---|---|
| | $M_{12}$ ($10^3$kN·m) | $M_{b12}$ ($10^3$kN·m) | $M_{b21}$ ($10^3$kN·m) | $V_{bj}$ ($10^3$kN) | $\Sigma V_{bj}$ ($10^3$kN) | $M_{12}$ ($10^3$kN·m) | $M_{b12}$ ($10^3$kN·m) | $M_{b21}$ ($10^3$kN·m) | $V_{bj}$ ($10^3$kN) | $\Sigma V_{bj}$ ($10^3$kN) |
| 8 | 0.074 | 0.043 | 0.014 | 0.010 | 0.010 | 0.116 | 0.036 | 0.036 | 0.025 | 0.025 |
| 7 | 0.149 | 0.087 | 0.028 | 0.020 | 0.029 | 0.231 | 0.072 | 0.072 | 0.051 | 0.076 |
| 6 | 0.156 | 0.091 | 0.030 | 0.021 | 0.050 | 0.244 | 0.076 | 0.076 | 0.053 | 0.129 |
| 5 | 0.156 | 0.091 | 0.030 | 0.021 | 0.071 | 0.244 | 0.076 | 0.076 | 0.053 | 0.183 |
| 4 | 0.149 | 0.087 | 0.028 | 0.020 | 0.090 | 0.231 | 0.072 | 0.072 | 0.051 | 0.233 |
| 3 | 0.139 | 0.081 | 0.026 | 0.018 | 0.109 | 0.216 | 0.067 | 0.068 | 0.047 | 0.281 |
| 2 | 0.115 | 0.067 | 0.022 | 0.015 | 0.124 | 0.180 | 0.056 | 0.056 | 0.039 | 0.320 |
| 1 | 0.084 | 0.049 | 0.016 | 0.011 | 0.135 | 0.131 | 0.041 | 0.041 | 0.029 | 0.349 |

注：与框架柱Ⓐ/③及Ⓐ/⑤连接的连梁（单根），$M_{12}=\frac{1.312}{1.312+2.045}\frac{M_{bj}}{2}=0.195M_{bj}$；

与框架柱Ⓓ/③及Ⓓ/⑤连接的连梁（单根），$M_{12}=\frac{2.045}{1.312+2.045}\frac{M_{bj}}{2}=0.305M_{bj}$。

（5）铰接体系与刚接体系计算结果比较见表 4-89

**计 算 结 果 比 较** **表 4-89**

| 层次 | 标高 $x$（m） | $\xi=\frac{x}{H}$ | $M_w$（$10^3$kN/m） | | $V_w$（$10^3$kN/m） | | $V_F$（$10^3$kN/m） | | $Y(\xi)$（mm） | | $\Delta y_i$（mm） | |
|---|---|---|---|---|---|---|---|---|---|---|---|---|
| | | | 铰接体系 | 刚接体系 | 铰接体系 | 刚接体系 | 铰接体系 | 刚接体系 | 铰接体系 | 刚接体系 | 铰接体系 | 刚接体系 |
| 8 | 34.7 | 1.000 | 0.00 | 0.00 | −0.48 | −0.63 | 0.49 | 0.63 | 10.452 | 11.011 | 1.583 | 1.583 |
| 7 | 30.5 | 0.879 | −1.07 | −2.10 | −0.04 | −0.03 | 0.49 | 0.64 | 8.869 | 9.428 | 1.602 | 1.622 |
| 6 | 26.3 | 0.758 | −0.38 | −1.92 | 0.35 | 0.47 | 0.49 | 0.66 | 7.268 | 7.806 | 1.607 | 1.658 |
| 5 | 22.1 | 0.637 | 1.84 | 0.22 | 0.69 | 0.91 | 0.48 | 0.65 | 5.661 | 6.148 | 1.567 | 1.651 |
| 4 | 17.9 | 0.516 | 5.39 | 4.10 | 0.99 | 1.30 | 0.44 | 0.62 | 4.094 | 4.497 | 1.455 | 1.564 |
| 3 | 13.7 | 0.395 | 10.14 | 9.56 | 1.26 | 1.65 | 0.38 | 0.54 | 2.639 | 2.933 | 1.246 | 1.366 |
| 2 | 9.5 | 0.274 | 15.95 | 16.51 | 1.50 | 1.97 | 0.28 | 0.40 | 1.393 | 1.567 | 0.918 | 1.026 |
| 1 | 5.3 | 0.153 | 22.74 | 24.92 | 1.73 | 2.27 | 0.11 | 0.16 | 0.475 | 0.541 | 0.475 | 0.541 |
| 0 | 0 | 0.000 | 32.60 | 37.70 | 1.99 | 2.65 | — | — | — | — | — | — |

由表 4-88 容易看出：

1）剪力墙承担弯矩 $M_w$：除底层、二层外，按刚接体系算的 $M_w$ 较按铰接体系算的 $M_w$ 减少；

2）剪力墙承担剪力 $V_w$：按刚接体系算的 $V_w$ 较按铰接体系算的 $V_w$ 增加；

3）框架承担剪力 $V_F$：按刚接体系算的 $V_F$ 较按铰接体系算的 $V_F$ 增加；

4）框架-剪力墙结构绝对位移 $Y(\xi)$：按刚接体系算的 $Y(\xi)$ 较按铰接体系算的 $Y(\xi)$ 增加；

5）框架-剪力墙结构层间相对位移 $\Delta y_i$：按刚接体系算的 $\Delta y_i$ 较按铰接体系算的 $\Delta y_i$ 增加。

这是因为，刚接体系考虑了连梁的约束刚度 $C_b$ 的影响，结构刚度特征值 $\lambda$ 增大，结构自振周期 $T_1$ 减少，地震作用增大，因此底部总剪力 $V_0$ 加大，顶部位移 $f_H$ 加大。

同时，由于本题所选的连梁截面不是太大，所以考虑与不考虑连梁约束刚度 $C_b$ 的影响计算所得到的内力及位移相差不多。因此在连梁刚度很小时，近似计算中可忽略其抗弯刚度而按铰接体系计算。

### 4.2.7 刚重比及剪重比验算

(1) 刚重比验算

由表 4-83 和表 4-88 的比较可见，地震作用下的侧移较大，应对地震作用下的刚重比进行验算。

倒三角形荷载下，$q = 152.80\text{kN/m}$，$u = 0.011011\text{m}$，$H = 34.7\text{m}$。

等效侧向刚度：

$$EJ_d = \frac{11qH^4}{120u} = \frac{11 \times 152.80 \times 34.7^4}{120 \times 0.011011} = 184.428 \times 10^7 \text{kN} \cdot \text{m}^2$$

按公式（1-29）对刚重比验算（重力荷载设计值 $\sum_{i=1}^{n} G_i = 54296.05\text{kN}$）：

$$\frac{EJ_d}{H^2 \sum_{i=1}^{n} G_i} = \frac{184.428 \times 10^7}{34.7^2 \times 54296.05} = 28.21 > 2.7$$

不必考虑重力二阶效应影响。

(2) 剪重比验算

各层剪重比见表 4-90。

**各层剪重比** **表 4-90**

| 层 号 | $G_i$ (kN) | $\sum_{j=i}^{n} G_j$(kN) | $V_{Eki}$(kN) | $\dfrac{V_{Eki}}{\sum_{j=i}^{n} G_j}$ |
|---|---|---|---|---|
| 8 | 4941.00 | 4941.00 | 536.04 | 0.108 |
| 7 | 5004.72 | 9945.72 | 1012.25 | 0.102 |
| 6 | 5004.72 | 14950.44 | 1423.63 | 0.095 |
| 5 | 5004.72 | 19955.16 | 1767.70 | 0.089 |
| 4 | 5004.72 | 24959.88 | 2046.94 | 0.082 |
| 3 | 5004.72 | 29964.60 | 2261.36 | 0.075 |
| 2 | 5004.72 | 34969.32 | 2408.46 | 0.069 |
| 1 | 5125.20 | 40094.52 | 2493.23 | 0.062 |

由表 4-90 可见，各层的剪重比均大于 0.016，满足对剪重比的要求。

### 4.2.8 风荷载下的内力在剪力墙上的分配

剪力墙计算，第 $j$ 层第 $i$ 个墙肢的内力为：

剪力 $V_{wij}=\dfrac{EI_{eqi}}{\Sigma EI_{eqi}}V_{wj}$；弯矩 $M_{wij}=\dfrac{EI_{eqi}}{\Sigma EI_{eqi}}M_{wj}$；弯矩突变值为：$M_{bij}=\dfrac{1}{2}M_{bj}=M_{bij}$。

本题每层横向含有 2 片剪力墙，所以

$$V_{wij}=\frac{1}{2}V_{wj},M_{wij}=\frac{1}{2}M_{wj}-M_{bij},N_{wij}=\Sigma V_{bj}$$

风荷载作用下的剪力、弯矩和轴力在剪力墙上的分配见表 4-91。

**风荷载作用下的剪力、弯矩和轴力在剪力墙上的分配　　表 4-91**

| 层　次 | $M'_{wj}$ ($10^3$kN·m) | $M'_{wij}$ ($10^3$kN·m) | $M_{bij}$ ($10^3$kN·m) | $M_{wij}$ ($10^3$kN·m) | $V_{wj}$ ($10^3$kN) | $V_{wij}$ ($10^3$kN) | $N_{wij}$ ($10^3$kN) |
|---|---|---|---|---|---|---|---|
| 8 | 0.00 | 0.00 | 0.027 | −0.027 | −0.22 | −0.110 | 0.012 |
| 7 | −0.72 | −0.36 | 0.053 | −0.413 | −0.01 | −0.005 | 0.034 |
| 6 | −0.66 | −0.33 | 0.053 | −0.383 | 0.16 | 0.080 | 0.057 |
| 5 | 0.09 | 0.05 | 0.06 | −0.01 | 0.32 | 0.160 | 0.083 |
| 4 | 1.43 | 0.72 | 0.053 | 0.667 | 0.45 | 0.225 | 0.106 |
| 3 | 3.32 | 1.66 | 0.053 | 1.607 | 0.57 | 0.285 | 0.129 |
| 2 | 5.72 | 2.86 | 0.044 | 2.816 | 0.68 | 0.340 | 0.148 |
| 1 | 8.64 | 4.32 | 0.029 | 4.291 | 0.79 | 0.395 | 0.161 |
| 0 | 13.08 | 6.54 | 0.000 | 6.54 | 0.92 | 0.460 | 0.161 |

单片剪力墙在风荷载作用下的弯矩图和剪力图如图 4.45（$a$）、（$b$）所示。

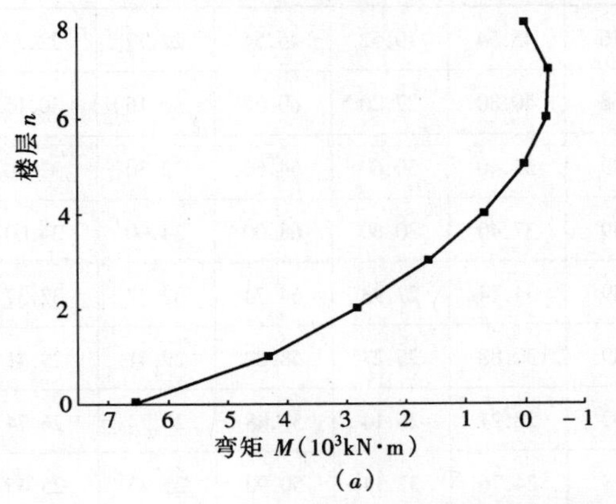


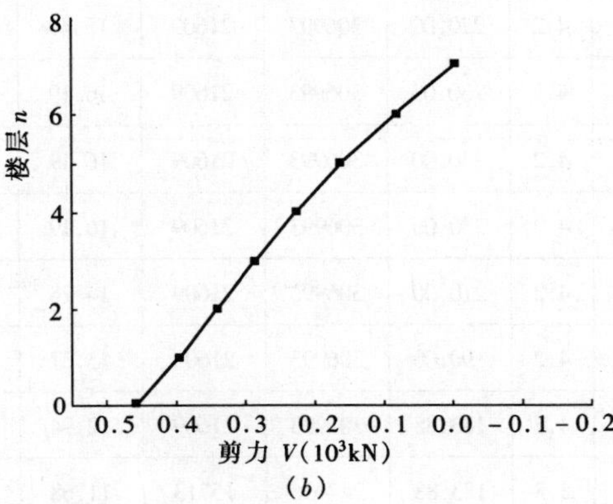


图 4-45　单片剪力墙在风荷载作用下的弯矩图和剪力图

（$a$）弯矩图；（$b$）剪力图

### 4.2.9 风荷载下框架内力计算

(1) 风荷载剪力 $V_f$ 在各框架柱间分配

框架中 3～8 层所有 $V_f > 0.2V_0 = 0.2 \times 919.38 = 183.88$kN，不必调整；

框架中 1～2 层所有 $V_f < 0.2V_0 = 183.88$（kN），故要调整；又 $1.5V_{fmax} = 1.5 \times 0.23 \times 10^3 = 345$kN

1～2 层风荷载剪力取 $V_f = \min\{345.00; 183.88\} = 183.88$kN

横向风荷载作用下框架柱剪力及梁柱端弯矩计算见表 4-92～表 4-95。

横向风荷载作用下框架柱Ⓐ/②剪力及梁柱端弯矩计算　　表 4-92

| 层 次 | 层 高 $h$（m） | $V_i$ (kN) | $\Sigma D_{im}$ | $D_{im}$ | $V_{im}$ (kN) | $yh$（m） | $M_c^上$ (kN·m) | $M_c^下$ (kN·m) | $M_b^总$ (kN·m) |
|---|---|---|---|---|---|---|---|---|---|
| 8 | 4.2 | 220.00 | 306993 | 13584 | 9.73 | 1.26 | 28.61 | 12.26 | 28.61 |
| 7 | 4.2 | 230.00 | 306993 | 13584 | 10.18 | 1.68 | 25.65 | 17.10 | 37.91 |
| 6 | 4.2 | 230.00 | 306993 | 13584 | 10.18 | 1.89 | 23.52 | 19.24 | 40.62 |
| 5 | 4.2 | 230.00 | 306993 | 13584 | 10.18 | 1.89 | 23.52 | 19.24 | 42.76 |
| 4 | 4.2 | 210.00 | 306993 | 13584 | 9.29 | 1.89 | 21.46 | 17.56 | 40.70 |
| 3 | 4.2 | 190.00 | 306993 | 13584 | 8.41 | 1.89 | 19.43 | 15.89 | 36.99 |
| 2 | 4.2 | 183.88 | 306993 | 13584 | 8.14 | 2.02 | 17.75 | 16.44 | 33.64 |
| 1 | 5.3 | 183.88 | 247446 | 12529 | 9.31 | 3.18 | 19.74 | 29.61 | 36.18 |

注：$M_c^上 = V_{im}(1-y)h$；$M_c^下 = V_{im}yh$；$M_b^总 = M_c^上 + M_c^下$。

横向风荷载作用下框架柱Ⓑ/②剪力及梁柱端弯矩计算　　表 4-93

| 层次 | 层高 $h$(m) | $V_i$ (kN) | $\Sigma D_{im}$ | $D_{im}$ | $V_{im}$ (kN) | $yh$（m） | $M_c^上$ (kN·m) | $M_c^下$ (kN·m) | $M_b^总$ (kN·m) | $M_b^左$ (kN·m) | $M_b^右$ (kN·m) |
|---|---|---|---|---|---|---|---|---|---|---|---|
| 8 | 4.2 | 220.00 | 306993 | 21609 | 15.49 | 1.26 | 45.54 | 19.52 | 45.54 | 22.77 | 22.77 |
| 7 | 4.2 | 230.00 | 306993 | 21609 | 16.19 | 1.68 | 40.80 | 27.20 | 60.32 | 30.16 | 30.16 |
| 6 | 4.2 | 230.00 | 306993 | 21609 | 16.19 | 1.89 | 37.40 | 30.60 | 64.60 | 32.30 | 32.30 |
| 5 | 4.2 | 230.00 | 306993 | 21609 | 16.19 | 1.89 | 37.40 | 30.60 | 68.00 | 34.00 | 34.00 |
| 4 | 4.2 | 210.00 | 306993 | 21609 | 14.78 | 1.89 | 34.14 | 27.93 | 64.74 | 32.37 | 32.37 |
| 3 | 4.2 | 190.00 | 306993 | 21609 | 13.37 | 1.89 | 30.88 | 25.27 | 58.82 | 29.41 | 29.41 |
| 2 | 4.2 | 183.88 | 306993 | 21609 | 12.94 | 2.02 | 28.21 | 26.14 | 53.48 | 26.74 | 26.74 |
| 1 | 5.3 | 183.88 | 247446 | 15713 | 11.68 | 3.18 | 24.76 | 37.14 | 50.90 | 25.45 | 25.45 |

注：$M_c^上 = V_{im}(1-y)h$；$M_c^下 = V_{im}yh$；$M_b^总 = M_c^上 + M_c^下$；

$M_b^左 = \frac{i_b^左}{i_b^左 + i_b^右} M_b^总$；$M_b^右 = \frac{i_b^右}{i_b^左 + i_b^右} M_b^总$；$i_b^左 = 5.4 \times 10^4$kN/m；$i_b^右 = 5.4 \times 10^4$kN/m。

**横向风荷载作用下框架柱Ⓒ/②剪力及梁柱端弯矩计算** **表 4-94**

| 层次 | 层高 $h$(m) | $V_i$ (kN) | $\Sigma D_{im}$ | $D_{im}$ | $V_{im}$ (kN) | $yh$ (m) | $M_c^上$ (kN·m) | $M_c^下$ (kN·m) | $M_b^总$ (kN·m) | $M_b^左$ (kN·m) | $M_b^右$ (kN·m) |
|---|---|---|---|---|---|---|---|---|---|---|---|
| 8 | 4.2 | 220.00 | 306993 | 26854 | 19.24 | 1.26 | 56.57 | 24.24 | 56.57 | 18.86 | 37.71 |
| 7 | 4.2 | 230.00 | 306993 | 26854 | 20.12 | 1.68 | 50.70 | 33.80 | 74.94 | 24.98 | 49.96 |
| 6 | 4.2 | 230.00 | 306993 | 26854 | 20.12 | 1.89 | 46.48 | 38.03 | 80.28 | 26.76 | 53.52 |
| 5 | 4.2 | 230.00 | 306993 | 26854 | 20.12 | 1.89 | 46.48 | 38.03 | 84.50 | 28.17 | 56.34 |
| 4 | 4.2 | 210.00 | 306993 | 26854 | 18.37 | 1.89 | 42.43 | 34.72 | 80.46 | 26.82 | 53.64 |
| 3 | 4.2 | 190.00 | 306993 | 26854 | 16.62 | 1.89 | 38.39 | 31.41 | 73.11 | 24.37 | 48.74 |
| 2 | 4.2 | 183.88 | 306993 | 26854 | 16.08 | 2.02 | 35.05 | 32.48 | 66.47 | 22.16 | 44.31 |
| 1 | 5.3 | 183.88 | 247446 | 17671 | 13.13 | 3.18 | 27.84 | 41.75 | 60.32 | 20.11 | 40.21 |

注：$M_c^上 = V_{im}(1-y)h$；$M_c^下 = V_{im}yh$；$M_b^总 = M_c^上 + M_c^下$；

$M_b^左 = \frac{i_b^左}{i_b^左 + i_b^右} M_b^总$；$M_b^右 = \frac{i_b^右}{i_b^左 + i_b^右} M_b^总$；$i_b^左 = 5.4 \times 10^4 kN/m$；$i_b^右 = 10.8 \times 10^4 kN/m$。

**横向风荷载作用下框架柱Ⓓ/②剪力及梁柱端弯矩计算** **表 4-95**

| 层 次 | 层 高 $h$ (m) | $V_i$ (kN) | $\Sigma D_{im}$ | $D_{im}$ | $V_{im}$ (kN) | $yh$ (m) | $M_c^上$ (kN·m) | $M_c^下$ (kN·m) | $M_b^总$ (kN·m) |
|---|---|---|---|---|---|---|---|---|---|
| 8 | 4.2 | 220.00 | 306993 | 7990 | 5.73 | 1.26 | 16.85 | 7.22 | 16.85 |
| 7 | 4.2 | 230.00 | 306993 | 7990 | 5.99 | 1.68 | 15.09 | 10.06 | 22.31 |
| 6 | 4.2 | 230.00 | 306993 | 7990 | 5.99 | 1.89 | 13.84 | 11.32 | 23.90 |
| 5 | 4.2 | 230.00 | 306993 | 7990 | 5.99 | 1.89 | 13.84 | 11.32 | 25.16 |
| 4 | 4.2 | 210.00 | 306993 | 7990 | 5.47 | 1.89 | 12.64 | 10.34 | 23.96 |
| 3 | 4.2 | 190.00 | 306993 | 7990 | 4.95 | 1.89 | 11.43 | 9.36 | 21.77 |
| 2 | 4.2 | 183.88 | 306993 | 7990 | 4.79 | 2.02 | 10.44 | 9.68 | 19.80 |
| 1 | 5.3 | 183.88 | 247446 | 4397 | 3.27 | 3.18 | 6.93 | 10.40 | 16.61 |

注：$M_c^上 = V_{im}(1-y)h$；$M_c^下 = V_{im}yh$；$M_b^总 = M_c^上 + M_c^下$。

因此，由表 4-90～表 4-97 可绘出框架Ⓐ～Ⓓ/②在横向风荷载作用下，框架梁柱端弯矩图如图 4-46 所示。

(2) 框架梁端剪力和框架柱轴力计算

1) 横向风荷载作用下，框架梁端剪力和框架柱轴力计算见表 4-96。

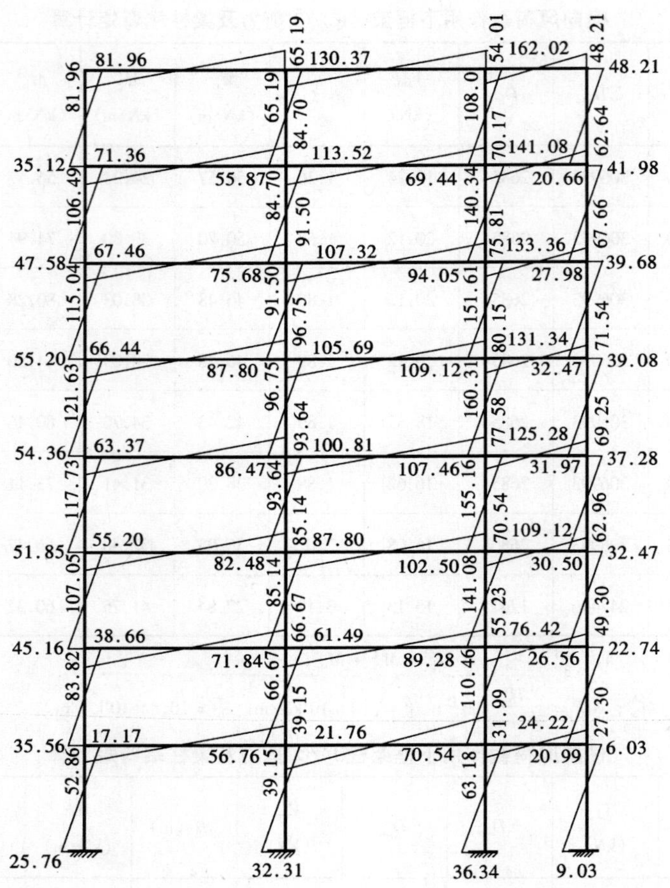


图 4-46　左向风荷载作用下框架梁柱端弯矩图

（单位：kN·m）

**横向风荷载作用下框架梁端剪力和框架柱轴力计算**　　　　**表 4-96**

| 层　次 | 梁端剪力 $V_{bj}$（kN） | | | 柱轴力 $N$（kN） | | | | | |
|---|---|---|---|---|---|---|---|---|---|
| | AB 跨 | BC 跨 | CD 跨 | 柱 A | 柱 B | | 柱 C | | 柱 D |
| | $V_{ABj}$ | $V_{BCj}$ | $V_{CDj}$ | $N_{cjA}$ | $-V_{ABj}+V_{BCj}$ | $N_{cjB}$ | $-V_{BCj}+V_{CDj}$ | $N_{cjC}$ | $N_{cjD}$ |
| 8 | −8.56 | −6.94 | −18.19 | −8.56 | 1.62 | 1.62 | −11.25 | −11.25 | 18.19 |
| 7 | −11.35 | −9.19 | −24.09 | −19.91 | 2.16 | 3.78 | −14.90 | −26.15 | 42.28 |
| 6 | −12.15 | −9.84 | −25.81 | −32.06 | 2.31 | 6.09 | −15.97 | −42.12 | 68.08 |
| 5 | −12.79 | −10.36 | −27.17 | −44.86 | 2.43 | 8.52 | −16.81 | −58.93 | 95.25 |
| 4 | −12.18 | −9.87 | −25.87 | −57.03 | 2.31 | 10.83 | −16.00 | −74.93 | 121.12 |
| 3 | −11.07 | −8.96 | −23.50 | −68.10 | 2.11 | 12.94 | −14.54 | −89.47 | 144.62 |
| 2 | −10.06 | −8.15 | −21.37 | −78.16 | 1.91 | 14.85 | −13.22 | −102.69 | 165.99 |
| 1 | −10.27 | −7.59 | −18.94 | −88.44 | 2.68 | 17.53 | −11.35 | −114.04 | 184.93 |

注：梁端剪力以顺时针为正；柱轴力以受压为正。

2）左向风荷载作用下框架梁端剪力、柱端剪力和柱轴力见图 4-47 所示。

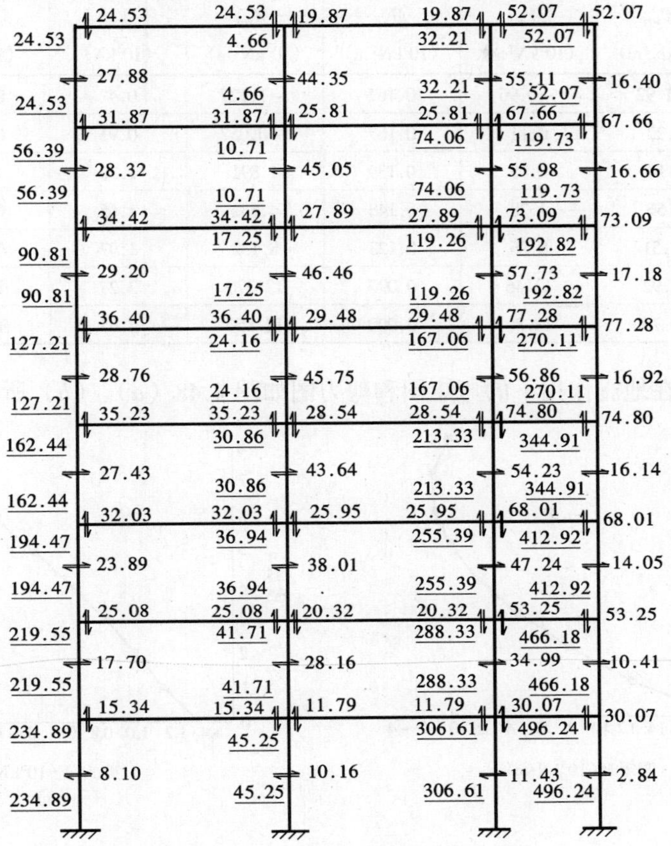

图 4-47　左向风荷载作用下框架梁端剪力、柱端剪力和柱轴力
（单位：kN）

（说明：梁端剪力均为顺时针方向，取正；柱Ⓐ、柱Ⓒ受拉，取负，柱Ⓑ、柱Ⓓ受压，取正。）

### 4.2.10　地震作用下内力在剪力墙上的分配

剪力墙计算，第 $j$ 层第 $i$ 个墙肢的内力为：

剪力 $V_{wij}=\dfrac{EI_{eqi}}{\Sigma EI_{eqi}}V_{wj}$；弯矩 $M_{wij}=\dfrac{EI_{eqi}}{\Sigma EI_{eqi}}M_{wj}$；弯矩突变值为 $M_{bij}=\dfrac{1}{2}M_{bj}=M_{bij}$。

本题每层横向含有 2 片剪力墙，所以

$$V_{wij}=\frac{1}{2}V_{wj},M_{wij}=\frac{1}{2}M_{wj}-M_{bij},N_{wij}=\Sigma V_{bj}$$

地震作用下的剪力、弯矩和轴力在剪力墙上的分配见表 4-97。

**地震作用下的剪力、弯矩和轴力在剪力墙上的分配**　　**表 4-97**

| 层次 | $M'_{wj}$ ($10^3$kN·m) | $M'_{wij}$ ($10^3$kN·m) | $M_{bij}$ ($10^3$kN·m) | $M_{wij}$ ($10^3$kN·m) | $V_{wj}$ ($10^3$kN) | $V_{wij}$ ($10^3$kN) | $N_{wij}$ ($10^3$kN) |
|---|---|---|---|---|---|---|---|
| 8 | 0.00 | 0.00 | 0.079 | −0.079 | −0.63 | −0.315 | 0.035 |
| 7 | −2.10 | −1.05 | 0.159 | −1.209 | −0.03 | −0.015 | 0.105 |

续表

| 层 次 | $M'_{wj}$ ($10^3$kN·m) | $M'_{wij}$ ($10^3$kN·m) | $M_{bij}$ ($10^3$kN·m) | $M_{wij}$ ($10^3$kN·m) | $V_{wj}$ ($10^3$kN) | $V_{wij}$ ($10^3$kN) | $N_{wij}$ ($10^3$kN) |
|---|---|---|---|---|---|---|---|
| 6 | -1.92 | -0.96 | 0.167 | -1.127 | 0.47 | 0.235 | 0.179 |
| 5 | 0.22 | 0.11 | 0.167 | -0.057 | 0.91 | 0.455 | 0.254 |
| 4 | 4.10 | 2.05 | 0.159 | 1.891 | 1.30 | 0.65 | 0.323 |
| 3 | 9.56 | 4.78 | 0.148 | 4.632 | 1.65 | 0.825 | 0.390 |
| 2 | 16.51 | 8.26 | 0.123 | 8.132 | 1.97 | 0.985 | 0.444 |
| 1 | 24.92 | 12.46 | 0.090 | 12.370 | 2.27 | 1.135 | 0.484 |
| 0 | 37.70 | 18.85 | 0.000 | 18.850 | 2.65 | 1.325 | 0.484 |

单片剪力墙在地震作用下的弯矩图和剪力图如图 4.48（$a$）、（$b$）所示。

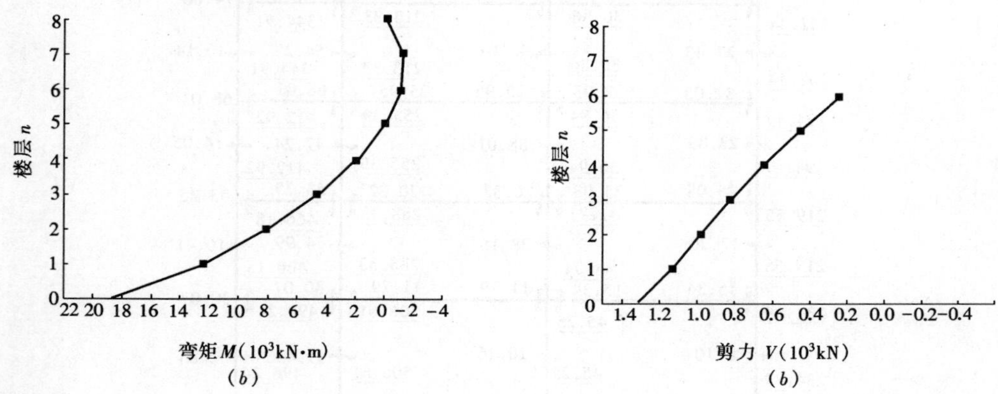


图 4-48 单片剪力墙在地震作用下的弯矩图和剪力图

（$a$）弯矩图；（$b$）剪力图

### 4.2.11 地震作用下框架内力计算

框架中 3～8 层所有 $V_f > 0.2V_0 = 0.2 \times 2651.08 = 530.30$kN，不必调整；

框架中 1、2 层所有 $V_f < 0.2V_0 = 530.30$kN，故要调整；又 $1.5V_{fmax} = 1.5 \times 0.66 \times 10^3 = 990.00$kN；

1、2 层地震剪力取 $V_f = \min\{990.00;\ 530.30\} = 530.30$kN。

(1) 框架柱剪力及梁柱端弯矩计算

横向水平地震荷载作用下框架柱剪力及梁柱端弯矩计算见表 4-98～表 4-101。

横向水平地震荷载作用下框架柱Ⓐ/②剪力及梁柱端弯矩计算　　表 4-98

| 层 次 | 层 高 $h$ (m) | $V_i$ (kN) | $\Sigma D_{im}$ | $D_{im}$ | $V_{im}$ (kN) | $yh$ (m) | $M_c^{上}$ (kN·m) | $M_c^{下}$ (kN·m) | $M_b^{总}$ (kN·m) |
|---|---|---|---|---|---|---|---|---|---|
| 8 | 4.2 | 630.00 | 306993 | 13584 | 27.88 | 1.26 | 81.97 | 35.13 | 81.97 |
| 7 | 4.2 | 640.00 | 306993 | 13584 | 28.32 | 1.68 | 71.37 | 47.58 | 106.50 |
| 6 | 4.2 | 660.00 | 306993 | 13584 | 29.20 | 1.89 | 67.45 | 55.19 | 115.03 |
| 5 | 4.2 | 650.00 | 306993 | 13584 | 28.76 | 1.89 | 66.44 | 54.36 | 121.62 |

续表

| 层次 | 层高 h（m） | $V_i$ (kN) | $\Sigma D_{im}$ | $D_{im}$ | $V_{im}$ (kN) | $yh$（m） | $M_c^上$ (kN·m) | $M_c^下$ (kN·m) | $M_b^总$ (kN·m) |
|---|---|---|---|---|---|---|---|---|---|
| 4 | 4.2 | 620.00 | 306993 | 13584 | 27.43 | 1.89 | 63.36 | 51.84 | 117.72 |
| 3 | 4.2 | 540.00 | 306993 | 13584 | 23.89 | 1.89 | 55.19 | 45.15 | 107.03 |
| 2 | 4.2 | 530.30 | 306993 | 13584 | 23.47 | 2.02 | 51.16 | 47.41 | 96.32 |
| 1 | 5.3 | 530.30 | 247446 | 12529 | 26.85 | 3.18 | 56.92 | 85.38 | 104.33 |

注：$M_c^上 = V_{im}（1-y）h$；$M_c^下 = V_{im}yh$；$M_b^总 = M_c^上 + M_c^下$。

**横向水平地震荷载作用下框架柱Ⓑ/②剪力及梁柱端弯矩计算** 表 4-99

| 层次 | 层高 h(m) | $V_i$ (kN) | $\Sigma D_{im}$ | $D_{im}$ | $V_{im}$ (kN) | $yh$（m） | $M_c^上$ (kN·m) | $M_c^下$ (kN·m) | $M_b^总$ (kN·m) | $M_b^左$ (kN·m) | $M_b^右$ (kN·m) |
|---|---|---|---|---|---|---|---|---|---|---|---|
| 8 | 4.2 | 630.00 | 306993 | 21609 | 44.35 | 1.26 | 130.39 | 55.88 | 130.39 | 65.19 | 65.19 |
| 7 | 4.2 | 640.00 | 306993 | 21609 | 45.05 | 1.68 | 113.53 | 75.68 | 169.41 | 84.70 | 84.70 |
| 6 | 4.2 | 660.00 | 306993 | 21609 | 46.46 | 1.89 | 107.32 | 87.81 | 183.01 | 91.50 | 91.50 |
| 5 | 4.2 | 650.00 | 306993 | 21609 | 45.75 | 1.89 | 105.68 | 86.47 | 193.49 | 96.75 | 96.75 |
| 4 | 4.2 | 620.00 | 306993 | 21609 | 43.64 | 1.89 | 100.81 | 82.48 | 187.28 | 93.64 | 93.64 |
| 3 | 4.2 | 540.00 | 306993 | 21609 | 38.01 | 1.89 | 87.80 | 71.84 | 170.28 | 85.14 | 85.14 |
| 2 | 4.2 | 530.30 | 306993 | 21609 | 37.33 | 2.02 | 81.38 | 75.41 | 153.22 | 76.61 | 76.61 |
| 1 | 5.3 | 530.30 | 247446 | 15713 | 33.67 | 3.18 | 71.38 | 107.07 | 146.79 | 73.39 | 73.39 |

注：$M_c^上 = V_{im}（1-y）h$；$M_c^下 = V_{im}yh$；$M_b^总 = M_c^上 + M_c^下$；

$M_b^左 = \frac{i_b^左}{i_b^左 + i_b^右} M_b^总$；$M_b^右 = \frac{i_b^右}{i_b^左 + i_b^右} M_b^总$；$i_b^左 = 5.4 \times 10^4 kN/m$；$i_b^右 = 5.4 \times 10^4 kN/m$。

**横向水平地震荷载作用下框架柱Ⓒ/②剪力及梁柱端弯矩计算** 表 4-100

| 层次 | 层高 h(m) | $V_i$ (kN) | $\Sigma D_{im}$ | $D_{im}$ | $V_{im}$ (kN) | $yh$（m） | $M_c^上$ (kN·m) | $M_c^下$ (kN·m) | $M_b^总$ (kN·m) | $M_b^左$ (kN·m) | $M_b^右$ (kN·m) |
|---|---|---|---|---|---|---|---|---|---|---|---|
| 8 | 4.2 | 630.00 | 306993 | 26854 | 55.11 | 1.26 | 162.02 | 69.44 | 162.02 | 54.01 | 108.02 |
| 7 | 4.2 | 640.00 | 306993 | 26854 | 55.98 | 1.68 | 141.07 | 94.05 | 210.51 | 70.17 | 140.34 |
| 6 | 4.2 | 660.00 | 306993 | 26854 | 57.73 | 1.89 | 133.36 | 109.11 | 227.40 | 75.80 | 151.60 |
| 5 | 4.2 | 650.00 | 306993 | 26854 | 56.86 | 1.89 | 131.35 | 107.37 | 240.46 | 80.15 | 160.30 |
| 4 | 4.2 | 620.00 | 306993 | 26854 | 54.23 | 1.89 | 125.27 | 102.49 | 232.74 | 77.58 | 155.16 |
| 3 | 4.2 | 540.00 | 306993 | 26854 | 47.24 | 1.89 | 109.12 | 89.28 | 211.62 | 70.54 | 141.08 |
| 2 | 4.2 | 530.30 | 306993 | 26854 | 46.39 | 2.02 | 101.13 | 93.71 | 190.41 | 63.47 | 126.94 |
| 1 | 5.3 | 530.30 | 247446 | 17671 | 37.87 | 3.18 | 80.28 | 120.43 | 173.99 | 58.00 | 115.99 |

注：$M_c^上 = V_{im}（1-y）h$；$M_c^下 = V_{im}yh$；$M_b^总 = M_c^上 + M_c^下$；

$M_b^左 = \frac{i_b^左}{i_b^左 + i_b^右} M_b^总$；$M_b^右 = \frac{i_b^右}{i_b^左 + i_b^右} M_b^右$；$i_b^左 = 5.4 \times 10^4 kN/m$；$i_b^右 = 10.8 \times 10^4 kN/m$。

**横向水平地震荷载作用下框架柱Ⓓ/②剪力及梁柱端弯矩计算　　表 4-101**

| 层次 | 层高 h (m) | $V_i$ (kN) | $\Sigma D_{im}$ | $D_{im}$ | $V_{im}$ (kN) | yh (m) | $M_c^{上}$ (kN·m) | $M_c^{下}$ (kN·m) | $M_b^{总}$ (kN·m) |
|---|---|---|---|---|---|---|---|---|---|
| 8 | 4.2 | 630.00 | 306993 | 7990 | 16.40 | 1.26 | 48.22 | 20.66 | 48.22 |
| 7 | 4.2 | 640.00 | 306993 | 7990 | 16.66 | 1.68 | 41.98 | 27.99 | 62.65 |
| 6 | 4.2 | 660.00 | 306993 | 7990 | 17.18 | 1.89 | 39.69 | 32.47 | 67.67 |
| 5 | 4.2 | 650.00 | 306993 | 7990 | 16.92 | 1.89 | 39.09 | 31.98 | 71.56 |
| 4 | 4.2 | 620.00 | 306993 | 7990 | 16.14 | 1.89 | 37.28 | 30.50 | 69.26 |
| 3 | 4.2 | 540.00 | 306993 | 7990 | 14.05 | 1.89 | 32.46 | 26.55 | 62.96 |
| 2 | 4.2 | 530.30 | 306993 | 7990 | 13.80 | 2.02 | 30.08 | 27.88 | 56.64 |
| 1 | 5.3 | 530.30 | 247446 | 4397 | 9.42 | 3.18 | 19.97 | 29.96 | 47.85 |

注：$M_c^{上} = V_{im}(1-y)h$；$M_c^{下} = V_{im}yh$；$M_b^{总} = M_c^{上} + M_c^{下}$。

因此，由表 4-98～表 4-101 可绘出框架Ⓐ～Ⓓ/②在横向水平地震荷载作用下，框架梁柱端弯矩图，如图 4-49 所示。

（2）框架梁端剪力和框架柱轴力计算

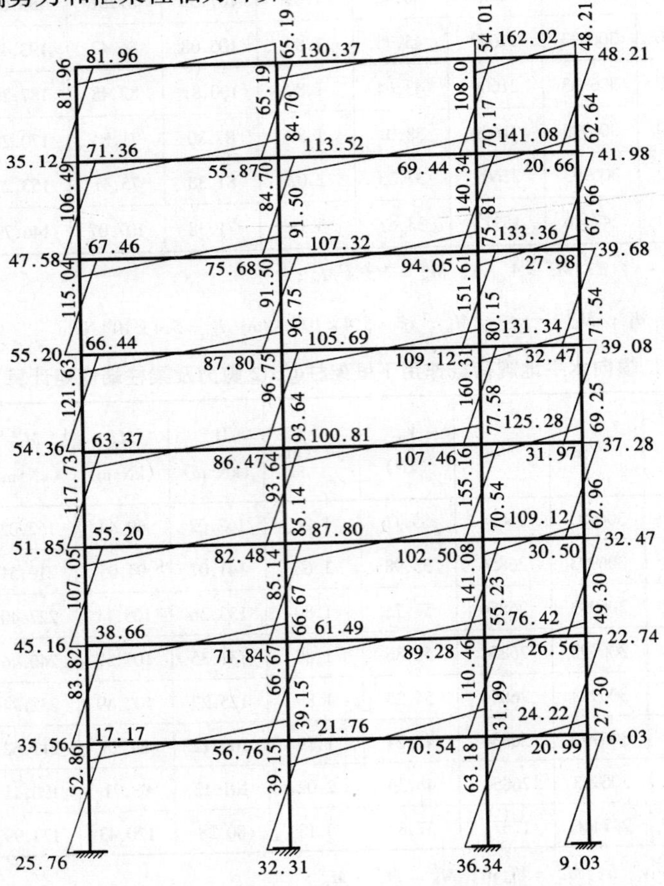

图 4-49　左向水平地震荷载作用下框架梁柱端弯矩图
（单位：kN·m）

框架梁剪力计算如图 4-50 所示。

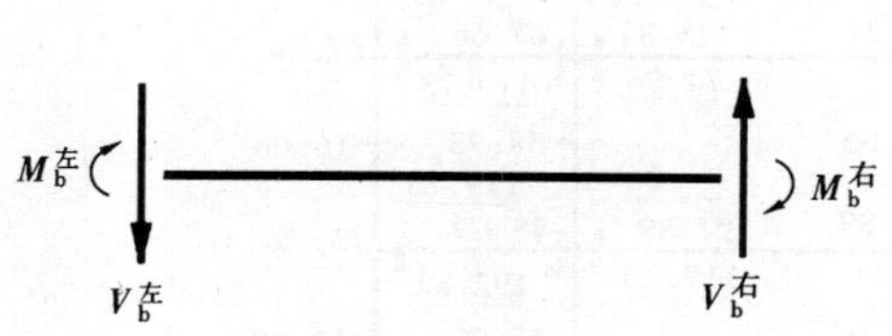


图 4-50　框架梁剪力计算

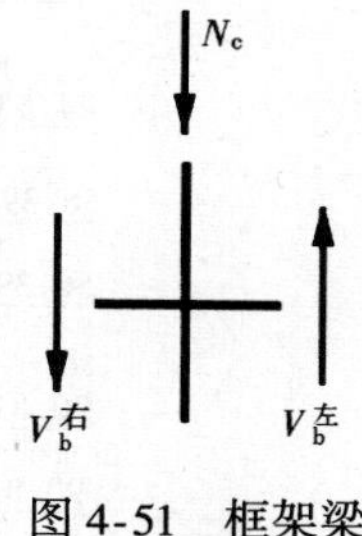


图 4-51　框架梁轴力计算

梁 AB：$V_{ABj} = V_{BCj} = -\dfrac{M_{bABj} + M_{bBAj}}{l} = -\dfrac{M_{bABj} + M_{bBAj}}{6}$（以顺时针为正）；

梁 BC：$V_{BCj} = V_{CBj} = -\dfrac{M_{bBCj} + M_{bCBj}}{l} = -\dfrac{M_{bBCj} + M_{bCBj}}{6}$（以顺时针为正）；

梁 CD：$V_{CDj} = V_{DCj} = -\dfrac{M_{bCDj} + M_{bDCj}}{l} = -\dfrac{M_{bCDj} + M_{bDCj}}{3}$（以顺时针为正）。

框架柱轴力计算如图 4-51 所示。

柱 A：$N_{cjA} = \Sigma V_{ABj}$（以受压为正）；　　柱 D：$N_{cjD} = -\Sigma V_{CDj}$（以受压为正）；

柱 B：$N_{cjB} = \Sigma(-V_{ABj} + V_{BCj})$（以受压为正）；柱 C：$N_{cjC} = \Sigma(V_{BCj} - V_{CDj})$（以受压为正）。

横向水平地震荷载作用下，框架梁端剪力和框架柱轴力计算见表 4-102。

**横向水平地震荷载作用下框架梁端剪力和框架柱轴力计算　　　表 4-102**

| 层次 | 梁端剪力 $V_{bj}$ (kN) | | | 柱轴力 $N$ (kN) | | | | | |
|---|---|---|---|---|---|---|---|---|---|
| | AB 跨 | BC 跨 | CD 跨 | 柱 A | 柱 B | | 柱 C | | 柱 D |
| | $V_{ABj}$ | $V_{BCj}$ | $V_{CDj}$ | $N_{cjA}$ | $-V_{ABj}+V_{BCj}$ | $N_{cjB}$ | $-V_{BCj}+V_{CDj}$ | $N_{cjC}$ | $N_{cjD}$ |
| 8 | -24.53 | -19.87 | -52.08 | -24.53 | 4.66 | 4.66 | -32.21 | -32.21 | 52.08 |
| 7 | -31.87 | -25.81 | -67.66 | -56.39 | 6.06 | 10.72 | -41.85 | -74.06 | 119.74 |
| 6 | -34.42 | -27.88 | -73.09 | -90.82 | 6.54 | 17.26 | -45.21 | -119.27 | 192.83 |
| 5 | -36.40 | -29.48 | -77.29 | -127.21 | 6.92 | 24.18 | -47.81 | -167.08 | 270.12 |
| 4 | -35.23 | -28.54 | -74.81 | -162.44 | 6.69 | 30.87 | -46.27 | -213.35 | 344.93 |
| 3 | -32.03 | -25.95 | -68.01 | -194.47 | 6.08 | 36.95 | -42.06 | -255.41 | 412.94 |
| 2 | -28.82 | -23.35 | -61.19 | -223.29 | 5.47 | 42.42 | -37.84 | -293.25 | 474.13 |
| 1 | -29.62 | -21.90 | -54.61 | -252.91 | 7.72 | 50.14 | -32.71 | -325.96 | 528.75 |

注：梁端剪力以顺时针为正；柱轴力以受压为正。

因此，由表 4-98 ~ 表 4-101 及表 4-102 可绘出框架Ⓐ ~ Ⓓ/②在横向水平地震荷载作用下，框架梁端剪力、柱端剪力和柱轴力，如图 4-52 所示。

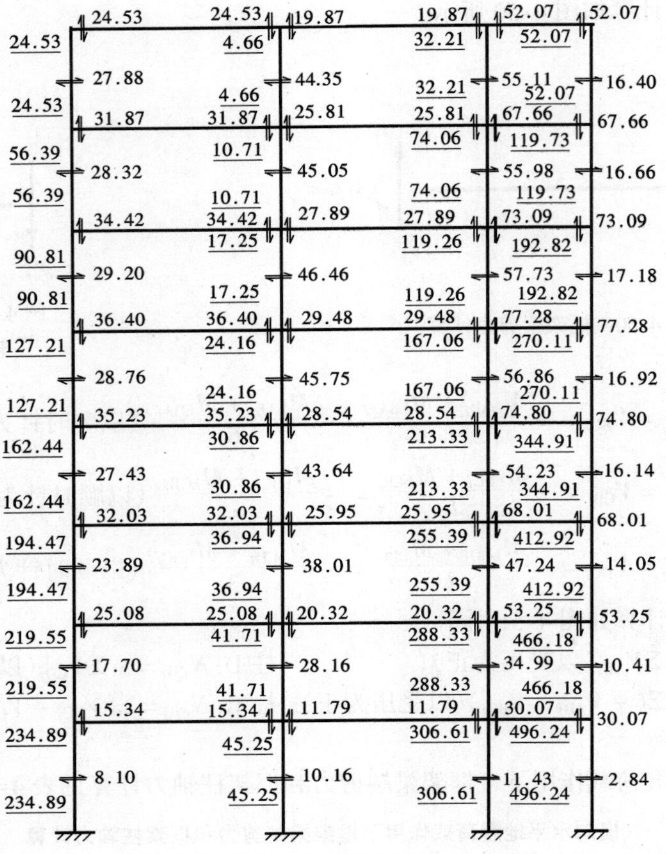

图 4-52　左向水平地震荷载作用下框架梁端剪力、柱端剪力和柱轴力

（单位：kN）

说明：梁端剪力均为顺时针方向，取正；柱Ⓐ、柱Ⓒ受拉，取负，柱Ⓑ、柱Ⓓ受压，取正。

### 4.2.12　非地震作用框架内力组合

非地震作用框架内力组合见表 4-103～表 4-114。

**用于承载力计算的框架梁由可变荷载效应控制的基本组合表（梁 AB）　　表 4-103**

| 层次 | 截面 | 内力 | 恒载 | 活载 | 活载 | 活载 | 左风 | 右风 | $M_{max}$相应的 $V$ | | $M_{min}$相应的 $V$ | | $\|V\|_{max}$相应的 $M$ | |
|---|---|---|---|---|---|---|---|---|---|---|---|---|---|---|
| | | | ① | ② | ③ | ④ | ⑤ | ⑥ | 组合项目 | 值 | 组合项目 | 值 | 组合项目 | 值 |
| 8 | 左 | $M$ | -48.05 | -15.39 | 1.98 | -0.03 | 34.33 | -34.33 | | | ①+0.7②+0.7④+⑤ | -93.17 | ①+②+④+0.6⑤ | -84.07 |
| | | $V$ | 89.83 | 27.92 | -1.67 | 0.03 | -10.27 | 10.27 | | | | 119.67 | | 123.94 |
| | 中 | $M$ | 62.93 | 21.25 | -2.50 | 0.05 | 2.92 | -2.92 | ①+②+④+0.6⑤ | 85.98 | | | | |
| | 右 | $M$ | -82.78 | -17.71 | -6.98 | 0.13 | -27.32 | 27.32 | | | ①+0.7②+0.7③+⑤ | -127.38 | ①+②+③+0.6⑤ | -123.86 |
| | | $V$ | -102.69 | -28.78 | -1.67 | 0.03 | -10.27 | 10.27 | | | | -134.28 | | -139.30 |

续表

| 层次 | 截面 | 内力 | 恒载 | 活载 | 活载 | 活载 | 左风 | 右风 | $M_{max}$相应的 $V$ | | $M_{min}$相应的 $V$ | | $\|V\|_{max}$相应的 $M$ | |
|---|---|---|---|---|---|---|---|---|---|---|---|---|---|---|
| | | | ① | ② | ③ | ④ | ⑤ | ⑥ | 组合项目 | 值 | 组合项目 | 值 | 组合项目 | 值 |
| 7 | 左 | $M$ | -45.26 | -20.06 | 1.61 | -0.02 | 45.49 | -45.49 | | | ①+0.7② | -104.81 | ①+② | -92.63 |
| | | $V$ | 63.76 | 28.43 | -0.98 | 0.01 | -13.62 | 13.62 | | | +0.7④+⑤ | 97.29 | +④+0.6⑤ | 100.37 |
| | 中 | $M$ | 37.87 | 17.98 | -3.63 | 0.01 | 3.88 | -3.88 | ①+②+④+0.6⑤ | 58.19 | | | | |
| | 右 | $M$ | -52.74 | -19.58 | -8.86 | 0.05 | -36.19 | 36.19 | | | ①+0.7② | -108.84 | ①+② | 102.89 |
| | | $V$ | -66.55 | -28.27 | -0.98 | 0.01 | -13.62 | 13.62 | | | +0.7③+⑤ | -100.65 | +③+0.6⑤ | -103.97 |
| 6 | 左 | $M$ | -41.05 | -19.01 | 1.54 | -0.02 | 48.74 | -48.74 | | | ①+0.7② | -103.11 | ①+② | -89.32 |
| | | $V$ | 62.80 | 28.29 | -1.06 | 0.01 | -14.58 | 14.58 | | | +0.7④+⑤ | 97.19 | +④+0.6⑤ | 99.85 |
| | 中 | $M$ | 39.46 | 18.63 | -4.13 | 0.02 | 4.16 | -4.16 | ①+②+④+0.6⑤ | 60.61 | | | | |
| | 右 | $M$ | -53.79 | -19.32 | -9.80 | 0.07 | -38.76 | 38.76 | | | ①+0.7② | -112.93 | ①+② | -106.17 |
| | | $V$ | -67.51 | -28.41 | -1.06 | 0.01 | -14.58 | 14.58 | | | +0.7③+⑤ | -102.72 | +③+0.6⑤ | -105.73 |
| 5 | 左 | $M$ | -41.90 | -19.24 | 1.59 | -0.02 | 51.31 | -51.31 | | | ①+0.7② | -106.69 | ①+② | -91.95 |
| | | $V$ | 62.98 | 28.32 | -1.05 | 0.01 | -15.35 | 15.35 | | | +0.7④+⑤ | 98.16 | +④+0.6⑤ | 100.52 |
| | 中 | $M$ | 39.13 | 18.50 | -4.03 | 0.02 | 4.38 | -4.38 | ①+②+④+0.6⑤ | 60.28 | | | | |
| | 右 | $M$ | -53.59 | -19.35 | -9.64 | 0.07 | -40.80 | 40.80 | | | ①+0.7② | -114.68 | ①+② | -107.06 |
| | | $V$ | -67.33 | -28.38 | -1.05 | 0.01 | -15.35 | 15.35 | | | +0.7③+⑤ | -103.28 | +③+0.6⑤ | -105.97 |
| 4 | 左 | $M$ | -41.74 | -19.20 | 1.58 | -0.02 | 48.84 | -48.84 | | | ①+0.7② | -104.03 | ①+② | -90.26 |
| | | $V$ | 62.96 | 28.32 | -1.05 | 0.01 | -14.62 | 14.62 | | | +0.7④+⑤ | 97.41 | +④+0.6⑤ | 100.06 |
| | 中 | $M$ | 39.19 | 18.52 | -4.05 | 0.02 | 4.17 | -4.17 | ①+②+④+0.6⑤ | 60.23 | | | | |
| | 右 | $M$ | -53.63 | -19.35 | -9.68 | 0.07 | -38.84 | 38.84 | | | ①+0.7② | -112.79 | ①+② | -105.96 |
| | | $V$ | -67.35 | -28.38 | -1.05 | 0.01 | -14.62 | 14.62 | | | +0.7③+⑤ | -102.57 | +③+0.6⑤ | -105.55 |
| 3 | 左 | $M$ | -41.66 | -19.15 | 1.57 | -0.02 | 44.39 | -44.39 | | | ①+0.7② | -99.47 | ①+② | -87.46 |
| | | $V$ | 62.94 | 28.31 | -1.06 | 0.01 | -13.28 | 13.28 | | | +0.7④+⑤ | 96.04 | +④+0.6⑤ | 99.23 |
| | 中 | $M$ | 39.22 | 18.56 | -4.00 | 0.02 | 3.79 | -3.79 | ①+②+④+0.6⑤ | 60.07 | | | | |
| | 右 | $M$ | -53.65 | -19.34 | -9.56 | 0.07 | -35.29 | 35.29 | | | ①+0.7② | -109.17 | ①+② | -103.72 |
| | | $V$ | -67.38 | -28.39 | -1.06 | 0.01 | -13.28 | 13.28 | | | +0.7③+⑤ | -101.28 | +③+0.6⑤ | -104.80 |
| 2 | 左 | $M$ | -42.25 | -19.45 | 1.57 | -0.02 | 40.37 | -40.37 | | | ①+0.7② | -96.25 | ①+② | -85.94 |
| | | $V$ | 63.08 | 28.35 | -1.02 | 0.01 | -12.07 | 12.07 | | | +0.7④+⑤ | 95.00 | +④+0.6⑤ | 98.68 |
| | 中 | $M$ | 39.00 | 18.36 | -4.34 | 0.01 | 3.45 | -3.45 | ①+②+④+0.6⑤ | 59.44 | | | | |
| | 右 | $M$ | -53.50 | -19.43 | -10.25 | 0.05 | -32.09 | 32.09 | | | ①+0.7② | -106.37 | ①+② | -102.43 |
| | | $V$ | -67.23 | -28.35 | -1.02 | 0.01 | -12.07 | 12.07 | | | +0.7③+⑤ | -99.86 | +③+0.6⑤ | -103.84 |

续表

| 层次 | 截面 | 内力 | 恒载 ① | 活载 ② | 活载 ③ | 活载 ④ | 左风 ⑤ | 右风 ⑥ | $M_{max}$相应的 $V$ 组合项目 | 值 | $M_{min}$相应的 $V$ 组合项目 | 值 | $\|V\|_{max}$相应的 $M$ 组合项目 | 值 |
|---|---|---|---|---|---|---|---|---|---|---|---|---|---|---|
| 1 | 左 | M | -39.07 | -18.10 | 1.80 | -0.03 | 43.42 | -43.42 | | | ①+0.7② | -95.18 | ①+② | -83.25 |
| | | V | 62.30 | 28.22 | -1.29 | 0.03 | -12.32 | 12.32 | | | +0.7④+⑤ | 94.40 | +④+0.6⑤ | 97.94 |
| | 中 | M | 40.12 | 19.38 | -2.23 | 0.04 | 5.37 | -5.37 | ①+②+④ +0.6⑤ | 62.76 | | | | |
| | 右 | M | -54.45 | -18.75 | -6.25 | 0.10 | -30.54 | 30.54 | | | ①+0.7② | -102.49 | ①+② | -97.77 |
| | | V | -68.01 | -28.48 | -1.29 | 0.03 | -12.32 | 12.32 | | | +0.7③+⑤ | -101.17 | +③+0.6⑤ | -105.17 |

注：1. 活载②、③、④分别为活载作用在 AB 跨、BC 跨、CD 跨；

2. 恒载①为 $1.2M_{Gk}$和 $1.2V_{Gk}$；

3. 活载②、③、④和左风⑤、右风⑥为 $1.4M_{Qk}$和 $1.4V_{Qk}$；

4. 以上各值均为轴线处的 $M$ 和 $V$；$M$ 以下端受拉为正，$V$ 以顺时针方向为正；

5. 表中弯矩的单位为 kN·m，剪力的单位为 kN。

**用于承载力计算的框架梁由永久荷载效应控制的基本组合表（梁 BC）　　表 4-104**

| 层次 | 截面 | 内力 | 恒载 ① | 活载 ② | 活载 ③ | 活载 ④ | $M_{max}$相应的 $V$ 组合项目 | 值 | $M_{min}$相应的 $V$ 组合项目 | 值 | $\|V\|_{max}$相应的 $M$ 组合项目 | 值 |
|---|---|---|---|---|---|---|---|---|---|---|---|---|
| 8 | 左 | M | -87.84 | -8.87 | -14.20 | 0.33 | | | ①+0.7② | -103.99 | ①+0.7② | -103.99 |
| | | V | 101.05 | 2.23 | 23.97 | -0.24 | | | +0.7③ | 119.39 | +0.3③ | 119.39 |
| | 中 | M | 55.55 | -2.85 | 17.34 | -0.33 | ①+0.7③ | 67.69 | | | | |
| | 右 | M | -53.68 | 3.17 | -15.83 | -0.99 | | | ①+0.7③ | -65.45 | ①+0.7③ | -65.45 |
| | | V | -88.42 | 2.23 | -24.56 | -0.24 | | | +0.7④ | -105.78 | +0.7④ | -105.78 |
| 7 | 左 | M | -53.97 | -4.20 | -16.74 | 0.32 | | | ①+0.7② | -68.63 | ①+0.7② | -68.63 |
| | | V | 66.69 | 1.11 | 24.20 | -0.20 | | | +0.7③ | 84.41 | +0.7③ | 84.41 |
| | 中 | M | 37.58 | -1.21 | 15.43 | -0.22 | ①+0.7③ | 48.38 | | | | |
| | 右 | M | -43.58 | 1.78 | -17.12 | -0.77 | | | ①+0.7③ | -56.10 | ①+0.7③ | -56.10 |
| | | V | -62.85 | 1.11 | -24.34 | -0.20 | | | +0.7④ | -80.03 | +0.7④ | -80.03 |
| 6 | 左 | M | -55.86 | -5.04 | -16.28 | 0.32 | | | ①+0.7② | -70.78 | ①+0.7② | -70.78 |
| | | V | 67.39 | 1.30 | 24.14 | -0.21 | | | +0.7③ | 85.20 | +0.7③ | 85.20 |
| | 中 | M | 37.60 | -1.52 | 15.74 | -0.24 | ①+0.7③ | 48.62 | | | | |
| | 右 | M | -41.67 | 2.00 | -16.95 | -0.79 | | | ①+0.7③ | -54.09 | ①+0.7③ | -54.09 |
| | | V | -62.15 | 1.30 | -24.39 | -0.21 | | | +0.7④ | -79.37 | +0.7④ | -79.37 |
| 5 | 左 | M | -55.50 | -4.88 | -16.36 | 0.32 | | | ①+0.7② | -70.37 | ①+0.7② | -70.37 |
| | | V | 67.28 | 1.27 | 24.16 | -0.21 | | | +0.7③ | 85.08 | +0.3③ | 85.08 |
| | 中 | M | 37.62 | -1.46 | 15.69 | -0.24 | ①+0.7③ | 48.60 | | | | |
| | 右 | M | -41.98 | 1.96 | -16.97 | -0.79 | | | ①+0.7③ | -54.41 | ①+0.7③ | -54.41 |
| | | V | -62.26 | 1.27 | -24.38 | -0.21 | | | +0.7④ | -79.47 | +0.7④ | -79.47 |

续表

| 层次 | 截面 | 内力 | 恒载 ① | 活载 ② | 活载 ③ | 活载 ④ | $M_{max}$相应的 $V$ 组合项目 | 值 | $M_{min}$相应的 $V$ 组合项目 | 值 | $\|V\|_{max}$相应的 $M$ 组合项目 | 值 |
|---|---|---|---|---|---|---|---|---|---|---|---|---|
| 4 | 左 | $M$ | −55.56 | −4.91 | −16.35 | 0.32 | | | ①+0.7② | −70.44 | ①+0.7② | −70.44 |
| | | $V$ | 67.30 | 1.27 | 24.16 | −0.21 | | | +0.7③ | 85.10 | +0.7③ | 85.10 |
| | 中 | $M$ | 37.62 | −1.47 | 15.70 | −0.24 | ①+0.7③ | 48.61 | | | | |
| | 右 | $M$ | −41.93 | 1.97 | −16.97 | −0.79 | | | ①+0.7③ | −54.36 | ①+0.7③ | −54.36 |
| | | $V$ | −62.25 | 1.27 | −24.38 | −0.21 | | | +0.7④ | −79.46 | +0.7④ | −79.46 |
| 3 | 左 | $M$ | −55.60 | −4.95 | −16.33 | 0.32 | | | ①+0.7② | −70.50 | ①+0.7② | −70.50 |
| | | $V$ | 67.31 | 1.29 | 24.16 | −0.21 | | | +0.7③ | 85.13 | +0.7③ | 85.13 |
| | 中 | $M$ | 37.62 | −1.48 | 15.72 | −0.24 | ①+0.7③ | 48.62 | | | | |
| | 右 | $M$ | −41.89 | 1.98 | −16.95 | −0.79 | | | ①+0.7③ | −54.31 | ①+0.7③ | −54.31 |
| | | $V$ | −62.23 | 1.29 | −24.38 | −0.21 | | | +0.7④ | −79.44 | +0.7④ | −79.44 |
| 2 | 左 | $M$ | −55.32 | −4.69 | −16.48 | 0.31 | | | ①+0.7② | −70.14 | ①+0.7② | −70.14 |
| | | $V$ | 67.20 | 1.22 | 24.17 | −0.20 | | | +0.7③ | 84.97 | +0.7③ | 84.97 |
| | 中 | $M$ | 37.60 | −1.39 | 15.60 | −0.23 | ①+0.7③ | 48.52 | | | | |
| | 右 | $M$ | −42.20 | 1.90 | −17.03 | −0.77 | | | ①+0.7③ | −54.66 | ①+0.7③ | −54.66 |
| | | $V$ | −62.34 | 1.22 | −24.37 | −0.20 | | | +0.7④ | −79.54 | +0.7④ | −79.54 |
| 1 | 左 | $M$ | −56.85 | −6.21 | −15.65 | 0.36 | | | ①+0.7② | −72.15 | ①+0.7② | −72.15 |
| | | $V$ | 67.86 | 1.60 | 24.10 | −0.25 | | | +0.7③ | 85.85 | +0.7③ | 85.85 |
| | 中 | $M$ | 37.88 | −1.91 | 16.26 | −0.31 | ①+0.7③ | 49.26 | | | | |
| | 右 | $M$ | −40.11 | 2.39 | −16.54 | −0.97 | | | ①+0.7③ | −52.37 | ①+0.7③ | −52.37 |
| | | $V$ | −61.68 | 1.60 | −24.44 | −0.25 | | | +0.7④ | −78.96 | +0.7④ | −78.96 |

注：1. 活载②、③、④分别为活载作用在 AB 跨、BC 跨、CD 跨；

2. 恒载①为 $1.35M_{Gk}$和 $1.35V_{Gk}$；

3. 活载②、③、④分别为 $1.4M_{Qk}$和 $1.4V_{Qk}$；

4. 以上各值均为轴线处的 $M$ 和 $V$；$M$ 以下端受拉为正，$V$ 以顺时针方向为正；

5. 表中弯矩的单位为 kN·m，剪力的单位为 kN。

**用于承载力计算的框架梁由可变荷载效应控制的基本组合表（梁 BC）　　表 4-105**

| 层次 | 截面 | 内力 | 恒载 ① | 活载 ② | 活载 ③ | 活载 ④ | 左风 ⑤ | 右风 ⑥ | $M_{max}$相应的 $V$ 组合项目 | 值 | $M_{min}$相应的 $V$ 组合项目 | 值 | $\|V\|_{max}$相应的 $M$ 组合项目 | 值 |
|---|---|---|---|---|---|---|---|---|---|---|---|---|---|---|
| 8 | 左 | $M$ | −78.08 | −8.87 | −14.20 | 0.33 | 27.32 | −27.32 | | | ①+0.7② | −121.55 | ①+② | −117.54 |
| | | $V$ | 89.82 | 2.23 | 23.97 | −0.24 | −8.33 | 8.33 | | | +0.7③+⑥ | 116.49 | +③+0.6⑥ | 121.02 |
| | 中 | $M$ | 49.38 | −2.85 | 17.34 | −0.33 | 1.96 | −1.96 | ①+③ +0.6⑤ | 67.90 | | | | |
| | 右 | $M$ | −47.72 | 3.17 | −15.83 | −0.99 | −22.63 | 22.63 | | | ①+0.7③ | −82.12 | ①+③ | −78.12 |
| | | $V$ | −78.59 | 2.23 | −24.56 | −0.24 | −8.33 | 8.33 | | | +0.7④+⑤ | −104.28 | +④+0.6⑥ | −108.39 |

续表

| 层次 | 截面 | 内力 | 恒载 | 活载 | 活载 | 活载 | 左风 | 右风 | $M_{max}$相应的 $V$ | | $M_{min}$相应的 $V$ | | $\|V\|_{max}$相应的 $M$ | |
|---|---|---|---|---|---|---|---|---|---|---|---|---|---|---|
| | | | ① | ② | ③ | ④ | ⑤ | ⑥ | 组合项目 | 值 | 组合项目 | 值 | 组合项目 | 值 |
| 7 | 左 | $M$ | -47.98 | -4.20 | -16.74 | 0.32 | 27.32 | -27.32 | | | ①+0.7②+0.7③+⑥ | -89.96 | ①+②+③+0.6⑥ | -85.31 |
| | | $V$ | 59.28 | 1.11 | 24.20 | -0.20 | -11.03 | 11.03 | | | | 88.03 | | 91.21 |
| | 中 | $M$ | 33.41 | -1.21 | 15.43 | -0.22 | -1.11 | 1.11 | ①+③+0.6⑤ | 48.17 | | | | |
| | 右 | $M$ | -38.74 | 1.78 | -17.12 | -0.77 | -29.98 | 29.98 | | | ①+0.7③+0.7④+⑤ | -81.24 | ①+③+④+0.6⑥ | -74.62 |
| | | $V$ | -55.87 | 1.11 | -24.34 | -0.20 | -11.03 | 11.03 | | | | -84.08 | | -87.03 |
| 6 | 左 | $M$ | -49.65 | -5.04 | -16.28 | 0.32 | 27.32 | -27.32 | | | ①+0.7②+0.7③+⑥ | -91.89 | ①+②+③+0.6⑥ | -87.36 |
| | | $V$ | 59.90 | 1.30 | 24.14 | -0.21 | -11.81 | 11.81 | | | | 89.52 | | 92.43 |
| | 中 | $M$ | 33.42 | -1.52 | 15.74 | -0.24 | -2.00 | 2.00 | ①+③+0.6⑤ | 47.96 | | | | |
| | 右 | $M$ | -37.04 | 2.00 | -16.95 | -0.79 | -32.11 | 32.11 | | | ①+0.7③+0.7④+⑤ | -81.57 | ①+③+④+0.6⑥ | -74.05 |
| | | $V$ | -55.25 | 1.30 | -24.39 | -0.21 | -11.81 | 11.81 | | | | -84.28 | | -86.94 |
| 5 | 左 | $M$ | -49.33 | -4.88 | -16.36 | 0.32 | 27.32 | -27.32 | | | ①+0.7②+0.7③+⑥ | -91.52 | ①+②+③+0.6⑥ | -86.96 |
| | | $V$ | 59.81 | 1.27 | 24.16 | -0.21 | -12.43 | 12.43 | | | | 90.04 | | 92.70 |
| | 中 | $M$ | 33.44 | -1.46 | 15.69 | -0.24 | -2.70 | 2.70 | ①+③+0.6⑤ | 47.51 | | | | |
| | 右 | $M$ | -37.31 | 1.96 | -16.97 | -0.79 | -33.80 | 33.80 | | | ①+0.7③+0.7④+⑤ | -83.54 | ①+③+④+0.6⑤ | -75.35 |
| | | $V$ | -55.34 | 1.27 | -24.38 | -0.21 | -12.43 | 12.43 | | | | -84.98 | | -87.39 |
| 4 | 左 | $M$ | -49.39 | -4.91 | -16.35 | 0.32 | 27.32 | -27.32 | | | ①+0.7②+0.7③+⑥ | -91.59 | ①+②+③+0.6⑥ | -87.04 |
| | | $V$ | 59.82 | 1.27 | 24.16 | -0.21 | -11.84 | 11.84 | | | | 89.46 | | 92.35 |
| | 中 | $M$ | 33.44 | -1.47 | 15.70 | -0.24 | -2.03 | 2.03 | ①+③+0.6⑤ | 47.92 | | | | |
| | 右 | $M$ | -37.27 | 1.97 | -16.97 | -0.79 | -32.18 | 32.18 | | | ①+0.7③+0.7④+⑤ | -81.88 | ①+③+④+0.6⑤ | -74.34 |
| | | $V$ | -55.33 | 1.27 | -24.38 | -0.21 | -11.84 | 11.84 | | | | -84.38 | | -87.02 |
| 3 | 左 | $M$ | -49.42 | -4.95 | -16.33 | 0.32 | 27.32 | -27.32 | | | ①+0.7②+0.7③+⑥ | -91.64 | ①+②+③+0.6⑥ | -87.09 |
| | | $V$ | 59.83 | 1.29 | 24.16 | -0.21 | -10.75 | 10.75 | | | | 88.40 | | 91.73 |
| | 中 | $M$ | 33.44 | -1.48 | 15.72 | -0.24 | -0.80 | 0.80 | ①+③+0.6⑤ | 48.68 | | | | |
| | 右 | $M$ | -37.24 | 1.98 | -16.95 | -0.79 | -29.24 | 29.24 | | | ①+0.7③+0.7④+⑤ | -78.90 | ①+③+④+0.6⑤ | -72.52 |
| | | $V$ | -55.32 | 1.29 | -24.38 | -0.21 | -10.75 | 10.75 | | | | -83.28 | | -86.36 |
| 2 | 左 | $M$ | -49.17 | -4.69 | -16.48 | 0.31 | 27.32 | -27.32 | | | ①+0.7②+0.7③+⑥ | -91.31 | ①+②+③+0.6⑥ | -86.73 |
| | | $V$ | 59.73 | 1.22 | 24.17 | -0.20 | -9.78 | 9.78 | | | | 87.28 | | 90.99 |
| | 中 | $M$ | 33.43 | -1.39 | 15.60 | -0.23 | 0.31 | -0.31 | ①+③+0.6⑤ | 49.22 | | | | |
| | 右 | $M$ | -37.51 | 1.90 | -17.03 | -0.77 | -26.59 | 26.59 | | | ①+0.7③+0.7④+⑤ | -76.56 | ①+③+④+0.6⑥ | -71.26 |
| | | $V$ | -55.41 | 1.22 | -24.37 | -0.20 | -9.78 | 9.78 | | | | -82.39 | | -85.85 |

续表

| 层次 | 截面 | 内力 | 恒载 ① | 活载 ② | 活载 ③ | 活载 ④ | 左风 ⑤ | 右风 ⑥ | $M_{max}$相应的 $V$ 组合项目 | 值 | $M_{min}$相应的 $V$ 组合项目 | 值 | $\|V\|_{max}$相应的 $M$ 组合项目 | 值 |
|---|---|---|---|---|---|---|---|---|---|---|---|---|---|---|
| 1 | 左 | $M$ | -50.53 | -6.21 | -15.65 | 0.36 | 27.32 | -27.32 | | | ①+0.7② | -93.15 | ①+② | -88.78 |
| | | $V$ | 60.32 | 1.60 | 24.10 | -0.25 | -9.11 | 9.11 | | | +0.7③+⑥ | 87.42 | +③+0.6⑥ | 91.49 |
| | 中 | $M$ | 33.67 | -1.91 | 16.26 | -0.31 | 1.33 | -1.33 | ①+③ +0.6⑤ | 50.73 | | | | |
| | 右 | $M$ | -35.66 | 2.39 | -16.54 | -0.97 | -24.13 | 24.13 | | | ①+0.7③ | -72.05 | ①+③ | -67.65 |
| | | $V$ | -54.83 | 1.60 | -24.44 | -0.25 | -9.11 | 9.11 | | | +0.7④+⑤ | -81.22 | +④+0.6⑤ | -84.99 |

注：1. 活载②、③、④分别为活载作用在 AB 跨、BC 跨、CD 跨；

2. 恒载①为 $1.2M_{Gk}$和 $1.2V_{Gk}$；

3. 活载②、③、④和左风⑤、右风⑥为 $1.4M_{Qk}$和 $1.4V_{Qk}$；

4. 以上各值均为轴线处的 $M$ 和 $V$；$M$ 以下端受拉为正，$V$ 以顺时针方向为正；

5. 表中弯矩的单位为 kN·m，剪力的单位为 kN。

**用于承载力计算的框架梁由永久荷载效应控制的基本组合表（梁 CD）　　表 4-106**

| 层次 | 截面 | 内力 | 恒载 ① | 活载 ② | 活载 ③ | 活载 ④ | $M_{max}$相应的 $V$ 组合项目 | 值 | $M_{min}$相应的 $V$ 组合项目 | 值 | $\|V\|_{max}$相应的 $M$ 组合项目 | 值 |
|---|---|---|---|---|---|---|---|---|---|---|---|---|
| 8 | 左 | $M$ | -34.95 | 1.72 | -9.95 | -0.79 | | | ①+0.7③ | -42.47 | ①+0.7③ | -42.47 |
| | | $V$ | 41.00 | -0.70 | 4.06 | 10.60 | | | +0.7④ | 51.26 | +0.7④ | 51.26 |
| | 中 | $M$ | -3.07 | 0.89 | -5.08 | 3.37 | ①+0.7③（上端受拉） | -6.63 | | | | |
| | 右 | $M$ | -4.83 | -0.05 | 0.40 | -0.67 | | | ①+0.7② | -5.33 | ①+0.7② | -5.33 |
| | | $V$ | -16.80 | -0.70 | 4.06 | -6.58 | | | +0.7④ | -21.90 | +0.7④ | -21.90 |
| 7 | 左 | $M$ | -14.53 | 0.30 | -5.55 | -1.60 | | | ①+0.7③ | -19.54 | ①+0.7③ | -19.54 |
| | | $V$ | 24.73 | -0.15 | 2.53 | 13.29 | | | +0.7④ | 35.80 | +0.7④ | 35.80 |
| | 中 | $M$ | 2.84 | 0.12 | -2.51 | 3.66 | ①+0.7② +0.7④ | 5.49 | | | | |
| | 右 | $M$ | -2.22 | -0.09 | 0.92 | -1.31 | | | ①+0.7② | -3.20 | ①+0.7② | -3.20 |
| | | $V$ | -13.24 | -0.15 | 2.53 | -8.17 | | | +0.7④ | -19.06 | +0.7④ | -19.06 |
| 6 | 左 | $M$ | -18.23 | 0.63 | -6.24 | -1.54 | | | ①+0.7③ | -23.68 | ①+0.7③ | -23.68 |
| | | $V$ | 25.35 | -0.28 | 2.76 | 13.27 | | | +0.7④ | 36.57 | +0.7④ | 36.57 |
| | 中 | $M$ | 0.82 | 0.30 | -2.93 | 3.70 | ①+0.7② +0.7④ | 3.62 | | | | |
| | 右 | $M$ | -2.47 | -0.07 | 0.80 | -1.31 | | | ①+0.7② | -3.44 | ①+0.7② | -3.44 |
| | | $V$ | -12.62 | -0.28 | 2.76 | -8.20 | | | +0.7④ | -18.56 | +0.7④ | -18.56 |
| 5 | 左 | $M$ | -18.00 | 0.57 | -6.13 | -1.55 | | | ①+0.7③ | -23.38 | ①+0.7③ | -23.38 |
| | | $V$ | 25.30 | -0.25 | 2.73 | 13.28 | | | +0.7④ | 36.51 | +0.7④ | 36.51 |
| | 中 | $M$ | 0.96 | 0.27 | -2.86 | 3.69 | ①+0.7② +0.7④ | -3.73 | | | | |
| | 右 | $M$ | -2.42 | -0.07 | 0.82 | -1.31 | | | ①+0.7② | -3.39 | ①+0.7② | -3.39 |
| | | $V$ | -12.67 | -0.25 | 2.73 | -8.19 | | | +0.7④ | -18.58 | +0.7④ | -18.58 |

续表

| 层次 | 截面 | 内力 | 恒载 | 活载 | 活载 | 活载 | $M_{max}$相应的 $V$ | | $M_{min}$相应的 $V$ | | $\lvert V\rvert_{max}$相应的 $M$ | |
|---|---|---|---|---|---|---|---|---|---|---|---|---|
| | | | ① | ② | ③ | ④ | 组合项目 | 值 | 组合项目 | 值 | 组合项目 | 值 |
| 4 | 左 | $M$ | -18.04 | 0.58 | -6.14 | -1.55 | | | ①+0.7③+0.7④ | -23.42 | ①+0.7③+0.7④ | -23.42 |
| | | $V$ | 25.30 | -0.25 | 2.73 | 13.27 | | | | 36.50 | | 36.50 |
| | 中 | $M$ | 0.94 | 0.27 | -2.86 | 3.69 | ①+0.7②+0.7④ | 3.71 | | | | |
| | 右 | $M$ | -2.42 | -0.07 | 0.82 | -1.31 | | | ①+0.7②+0.7④ | -3.39 | ①+0.7②+0.7④ | -3.39 |
| | | $V$ | -12.67 | -0.25 | 2.73 | -8.20 | | | | -18.59 | | -18.59 |
| 3 | 左 | $M$ | -18.05 | 0.59 | -6.18 | -1.54 | | | ①+0.7③+0.7④ | -23.45 | ①+0.7③+0.7④ | -23.45 |
| | | $V$ | 25.31 | -0.27 | 2.74 | 13.27 | | | | 36.52 | | 36.52 |
| | 中 | $M$ | 0.92 | 0.28 | -2.88 | 3.70 | ①+0.7②+0.7④ | 3.71 | | | | |
| | 右 | $M$ | -2.44 | -0.07 | 0.82 | -1.31 | | | ①+0.7②+0.7④ | -3.41 | ①+0.7②+0.7④ | -3.41 |
| | | $V$ | -12.66 | -0.27 | 2.74 | -8.20 | | | | -18.59 | | -18.59 |
| 2 | 左 | $M$ | -17.76 | 0.49 | -5.94 | -1.59 | | | ①+0.7③+0.7④ | -23.03 | ①+0.7③+0.7④ | -23.03 |
| | | $V$ | 25.21 | -0.22 | 2.66 | 13.28 | | | | 36.37 | | 36.37 |
| | 中 | $M$ | 1.11 | 0.22 | -2.74 | 3.66 | ①+0.7②+0.7④ | 3.83 | | | | |
| | 右 | $M$ | -2.38 | -0.08 | 0.85 | -1.33 | | | ①+0.7②+0.7④ | -3.37 | ①+0.7②+0.7④ | -3.37 |
| | | $V$ | -12.76 | -0.22 | 2.66 | -8.19 | | | | -18.65 | | -18.65 |
| 1 | 左 | $M$ | -20.27 | 0.90 | -7.47 | -1.34 | | | ①+0.7③+0.7④ | -26.44 | ①+0.7③+0.7④ | -26.44 |
| | | $V$ | 26.19 | -0.39 | 3.21 | 13.27 | | | | 37.73 | | 37.73 |
| | 中 | $M$ | -0.22 | 0.44 | -3.61 | 3.89 | ①+0.7②+0.7④ | 2.81 | | | | |
| | 右 | $M$ | -2.38 | -0.08 | 0.72 | -1.11 | | | ①+0.7②+0.7④ | -3.21 | ①+0.7②+0.7④ | -3.21 |
| | | $V$ | -11.78 | -0.39 | 3.21 | -8.20 | | | | -17.79 | | -17.79 |

注：1. 活载②、③、④分别为活载作用在 AB 跨、BC 跨、CD 跨；

2. 恒载①为 $1.35M_{Gk}$和 $1.35V_{Gk}$；

3. 活载②、③、④分别为 $1.4M_{Qk}$和 $1.4V_{Qk}$；

4. 以上各值均为轴线处的 $M$ 和 $V$；$M$ 以下端受拉为正，$V$ 以顺时针方向为正；

5. 表中弯矩的单位为 kN·m，剪力的单位为 kN。

### 用于承载力计算的框架梁由可变荷载效应控制的基本组合表（梁 CD）　　表 4-107

| 层次 | 截面 | 内力 | 恒载 | 活载 | 活载 | 活载 | 左风 | 右风 | $M_{max}$相应的 $V$ | | $M_{min}$相应的 $V$ | | $\lvert V\rvert_{max}$相应的 $M$ | |
|---|---|---|---|---|---|---|---|---|---|---|---|---|---|---|
| | | | ① | ② | ③ | ④ | ⑤ | ⑥ | 组合项目 | 值 | 组合项目 | 值 | 组合项目 | 值 |
| 8 | 左 | $M$ | -31.06 | 1.72 | -9.95 | -0.79 | 45.25 | -45.25 | | | ①+0.7③+0.7④+⑥ | -83.83 | ①+0.7③+0.7④+⑥ | -83.83 |
| | | $V$ | 36.45 | -0.70 | 4.06 | 10.60 | -21.83 | 21.83 | | | | 68.54 | | 68.54 |
| | 中 | $M$ | -2.73 | 0.89 | -5.08 | 3.37 | 10.43 | -10.43 | ①+0.7③+⑥ | -16.72 | | | | |
| | 右 | $M$ | -4.29 | -0.05 | 0.40 | -0.67 | -20.22 | 20.22 | | | ①+0.7②+0.7④+⑤ | -25.01 | ①+0.7②+0.7④+⑤ | -25.01 |
| | | $V$ | -14.93 | -0.70 | 4.06 | -6.58 | -21.83 | 21.83 | | | | -41.86 | | -41.86 |

续表

| 层次 | 截面 | 内力 | 恒载 | 活载 | 活载 | 活载 | 左风 | 右风 | $M_{max}$相应的 $V$ | | $M_{min}$相应的 $V$ | | $\|V\|_{max}$相应的 $M$ | |
|---|---|---|---|---|---|---|---|---|---|---|---|---|---|---|
| | | | ① | ② | ③ | ④ | ⑤ | ⑥ | 组合项目 | 值 | 组合项目 | 值 | 组合项目 | 值 |
| 7 | 左 | M | −12.91 | 0.30 | −5.55 | −1.60 | 59.95 | −59.95 | | | ①+0.7③+0.7④+⑥ | −77.87 | ①+0.7③+0.7④+⑥ | −77.87 |
| | | V | 21.99 | −0.15 | 2.53 | 13.29 | −28.91 | 28.91 | | | | 61.97 | | 61.97 |
| | 中 | M | 2.52 | 0.12 | −2.51 | 3.66 | 13.83 | −13.83 | ①+0.7②+0.7④+⑤ | 19.00 | | | | |
| | 右 | M | −1.97 | −0.09 | 0.92 | −1.31 | −26.77 | 26.77 | | | ①+0.7②+0.7④+⑤ | −29.72 | ①+0.7②+0.7④+⑤ | −29.72 |
| | | V | −11.77 | −0.15 | 2.53 | −8.17 | −28.91 | 28.91 | | | | −46.50 | | −46.50 |
| 6 | 左 | M | −16.20 | 0.63 | −6.24 | −1.54 | 64.22 | −64.22 | | | ①+0.7③+0.7④+⑥ | −85.87 | ①+0.7③+0.7④+⑥ | −85.87 |
| | | V | 22.54 | −0.28 | 2.76 | 13.27 | −30.97 | 30.97 | | | | 64.73 | | 64.73 |
| | 中 | M | 0.72 | 0.30 | −2.93 | 3.70 | 14.81 | −14.81 | ①+0.7②+0.7④+⑤ | 18.33 | | | | |
| | 右 | M | −2.20 | −0.07 | 0.80 | −1.31 | −28.68 | 28.68 | | | ①+0.7②+0.7④+⑤ | −31.85 | ①+0.7②+0.7④+⑤ | −31.85 |
| | | V | −11.21 | −0.28 | 2.76 | −8.20 | −30.97 | 30.97 | | | | −48.12 | | −48.12 |
| 5 | 左 | M | −16.00 | 0.57 | −6.13 | −1.55 | 67.61 | −67.61 | | | ①+0.7③+0.7④+⑥ | −88.99 | ①+0.7③+0.7④+⑥ | −88.99 |
| | | V | 22.49 | −0.25 | 2.73 | 13.28 | −32.60 | 32.60 | | | | 66.30 | | 66.30 |
| | 中 | M | 0.85 | 0.27 | −2.86 | 3.69 | 15.59 | −15.59 | ①+0.7②+0.7④+⑤ | 19.21 | | | | |
| | 右 | M | −2.15 | −0.07 | 0.82 | −1.31 | −30.19 | 30.19 | | | ①+0.7②+0.7④+⑤ | −33.31 | ①+0.7②+0.7④+⑤ | −33.31 |
| | | V | −11.26 | −0.25 | 2.73 | −8.19 | −32.60 | 32.60 | | | | −49.77 | | −49.77 |
| 4 | 左 | M | −16.04 | 0.58 | −6.14 | −1.55 | 64.37 | −64.37 | | | ①+0.7③+0.7④+⑥ | −85.79 | ①+0.7③+0.7④+⑥ | −85.79 |
| | | V | 22.49 | −0.25 | 2.73 | 13.27 | −31.04 | 31.04 | | | | 64.73 | | 64.73 |
| | 中 | M | 0.83 | 0.27 | −2.86 | 3.69 | 14.84 | −14.84 | ①+0.7②+0.7④+⑤ | 18.44 | | | | |
| | 右 | M | −2.15 | −0.07 | 0.82 | −1.31 | −28.75 | 28.75 | | | ①+0.7②+0.7④+⑤ | −31.87 | ①+0.7②+0.7④+⑤ | −31.87 |
| | | V | −11.26 | −0.25 | 2.73 | −8.20 | −31.04 | 31.04 | | | | −48.22 | | −48.22 |
| 3 | 左 | M | −16.05 | 0.59 | −6.18 | −1.54 | 58.49 | −58.49 | | | ①+0.7③+0.7④+⑥ | −97.94 | ①+0.7③+0.7④+⑥ | −79.94 |
| | | V | 22.50 | −0.27 | 2.74 | 13.27 | −28.20 | 28.20 | | | | 61.91 | | 61.91 |
| | 中 | M | 0.82 | 0.28 | −2.88 | 3.70 | 13.49 | −13.49 | ①+0.7②+0.7④+⑤ | 17.10 | | | | |
| | 右 | M | −2.17 | −0.07 | 0.82 | −1.31 | −26.12 | 26.12 | | | ①+0.7②+0.7④+⑤ | −29.26 | ①+0.7②+0.7④+⑤ | −29.26 |
| | | V | −11.25 | −0.27 | 2.74 | −8.20 | −28.20 | 28.20 | | | | −45.38 | | −45.38 |
| 2 | 左 | M | −15.79 | 0.49 | −5.94 | −1.59 | 53.17 | −53.17 | | | ①+0.7③+0.7④+⑥ | −74.23 | ①+0.7③+0.7④+⑥ | −74.23 |
| | | V | 22.41 | −0.22 | 2.66 | 13.28 | −25.64 | 25.64 | | | | 59.21 | | 59.21 |
| | 中 | M | 0.98 | 0.22 | −2.74 | 3.66 | 12.26 | −12.26 | ①+0.7②+0.7④+⑤ | 15.96 | | | | |
| | 右 | M | −2.12 | −0.08 | 0.85 | −1.33 | −23.76 | 23.76 | | | ①+0.7②+0.7④+⑤ | −26.87 | ①+0.7②+0.7④+⑤ | −26.87 |
| | | V | −11.35 | −0.22 | 2.66 | −8.19 | −25.64 | 25.64 | | | | −42.88 | | −42.88 |

续表

| 层次 | 截面 | 内力 | 恒载① | 活载② | 活载③ | 活载④ | 左风⑤ | 右风⑥ | $M_{max}$相应的 $V$ 组合项目 | 值 | $M_{min}$相应的 $V$ 组合项目 | 值 | $\|V\|_{max}$相应的 $M$ 组合项目 | 值 |
|---|---|---|---|---|---|---|---|---|---|---|---|---|---|---|
| 1 | 左 | $M$ | −18.02 | 0.90 | −7.47 | −1.34 | 48.25 | −48.25 | | | ①+0.7③+0.7④+⑥ | −72.44 | ①+0.7③ 0.7④+⑥ | −72.44 |
| | | $V$ | 23.28 | −0.39 | 3.21 | 13.27 | −22.73 | 22.73 | | | | 57.55 | | 57.55 |
| | 中 | $M$ | −0.20 | 0.44 | −3.61 | 3.89 | 11.80 | −11.80 | ①+0.7②+0.7④+⑤ | 14.63 | | | | |
| | 右 | $M$ | −2.12 | −0.08 | 0.72 | −1.11 | −19.93 | 19.93 | | | ①+0.7②+0.7④+⑤ | −22.88 | ①+0.7②+0.7④+⑤ | −22.88 |
| | | $V$ | −10.47 | −0.39 | 3.21 | −8.20 | −22.73 | 22.73 | | | | −39.21 | | −39.21 |

注：1. 活载②、③、④分别为活载作用在 AB 跨、BC 跨、CD 跨；

2. 恒载①为 $1.2M_{Gk}$和 $1.2V_{Gk}$；

3. 活载②、③、④和左风⑤、右风⑥为 $1.4M_{Qk}$和 $1.4V_{Qk}$；

4. 以上各值均为轴线处的 $M$ 和 $V$；$M$ 以下端受拉为正，$V$ 以顺时针方向为正；

5. 表中弯矩的单位为 kN·m，剪力的单位为 kN。

**用于承载力计算的框架梁由永久荷载效应控制的基本组合表（柱 A）　　表 4-108**

| 层次 | 截面 | 内力 | 恒载① | 活载② | 活载③ | 活载④ | $M_{max}$相应的 $M$ 组合项目 | 值 | $M_{min}$相应的 $M$ 组合项目 | 值 | $\|M\|_{max}$相应的 $N$ 组合项目 | 值 |
|---|---|---|---|---|---|---|---|---|---|---|---|---|
| 8 | 上 | $M$ | −55.92 | −19.97 | 2.48 | −0.04 | ①+0.7②+0.7④ | −69.33 | ①+0.7③ | −54.18 | ①+0.7②+0.7④ | −69.93 |
| | | $N$ | 326.63 | 62.56 | −1.67 | 0.03 | | 370.44 | | 325.46 | | 370.44 |
| | 下 | $M$ | 35.29 | 14.55 | −1.36 | 0.01 | ①+0.7②+0.7④ | 45.48 | ①+0.7③ | 34.34 | ①+0.7②+0.7④ | 45.48 |
| | | $N$ | 379.98 | 62.56 | −1.67 | 0.03 | | 423.79 | | 378.81 | | 423.79 |
| | | $V$ | −15.20 | −5.76 | 0.64 | −0.01 | | −19.24 | | −14.75 | | −19.24 |
| 7 | 上 | $M$ | −18.77 | −10.27 | 0.53 | −0.01 | ①+0.7②+0.7④ | −25.97 | ①+0.7③ | −18.40 | ①+0.7②+0.7④ | −25.97 |
| | | $N$ | 598.54 | 125.67 | −2.63 | 0.04 | | 686.54 | | 596.70 | | 686.54 |
| | 下 | $M$ | 22.87 | 11.41 | −0.83 | 0.01 | ①+0.7②+0.7④ | 30.86 | ①+0.7③ | 22.29 | ①+0.7②+0.7④ | 30.86 |
| | | $N$ | 651.89 | 125.67 | −2.63 | 0.04 | | 739.89 | | 650.05 | | 739.89 |
| | | $V$ | −6.94 | −3.61 | 0.23 | 0.00 | | −9.47 | | −6.78 | | −9.47 |
| 6 | 上 | $M$ | −26.15 | −12.32 | 1.05 | −0.01 | ①+0.7②+0.7④ | −34.78 | ①+0.7③ | −25.42 | ①+0.7②+0.7④ | −34.78 |
| | | $N$ | 869.36 | 188.61 | −3.69 | 0.05 | | 1001.42 | | 866.78 | | 1001.42 |
| | 下 | $M$ | 25.33 | 12.07 | −0.99 | 0.01 | ①+0.7②+0.7④ | 33.79 | ①+0.7③ | 24.64 | ①+0.7②+0.7④ | 33.79 |
| | | $N$ | 922.71 | 188.61 | −3.69 | 0.05 | | 1054.77 | | 920.13 | | 1054.77 |
| | | $V$ | −8.58 | −4.07 | 0.34 | 0.00 | | −11.43 | | −8.34 | | −11.43 |
| 5 | 上 | $M$ | −24.65 | −11.88 | 0.92 | −0.01 | ①+0.7②+0.7④ | −32.97 | ①+0.7③ | −24.01 | ①+0.7②+0.7④ | −32.97 |
| | | $N$ | 1140.39 | 251.59 | −4.76 | 0.08 | | 1316.56 | | 1137.06 | | 1316.56 |
| | 下 | $M$ | 24.80 | 11.92 | −0.93 | 0.01 | ①+0.7②+0.7④ | 33.15 | ①+0.7③ | 24.15 | ①+0.7②+0.7④ | 33.15 |
| | | $N$ | 1193.74 | 251.59 | −4.76 | 0.08 | | 1369.91 | | 1190.41 | | 1369.91 |
| | | $V$ | −8.24 | −3.97 | 0.31 | 0.00 | | −11.02 | | −8.02 | | −11.02 |

续表

| 层次 | 截面 | 内力 | 恒载① | 活载② | 活载③ | 活载④ | $M_{max}$相应的 $M$ 组合项目 | 值 | $M_{min}$相应的 $M$ 组合项目 | 值 | $\|M\|_{max}$相应的 $N$ 组合项目 | 值 |
|---|---|---|---|---|---|---|---|---|---|---|---|---|
| 4 | 上 | $M$ | −25.03 | −12.00 | 0.95 | −0.01 | ①+0.7②+0.7④ | −33.44 | ①+0.7③ | −24.37 | ①+0.7②+0.7④ | −33.44 |
| | | $N$ | 1411.37 | 314.55 | −5.81 | 0.09 | | 1631.62 | | 1407.30 | | 1631.62 |
| | 下 | $M$ | 25.11 | 12.07 | −0.96 | 0.01 | ①+0.7②+0.7④ | 33.57 | ①+0.7③ | 24.44 | ①+0.7②+0.7④ | 33.57 |
| | | $N$ | 1464.72 | 314.55 | −5.81 | 0.09 | | 1684.97 | | 1460.65 | | 1684.97 |
| | | $V$ | −8.36 | −4.01 | 0.32 | 0.00 | | −11.17 | | −8.14 | | −11.17 |
| 3 | 上 | $M$ | −24.61 | −11.79 | 0.91 | −0.01 | ①+0.7②+0.7④ | −32.87 | ①+0.7③ | −23.97 | ①+0.7②+0.7④ | −32.87 |
| | | $N$ | 1682.34 | 377.52 | −6.88 | 0.11 | | 1946.68 | | 1677.52 | | 1946.68 |
| | 下 | $M$ | 24.03 | 11.45 | −0.83 | 0.01 | ①+0.7②+0.7④ | 32.05 | ①+0.7③ | 23.45 | ①+0.7②+0.7④ | 32.05 |
| | | $N$ | 1735.70 | 377.52 | −6.88 | 0.11 | | 2000.04 | | 1730.88 | | 2000.04 |
| | | $V$ | −8.11 | −3.88 | 0.29 | 0.00 | | −10.83 | | −7.91 | | −10.83 |
| 2 | 上 | $M$ | −26.43 | −12.72 | 1.04 | −0.01 | ①+0.7②+0.7④ | −35.34 | ①+0.7③ | −25.70 | ①+0.7②+0.7④ | −35.34 |
| | | $N$ | 1953.48 | 440.52 | −7.89 | 0.12 | | 2261.93 | | 1947.96 | | 2261.93 |
| | 下 | $M$ | 29.42 | 14.33 | −1.33 | 0.03 | ①+0.7②+0.7④ | 39.47 | ①+0.7③ | 28.49 | ①+0.7②+0.7④ | 39.47 |
| | | $N$ | 2006.83 | 440.52 | −7.89 | 0.12 | | 2315.28 | | 2001.31 | | 2315.28 |
| | | $V$ | −9.31 | −4.51 | 0.39 | −0.01 | | −12.47 | | −9.04 | | −12.47 |
| 1 | 上 | $M$ | −17.17 | −8.45 | 0.85 | −0.01 | ①+0.7②+0.7④ | −23.09 | ①+0.7③ | −16.58 | ①+0.7②+0.7④ | −23.09 |
| | | $N$ | 2223.73 | 503.40 | −9.19 | 0.16 | | 2576.22 | | 2217.30 | | 2576.22 |
| | 下 | $M$ | 8.59 | 4.23 | −0.44 | 0.01 | ①+0.7②+0.7④ | 11.56 | ①+0.7③ | 8.28 | ①+0.7②+0.7④ | 11.56 |
| | | $N$ | 2291.06 | 503.40 | −9.19 | 0.16 | | 2643.55 | | 2284.63 | | 2643.55 |
| | | $V$ | −4.29 | −2.12 | 0.22 | 0.00 | | −5.77 | | −4.14 | | −5.77 |

注：1. 活载②、③、④分别为活载作用在 AB 跨、BC 跨、CD 跨；

2. 恒载①为 $1.35M_{Gk}$和 $1.35V_{Gk}$；

3. 活载②、③、④分别为 $1.4M_{Qk}$和 $1.4V_{Qk}$；

4. 以上各值均为轴线处的 $M$ 和 $V$；$M$ 以右侧受拉为正，$V$ 以顺时针方向为正，$N$ 以受压为正；

5. 表中弯矩的单位为 kN·m，剪力的单位为 kN。

**用于承载力计算的框架梁由可变荷载效应控制的基本组合表（柱 A）　　表 4-109**

| 层次 | 截面 | 内力 | 恒载① | 活载② | 活载③ | 活载④ | 左风⑤ | 右风⑥ | $N_{max}$相应的 $M$ 组合项目 | 值 | $N_{min}$相应的 $M$ 组合项目 | 值 | $\|M\|_{max}$相应的 $N$ 组合项目 | 值 |
|---|---|---|---|---|---|---|---|---|---|---|---|---|---|---|
| 8 | 上 | $M$ | −49.70 | −19.97 | 2.48 | −0.04 | 40.05 | −40.05 | ①+②+④+0.6⑥ | −93.74 | ①+0.7③+⑤ | −7.91 | ①+0.7②+0.7④+⑥ | −103.76 |
| | | $N$ | 290.34 | 62.56 | −1.67 | 0.03 | −11.98 | 11.98 | | 360.12 | | 277.19 | | 346.13 |
| | 下 | $M$ | 31.37 | 14.55 | −1.36 | 0.01 | −17.16 | 17.16 | ①+②+④+0.6⑥ | 56.23 | ①+0.7③+⑤ | 13.26 | ①+0.7②+0.7④+⑥ | 58.72 |
| | | $N$ | 337.76 | 62.56 | −1.67 | 0.03 | −11.98 | 11.98 | | 407.54 | | 324.61 | | 393.55 |
| | | $V$ | −13.51 | −5.76 | 0.64 | −0.01 | 13.62 | −13.62 | | −27.45 | | 0.56 | | −31.17 |

续表

| 层次 | 截面 | 内力 | 恒载 | 活载 | 活载 | 活载 | 左风 | 右风 | $N_{max}$相应的 $M$ | | $N_{min}$相应的 $M$ | | $\|M\|_{max}$相应的 $N$ | |
|---|---|---|---|---|---|---|---|---|---|---|---|---|---|---|
| | | | ① | ② | ③ | ④ | ⑤ | ⑥ | 组合项目 | 值 | 组合项目 | 值 | 组合项目 | 值 |
| 7 | 上 | $M$ | -16.68 | -10.27 | 0.53 | -0.01 | 35.91 | -35.91 | ①+②+④+0.6⑥ | -48.51 | ①+0.7③+⑤ | 19.60 | ①+0.7②+0.7④+⑥ | -59.79 |
| | | $N$ | 532.03 | 125.67 | -2.63 | 0.04 | -27.87 | 27.87 | | 674.46 | | 502.32 | | 647.90 |
| | 下 | $M$ | 20.33 | 11.41 | -0.83 | 0.01 | -23.94 | 23.94 | ①+②+④+0.6⑥ | 46.11 | ①+0.7③+⑤ | -4.19 | ①+0.7②+0.7④+⑥ | 52.26 |
| | | $N$ | 579.46 | 125.67 | -2.63 | 0.04 | -27.87 | 27.87 | | 721.89 | | 549.75 | | 695.33 |
| | | $V$ | -6.17 | -3.61 | 0.23 | 0.00 | 14.25 | -14.25 | | -18.33 | | 8.24 | | -22.95 |
| 6 | 上 | $M$ | -23.24 | -12.32 | 1.05 | -0.01 | 32.93 | -32.93 | ①+②+④+0.6⑥ | -55.23 | ①+0.7③+⑤ | 10.43 | ①+0.7②+0.7④+⑥ | -64.80 |
| | | $N$ | 772.76 | 188.61 | -3.69 | 0.05 | -44.88 | 44.88 | | 988.35 | | 725.30 | | 949.70 |
| | 下 | $M$ | 22.51 | 12.07 | -0.99 | 0.01 | -26.94 | 26.94 | ①+②+④+0.6⑥ | 50.75 | ①+0.7③+⑤ | -5.12 | ①+0.7②+0.7④+⑥ | 57.91 |
| | | $N$ | 820.19 | 188.61 | -3.69 | 0.05 | -44.88 | 44.88 | | 1035.78 | | 772.73 | | 997.13 |
| | | $V$ | -7.63 | -4.07 | 0.34 | 0.00 | 14.25 | -14.25 | | -20.25 | | 6.86 | | -24.73 |
| 5 | 上 | $M$ | -21.91 | -11.88 | 0.92 | -0.01 | 32.93 | -32.93 | ①+②+④+0.6⑥ | -53.56 | ①+0.7③+⑤ | 11.66 | ①+0.7②+0.7④+⑥ | -63.16 |
| | | $N$ | 1013.68 | 251.59 | -4.76 | 0.08 | -62.80 | 62.80 | | 1303.03 | | 947.55 | | 1252.65 |
| | 下 | $M$ | 22.04 | 11.92 | -0.93 | 0.01 | -26.94 | 26.94 | ①+②+④+0.6⑥ | 50.13 | ①+0.7③+⑤ | -5.55 | ①+0.7②+0.7④+⑥ | 57.33 |
| | | $N$ | 1061.10 | 251.59 | -4.76 | 0.08 | -62.80 | 62.80 | | 1350.45 | | 994.97 | | 1300.07 |
| | | $V$ | -7.33 | -3.97 | 0.31 | 0.00 | 14.25 | -14.25 | | -19.85 | | 7.14 | | -24.36 |
| 4 | 上 | $M$ | -22.25 | -12.00 | 0.95 | -0.01 | 30.04 | -30.04 | ①+②+④+0.6⑥ | -52.28 | ①+0.7③+⑤ | 8.46 | ①+0.7②+0.7④+⑥ | -60.70 |
| | | $N$ | 1254.55 | 314.55 | -5.81 | 0.09 | -79.84 | 79.84 | | 1617.09 | | 1170.64 | | 1554.64 |
| | 下 | $M$ | 22.32 | 12.07 | -0.96 | 0.01 | -24.58 | 24.58 | ①+②+④+0.6⑥ | 49.15 | ①+0.7③+⑤ | -2.93 | ①+0.7②+0.7④+⑥ | 55.36 |
| | | $N$ | 1301.98 | 314.55 | -5.81 | 0.09 | -79.84 | 79.84 | | 1664.52 | | 1218.07 | | 1602.07 |
| | | $V$ | -7.43 | -4.01 | 0.32 | 0.00 | 13.01 | -13.01 | | -19.25 | | 5.80 | | -23.25 |
| 3 | 上 | $M$ | -21.88 | -11.79 | 0.91 | -0.01 | 27.20 | -27.20 | ①+②+④+0.6⑥ | -50.00 | ①+0.7③+⑤ | 5.96 | ①+0.7②+0.7④+⑥ | -57.34 |
| | | $N$ | 1495.42 | 377.52 | -6.88 | 0.11 | -95.34 | 95.34 | | 1930.25 | | 1395.26 | | 1855.10 |
| | 下 | $M$ | 21.36 | 11.45 | -0.83 | 0.01 | -22.25 | 22.25 | ①+②+④+0.6⑥ | 46.17 | ①+0.7③+⑤ | -1.47 | ①+0.7②+0.7④+⑥ | 51.63 |
| | | $N$ | 1542.84 | 377.52 | -6.88 | 0.11 | -95.34 | 95.34 | | 1977.67 | | 1442.68 | | 1902.52 |
| | | $V$ | -7.21 | -3.88 | 0.29 | 0.00 | 11.77 | -11.77 | | -18.15 | | 4.76 | | -21.70 |
| 2 | 上 | $M$ | -23.50 | -12.72 | 1.04 | -0.01 | 24.85 | -24.85 | ①+②+④+0.6⑥ | -51.14 | ①+0.7③+⑤ | 2.08 | ①+0.7②+0.7④+⑥ | -57.26 |
| | | $N$ | 1736.42 | 440.52 | -7.89 | 0.12 | -109.42 | 109.42 | | 2242.71 | | 1621.48 | | 2154.29 |
| | 下 | $M$ | 26.15 | 14.33 | -1.33 | 0.03 | -23.02 | 23.02 | ①+②+④+0.6⑥ | 54.32 | ①+0.7③+⑤ | 2.20 | ①+0.7②+0.7④+⑥ | 59.22 |
| | | $N$ | 1783.85 | 440.52 | -7.89 | 0.12 | 11.40 | -11.40 | | 2217.65 | | 1789.73 | | 2080.90 |
| | | $V$ | -8.27 | -4.51 | 0.39 | -0.01 | -109.42 | 109.42 | | 52.86 | | -117.42 | | 97.99 |
| 1 | 上 | $M$ | -15.26 | -8.45 | 0.85 | -0.01 | 27.64 | -27.64 | ①+②+④+0.6⑥ | -40.30 | ①+0.7③+⑤ | 12.98 | ①+0.7②+0.7④+⑥ | -48.82 |
| | | $N$ | 1976.65 | 503.40 | -9.19 | 0.16 | -123.82 | 123.82 | | 2554.50 | | 1846.40 | | 2452.96 |
| | 下 | $M$ | 7.63 | 4.23 | -0.44 | 0.01 | -41.45 | 41.45 | ①+②+④+0.6⑥ | 36.74 | ①+0.7③+⑤ | -34.13 | ①+0.7②+0.7④+⑥ | 52.05 |
| | | $N$ | 2036.50 | 503.40 | -9.19 | 0.16 | -123.82 | 123.82 | | 2614.35 | | 1906.25 | | 2512.81 |
| | | $V$ | -3.82 | -2.12 | 0.22 | 0.00 | 13.03 | -13.03 | | -13.76 | | 9.36 | | -18.33 |

注：1. 活载②、③、④分别为活载作用在 AB 跨、BC 跨、CD 跨；

2. 恒载①为 $1.2M_{Gk}$和 $1.2V_{Gk}$；

3. 活载②、③、④分别为 $1.4M_{Qk}$和 $1.4V_{Qk}$；

4. 以上各值均为轴线处的 $M$ 和 $V$；$M$ 以右侧受拉为正，$V$ 以顺时针方向为正；

5. 表中弯矩的单位为 kN·m，剪力的单位为 kN。

**用于承载力计算的框架梁由可变荷载效应控制的基本组合表（柱 B） 表 4-110**

| 层次 | 截面 | 内力 | 恒载 | 活载 | 活载 | 活载 | 左风 | 右风 | $N_{max}$相应的 $M$ | | $N_{min}$相应的 $M$ | | $\|M\|_{max}$相应的 $N$ | |
|---|---|---|---|---|---|---|---|---|---|---|---|---|---|---|
| | | | ① | ② | ③ | ④ | ⑤ | ⑥ | 组合项目 | 值 | 组合项目 | 值 | 组合项目 | 值 |
| 8 | 上 | $M$ | 9.00 | 17.75 | -14.73 | 0.27 | 63.76 | -63.76 | ①+②+③+0.6⑤ | 50.28 | ①+0.7④+⑥ | -54.57 | ①+0.7②+0.7④+⑤ | 85.37 |
| | | $N$ | 410.03 | 62.55 | 56.73 | -0.28 | 2.27 | -2.27 | | 530.67 | | 407.56 | | 455.89 |
| | 下 | $M$ | -5.11 | -13.83 | 11.68 | -0.05 | -27.33 | 27.33 | ①+②+③+0.6⑤ | -23.66 | ①+0.7④+⑥ | 22.19 | ①+0.7②+0.7④+⑤ | -42.16 |
| | | $N$ | 457.45 | 62.55 | 56.73 | -0.28 | 2.27 | -2.27 | | 578.09 | | 454.98 | | 503.31 |
| | | $V$ | 2.35 | 5.27 | -4.40 | 0.05 | 21.69 | -21.69 | | 16.23 | | -19.31 | | 27.76 |
| 7 | 上 | $M$ | 2.11 | 10.64 | -9.16 | 0.12 | 57.12 | -57.12 | ①+②+③+0.6⑤ | 37.86 | ①+0.7④+⑥ | -54.93 | ①+0.7②+0.7④+⑤ | 66.76 |
| | | $N$ | 764.71 | 123.48 | 113.00 | -0.49 | 5.29 | -5.29 | | 1004.36 | | 759.08 | | 856.09 |
| | 下 | $M$ | -3.00 | -11.39 | 9.69 | -0.07 | -38.08 | 38.08 | ①+②+③+0.6⑤ | -27.55 | ①+0.7④+⑥ | 35.03 | ①+0.7②+0.7④+⑤ | -49.10 |
| | | $N$ | 812.14 | 123.48 | 113.00 | -0.49 | 5.29 | -5.29 | | 1051.79 | | 806.51 | | 903.52 |
| | | $V$ | 0.85 | 3.67 | -3.14 | 0.03 | 22.67 | -22.67 | | 14.98 | | -21.80 | | 26.11 |
| 6 | 上 | $M$ | 3.68 | 11.97 | -10.12 | 0.15 | 52.36 | -52.36 | ①+②+③+0.6⑤ | 36.95 | ①+0.7④+⑥ | -48.58 | ①+0.7②+0.7④+⑤ | 64.52 |
| | | $N$ | 1120.99 | 184.73 | 169.31 | -0.72 | 8.53 | -8.53 | | 1480.15 | | 1111.96 | | 1258.33 |
| | 下 | $M$ | -3.48 | -11.83 | 10.04 | -0.07 | -42.84 | 42.84 | ①+②+③+0.6⑤ | -30.97 | ①+0.7④+⑥ | 39.31 | ①+0.7②+0.7④+⑤ | -54.65 |
| | | $N$ | 1168.42 | 184.73 | 169.31 | -0.72 | 8.53 | -8.53 | | 1527.58 | | 1159.39 | | 1305.76 |
| | | $V$ | 1.19 | 3.97 | -3.36 | 0.03 | 22.67 | -22.67 | | 15.40 | | -21.46 | | 26.66 |
| 5 | 上 | $M$ | 3.31 | 11.72 | -9.96 | 0.16 | 52.36 | -52.36 | ①+②+③+0.6⑤ | 36.49 | ①+0.7④+⑥ | -48.94 | ①+0.7②+0.7④+⑤ | 63.99 |
| | | $N$ | 1476.98 | 245.92 | 225.61 | -0.93 | 11.93 | -11.93 | | 1955.67 | | 1464.40 | | 1660.40 |
| | 下 | $M$ | -3.35 | -11.73 | 9.97 | -0.07 | -42.84 | 42.84 | ①+②+③+0.6⑤ | -30.81 | ①+0.7④+⑥ | 39.44 | ①+0.7②+0.7④+⑤ | -54.45 |
| | | $N$ | 1524.41 | 245.92 | 225.61 | -0.93 | 11.93 | -11.93 | | 2003.10 | | 1511.83 | | 1707.83 |
| | | $V$ | 1.11 | 3.91 | -3.32 | 0.04 | 22.67 | -22.67 | | 15.30 | | -21.53 | | 26.55 |
| 4 | 上 | $M$ | 3.41 | 11.79 | -10.00 | 0.16 | 47.80 | -47.80 | ①+②+③+0.6⑤ | 33.88 | ①+0.7④+⑥ | -44.28 | ①+0.7②+0.7④+⑤ | 59.58 |
| | | $N$ | 1833.01 | 307.12 | 281.91 | -1.16 | 15.16 | -15.16 | | 2431.14 | | 1817.04 | | 2062.34 |
| | 下 | $M$ | -3.43 | -11.83 | 10.03 | -0.07 | -39.10 | 39.10 | ①+②+③+0.6⑤ | -28.69 | ①+0.7④+⑥ | 35.62 | ①+0.7②+0.7④+⑤ | -50.86 |
| | | $N$ | 1880.44 | 307.12 | 281.91 | -1.16 | 15.16 | -15.16 | | 2478.57 | | 1864.47 | | 2109.77 |
| | | $V$ | 1.14 | 3.94 | -3.34 | 0.04 | 20.69 | -20.69 | | 14.15 | | -19.52 | | 24.62 |
| 3 | 上 | $M$ | 3.34 | 11.64 | -9.88 | 0.16 | 43.23 | -43.23 | ①+②+③+0.6⑤ | 31.04 | ①+0.7④+⑥ | -39.78 | ①+0.7②+0.7④+⑤ | 54.83 |
| | | $N$ | 2189.20 | 368.35 | 338.21 | -1.37 | 18.12 | -18.12 | | 2906.63 | | 2170.12 | | 2464.21 |
| | 下 | $M$ | -3.22 | -11.40 | 9.71 | -0.05 | -35.38 | 35.38 | ①+②+③+0.6⑤ | -26.14 | ①+0.7④+⑥ | 32.13 | ①+0.7②+0.7④+⑤ | -46.62 |
| | | $N$ | 2236.50 | 368.35 | 338.21 | -1.37 | 18.12 | -18.12 | | 2953.93 | | 2217.42 | | 2511.51 |
| | | $V$ | 1.09 | 3.84 | -3.27 | 0.03 | 18.72 | -18.72 | | 12.89 | | -17.61 | | 22.52 |

续表

| 层次 | 截面 | 内力 | 恒载 | 活载 | 活载 | 活载 | 左风 | 右风 | $N_{max}$相应的 $M$ | | $N_{min}$相应的 $M$ | | $\|M\|_{max}$相应的 $N$ | |
|---|---|---|---|---|---|---|---|---|---|---|---|---|---|---|
| | | | ① | ② | ③ | ④ | ⑤ | ⑥ | 组合项目 | 值 | 组合项目 | 值 | 组合项目 | 值 |
| 2 | 上 | $M$ | 3.59 | 12.44 | −10.56 | 0.17 | 39.49 | −39.49 | ①+②+③+0.6⑤ | 29.16 | ①+0.7④+⑥ | −35.78 | ①+0.7②+0.7④+⑤ | 51.91 |
| | | $N$ | 2544.91 | 429.47 | 394.51 | −1.60 | 20.79 | −20.79 | | 3381.36 | | 2523.00 | | 2865.21 |
| | 下 | $M$ | −4.08 | −13.72 | 11.59 | −0.11 | −36.60 | 36.60 | ①+②+③+0.6⑤ | −28.17 | ①+0.7④+⑥ | 32.44 | ①+0.7②+0.7④+⑤ | −50.36 |
| | | $N$ | 2592.34 | 429.47 | 394.51 | −1.60 | 20.79 | −20.79 | | 3428.79 | | 2570.43 | | 2912.64 |
| | | $V$ | 1.28 | 4.37 | −3.69 | 0.05 | 18.12 | −18.12 | | 12.83 | | −16.81 | | 22.49 |
| 1 | 上 | $M$ | 2.42 | 7.89 | −6.64 | 0.12 | 34.66 | −34.66 | ①+②+③+0.6⑤ | 24.47 | ①+0.7④+⑥ | −32.16 | ①+0.7②+0.7④+⑤ | 42.69 |
| | | $N$ | 2902.10 | 491.08 | 450.99 | −1.87 | 24.54 | −24.54 | | 3858.89 | | 2876.25 | | 3269.09 |
| | 下 | $M$ | −1.21 | −3.95 | 3.32 | −0.07 | −52.00 | 52.00 | ①+②+③+0.6⑤ | −33.04 | ①+0.7④+⑥ | 50.74 | ①+0.7②+0.7④+⑤ | −56.02 |
| | | $N$ | 2961.94 | 491.08 | 450.99 | −1.87 | 24.54 | −24.54 | | 3918.73 | | 2936.09 | | 3328.93 |
| | | $V$ | 0.61 | 1.97 | −1.66 | 0.03 | 16.35 | −16.35 | | 10.73 | | −15.72 | | 18.36 |

注：1. 活载②、③、④分别为活载作用在 AB 跨、BC 跨、CD 跨；

2. 恒载①为 $1.2M_{Gk}$和 $1.2V_{Gk}$；

3. 活载②、③、④分别为 $1.4M_{Qk}$和 $1.4V_{Qk}$；

4. 以上各值均为轴线处的 $M$ 和 $V$；$M$ 以右侧受拉为正，$V$ 以顺时针方向为正；

5. 表中弯矩的单位为 kN·m，剪力的单位为 kN。

**用于承载力计算的框架梁由永久荷载效应控制的基本组合表（柱 C）　　表 4-111**

| 层次 | 截面 | 内力 | 恒载 | 活载 | 活载 | 活载 | $N_{max}$相应的 $M$ | | $N_{min}$相应的 $M$ | | $\|M\|_{max}$相应的 $N$ | |
|---|---|---|---|---|---|---|---|---|---|---|---|---|
| | | | ① | ② | ③ | ④ | 组合项目 | 值 | 组合项目 | 值 | 组合项目 | 值 |
| 8 | 上 | $M$ | 31.39 | −1.91 | 12.84 | −2.24 | ①+0.7③+0.7④ | 38.81 | ①+0.7② | 30.05 | ①+0.7③ | 75.60 |
| | | $N$ | 338.74 | −2.92 | 63.15 | 24.53 | | 400.12 | | 336.70 | | 331.43 |
| | 下 | $M$ | −23.29 | 0.35 | −10.45 | 2.04 | ①+0.7③+0.7④ | −29.18 | ①+0.7② | −23.05 | ①+0.7③ | 20.92 |
| | | $N$ | 392.09 | −2.92 | 63.15 | 24.53 | | 453.47 | | 390.05 | | 394.81 |
| | | $V$ | 9.11 | −0.37 | 3.88 | −0.72 | | 11.32 | | 8.85 | | 15.03 |
| 7 | 上 | $M$ | 16.20 | −0.60 | 8.45 | −1.88 | ①+0.7③+0.7④ | 20.80 | ①+0.7② | 15.78 | ①+0.7③ | 105.99 |
| | | $N$ | 685.99 | −4.19 | 128.27 | 53.04 | | 812.91 | | 683.06 | | 679.80 |
| | 下 | $M$ | −17.21 | 0.72 | −8.84 | 1.91 | ①+0.7③+0.7④ | −22.06 | ①+0.7② | −16.71 | ①+0.7③ | 72.58 |
| | | $N$ | 739.34 | −4.19 | 128.27 | 53.04 | | 866.26 | | 736.41 | | 741.36 |
| | | $V$ | 5.57 | −0.22 | 2.88 | −0.63 | | 7.15 | | 5.42 | | 11.98 |
| 6 | 上 | $M$ | 18.10 | −0.91 | 9.16 | −1.93 | ①+0.7③+0.7④ | 23.16 | ①+0.7② | 17.46 | ①+0.7③ | 153.67 |
| | | $N$ | 1033.16 | −5.77 | 193.67 | 81.55 | | 1225.81 | | 1029.12 | | 1026.78 |
| | 下 | $M$ | −17.98 | 0.64 | −9.11 | 1.92 | ①+0.7③+0.7④ | −23.01 | ①+0.7② | −17.53 | ①+0.7③ | 117.59 |
| | | $N$ | 1086.51 | −5.77 | 193.67 | 81.55 | | 1279.16 | | 1082.47 | | 1088.64 |
| | | $V$ | 6.01 | −0.26 | 3.04 | −0.64 | | 7.69 | | 5.83 | | 12.34 |

续表

| 层次 | 截面 | 内力 | 恒载 ① | 活载 ② | 活载 ③ | 活载 ④ | $N_{max}$相应的 $M$ 组合项目 | 值 | $N_{min}$相应的 $M$ 组合项目 | 值 | $\|M\|_{max}$相应的 $N$ 组合项目 | 值 |
|---|---|---|---|---|---|---|---|---|---|---|---|---|
| 5 | 上 | $M$ | 17.87 | -0.84 | 9.04 | -1.92 | ①+0.7③+0.7④ | 22.85 | ①+0.7② | 17.28 | ①+0.7③ | 199.18 |
| | | $N$ | 1380.38 | -7.29 | 259.01 | 110.05 | | 1638.72 | | 1375.28 | | 1374.05 |
| | 下 | $M$ | -17.89 | 0.65 | -9.05 | 1.92 | | -22.88 | ①+0.7② | -17.44 | | 163.42 |
| | | $N$ | 1433.73 | -7.29 | 259.01 | 110.05 | ①+0.7③+0.7④ | 1692.07 | | 1428.63 | ①+0.7③ | 1435.84 |
| | | $V$ | 5.96 | -0.25 | 3.02 | -0.64 | | 7.63 | | 5.79 | | 12.31 |
| 4 | 上 | $M$ | 17.91 | -0.85 | 9.07 | -1.92 | ①+0.7③+0.7④ | 22.92 | ①+0.7② | 17.32 | ①+0.7③ | 244.96 |
| | | $N$ | 1727.58 | -8.83 | 324.36 | 138.57 | | 2051.63 | | 1721.40 | | 1721.20 |
| | 下 | $M$ | -17.93 | 0.67 | -9.11 | 1.93 | | -22.96 | ①+0.7② | -17.46 | | 209.12 |
| | | $N$ | 1780.93 | -8.83 | 324.36 | 138.57 | ①+0.7③+0.7④ | 2104.98 | | 1774.75 | ①+0.7③ | 1783.05 |
| | | $V$ | 5.97 | -0.26 | 3.03 | -0.64 | | 7.64 | | 5.79 | | 12.26 |
| 3 | 上 | $M$ | 17.78 | -0.83 | 8.99 | -1.91 | ①+0.7③+0.7④ | 22.74 | ①+0.7② | 17.20 | ①+0.7③ | 290.59 |
| | | $N$ | 2074.79 | -10.36 | 389.73 | 167.08 | | 2464.56 | | 2067.54 | | 2068.60 |
| | 下 | $M$ | -17.62 | 0.56 | -8.85 | 1.88 | | -22.50 | ①+0.7② | -17.23 | | 255.19 |
| | | $N$ | 2128.14 | -10.36 | 389.73 | 167.08 | ①+0.7③+0.7④ | 2517.91 | | 2120.89 | ①+0.7③ | 2130.23 |
| | | $V$ | 5.90 | -0.23 | 2.98 | -0.63 | | 7.55 | | 5.74 | | 12.59 |
| 2 | 上 | $M$ | 18.79 | -0.93 | 9.56 | -2.03 | ①+0.7③+0.7④ | 24.06 | ①+0.7② | 18.14 | ①+0.7③ | 337.29 |
| | | $N$ | 2421.99 | -11.81 | 455.00 | 195.59 | | 2877.40 | | 2413.72 | | 2414.72 |
| | 下 | $M$ | -20.13 | 1.03 | -10.39 | 2.20 | | -25.86 | ①+0.7② | -19.41 | | 298.37 |
| | | $N$ | 2475.35 | -11.81 | 455.00 | 195.59 | ①+0.7③+0.7④ | 2930.76 | | 2467.08 | ①+0.7③ | 2477.68 |
| | | $V$ | 6.49 | -0.33 | 3.33 | -0.71 | | 8.32 | | 6.26 | | 10.63 |
| 1 | 上 | $M$ | 11.31 | -0.72 | 5.92 | -1.24 | ①+0.7③+0.7④ | 14.59 | ①+0.7② | 10.81 | ①+0.7③ | 331.83 |
| | | $N$ | 2769.53 | -13.79 | 457.88 | 224.12 | | 3246.93 | | 2759.88 | | 2767.45 |
| | 下 | $M$ | -5.66 | 0.36 | -2.97 | 0.63 | | -7.30 | ①+0.7② | -5.41 | | 314.86 |
| | | $N$ | 2836.85 | -13.79 | 457.88 | 224.12 | ①+0.7③+0.7④ | 3314.25 | | 2827.20 | ①+0.7③ | 2837.89 |
| | | $V$ | 2.83 | -0.18 | 1.48 | -0.31 | | 3.65 | | 2.70 | | 2.83 |

注：1. 活载②、③、④分别为活载作用在 AB 跨、BC 跨、CD 跨；

2. 恒载①为 $1.35M_{Gk}$和 $1.35V_{Gk}$；

3. 活载②、③、④分别为 $1.4M_{Qk}$和 $1.4V_{Qk}$；

4. 以上各值均为轴线处的 $M$ 和 $V$；$M$ 以右侧受拉为正，$V$ 以顺时针方向为正，$N$ 以受压为正；

5. 表中弯矩的单位为 kN·m，剪力的单位为 kN。

**用于承载力计算的框架梁由可变荷载效应控制的基本组合表（柱 C）　　表 4-112**

| 层次 | 截面 | 内力 | 恒载 | 活载 | 活载 | 活载 | 左风 | 右风 | $N_{max}$相应的 $M$ | | $N_{min}$相应的 $M$ | | $\|M\|_{max}$相应的 $N$ | |
|---|---|---|---|---|---|---|---|---|---|---|---|---|---|---|
| | | | ① | ② | ③ | ④ | ⑤ | ⑥ | 组合项目 | 值 | 组合项目 | 值 | 组合项目 | 值 |
| 8 | 上 | $M$ | 27.90 | -1.91 | 12.84 | -2.24 | 79.20 | -79.20 | ①+③+④+0.6⑥ | -9.02 | ①+0.7②+⑤ | 105.76 | ①+0.7③+⑤ | 116.09 |
| | | $N$ | 301.10 | -2.92 | 63.15 | 24.53 | -15.75 | 15.75 | | 398.23 | | 283.31 | | 329.56 |
| | 下 | $M$ | -20.70 | 0.35 | -10.45 | 2.04 | -33.94 | 33.94 | ①+③+③+0.6⑥ | -8.75 | ①+0.7②+⑤ | -54.40 | ①+0.7③+⑤ | -61.96 |
| | | $N$ | 348.53 | -2.92 | 63.15 | 24.53 | -15.75 | 15.75 | | 445.66 | | 330.74 | | 376.99 |
| | | $V$ | 8.10 | -0.37 | 3.88 | -0.72 | 26.94 | -26.94 | | -4.90 | | 34.78 | | 37.76 |
| 7 | 上 | $M$ | 14.40 | -0.60 | 8.45 | -1.88 | 70.98 | -70.98 | ①+③+④+0.6⑥ | -21.62 | ①+0.7②+⑤ | 84.96 | ①+0.7③+⑤ | 91.30 |
| | | $N$ | 609.77 | -4.19 | 128.27 | 53.04 | -36.61 | 36.61 | | 813.05 | | 570.23 | | 662.95 |
| | 下 | $M$ | -15.30 | 0.72 | -8.84 | 1.91 | -47.32 | 47.32 | ①+③+④+0.6⑥ | 6.16 | ①+0.7②+⑤ | -62.12 | ①+0.7③+⑤ | -68.81 |
| | | $N$ | 657.19 | -4.19 | 128.27 | 53.04 | -36.61 | 36.61 | | 860.47 | | 617.65 | | 710.37 |
| | | $V$ | 4.95 | -0.22 | 2.88 | -0.63 | 28.17 | -28.17 | | -9.70 | | 32.97 | | 35.14 |
| 6 | 上 | $M$ | 16.09 | -0.91 | 9.16 | -1.93 | 65.07 | -65.07 | ①+③+④+0.6⑥ | -15.72 | ①+0.7②+⑤ | 80.52 | ①+0.7③+⑤ | 87.57 |
| | | $N$ | 918.36 | -5.77 | 193.67 | 81.55 | -58.97 | 58.97 | | 1228.96 | | 855.35 | | 994.96 |
| | 下 | $M$ | -15.98 | 0.64 | -9.11 | 1.92 | -53.24 | 53.24 | ①+③+④+0.6⑥ | 8.77 | ①+0.7②+⑤ | -68.77 | ①+0.7③+⑤ | -75.60 |
| | | $N$ | 965.78 | -5.77 | 193.67 | 81.55 | -58.97 | 58.97 | | 1276.38 | | 902.77 | | 1042.38 |
| | | $V$ | 5.35 | -0.26 | 3.04 | -0.64 | 28.17 | -28.17 | | -9.15 | | 33.34 | | 35.65 |
| 5 | 上 | $M$ | 15.89 | -0.84 | 9.04 | -1.92 | 65.07 | -65.07 | ①+③+④+0.6⑥ | -16.03 | ①+0.7②+⑤ | 80.37 | ①+0.7③+⑤ | 87.29 |
| | | $N$ | 1227.00 | -7.29 | 259.01 | 110.05 | -82.50 | 82.50 | | 1645.56 | | 1139.40 | | 1325.81 |
| | 下 | $M$ | -15.90 | 0.65 | -9.05 | 1.92 | -53.24 | 53.24 | ①+③+④+0.6⑥ | 8.91 | ①+0.7②+⑤ | -68.69 | ①+0.7③+⑤ | -75.48 |
| | | $N$ | 1274.42 | -7.29 | 259.01 | 110.05 | -82.50 | 82.50 | | 1692.98 | | 1186.82 | | 1373.23 |
| | | $V$ | 5.30 | -0.25 | 3.02 | -0.64 | 28.17 | -28.17 | | -9.22 | | 33.30 | | 35.58 |
| 4 | 上 | $M$ | 15.92 | -0.85 | 9.07 | -1.92 | 59.40 | -59.40 | ①+③+④+0.6⑥ | -12.57 | ①+0.7②+⑤ | 74.73 | ①+0.7③+⑤ | 81.67 |
| | | $N$ | 1535.63 | -8.83 | 324.36 | 138.57 | -104.90 | 104.90 | | 2061.50 | | 1424.55 | | 1657.78 |
| | 下 | $M$ | -15.94 | 0.67 | -9.11 | 1.93 | -48.61 | 48.61 | ①+③+③+0.6⑥ | 6.05 | ①+0.7②+⑤ | -64.08 | ①+0.7③+⑤ | -70.93 |
| | | $N$ | 1583.05 | -8.83 | 324.36 | 138.57 | -104.90 | 104.90 | | 2108.92 | | 1471.97 | | 1705.20 |
| | | $V$ | 5.31 | -0.26 | 3.03 | -0.64 | 25.72 | -25.72 | | -7.73 | | 30.85 | | 33.15 |
| 3 | 上 | $M$ | 15.80 | -0.83 | 8.99 | -1.91 | 53.75 | -53.75 | ①+③+④+0.6⑥ | -9.37 | ①+0.7②+⑤ | 68.97 | ①+0.7③+⑤ | 75.84 |
| | | $N$ | 1844.26 | -10.36 | 389.73 | 167.08 | -125.26 | 125.26 | | 2476.23 | | 1711.75 | | 1991.81 |
| | 下 | $M$ | -15.66 | 0.56 | -8.85 | 1.88 | -43.97 | 43.97 | ①+③+④+0.6⑥ | 3.75 | ①+0.7②+⑤ | -59.24 | ①+0.7③+⑤ | -65.83 |
| | | $N$ | 1891.68 | -10.36 | 389.73 | 167.08 | -125.26 | 125.26 | | 2523.65 | | 1759.17 | | 2039.23 |
| | | $V$ | 5.24 | -0.23 | 2.98 | -0.63 | 23.27 | -23.27 | | -6.37 | | 28.35 | | 30.60 |

续表

| 层次 | 截面 | 内力 | 恒载 | 活载 | 活载 | 活载 | 左风 | 右风 | $N_{max}$相应的 $M$ | | $N_{min}$相应的 $M$ | | $\|M\|_{max}$相应的 $N$ | |
|---|---|---|---|---|---|---|---|---|---|---|---|---|---|---|
| | | | ① | ② | ③ | ④ | ⑤ | ⑥ | 组合项目 | 值 | 组合项目 | 值 | 组合项目 | 值 |
| 2 | 上 | $M$ | 16.70 | -0.93 | 9.56 | -2.03 | 49.07 | -49.07 | ①+③+④+0.6⑥ | -5.21 | ①+0.7②+⑤ | 65.12 | ①+0.7③+⑤ | 72.46 |
| | | $N$ | 2152.88 | -11.81 | 455.00 | 195.59 | -143.77 | 143.77 | | 2889.73 | | 2000.84 | | 2327.61 |
| | 下 | $M$ | -17.89 | 1.03 | -10.39 | 2.20 | -45.47 | 45.47 | ①+③+④+0.6⑥ | 1.20 | ①+0.7②+⑤ | -62.64 | ①+0.7③+⑤ | -70.63 |
| | | $N$ | 2200.31 | -11.81 | 455.00 | 195.59 | -143.77 | 143.77 | | 2937.16 | | 2048.27 | | 2375.04 |
| | | $V$ | 5.77 | -0.33 | 3.33 | -0.71 | 22.51 | -22.51 | | -5.12 | | 28.05 | | 30.61 |
| 1 | 上 | $M$ | 10.06 | -0.72 | 5.92 | -1.24 | 38.98 | -38.98 | ①+③+④+0.6⑥ | -8.65 | ①+0.7②+⑤ | 48.54 | ①+0.7③+⑤ | 53.18 |
| | | $N$ | 2461.80 | -13.79 | 457.88 | 224.12 | -159.66 | 159.66 | | 3239.60 | | 2292.49 | | 2622.66 |
| | 下 | $M$ | -5.03 | 0.36 | -2.97 | 0.63 | -58.45 | 58.45 | ①+③+④+0.6⑥ | 27.70 | ①+0.7②+⑤ | -63.23 | ①+0.7③+⑤ | -65.56 |
| | | $N$ | 2521.64 | -13.79 | 457.88 | 224.12 | -159.66 | 159.66 | | 3299.44 | | 2352.33 | | 2682.50 |
| | | $V$ | 2.51 | -0.18 | 1.48 | -0.31 | 18.38 | -18.38 | | -7.35 | | 20.76 | | 21.93 |

注：1. 活载②、③、④分别为活载作用在 AB 跨、BC 跨、CD 跨；

2. 恒载①为 $1.2M_{Gk}$和 $1.2V_{Gk}$；

3. 活载②、③、④分别为 $1.4M_{Qk}$和 $1.4V_{Qk}$；

4. 以上各值均为轴线处的 $M$ 和 $V$；$M$ 以右侧受拉为正，$V$ 以顺时针方向为正；

5. 表中弯矩的单位为 kN·m，剪力的单位为 kN。

**用于承载力计算的框架梁由永久荷载效应控制的基本组合表（柱 D）　　表 4-113**

| 层次 | 截面 | 内力 | 恒载 | 活载 | 活载 | 活载 | $N_{max}$相应的 $M$ | | $N_{min}$相应的 $M$ | | $\|M\|_{max}$相应的 $N$ | |
|---|---|---|---|---|---|---|---|---|---|---|---|---|
| | | | ① | ② | ③ | ④ | 组合项目 | 值 | 组合项目 | 值 | 组合项目 | 值 |
| 8 | 上 | $M$ | 1.30 | 0.16 | -1.01 | 0.65 | ①+0.7②+0.7④ | 1.87 | ①+0.7③ | 0.59 | ①+0.7②+0.7④ | 1.87 |
| | | $N$ | 203.59 | 0.71 | -4.07 | 29.79 | | 224.94 | | 200.74 | | 224.94 |
| | 下 | $M$ | -0.69 | -0.08 | 0.76 | -0.64 | ①+0.7②+0.7④ | -1.19 | ①+0.7③ | -0.16 | ①+0.7②+0.7④ | -1.19 |
| | | $N$ | 227.80 | 0.71 | -4.07 | 29.79 | | 249.15 | | 224.95 | | 249.15 |
| | | $V$ | 0.33 | 0.04 | -0.29 | 0.22 | | 0.51 | | 0.13 | | 0.51 |
| 7 | 上 | $M$ | 0.19 | 0.03 | -0.55 | 0.64 | ①+0.7②+0.7④ | 0.66 | ①+0.7③ | -0.20 | ①+0.7②+0.7④ | 0.66 |
| | | $N$ | 352.01 | 0.85 | -6.60 | 67.00 | | 399.51 | | 347.39 | | 399.51 |
| | 下 | $M$ | -0.30 | -0.05 | 0.59 | -0.64 | ①+0.7②+0.7④ | -0.78 | ①+0.7③ | 0.11 | ①+0.7②+0.7④ | -0.78 |
| | | $N$ | 376.18 | 0.85 | -6.60 | 67.00 | | 423.68 | | 371.56 | | 423.68 |
| | | $V$ | 0.08 | 0.01 | -0.19 | 0.22 | | 0.24 | | -0.05 | | 0.24 |
| 6 | 上 | $M$ | 0.39 | 0.05 | -0.63 | 0.64 | ①+0.7②+0.7④ | 0.87 | ①+0.7③ | -0.05 | ①+0.7②+0.7④ | 0.87 |
| | | $N$ | 499.81 | 1.13 | -9.36 | 104.21 | | 573.55 | | 493.26 | | 573.55 |
| | 下 | $M$ | -0.38 | -0.05 | 0.63 | -0.64 | ①+0.7②+0.7④ | -0.86 | ①+0.7③ | 0.06 | ①+0.7②+0.7④ | -0.86 |
| | | $N$ | 524.02 | 1.13 | -9.36 | 104.21 | | 597.76 | | 517.47 | | 597.76 |
| | | $V$ | 0.13 | 0.02 | -0.21 | 0.22 | | 0.30 | | -0.02 | | 0.30 |

续表

| 层次 | 截面 | 内力 | 恒载 ① | 活载 ② | 活载 ③ | 活载 ④ | $N_{max}$相应的 $M$ 组合项目 | 值 | $N_{min}$相应的 $M$ 组合项目 | 值 | $\|M\|_{max}$相应的 $N$ 组合项目 | 值 |
|---|---|---|---|---|---|---|---|---|---|---|---|---|
| 5 | 上 | $M$ | 0.36 | 0.05 | −0.61 | 0.64 | ①+0.7②+0.7④ | 0.84 | ①+0.7③ | −0.07 | ①+0.7②+0.7④ | 0.84 |
| | | $N$ | 647.66 | 1.39 | −12.08 | 141.44 | | 747.64 | | 639.20 | | 747.64 |
| | 下 | $M$ | −0.36 | −0.05 | 0.61 | −0.64 | ①+0.7②+0.7④ | −0.84 | ①+0.7③ | 0.07 | ①+0.7②+0.7④ | −0.84 |
| | | $N$ | 671.87 | 1.39 | −12.08 | 141.44 | | 771.85 | | 663.41 | | 771.85 |
| | | $V$ | 0.12 | 0.02 | −0.21 | 0.22 | | 0.29 | | −0.03 | | 0.29 |
| 4 | 上 | $M$ | 0.38 | 0.05 | −0.61 | 0.64 | ①+0.7②+0.7④ | 0.86 | ①+0.7③ | −0.05 | ①+0.7②+0.7④ | 0.86 |
| | | $N$ | 795.51 | 1.64 | −14.81 | 178.65 | | 921.71 | | 785.14 | | 921.71 |
| | 下 | $M$ | −0.39 | −0.05 | 0.61 | −0.64 | ①+0.7②+0.7④ | −0.87 | ①+0.7③ | 0.04 | ①+0.7②+0.7④ | −0.87 |
| | | $N$ | 819.72 | 1.64 | −14.81 | 178.65 | | 945.92 | | 809.35 | | 945.92 |
| | | $V$ | 0.13 | 0.02 | −0.21 | 0.22 | | 0.30 | | −0.02 | | 0.30 |
| 3 | 上 | $M$ | 0.38 | 0.05 | −0.61 | 0.64 | ①+0.7②+0.7④ | 0.86 | ①+0.7③ | 0.05 | ①+0.7②+0.7④ | 0.86 |
| | | $N$ | 943.35 | 1.91 | −17.56 | 215.88 | | 1095.80 | | 931.06 | | 1095.80 |
| | 下 | $M$ | −0.35 | −0.05 | 0.60 | −0.64 | ①+0.7②+0.7④ | −0.83 | ①+0.7③ | 0.07 | ①+0.7②+0.7④ | −0.83 |
| | | $N$ | 967.56 | 1.91 | −17.56 | 215.88 | | 1120.01 | | 955.27 | | 1120.01 |
| | | $V$ | 0.12 | 0.02 | −0.21 | 0.22 | | 0.29 | | −0.03 | | 0.29 |
| 2 | 上 | $M$ | 0.45 | 0.05 | −0.65 | 0.65 | ①+0.7②+0.7④ | 0.94 | ①+0.7③ | 0.00 | ①+0.7②+0.7④ | 0.94 |
| | | $N$ | 1091.30 | 2.13 | −20.21 | 253.09 | | 1269.95 | | 1077.15 | | 1269.95 |
| | 下 | $M$ | −0.57 | −0.08 | 0.75 | −0.68 | ①+0.7②+0.7④ | −1.10 | ①+0.7③ | −0.05 | ①+0.7②+0.7④ | −1.10 |
| | | $N$ | 1115.51 | 2.13 | −20.21 | 253.09 | | 1294.16 | | 1101.36 | | 1294.16 |
| | | $V$ | 0.17 | 0.02 | −0.24 | 0.23 | | 0.35 | | 0.00 | | 0.35 |
| 1 | 上 | $M$ | 0.38 | 0.05 | −0.47 | 0.40 | ①+0.7②+0.7④ | 0.70 | ①+0.7③ | 0.05 | ①+0.7②+0.7④ | 0.70 |
| | | $N$ | 1238.26 | 2.51 | −23.44 | 290.32 | | 1443.24 | | 1221.85 | | 1443.24 |
| | 下 | $M$ | −0.19 | −0.03 | 0.24 | −0.21 | ①+0.7②+0.7④ | −0.36 | ①+0.7③ | −0.02 | ①+0.7②+0.7④ | −0.36 |
| | | $N$ | 1268.81 | 2.51 | −23.44 | 290.32 | | 1473.79 | | 1252.40 | | 1473.79 |
| | | $V$ | 0.09 | 0.01 | −0.11 | 0.10 | | 0.17 | | 0.01 | | 0.17 |

注：1. 活载②、③、④分别为活载作用在 AB 跨、BC 跨、CD 跨；

2. 恒载①为 $1.35M_{Gk}$和 $1.35V_{Gk}$；

3. 活载②、③、④分别为 $1.4M_{Qk}$和 $1.4V_{Qk}$；

4. 以上各值均为轴线处的 $M$ 和 $V$；$M$ 以右侧受拉为正，$V$ 以顺时针方向为正，$N$ 以受压为正；

5. 表中弯矩的单位为 kN·m，剪力的单位为 kN。

### 用于承载力计算的框架梁由可变荷载效应控制的基本组合表（柱 D） 表 4-114

| 层次 | 截面 | 内力 | 恒载 ① | 活载 ② | 活载 ③ | 活载 ④ | 左风 ⑤ | 右风 ⑥ | $N_{max}$相应的 $M$ 组合项目 | 值 | $N_{min}$相应的 $M$ 组合项目 | 值 | $\|M\|_{max}$相应的 $N$ 组合项目 | 值 |
|---|---|---|---|---|---|---|---|---|---|---|---|---|---|---|
| 8 | 上 | $M$ | 1.15 | 0.16 | -1.01 | 0.65 | 23.59 | -23.59 | ①+0.7②+0.7④+⑤ | 25.31 | ①+0.7③+⑥ | -23.15 | ①+0.7②+0.7④+⑤ | 25.31 |
| | | $N$ | 180.97 | 0.71 | -4.07 | 29.79 | 25.47 | -25.47 | | 227.79 | | 152.65 | | 227.79 |
| | 下 | $M$ | -0.61 | -0.08 | 0.76 | -0.64 | -10.11 | 10.11 | ①+0.7②+0.7④+⑤ | -11.22 | ①+0.7③+⑥ | 10.03 | ①+0.7②+0.7④+⑤ | -11.22 |
| | | $N$ | 202.49 | 0.71 | -4.07 | 29.79 | 25.47 | -25.47 | | 249.31 | | 174.17 | | 249.31 |
| | | $V$ | 0.29 | 0.04 | -0.29 | 0.22 | 8.02 | -8.02 | | 8.49 | | -7.93 | | 8.49 |
| 7 | 上 | $M$ | 0.17 | 0.03 | -0.55 | 0.64 | 21.13 | -21.13 | ①+0.7②+0.7④+⑤ | 21.77 | ①+0.7③+⑥ | -21.35 | ①+0.7②+0.7④+⑤ | 21.77 |
| | | $N$ | 312.90 | 0.85 | -6.60 | 67.00 | 59.19 | -59.19 | | 419.59 | | 249.09 | | 419.59 |
| | 下 | $M$ | -0.26 | -0.05 | 0.59 | -0.64 | -14.08 | 14.08 | ①+0.7②+0.7④+⑤ | -14.82 | ①+0.7③+⑥ | 14.23 | ①+0.7②+0.7④+⑤ | -14.82 |
| | | $N$ | 334.38 | 0.85 | -6.60 | 67.00 | 59.19 | -59.19 | | 441.07 | | 270.57 | | 441.07 |
| | | $V$ | 0.07 | 0.01 | -0.19 | 0.22 | 8.39 | -8.39 | | 8.62 | | -8.45 | | 8.62 |
| 6 | 上 | $M$ | 0.35 | 0.05 | -0.63 | 0.64 | 19.38 | -19.38 | ①+0.7②+0.7④+⑤ | 20.21 | ①+0.7③+⑥ | -19.47 | ①+0.7②+0.7④+⑤ | 20.21 |
| | | $N$ | 444.28 | 1.13 | -9.36 | 104.21 | 95.31 | -95.31 | | 613.33 | | 342.42 | | 613.33 |
| | 下 | $M$ | -0.34 | -0.05 | 0.63 | -0.64 | -15.85 | 15.85 | ①+0.7②+0.7④+⑤ | -16.67 | ①+0.7③+⑥ | 15.95 | ①+0.7②+0.7④+⑤ | -16.67 |
| | | $N$ | 465.79 | 1.13 | -9.36 | 104.21 | 95.31 | -95.31 | | 634.84 | | 363.93 | | 634.84 |
| | | $V$ | 0.11 | 0.02 | -0.21 | 0.22 | 8.39 | -8.39 | | 8.67 | | -8.43 | | 8.67 |
| 5 | 上 | $M$ | 0.32 | 0.05 | -0.61 | 0.64 | 19.38 | -19.38 | ①+0.7②+0.7④+⑤ | 20.18 | ①+0.7③+⑥ | -19.49 | ①+0.7②+0.7④+⑤ | 20.18 |
| | | $N$ | 575.70 | 1.39 | -12.08 | 141.44 | 133.35 | -133.35 | | 809.03 | | 433.89 | | 809.03 |
| | 下 | $M$ | -0.32 | -0.05 | 0.61 | -0.64 | -15.85 | 15.85 | ①+0.7②+0.7④+⑤ | -16.65 | ①+0.7③+⑥ | 15.96 | ①+0.7②+0.7④+⑤ | -16.65 |
| | | $N$ | 597.22 | 1.39 | -12.08 | 141.44 | 133.35 | -133.35 | | 830.55 | | 455.41 | | 830.55 |
| | | $V$ | 0.11 | 0.02 | -0.21 | 0.22 | 8.39 | -8.39 | | 8.67 | | -8.43 | | 8.67 |
| 4 | 上 | $M$ | 0.34 | 0.05 | -0.61 | 0.64 | 17.70 | -17.70 | ①+0.7②+0.7④+⑤ | 18.52 | ①+0.7③+⑥ | -17.79 | ①+0.7②+0.7④+⑤ | 18.52 |
| | | $N$ | 707.12 | 1.64 | -14.81 | 178.65 | 169.57 | -169.57 | | 1002.89 | | 527.18 | | 1002.89 |
| | 下 | $M$ | -0.35 | -0.05 | 0.61 | -0.64 | -14.48 | 14.48 | ①+0.7②+0.7④+⑤ | -15.31 | ①+0.7③+⑥ | 14.56 | ①+0.7②+0.7④+⑤ | -15.31 |
| | | $N$ | 728.64 | 1.64 | -14.81 | 178.65 | 169.57 | -169.57 | | 1024.41 | | 548.70 | | 1024.41 |
| | | $V$ | 0.11 | 0.02 | -0.21 | 0.22 | 7.66 | -7.66 | | 7.94 | | -7.70 | | 7.94 |
| 3 | 上 | $M$ | 0.34 | 0.05 | -0.61 | 0.64 | 16.00 | -16.00 | ①+0.7②+0.7④+⑤ | 16.82 | ①+0.7③+⑥ | -16.09 | ①+0.7②+0.7④+⑤ | 16.82 |
| | | $N$ | 838.54 | 1.91 | -17.56 | 215.88 | 202.47 | -202.47 | | 1193.46 | | 623.78 | | 1193.46 |
| | 下 | $M$ | -0.31 | -0.05 | 0.60 | -0.64 | -13.10 | 13.10 | ①+0.7②+0.7④+⑤ | -13.89 | ①+0.7③+⑥ | 13.21 | ①+0.7②+0.7④+⑤ | -13.89 |
| | | $N$ | 860.05 | 1.91 | -17.56 | 215.88 | 202.47 | -202.47 | | 1214.97 | | 645.29 | | 1214.97 |
| | | $V$ | 0.11 | 0.02 | -0.21 | 0.22 | 6.93 | -6.93 | | 7.21 | | -6.97 | | 7.21 |

续表

| 层次 | 截面 | 内力 | 恒载 ① | 活载 ② | 活载 ③ | 活载 ④ | 左风 ⑤ | 右风 ⑥ | $N_{max}$相应的 $M$ 组合项目 | 值 | $N_{min}$相应的 $M$ 组合项目 | 值 | $\lvert M\rvert_{max}$相应的 $N$ 组合项目 | 值 |
|---|---|---|---|---|---|---|---|---|---|---|---|---|---|---|
| 2 | 上 | $M$ | 0.40 | 0.05 | -0.65 | 0.65 | 14.62 | -14.62 | ①+0.7②+0.7④+⑤ | 15.51 | ①+0.7③+⑥ | -14.68 | ①+0.7②+0.7④+⑤ | 15.51 |
| | | $N$ | 970.04 | 2.13 | -20.21 | 253.09 | 232.39 | -232.39 | | 1381.08 | | 723.50 | | 1381.08 |
| | 下 | $M$ | -0.50 | -0.08 | 0.75 | -0.68 | -13.55 | 13.55 | | -14.58 | | 13.58 | | -14.58 |
| | | $N$ | 991.56 | 2.13 | -20.21 | 253.09 | 232.39 | -232.39 | ①+0.7②+0.7④+⑤ | 1402.60 | ①+0.7③+⑥ | 745.02 | ①+0.7②+0.7④+⑤ | 1402.60 |
| | | $V$ | 0.15 | 0.02 | -0.24 | 0.23 | 6.71 | -6.71 | | 7.04 | | -6.73 | | 7.04 |
| 1 | 上 | $M$ | 0.34 | 0.05 | -0.47 | 0.40 | 9.70 | -9.70 | ①+0.7②+0.7④+⑤ | 10.36 | ①+0.7③+⑥ | -9.69 | ①+0.7②+0.7④+⑤ | 10.36 |
| | | $N$ | 1100.68 | 2.51 | -23.44 | 290.32 | 258.90 | -258.90 | | 1564.56 | | 825.37 | | 1564.56 |
| | 下 | $M$ | -0.17 | -0.03 | 0.24 | -0.21 | -14.56 | 14.56 | | -14.90 | | 14.56 | | -14.90 |
| | | $N$ | 1127.83 | 2.51 | -23.44 | 290.32 | 258.90 | -258.90 | ①+0.7②+0.7④+⑤ | 1591.71 | ①+0.7③+⑥ | 852.52 | ①+0.7②+0.7④+⑤ | 1591.71 |
| | | $V$ | 0.08 | 0.01 | -0.11 | 0.10 | 4.58 | -4.58 | | 4.74 | | -4.58 | | 4.74 |

注：1. 活载②、③、④分别为活载作用在 AB 跨、BC 跨、CD 跨；

2. 恒载①为 $1.2M_{Gk}$和 $1.2V_{Gk}$；

3. 活载②、③、④分别为 $1.4M_{Qk}$和 $1.4V_{Qk}$；

4. 以上各值均为轴线处的 $M$ 和 $V$；$M$ 以右侧受拉为正，$V$ 以顺时针方向为正；

5. 表中弯矩的单位为 kN·m，剪力的单位为 kN。

### 4.2.13 地震作用下框架内力组合

地震作用下框架内力组合见表 4-115～表 4-121。

**考虑地震作用框架梁 AB 内力组合表** **表 4-115**

| 层次 | 截面 | 内力 | 重力荷载代表值① | 地震向右② | 地震向左③ | $M_{max}$ 组合项 | 值 | $M_{min}$ 组合项 | 值 | $V_{max}$ 组合项 | 值 | 调整后的 $V_{max}$ |
|---|---|---|---|---|---|---|---|---|---|---|---|---|
| 8 | 左 | $M$ | -67.84 | 106.56 | -106.56 | 0.75(①+②) | 29.04 | 0.75(①+③) | -130.80 | | | |
| | | $V$ | 100.50 | -31.89 | 31.89 | | | | | 0.85(①+③) | 112.53 | $\frac{144.97+29.04}{0.75\times5.4}\times0.85+\frac{1.2\times31.02}{2}\times5.4=137.07$ |
| | 中 | $M$ | 77.53 | | | 0.75(①+②) | 62.39 | | | | | |
| | 右 | $M$ | -108.54 | -84.75 | 84.75 | 0.75(①+③) | -17.84 | 0.75(①+②) | -144.97 | | | |
| | | $V$ | -115.58 | -31.89 | 31.89 | | | | | 0.85(①+②) | -125.35 | |
| 7 | 左 | $M$ | -52.18 | 138.45 | -138.45 | 0.75(①+②) | 64.70 | 0.75(①+③) | -142.97 | | | |
| | | $V$ | 77.30 | -41.43 | 41.43 | | | | | 0.85(①+③) | 100.92 | $\frac{145.21+64.70}{0.75\times5.4}\times0.85+\frac{1.2\times23.86}{2}\times5.4=121.36$ |
| | 中 | $M$ | 59.64 | | | 0.75(①+②) | 88.57 | | | | | |
| | 右 | $M$ | -83.50 | -110.11 | 110.11 | 0.75(①+③) | 19.96 | 0.75(①+②) | -145.21 | | | |
| | | $V$ | -88.91 | -41.43 | 41.43 | | | | | 0.85(①+②) | -110.79 | |

续表

| 层次 | 截面 | 内力 | 重力荷载代表值① | 地震向右② | 地震向左③ | $M_{max}$ 组合项 | $M_{max}$ 值 | $M_{min}$ 组合项 | $M_{min}$ 值 | $V_{max}$ 组合项 | $V_{max}$ 值 | 调整后的 $V_{max}$ |
|---|---|---|---|---|---|---|---|---|---|---|---|---|
| 6 | 左 | $M$ | −52.18 | 149.54 | −149.54 | 0.75(①+②) | 73.02 | 0.75(①+③) | −151.29 | | | $\frac{151.84+70.02}{0.75\times5.4}\times0.85+\frac{1.2\times23.86}{2}\times5.4=123.87$ |
| | | $V$ | 77.30 | −44.75 | 44.75 | | | | | 0.85(①+③) | 103.74 | |
| | 中 | $M$ | 59.64 | | | 0.75(①+②) | 88.57 | | | | | |
| | 右 | $M$ | −83.50 | −118.95 | 118.95 | 0.75(①+③) | 26.59 | 0.75(①+②) | −151.84 | | | |
| | | $V$ | −88.91 | −44.75 | 44.75 | | | | | 0.85(①+②) | −113.61 | |
| 5 | 左 | $M$ | −52.18 | 158.11 | −158.11 | 0.75(①+②) | 79.45 | 0.75(①+③) | −157.72 | | | $\frac{156.96+79.45}{0.75\times5.4}\times0.85+\frac{1.2\times23.86}{2}\times5.4=126.92$ |
| | | $V$ | 77.30 | −47.32 | 47.32 | | | | | 0.85(①+③) | 105.93 | |
| | 中 | $M$ | 59.64 | | | 0.75(①+②) | 88.57 | | | | | |
| | 右 | $M$ | −83.50 | −125.78 | 125.78 | 0.75(①+③) | 31.71 | 0.75(①+②) | −156.96 | | | |
| | | $V$ | −88.91 | −47.32 | 47.32 | | | | | 0.85(①+②) | −115.80 | |
| 4 | 左 | $M$ | −52.18 | 153.04 | −153.04 | 0.75(①+②) | 75.65 | 0.75(①+③) | −153.92 | | | $\frac{153.92+76.65}{0.75\times5.4}\times0.85+\frac{1.2\times23.86}{2}\times5.4=125.70$ |
| | | $V$ | 77.30 | −45.80 | 45.80 | | | | | 0.85(①+③) | 104.64 | |
| | 中 | $M$ | 59.64 | | | 0.75(①+②) | 88.57 | | | | | |
| | 右 | $M$ | −83.50 | −121.73 | 121.73 | 0.75(①+③) | 28.67 | 0.75(①+②) | −153.92 | | | |
| | | $V$ | −88.91 | −45.80 | 45.80 | | | | | 0.85(①+②) | −114.50 | |
| 3 | 左 | $M$ | −52.18 | 139.14 | −139.14 | 0.75(①+②) | 65.22 | 0.75(①+③) | −143.49 | | | $\frac{145.64+65.22}{0.75\times5.4}\times0.85+\frac{1.2\times23.86}{2}\times5.4=121.56$ |
| | | $V$ | 77.30 | −41.64 | 41.64 | | | | | 0.85(①+③) | 101.10 | |
| | 中 | $M$ | 59.64 | | 0.00 | 0.75(①+②) | 88.57 | | | | | |
| | 右 | $M$ | −83.50 | −110.68 | 110.68 | 0.75(①+③) | 20.39 | 0.75(①+②) | −145.64 | | | |
| | | $V$ | −88.91 | −41.64 | 41.64 | | | | | 0.85(①+②) | −110.97 | |
| 2 | 左 | $M$ | −52.18 | 125.22 | −125.22 | 0.75(①+②) | 54.78 | 0.75(①+③) | −133.05 | | | $\frac{137.32+54.78}{0.75\times5.4}\times0.85+\frac{1.2\times23.86}{2}\times5.4=117.62$ |
| | | $V$ | 77.30 | −37.47 | 37.47 | | | | | 0.85(①+③) | 97.55 | |
| | 中 | $M$ | 59.64 | | | 0.75(①+②) | 88.57 | | | | | |
| | 右 | $M$ | −83.50 | −99.59 | 99.59 | 0.75(①+③) | 12.07 | 0.75(①+②) | −137.32 | | | |
| | | $V$ | −88.91 | −37.47 | 37.47 | | | | | 0.85(①+②) | −107.42 | |
| 1 | 左 | $M$ | −52.18 | 135.63 | −135.63 | 0.75(①+②) | 62.59 | 0.75(①+③) | −140.86 | | | $\frac{134.18+62.59}{0.75\times5.4}\times0.85+\frac{1.2\times23.86}{2}\times5.4=118.60$ |
| | | $V$ | 77.30 | −38.51 | 38.51 | | | | | 0.85(①+③) | 98.44 | |
| | 中 | $M$ | 59.64 | | | 0.75(①+②) | 88.57 | | | | | |
| | 右 | $M$ | −83.50 | −95.41 | 95.41 | 0.75(①+③) | 8.93 | 0.75(①+②) | −134.18 | | | |
| | | $V$ | −88.91 | −38.51 | 38.51 | | | | | 0.85(①+②) | −108.31 | |

注：1. 重力荷载代表值①为 $1.2M_{GK}$ 或 $1.2V_{GK}$；

2. 地震向右②、地震向左③为 $1.3M_{Ehk}$ 或 $1.3V_{Ehk}$；

3. 以上各值均为支座边的 $M$ 和 $V$；

4. 表中弯矩的单位为 kN·m，剪力的单位为 kN。

**考虑地震作用框架梁 BC 内力组合表** **表 4-116**

| 层次 | 截面 | 内力 | 重力荷载代表值① | 地震向右② | 地震向左③ | $M_{max}$ 组合项 | $M_{max}$ 值 | $M_{min}$ 组合项 | $M_{min}$ 值 | $V_{max}$ 组合项 | $V_{max}$ 值 | 调整后的 $V_{max}$ |
|---|---|---|---|---|---|---|---|---|---|---|---|---|
| 8 | 左 | $M$ | -86.24 | 84.75 | -84.75 | 0.75(①+②) | -1.12 | 0.75(①+③) | -128.24 | | | |
| | | $V$ | 87.84 | -25.83 | 25.83 | | | | | 0.85(①+③) | 96.62 | $\frac{128.24+18.05}{0.75\times5.4}\times0.85$ |
| | 中 | $M$ | 59.29 | | | 0.75(①+②) | 49.96 | | | | | $+\frac{1.2\times27.11}{2}$ |
| | 右 | $M$ | -46.14 | -70.21 | 70.21 | 0.75(①+③) | 18.05 | 0.75(①+②) | -87.26 | | | $\times5.4=118.54$ |
| | | $V$ | -87.84 | -25.83 | 25.83 | | | | | 0.85(①+②) | -96.62 | |
| 7 | 左 | $M$ | -66.74 | 110.11 | -110.11 | 0.75(①+②) | 32.53 | 0.75(①+③) | -132.64 | | | |
| | | $V$ | 67.98 | -33.55 | 33.55 | | | | | 0.85(①+③) | 86.30 | $\frac{132.64+41.63}{0.75\times5.4}\times0.85$ |
| | 中 | $M$ | 45.89 | | | 0.75(①+②) | 47.89 | | | | | $+\frac{1.2\times20.98}{2}$ |
| | 右 | $M$ | -35.71 | -91.22 | 91.22 | 0.75(①+③) | 41.63 | 0.75(①+②) | -95.20 | | | $\times5.4=104.55$ |
| | | $V$ | -67.98 | -33.55 | 33.55 | | | | | 0.85(①+②) | -86.30 | |
| 6 | 左 | $M$ | -66.74 | 118.95 | -118.95 | 0.75(①+②) | 39.16 | 0.75(①+③) | -139.27 | | | |
| | | $V$ | 67.98 | -36.24 | 36.24 | | | | | 0.85(①+③) | 88.59 | $\frac{139.27+47.12}{0.75\times5.4}\times0.85$ |
| | 中 | $M$ | 45.89 | | | 0.75(①+②) | 47.89 | | | | | $+\frac{1.2\times20.98}{2}$ |
| | 右 | $M$ | -35.71 | -98.54 | 98.54 | 0.75(①+③) | 47.12 | 0.75(①+②) | -100.69 | | | $\times5.4=107.09$ |
| | | $V$ | -67.98 | -36.24 | 36.24 | | | | | 0.85(①+②) | -88.59 | |
| 5 | 左 | $M$ | -66.74 | 125.78 | -125.78 | 0.75(①+②) | 44.28 | 0.75(①+③) | -144.39 | | | |
| | | $V$ | 67.98 | -38.32 | 38.32 | | | | | 0.85(①+③) | 90.36 | $\frac{144.39+51.37}{0.75\times5.4}\times0.85$ |
| | 中 | $M$ | 45.89 | | | 0.75(①+②) | 47.89 | | | | | $+\frac{1.2\times20.98}{2}$ |
| | 右 | $M$ | -35.71 | -104.20 | 104.20 | 0.75(①+③) | 51.37 | 0.75(①+②) | -104.93 | | | $\times5.4=109.06$ |
| | | $V$ | -67.98 | -38.32 | 38.32 | | | | | 0.85(①+②) | -90.36 | |
| 4 | 左 | $M$ | -66.74 | 121.73 | -121.73 | 0.75(①+②) | 41.24 | 0.75(①+③) | -141.35 | | | |
| | | $V$ | 67.98 | -37.10 | 37.10 | | | | | 0.85(①+③) | 89.32 | $\frac{141.35+48.86}{0.75\times5.4}\times0.85$ |
| | 中 | $M$ | 45.89 | | | 0.75(①+②) | 47.89 | | | | | $+\frac{1.2\times20.98}{2}$ |
| | 右 | $M$ | -35.71 | -100.85 | 100.85 | 0.75(①+③) | 48.86 | 0.75(①+②) | -102.42 | | | $\times5.4=107.90$ |
| | | $V$ | -67.98 | -37.10 | 37.10 | | | | | 0.85(①+②) | -89.32 | |
| 3 | 左 | $M$ | -66.74 | 110.68 | -110.68 | 0.75(①+②) | 32.96 | 0.75(①+③) | -133.07 | | | |
| | | $V$ | 67.98 | -33.74 | 33.74 | | | | | 0.85(①+③) | 86.46 | $\frac{133.07+41.99}{0.75\times5.4}\times0.85$ |
| | 中 | $M$ | 45.89 | | 0.00 | 0.75(①+②) | 47.89 | | | | | $+\frac{1.2\times20.98}{2}$ |
| | 右 | $M$ | -35.71 | -91.70 | 91.70 | 0.75(①+③) | 41.99 | 0.75(①+②) | -95.56 | | | $\times5.4=104.72$ |
| | | $V$ | -67.98 | -33.74 | 33.74 | | | | | 0.85(①+②) | -86.46 | |

续表

| 层次 | 截面 | 内力 | 重力荷载代表值① | 地震向右② | 地震向左③ | $M_{max}$ 组合项 | 值 | $M_{min}$ 组合项 | 值 | $V_{max}$ 组合项 | 值 | 调整后的 $V_{max}$ |
|---|---|---|---|---|---|---|---|---|---|---|---|---|
| 2 | 左 | $M$ | -66.74 | 99.59 | -99.59 | 0.75(①+②) | 24.64 | 0.75(①+③) | -124.75 | | | |
| | | $V$ | 67.98 | -30.36 | 30.36 | | | | | 0.85(①+③) | 83.59 | $\frac{124.75+35.10}{0.75\times5.4}\times0.85+\frac{1.2\times20.98}{2}\times5.4=105.52$ |
| | 中 | $M$ | 45.89 | | | 0.75(①+②) | 47.89 | | | | | |
| | 右 | $M$ | -35.71 | -82.51 | 82.51 | 0.75(①+③) | 35.10 | 0.75(①+②) | -88.67 | | | |
| | | $V$ | -67.98 | -30.36 | 30.36 | | | | | 0.85(①+②) | -83.59 | |
| 1 | 左 | $M$ | -66.74 | 95.41 | -95.41 | 0.75(①+②) | 21.50 | 0.75(①+③) | -121.61 | | | |
| | | $V$ | 67.98 | -28.47 | 28.47 | | | | | 0.85(①+③) | 81.98 | $\frac{121.61+29.77}{0.75\times5.4}\times0.85+\frac{1.2\times20.98}{2}\times5.4=99.75$ |
| | 中 | $M$ | 45.89 | | | 0.75(①+②) | 47.89 | | | | | |
| | 右 | $M$ | -35.71 | -75.40 | 75.40 | 0.75(①+③) | 29.77 | 0.75(①+②) | -83.33 | | | |
| | | $V$ | -67.98 | -28.47 | 28.47 | | | | | 0.85(①+②) | -81.98 | |

注：1. 重力荷载代表值①为 $1.2M_{GK}$ 或 $1.2V_{GK}$；

2. 地震向右②、地震向左③为 $1.3M_{Ehk}$ 或 $1.3V_{Ehk}$；

3. 以上各值均为支座边的 $M$ 和 $V$；

4. 表中弯矩的单位为 kN·m，剪力的单位为 kN。

**考虑地震作用框架梁 CD 内力组合表　　表 4-117**

| 层次 | 截面 | 内力 | 重力荷载代表值① | 地震向右② | 地震向左③ | $M_{max}$ 组合项 | 值 | $M_{min}$ 组合项 | 值 | $V_{max}$ 组合项 | 值 | 调整后的 $V_{max}$ |
|---|---|---|---|---|---|---|---|---|---|---|---|---|
| 8 | 左 | $M$ | -29.70 | 140.43 | -140.43 | 0.75(①+②) | 83.05 | 0.75(①+③) | -127.60 | | | |
| | | $V$ | 26.17 | -67.70 | 67.70 | | | | | 0.85(①+③) | 79.79 | $\frac{127.60+40.88}{0.75\times2.5}\times0.85+\frac{1.2\times17.45}{2}\times2.5=102.55$ |
| | 中 | $M$ | 9.35 | | | 0.75(①+②) | 121.71 | | | | | |
| | 右 | $M$ | -8.18 | -62.69 | 62.69 | 0.75(①+③) | 40.88 | 0.75(①+②) | -53.15 | | | |
| | | $V$ | -26.17 | -67.70 | 67.70 | | | | | 0.85(①+②) | -79.79 | |
| 7 | 左 | $M$ | -22.78 | 182.44 | -182.44 | 0.75(①+②) | 119.75 | 0.75(①+③) | -153.92 | | | |
| | | $V$ | 20.08 | -87.96 | 87.96 | | | | | 0.85(①+③) | 91.83 | $\frac{153.92+56.38}{0.75\times2.5}\times0.85+\frac{1.2\times13.38}{2}\times2.5=115.41$ |
| | 中 | $M$ | 7.16 | | | 0.75(①+②) | 265.09 | | | | | |
| | 右 | $M$ | -6.28 | -81.45 | 81.45 | 0.75(①+③) | 56.38 | 0.75(①+②) | -65.80 | | | |
| | | $V$ | -20.08 | -87.96 | 87.96 | | | | | 0.85(①+②) | -91.83 | |

续表

| 层次 | 截面 | 内力 | 重力荷载代表值① | 地震向右② | 地震向左③ | $M_{max}$ | | $M_{min}$ | | $V_{max}$ | | 调整后的 $V_{max}$ |
|---|---|---|---|---|---|---|---|---|---|---|---|---|
| | | | | | | 组合项 | 值 | 组合项 | 值 | 组合项 | 值 | |
| 6 | 左 | $M$ | −22.78 | 197.08 | −197.08 | 0.75(①+②) | 130.73 | 0.75(①+③) | −164.90 | | | $\frac{164.90+61.27}{0.75\times2.5}\times0.85+\frac{1.2\times13.38}{2}\times2.5=122.60$ |
| | | $V$ | 20.08 | −95.02 | 95.02 | | | | | 0.85(①+③) | 97.84 | |
| | 中 | $M$ | 7.16 | | | 0.75(①+②) | 265.09 | | | | | |
| | 右 | $M$ | −6.28 | −87.97 | 87.97 | 0.75(①+③) | 61.27 | 0.75(①+②) | −70.69 | | | |
| | | $V$ | −20.08 | −95.02 | 95.02 | | | | | 0.85(①+②) | −97.84 | |
| 5 | 左 | $M$ | −22.78 | 208.39 | −208.39 | 0.75(①+②) | 139.21 | 0.75(①+③) | −173.38 | | | $\frac{173.38+65.06}{0.75\times2.5}\times0.85+\frac{1.2\times13.38}{2}\times2.5=126.80$ |
| | | $V$ | 20.08 | −100.48 | 100.48 | | | | | 0.85(①+③) | 102.48 | |
| | 中 | $M$ | 7.16 | | | 0.75(①+②) | 265.09 | | | | | |
| | 右 | $M$ | −6.28 | −93.03 | 93.03 | 0.75(①+③) | 65.06 | 0.75(①+②) | −74.48 | | | |
| | | $V$ | −20.08 | −100.48 | 100.48 | | | | | 0.85(①+②) | −102.48 | |
| 4 | 左 | $M$ | −22.78 | 201.71 | −201.71 | 0.75(①+②) | 134.20 | 0.75(①+③) | −168.37 | | | $\frac{168.37+62.82}{0.75\times2.5}\times0.85+\frac{1.2\times13.38}{2}\times2.5=124.88$ |
| | | $V$ | 20.08 | −97.25 | 97.25 | | | | | 0.85(①+③) | 99.73 | |
| | 中 | $M$ | 7.16 | | | 0.75(①+②) | 265.09 | | | | | |
| | 右 | $M$ | −6.28 | −90.04 | 90.04 | 0.75(①+③) | 62.82 | 0.75(①+②) | −72.24 | | | |
| | | $V$ | −20.08 | −97.25 | 97.25 | | | | | 0.85(①+②) | −99.73 | |
| 3 | 左 | $M$ | −22.78 | 183.40 | −183.40 | 0.75(①+②) | 120.47 | 0.75(①+③) | −154.64 | | | $\frac{154.64+56.68}{0.75\times2.5}\times0.85+\frac{1.2\times13.38}{2}\times2.5=115.87$ |
| | | $V$ | 20.08 | −88.41 | 88.41 | | | | | 0.85(①+③) | 92.22 | |
| | 中 | $M$ | 7.16 | | 0.00 | 0.75(①+②) | 265.09 | | | | | |
| | 右 | $M$ | −6.28 | −81.85 | 81.85 | 0.75(①+③) | 56.68 | 0.75(①+②) | −66.10 | | | |
| | | $V$ | −20.08 | −88.41 | 88.41 | | | | | 0.85(①+②) | −92.22 | |
| 2 | 左 | $M$ | −22.78 | 165.02 | −165.02 | 0.75(①+②) | 106.68 | 0.75(①+③) | −140.85 | | | $\frac{140.85+50.51}{0.75\times2.5}\times0.85+\frac{1.2\times13.38}{2}\times2.5=106.82$ |
| | | $V$ | 20.08 | −79.55 | 79.55 | | | | | 0.85(①+③) | 84.69 | |
| | 中 | $M$ | 7.16 | | | 0.75(①+②) | 265.09 | | | | | |
| | 右 | $M$ | −6.28 | −73.63 | 73.63 | 0.75(①+③) | 50.51 | 0.75(①+②) | −59.93 | | | |
| | | $V$ | −20.08 | −79.55 | 79.55 | | | | | 0.85(①+②) | −84.69 | |
| 1 | 左 | $M$ | −22.78 | 150.79 | −150.79 | 0.75(①+②) | 96.01 | 0.75(①+③) | −130.18 | | | $\frac{130.18+41.95}{0.75\times2.5}\times0.85+\frac{1.2\times13.38}{2}\times2.5=98.10$ |
| | | $V$ | 20.08 | −70.99 | 70.99 | | | | | 0.85(①+③) | 77.41 | |
| | 中 | $M$ | 7.16 | | | 0.75(①+②) | 265.09 | | | | | |
| | 右 | $M$ | −6.28 | −62.21 | 62.21 | 0.75(①+③) | 41.95 | 0.75(①+②) | −51.37 | | | |
| | | $V$ | −20.08 | −70.99 | 70.99 | | | | | 0.85(①+②) | −77.41 | |

注：1. 重力荷载代表值①为 $1.2M_{GK}$ 或 $1.2V_{GK}$；

2. 地震向右②、地震向左③为 $1.3M_{Ehk}$ 或 $1.3V_{Ehk}$；

3. 以上各值均为支座边的 $M$ 和 $V$；

4. 表中弯矩的单位为 kN·m，剪力的单位为 kN；

5. 按“强剪弱弯”计算的 $V=\eta_{vb}(M_b^l+M_b^r)/l_n+V_{Gb}$

**考虑地震作用框架柱 A 内力组合表** 表 4-118

| 层次 | 截面 | 内力 | 重力荷载代表值① | 地震向右② | 地震向左③ | $N_{max}$及相应的 $M$ 值 组合项 | 值 | $N_{min}$及相应的 $M$ 值 组合项 | 值 | $M_{max}$及相应的 $N$ 值 组合项 | 值 | 调整后的 $M$ | 调整后的 $V$ |
|---|---|---|---|---|---|---|---|---|---|---|---|---|---|
| 8 | 上 | $M$ | 38.65 | -106.56 | 106.56 | 0.75(①+③) | 108.91 | 0.75(①+②) | -50.93 | (②+③)×0.75 | 108.91 | 不考虑 | |
| | | $N$ | 100.50 | -31.89 | 31.89 | | 99.29 | | 51.46 | | 99.29 | | |
| | 下 | $M$ | 15.83 | -45.67 | 45.67 | 0.75(①+③) | 46.13 | 0.75(①+②) | -22.38 | 0.75(①+③) | 46.13 | 不考虑 | |
| | | $N$ | 147.92 | -31.89 | 31.89 | | 134.86 | | 87.02 | | 134.86 | | |
| | | $V$ | -15.13 | 36.24 | -36.24 | 0.85(①+③) = -43.66 | | | | | | | 45.47 |
| 7 | 上 | $M$ | 15.83 | -92.78 | 92.78 | 0.75(①+③) | 81.46 | 0.75(①+②) | -57.71 | 0.75(①+③) | 81.46 | 不考虑 | |
| | | $N$ | 225.23 | -73.31 | 73.31 | | 223.91 | | 113.94 | | 223.91 | | |
| | 下 | $M$ | 15.83 | -61.85 | 61.85 | 0.75(①+③) | 58.26 | 0.75(①+②) | -34.52 | 0.75(①+③) | 58.26 | 不考虑 | |
| | | $N$ | 272.65 | -73.31 | 73.31 | | 259.47 | | 149.51 | | 259.47 | | |
| | | $V$ | -8.80 | 36.82 | -36.82 | 0.85(①+③) = -38.78 | | | | | | | 40.16 |
| 6 | 上 | $M$ | 15.83 | -87.69 | 87.69 | 0.75(①+③) | 77.64 | 0.75(①+②) | -53.90 | 0.75(①+③) | 77.64 | 不考虑 | |
| | | $N$ | 349.66 | -118.07 | 118.07 | | 351.02 | | 173.92 | | 351.02 | | |
| | 下 | $M$ | 15.83 | -71.75 | 71.75 | 0.75(①+③) | 65.69 | 0.75(①+②) | -41.94 | 0.75(①+③) | 65.69 | 不考虑 | |
| | | $N$ | 397.38 | -118.07 | 118.07 | | 386.59 | | 209.48 | | 386.59 | | |
| | | $V$ | -8.80 | 37.96 | -37.96 | 0.85(①+③) = -39.75 | | | | | | | 41.41 |
| 5 | 上 | $M$ | 15.83 | -86.37 | 86.37 | 0.75(①+③) | 76.65 | 0.75(①+②) | -52.91 | 0.75(①+③) | 76.65 | 不考虑 | |
| | | $N$ | 474.68 | -165.37 | 165.37 | | 480.04 | | 231.98 | | 480.04 | | |
| | 下 | $M$ | 15.83 | -70.67 | 70.67 | 0.75(①+③) | 64.88 | 0.75(①+②) | -41.13 | 0.75(①+③) | 64.88 | 79.30 | |
| | | $N$ | 522.11 | -165.37 | 165.37 | | 515.61 | | 267.56 | | 515.61 | | |
| | | $V$ | -8.80 | 37.39 | -37.39 | 0.85(①+③) = -39.26 | | | | | | | 54.00 |
| 4 | 上 | $M$ | 15.83 | -82.37 | 82.37 | 0.75(①+③) | 73.65 | 0.75(①+②) | -49.91 | 0.75(①+③) | 73.65 | 90.02 | |
| | | $N$ | 599.41 | -211.17 | 211.17 | 0.80(①+③) | 648.46 | | 291.18 | 0.80(①+③) | 648.46 | | |
| | 下 | $M$ | 15.83 | -67.39 | 67.39 | 0.75(①+③) | 62.42 | 0.75(①+②) | -38.67 | 0.75(①+③) | 62.42 | 76.91 | |
| | | $N$ | 646.84 | -211.17 | 211.17 | 0.80(①+③) | 686.41 | | 326.75 | 0.80(①+③) | 686.41 | | |
| | | $V$ | -8.80 | 35.66 | -35.66 | 0.85(①+③) = -37.79 | | | | | | | 57.81 |
| 3 | 上 | $M$ | 15.83 | -71.75 | 71.75 | 0.75(①+③) | 65.69 | 0.75(①+②) | -41.94 | 0.75(①+③) | 65.69 | 80.93 | |
| | | $N$ | 724.14 | -252.81 | 252.81 | 0.80(①+③) | 781.56 | | 353.50 | 0.80(①+③) | 781.56 | | |
| | 下 | $M$ | 15.83 | -58.70 | 58.70 | 0.75(①+③) | 55.90 | 0.75(①+②) | -32.15 | 0.75(①+③) | 55.90 | 69.53 | |
| | | $N$ | 771.56 | -252.81 | 252.81 | 0.80(①+③) | 819.50 | | 389.06 | 0.80(①+③) | 819.50 | | |
| | | $V$ | -8.80 | 31.06 | -31.06 | 0.85(①+③) = -33.88 | | | | | | | 52.10 |

续表

| 层次 | 截面 | 内力 | 重力荷载代表值① | 地震向右② | 地震向左③ | $N_{max}$及相应的$M$值 组合项 | 值 | $N_{min}$及相应的$M$值 组合项 | 值 | $M_{max}$及相应的$N$值 组合项 | 值 | 调整后的$M$ | 调整后的$V$ |
|---|---|---|---|---|---|---|---|---|---|---|---|---|---|
| 2 | 上 | $M$ | 15.83 | -66.51 | 66.51 | 0.75(①+③) | 61.76 | 0.75(①+②) | -38.01 | 0.75(①+③) | 61.76 | 76.82 | |
| | | $N$ | 848.87 | -290.28 | 290.28 | 0.80(①+③) | 911.32 | | 418.94 | 0.80(①+③) | 911.32 | | |
| | 下 | $M$ | 15.83 | -61.63 | 61.63 | 0.75(①+③) | 58.10 | 0.75(①+②) | -34.35 | 0.75(①+③) | 58.10 | 71.75 | |
| | | $N$ | 896.29 | -290.28 | 290.28 | 0.80(①+③) | 949.26 | | 454.51 | 0.80(①+③) | 949.26 | | |
| | | $V$ | -8.80 | 30.51 | -30.51 | 0.85(①+③) = -33.41 | | | | | | | 51.45 |
| 1 | 上 | $M$ | 15.83 | -74.00 | 74.00 | 0.75(①+③) | 67.37 | 0.75(①+②) | -43.63 | 0.75(①+③) | 67.37 | 83.20 | |
| | | $N$ | 973.60 | -328.78 | 328.78 | 0.80(①+③) | 1041.90 | | 483.62 | 0.80(①+③) | 1041.90 | | |
| | 下 | $M$ | 31.66 | -110.99 | 110.99 | 0.75(①+③) | 106.99 | 0.75(①+②) | -59.50 | 0.75(①+③) | 106.99 | 123.04 | |
| | | $N$ | 1033.44 | -328.78 | 328.78 | 0.80(①+③) | 1089.78 | | 528.50 | 0.80(①+③) | 1089.78 | | |
| | | $V$ | -10.10 | 34.91 | -34.91 | 0.85(①+③) = -38.26 | | | | | | | 54.70 |

注:1. 重力荷载代表值①为 $1.2M_{GK}$或 $1.2V_{GK}$;

2. 地震向右②、地震向左③为 $1.3M_{Ehk}$或 $1.3V_{Ehk}$;

3. 以上各值均为支座边的 $M$ 和 $V$;

4. 表中弯矩的单位为 kN·m,剪力的单位为 kN;

5. 按“强柱弱梁”计算 $M$ 时,$\Sigma M_c=\eta_c\Sigma M_b$;按“强剪弱弯”计算的 $V=\eta_{vc}(M_c^t+M_c^b)/H_n$。

**考虑地震作用框架柱 B 内力组合表** **表 4-119**

| 层次 | 截面 | 内力 | 重力荷载代表值① | 地震向右② | 地震向左③ | $N_{max}$及相应的$M$值 组合项 | 值 | $N_{min}$及相应的$M$值 组合项 | 值 | $M_{max}$及相应的$N$值 组合项 | 值 | 调整后的$M$ | 调整后的$V$ |
|---|---|---|---|---|---|---|---|---|---|---|---|---|---|
| 8 | 上 | $M$ | -22.30 | -169.51 | 169.51 | 0.75(①+②) | -143.86 | 0.75(①+③) | 110.41 | 0.75(①+②) | -143.86 | 不考虑 | |
| | | $N$ | 203.42 | 6.06 | -6.06 | | 157.11 | | 148.02 | | 157.11 | | |
| | 下 | $M$ | -8.38 | -72.64 | 72.64 | 0.75(①+②) | -60.77 | 0.75(①+③) | 48.20 | 0.75(①+②) | -60.77 | 不考虑 | |
| | | $N$ | 250.85 | 6.06 | -6.06 | | 192.68 | | 183.59 | | 192.68 | | |
| | | $V$ | 8.52 | 57.66 | -57.66 | 0.85(①+②) = 56.25 | | | | | | | 66.51 |
| 7 | 上 | $M$ | -8.38 | -147.59 | 147.59 | 0.75(①+②) | -116.98 | 0.75(①+③) | 104.41 | 0.75(①+②) | -116.98 | 不考虑 | |
| | | $N$ | 407.74 | 13.94 | -13.94 | | 316.26 | | 295.35 | | 316.26 | | |
| | 下 | $M$ | -8.38 | -98.38 | 98.38 | 0.75(①+②) | -80.07 | 0.75(①+③) | 67.50 | 0.75(①+②) | -80.07 | 不考虑 | |
| | | $N$ | 455.16 | 13.94 | -13.94 | | 351.83 | | 330.92 | | 351.83 | | |
| | | $V$ | 4.66 | 58.57 | -58.57 | 0.85(①+②) = 53.75 | | | | | | | 63.88 |

续表

| 层次 | 截面 | 内力 | 重力荷载代表值① | 地震向右② | 地震向左③ | $N_{max}$及相应的 $M$ 值 | | $N_{min}$及相应的 $M$ 值 | | $M_{max}$及相应的 $N$ 值 | | 调整后的 $M$ | 调整后的 $V$ |
|---|---|---|---|---|---|---|---|---|---|---|---|---|---|
| | | | | | | 组合项 | 值 | 组合项 | 值 | 组合项 | 值 | | |
| 6 | 上 | $M$ | -8.38 | -139.52 | 139.52 | 0.75(①+②) | -110.93 | 0.75(①+③) | 98.36 | 0.75(①+②) | -110.93 | 不考虑 | |
| | | $N$ | 612.05 | 22.44 | -22.44 | | 475.87 | | 442.21 | | 475.87 | | |
| | 下 | $M$ | -8.38 | -114.15 | 114.15 | 0.75(①+②) | -91.90 | 0.75(①+③) | 79.33 | 0.75(①+②) | -91.90 | 101.10 | |
| | | $N$ | 659.47 | 22.44 | -22.44 | | 511.43 | | 477.77 | | 511.43 | | |
| | | $V$ | 4.66 | 60.40 | -60.40 | 0.85(①+②)=55.30 | | | | | | | 76.54 |
| 5 | 上 | $M$ | -8.38 | -137.38 | 137.38 | 0.75(①+②) | -109.32 | 0.75(①+③) | 96.75 | 0.75(①+②) | -109.32 | 120.26 | |
| | | $N$ | 816.36 | 31.43 | -31.43 | 0.80(①+②) | 678.23 | 0.80(①+③) | 627.94 | 0.80(①+②) | 678.23 | | |
| | 下 | $M$ | -8.38 | -112.41 | 112.41 | 0.75(①+②) | -90.59 | 0.75(①+③) | 78.02 | 0.75(①+②) | -90.59 | 99.65 | |
| | | $N$ | 863.78 | 31.43 | -31.43 | 0.80(①+②) | 716.17 | 0.80(①+③) | 665.88 | 0.80(①+②) | 716.17 | | |
| | | $V$ | 4.66 | 59.48 | -59.48 | 0.85(①+②)=54.52 | | | | | | | 76.15 |
| 4 | 上 | $M$ | -8.38 | -131.05 | 131.05 | 0.75(①+②) | -104.57 | 0.75(①+③) | 92.00 | 0.75(①+②) | -104.57 | 115.03 | |
| | | $N$ | 1020.67 | 40.13 | -40.13 | 0.80(①+②) | 848.64 | 0.80(①+③) | 784.43 | 0.80(①+②) | 848.64 | | |
| | 下 | $M$ | -8.38 | -107.22 | 107.22 | 0.75(①+②) | -86.70 | 0.75(①+③) | 74.13 | 0.75(①+②) | -86.70 | 95.38 | |
| | | $N$ | 1068.10 | 40.13 | -40.13 | 0.80(①+②) | 886.58 | 0.80(①+③) | 822.38 | 0.80(①+②) | 886.58 | | |
| | | $V$ | 4.66 | 56.73 | -56.73 | 0.85(①+②)=52.18 | | | | | | | 72.86 |
| 3 | 上 | $M$ | -8.38 | -114.14 | 114.14 | 0.75(①+②) | -91.89 | 0.75(①+③) | 79.32 | 0.75(①+②) | -91.89 | 101.08 | |
| | | $N$ | 1224.98 | 48.04 | -48.04 | 0.80(①+②) | 1018.42 | 0.80(①+③) | 941.55 | 0.80(①+②) | 1018.42 | | |
| | 下 | $M$ | -8.38 | -93.39 | 93.39 | 0.75(①+②) | -76.33 | 0.75(①+③) | 63.76 | 0.75(①+②) | -76.33 | 83.96 | |
| | | $N$ | 1272.41 | 48.04 | -48.04 | 0.80(①+②) | 1056.36 | 0.80(①+③) | 979.50 | 0.80(①+②) | 1056.36 | | |
| | | $V$ | 4.66 | 49.41 | -49.41 | 0.85(①+②)=45.96 | | | | | | | 64.08 |
| 2 | 上 | $M$ | -8.38 | -105.79 | 105.79 | 0.75(①+②) | -85.63 | 0.75(①+③) | 73.06 | 0.75(①+②) | -85.63 | 94.19 | |
| | | $N$ | 1429.30 | 55.15 | -55.15 | 0.80(①+②) | 1187.56 | 0.80(①+③) | 1099.32 | 0.80(①+②) | 1187.56 | | |
| | 下 | $M$ | -8.38 | -98.03 | 98.03 | 0.75(①+②) | -79.81 | 0.75(①+③) | 67.24 | 0.75(①+②) | -79.81 | 92.45 | |
| | | $N$ | 1476.72 | 55.15 | -55.15 | 0.80(①+②) | 1225.50 | 0.80(①+③) | 1137.26 | 0.80(①+②) | 1225.50 | | |
| | | $V$ | 4.66 | 48.53 | -48.53 | 0.85(①+②)=45.47 | | | | | | | 64.63 |
| 1 | 上 | $M$ | -8.38 | -92.79 | 92.79 | 0.75(①+②) | -75.88 | 0.75(①+③) | 63.31 | 0.75(①+②) | -75.88 | 87.90 | |
| | | $N$ | 1633.61 | 65.18 | -65.18 | 0.80(①+②) | 1359.03 | 0.80(①+③) | 1254.74 | 0.80(①+②) | 1359.03 | | |
| | 下 | $M$ | -16.75 | -139.19 | 139.19 | 0.75(①+②) | -116.96 | 0.75(①+③) | 91.83 | 0.75(①+②) | -116.96 | 134.50 | |
| | | $N$ | 1693.45 | 65.18 | -65.18 | 0.80(①+②) | 1406.90 | 0.80(①+③) | 1302.62 | 0.80(①+②) | 1406.90 | | |
| | | $V$ | 5.35 | 43.77 | -43.77 | 0.85(①+②)=41.75 | | | | | | | 58.99 |

注：1. 重力荷载代表值①为 $1.2M_{GK}$或 $1.2V_{GK}$；

2. 地震向右②、地震向左③为 $1.3M_{Ehk}$或 $1.3V_{Ehk}$；

3. 以上各值均为支座边的 $M$ 和 $V$；

4. 表中弯矩的单位为 kN·m，剪力的单位为 kN；

5. 按“强柱弱梁”计算 $M$ 时，$\Sigma M_c=\eta_c\Sigma M_b$；按“强剪弱弯”计算的 $V=\eta_{vc}(M_c^t+M_c^b)/H_n$。

**考虑地震作用框架柱 C 内力组合表　　表 4-120**

| 层次 | 截面 | 内力 | 重力荷载代表值① | 地震向右② | 地震向左③ | $N_{max}$及相应的 $M$ 值 组合项 | 值 | $N_{min}$及相应的 $M$ 值 组合项 | 值 | $M_{max}$及相应的 $N$ 值 组合项 | 值 | 调整后的 $M$ | 调整后的 $V$ |
|---|---|---|---|---|---|---|---|---|---|---|---|---|---|
| 8 | 上 | $M$ | −16.44 | −210.63 | 210.63 | 0.75(①+③) | 145.64 | 0.75(①+②) | −170.30 | 0.75(①+③) | 145.64 | 不考虑 | |
| | | $N$ | 114.01 | −41.87 | 41.87 | | 116.91 | | 54.11 | | 116.91 | | |
| | 下 | $M$ | −6.47 | −90.27 | 90.27 | 0.75(①+③) | 62.85 | 0.75(①+②) | −72.56 | 0.75(①+③) | 62.85 | 不考虑 | |
| | | $N$ | 161.44 | −41.87 | 41.87 | | 152.48 | | 89.68 | | 152.48 | | |
| | | $V$ | 6.36 | 71.64 | −71.64 | 0.85(①+②)=66.30 | | | | | | | 80.74 |
| 7 | 上 | $M$ | 6.47 | −183.39 | 183.39 | 0.75(①+③) | 142.40 | 0.75(①+②) | −132.69 | 0.75(①+③) | 142.40 | 不考虑 | |
| | | $N$ | 249.49 | −96.28 | 96.28 | | 259.33 | | 114.91 | | 259.33 | | |
| | 下 | $M$ | −6.47 | −122.27 | 122.27 | 0.75(①+③) | 86.85 | 0.75(①+②) | −96.56 | 0.75(①+③) | 86.85 | 106.21 | |
| | | $N$ | 296.92 | −96.28 | 96.28 | | 294.90 | | 150.48 | | 294.90 | | |
| | | $V$ | 3.59 | 72.77 | −72.77 | 0.85(①+②)=65.91 | | | | | | | 86.09 |
| 6 | 上 | $M$ | −6.47 | −173.37 | 173.37 | 0.75(①+③) | 125.18 | 0.75(①+②) | −134.88 | 0.75(①+③) | 125.18 | 148.36 | |
| | | $N$ | 384.97 | −155.05 | 155.05 | | 405.02 | | 172.44 | | 405.02 | | |
| | 下 | $M$ | −6.47 | −141.84 | 141.84 | 0.75(①+③) | 101.53 | 0.75(①+②) | −111.23 | 0.75(①+③) | 101.53 | 122.35 | |
| | | $N$ | 432.40 | −155.05 | 155.05 | | 440.59 | | 208.01 | | 440.59 | | |
| | | $V$ | 3.59 | 75.05 | −75.05 | 0.85(①+②)=66.84 | | | | | | | 93.75 |
| 5 | 上 | $M$ | −6.47 | −170.76 | 170.76 | 0.75(①+③) | 123.22 | 0.75(①+②) | −132.92 | 0.75(①+③) | 123.22 | 146.21 | |
| | | $N$ | 520.45 | −217.20 | 217.20 | 0.75(①+③) | 553.24 | | 227.44 | 0.75(①+③) | 553.24 | | |
| | 下 | $M$ | −6.47 | −139.71 | 139.71 | 0.75(①+③) | 99.93 | 0.75(①+②) | −109.64 | 0.75(①+③) | 99.93 | 120.60 | |
| | | $N$ | 567.88 | −217.20 | 217.20 | 0.80(①+③) | 628.06 | | 263.01 | 0.80(①+③) | 628.06 | | |
| | | $V$ | 3.59 | 73.92 | −73.92 | 0.85(①+②)=65.88 | | | | | | | 92.40 |
| 4 | 上 | $M$ | −6.47 | −162.85 | 162.85 | 0.75(①+③) | 117.29 | 0.75(①+②) | −126.99 | 0.75(①+③) | 117.29 | 139.68 | |
| | | $N$ | 655.93 | −277.36 | 277.36 | 0.80(①+③) | 746.63 | | 283.93 | 0.80(①+③) | 746.63 | | |
| | 下 | $M$ | −6.47 | −133.24 | 133.24 | 0.75(①+③) | 95.08 | 0.75(①+②) | −104.78 | 0.75(①+③) | 95.08 | 115.26 | |
| | | $N$ | 703.36 | −277.36 | 277.36 | 0.80(①+③) | 784.58 | | 319.50 | 0.80(①+③) | 784.58 | | |
| | | $V$ | 3.59 | 70.50 | −70.50 | 0.85(①+②)=62.98 | | | | | | | 88.28 |
| 3 | 上 | $M$ | −6.47 | −141.86 | 141.86 | 0.75(①+③) | 101.54 | 0.75(①+②) | −111.25 | 0.75(①+③) | 101.54 | 122.38 | |
| | | $N$ | 791.41 | −332.03 | 332.03 | 0.80(①+③) | 898.75 | | 344.54 | 0.80(①+③) | 898.75 | | |
| | 下 | $M$ | −6.47 | −116.06 | 116.06 | 0.75(①+③) | 82.19 | 0.75(①+②) | −91.90 | 0.75(①+③) | 82.19 | 101.08 | |
| | | $N$ | 838.84 | −332.03 | 332.03 | 0.80(①+③) | 936.70 | | 380.11 | 0.80(①+③) | 936.70 | | |
| | | $V$ | 3.59 | 61.41 | −61.41 | 0.85(①+②)=55.25 | | | | | | | 77.38 |

续表

| 层次 | 截面 | 内力 | 重力荷载代表值① | 地震向右② | 地震向左③ | $N_{max}$及相应的 $M$ 值 组合项 | 值 | $N_{min}$及相应的 $M$ 值 组合项 | 值 | $M_{max}$及相应的 $N$ 值 组合项 | 值 | 调整后的 $M$ | 调整后的 $V$ |
|---|---|---|---|---|---|---|---|---|---|---|---|---|---|
| 2 | 上 | $M$ | −6.47 | −131.47 | 131.47 | 0.75(①+③) | 93.75 | 0.75(①+②) | −103.46 | 0.75(①+③) | 93.75 | 113.80 | |
| | | $N$ | 926.89 | −381.23 | 381.23 | 0.80(①+③) | 1046.50 | | 409.25 | 0.80(①+③) | 1046.50 | | |
| | 下 | $M$ | −6.47 | −121.82 | 121.82 | 0.75(①+③) | 86.51 | 0.75(①+②) | −96.22 | 0.75(①+③) | 86.51 | 105.84 | |
| | | $N$ | 974.32 | −381.23 | 381.23 | 0.80(①+③) | 1084.44 | | 444.82 | 0.80(①+③) | 1084.44 | | |
| | | $V$ | 3.59 | 60.31 | −60.31 | | | 0.85(①+②)=54.32 | | | | | 76.06 |
| 1 | 上 | $M$ | 6.47 | −104.36 | 104.36 | 0.75(①+③) | 73.42 | 0.75(①+②) | −83.12 | 0.75(①+③) | 73.42 | 91.43 | |
| | | $N$ | 1062.37 | −423.75 | 423.75 | 0.80(①+③) | 1188.90 | | 478.97 | 0.80(①+③) | 1188.90 | | |
| | 下 | $M$ | −12.94 | −156.56 | 156.56 | 0.75(①+③) | 107.72 | 0.75(①+②) | −127.13 | 0.75(①+③) | 107.72 | 146.20 | |
| | | $N$ | 1122.22 | −423.75 | 423.75 | 0.80(①+③) | 1236.78 | | 523.85 | 0.80(①+③) | 1236.78 | | |
| | | $V$ | 4.13 | 49.23 | −49.23 | | | 0.85(①+②)=45.36 | | | | | 63.03 |

注:1. 重力荷载代表值①为 $1.2M_{GK}$或 $1.2V_{GK}$;

2. 地震向右②、地震向左③为 $1.3M_{Ehk}$或 $1.3V_{Ehk}$;

3. 以上各值均为支座边的 $M$ 和 $V$;

4. 表中弯矩的单位为 kN·m,剪力的单位为 kN;

5. 按"强柱弱梁"计算 $M$ 时,$\Sigma M_c=\eta_c\Sigma M_b$;按"强剪弱弯"计算的 $V=\eta_{vc}(M_c^t+M_c^b)/H_n$。

**考虑地震作用框架柱 D 内力组合表** **表 4-121**

| 层次 | 截面 | 内力 | 重力荷载代表值① | 地震向右② | 地震向左③ | $N_{max}$及相应的 $M$ 值 组合项 | 值 | $N_{min}$及相应的 $M$ 值 组合项 | 值 | $M_{max}$及相应的 $N$ 值 组合项 | 值 | 调整后的 $M$ | 调整后的 $V$ |
|---|---|---|---|---|---|---|---|---|---|---|---|---|---|
| 8 | 上 | $M$ | 0.13 | −62.69 | 62.69 | 0.75(①+②) | −46.92 | 0.75(①+③) | 47.12 | 0.75(①+②) | −46.92 | 不考虑 | |
| | | $N$ | 26.17 | 67.70 | −67.70 | | 70.40 | | −31.5 | | 70.40 | | |
| | 下 | $M$ | 0.05 | −26.86 | 26.86 | 0.75(①+②) | −20.11 | 0.75(①+③) | 20.18 | 0.75(①+②) | −20.11 | 不考虑 | |
| | | $N$ | 53.33 | 67.70 | −67.70 | | 90.77 | | −10.78 | | 90.77 | | |
| | | $V$ | −0.02 | 21.32 | −21.32 | | | 0.85(①+③)=18.14 | | | | | 23.28 |
| 7 | 上 | $M$ | 0.05 | −54.57 | 54.57 | 0.75(①+②) | −40.89 | 0.75(①+③) | 40.97 | 0.75(①+②) | −40.89 | 不考虑 | |
| | | $N$ | 73.40 | 155.66 | −155.66 | | 171.80 | | −61.70 | | 171.80 | | |
| | 下 | $M$ | 0.05 | −36.39 | 36.39 | 0.75(①+②) | −27.26 | 0.75(①+③) | 27.33 | 0.75(①+②) | −27.26 | 33.89 | |
| | | $N$ | 100.56 | 155.66 | 155.66 | | 192.17 | | −41.33 | | 192.17 | | |
| | | $V$ | −0.02 | 21.66 | −21.66 | | | 0.85(①+③)=18.43 | | | | | 25.92 |
| 6 | 上 | $M$ | 0.05 | −51.60 | 51.60 | 0.75(①+②) | −38.66 | 0.75(①+③) | 38.74 | 0.75(①+②) | −38.66 | 48.04 | |
| | | $N$ | 120.64 | 250.68 | −250.68 | 0.80(①+②) | 297.06 | | −97.53 | 0.80(①+②) | 297.06 | | |
| | 下 | $M$ | 0.05 | −42.21 | 42.21 | 0.75(①+②) | −31.62 | 0.75(①+③) | 31.70 | 0.75(①+②) | −31.62 | 37.18 | |
| | | $N$ | 147.79 | 250.68 | −250.68 | 0.80(①+②) | 318.78 | | −77.17 | 0.80(①+②) | 318.78 | | |
| | | $V$ | −0.02 | 22.33 | −22.33 | | | 0.85(①+③)=19.00 | | | | | 29.51 |

续表

| 层次 | 截面 | 内力 | 重力荷载代表值① | 地震向右② | 地震向左③ | $N_{max}$及相应的 $M$ 值 | | $N_{min}$及相应的 $M$ 值 | | $M_{max}$及相应的 $N$ 值 | | 调整后的 $M$ | 调整后的 $V$ |
|---|---|---|---|---|---|---|---|---|---|---|---|---|---|
| | | | | | | 组合项 | 值 | 组合项 | 值 | 组合项 | 值 | | |
| 5 | 上 | $M$ | 0.05 | −50.82 | 50.82 | 0.75(①+②) | −38.08 | 0.75(①+②) | 38.15 | 0.75(①+②) | −38.08 | 44.75 | |
| | | $N$ | 167.87 | 351.16 | −351.16 | 0.80(①+②) | 415.22 | | −137.47 | 0.80(①+②) | 415.22 | | |
| | 下 | $M$ | 0.05 | −41.57 | 41.57 | 0.75(①+②) | −31.14 | 0.75(①+③) | 31.22 | 0.75(①+②) | −31.14 | 36.70 | |
| | | $N$ | 195.02 | 351.16 | −351.16 | 0.80(①+②) | 436.94 | | −117.11 | 0.80(①+②) | 436.94 | | |
| | | $V$ | −0.02 | 22.00 | −22.00 | 0.85(①+②) = 18.72 | | | | | | | 28.21 |
| 4 | 上 | $M$ | 0.05 | −48.46 | 48.46 | 0.75(①+②) | −36.31 | 0.75(①+③) | 36.38 | 0.75(①+②) | −36.31 | 42.76 | |
| | | $N$ | 215.10 | 448.41 | −448.41 | 0.80(①+②) | 530.81 | | −174.98 | 0.80(①+②) | 530.81 | | |
| | 下 | $M$ | 0.05 | −39.65 | 39.65 | 0.75(①+②) | −29.70 | 0.75(①+③) | 29.78 | 0.75(①+②) | −29.70 | 35.23 | |
| | | $N$ | 242.26 | 448.41 | −448.41 | 0.80(①+②) | 552.54 | | −154.61 | 0.80(①+②) | 552.24 | | |
| | | $V$ | −0.02 | 20.98 | −20.98 | 0.85(①+③) = 17.85 | | | | | | | 27.01 |
| 3 | 上 | $M$ | 0.05 | −42.20 | 42.20 | 0.75(①+②) | −31.61 | | 31.69 | 0.75(①+②) | −31.61 | 37.48 | |
| | | $N$ | 262.33 | 536.82 | −536.82 | 0.80(①+②) | 639.32 | | −205.87 | 0.80(①+②) | 639.32 | | |
| | 下 | $M$ | 0.05 | −34.52 | 34.52 | 0.75(①+②) | −25.85 | | 25.93 | 0.75(①+②) | −25.85 | 30.92 | |
| | | $N$ | 289.49 | 536.82 | −536.82 | 0.80(①+②) | 661.05 | | −185.50 | 0.80(①+②) | 661.05 | | |
| | | $V$ | −0.02 | 18.27 | −18.27 | 0.85(①+③) = 15.55 | | | | | | | 23.69 |
| 2 | 上 | $M$ | 0.05 | −39.10 | 39.10 | 0.75(①+②) | −29.29 | 0.75(①+③) | 29.36 | 0.75(①+②) | −29.29 | 35.01 | |
| | | $N$ | 309.56 | 616.37 | −616.37 | 0.80(①+②) | 740.74 | | −230.11 | 0.80(①+②) | 740.74 | | |
| | 下 | $M$ | 0.05 | −36.24 | 36.24 | 0.75(①+②) | −27.14 | 0.75(①+③) | 27.22 | 0.75(①+②) | −27.14 | 32.92 | |
| | | $N$ | 336.72 | 616.37 | −616.37 | 0.80(①+②) | 762.47 | | −209.74 | 0.80(①+②) | 762.47 | | |
| | | $V$ | −0.02 | 17.94 | −17.94 | 0.85(①+③) = 15.27 | | | | | | | 23.52 |
| 1 | 上 | $M$ | 0.05 | −25.96 | 25.96 | 0.75(①+②) | −19.43 | 0.75(①+③) | 19.51 | 0.75(①+②) | −19.43 | 23.59 | |
| | | $N$ | 356.80 | 687.38 | −687.38 | 0.80(①+②) | 835.54 | | −247.94 | 0.80(①+②) | 835.34 | | |
| | 下 | $M$ | 0.08 | −38.95 | 38.95 | 0.75(①+②) | −29.15 | 0.75(①+③) | 29.27 | 0.75(①+②) | −29.15 | 33.66 | |
| | | $N$ | 391.07 | 687.38 | −687.38 | 0.80(①+②) | 862.76 | | −222.23 | 0.80(①+②) | 862.76 | | |
| | | $V$ | −0.02 | 12.25 | −12.25 | 0.85(①+③) = 10.43 | | | | | | | 15.19 |

注：1. 重力荷载代表值①为 $1.2M_{GK}$或 $1.2V_{GK}$；

2. 地震向右②、地震向左③为 $1.3M_{Ehk}$或 $1.3V_{Ehk}$；

3. 以上各值均为支座边的 $M$ 和 $V$；

4. 表中弯矩的单位为 kN·m，剪力的单位为 kN；

5. 按“强柱弱梁”计算 $M$ 时，$\Sigma M_c = \eta_c \Sigma M_b$；按“强剪弱弯”计算的 $V = \eta_{vc}$（$M_c^t + M_c^b$）$/H_n$。

### 4.2.14 框架截面配筋计算

（1）框架梁正截面配筋计算见表 4-122 ~ 表 4-124。

**框架梁 AB 正截面配筋计算** 表 4-122

| 层次 | 计算公式 | 支座左截面顶部/底部 | 跨中截面 | 支座右截面顶部/底部 |
|---|---|---|---|---|
| 8 | $M$（kN·m） | −130.80/29.04 | 85.98 | −144.97/17.84 |
| | $\alpha_s = M/\alpha_1 f_c b h_0^2$ | 0.10/0.02 | 0.06 | 0.11 |
| | $\xi = 1 - \sqrt{1-2\alpha_s}$ | 0.10/0.02 | 0.06 | 0.11 |
| | $A_s = \alpha_1 f_c b h_0 \xi / f_y$（mm²） | 812.54/173.18 | 524.27 | 906.09 |
| 7 | $M$（kN·m） | −142.97/64.7 | 88.57 | −145.21/19.96 |
| | $\alpha_s = M/\alpha_1 f_c b h_0^2$ | 0.10/0.05 | 0.06 | 0.11/0.01 |
| | $\xi = 1 - \sqrt{1-2\alpha_s}$ | 0.11/0.05 | 0.07 | 0.11/0.01 |
| | $A_s = \alpha_1 f_c b h_0 \xi / f_y$（mm²） | 892.81/391.18 | 540.62 | 907.68/118.63 |
| 6 | $M$（kN·m） | −151.29/73.02 | 88.57 | −151.84/26.59 |
| | $\alpha_s = M/\alpha_1 f_c b h_0^2$ | 0.11/0.05 | 0.06 | 0.11/0.02 |
| | $\xi = 1 - \sqrt{1-2\alpha_s}$ | 0.12/0.05 | 0.07 | 0.12/0.02 |
| | $A_s = \alpha_1 f_c b h_0 \xi / f_y$（mm²） | 948.21/442.94 | 540.62 | 951.88/158.43 |
| 5 | $M$（kN·m） | −157.72/79.45 | 88.57 | −156.96/31.71 |
| | $\alpha_s = M/\alpha_1 f_c b h_0^2$ | 0.12/0.06 | 0.06 | 0.11/0.02 |
| | $\xi = 1 - \sqrt{1-2\alpha_s}$ | 0.12/0.06 | 0.07 | 0.12/0.02 |
| | $A_s = \alpha_1 f_c b h_0 \xi / f_y$（mm²） | 991.32/483.18 | 540.62 | 986.21/189.30 |
| 4 | $M$（kN·m） | −153.92/75.65 | 88.57 | −153.92/28.67 |
| | $\alpha_s = M/\alpha_1 f_c b h_0^2$ | 0.11/0.06 | 0.06 | 0.11/0.02 |
| | $\xi = 1 - \sqrt{1-2\alpha_s}$ | 0.12/0.06 | 0.07 | 0.12/0.02 |
| | $A_s = \alpha_1 f_c b h_0 \xi / f_y$（mm²） | 965.81/459.37 | 540.62 | 965.81/170.95 |
| 3 | $M$（kN·m） | −143.49/65.22 | 88.57 | −145.64/20.39 |
| | $\alpha_s = M/\alpha_1 f_c b h_0^2$ | 0.10/0.05 | 0.06 | 0.11/0.01 |
| | $\xi = 1 - \sqrt{1-2\alpha_s}$ | 0.11/0.05 | 0.07 | 0.11/0.02 |
| | $A_s = \alpha_1 f_c b h_0 \xi / f_y$（mm²） | 896.26/394.41 | 540.62 | 910.54/121.20 |
| 2 | $M$（kN·m） | −133.05/54.78 | 88.57 | −137.32/12.07 |
| | $\alpha_s = M/\alpha_1 f_c b h_0^2$ | 0.10/0.04 | 0.06 | 0.10/0.01 |
| | $\xi = 1 - \sqrt{1-2\alpha_s}$ | 0.10/0.04 | 0.07 | 0.11/0.01 |
| | $A_s = \alpha_1 f_c b h_0 \xi / f_y$（mm²） | 827.31/329.92 | 540.62 | 855.43/71.53 |
| 1 | $M$（kN·m） | −140.86/62.59 | 88.57 | −134.18/8.93 |
| | $\alpha_s = M/\alpha_1 f_c b h_0^2$ | 0.10/0.05 | 0.07 | 0.10/0.01 |
| | $\xi = 1 - \sqrt{1-2\alpha_s}$ | 0.11/0.05 | 0.07 | 0.10/0.01 |
| | $A_s = \alpha_1 f_c b h_0 \xi / f_y$（mm²） | 878.83/378.11 | 540.62 | 834.74/52.86 |

**框架梁 BC 正截面配筋计算** 表 4-123

| 层次 | 计算公式 | 支座左截面顶部/底部 | 跨中截面 | 支座右截面顶部/底部 |
|---|---|---|---|---|
| 8 | $M$（kN·m） | −128.24/−1.12 | 67.90 | −87.26/18.05 |
| | $\alpha_s = M/\alpha_1 f_c b h_0^2$ | 0.09 | 0.05 | 0.06/0.01 |
| | $\xi = 1 - \sqrt{1-2\alpha_s}$ | 0.10 | 0.05 | 0.07/0.01 |
| | $A_s = \alpha_1 f_c b h_0 \xi / f_y$（mm²） | 795.77 | 411.05 | 532.35/107.20 |
| 7 | $M$（kN·m） | −132.64/32.53 | 48.38 | −95.20/41.63 |
| | $\alpha_s = M/\alpha_1 f_c b h_0^2$ | 0.10/0.02 | 0.04 | 0.07/0.03 |
| | $\xi = 1 - \sqrt{1-2\alpha_s}$ | 0.10/0.02 | 0.04 | 0.07/0.03 |
| | $A_s = \alpha_1 f_c b h_0 \xi / f_y$（mm²） | 824.62/194.25 | 290.66 | 582.66/249.46 |
| 6 | $M$（kN·m） | −139.27/39.16 | 48.62 | −100.69/47.12 |
| | $\alpha_s = M/\alpha_1 f_c b h_0^2$ | 0.10/0.03 | 0.04 | 0.07/0.03 |
| | $\xi = 1 - \sqrt{1-2\alpha_s}$ | 0.11/0.03 | 0.04 | 0.08/0.04 |
| | $A_s = \alpha_1 f_c b h_0 \xi / f_y$（mm²） | 868.31/234.43 | 292.12 | 617.65/282.95 |

续表

| 层次 | 计 算 公 式 | 支座左截面顶部/底部 | 跨中截面 | 支座右截面顶部/底部 |
|---|---|---|---|---|
| 5 | $M$ (kN·m) | -144.39/44.28 | 48.60 | -104.93/51.37 |
| | $\alpha_s=M/\alpha_1 f_c bh_0^2$ | 0.11/0.03 | 0.04 | 0.08/0.04 |
| | $\xi=1-\sqrt{1-2\alpha_s}$ | 0.11/0.03 | 0.04 | 0.08/0.04 |
| | $A_s=\alpha_1 f_c bh_0\xi/f_y$ (mm$^2$) | 902.23/265.60 | 292.00 | 644.78/308.98 |
| 4 | $M$ (kN·m) | -141.35/41.24 | 48.61 | -102.42/48.86 |
| | $\alpha_s=M/\alpha_1 f_c bh_0^2$ | 0.10/0.03 | 0.04 | 0.07/0.04 |
| | $\xi=1-\sqrt{1-2\alpha_s}$ | 0.11/0.03 | 0.04 | 0.08/0.04 |
| | $A_s=\alpha_1 f_c bh_0\xi/f_y$ (mm$^2$) | 882.07/247.08 | 292.06 | 628.71/293.59 |
| 3 | $M$ (kN·m) | -133.07/32.96 | 48.68 | -95.56/41.99 |
| | $\alpha_s=M/\alpha_1 f_c bh_0^2$ | 0.10/0.02 | 0.04 | 0.07/0.03 |
| | $\xi=1-\sqrt{1-2\alpha_s}$ | 0.10/0.02 | 0.04 | 0.07/0.03 |
| | $A_s=\alpha_1 f_c bh_0\xi/f_y$ (mm$^2$) | 827.44/196.85 | 292.49 | 584.95/251.65 |
| 2 | $M$ (kN·m) | -124.75/24.64 | 49.22 | -88.67/35.10 |
| | $\alpha_s=M/\alpha_1 f_c bh_0^2$ | 0.09/0.02 | 0.04 | 0.06/0.03 |
| | $\xi=1-\sqrt{1-2\alpha_s}$ | 0.10/0.02 | 0.04 | 0.07/0.03 |
| | $A_s=\alpha_1 f_c bh_0\xi/f_y$ (mm$^2$) | 772.96/146.70 | 295.80 | 541.26/209.80 |
| 1 | $M$ (kN·m) | -121.61/21.50 | 50.73 | -83.33/29.77 |
| | $\alpha_s=M/\alpha_1 f_c bh_0^2$ | 0.09/0.02 | 0.04 | 0.06/0.02 |
| | $\xi=1-\sqrt{1-2\alpha_s}$ | 0.09/0.02 | 0.04 | 0.06/0.02 |
| | $A_s=\alpha_1 f_c bh_0\xi/f_y$ (mm$^2$) | 752.51/127.86 | 305.05 | 507.57/177.59 |

**框架梁 CD 正截面配筋计算** **表 4-124**

| 层次 | 计 算 公 式 | 支座左截面顶部/底部 | 跨中截面 | 支座右截面顶部/底部 |
|---|---|---|---|---|
| 8 | $M$ (kN·m) | -127.60/83.05 | 121.71/-16.72 | -53.15/40.88 |
| | $\alpha_s=M/\alpha_1 f_c bh_0^2$ | 0.09/0.06 | 0.09 | -0.04/0.03 |
| | $\xi=1-\sqrt{1-2\alpha_s}$ | 0.10/0.06 | 0.09 | -0.04/0.03 |
| | $A_s=\alpha_1 f_c bh_0\xi/f_y$ (mm$^2$) | 791.58/505.80 | 753.16 | -307.71/244.89 |
| 7 | $M$ (kN·m) | -153.92/119.75 | 265.09 | -65.80/56.38 |
| | $\alpha_s=M/\alpha_1 f_c bh_0^2$ | 0.11/0.09 | 0.19 | 0.05/0.03 |
| | $\xi=1-\sqrt{1-2\alpha_s}$ | 0.12/0.09 | 0.22 | 0.05/0.3 |
| | $A_s=\alpha_1 f_c bh_0\xi/f_y$ (mm$^2$) | 965.81/740.42 | 1754.44 | 398.00/339.77 |
| 6 | $M$ (kN·m) | -164.90/130.73 | 265.09 | -70.69/61.27 |
| | $\alpha_s=M/\alpha_1 f_c bh_0^2$ | 0.12/0.10 | 0.19 | 0.05/0.04 |
| | $\xi=1-\sqrt{1-2\alpha_s}$ | 0.13/0.10 | 0.22 | 0.05/0.05 |
| | $A_s=\alpha_1 f_c bh_0\xi/f_y$ (mm$^2$) | 1039.77/812.08 | 1754.44 | 428.41/369.94 |
| 5 | $M$ (kN·m) | -173.38/139.21 | 265.09 | -74.48/65.06 |
| | $\alpha_s=M/\alpha_1 f_c bh_0^2$ | 0.13/0.10 | 0.19 | 0.05/0.05 |
| | $\xi=1-\sqrt{1-2\alpha_s}$ | 0.14/0.11 | 0.22 | 0.06/0.05 |
| | $A_s=\alpha_1 f_c bh_0\xi/f_y$ (mm$^2$) | 1097.42/867.91 | 1754.44 | 452.06/393.41 |
| 4 | $M$ (kN·m) | -168.37/134.20 | 265.09 | -72.24/62.82 |
| | $\alpha_s=M/\alpha_1 f_c bh_0^2$ | 0.12/0.10 | 0.19 | 0.05/0.05 |
| | $\xi=1-\sqrt{1-2\alpha_s}$ | 0.13/0.10 | 0.22 | 0.05/0.05 |
| | $A_s=\alpha_1 f_c bh_0\xi/f_y$ (mm$^2$) | 1063.30/834.88 | 1754.44 | 438.07/379.53 |

续表

| 层次 | 计算公式 | 支座左截面顶部/底部 | 跨中截面 | 支座右截面顶部/底部 |
|---|---|---|---|---|
| 3 | $M$（kN·m） | −154.64/120.47 | 265.09 | −66.10/56.68 |
| | $\alpha_s = M/\alpha_1 f_c bh_0^2$ | 0.11/0.09 | 0.19 | 0.05/0.04 |
| | $\xi = 1-\sqrt{1-2\alpha_s}$ | 0.12/0.09 | 0.22 | 0.05/0.04 |
| | $A_s = \alpha_1 f_c bh_0 \xi / f_y$（mm²） | 970.63/745.09 | 1754.44 | 399.87/341.62 |
| 2 | $M$（kN·m） | −140.85/106.68 | 265.09 | −59.93/50.51 |
| | $\alpha_s = M/\alpha_1 f_c bh_0^2$ | 0.10/0.08 | 0.19 | 0.04/0.04 |
| | $\xi = 1-\sqrt{1-2\alpha_s}$ | 0.11/0.08 | 0.22 | 0.04/0.04 |
| | $A_s = \alpha_1 f_c bh_0 \xi / f_y$（mm²） | 878.76/656.01 | 1754.44 | 361.66/303.70 |
| 1 | $M$（kN·m） | −130.18/96.01 | 265.09 | −51.37/41.95 |
| | $\alpha_s = M/\alpha_1 f_c bh_0^2$ | 0.10/0.07 | 0.19 | 0.04/0.03 |
| | $\xi = 1-\sqrt{1-2\alpha_s}$ | 0.10/0.07 | 0.22 | 0.04/0.03 |
| | $A_s = \alpha_1 f_c bh_0 \xi / f_y$（mm²） | 808.47/587.81 | 1754.44 | 309.98/251.40 |

（2）框架梁斜截面配筋计算见表4-125～表4-127。

**框架梁AB斜截面配筋计算** **表4-125**

| 层次 | $V_b = 0.20\beta_c f_c bh_0$ $(0.25\beta_c f_c bh_0)$ (kN) | $0.7f_t bh_0$ (kN) | 选用箍筋 | $A_{sv} = nA_{sv1}$ (mm) | 非加密区 | | | 加密区 | | | |
|---|---|---|---|---|---|---|---|---|---|---|---|
| | | | | | $V$ (kN) | $s=\frac{1.25f_{yv}A_{sv}h_0}{V-0.7f_t bh_0}$ (mm) | 实配箍筋间距 (mm) | $V$ (kN) | $s=\frac{1.25f_{yv}A_{sv}h_0}{V-0.7f_t bh_0}$ (mm) | 实配箍筋间距 (mm) | 长度 (mm) |
| 8 | (605.96) | 169.67 | 2ϕ8 | 101 | <u>139.30</u> | ≤0 | 150 | <u>139.30</u> | ≤0 | 100 | 900 |
| 7 | 484.77 | 169.67 | 2ϕ8 | 101 | 121.36 | ≤0 | 150 | 121.36 | ≤0 | 100 | 900 |
| 6 | 484.77 | 169.67 | 2ϕ8 | 101 | 123.87 | ≤0 | 150 | 123.87 | ≤0 | 100 | 900 |
| 5 | 484.77 | 169.67 | 2ϕ8 | 101 | 126.92 | ≤0 | 150 | 126.92 | ≤0 | 100 | 900 |
| 4 | 484.77 | 169.67 | 2ϕ8 | 101 | 125.70 | ≤0 | 150 | 125.70 | ≤0 | 100 | 900 |
| 3 | 484.77 | 169.67 | 2ϕ8 | 101 | 121.56 | ≤0 | 150 | 121.56 | ≤0 | 100 | 900 |
| 2 | 484.77 | 169.67 | 2ϕ8 | 101 | 117.62 | ≤0 | 150 | 117.62 | ≤0 | 100 | 900 |
| 1 | 484.77 | 169.67 | 2ϕ8 | 101 | 118.60 | ≤0 | 150 | 118.60 | ≤0 | 100 | 900 |

注：数值下划线的为非抗震组合。

**框架梁BC斜截面配筋计算** **表4-126**

| 层次 | $V_b = 0.20\beta_c f_c bh_0$ $(0.25\beta_c f_c bh_0)$ (kN) | $0.7f_t bh_0$ (kN) | 选用箍筋 | $A_{sv} = nA_{sv1}$ (mm) | 非加密区 | | | 加密区 | | | |
|---|---|---|---|---|---|---|---|---|---|---|---|
| | | | | | $V$ (kN) | $s=\frac{1.25f_{yv}A_{sv}h_0}{V-0.7f_t bh_0}$ (mm) | 实配箍筋间距 (mm) | $V$ (kN) | $s=\frac{1.25f_{yv}A_{sv}h_0}{V-0.7f_t bh_0}$ (mm) | 实配箍筋间距 (mm) | 长度 (mm) |
| 8 | (605.96) | 169.67 | 2ϕ8 | 101 | <u>121.02</u> | ≤0 | 150 | <u>121.02</u> | ≤0 | 100 | 900 |
| 7 | 484.77 | 169.67 | 2ϕ8 | 101 | 104.55 | ≤0 | 150 | 104.55 | ≤0 | 100 | 900 |
| 6 | 484.77 | 169.67 | 2ϕ8 | 101 | 107.09 | ≤0 | 150 | 107.09 | ≤0 | 100 | 900 |
| 5 | 484.77 | 169.67 | 2ϕ8 | 101 | 109.06 | ≤0 | 150 | 109.06 | ≤0 | 100 | 900 |
| 4 | 484.77 | 169.67 | 2ϕ8 | 101 | 107.90 | ≤0 | 150 | 107.90 | ≤0 | 100 | 900 |
| 3 | 484.77 | 169.67 | 2ϕ8 | 101 | 104.72 | ≤0 | 150 | 104.72 | ≤0 | 100 | 900 |
| 2 | 484.77 | 169.67 | 2ϕ8 | 101 | 105.52 | ≤0 | 150 | 105.52 | ≤0 | 100 | 900 |
| 1 | 484.77 | 169.67 | 2ϕ8 | 101 | 99.75 | ≤0 | 150 | 99.75 | ≤0 | 100 | 900 |

注：数值下划线的为非抗震组合。

**框架梁 CD 斜截面配筋计算** 表 4-127

| 层次 | $V_b=0.20\beta_c f_c bh_0$ (kN) | $0.7f_t bh_0$ (kN) | 选用箍筋 | $A_{sv}=nA_{sv1}$ (mm) | 非加密区 $V$ (kN) | 非加密区 $s=\frac{1.25f_{yv}A_{sv}h_0}{V-0.7f_t bh_0}$ (mm) | 非加密区 实配箍筋间距 (mm) | 加密区 $V$ (kN) | 加密区 $s=\frac{1.25f_{yv}A_{sv}h_0}{V-0.7f_t bh_0}$ (mm) | 加密区 实配箍筋间距 (mm) | 加密区 长度 (mm) |
|---|---|---|---|---|---|---|---|---|---|---|---|
| 八 | 484.77 | 169.67 | 2$\phi$8 | 101 | 102.55 | <0 | 150 | 102.55 | <0 | 100 | 900 |
| 七 | 484.77 | 169.67 | 2$\phi$8 | 101 | 115.41 | <0 | 150 | 115.41 | <0 | 100 | 900 |
| 六 | 484.77 | 169.67 | 2$\phi$8 | 101 | 122.60 | <0 | 150 | 122.60 | <0 | 100 | 900 |
| 五 | 484.77 | 169.67 | 2$\phi$8 | 101 | 126.80 | <0 | 150 | 126.80 | <0 | 100 | 900 |
| 四 | 484.77 | 169.67 | 2$\phi$8 | 101 | 124.88 | <0 | 150 | 124.88 | <0 | 100 | 900 |
| 三 | 484.77 | 169.67 | 2$\phi$8 | 101 | 115.87 | <0 | 150 | 115.87 | <0 | 100 | 900 |
| 二 | 484.77 | 169.67 | 2$\phi$8 | 101 | 106.82 | <0 | 150 | 106.82 | <0 | 100 | 900 |
| 一 | 484.77 | 169.67 | 2$\phi$8 | 101 | 98.10 | <0 | 150 | 98.10 | <0 | 100 | 900 |

（3）框架柱偏心距增大系数见表 4-128 ~ 表 4-131。

**框架柱 A 偏心距增大系数计算** 表 4-128

| 层次 | 不利组合 | $M$ (kN·m) | $N$ (kN) | $e_0$ (mm) | $e_a$ (mm) | $e_i$ (mm) | $e_i/h_0$ | $\zeta_1$ | $l_0$ (mm) | $l_0/h$ | $\zeta_2$ | $\eta$ |
|---|---|---|---|---|---|---|---|---|---|---|---|---|
| 8 | ① | 108.91 | 99.29 | 1096.89 | 0.00 | 1096.89 | 1.941 | 0.026 | 5.25 | 8.750 | 1.000 | 1.001 |
|  | ② | 103.76 | 346.13 | 299.77 | 0.00 | 299.77 | 0.531 | 0.007 | 5.25 | 8.750 | 1.000 | 1.001 |
| 7 | ① | 81.46 | 223.91 | 363.81 | 0.00 | 363.81 | 0.644 | 0.011 | 7.80 | 13.000 | 1.000 | 1.002 |
|  | ② | 59.79 | 647.90 | 92.28 | 9.09 | 101.37 | 0.179 | 0.004 | 5.25 | 8.750 | 1.000 | 1.001 |
| 6 | ① | 77.64 | 351.02 | 221.18 | 0.00 | 221.18 | 0.391 | 0.007 | 7.80 | 13.000 | 1.000 | 1.002 |
|  | ② | 64.80 | 949.70 | 68.23 | 11.97 | 80.20 | 0.142 | 0.003 | 5.25 | 8.750 | 1.000 | 1.001 |
| 5 | ① | 76.65 | 480.04 | 159.67 | 1.00 | 160.67 | 0.284 | 0.005 | 7.8 | 13.000 | 1.000 | 1.002 |
|  | ② | 63.16 | 1252.65 | 50.42 | 14.11 | 64.53 | 0.114 | 0.002 | 5.25 | 8.750 | 1.000 | 1.001 |
| 4 | ① | 90.02 | 648.46 | 138.82 | 3.50 | 142.32 | 0.252 | 0.004 | 5.25 | 8.750 | 1.000 | 1.001 |
|  | ② | 60.70 | 1554.64 | 39.04 | 15.47 | 54.52 | 0.096 | 0.002 | 5.25 | 8.750 | 1.000 | 1.001 |
| 3 | ① | 80.93 | 781.56 | 103.55 | 7.73 | 111.28 | 0.197 | 0.003 | 5.25 | 8.750 | 1.000 | 1.001 |
|  | ② | 57.34 | 1855.10 | 30.91 | 16.45 | 47.36 | 0.084 | 0.001 | 5.25 | 8.750 | 1.000 | 1.001 |
| 2 | ① | 76.82 | 911.32 | 84.30 | 10.04 | 94.34 | 0.167 | 0.003 | 5.25 | 8.750 | 1.000 | 1.001 |
|  | ② | 57.26 | 2154.29 | 26.58 | 16.97 | 43.55 | 0.077 | 0.001 | 5.25 | 8.750 | 1.000 | 1.001 |
| 1 | ① | 123.04 | 1089.78 | 112.90 | 6.61 | 119.52 | 0.212 | 0.002 | 5.30 | 8.833 | 1.000 | 1.001 |
|  | ② | 48.82 | 2452.96 | 19.90 | 17.77 | 37.67 | 0.067 | 0.001 | 5.30 | 8.833 | 1.000 | 1.001 |

注：1. $e_a=0.12\ (0.3h_0-e_a)\ =20.16-0.12e_0$，$e_i=e_0+e_a$；

2. $\xi_1=0.5f_cA/N$，当 $\xi_1>1$，取 $\xi_1=1$；$\xi_2=1.15-0.01l_0/h$，当 $l_0/h<15$，取 $\xi_2=1.0$；

3. $\eta=1+\xi_1\xi_2\ (l_0/h_0)^2/\ (1400\times e_i/h_0)$；当 $l_0/h_0\leqslant 8$ 时，取 $\eta=1.0$。

**框架柱 B 偏心距增大系数计算** **表 4-129**

| 层次 | 不利组合 | $M$ (kN·m) | $N$ (kN) | $e_0$ (mm) | $e_a$ (mm) | $e_i$ (mm) | $e_i/h_0$ | $\zeta_1$ | $l_0$ (mm) | $l_0/h$ | $\zeta_2$ | $\eta$ |
|---|---|---|---|---|---|---|---|---|---|---|---|---|
| 8 | ① | 143.86 | 157.11 | 915.66 | 0.00 | 915.66 | 1.621 | 0.016 | 5.55 | 9.250 | 1.000 | 1.001 |
| | ② | 85.37 | 455.89 | 187.26 | 0.00 | 187.26 | 0.331 | 0.006 | 5.25 | 8.750 | 1.000 | 1.001 |
| 7 | ① | 116.98 | 316.26 | 369.89 | 0.00 | 369.89 | 0.655 | 0.008 | 6.00 | 10.000 | 1.000 | 1.001 |
| | ② | 66.76 | 856.09 | 77.98 | 10.80 | 88.78 | 0.157 | 0.003 | 6.00 | 10.000 | 1.000 | 1.001 |
| 6 | ① | 110.93 | 475.87 | 233.11 | 0.00 | 233.11 | 0.413 | 0.005 | 6.00 | 10.000 | 1.000 | 1.001 |
| | ② | 64.52 | 1258.33 | 51.27 | 14.01 | 65.28 | 0.116 | 0.002 | 6.00 | 10.000 | 1.000 | 1.001 |
| 5 | ① | 120.26 | 678.23 | 177.31 | 0.00 | 177.31 | 0.314 | 0.004 | 6.00 | 10.000 | 1.000 | 1.001 |
| | ② | 63.99 | 1660.40 | 38.54 | 15.54 | 54.07 | 0.096 | 0.002 | 6.00 | 10.000 | 1.000 | 1.001 |
| 4 | ① | 115.03 | 848.64 | 135.55 | 3.89 | 139.44 | 0.247 | 0.003 | 6.00 | 10.000 | 1.000 | 1.001 |
| | ② | 59.58 | 2062.34 | 28.89 | 16.69 | 45.58 | 0.081 | 0.001 | 6.00 | 10.000 | 1.000 | 1.001 |
| 3 | ① | 101.08 | 1018.42 | 99.25 | 8.25 | 107.50 | 0.190 | 0.003 | 6.00 | 10.000 | 1.000 | 1.001 |
| | ② | 54.83 | 2464.21 | 22.25 | 17.49 | 39.74 | 0.070 | 0.001 | 6.00 | 10.000 | 1.000 | 1.001 |
| 2 | ① | 94.19 | 1187.56 | 79.31 | 10.64 | 89.96 | 0.159 | 0.002 | 6.00 | 10.000 | 1.000 | 1.001 |
| | ② | 51.91 | 2865.21 | 18.12 | 17.99 | 36.10 | 0.064 | 0.001 | 6.00 | 10.000 | 1.000 | 1.001 |
| 1 | ① | 134.50 | 1406.90 | 95.60 | 8.69 | 104.29 | 0.185 | 0.002 | 5.30 | 8.833 | 1.000 | 1.001 |
| | ② | 56.02 | 3328.93 | 16.83 | 18.14 | 34.97 | 0.062 | 0.001 | 6.316 | 10.527 | 1.000 | 1.001 |

注：1. $e_a = 0.12\ (0.3h_0 - e_a)\ = 20.16 - 0.12e_0$，$e_i = e_0 + e_a$；

2. $\xi_1 = 0.5f_cA/N$，当 $\xi_1 > 1$，取 $\xi_1 = 1$；$\xi_2 = 1.15 - 0.01l_0/h$，当 $l_0/h < 15$，取 $\xi_2 = 1.0$；

3. $\eta = 1 + \xi_1\xi_2\ (l_0/h_0)^2/\ (1400 \times e_i/h_0)$；当 $l_0/h_0 \leqslant 8$ 时，取 $\eta = 1.0$。

**框架柱 C 偏心距增大系数计算** **表 4-130**

| 层次 | 不利组合 | $M$ (kN·m) | $N$ (kN) | $e_0$ (mm) | $e_a$ (mm) | $e_i$ (mm) | $e_i/h_0$ | $\zeta_1$ | $l_0$ (mm) | $l_0/h$ | $\zeta_2$ | $\eta$ |
|---|---|---|---|---|---|---|---|---|---|---|---|---|
| 8 | ① | 170.30 | 54.11 | 144.96 | 2.76 | 147.72 | 0.261 | 0.002 | 5.10 | 8.500 | 1.000 | 1.000 |
| | ② | 105.76 | 283.31 | 491.95 | 0.00 | 491.95 | 0.871 | 0.009 | 5.25 | 8.750 | 1.000 | 1.001 |
| 7 | ① | 132.69 | 114.91 | 142.32 | 3.08 | 145.40 | 0.257 | 0.001 | 5.40 | 9.000 | 1.000 | 1.000 |
| | ② | 105.99 | 679.80 | 355.20 | 0.00 | 355.20 | 0.629 | 0.007 | 5.25 | 8.750 | 1.000 | 1.001 |
| 6 | ① | 148.36 | 172.44 | 140.48 | 3.30 | 143.78 | 0.254 | 0.001 | 5.40 | 9.000 | 1.000 | 1.000 |
| | ② | 153.67 | 1026.78 | 278.07 | 0.00 | 278.07 | 0.492 | 0.006 | 5.25 | 8.750 | 1.000 | 1.001 |
| 5 | ① | 146.21 | 227.44 | 139.68 | 3.40 | 143.08 | 0.253 | 0.001 | 5.40 | 9.000 | 1.000 | 1.000 |
| | ② | 199.18 | 1374.05 | 118.21 | 5.97 | 124.18 | 0.220 | 0.002 | 5.25 | 8.750 | 1.000 | 1.000 |
| 4 | ① | 139.68 | 283.93 | 110.95 | 6.85 | 117.79 | 0.208 | 0.001 | 5.40 | 9.000 | 1.000 | 1.000 |
| | ② | 244.96 | 1721.20 | 144.96 | 2.76 | 147.72 | 0.261 | 0.002 | 5.25 | 8.750 | 1.000 | 1.000 |
| 3 | ① | 122.38 | 344.54 | 311.48 | 0.00 | 311.48 | 0.551 | 0.008 | 5.40 | 9.000 | 1.000 | 1.001 |
| | ② | 290.59 | 2068.60 | 142.32 | 3.08 | 145.40 | 0.257 | 0.001 | 5.25 | 8.750 | 1.000 | 1.000 |
| 2 | ① | 113.80 | 409.25 | 215.94 | 0.00 | 215.94 | 0.382 | 0.006 | 5.40 | 9.000 | 1.000 | 1.001 |
| | ② | 337.29 | 2414.72 | 140.48 | 3.30 | 143.78 | 0.254 | 0.001 | 5.25 | 8.750 | 1.000 | 1.000 |
| 1 | ① | 146.20 | 1236.78 | 180.04 | 0.00 | 180.04 | 0.319 | 0.005 | 5.978 | 9.963 | 1.000 | 1.001 |
| | ② | 314.86 | 2837.89 | 139.68 | 3.40 | 143.08 | 0.253 | 0.001 | 6.00 | 10.000 | 1.000 | 1.000 |

注：1. $e_a = 0.12\ (0.3h_0 - e_a)\ = 20.16 - 0.12e_0$，$e_i = e_0 + e_a$；

2. $\xi_1 = 0.5f_cA/N$，当 $\xi_1 > 1$，取 $\xi_1 = 1$；$\xi_2 = 1.15 - 0.01l_0/h$，当 $l_0/h < 15$，取 $\xi_2 = 1.0$；

3. $\eta = 1 + \xi_1\xi_2\ (l_0/h_0)^2/\ (1400 \times e_i/h_0)$；当 $l_0/h_0 \leqslant 8$ 时，取 $\eta = 1.0$。

**框架柱 D 偏心距增大系数计算** **表 4-131**

| 层次 | 不利组合 | $M$ (kN·m) | $N$ (kN) | $e_0$ (mm) | $e_a$ (mm) | $e_i$ (mm) | $e_i/h_0$ | $\zeta_1$ | $l_0$ (mm) | $l_0/h$ | $\zeta_2$ | $\eta$ |
|---|---|---|---|---|---|---|---|---|---|---|---|---|
| 8 | ① | 20.18 | 10.78 | 1871.99 | 0.00 | 1871.99 | 3.313 | 0.239 | 4.457 | 11.143 | 1.000 | 1.006 |
| | ② | 23.15 | 152.65 | 151.65 | 1.96 | 153.62 | 0.272 | 0.017 | 4.457 | 11.143 | 1.000 | 1.006 |
| 7 | ① | 33.89 | 41.33 | 819.99 | 0.00 | 819.99 | 1.451 | 0.062 | 4.542 | 11.355 | 1.000 | 1.004 |
| | ② | 21.35 | 249.09 | 85.71 | 9.87 | 9.59 | 0.169 | 0.010 | 4.452 | 11.130 | 1.000 | 1.005 |
| 6 | ① | 37.18 | 77.17 | 481.79 | 0.00 | 481.79 | 0.853 | 0.033 | 4.542 | 11.355 | 1.000 | 1.004 |
| | ② | 19.47 | 342.42 | 56.86 | 13.34 | 70.20 | 0.124 | 0.008 | 4.452 | 11.130 | 1.000 | 1.006 |
| 5 | ① | 36.70 | 117.11 | 313.38 | 0.00 | 313.38 | 0.555 | 0.022 | 4.542 | 11.355 | 1.000 | 1.004 |
| | ② | 19.49 | 433.89 | 44.92 | 14.77 | 59.69 | 0.106 | 0.006 | 4.452 | 11.130 | 1.000 | 1.005 |
| 4 | ① | 35.23 | 154.61 | 227.86 | 0.00 | 227.86 | 0.403 | 0.017 | 4.542 | 11.355 | 1.000 | 1.004 |
| | ② | 17.79 | 527.18 | 33.75 | 16.11 | 49.86 | 0.088 | 0.005 | 4.452 | 11.130 | 1.000 | 1.005 |
| 3 | ① | 30.92 | 185.50 | 166.68 | 0.16 | 166.84 | 0.295 | 0.014 | 4.542 | 11.355 | 1.000 | 1.004 |
| | ② | 16.09 | 623.78 | 25.79 | 17.06 | 42.86 | 0.076 | 0.004 | 4.452 | 11.130 | 1.000 | 1.005 |
| 2 | ① | 32.92 | 209.74 | 156.96 | 1.33 | 158.28 | 0.280 | 0.012 | 4.542 | 11.355 | 1.000 | 1.004 |
| | ② | 14.68 | 723.50 | 20.29 | 17.73 | 38.02 | 0.067 | 0.004 | 4.452 | 11.130 | 1.000 | 1.005 |
| 1 | ① | 33.66 | 222.23 | 151.46 | 1.98 | 153.45 | 0.272 | 0.012 | 5.499 | 13.748 | 1.000 | 1.006 |
| | ② | 14.56 | 852.52 | 17.08 | 18.11 | 35.19 | 0.062 | 0.003 | 5.499 | 13.748 | 1.000 | 1.007 |

注：1. $e_a = 0.12\ (0.3h_0 - e_a)\ = 20.16 - 0.12e_0$，$e_i = e_0 + e_a$；

2. $\xi_1 = 0.5f_cA/N$，当 $\xi_1 > 1$，取 $\xi_1 = 1$；$\xi_2 = 1.15 - 0.01l_0/h$，当 $l_0/h < 15$，取 $\xi_2 = 1.0$；

3. $\eta = 1 + \xi_1\xi_2\ (l_0/h_0)^2/\ (1400 \times e_i/h_0)$；当 $l_0/h_0 \leqslant 8$ 时，取 $\eta = 1.0$。

（4）框架柱正截面配筋计算见表 4-132 ~ 表 4-135。

**框架柱 A 正截面配筋计算** **表 4-132**

| 层次 | 不利组合 | $b \times h$ (mm²) | $N$ (kN) | $e_i$ (mm) | $\eta$ | $e$ (mm) | $e'$ (mm) | $\xi$ | $A_s = A'_s$ | $\Sigma A_s$ | 实配钢筋 |
|---|---|---|---|---|---|---|---|---|---|---|---|
| 8 | ① | 600×600 | 99.29 | 1096.89 | 1.001 | | −118 | 0.021 | 720 | 1440 | 4⌀16+4⌀16 |
| | ② | 600×600 | 346.13 | 299.77 | 1.001 | 315 | | 0.072 | 720 | 1440 | 4⌀16+4⌀16 |
| 7 | ① | 600×600 | 223.91 | 363.81 | 1.002 | 371 | | 0.047 | 720 | 1440 | 4⌀16+4⌀16 |
| | ② | 600×600 | 647.90 | 101.37 | 1.001 | 307 | | 0.135 | 720 | 1440 | 4⌀16+4⌀16 |
| 6 | ① | 600×600 | 351.02 | 221.18 | 1.002 | 354 | | 0.073 | 720 | 1440 | 4⌀16+4⌀16 |
| | ② | 600×600 | 949.70 | 80.20 | 1.001 | 304 | | 0.198 | 720 | 1440 | 4⌀16+4⌀16 |
| 5 | ① | 600×600 | 480.04 | 160.67 | 1.002 | 380 | | 0.100 | 720 | 1440 | 4⌀16+4⌀16 |
| | ② | 600×600 | 1252.65 | 64.53 | 1.001 | 298 | | 0.261 | 720 | 1440 | 4⌀16+4⌀16 |
| 4 | ① | 600×600 | 648.46 | 142.32 | 1.001 | | −153 | 0.135 | 720 | 1440 | 4⌀16+4⌀16 |
| | ② | 600×600 | 1554.64 | 54.52 | 1.001 | 315 | | 0.324 | 720 | 1440 | 4⌀16+4⌀16 |
| 3 | ① | 600×600 | 781.56 | 111.28 | 1.001 | 359 | | 0.163 | 720 | 1440 | 4⌀16+4⌀16 |
| | ② | 600×600 | 1855.10 | 47.36 | 1.001 | 307 | | 0.386 | 720 | 1440 | 4⌀16+4⌀16 |
| 2 | ① | 600×600 | 911.32 | 94.34 | 1.001 | 345 | | 0.190 | 720 | 1440 | 4⌀16+4⌀16 |
| | ② | 600×600 | 2154.29 | 43.55 | 1.001 | 304 | | 0.448 | 720 | 1440 | 4⌀16+4⌀16 |
| 1 | ① | 600×600 | 1089.78 | 119.52 | 1.001 | 366 | | 0.227 | 720 | 1440 | 4⌀16+4⌀16 |
| | ② | 600×600 | 2452.96 | 37.67 | 1.001 | 298 | | 0.511 | 720 | 1440 | 4⌀16+4⌀16 |

**框架柱 B 正截面配筋计算** **表 4-133**

| 层次 | 不利组合 | $b\times h$ ($mm^2$) | $N$ (kN) | $e_i$ (mm) | $\eta$ | $e$ (mm) | $e'$ (mm) | $\xi$ ($\xi_m$) | $A_s=A'_s$ | $\Sigma A_s$ | 实配钢筋 |
|---|---|---|---|---|---|---|---|---|---|---|---|
| 8 | ① | 600×600 | 157.11 | 915.66 | 1.001 | | 657 | 0.033 | 720 | 1440 | 4Φ16+4Φ16 |
| | ② | 600×600 | 455.89 | 187.26 | 1.001 | | −73 | 0.095 | 720 | 1440 | 4Φ16+4Φ16 |
| 7 | ① | 600×600 | 316.26 | 369.89 | 1.001 | | 110 | 0.066 | 720 | 1440 | 4Φ16+4Φ16 |
| | ② | 600×600 | 856.09 | 88.78 | 1.001 | 349 | | 0.178 | 720 | 1440 | 4Φ16+4Φ16 |
| 6 | ① | 600×600 | 475.87 | 233.11 | 1.001 | | −27 | 0.099 | 720 | 1440 | 4Φ16+4Φ16 |
| | ② | 600×600 | 1258.33 | 65.28 | 1.001 | 325 | | 0.262 | 720 | 1440 | 4Φ16+4Φ16 |
| 5 | ① | 600×600 | 678.23 | 177.31 | 1.001 | | −83 | 0.141 | 720 | 1440 | 4Φ16+4Φ16 |
| | ② | 600×600 | 1660.40 | 54.07 | 1.001 | 314 | | 0.346 | 720 | 1440 | 4Φ16+4Φ16 |
| 4 | ① | 600×600 | 848.64 | 139.44 | 1.001 | 400 | | 0.177 | 720 | 1440 | 4Φ16+4Φ16 |
| | ② | 600×600 | 2062.34 | 45.58 | 1.001 | 306 | | 0.429 | 720 | 1440 | 4Φ16+4Φ16 |
| 3 | ① | 600×600 | 1018.42 | 107.50 | 1.001 | 368 | | 0.212 | 720 | 1440 | 4Φ16+4Φ16 |
| | ② | 600×600 | 2464.21 | 39.74 | 1.001 | 300 | | 0.513 | 720 | 1440 | 4Φ16+4Φ16 |
| 2 | ① | 600×600 | 1187.56 | 89.96 | 1.001 | 350 | | 0.247 | 720 | 1440 | 4Φ16+4Φ16 |
| | ② | 600×600 | 2865.21 | 36.10 | 1.001 | 296 | | 0.596 | 720 | 1440 | 4Φ16+4Φ16 |
| 1 | ① | 600×600 | 1406.90 | 104.29 | 1.001 | 364 | | 0.293 | 720 | 1440 | 4Φ16+4Φ16 |
| | ② | 600×600 | 3328.93 | 34.97 | 1.001 | 295 | | (0.440) | 720 | 1440 | 4Φ16+4Φ16 |

**框架柱 C 正截面配筋计算** **表 4-134**

| 层次 | 不利组合 | $b\times h$ ($mm^2$) | $N$ (kN) | $e_i$ (mm) | $\eta$ | $e$ (mm) | $e'$ (mm) | $\xi$ ($\xi_m$) | $A_s=A'_s$ | $\Sigma A_s$ | 实配钢筋 |
|---|---|---|---|---|---|---|---|---|---|---|---|
| 8 | ① | 600×600 | 54.11 | 147.72 | 1.000 | | −112 | 0.011 | 720 | 1440 | 4Φ16+4Φ16 |
| | ② | 600×600 | 283.31 | 491.95 | 1.001 | | 232 | 0.059 | 720 | 1440 | 4Φ16+4Φ16 |
| 7 | ① | 600×600 | 114.91 | 145.40 | 1.000 | | −115 | 0.024 | 720 | 1440 | 4Φ16+4Φ16 |
| | ② | 600×600 | 679.80 | 355.20 | 1.001 | 616 | 96 | 0.141 | 720 | 1440 | 4Φ16+4Φ16 |
| 6 | ① | 600×600 | 172.44 | 143.78 | 1.000 | | −116 | 0.036 | 720 | 1440 | 4Φ16+4Φ16 |
| | ② | 600×600 | 1026.78 | 278.07 | 1.001 | 538 | | 0.214 | 720 | 1440 | 4Φ16+4Φ16 |
| 5 | ① | 600×600 | 227.44 | 143.08 | 1.000 | | −117 | 0.047 | 720 | 1440 | 4Φ16+4Φ16 |
| | ② | 600×600 | 1374.05 | 124.18 | 1.000 | 384 | | 0.286 | 720 | 1440 | 4Φ16+4Φ16 |
| 4 | ① | 600×600 | 283.93 | 117.79 | 1.000 | | −142 | 0.059 | 720 | 1440 | 4Φ16+4Φ16 |
| | ② | 600×600 | 1721.20 | 147.72 | 1.000 | 408 | | 0.358 | 720 | 1440 | 4Φ16+4Φ16 |
| 3 | ① | 600×600 | 344.54 | 311.48 | 1.001 | | 52 | 0.072 | 720 | 1440 | 4Φ16+4Φ16 |
| | ② | 600×600 | 2068.60 | 145.40 | 1.000 | 405 | | 0.431 | 720 | 1440 | 4Φ16+4Φ16 |
| 2 | ① | 600×600 | 409.25 | 215.94 | 1.001 | | −44 | 0.085 | 720 | 1440 | 4Φ16+4Φ16 |
| | ② | 600×600 | 2414.72 | 143.78 | 1.000 | 404 | | 0.503 | 720 | 1440 | 4Φ16+4Φ16 |
| 1 | ① | 600×600 | 1236.78 | 180.04 | 1.001 | 440 | | 0.257 | 720 | 1440 | 4Φ16+4Φ16 |
| | ② | 600×600 | 2837.89 | 143.08 | 1.000 | 403 | | (0.490) | 793 | 1586 | 4Φ16+4Φ16 |

**框架柱 D 正截面配筋计算** **表 4-135**

| 层次 | 不利组合 | $b \times h$ ($mm^2$) | $N$ (kN) | $e_i$ (mm) | $\eta$ | $e$ (mm) | $e'$ (mm) | $\xi$ | $A_s = A'_s$ | $\Sigma A_s$ | 实配钢筋 |
|---|---|---|---|---|---|---|---|---|---|---|---|
| 8 | ① | 600×600 | 10.78 | 1871.99 | 1.006 | | 1623 | 0.002 | 320 | 640 | 3Φ12+3Φ12 |
| | ② | 600×600 | 152.65 | 153.62 | 1.006 | | −105 | 0.032 | 320 | 640 | 3Φ12+3Φ12 |
| 7 | ① | 600×600 | 41.33 | 819.99 | 1.004 | | 563 | 0.009 | 320 | 640 | 3Φ12+3Φ12 |
| | ② | 600×600 | 249.09 | 95.59 | 1.005 | | −164 | 0.052 | 320 | 640 | 3Φ12+3Φ12 |
| 6 | ① | 600×600 | 77.17 | 481.79 | 1.004 | | 224 | 0.016 | 320 | 640 | 3Φ12+3Φ12 |
| | ② | 600×600 | 342.42 | 70.20 | 1.006 | | −189 | 0.071 | 320 | 640 | 3Φ12+3Φ12 |
| 5 | ① | 600×600 | 117.11 | 313.38 | 1.004 | | 55 | 0.024 | 320 | 640 | 3Φ12+3Φ12 |
| | ② | 600×600 | 433.89 | 59.69 | 1.005 | | −200 | 0.090 | 320 | 640 | 3Φ12+3Φ12 |
| 4 | ① | 600×600 | 154.61 | 227.86 | 1.004 | | −31 | 0.032 | 320 | 640 | 3Φ12+3Φ12 |
| | ② | 600×600 | 527.18 | 49.86 | 1.005 | | −210 | 0.110 | 320 | 640 | 3Φ12+3Φ12 |
| 3 | ① | 600×600 | 185.50 | 166.84 | 1.004 | | −92 | 0.039 | 320 | 640 | 3Φ12+3Φ12 |
| | ② | 600×600 | 623.78 | 42.86 | 1.005 | | −217 | 0.130 | 320 | 640 | 3Φ12+3Φ12 |
| 2 | ① | 600×600 | 209.74 | 158.28 | 1.004 | | −101 | 0.044 | 320 | 640 | 3Φ12+3Φ12 |
| | ② | 600×600 | 723.50 | 38.02 | 1.005 | | −222 | 0.151 | 320 | 640 | 3Φ12+3Φ12 |
| 1 | ① | 600×600 | 222.23 | 153.45 | 1.006 | | −106 | 0.046 | 320 | 640 | 3Φ12+3Φ12 |
| | ② | 600×600 | 852.52 | 35.19 | 1.007 | 295 | | 0.177 | 320 | 640 | 3Φ12+3Φ12 |

（5）框架柱斜截面配筋计算见表 4-136 ~ 表 4-139

**框架柱 A 斜截面配筋计算** **表 4-136**

| 层次 | $V_b = 0.25\beta_c f_c bh_0$ (kN) | $0.7 f_t bh_0$ (kN) | 选用箍筋 | $A_{sv} = nA_{sv1}$ (mm) | 非加密区 | | | 加密区 | | | |
|---|---|---|---|---|---|---|---|---|---|---|---|
| | | | | | $V$ (kN) | $s$ (mm) | 实配箍筋间距 (mm) | $V$ (kN) | $s$ (mm) | 实配箍筋间距 (mm) | 长度 (mm) |
| 8 | 960.96 | 126.13 | 4$\phi$8 | 201 | 45.57 | 构造配箍 | 150 | 45.47 | 构造配箍 | 100 | 600 |
| 7 | 960.96 | 126.13 | 4$\phi$8 | 201 | 40.16 | 构造配箍 | 150 | 40.16 | 构造配箍 | 100 | 600 |
| 6 | 960.96 | 126.13 | 4$\phi$8 | 201 | 41.41 | 构造配箍 | 150 | 41.41 | 构造配箍 | 100 | 600 |
| 5 | 960.96 | 126.13 | 4$\phi$8 | 201 | 54.00 | 构造配箍 | 150 | 54.00 | 构造配箍 | 100 | 600 |
| 4 | 960.96 | 126.13 | 4$\phi$8 | 201 | 57.81 | 构造配箍 | 150 | 57.81 | 构造配箍 | 100 | 600 |
| 3 | 960.96 | 126.13 | 4$\phi$8 | 201 | 52.10 | 构造配箍 | 150 | 52.10 | 构造配箍 | 100 | 600 |
| 2 | 960.96 | 126.13 | 4$\phi$8 | 201 | 51.45 | 构造配箍 | 150 | 51.45 | 构造配箍 | 100 | 600 |
| 1 | 960.96 | 126.13 | 4$\phi$8 | 201 | 54.70 | 构造配箍 | 150 | 54.70 | 构造配箍 | 100 | 600 |

**框架柱 B 斜截面配筋计算** **表 4-137**

| 层次 | $V_b = 0.25\beta_c f_c bh_0$ (kN) | $0.7 f_t bh_0$ (kN) | 选用箍筋 | $A_{sv} = nA_{sv1}$ (mm) | 非加密区 | | | 加密区 | | | |
|---|---|---|---|---|---|---|---|---|---|---|---|
| | | | | | $V$ (kN) | $s$ (mm) | 实配箍筋间距 (mm) | $V$ (kN) | $s$ (mm) | 实配箍筋间距 (mm) | 长度 (mm) |
| 8 | 960.96 | 126.13 | 4$\phi$8 | 201 | 66.51 | 构造配箍 | 150 | 66.51 | 构造配箍 | 100 | 600 |
| 7 | 960.96 | 126.13 | 4$\phi$8 | 201 | 63.88 | 构造配箍 | 150 | 63.88 | 构造配箍 | 100 | 600 |
| 6 | 960.96 | 126.13 | 4$\phi$8 | 201 | 76.54 | 构造配箍 | 150 | 76.54 | 构造配箍 | 100 | 600 |
| 5 | 960.96 | 126.13 | 4$\phi$8 | 201 | 76.15 | 构造配箍 | 150 | 76.15 | 构造配箍 | 100 | 600 |
| 4 | 960.96 | 126.13 | 4$\phi$8 | 201 | 72.86 | 构造配箍 | 150 | 72.86 | 构造配箍 | 100 | 600 |
| 3 | 960.96 | 126.13 | 4$\phi$8 | 201 | 64.08 | 构造配箍 | 150 | 64.08 | 构造配箍 | 100 | 600 |
| 2 | 960.96 | 126.13 | 4$\phi$8 | 201 | 64.63 | 构造配箍 | 150 | 64.63 | 构造配箍 | 100 | 600 |
| 1 | 960.96 | 126.13 | 4$\phi$8 | 201 | 58.99 | 构造配箍 | 150 | 58.99 | 构造配箍 | 100 | 600 |

**框架柱 C 斜截面配筋计算** **表 4-138**

| 层次 | $V_b=0.25\beta_c f_c bh_0$ (kN) | $0.7f_t bh_0$ (kN) | 选用箍筋 | $A_{sv}=nA_{sv1}$ (mm) | 非加密区 | | | 加密区 | | | |
|---|---|---|---|---|---|---|---|---|---|---|---|
| | | | | | V (kN) | s (mm) | 实配箍筋间距 (mm) | V (kN) | s (mm) | 实配箍筋间距 (mm) | 长度 (mm) |
| 8 | 960.96 | 126.13 | 4$\phi$8 | 201 | 80.74 | 构造配箍 | 150 | 80.74 | 构造配箍 | 100 | 600 |
| 7 | 960.96 | 126.13 | 4$\phi$8 | 201 | 86.09 | 构造配箍 | 150 | 86.09 | 构造配箍 | 100 | 600 |
| 6 | 960.96 | 126.13 | 4$\phi$8 | 201 | 93.75 | 构造配箍 | 150 | 93.75 | 构造配箍 | 100 | 600 |
| 5 | 960.96 | 126.13 | 4$\phi$8 | 201 | 92.40 | 构造配箍 | 150 | 92.40 | 构造配箍 | 100 | 600 |
| 4 | 960.96 | 126.13 | 4$\phi$8 | 201 | 88.28 | 构造配箍 | 150 | 88.28 | 构造配箍 | 100 | 600 |
| 3 | 960.96 | 126.13 | 4$\phi$8 | 201 | 77.38 | 构造配箍 | 150 | 77.38 | 构造配箍 | 100 | 600 |
| 2 | 960.96 | 126.13 | 4$\phi$8 | 201 | 76.06 | 构造配箍 | 150 | 76.06 | 构造配箍 | 100 | 600 |
| 1 | 960.96 | 126.13 | 4$\phi$8 | 201 | 63.03 | 构造配箍 | 150 | 63.03 | 构造配箍 | 100 | 600 |

**框架柱 D 斜截面配筋计算** **表 4-139**

| 层次 | $V_b=0.25\beta_c f_c bh_0$ (kN) | $0.7f_t bh_0$ (kN) | 选用箍筋 | $A_{sv}=nA_{sv1}$ (mm) | 非加密区 | | | 加密区 | | | |
|---|---|---|---|---|---|---|---|---|---|---|---|
| | | | | | V (kN) | s (mm) | 实配箍筋间距 (mm) | V (kN) | s (mm) | 实配箍筋间距 (mm) | 长度 (mm) |
| 8 | 960.96 | 126.13 | 4$\phi$8 | 201 | 23.28 | 构造配箍 | 150 | 23.28 | 构造配箍 | 100 | 600 |
| 7 | 960.96 | 126.13 | 4$\phi$8 | 201 | 25.92 | 构造配箍 | 150 | 25.92 | 构造配箍 | 100 | 600 |
| 6 | 960.96 | 126.13 | 4$\phi$8 | 201 | 29.51 | 构造配箍 | 150 | 29.51 | 构造配箍 | 100 | 600 |
| 5 | 960.96 | 126.13 | 4$\phi$8 | 201 | 28.21 | 构造配箍 | 150 | 28.21 | 构造配箍 | 100 | 600 |
| 4 | 960.96 | 126.13 | 4$\phi$8 | 201 | 27.01 | 构造配箍 | 150 | 27.01 | 构造配箍 | 100 | 600 |
| 3 | 960.96 | 126.13 | 4$\phi$8 | 201 | 23.69 | 构造配箍 | 150 | 23.69 | 构造配箍 | 100 | 600 |
| 2 | 960.96 | 126.13 | 4$\phi$8 | 201 | 23.52 | 构造配箍 | 150 | 23.52 | 构造配箍 | 100 | 600 |
| 1 | 960.96 | 126.13 | 4$\phi$8 | 201 | 15.19 | 构造配箍 | 150 | 15.19 | 构造配箍 | 100 | 600 |

### 4.2.15 剪力墙内力组合

剪力墙内力组合见表 4-140。

**剪力墙内力组合** **表 4-140**

| 层次 | 截面 | $\xi=\frac{X}{H}$ | 水平地震作用 | | | | 恒+0.5活③ | | 内力组合 | | | | | |
|---|---|---|---|---|---|---|---|---|---|---|---|---|---|---|
| | | | 向右① | | 向左② | | | | 0.85×(①+③) | | | 0.85×(②+③) | | |
| | | | M | V | M | V | M | N | M | V | N | M | V | N |
| 8 | 上 | 1.000 | −103 | −410 | 103 | 410 | −95.81 | 567.44 | −168.99 | −348.50 | 482.32 | −429.94 | −348.50 | 482.32 |
| | 下 | 0.879 | −1572 | −20 | 1572 | 20 | −95.81 | 836.15 | −1417.64 | −17.00 | 710.73 | −98.44 | −17.00 | 710.73 |
| 7 | 上 | 0.879 | −1572 | −20 | 1572 | 20 | −194.34 | 1311.04 | −1501.39 | −17.00 | 1114.38 | −182.19 | −17.00 | 1114.38 |
| | 下 | 0.759 | −1465 | 306 | 1465 | −306 | −194.34 | 1579.86 | −1410.44 | 260.10 | 1342.88 | 94.91 | 260.10 | 1342.88 |
| 6 | 上 | 0.759 | −1465 | 306 | 1465 | −306 | −292.87 | 2054.87 | −1494.19 | 260.10 | 1746.64 | 11.16 | 260.10 | 1746.64 |
| | 下 | 0.637 | −74 | 592 | 74 | −592 | −292.87 | 2323.57 | −311.84 | 503.20 | 1975.03 | 254.26 | 503.20 | 1975.03 |
| 5 | 上 | 0.637 | −74 | 592 | 74 | −592 | −391.4 | 2798.58 | −395.59 | 503.20 | 2378.79 | 170.51 | 503.20 | 2378.79 |
| | 下 | 0.516 | 2458 | 845 | −2458 | −845 | −391.4 | 3067.28 | 1756.51 | 718.25 | 2607.19 | 385.56 | 718.25 | 2607.19 |
| 4 | 上 | 0.516 | 2458 | 845 | −2458 | −845 | −489.94 | 3542.29 | 1672.85 | 718.25 | 3010.95 | 301.80 | 718.25 | 3010.95 |
| | 下 | 0.395 | 6022 | 1073 | −6022 | −1073 | −489.94 | 3810.99 | 4702.25 | 912.05 | 3239.34 | 495.60 | 912.05 | 3239.34 |

续表

| 层次 | 截面 | $\xi=\frac{X}{H}$ | 水平地震作用 | | | | 恒+0.5活③ | | 内力组合 | | | | | |
|---|---|---|---|---|---|---|---|---|---|---|---|---|---|---|
| | | | 向右① | | 向左② | | | | 0.85×（①+③） | | | 0.85×（②+③） | | |
| | | | $M$ | $V$ | $M$ | $V$ | $M$ | $N$ | $M$ | $V$ | $N$ | $M$ | $V$ | $N$ |
| 3 | 上 | 0.395 | 6022 | 1073 | -6022 | -1073 | 588.47 | 4286.00 | 5618.90 | 912.05 | 3643.10 | 1412.25 | 912.05 | 3643.10 |
| | 下 | 0.273 | 10572 | 1281 | -10572 | -1281 | -588.47 | 4554.71 | 8486.00 | 1088.85 | 3871.50 | 588.65 | 1088.85 | 3871.50 |
| 2 | 上 | 0.273 | 10572 | 1281 | -10572 | -1281 | -699 | 5029.16 | 8392.05 | 1088.85 | 4274.79 | 494.70 | 1088.85 | 4274.79 |
| | 下 | 0.153 | 16081 | 1476 | -16081 | -1476 | -699 | 5298.42 | 13074.70 | 1254.60 | 4503.66 | 660.45 | 1254.60 | 4503.66 |
| 1 | 上 | 0.153 | 16081 | 2066 | -16081 | -2066 | -785.53 | 5773.43 | 13001.15 | 1756.44 | 4907.42 | 1088.74 | 1756.44 | 4907.42 |
| | 下 | 0.000 | 24505 | 2412 | -24505 | -2412 | -785.53 | 6109.85 | 20161.55 | 2050.37 | 5193.37 | 1382.67 | 2050.37 | 5193.37 |

注：剪力墙的底部加强区，其高度为 $H_w/8=34.7/8=4.34$，故取第一层。其剪力应乘以1.4的放大系数。

### 4.2.16 剪力墙配筋计算

（1）端部明柱主筋计算见表4-141。

**端部明柱主筋计算** **表4-141**

| 层次 | 截面 | $M$ (kN·m) | $N$ (kN) | $x$ (mm) | $M_{sw}$ (kN·m) | $M_c$ (kN·m) | $A_s=A'_s$ (mm) | 约束边缘构件 $\rho_w=1.0\%$ 构造边缘构件 $\rho_w=0.6\%$ | 选用钢筋 |
|---|---|---|---|---|---|---|---|---|---|
| 8 | 顶 | -429.94 | 482.32 | -898.97 | 3088.16 | -52060.05 | <0 | 600×600×0.6%=2160 | 12Φ16 |
| | 底 | -98.44 | 710.73 | -815.37 | 2987.73 | -46926.42 | <0 | 600×600×0.6%=2160 | 12Φ16 |
| 7 | 顶 | -182.19 | 1114.38 | -667.64 | 2814.30 | -38000.78 | <0 | 600×600×0.6%=2160 | 12Φ16 |
| | 底 | 94.91 | 1342.88 | -584.01 | 2718.43 | -33031.13 | <0 | 600×600×0.6%=2160 | 12Φ16 |
| 6 | 顶 | 11.16 | 1746.64 | -436.23 | 2553.08 | -24396.45 | <0 | 600×600×0.6%=2160 | 12Φ16 |
| | 底 | 254.26 | 1975.03 | -352.64 | 2461.85 | -19595.14 | <0 | 600×600×0.6%=2160 | 12Φ16 |
| 5 | 顶 | 170.51 | 2378.79 | -204.86 | 2304.62 | -11253.81 | <0 | 600×600×0.6%=2160 | 12Φ16 |
| | 底 | 385.56 | 2607.19 | -121.27 | 2217.98 | -6618.24 | <0 | 600×600×0.6%=2160 | 12Φ16 |
| 4 | 顶 | 301.80 | 3010.95 | 26.51 | 2068.87 | 1429.73 | <0 | 600×600×0.6%=2160 | 12Φ16 |
| | 底 | 495.60 | 3239.34 | 110.10 | 1986.83 | 5899.15 | <0 | 600×600×0.6%=2160 | 12Φ16 |
| 3 | 顶 | 1412.25 | 3643.10 | 257.87 | 1845.85 | 13653.37 | <0 | 600×600×0.6%=2160 | 12Φ16 |
| | 底 | 588.65 | 3871.50 | 341.47 | 1768.39 | 17957.45 | <0 | 600×600×0.6%=2160 | 12Φ16 |
| 2 | 顶 | 494.70 | 4274.79 | 489.07 | 1635.68 | 25410.12 | <0 | 600×600×0.6%=2160 | 12Φ16 |
| | 底 | 660.45 | 4503.66 | 572.84 | 1562.67 | 29556.43 | <0 | 600×600×0.6%=2160 | 12Φ16 |
| 1 | 顶 | 1088.74 | 4907.42 | 2039.53 | 554.41 | 50097.93 | <0 | (600×600+190×390)×1%-201=4101 | 12Φ22 |
| | 底 | 1382.67 | 5193.37 | 2144.19 | 502.00 | 51231.56 | <0 | (600×600+190×390)×1%-210=4101 | 12Φ22 |

（2）剪力墙水平钢筋计算见表4-142。

**剪力墙水平钢筋计算** **表4-142**

| 层次 | 截面 | $M$ (kN·m) | $N$ (kN) | $\lambda$ | $[V_w]$ (kN) | $V_w<[V_w]$ |
|---|---|---|---|---|---|---|
| 8 | 顶 | -429.94 | 482.32 | 1.5 | 7067.09 | -348.50 |
| | 底 | -98.44 | 710.73 | 1.5 | 7089.93 | -17.00 |

续表

| 层次 | 截面 | $M$ (kN·m) | $N$ (kN) | $\lambda$ | $[V_w]$ (kN) | $V_w < [V_w]$ |
|---|---|---|---|---|---|---|
| 7 | 顶 | -182.19 | 1114.38 | 1.5 | 7130.29 | -17.00 |
| | 底 | 94.91 | 1342.88 | 1.5 | 7153.14 | 260.10 |
| 6 | 顶 | 11.16 | 1746.64 | 1.5 | 7193.52 | 260.10 |
| | 底 | 254.26 | 1975.03 | 1.5 | 7216.36 | 503.20 |
| 5 | 顶 | 170.51 | 2378.79 | 1.5 | 7256.73 | 503.20 |
| | 底 | 385.56 | 2607.19 | 1.5 | 7279.57 | 718.25 |
| 4 | 顶 | 301.80 | 3010.95 | 1.5 | 7319.95 | 718.25 |
| | 底 | 495.60 | 3239.34 | 1.5 | 7342.79 | 912.05 |
| 3 | 顶 | 1412.25 | 3397.68 | 1.5 | 7358.62 | 912.05 |
| | 底 | 588.65 | 3397.68 | 1.5 | 7358.62 | 1088.85 |
| 2 | 顶 | 494.70 | 3397.68 | 1.5 | 7358.62 | 1088.85 |
| | 底 | 660.45 | 3397.68 | 1.5 | 7358.62 | 1254.60 |
| 1 | 顶 | 1088.74 | 3397.68 | 1.5 | 7358.62 | 1756.44 |
| | 底 | 1382.67 | 3397.68 | 1.5 | 7358.62 | 2050.37 |

# 5 框架-筒体结构设计例题

## 5.1 设 计 任 务 书

某建筑地下一层，地上15层，地下一层和地上一层的层高为5m，其余各层的层高为3.4m；平面尺寸为24m×24m，平面和剖面分别如图5-1和图5-2所示，外墙局部详图如图5-3所示。

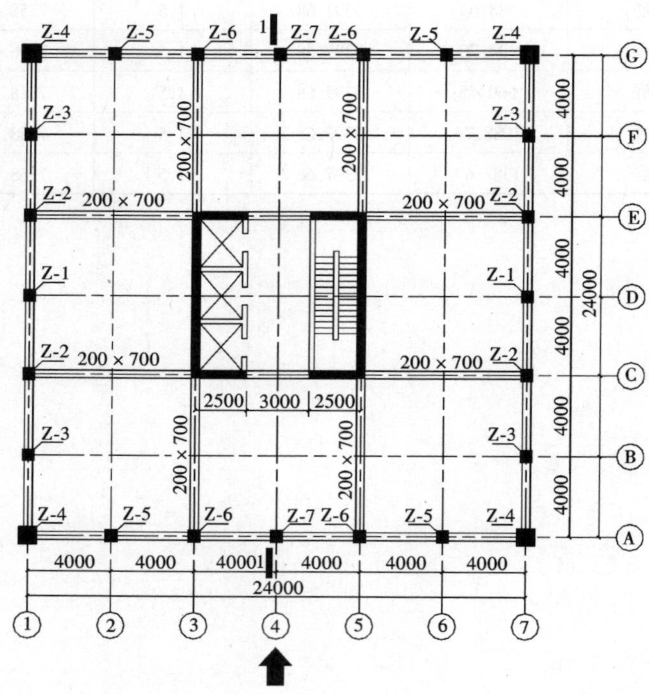


图5-1 结构平面及布置

设计条件为：

（1）楼面活载标准值3.5kN/m²，屋面活载标准值2.0kN/m²。

（2）主导风载：基本风压 $w_0=0.75\text{kN/m}^2$，地面粗糙度为B类。

（3）雨雪条件：基本雪压 $s_0=0.45\text{kN/m}^2$。

（4）抗震设防：设计使用年限50年，设防烈度7度（设计基本地震加速度值为0.15$g$），结构安全等级为二级，Ⅱ类场地土，设计地震分组为第一组。

（5）材料选用：

混凝土：采用C40。

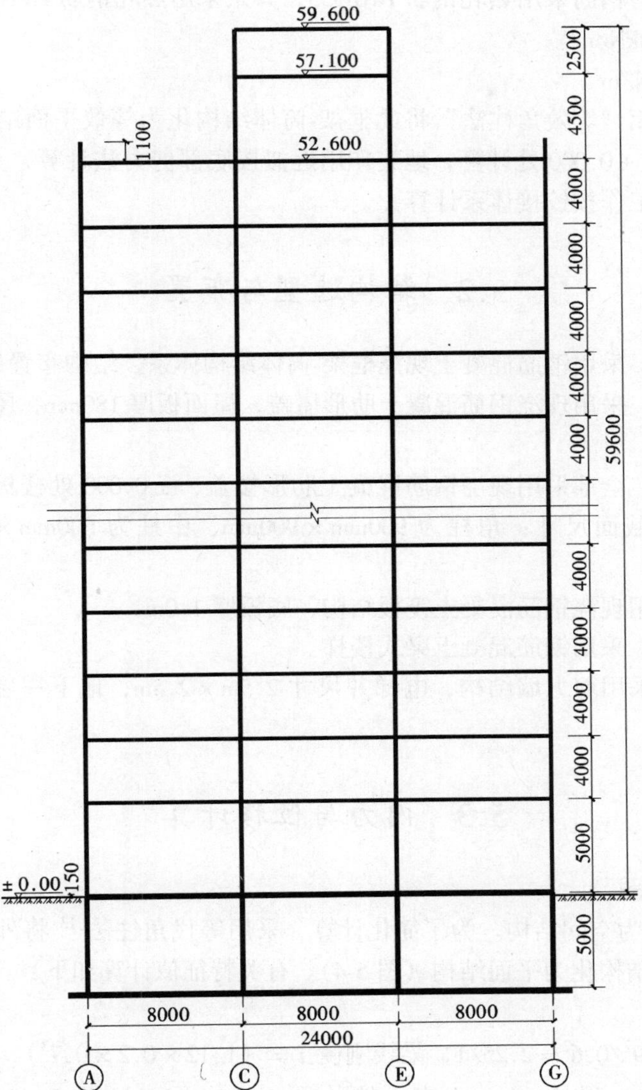


图 5-2 房屋剖面图

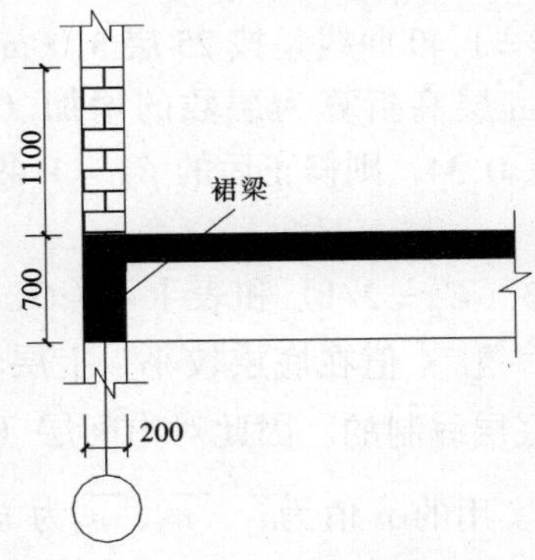


图 5-3 外墙局部详图

钢筋：纵向受力钢筋采用热轧钢筋 HRB335，其余采用热轧钢筋 HPB235。

钢窗：$\gamma = 0.40\text{kN/m}^2$。

外墙：$\gamma = 19\text{kN/m}^3$。

设计要求：试用"等效角柱法"将此框架-筒体结构化为等效平面结构计算并为其配筋。(结构按嵌固在 ±0.000 处计算；地震作用近似按底部剪力法计算，只作南北向计算，不考虑扭转；协同工作按铰接体系计算)。

## 5.2 结构选型与布置

(1) 结构选型：采用钢筋混凝土现浇框架-筒体结构体系，结构布置如图 5-1 所示。

(2) 屋面结构：采用现浇钢筋混凝土肋形屋盖，屋面板厚 180mm，屋面活载标准值为 $2\text{kN/m}^2$。

(3) 楼面结构：全部采用现浇钢筋混凝土肋形楼盖，±0.000 处楼板厚 300mm，其余板厚 180mm；构件截面尺寸：角柱为 900mm×900mm，中柱为 600mm×600mm，边梁为 200mm×700mm。

(4) 基础：采用现浇钢筋混凝土筏板结构，底板厚 1.0m。

(5) 楼梯结构：采用钢筋混凝土梁式楼梯。

(6) 电梯间：采用剪力墙结构，电梯井尺寸 2.5m×2.5m，地下一层壁厚 250mm，其余各层墙厚 200mm。

## 5.3 内力与位移计算

### 5.3.1 计算简图

框架-筒体结构为空间结构。为了简化计算，采用等代角柱法[13]将外框架筒体用两个平面框架替代，将结构化为平面结构（图 5-4)。有关特征值计算如下：

(1) $\beta$ 值计算

角柱比 $C_n = 0.9^2/0.6^2 = 2.25/1$，梁线刚度 $i =（1/12 \times 0.2 \times 0.7^3）/4 = 0.0014$，查文献[13]图 6（$C_n = 2/1$）得 $\beta = 1.55$；查文献[13]图 7（$C_n = 3/1$）得 $\beta = 1.30$；由插入法得 $C_n = 2.25/1$时的 $\beta = 1.49$。为计算简便，上、下层取同一 $\beta = 1.49$ 值。

由于文献[13]图 6 和图 7 的 $\beta = 1.49$ 曲线是按 25 层 3.00m 层高制作的。本题层高不为 3.00m，可用建筑物总高按 3.00m 层高折算为层数的增加（$52.6/3.00 \approx 18$ 层），仍按文献[13]图 9 的 $\beta$ 层数修正系数减去 0.34，则修正后的 $\beta_{20} = 1.49 - 0.34 = 1.15$。

(2) $n$ 值计算

$n$ 值可通过查文献[13]表Ⅰ-3（$C_n = 2/1$）和表Ⅰ-4（$C_n = 3/1$）得到，表中 $n_2 = N_2/N_1$；$n_3 = N_3/N_1$；$n_4 = N_4/N_1$。一般 $n$ 值在底层较小，上层较大，而文献[13]表Ⅰ-3 和表Ⅰ-4 是按 25 层 3.00m 层高针对底层编制的。因此对中间层（总高一半的层数）需将表中的 $n$ 值分别乘以修正系数 $\eta$，即实用的 $n$ 值为$\overline{n_2}$、$\overline{n_3}$、$\overline{n_4}$为 $n_2\eta_2$、$n_3\eta_3$、$n_4\eta_4$；而顶层实用的 $n$ 值为 $n_2（1-2\eta_2）$、$n_3（1-2\eta_3）$、$n_4（1-2\eta_4）$；其余各层用插入法得到。查表所

得 $n$ 值及 $\eta$ 值见表 5-1。

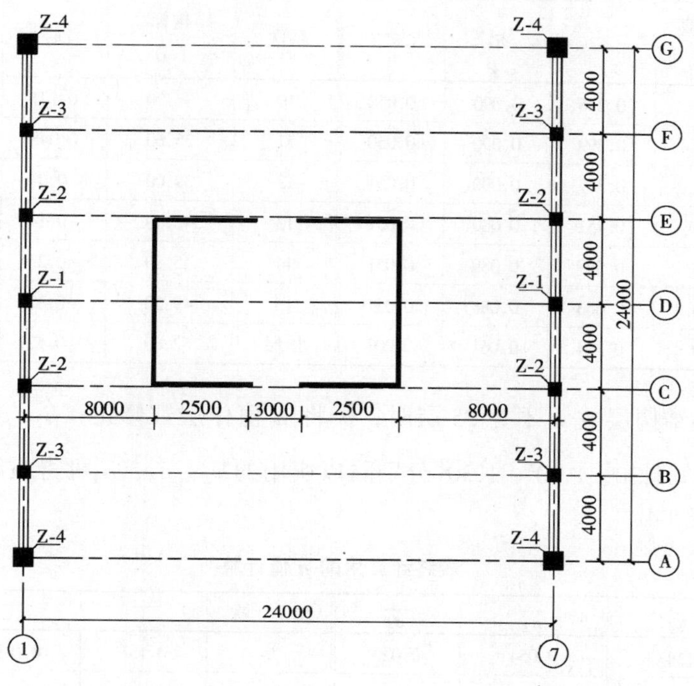


图 5-4　等效平面结构计算简图

**查表所得 $n$ 值及 $\eta$ 值**　　**表 5-1**

| 表　号 | 表Ⅰ-3（$C_n=2/1$，$L=4.0$，$i=0.0014$） | | | | | | 表Ⅰ-4（$C_n=3/1$，$L=4.0$，$i=0.0014$） | | | | | |
|---|---|---|---|---|---|---|---|---|---|---|---|---|
| 项　目 | $n_2$ | $n_3$ | $n_4$ | $\eta_2$ | $\eta_3$ | $\eta_4$ | $n_2$ | $n_3$ | $n_4$ | $\eta_2$ | $\eta_3$ | $\eta_4$ |
| 值（牛顿插值） | 0.204 | 0.103 | 0.054 | 1.644 | 1.791 | 1.886 | 0.133 | 0.055 | 0.037 | 1.590 | 1.786 | 1.797 |

典型层（中间层及顶层）的实用 $n$ 值计算见表 5-2。

**典型层（中间层及顶层）的实用 $n$ 值计算**　　**表 5-2**

| 典型层 | $C_n=2.25/1$，$L=4.0$，$i=0.0014$ | | | | | |
|---|---|---|---|---|---|---|
| 底层（插值法） | $n_2=0.186$ | | $n_3=0.091$ | | $n_4=0.050$ | |
| 中间层 | $n_2=0.186$ | $\eta_2=1.631$ | $n_3=0.091$ | $\eta_3=1.790$ | $n_4=0.050$ | $\eta_4=1.864$ |
| | $n_2\eta_2=0.304$ | | $n_3\eta_3=0.164$ | | $n_4\eta_4=0.093$ | |
| 顶层 | $n_2(1-2\eta_2)=-0.421$ | | $n_3(1-2\eta_3)=-0.235$ | | $n_4(1-2\eta_4)=-0.136$ | |

结构各层的实用 $n$ 值计算见表 5-3（插值法）。

**结构各层的实用 $n$ 值计算（插值法）**　　**表 5-3**

| 层次 | 结构标高（m） | $\overline{n_2}$ | $\overline{n_3}$ | $\overline{n_4}$ | 层次 | 结构标高（m） | $\overline{n_2}$ | $\overline{n_3}$ | $\overline{n_4}$ |
|---|---|---|---|---|---|---|---|---|---|
| 底层 | 0.00 | 0.186 | 0.091 | 0.050 | 中间层 | 26.30 | 0.304 | 0.061 | 0.093 |
| 2 | 5.00 | 0.208 | 0.091 | 0.050 | 9 | 28.80 | 0.235 | 0.033 | 0.071 |

续表

| 层次 | 结构标高（m） | $\overline{n_2}$ | $\overline{n_3}$ | $\overline{n_4}$ | 层次 | 结构标高（m） | $\overline{n_2}$ | $\overline{n_3}$ | $\overline{n_4}$ |
|---|---|---|---|---|---|---|---|---|---|
| 3 | 8.40 | 0.246 | 0.090 | 0.050 | 10 | 32.20 | 0.141 | -0.005 | 0.042 |
| 4 | 11.80 | 0.299 | 0.090 | 0.050 | 11 | 35.60 | 0.048 | -0.044 | 0.012 |
| 5 | 15.20 | 0.367 | 0.090 | 0.051 | 12 | 39.00 | -0.046 | -0.082 | -0.018 |
| 6 | 18.60 | 0.451 | 0.089 | 0.051 | 13 | 42.40 | -0.140 | -0.120 | -0.047 |
| 7 | 22.00 | 0.549 | 0.089 | 0.051 | 14 | 45.80 | -0.234 | -0.158 | -0.077 |
| 8 | 25.40 | 0.663 | 0.088 | 0.051 | 15 | 49.20 | -0.327 | -0.197 | -0.106 |
| 中间层 | 26.30 | 0.304 | 0.061 | 0.093 | 顶层 | 52.60 | -0.421 | -0.235 | -0.136 |

当所计算的结构层数 $k$ 不为 25 层时，需将 $n$ 值作层数修正：$\beta_{25}/\beta_{20}=1.49/1.15=1.30$，以 $\beta_{25}/\beta_{k}=1.30$、$1.30^2$、$1.30^3$ 分别除以实用的 $\overline{n_2}$、$\overline{n_3}$、$\overline{n_4}$ 可得最终计算用的 $\overline{n}$ 值。其计算过程见表 5-4。

**最终计算用的 $\overline{n}$ 值计算** **表 5-4**

| 层　次 | $\overline{n_2}$ | $\overline{n_3}$ | $\overline{n_4}$ | 层　次 | $\overline{n_2}$ | $\overline{n_3}$ | $\overline{n_4}$ |
|---|---|---|---|---|---|---|---|
| 1 | 0.143 | 0.054 | 0.023 | 9 | 0.181 | 0.019 | 0.032 |
| 2 | 0.160 | 0.054 | 0.023 | 10 | 0.108 | -0.003 | 0.019 |
| 3 | 0.189 | 0.053 | 0.023 | 11 | 0.037 | -0.026 | 0.005 |
| 4 | 0.230 | 0.053 | 0.023 | 12 | -0.035 | -0.048 | -0.008 |
| 5 | 0.282 | 0.053 | 0.023 | 13 | -0.108 | -0.071 | -0.021 |
| 6 | 0.347 | 0.053 | 0.023 | 14 | -0.180 | -0.094 | -0.035 |
| 7 | 0.422 | 0.053 | 0.023 | 15 | -0.252 | -0.116 | -0.048 |
| 8 | 0.510 | 0.052 | 0.023 | | | | |

(3) 等代角柱截面

同一结构底层比上层的 $\beta$ 值小，文献[13]图 5-6 和图 5-7 中为中间层的 $\beta$ 值，20 层以下，接近 20 层者，可按 20 层计算；当层数更少时，考虑空间作用没有意义，底层的 $\beta$ 值可用相应 $n$ 值表中的 $\eta_2$ 值除后得到，即 $\beta_{20}/\eta_2=1.15/1.631<1$，取 1。

因此等代角柱截面为：

$0.90\text{m}\times0.90\text{m}\times1.15=0.93\text{m}^2$（2～15 层）

$0.90\text{m}\times0.90\text{m}\times1.00=0.81\text{m}^2$（底层）

### 5.3.2　框-剪结构计算简图及刚度计算

(1) 框-剪结构计算简图

将此框架用等代角柱置换后，框架-筒体结构就可以转变为框架-剪力墙结构进行分析。由于本题中总剪力墙与总框架之间，主要是通过现浇楼板联系和相互作用的，故可以忽略连梁的影响，将此框-剪结构简化为铰接体系进行计算。计算简图如图 5-5 所示。

(2)“等代框架”梁、柱刚度计算

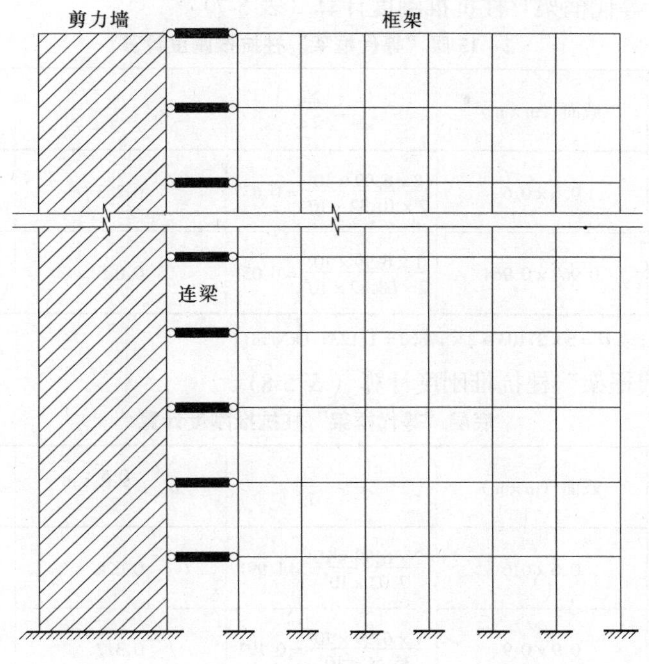


图 5-5　计算简图

高层建筑柱子轴向变形一般对结构侧移有较大影响，对于框架-筒体结构，只有在考虑柱子轴向变形后才能发挥其次框架的空间作用，因此在计算“等代框架”的侧移刚度时，必然包括柱子轴向变形的影响。但为简便计算，手算时通常可以不考虑柱子轴向变形的影响。

1）“等代框架”梁线刚度计算（表 5-5）

**“等代框架”梁线刚度计算**　　**表 5-5**

| 位　置 | 跨度 $l_b$（m） | 截面（m×m） | $I_0=1/12b_bh_b^3$（$m^4$） | 边　跨 | |
|---|---|---|---|---|---|
| | | | | $I_b=1.5I_0$ | $i=EI_b/l_b$（$10^4$kN·m） |
| AB 跨、BC 跨、CD 跨<br>DE 跨、EF 跨、FG 跨 | 4.0 | 0.2×0.7 | 0.0057 | 0.0086 | 6.99 |

注：C40 混凝土 $E=3.25\times10^7$kN/m$^2$。

2）“等代框架”柱线刚度计算（表 5-6）

**“等代框架”柱线刚度计算**　　**表 5-6**

| 轴　线 | 层　号 | 截面（m×m） | 层高 $h$（m） | $I_c=1/12b_ch_c^3$（$m^4$） | $i_c=EI_c/h$（$10^4$kN·m） |
|---|---|---|---|---|---|
| Ⓑ、Ⓒ、Ⓓ<br>Ⓔ、Ⓕ | 2～15 | 0.6×0.6 | 3.4 | 0.0108 | 10.32 |
| | 1 | | 5.0 | | 7.02 |
| Ⓐ、Ⓖ | 2～15 | 0.964×0.964 | 3.4 | 0.0720 | 68.82 |
| | 1 | 0.9×0.9 | 5.0 | 0.0547 | 35.56 |

注：C40 混凝土 $E=3.25\times10^7$kN/m$^2$。

3）框架柱抗推刚度计算

①2 ~ 15 层“等代框架”柱抗推刚度计算（表 5-7）。

**2 ~ 15 层“等代框架”柱抗推刚度计算** 表 5-7

| 轴　线 | 截面（m×m） | $\overline{i} = \frac{\Sigma i_b}{2i_c}$ | $\alpha_c = \frac{\overline{i}}{2+\overline{i}}$ | $D = \alpha_c i_c \frac{12}{h^2}$（kN/m） |
|---|---|---|---|---|
| Ⓑ、Ⓒ、Ⓓ<br>Ⓔ、Ⓕ | 0.6×0.6 | $\frac{2\times6.99\times10^4}{2\times10.32\times10^4}=0.677$ | 0.253 | 27103 |
| Ⓐ、Ⓖ | 0.964×0.964 | $\frac{1\times6.99\times10^4}{2\times68.82\times10^4}=0.051$ | 0.025 | 17860 |

注：层高 $h=3.4\text{m}$；$\Sigma D=5\times27103+2\times17860=171235$（kN/m）。

②底层“等代框架”柱抗推刚度计算（表 5-8）。

**底层“等代框架”柱抗推刚度计算** 表 5-8

| 轴　线 | 截面（m×m） | $\overline{i} = \frac{\Sigma i_b}{i_c}$ | $\alpha_c = \frac{0.5+\overline{i}}{2+\overline{i}}$ | $D = \alpha_c i_c \frac{12}{h^2}$（kN/m） |
|---|---|---|---|---|
| Ⓑ、Ⓒ、Ⓓ<br>Ⓔ、Ⓕ | 0.6×0.6 | $\frac{2\times6.99\times10^4}{7.02\times10^4}=1.991$ | 0.624 | 21026 |
| Ⓐ、Ⓖ | 0.9×0.9 | $\frac{1\times6.99\times10^4}{35.56\times10^4}=0.197$ | 0.317 | 54108 |

注：层高 $h=5.0\text{m}$；$\Sigma D=5\times21026+2\times54108=213346$（kN/m）。

③横向楼层总抗侧刚度。

横向楼层总抗侧刚度由 2 榀“等代框架”的抗推刚度组成。

2 ~ 8 层：$\Sigma D=2\times171235=342470\text{kN/m}$

底层：$\Sigma D=2\times213346=426692\text{kN/m}$

④楼层柱平均抗侧刚度 $\overline{D}$。

$$\overline{D}=\frac{1}{H}\sum_{i=1}^{15}D_i h_i=\frac{1}{52.6}\times(342470\times14\times3.4+426692\times5.0)=350476\text{kN/m}$$

⑤平均层高。

$$\overline{h}=\frac{52.6}{15}=3.51\text{m}$$

⑥框架抗推刚度。

$$C_f=\overline{Dh}=350476\times3.51=1230171\text{kN}$$

(3) 剪力墙刚度计算

1) 有效翼缘宽度：

$$b_f=\min\left\{x\leqslant\frac{a}{2}=\frac{8}{2}=4\text{m};\ x\leqslant\frac{b}{3}=\frac{8}{3}=2.67\text{m};\ x\leqslant\frac{H}{10}=\frac{52.6}{10}=5.26\text{m}\right\}=2.67\text{m}$$

2) 剪力墙截面（如图 5-6 所示）。

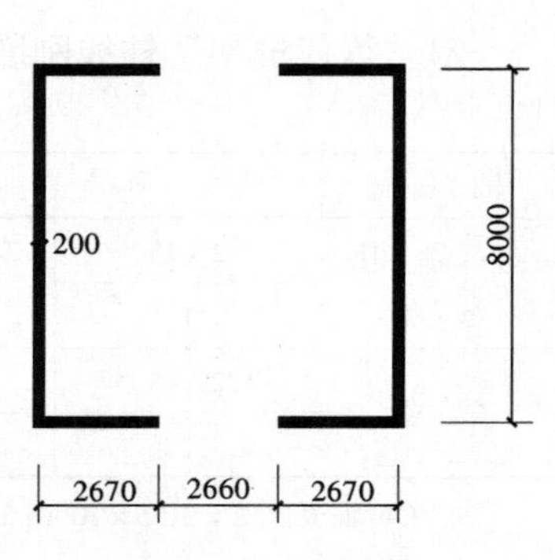

图 5-6 剪力墙截面

3) 墙肢面积：

$A_1=2\times0.2\times(8.0+0.2)+4\times0.2\times(2.67-0.1)$

$=5.34$（$m^2$）；墙肢形心在截面中心。

4）剪力墙刚度：

$$I_w = 2\times\left(\frac{1}{12}\times0.2\times8.0^3\right)+4\times\left[\frac{1}{12}\times2.67\times0.2^3+0.2\times(2.67-0.1)\times4^2\right]=49.97\text{m}^4$$

$$EI_w = 3.25\times10^7\times49.97 = 16.24\times10^8\text{kN}\cdot\text{m}^2$$

5）剪力墙刚度按层高加权平均值：

$$\Sigma EI_w = \frac{16.24\times10^8\times3.4\times14+16.24\times10^8\times5.0}{52.6} = 16.24\times10^8\text{kN}\cdot\text{m}^2$$

### 5.3.3 地震作用计算

（1）各层重力荷载代表值计算（表 5-9 ~ 表 5-12）

底层重力荷载代表值计算　　表 5-9

| 项目 | 单位面积重量（kN/m²） | 面积（m²） | 单位长度重量（kN/m） | 长度（m） | 重量（kN） |
|---|---|---|---|---|---|
| 外墙（半层） | | | 0.2×1.1×19＝4.18 | 4×24－（20×0.6＋4×0.9）＝80.4 | 336.07 |
| 钢窗(各半层) | 0.40 | 80.4×（5.0/2－0.7＋3.4/2－1.1）＝192.96 | | | 77.18 |
| 楼板 | 0.18×25＝4.50 | 24×24－2×2.5×8＝536.00 | | | 2412.00 |
| 楼梯间 | 4.5×1.2＝5.40 | 2.5×8＝20.00 | | | 108.00 |
| 梁 | | | （0.7－0.18）×25＝13.00 | 80.4＋（8×8＋2×3）＝150.40 | 1955.20 |
| 柱（各半层） | | | 0.6×0.6×25＝9.00 | 20×［（5＋3.4）/2－0.18］＝80.40 | 723.60 |
| | | | 0.9×0.9×25＝20.25 | 4×［（5＋3.4）/2－0.18］＝16.08 | 325.62 |
| 剪力墙（各半层） | 0.2×25＝5.00 | 2×［（5＋3.4）/2－0.18］×（8＋2.5×2）＝104.52 | | | 522.60 |
| 楼面活载 | 3.50 | 536.00 | | | 1876.00 |

$G_1=336.07+77.18+2412.00+108.00+1955.20+723.60+325.62+522.60+0.5\times1876.00=7398.27\text{kN}$

注：楼梯间楼面自重近似取一般楼面自重的 1.2 倍。重力荷载设计值为 10378.72kN。

2 ~ 14 层重力荷载代表值计算　　表 5-10

| 项目 | 单位面积重量（kN/m²） | 面积（m²） | 单位长度重量（kN/m） | 长度（m） | 重量（kN） |
|---|---|---|---|---|---|
| 外墙(半层) | | | 0.2×1.1×19＝4.18 | 4×24－(20×0.6＋4×0.9)＝80.4 | 336.07 |
| 钢窗(各半层) | 0.40 | 80.4×(3.4－1.1－0.7)＝128.64 | | | 51.46 |
| 楼板 | 0.18×25＝4.50 | 24×24－2×2.5×8＝536.00 | | | 2412.00 |

续表

| 项　目 | 单位面积重量 (kN/m²) | 面　积 (m²) | 单位长度重量 (kN/m) | 长　度 (m) | 重量 (kN) |
|---|---|---|---|---|---|
| 楼梯间 | 4.5×1.2=5.40 | 2.5×8=20.00 | | | 108.00 |
| 梁 | | | (0.7−0.18)×25=13.00 | 80.4+(8×8+2×3)=150.40 | 1955.20 |
| 柱 (各半层) | | | 0.6×0.6×25=9.00 | 20×(3.4−0.18)=64.40 | 579.60 |
| | | | 0.9×0.9×25=20.25 | 4×(3.4−0.18)=12.88 | 260.82 |
| 剪力墙 (各半层) | 0.2×25=5.00 | 2×(3.4−0.18)×(8+2.5×2)=83.72 | | | 418.60 |
| 楼面活载 | 3.50 | 536.00 | | | 1876.00 |
| $G_i$=336.07+51.46+2412.00+108.00+1955.20+579.60+260.82+418.60+0.5×1876.00=7059.75kN($i$=2~14) | | | | | |

注：楼梯间楼面自重近似取一般楼面自重的1.2倍。重力荷载设计值为9972.50kN。

**顶层重力荷载代表值计算**　　　　表 5-11

| 项　目 | 单位面积重量 (kN/m²) | 面　积 (m²) | 单位长度重量 (kN/m) | 长　度 (m) | 重量 (kN) |
|---|---|---|---|---|---|
| 屋面板 | 0.18×25=4.50 | 24×24=576.00 | | | 2592.00 |
| 梁 | | | (0.7−0.18)×25=13.00 | 80.4+(8×8+2×3)=150.40 | 1955.20 |
| 柱 (半层) | | | 0.6×0.6×25=9.00 | 20×(3.4/2−0.18)=30.4 | 273.60 |
| | | | 0.9×0.9×25=20.25 | 4×(3.4/2−0.18)=6.08 | 123.12 |
| 女儿墙 | | | 0.24×1.8×19=8.21 | 4×24=96.00 | 788.16 |
| 天　沟 | | | 3.29 | 2×24=48.00 | 157.92 |
| 剪力墙 (各半层) | 0.2×25=5.00 | 2×(3.4/2+4.5/2−0.18)×(8+2.5×2)=98.02 | | | 490.10 |
| 屋面雪载 | 0.45 | 576.00−8×8=512.00 | | | 230.40 |
| $G_{15}$=2592.00+1955.20+273.60+123.12+788.16+157.92+490.10+0.5×230.40=6495.30kN(设计值为7978.68kN) | | | | | |

**突出屋面部分重力荷载代表值计算**　　　　表 5-12

| 项　目 | 单位面积重量 (kN/m²) | 面　积 (m²) | 单位长度重量 (kN/m) | 长　度 (m) | 重量 (kN) |
|---|---|---|---|---|---|
| 屋面板 | 0.18×25=4.50 | 8×8=64.00 | | | 288.00 |
| 梁 | | | (0.7−0.18)×25=13.00 | 2×3=6.00 | 78.00 |
| 女儿墙 | | | 0.24×0.3×19=1.37 | 4×8=32.00 | 43.84 |
| 剪力墙 | 0.2×25=5.00 | 2×(4.5/2+2.5−0.18)×(8+2.5×2)=118.82 | | | 594.10 |
| 电梯自重 | | | | | 200×3=600 |
| 屋面雪载 | 0.45 | 64.00 | | | 28.80 |
| 电梯活载 | 1.50 | 8×2.5=20.00 | | | 30.00 |
| 水箱活载 | 1.50 | 8×8=64.00 | | | 96.00 |
| $G_{16}$=288.00+78.00+43.84+594.10+600+28.80+0.5×(30+96)=1695.74kN(设计值为2135.69kN) | | | | | |

注:突出屋面部分质量堆积在水箱底面(即标高57.10m处)。

(2) 各层重力荷载代表值 $G$（如图 5-7 所示）

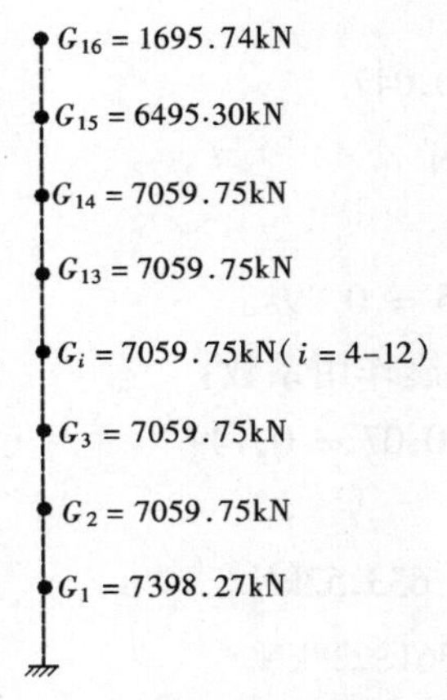


图 5-7　各层重力荷载代表值

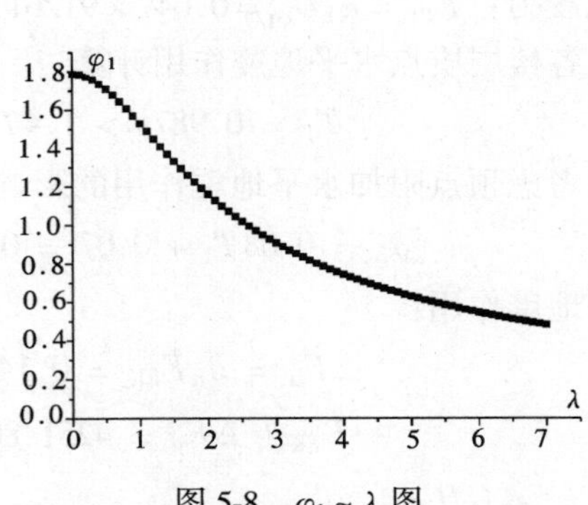


图 5-8　$\varphi_1\sim\lambda$ 图

(3) 总地震作用计算

采用底部剪力法近似计算地震作用。因此，先要确定结构的自振周期

$$T_1 = \psi_T\varphi_1 H^2\sqrt{\frac{G}{HgEI_w}}$$

式中　$G$——地面以上总重力荷载代表值；

$\varphi_1$——与刚度特征系数 $\lambda$ 有关的系数，可由 $\varphi_1-\lambda$ 图（图 5-8）查得；

$\psi_T$——考虑非承重墙的周期折减系数，取 $\psi_T=0.7\sim0.8$；

$E$——钢筋混凝土剪力墙的弹性模量；

$I_w$——钢筋混凝土剪力墙的截面惯性矩；

$g$——重力加速度，取 $g=9.8\text{m/s}^2$。

$$G_{eq} = 0.85G = 0.85\times(7398.27+13\times7059.75+6495.30+1695.74)$$
$$= 0.85\times107366.06 = 91261.15\text{kN}$$

$$\lambda = H\sqrt{\frac{C_f}{EI_w}} = 52.6\times\sqrt{\frac{1230171}{16.24\times10^8}} = 1.45$$

查 $\varphi_1-\lambda$ 图（图 5-8），可得 $\varphi_1=1.350$。

$$T_1 = 0.80\times1.350\times52.6^2\sqrt{\frac{91261.15}{52.6\times9.8\times16.24\times10^8}} = 0.987\text{s}$$

由于该工程所在地区抗震设防烈度为 7 度，设计基本地震加速度值为 $0.15g$，Ⅱ类场地土，设计地震分组为第一组，查表 1-18 和表 1-19 可得：

$$\alpha_{max} = 0.12 \qquad T_g = 0.35\text{s}$$

$$T_g < T_1 < 5T_g \text{时}, \alpha_1 = \left(\frac{T_g}{T_1}\right)^{\gamma}\eta_2\alpha_{max}$$

式中　$\gamma$——衰减指数，在 $T_g < T_1 < 5T_g$ 的区间内取 0.9；

$\eta_2$——阻尼调整系数，除专门规定外，建筑结构的阻尼比应取 0.05，对应的 $\eta_2 = 1.0$。

故横向地震影响系数　$\alpha_1 = \left(\frac{0.35}{0.982}\right)^{0.9} \times 1.0 \times 0.12 = 0.047$

总地震力：$F_{EK} = \alpha_1 G_{eq} = 0.047 \times 91261.15 = 4327.41kN$

（4）各楼层质点水平地震作用计算

$$T_1 = 0.987s > 1.4T_g = 1.4 \times 0.35 = 0.49s$$

需要考虑顶点附加水平地震作用的影响，顶点附加地震作用系数：

$$\delta_n = 0.08T_1 + 0.07 = 0.08 \times 0.987 + 0.07 = 0.149$$

附加水平地震作用：

$$\Delta F_n = \delta_n F_{EK} = 0.149 \times 4251.80 = 633.52kN$$

$$F_{EK} - \Delta F_n = 4251.80 - 633.52 = 3618.28kN$$

$$F_i = \frac{G_iH_i}{\Sigma G_iH_i}F_{EK}(1-\delta_n) = 4251.80 \times (1-0.149)\frac{G_iH_i}{\Sigma G_iH_i} = 3618.28\frac{G_iH_i}{\Sigma G_iH_i}kN$$

楼层各质点水平地震作用计算见表 5-13。

**楼层各质点水平地震作用计算**　　　　**表 5-13**

| 层次 | $h_i$（m） | $H_i$（m） | $G_i$（kN） | $G_iH_i$（kN·m） | $\frac{G_iH_i}{\Sigma G_iH_i}$ | $F_i$（kN） | $V_i$（kN） | $F_iH_i$（kN·m） |
|---|---|---|---|---|---|---|---|---|
| 16 | 4.5 | 57.1 | 1695.74 | 96826.75 | 0.031 | 112.17 | 112.17 | 6404.72 |
| 15 | 3.4 | 52.6 | 6495.30 | 341652.78 | 0.110 | $\Delta F_i = 633.52$<br>398.01 | 1143.70 | 20935.37 |
| 14 | 3.4 | 49.2 | 7059.75 | 347339.70 | 0.112 | 405.25 | 1548.94 | 19938.17 |
| 13 | 3.4 | 45.8 | 7059.75 | 323336.55 | 0.104 | 376.30 | 1925.25 | 17234.59 |
| 12 | 3.4 | 42.4 | 7059.75 | 299333.40 | 0.096 | 347.35 | 2272.60 | 14727.85 |
| 11 | 3.4 | 39.0 | 7059.75 | 275330.25 | 0.088 | 318.41 | 2591.01 | 12417.94 |
| 10 | 3.4 | 35.6 | 7059.75 | 251327.10 | 0.081 | 293.08 | 2884.09 | 10433.67 |
| 9 | 3.4 | 32.2 | 7059.75 | 227323.95 | 0.073 | 264.13 | 3148.22 | 8505.13 |
| 8 | 3.4 | 28.8 | 7059.75 | 203320.80 | 0.065 | 235.19 | 3383.41 | 6773.42 |
| 7 | 3.4 | 25.4 | 7059.75 | 179317.65 | 0.058 | 209.86 | 3593.27 | 5330.45 |
| 6 | 3.4 | 22.0 | 7059.75 | 155314.50 | 0.050 | 180.91 | 3774.19 | 3980.11 |
| 5 | 3.4 | 18.6 | 7059.75 | 131311.35 | 0.042 | 151.97 | 3926.15 | 2826.60 |
| 4 | 3.4 | 15.2 | 7059.75 | 107308.20 | 0.034 | 123.02 | 4049.18 | 1869.93 |
| 3 | 3.4 | 11.8 | 7059.75 | 83305.05 | 0.027 | 97.69 | 4146.87 | 1152.78 |
| 2 | 3.4 | 8.4 | 7059.75 | 59301.90 | 0.019 | 68.75 | 4215.62 | 577.48 |
| 1 | 5.0 | 5.0 | 7398.27 | 36991.35 | 0.010 | 36.18 | 4251.80 | 180.91 |
| Σ | | | 107366.06 | 3118641.28 | | | | 133289.11 |

注：突出屋面部分质量堆积在水箱底面（即标高 57.10 处）。

将电梯机房和水箱质点的地震作用移至主体顶层，并附加一弯矩：

$$M_1 = F_{16}h_{16} = 112.17 \times 4.5 = 504.77\text{kN} \cdot \text{m}$$

再按照结构底部弯矩等效，将 $F_1 \sim F_{15}$和附加弯矩 $M_1$ 转化为倒三角形分布荷载，集中荷载 $P = \Delta F + F_{16} = 633.52 + 112.17 = 745.69$（kN）作用于 15 层顶，如图 5-9 所示。

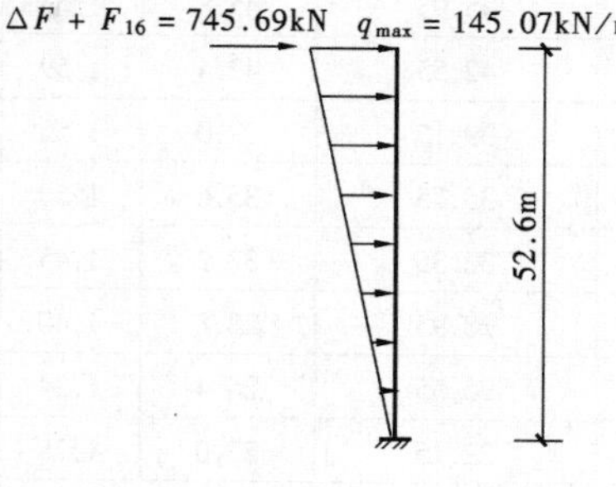

$\Delta F + F_{16} = 745.69\text{kN}$ $q_{max} = 145.07\text{kN/m}$

52.6m

图 5-9

$$M_0 = M_1 + \sum_{i=1}^{15} F_i H_i$$

$$= 504.77 + 133289.11 = 133793.88\text{kN} \cdot \text{m}$$

$$q = \frac{3M_0}{H^2} = \frac{3 \times 133793.88}{52.6^2} = 145.07\text{kN/m}$$

$$V_0 = \frac{1}{2}qH = \frac{1}{2} \times 145.07 \times 52.6 = 3815.34\text{kN}$$

### 5.3.4 风荷载计算

作用在楼层处集中风荷载标准值按下式计算：

$$W_k = \beta_z \mu_s \mu_z w_0 (h_i + h_j) B/2$$

式中 $\beta_z$——风振系数，对于钢筋混凝土框架-剪力墙结构，基本自振周期可用 $T_1 = 0.08n$（$n$ 为建筑层数）估算，大约为 1.20s > 0.25s，故应考虑风压脉动对结构发生顺风向风振的影响，$\beta_z = 1 + \xi\nu\varphi_z/\mu_z$，其中 $\xi$ 为脉动增大系数，由表 1-14 查得 $\xi = 1.40$；$\nu$ 为脉动影响系数，由表 1-15 查得 $\nu = 0.50$；

$\varphi_z$——振型系数，本建筑质量和刚度沿高度分布较均匀，可近似采用 $3/H$ 代替；

$\mu_s$——风荷载体型系数，根据建筑物的体型查得 $\mu_s = 1.3$；

$\mu_z$——风压高度变化系数，因建设地点位于某城市郊区，所以地面粗糙度为 B 类；

$w_0$——基本风压，取 $w_0 = 0.75\text{kN/m}^2$；

$h_i$——下层柱高；

$h_j$——上层柱高，对顶层为女儿墙高度的 2 倍；

$B$——迎风面的宽度，取 $B = 24.9$m。

集中风荷载标准值计算见表 5-14。

**集中风荷载标准值计算** **表 5-14**

| 层次 | 离地高度 $z_i$（m） | $H_i$（m） | $\mu_z$ | $\beta_z$ | $\mu_s$ | $h_i$（m） | $h_j$（m） | $W_k$（kN） | $M_i = W_k H_i$（kN·m） |
|---|---|---|---|---|---|---|---|---|---|
| 17 | 59.75 | 59.6 | 1.77 | 1.40 | 1.3 | 2.5 | 0.6 | 93.25 | 5557.70 |
| 16 | 57.25 | 57.1 | 1.74 | 1.40 | 1.3 | 4.5 | 2.5 | 206.99 | 11819.13 |
| 15 | 52.75 | 52.6 | 1.70 | 1.35 | 1.3 | 3.4 | 4.5 | 220.08 | 11576.21 |
| 14 | 49.35 | 49.2 | 1.66 | 1.31 | 1.3 | 3.4 | 3.4 | 179.50 | 8831.40 |

续表

| 层次 | 离地高度 $z_i$（m） | $H_i$（m） | $\mu_z$ | $\beta_z$ | $\mu_s$ | $h_i$（m） | $h_j$（m） | $W_k$（kN） | $M_i = W_k H_i$（kN·m） |
|---|---|---|---|---|---|---|---|---|---|
| 13 | 45.95 | 45.8 | 1.63 | 1.32 | 1.3 | 3.4 | 3.4 | 177.60 | 8134.08 |
| 12 | 42.55 | 42.4 | 1.59 | 1.29 | 1.3 | 3.4 | 3.4 | 169.30 | 7178.32 |
| 11 | 39.15 | 39.0 | 1.55 | 1.30 | 1.3 | 3.4 | 3.4 | 166.33 | 6486.87 |
| 10 | 35.75 | 35.6 | 1.50 | 1.21 | 1.3 | 3.4 | 3.4 | 149.82 | 5333.59 |
| 9 | 32.35 | 32.2 | 1.45 | 1.18 | 1.3 | 3.4 | 3.4 | 141.23 | 4547.61 |
| 8 | 28.95 | 28.8 | 1.40 | 1.19 | 1.3 | 3.4 | 3.4 | 137.52 | 3960.58 |
| 7 | 25.55 | 25.4 | 1.34 | 1.14 | 1.3 | 3.4 | 3.4 | 126.09 | 3202.69 |
| 6 | 22.15 | 22.0 | 1.28 | 1.15 | 1.3 | 3.4 | 3.4 | 121.50 | 2673.00 |
| 5 | 18.75 | 18.6 | 1.22 | 1.10 | 1.3 | 3.4 | 3.4 | 110.77 | 2060.32 |
| 4 | 15.35 | 15.2 | 1.15 | 1.10 | 1.3 | 3.4 | 3.4 | 104.42 | 1587.18 |
| 3 | 11.95 | 11.8 | 1.05 | 1.05 | 1.3 | 3.4 | 3.4 | 91.00 | 1073.80 |
| 2 | 8.55 | 8.4 | 1.00 | 1.01 | 1.3 | 3.4 | 3.4 | 83.37 | 700.31 |
| 1 | 5.15 | 5.0 | 1.00 | 1.01 | 1.3 | 5.15 | 3.4 | 104.82 | 524.10 |
| Σ | | | | | | | | | 85246.89 |

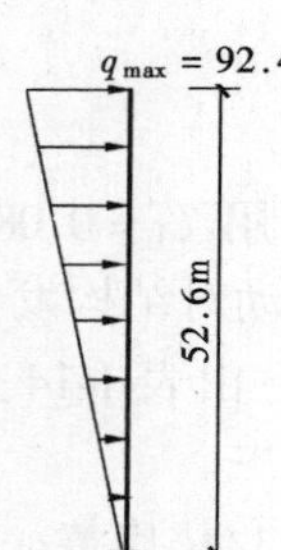


图 5-10

由于电梯机房和水箱间风荷载数值不大，不作为集中荷载作用在结构主体顶部，按照结构底部弯等效将各层处风荷载转化为倒三角形荷载，如图 5-10 所示。

$$M_0 = \frac{1}{2}qH \times \frac{2}{3}H = \frac{1}{3}qH^2$$

$$q = \frac{3M_0}{H^2} = \frac{3 \times 85246.89}{52.6^2} = 92.43\text{kN/m}$$

$$V_0 = \frac{1}{2}qH = \frac{1}{2} \times 92.43 \times 52.6 = 2430.91\text{kN}$$

### 5.3.5 结构在风荷载及地震作用下的协同工作计算

（1）水平地震作用下结构内力计算见表 5-15。

水平地震荷载作用下结构内力计算　　表 5-15

| 层次 | 标高 $x$（m） | $\xi = x/H$ | 倒三角形荷载 $M_w$（kN·m） | 倒三角形荷载 $V_w$（kN） | 倒三角形荷载 $V_F$（kN） | 集中荷载 $M_w$（kN·m） | 集中荷载 $V_w$（kN） | 集中荷载 $V_F$（kN） | 总内力 $M_w$（kN·m） | 总内力 $V_w$（kN） | 总内力 $V_F$（kN） |
|---|---|---|---|---|---|---|---|---|---|---|---|
| | | $\lambda = 1.45$，$M_0 = 133793.88$kN·m，$V_0 = 3815.34$kN；$q = 145.07$kN/m；$P = 745.69$kN | | | | | | | | | |
| 15 | 52.6 | 1.000 | 0.00 | −1001.57 | 1001.57 | 0.00 | 331.59 | 414.10 | 0.00 | −669.98 | 1416.80 |
| 14 | 49.2 | 0.935 | −2599.34 | −525.43 | 1005.30 | 1135.38 | 333.06 | 412.63 | −1463.96 | −192.37 | 1419.89 |
| 13 | 45.8 | 0.871 | −3630.30 | −92.71 | 1013.58 | 2263.10 | 337.41 | 408.28 | −1367.20 | 244.70 | 1422.78 |
| 12 | 42.4 | 0.806 | −3243.19 | 313.95 | 1022.81 | 3428.46 | 344.79 | 400.90 | 185.27 | 658.74 | 1421.71 |
| 11 | 39.0 | 0.741 | −1517.05 | 691.14 | 1029.27 | 4624.30 | 355.25 | 390.44 | 3107.25 | 1046.39 | 1413.22 |
| 10 | 35.6 | 0.677 | 1398.46 | 1036.99 | 1029.67 | 5841.85 | 368.63 | 377.06 | 7240.31 | 1405.62 | 1393.95 |
| 9 | 32.2 | 0.612 | 5511.55 | 1365.39 | 1020.94 | 7130.01 | 385.46 | 360.23 | 12641.56 | 1750.85 | 1360.99 |
| 8 | 28.8 | 0.548 | 10624.33 | 1669.06 | 1000.52 | 8460.22 | 405.39 | 340.30 | 19084.55 | 2074.45 | 1311.18 |

续表

| 层次 | 标高 $x$ (m) | $\xi = x/H$ | $\lambda = 1.45$，$M_0 = 133793.88$kN·m，$V_0 = 3815.34$kN；$q = 145.07$kN/m；$P = 745.69$kN | | | | | | | | |
|---|---|---|---|---|---|---|---|---|---|---|---|
| | | | 倒三角形荷载 | | | 集中荷载 | | | 总内力 | | |
| | | | $M_w$ (kN·m) | $V_w$ (kN) | $V_F$ (kN) | $M_w$ (kN·m) | $V_w$ (kN) | $V_F$ (kN) | $M_w$ (kN·m) | $V_w$ (kN) | $V_F$ (kN) |
| 7 | 25.4 | 0.483 | 16833.27 | 1960.20 | 965.06 | 9885.91 | 429.21 | 316.48 | 26719.18 | 2389.41 | 1241.30 |
| 6 | 22.0 | 0.418 | 24011.54 | 2236.50 | 912.21 | 11399.49 | 456.84 | 288.85 | 35411.03 | 2693.34 | 1149.76 |
| 5 | 18.6 | 0.354 | 31981.23 | 2496.44 | 840.78 | 12988.71 | 488.01 | 257.68 | 44969.94 | 2984.45 | 1033.19 |
| 4 | 15.2 | 0.289 | 40953.52 | 2750.46 | 746.22 | 14717.42 | 523.98 | 221.71 | 55670.94 | 3274.44 | 888.13 |
| 3 | 11.8 | 0.224 | 50780.34 | 2996.67 | 627.24 | 16576.96 | 564.60 | 181.09 | 67357.30 | 3561.27 | 714.30 |
| 2 | 8.4 | 0.160 | 61268.54 | 3233.58 | 484.09 | 18551.79 | 609.50 | 136.19 | 79820.33 | 3843.08 | 507.84 |
| 1 | 5.0 | 0.095 | 72730.45 | 3470.71 | 310.19 | 20721.21 | 660.48 | 85.21 | 93451.66 | 4131.19 | 197.70 |
| 0 | 0 | 0.000 | 90934.91 | 3815.34 | 0.00 | 24228.98 | 745.69 | 0.00 | 115163.89 | 4561.03 | 0.00 |

注：$M_w = \theta'_M M_0 = \frac{3}{\lambda^2}\left[\left(1+\frac{\lambda \text{sh}\lambda}{2}-\frac{\text{sh}\lambda}{\lambda}\right)\frac{\text{ch}\lambda\xi}{\text{ch}\lambda}-\left(\frac{\lambda}{2}-\frac{1}{\lambda}\right)\text{sh}\lambda\xi-\xi\right]M_0$（倒三角形荷载）；$M_w = PH\left(\frac{\text{sh}\lambda}{\lambda\,\text{ch}\lambda}\text{ch}\lambda\xi-\frac{1}{\lambda}\text{sh}\lambda\xi\right)$（集中荷载）；

$V_w = \theta'_V V_0 = \frac{-2}{\lambda^2}\left[\left(1+\frac{\lambda \text{sh}\lambda}{2}-\frac{\text{sh}\lambda}{\lambda}\right)\frac{\lambda\,\text{sh}\lambda\xi}{\text{ch}\lambda}-\left(\frac{\lambda}{2}-\frac{1}{\lambda}\right)\lambda\,\text{ch}\lambda\xi-1\right]V_0$（倒三角形荷载）；$V_w = P\left(\text{ch}\lambda\xi-\frac{\text{sh}\lambda}{\text{ch}\lambda}\text{sh}\lambda\xi\right)$（集中荷载）；

$V_F = \frac{1}{2}(1-\xi^2)qH - V_w$（倒三角形荷载）；$V_F = P - V_w$（集中荷载）；$V_{Fi} = (V_{Fi-1} + V_{Fi})/2$（总内力）。

（2）风荷载作用下结构内力计算见表5-16。

**风荷载作用下结构内力计算（倒三角形荷载）　　表 5-16**

| 层次 | 标高 $x$ (m) | $\xi = x/H$ | $\lambda = 1.45$，$M_0 = 85246.88$kN·m，$V_0 = 2430.91$kN；$q = 92.43$kN | | | | | |
|---|---|---|---|---|---|---|---|---|
| | | | $M_w/M_0$ | $M_w$ (kN·m) | $V_w/V_0$ | $V_w$ (kN) | $V_F$ (kN) | $V_{Fi}$ (kN) |
| 15 | 52.6 | 1.000 | 0.000 | 0.00 | −0.263 | −638.14 | 638.14 | 639.33 |
| 14 | 49.2 | 0.935 | −0.019 | −1656.17 | −0.138 | −334.77 | 640.52 | 643.15 |
| 13 | 45.8 | 0.871 | −0.027 | −2313.05 | −0.024 | −59.07 | 645.79 | 648.73 |
| 12 | 42.4 | 0.806 | −0.024 | −2066.40 | 0.082 | 200.03 | 651.67 | 653.73 |
| 11 | 39.0 | 0.741 | −0.011 | −966.59 | 0.181 | 440.35 | 655.79 | 655.92 |
| 10 | 35.6 | 0.677 | 0.010 | 891.03 | 0.272 | 660.71 | 656.05 | 653.26 |
| 9 | 32.2 | 0.612 | 0.041 | 3511.69 | 0.358 | 869.95 | 650.48 | 643.98 |
| 8 | 28.8 | 0.548 | 0.079 | 6769.30 | 0.437 | 1063.43 | 637.47 | 626.18 |
| 7 | 25.4 | 0.483 | 0.126 | 10725.33 | 0.514 | 1248.92 | 614.88 | 598.04 |
| 6 | 22.0 | 0.418 | 0.179 | 15298.97 | 0.586 | 1424.97 | 581.20 | 558.45 |
| 5 | 18.6 | 0.354 | 0.239 | 20376.86 | 0.654 | 1590.58 | 535.69 | 505.57 |
| 4 | 15.2 | 0.289 | 0.306 | 26093.57 | 0.721 | 1752.43 | 475.45 | 437.54 |
| 3 | 11.8 | 0.224 | 0.380 | 32354.73 | 0.785 | 1909.30 | 399.64 | 354.03 |
| 2 | 8.4 | 0.160 | 0.458 | 39037.30 | 0.848 | 2060.25 | 308.43 | 253.03 |
| 1 | 5.0 | 0.095 | 0.544 | 46340.27 | 0.910 | 2211.34 | 197.63 | 98.82 |
| 0 | 0 | 0.000 | 0.680 | 57939.25 | 1.000 | 2430.91 | 0.00 | 0.00 |

注：$M_w = \theta'_M M_0 = \frac{3}{\lambda^2}\left[\left(1+\frac{\lambda \text{sh}\lambda}{2}-\frac{\text{sh}\lambda}{\lambda}\right)\frac{\text{ch}\lambda\xi}{\text{ch}\lambda}-\left(\frac{\lambda}{2}-\frac{1}{\lambda}\right)\text{sh}\lambda\xi-\xi\right]M_0$（倒三角形荷载）；$V_F = \frac{1}{2}(1-\xi^2)qH - V_w$（倒三角形荷载）；

$V_w = \theta'_V V_0 = \frac{-2}{\lambda^2}\left[\left(1+\frac{\lambda \text{sh}\lambda}{2}-\frac{\text{sh}\lambda}{\lambda}\right)\frac{\lambda\,\text{sh}\lambda\xi}{\text{ch}\lambda}-\left(\frac{\lambda}{2}-\frac{1}{\lambda}\right)\lambda\,\text{ch}\lambda\xi-1\right]V_0$（倒三角形荷载）；$V_{Fi} = (V_{Fi-1} + V_{Fi})/2$（总内力）。

### 5.3.6 结构在风荷载及地震作用下的水平位移计算

结构位移计算见表 5-17。

**结构位移计算** **表 5-17**

| 层次 | $H_i$ (m) | $\xi = x/H$ | 水平地震荷载 | | | | | | 风荷载 | | |
|---|---|---|---|---|---|---|---|---|---|---|---|
| | | | 倒三角形荷载 | | 集中荷载 | 总位移 | 总位移差 (mm) | | 系数 | 位移 | 位移差(mm) |
| | | | $y(\xi)/f_H$ | $y(\xi)$ (mm) | $y(\xi)$ (mm) | $y(\xi)$ (mm) | $\Delta y_i = y_i - y_{i-1}$ | | $y(\xi)/f_H$ | $y(\xi)$(mm) | $\Delta y_i = y_i - y_{i-1}$ |
| 15 | 52.6 | 1.000 | 0.554 | 34.51 | 12.15 | 46.66 | 3.91 | | 0.554 | 22.13 | 1.77 |
| 14 | 49.2 | 0.935 | 0.510 | 31.74 | 11.00 | 42.75 | 3.86 | | 0.510 | 20.36 | 1.75 |
| 13 | 45.8 | 0.871 | 0.466 | 29.01 | 9.88 | 38.89 | 3.92 | | 0.466 | 18.60 | 1.80 |
| 12 | 42.4 | 0.806 | 0.421 | 26.21 | 8.76 | 34.97 | 3.92 | | 0.421 | 16.81 | 1.81 |
| 11 | 39.0 | 0.741 | 0.375 | 23.38 | 7.67 | 31.05 | 3.84 | | 0.375 | 14.99 | 1.79 |
| 10 | 35.6 | 0.677 | 0.331 | 20.59 | 6.62 | 27.21 | 3.85 | | 0.331 | 13.20 | 1.81 |
| 9 | 32.2 | 0.612 | 0.285 | 17.76 | 5.60 | 23.36 | 3.70 | | 0.285 | 11.39 | 1.76 |
| 8 | 28.8 | 0.548 | 0.241 | 15.02 | 4.64 | 19.66 | 3.62 | | 0.241 | 9.63 | 1.74 |
| 7 | 25.4 | 0.483 | 0.198 | 12.31 | 3.73 | 16.04 | 3.43 | | 0.198 | 7.90 | 1.66 |
| 6 | 22.0 | 0.418 | 0.156 | 9.73 | 2.89 | 12.61 | 3.13 | | 0.156 | 6.24 | 1.53 |
| 5 | 18.6 | 0.354 | 0.118 | 7.34 | 2.14 | 9.49 | 2.85 | | 0.118 | 4.71 | 1.40 |
| 4 | 15.2 | 0.289 | 0.083 | 5.16 | 1.48 | 6.63 | 2.46 | | 0.083 | 3.31 | 1.22 |
| 3 | 11.8 | 0.224 | 0.052 | 3.26 | 0.92 | 4.18 | 1.95 | | 0.052 | 2.09 | 0.97 |
| 2 | 8.4 | 0.160 | 0.028 | 1.75 | 0.48 | 2.23 | 1.41 | | 0.028 | 1.12 | 0.71 |
| 1 | 5.0 | 0.095 | 0.010 | 0.65 | 0.18 | 0.82 | 0.82 | | 0.010 | 0.42 | 0.42 |
| 0 | 0 | 0.000 | 0.000 | 0.00 | 0.00 | 0.00 | 0.00 | | 0.000 | 0.00 | 0.00 |

注：$\lambda = 1.45$；$EI_w = 16.24 \times 10^8 \text{kN}\cdot\text{m}^2$；$P = 745.69\text{kN/m}$；

顶部位移 $f_H = \dfrac{11qH^4}{120EI_w} = \dfrac{11 \times 145.07 \times 52.6^4}{120 \times 16.24 \times 10^8} \times 10^3 = 62.68\text{mm}$（水平地震荷载）；

顶部位移 $f_H = \dfrac{11qH^4}{120EI_w} = \dfrac{11 \times 92.43 \times 52.6^4}{120 \times 16.24 \times 10^8} \times 10^3 = 39.94\text{mm}$（风荷载）；

$y(\xi)/f_H = \dfrac{120}{11\lambda^2}\left[\left(1 + \dfrac{\lambda \text{sh}\lambda}{2} - \dfrac{\text{sh}\lambda}{\lambda}\right)\dfrac{\text{ch}\lambda\xi - 1}{\lambda^2 \text{ch}\lambda} + \left(\dfrac{1}{2} - \dfrac{1}{\lambda^2}\right)\left(\xi - \dfrac{\text{sh}\lambda\xi}{\lambda}\right) - \dfrac{\xi^3}{6}\right]$（倒三角形荷载）；

$y(\xi) = \dfrac{PH^3}{EI_w}\left[(\text{ch}\lambda\xi - 1)\dfrac{\text{sh}\lambda}{\lambda^3 \text{ch}\lambda} - \dfrac{1}{\lambda^3}\text{sh}\lambda\xi + \dfrac{1}{\lambda^2}\xi\right]$（集中荷载）；

层间最大相对位移 $\left[\dfrac{\Delta y_i}{h_i}\right]_{\max} = \dfrac{3.92}{3400} = \dfrac{1}{867} < \left[\dfrac{1}{800}\right]$，满足要求。

由表 5-17 可知，结构整体上表现出弯曲变形的特性。

### 5.3.7 刚重比与剪重比验算

(1) 刚重比验算

对地震作用下的刚重比进行验算。由 5.3.3 和表 5-15 可知，地震作用下倒三角形荷载的最大值及顶点位移为：

$$q = 145.07\text{kN/m}$$
$$u = 46.66\text{mm} = 0.0466\text{m}$$
$$H = 52.6\text{m}$$

重力荷载设计值：
$$\sum_{i=1}^{n} G_i = 150135.59\text{kN}$$
等效侧向刚度：
$$EJ_{\text{d}} = \frac{11qH^4}{120u} = \frac{11 \times 145.07 \times 52.6^4}{120 \times 0.0466} = 218.4470 \times 10^7 \text{kN} \cdot \text{m}^2$$
按公式（1-29）对刚重比验算（重力荷载设计值$\sum_{i=1}^{n} G_i = 150135.59\text{kN}$）：
$$\frac{EJ_{\text{d}}}{H^2 \sum_{i=1}^{n} G_i} = \frac{218.4470 \times 10^7}{52.6^2 \times 150135.59} = 5.3 > 2.7$$
因此，不必考虑二阶效应影响。

（2）剪重比验算

各层剪重比见表 5-18。

**各层剪重比** **表 5-18**

| 层　号 | $G_i$ (kN) | $\sum_{j=i}^{n} G_j$ (kN) | $V_{\text{Ek}i}$ (kN) | $\frac{V_{\text{Ek}i}}{\sum_{j=i}^{n} G_j}$ |
|---|---|---|---|---|
| 16 | 1695.74 | 1695.74 | 112.17 | 0.066 |
| 15 | 6495.30 | 8191.04 | 1143.70 | 0.140 |
| 14 | 7059.75 | 15250.79 | 1548.94 | 0.102 |
| 13 | 7059.75 | 22310.54 | 1925.25 | 0.086 |
| 12 | 7059.75 | 29370.29 | 2272.60 | 0.077 |
| 11 | 7059.75 | 36430.04 | 2591.01 | 0.071 |
| 10 | 7059.75 | 43489.79 | 2884.09 | 0.066 |
| 9 | 7059.75 | 50549.54 | 3148.22 | 0.062 |
| 8 | 7059.75 | 57609.29 | 3383.41 | 0.059 |
| 7 | 7059.75 | 64669.04 | 3593.27 | 0.056 |
| 6 | 7059.75 | 71728.79 | 3774.19 | 0.053 |
| 5 | 7059.75 | 78788.54 | 3926.15 | 0.050 |
| 4 | 7059.75 | 85848.29 | 4049.18 | 0.047 |
| 3 | 7059.75 | 92908.04 | 4146.87 | 0.045 |
| 2 | 7059.75 | 99967.79 | 4215.62 | 0.042 |
| 1 | 7398.27 | 107366.06 | 4251.80 | 0.040 |

由表 5-18 可见，各层的剪重比均大于 0.016，满足对剪重比的要求。

### 5.3.8 风荷载及地震作用下的内力分配

（1）剪力墙内力（剪力和弯矩）分配

$H = 52.6\text{m}$ 稍大于 50m；$H/B = 52.6/24.90 = 2.11 < 4$

由《高层建筑混凝土结构技术规程》（JGJ 3—2002），本题不考虑墙肢的轴向变形和剪切变形，仅考虑墙肢弯曲变形。

第 $j$ 层第 $i$ 片墙肢的内力为：

剪力
$$V_{\text{w}ij} = \frac{EI_{\text{eq}i}}{\sum EI_{\text{eq}i}} V_{\text{w}j}$$
弯矩
$$W_{\text{w}ij} = \frac{EI_{\text{eq}i}}{\sum EI_{\text{eq}i}} M_{\text{w}j}$$

本题每层横向含有 2 片剪力墙，其内力为：

$$V_{wij} = \frac{1}{2}V_{wj}, M_{wij} = \frac{1}{2}M_{wj}$$

1）地震作用下的剪力和弯矩在剪力墙上的分配见表 5-19。

**地震作用下的剪力和弯矩在剪力墙上的分配** **表 5-19**

| 层 次 | $M_{wj}$ (kN·m) | $M_{wij}$ (kN·m) | $V_{wj}$ (kN) | $V_{wij}$ (kN) | 层 次 | $M_{wj}$ (kN·m) | $M_{wij}$ (kN·m) | $V_{wj}$ (kN) | $V_{wij}$ (kN) |
|---|---|---|---|---|---|---|---|---|---|
| 15 | 0.00 | 0.00 | -669.98 | -334.99 | 7 | 26719.18 | 13359.59 | 2389.41 | 1194.71 |
| 14 | -1463.96 | -731.98 | -192.37 | -96.19 | 6 | 35411.03 | 17705.52 | 2693.34 | 1346.67 |
| 13 | -1367.2 | -683.60 | 244.7 | 122.35 | 5 | 44969.94 | 22484.97 | 2984.45 | 1492.23 |
| 12 | 185.27 | 92.64 | 658.74 | 329.37 | 4 | 55670.94 | 27835.47 | 3274.44 | 1637.22 |
| 11 | 3107.25 | 1553.63 | 1046.39 | 523.20 | 3 | 67357.3 | 33678.65 | 3561.27 | 1780.64 |
| 10 | 7240.31 | 3620.16 | 1405.62 | 702.81 | 2 | 79820.33 | 39910.17 | 3843.08 | 1921.54 |
| 9 | 12641.56 | 6320.78 | 1750.85 | 875.43 | 1 | 93451.66 | 46725.83 | 4131.19 | 2065.60 |
| 8 | 19084.55 | 9542.28 | 2074.45 | 1037.23 | 0 | 115163.89 | 57581.95 | 4561.03 | 2280.52 |

单片剪力墙在地震作用下的弯矩图和剪力图分别如图 5-11（*a*）、（*b*）所示。

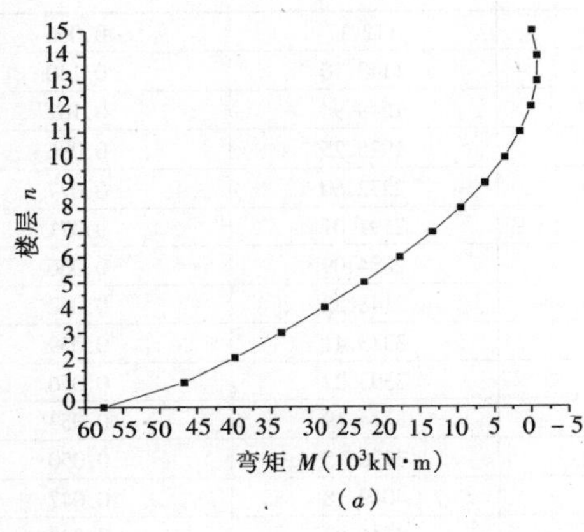

（*a*）

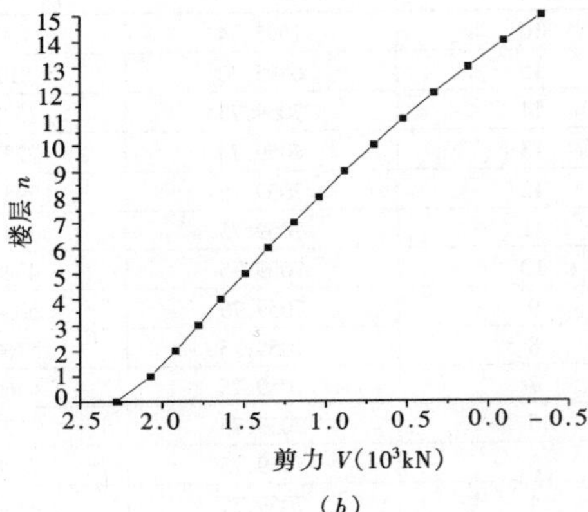

（*b*）

图 5-11 单片剪力墙在地震作用下的弯矩图和剪力图

（*a*）弯矩图；（*b*）剪力图

2）风荷载作用下的剪力和弯矩在剪力墙上的分配见表 5-20。

**风荷载作用下的剪力和弯矩在剪力墙上的分配** **表 5-20**

| 层 次 | $M_{wj}$ (kN·m) | $M_{wij}$ (kN·m) | $V_{wj}$ (kN) | $V_{wij}$ (kN) | 层 次 | $M_{wj}$ (kN·m) | $M_{wij}$ (kN·m) | $V_{wj}$ (kN) | $V_{wij}$ (kN) |
|---|---|---|---|---|---|---|---|---|---|
| 15 | 0.00 | 0.00 | -638.14 | -319.07 | 7 | 10725.33 | 5362.67 | 1248.92 | 624.46 |
| 14 | -1656.17 | -828.09 | -334.77 | -167.39 | 6 | 15298.97 | 7649.49 | 1424.97 | 712.49 |
| 13 | -2313.05 | -1156.53 | -59.07 | -29.54 | 5 | 20376.86 | 10188.43 | 1590.58 | 795.29 |
| 12 | -2066.4 | -1033.20 | 200.03 | 100.02 | 4 | 26093.57 | 13046.79 | 1752.43 | 876.22 |
| 11 | -966.59 | -483.30 | 440.35 | 220.18 | 3 | 32354.73 | 16177.37 | 1909.3 | 954.65 |
| 10 | 891.03 | 445.52 | 660.71 | 330.36 | 2 | 39037.3 | 19518.65 | 2060.25 | 1030.13 |
| 9 | 3511.69 | 1755.85 | 869.95 | 434.98 | 1 | 46340.27 | 23170.14 | 2211.34 | 1105.67 |
| 8 | 6769.3 | 3384.65 | 1063.43 | 531.72 | 0 | 57939.25 | 28969.63 | 2430.91 | 1215.46 |

单片剪力墙在风荷载作用下的弯矩图和剪力图分别如图 5-12（*a*）、（*b*）所示。

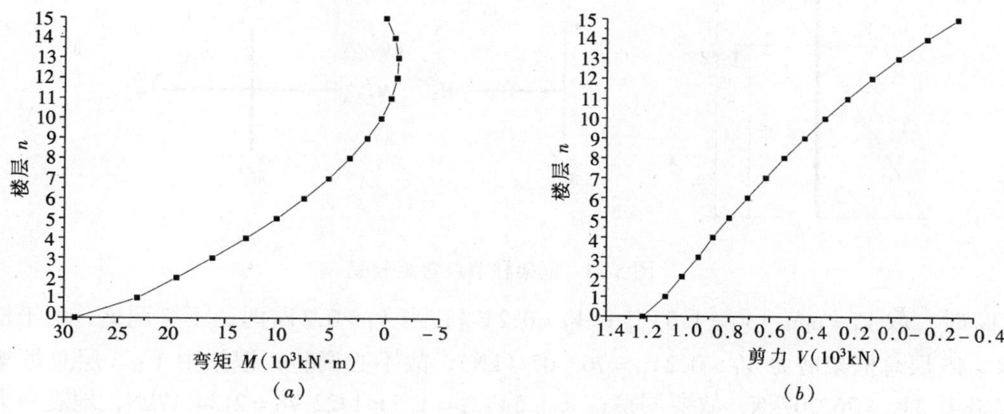


图 5-12　单片剪力墙在风荷载作用下的弯矩图和剪力图

（*a*）弯矩图；（*b*）剪力图

（2）框架内力（剪力和弯矩）分配

框架柱反弯点位置确定见表 5-21。

**框架柱反弯点位置确定**　　　　**表 5-21**

| 层　次 | 边 | 柱 | | | | | 中 | 柱 | | | | |
|---|---|---|---|---|---|---|---|---|---|---|---|---|
| | $\overline{i}$ | $y_0$ | $y_1$ | $y_2$ | $y_3$ | $y$ | $\overline{i}$ | $y_0$ | $y_1$ | $y_2$ | $y_3$ | $y$ |
| 15 | 0.051 | −0.40 | 0.00 | 0.00 | 0.00 | −0.04 | 0.677 | 0.30 | 0.00 | 0.00 | 0.00 | 0.30 |
| 14 | 0.051 | −0.15 | 0.00 | 0.00 | 0.00 | −0.15 | 0.677 | 0.39 | 0.00 | 0.00 | 0.00 | 0.39 |
| 13 | 0.051 | 0.00 | 0.00 | 0.00 | 0.00 | 0.00 | 0.677 | 0.40 | 0.00 | 0.00 | 0.00 | 0.40 |
| 12 | 0.051 | 0.10 | 0.00 | 0.00 | 0.00 | 0.10 | 0.677 | 0.45 | 0.00 | 0.00 | 0.00 | 0.45 |
| 11 | 0.051 | 0.20 | 0.00 | 0.00 | 0.00 | 0.20 | 0.677 | 0.45 | 0.00 | 0.00 | 0.00 | 0.45 |
| 10 | 0.051 | 0.25 | 0.00 | 0.00 | 0.00 | 0.25 | 0.677 | 0.45 | 0.00 | 0.00 | 0.00 | 0.45 |
| 9 | 0.051 | 0.30 | 0.00 | 0.00 | 0.00 | 0.30 | 0.677 | 0.45 | 0.00 | 0.00 | 0.00 | 0.45 |
| 8 | 0.051 | 0.35 | 0.00 | 0.00 | 0.00 | 0.35 | 0.677 | 0.45 | 0.00 | 0.00 | 0.00 | 0.45 |
| 7 | 0.051 | 0.40 | 0.00 | 0.00 | 0.00 | 0.40 | 0.677 | 0.49 | 0.00 | 0.00 | 0.00 | 0.49 |
| 6 | 0.051 | 0.40 | 0.00 | 0.00 | 0.00 | 0.40 | 0.677 | 0.49 | 0.00 | 0.00 | 0.00 | 0.49 |
| 5 | 0.051 | 0.40 | 0.00 | 0.00 | 0.00 | 0.40 | 0.677 | 0.49 | 0.00 | 0.00 | 0.00 | 0.49 |
| 4 | 0.051 | 0.45 | 0.00 | 0.00 | 0.00 | 0.45 | 0.677 | 0.50 | 0.00 | 0.00 | 0.00 | 0.50 |
| 3 | 0.051 | 0.60 | 0.00 | 0.00 | 0.00 | 0.60 | 0.677 | 0.50 | 0.00 | 0.00 | 0.00 | 0.50 |
| 2 | 0.051 | 0.80 | 0.00 | 0.00 | −0.05 | 0.75 | 0.677 | 0.50 | 0.00 | 0.00 | −0.05 | 0.45 |
| 1 | 0.197 | 1.30 | 0.00 | −0.05 | 0.00 | 1.25 | 1.991 | 0.70 | 0.00 | 0.00 | 0.00 | 0.70 |

注：$y = y_0 + y_1 + y_2 + y_3$。

框架柱节点弯矩分配如图 5-13 所示。

1）地震荷载作用下框架剪力 $V_f$ 在各柱间分配。

框架剪力调整：由《高层建筑混凝土结构技术规程》（JGJ 3—2002）可知：当 $V_f <$

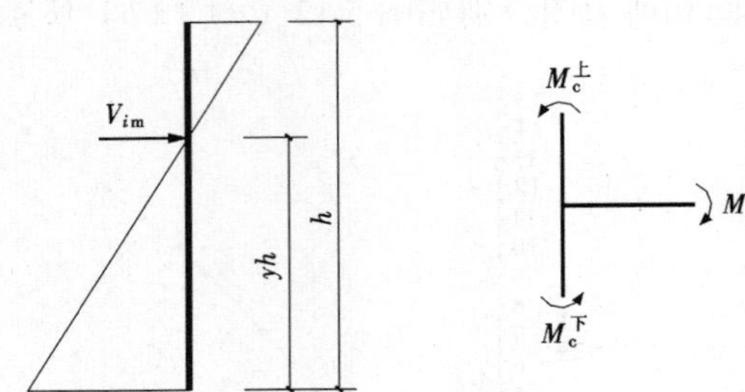

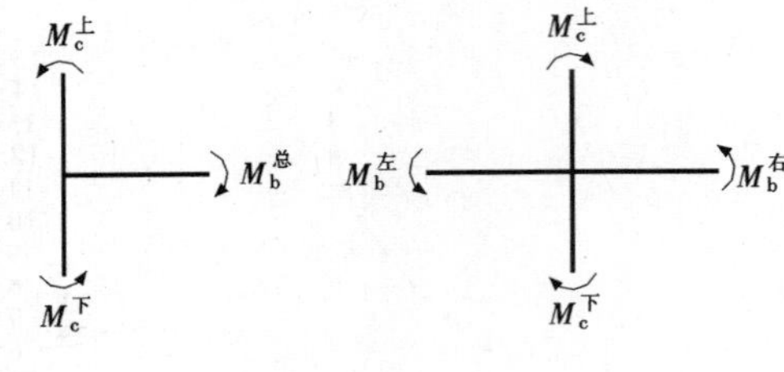


图 5-13 框架柱节点弯矩分配

$0.2V_0$ 时，取 $V_f = \min\{V_f = 1.5V_{max}; V_f = 0.2V_0\}$；当 $V_f > 0.2V_0$ 时，不必调整。由于框架中 4～15 层总框架剪力 $V_f > 0.2V_0 = 763.07$（kN），故不必调整；框架中 1～3 层总框架剪力 $V_f < 0.2V_0 = 763.07$kN，故要调整；又 $1.5V_{fmax} = 1.5 \times 1422.78 = 2134.17$kN，地震剪力取 $V_f = \min\{2134.17; 763.07\} = 763.07$kN。

取①轴线横向框架分析 $V_i = \frac{1}{2}V_{Fj}$；$D = \alpha_c \frac{12i_c}{h^2}$；第 $j$ 层第 $m$ 柱所分配剪力：$V_{im} = \frac{D_{im}}{\Sigma D_{im}}V_i$。

横向水平地震荷载作用下框架柱剪力及梁柱端弯矩计算分别见表 5-22 及表 5-23。

**横向水平地震荷载作用下框架柱剪力及梁柱端弯矩计算（边柱）** 表 5-22

| 层次 | 层高 $h$ (m) | $V_i$ (kN) | $\Sigma D_{im}$ | $D_{im}$ | $V_{im}$ (kN) | $yh$ (m) | $M_c^上$ (kN·m) | $M_c^下$ (kN·m) | $M_b^总$ (kN·m) |
|---|---|---|---|---|---|---|---|---|---|
| 15 | 3.4 | 708.40 | 171235 | 17860 | 73.89 | -0.14 | 261.57 | -10.34 | 261.57 |
| 14 | 3.4 | 709.95 | 171235 | 17860 | 74.05 | -0.51 | 289.54 | -37.77 | 279.19 |
| 13 | 3.4 | 711.39 | 171235 | 17860 | 74.20 | 0.00 | 252.28 | 0.00 | 214.51 |
| 12 | 3.4 | 710.86 | 171235 | 17860 | 74.14 | 0.34 | 226.87 | 25.21 | 226.87 |
| 11 | 3.4 | 706.61 | 171235 | 17860 | 73.70 | 0.68 | 200.46 | 50.12 | 225.67 |
| 10 | 3.4 | 696.98 | 171235 | 17860 | 72.70 | 0.85 | 185.39 | 61.80 | 235.50 |
| 9 | 3.4 | 680.50 | 171235 | 17860 | 70.98 | 1.02 | 168.93 | 72.40 | 230.73 |
| 8 | 3.4 | 655.59 | 171235 | 17860 | 68.38 | 1.19 | 151.12 | 81.37 | 223.52 |
| 7 | 3.4 | 620.65 | 171235 | 17860 | 64.73 | 1.36 | 132.05 | 88.03 | 213.42 |
| 6 | 3.4 | 574.88 | 171235 | 17860 | 59.96 | 1.36 | 122.32 | 81.55 | 210.35 |
| 5 | 3.4 | 516.60 | 171235 | 17860 | 53.88 | 1.36 | 109.92 | 73.28 | 191.46 |
| 4 | 3.4 | 444.07 | 171235 | 17860 | 46.32 | 1.53 | 86.62 | 70.87 | 159.90 |
| 3 | 3.4 | 381.54 | 171235 | 17860 | 39.80 | 2.04 | 54.13 | 81.19 | 125.00 |
| 2 | 3.4 | 381.54 | 171235 | 17860 | 39.80 | 2.55 | 33.83 | 101.49 | 115.02 |
| 1 | 5.0 | 381.54 | 234372 | 54108 | 88.08 | 6.25 | -110.10 | 550.50 | -8.61 |

注：$M_c^上 = V_{im}(1-y)h$；$M_c^下 = V_{im}yh$；$M_b^总 = M_c^上 + M_c^下$。

横向水平地震荷载作用下框架柱剪力及梁柱端弯矩计算（中柱）　　　表 5-23

| 层次 | 层高 $h$ (m) | $V_i$ (kN) | $\Sigma D_{im}$ | $D_{im}$ | $V_{im}$ (kN) | $yh$ (m) | $M_c^{上}$ (kN·m) | $M_c^{下}$ (kN·m) | $M_b^{总}$ (kN·m) |
|---|---|---|---|---|---|---|---|---|---|
| 15 | 3.4 | 708.40 | 171235 | 27103 | 112.13 | 1.02 | 266.87 | 114.37 | 266.87 |
| 14 | 3.4 | 709.95 | 171235 | 27103 | 112.37 | 1.33 | 232.61 | 149.45 | 346.98 |
| 13 | 3.4 | 711.39 | 171235 | 27103 | 112.60 | 1.36 | 229.70 | 153.14 | 379.16 |
| 12 | 3.4 | 710.86 | 171235 | 27103 | 112.51 | 1.53 | 210.39 | 172.14 | 363.53 |
| 11 | 3.4 | 706.61 | 171235 | 27103 | 111.84 | 1.53 | 209.14 | 171.12 | 381.28 |
| 10 | 3.4 | 696.98 | 171235 | 27103 | 110.32 | 1.53 | 206.30 | 168.79 | 377.41 |
| 9 | 3.4 | 680.50 | 171235 | 27103 | 107.71 | 1.53 | 201.42 | 164.80 | 370.21 |
| 8 | 3.4 | 655.59 | 171235 | 27103 | 103.77 | 1.53 | 194.05 | 158.77 | 358.85 |
| 7 | 3.4 | 620.65 | 171235 | 27103 | 98.24 | 1.67 | 169.96 | 164.06 | 328.72 |
| 6 | 3.4 | 574.88 | 171235 | 27103 | 90.99 | 1.67 | 157.41 | 151.95 | 321.47 |
| 5 | 3.4 | 516.60 | 171235 | 27103 | 81.77 | 1.67 | 141.46 | 136.56 | 293.42 |
| 4 | 3.4 | 444.07 | 171235 | 27103 | 70.29 | 1.70 | 119.49 | 119.49 | 256.05 |
| 3 | 3.4 | 381.54 | 171235 | 27103 | 60.39 | 1.70 | 102.66 | 102.66 | 222.16 |
| 2 | 3.4 | 381.54 | 171235 | 27103 | 60.39 | 1.53 | 112.93 | 92.40 | 215.59 |
| 1 | 5.0 | 381.54 | 234372 | 21026 | 34.23 | 3.50 | 51.35 | 119.81 | 143.74 |

注：$M_c^{上} = V_{im}$（$1-y$）$h$；$M_c^{下} = V_{im}yh$；$M_b^{总} = M_c^{上} + M_c^{下}$。

2）风荷载作用下框架剪力 $V_f$ 在各柱间分配。

框架剪力调整：当 $V_f < 0.2V_0$ 时，取 $V_f = \min\{V_f = 1.5V_{max}；V_f = 0.2V_0\}$；当 $V_f > 0.2V_0$ 时，不必调整。由于框架中 5～15 层总框架剪力 $V_f > 0.2V_0 = 486.12$kN，故不必调整；框架中 1～4 层总框架剪力 $V_f < 0.2V_0 = 486.12$kN，故要调整；又 $1.5V_{fmax} = 1.5\times655.92 = 983.88$kN，故地震剪力取 $V_f = \min\{983.88；486.12\} = 486.12$kN。

取①轴线横向框架分析，$V_i = \dfrac{1}{2}V_{Fj}$；$D = \alpha_c\dfrac{12i_c}{h^2}$；第 $j$ 层第 $m$ 柱所分配剪力：$V_{im} = \dfrac{D_{im}}{\Sigma D_{im}}V_i$。

横向水平风荷载作用下框架柱剪力及梁柱端弯矩计算分别见表 5-24 及表 5-25。

横向水平风荷载作用下框架柱剪力及梁柱端弯矩计算（边柱）　　　表 5-24

| 层次 | 层高 $h$ (m) | $V_i$ (kN) | $\Sigma D_{im}$ | $D_{im}$ | $V_{im}$ (kN) | $yh$ (m) | $M_c^{上}$ (kN·m) | $M_c^{下}$ (kN·m) | $M_b^{总}$ (kN·m) |
|---|---|---|---|---|---|---|---|---|---|
| 15 | 3.4 | 319.67 | 171235 | 17860 | 33.34 | −0.14 | 118.02 | −4.67 | 118.02 |
| 14 | 3.4 | 321.58 | 171235 | 17860 | 33.54 | −0.51 | 131.14 | −17.11 | 126.47 |
| 13 | 3.4 | 324.37 | 171235 | 17860 | 33.83 | 0.00 | 115.02 | 0.00 | 97.92 |
| 12 | 3.4 | 326.87 | 171235 | 17860 | 34.09 | 0.34 | 104.32 | 11.59 | 104.32 |
| 11 | 3.4 | 327.96 | 171235 | 17860 | 34.21 | 0.68 | 93.05 | 23.26 | 104.64 |

续表

| 层次 | 层高 $h$ (m) | $V_i$ (kN) | $\Sigma D_{im}$ | $D_{im}$ | $V_{im}$ (kN) | $yh$ (m) | $M_c^上$ (kN·m) | $M_c^下$ (kN·m) | $M_b^总$ (kN·m) |
|---|---|---|---|---|---|---|---|---|---|
| 10 | 3.4 | 326.63 | 171235 | 17860 | 34.07 | 0.85 | 86.88 | 28.96 | 110.14 |
| 9 | 3.4 | 321.99 | 171235 | 17860 | 33.58 | 1.02 | 79.92 | 34.25 | 108.88 |
| 8 | 3.4 | 313.09 | 171235 | 17860 | 32.66 | 1.19 | 72.18 | 38.87 | 106.43 |
| 7 | 3.4 | 299.02 | 171235 | 17860 | 31.19 | 1.36 | 63.63 | 42.42 | 102.49 |
| 6 | 3.4 | 279.23 | 171235 | 17860 | 29.12 | 1.36 | 59.40 | 39.60 | 101.82 |
| 5 | 3.4 | 252.79 | 171235 | 17860 | 26.37 | 1.36 | 53.79 | 35.86 | 93.40 |
| 4 | 3.4 | 243.06 | 171235 | 17860 | 25.35 | 1.53 | 47.40 | 38.79 | 83.27 |
| 3 | 3.4 | 243.06 | 171235 | 17860 | 25.35 | 2.04 | 34.48 | 51.71 | 73.26 |
| 2 | 3.4 | 243.06 | 171235 | 17860 | 25.35 | 2.55 | 21.55 | 64.64 | 73.26 |
| 1 | 5.0 | 243.06 | 234372 | 54108 | 56.11 | 6.25 | −70.14 | 350.69 | −5.50 |

注：$M_c^上 = V_{im}(1-y)h$；$M_c^下 = V_{im}yh$；$M_b^总 = M_c^上 + M_c^下$。

**横向水平风荷载作用下框架柱剪力及梁柱端弯矩计算（中柱）** **表 5-25**

| 层次 | 层高 $h$ (m) | $V_i$ (kN) | $\Sigma D_{im}$ | $D_{im}$ | $V_{im}$ (kN) | $yh$ (m) | $M_c^上$ (kN·m) | $M_c^下$ (kN·m) | $M_b^总$ (kN·m) |
|---|---|---|---|---|---|---|---|---|---|
| 15 | 3.4 | 319.67 | 171235 | 27103 | 50.60 | 1.02 | 120.43 | 51.61 | 120.43 |
| 14 | 3.4 | 321.58 | 171235 | 27103 | 50.90 | 1.33 | 105.36 | 67.70 | 156.98 |
| 13 | 3.4 | 324.37 | 171235 | 27103 | 51.34 | 1.36 | 104.73 | 69.82 | 172.43 |
| 12 | 3.4 | 326.87 | 171235 | 27103 | 51.74 | 1.53 | 96.75 | 79.16 | 166.58 |
| 11 | 3.4 | 327.96 | 171235 | 27103 | 51.91 | 1.53 | 97.07 | 79.42 | 176.23 |
| 10 | 3.4 | 326.63 | 171235 | 27103 | 51.70 | 1.53 | 96.68 | 79.10 | 176.10 |
| 9 | 3.4 | 321.99 | 171235 | 27103 | 50.96 | 1.53 | 95.30 | 77.97 | 174.40 |
| 8 | 3.4 | 313.09 | 171235 | 27103 | 49.56 | 1.53 | 92.68 | 75.83 | 170.65 |
| 7 | 3.4 | 299.02 | 171235 | 27103 | 47.33 | 1.67 | 81.88 | 79.04 | 157.71 |
| 6 | 3.4 | 279.23 | 171235 | 27103 | 44.20 | 1.67 | 76.47 | 73.81 | 155.51 |
| 5 | 3.4 | 252.79 | 171235 | 27103 | 40.01 | 1.67 | 69.22 | 66.82 | 143.03 |
| 4 | 3.4 | 243.06 | 171235 | 27103 | 38.47 | 1.70 | 65.40 | 65.40 | 132.22 |
| 3 | 3.4 | 243.06 | 171235 | 27103 | 38.47 | 1.70 | 65.40 | 65.40 | 130.80 |
| 2 | 3.4 | 243.06 | 171235 | 27103 | 38.47 | 1.53 | 71.94 | 58.86 | 137.34 |
| 1 | 5.0 | 243.06 | 234372 | 21026 | 21.81 | 3.50 | 32.72 | 76.34 | 91.57 |

注：$M_c^上 = V_{im}(1-y)h$；$M_c^下 = V_{im}yh$；$M_b^总 = M_c^上 + M_c^下$。

（3）框架梁、柱内力计算

1）框架梁、柱弯矩图。

地震荷载作用下，框架梁、柱弯矩图如图 5-14 所示。风荷载作用下，框架梁、柱弯矩图如图 5-15 所示。

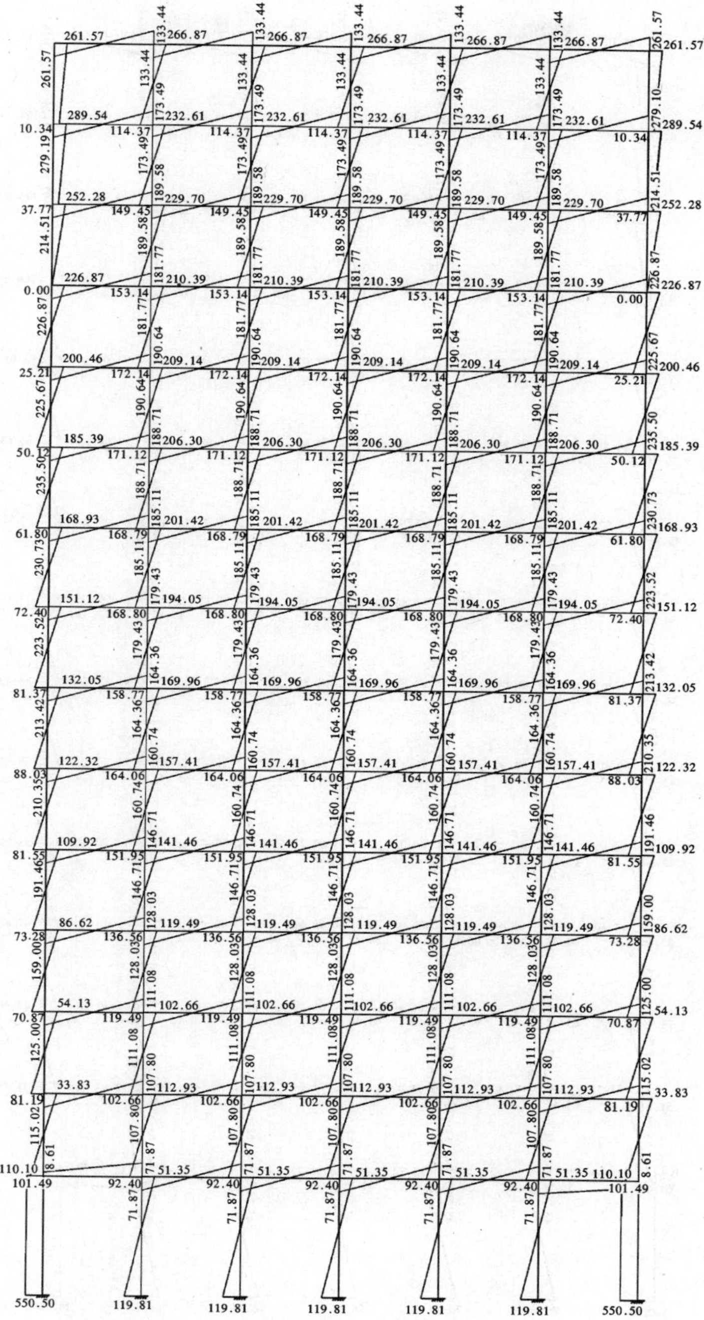


图 5-14 左向水平地震荷载作用下框架梁柱弯矩图（单位：kN·m）

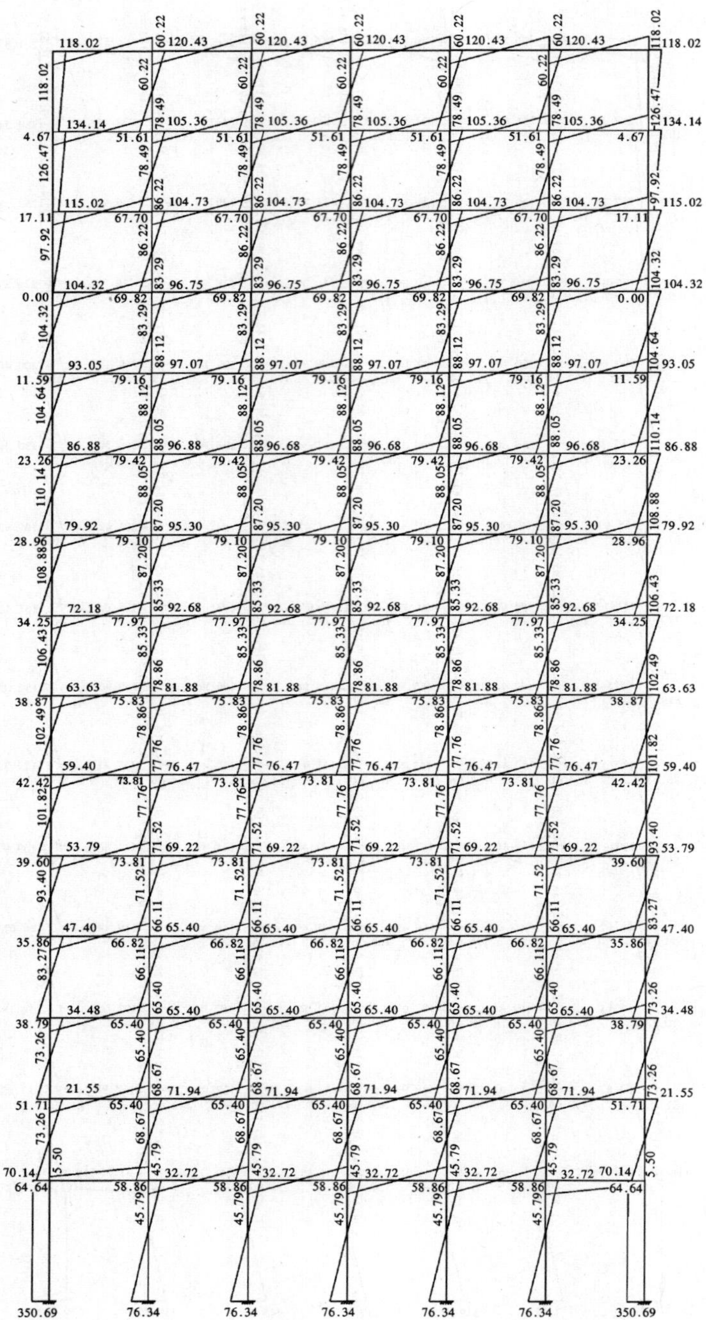


图 5-15　左向水平风荷载作用下框架梁柱弯矩图（单位：kN·m）

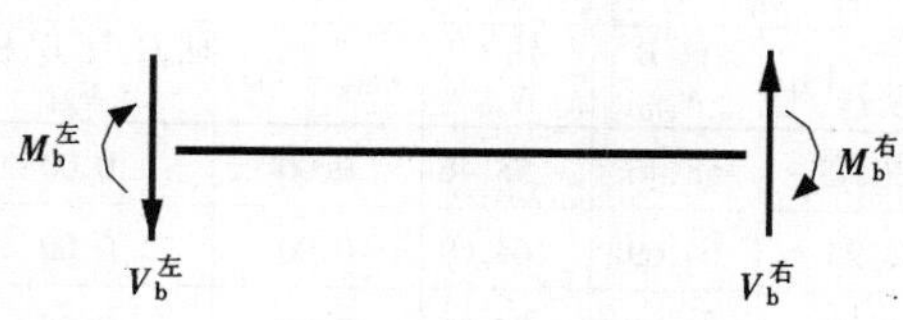


图 5-16 框架梁剪力计算

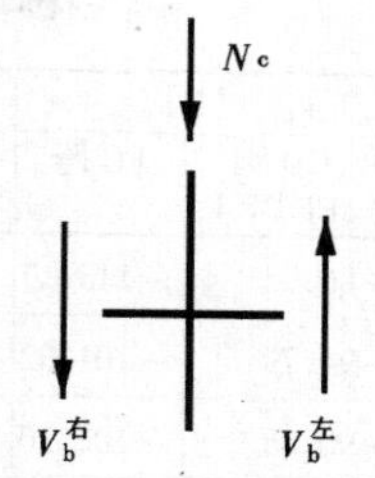


图 5-17 框架柱轴力计算

2）框架梁剪力和框架柱轴力计算

框架梁剪力计算如图 5-16 所示，框架柱轴力计算如图 5-17 所示，框架柱剪力计算如图 5-18 所示。

图 5-18 框架柱剪力计算

梁 AB：$V_{ABj}=V_{BCj}=-\dfrac{M_{bABj}+M_{bBAj}}{l}=-\dfrac{M_{bABj}+M_{bBAj}}{4}$(剪力以顺时针为正)；

梁 BC：$V_{BCj}=V_{CBj}=-\dfrac{M_{bBCj}+M_{bCBj}}{l}=-\dfrac{M_{bBCj}+M_{bCBj}}{4}$(剪力以顺时针为正)；

梁 CD：$V_{CDj}=V_{DCj}=-\dfrac{M_{bCDj}+M_{bDCj}}{l}=-\dfrac{M_{bCDj}+M_{bDCj}}{4}$(剪力以顺时针为正)；

梁 DE：$V_{DEj}=V_{EDj}=-\dfrac{M_{bDEj}+M_{bEDj}}{l}=-\dfrac{M_{bDEj}+M_{bEDj}}{4}$(剪力以顺时针为正)；

梁 EF：$V_{EFj}=V_{FEj}=-\dfrac{M_{bEFj}+M_{bFEj}}{l}=-\dfrac{M_{bEFj}+M_{bFEj}}{4}$(剪力以顺时针为正)；

梁 FG：$V_{FGj}=V_{GFj}=-\dfrac{M_{bFGj}+M_{bGFj}}{l}=-\dfrac{M_{bFGj}+M_{bGFj}}{4}$(剪力以顺时针为正)；

柱 A：$N_{cjA}=\Sigma V_{ABj}$(轴力以受压为正)；

柱 B：$N_{cjB}=\Sigma(V_{BCj}-V_{ABj})$(轴力以受压为正)；

柱 C：$N_{cjC}=\Sigma(V_{CDj}-V_{BCj})$(轴力以受压为正)；

柱 D：$N_{cjD}=\Sigma(V_{DEj}-V_{CDj})$(轴力以受压为正)；

柱 E：$N_{cjE}=\Sigma(V_{EFj}-V_{FGj})$(轴力以受压为正)；

柱 F：$N_{cjF}=\Sigma(V_{FGj}-V_{EFj})$(轴力以受压为正)；

柱 G：$N_{cjG}=-\Sigma V_{FGj}$(轴力以受压为正)。

横向水平地震荷载作用下，框架梁端剪力和框架柱轴力计算见表 5-26。横向水平风荷载作用下，框架梁端剪力和框架柱轴力计算见表 5-27。

**横向水平地震荷载作用下框架梁端剪力和框架柱轴力计算** 表 5-26

| 层次 | 梁端剪力 $V_{bj}$ (kN) | | | 柱轴力 $N$ (kN) | | | | | | |
|---|---|---|---|---|---|---|---|---|---|---|
| | AB 跨 $V_{ABj}$ | BC 跨、CD 跨、DE 跨、EF 跨 $V_j$ | FG 跨 $V_{FGj}$ | 柱 A $N_{cjA}$ | 柱 G $N_{cjG}$ | $V_{BCj}-V_{ABj}$ | 柱 B $N_{cjB}$ | 柱 F $N_{cjF}$ | $V_{CDj}-V_{BCj}$ | 柱 C、柱 D、柱 E $N_{cjF}$ |
| 15 | −98.75 | −66.72 | −98.75 | −98.75 | 98.75 | 32.03 | 32.03 | −32.03 | 0.00 | 0.00 |

续表

| 层次 | 梁端剪力 $V_{bj}$ (kN) | | | 柱轴力 $N$ (kN) | | | | | | |
|---|---|---|---|---|---|---|---|---|---|---|
| | AB跨 $V_{ABj}$ | BC跨、CD跨、DE跨、EF跨 $V_j$ | FG跨 $V_{FGj}$ | 柱A $N_{cjA}$ | 柱G $N_{cjG}$ | $V_{BCj}-V_{ABj}$ | 柱B $N_{cjB}$ | 柱F $N_{cjF}$ | $V_{CDj}-V_{BCj}$ | 柱C、柱D、柱E $N_{cjF}$ |
| 14 | -113.17 | -86.75 | -113.17 | -211.92 | 211.92 | 26.43 | 58.46 | -58.46 | 0.00 | 0.00 |
| 13 | -101.02 | -94.79 | -101.02 | -312.94 | 312.94 | 6.23 | 64.69 | -64.69 | 0.00 | 0.00 |
| 12 | -102.16 | -90.88 | -102.16 | -415.10 | 415.10 | 11.28 | 75.97 | -75.97 | 0.00 | 0.00 |
| 11 | -104.08 | -95.32 | -104.08 | -519.18 | 519.18 | 8.76 | 84.73 | -84.73 | 0.00 | 0.00 |
| 10 | -106.05 | -94.35 | -106.05 | -625.23 | 625.23 | 11.70 | 96.43 | -96.43 | 0.00 | 0.00 |
| 9 | -103.96 | -92.55 | -103.96 | -729.19 | 729.19 | 11.41 | 107.84 | -107.84 | 0.00 | 0.00 |
| 8 | -100.74 | -89.71 | -100.74 | -829.93 | 829.93 | 11.02 | 118.86 | -118.86 | 0.00 | 0.00 |
| 7 | -94.45 | -82.18 | -94.45 | -924.37 | 924.37 | 12.27 | 131.13 | -131.13 | 0.00 | 0.00 |
| 6 | -92.77 | -80.37 | -92.77 | -1017.14 | 1017.14 | 12.40 | 143.53 | -143.53 | 0.00 | 0.00 |
| 5 | -84.54 | -73.36 | -84.54 | -1101.69 | 1101.69 | 11.19 | 154.72 | -154.72 | 0.00 | 0.00 |
| 4 | -71.98 | -64.01 | -71.98 | -1173.67 | 1173.67 | 7.97 | 162.69 | -162.69 | 0.00 | 0.00 |
| 3 | -59.02 | -55.54 | -59.02 | -1232.69 | 1232.69 | 3.48 | 166.17 | -166.17 | 0.00 | 0.00 |
| 2 | -55.70 | -53.90 | -55.70 | -1288.39 | 1288.39 | 1.81 | 167.98 | -167.98 | 0.00 | 0.00 |
| 1 | -15.82 | -35.94 | -15.82 | -1304.21 | 1304.21 | -20.12 | 147.86 | -147.86 | 0.00 | 0.00 |

注：梁端剪力以顺时针为正；柱轴力以受压为正。

**横向水平风荷载作用下框架梁端剪力和框架柱轴力计算　　表 5-27**

| 层次 | 梁端剪力 $V_{bj}$ (kN) | | | 柱轴力 $N$ (kN) | | | | | | |
|---|---|---|---|---|---|---|---|---|---|---|
| | AB跨 $V_{ABj}$ | BC跨、CD跨、DE跨、EF跨 $V_j$ | FG跨 $V_{FGj}$ | 柱A $N_{cjA}$ | 柱G $N_{cjG}$ | $V_{BCj}-V_{ABj}$ | 柱B $N_{cjB}$ | 柱F $N_{cjF}$ | $V_{CDj}-V_{BCj}$ | 柱C、柱D、柱E $N_{cjF}$ |
| 15 | -44.56 | -30.11 | -44.56 | -44.56 | 44.56 | 14.45 | 14.45 | -14.45 | 0.00 | 0.00 |
| 14 | -51.24 | -39.25 | -51.24 | -95.80 | 95.80 | 12.00 | 26.45 | -26.45 | 0.00 | 0.00 |
| 13 | -46.03 | -43.11 | -46.03 | -141.83 | 141.83 | 2.93 | 29.38 | -29.38 | 0.00 | 0.00 |
| 12 | -46.90 | -41.65 | -46.90 | -188.73 | 188.73 | 5.26 | 34.64 | -34.64 | 0.00 | 0.00 |
| 11 | -48.19 | -44.06 | -48.19 | -236.92 | 236.92 | 4.13 | 38.77 | -38.77 | 0.00 | 0.00 |
| 10 | -49.55 | -44.03 | -49.55 | -286.47 | 286.47 | 5.52 | 44.29 | -44.29 | 0.00 | 0.00 |
| 9 | -49.02 | -43.60 | -49.02 | -335.49 | 335.49 | 5.42 | 49.71 | -49.71 | 0.00 | 0.00 |
| 8 | -47.94 | -42.66 | -47.94 | -383.43 | 383.43 | 5.28 | 54.99 | -54.99 | 0.00 | 0.00 |
| 7 | -45.34 | -39.43 | -45.34 | -428.77 | 428.77 | 5.91 | 60.90 | -60.90 | 0.00 | 0.00 |
| 6 | -44.89 | -38.88 | -44.89 | -473.66 | 473.66 | 6.02 | 66.92 | -66.92 | 0.00 | 0.00 |
| 5 | -41.23 | -35.76 | -41.23 | -514.89 | 514.89 | 5.47 | 72.39 | -72.39 | 0.00 | 0.00 |
| 4 | -37.35 | -33.06 | -37.35 | -552.24 | 552.24 | 4.29 | 76.68 | -76.68 | 0.00 | 0.00 |
| 3 | -34.67 | -32.70 | -34.67 | -586.91 | 586.91 | 1.97 | 78.65 | -78.65 | 0.00 | 0.00 |
| 2 | -35.48 | -34.34 | -35.48 | -622.39 | 622.39 | 1.15 | 79.80 | -79.80 | 0.00 | 0.00 |
| 1 | -10.07 | -22.89 | -10.07 | -632.46 | 632.46 | -12.82 | 66.98 | -66.98 | 0.00 | 0.00 |

注：梁端剪力以顺时针为正；柱轴力以受压为正。

因此，由表 5-26、表 5-27 可绘出框架梁剪力、柱剪力和柱轴力图。在地震荷载作用下，框架梁柱剪力图如图 5-19 所示；在风荷载作用下，框架梁柱剪力图如图 5-20 所示。

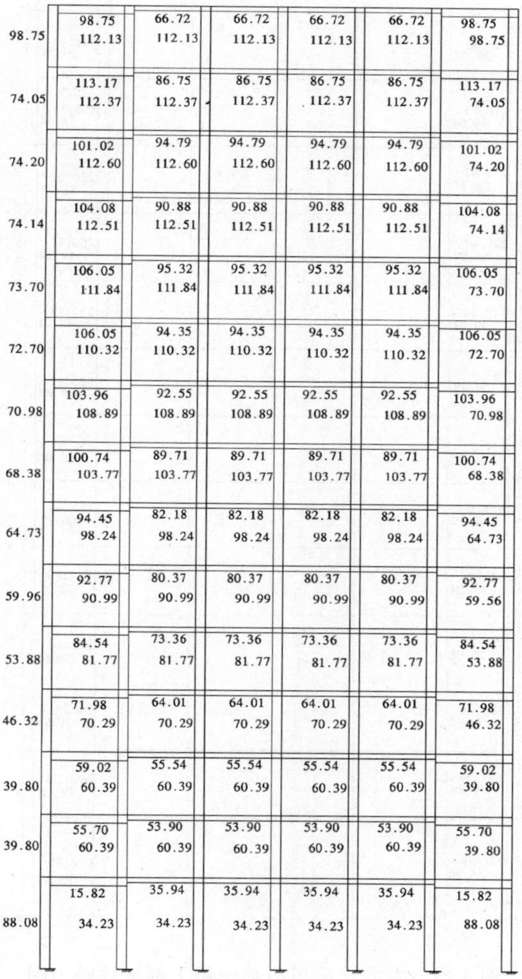

图 5-19　左向水平地震荷载作用下框架梁柱剪力图（单位：kN）

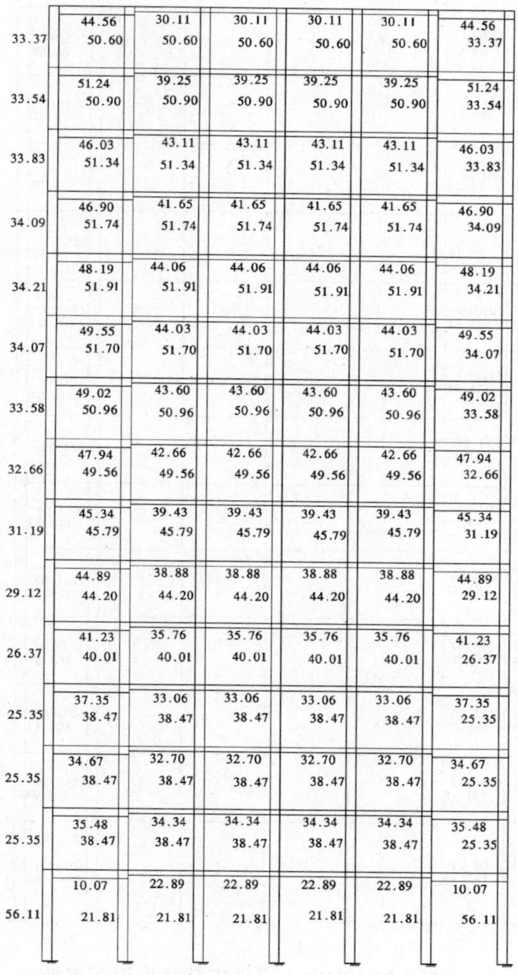

图 5-20　左向水平风荷载作用下框架梁柱剪力图（单位：kN）

在地震荷载作用下，框架柱轴力图如图 5-21 所示；在风荷载作用下，框架柱轴力图如图 5-22 所示。

### 5.3.9　竖向荷载下框架内力计算

（1）框架梁柱相对线刚度

由表 5-5、表 5-6 可得出框架梁柱相对线刚度，令 $i_{左余柱}=1.0$，则其余各杆的相对线刚度为：

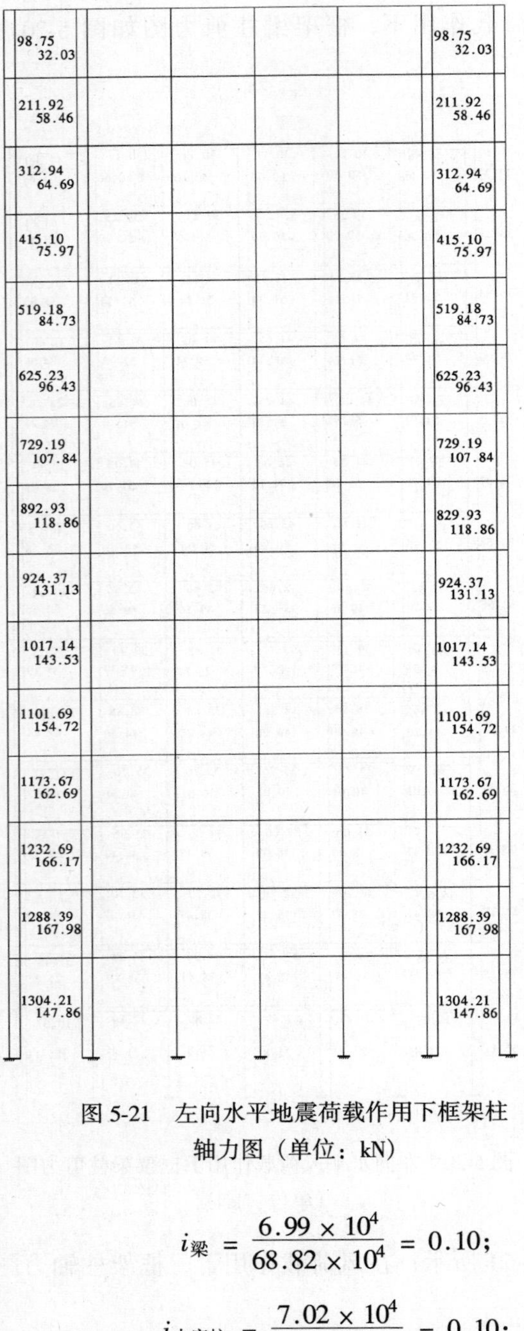

图 5-21　左向水平地震荷载作用下框架柱轴力图（单位：kN）

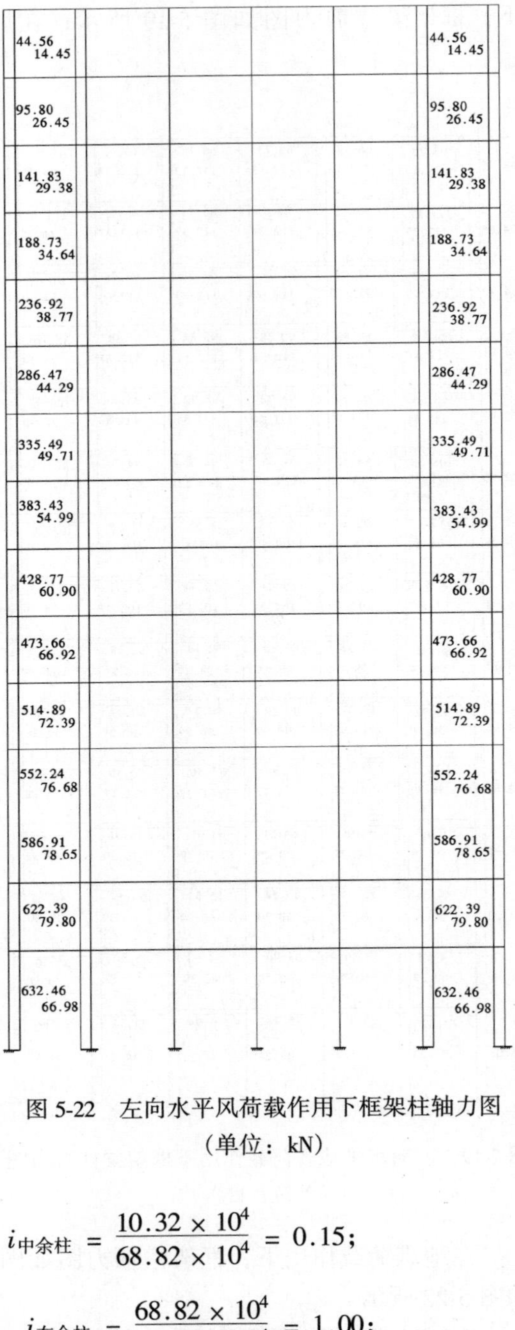

图 5-22　左向水平风荷载作用下框架柱轴力图（单位：kN）

$$i_{梁} = \frac{6.99 \times 10^4}{68.82 \times 10^4} = 0.10; \quad i_{中余柱} = \frac{10.32 \times 10^4}{68.82 \times 10^4} = 0.15;$$

$$i_{中底柱} = \frac{7.02 \times 10^4}{68.82 \times 10^4} = 0.10; \quad i_{右余柱} = \frac{68.82 \times 10^4}{68.82 \times 10^4} = 1.00;$$

$$i_{左底柱} = \frac{35.56 \times 10^4}{68.82 \times 10^4} = 0.52; \quad i_{右底柱} = \frac{35.56 \times 10^4}{68.82 \times 10^4} = 0.52。$$

框架梁柱相对线刚度如图 5-23 所示。

(2) 恒载标准值计算

1) 屋面

结构层：180 厚现浇钢筋混凝土板　　$0.18\times25=4.5\text{kN/m}^2$

2) 标准层楼面

结构层：180 厚现浇钢筋混凝土板　　$0.18\times25=4.5\text{kN/m}^2$

3) 梁自重（$b\times h=200\text{mm}\times700\text{mm}$）

梁自重：　　$25\times0.2\times(0.7-0.18)=2.6\text{kN/m}$

4) 柱自重

2~15 层等代角柱（$b\times h=0.93\text{m}^2$）自重：　　$25\times0.93=23.25\text{kN/m}$

底层等代角柱（$b\times h=0.93\text{m}^2$）自重：　　$25\times0.93=23.25\text{kN/m}$

中柱（$b\times h=600\text{mm}\times600\text{mm}$）自重：　　$25\times0.6\times0.6=9.00\text{kN/m}$

5) 外纵墙自重

2~15 层：

纵　墙：　　$1.1\times0.20\times19=4.18\text{kN/m}$

铝合金窗：　　$0.40\times(3.4-1.1)=0.92\text{kN/m}$

合　计：　　$5.10\text{kN/m}$

底层：

纵　墙：　　$1.1\times0.20\times19=4.18\text{kN/m}$

铝合金窗：　　$0.40\times(5.0-1.1)=1.56\text{kN/m}$

合　计：　　$5.74\text{kN/m}$

6) 女儿墙自重

$1.8\times0.24\times19=8.21\text{kN/m}$

(3) 活荷载标准值计算

1) 屋面和楼面活荷载标准值

由第 1 章表 1-7 和表 1-8 可查得：

上人屋面：$2.0\text{kN/m}^2$

楼面：$3.5\text{kN/m}^2$

屋面：$2.0\text{kN/m}^2$

2) 雪荷载：$s_0=0.45\text{kN/m}^2$

非抗震设计中，屋面活荷载与雪荷载不同时考虑，两者中取大值为 $2.0\text{kN/m}^2$。

抗震设计中，计算重力荷载代表值时，应取雪荷载 $s_0=0.45\text{kN/m}^2$。

(4) 竖向荷载下框架受荷总图

1) 荷载的传递示意图如图 5-24 所示。

2) 框架梁均布荷载计算。

板传三角形荷载在梁中产生的弯矩图如图 5-25 所示。

按梁端弯矩相等原则可转化为均布荷载：

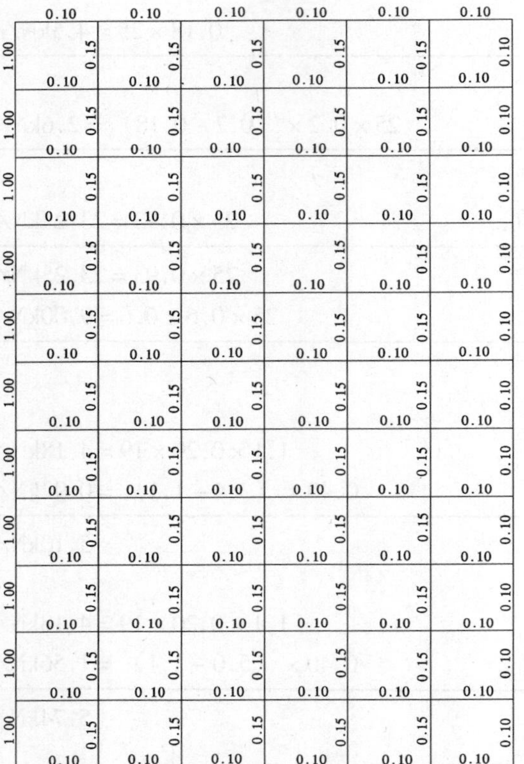

图 5-23 框架梁柱相对线刚度

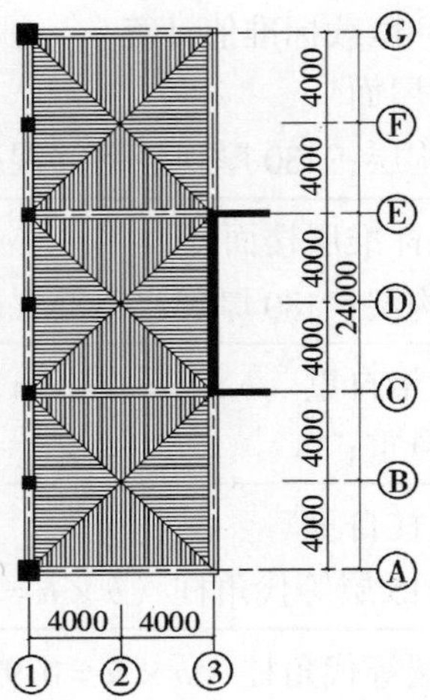


图 5-24 荷载的传递示意图

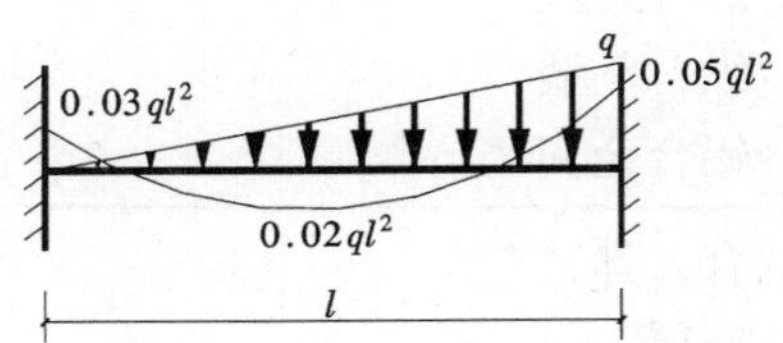


图 5-25 板传三角形荷载下梁弯矩图

梁左端：由 $0.03ql^2 = 1/12q_{换}^{左} l^2$，得 $q_{换}^{左} = 0.36q$；

梁右端：由 $0.05ql^2 = 1/12q_{换}^{右} l^2$，得 $q_{换}^{右} = 0.60q$；

为简便计算，取 $q_{换}^{左} = q_{换}^{右} = \dfrac{5}{8}q$ 是偏于安全的。

因此，框架梁均布荷载计算如下：

①屋面梁：

恒载 = 梁自重 + 女儿墙自重 + 板传恒荷载

$$= 2.6 + 8.21 + 4.5 \times 4 \times \frac{5}{8}$$

$$= 22.06\text{kN/m}$$

活载 = 板传活荷载

$$= 2.0 \times 4 \times \frac{5}{8} = 5.00\text{kN/m}$$

②楼面梁：

2～15层：

恒载＝梁自重＋外纵墙自重＋板传恒荷载

$$=2.6+5.10+4.5\times4\times\frac{5}{8}$$

$$=18.95\text{kN/m}$$

活载＝板传活荷载

$$=3.5\times4\times\frac{5}{8}=8.75\text{kN/m}$$

底层：

恒载＝梁自重＋外纵墙自重＋板传恒荷载

$$=2.6+5.74\times4.5\times4\times\frac{5}{8}$$

$$=19.59\text{kN/m}$$

3）框架柱（纵向传来）集中荷载计算：

①框架柱 A、柱 G：

顶层：

纵向传来的恒载＝女儿墙自重＋天沟自重＋梁自重＋板传恒荷载

$$=8.21\times2+3.29\times2+2.6\times2+4.5\times4\times\frac{5}{8}\times2$$

$$=50.70\text{kN}$$

框架柱自重 $=23.25\times3.4=79.05\text{kN}$

纵向传来的活载＝板传活荷载 $=2.0\times4\times\frac{5}{8}\times2=10.00\text{kN}$

2～14层：

纵向传来的恒载＝外纵墙自重＋梁自重＋板传恒荷载

$$=5.10\times2+2.6\times2+4.5\times4\times\frac{5}{8}\times2$$

$$=37.90\text{kN}$$

框架柱自重 $=23.25\times3.4=79.05\text{kN}$

纵向传来的活载＝板传活荷载 $=3.5\times4\times\frac{5}{8}\times2=17.50\text{kN}$

底层：

纵向传来的恒载＝外纵墙自重＋梁自重＋板传恒荷载

$$=5.74\times2+2.6\times2+\frac{300}{180}\times4.5\times4\times\frac{5}{8}\times2$$

$$=54.18\text{kN}$$

框架柱自重 $=23.25\times5.0=116.25\text{kN}$

纵向传来的活载＝板传活荷载 $=3.5\times4\times\frac{5}{8}\times2=17.50\text{kN}$

②框架柱 B、柱 D、柱 F：

2～15层：

框架柱自重 $=25\times0.6\times0.6\times3.4=30.60\text{kN}$

底层：

框架柱自重 = $25 \times 0.6 \times 0.6 \times 5.0 = 45.00\text{kN}$

③框架柱 C、柱 E：

顶层：

纵向传来的恒载 = 梁自重 + 板传恒荷载 = $2.6 \times 4 \times 2 + 4.5 \times 4 \times \frac{5}{8} \times 4 \times 2 = 110.80\text{kN}$

框架柱自重 = $25 \times 0.6 \times 0.6 \times 3.4 = 30.60\text{kN}$

纵向传来的活载 = 板传活荷载 = $2.0 \times 4 \times \frac{5}{8} \times 4 \times 2 = 40.00\text{kN}$

2 ~ 14 层：

纵向传来的恒载 = 梁自重 + 板传恒荷载 = $2.6 \times 4 \times 2 + 4.5 \times 4 \times \frac{5}{8} \times 4 \times 2 = 110.80\text{kN}$

框架柱自重 = $25 \times 0.6 \times 0.6 \times 3.4 = 30.60\text{kN}$

纵向传来的活载 = 板传活荷载 = $3.5 \times 4 \times \frac{5}{8} \times 4 \times 2 = 70.00\text{kN}$

底层：

纵向传来的恒载 = 梁自重 + 板传恒荷载 = $2.6 \times 4 \times 2 + \frac{300}{180} \times 4.5 \times 4 \times \frac{5}{8} \times 4 \times 2 = 170.80\text{kN}$

框架柱自重 = $25 \times 0.6 \times 0.6 \times 5.0 = 45.00\text{kN}$

纵向传来的活载 = 板传活荷载 = $3.5 \times 4 \times \frac{5}{8} \times 4 \times 2 = 70.00\text{kN}$

4）框架竖向受荷总图。

非抗震设计时框架竖向受荷总图如图 5-26 所示；抗震设计时框架竖向受荷总图如图 5-27 所示。抗震设计求重力荷载代表值时，各荷载的组合值系数见表 5-28。

**各荷载的组合值系数** **表 5-28**

| 荷载种类 | 组合值系数 | 荷载种类 | 组合值系数 |
|---|---|---|---|
| 恒　载 | 1.0 | 屋面雪载 | 0.5 |
| 屋面活荷载 | 0.0 | 楼面荷载 | 0.5 |

（5）竖向荷载下框架内力计算

框架结构在竖向荷载作用下的内力计算采用 UBC 法。

按照 UBC 法，当框架结构满足下列条件时：

①两个相邻的跨长相差不超过短跨跨长的 20%；

②活荷载与恒荷载之比不大于 3；

③荷载均匀布置；

④框架梁截面为矩形。

本题满足条件以上 4 个条件，框架结构的内力可按 UBC 法计算。

1）框架梁内力

弯矩 $M = \alpha\omega_u l_n^2$；剪力 $V = \beta\omega_u l_n$

式中 $\alpha$——弯矩系数，查表 5.29；

$\beta$——剪力系数，查表 5.30；

$\omega_u$——框架梁上恒载与活荷载设计值之和；

$l_n$——净跨跨长。

图 5-26 非抗震作用时框架竖向受荷总图

注：1. 图中各值的单位为 kN；
2. 图中数值均为标准值。

图 5-27 抗震作用时框架竖向受荷总图
（重力荷载代表作用值）

注：1. 图中各值的单位为 kN；
2. 图中数值均为标准值。

**弯 矩 系 数 $\alpha$** 表 5-29

| 构件 / 部位 | 梁 AB | | | 梁 BC、梁 CD、梁 DE、梁 EF | | | 梁 FG | | |
|---|---|---|---|---|---|---|---|---|---|
| | 左支座 | 跨 中 | 右支座 | 左支座 | 跨 中 | 右支座 | 左支座 | 跨 中 | 右支座 |
| $\alpha$ | -1/16 | 1/14 | -1/10 | -1/11 | 1/16 | -1/11 | -1/10 | 1/14 | -1/16 |

**剪 力 系 数 β** 表 5-30

| 构件/部位 | 梁 AB | | | 梁 BC、梁 CD、梁 DE、梁 EF | | | 梁 FG | | |
|---|---|---|---|---|---|---|---|---|---|
| | 左支座 | 跨 中 | 右支座 | 左支座 | 跨 中 | 右支座 | 左支座 | 跨 中 | 右支座 |
| $\beta$ | 0.5 | — | 0.575 | 0.5 | — | 0.5 | 0.575 | — | 0.5 |

①恒荷载作用下框架梁内力计算见表 5-31。

**恒荷载作用下框架梁内力计算** 表 5-31

| 内力/层次 | 梁 AB（梁 FG 与之对称） | | | | | 梁 BC（梁 EF 与之对称） | | | | | 梁 CD（梁 DE 与之对称） | | | | |
|---|---|---|---|---|---|---|---|---|---|---|---|---|---|---|---|
| | 左支座 | | 跨中 | 右支座 | | 左支座 | | 跨中 | 右支座 | | 左支座 | | 跨中 | 右支座 | |
| | M (kN·m) | V (kN) | M (kN·m) | M (kN·m) | V (kN) | M (kN·m) | V (kN) | M (kN·m) | M (kN·m) | V (kN) | M (kN·m) | V (kN) | M (kN·m) | M (kN·m) | V (kN) |
| 15 | −14.30 | 35.52 | 16.34 | −24.17 | 40.84 | −21.97 | 37.50 | 15.94 | −23.18 | 37.50 | −23.18 | 37.50 | 15.94 | −23.18 | 37.50 |
| 14 | −12.28 | 30.51 | 14.03 | −20.76 | 35.09 | −18.87 | 32.22 | 13.69 | −19.91 | 32.22 | −19.91 | 32.22 | 13.69 | −19.91 | 32.22 |
| 13 | −12.28 | 30.51 | 14.03 | −20.76 | 35.09 | −18.87 | 32.22 | 13.69 | −19.91 | 32.22 | −19.91 | 32.22 | 13.69 | −19.91 | 32.22 |
| 12 | −12.28 | 30.51 | 14.03 | −20.76 | 35.09 | −18.87 | 32.22 | 13.69 | −19.91 | 32.22 | −19.91 | 32.22 | 13.69 | −19.91 | 32.22 |
| 11 | −12.28 | 30.51 | 14.03 | −20.76 | 35.09 | −18.87 | 32.22 | 13.69 | −19.91 | 32.22 | −19.91 | 32.22 | 13.69 | −19.91 | 32.22 |
| 10 | −12.28 | 30.51 | 14.03 | −20.76 | 35.09 | −18.87 | 32.22 | 13.69 | −19.91 | 32.22 | −19.91 | 32.22 | 13.69 | −19.91 | 32.22 |
| 9 | −12.28 | 30.51 | 14.03 | −20.76 | 35.09 | −18.87 | 32.22 | 13.69 | −19.91 | 32.22 | −19.91 | 32.22 | 13.69 | −19.91 | 32.22 |
| 8 | −12.28 | 30.51 | 14.03 | −20.76 | 35.09 | −18.87 | 32.22 | 13.69 | −19.91 | 32.22 | −19.91 | 32.22 | 13.69 | −19.91 | 32.22 |
| 7 | −12.28 | 30.51 | 14.03 | −20.76 | 35.09 | −18.87 | 32.22 | 13.69 | −19.91 | 32.22 | −19.91 | 32.22 | 13.69 | −19.91 | 32.22 |
| 6 | −12.28 | 30.51 | 14.03 | −20.76 | 35.09 | −18.87 | 32.22 | 13.69 | −19.91 | 32.22 | −19.91 | 32.22 | 13.69 | −19.91 | 32.22 |
| 5 | −12.28 | 30.51 | 14.03 | −20.76 | 35.09 | −18.87 | 32.22 | 13.69 | −19.91 | 32.22 | −19.91 | 32.22 | 13.69 | −19.91 | 32.22 |
| 4 | −12.28 | 30.51 | 14.03 | −20.76 | 35.09 | −18.87 | 32.22 | 13.69 | −19.91 | 32.22 | −19.91 | 32.22 | 13.69 | −19.91 | 32.22 |
| 3 | −12.28 | 30.51 | 14.03 | −20.76 | 35.09 | −18.87 | 32.22 | 13.69 | −19.91 | 32.22 | −19.91 | 32.22 | 13.69 | −19.91 | 32.22 |
| 2 | −12.28 | 30.51 | 14.03 | −20.76 | 35.09 | −18.87 | 32.22 | 13.69 | −19.91 | 32.22 | −19.91 | 32.22 | 13.69 | −19.91 | 32.22 |
| 1 | −14.15 | 33.30 | 16.18 | −22.65 | 38.30 | −20.59 | 33.30 | 14.15 | −20.59 | 33.30 | −20.59 | 33.30 | 14.15 | −20.59 | 33.30 |

注：弯矩以截面下端受拉为正；剪力以顺时针方向为正。

②活荷载作用下框架梁内力计算见表 5-32。

**活荷载作用下框架梁内力计算** 表 5-32

| 内力/层次 | 梁 AB（梁 FG 与之对称） | | | | | 梁 BC（梁 EF 与之对称） | | | | | 梁 CD（梁 DE 与之对称） | | | | |
|---|---|---|---|---|---|---|---|---|---|---|---|---|---|---|---|
| | 左支座 | | 跨中 | 右支座 | | 左支座 | | 跨中 | 右支座 | | 左支座 | | 跨中 | 右支座 | |
| | M (kN·m) | V (kN) | M (kN·m) | M (kN·m) | V (kN) | M (kN·m) | V (kN) | M (kN·m) | M (kN·m) | V (kN) | M (kN·m) | V (kN) | M (kN·m) | M (kN·m) | V (kN) |
| 15 | −3.24 | 8.05 | 3.70 | −5.48 | 9.26 | −4.98 | 8.50 | 3.61 | −5.25 | 8.50 | −5.25 | 8.50 | 3.61 | −5.25 | 8.50 |

续表

| 内力 / 层次 | 梁 AB（梁 FG 与之对称） | | | | | 梁 BC（梁 EF 与之对称） | | | | | 梁 CD（梁 DE 与之对称） | | | | |
|---|---|---|---|---|---|---|---|---|---|---|---|---|---|---|---|
| | 左支座 | | 跨中 | 右支座 | | 左支座 | | 跨中 | 右支座 | | 左支座 | | 跨中 | 右支座 | |
| | *M* (kN·m) | *V* (kN) | *M* (kN·m) | *M* (kN·m) | *V* (kN) | *M* (kN·m) | *V* (kN) | *M* (kN·m) | *M* (kN·m) | *V* (kN) | *M* (kN·m) | *V* (kN) | *M* (kN·m) | *M* (kN·m) | *V* (kN) |
| 14 | -5.67 | 14.09 | 6.48 | -9.59 | 16.20 | -8.72 | 14.88 | 6.32 | -9.20 | 14.88 | -9.20 | 14.88 | 6.32 | -9.20 | 14.88 |
| 13 | -5.67 | 14.09 | 6.48 | -9.59 | 16.20 | -8.72 | 14.88 | 6.32 | -9.20 | 14.88 | -9.20 | 14.88 | 6.32 | -9.20 | 14.88 |
| 12 | -5.67 | 14.09 | 6.48 | -9.59 | 16.20 | -8.72 | 14.88 | 6.32 | -9.20 | 14.88 | -9.20 | 14.88 | 6.32 | -9.20 | 14.88 |
| 11 | -5.67 | 14.09 | 6.48 | -9.59 | 16.20 | -8.72 | 14.88 | 6.32 | -9.20 | 14.88 | -9.20 | 14.88 | 6.32 | -9.20 | 14.88 |
| 10 | -5.67 | 14.09 | 6.48 | -9.59 | 16.20 | -8.72 | 14.88 | 6.32 | -9.20 | 14.88 | -9.20 | 14.88 | 6.32 | -9.20 | 14.88 |
| 9 | -5.67 | 14.09 | 6.48 | -9.59 | 16.20 | -8.72 | 14.88 | 6.32 | -9.20 | 14.88 | -9.20 | 14.88 | 6.32 | -9.20 | 14.88 |
| 8 | -5.67 | 14.09 | 6.48 | -9.59 | 16.20 | -8.72 | 14.88 | 6.32 | -9.20 | 14.88 | -9.20 | 14.88 | 6.32 | -9.20 | 14.88 |
| 7 | -5.67 | 14.09 | 6.48 | -9.59 | 16.20 | -8.72 | 14.88 | 6.32 | -9.20 | 14.88 | -9.20 | 14.88 | 6.32 | -9.20 | 14.88 |
| 6 | -5.67 | 14.09 | 6.48 | -9.59 | 16.20 | -8.72 | 14.88 | 6.32 | -9.20 | 14.88 | -9.20 | 14.88 | 6.32 | -9.20 | 14.88 |
| 5 | -5.67 | 14.09 | 6.48 | -9.59 | 16.20 | -8.72 | 14.88 | 6.32 | -9.20 | 14.88 | -9.20 | 14.88 | 6.32 | -9.20 | 14.88 |
| 4 | -5.67 | 14.09 | 6.48 | -9.59 | 16.20 | -8.72 | 14.88 | 6.32 | -9.20 | 14.88 | -9.20 | 14.88 | 6.32 | -9.20 | 14.88 |
| 3 | -5.67 | 14.09 | 6.48 | -9.59 | 16.20 | -8.72 | 14.88 | 6.32 | -9.20 | 14.88 | -9.20 | 14.88 | 6.32 | -9.20 | 14.88 |
| 2 | -5.67 | 14.09 | 6.48 | -9.59 | 16.20 | -8.72 | 14.88 | 6.32 | -9.20 | 14.88 | -9.20 | 14.88 | 6.32 | -9.20 | 14.88 |
| 1 | -6.32 | 14.88 | 7.23 | -10.12 | 17.11 | -9.20 | 14.88 | 6.32 | -9.20 | 14.88 | -9.20 | 14.88 | 6.32 | -9.20 | 14.88 |

注：弯矩以截面下端受拉为正；剪力以顺时针方向为正。

③重力荷载代表值作用下框架梁内力计算见表 5-33。

**重力荷载代表值作用下框架梁内力计算** **表 5-33**

| 内力 / 层次 | 梁 AB（梁 FG 与之对称） | | | | | 梁 BC（梁 EF 与之对称） | | | | | 梁 CD（梁 DE 与之对称） | | | | |
|---|---|---|---|---|---|---|---|---|---|---|---|---|---|---|---|
| | 左支座 | | 跨中 | 右支座 | | 左支座 | | 跨中 | 右支座 | | 左支座 | | 跨中 | 右支座 | |
| | *M* (kN·m) | *V* (kN) | *M* (kN·m) | *M* (kN·m) | *V* (kN) | *M* (kN·m) | *V* (kN) | *M* (kN·m) | *M* (kN·m) | *V* (kN) | *M* (kN·m) | *V* (kN) | *M* (kN·m) | *M* (kN·m) | *V* (kN) |
| 15 | -14.66 | 36.42 | 16.75 | -24.76 | 41.88 | -22.53 | 38.45 | 16.34 | -23.77 | 38.45 | -23.77 | 38.45 | 16.34 | -23.77 | 38.45 |
| 14 | -15.12 | 37.56 | 17.28 | -25.56 | 43.20 | -23.24 | 39.66 | 16.86 | -24.52 | 39.66 | -24.52 | 39.66 | 16.86 | -24.52 | 39.66 |
| 13 | -15.12 | 37.56 | 17.28 | -25.56 | 43.20 | -23.24 | 39.66 | 16.86 | -24.52 | 39.66 | -24.52 | 39.66 | 16.86 | -24.52 | 39.66 |
| 12 | -15.12 | 37.56 | 17.28 | -25.56 | 43.20 | -23.24 | 39.66 | 16.86 | -24.52 | 39.66 | -24.52 | 39.66 | 16.86 | -24.52 | 39.66 |
| 11 | -15.12 | 37.56 | 17.28 | -25.56 | 43.20 | -23.24 | 39.66 | 16.86 | -24.52 | 39.66 | -24.52 | 39.66 | 16.86 | -24.52 | 39.66 |
| 10 | -15.12 | 37.56 | 17.28 | -25.56 | 43.20 | -23.24 | 39.66 | 16.86 | -24.52 | 39.66 | -24.52 | 39.66 | 16.86 | -24.52 | 39.66 |
| 9 | -15.12 | 37.56 | 17.28 | -25.56 | 43.20 | -23.24 | 39.66 | 16.86 | -24.52 | 39.66 | -24.52 | 39.66 | 16.86 | -24.52 | 39.66 |
| 8 | -15.12 | 37.56 | 17.28 | -25.56 | 43.20 | -23.24 | 39.66 | 16.86 | -24.52 | 39.66 | -24.52 | 39.66 | 16.86 | -24.52 | 39.66 |
| 7 | -15.12 | 37.56 | 17.28 | -25.56 | 43.20 | -23.24 | 39.66 | 16.86 | -24.52 | 39.66 | -24.52 | 39.66 | 16.86 | -24.52 | 39.66 |

续表

| 内力 / 层次 | 梁AB（梁FG与之对称） | | | | | 梁BC（梁EF与之对称） | | | | | 梁CD（梁DE与之对称） | | | | |
|---|---|---|---|---|---|---|---|---|---|---|---|---|---|---|---|
| | 左支座 | | 跨中 | 右支座 | | 左支座 | | 跨中 | 右支座 | | 左支座 | | 跨中 | 右支座 | |
| | *M* (kN·m) | *V* (kN) | *M* (kN·m) | *M* (kN·m) | *V* (kN) | *M* (kN·m) | *V* (kN) | *M* (kN·m) | *M* (kN·m) | *V* (kN) | *M* (kN·m) | *V* (kN) | *M* (kN·m) | *M* (kN·m) | *V* (kN) |
| 6 | -15.12 | 37.56 | 17.28 | -25.56 | 43.20 | -23.24 | 39.66 | 16.86 | -24.52 | 39.66 | -24.52 | 39.66 | 16.86 | -24.52 | 39.66 |
| 5 | -15.12 | 37.56 | 17.28 | -25.56 | 43.20 | -23.24 | 39.66 | 16.86 | -24.52 | 39.66 | -24.52 | 39.66 | 16.86 | -24.52 | 39.66 |
| 4 | -15.12 | 37.56 | 17.28 | -25.56 | 43.20 | -23.24 | 39.66 | 16.86 | -24.52 | 39.66 | -24.52 | 39.66 | 16.86 | -24.52 | 39.66 |
| 3 | -15.12 | 37.56 | 17.28 | -25.56 | 43.20 | -23.24 | 39.66 | 16.86 | -24.52 | 39.66 | -24.52 | 39.66 | 16.86 | -24.52 | 39.66 |
| 2 | -15.12 | 37.56 | 17.28 | -25.56 | 43.20 | -23.24 | 39.66 | 16.86 | -24.52 | 39.66 | -24.52 | 39.66 | 16.86 | -24.52 | 39.66 |
| 1 | -17.32 | 40.75 | 19.79 | -27.71 | 46.86 | -25.19 | 40.75 | 17.32 | -25.19 | 40.75 | -25.19 | 40.75 | 17.32 | -25.19 | 40.75 |

注：弯矩以截面下端受拉为正；剪力以顺时针方向为正。

2）框架柱内力

①柱弯矩。

按节点处框架梁的端弯矩最大差值平均分配给上柱和下柱的柱端；恒荷载作用下框架柱弯矩计算见表5-34。

**恒荷载作用下框架柱弯矩计算　　表5-34**

| 内力 / 层次 | 柱A（柱G与之对称） | | | | 柱B（柱F与之对称） | | | | |
|---|---|---|---|---|---|---|---|---|---|
| | $M_b^{边}$ (kN·m) | $M_b^{总}$ (kN·m) | $M_c^{上}$ (kN·m) | $M_c^{下}$ (kN·m) | $M_b^{左}$ (kN·m) | $M_b^{右}$ (kN·m) | $M_b^{总}$ (kN·m) | $M_c^{上}$ (kN·m) | $M_c^{下}$ (kN·m) |
| 15 | 14.30 | 14.30 | 14.30 | 6.14 | -24.17 | 21.97 | -2.20 | -2.20 | -0.95 |
| 14 | 12.28 | 12.28 | 6.14 | 6.14 | -20.76 | 18.87 | -1.89 | -0.95 | -0.95 |
| 13 | 12.28 | 12.28 | 6.14 | 6.14 | -20.76 | 18.87 | -1.89 | -0.95 | -0.95 |
| 12 | 12.28 | 12.28 | 6.14 | 6.14 | -20.76 | 18.87 | -1.89 | -0.95 | -0.95 |
| 11 | 12.28 | 12.28 | 6.14 | 6.14 | -20.76 | 18.87 | -1.89 | -0.95 | -0.95 |
| 10 | 12.28 | 12.28 | 6.14 | 6.14 | -20.76 | 18.87 | -1.89 | -0.95 | -0.95 |
| 9 | 12.28 | 12.28 | 6.14 | 6.14 | -20.76 | 18.87 | -1.89 | -0.95 | -0.95 |
| 8 | 12.28 | 12.28 | 6.14 | 6.14 | -20.76 | 18.87 | -1.89 | -0.95 | -0.95 |
| 7 | 12.28 | 12.28 | 6.14 | 6.14 | -20.76 | 18.87 | -1.89 | -0.95 | -0.95 |
| 6 | 12.28 | 12.28 | 6.14 | 6.14 | -20.76 | 18.87 | -1.89 | -0.95 | -0.95 |
| 5 | 12.28 | 12.28 | 6.14 | 6.14 | -20.76 | 18.87 | -1.89 | -0.95 | -0.95 |
| 4 | 12.28 | 12.28 | 6.14 | 6.14 | -20.76 | 18.87 | -1.89 | -0.95 | -0.95 |
| 3 | 12.28 | 12.28 | 6.14 | 6.14 | -20.76 | 18.87 | -1.89 | -0.95 | -0.95 |
| 2 | 12.28 | 12.28 | 6.14 | 9.31 | -20.76 | 18.87 | -1.89 | -0.95 | -1.24 |
| 1 | 14.15 | 14.15 | 9.31 | 18.62 | -22.65 | 20.59 | -2.06 | -0.82 | -1.64 |

注：1. 节点弯矩 $M_b^{边}$、$M_b^{左}$、$M_b^{右}$、$M_b^{边}$ 以瞬时针方向为正；$M_b^{总}=M_b^{边}$；$M_b^{总}=M_b^{左}+M_b^{右}$；

2. 柱端弯矩 $M_c^{上}$、$M_c^{下}$、$M_b^{边}$以瞬时针方向为正；$M_c^{上}=\frac{i_c^{上}}{i_c^{上}+i_c^{下}}M_b^{总}$；$M_c^{下}=\frac{i_c^{下}}{i_c^{上}+i_c^{下}}M_b^{总}$。

活荷载作用下框架柱弯矩计算见表 5-35。

**活荷载作用下框架柱弯矩计算** **表 5-35**

| 内力 / 层次 | 柱 A（柱 G 与之对称） | | | | 柱 B（柱 F 与之对称） | | | | |
|---|---|---|---|---|---|---|---|---|---|
| | $M_b^{边}$ (kN·m) | $M_b^{总}$ (kN·m) | $M_c^{上}$ (kN·m) | $M_c^{下}$ (kN·m) | $M_b^{左}$ (kN·m) | $M_b^{右}$ (kN·m) | $M_b^{总}$ (kN·m) | $M_c^{上}$ (kN·m) | $M_c^{下}$ (kN·m) |
| 15 | 3.24 | 3.24 | 3.24 | 2.84 | −5.48 | 4.98 | −0.50 | −0.50 | −0.44 |
| 14 | 5.67 | 5.6 | 2.84 | 2.84 | −9.59 | 8.72 | −0.87 | −0.44 | −0.44 |
| 13 | 5.67 | 5.67 | 2.84 | 2.84 | −9.59 | 8.72 | −0.87 | −0.44 | −0.44 |
| 12 | 5.67 | 5.67 | 2.84 | 2.84 | −9.59 | 8.72 | −0.87 | −0.44 | −0.44 |
| 11 | 5.67 | 5.67 | 2.84 | 2.84 | −9.59 | 8.72 | −0.87 | −0.44 | −0.44 |
| 10 | 5.67 | 5.67 | 2.84 | 2.84 | −9.59 | 8.72 | −0.87 | −0.44 | −0.44 |
| 9 | 5.67 | 5.67 | 2.84 | 2.84 | −9.59 | 8.72 | −0.87 | −0.44 | −0.44 |
| 8 | 5.67 | 5.67 | 2.84 | 2.84 | −9.59 | 8.72 | −0.87 | −0.44 | −0.44 |
| 7 | 5.67 | 5.67 | 2.84 | 2.84 | −9.59 | 8.72 | −0.87 | −0.44 | −0.44 |
| 6 | 5.67 | 5.67 | 2.84 | 2.84 | −9.59 | 8.72 | −0.87 | −0.44 | −0.44 |
| 5 | 5.67 | 5.67 | 2.84 | 2.84 | −9.59 | 8.72 | −0.87 | −0.44 | −0.44 |
| 4 | 5.67 | 5.67 | 2.84 | 2.84 | −9.59 | 8.72 | −0.87 | −0.44 | −0.44 |
| 3 | 5.67 | 5.67 | 2.84 | 2.84 | −9.59 | 8.72 | −0.87 | −0.44 | −0.44 |
| 2 | 5.67 | 5.67 | 2.84 | 4.16 | −9.59 | 8.72 | −0.87 | −0.44 | −0.55 |
| 1 | 6.32 | 6.32 | 2.16 | 4.32 | −10.12 | 9.20 | −0.92 | −0.37 | −0.74 |

注：1. 节点弯矩 $M_b^{边}$、$M_b^{左}$、$M_b^{右}$、$M_b^{边}$ 以瞬时针方向为正；$M_b^{总}=M_b^{边}$；$M_b^{总}=M_b^{左}+M_b^{右}$；

2. 柱端弯矩 $M_c^{上}$、$M_c^{下}$、$M_b^{边}$以瞬时针方向为正；$M_c^{上}=\frac{i_c^{上}}{i_c^{上}+i_c^{下}}M_b^{总}$；$M_c^{下}=\frac{i_c^{下}}{i_c^{上}+i_c^{下}}M_b^{总}$。

重力荷载代表值作用下框架柱弯矩计算见表 5-36。

**重力荷载代表值作用下框架柱弯矩计算** **表 5-36**

| 内力 / 层次 | 柱 A（柱 G 与之对称） | | | | 柱 B（柱 F 与之对称） | | | | |
|---|---|---|---|---|---|---|---|---|---|
| | $M_b^{边}$ (kN·m) | $M_b^{总}$ (kN·m) | $M_c^{上}$ (kN·m) | $M_c^{下}$ (kN·m) | $M_b^{左}$ (kN·m) | $M_b^{右}$ (kN·m) | $M_b^{总}$ (kN·m) | $M_c^{上}$ (kN·m) | $M_c^{下}$ (kN·m) |
| 15 | 14.66 | 14.66 | 14.66 | 7.56 | −24.76 | 22.53 | −2.23 | −2.23 | −1.16 |
| 14 | 15.12 | 15.12 | 7.56 | 7.56 | −25.56 | 23.24 | −2.32 | −1.16 | −1.16 |
| 13 | 15.12 | 15.12 | 7.56 | 7.56 | −25.56 | 23.24 | −2.32 | −1.16 | −1.16 |
| 12 | 15.12 | 15.12 | 7.56 | 7.56 | −25.56 | 23.24 | −2.32 | −1.16 | −1.16 |
| 11 | 15.12 | 15.12 | 7.56 | 7.56 | −25.56 | 23.24 | −2.32 | −1.16 | −1.16 |
| 10 | 15.12 | 15.12 | 7.56 | 7.56 | −25.56 | 23.24 | −2.32 | −1.16 | −1.16 |
| 9 | 15.12 | 15.12 | 7.56 | 7.56 | −25.56 | 23.24 | −2.32 | −1.16 | −1.16 |
| 8 | 15.12 | 15.12 | 7.56 | 7.56 | −25.56 | 23.24 | −2.32 | −1.16 | −1.16 |

续表

| 内力 \ 层次 | 柱 A（柱 G 与之对称） | | | | 柱 B（柱 F 与之对称） | | | | |
|---|---|---|---|---|---|---|---|---|---|
| | $M_b^{边}$ (kN·m) | $M_b^{总}$ (kN·m) | $M_c^{上}$ (kN·m) | $M_c^{下}$ (kN·m) | $M_b^{左}$ (kN·m) | $M_b^{右}$ (kN·m) | $M_b^{总}$ (kN·m) | $M_c^{上}$ (kN·m) | $M_c^{下}$ (kN·m) |
| 7 | 15.12 | 15.12 | 7.56 | 7.56 | -25.56 | 23.24 | -2.32 | -1.16 | -1.16 |
| 6 | 15.12 | 15.12 | 7.56 | 7.56 | -25.56 | 23.24 | -2.32 | -1.16 | -1.16 |
| 5 | 15.12 | 15.12 | 7.56 | 7.56 | -25.56 | 23.24 | -2.32 | -1.16 | -1.16 |
| 4 | 15.12 | 15.12 | 7.56 | 7.56 | -25.56 | 23.24 | -2.32 | -1.16 | -1.16 |
| 3 | 15.12 | 15.12 | 7.56 | 7.56 | -25.56 | 23.24 | -2.32 | -1.16 | -1.16 |
| 2 | 15.12 | 15.12 | 7.56 | 11.39 | -25.56 | 23.24 | -2.32 | -1.16 | -1.51 |
| 1 | 17.32 | 17.32 | 5.93 | 11.86 | -27.71 | 25.19 | -2.52 | -1.01 | -2.02 |

注：1. 节点弯矩 $M_b^{边}$、$M_b^{左}$、$M_b^{右}$、$M_b^{边}$ 以瞬时针方向为正；$M_b^{总}=M_b^{边}$；$M_b^{总}=M_b^{左}+M_b^{右}$；

2. 柱端弯矩 $M_c^{上}$、$M_c^{下}$、$M_b^{边}$以瞬时针方向为正；$M_c^{上}=\frac{i_c^{上}}{i_c^{上}+i_c^{下}}M_b^{总}$；$M_c^{下}=\frac{i_c^{下}}{i_c^{上}+i_c^{下}}M_b^{总}$。

②柱剪力。

恒荷载作用下框架柱剪力计算见表 5-37。

**恒荷载作用下框架柱剪力计算** 表 5-37

| 内力 \ 层次 | 柱 A（柱 G 与之对称） | | | 柱 B（柱 F 与之对称） | | | 柱 C、柱 D、柱 E | | |
|---|---|---|---|---|---|---|---|---|---|
| | $M_c^{上}$ (kN·m) | $M_c^{下}$ (kN·m) | $V_c$ (kN) | $M_c^{上}$ (kN·m) | $M_c^{下}$ (kN·m) | $V_c$ (kN) | $M_c^{上}$ (kN·m) | $M_c^{下}$ (kN·m) | $V_c$ (kN) |
| 15 | 14.30 | 6.14 | -6.01 | -2.20 | -0.95 | 0.93 | 0.00 | 0.00 | 0.00 |
| 14 | 6.14 | 6.14 | -3.61 | -0.95 | -0.95 | 0.56 | 0.00 | 0.00 | 0.00 |
| 13 | 6.14 | 6.14 | -3.61 | -0.95 | -0.95 | 0.56 | 0.00 | 0.00 | 0.00 |
| 12 | 6.14 | 6.14 | -3.61 | -0.95 | -0.95 | 0.56 | 0.00 | 0.00 | 0.00 |
| 11 | 6.14 | 6.14 | -3.61 | -0.95 | -0.95 | 0.56 | 0.00 | 0.00 | 0.00 |
| 10 | 6.14 | 6.14 | -3.61 | -0.95 | -0.95 | 0.56 | 0.00 | 0.00 | 0.00 |
| 9 | 6.14 | 6.14 | -3.61 | -0.95 | -0.95 | 0.56 | 0.00 | 0.00 | 0.00 |
| 8 | 6.14 | 6.14 | -3.61 | -0.95 | -0.95 | 0.56 | 0.00 | 0.00 | 0.00 |
| 7 | 6.14 | 6.14 | -3.61 | -0.95 | -0.95 | 0.56 | 0.00 | 0.00 | 0.00 |
| 6 | 6.14 | 6.14 | -3.61 | -0.95 | -0.95 | 0.56 | 0.00 | 0.00 | 0.00 |
| 5 | 6.14 | 6.14 | -3.61 | -0.95 | -0.95 | 0.56 | 0.00 | 0.00 | 0.00 |
| 4 | 6.14 | 6.14 | -3.61 | -0.95 | -0.95 | 0.56 | 0.00 | 0.00 | 0.00 |
| 3 | 6.14 | 6.14 | -3.61 | -0.95 | -0.95 | 0.56 | 0.00 | 0.00 | 0.00 |
| 2 | 6.14 | 9.31 | -4.54 | -0.95 | -1.24 | 0.64 | 0.00 | 0.00 | 0.00 |
| 1 | 9.31 | 18.62 | -5.59 | -0.82 | -1.64 | 0.49 | 0.00 | 0.00 | 0.00 |

注：柱端弯矩以顺时针方向为正；柱端剪力以顺时针方向为正。

活荷载作用下框架柱剪力计算见表 5-38。

**活荷载作用下框架柱剪力计算** **表 5-38**

| 内力 / 层次 | 柱 A（柱 G 与之对称） | | | 柱 B（柱 F 与之对称） | | | 柱 C、柱 D、柱 E | | |
|---|---|---|---|---|---|---|---|---|---|
| | $M_c^{上}$ (kN·m) | $M_c^{下}$ (kN·m) | $V_c$ (kN) | $M_c^{上}$ (kN·m) | $M_c^{下}$ (kN·m) | $V_c$ (kN) | $M_c^{上}$ (kN·m) | $M_c^{下}$ (kN·m) | $V_c$ (kN) |
| 15 | 3.24 | 2.84 | -1.79 | -0.50 | -0.44 | 0.28 | 0.00 | 0.00 | 0.00 |
| 14 | 2.84 | 2.84 | -1.67 | -0.44 | -0.44 | 0.26 | 0.00 | 0.00 | 0.00 |
| 13 | 2.84 | 2.84 | -1.67 | -0.44 | -0.44 | 0.26 | 0.00 | 0.00 | 0.00 |
| 12 | 2.84 | 2.84 | -1.67 | -0.44 | -0.44 | 0.26 | 0.00 | 0.00 | 0.00 |
| 11 | 2.84 | 2.84 | -1.67 | -0.44 | -0.44 | 0.26 | 0.00 | 0.00 | 0.00 |
| 10 | 2.84 | 2.84 | -1.67 | -0.44 | -0.44 | 0.26 | 0.00 | 0.00 | 0.00 |
| 9 | 2.84 | 2.84 | -1.67 | -0.44 | -0.44 | 0.26 | 0.00 | 0.00 | 0.00 |
| 8 | 2.84 | 2.84 | -1.67 | -0.44 | -0.44 | 0.26 | 0.00 | 0.00 | 0.00 |
| 7 | 2.84 | 2.84 | -1.67 | -0.44 | -0.44 | 0.26 | 0.00 | 0.00 | 0.00 |
| 6 | 2.84 | 2.84 | -1.67 | -0.44 | -0.44 | 0.26 | 0.00 | 0.00 | 0.00 |
| 5 | 2.84 | 2.84 | -1.67 | -0.44 | -0.44 | 0.26 | 0.00 | 0.00 | 0.00 |
| 4 | 2.84 | 2.84 | -1.67 | -0.44 | -0.44 | 0.26 | 0.00 | 0.00 | 0.00 |
| 3 | 2.84 | 2.84 | -1.67 | -0.44 | -0.44 | 0.26 | 0.00 | 0.00 | 0.00 |
| 2 | 2.84 | 4.16 | -2.06 | -0.44 | -0.55 | 0.29 | 0.00 | 0.00 | 0.00 |
| 1 | 2.16 | 4.32 | -1.30 | -0.37 | -0.74 | 0.22 | 0.00 | 0.00 | 0.00 |

注：柱端弯矩以顺时针方向为正；柱端剪力以顺时针方向为正。

重力荷载代表值作用下框架柱剪力计算见表 5-39。

**重力荷载代表值作用下框架柱剪力计算** **表 5-39**

| 内力 / 层次 | 柱 A（柱 G 与之对称） | | | 柱 B（柱 F 与之对称） | | | 柱 C、柱 D、柱 E | | |
|---|---|---|---|---|---|---|---|---|---|
| | $M_c^{上}$ (kN·m) | $M_c^{下}$ (kN·m) | $V_c$ (kN) | $M_c^{上}$ (kN·m) | $M_c^{下}$ (kN·m) | $V_c$ (kN) | $M_c^{上}$ (kN·m) | $M_c^{下}$ (kN·m) | $V_c$ (kN) |
| 15 | 14.66 | 7.56 | -6.54 | -2.23 | -1.16 | 1.00 | 0.00 | 0.00 | 0.00 |
| 14 | 7.56 | 7.56 | -4.45 | -1.16 | -1.16 | 0.68 | 0.00 | 0.00 | 0.00 |
| 13 | 7.56 | 7.56 | -4.45 | -1.16 | -1.16 | 0.68 | 0.00 | 0.00 | 0.00 |
| 12 | 7.56 | 7.56 | -4.45 | -1.16 | -1.16 | 0.68 | 0.00 | 0.00 | 0.00 |
| 11 | 7.56 | 7.56 | -4.45 | -1.16 | -1.16 | 0.68 | 0.00 | 0.00 | 0.00 |
| 10 | 7.56 | 7.56 | -4.45 | -1.16 | -1.16 | 0.68 | 0.00 | 0.00 | 0.00 |
| 9 | 7.56 | 7.56 | -4.45 | -1.16 | -1.16 | 0.68 | 0.00 | 0.00 | 0.00 |
| 8 | 7.56 | 7.56 | -4.45 | -1.16 | -1.16 | 0.68 | 0.00 | 0.00 | 0.00 |
| 7 | 7.56 | 7.56 | -4.45 | -1.16 | -1.16 | 0.68 | 0.00 | 0.00 | 0.00 |
| 6 | 7.56 | 7.56 | -4.45 | -1.16 | -1.16 | 0.68 | 0.00 | 0.00 | 0.00 |
| 5 | 7.56 | 7.56 | -4.45 | -1.16 | -1.16 | 0.68 | 0.00 | 0.00 | 0.00 |
| 4 | 7.56 | 7.56 | -4.45 | -1.16 | -1.16 | 0.68 | 0.00 | 0.00 | 0.00 |
| 3 | 7.56 | 7.56 | -4.45 | -1.16 | -1.16 | 0.68 | 0.00 | 0.00 | 0.00 |
| 2 | 7.56 | 11.39 | -5.57 | -1.16 | -1.51 | 0.79 | 0.00 | 0.00 | 0.00 |
| 1 | 5.93 | 11.86 | -3.56 | -1.01 | -2.02 | 0.61 | 0.00 | 0.00 | 0.00 |

注：柱端弯矩以顺时针方向为正；柱端剪力以顺时针方向为正。

③柱轴力。

恒荷载作用下框架柱轴力计算见表 5-40。

**恒荷载作用下框架柱轴力计算** **表 5-40**

| 层次 | 梁端剪力 $V_{bj}$（kN） | | | | 柱轴力 $N$（kN） | | | | | | | | | |
|---|---|---|---|---|---|---|---|---|---|---|---|---|---|---|
| | AB 跨、FG 跨 | | BC 跨、EF 跨<br>CD 跨、DE 跨 | | 柱 A、柱 G | | | 柱 B、柱 F | | 柱 C、柱 E | | | 柱 D | |
| | $V_{ij}$ | $V_{ji}$ | $V_{ij}$ | $V_{ji}$ | $P_c$ | $G_c$ | $N_c$ | $G_c$ | $N_c$ | $P_c$ | $G_c$ | $N_c$ | $G_c$ | $N_c$ |
| 15 | 35.52 | 40.84 | 37.50 | 37.50 | 22.50 | 79.05 | 58.02 | 30.60 | 78.34 | 110.80 | 30.60 | 184.00 | 30.60 | 73.20 |
| | | | | | | | 137.07 | | 108.94 | | | 214.60 | | 103.80 |
| 14 | 30.51 | 35.09 | 32.22 | 32.22 | 37.90 | 79.05 | 205.48 | 30.60 | 176.25 | 110.80 | 30.60 | 389.84 | 30.60 | 168.24 |
| | | | | | | | 284.53 | | 206.85 | | | 420.44 | | 198.84 |
| 13 | 30.51 | 35.09 | 32.22 | 32.22 | 37.90 | 79.05 | 352.94 | 30.60 | 274.16 | 110.80 | 30.60 | 595.68 | 30.60 | 263.28 |
| | | | | | | | 431.99 | | 304.76 | | | 626.28 | | 293.88 |
| 12 | 30.51 | 35.09 | 32.22 | 32.22 | 37.90 | 79.05 | 500.40 | 30.60 | 372.07 | 110.80 | 30.60 | 801.52 | 30.60 | 358.32 |
| | | | | | | | 579.45 | | 402.67 | | | 832.12 | | 388.92 |
| 11 | 30.51 | 35.09 | 32.22 | 32.22 | 37.90 | 79.05 | 647.86 | 30.60 | 469.98 | 110.80 | 30.60 | 1007.36 | 30.60 | 453.36 |
| | | | | | | | 726.91 | | 500.58 | | | 1037.96 | | 483.96 |
| 10 | 30.51 | 35.09 | 32.22 | 32.22 | 37.90 | 79.05 | 795.32 | 30.60 | 567.89 | 110.80 | 30.60 | 1213.20 | 30.60 | 548.40 |
| | | | | | | | 874.37 | | 598.49 | | | 1243.80 | | 579.00 |
| 9 | 30.51 | 35.09 | 32.22 | 32.22 | 37.90 | 79.05 | 942.78 | 30.60 | 665.80 | 110.80 | 30.60 | 1419.04 | 30.60 | 643.44 |
| | | | | | | | 1021.83 | | 696.40 | | | 1449.64 | | 674.04 |
| 8 | 33.30 | 35.09 | 32.22 | 32.22 | 37.90 | 79.05 | 1090.24 | 30.60 | 763.71 | 110.80 | 30.60 | 1624.88 | 30.60 | 738.48 |
| | | | | | | | 1169.29 | | 794.31 | | | 1655.48 | | 769.08 |
| 7 | 30.51 | 35.09 | 32.22 | 32.22 | 37.90 | 79.05 | 1237.70 | 30.60 | 861.62 | 110.80 | 30.60 | 1830.72 | 30.60 | 833.52 |
| | | | | | | | 1316.75 | | 892.22 | | | 1861.32 | | 864.12 |
| 6 | 30.51 | 35.09 | 32.22 | 32.22 | 37.90 | 79.05 | 1385.16 | 30.60 | 959.53 | 110.80 | 30.60 | 2036.56 | 30.60 | 928.56 |
| | | | | | | | 1464.21 | | 990.13 | | | 2067.16 | | 959.16 |
| 5 | 30.51 | 35.09 | 32.22 | 32.22 | 37.90 | 79.05 | 1532.62 | 30.60 | 1057.44 | 110.80 | 30.60 | 2242.40 | 30.60 | 1023.60 |
| | | | | | | | 1611.67 | | 1088.04 | | | 2273.00 | | 1054.20 |
| 4 | 30.51 | 35.09 | 32.22 | 32.22 | 37.90 | 79.05 | 1680.08 | 30.60 | 1155.35 | 110.80 | 30.60 | 2448.24 | 30.60 | 1118.64 |
| | | | | | | | 1759.13 | | 1185.95 | | | 2478.84 | | 1149.24 |
| 3 | 30.51 | 35.09 | 32.22 | 32.22 | 37.90 | 79.05 | 1827.54 | 30.60 | 1253.26 | 110.80 | 30.60 | 2654.08 | 30.60 | 1213.68 |
| | | | | | | | 1906.59 | | 1283.86 | | | 2684.68 | | 1244.28 |
| 2 | 30.51 | 35.09 | 32.22 | 32.22 | 37.90 | 79.05 | 1975.00 | 30.60 | 1351.17 | 110.80 | 30.60 | 2859.92 | 30.60 | 1308.72 |
| | | | | | | | 2054.05 | | 1381.77 | | | 2890.52 | | 1339.32 |
| 1 | 33.30 | 38.38 | 33.30 | 33.30 | 37.90 | 101.25 | 2125.25 | 45.00 | 1453.45 | 110.80 | 45.00 | 3067.92 | 45.00 | 1405.92 |
| | | | | | | | 2226.50 | | 1498.45 | | | 3112.92 | | 1450.92 |

注：梁端剪力向上为正；柱轴力以受压为正。

活荷载作用下框架柱轴力计算见表 5-41。

**活荷载作用下框架柱轴力计算** **表 5-41**

| 层次 | 梁端剪力 $V_{bj}$ (kN) | | | | 柱轴力 $N$ (kN) | | | | | | | | | |
|---|---|---|---|---|---|---|---|---|---|---|---|---|---|---|
| | AB 跨、FG 跨 | | BC 跨、EF 跨<br>CD 跨、DE 跨 | | 柱 A、柱 G | | | 柱 B、柱 F | | 柱 C、柱 E | | | 柱 D | |
| | $V_{ij}$ | $V_{ji}$ | $V_{ij}$ | $V_{ji}$ | $P_c$ | $G_c$ | $N_c$ | $G_c$ | $N_c$ | $P_c$ | $G_c$ | $N_c$ | $G_c$ | $N_c$ |
| 15 | 8.05 | 9.26 | 8.50 | 8.50 | 10.00 | 0.00 | 18.05<br>18.05 | 0.00 | 17.76<br>17.76 | 40.00 | 0.00 | 57.00<br>57.00 | 0.00 | 17.00<br>17.00 |
| 14 | 14.09 | 16.20 | 14.88 | 14.88 | 17.50 | 0.00 | 49.64<br>49.64 | 0.00 | 48.84<br>48.84 | 70.00 | 0.00 | 156.76<br>156.76 | 0.00 | 46.76<br>46.76 |
| 13 | 14.09 | 16.20 | 14.88 | 14.88 | 17.50 | 0.00 | 81.23<br>81.23 | 0.00 | 79.92<br>79.92 | 70.00 | 0.00 | 256.52<br>256.52 | 0.00 | 76.52<br>76.52 |
| 12 | 14.09 | 16.20 | 14.88 | 14.88 | 17.50 | 0.00 | 112.82<br>112.82 | 0.00 | 111.00<br>111.00 | 70.00 | 0.00 | 356.28<br>356.28 | 0.00 | 106.28<br>106.28 |
| 11 | 14.09 | 16.20 | 14.88 | 14.88 | 17.50 | 0.00 | 144.41<br>144.41 | 0.00 | 142.08<br>142.08 | 70.00 | 0.00 | 456.04<br>456.04 | 0.00 | 136.04<br>136.04 |
| 10 | 14.09 | 16.20 | 14.88 | 14.88 | 17.50 | 0.00 | 176.00<br>176.00 | 0.00 | 173.16<br>173.16 | 70.00 | 0.00 | 555.80<br>555.80 | 0.00 | 165.80<br>165.80 |
| 9 | 14.09 | 16.20 | 14.88 | 14.88 | 17.50 | 0.00 | 207.59<br>207.59 | 0.00 | 204.24<br>204.24 | 70.00 | 0.00 | 655.56<br>655.56 | 0.00 | 195.56<br>195.56 |
| 8 | 14.09 | 16.20 | 14.88 | 14.88 | 17.50 | 0.00 | 239.18<br>239.18 | 0.00 | 235.32<br>235.32 | 70.00 | 0.00 | 755.32<br>755.32 | 0.00 | 225.32<br>225.32 |
| 7 | 14.09 | 16.20 | 14.88 | 14.88 | 17.50 | 0.00 | 270.77<br>270.77 | 0.00 | 266.40<br>266.40 | 70.00 | 0.00 | 855.08<br>855.08 | 0.00 | 255.08<br>255.08 |
| 6 | 14.09 | 16.20 | 14.88 | 14.88 | 17.50 | 0.00 | 302.36<br>302.36 | 0.00 | 297.48<br>297.48 | 70.00 | 0.00 | 954.84<br>954.84 | 0.00 | 284.84<br>284.84 |
| 5 | 14.09 | 16.20 | 14.88 | 14.88 | 17.50 | 0.00 | 333.95<br>333.95 | 0.00 | 328.56<br>328.56 | 70.00 | 0.00 | 1054.60<br>1054.60 | 0.00 | 314.60<br>314.60 |
| 4 | 14.09 | 16.20 | 14.88 | 14.88 | 17.50 | 0.00 | 365.54<br>365.54 | 0.00 | 359.64<br>359.64 | 70.00 | 0.00 | 1154.36<br>1154.36 | 0.00 | 344.36<br>344.36 |
| 3 | 14.09 | 16.20 | 14.88 | 14.88 | 17.50 | 0.00 | 397.13<br>397.13 | 0.00 | 390.72<br>390.72 | 70.00 | 0.00 | 1254.12<br>1254.12 | 0.00 | 374.12<br>374.12 |
| 2 | 14.09 | 16.20 | 14.88 | 14.88 | 17.50 | 0.00 | 428.72<br>428.72 | 0.00 | 421.80<br>421.80 | 70.00 | 0.00 | 1353.88<br>1353.88 | 0.00 | 403.88<br>403.88 |
| 1 | 14.88 | 17.11 | 14.88 | 14.88 | 17.50 | 0.00 | 461.10<br>461.10 | 0.00 | 453.79<br>453.79 | 70.00 | 0.00 | 1453.64<br>1453.64 | 0.00 | 433.64<br>433.64 |

注：梁端剪力向上为正；柱轴力以受压为正。

重力荷载代表值作用下框架柱轴力计算见表 5-42。

**重力荷载代表值作用下框架柱轴力计算** **表 5-42**

| 层次 | 梁端剪力 $V_{bj}$（kN） | | | | 柱轴力 $N$（kN） | | | | | | | | | |
|---|---|---|---|---|---|---|---|---|---|---|---|---|---|---|
| | AB 跨、FG 跨 | | BC 跨、EF 跨<br>CD 跨、DE 跨 | | 柱 A、柱 G | | | 柱 B、柱 F | | 柱 C、柱 E | | | 柱 D | |
| | $V_{ij}$ | $V_{ji}$ | $V_{ij}$ | $V_{ji}$ | $P_c$ | $G_c$ | $N_c$ | $G_c$ | $N_c$ | $P_c$ | $G_c$ | $N_c$ | $G_c$ | $N_c$ |
| 15 | 36.42 | 41.88 | 38.45 | 38.45 | 22.50 | 39.53 | 58.92<br>98.45 | 15.30 | 80.33<br>95.63 | 130.80 | 15.30 | 207.70<br>223.00 | 15.30 | 76.90<br>92.20 |
| 14 | 37.56 | 43.20 | 39.66 | 39.66 | 37.90 | 39.53 | 173.91<br>213.44 | 15.30 | 178.49<br>193.79 | 130.80 | 15.30 | 433.12<br>448.42 | 15.30 | 171.52<br>186.82 |
| 13 | 37.56 | 43.20 | 39.66 | 39.66 | 37.90 | 39.53 | 288.90<br>328.43 | 15.30 | 276.65<br>291.95 | 130.80 | 15.30 | 658.54<br>673.84 | 15.30 | 266.14<br>281.44 |
| 12 | 37.56 | 43.20 | 39.66 | 39.66 | 37.90 | 39.53 | 403.89<br>443.42 | 15.30 | 374.81<br>390.11 | 130.80 | 15.30 | 883.96<br>899.26 | 15.30 | 360.76<br>376.06 |
| 11 | 37.56 | 43.20 | 39.66 | 39.66 | 37.90 | 39.53 | 518.88<br>558.41 | 15.30 | 472.97<br>488.27 | 130.80 | 15.30 | 1109.38<br>1124.68 | 15.30 | 455.38<br>470.68 |
| 10 | 37.56 | 43.20 | 39.66 | 39.66 | 37.90 | 39.53 | 633.87<br>673.40 | 15.30 | 571.13<br>586.43 | 130.80 | 15.30 | 1334.80<br>1350.10 | 15.30 | 550.00<br>565.30 |
| 9 | 37.56 | 43.20 | 39.66 | 39.66 | 37.90 | 39.53 | 748.86<br>788.39 | 15.30 | 669.29<br>684.59 | 130.80 | 15.30 | 1560.22<br>1575.52 | 15.30 | 644.62<br>659.92 |
| 8 | 37.56 | 43.20 | 39.66 | 39.66 | 37.90 | 39.53 | 863.85<br>903.38 | 15.30 | 767.45<br>782.75 | 130.80 | 15.30 | 1785.64<br>1800.94 | 15.30 | 739.24<br>754.54 |
| 7 | 37.56 | 43.20 | 39.66 | 39.66 | 37.90 | 39.53 | 978.84<br>1018.37 | 15.30 | 865.61<br>880.91 | 130.80 | 15.30 | 2011.06<br>2026.36 | 15.30 | 833.86<br>849.16 |
| 6 | 37.56 | 43.20 | 39.66 | 39.66 | 37.90 | 39.53 | 1093.83<br>1133.36 | 15.30 | 963.77<br>979.07 | 130.80 | 15.30 | 2236.48<br>2251.78 | 15.30 | 928.48<br>943.78 |
| 5 | 37.56 | 43.20 | 39.66 | 39.66 | 37.90 | 39.53 | 1208.82<br>1248.35 | 15.30 | 1061.93<br>1077.23 | 130.80 | 15.30 | 2461.90<br>2477.20 | 15.30 | 1023.10<br>1038.40 |
| 4 | 37.56 | 43.20 | 39.66 | 39.66 | 37.90 | 39.53 | 1323.81<br>1363.34 | 15.30 | 1160.09<br>1175.39 | 130.80 | 15.30 | 2687.32<br>2702.62 | 15.30 | 1117.72<br>1133.02 |
| 3 | 37.56 | 43.20 | 39.66 | 39.66 | 37.90 | 39.53 | 1438.80<br>1478.33 | 15.30 | 1258.25<br>1273.55 | 130.80 | 15.30 | 2912.74<br>2928.04 | 15.30 | 1212.34<br>1227.64 |
| 2 | 37.56 | 43.20 | 39.66 | 39.66 | 37.90 | 39.53 | 1553.79<br>1593.22 | 15.30 | 1356.41<br>1371.71 | 130.80 | 15.30 | 3138.16<br>3153.46 | 15.30 | 1306.96<br>1322.26 |
| 1 | 40.75 | 46.86 | 40.75 | 40.75 | 37.90 | 50.63 | 1671.97<br>1722.60 | 22.50 | 1459.32<br>1481.82 | 145.80 | 22.50 | 3380.76<br>3403.26 | 22.50 | 1403.76<br>1426.26 |

注：梁端剪力向上为正；柱轴力以受压为正。

3）框架梁柱内力图

①框架梁柱弯矩图。

恒荷载作用下框架梁柱弯矩图如图 5-28 所示；活荷载作用下框架梁柱弯矩图如图 5-29 所示；重力荷载代表值作用下框架梁柱弯矩图如图 5-30 所示。

②框架梁柱剪力图。

恒荷载作用下框架梁柱剪力图如图 5-31 所示；活荷载作用下框架梁柱剪力图如图 5-32 所示；重力荷载代表值作用下框架梁柱剪力图如图 5-33 所示。

③框架柱轴力图。

恒荷载作用下框架柱轴力图如图 5-34 所示；活荷载作用下框架柱轴力图如图 5-35 所示；重力荷载代表值作用下框架柱轴力图如图 5-36 所示。

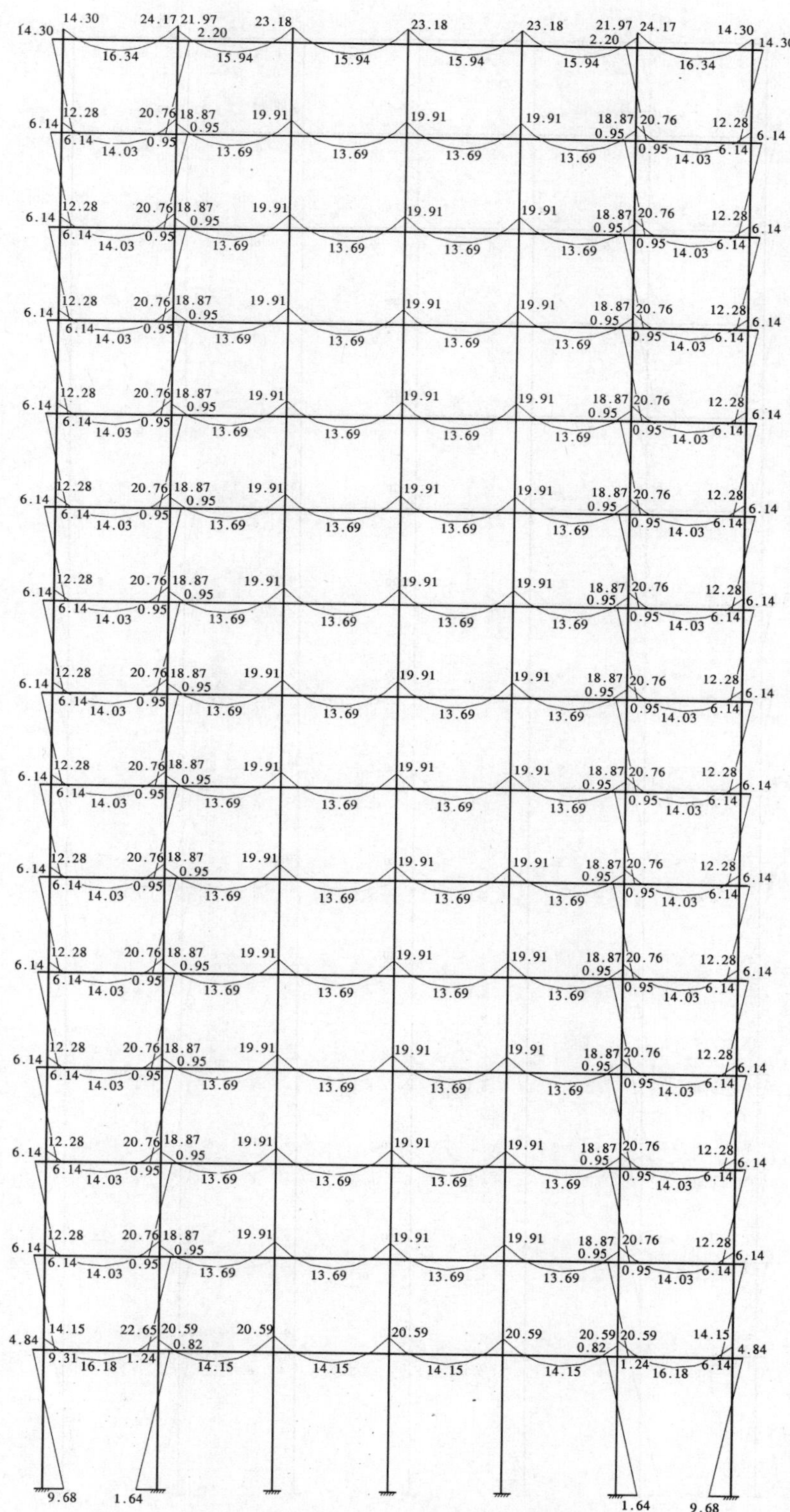


图 5-28 恒荷载作用下框架梁柱弯矩图

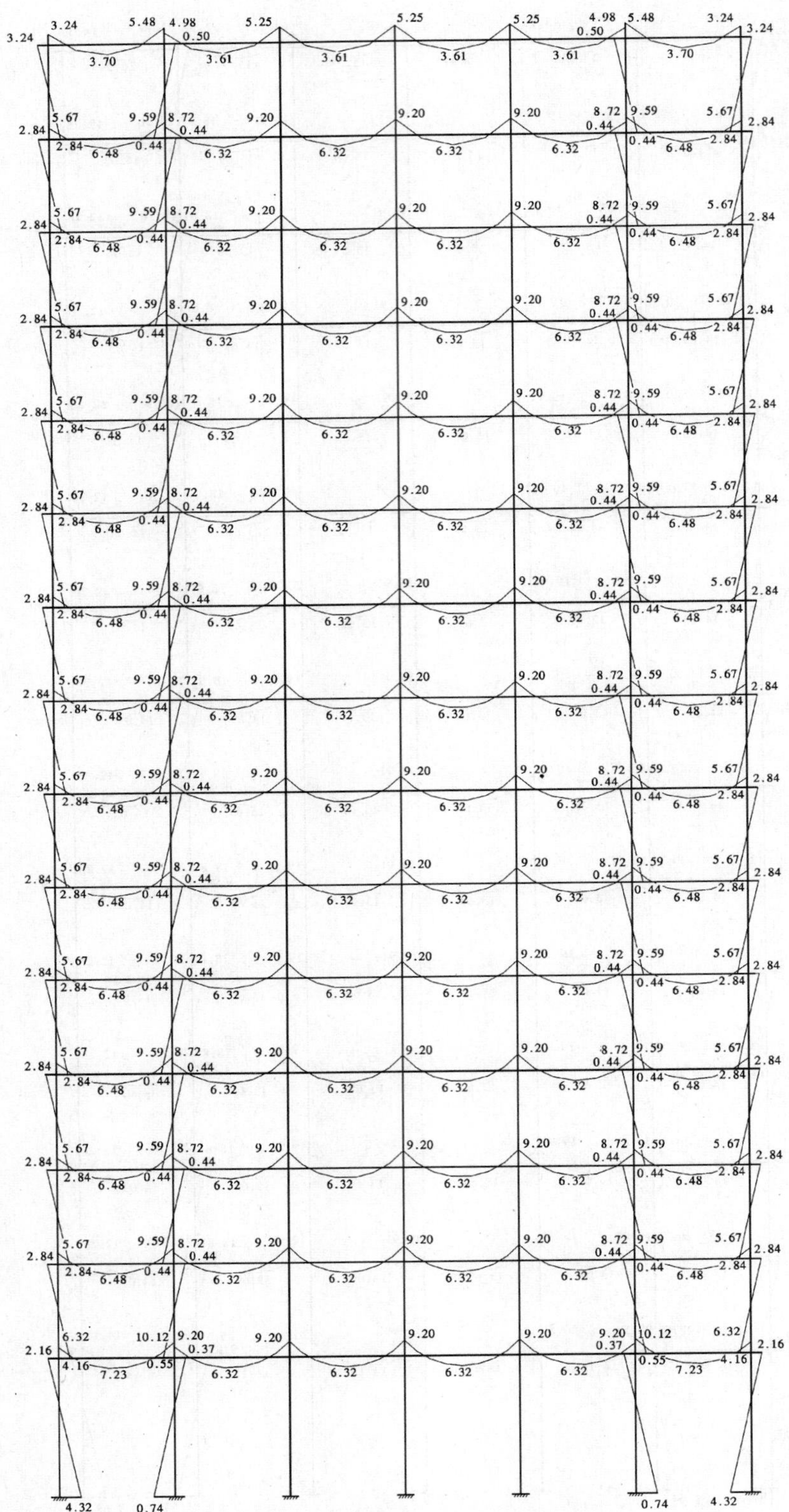


图 5-29 活荷载作用下框架梁柱弯矩图

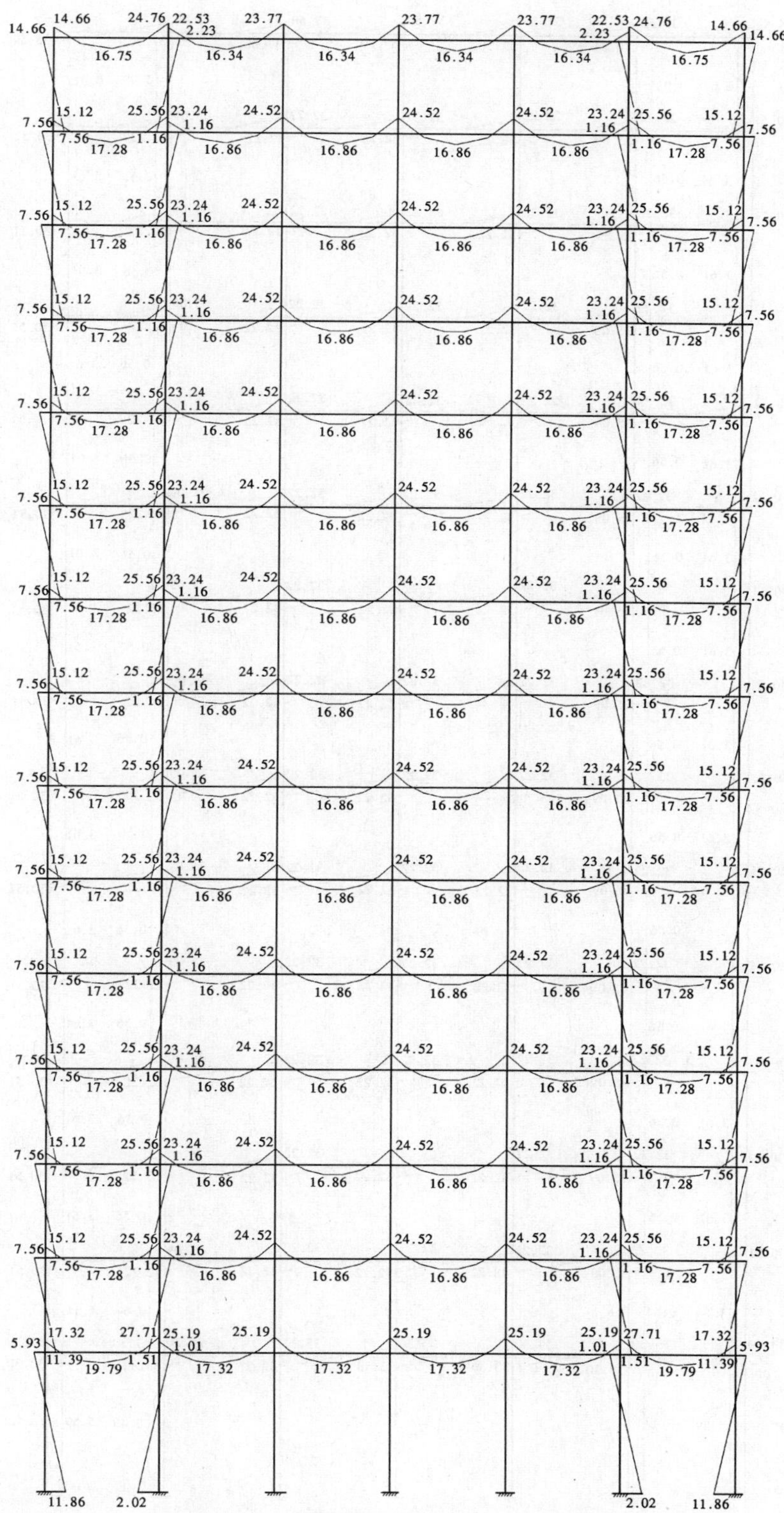


图 5-30 重力荷载代表值作用下框架梁柱弯矩图

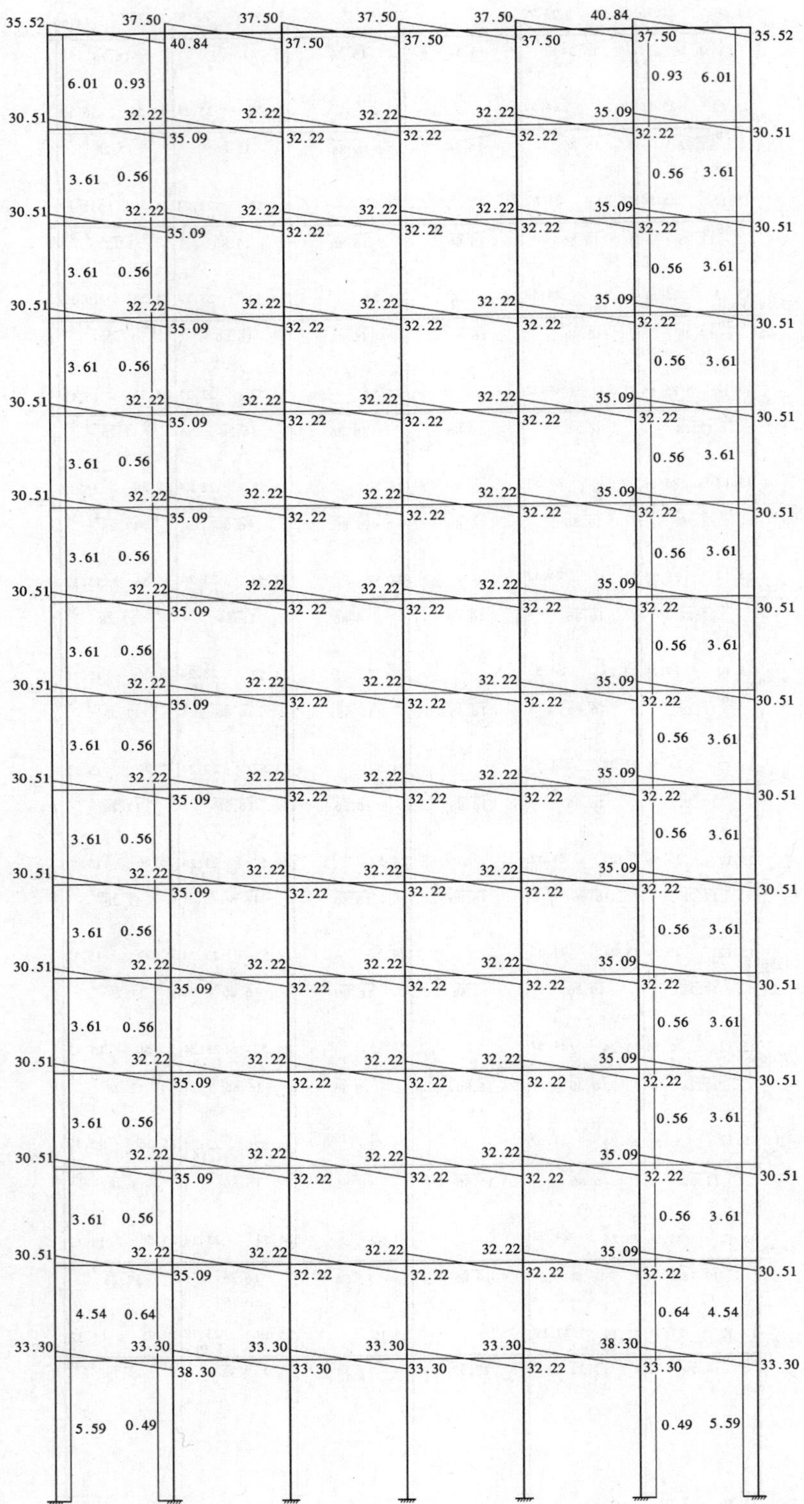


图 5-31 恒荷载作用下框架梁柱剪力图

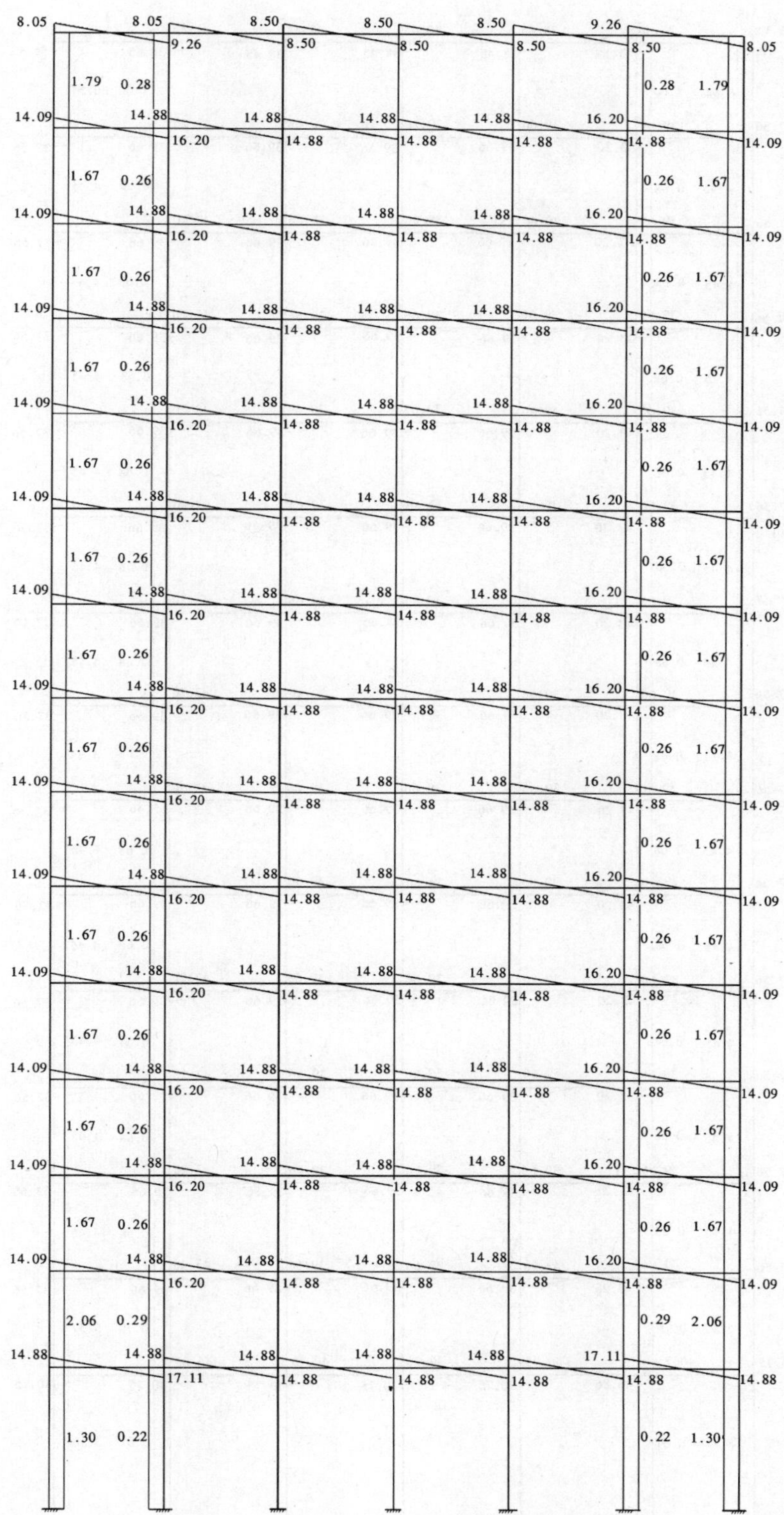


图 5-32　活荷载作用下框架梁柱剪力图

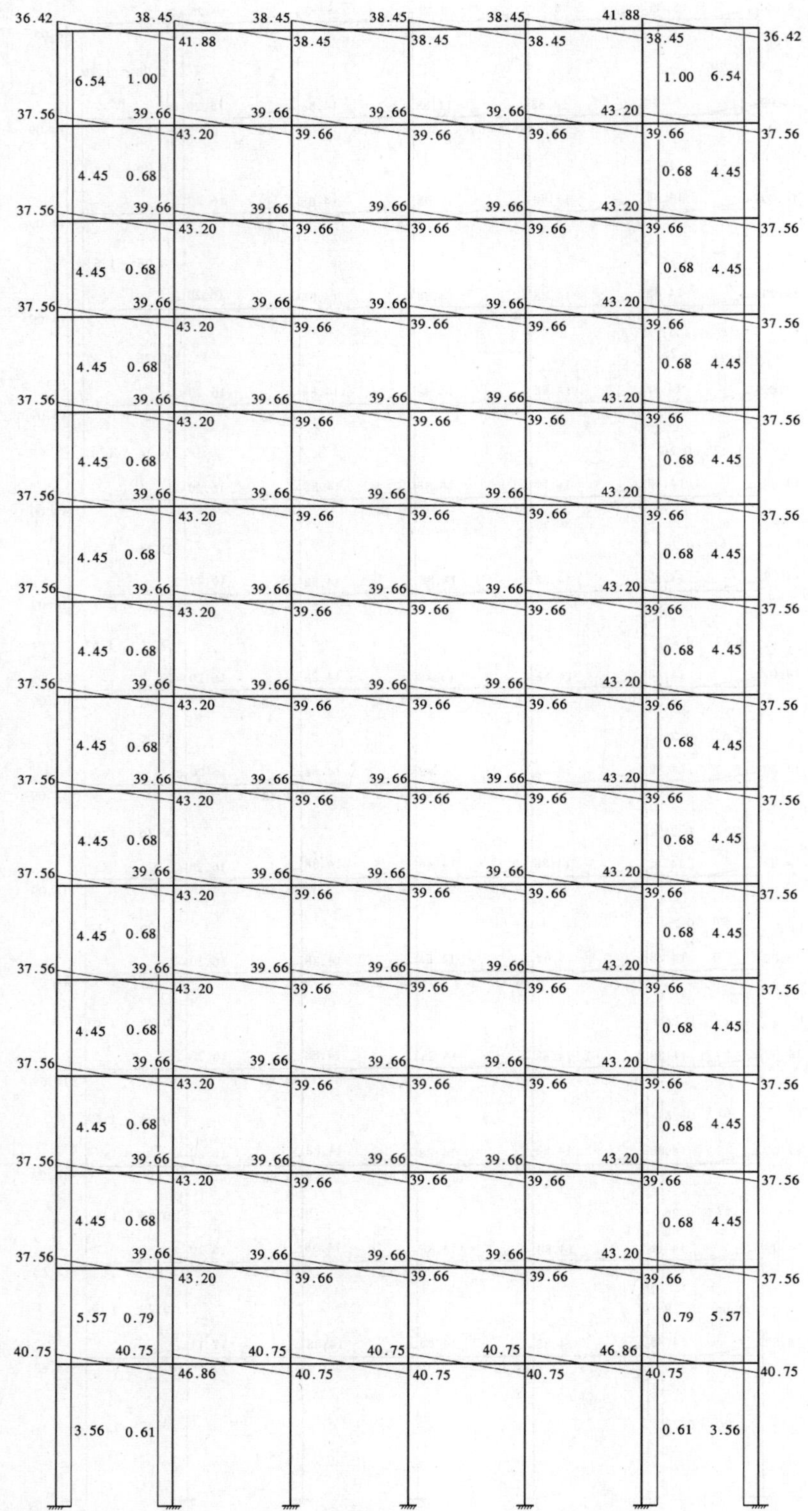


图 5-33　重力荷载代表值作用下框架梁柱剪力图

| | | | | | | |
|---|---|---|---|---|---|---|
| 58.02 | 78.34 | 184.00 | 73.20 | 184.00 | 78.34 | 58.02 |
| 137.07 | 108.94 | 214.60 | 103.80 | 214.60 | 108.94 | 137.07 |
| 205.48 | 176.25 | 389.84 | 168.24 | 389.84 | 176.25 | 205.48 |
| 284.53 | 206.85 | 420.44 | 198.84 | 420.44 | 206.85 | 284.53 |
| 352.94 | 274.16 | 595.68 | 263.28 | 595.68 | 274.16 | 352.94 |
| 431.99 | 304.76 | 626.28 | 293.88 | 626.28 | 304.76 | 431.99 |
| 500.40 | 372.07 | 801.52 | 358.32 | 801.52 | 372.07 | 500.40 |
| 579.45 | 402.67 | 832.12 | 388.92 | 832.12 | 402.67 | 579.45 |
| 647.86 | 469.98 | 1007.36 | 453.36 | 1007.36 | 469.98 | 647.86 |
| 726.91 | 500.58 | 1037.96 | 483.96 | 1037.96 | 500.58 | 726.91 |
| 795.32 | 567.89 | 1213.20 | 548.40 | 1213.20 | 567.89 | 795.32 |
| 874.37 | 598.49 | 1243.80 | 579.00 | 1243.80 | 598.49 | 874.37 |
| 942.78 | 665.80 | 1419.04 | 643.44 | 1419.04 | 665.80 | 942.78 |
| 1021.83 | 696.40 | 1449.64 | 674.04 | 1449.64 | 696.40 | 1021.83 |
| 1090.24 | 763.71 | 1624.88 | 738.48 | 1624.88 | 763.71 | 1090.24 |
| 1169.29 | 794.31 | 1655.48 | 769.08 | 1655.48 | 794.31 | 1169.29 |
| 1237.70 | 861.62 | 1830.72 | 833.52 | 1830.72 | 861.62 | 1237.70 |
| 1316.75 | 892.22 | 1861.32 | 864.12 | 1861.32 | 892.22 | 1316.75 |
| 1385.16 | 959.53 | 2036.56 | 928.56 | 2036.56 | 959.53 | 1385.16 |
| 1464.21 | 990.13 | 2067.16 | 959.16 | 2067.16 | 990.13 | 1464.21 |
| 1532.62 | 1057.44 | 2242.40 | 1023.60 | 2242.40 | 1057.44 | 1532.62 |
| 1611.67 | 1088.04 | 2273.00 | 1054.20 | 2273.00 | 1088.04 | 1611.67 |
| 1680.08 | 1155.35 | 2448.24 | 1118.64 | 2448.24 | 1155.35 | 1680.08 |
| 1759.13 | 1185.95 | 2478.84 | 1149.24 | 2478.84 | 1185.95 | 1759.13 |
| 1827.54 | 1253.26 | 2654.08 | 1213.68 | 2654.08 | 1253.26 | 1827.54 |
| 1906.59 | 1283.86 | 2684.68 | 1244.28 | 2684.68 | 1283.86 | 1906.59 |
| 1975.00 | 1351.17 | 2859.92 | 1308.72 | 2859.92 | 1351.17 | 1975.00 |
| 2054.05 | 1381.77 | 2890.52 | 1339.32 | 2890.52 | 1381.77 | 2054.05 |
| 2125.25 | 1453.45 | 3067.92 | 1405.92 | 3067.92 | 1453.45 | 2125.25 |
| 2226.50 | 1498.45 | 3112.92 | 1450.92 | 3112.92 | 1498.45 | 2226.50 |

图 5-34　恒荷载作用下框架柱轴力图

| 18.05 | 17.76 | 57.00 | 17.00 | 57.00 | 17.76 | 18.05 |
|---|---|---|---|---|---|---|
| 18.05 | 17.76 | 57.00 | 17.00 | 57.00 | 17.76 | 18.05 |
| 49.64 | 48.84 | 156.76 | 46.76 | 156.76 | 48.84 | 49.64 |
| 49.64 | 48.84 | 156.76 | 46.76 | 156.76 | 48.84 | 49.64 |
| 81.23 | 79.92 | 256.52 | 76.52 | 256.52 | 79.92 | 81.23 |
| 81.23 | 79.92 | 256.52 | 76.52 | 256.52 | 79.92 | 81.23 |
| 112.82 | 111.00 | 356.28 | 106.28 | 356.28 | 111.00 | 112.82 |
| 112.82 | 111.00 | 356.28 | 106.28 | 356.28 | 111.00 | 112.82 |
| 144.41 | 142.08 | 456.04 | 136.04 | 456.04 | 142.08 | 144.41 |
| 144.41 | 142.08 | 456.04 | 136.04 | 456.04 | 142.08 | 144.41 |
| 176.00 | 173.16 | 555.80 | 165.80 | 555.80 | 173.16 | 176.00 |
| 176.00 | 173.16 | 555.80 | 165.80 | 555.80 | 173.16 | 176.00 |
| 207.59 | 204.24 | 655.56 | 195.56 | 655.56 | 204.24 | 207.59 |
| 207.59 | 204.24 | 655.56 | 195.56 | 655.56 | 204.24 | 207.59 |
| 239.18 | 235.32 | 755.32 | 225.32 | 755.32 | 235.32 | 239.18 |
| 239.18 | 235.32 | 755.32 | 225.32 | 755.32 | 235.32 | 239.18 |
| 270.77 | 266.40 | 855.08 | 255.08 | 855.08 | 266.40 | 270.77 |
| 270.77 | 266.40 | 855.08 | 255.08 | 855.08 | 266.40 | 270.77 |
| 302.36 | 297.48 | 954.84 | 284.84 | 954.84 | 297.48 | 302.36 |
| 302.36 | 297.48 | 954.84 | 284.84 | 954.84 | 297.48 | 302.36 |
| 333.95 | 328.56 | 1054.60 | 314.60 | 1054.60 | 328.56 | 333.95 |
| 333.95 | 328.56 | 1054.60 | 314.60 | 1054.60 | 328.56 | 333.95 |
| 365.54 | 359.64 | 1154.36 | 344.36 | 1154.36 | 359.64 | 365.54 |
| 365.54 | 359.64 | 1154.36 | 344.36 | 1154.36 | 359.64 | 365.54 |
| 397.13 | 390.72 | 1254.12 | 374.12 | 1254.12 | 390.72 | 397.13 |
| 397.13 | 390.72 | 1254.12 | 374.12 | 1254.12 | 390.72 | 397.13 |
| 428.72 | 421.80 | 1353.88 | 403.88 | 1353.88 | 421.80 | 428.72 |
| 428.72 | 421.80 | 1353.88 | 403.88 | 1353.88 | 421.80 | 428.72 |
| 461.10 | 453.79 | 1453.64 | 433.64 | 1453.64 | 453.79 | 461.10 |
| 461.10 | 453.79 | 1453.64 | 433.64 | 1453.64 | 453.79 | 461.10 |

图 5-35　活荷载作用下框架柱轴力图

|  |  |  |  |  |  |  |
|---|---|---|---|---|---|---|
| 58.92 | 80.33 | 207.70 | 76.90 | 207.70 | 80.33 | 58.92 |
| 98.45 | 95.63 | 223.00 | 92.20 | 223.00 | 95.63 | 98.45 |
| 173.91 | 178.49 | 433.12 | 171.42 | 433.12 | 178.49 | 173.91 |
| 213.44 | 193.79 | 448.42 | 186.82 | 448.42 | 193.79 | 213.44 |
| 288.90 | 276.65 | 658.54 | 266.14 | 658.54 | 276.65 | 288.90 |
| 328.43 | 291.95 | 673.84 | 281.44 | 673.84 | 291.95 | 328.43 |
| 403.89 | 374.81 | 883.96 | 360.76 | 883.96 | 374.81 | 403.89 |
| 443.42 | 390.11 | 899.26 | 376.06 | 899.26 | 390.11 | 443.42 |
| 518.88 | 472.97 | 1009.38 | 455.38 | 1009.38 | 472.97 | 518.88 |
| 558.41 | 488.27 | 1124.68 | 470.68 | 1124.68 | 488.27 | 558.41 |
| 633.87 | 571.13 | 1334.80 | 550.00 | 1334.80 | 571.13 | 633.87 |
| 673.40 | 586.43 | 1350.10 | 565.30 | 1350.10 | 586.43 | 673.40 |
| 748.86 | 669.29 | 1560.22 | 644.62 | 1560.22 | 669.29 | 748.86 |
| 788.39 | 684.59 | 1575.52 | 659.92 | 1575.52 | 684.59 | 788.39 |
| 863.85 | 767.45 | 1785.64 | 739.24 | 1785.64 | 767.45 | 863.85 |
| 903.38 | 782.75 | 1800.94 | 754.54 | 1800.94 | 782.75 | 903.38 |
| 978.84 | 865.61 | 2011.06 | 833.86 | 2011.06 | 865.61 | 978.84 |
| 1018.37 | 880.91 | 2026.36 | 849.16 | 2026.36 | 880.91 | 1018.37 |
| 1093.83 | 963.77 | 2236.48 | 928.48 | 2236.48 | 963.77 | 1093.83 |
| 1133.36 | 979.07 | 2251.78 | 943.78 | 2251.78 | 979.07 | 1133.36 |
| 1208.82 | 1061.93 | 2461.90 | 1023.10 | 2461.90 | 1061.93 | 1208.82 |
| 1248.35 | 1077.23 | 2477.20 | 1038.40 | 2477.20 | 1077.23 | 1248.35 |
| 1323.81 | 1160.09 | 2687.32 | 1117.72 | 2687.32 | 1160.09 | 1323.81 |
| 1363.34 | 1175.39 | 2702.62 | 1133.92 | 2702.62 | 1175.39 | 1363.34 |
| 1438.30 | 1258.25 | 2912.74 | 1212.34 | 2912.74 | 1258.25 | 1438.30 |
| 1478.33 | 1273.55 | 2928.04 | 1227.64 | 2928.04 | 1273.55 | 1478.33 |
| 1553.79 | 1356.41 | 3138.16 | 1306.96 | 3138.16 | 1356.41 | 1553.79 |
| 1593.32 | 1371.71 | 3153.46 | 1322.26 | 3153.46 | 1371.71 | 1593.32 |
| 1671.97 | 1459.32 | 3380.76 | 1403.76 | 3380.76 | 1459.32 | 1671.97 |
| 1722.60 | 1481.82 | 3403.26 | 1426.26 | 3403.26 | 1481.82 | 1722.60 |

图 5-36　重力荷载代表值作用下框架柱轴力图

## 5.4 框 架 内 力 组 合

由于构件控制截面的内力值应取自支座边缘处，为此，进行组合前，应先计算各控制截面处的（支座边缘处的）内力值。

梁支座边缘处的内力值：

$$M_{边} = M - V \cdot \frac{b}{2}$$

$$V_{边} = V - q \cdot \frac{b}{2}$$

式中 $M_{边}$——支座边缘截面的弯矩标准值；

$V_{边}$——支座边缘截面的剪力标准值；

$M$——梁柱中线交点处的弯矩标准值；

$V$——与 $M$ 相应的梁柱中线交点处的剪力标准值；

$q$——梁单位长度的均布荷载标准值；

$b$——梁端支座宽度（即柱截面高度）。

柱上端控制截面在上层的梁底，柱下端控制截面在下层的梁顶。按轴线计算简图算得的柱端内力值，宜换算到控制截面处的值。

为了简化起见，本题采用轴线处内力值，这样算得的钢筋用量比需要的钢筋用量略微多一点。

各种荷载情况下的框架内力求得后，根据“最不利又是可能”的原则进行内力组合。当考虑结构塑性内力重分布的有利影响时，应在内力组合之前对竖向荷载作用下的内力进行调幅。

### 5.4.1 非抗震内力组合

内力组合时应分别考虑恒荷载和活荷载由可变荷载效应控制组合和由永久荷载效应控制组合，并比较两种组合的内力，取最不利者。

（1）由永久荷载效应控制的组合

当其效应对结构不利时，组合应为：

$$S = 1.35S_{GK} + 0.7 \times 1.4S_{QK}$$

当其效应对结构有利时，组合应为：

$$S = 1.00S_{GK} + 0.7 \times 1.4S_{QK}$$

由永久荷载效应控制的组合见表 5-43 ~ 表 5-49。

**用于承载力计算的框架梁 AB 由永久荷载效应控制的基本组合表**（梁 FG 与之对称）

**表 5-43**

| 层次 | 截面 | 内力 | 恒 载 | 活 载 | $M_{max}$相应的 $V$ | | $M_{min}$相应的 $M$ | | $\|V\|_{max}$相应的 $M$ | |
|---|---|---|---|---|---|---|---|---|---|---|
| | | | ① | ② | 组合项目 | 值 | 组合项目 | 值 | 组合项目 | 值 |
| 15 | 左 | $M$ | −19.31 | −4.54 | | | ①+0.7② | −22.48 | ①+0.7② | −22.48 |
| | | $V$ | 47.95 | 11.27 | | | | 55.84 | | 55.84 |
| | 中 | $M$ | 22.06 | 5.18 | ①+0.7② | 25.69 | | | | |

续表

| 层次 | 截面 | 内力 | 恒载 | 活载 | $M_{max}$相应的 $V$ | | $M_{min}$相应的 $M$ | | $\|V\|_{max}$相应的 $M$ | |
|---|---|---|---|---|---|---|---|---|---|---|
| | | | ① | ② | 组合项目 | 值 | 组合项目 | 值 | 组合项目 | 值 |
| 15 | 右 | $M$ | -32.63 | -7.67 | | | ①+0.7② | -38.00 | ①+0.7② | -38.00 |
| | | $V$ | -55.13 | -12.96 | | | | -64.21 | | -64.21 |
| 8 | 左 | $M$ | -16.58 | -3.98 | | | ①+0.7② | -19.36 | ①+0.7② | -19.36 |
| | | $V$ | 41.19 | 19.73 | | | | 55.00 | | 55.00 |
| | 中 | $M$ | 18.94 | 9.07 | ①+0.7② | 25.29 | | | | |
| | 右 | $M$ | -28.03 | -13.43 | | | ①+0.7② | -37.42 | ①+0.7② | -37.42 |
| | | $V$ | -47.37 | -22.68 | | | | -63.25 | | -63.25 |
| 1 | 左 | $M$ | -19.10 | -3.02 | | | ①+0.7② | -21.22 | ①+0.7② | -21.22 |
| | | $V$ | 44.96 | 20.83 | | | | 59.54 | | 59.54 |
| | 中 | $M$ | 21.84 | 10.12 | ①+0.7② | 28.93 | | | | |
| | 右 | $M$ | -30.58 | -14.17 | | | ①+0.7② | -40.50 | ①+0.7② | -40.50 |
| | | $V$ | -51.71 | -23.95 | | | | -68.47 | | -68.47 |

注：1. 恒载①为 $1.35M_{GK}$和 $1.35V_{GK}$；

2. 活载②分别为 $1.4M_{GK}$和 $1.4V_{GK}$；

3. 以上各值均为轴线中心的 $M$ 和 $V$；$M$ 以下端受拉为正，$V$ 以顺时针方向为正；

4. 表中弯矩的单位为 kN·m，剪力的单位为 kN。

**用于承载力计算的框架梁 BC 由永久荷载效应控制的基本组合表**（梁 EF 与之对称） **表 5-44**

| 层次 | 截面 | 内力 | 恒载 | 活载 | $M_{max}$相应的 $V$ | | $M_{min}$相应的 $M$ | | $\|V\|_{max}$相应的 $M$ | |
|---|---|---|---|---|---|---|---|---|---|---|
| | | | ① | ② | 组合项目 | 值 | 组合项目 | 值 | 组合项目 | 值 |
| 15 | 左 | $M$ | -29.66 | -6.97 | | | ①+0.7② | -34.54 | ①+0.7② | -34.54 |
| | | $V$ | 50.63 | 11.90 | | | | 58.96 | | 58.96 |
| | 中 | $M$ | 21.52 | 5.05 | ①+0.7② | 25.06 | | | | |
| | 右 | $M$ | -31.29 | -7.35 | | | ①+0.7② | -36.44 | ①+0.7② | -36.44 |
| | | $V$ | -50.63 | -11.90 | | | | -58.96 | | -58.96 |
| 8 | 左 | $M$ | -25.47 | -12.21 | | | ①+0.7② | -34.02 | ①+0.7② | -34.02 |
| | | $V$ | 43.50 | 20.83 | | | | 58.08 | | 58.08 |
| | 中 | $M$ | 18.48 | 8.85 | ①+0.7② | 24.68 | | | | |
| | 右 | $M$ | -26.88 | -12.88 | | | ①+0.7② | -35.89 | ①+0.7② | -35.89 |
| | | $V$ | -43.50 | -20.83 | | | | -58.08 | | -58.08 |
| 1 | 左 | $M$ | -27.80 | -12.88 | | | ①+0.7② | -36.81 | ①+0.7② | -36.81 |
| | | $V$ | 44.96 | 20.83 | | | | 59.54 | | 59.54 |
| | 中 | $M$ | 19.10 | 8.85 | ①+0.7② | 25.30 | | | | |
| | 右 | $M$ | -27.80 | -12.88 | | | ①+0.7② | -36.81 | ①+0.7② | -36.81 |
| | | $V$ | -44.96 | -20.83 | | | | -59.54 | | -59.54 |

注：1. 恒载①为 $1.35M_{GK}$和 $1.35V_{GK}$；

2. 活载②分别为 $1.4M_{GK}$和 $1.4V_{GK}$；

3. 以上各值均为轴线中心的 $M$ 和 $V$；$M$ 以下端受拉为正，$V$ 以顺时针方向为正；

4. 表中弯矩的单位为 kN·m，剪力的单位为 kN。

### 用于承载力计算的框架梁 CD 由永久荷载效应控制的基本组合表（梁 DE 与之对称） 表 5-45

| 层次 | 截面 | 内力 | 恒　载 | 活　载 | $M_{max}$相应的 $V$ | | $M_{min}$相应的 $M$ | | $\|V\|_{max}$相应的 $M$ | |
|---|---|---|---|---|---|---|---|---|---|---|
| | | | ① | ② | 组合项目 | 值 | 组合项目 | 值 | 组合项目 | 值 |
| 15 | 左 | $M$ | −31.29 | −7.35 | | | ①+0.7② | −36.44 | ①+0.7② | −36.44 |
| | | $V$ | 50.63 | 11.90 | | | | 58.96 | | 58.96 |
| | 中 | $M$ | 21.52 | 5.05 | ①+0.7② | 25.06 | | | | |
| | 右 | $M$ | −31.29 | −7.35 | | | ①+0.7② | −36.44 | ①+0.7② | −36.44 |
| | | $V$ | −50.63 | −11.90 | | | | −58.96 | | −58.96 |
| 8 | 左 | $M$ | −26.88 | −12.88 | | | ①+0.7② | −35.89 | ①+0.7② | −35.89 |
| | | $V$ | 43.50 | 20.83 | | | | 58.08 | | 58.08 |
| | 中 | $M$ | 18.48 | 8.85 | ①+0.7② | 24.68 | | | | |
| | 右 | $M$ | −26.88 | −12.88 | | | ①+0.7② | −35.89 | ①+0.7② | −35.89 |
| | | $V$ | −43.50 | −20.83 | | | | −58.08 | | −58.08 |
| 1 | 左 | $M$ | −27.80 | −12.88 | | | ①+0.7② | −36.81 | ①+0.7② | −36.81 |
| | | $V$ | 44.96 | 20.83 | | | | 59.54 | | 59.54 |
| | 中 | $M$ | 19.10 | 8.85 | ①+0.7② | 25.30 | | | | |
| | 右 | $M$ | −27.80 | −12.88 | | | ①+0.7② | −36.81 | ①+0.7② | −36.81 |
| | | $V$ | −44.96 | −20.83 | | | | −59.54 | | −59.54 |

注：1. 恒载①为 $1.35M_{GK}$和 $1.35V_{GK}$；

2. 活载②分别为 $1.4M_{GK}$和 $1.4V_{GK}$；

3. 以上各值均为轴线中心的 $M$ 和 $V$；$M$ 以下端受拉为正，$V$ 以顺时针方向为正；

4. 表中弯矩的单位为 kN·m，剪力的单位为 kN。

### 用于承载力计算的框架柱 A 由永久荷载效应控制的基本组合表（柱 G 与之对称） 表 5-46

| 层次 | 截面 | 内力 | 恒　载 | 活　载 | $N_{max}$相应的 $M$ | | $N_{min}$相应的 $M$ | | $\|M\|_{max}$相应的 $N$ | |
|---|---|---|---|---|---|---|---|---|---|---|
| | | | ① | ② | 组合项目 | 值 | 组合项目 | 值 | 组合项目 | 值 |
| 15 | 上 | $M$ | −19.31 | −4.37 | ①+0.7② | −22.37 | ①+0.7② | −22.37 | ①+0.7② | −22.37 |
| | | $N$ | 78.33 | 24.37 | | 95.39 | | 95.39 | | 95.39 |
| | 下 | $M$ | 8.29 | 3.83 | ①+0.7② | 10.97 | ①+0.7② | 10.97 | ①+0.7② | 10.97 |
| | | $N$ | 185.04 | 24.37 | | 202.10 | | 202.10 | | 202.10 |
| | | $V$ | −8.11 | −2.42 | | −9.80 | | −9.80 | | −9.80 |
| 8 | 上 | $M$ | −8.29 | −3.83 | ①+0.7② | −10.97 | ①+0.7② | −10.97 | ①+0.7② | −10.97 |
| | | $N$ | 1471.82 | 322.89 | | 1697.84 | | 1697.84 | | 1697.84 |
| | 下 | $M$ | 8.29 | 3.83 | ①+0.7② | 10.97 | ①+0.7② | 10.97 | ①+0.7② | 10.97 |
| | | $N$ | 1578.54 | 322.89 | | 1804.56 | | 1804.56 | | 1804.56 |
| | | $V$ | −4.87 | −2.25 | | −6.44 | | −6.44 | | −6.44 |
| 1 | 上 | $M$ | −6.53 | −2.92 | ①+0.7② | −8.57 | ①+0.7② | −8.57 | ①+0.7② | −8.57 |
| | | $N$ | 2869.09 | 622.49 | | 3304.83 | | 3304.83 | | 3304.83 |
| | 下 | $M$ | 13.07 | 5.83 | ①+0.7② | 17.15 | ①+0.7② | 17.15 | ①+0.7② | 17.30 |
| | | $N$ | 3005.78 | 622.49 | | 3441.52 | | 3441.52 | | 3441.52 |
| | | $V$ | −7.55 | −1.76 | | −8.78 | | −8.78 | | −8.78 |

注：1. 恒载①为 $1.35M_{GK}$、$1.35N_{GK}$和 $1.35V_{GK}$；

2. 活载②分别为 $1.4M_{GK}$、$1.4N_{GK}$和 $1.4V_{GK}$；

3. 以上各值均为轴线中心的 $M$、$V$ 和 $N$；$M$ 以右侧受拉为正，$V$ 以顺时针方向为正，$N$ 以受压为正；

4. 表中弯矩的单位为 kN·m，剪力及轴力的单位为 kN。

**用于承载力计算的框架柱 B 由永久荷载效应控制的基本组合表（柱 F 与之对称）　　表 5-47**

| 层次 | 截面 | 内力 | 恒载 | 活载 | $N_{max}$相应的 $M$ | | $N_{min}$相应的 $M$ | | $\vert M\vert_{max}$相应的 $N$ | |
|---|---|---|---|---|---|---|---|---|---|---|
| | | | ① | ② | 组合项目 | 值 | 组合项目 | 值 | 组合项目 | 值 |
| 15 | 上 | $M$ | 2.97 | 0.70 | ①+0.7② | 3.46 | ①+0.7② | 3.46 | ①+0.7② | 3.46 |
| | | $N$ | 105.76 | 24.86 | | 123.16 | | 123.16 | | 123.16 |
| | 下 | $M$ | −1.28 | 0.62 | ①+0.7② | −0.85 | ①+0.7② | −0.85 | ①+0.7② | −0.85 |
| | | $N$ | 147.07 | 24.86 | | 164.47 | | 164.47 | | 164.47 |
| | | $V$ | 1.26 | 0.39 | | 1.53 | | 1.53 | | 1.53 |
| 8 | 上 | $M$ | 1.28 | 0.62 | ①+0.7② | 1.71 | ①+0.7② | 1.71 | ①+0.7② | 1.71 |
| | | $N$ | 1031.01 | 329.45 | | 1261.62 | | 1261.62 | | 1261.62 |
| | 下 | $M$ | 1.28 | 0.62 | ①+0.7② | 1.71 | ①+0.7② | 1.71 | ①+0.7② | 1.71 |
| | | $N$ | 1072.32 | 329.45 | | 1302.93 | | 1302.93 | | 1302.93 |
| | | $V$ | 0.76 | 0.36 | | 1.01 | | 1.01 | | 1.01 |
| 1 | 上 | $M$ | 1.11 | 0.52 | ①+0.7② | 1.47 | ①+0.7② | 1.47 | ①+0.7② | 1.47 |
| | | $N$ | 1962.16 | 635.31 | | 2406.87 | | 2406.87 | | 2406.87 |
| | 下 | $M$ | −2.21 | −1.04 | ①+0.7② | −2.94 | ①+0.7② | −2.94 | ①+0.7② | −2.94 |
| | | $N$ | 2022.91 | 635.31 | | 2467.62 | | 2467.62 | | 2467.62 |
| | | $V$ | 0.66 | 0.31 | | 0.88 | | 0.88 | | 0.88 |

注：1. 恒载①为 $1.35M_{GK}$、$1.35N_{GK}$和 $1.35V_{GK}$；

2. 活载②分别为 $1.4M_{GK}$、$1.4N_{GK}$和 $1.4V_{GK}$；

3. 以上各值均为轴线中心的 $M$、$V$ 和 $N$；$M$ 以右侧受拉为正，$V$ 以顺时针方向为正，$N$ 以受压为正；

4. 表中弯矩的单位为 kN·m，剪力及轴力的单位为 kN。

**用于承载力计算的框架柱 C 由永久荷载效应控制的基本组合表（柱 E 与之对称）　　表 5-48**

| 层次 | 截面 | 内力 | 恒载 | 活载 | $N_{max}$相应的 $M$ | | $N_{min}$相应的 $M$ | | $\vert M\vert_{max}$相应的 $N$ | |
|---|---|---|---|---|---|---|---|---|---|---|
| | | | ① | ② | 组合项目 | 值 | 组合项目 | 值 | 组合项目 | 值 |
| 15 | 上 | $M$ | 0.00 | 0.00 | ①+0.7② | 0.00 | ①+0.7② | 0.00 | ①+0.7② | 0.00 |
| | | $N$ | 248.40 | 79.80 | | 304.26 | | 304.26 | | 304.26 |
| | 下 | $M$ | 0.00 | 0.00 | ①+0.7② | 0.00 | ①+0.7② | 0.00 | ①+0.7② | 0.00 |
| | | $N$ | 289.71 | 79.80 | | 345.57 | | 345.57 | | 345.57 |
| | | $V$ | 0.00 | 0.00 | | 0.00 | | 0.00 | | 0.00 |
| 8 | 上 | $M$ | 0.00 | 0.00 | ①+0.7② | 0.00 | ①+0.7② | 0.00 | ①+0.7② | 0.00 |
| | | $N$ | 2193.59 | 1057.45 | | 2933.80 | | 2933.80 | | 2933.80 |
| | 下 | $M$ | 0.00 | 0.00 | ①+0.7② | 0.00 | ①+0.7② | 0.00 | ①+0.7② | 0.00 |
| | | $N$ | 2234.90 | 1057.45 | | 2975.11 | | 2975.11 | | 2975.11 |
| | | $V$ | 0.00 | 0.00 | | 0.00 | | 0.00 | | 0.00 |
| 1 | 上 | $M$ | 0.00 | 0.00 | ①+0.7② | 0.00 | ①+0.7② | 0.00 | ①+0.7② | 0.00 |
| | | $N$ | 4141.69 | 2035.10 | | 5566.26 | | 5566.26 | | 5566.26 |
| | 下 | $M$ | 0.00 | 0.00 | ①+0.7② | 0.00 | ①+0.7② | 0.00 | ①+0.7② | 0.00 |
| | | $N$ | 4202.44 | 2035.10 | | 5627.01 | | 5627.01 | | 5627.01 |
| | | $V$ | 0.00 | 0.00 | | 0.00 | | 0.00 | | 0.00 |

注：1. 恒载①为 $1.35M_{GK}$、$1.35N_{GK}$和 $1.35V_{GK}$；

2. 活载②分别为 $1.4M_{GK}$、$1.4N_{GK}$和 $1.4V_{GK}$；

3. 以上各值均为轴线中心的 $M$、$V$ 和 $N$；$M$ 以右侧受拉为正，$V$ 以顺时针方向为正，$N$ 以受压为正；

4. 表中弯矩的单位为 kN·m，剪力及轴力的单位为 kN。

**用于承载力计算的框架柱 D 由永久荷载效应控制的基本组合表　　表 5-49**

| 层次 | 截面 | 内力 | 恒　载 | 活　载 | $N_{max}$相应的 $M$ | | $N_{min}$相应的 $M$ | | $\|M\|_{max}$相应的 $N$ | |
|---|---|---|---|---|---|---|---|---|---|---|
| | | | ① | ② | 组合项目 | 值 | 组合项目 | 值 | 组合项目 | 值 |
| 15 | 上 | $M$ | 0.00 | 0.00 | ①+0.7② | 0.00 | ①+0.7② | 0.00 | ①+0.7② | 0.00 |
| | | $N$ | 98.82 | 23.80 | | 115.48 | | 115.48 | | 115.48 |
| | 下 | $M$ | 0.00 | 0.00 | ①+0.7② | 0.00 | ①+0.7② | 0.00 | ①+0.7② | 0.00 |
| | | $N$ | 140.13 | 23.80 | | 156.79 | | 156.79 | | 156.79 |
| | | $V$ | 0.00 | 0.00 | | 0.00 | | 0.00 | | 0.00 |
| 8 | 上 | $M$ | 0.00 | 0.00 | ①+0.7② | 0.00 | ①+0.7② | 0.00 | ①+0.7② | 0.00 |
| | | $N$ | 996.95 | 315.45 | | 1217.76 | | 1217.76 | | 1217.76 |
| | 下 | $M$ | 0.00 | 0.00 | ①+0.7② | 0.00 | ①+0.7② | 0.00 | ①+0.7② | 0.00 |
| | | $N$ | 1038.26 | 315.45 | | 1259.07 | | 1259.07 | | 1259.07 |
| | | $V$ | 0.00 | 0.00 | | 0.00 | | 0.00 | | 0.00 |
| 1 | 上 | $M$ | 0.00 | 0.00 | ①+0.7② | 0.00 | ①+0.7② | 0.00 | ①+0.7② | 0.00 |
| | | $N$ | 1897.99 | 607.10 | | 2322.96 | | 2322.96 | | 2322.96 |
| | 下 | $M$ | 0.00 | 0.00 | ①+0.7② | 0.00 | ①+0.7② | 0.00 | ①+0.7② | 0.00 |
| | | $N$ | 1958.74 | 607.10 | | 2383.71 | | 2383.71 | | 2383.71 |
| | | $V$ | 0.00 | 0.00 | | 0.00 | | 0.00 | | 0.00 |

注：1. 恒载①为 $1.35M_{GK}$、$1.35N_{GK}$和 $1.35V_{GK}$；

2. 活载②分别为 $1.4M_{GK}$、$1.4N_{GK}$和 $1.4V_{GK}$；

3. 以上各值均为轴线中心的 $M$、$V$ 和 $N$；$M$ 以右侧受拉为正，$V$ 以顺时针方向为正，$N$ 以受压为正；

4. 表中弯矩的单位为 kN·m，剪力及轴力的单位为 kN。

(2) 由可变荷载效应控制的组合

当其效应对结构不利时，组合应为：

$S = 1.2S_{GK} + 1.0 \times 1.4S_{QK} + 0.6 \times 1.4S_{WK}$或 $S = 1.2S_{GK} + 0.7 \times 1.4S_{QK} + 1.0 \times 1.4S_{W}$

当其效应对结构有利时，组合应为：

$S = 1.0S_{GK} + 1.0 \times 1.4S_{QK} + 0.6 \times 1.4S_{WK}$或 $S = 1.0S_{GK} + 0.7 \times 1.4S_{QK} + 1.0 \times 1.4S_{W}$

由可变荷载效应控制的组合见表 5-50～表 5-56。

**用于承载力计算的框架梁 AB 由可变荷载效应控制的基本组合表**（梁 FG 与之对称）

**表 5-50**

| 层次 | 截面 | 内力 | 恒　载 | 活　载 | 左风 | 右风 | $M_{max}$相应的 $V$ | | $M_{min}$相应的 $M$ | | $\|V\|_{max}$相应的 $M$ | |
|---|---|---|---|---|---|---|---|---|---|---|---|---|
| | | | ① | ② | ③ | ④ | 组合项目 | 值 | 组合项目 | 值 | 组合项目 | 值 |
| 15 | 左 | $M$ | −17.16 | −4.54 | 165.23 | −165.23 | | | ①+0.7②+④ | −185.57 | ①+0.7②+④ | −185.57 |
| | | $V$ | 42.62 | 11.27 | −62.38 | 62.38 | | | | 112.89 | | 112.89 |
| | 中 | $M$ | 19.61 | 5.18 | 40.46 | −40.46 | ①+0.7②+③ | 63.70 | | | | |
| | 右 | $M$ | −29.00 | −7.67 | −84.31 | 84.31 | | | ①+0.7②+③ | −118.68 | ①+0.7②+③ | −118.68 |
| | | $V$ | −49.01 | −12.96 | −62.38 | 62.38 | | | | −120.46 | | −120.46 |

续表

| 层次 | 截面 | 内力 | 恒载 ① | 活载 ② | 左风 ③ | 右风 ④ | $M_{max}$相应的 $V$ 组合项目 | 值 | $M_{min}$相应的 $M$ 组合项目 | 值 | $\|V\|_{max}$相应的 $M$ 组合项目 | 值 |
|---|---|---|---|---|---|---|---|---|---|---|---|---|
| 8 | 左 | $M$ | -14.74 | -3.98 | 144.80 | -144.80 | | | ①+0.7②+④ | -162.33 | ①+0.7②+④ | -162.33 |
| | | $V$ | 36.61 | 19.73 | -67.12 | 67.12 | | | | 117.54 | | 117.54 |
| | 中 | $M$ | 16.84 | 9.07 | 14.77 | -14.77 | ①+0.7②+③ | 37.96 | | | | |
| | 右 | $M$ | -24.91 | -13.43 | -119.46 | 119.46 | | | ①+0.7②+③ | -153.77 | ①+0.7②+③ | -153.77 |
| | | $V$ | -42.11 | -22.68 | -67.12 | 67.12 | | | | -125.11 | | -125.11 |
| 1 | 左 | $M$ | -16.98 | -3.02 | -7.70 | 7.70 | | | ①+②+0.6③ | -24.62 | ①+0.7②+④ | -11.39 |
| | | $V$ | 39.96 | 20.83 | -14.10 | 14.10 | | | | 52.33 | | 68.64 |
| | 中 | $M$ | 19.42 | 10.12 | -35.91 | 35.91 | ①+0.7②+④ | 62.41 | | | | |
| | 右 | $M$ | -27.18 | -14.17 | -64.11 | 64.11 | | | ①+0.7②+③ | -101.21 | ①+②+0.6③ | -79.82 |
| | | $V$ | -45.96 | -23.95 | -14.10 | 14.10 | | | | -76.83 | | -78.37 |

注：1. 恒载①为 $1.2M_{GK}$和 $1.2V_{GK}$；

2. 活载②和左风③、右风④为 $1.4M_{QK}$、$1.4V_{QK}$和 $1.4M_{WK}$、$1.4V_{WK}$；

3. 以上各值均为轴线中心的 $M$ 和 $V$；$M$ 以下端受拉为正，$V$ 以顺时针方向为正；

4. 表中弯矩的单位为 kN·m，剪力的单位为 kN。

**用于承载力计算的框架梁 BC 由可变荷载效应控制的基本组合表（梁 EF 与之对称）　表 5-51**

| 层次 | 截面 | 内力 | 恒载 ① | 活载 ② | 左风 ③ | 右风 ④ | $M_{max}$相应的 $V$ 组合项目 | 值 | $M_{min}$相应的 $M$ 组合项目 | 值 | $\|V\|_{max}$相应的 $M$ 组合项目 | 值 |
|---|---|---|---|---|---|---|---|---|---|---|---|---|
| 15 | 左 | $M$ | -26.36 | -6.97 | 84.31 | -84.31 | | | ①+0.7②+④ | -115.55 | ①+0.7②+④ | -115.55 |
| | | $V$ | 45.00 | 11.90 | -42.15 | 42.15 | | | | 95.48 | | 95.48 |
| | 中 | $M$ | 19.13 | 5.05 | 0.00 | 0.00 | ①+②+0.6③ | 24.18 | | | | |
| | 右 | $M$ | -27.82 | -7.35 | -84.31 | 84.31 | | | ①+0.7②+③ | -117.28 | ①+0.7②+③ | -117.28 |
| | | $V$ | -45.00 | -11.90 | -42.15 | 42.15 | | | | -95.48 | | -95.48 |
| 8 | 左 | $M$ | -22.64 | -12.21 | 119.46 | -119.46 | | | ①+0.7②+④ | -150.65 | ①+0.7②+④ | -150.65 |
| | | $V$ | 38.66 | 20.83 | -59.72 | 59.72 | | | | 112.96 | | 112.96 |
| | 中 | $M$ | 16.43 | 8.85 | 0.00 | 0.00 | ①+②+0.6③ | 25.28 | | | | |
| | 右 | $M$ | -23.89 | -12.88 | -119.46 | 119.46 | | | ①+0.7②+③ | -152.37 | ①+0.7②+③ | -152.37 |
| | | $V$ | -38.66 | -20.83 | -59.72 | 59.72 | | | | -112.96 | | -112.96 |
| 1 | 左 | $M$ | -24.71 | -12.88 | 64.11 | -64.11 | | | ①+0.7②+④ | -97.84 | ①+0.7②+④ | -97.84 |
| | | $V$ | 39.96 | 20.83 | -32.05 | 32.05 | | | | 86.59 | | 86.59 |
| | 中 | $M$ | 16.98 | 8.85 | 0.00 | 0.00 | ①+②+0.6③ | 25.83 | | | | |
| | 右 | $M$ | -24.71 | -12.88 | -64.11 | 64.11 | | | ①+0.7②+③ | -97.84 | ①+0.7②+③ | -97.84 |
| | | $V$ | -39.96 | -20.83 | -32.05 | 32.05 | | | | -86.59 | | -86.59 |

注：1. 恒载①为 $1.2M_{GK}$和 $1.2V_{GK}$；

2. 活载②和左风③、右风④为 $1.4M_{QK}$、$1.4V_{QK}$和 $1.4M_{WK}$、$1.4V_{WK}$；

3. 以上各值均为轴线中心的 $M$ 和 $V$；$M$ 以下端受拉为正，$V$ 以顺时针方向为正；

4. 表中弯矩的单位为 kN·m，剪力的单位为 kN。

**用于承载力计算的框架梁 CD 由可变荷载效应控制的基本组合表**（梁 DE 与之对称） **表 5-52**

| 层次 | 截面 | 内力 | 恒载 | 活载 | 左风 | 右风 | $M_{max}$相应的 $V$ | | $M_{min}$相应的 $M$ | | $\|V\|_{max}$相应的 $M$ | |
|---|---|---|---|---|---|---|---|---|---|---|---|---|
| | | | ① | ② | ③ | ④ | 组合项目 | 值 | 组合项目 | 值 | 组合项目 | 值 |
| 15 | 左 | $M$ | −27.82 | −7.35 | 84.31 | −84.31 | | | ①+0.7②+④ | −117.28 | ①+0.7②+④ | −117.28 |
| | | $V$ | 45.00 | 11.90 | −42.15 | 42.15 | | | | 95.48 | | 95.48 |
| | 中 | $M$ | 19.13 | 5.05 | 0.00 | 0.00 | ①+②+0.6③ | 24.18 | | | | |
| | 右 | $M$ | −27.82 | −7.35 | −84.31 | 84.31 | | | ①+0.7②+③ | −117.28 | ①+0.7②+③ | −117.28 |
| | | $V$ | −45.00 | −11.90 | −42.15 | 42.15 | | | | −95.48 | | −95.48 |
| 8 | 左 | $M$ | −23.89 | −12.88 | 119.46 | −119.46 | | | ①+0.7②+④ | −152.37 | ①+0.7②+④ | −152.37 |
| | | $V$ | 38.66 | 20.83 | −59.72 | 59.72 | | | | 112.96 | | 112.96 |
| | 中 | $M$ | 16.43 | 8.85 | 0.00 | 0.00 | ①+②+0.6③ | 25.28 | | | | |
| | 右 | $M$ | −23.89 | −12.88 | −119.46 | 119.46 | | | ①+0.7②+③ | −152.37 | ①+0.7②+③ | −152.37 |
| | | $V$ | −38.66 | −20.83 | −59.72 | 59.72 | | | | −112.96 | | −112.96 |
| 1 | 左 | $M$ | −24.71 | −12.88 | 64.11 | −64.11 | | | ①+0.7②+④ | −97.84 | ①+0.7②+④ | −97.84 |
| | | $V$ | 39.96 | 20.83 | −32.05 | 32.05 | | | | 86.59 | | 86.59 |
| | 中 | $M$ | 16.98 | 8.85 | 0.00 | 0.00 | ①+②+0.6③ | 25.83 | | | | |
| | 右 | $M$ | −24.71 | −12.88 | −64.11 | 64.11 | | | ①+0.7②+③ | −97.84 | ①+0.7②+③ | −97.84 |
| | | $V$ | −39.96 | −20.83 | −32.05 | 32.05 | | | | −86.59 | | −86.59 |

注：1. 恒载①为 $1.2M_{GK}$和 $1.2V_{GK}$；

2. 活载②和左风③、右风④为 $1.4M_{QK}$、$1.4V_{QK}$和 $1.4M_{WK}$、$1.4V_{WK}$；

3. 以上各值均为轴线中心的 $M$ 和 $V$；$M$ 以下端受拉为正，$V$ 以顺时针方向为正；

4. 表中弯矩的单位为 kN·m，剪力的单位为 kN。

**用于承载力计算的框架柱 A 由可变荷载效应控制的基本组合表**（柱 G 与之对称） **表 5-53**

| 层次 | 截面 | 内力 | 恒载 | 活载 | 左风 | 右风 | $N_{max}$相应的 $M$ | | $N_{min}$相应的 $M$ | | $\|M\|_{max}$相应的 $N$ | |
|---|---|---|---|---|---|---|---|---|---|---|---|---|
| | | | ① | ② | ③ | ④ | 组合项目 | 值 | 组合项目 | 值 | 组合项目 | 值 |
| 15 | 上 | $M$ | −17.16 | −4.37 | 165.23 | −165.23 | ①+②+0.6③ | 77.61 | ①+0.7②+④ | −185.45 | ①+0.7②+④ | −185.45 |
| | | $N$ | 69.63 | 24.37 | 15.72 | −15.72 | | 103.43 | | 70.97 | | 70.97 |
| | 下 | $M$ | 7.37 | 3.83 | 6.54 | −6.54 | ①+②+0.6③ | 15.12 | ①+0.7②+④ | 3.51 | ①+0.7②+③ | 16.59 |
| | | $N$ | 164.48 | 24.37 | 15.72 | −15.72 | | 198.28 | | 165.82 | | 197.26 |
| | | $V$ | −7.21 | −2.42 | 46.72 | −46.72 | | 18.40 | | −55.62 | | 37.82 |
| 8 | 上 | $M$ | −7.37 | −3.83 | 101.05 | −101.05 | ①+②+0.6④ | −71.83 | ①+0.7②+③ | 91.00 | ①+0.7②+④ | −111.10 |
| | | $N$ | 1308.28 | 322.89 | −273.77 | 273.77 | | 1795.43 | | 1260.53 | | 1808.07 |
| | 下 | $M$ | 7.37 | 3.83 | −54.42 | 54.42 | ①+②+0.6④ | 43.85 | ①+0.7②+③ | −44.37 | ①+0.7②+④ | 64.47 |
| | | $N$ | 1403.15 | 322.89 | −273.77 | 273.77 | | 1890.30 | | 1355.40 | | 1902.94 |
| | | $V$ | −4.33 | −2.25 | 45.72 | −45.72 | | −34.01 | | 39.82 | | −51.63 |
| 1 | 上 | $M$ | −5.80 | −2.92 | −98.20 | 98.20 | ①+②+0.6④ | 50.20 | ①+0.7②+③ | −106.04 | ①+0.7②+③ | −106.04 |
| | | $N$ | 2550.30 | 622.49 | −126.62 | 126.62 | | 3248.76 | | 2859.42 | | 2859.42 |
| | 下 | $M$ | 11.62 | 5.83 | −490.97 | 490.97 | ①+②+0.6④ | 312.03 | ①+0.7②+③ | −475.27 | ①+0.7②+④ | 506.67 |
| | | $N$ | 2671.80 | 622.49 | −126.62 | 126.62 | | 3370.26 | | 2980.92 | | 3234.16 |
| | | $V$ | −6.71 | −1.76 | 78.55 | −78.55 | | −55.60 | | 70.61 | | −86.49 |

注：1. 恒载①为 $1.2M_{GK}$、$1.2N_{GK}$和 $1.2V_{GK}$；

2. 活载②分别为 $1.4M_{QK}$、$1.4N_{QK}$和 $1.4V_{QK}$；

3. 左风③、右风④分别为 $1.4M_{WK}$、$1.4N_{WK}$和 $1.4V_{WK}$；

4. 以上各值均为轴线中心的 $M$、$V$ 和 $N$；$M$ 以右侧受拉为正，$V$ 以顺时针方向为正，$N$ 以受压为正；

5. 表中弯矩的单位为 kN·m，剪力及轴力的单位为 kN。

**用于承载力计算的框架柱 B 由可变荷载效应控制的基本组合表（柱 F 与之对称）　表 5-54**

| 层次 | 截面 | 内力 | 恒载 ① | 活载 ② | 左风 ③ | 右风 ④ | $N_{max}$相应的 $M$ 组合项目 | 值 | $N_{min}$相应的 $M$ 组合项目 | 值 | $\|M\|_{max}$相应的 $N$ 组合项目 | 值 |
|---|---|---|---|---|---|---|---|---|---|---|---|---|
| 15 | 上 | $M$ | 2.64 | 0.70 | 168.60 | −168.60 | ①+②+0.6④ | −97.82 | ①+0.7②+③ | 171.73 | ①+0.7②+③ | 171.73 |
| | | $V$ | 94.01 | 24.86 | −5.10 | 5.10 | | 121.93 | | 106.31 | | 106.31 |
| | 下 | $M$ | −1.14 | 0.62 | −72.25 | 72.25 | | 42.83 | | −72.96 | | −72.96 |
| | | $N$ | 130.73 | 24.86 | −5.10 | 5.10 | ①+②+0.6④ | 158.65 | ①+0.7②+③ | 143.03 | ①+0.7②+③ | 143.03 |
| | | $V$ | 1.12 | 0.39 | 70.84 | −70.84 | | −40.99 | | 72.23 | | 72.23 |
| 8 | 上 | $M$ | 1.14 | 0.62 | 129.75 | −129.75 | ①+②+0.6③ | 79.61 | ①+0.7②+④ | −128.18 | ①+0.7②+③ | 131.32 |
| | | $N$ | 916.45 | 329.45 | 39.26 | −39.26 | | 1269.46 | | 1107.81 | | 1186.33 |
| | 下 | $M$ | 1.14 | 0.62 | −106.16 | 106.16 | | −61.94 | | 107.73 | | 107.73 |
| | | $N$ | 953.17 | 329.45 | 39.26 | −39.26 | ①+②+0.6③ | 1306.18 | ①+0.7②+④ | 1144.53 | ①+0.7②+④ | 1144.53 |
| | | $V$ | 0.68 | 0.36 | 69.38 | −69.38 | | 42.67 | | −68.45 | | −68.45 |
| 1 | 上 | $M$ | 0.99 | 0.52 | 45.81 | −45.81 | ①+②+0.6③ | 29.00 | ①+0.7②+④ | −44.46 | ①+0.7②+③ | 47.16 |
| | | $N$ | 1744.14 | 635.31 | 13.41 | −13.41 | | 2387.50 | | 2175.45 | | 2202.27 |
| | 下 | $M$ | −1.96 | −1.04 | −106.88 | 106.88 | | −67.13 | | 104.19 | | −109.57 |
| | | $N$ | 1798.14 | 635.31 | 134.13 | −134.13 | ①+②+0.6③ | 2513.93 | ①+0.7②+④ | 2108.73 | ①+0.7②+③ | 2376.99 |
| | | $V$ | 0.59 | 0.31 | 30.53 | −30.53 | | 19.22 | | −29.72 | | 31.34 |

注：1. 恒载①为 $1.2M_{GK}$、$1.2N_{GK}$和 $1.2V_{GK}$；
2. 活载②分别为 $1.4M_{QK}$、$1.4N_{QK}$和 $1.4V_{QK}$；
3. 左风③、右风④分别为 $1.4M_{WK}$、$1.4N_{WK}$和 $1.4V_{WK}$；
4. 以上各值均为轴线中心的 $M$、$V$ 和 $N$；$M$ 以右侧受拉为正，$V$ 以顺时针方向为正，$N$ 以受压为正；
5. 表中弯矩的单位为 kN·m，剪力及轴力的单位为 kN。

**用于承载力计算的框架柱 C 由可变荷载效应控制的基本组合表（柱 E 与之对称）　表 5-55**

| 层次 | 截面 | 内力 | 恒载 ① | 活载 ② | 左风 ③ | 右风 ④ | $N_{max}$相应的 $M$ 组合项目 | 值 | $N_{min}$相应的 $M$ 组合项目 | 值 | $\|M\|_{max}$相应的 $N$ 组合项目 | 值 |
|---|---|---|---|---|---|---|---|---|---|---|---|---|
| 15 | 上 | $M$ | 0.00 | 0.00 | 168.60 | −168.60 | ①+②+0.6④ | −101.16 | ①+0.7②+③ | 168.60 | ①+0.7②+③ | 168.60 |
| | | $N$ | 220.80 | 79.80 | 0.00 | 0.00 | | 300.60 | | 276.66 | | 276.66 |
| | 下 | $M$ | 0.00 | 0.00 | −72.25 | 72.25 | | 43.35 | | −72.25 | | −72.25 |
| | | $N$ | 257.52 | 79.80 | 0.00 | 0.00 | ①+②+0.6④ | 337.32 | ①+0.7②+③ | 313.38 | ①+0.7②+③ | 313.38 |
| | | $V$ | 0.00 | 0.00 | 70.84 | −70.84 | | −42.50 | | 70.84 | | 70.84 |
| 8 | 上 | $M$ | 0.00 | 0.00 | 129.75 | −129.75 | ①+②+0.6③ | 77.85 | ①+0.7②+④ | −129.75 | ①+0.7②+③ | 129.75 |
| | | $N$ | 1949.86 | 1057.45 | 0.00 | 0.00 | | 3007.31 | | 2690.08 | | 2690.08 |
| | 下 | $M$ | 0.00 | 0.00 | −106.16 | 106.16 | | −63.70 | | 106.16 | | 106.16 |
| | | $N$ | 1986.58 | 1057.45 | 0.00 | 0.00 | ①+②+0.6③ | 3044.03 | ①+0.7②+④ | 2726.80 | ①+0.7②+④ | 2726.80 |
| | | $V$ | 0.00 | 0.00 | 69.38 | −69.38 | | 41.63 | | −69.38 | | −69.38 |
| 1 | 上 | $M$ | 0.00 | 0.00 | 45.81 | −45.81 | ①+②+0.6③ | 27.49 | ①+0.7②+④ | −45.81 | ①+0.7②+③ | 45.81 |
| | | $N$ | 3681.50 | 2035.10 | 0.00 | 0.00 | | 5716.60 | | 5106.07 | | 5106.07 |
| | 下 | $M$ | 0.00 | 0.00 | −106.88 | 106.88 | | −64.13 | | 106.88 | | −106.88 |
| | | $N$ | 3735.50 | 2035.10 | 0.00 | 0.00 | ①+②+0.6③ | 5770.60 | ①+0.7②+④ | 5160.07 | ①+0.7②+③ | 5160.07 |
| | | $V$ | 0.00 | 0.00 | 30.53 | −30.53 | | 18.32 | | −30.53 | | 30.53 |

注：1. 恒载①为 $1.2M_{GK}$、$1.2N_{GK}$和 $1.2V_{GK}$；
2. 活载②分别为 $1.4M_{QK}$、$1.4N_{QK}$和 $1.4V_{QK}$；
3. 左风③、右风④分别为 $1.4M_{WK}$、$1.4N_{WK}$和 $1.4V_{WK}$；
4. 以上各值均为轴线中心的 $M$、$V$ 和 $N$；$M$ 以右侧受拉为正，$V$ 以顺时针方向为正，$N$ 以受压为正；
5. 表中弯矩的单位为 kN·m，剪力及轴力的单位为 kN。

**用于承载力计算的框架柱 D 由可变荷载效应控制的基本组合表** 表 5-56

| 层次 | 截面 | 内力 | 恒载 | 活载 | 左风 | 右风 | $N_{max}$相应的 $M$ | | $N_{min}$相应的 $M$ | | $\|M\|_{max}$相应的 $N$ | |
|---|---|---|---|---|---|---|---|---|---|---|---|---|
| | | | ① | ② | ③ | ④ | 组合项目 | 值 | 组合项目 | 值 | 组合项目 | 值 |
| 15 | 上 | $M$ | 0.00 | 0.00 | 168.60 | −168.60 | ①+②+0.6④ | −101.16 | ①+0.7②+③ | 168.60 | ①+0.7②+③ | 168.60 |
| | | $V$ | 87.84 | 23.80 | 0.00 | 0.00 | | 111.64 | | 104.50 | | 104.50 |
| | 下 | $M$ | 0.00 | 0.00 | −72.25 | 72.25 | ①+②+0.6④ | 43.35 | ①+0.7②+③ | −72.25 | ①+0.7②+③ | −72.25 |
| | | $N$ | 124.56 | 23.80 | 0.00 | 0.00 | | 148.36 | | 141.22 | | 141.22 |
| | | $V$ | 0.00 | 0.00 | 70.84 | −70.84 | | −42.50 | | 70.84 | | 70.84 |
| 8 | 上 | $M$ | 0.00 | 0.00 | 129.75 | −129.75 | ①+②+0.6③ | 77.85 | ①+0.7②+④ | −129.75 | ①+0.7②+③ | 129.75 |
| | | $N$ | 886.18 | 315.45 | 0.00 | 0.00 | | 1201.63 | | 1107.00 | | 1107.00 |
| | 下 | $M$ | 0.00 | 0.00 | −106.16 | 106.16 | ①+②+0.6③ | −63.70 | ①+0.7②+④ | 106.16 | ①+0.7②+④ | 106.16 |
| | | $N$ | 922.90 | 315.45 | 0.00 | 0.00 | | 1238.35 | | 1143.72 | | 1143.72 |
| | | $V$ | 0.00 | 0.00 | 69.38 | −69.38 | | 41.63 | | −69.38 | | −69.38 |
| 1 | 上 | $M$ | 0.00 | 0.00 | 45.81 | −45.81 | ①+②+0.6③ | 27.49 | ①+0.7②+④ | −45.81 | ①+0.7②+③ | 45.81 |
| | | $N$ | 1687.10 | 607.10 | 0.00 | 0.00 | | 2294.20 | | 2112.07 | | 2112.07 |
| | 下 | $M$ | 0.00 | 0.00 | −106.88 | 106.88 | ①+②+0.6③ | −64.13 | ①+0.7②+④ | 106.88 | ①+0.7②+③ | −106.88 |
| | | $N$ | 1741.10 | 607.10 | 0.00 | 0.00 | | 2348.20 | | 2166.07 | | 2166.07 |
| | | $V$ | 0.00 | 0.00 | 30.53 | −30.53 | | 18.32 | | −30.53 | | 30.53 |

注：1. 恒载①为 $1.2M_{GK}$、$1.2N_{GK}$和 $1.2V_{GK}$；

2. 活载②分别为 $1.4M_{QK}$、$1.4N_{QK}$和 $1.4V_{QK}$；

3. 左风③、右风④分别为 $1.4M_{WK}$、$1.4N_{WK}$和 $1.4V_{WK}$；

4. 以上各值均为轴线中心的 $M$、$V$ 和 $N$；$M$ 以右侧受拉为正，$V$ 以顺时针方向为正，$N$ 以受压为正；

5. 表中弯矩的单位为 kN·m，剪力及轴力的单位为 kN。

### 5.4.2 抗震内力组合

(1) 地震作用时框架内力组合见表 5-57 ~ 表 5-63。

当重力荷载效应对结构不利时，内力组合为：

$$S = 1.2S_{GE} + 1.3S_{EHk}$$

当重力荷载效应对结构有利时，内力组合应为：

$$S = 1.0S_{GE} + 1.3S_{EHk}$$

(2) 构件承载力抗震调整系数 $\gamma_{RE}$：

由表 1-27 可知：受弯梁 $\gamma_{RE} = 0.75$，轴压比小于 0.15 的偏压柱 $\gamma_{RE} = 0.75$，轴压比不小于 0.15 的偏压柱 $\gamma_{RE} = 0.80$，偏压剪力墙 $\gamma_{RE} = 0.85$，各类受剪构件 $\gamma_{RE} = 0.85$。

(3) 框架核心筒结构的抗震等级：

框架为二级，核心筒为二级。

(4) 为保证延性设计要求，组合时应注意以下几点：

1) 梁柱剪力设计值要调整，以保证“强剪弱弯”。

抗震设计时，框架梁端部截面组合的剪力设计值，抗震等级为二级时应按下列公式计算：

$$V = \eta_{vb}(M_b^l + M_b^r)/l_n + V_{Gb}$$

式中 $M_b^l$、$M_b^r$——分别为梁左、右端逆时针或顺时针方向截面组合的弯矩设计值；

$l_n$——梁的净跨；

$\eta_{vb}$——梁剪力增大系数，抗震等级为二级应取 1.2；

$V_{Gb}$——考虑地震作用组合的重力荷载代表值作用下，按简支梁分析的梁端截面剪力设计值。

抗震设计的框架柱端部截面的剪力设计值，抗震等级为二级时应按下列公式计算：

$$V = \eta_{vc}(M_c^t + M_c^b)/H_n$$

式中 $M_c^t$、$M_c^b$——分别为柱上、下端顺时针或逆时针方向截面组合的弯矩设计值；

$H_n$——柱的净高；

$\eta_{vc}$——柱端剪力增大系数，抗震等级为二级应取 1.2。

2）柱设计弯矩要调整，以保证“强柱弱梁”。

抗震设计时，抗震等级为二级框架的梁、柱节点处除顶层和柱轴压比小于 0.15 者外，柱端考虑地震作用组合的弯矩设计值应按下列公式予以调整：

$$\Sigma M_c = \eta_c \Sigma M_b$$

式中 $\Sigma M_c$——节点上、下柱端截面顺时针或逆时针方向组合弯矩设计值之和，上、下柱端的弯矩设计值，可按弹性分析的弯矩比例进行分配；

$\Sigma M_b$——节点左、右梁端截面逆时针或顺时针方向组合弯矩设计值之和；

$\eta_c$——柱端弯矩增大系数，抗震等级为二级应该取 1.2。

3）底层柱弯矩加大。

抗震设计时，抗震等级为二级框架结构的底层柱底截面的弯矩设计值，应采用考虑地震作用组合的弯矩值与增大系数 1.25 的乘积。

(5) 由解析法求框架梁跨中最大组合弯矩 $M_{b.max}$：

图 5-37 为从框架中隔离出来的梁，当框架梁上只承受重力荷载代表值均布线荷载 $q$ 作用时，设由重力荷载代表值在梁的左端和右端产生的弯矩设计值分别为 $M_{GA}$和 $M_{GB}$；设地震自左向右作用，则由其在梁的左端和右端产生弯矩设计值分别为 $M_{EA}$和 $M_{EB}$。

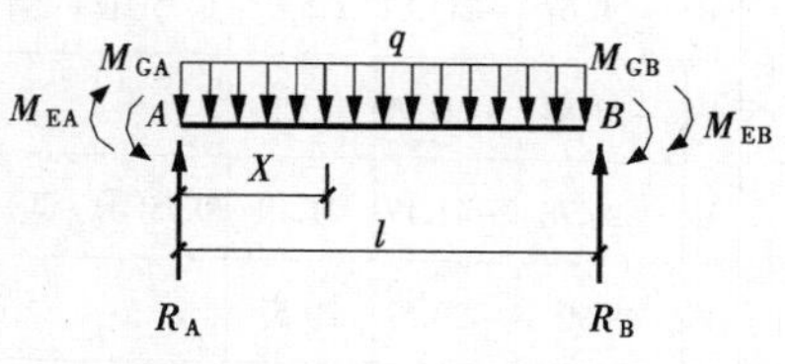


图 5-37 脱离体梁受力示意图

距梁左端 A 距离为 $x$ 的截面的弯矩方程 $M_x = R_A x - \frac{qx^2}{2} - M_{GA} + M_{EA}$，由 $\frac{dM_x}{dx} = 0$，解得最大弯矩截面离梁 A 端的距离为 $x = \frac{R_A}{q}$，将其代入弯矩方程，可得 $M_{b.max} = \frac{R_A^2}{2q} - M_{GA} + M_{EA}$，式中 $R_A = \frac{ql}{2} - \frac{1}{l}$（$M_{GB} - M_{GA} + M_{EA} + M_{EB}$），当地震方向从右向左作用时，$R_A = \frac{ql}{2} - \frac{1}{l}$（$M_{GB} - M_{GA} + M_{EA} + M_{EB}$）中 $M_{EA}$、$M_{EB}$应以负号代入。

## 考虑地震作用框架梁 AB 内力组合表（梁 FG 与之对称） 表 5-57

| 层次 | 截面 | 内力 | 重力荷载代表值① | 地震向右② | 地震向左③ | $M_{max}$(底面) 组合项 | $M_{max}$(底面) 值 | $-M_{max}$(顶面) 组合项 | $-M_{max}$(顶面) 值 | $V_{max}$ 组合项 | $V_{max}$ 值 | 调整后的 $V_{max}$ |
|---|---|---|---|---|---|---|---|---|---|---|---|---|
| 15 | 左 | $M$ | −17.59 | 340.04 | −340.04 | 0.75(①+②) | 241.84 | 0.75(①+③) | −268.22 | | | $1.2\times\frac{241.84+152.39}{0.75\times3.25}\times0.85+\frac{22.62}{2}\times3.25=201.73$ |
| | | $V$ | 43.70 | −128.38 | 128.38 | | | | | 0.85(①+③) | 146.27 | |
| | 中 | $M$ | 20.10 | 83.28 | −83.28 | 0.75(①+②) | 77.54 | | | | | |
| | 右 | $M$ | −29.71 | −173.47 | 173.47 | 0.75(①+③) | 107.82 | 0.75(①+②) | −152.39 | | | |
| | | $V$ | −50.26 | −128.38 | 128.38 | | | | | 0.85(①+②) | −151.84 | |
| 14 | 左 | $M$ | −18.14 | 362.95 | −362.95 | 0.75(①+②) | 258.61 | 0.75(①+③) | −285.82 | | | $1.2\times\frac{258.61+192.35}{0.75\times3.25}\times0.85+\frac{23.33}{2}\times3.25=226.62$ |
| | | $V$ | 45.07 | −147.12 | 147.12 | | | | | 0.85(①+③) | 163.36 | |
| | 中 | $M$ | 20.74 | 68.58 | −68.58 | 0.75(①+②) | 66.99 | | | | | |
| | 右 | $M$ | −30.67 | −225.80 | 225.80 | 0.75(①+③) | 146.35 | 0.75(①+②) | −192.35 | | | |
| | | $V$ | −51.84 | −147.12 | 147.12 | | | | | 0.85(①+②) | −169.12 | |
| 8 | 左 | $M$ | −18.14 | 290.58 | −290.58 | 0.75(①+②) | 204.33 | 0.75(①+③) | −231.54 | | | $1.2\times\frac{204.33+197.95}{0.75\times3.25}\times0.85+\frac{23.33}{2}\times3.25=206.25$ |
| | | $V$ | 45.07 | −130.96 | 130.96 | | | | | 0.85(①+③) | 149.63 | |
| | 中 | $M$ | 20.74 | 28.66 | −28.66 | 0.75(①+②) | 37.05 | | | | | |
| | 右 | $M$ | −30.67 | −233.26 | 233.26 | 0.75(①+③) | 151.94 | 0.75(①+②) | −197.95 | | | |
| | | $V$ | −51.84 | −130.96 | 130.96 | | | | | 0.85(①+②) | −155.38 | |
| 7 | 左 | $M$ | −18.14 | 277.45 | −277.45 | 0.75(①+②) | 194.48 | 0.75(①+③) | −221.69 | | | $1.2\times\frac{221.69+137.25}{0.75\times3.25}\times0.85+\frac{23.33}{2}\times3.25=188.11$ |
| | | $V$ | 45.07 | −122.79 | 122.79 | | | | | 0.85(①+③) | 142.68 | |
| | 中 | $M$ | 20.74 | 31.89 | −31.89 | 0.75(①+②) | 39.47 | | | | | |
| | 右 | $M$ | −30.67 | −213.67 | 213.67 | 0.75(①+③) | 137.25 | 0.75(①+②) | −183.26 | | | |
| | | $V$ | −51.84 | −122.79 | 122.79 | | | | | 0.85(①+②) | −148.44 | |
| 1 | 左 | $M$ | −20.78 | −11.19 | 11.19 | 0.75(①+③) | −7.19 | 0.75(①+②) | −23.98 | | | $1.2\times\frac{95.01-7.19}{0.75\times3.25}\times0.85+\frac{23.97}{2}\times3.25=75.70$ |
| | | $V$ | 48.90 | −20.57 | 20.57 | | | | | 0.85(①+③) | 59.05 | |
| | 中 | $M$ | 23.75 | −52.31 | 52.31 | 0.75(①+③) | 57.04 | | | | | |
| | 右 | $M$ | −33.25 | −93.43 | 93.43 | 0.75(①+③) | 45.14 | 0.75(①+②) | −95.01 | | | |
| | | $V$ | −56.23 | −20.57 | 20.57 | | | | | 0.85(①+②) | −65.28 | |

注：1. 重力荷载代表值①为 $1.2M_{Gk}$或 $1.2V_{Gk}$；

2. 地震向右②、地震向左③为 $1.3M_{Ehk}$或 $1.3V_{Ehk}$；

3. 以上各值均为轴线中心的 $M$、$V$；$M$ 以下端受拉为正，$V$ 以顺时针方向为正；

4. 表中弯矩的单位为 kN·m，剪力的单位为 kN；

5. 跨中最大组合弯矩 * 由解析法求得。

**考虑地震作用框架梁 BC 内力组合表（梁 EF 与之对称）** **表 5-58**

| 层次 | 截面 | 内力 | 重力荷载代表值① | 地震向右② | 地震向左③ | $M_{max}$(底面) | | $-M_{max}$(顶面) | | $V_{max}$ | | 调整后的 $V_{max}$ |
|---|---|---|---|---|---|---|---|---|---|---|---|---|
| 15 | 左 | $M$ | −27.04 | 173.47 | −173.47 | 0.75(①+②) | 109.82 | 0.75(①+③) | −150.38 | | | |
| | | $V$ | 46.14 | −86.74 | 86.74 | | | | | 0.85(①+③) | 112.95 | $1.2\times\frac{109.82+151.49}{0.75\times3.4}$ |
| | 中 | $M$ | 19.61 | 0.00 | 0.00 | 0.75(①+②) | 14.71* | | | | | $\times0.85+\frac{22.62}{2}\times3.4$ |
| | 右 | $M$ | −28.52 | −173.47 | 173.47 | 0.75(①+③) | 108.71 | 0.75(①+②) | −151.49 | | | =142.98 |
| | | $V$ | −46.14 | −86.74 | 86.74 | | | | | 0.85(①+②) | −112.95 | |
| 14 | 左 | $M$ | −27.89 | 225.54 | −225.54 | 0.75(①+②) | 148.24 | 0.75(①+③) | −190.07 | | | |
| | | $V$ | 47.59 | −112.78 | 112.78 | | | | | 0.85(①+③) | 136.31 | $1.2\times\frac{148.24+191.22}{0.75\times3.4}$ |
| | 中 | $M$ | 20.23 | 0.00 | 0.00 | 0.75(①+②) | 15.17* | | | | | $\times0.85+\frac{23.33}{2}\times3.4$ |
| | 右 | $M$ | −29.42 | −225.54 | 225.54 | 0.75(①+③) | 147.09 | 0.75(①+②) | −191.22 | | | =175.44 |
| | | $V$ | −47.59 | −112.78 | 112.78 | | | | | 0.85(①+②) | −136.31 | |
| 8 | 左 | $M$ | −27.89 | 233.26 | −233.26 | 0.75(①+②) | 154.03 | 0.75(①+③) | −195.86 | | | |
| | | $V$ | 47.59 | −116.62 | 116.62 | | | | | 0.85(①+③) | 139.58 | $1.2\times\frac{154.03+197.01}{0.75\times3.4}$ |
| | 中 | $M$ | 20.23 | 0.00 | 0.00 | 0.75(①+②) | 15.17* | | | | | $\times0.85+\frac{23.33}{2}\times3.4$ |
| | 右 | $M$ | −29.42 | −233.26 | 233.26 | 0.75(①+③) | 152.88 | 0.75(①+②) | −197.01 | | | =180.08 |
| | | $V$ | −47.59 | −116.62 | 116.62 | | | | | 0.85(①+②) | −139.58 | |
| 7 | 左 | $M$ | −27.89 | 213.67 | −213.67 | 0.75(①+②) | 139.34 | 0.75(①+③) | −181.17 | | | |
| | | $V$ | 47.59 | −106.83 | 106.83 | | | | | 0.85(①+③) | 131.26 | $1.2\times\frac{139.34+182.32}{0.75\times3.4}$ |
| | 中 | $M$ | 20.23 | 0.00 | 0.00 | 0.75(①+②) | 15.17* | | | | | $\times0.85+\frac{23.33}{2}\times3.4$ |
| | 右 | $M$ | −29.42 | −213.67 | 213.67 | 0.75(①+③) | 138.19 | 0.75(①+②) | −182.32 | | | =168.32 |
| | | $V$ | −47.59 | −106.83 | 106.83 | | | | | 0.85(①+②) | −131.26 | |
| 1 | 左 | $M$ | −30.23 | 93.43 | −93.43 | 0.75(①+②) | 47.40 | 0.75(①+③) | −92.74 | | | |
| | | $V$ | 48.90 | −46.72 | 46.72 | | | | | 0.85(①+③) | 81.28 | $1.2\times\frac{92.74+47.40}{0.75\times3.4}$ |
| | 中 | $M$ | 20.78 | 0.00 | 0.00 | 0.75(①+②) | 15.58* | | | | | $\times0.85+\frac{23.97}{2}\times3.4$ |
| | 右 | $M$ | −30.23 | −93.43 | 93.43 | 0.75(①+③) | 47.40 | 0.75(①+②) | −92.74 | | | =96.80 |
| | | $V$ | −48.90 | −46.72 | 46.72 | | | | | 0.85(①+②) | −81.28 | |

注：1. 重力荷载代表值①为 $1.2M_{Gk}$或 $1.2V_{Gk}$；

2. 地震向右②、地震向左③为 $1.3M_{Ehk}$或 $1.3V_{Ehk}$；

3. 以上各值均为轴线中心的 $M$、$V$；$M$ 以下端受拉为正，$V$ 以顺时针方向为正；

4. 表中弯矩的单位为 kN·m，剪力的单位为 kN；

5. 跨中最大组合弯矩 * 由解析法求得。

**考虑地震作用框架梁 CD 内力组合表（梁 DE 与之对称）** **表 5-59**

| 层次 | 截面 | 内力 | 重力荷载代表值① | 地震向右② | 地震向左③ | $M_{max}$(底面) 组合项 | $M_{max}$(底面) 值 | $-M_{max}$(顶面) 组合项 | $-M_{max}$(顶面) 值 | $V_{max}$ 组合项 | $V_{max}$ 值 | 调整后的 $V_{max}$ |
|---|---|---|---|---|---|---|---|---|---|---|---|---|
| 15 | 左 | $M$ | -28.52 | 173.47 | -173.47 | 0.75(①+②) | 108.71 | 0.75(①+③) | -151.49 | | | $1.2\times\frac{151.49+108.71}{0.75\times3.4}\times0.85+\frac{22.62}{2}\times3.4=142.53$ |
| | | $V$ | 46.14 | -86.74 | 86.74 | | | | | 0.85(①+③) | 112.95 | |
| | 中 | $M$ | 19.72 | 0.00 | 0.00 | 0.75(①+②) | 14.79* | | | | | |
| | 右 | $M$ | -28.52 | -173.47 | 173.47 | 0.75(①+③) | 108.71 | 0.75(①+②) | -151.49 | | | |
| | | $V$ | -46.14 | -86.74 | 86.74 | | | | | 0.85(①+②) | -112.95 | |
| 14 | 左 | $M$ | -29.42 | 225.54 | -225.54 | 0.75(①+②) | 147.09 | 0.75(①+③) | -191.22 | | | $1.2\times\frac{191.22+147.09}{0.75\times3.4}\times0.85+\frac{23.33}{2}\times3.4=174.99$ |
| | | $V$ | 47.59 | -112.78 | 112.78 | | | | | 0.85(①+③) | 136.31 | |
| | 中 | $M$ | 20.23 | 0.00 | 0.00 | 0.75(①+②) | 15.17* | | | | | |
| | 右 | $M$ | -29.42 | -225.54 | 225.54 | 0.75(①+③) | 147.09 | 0.75(①+②) | -191.22 | | | |
| | | $V$ | -47.59 | -112.78 | 112.78 | | | | | 0.85(①+②) | -136.31 | |
| 8 | 左 | $M$ | -29.42 | 233.26 | -233.26 | 0.75(①+②) | 152.88 | 0.75(①+③) | -197.01 | | | $1.2\times\frac{152.88+197.01}{0.75\times3.4}\times0.85+\frac{23.33}{2}\times3.4=179.62$ |
| | | $V$ | 47.59 | -116.62 | 116.62 | | | | | 0.85(①+③) | 139.58 | |
| | 中 | $M$ | 20.23 | 0.00 | 0.00 | 0.75(①+②) | 15.17* | | | | | |
| | 右 | $M$ | -29.42 | -233.26 | 233.26 | 0.75(①+③) | 152.88 | 0.75(①+②) | -197.01 | | | |
| | | $V$ | -47.59 | -116.62 | 116.62 | | | | | 0.85(①+②) | -139.58 | |
| 7 | 左 | $M$ | -29.42 | 213.67 | -213.67 | 0.75(①+②) | 138.19 | 0.75(①+③) | -182.32 | | | $1.2\times\frac{138.19+182.32}{0.75\times3.4}\times0.85+\frac{23.33}{2}\times3.4=167.87$ |
| | | $V$ | 47.59 | -106.83 | 106.83 | | | | | 0.85(①+③) | 131.26 | |
| | 中 | $M$ | 20.23 | 0.00 | 0.00 | 0.75(①+②) | 15.17* | | | | | |
| | 右 | $M$ | -29.42 | -213.67 | 213.67 | 0.75(①+③) | 138.19 | 0.75(①+②) | -182.32 | | | |
| | | $V$ | -47.59 | -106.83 | 106.83 | | | | | 0.85(①+②) | -131.26 | |
| 1 | 左 | $M$ | -30.23 | 93.43 | -93.43 | 0.75(①+②) | 47.40 | 0.75(①+③) | -92.75 | | | $1.2\times\frac{92.75+47.40}{0.75\times3.4}\times0.85+\frac{23.97}{2}\times3.4=96.81$ |
| | | $V$ | 48.90 | -46.72 | 46.72 | | | | | 0.85(①+③) | 81.28 | |
| | 中 | $M$ | 20.78 | 0.00 | 0.00 | 0.75(①+②) | 15.58* | | | | | |
| | 右 | $M$ | -30.23 | -93.43 | 93.43 | 0.75(①+③) | 47.40 | 0.75(①+②) | -92.75 | | | |
| | | $V$ | -48.90 | -46.72 | 46.72 | | | | | 0.85(①+②) | -81.28 | |

注：1. 重力荷载代表值①为 $1.2M_{Gk}$或 $1.2V_{Gk}$；

2. 地震向右②、地震向左③为 $1.3M_{Ehk}$或 $1.3V_{EhK}$；

3. 以上各值均为轴线中心的 $M$、$V$；$M$ 以下端受拉为正，$V$ 以顺时针方向为正；

4. 表中弯矩的单位为 kN·m，剪力的单位为 kN；

5. 跨中最大组合弯矩＊由解析法求得。

**考虑地震作用框架柱 A 内力组合表（柱 G 与之对称）　　表 5-60**

| 层次 | 截面 | 内力 | 重力荷载代表值① | 地震向右② | 地震向左③ | $N_{max}$及相应的 $M$ 值 组合项 | 值 | $N_{min}$及相应的 $M$ 值 组合项 | 值 | $M_{max}$及相应的 $N$ 值 组合项 | 值 | 调整后的 $M$ | 调整后的 $V$ |
|---|---|---|---|---|---|---|---|---|---|---|---|---|---|
| 15 | 上 | $M$ | −17.59 | 340.04 | −340.04 | 0.75（①+②） | 241.84 | 0.75（①+③） | −268.22 | 0.75（①+②） | 241.84 | 不考虑 | |
| | | $N$ | 70.70 | 32.35 | −32.35 | | 77.29 | | 28.76 | | 77.29 | | |
| | 下 | $M$ | 9.07 | 13.44 | −13.44 | 0.75（①+③） | −3.28 | 0.75（①+②） | 16.88 | 0.75（①+②） | 16.88 | 不考虑 | |
| | | $N$ | 118.14 | −128.38 | 128.38 | | 184.89 | | −7.68 | | −7.68 | | |
| | | $V$ | −7.85 | −32.35 | 32.35 | 0.85（①+②）＝−34.17 | | | | | | | 143.61 |
| 14 | 上 | $M$ | −9.07 | 376.40 | −376.40 | 0.75（①+②） | 275.50 | 0.75（①+②） | 275.50 | 0.75（①+③） | −289.10 | 不考虑 | |
| | | $N$ | 208.69 | 49.59 | −45.59 | | 193.71 | | 193.71 | | 122.33 | | |
| 9 | 下 | $M$ | 9.07 | −94.12 | 94.12 | 0.75（①+③） | 77.39 | 0.75（①+②） | −63.79 | 0.75（①+③） | 77.39 | | |
| | | $N$ | 946.07 | −171.58 | 171.58 | | | | | | | | |
| 8 | 上 | $M$ | −9.07 | 196.46 | −196.46 | 0.75（①+③） | −154.15 | 0.75（①+②） | 140.54 | 0.75（①+③） | −154.15 | 159.26 | |
| | | $N$ | 1036.62 | −550.24 | 550.24 | 0.80（①+③） | 1269.49 | 0.80（①+②） | 389.10 | 0.80（①+③） | 1269.49 | | |
| | 下 | $M$ | 9.07 | −105.78 | 105.78 | 0.75（①+③） | 86.14 | 0.75（①+②） | −72.53 | 0.75（①+③） | 86.14 | 86.02 | |
| | | $N$ | 1084.06 | −550.24 | 550.24 | 0.80（①+③） | 1307.44 | 0.80（①+②） | 427.06 | 0.80（①+③） | 1307.44 | | |
| | | $V$ | −5.34 | 88.89 | −88.89 | 0.85（①+③）＝−80.10 | | | | | | | 123.61 |
| 7 | 上 | $M$ | −9.07 | 171.67 | −171.67 | 0.75（①+③） | −135.56 | 0.75（①+②） | 121.95 | 0.75（①+③） | −135.56 | | |
| | | $N$ | 1174.61 | −507.11 | −507.11 | | | | | | | | |
| 2 | 下 | $M$ | 13.67 | −131.94 | 131.94 | 0.75（①+③） | 109.21 | 0.75（①+②） | −88.70 | 0.75（①+③） | 109.21 | | |
| | | $N$ | 1911.98 | 267.99 | −267.99 | | | | | | | | |
| 1 | 上 | $M$ | −7.12 | −143.13 | 143.13 | 0.75（①+③） | 102.01 | 0.75（①+②） | −112.69 | 0.75（①+③） | 102.01 | 12.83 | |
| | | $N$ | 2006.36 | −242.45 | 242.45 | 0.80（①+③） | 1799.05 | 0.80（①+②） | 1411.13 | 0.80（①+③） | 1799.05 | | |
| | 下 | $M$ | 14.23 | −715.65 | 715.65 | 0.75（①+③） | 547.41 | 0.75（①+②） | −526.07 | 0.75（①+③） | 547.41 | 684.26 | |
| | | $N$ | 2067.12 | −242.45 | 242.45 | 0.80（①+③） | 1847.66 | | 1368.50 | 0.80（①+③） | 1847.66 | | |
| | | $V$ | −4.27 | 114.50 | −114.50 | 0.85（①+③）＝−100.95 | | | | | | | 252.06 |

注：1. 重力荷载代表值①为 $1.2M_{Gk}$ 或 $1.2V_{Gk}$；

2. 地震向右②、地震向左③为 $1.3M_{Ehk}$、$1.3V_{Ehk}$、$1.3N_{Ehk}$；

3. 以上各值均为轴线中心的 $M$、$V$ 和 $N$；$M$ 以右侧受拉为正，$V$ 以顺时针方向为正，$N$ 以受压为正；

4. 表中弯矩的单位为 kN·m，剪力的单位为 kN；

5. 按"强柱弱梁"计算 $M$ 时，$\Sigma M_c=\eta_c\Sigma M_b$；按"强剪弱弯"计算的 $V=\eta_{vc}(M_c^t+M_c^b)/H_n$。

**考虑地震作用框架柱 B 内力组合表（柱 F 与之对称）　　表 5-61**

| 层次 | 截面 | 内力 | 重力荷载代表值① | 地震向右② | 地震向左③ | $N_{max}$及相应的 $M$ 值 | | $N_{min}$及相应的 $M$ 值 | | $M_{max}$及相应的 $N$ 值 | | 调整后的 $M$ | 调整后的 $V$ |
|---|---|---|---|---|---|---|---|---|---|---|---|---|---|
| | | | | | | 组合项 | 值 | 组合项 | 值 | 组合项 | 值 | | |
| 15 | 上 | $M$ | 2.68 | 346.93 | −346.93 | 0.75（①+②） | 262.21 | 0.75（①+③） | −258.19 | 0.75（①+②） | 262.21 | 不考虑 | |
| | | $N$ | 96.40 | 41.64 | −41.64 | | 103.53 | | 41.07 | | 103.53 | | |
| | 下 | $M$ | −1.39 | −148.68 | 148.68 | 0.75（①+②） | −112.55 | 0.75（①+③） | 110.47 | 0.75（①+②） | −112.55 | 不考虑 | |
| | | $N$ | 114.76 | 41.64 | −41.64 | | 117.30 | | 54.84 | | 117.30 | | |
| | | $V$ | 1.20 | 145.77 | −145.77 | 0.85（①+②）=124.92 | | | | | | | 188.77 |
| 14 | 上 | $M$ | 1.39 | 302.39 | −302.39 | 0.75（①+②） | 227.84 | 0.75（①+③） | −225.75 | 0.75（①+②） | 227.84 | 不考虑 | |
| | | $N$ | 214.19 | 76.00 | −76.00 | | 217.64 | | 103.64 | | 217.64 | | |
| 9 | 下 | $M$ | −1.39 | −219.44 | 219.44 | 0.75（①+②） | −165.62 | 0.75（①+③） | 163.54 | 0.75（①+②） | −165.62 | 不考虑 | |
| | | $N$ | 821.51 | 140.19 | −140.19 | | | | | | | | |
| 8 | 上 | $M$ | 1.39 | 252.27 | −252.27 | 0.75（①+②） | 190.25 | 0.75（①+③） | −188.16 | 0.75（①+②） | 190.25 | 不考虑 | |
| | | $N$ | 920.94 | 154.52 | −154.52 | | 806.60 | 0.80（①+③） | 613.14 | | 806.60 | | |
| | 下 | $M$ | −1.39 | −206.40 | 206.40 | 0.75（①+②） | −155.84 | 0.75（①+③） | 153.76 | 0.75（①+②） | −155.84 | 162.46 | |
| | | $N$ | 939.30 | 154.52 | −154.52 | 0.80（①+②） | 875.06 | 0.80（①+③） | 627.82 | 0.80（①+②） | 875.06 | | |
| | | $V$ | 0.82 | 134.90 | −134.90 | 0.85（①+②）=115.36 | | | | | | | 177.66 |
| 7 | 上 | $M$ | 1.39 | 220.95 | −220.95 | 0.75（①+②） | 166.76 | 0.75（①+③） | −164.67 | 0.75（①+②） | 166.76 | | |
| | | $N$ | 1038.73 | 170.47 | −170.47 | | | | | | | | |
| 2 | 下 | $M$ | −1.81 | −120.12 | 120.12 | 0.75（①+②） | −91.45 | 0.75（①+③） | 88.73 | 0.75（①+②） | −91.45 | | |
| | | $N$ | 1646.05 | 218.37 | −218.37 | | | | | | | | |
| 1 | 上 | $M$ | 1.21 | 66.76 | −66.76 | 0.75（①+②） | 50.98 | 0.75（①+③） | −49.16 | 0.75（①+②） | 50.98 | 50.97 | |
| | | $N$ | 1751.18 | 192.22 | −192.22 | 0.80（①+②） | 1554.72 | | 1169.22 | 0.80（①+②） | 1554.72 | | |
| | 下 | $M$ | −2.42 | −155.75 | 155.75 | 0.75（①+②） | −118.63 | 0.75（①+③） | 115.00 | 0.75（①+②） | −118.63 | 148.29 | |
| | | $N$ | 1778.18 | 192.22 | −192.22 | 0.80（①+②） | 1576.32 | 0.80（①+③） | 1268.77 | 0.80（①+②） | 1576.32 | | |
| | | $V$ | 0.73 | 44.50 | −44.50 | 0.85（①+②）=38.45 | | | | | | | 63.02 |

注：1. 重力荷载代表值①为 $1.2M_{Gk}$或 $1.2V_{Gk}$；

2. 地震向右②、地震向左③为 $1.3M_{Ehk}$、$1.3V_{Ehk}$、$1.3N_{Ehk}$；

3. 以上各值均为轴线中心的 $M$、$V$ 和 $N$；$M$ 以右侧受拉为正，$V$ 以顺时针方向为正，$N$ 以受压为正；

4. 表中弯矩的单位为 kN·m，剪力的单位为 kN。

5. 按"强柱弱梁"计算 $M$ 时，$\Sigma M_c=\eta_c\Sigma M_b$；按"强剪弱弯"计算的 $V=\eta_{vc}(M_c^t+M_c^b)/H_n$。

**考虑地震作用框架柱 C 内力组合表（柱 E 与之对称）** **表 5-62**

| 层次 | 截面 | 内力 | 重力荷载代表值① | 地震向右② | 地震向左③ | $N_{max}$及相应的 $M$ 值 | | $N_{min}$及相应的 $M$ 值 | | $M_{max}$及相应的 $N$ 值 | | 调整后的 $M$ | 调整后的 $V$ |
|---|---|---|---|---|---|---|---|---|---|---|---|---|---|
| | | | | | | 组合项 | 值 | 组合项 | 值 | 组合项 | 值 | | |
| 15 | 上 | $M$ | 0.00 | 346.93 | -346.93 | 0.75（①+②） | 260.20 | 0.75（①+③） | -260.20 | 0.75（①+②） | 260.20 | 不考虑 | |
| | | $N$ | 249.24 | 41.64 | -41.64 | | 218.16 | | 155.70 | | 218.16 | | |
| | 下 | $M$ | 0.00 | -148.68 | 148.68 | 0.75（①+②） | -111.51 | 0.75（①+③） | 111.51 | 0.75（①+②） | -111.51 | 不考虑 | |
| | | $N$ | 267.60 | 41.64 | -41.64 | | 231.93 | | 169.47 | | 231.93 | | |
| | | $V$ | 0.00 | 145.77 | -145.77 | | | 0.85（①+②）=123.90 | | | | | 187.23 |
| 14 | 上 | $M$ | 0.00 | 302.39 | -302.39 | 0.75（①+②） | 226.79 | 0.75（①+③） | -226.79 | 0.75（①+②） | 226.79 | 不考虑 | |
| | | $N$ | 519.74 | 76.00 | -76.00 | | 446.80 | | 332.80 | | 446.80 | | |
| 9 | 下 | $M$ | 0.00 | -219.44 | 219.44 | 0.75（①+②） | -164.58 | 0.75（①+③） | 164.58 | 0.75（①+②） | -164.58 | | |
| | | $N$ | 1890.62 | 140.19 | -140.19 | | | | | | | | |
| 8 | 上 | $M$ | 0.00 | 252.27 | -252.27 | 0.75（①+②） | 189.20 | 0.75（①+③） | -189.20 | 0.75（①+②） | 189.20 | 187.62 | |
| | | $N$ | 2142.77 | 154.52 | -154.52 | 0.80（①+②） | 1837.83 | 0.80（①+③） | 1590.60 | 0.80（①+②） | 1837.83 | | |
| | 下 | $M$ | 0.00 | -206.40 | 206.40 | 0.75（①+②） | -154.80 | 0.75（①+③） | 154.80 | 0.75（①+②） | -154.80 | 155.25 | |
| | | $N$ | 2161.13 | 154.52 | -154.52 | 0.80（①+②） | 1852.52 | 0.80（①+③） | 1605.29 | 0.80（①+②） | 1852.52 | | |
| | | $V$ | 0.00 | 134.90 | -134.90 | | | 0.85（①+②）=114.67 | | | | | 173.50 |
| 7 | 上 | $M$ | 0.00 | 220.95 | -220.95 | 0.75（①+②） | 165.71 | 0.75（①+③） | -165.71 | 0.75（①+②） | 165.71 | | |
| | | $N$ | 2413.27 | 170.47 | -170.47 | | | | | | | | |
| 2 | 下 | $M$ | 0.00 | -120.12 | 120.12 | 0.75（①+②） | -90.09 | 0.75（①+③） | 90.09 | 0.75（①+②） | -90.09 | | |
| | | $N$ | 3784.15 | 218.37 | -218.37 | | | | | | | | |
| 1 | 上 | $M$ | 0.00 | 66.76 | -66.76 | 0.75（①+②） | 50.07 | 0.75（①+③） | -50.07 | 0.75（①+②） | 50.07 | 50.87 | |
| | | $N$ | 4056.91 | 192.22 | -192.22 | 0.80（①+②） | 3399.30 | 0.80（①+③） | 3091.75 | 0.80（①+②） | 3399.30 | | |
| | 下 | $M$ | 0.00 | -155.75 | 155.75 | 0.75（①+②） | -116.81 | 0.75（①+③） | 116.81 | 0.75（①+②） | -116.81 | 146.01 | |
| | | $N$ | 4083.91 | 192.22 | -192.22 | 0.80（①+②） | 3420.90 | 0.80（①+③） | 3113.35 | 0.80（①+②） | 3420.90 | | |
| | | $V$ | 0.00 | 44.50 | -44.50 | | | 0.85（①+②）=37.83 | | | | | 62.02 |

注：1. 重力荷载代表值①为 $1.2M_{Gk}$或 $1.2V_{Gk}$；

2. 地震向右②、地震向左③为 $1.3M_{Ehk}$、$1.3V_{Ehk}$、$1.3N_{Ehk}$；

3. 以上各值均为轴线中心的 $M$、$V$ 和 $N$；$M$ 以右侧受拉为正，$V$ 以顺时针方向为正，$N$ 以受压为正；

4. 表中弯矩的单位为 kN·m，剪力的单位为 kN；

5. 按“强柱弱梁”计算 $M$ 时，$\Sigma M_c=\eta_c\Sigma M_b$；按“强剪弱弯”计算的 $V=\eta_{vc}(M_c^t+M_c^b)/H_n$。

**考虑地震作用框架柱 D 内力组合表** **表 5-63**

| 层次 | 截面 | 内力 | 重力荷载代表值① | 地震向右② | 地震向左③ | $N_{max}$及相应的 $M$ 值 组合项 | 值 | $N_{min}$及相应的 $M$ 值 组合项 | 值 | $M_{max}$及相应的 $N$ 值 组合项 | 值 | 调整后的 $M$ | 调整后的 $V$ |
|---|---|---|---|---|---|---|---|---|---|---|---|---|---|
| 15 | 上 | $M$ | 0.00 | 346.93 | -346.93 | 0.75（①+②） | 260.20 | 0.75（①+③） | 260.20 | 0.75（①+②） | 260.20 | 不考虑 | |
| | | $N$ | 92.28 | 41.64 | -41.64 | | 100.44 | | 37.98 | | 100.44 | | |
| | 下 | $M$ | 0.00 | -148.68 | 148.68 | 0.75（①+②） | -111.51 | 0.75（①+③） | 111.51 | 0.75（①+②） | -111.51 | 不考虑 | |
| | | $N$ | 110.64 | 41.64 | -41.64 | | 106.71 | | 51.75 | | 106.71 | | |
| | | $V$ | 0.00 | 145.77 | -145.77 | 0.85（①+②）=123.90 | | | | | | | 187.23 |
| 14 | 上 | $M$ | 0.00 | 302.39 | -302.39 | 0.75（①+②） | 226.79 | 0.75（①+③） | -226.79 | 0.75（①+②） | 226.79 | 不考虑 | |
| | | $N$ | 205.82 | 76.00 | -76.00 | | 211.36 | | 97.36 | | 211.36 | | |
| 9 | 下 | $M$ | 0.00 | -219.44 | 219.44 | 0.75（①+②） | -164.58 | 0.75（①+③） | 164.58 | 0.75（①+②） | -164.58 | | |
| | | $N$ | 791.90 | 140.19 | -140.19 | | | | | | | | |
| 8 | 上 | $M$ | 0.00 | 252.27 | -252.27 | 0.75（①+②） | 189.20 | 0.75（①+③） | -189.20 | 0.75（①+②） | 189.20 | 187.12 | |
| | | $N$ | 887.09 | 154.52 | -154.52 | 0.80（①+②） | 833.29 | | 549.43 | 0.80（①+②） | 833.29 | | |
| | 下 | $M$ | 0.00 | -206.40 | 206.40 | 0.75（①+②） | -154.80 | 0.75（①+③） | 154.80 | 0.75（①+②） | -154.80 | 203.10 | |
| | | $N$ | 905.45 | 154.52 | -154.52 | 0.80（①+②） | 847.98 | | 563.20 | 0.80（①+②） | 847.98 | | |
| | | $V$ | 0.00 | 134.90 | -134.90 | 0.85（①+②）=114.67 | | | | | | | 197.60 |
| 7 | 上 | $M$ | 0.00 | 220.95 | -220.95 | 0.75（①+②） | 165.71 | 0.75（①+③） | -165.71 | 0.75（①+②） | 165.71 | | |
| | | $N$ | 1000.63 | 170.47 | -170.47 | | | | | | | | |
| 2 | 下 | $M$ | 0.00 | -120.12 | 120.12 | 0.75（①+②） | -90.09 | 0.75（①+③） | 90.09 | 0.75（①+②） | -90.09 | | |
| | | $N$ | 1586.71 | 218.37 | -218.37 | | | | | | | | |
| 1 | 上 | $M$ | 0.00 | 66.76 | -66.76 | 0.75（①+②） | 50.07 | 0.75（①+③） | -50.07 | 0.75（①+②） | 50.07 | 50.07 | |
| | | $N$ | 1684.51 | 192.22 | -192.22 | 0.80（①+②） | 1501.38 | 0.80（①+③） | 1193.83 | 0.80（①+②） | 1501.38 | | |
| | 下 | $M$ | 0.00 | -155.75 | 155.75 | 0.75（①+②） | -116.81 | 0.75（①+③） | 116.81 | 0.75（①+②） | -116.81 | 146.01 | |
| | | $N$ | 1711.51 | 192.22 | -192.22 | 0.80（①+②） | 1522.98 | 0.80（①+③） | 1215.43 | 0.80（①+②） | 1522.98 | | |
| | | $V$ | 0.00 | 44.50 | -44.50 | 0.85（①+②）=37.83 | | | | | | | 62.02 |

注：1. 重力荷载代表值①为 $1.2M_{Gk}$或 $1.2V_{Gk}$；

2. 地震向右②、地震向左③为 $1.3M_{Ehk}$、$1.3V_{Ehk}$、$1.3N_{Ehk}$；

3. 以上各值均为轴线中心的 $M$、$V$ 和 $N$；$M$ 以右侧受拉为正，$V$ 以顺时针方向为正，$N$ 以受压为正；

4. 表中弯矩的单位为 kN·m，剪力的单位为 kN；

5. 按“强柱弱梁”计算 $M$ 时，$\Sigma M_c=\eta_c\Sigma M_b$；按“强剪弱弯”计算的 $V=\eta_{vc}(M_c^t+M_c^b)/H_n$。

# 5.5 框架截面配筋计算

## 5.5.1 框架梁正截面配筋计算

(1) 选取弯矩组合项原则

在非抗震作用组合及抗震组合中选取最不利的组合进行配筋，即支座截面、跨中截面弯矩绝对值最大的组合值。

(2) 计算步骤（单筋矩形截面）

$$\alpha_s = M/\alpha_1 f_c b h_0^2 \rightarrow \xi = 1 - \sqrt{1-2\alpha_s} \rightarrow A_s = \alpha_1 f_c b h_0 \xi / f_y$$

(3) 框架梁纵向钢筋构造要求（抗震等级为二级）

1）抗震设计时，计入受压钢筋作用的梁端截面混凝土受压区高度与有效高度之比，二级不应大于0.35。

2）纵向受拉钢筋的最小配筋率 $\rho_{min}$（%）

非抗震设计时

$$\rho_{min}(\%) = \max\{0.2, 45f_t/f_y\} = \max\{0.2, 45\times1.71/300\} = \max\{0.2, 0.26\} = 0.26$$

抗震设计时

$$\rho_{min}(\%) = \max\{0.3, 65f_t/f_y\} = \max\{0.3, 65\times1.71/300\} = \max\{0.3, 0.37\} = 0.37\text{（支座）}$$

$$\rho_{min}(\%) = \max\{0.25, 55f_t/f_y\} = \max\{0.25, 55\times1.71/300\} = \max\{0.25, 0.31\} = 0.31\text{（跨中）}$$

3）抗震设计时，梁端纵向受拉钢筋的配筋率不应大于2.5%，即 $\xi \leqslant \rho f_y/\alpha_1 f_c = 2.5\% \times 300/19.1 = 0.393$。

4）抗震设计时，梁端截面的底面和顶面纵向钢筋截面面积的比，除按计算确定外，二级不应小于0.3。

5）梁的纵向钢筋配置，尚应符合下列规定：

a）沿梁全长顶面和底面应至少各配置两根纵向钢筋，二级抗震设计时钢筋直径不应小于14mm，且分别不应小于梁两端顶面和底面纵向配筋中较大截面面积的1/4；

b）二级抗震等级的框架梁内贯通中柱的每根纵向钢筋的直径，对矩形截面柱，不宜大于柱在该方向截面尺寸的1/20。

(4) 框架梁配筋计算

选取第15层、第8层及第1层框架梁进行正截面配筋，计算见表5-64、表5-65。

**框架梁AB、梁BC、梁EF、梁FG正截面配筋计算** **表5-64**

| 层次 | 计算公式 | 框架梁AB（梁FG与之对称） | | | 框架梁BC（梁EF与之对称） | | |
|---|---|---|---|---|---|---|---|
| | | 支座左截面<br>顶部/底部 | 跨中截面 | 支座右截面<br>顶部/底部 | 支座左截面<br>顶部/底部 | 跨中截面 | 支座右截面<br>顶部/底部 |
| 15 | $M$（kN·m） | −268.22/241.84 | <u>486.57</u> | −152.39/107.82 | −268.22/109.82 | 185.17 | −152.39/108.71 |
| | $\alpha_s = M/\alpha_1 f_c b h_0^2$ | 0.159 | 0.311 | 0.159 | 0.159 | 0.110 | 0.090 |
| | $\xi = 1-\sqrt{1-2\alpha_s}$ | 0.174 | 0.385 | 0.174 | 0.174 | 0.116 | 0.095 |
| | $A_s = \alpha_1 f_c b h_0 \xi/f_y$（$mm^2$） | 1472 | 3139 | 1472 | 1472 | 986 | 802 |
| | $A_{s,min} = \rho_{min} bh$（$mm^2$） | 518 | 434 | 518 | 518 | 434 | 518 |
| | 实配钢筋 $A_s$（$mm^2$） | 3Φ25 | 3Φ25+3Φ25 | 3Φ25 | 3Φ25 | 2Φ25 | 2Φ25 |
| 8 | $M$（kN·m） | −231.54/204.33 | <u>436.66</u> | −197.95/151.94 | −231.54/154.03 | <u>311.45</u> | −197.95/152.88 |
| | $\alpha_s = M/\alpha_1 f_c b h_0^2$ | 0.137 | 0.279 | 0.117 | 0.137 | 0.199 | 0.117 |
| | $\xi = 1-\sqrt{1-2\alpha_s}$ | 0.148 | 0.335 | 0.125 | 0.148 | 0.224 | 0.125 |
| | $A_s = \alpha_1 f_c b h_0 \xi/f_y$（$mm^2$） | 1253 | 2732 | 1058 | 1253 | 1827 | 1058 |
| | $A_{s,min} = \rho_{min} bh$（$mm^2$） | 518 | 434 | 518 | 518 | 434 | 518 |
| | 实配钢筋 $A_s$（$mm^2$） | 3Φ25 | 3Φ25+3Φ25 | 3Φ25 | 3Φ25 | 2Φ25+2Φ25 | 3Φ25 |

续表

| 层次 | 计算公式 | 框架梁 AB（梁 FG 与之对称） | | | 框架梁 BC（梁 EF 与之对称） | | |
|---|---|---|---|---|---|---|---|
| | | 支座左截面 顶部/底部 | 跨中截面 | 支座右截面 顶部/底部 | 支座左截面 顶部/底部 | 跨中截面 | 支座右截面 顶部/底部 |
| 1 | $M$（kN·m） | −24.62* / −7.19 | −19.69/62.42* | −129.71/4.46 | −97.84*/47.40 | 63.23 | −97.84*/47.42 |
| | $\alpha_s = M/\alpha_1 f_c bh_0^2$ | 0.015 | 0.037 | 0.077 | 0.058 | 0.037 | 0.058 |
| | $\xi = 1 - \sqrt{1-2\alpha_s}$ | 0.015 | 0.038 | 0.080 | 0.060 | 0.038 | 0.060 |
| | $A_s = \alpha_1 f_c bh_0 \xi / f_y$（mm²） | 124 | 319 | 677 | 506 | 323 | 506 |
| | $A_{s,min} = \rho_{min} bh$（mm²） | 364 | 364 | 434 | 364 | 434 | 364 |
| | 实配钢筋 $A_s$（mm²） | 2Φ18 | 2Φ18 | 2Φ18 | 2Φ18 | 2Φ18 | 2Φ18 |

注：1.C40 混凝土 $f_c = 19.1\text{N/mm}^2$，HRB335 钢筋 $f_y = 300\text{N/mm}^2$；

2. 单排钢筋 $h_0 = h - a_s = 700 - 35 = 665\text{mm}$，双排钢筋 $h_0 = h - a_s = 700 - 60 = 640\text{mm}$；

3. * 值为非抗震组合值；

4. 下划线处配置双排钢筋。

**框架梁 CD、梁 DE 正截面配筋计算　　表 5-65**

| 层次 | 计算公式 | 框架梁 CD（梁 DE 与之对称） | | |
|---|---|---|---|---|
| | | 支座左截面 顶部/底部 | 跨中截面 | 支座右截面 顶部/底部 |
| 15 | $M$（kN·m） | −151.49/108.71 | 183.01 | −151.49/108.71 |
| | $\alpha_s = M/\alpha_1 f_c bh_0^2$ | 0.090 | 0.108 | 0.090 |
| | $\xi = 1 - \sqrt{1-2\alpha_s}$ | 0.094 | 0.115 | 0.094 |
| | $A_s = \alpha_1 f_c bh_0 \xi / f_y$（mm²） | 797 | 973 | 797 |
| | $A_{s,min} = \rho_{min} bh$（mm²） | 2Φ25 | 2Φ25 | 2Φ25 |
| | 实配钢筋 $A_s$（mm²） | 4Φ16/2Φ20 | 2Φ20 | 4Φ16/2Φ16 |
| 8 | $M$（kN·m） | −197.01/152.88 | <u>311.45</u> | −197.01/152.88 |
| | $\alpha_s = M/\alpha_1 f_c bh_0^2$ | 0.117 | 0.199 | 0.117 |
| | $\xi = 1 - \sqrt{1-2\alpha_s}$ | 0.124 | 0.224 | 0.124 |
| | $A_s = \alpha_1 f_c bh_0 \xi / f_y$（mm²） | 1053 | 1827 | 1053 |
| | $A_{s,min} = \rho_{min} bh$（mm²） | 735.81 /241.18 | 351.11 | 782.36 /5.55 |
| | 实配钢筋 $A_s$（mm²） | 3Φ25 | 2Φ25 + 2Φ25 | 3Φ25 |
| 1 | $M$（kN·m） | −97.84*/47.40 | 63.23 | −97.84*/47.40 |
| | $\alpha_s = M/\alpha_1 f_c bh_0^2$ | 0.058 | 0.037 | 0.058 |
| | $\xi = 1 - \sqrt{1-2\alpha_s}$ | 0.060 | 0.038 | 0.060 |
| | $A_s = \alpha_1 f_c bh_0 \xi / f_y$（mm²） | 506 | 323 | 506 |
| | $A_{s,min} = \rho_{min} bh$（mm²） | 364 | 434 | 364 |
| | 实配钢筋 $A_s$（mm²） | 2Φ18 | 2Φ18 | 2Φ18 |

注：1.C40 混凝土 $f_c = 19.1\text{N/mm}^2$，HRB335 级钢筋 $f_y = 300\text{N/mm}^2$；

2. 单排钢筋 $h_0 = h - a_s = 700 - 35 = 665\text{mm}$，双排钢筋 $h_0 = h - a_s = 700 - 60 = 640\text{mm}$；

3. * 值为非抗震组合值；

4. 下划线处配置双排钢筋。

### 5.5.2 框架梁斜截面配筋计算

（1）选取弯矩组合项原则

在非抗震作用组合及抗震组合中选取最不利的组合进行配筋，即支座截面剪力绝对值最大的组合值。

（2）框架梁箍筋构造要求（抗震等级为二级）

1）抗震设计时，梁端箍筋的加密区长度应取 max $\{1.5h_b, 500\}$，箍筋最大间距应取 max $\{h_b/4, 8d, 100\}$（$d$ 为纵向钢筋直径，$h_b$ 为梁截面高度）和最小直径 $d$ 应取 8mm；当梁端纵向钢筋配筋率大于 2%时，箍筋最小直径应增大 2mm。

2）抗震设计时，框架梁的箍筋尚应符合下列构造要求：

①框架梁沿梁全长箍筋的面积配筋率应符合 $\rho_{sv} \geqslant 0.28 f_t / f_{yv}$（抗震等级为二级）；

②第一个箍筋应设置在距支座边缘 50mm 处；

③在箍筋加密区范围内的箍筋肢距：二级不宜大于 250mm 和 20 倍箍筋直径的较大值；

④箍筋应有 135°弯钩，弯钩端头直段长度不应小于 10 倍的箍筋直径和 75mm 的较大值；

⑤在纵向钢筋搭接长度范围内的箍筋间距，钢筋受拉时不应大于搭接钢筋较小直径的 5 倍，且不应大于 100mm；钢筋受压时不应大于搭接钢筋较小直径的 10 倍，且不应大于 200mm；

⑥框架梁非加密区箍筋最大间距不宜大于加密区箍筋间距的 2 倍。

3）非抗震设计时，框架梁箍筋配筋构造应符合下列规定：

①应沿梁全长设置箍筋；

②截面高度 700mm 的梁，其箍筋直径不应小于 6mm；在受力钢筋搭接长度范围内，箍筋直径不应小于搭接钢筋最大直径的 0.25 倍；

③箍筋间距不应大于如下的规定：$h_b = 700$ 的梁，当 $V > 0.7 f_t b h_0$ 时，箍筋最大间距 $s = 200$mm；当 $V \leqslant 0.7 f_t b h_0$ 时，箍筋最大间距 $s = 300$mm；在纵向受拉钢筋的搭接长度范围内，箍筋间距尚不应大于搭接钢筋较小直径的 5 倍，且不应大于 100mm；在纵向受压钢筋的搭接长度范围内，箍筋间距尚不应大于搭接钢筋较小直径的 10 倍，且不应大于 200mm；

④当梁的剪力设计值 $V > 0.7 f_t b h_0$ 时，其箍筋面积配筋率应符合 $\rho_{sv} \geqslant 0.24 f_t / f_{yv}$。

（3）框架梁斜截面配筋计算

选取第 15 层、第 8 层及第 1 层框架梁进行斜截面配筋，计算见表 5-66、表 5-67 和表 5-68。

**框架梁 AB 斜截面配筋计算**（梁 FG 与之对称）　　**表 5-66**

| 层次 | $V_b = 0.20\beta_c f_c b h_0$ $(0.25\beta_c f_c b h_0)$ (kN) | $0.7 f_t b h_0$ (kN) | 选用箍筋 | $A_{sc} = nA_{svl}$ (mm) | 非加密区 | | | 加密区 | | |
|---|---|---|---|---|---|---|---|---|---|---|
| | | | | | $V$ (kN) | $s = \dfrac{1.25 f_{yv} A_{sv} h_0}{V - 0.7 f_t b h_0}$ (mm) | 实配箍筋间距 (mm) | 选用箍筋 | 箍筋间距 (mm) | 加密区长度 (mm) |
| 15 | 488.96 | 153.22 | 2$\phi$10 | 157 | 201.73 | 544 | 200 | 2$\phi$10 | 100 | 1050 |

续表

| 层次 | $V_b =$ $0.20\beta_c f_c bh_0$ $(0.25\beta_c f_c bh_0)$ (kN) | $0.7f_t bh_0$ (kN) | 选用箍筋 | $A_{sc}=nA_{svl}$ (mm) | 非加密区 | | | 加密区 | | |
|---|---|---|---|---|---|---|---|---|---|---|
| | | | | | $V$ (kN) | $s=\frac{1.25f_{yv}A_{sv}h_0}{V-0.7f_t bh_0}$ (mm) | 实配箍筋间距 (mm) | 选用箍筋 | 箍筋间距 (mm) | 加密区长度 (mm) |
| 8 | 488.96 | 153.22 | 2$\phi$10 | 157 | 206.25 | 497 | 200 | 2$\phi$10 | 100 | 1050 |
| 1 | (635.08) | 159.20 | 2$\phi$8 | 101 | 78.37* | <0 | 200 | 2$\phi$10 | 100 | 1050 |

注：1. C40 混凝土 $f_t = 1.71\text{N/mm}^2$、$f_c = 19.1\text{N/mm}^2$，HPB235 级钢筋 $f_{yv} = 210\text{N/mm}^2$；

2. 单排钢筋 $h_0 = h - a_s = 700 - 35 = 665\text{mm}$，双排钢筋 $h_0 = h - a_s = 700 - 60 = 640\text{mm}$；

3. *值为非抗震组合值。

**框架梁 BC 斜截面配筋计算**（梁 EF 与之对称） **表 5-67**

| 层次 | $V_b =$ $0.20\beta_c f_c bh_0$ $(0.25\beta_c f_c bh_0)$ (kN) | $0.7f_t bh_0$ (kN) | 选用箍筋 | $A_{sc}=nA_{svl}$ (mm) | 非加密区 | | | 加密区 | | |
|---|---|---|---|---|---|---|---|---|---|---|
| | | | | | $V$ (kN) | $s=\frac{1.25f_{yv}A_{sv}h_0}{V-0.7f_t bh_0}$ (mm) | 实配箍筋间距 (mm) | 选用箍筋 | 箍筋间距 (mm) | 长度 (mm) |
| 15 | 488.96 | 159.20 | 2$\phi$8 | 101 | 189.23 | 587 | 200 | 2$\phi$8 | 100 | 1050 |
| 8 | 488.96 | 159.20 | 2$\phi$8 | 101 | 193.43 | 515 | 200 | 2$\phi$8 | 100 | 1050 |
| 1 | 488.96 | 159.20 | 2$\phi$8 | 101 | 97.71 | <0 | 200 | 2$\phi$8 | 100 | 1050 |

注：1. C40 混凝土 $f_c = 19.1\text{N/mm}^2$，HPB235 钢筋 $f_{yv} = 210\text{N/mm}^2$；

2. 单排钢筋 $h_0 = h - a_s = 700 - 35 = 665\text{mm}$，双排钢筋 $h_0 = h - a_s = 700 - 60 = 640\text{mm}$。

**框架梁 CD 斜截面配筋计算**（梁 DE 与之对称） **表 5-68**

| 层次 | $V_b =$ $0.20\beta_c f_c bh_0$ $(0.25\beta_c f_c bh_0)$ (kN) | $0.7f_t bh_0$ (kN) | 选用箍筋 | $A_{sc}=nA_{svl}$ (mm) | 非加密区 | | | 加密区 | | |
|---|---|---|---|---|---|---|---|---|---|---|
| | | | | | $V$ (kN) | $s=\frac{1.25f_{yv}A_{sv}h_0}{V-0.7f_t bh_0}$ (mm) | 实配箍筋间距 (mm) | 选用箍筋 | 箍筋间距 (mm) | 长度 (mm) |
| 15 | 159.20 | 159.20 | 2$\phi$8 | 101 | 142.53 | <0 | 200 | 2$\phi$8 | 100 | 1050 |
| 8 | 159.20 | 159.20 | 2$\phi$8 | 101 | 179.62 | 863 | 200 | 2$\phi$8 | 100 | 1050 |
| 1 | 159.20 | 159.20 | 2$\phi$8 | 101 | 96.81 | <0 | 200 | 2$\phi$8 | 100 | 1050 |

注：1. C40 混凝土 $f_c = 19.1\text{N/mm}^2$，HPB235 级钢筋 $f_{yv} = 210\text{N/mm}^2$；

2. 单排钢筋 $h_0 = h - a_s = 700 - 35 = 665\text{mm}$，双排钢筋 $h_0 = h - a_s = 700 - 60 = 640\text{mm}$。

### 5.5.3 框架柱截面配筋计算

（1）轴压比验算

1）非抗震时 $N/f_c bh_0 = 5627.01\times10^3/(19.1\times600\times600) = 0.82 < 1.00$，满足要求；

2）抗震时 $N/f_c bh_0 = (3420.90\times10^3/0.8)/(19.1\times600\times600) = 0.62 < 0.85$，满足要求。

(2) 大、小偏压判别

矩形截面对称配筋，$0.3h_0 = 0.3 \times 660 = 198\text{mm}$

$$N_b = \alpha_1 f_c \xi_b b h_0 = 19.1 \times 0.55 \times 200 \times 660 = 1386.66\text{kN}$$

1) 当 $\eta e_i > 0.3h_0$，且 $N \leqslant N_b = 1386.66$ (kN) 时，为大偏心受压；

2) 当 $\eta e_i \leqslant 0.3h_0$，或 $\eta e_i > 0.3h_0$，且 $N > N_b = 1386.66\text{kN}$ 时，为小偏心受压。

(3) 选取 $M-N$ 组合项原则

在非抗震作用组合及抗震组合中选取最不利的组合进行配筋，由偏压柱 $M-N$ 相关曲线可知：

1) 不管大偏心受压还是小偏心受压，弯矩 $M$ 愈大，所需配筋愈多；

2) 大偏心受压时，弯矩 $M$ 相近时，轴力 $N$ 愈小，所需配筋愈多；

3) 小偏心受压时，弯矩 $M$ 相近时，轴力 $N$ 愈大，所需配筋愈多。

(4) 计算长度 $l_0$

框架结构各层柱的计算长度见表 5-69。

**框架结构各层柱的计算长度** **表 5-69**

| 楼 盖 类 型 | 柱 的 类 别 | 计算长度 $l_0$ |
|---|---|---|
| 现浇楼盖 | 底层柱 | $1.0H$ |
| | 其余各层柱 | $1.25H$ |

注：表中 $H$ 对底层柱为从基础顶面到一层楼盖顶面的高度；其余各层柱为上、下两层楼盖顶面之间的高度。

当水平荷载产生的弯矩设计值占总弯矩设计值的 75% 以上时，框架柱的计算长度 $l_0$ 可按公式 $l_0 = [1+0.15(\psi_u+\psi_l)]H$ 和 $l_0 = (2+0.2\psi_{min})H$ 计算，并取其中的较小值。式中 $\psi_u$、$\psi_l$ 分别为柱上端、下端节点处交汇的各柱线刚度之和与交汇的各梁线刚度之和的比值；$\psi_{min}$ 为 $\psi_u$、$\psi_l$ 中的较小值；$H$ 为柱的高度。

(5) 框架柱偏心距增大系数计算

选取第 15 层、第 8 层及第 1 层框架柱进行偏心距增大系数计算，见表 5-70 ~ 表 5-73。

**框架柱 A 偏心距增大系数计算**（柱 G） **表 5-70**

| 层次 | 不利组合 | $M$ (kN·m) | $N$ (kN) | $e_0$ (mm) | $e_a$ (mm) | $e_i$ (mm) | $e_i/h_0$ | $\zeta_1$ | $l_0$ (mm) | $l_0/h$ | $\zeta_2$ | $\eta$ |
|---|---|---|---|---|---|---|---|---|---|---|---|---|
| 15 | ①* | 368.22 | 28.76 | 12803.20 | 0.00 | 12803.20 | 14.887 | 1.000 | 13.60 | 15.111 | 0.999 | 1.012 |
| | ②* | 16.88 | 7.68 | 2197.92 | 0.00 | 2197.92 | 2.556 | 1.000 | 4.25 | 4.722 | 1.000 | 1.000 |
| 8 | ①* | 140.54 | 389.10 | 361.19 | 0.00 | 361.19 | 0.420 | 1.000 | 20.40 | 22.667 | 0.923 | 1.883 |
| | ② | 154.15 | 1269.14 | 121.46 | 16.38 | 137.84 | 0.160 | 1.000 | 20.40 | 22.667 | 0.923 | 3.319 |
| 1 | ① | 506.04 | 3234.16 | 156.47 | 12.18 | 168.65 | 0.196 | 1.000 | 25.20 | 28.000 | 0.870 | 3.722 |
| | ②* | 547.41 | 1847.66 | 296.27 | 0.00 | 296.27 | 0.345 | 1.000 | 25.20 | 28.000 | 0.870 | 2.547 |

注：1. * 为大偏压组合值；

2. $e_a = 0.12(0.3h_0 - e_a) = 0.12(0.3\times 860 - e_a) = 30.96 - 0.12e_0$，$e_i = e_0 + e_a$；

3. $\xi_1 = 0.5f_cA/N$，当 $\xi_1 > 1$，取 $\xi_1 = 1$；$\xi_2 = 1.15 - 0.01l_0/h$，当 $l_0/h < 15$，取 $\xi_2 = 1.0$；

4. $\eta = 1 + \xi_1\xi_2(l_0/h_0)^2/(1400\times e_i/h_0)$；当 $l_0/h_0 \leqslant 8$ 时，取 $\eta = 1.0$。

**框架柱 B 偏心距增大系数计算（柱 F）** **表 5-71**

| 层次 | 不利组合 | $M$ (kN·m) | $N$ (kN) | $e_0$ (mm) | $e_a$ (mm) | $e_i$ (mm) | $e_i/h_0$ | $\zeta_1$ | $l_0$ (mm) | $l_0/h$ | $\zeta_2$ | $\eta$ |
|---|---|---|---|---|---|---|---|---|---|---|---|---|
| 15 | ① | 42.83 | 158.65 | 269.97 | 12.24 | 282.21 | 0.504 | 1.000 | 4.55 | 7.583 | 0.847 | 1.079 |
| | ②* | 262.21 | 103.33 | 2537.60 | 0.00 | 2537.60 | 4.531 | 1.000 | 4.25 | 4.722 | 1.000 | 1.000 |
| 8 | ① | 11.07 | 1812.94 | 6.11 | 19.43 | 25.54 | 0.046 | 1.000 | 4.93 | 7.317 | 1.000 | 2.203 |
| | ②* | 190.25 | 806.60 | 235.87 | 0.00 | 235.87 | 0.421 | 1.000 | 4.93 | 7.317 | 1.000 | 1.131 |
| 1 | ① | 64.13 | 5770.60 | 11.11 | 20.05 | 31.16 | 0.006 | 0.596 | 11.25 | 18.75 | 0.963 | 28.575 |
| | ② | 118.63 | 1576.32 | 75.26 | 19.41 | 94.67 | 0.169 | 1.000 | 11.25 | 18.75 | 0.963 | 2.643 |

注：1. * 为大偏压组合值；

2. $e_a = 0.12(0.3h_0 - e_a) = 0.12(0.3\times 560 - e_a) = 20.16 - 0.12e_0$，$e_i = e_0 + e_a$；

3. $\xi_1 = 0.5f_cA/N$，当 $\xi_1 > 1$，取 $\xi_1 = 1$；$\xi_2 = 1.15 - 0.01l_0/h$，当 $l_0/h < 15$，取 $\xi_2 = 1.0$；

4. $\eta = 1 + \xi_1\xi_2(l_0/h_0)^2/(1400\times e_i/h_0)$；当 $l_0/h_0 \leqslant 8$ 时，取 $\eta = 1.0$。

**框架柱 C 偏心距增大系数计算（柱 E）** **表 5-72**

| 层次 | 不利组合 | $M$ (kN·m) | $N$ (kN) | $e_0$ (mm) | $e_a$ (mm) | $e_i$ (mm) | $e_i/h_0$ | $\zeta_1$ | $l_0$ (mm) | $l_0/h$ | $\zeta_2$ | $\eta$ |
|---|---|---|---|---|---|---|---|---|---|---|---|---|
| 15 | ①* | 260.26 | 155.70 | 1671.55 | 0.00 | 1671.55 | 2.985 | 1.000 | 4.55 | 7.583 | 0.847 | 1.013 |
| | ② | 43.35 | 337.32 | 128.51 | 4.74 | 133.25 | 0.238 | 1.000 | 4.55 | 7.583 | 0.847 | 1.168 |
| 8 | ① | 63.70 | 3044.03 | 20.93 | 17.65 | 38.58 | 0.069 | 1.000 | 4.93 | 7.317 | 1.000 | 2.767 |
| | ② | 189.20 | 1837.83 | 102.95 | 7.81 | 110.63 | 0.197 | 1.000 | 4.93 | 7.317 | 1.000 | 1.619 |
| 1 | ① | 64.13 | 5770.60 | 11.11 | 18.83 | 29.94 | 0.053 | 0.596 | 11.25 | 18.75 | 0.963 | 4.242 |
| | ② | 116.81 | 3420.90 | 34.15 | 16.06 | 50.21 | 0.090 | 1.000 | 11.25 | 18.75 | 0.963 | 4.203 |

注：1. * 为大偏压组合值；

2. $e_a = 0.12(0.3h_0 - e_a) = 0.12(0.3\times 560 - e_a) = 20.16 - 0.12e_0$，$e_i = e_0 + e_a$；

3. $\xi_1 = 0.5f_cA/N$，当 $\xi_1 > 1$，取 $\xi_1 = 1$；$\xi_2 = 1.15 - 0.01l_0/h$，当 $l_0/h < 15$，取 $\xi_2 = 1.0$；

4. $\eta = 1 + \xi_1\xi_2(l_0/h_0)^2/(1400\times e_i/h_0)$；当 $l_0/h_0 \leqslant 8$ 时，取 $\eta = 1.0$。

**框架柱 D 偏心距增大系数计算** **表 5-73**

| 层次 | 不利组合 | $M$ (kN·m) | $N$ (kN) | $e_0$ (mm) | $e_a$ (mm) | $e_i$ (mm) | $e_i/h_0$ | $\zeta_1$ | $l_0$ (mm) | $l_0/h$ | $\zeta_2$ | $\eta$ |
|---|---|---|---|---|---|---|---|---|---|---|---|---|
| 15 | ①* | 268.22 | 28.76 | 9326.15 | 0.00 | 9326.15 | 16.654 | 1.000 | 4.55 | 7.583 | 0.847 | 1.002 |
| | ② | 3.28 | 184.89 | 17.74 | 18.03 | 35.77 | 0.064 | 1.000 | 4.55 | 7.583 | 0.847 | 1.624 |
| 8 | ①* | 189.20 | 586.06 | 322.83 | 0.00 | 322.83 | 0.576 | 1.000 | 4.93 | 7.317 | 1.000 | 1.003 |
| | ② | 63.70 | 1238.35 | 51.44 | 13.99 | 65.43 | 0.117 | 1.000 | 4.93 | 7.317 | 1.000 | 1.001 |
| 1 | ① | 64.13 | 2348.20 | 27.31 | 16.88 | 44.19 | 0.079 | 1.000 | 11.25 | 18.75 | 0.963 | 4.514 |
| | ② | 116.81 | 1522.98 | 76.70 | 10.96 | 87.66 | 0.157 | 1.000 | 11.25 | 18.75 | 0.963 | 2.768 |

注：1. * 为大偏压组合值；

2. $e_a = 0.12(0.3h_0 - e_a) = 0.12(0.3\times 560 - e_a) = 20.16 - 0.12e_0$，$e_i = e_0 + e_a$；

3. $\xi_1 = 0.5f_cA/N$，当 $\xi_1 > 1$，取 $\xi_1 = 1$；$\xi_2 = 1.15 - 0.01l_0/h$，当 $l_0/h < 15$，取 $\xi_2 = 1.0$；

4. $\eta = 1 + \xi_1\xi_2(l_0/h_0)^2/(1400\times e_i/h_0)$；当 $l_0/h_0 \leqslant 8$ 时，取 $\eta = 1.0$。

（6）框架柱正截面配筋计算

柱纵向钢筋最小配筋百分率（%）　表 5-74

| 柱类型 | 抗震等级 | 非抗震 |
|---|---|---|
| | 二级 | |
| 中柱、边柱 | 0.8 | 0.6 |

1）柱纵向钢筋配置应符合下列要求：

①柱全部纵向钢筋的配筋率，不应小于表 5-74 规定值，且柱截面每一侧纵向钢筋配筋率不应小于 0.2%；

②抗震设计时宜采用对称配筋；

③抗震设计时截面尺寸大于 400mm 的柱，其纵向钢筋间距不宜大于 200mm；非抗震设计时，柱纵向钢筋间距不应大于 350mm；柱纵向钢筋净距均不应小于 50mm；

④全部纵向钢筋的配筋率，非抗震设计时不宜大于 5%、不应大于 6%，抗震设计时不应大于 5%；

⑤柱的纵筋不应与箍筋、拉筋及预埋件等焊接。

2）选取第 15 层、第 8 层及第 1 层框架柱进行正截面配筋计算，见表 5-75～表 5-78。

框架柱 A 正截面配筋计算（柱 G）　表 5-75

| 层次 | 不利组合 | $b\times h$ ($mm^2$) | $N$ (kN) | $e_i$ (mm) | $\eta$ | $e$ (mm) | $e'$ (mm) | $\xi$ ($\xi_m$) | $A_s=A'_s$ | $A_{min}$ | 实配钢筋 ($mm^2$) |
|---|---|---|---|---|---|---|---|---|---|---|---|
| 15 | ①* | 900×900 | 28.76 | 12803.20 | 1.012 | | 12546.84 | 0.002 | 构造配筋 | 1620 | 4Φ25（1963） |
| | ②* | 900×900 | 7.68 | 2197.92 | 1.000 | | 1787.92 | 0.001 | 构造配筋 | 1620 | |
| 8 | ①* | 900×900 | 389.10 | 361.19 | 1.883 | | 270.12 | 0.026 | 构造配筋 | 1620 | 4Φ25（1963） |
| | ② | 900×900 | 1269.14 | 137.84 | 3.319 | 867.49 | | 1.438 | 构造配筋 | 1620 | |
| 1 | ① | 900×900 | 3234.16 | 168.65 | 3.722 | 1037.72 | | 0.983 | 构造配筋 | 1620 | 4Φ25（1963） |
| | ② | 900×900 | 1847.66 | 296.27 | 2.547 | 1164.60 | | 1.156 | 构造配筋 | 1620 | |

注：1. 钢筋为 HRB335（$f_y=300N/mm^2$，$\xi_b=0.550$），混凝土为 C40（$f_c=19.1N/mm^2$）；

2. * 为大偏压组合值；

3. $e=\eta e_i+h/2-a_s=\eta e_i+900/2-40=\eta e_i+410$；

4. $e'=\eta e_i-h/2+a_s=\eta e_i-900/2+40=\eta e_i-410$；

5. $\xi=N/900\times860\times19.1\times10^{-3}=N/14783.4$；

6. 当 $\xi<\xi_b$ 时，$A_s=A'_s=[Ne-\xi(1-\xi/2)\times19.1\times900\times860^2\times10^{-3}]/[380\times(860-40)\times10^{-3}]=Ne/246-51681.8\xi(1-\xi/2)$

当 $\xi>\xi_b$ 时，$\xi_m=\dfrac{N-\xi_b\alpha_1 f_c bh_0}{\dfrac{Ne-0.43\alpha_1 f_c bh_0^2}{(0.8-\xi_b)(h_0-\alpha'_s)}+f_c bh_0}+\xi_b=\dfrac{N-8130.87}{(Ne/205)-11884.41}+0.550$，$A_s=A'_s=Ne/246-51681.8\xi_m(1-\xi_m/2)$

当 $\xi<2a_s/h_0=2\times40/860=0.093$ 时，$A_s=A'_s=Ne'/[300\times(860-40)\times10^{-3}]=Ne'/246$；

7. $A_{min}=\rho_{min}\times A=0.2\%\times900\times900=1620mm^2$。

框架柱 B 正截面配筋计算（柱 F）　表 5-76

| 层次 | 不利组合 | $b\times h$ ($mm^2$) | $N$ (kN) | $e_i$ (mm) | $\eta$ | $e$ (mm) | $e'$ (mm) | $\xi$ ($\xi_m$) | $A_s=A'_s$ | $A_{min}$ | 实配钢筋 ($mm^2$) |
|---|---|---|---|---|---|---|---|---|---|---|---|
| 15 | ① | 600×600 | 158.65 | 282.21 | 1.079 | 564.50 | | 0.855 | 构造配筋 | 720 | 4Φ18（1018） |
| | ②* | 600×600 | 103.33 | 2537.60 | 1.000 | | 2277.60 | 0.016 | 构造配筋 | 720 | |

续表

| 层次 | 不利组合 | $b \times h$ (mm²) | $N$ (kN) | $e_i$ (mm) | $\eta$ | $e$ (mm) | $e'$ (mm) | $\xi$（$\xi_m$） | $A_s = A'_s$ | $A_{min}$ | 实配钢筋 (mm²) |
|---|---|---|---|---|---|---|---|---|---|---|---|
| 8 | ① | 600×600 | 1812.94 | 25.54 | 2.203 | 316.26 | | 0.784 | 构造配筋 | 720 | 4⌀18（1018） |
| | ②* | 600×600 | 806.60 | 235.87 | 1.131 | | 6.77 | 0.126 | 构造配筋 | 720 | |
| 1 | ① | 600×600 | 5770.60 | 31.16 | 28.575 | 1150.40 | | 0.607 | 构造配筋 | 720 | 4⌀18（1018） |
| | ② | 600×600 | 1576.32 | 94.67 | 2.643 | 510.21 | | 1.025 | 构造配筋 | 720 | |

注：1. 钢筋为 HRB335（$f_y = 300\text{N/mm}^2$，$\xi_b = 0.550$），混凝土为 C40（$f_c = 19.1\text{N/mm}^2$）；

2. * 为大偏压组合值；

3. $e = \eta e_i + h/2 - a_s = \eta e_i + 600/2 - 40 = \eta e_i + 260$；

4. $e' = \eta e_i - h/2 + a_s = \eta e_i - 600/2 + 40 = \eta e_i - 260$；

5. $\xi = N/600 \times 560 \times 19.1 \times 10^{-3} = N/6417.6$；

6. 大偏压时，$A_s = A'_s = [Ne - \xi(1-\xi/2) \times 19.1 \times 600 \times 560^2 \times 10^{-3}] / [300 \times (560-40) \times 10^{-3}] = Ne/156 - 23037.5\xi(1-\xi/2)$

当 $\xi < 2a'_s/h_0 = 2 \times 40/560 = 0.143$ 时，$A_s = A'_s = Ne'/[360 \times (560-40) \times 10^{-3}] = Ne'/156$

小偏压时，$\xi_m = \dfrac{N - \xi_b \alpha_1 f_c b h_0}{\dfrac{Ne - 0.43\alpha_1 f_c b h_0^2}{(0.8-\xi_b)(h_0 - a'_s)} + f_c b h_0} + \xi_b = \dfrac{N - 3530}{(Ne/130) - 11757.37} + 0.550$，$A_s = A'_s = Ne/156 - 23037.5\xi_m(1-\xi_m/2)$；

7. $A_{min} = \rho_{min} \times A = 0.2\% \times 600 \times 600 = 720\text{mm}^2$。

**框架柱 C 正截面配筋计算（柱 E）** **表 5-77**

| 层次 | 不利组合 | $b \times h$ (mm²) | $N$ (kN) | $e_i$ (mm) | $\eta$ | $e$ (mm) | $e'$ (mm) | $\xi$（$\xi_m$） | $A_s = A'_s$ | $A_{min}$ | 实配钢筋 (mm²) |
|---|---|---|---|---|---|---|---|---|---|---|---|
| 15 | ①* | 600×600 | 93.97 | 1671.55 | 1.013 | | 1433.28 | 0.015 | 构造配筋 | 720 | 4⌀25（1963） |
| | ② | 600×600 | 346.69 | 133.25 | 1.168 | 415.64 | | 0.849 | 构造配筋 | 720 | |
| 8 | ① | 600×600 | 211.43 | 38.58 | 2.767 | 366.75 | | 0.847 | 构造配筋 | 720 | 4⌀25（1963） |
| | ② | 600×600 | 648.69 | 110.63 | 1.619 | 439.11 | | 0.851 | 构造配筋 | 720 | |
| 1 | ① | 600×600 | 330.21 | 29.94 | 4.242 | 387.01 | | 0.847 | 构造配筋 | 720 | 4⌀25（1963） |
| | ② | 600×600 | 950.49 | 50.21 | 4.203 | 471.03 | | 0.860 | 构造配筋 | 720 | |

注：1. 钢筋为 HRB335（$f_y = 300\text{N/mm}^2$，$\xi_b = 0.550$），混凝土为 C40（$f_c = 19.1\text{N/mm}^2$）；

2. * 为大偏压组合值；

3. $e = \eta e_i + h/2 - a_s = \eta e_i + 600/2 - 40 = \eta e_i + 260$；

4. $e' = \eta e_i - h/2 + a_s = \eta e_i - 600/2 + 40 = \eta e_i - 260$；

5. $\xi = N/600 \times 560 \times 19.1 \times 10^{-3} = N/6417.6$；

6. 大偏压时，$A_s = A'_s = [Ne - \xi(1-\xi/2) \times 19.1 \times 600 \times 560^2 \times 10^{-3}] / [300 \times (560-40) \times 10^{-3}] = Ne/156 - 23037.5\xi(1-\xi/2)$

当 $\xi < 2a'_s/h_0 = 2 \times 40/560 = 0.143$ 时，$A_s = A'_s = Ne'/[360 \times (560-40) \times 10^{-3}] = Ne'/156$

小偏压时，$\xi_m = \dfrac{N - \xi_b \alpha_1 f_c b h_0}{\dfrac{Ne - 0.43\alpha_1 f_c b h_0^2}{(0.8-\xi_b)(h_0 - a'_s)} + f_c b h_0} + \xi_b = \dfrac{N - 3530}{(Ne/130) - 11757.37} + 0.550$，$A_s = A'_s = Ne/156 - 23037.5\xi_m(1-\xi_m/2)$；

7. $A_{min} = \rho_{min} \times A = 0.2\% \times 600 \times 600 = 720\text{mm}^2$。

框架柱 D 正截面配筋计算　　表 5-78

| 层次 | 不利组合 | $b\times h$ ($mm^2$) | $N$ (kN) | $e_i$ (mm) | $\eta$ | $e$ (mm) | $e'$ (mm) | $\xi$ ($\xi_m$) | $A_s=A'_s$ | $A_{min}$ | 实配钢筋 ($mm^2$) |
|---|---|---|---|---|---|---|---|---|---|---|---|
| 15 | ①* | 600×600 | 28.76 | 9326.15 | 1.002 | | 9084.80 | 0.004 | 构造配筋 | 720 | 4Φ25（1963） |
| | ② | 600×600 | 184.89 | 35.77 | 1.624 | 318.09 | | 0.846 | 构造配筋 | 720 | |
| 8 | ①* | 600×600 | 586.06 | 322.83 | 1.003 | | 63.80 | 0.091 | 构造配筋 | 720 | 4Φ25（1963） |
| | ② | 600×600 | 1238.35 | 65.43 | 1.001 | 325.50 | | 0.815 | 构造配筋 | 720 | |
| 1 | ① | 600×600 | 2348.20 | 44.19 | 4.514 | 459.47 | | 0.627 | 构造配筋 | 720 | 4Φ25（1963） |
| | ② | 600×600 | 1522.98 | 87.66 | 2.768 | 502.64 | | 0.711 | 构造配筋 | 720 | |

注：1. 钢筋为 HRB335（$f_y=300N/mm^2$，$\xi_b=0.550$），混凝土为 C40（$f_c=19.1N/mm^2$）；

2. * 为大偏压组合值；

3. $e=\eta e_i+h/2-a_s=\eta e_i+600/2-40=\eta e_i+260$；

4. $e'=\eta e_i-h/2+a_s=\eta e_i-600/2+40=\eta e_i-260$；

5. $\xi=N/600\times560\times19.1\times10^{-3}=N/6417.6$；

6. 大偏压时，$A_s=A'_s=[Ne-\xi(1-\xi/2)\times19.1\times600\times560^2\times10^{-3}]/[300\times(560-40)\times10^{-3}]=Ne/156-23037.5\xi(1-\xi/2)$

当 $\xi<2a'_s/h_0=2\times40/560=0.143$ 时，$A_s=A'_s=Ne'/[360\times(560-40)\times10^{-3}]=Ne'/156$

小偏压时，$\xi_m=\dfrac{N-\xi_b\alpha_1f_cbh_0}{\dfrac{Ne-0.43\alpha_1f_cbh_0^2}{(0.8-\xi_b)(h_0-\alpha'_s)}+f_cbh_0}+\xi_b=\dfrac{N-3530}{(Ne/130)-11757.37}+0.550$，$A_s=A'_s=Ne/156-23037.5\xi_m(1-\xi_m/2)$；

7. $A_{min}=\rho_{min}\times A=0.2\%\times600\times600=720mm^2$。

（7）框架柱斜截面配筋计算

1）柱箍筋配置应符合下列要求：

①抗震等级为二级时，柱端箍筋加密区构造要求：箍筋最大间距（mm）取 $8d$ 和 100 的较小值，箍筋最小直径取 8mm；

②二级框架柱箍筋直径不小于 10mm、肢距不大于 200mm 时，除柱根外最大间距应允许采用 150mm；剪跨比不大于 2 的柱，箍筋间距不应大于 100mm。

2）抗震设计时，柱箍筋加密区的范围应符合下列要求：

①底层柱的上端和其他各层柱的两端，应取矩形截面柱之长边尺寸、柱净高之 1/6 和 500mm 三者之最大值范围；

②底层柱刚性地面上、下各 500mm 的范围；

③底层柱柱根以上 1/3 的柱净高的范围；

④剪力墙底部加强部位边框柱的箍筋宜沿全高加密。

3）加密区范围内箍筋的体积配箍率，应符合下列规定：

①柱箍筋加密区箍筋的体积配箍率，应符合 $\rho_v\geqslant\lambda_vf_c/f_{yv}$，式中 $\rho_v$ 为柱箍筋的体积配箍率，$\lambda_v$ 为柱最小配箍特征值，宜按表 5-79 采用，$f_c$ 为混凝土轴心抗压强度设计值，$f_{yv}$ 为柱箍筋的抗拉强度设计值。

柱端箍筋加密区最小配箍特征值 $\lambda_v$　　表 5-79

| 抗震等级 | 箍筋形式 | 柱轴压比 | | | | | | | | |
|---|---|---|---|---|---|---|---|---|---|---|
| | | ≤0.3 | 0.40 | 0.50 | 0.60 | 0.70 | 0.80 | 0.90 | 1.00 | 1.05 |
| 二 | 普通箍、复合箍 | 0.08 | 0.09 | 0.11 | 0.13 | 0.15 | 0.17 | 0.19 | 0.22 | 0.24 |

注：普通箍指单个矩形箍或单个圆形箍；复合箍指由矩形、多边形、圆形箍或拉筋组成的箍筋。

②对二级框架柱，其箍筋加密区范围内箍筋的体积配箍率尚且分别不应小于0.6%；

4）抗震设计时，柱箍筋设置尚应符合下列要求：

①箍筋应为封闭式，其末端应做成135°弯钩且弯钩末端平直段长度不应小于10倍箍筋直径，且不应小于75mm；

②箍筋加密区的箍筋肢距，二级不宜大于250mm和20倍箍筋直径的较大值；每隔一根纵向钢筋宜在两个方向有箍筋约束；

③柱非加密区的箍筋，其体积配箍率不宜小于加密区的一半；其箍筋间距，不应大于加密区箍筋间距的2倍，且二级不应大于10倍纵向钢筋直径。

5）框架柱斜截面配筋计算见表5-80～表5-83。

**框架柱A斜截面配筋计算**（柱G） **表5-80**

| 层次 | $V_b = 0.25\beta_c f_c b h_0$ (kN) | $0.7f_t b h_0$ (kN) | 选用箍筋 | $A_{sv} = nA_{sv1}$ (mm) | 非加密区 $V < V_b$ (kN) | 非加密区 $s$ (mm) | 非加密区 实配箍筋间距 (mm) | 加密区 选用箍筋 | 加密区 $s$ (mm) | 加密区 实配箍筋间距 (mm) | 加密区 长度 (mm) |
|---|---|---|---|---|---|---|---|---|---|---|---|
| 15 | 3696 | 926.48 | 4$\phi$10 | 314 | 143.61 | 构造配箍 | 200 | 4$\phi$10 | 构造配箍 | 100 | 900 |
| 8 | 3696 | 926.48 | 4$\phi$10 | 314 | 123.61 | 构造配箍 | 200 | 4$\phi$10 | 构造配箍 | 100 | 900 |
| 1 | 3696 | 926.48 | 4$\phi$10 | 314 | 252.06 | 构造配箍 | 200 | 4$\phi$10 | 构造配箍 | 100 | 900 |

注：$s = \dfrac{f_{yv}A_{sv}h_0}{V - \dfrac{1.05}{\lambda+1}f_t b h_0 - 0.056N}$（$N$为压力）；$s = \dfrac{f_{yv}A_{sv}h_0}{V - \dfrac{1.05}{\lambda+1}f_t b h_0 + 0.2N}$（$N$为拉力）；当$N > 0.3f_c A = 0.3 \times 19.1 \times 900^2 = 4641.3\text{kN}$时，取4641.3kN。

**框架柱B斜截面配筋计算**（柱F） **表5-81**

| 层次 | $V_b = 0.25\beta_c f_c b h_0$ (kN) | $0.7f_t b h_0$ (kN) | 选用箍筋 | $A_{sv} = nA_{sv1}$ (mm) | 非加密区 $V < V_b$ (kN) | 非加密区 $s$ (mm) | 非加密区 实配箍筋间距 (mm) | 加密区 选用箍筋 | 加密区 $s$ (mm) | 加密区 实配箍筋间距 (mm) | 加密区 长度 (mm) |
|---|---|---|---|---|---|---|---|---|---|---|---|
| 15 | 1604 | 402.12 | 4$\phi$10 | 314 | 188.77 | 构造配箍 | 200 | 4$\phi$10 | 构造配箍 | 100 | 600 |
| 8 | 1604 | 402.12 | 4$\phi$10 | 314 | 177.66 | 构造配箍 | 200 | 4$\phi$10 | 构造配箍 | 100 | 600 |
| 1 | 1604 | 402.12 | 4$\phi$10 | 314 | 63.02 | 构造配箍 | 200 | 4$\phi$10 | 构造配箍 | 100 | 600 |

注：$s = \dfrac{f_{yv}A_{sv}h_0}{V - \dfrac{1.05}{\lambda+1}f_t b h_0 - 0.056N}$（$N$为压力）；$s = \dfrac{f_{yv}A_{sv}h_0}{V - \dfrac{1.05}{\lambda+1}f_t b h_0 + 0.2N}$（$N$为拉力）；当$N > 0.3f_c A = 0.3 \times 19.1 \times 600^2 = 2062.8\text{kN}$时，取2062.8kN。

**框架柱C斜截面配筋计算**（柱E） **表5-82**

| 层次 | $V_b = 0.25\beta_c f_c b h_0$ (kN) | $0.7f_t b h_0$ (kN) | 选用箍筋 | $A_{sv} = nA_{sv1}$ (mm) | 非加密区 $V < V_b$ (kN) | 非加密区 $s$ (mm) | 非加密区 实配箍筋间距 (mm) | 加密区 选用箍筋 | 加密区 $s$ (mm) | 加密区 实配箍筋间距 (mm) | 加密区 长度 (mm) |
|---|---|---|---|---|---|---|---|---|---|---|---|
| 15 | 1604 | 402.12 | 4$\phi$10 | 314 | 187.23 | 构造配箍 | 200 | 4$\phi$10 | 构造配箍 | 100 | 600 |
| 8 | 1604 | 402.12 | 4$\phi$10 | 314 | 173.50 | 构造配箍 | 200 | 4$\phi$10 | 构造配箍 | 100 | 600 |
| 1 | 1604 | 402.12 | 4$\phi$10 | 314 | 62.02 | 构造配箍 | 200 | 4$\phi$10 | 构造配箍 | 100 | 600 |

注：$s = \dfrac{f_{yv}A_{sv}h_0}{V - \dfrac{1.05}{\lambda+1}f_t b h_0 - 0.056N}$（$N$为压力）；$s = \dfrac{f_{yv}A_{sv}h_0}{V - \dfrac{1.05}{\lambda+1}f_t b h_0 + 0.2N}$（$N$为拉力）；当$N > 0.3f_c A = 0.3 \times 19.1 \times 600^2 = 2062.8\text{kN}$时，取2062.8kN。

框架柱 D 斜截面配筋计算 表 5-83

| 层次 | $V_b = 0.25\beta_c f_c bh_0$ (kN) | $0.7f_t bh_0$ (kN) | 选用箍筋 | $A_{sv} = nA_{sv1}$ (mm) | 非加密区 $V < V_b$ (kN) | 非加密区 $s$ (mm) | 非加密区 实配箍筋间距 (mm) | 加密区 选用箍筋 | 加密区 $s$ (mm) | 加密区 实配箍筋间距 (mm) | 加密区 长度 (mm) |
|---|---|---|---|---|---|---|---|---|---|---|---|
| 15 | 1604 | 402.12 | 4$\phi$10 | 314 | 187.23 | 构造配箍 | 200 | 4$\phi$10 | 构造配箍 | 100 | 600 |
| 8 | 1604 | 402.12 | 4$\phi$10 | 314 | 197.60 | 构造配箍 | 200 | 4$\phi$10 | 构造配箍 | 100 | 600 |
| 1 | 1604 | 402.12 | 4$\phi$10 | 314 | 62.02 | 构造配箍 | 200 | 4$\phi$10 | 构造配箍 | 100 | 600 |

注：$s = \dfrac{f_{yv}A_{sv}h_0}{V - \dfrac{1.05}{\lambda+1}f_t bh_0 - 0.056N}$（$N$ 为压力）；$s = \dfrac{f_{yv}A_{sv}h_0}{V - \dfrac{1.05}{\lambda+1}f_t bh_0 + 0.2N}$（$N$ 为拉力）；当 $N > 0.3f_cA = 0.3 \times 19.1 \times 600^2 = 2062.8$kN 时，取 2062.8kN。

## 5.6 竖向重力荷载代表值下剪力墙内力计算

（1）屋面、楼面荷载传递方式如图 5-38 所示。

（2）荷载计算。

1）恒载。

屋面：

三角形荷载

$$4.5 \times 4 \times 2 = 36.00\text{kN/m}$$

化成等效均布荷载

$$2 \times 36.00 \times 5/8 = 45.00\text{kN/m}$$

集中荷载

$$P_1 = 2 \times 2 \times (0.5 \times 8 \times 4.5 \times 4) + 2 \times (2.62 \times 4) = 288.00 + 20.96 = 308.96\text{kN}$$

楼面：

三角形荷载

$$4.5 \times 4 \times 2 = 36.00\text{kN/m}$$

化成等效均布荷载

$$2 \times 36.00 \times 5/8 = 45.00\text{kN/m}$$

集中荷载

$$P_2 = P_7 = 2 \times 2 \times (0.5 \times 8 \times 4.5 \times 4) + 2 \times (2.62 \times 4) = 288.00 + 20.96 = 308.96\text{kN}。$$

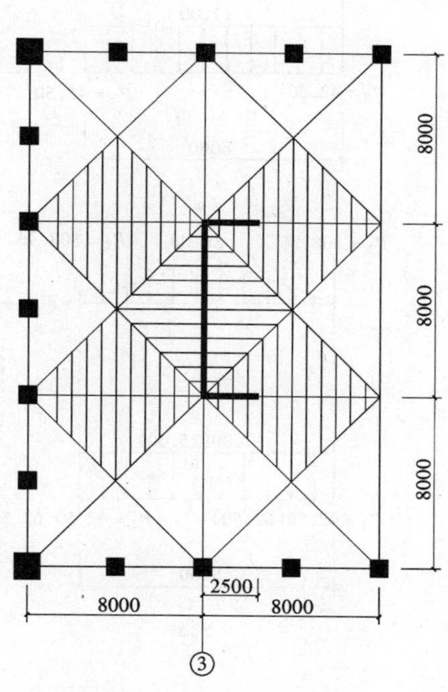

图 5-38 屋面、楼面荷载传递方式图

2）构件自重。

剪力墙：

均布荷载

$$25 \times 0.2 \times 3.4\ (5.00) = 17.00\ (25.00)\ \text{kN/m}$$

集中荷载

$$P_3 = 2.5 \times 17.00\ (25.00)\ = 42.50\ (62.5)\ \text{kN}$$

括号内数值为底层的数值。

3）雪载、活载。

屋面雪载：

三角形荷载

$$0.45 \times 4 \times 2 = 3.60\text{kN/m}$$

化成等效均布荷载

$$3.60 \times 5/8 = 2.25\text{kN/m}$$

集中荷载

$$P_4 = 2 \times 2 \times\ (0.5 \times 8 \times 0.45 \times 4)\ = 28.80\text{kN}$$

楼面活载：

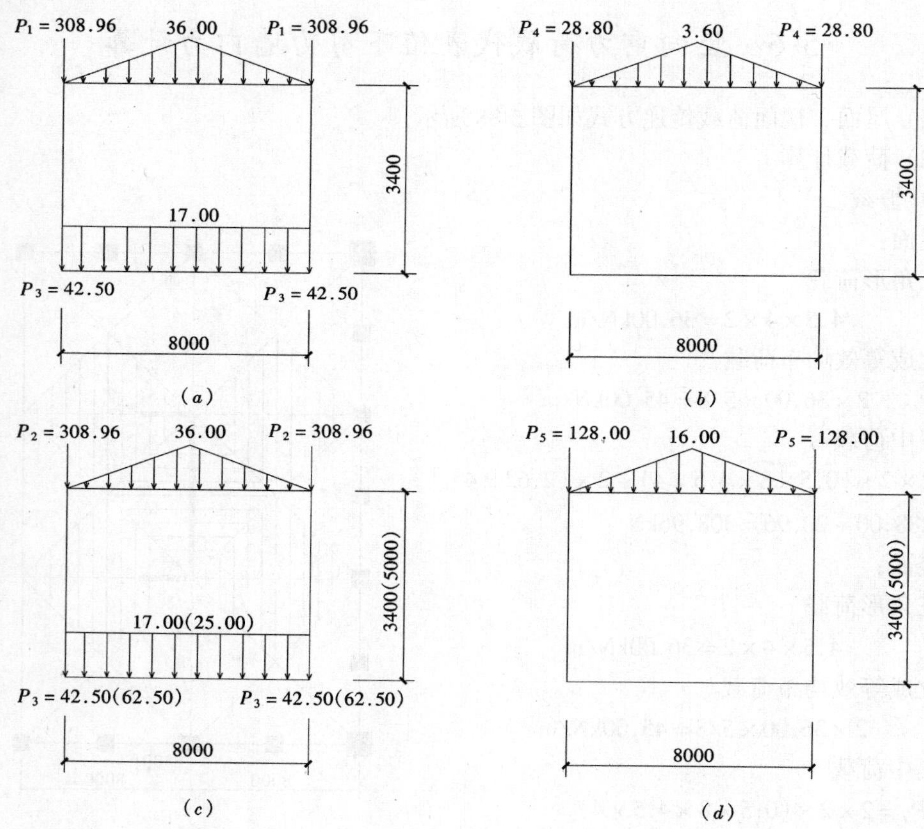


图 5-39 屋面、楼面荷载作用图

（*a*）顶层恒载作用图；（*b*）顶层雪载作用图；（*c*）标准层（底层）恒载作用图；（*d*）标准层（底层）活载作用图

三角形荷载

$$2.00 \times 4 \times 2 = 16.00\text{kN/m}$$

化成等效均布荷载

$$16.00\times 5/8=10.00\text{kN/m}$$

集中荷载

$$P_5=2\times 2\times\ (0.5\times 8\times 2.00\times 4)\ =128.00\text{kN}$$

（3）屋面、楼面荷载作用如图 5-39 所示。

（4）竖向重力荷载代表值作用下剪力墙内力计算见表 5-84。

**竖向重力荷载代表值作用下剪力墙内力计算** **表 5-84**

| 楼层 | 截面 | 屋面恒载 + $P_1$ 或<br>楼面恒载 + $P_2$(kN) | 剪力墙自重 + $P_3$(kN) | 0.5×(屋面雪载 + $P_4$)或<br>0.5×(楼面活载 + $P_5$)(kN) | 轴力 $N$<br>(kN) |
|---|---|---|---|---|---|
| 15 | 顶 | 0.5×36×8+2×308.96=761.92 | | 0.5×(0.5×3.6×8+2×28.8)=36.00 | 797.92 |
| | 底 | | 17.00×8=136.00 | | 933.92 |
| 14 | 顶 | 0.5×36×8+2×308.96=761.92 | | 0.5×(0.5×16×8+2×128)=160.00 | 1855.84 |
| | 底 | | 17.00×8=136.00 | | 1991.84 |
| 13 | 顶 | 0.5×36×8+2×308.96=761.92 | | 0.5×(0.5×16×8+2×128)=160.00 | 2913.76 |
| | 底 | | 17.00×8=136.00 | | 3049.76 |
| 12 | 顶 | 0.5×36×8+2×308.96=761.92 | | 0.5×(0.5×16×8+2×128)=160.00 | 3971.68 |
| | 底 | | 17.00×8=136.00 | | 4107.68 |
| 11 | 顶 | 0.5×36×8+2×308.96=761.92 | | 0.5×(0.5×16×8+2×128)=160.00 | 5029.60 |
| | 底 | | 17.00×8=136.00 | | 5165.60 |
| 10 | 顶 | 0.5×36×8+2×308.96=761.92 | | 0.5×(0.5×16×8+2×128)=160.00 | 6087.52 |
| | 底 | | 17.00×8=136.00 | | 6223.52 |
| 9 | 顶 | 0.5×36×8+2×308.96=761.92 | | 0.5×(0.5×16×8+2×128)=160.00 | 7145.44 |
| | 底 | | 17.00×8=136.00 | | 7281.44 |
| 8 | 顶 | 0.5×36×8+2×308.96=761.92 | | 0.5×(0.5×16×8+2×128)=160.00 | 8203.36 |
| | 底 | | 17.00×8=136.00 | | 8339.36 |
| 7 | 顶 | 0.5×36×8+2×308.96=761.92 | | 0.5×(0.5×16×8+2×128)=160.00 | 9261.28 |
| | 底 | | 17.00×8=136.00 | | 9397.28 |
| 6 | 顶 | 0.5×36×8+2×308.96=761.92 | | 0.5×(0.5×16×8+2×128)=160.00 | 10319.20 |
| | 底 | | 17.00×8=136.00 | | 10455.20 |
| 5 | 顶 | 0.5×36×8+2×308.96=761.92 | | 0.5×(0.5×16×8+2×128)=160.00 | 11377.12 |
| | 底 | | 17.00×8=136.00 | | 11513.12 |
| 4 | 顶 | 0.5×36×8+2×308.96=761.92 | | 0.5×(0.5×16×8+2×128)=160.00 | 12435.04 |
| | 底 | | 17.00×8=136.00 | | 12571.04 |
| 3 | 顶 | 0.5×36×8+2×308.96=761.92 | | 0.5×(0.5×16×8+2×128)=160.00 | 13492.96 |
| | 底 | | 17.00×8=136.00 | | 13628.96 |
| 2 | 顶 | 0.5×36×8+2×308.96=761.92 | | 0.5×(0.5×16×8+2×128)=160.00 | 14550.88 |
| | 底 | | 17.00×8=136.00 | | 14686.88 |
| 1 | 顶 | 0.5×36×8+2×308.96=761.92 | | 0.5×(0.5×16×8+2×128)=160.00 | 15608.80 |
| | 底 | | 25.00×8=200.00 | | 15808.80 |

注：轴压比 $N/b_wh_wf_c=15808.80/\ (200\times 8200\times 19.1)\ =0.5<0.6$（剪力墙抗震等级为二级），满足要求。

## 5.7 剪力墙内力组合

剪力墙内力组合分抗震组合与非抗震组合，高层建筑中，一般以抗震组合起控制作用，本题仅考虑抗震组合见表5-85。

剪力墙底部加强部位的剪力调整：剪力墙底部加强部位墙肢截面的剪力设计值，二级抗震等级时应按式 $V=\eta_{vw}V_w$ 调整，式中，$V$ 为考虑地震作用组合的剪力墙墙肢底部加强部位截面的剪力设计值；$V_w$ 为考虑地震作用组合的剪力墙墙肢底部加强部位截面的剪力计算值；$\eta_{vw}$为剪力增大系数，二级为1.4。

**剪力墙内力组合** **表5-85**

| 层次 | 截面 | $\xi=\frac{X}{H}$ | 水平地震作用 | | | | 重力荷载代表值③ | 内力组合 | | | | | |
|---|---|---|---|---|---|---|---|---|---|---|---|---|---|
| | | | 向右① | | 向左② | | | 0.85×（①+③） | | | 0.85×（②+③） | | |
| | | | $M$ | $V$ | $M$ | $V$ | $N$ | $M$ | $V$ | $N$ | $M$ | $V$ | $N$ |
| 15 | 上 | 1.000 | 0.00 | -401.99 | 0.00 | 401.99 | 957.50 | 0.00 | -341.69 | 813.88 | 0.00 | 341.69 | 813.88 |
| | 下 | 0.935 | -878.38 | -115.43 | 878.38 | 115.43 | 1120.70 | -746.62 | -98.12 | 952.60 | 746.62 | 98.12 | 952.60 |
| 14 | 上 | 0.871 | -878.38 | -115.43 | 878.38 | 115.43 | 2226.98 | -746.62 | -98.12 | 1892.93 | 746.62 | 98.12 | 1892.93 |
| | 下 | 0.806 | -888.68 | 159.06 | 888.68 | -159.06 | 2390.18 | -755.38 | 135.20 | 2031.65 | 755.38 | -135.20 | 2031.65 |
| 13 | 上 | 0.741 | -888.68 | 159.06 | 888.68 | -159.06 | 3496.46 | -755.38 | 135.20 | 2971.99 | 755.38 | -135.20 | 2971.99 |
| | 下 | 0.677 | 120.43 | 428.18 | -120.43 | -428.18 | 3659.66 | 102.37 | 363.95 | 3110.71 | -102.37 | -363.95 | 3110.71 |
| 12 | 上 | 0.612 | 120.43 | 428.18 | -120.43 | -428.18 | 4765.94 | 102.37 | 363.95 | 4051.05 | -102.37 | -363.95 | 4051.05 |
| | 下 | 0.548 | 2019.72 | 680.16 | -2019.72 | -680.16 | 4929.14 | 1716.76 | 578.14 | 4189.77 | -1716.76 | -578.14 | 4189.77 |
| 11 | 上 | 0.483 | 2019.72 | 680.16 | -2019.72 | -680.16 | 6035.42 | 1716.76 | 578.14 | 5130.11 | -1716.76 | -578.14 | 5130.11 |
| | 下 | 0.418 | 4706.21 | 913.65 | -4706.21 | -913.65 | 6198.62 | 4000.28 | 776.60 | 5268.83 | -4000.28 | -776.60 | 5268.83 |
| 10 | 上 | 0.354 | 4706.21 | 913.65 | -4706.21 | -913.65 | 7304.90 | 4000.28 | 776.60 | 6209.17 | -4000.28 | -776.60 | 6209.17 |
| | 下 | 0.289 | 8217.01 | 1138.06 | -8217.01 | -1138.06 | 7468.10 | 6984.46 | 967.35 | 6347.89 | -6984.46 | -967.35 | 6347.89 |
| 9 | 上 | 0.224 | 8217.01 | 1138.06 | -8217.01 | -1138.06 | 8574.38 | 6984.46 | 967.35 | 7288.22 | -6984.46 | -967.35 | 7288.22 |
| | 下 | 0.160 | 12404.96 | 1348.40 | -12404.96 | -1348.40 | 8737.58 | 10544.22 | 1146.14 | 7426.94 | -10544.22 | -1146.14 | 7426.94 |
| 8 | 上 | 0.095 | 12404.96 | 1348.40 | -12404.96 | -1348.40 | 9843.86 | 10544.22 | 1146.14 | 8367.28 | -10544.22 | -1146.14 | 8367.28 |
| | 下 | 0.000 | 17367.47 | 1553.12 | -17367.47 | -1553.12 | 10007.06 | 14762.35 | 1320.15 | 8506.00 | -14762.35 | -1320.15 | 8506.00 |
| 7 | 上 | 1.000 | 17367.47 | 1553.12 | -17367.47 | -1553.12 | 11113.34 | 14762.35 | 1320.15 | 9446.34 | -14762.35 | -1320.15 | 9446.34 |
| | 下 | 0.935 | 23017.18 | 1750.67 | -23017.18 | -1750.67 | 11276.54 | 19564.60 | 1488.07 | 9585.06 | -19564.60 | -1488.07 | 9585.06 |
| 6 | 上 | 0.871 | 23017.18 | 1750.67 | -23017.18 | -1750.67 | 12382.82 | 19564.60 | 1488.07 | 10525.40 | -19564.60 | -1488.07 | 10525.40 |
| | 下 | 0.806 | 29230.46 | 1939.90 | -29230.46 | -1939.90 | 12546.02 | 24845.89 | 1648.92 | 10664.12 | -24845.89 | -1648.92 | 10664.12 |
| 5 | 上 | 0.741 | 29230.46 | 1939.90 | -29230.46 | -1939.90 | 13652.30 | 24845.89 | 1648.92 | 11604.46 | -24845.89 | -1648.92 | 11604.46 |
| | 下 | 0.677 | 36186.11 | 2128.39 | -36186.11 | -2128.39 | 13815.50 | 30758.19 | 1809.13 | 11743.18 | -30758.19 | -1809.13 | 11743.18 |
| 4 | 上 | 0.612 | 36186.11 | 2128.39 | -36186.11 | -2128.39 | 14921.78 | 30758.19 | 1809.13 | 12683.51 | -30758.19 | -1809.13 | 12683.51 |
| | 下 | 0.548 | 43782.25 | 2314.83 | -43782.25 | -2314.83 | 15084.98 | 37214.91 | 1967.61 | 12822.23 | -37214.91 | -1967.61 | 12822.23 |

续表

| 层次 | 截面 | $\xi=\frac{X}{H}$ | 水平地震作用 | | | | 重力荷载代表值③ | 内力组合 | | | | | |
|---|---|---|---|---|---|---|---|---|---|---|---|---|---|
| | | | 向右① | | 向左② | | | 0.85×（①+③） | | | 0.85×（②+③） | | |
| | | | $M$ | $V$ | $M$ | $V$ | $N$ | $M$ | $V$ | $N$ | $M$ | $V$ | $N$ |
| 3 | 上 | 0.483 | 43782.25 | 2314.83 | −43782.25 | −2314.83 | 16191.26 | 37214.91 | 1967.61 | 13762.57 | −37214.91 | −1967.61 | 13762.57 |
| | 下 | 0.418 | 51883.22 | 2498.00 | −51883.22 | −2498.00 | 16354.46 | 44100.74 | 2123.30 | 13901.29 | −44100.74 | −2123.30 | 13901.29 |
| 2 | 上 | 0.354 | 51883.22 | 2498.00 | −51883.22 | −2498.00 | 17460.74 | 44100.74 | 2972.62* | 14841.63 | −44100.74 | −2972.62* | 14841.63 |
| | 下 | 0.289 | 60743.58 | 2685.28 | −60743.58 | −2685.28 | 17623.94 | 51632.04 | 3195.48* | 14980.35 | −51632.04 | −3195.48* | 14980.35 |
| 1 | 上 | 0.224 | 60743.58 | 2685.28 | −60743.58 | −2685.28 | 18730.22 | 51632.04 | 3195.48* | 15920.69 | −51632.04 | −3195.48* | 15920.69 |
| | 下 | 0.160 | 74856.54 | 2964.68 | −74856.54 | −2964.68 | 18970.22 | 63628.06 | 3527.97* | 16124.69 | −63628.06 | −3527.97* | 16124.69 |

注：1. 地震向右①、地震向左②为 $1.3M_{\mathrm{EhK}}$、$1.3V_{\mathrm{EhK}}$、$1.3N_{\mathrm{EhK}}$；

2. 重力荷载代表值③为 $1.2N_{\mathrm{GK}}$；

3. 表中弯矩的单位为 kN·m，剪力、轴力的单位均为 kN；

4. 剪力墙的底部加强区，其高度为 $H_w/8=52.6/8=6.575$，故取第一、第二层；其剪力应乘以 1.4 的放大系数，见表中带 * 的值。

## 5.8 剪力墙墙肢截面配筋计算

### 5.8.1 剪力墙的构造要求

（1）一般要求：

1）框架-剪力墙结构中剪力墙竖向和水平分布钢筋的配筋率，抗震设计时不应小于0.25%，非抗震设计时不应小于0.20%，并应至少双排布置。各排分布钢筋之间应设置拉筋，拉筋直径不应小于6mm，间距不应大于600mm。受力钢筋可均匀分布成数排。一般剪力墙竖向和水平分布钢筋间距均不应大于300mm；分布钢筋直径均不应小于8mm，不宜大于墙肢截面厚度的1/10。

2）房屋顶层剪力墙以及长矩形平面房屋的楼梯间和电梯间剪力墙、端开间的纵向剪力墙、端山墙的水平和竖向分布钢筋的间距不应大于200mm。

（2）二级抗震设计的剪力墙底部加强部位及其上一层的墙肢端部应按下列要求设置约束边缘构件：

1）约束边缘构件沿墙肢方向的长度 $l_c$ 和箍筋配箍特征值 $\lambda_v$ 宜符合表5-86的要求，且二级抗震设计时箍筋直径均不应小于8mm、箍筋间距分别不应小于150mm。箍筋的配筋范围如图5-41中的阴影面积所示，其体积配箍率 $\rho_v$ 应按式 $\rho_v=\lambda_v\frac{f_c}{f_{yv}}$ 计算，式中 $f_{yv}$ 为箍筋或拉筋的抗拉强度设计值，超过360MPa时，应按360MPa计算。

**约束边缘构件范围 $l_c$ 及其配箍特征值 $\lambda_v$** **表5-86**

| 项　目 | 二　级 |
|---|---|
| $\lambda_v$ | 0.20 |
| $l_c$（翼墙） | $0.15h_w$ |

注：1. $\lambda_v$ 为约束边缘构件的配箍特征值，$h_w$ 为剪力墙墙肢长度；

2. $l_c$ 为约束边缘构件沿墙方向的长度，不应小于表中数值、$1.5b_w$ 和450mm三者的较大值，有翼墙时尚不应小于翼墙厚度加300mm。

2）约束边缘构件纵向钢筋的配筋范围不应小于图 5-40 中阴影面积，其纵向钢筋最小截面面积，二级抗震设计时分别不应小于图中阴影面积的 1.0%并分别不应小于 6 Φ 14。

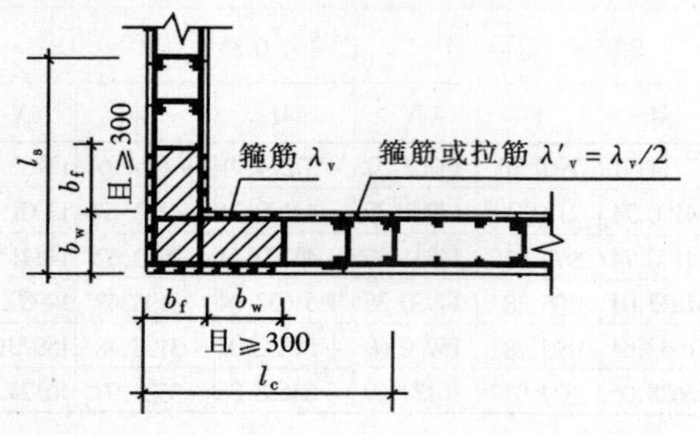


图 5-40　约束边缘构件（有翼墙）

（3）二级抗震设计剪力墙的其他部位应按下列要求设置构造边缘构件：

1）构造边缘构件的范围和计算纵向钢筋用量的截面面积 $A_c$ 宜取图 5-40 中的阴影部分；

2）构造边缘构件的纵向钢筋应满足受弯承载力要求；

3）抗震设计时，构造边缘构件的最小配筋应符合表 5-87 的规定，箍筋的无支长度不应大于 300mm，拉筋的水平间距不应大于纵向钢筋间距的 2 倍。构造边缘构件箍筋的配筋范围宜取图 5-41 中阴影部分，其配箍特征值 $\lambda_v$ 不宜小于 0.1。

**剪力墙构造边缘构件的配筋要求**　　**表 5-87**

| 抗震等级 | 底部加强部位 | | | 其他部位 | | |
|---|---|---|---|---|---|---|
| | 纵向钢筋最小量（取较大值） | 箍筋 | | 纵向钢筋最小量（取较大值） | 箍筋或拉筋 | |
| | | 最小直径（mm） | 最大间距（mm） | | 最小直径（mm） | 最大间距（mm） |
| 二 | — | — | — | $0.008A_c$，6 Φ 12 | 8 | 200 |

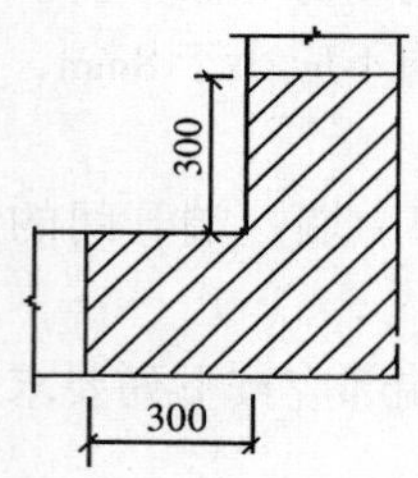


图 5-41　构造边缘构件（有翼墙）

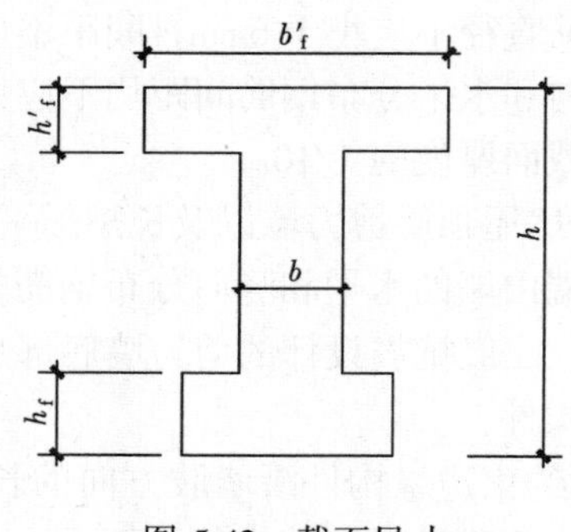


图 5-42　截面尺寸

### 5.8.2　剪力墙配筋计算

（1）墙肢截面尺寸及材料

截面尺寸示意图如图 5-42 所示：

$$h_w = 8200\text{mm},\ b_w = 200\text{mm},\ a_s = a'_s = 200\text{mm}$$

$$h_{w0} = h_w - a'_s = 8200 - 200 = 8000\text{mm}$$

混凝土：C40，$f_c = 19.1\text{N/mm}^2$

钢筋：水平钢筋采用 HPB325 钢筋，$f_y = 210\text{N/mm}^2$；

竖向分布钢筋、剪力墙约束、构造边缘构件纵筋采用 HRB335 级钢筋，$f_y = 300\text{N/mm}^2$

（2）配筋计算

剪力墙抗震等级为二级（第一层、第二层墙体为底部加强区）。

1）验算墙体截面尺寸：

$0.20f_c b_w h_w = 0.20 \times 19.1 \times 200 \times 8200 = 6264.80\text{kN} > V = 3527.97\text{kN}$，满足要求。

2）正截面承载力计算：

①墙肢竖向钢筋采用 $\phi 14@200$ 双向配置

$\frac{8200 - 500 \times 2}{200} = 36$，可布置 $35 \times 2 = 70$ 根，$A_{sw} = 153.94 \times 70 = 10775.66\text{mm}^2$

$\rho_w = \frac{10775.66}{(8200 - 500 \times 2) \times 200} = 0.748\% > 0.25\%$，符合要求。

$x = (N + A_{sw}f_y)\ h_{w0} / (\alpha_1 f_c b_w h_{w0} + 1.5A_{sw}f_y)$

$= (N + 10775.66 \times 300) \times 8000 / (1.0 \times 19.1 \times 200 \times 8000 + 1.5 \times 10775.66 \times 300)$

$= 0.226N + 730.37\ (\text{kN})$　　（＊）

（注：＊式中轴力 $N$ 的单位为 kN。）

将最大轴力（底层）代入上式，得

$x = 0.226 \times 16124.69 + 730.37 = 4375\ (\text{mm}) < \xi_b h_{w0} = 0.55 \times 8000 = 4400\text{mm}$

故每层为大偏心受压。

$M_{sw} = 1/2\ (h_{w0} - 1.5x)^2 A_{sw} f_y / h_{w0}$

$= 1/2\ (8000 - 1.5x)^2 \times 10775.66 \times 300 / 8000$

$= 2.02 \times 10^{-4} \times (8000 - 1.5x)^2 \text{kN·m}$　　（＊）

（注：＊式中 $x$ 的单位为 mm。）

$M_c = \alpha_1 f_c b_w x\ (h_{w0} - x/2)$

$= 1.0 \times 19.1 \times 200x\ (8000 - x/2)$

$= 3.82 \times 10^{-3} x\ (8000 - x/2)\ \text{kN·m}$　　（＊）

（注：＊式中 $x$ 的单位为 mm。）

$A_s = A'_s = [M + N\ (h_{w0} - h_w/2) + M_{sw} - M_c] / [f'_y\ (h_{w0} - a'_s)]$

$= [M + N\ (8000 - 8200/2) + M_{sw} - M_c] / [300 \times (8000 - 200)]$

$= 10^3 \times (M + 3.9N + M_{sw} - M_c) / 2340\text{mm}$　　（＊）

（注：＊式中 $M$、$M_{sw}$、$M_c$ 的单位为 kN·m，轴力 $N$ 的单位为 kN。）

②约束边缘构件

设置部位：剪力墙底部加强部位（第 1 层、第 2 层）及其上 1 层（第 3 层）的墙肢端部。

构造要求：图 5-41 阴影部分边长 = max $\{b_f + b_w,\ b_f + 300\}$ = max $\{200 + 200,\ 200 + 300\}$ = 500mm

阴影面积 = (500 + 300) × 200 = 160000mm²，则 1.0% × 160000 = 1600mm²，又 6 Φ 14 的面积为 924mm²；故构造钢筋面积 = max{1600,924} = 1600mm²，选 6 Φ 20(1885mm²)。

③构造边缘构件

设置部位：除剪力墙第 1 层、第 2 层、第 3 层外的其他层墙肢端部。

构造要求：图 5-41 阴影部分边长 = max $\{b_f + b_w,\ b_f + 300\}$ = max $\{200 + 200,\ 200 +$

300｝ = 500mm。

阴影面积 $A_c$ = （500 + 300） × 200 = 160000mm²，则 0.008 × 160000 = 1280mm²，又 6 Φ 12 的面积为 679mm²；故构造钢筋面积 = max ｛1280，679｝ = 1280mm²，选 6 Φ 16（1206mm²）。

④剪力墙竖向钢筋计算见表 5-88。

**剪力墙竖向钢筋计算** **表 5-88**

| 层次 | 截面 | $M$ (kN·m) | $N$ (kN) | $x$ (mm) | $M_{sw}$ (kN·m) | $M_c$ (kN·m) | $A_s = A'_s$ (mm) | 钢筋选用 | |
|---|---|---|---|---|---|---|---|---|---|
| | | | | | | | | 墙肢 | （约束）构造边缘构件 |
| 15 | 顶 | 0.00 | 813.88 | 744 | 7014 | 21680 | -4911 | Φ 14@200 双向 | 6 Φ 16 |
| | 底 | 746.62 | 952.60 | 776 | 6916 | 22562 | -4780 | | |
| 14 | 顶 | 746.62 | 1892.93 | 992 | 6276 | 28441 | -5999 | Φ 14@200 双向 | 6 Φ 16 |
| | 底 | 755.38 | 2031.65 | 1024 | 6184 | 29294 | -6167 | | |
| 13 | 顶 | 755.38 | 2971.99 | 1240 | 5578 | 34968 | -7283 | Φ 14@200 双向 | 6 Φ 16 |
| | 底 | 102.37 | 3110.71 | 1433 | 6913 | 39880 | -8860 | | |
| 12 | 顶 | 102.37 | 4051.05 | 1646 | 6180 | 45125 | -9848 | Φ 14@200 双向 | 6 Φ 16 |
| | 底 | 1716.76 | 4189.77 | 1677 | 6075 | 45884 | -9296 | | |
| 11 | 顶 | 1716.76 | 5130.11 | 1890 | 5390 | 50930 | -10178 | Φ 14@200 双向 | 6 Φ 16 |
| | 底 | 4000.28 | 5268.83 | 1921 | 5292 | 51660 | -9325 | | |
| 10 | 顶 | 4000.28 | 6209.17 | 2134 | 4653 | 56509 | -10102 | Φ 14@200 双向 | 6 Φ 16 |
| | 底 | 6984.46 | 6347.89 | 2165 | 4562 | 57210 | -8934 | | |
| 9 | 顶 | 6984.46 | 7288.22 | 2378 | 3971 | 61860 | -9607 | Φ 14@200 双向 | 6 Φ 16 |
| | 底 | 10544.22 | 7426.94 | 2409 | 3887 | 62532 | -8177 | | |
| 8 | 顶 | 10544.22 | 8367.28 | 2621 | 3343 | 66984 | -8746 | Φ 14@200 双向 | 6 Φ 16 |
| | 底 | 14762.35 | 8506.00 | 2653 | 3266 | 67627 | -7019 | | |
| 7 | 顶 | 14762.35 | 9446.34 | 2865 | 2769 | 71881 | -7483 | Φ 14@200 双向 | 6 Φ 16 |
| | 底 | 19564.60 | 9585.06 | 2897 | 2699 | 72495 | -5491 | | |
| 6 | 顶 | 19564.60 | 10525.40 | 3109 | 2248 | 76551 | -5850 | Φ 14@200 双向 | 6 Φ 16 |
| | 底 | 24845.89 | 10664.12 | 3140 | 2186 | 77135 | -3638 | | |
| 5 | 顶 | 24845.89 | 11604.46 | 3353 | 1782 | 80994 | -3892 | Φ 14@200 双向 | 6 Φ 16 |
| | 底 | 30758.19 | 11743.18 | 3384 | 1726 | 81549 | -1396 | | |
| 4 | 顶 | 30758.19 | 12683.51 | 3597 | 1370 | 85209 | -1545 | Φ 14@200 双向 | 6 Φ 16 |
| | 底 | 37214.91 | 12822.23 | 3628 | 1321 | 85735 | 1200 | | |
| 3 | 顶 | 37214.91 | 13762.57 | 3841 | 1013 | 89198 | 1156 | Φ 14@200 双向 | 6 Φ 20 |
| | 底 | 44100.74 | 13901.29 | 3872 | 971 | 89694 | 4099 | | |
| 2 | 顶 | 44100.74 | 14841.63 | 4085 | 709 | 92959 | 4159 | Φ 14@200 双向 | 6 Φ 20 |
| | 底 | 51632.04 | 14980.35 | 4116 | 674 | 93426 | 7395 | | |
| 1 | 顶 | 51632.04 | 15920.69 | 4328 | 459 | 96493 | 7559 | Φ 16@200 双向 | 6 Φ 20 |
| | 底 | 63628.06 | 16124.69 | 4375 | 418 | 97135 | 12734* | | |

注：12734* mm² > 10775.66mm²，改用 Φ 16@200 双向，经验算可满足要求。

3）斜截面承载力计算。

①墙肢水平钢筋采用 $\phi8@200$ 双向配置。

$\rho_w = \dfrac{2 \times 50.3}{200 \times 200} = 0.252\% > 0.25\%$，符合要求。

$\lambda = M/Vh_{w0}$，当 $\lambda < 1.5$ 时，取1.5；当 $\lambda > 2.2$ 时，取2.2。

$0.2f_c b_w h_w = 0.2 \times 19.1 \times 200 \times 8200 = 6264.8$（kN）$> N$（底层最大为3527.97kN），取$N$。

$$
\begin{aligned}
[V_w] &= \frac{1}{\lambda - 0.5}\left(0.4f_t b_w h_{w0} + 0.1N\frac{A_w}{A}\right) + 0.8f_{yv}\frac{A_{sh}}{s}h_{w0} \\
&= \frac{1}{\lambda - 0.5}\left(0.4 \times 1.71 \times 200 \times 8000 + 0.1N\frac{200 \times 8200}{200 \times 8200}\right) \\
&\quad + 0.8 \times 210 \times \frac{2 \times 50.3}{200} \times 8000 \\
&= \frac{1}{\lambda - 0.5}\left(0.4 \times 1.71 \times 200 \times 8000 + 0.1N\frac{200 \times 8200}{200 \times 8200}\right) \\
&\quad + 0.8 \times 210 \times \frac{2 \times 50.3}{200} \times 8000 \\
&= \frac{1}{\lambda - 0.5}(1094.4 + 0.1N) + 676.03\ (\text{kN})\ (*)
\end{aligned}
$$

（注：* 式中轴力 $N$ 的单位为kN）

②约束边缘构件。

设置部位：剪力墙底部加强部位（第1层、第2层）及其上1层（第3层）的墙肢端部。

构造要求：图5-41中约束边缘构件沿墙方向的长 $l_c = \max\{0.15h_w, 1.5b_w, 450\} = \max\{0.15 \times 8200, 1.5 \times 200, 450\} = 1230\text{mm}$。

阴影部分采用 $\phi10@50$ 双向配置，其体积配箍率 $\rho_v = \dfrac{n_1 A_{s1} l_1 + n_2 A_{s2} l_2}{A_{cor} s} = \dfrac{2 \times 2 \times 78.54 \times (500 - 15)}{(200 - 15) \times 800 \times 50} = 0.021 > [\rho_v] = \lambda_v \dfrac{f_c}{f_{yv}} = 0.2 \times \dfrac{19.1}{210} = 0.018$，符合要求。

约束边缘构件其余部分采用 $\phi10@100$ 双向配置，其体积配箍率：

$\rho_v = 0.010 > [\rho_v] = \dfrac{1}{2}\lambda_v \dfrac{f_c}{f_{yv}} = 0.009$，符合要求。

③构造边缘构件。

设置部位：除剪力墙第1层、第2层、第3层外的其他层墙肢端部。

构造要求：采用 $\phi10@100$ 双向配置，其体积配箍率：

$\rho_v = 0.010 > [\rho_v] = 0.1\dfrac{f_c}{f_{yv}} = 0.1 \times \dfrac{19.1}{210} = 0.009$，符合要求。

④剪力墙水平钢筋计算见表5-89。

**剪力墙水平钢筋计算** **表5-89**

| 层次 | 截面 | $M$ (kN·m) | $N$ (kN) | $\lambda$ | $[V_w]$ (kN) | $V_w$ (kN) | 钢筋选用 墙肢 | 钢筋选用 (约束)构造边缘构件 |
|---|---|---|---|---|---|---|---|---|
| 15 | 顶 | 0 | 813.88 | 1.5 | 1851.82 | 341.69 | $\phi$8@200 | $\phi$10@100 |
| | 底 | 746.62 | 952.6 | 1.5 | 1865.69 | 98.12 | | |
| 14 | 顶 | 746.62 | 1892.93 | 1.5 | 1959.72 | 98.12 | $\phi$8@200 | $\phi$10@100 |
| | 底 | 755.38 | 2031.65 | 1.5 | 1973.60 | 135.20 | | |
| 13 | 顶 | 755.38 | 2971.99 | 1.5 | 2067.63 | 135.20 | $\phi$8@200 | $\phi$10@100 |
| | 底 | 102.37 | 3110.71 | 1.5 | 2081.50 | 363.95 | | |
| 12 | 顶 | 102.37 | 4051.05 | 1.5 | 2175.54 | 363.95 | $\phi$8@200 | $\phi$10@100 |
| | 底 | 1716.76 | 4189.77 | 1.5 | 2189.41 | 578.14 | | |
| 11 | 顶 | 1716.76 | 5130.11 | 1.5 | 2283.44 | 578.14 | $\phi$8@200 | $\phi$10@100 |
| | 底 | 4000.28 | 5268.83 | 1.5 | 2297.31 | 776.60 | | |
| 10 | 顶 | 4000.28 | 6209.17 | 1.5 | 2391.35 | 776.60 | $\phi$8@200 | $\phi$10@100 |
| | 底 | 6984.46 | 6347.89 | 1.5 | 2405.22 | 967.35 | | |
| 9 | 顶 | 6984.46 | 7288.22 | 1.5 | 2499.25 | 967.35 | $\phi$8@200 | $\phi$10@100 |
| | 底 | 10544.22 | 7426.94 | 1.5 | 2513.12 | 1146.14 | | |
| 8 | 顶 | 10544.22 | 8367.28 | 1.5 | 2607.16 | 1146.14 | $\phi$8@200 | $\phi$10@100 |
| | 底 | 14762.35 | 8506 | 1.5 | 2621.03 | 1320.15 | | |
| 7 | 顶 | 14762.35 | 9446.34 | 1.5 | 2715.06 | 1320.15 | $\phi$8@200 | $\phi$10@100 |
| | 底 | 19564.6 | 9585.06 | 1.5 | 2728.94 | 1488.07 | | |
| 6 | 顶 | 19564.6 | 10525.4 | 1.5 | 2822.97 | 1488.07 | $\phi$8@200 | $\phi$10@100 |
| | 底 | 24845.89 | 10664.12 | 1.5 | 2836.84 | 1648.92 | | |
| 5 | 顶 | 24845.89 | 11604.46 | 1.5 | 2930.88 | 1648.92 | $\phi$8@200 | $\phi$10@100 |
| | 底 | 30758.19 | 11743.18 | 1.5 | 2944.75 | 1809.13 | | |
| 4 | 顶 | 30758.19 | 12683.51 | 1.5 | 3038.78 | 1809.13 | $\phi$8@200 | $\phi$10@100 |
| | 底 | 37214.91 | 12822.23 | 1.5 | 3052.65 | 1967.61 | | |
| 3 | 顶 | 37214.91 | 13762.57 | 1.5 | 3146.69 | 1967.61 | $\phi$8@200 | $\phi$10@100 (50) 括号内数值为阴影部分配筋 |
| | 底 | 44100.74 | 13901.29 | 1.5 | 3160.56 | 2123.30 | | |
| 2 | 顶 | 44100.74 | 14841.63 | 1.5 | 3254.59 | 2972.62 | $\phi$8@200 | $\phi$10@100 (50) 括号内数值为阴影部分配筋 |
| | 底 | 51632.04 | 14980.35 | 1.5 | 3268.47 | 3195.48 | | |
| 1 | 顶 | 51632.04 | 15920.69 | 1.5 | 3362.50 | 3195.48 | $\phi$10@200 | $\phi$10@100 (50) 括号内数值为阴影部分配筋 |
| | 底 | 63628.06 | 16124.69 | 1.5 | 3382.90 | 3527.97* | | |

注：底层 $V_w=3527.97^* > [V_w]=3382.90$，改用 $\phi$10@200，经验算满足要求。

# 附录

## 附录1 常用构件代号

常用构件代号 附表1-1

| 序号 | 名称 | 代号 | 序号 | 名称 | 代号 | 序号 | 名称 | 代号 |
|---|---|---|---|---|---|---|---|---|
| 1 | 板 | B | 19 | 圈梁 | QL | 37 | 承台 | CT |
| 2 | 屋面板 | WB | 20 | 过梁 | GL | 38 | 设备基础 | SJ |
| 3 | 空心板 | KB | 21 | 连系梁 | LL | 39 | 桩 | ZH |
| 4 | 槽形板 | CB | 22 | 基础梁 | JL | 40 | 挡土墙 | DQ |
| 5 | 折板 | ZB | 23 | 楼梯梁 | TL | 41 | 地沟 | DG |
| 6 | 密肋板 | MB | 24 | 框架梁 | KL | 42 | 柱间支撑 | ZC |
| 7 | 楼梯板 | TB | 25 | 框支梁 | KZL | 43 | 垂直支撑 | CC |
| 8 | 盖板或沟盖板 | GB | 26 | 屋面框架梁 | WKL | 44 | 水平支撑 | SC |
| 9 | 挡雨板或檐口板 | YB | 27 | 檩条 | LT | 45 | 梯 | T |
| 10 | 吊车安全走道板 | DB | 28 | 屋架 | WJ | 46 | 雨篷 | YP |
| 11 | 墙板 | QB | 29 | 托架 | TJ | 47 | 阳台 | YT |
| 12 | 天沟板 | TGB | 30 | 天窗架 | CJ | 48 | 梁垫 | LD |
| 13 | 梁 | L | 31 | 框架 | KJ | 49 | 预埋件 | M |
| 14 | 屋面梁 | WL | 32 | 刚架 | GJ | 50 | 天窗端壁 | TD |
| 15 | 吊车梁 | DL | 33 | 支架 | ZJ | 51 | 钢筋网 | W |
| 16 | 单轨吊车梁 | DDL | 34 | 柱 | Z | 52 | 钢筋骨架 | G |
| 17 | 轨道连接 | DGL | 35 | 框架柱 | KZ | 53 | 基础 | J |
| 18 | 车挡 | CD | 36 | 构造柱 | GZ | 54 | 暗柱 | AZ |

注：1. 预制钢筋混凝土构件、现浇钢筋混凝土构件、钢构件和木构件，一般可直接采用本附录中的构件代号；在绘图中，当需要区别上述构件的材料种类时，可在构件代号前加注材料代号，并在图纸中加以说明；

2. 预应力钢筋混凝土构件的代号，应在构件代号前加注“Y－”，如Y-DL表示预应力钢筋混凝土吊车梁。

# 附录 2　全国各城市的雪压值和风压值

全国各城市重现期为 10 年、50 年和 100 年的雪压值和风压值见附表 2-1。

**全国各城市的 50 年一遇雪压和风压**　　　　附表 2-1

| 省市名 | 城市名 | 海拔高度（m） | 风压（kN/m²） | | | 雪压（kN/m²） | | | 雪荷载准永久值系数分区 |
|---|---|---|---|---|---|---|---|---|---|
| | | | $n=10$ | $n=50$ | $n=100$ | $n=10$ | $n=50$ | $n=100$ | |
| 北京 | | 54.0 | 0.30 | 0.45 | 0.50 | 0.25 | 0.40 | 0.45 | Ⅱ |
| 天津 | 天津市 | 3.3 | 0.30 | 0.50 | 0.60 | 0.25 | 0.40 | 0.45 | Ⅱ |
| | 塘沽 | 3.2 | 0.40 | 0.55 | 0.60 | 0.20 | 0.35 | 0.40 | Ⅱ |
| 上海 | | 2.8 | 0.40 | 0.55 | 0.60 | 0.10 | 0.20 | 0.25 | Ⅲ |
| 重庆 | | 259.1 | 0.25 | 0.40 | 0.45 | | | | |
| 河北 | 石家庄市 | 80.5 | 0.25 | 0.35 | 0.40 | 0.20 | 0.30 | 0.35 | Ⅱ |
| | 蔚县 | 909.5 | 0.20 | 0.30 | 0.35 | 0.20 | 0.30 | 0.35 | Ⅱ |
| | 邢台市 | 76.8 | 0.20 | 0.30 | 0.35 | 0.25 | 0.35 | 0.40 | Ⅱ |
| | 丰宁 | 659.7 | 0.30 | 0.40 | 0.45 | 0.15 | 0.25 | 0.30 | Ⅱ |
| | 围场 | 842.8 | 0.35 | 0.45 | 0.50 | 0.20 | 0.30 | 0.35 | Ⅱ |
| | 张家口市 | 724.2 | 0.35 | 0.55 | 0.60 | 0.15 | 0.25 | 0.30 | Ⅱ |
| | 怀来 | 536.8 | 0.25 | 0.35 | 0.40 | 0.15 | 0.20 | 0.25 | Ⅱ |
| | 承德市 | 377.2 | 0.30 | 0.40 | 0.45 | 0.20 | 0.30 | 0.35 | Ⅱ |
| | 遵化 | 54.9 | 0.30 | 0.40 | 0.45 | 0.25 | 0.40 | 0.50 | Ⅱ |
| | 青龙 | 227.2 | 0.25 | 0.30 | 0.35 | 0.25 | 0.40 | 0.45 | Ⅱ |
| | 秦皇岛市 | 2.1 | 0.35 | 0.45 | 0.50 | 0.15 | 0.25 | 0.30 | Ⅱ |
| | 霸县 | 9.0 | 0.25 | 0.40 | 0.45 | 0.20 | 0.30 | 0.35 | Ⅱ |
| | 唐山市 | 27.8 | 0.30 | 0.40 | 0.45 | 0.20 | 0.35 | 0.40 | Ⅱ |
| | 乐亭 | 10.5 | 0.30 | 0.40 | 0.45 | 0.25 | 0.40 | 0.45 | Ⅱ |
| | 保定市 | 17.2 | 0.30 | 0.40 | 0.45 | 0.20 | 0.35 | 0.40 | Ⅱ |
| | 饶阳 | 18.9 | 0.30 | 0.35 | 0.40 | 0.20 | 0.30 | 0.35 | Ⅱ |
| | 沧州市 | 9.6 | 0.30 | 0.40 | 0.45 | 0.20 | 0.30 | 0.35 | Ⅱ |
| | 黄骅 | 6.6 | 0.30 | 0.40 | 0.45 | 0.20 | 0.30 | 0.35 | Ⅱ |
| | 南宫市 | 27.4 | 0.25 | 0.35 | 0.40 | 0.15 | 0.25 | 0.30 | Ⅱ |
| 山西 | 太原市 | 778.3 | 0.30 | 0.40 | 0.45 | 0.25 | 0.35 | 0.40 | Ⅱ |
| | 右玉 | 1345.8 | | | | 0.20 | 0.30 | 0.35 | Ⅱ |
| | 大同市 | 1067.2 | 0.35 | 0.55 | 0.65 | 0.15 | 0.25 | 0.30 | Ⅱ |
| | 河曲 | 861.5 | 0.30 | 0.50 | 0.60 | 0.20 | 0.30 | 0.35 | Ⅱ |
| | 五寨 | 1401.0 | 0.30 | 0.40 | 0.45 | 0.20 | 0.25 | 0.30 | Ⅱ |
| | 兴县 | 1012.6 | 0.25 | 0.45 | 0.55 | 0.20 | 0.25 | 0.30 | Ⅱ |
| | 原平 | 828.2 | 0.30 | 0.50 | 0.60 | 0.20 | 0.30 | 0.35 | Ⅱ |
| | 离石 | 950.8 | 0.30 | 0.45 | 0.50 | 0.20 | 0.30 | 0.35 | Ⅱ |
| | 阳泉市 | 741.9 | 0.30 | 0.40 | 0.45 | 0.20 | 0.35 | 0.40 | Ⅱ |
| | 榆社 | 1041.4 | 0.20 | 0.30 | 0.35 | 0.20 | 0.30 | 0.35 | Ⅱ |
| | 隰县 | 1052.7 | 0.25 | 0.35 | 0.40 | 0.20 | 0.30 | 0.35 | Ⅱ |

续表

| 省市名 | 城市名 | 海拔高度（m） | 风压（kN/m²） | | | 雪压（kN/m²） | | | 雪荷载准永久值系数分区 |
|---|---|---|---|---|---|---|---|---|---|
| | | | $n=10$ | $n=50$ | $n=100$ | $n=10$ | $n=50$ | $n=100$ | |
| 山西 | 介休 | 743.9 | 0.25 | 0.40 | 0.45 | 0.20 | 0.30 | 0.35 | Ⅱ |
| | 临汾市 | 449.5 | 0.25 | 0.40 | 0.45 | 0.15 | 0.25 | 0.30 | Ⅱ |
| | 长治县 | 991.8 | 0.30 | 0.50 | 0.60 | | | | |
| | 运城市 | 376.0 | 0.30 | 0.40 | 0.45 | 0.15 | 0.25 | 0.30 | Ⅱ |
| | 阳城 | 659.5 | 0.30 | 0.45 | 0.50 | 0.20 | 0.30 | 0.35 | Ⅱ |
| 内蒙古 | 呼和浩特市 | 1063.0 | 0.35 | 0.55 | 0.60 | 0.25 | 0.40 | 0.45 | Ⅱ |
| | 额右旗拉布达林 | 581.4 | 0.35 | 0.50 | 0.60 | 0.35 | 0.45 | 0.50 | Ⅰ |
| | 牙克石布图里河 | 732.6 | 0.30 | 0.40 | 0.45 | 0.40 | 0.60 | 0.70 | Ⅰ |
| | 满洲里市 | 661.7 | 0.50 | 0.65 | 0.70 | 0.20 | 0.30 | 0.35 | Ⅰ |
| | 海拉尔市 | 610.2 | 0.45 | 0.65 | 0.75 | 0.35 | 0.45 | 0.50 | Ⅰ |
| | 鄂伦春小二沟 | 286.1 | 0.30 | 0.40 | 0.45 | 0.35 | 0.50 | 0.55 | Ⅰ |
| | 新巴尔虎右旗 | 554.2 | 0.45 | 0.60 | 0.65 | 0.25 | 0.40 | 0.45 | Ⅰ |
| | 新巴尔虎左旗阿木古朗 | 642.0 | 0.40 | 0.55 | 0.60 | 0.25 | 0.35 | 0.40 | Ⅰ |
| | 牙克石市博克图 | 739.7 | 0.40 | 0.55 | 0.60 | 0.35 | 0.55 | 0.65 | Ⅰ |
| | 扎兰屯市 | 306.5 | 0.30 | 0.40 | 0.45 | 0.35 | 0.55 | 0.65 | Ⅰ |
| | 科右翼前旗阿尔山 | 1027.4 | 0.35 | 0.50 | 0.55 | 0.45 | 0.60 | 0.70 | Ⅰ |
| | 科右翼前旗索伦 | 501.8 | 0.45 | 0.55 | 0.60 | 0.25 | 0.35 | 0.40 | Ⅰ |
| | 乌兰浩特市 | 274.7 | 0.40 | 0.55 | 0.60 | 0.20 | 0.30 | 0.35 | Ⅰ |
| | 东乌珠穆沁旗 | 838.7 | 0.35 | 0.55 | 0.65 | 0.20 | 0.30 | 0.35 | Ⅰ |
| | 额济纳旗 | 940.50 | 0.40 | 0.60 | 0.70 | 0.05 | 0.10 | 0.15 | Ⅱ |
| | 额济纳旗拐子湖 | 960.0 | 0.45 | 0.55 | 0.60 | 0.05 | 0.10 | 0.10 | Ⅱ |
| | 阿左旗巴彦毛道 | 1328.1 | 0.40 | 0.55 | 0.60 | 0.05 | 0.10 | 0.15 | Ⅱ |
| | 阿拉善右旗 | 1510.1 | 0.45 | 0.55 | 0.60 | 0.05 | 0.10 | 0.10 | Ⅱ |
| | 二连浩特市 | 964.7 | 0.55 | 0.65 | 0.70 | 0.15 | 0.25 | 0.30 | Ⅱ |
| | 那仁宝力格 | 1181.6 | 0.40 | 0.55 | 0.60 | 0.20 | 0.30 | 0.35 | Ⅰ |
| | 达茂旗满都拉 | 1225.2 | 0.50 | 0.75 | 0.85 | 0.15 | 0.20 | 0.25 | Ⅱ |
| | 阿巴嘎旗 | 1126.1 | 0.35 | 0.50 | 0.55 | 0.25 | 0.35 | 0.40 | Ⅰ |
| | 苏尼特左旗 | 1111.4 | 0.40 | 0.50 | 0.55 | 0.25 | 0.35 | 0.40 | Ⅰ |
| | 乌拉特后旗海力素 | 1509.6 | 0.45 | 0.50 | 0.55 | 0.10 | 0.15 | 0.20 | Ⅱ |
| | 苏尼特右旗朱日和 | 1150.8 | 0.50 | 0.65 | 0.75 | 0.15 | 0.20 | 0.25 | Ⅱ |
| | 乌拉特中旗海流图 | 1288.0 | 0.45 | 0.60 | 0.65 | 0.20 | 0.30 | 0.35 | Ⅱ |
| | 百灵庙 | 1376.6 | 0.50 | 0.75 | 0.85 | 0.25 | 0.35 | 0.40 | Ⅱ |
| | 四子王旗 | 1490.1 | 0.40 | 0.60 | 0.70 | 0.30 | 0.45 | 0.55 | Ⅱ |
| | 化德 | 1482.7 | 0.45 | 0.75 | 0.85 | 0.15 | 0.25 | 0.30 | Ⅱ |
| | 杭锦后旗陕坝 | 1056.7 | 0.30 | 0.45 | 0.50 | 0.15 | 0.20 | 0.25 | Ⅱ |
| | 包头市 | 1067.2 | 0.35 | 0.55 | 0.60 | 0.15 | 0.25 | 0.30 | Ⅱ |
| | 集宁市 | 1419.3 | 0.40 | 0.60 | 0.70 | 0.25 | 0.35 | 0.40 | Ⅱ |
| | 阿拉善左旗古兰泰 | 1031.8 | 0.35 | 0.50 | 0.55 | 0.5 | 0.10 | 0.15 | Ⅱ |
| | 临河市 | 1039.3 | 0.30 | 0.50 | 0.60 | 0.15 | 0.25 | 0.30 | Ⅱ |
| | 鄂托克旗 | 1380.3 | 0.35 | 0.55 | 0.65 | 0.15 | 0.20 | 0.20 | Ⅱ |
| | 东胜市 | 1460.4 | 0.30 | 0.50 | 0.60 | 0.25 | 0.35 | 0.40 | Ⅱ |
| | 阿腾席连 | 1329.3 | 0.40 | 0.50 | 0.55 | 0.20 | 0.30 | 0.35 | Ⅱ |
| | 巴彦浩特 | 1561.4 | 0.40 | 0.60 | 0.70 | 0.15 | 0.20 | 0.25 | Ⅱ |
| | 西乌珠穆沁旗 | 995.9 | 0.45 | 0.55 | 0.60 | 0.30 | 0.40 | 0.45 | Ⅰ |

续表

| 省市名 | 城市名 | 海拔高度(m) | 风压（kN/m²） | | | 雪压（kN/m²） | | | 雪荷载准永久值系数分区 |
|---|---|---|---|---|---|---|---|---|---|
| | | | $n=10$ | $n=50$ | $n=100$ | $n=10$ | $n=50$ | $n=100$ | |
| 内蒙古 | 扎鲁特鲁北 | 265.0 | 0.40 | 0.55 | 0.60 | 0.20 | 0.30 | 0.35 | Ⅱ |
| | 巴林左旗林东 | 484.4 | 0.40 | 0.55 | 0.60 | 0.20 | 0.30 | 0.35 | Ⅱ |
| | 锡林浩特市 | 989.5 | 0.40 | 0.55 | 0.60 | 0.25 | 0.40 | 0.45 | Ⅰ |
| | 林西 | 799.0 | 0.45 | 0.60 | 0.70 | 0.25 | 0.40 | 0.45 | Ⅰ |
| | 开鲁 | 241.0 | 0.40 | 0.55 | 0.60 | 0.20 | 0.30 | 0.35 | Ⅱ |
| | 通辽市 | 178.5 | 0.40 | 0.55 | 0.60 | 0.20 | 0.30 | 0.35 | Ⅱ |
| | 多伦 | 1245.4 | 0.40 | 0.55 | 0.60 | 0.20 | 0.30 | 0.35 | Ⅰ |
| | 翁牛特旗乌丹 | 631.8 | | | | 0.20 | 0.30 | 0.35 | Ⅱ |
| | 赤峰市 | 571.1 | 0.30 | 0.55 | 0.65 | 0.20 | 0.30 | 0.35 | Ⅱ |
| | 敖汉旗宝国图 | 400.5 | 0.40 | 0.50 | 0.55 | 0.25 | 0.40 | 0.45 | Ⅱ |
| 辽宁 | 沈阳市 | 42.8 | 0.40 | 0.55 | 0.60 | 0.30 | 0.50 | 0.55 | Ⅰ |
| | 彰武 | 79.4 | 0.35 | 0.45 | 0.50 | 0.20 | 0.30 | 0.35 | Ⅱ |
| | 阜新市 | 144.0 | 0.40 | 0.60 | 0.70 | 0.25 | 0.40 | 0.45 | Ⅱ |
| | 开原 | 98.2 | 0.30 | 0.45 | 0.50 | 0.30 | 0.40 | 0.45 | Ⅰ |
| | 清原 | 234.1 | 0.25 | 0.40 | 0.45 | 0.35 | 0.50 | 0.60 | Ⅰ |
| | 朝阳市 | 169.2 | 0.40 | 0.55 | 0.60 | 0.30 | 0.45 | 0.55 | Ⅱ |
| | 建平县叶柏寿 | 421.7 | 0.30 | 0.35 | 0.40 | 0.25 | 0.35 | 0.40 | Ⅱ |
| | 黑山 | 37.5 | 0.45 | 0.65 | 0.75 | 0.30 | 0.45 | 0.50 | Ⅱ |
| | 锦州市 | 65.9 | 0.40 | 0.60 | 0.70 | 0.30 | 0.40 | 0.45 | Ⅱ |
| | 鞍山市 | 77.3 | 0.30 | 0.50 | 0.60 | 0.30 | 0.40 | 0.45 | Ⅱ |
| | 本溪市 | 185.2 | 0.35 | 0.45 | 0.50 | 0.40 | 0.55 | 0.60 | Ⅰ |
| | 抚顺市章党 | 118.5 | 0.30 | 0.45 | 0.50 | 0.35 | 0.45 | 0.50 | Ⅰ |
| | 桓仁 | 240.3 | 0.25 | 0.30 | 0.35 | 0.35 | 0.50 | 0.55 | Ⅰ |
| | 绥中 | 15.3 | 0.25 | 0.40 | 0.45 | 0.25 | 0.35 | 0.40 | Ⅱ |
| | 兴城市 | 8.8 | 0.35 | 0.45 | 0.50 | 0.20 | 0.30 | 0.35 | Ⅱ |
| | 营口市 | 3.3 | 0.40 | 0.60 | 0.70 | 0.30 | 0.40 | 0.45 | Ⅱ |
| | 盖县熊岳 | 20.4 | 0.30 | 0.40 | 0.45 | 0.25 | 0.40 | 0.45 | Ⅱ |
| | 本溪县草河口 | 233.4 | 0.25 | 0.45 | 0.55 | 0.35 | 0.55 | 0.60 | Ⅰ |
| | 岫岩 | 79.3 | 0.30 | 0.45 | 0.50 | 0.35 | 0.50 | 0.55 | Ⅱ |
| | 宽甸 | 260.1 | 0.30 | 0.50 | 0.60 | 0.40 | 0.60 | 0.70 | Ⅰ |
| | 丹东市 | 15.1 | 0.35 | 0.55 | 0.65 | 0.30 | 0.40 | 0.45 | Ⅱ |
| | 瓦房店市 | 29.3 | 0.35 | 0.50 | 0.55 | 0.20 | 0.30 | 0.35 | Ⅱ |
| | 新金县皮口 | 43.2 | 0.35 | 0.50 | 0.55 | 0.20 | 0.30 | 0.35 | Ⅱ |
| | 庄河 | 34.8 | 0.35 | 0.50 | 0.55 | 0.25 | 0.35 | 0.40 | Ⅱ |
| | 大连市 | 91.5 | 0.40 | 0.65 | 0.75 | 0.25 | 0.40 | 0.45 | Ⅱ |
| 吉林 | 长春市 | 236.8 | 0.45 | 0.65 | 0.75 | 0.25 | 0.35 | 0.40 | Ⅰ |
| | 白城市 | 155.4 | 0.45 | 0.65 | 0.75 | 0.15 | 0.20 | 0.25 | Ⅱ |
| | 乾安 | 146.3 | 0.35 | 0.45 | 0.50 | 0.15 | 0.20 | 0.25 | Ⅱ |
| | 前郭尔罗斯 | 134.7 | 0.30 | 0.45 | 0.50 | 0.15 | 0.25 | 0.30 | Ⅱ |
| | 通榆 | 149.5 | 0.35 | 0.50 | 0.55 | 0.15 | 0.20 | 0.25 | Ⅱ |
| | 长岭 | 189.3 | 0.30 | 0.45 | 0.50 | 0.15 | 0.20 | 0.25 | Ⅱ |
| | 扶余市三岔河 | 196.6 | 0.35 | 0.55 | 0.65 | 0.20 | 0.30 | 0.35 | Ⅰ |
| | 双辽 | 114.9 | 0.35 | 0.50 | 0.55 | 0.20 | 0.30 | 0.35 | Ⅱ |
| | 四平市 | 164.2 | 0.40 | 0.55 | 0.60 | 0.20 | 0.35 | 0.40 | Ⅰ |
| | 磐石县烟筒山 | 271.6 | 0.30 | 0.40 | 0.45 | 0.25 | 0.40 | 0.45 | Ⅰ |

续表

| 省市名 | 城市名 | 海拔高度（m） | 风压（kN/m²） | | | 雪压（kN/m²） | | | 雪荷载准永久值系数分区 |
|---|---|---|---|---|---|---|---|---|---|
| | | | $n=10$ | $n=50$ | $n=100$ | $n=10$ | $n=50$ | $n=100$ | |
| 吉林 | 吉林市 | 183.4 | 0.40 | 0.50 | 0.55 | 0.30 | 0.45 | 0.50 | Ⅰ |
| | 蛟河 | 295.0 | 0.30 | 0.45 | 0.50 | 0.40 | 0.65 | 0.75 | Ⅰ |
| | 敦化市 | 523.7 | 0.30 | 0.45 | 0.50 | 0.30 | 0.50 | 0.60 | Ⅰ |
| | 梅河口市 | 339.9 | 0.30 | 0.40 | 0.45 | 0.30 | 0.45 | 0.50 | Ⅰ |
| | 桦甸 | 263.8 | 0.30 | 0.40 | 0.45 | 0.40 | 0.65 | 0.75 | Ⅰ |
| | 靖宇 | 549.2 | 0.25 | 0.35 | 0.40 | 0.40 | 0.60 | 0.70 | Ⅰ |
| | 抚松县东岗 | 774.2 | 0.30 | 0.40 | 0.45 | 0.60 | 0.90 | 1.05 | Ⅰ |
| | 延吉市 | 176.8 | 0.35 | 0.50 | 0.55 | 0.35 | 0.55 | 0.65 | Ⅰ |
| | 通化市 | 402.9 | 0.30 | 0.50 | 0.60 | 0.50 | 0.80 | 0.90 | Ⅰ |
| | 浑江市临江 | 332.7 | 0.20 | 0.30 | 0.35 | 0.45 | 0.70 | 0.80 | Ⅰ |
| | 集安市 | 177.7 | 0.20 | 0.30 | 0.35 | 0.45 | 0.70 | 0.80 | Ⅰ |
| | 长白 | 1016.7 | 0.35 | 0.45 | 0.50 | 0.40 | 0.60 | 0.70 | Ⅰ |
| 黑龙江 | 哈尔滨市 | 142.3 | 0.35 | 0.55 | 0.65 | 0.30 | 0.45 | 0.50 | Ⅰ |
| | 漠河 | 296.0 | 0.25 | 0.35 | 0.40 | 0.50 | 0.65 | 0.70 | Ⅰ |
| | 塔河 | 357.4 | 0.25 | 0.30 | 0.35 | 0.45 | 0.60 | 0.65 | Ⅰ |
| | 新林 | 494.6 | 0.25 | 0.35 | 0.40 | 0.40 | 0.50 | 0.55 | Ⅰ |
| | 呼玛 | 177.4 | 0.30 | 0.50 | 0.60 | 0.35 | 0.45 | 0.50 | Ⅰ |
| | 加格达奇 | 371.7 | 0.25 | 0.35 | 0.40 | 0.40 | 0.55 | 0.60 | Ⅰ |
| | 黑河市 | 166.4 | 0.35 | 0.50 | 0.55 | 0.45 | 0.60 | 0.65 | Ⅰ |
| | 嫩江 | 242.2 | 0.40 | 0.55 | 0.60 | 0.40 | 0.55 | 0.60 | Ⅰ |
| | 孙吴 | 234.5 | 0.40 | 0.60 | 0.70 | 0.40 | 0.55 | 0.60 | Ⅰ |
| | 北安市 | 269.7 | 0.30 | 0.50 | 0.60 | 0.40 | 0.55 | 0.60 | Ⅰ |
| | 克山 | 234.6 | 0.30 | 0.45 | 0.50 | 0.30 | 0.50 | 0.55 | Ⅰ |
| | 富裕 | 162.4 | 0.30 | 0.40 | 0.45 | 0.25 | 0.35 | 0.40 | Ⅰ |
| | 齐齐哈尔市 | 145.9 | 0.35 | 0.45 | 0.50 | 0.25 | 0.40 | 0.45 | Ⅰ |
| | 海伦 | 239.2 | 0.35 | 0.55 | 0.65 | 0.30 | 0.40 | 0.45 | Ⅰ |
| | 明水 | 249.2 | 0.35 | 0.45 | 0.50 | 0.25 | 0.40 | 0.45 | Ⅰ |
| | 伊春市 | 240.9 | 0.25 | 0.35 | 0.40 | 0.45 | 0.60 | 0.65 | Ⅰ |
| | 鹤岗市 | 227.9 | 0.30 | 0.40 | 0.45 | 0.45 | 0.65 | 0.70 | Ⅰ |
| | 富锦 | 64.2 | 0.30 | 0.45 | 0.50 | 0.35 | 0.45 | 0.50 | Ⅰ |
| | 泰来 | 149.5 | 0.30 | 0.45 | 0.50 | 0.20 | 0.30 | 0.35 | Ⅰ |
| | 绥化市 | 179.6 | 0.35 | 0.55 | 0.65 | 0.35 | 0.50 | 0.60 | Ⅰ |
| | 安达市 | 149.3 | 0.35 | 0.55 | 0.65 | 0.20 | 0.30 | 0.35 | Ⅰ |
| | 铁力 | 210.5 | 0.25 | 0.35 | 0.40 | 0.50 | 0.75 | 0.85 | Ⅰ |
| | 佳木斯市 | 81.2 | 0.40 | 0.65 | 0.75 | 0.45 | 0.65 | 0.70 | Ⅰ |
| | 依兰 | 100.1 | 0.45 | 0.65 | 0.75 | | | | |
| | 宝清 | 83.0 | 0.30 | 0.40 | 0.45 | 0.35 | 0.50 | 0.55 | Ⅰ |
| | 通河 | 108.6 | 0.35 | 0.50 | 0.55 | 0.50 | 0.75 | 0.85 | Ⅰ |
| | 尚志 | 189.7 | 0.35 | 0.55 | 0.60 | 0.40 | 0.55 | 0.60 | Ⅰ |
| | 鸡西市 | 233.6 | 0.40 | 0.55 | 0.65 | 0.45 | 0.65 | 0.75 | Ⅰ |
| | 虎林 | 100.2 | 0.35 | 0.45 | 0.50 | 0.50 | 0.70 | 0.80 | Ⅰ |
| | 牡丹江市 | 241.4 | 0.35 | 0.50 | 0.55 | 0.40 | 0.60 | 0.65 | Ⅰ |
| | 绥芬河市 | 496.7 | 0.40 | 0.60 | 0.70 | 0.40 | 0.55 | 0.60 | Ⅰ |
| 山东 | 济南市 | 51.6 | 0.30 | 0.45 | 0.50 | 0.20 | 0.30 | 0.35 | Ⅱ |
| | 德州市 | 21.2 | 0.30 | 0.45 | 0.50 | 0.20 | 0.35 | 0.40 | Ⅱ |

续表

| 省市名 | 城市名 | 海拔高度（m） | 风压（kN/m²） | | | 雪压（kN/m²） | | | 雪荷载准永久值系数分区 |
|---|---|---|---|---|---|---|---|---|---|
| | | | $n=10$ | $n=50$ | $n=100$ | $n=10$ | $n=50$ | $n=100$ | |
| 山东 | 惠民 | 11.3 | 0.40 | 0.50 | 0.55 | 0.25 | 0.35 | 0.40 | Ⅱ |
| | 寿光县羊角沟 | 4.4 | 0.30 | 0.45 | 0.50 | 0.15 | 0.25 | 0.30 | Ⅱ |
| | 龙口市 | 4.8 | 0.45 | 0.60 | 0.65 | 0.25 | 0.35 | 0.40 | Ⅱ |
| | 烟台市 | 46.7 | 0.40 | 0.55 | 0.60 | 0.30 | 0.40 | 0.45 | Ⅱ |
| | 威海市 | 46.6 | 0.45 | 0.65 | 0.75 | 0.30 | 0.45 | 0.50 | Ⅱ |
| | 荣城市成山头 | 47.7 | 0.60 | 0.70 | 0.75 | 0.25 | 0.40 | 0.45 | Ⅱ |
| | 莘县朝城 | 42.7 | 0.35 | 0.45 | 0.50 | 0.25 | 0.35 | 0.40 | Ⅱ |
| | 泰安市泰山 | 1533.7 | 0.65 | 0.85 | 0.95 | 0.40 | 0.55 | 0.60 | Ⅱ |
| | 泰安市 | 128.8 | 0.30 | 0.40 | 0.45 | 0.20 | 0.35 | 0.40 | Ⅱ |
| | 淄博市张店 | 34.0 | 0.30 | 0.40 | 0.45 | 0.30 | 0.45 | 0.50 | Ⅱ |
| | 沂源 | 304.5 | 0.30 | 0.35 | 0.40 | 0.20 | 0.30 | 0.35 | Ⅱ |
| | 潍坊市 | 44.1 | 0.30 | 0.40 | 0.45 | 0.25 | 0.35 | 0.40 | Ⅱ |
| | 莱阳市 | 30.5 | 0.30 | 0.40 | 0.45 | 0.15 | 0.25 | 0.30 | Ⅱ |
| | 青岛市 | 76.0 | 0.45 | 0.60 | 0.70 | 0.15 | 0.20 | 0.25 | Ⅱ |
| | 海阳 | 65.2 | 0.40 | 0.55 | 0.60 | 0.10 | 0.15 | 0.15 | Ⅱ |
| | 荣城市石岛 | 33.7 | 0.40 | 0.55 | 0.65 | 0.10 | 0.15 | 0.15 | Ⅱ |
| | 菏泽市 | 49.7 | 0.25 | 0.40 | 0.45 | 0.20 | 0.30 | 0.35 | Ⅱ |
| | 兖州 | 51.7 | 0.25 | 0.40 | 0.45 | 0.25 | 0.35 | 0.45 | Ⅱ |
| | 莒县 | 107.4 | 0.25 | 0.35 | 0.40 | 0.20 | 0.35 | 0.40 | Ⅱ |
| | 临沂 | 87.9 | 0.30 | 0.40 | 0.45 | 0.25 | 0.40 | 0.45 | Ⅱ |
| | 日照市 | 16.1 | 0.30 | 0.40 | 0.45 | | | | |
| 江苏 | 南京市 | 8.9 | 0.25 | 0.40 | 0.45 | 0.40 | 0.65 | 0.75 | Ⅱ |
| | 徐州市 | 41.0 | 0.25 | 0.35 | 0.40 | 0.25 | 0.35 | 0.40 | Ⅱ |
| | 赣榆 | 2.1 | 0.30 | 0.45 | 0.50 | 0.25 | 0.35 | 0.40 | Ⅱ |
| | 盱眙 | 34.5 | 0.25 | 0.35 | 0.40 | 0.20 | 0.30 | 0.35 | Ⅱ |
| | 淮阴市 | 17.5 | 0.25 | 0.40 | 0.45 | 0.25 | 0.40 | 0.45 | Ⅱ |
| | 射阳 | 2.0 | 0.30 | 0.40 | 0.45 | 0.15 | 0.20 | 0.25 | Ⅲ |
| | 镇江 | 26.5 | 0.30 | 0.40 | 0.45 | 0.25 | 0.35 | 0.40 | Ⅲ |
| | 无锡 | 6.7 | 0.30 | 0.45 | 0.50 | 0.30 | 0.40 | 0.45 | Ⅲ |
| | 泰州 | 6.6 | 0.25 | 0.40 | 0.45 | 0.25 | 0.35 | 0.40 | Ⅲ |
| | 连云港 | 3.7 | 0.35 | 0.55 | 0.65 | 0.25 | 0.40 | 0.45 | Ⅱ |
| | 盐城 | 3.6 | 0.25 | 0.45 | 0.55 | 0.20 | 0.35 | 0.40 | Ⅲ |
| | 高邮 | 5.4 | 0.25 | 0.40 | 0.45 | 0.20 | 0.35 | 0.40 | Ⅲ |
| | 东台市 | 4.3 | 0.30 | 0.40 | 0.45 | 0.20 | 0.30 | 0.35 | Ⅲ |
| | 南通市 | 5.3 | 0.30 | 0.45 | 0.50 | 0.15 | 0.25 | 0.30 | Ⅲ |
| | 启东县吕泗 | 5.5 | 0.35 | 0.50 | 0.55 | 0.10 | 0.20 | 0.25 | Ⅲ |
| | 常州市 | 4.9 | 0.25 | 0.40 | 0.45 | 0.20 | 0.35 | 0.40 | Ⅲ |
| | 溧阳 | 7.2 | 0.25 | 0.40 | 0.45 | 0.30 | 0.50 | 0.55 | Ⅲ |
| | 吴县东山 | 17.5 | 0.30 | 0.45 | 0.50 | 0.25 | 0.40 | 0.45 | Ⅲ |
| 浙江 | 杭州市 | 41.7 | 0.30 | 0.45 | 0.50 | 0.30 | 0.45 | 0.50 | Ⅲ |
| | 临安县天目山 | 1505.9 | 0.55 | 0.70 | 0.80 | 0.100 | 0.160 | 0.185 | Ⅱ |
| | 平湖县乍浦 | 5.4 | 0.35 | 0.45 | 0.50 | 0.25 | 0.35 | 0.40 | Ⅲ |
| | 慈溪市 | 7.1 | 0.30 | 0.45 | 0.50 | 0.25 | 0.35 | 0.40 | Ⅲ |
| | 嵊泗 | 79.6 | 0.85 | 1.30 | 1.55 | | | | |
| | 嵊泗县嵊山 | 124.6 | 0.95 | 1.50 | 1.75 | | | | |

续表

| 省市名 | 城市名 | 海拔高度(m) | 风压(kN/m²) | | | 雪压(kN/m²) | | | 雪荷载准永久值系数分区 |
|---|---|---|---|---|---|---|---|---|---|
| | | | $n=10$ | $n=50$ | $n=100$ | $n=10$ | $n=50$ | $n=100$ | |
| 浙江 | 舟山市 | 35.7 | 0.50 | 0.85 | 1.00 | 0.30 | 0.50 | 0.60 | Ⅲ |
| | 金华市 | 62.6 | 0.25 | 0.35 | 0.40 | 0.35 | 0.55 | 0.65 | Ⅲ |
| | 嵊县 | 104.3 | 0.25 | 0.40 | 0.50 | 0.35 | 0.55 | 0.65 | Ⅲ |
| | 宁波市 | 4.2 | 0.30 | 0.50 | 0.60 | 0.20 | 0.30 | 0.35 | Ⅲ |
| | 象山县石浦 | 128.4 | 0.75 | 1.20 | 1.40 | 0.20 | 0.30 | 0.35 | Ⅲ |
| | 衢州市 | 66.9 | 0.25 | 0.35 | 0.40 | 0.30 | 0.50 | 0.60 | Ⅲ |
| | 丽水市 | 60.8 | 0.20 | 0.30 | 0.35 | 0.30 | 0.45 | 0.50 | Ⅲ |
| | 龙泉 | 198.4 | 0.20 | 0.30 | 0.35 | 0.35 | 0.55 | 0.65 | Ⅲ |
| | 临海市括苍山 | 1383.1 | 0.60 | 0.90 | 1.05 | 0.40 | 0.60 | 0.70 | Ⅲ |
| | 温州市 | 6.0 | 0.35 | 0.60 | 0.70 | 0.25 | 0.35 | 0.40 | Ⅲ |
| | 椒江市洪家 | 1.3 | 0.35 | 0.55 | 0.65 | 0.20 | 0.30 | 0.35 | Ⅲ |
| | 椒江市下大陈 | 86.2 | 0.90 | 1.40 | 1.65 | 0.25 | 0.35 | 0.40 | Ⅲ |
| | 玉环县坎门 | 95.9 | 0.70 | 1.20 | 1.45 | 0.20 | 0.35 | 0.40 | Ⅲ |
| | 瑞安市北麂 | 42.3 | 0.95 | 1.60 | 1.90 | | | | |
| 安徽 | 合肥市 | 27.9 | 0.25 | 0.35 | 0.40 | 0.40 | 0.60 | 0.70 | Ⅱ |
| | 砀山 | 43.2 | 0.25 | 0.35 | 0.40 | 0.25 | 0.40 | 0.45 | Ⅱ |
| | 亳州市 | 37.7 | 0.25 | 0.45 | 0.55 | 0.25 | 0.40 | 0.45 | Ⅱ |
| | 宿县 | 25.9 | 0.25 | 0.40 | 0.50 | 0.25 | 0.40 | 0.45 | Ⅱ |
| | 寿县 | 22.7 | 0.25 | 0.35 | 0.40 | 0.30 | 0.50 | 0.55 | Ⅱ |
| | 蚌埠市 | 18.7 | 0.25 | 0.35 | 0.40 | 0.30 | 0.45 | 0.55 | Ⅱ |
| | 滁县 | 25.3 | 0.25 | 0.35 | 0.40 | 0.25 | 0.40 | 0.45 | Ⅱ |
| | 六安市 | 60.5 | 0.20 | 0.35 | 0.40 | 0.35 | 0.55 | 0.60 | Ⅱ |
| | 霍山 | 68.1 | 0.20 | 0.35 | 0.40 | 0.40 | 0.60 | 0.65 | Ⅱ |
| | 巢县 | 22.4 | 0.25 | 0.35 | 0.40 | 0.30 | 0.45 | 0.50 | Ⅱ |
| | 安庆市 | 19.8 | 0.25 | 0.40 | 0.45 | 0.20 | 0.35 | 0.40 | Ⅲ |
| | 宁国 | 89.4 | 0.25 | 0.35 | 0.40 | 0.30 | 0.50 | 0.55 | Ⅲ |
| | 黄山 | 1840.4 | 0.50 | 0.70 | 0.80 | 0.35 | 0.45 | 0.50 | Ⅲ |
| | 黄山市 | 142.7 | 0.25 | 0.35 | 0.40 | 0.30 | 0.45 | 0.50 | Ⅲ |
| | 阜阳市 | 30.6 | | | | 0.35 | 0.55 | 0.60 | Ⅱ |
| 江西 | 南昌市 | 46.7 | 0.30 | 0.45 | 0.55 | 0.30 | 0.45 | 0.50 | Ⅲ |
| | 修水 | 146.8 | 0.20 | 0.30 | 0.35 | 0.25 | 0.40 | 0.50 | Ⅲ |
| | 宜春市 | 131.3 | 0.20 | 0.30 | 0.35 | 0.25 | 0.40 | 0.45 | Ⅲ |
| | 吉安 | 76.4 | 0.25 | 0.30 | 0.35 | 0.25 | 0.35 | 0.45 | Ⅲ |
| | 宁冈 | 263.1 | 0.20 | 0.30 | 0.35 | 0.30 | 0.45 | 0.50 | Ⅲ |
| | 遂川 | 126.1 | 0.20 | 0.30 | 0.35 | 0.30 | 0.45 | 0.55 | Ⅲ |
| | 赣州市 | 123.8 | 0.20 | 0.30 | 0.35 | 0.20 | 0.35 | 0.40 | Ⅲ |
| | 九江 | 36.1 | 0.25 | 0.35 | 0.40 | 0.30 | 0.40 | 0.45 | Ⅲ |
| | 庐山 | 1164.5 | 0.40 | 0.55 | 0.60 | 0.55 | 0.75 | 0.85 | Ⅲ |
| | 波阳 | 40.1 | 0.25 | 0.40 | 0.45 | 0.35 | 0.60 | 0.70 | Ⅲ |
| | 景德镇市 | 61.5 | 0.25 | 0.35 | 0.40 | 0.25 | 0.35 | 0.40 | Ⅲ |
| | 樟树市 | 30.4 | 0.20 | 0.30 | 0.35 | 0.25 | 0.40 | 0.45 | Ⅲ |
| | 贵溪 | 51.2 | 0.20 | 0.30 | 0.35 | 0.35 | 0.50 | 0.60 | Ⅲ |
| | 玉山 | 116.3 | 0.20 | 0.30 | 0.35 | 0.35 | 0.55 | 0.65 | Ⅲ |
| | 南城 | 80.8 | 0.25 | 0.30 | 0.35 | 0.20 | 0.35 | 0.40 | Ⅲ |
| | 广昌 | 143.8 | 0.20 | 0.30 | 0.35 | 0.30 | 0.45 | 0.50 | Ⅲ |
| | 寻乌 | 303.9 | 0.25 | 0.30 | 0.35 | | | | |

续表

| 省市名 | 城市名 | 海拔高度(m) | 风压(kN/m²) | | | 雪压(kN/m²) | | | 雪荷载准永久值系数分区 |
|---|---|---|---|---|---|---|---|---|---|
| | | | $n=10$ | $n=50$ | $n=100$ | $n=10$ | $n=50$ | $n=100$ | |
| 福建 | 福州市 | 83.8 | 0.40 | 0.70 | 0.85 | | | | |
| | 邵武市 | 191.5 | 0.20 | 0.30 | 0.35 | 0.25 | 0.35 | 0.40 | Ⅲ |
| | 铅山县七仙山 | 1401.9 | 0.55 | 0.70 | 0.80 | 0.40 | 0.60 | 0.70 | Ⅲ |
| | 浦城 | 276.9 | 0.20 | 0.30 | 0.35 | 0.35 | 0.55 | 0.65 | Ⅲ |
| | 建阳 | 196.9 | 0.25 | 0.35 | 0.40 | 0.35 | 0.50 | 0.55 | Ⅲ |
| | 建瓯 | 154.9 | 0.25 | 0.35 | 0.40 | 0.25 | 0.35 | 0.40 | Ⅲ |
| | 福鼎 | 36.2 | 0.35 | 0.70 | 0.90 | | | | |
| | 泰宁 | 342.9 | 0.20 | 0.30 | 0.35 | 0.30 | 0.50 | 0.60 | Ⅲ |
| | 南平市 | 125.6 | 0.20 | 0.35 | 0.45 | | | | |
| | 福鼎县台市 | 106.6 | 0.75 | 1.00 | 1.10 | | | | |
| | 长汀 | 310.0 | 0.20 | 0.35 | 0.40 | 0.15 | 0.25 | 0.30 | Ⅲ |
| | 上杭 | 197.9 | 0.25 | 0.30 | 0.35 | | | | |
| | 永安市 | 206.0 | 0.25 | 0.40 | 0.45 | | | | |
| | 龙岩市 | 342.3 | 0.20 | 0.35 | 0.45 | | | | |
| | 德化县九仙山 | 1653.5 | 0.60 | 0.80 | 0.90 | 0.25 | 0.40 | 0.50 | Ⅲ |
| | 屏南 | 896.5 | 0.20 | 0.30 | 0.35 | 0.25 | 0.45 | 0.50 | Ⅲ |
| | 平潭 | 32.4 | 0.75 | 1.30 | 1.60 | | | | |
| | 崇武 | 21.8 | 0.55 | 0.80 | 0.90 | | | | |
| | 厦门市 | 139.4 | 0.50 | 0.80 | 0.95 | | | | |
| | 东山 | 53.3 | 0.80 | 1.25 | 1.45 | | | | |
| 陕西 | 西安市 | 397.5 | 0.25 | 0.35 | 0.40 | 0.20 | 0.25 | 0.30 | Ⅱ |
| | 榆林市 | 1057.5 | 0.25 | 0.40 | 0.45 | 0.20 | 0.25 | 0.30 | Ⅱ |
| | 吴旗 | 1272.6 | 0.25 | 0.40 | 0.50 | 0.15 | 0.20 | 0.20 | Ⅱ |
| | 横山 | 1111.0 | 0.30 | 0.40 | 0.45 | 0.15 | 0.25 | 0.30 | Ⅱ |
| | 绥德 | 929.7 | 0.30 | 0.40 | 0.45 | 0.20 | 0.35 | 0.40 | Ⅱ |
| | 延安市 | 957.8 | 0.25 | 0.35 | 0.40 | 0.15 | 0.25 | 0.30 | Ⅱ |
| | 长武 | 1206.5 | 0.20 | 0.30 | 0.35 | 0.20 | 0.30 | 0.35 | Ⅱ |
| | 洛川 | 1158.3 | 0.25 | 0.35 | 0.40 | 0.25 | 0.35 | 0.40 | Ⅱ |
| | 铜川市 | 978.9 | 0.20 | 0.35 | 0.40 | 0.15 | 0.20 | 0.25 | Ⅱ |
| | 宝鸡市 | 612.4 | 0.20 | 0.35 | 0.40 | 0.15 | 0.20 | 0.25 | Ⅱ |
| | 武功 | 447.8 | 0.20 | 0.35 | 0.40 | 0.20 | 0.25 | 0.30 | Ⅱ |
| | 华阴县华山 | 2064.9 | 0.40 | 0.50 | 0.55 | 0.50 | 0.70 | 0.75 | Ⅱ |
| | 略阳 | 794.2 | 0.25 | 0.35 | 0.40 | 0.10 | 0.15 | 0.15 | Ⅲ |
| | 汉中市 | 508.4 | 0.20 | 0.30 | 0.35 | 0.15 | 0.20 | 0.25 | Ⅲ |
| | 佛坪 | 1087.7 | 0.25 | 0.30 | 0.35 | 0.15 | 0.25 | 0.30 | Ⅲ |
| | 商州市 | 742.2 | 0.25 | 0.30 | 0.35 | 0.20 | 0.30 | 0.35 | Ⅱ |
| | 镇安 | 693.7 | 0.20 | 0.30 | 0.35 | 0.20 | 0.30 | 0.35 | Ⅲ |
| | 石泉 | 484.9 | 0.20 | 0.30 | 0.35 | 0.20 | 0.30 | 0.35 | Ⅲ |
| | 安康市 | 290.8 | 0.30 | 0.45 | 0.50 | 0.10 | 0.15 | 0.20 | Ⅲ |
| 甘肃 | 兰州市 | 1517.2 | 0.20 | 0.30 | 0.35 | 0.10 | 0.15 | 0.20 | Ⅱ |
| | 吉诃德 | 966.5 | 0.45 | 0.55 | 0.60 | | | | |
| | 安西 | 1170.8 | 0.40 | 0.55 | 0.60 | 0.10 | 0.20 | 0.25 | Ⅱ |
| | 酒泉市 | 1477.2 | 0.40 | 0.55 | 0.60 | 0.20 | 0.30 | 0.35 | Ⅱ |
| | 张掖市 | 1482.7 | 0.30 | 0.50 | 0.60 | 0.05 | 0.10 | 0.15 | Ⅱ |

续表

| 省市名 | 城市名 | 海拔高度（m） | 风压（kN/m²） | | | 雪压（kN/m²） | | | 雪荷载准永久值系数分区 |
|---|---|---|---|---|---|---|---|---|---|
| | | | $n=10$ | $n=50$ | $n=100$ | $n=10$ | $n=50$ | $n=100$ | |
| 甘肃 | 武威市 | 1530.9 | 0.35 | 0.55 | 0.65 | 0.15 | 0.20 | 0.25 | Ⅱ |
| | 民勤 | 1367.0 | 0.40 | 0.50 | 0.55 | 0.05 | 0.10 | 0.10 | Ⅱ |
| | 乌鞘岭 | 3045.1 | 0.35 | 0.40 | 0.45 | 0.35 | 0.55 | 0.60 | Ⅱ |
| | 景泰 | 1630.5 | 0.25 | 0.40 | 0.45 | 0.10 | 0.15 | 0.20 | Ⅱ |
| | 靖远 | 1398.2 | 0.20 | 0.30 | 0.35 | 0.15 | 0.20 | 0.25 | Ⅱ |
| | 临夏市 | 1917.0 | 0.20 | 0.30 | 0.35 | 0.15 | 0.25 | 0.30 | Ⅱ |
| | 临洮 | 1886.6 | 0.20 | 0.30 | 0.35 | 0.30 | 0.50 | 0.55 | Ⅱ |
| | 华家岭 | 2450.6 | 0.30 | 0.40 | 0.45 | 0.25 | 0.40 | 0.45 | Ⅱ |
| | 环县 | 1255.6 | 0.20 | 0.30 | 0.35 | 0.15 | 0.25 | 0.30 | Ⅱ |
| | 平凉市 | 1346.6 | 0.25 | 0.30 | 0.35 | 0.15 | 0.25 | 0.30 | Ⅱ |
| | 西峰镇 | 1421.0 | 0.20 | 0.30 | 0.35 | 0.25 | 0.40 | 0.45 | Ⅱ |
| | 玛曲 | 3471.4 | 0.25 | 0.30 | 0.35 | 0.15 | 0.20 | 0.25 | Ⅱ |
| | 夏河县合作 | 2910.0 | 0.25 | 0.30 | 0.35 | 0.25 | 0.40 | 0.45 | Ⅱ |
| | 武都 | 1079.1 | 0.25 | 0.35 | 0.40 | 0.05 | 0.10 | 0.15 | Ⅲ |
| | 天水市 | 1141.7 | 0.20 | 0.35 | 0.40 | 0.15 | 0.20 | 0.25 | Ⅱ |
| | 马宗山 | 1962.7 | | | | 0.10 | 0.15 | 0.20 | Ⅱ |
| | 敦煌 | 1139.0 | | | | 0.10 | 0.15 | 0.20 | Ⅱ |
| | 玉门市 | 1526.0 | | | | 0.15 | 0.20 | 0.25 | Ⅱ |
| | 金塔县鼎新 | 1177.4 | | | | 0.05 | 0.10 | 0.15 | Ⅱ |
| | 高台 | 1332.2 | | | | 0.05 | 0.10 | 0.15 | Ⅱ |
| | 山丹 | 1764.6 | | | | 0.15 | 0.20 | 0.25 | Ⅱ |
| | 永昌 | 1976.1 | | | | 0.10 | 0.15 | 0.20 | Ⅱ |
| | 榆中 | 1874.1 | | | | 0.15 | 0.20 | 0.25 | Ⅱ |
| | 会宁 | 2012.2 | | | | 0.20 | 0.30 | 0.35 | Ⅱ |
| | 岷县 | 2315.0 | | | | 0.10 | 0.15 | 0.20 | Ⅱ |
| 宁夏 | 银川市 | 1111.4 | 0.40 | 0.65 | 0.75 | 0.15 | 0.20 | 0.25 | Ⅱ |
| | 惠农 | 1091.0 | 0.45 | 0.65 | 0.70 | 0.05 | 0.10 | 0.10 | Ⅱ |
| | 陶乐 | 1101.6 | | | | 0.05 | 0.10 | 0.10 | Ⅱ |
| | 中卫 | 1225.7 | 0.30 | 0.45 | 0.50 | 0.05 | 0.10 | 0.15 | Ⅱ |
| | 中宁 | 1183.3 | 0.30 | 0.35 | 0.40 | 0.10 | 0.15 | 0.20 | Ⅱ |
| | 盐池 | 1347.8 | 0.30 | 0.40 | 0.45 | 0.20 | 0.30 | 0.35 | Ⅱ |
| | 海源 | 1854.2 | 0.25 | 0.30 | 0.35 | 0.25 | 0.40 | 0.45 | Ⅱ |
| | 同心 | 1343.9 | 0.20 | 0.30 | 0.35 | 0.10 | 0.10 | 0.15 | Ⅱ |
| | 固原 | 1753.0 | 0.25 | 0.35 | 0.40 | 0.30 | 0.40 | 0.45 | Ⅱ |
| | 西吉 | 1916.5 | 0.20 | 0.30 | 0.35 | 0.15 | 0.20 | 0.20 | Ⅱ |
| 青海 | 西宁市 | 2261.2 | 0.25 | 0.35 | 0.40 | 0.15 | 0.20 | 0.25 | Ⅱ |
| | 茫崖 | 3138.5 | 0.30 | 0.40 | 0.45 | 0.05 | 0.10 | 0.10 | Ⅱ |
| | 冷湖 | 2733.0 | 0.40 | 0.55 | 0.60 | 0.05 | 0.10 | 0.10 | Ⅱ |
| | 祁连县托勒 | 3367.0 | 0.30 | 0.40 | 0.45 | 0.20 | 0.25 | 0.30 | Ⅱ |
| | 祁连县野牛沟 | 3180.0 | 0.30 | 0.40 | 0.45 | 0.15 | 0.20 | 0.20 | Ⅱ |
| | 祁连 | 2787.4 | 0.30 | 0.35 | 0.40 | 0.10 | 0.15 | 0.15 | Ⅱ |
| | 格尔木市小灶火 | 2767.0 | 0.30 | 0.40 | 0.45 | 0.05 | 0.10 | 0.10 | Ⅱ |
| | 大柴旦 | 3173.2 | 0.30 | 0.40 | 0.45 | 0.10 | 0.15 | 0.15 | Ⅱ |
| | 德令哈市 | 2981.5 | 0.25 | 0.35 | 0.40 | 0.10 | 0.15 | 0.20 | Ⅱ |
| | 刚察 | 3301.5 | 0.25 | 0.35 | 0.40 | 0.20 | 0.25 | 0.30 | Ⅱ |

续表

| 省市名 | 城市名 | 海拔高度（m） | 风压（kN/m²） | | | 雪压（kN/m²） | | | 雪荷载准永久值系数分区 |
|---|---|---|---|---|---|---|---|---|---|
| | | | $n=10$ | $n=50$ | $n=100$ | $n=10$ | $n=50$ | $n=100$ | |
| 青海 | 门源 | 2850.0 | 0.25 | 0.35 | 0.40 | 0.15 | 0.25 | 0.30 | Ⅱ |
| | 格尔木市 | 2807.6 | 0.30 | 0.40 | 0.45 | 0.10 | 0.20 | 0.25 | Ⅱ |
| | 都兰县诺木洪 | 2790.4 | 0.35 | 0.50 | 0.60 | 0.05 | 0.10 | 0.10 | Ⅱ |
| | 都兰 | 3191.1 | 0.30 | 0.45 | 0.55 | 0.20 | 0.25 | 0.30 | Ⅱ |
| | 乌兰县茶卡 | 3087.6 | 0.25 | 0.35 | 0.40 | 0.15 | 0.20 | 0.25 | Ⅱ |
| | 共和县恰卜恰 | 2835.0 | 0.25 | 0.35 | 0.40 | 0.10 | 0.15 | 0.15 | Ⅱ |
| | 贵德 | 2237.1 | 0.25 | 0.30 | 0.35 | 0.05 | 0.10 | 0.10 | Ⅱ |
| | 民和 | 1813.9 | 0.20 | 0.30 | 0.35 | 0.10 | 0.10 | 0.15 | Ⅱ |
| | 唐古拉山五道梁 | 4612.2 | 0.35 | 0.45 | 0.50 | 0.20 | 0.25 | 0.30 | Ⅰ |
| | 兴海 | 3323.2 | 0.25 | 0.35 | 0.40 | 0.15 | 0.20 | 0.20 | Ⅱ |
| | 同德 | 3289.4 | 0.25 | 0.30 | 0.35 | 0.20 | 0.30 | 0.35 | Ⅱ |
| | 泽库 | 3662.8 | 0.25 | 0.30 | 0.35 | 0.30 | 0.40 | 0.45 | Ⅱ |
| | 格尔木市托托河 | 4533.1 | 0.40 | 0.50 | 0.55 | 0.25 | 0.35 | 0.40 | Ⅰ |
| | 治多 | 4179.0 | 0.25 | 0.30 | 0.35 | 0.15 | 0.20 | 0.25 | Ⅰ |
| | 杂多 | 4066.4 | 0.25 | 0.35 | 0.40 | 0.20 | 0.25 | 0.30 | Ⅱ |
| | 曲麻莱 | 4231.2 | 0.25 | 0.35 | 0.40 | 0.15 | 0.25 | 0.30 | Ⅰ |
| | 玉树 | 3681.2 | 0.20 | 0.30 | 0.35 | 0.15 | 0.20 | 0.25 | Ⅱ |
| | 玛多 | 4272.3 | 0.30 | 0.40 | 0.45 | 0.25 | 0.35 | 0.40 | Ⅰ |
| | 称多县清水河 | 4415.4 | 0.25 | 0.30 | 0.35 | 0.20 | 0.25 | 0.30 | Ⅰ |
| | 玛沁县仁峡姆 | 4211.1 | 0.30 | 0.35 | 0.40 | 0.15 | 0.25 | 0.30 | Ⅰ |
| | 达日县吉迈 | 3967.5 | 0.25 | 0.35 | 0.40 | 0.20 | 0.25 | 0.30 | Ⅰ |
| | 河南 | 3500.0 | 0.25 | 0.40 | 0.45 | 0.20 | 0.25 | 0.30 | Ⅱ |
| | 久治 | 3628.5 | 0.20 | 0.30 | 0.35 | 0.20 | 0.25 | 0.30 | Ⅱ |
| | 昂欠 | 3643.7 | 0.25 | 0.30 | 0.35 | 0.10 | 0.20 | 0.25 | Ⅱ |
| | 班玛 | 3750.0 | 0.20 | 0.30 | 0.35 | 0.15 | 0.20 | 0.25 | Ⅱ |
| 新疆 | 乌鲁木齐市 | 917.9 | 0.40 | 0.60 | 0.70 | 0.60 | 0.80 | 0.90 | Ⅰ |
| | 阿勒泰市 | 735.3 | 0.40 | 0.70 | 0.85 | 0.85 | 1.25 | 1.40 | Ⅰ |
| | 博乐市阿拉山口 | 284.8 | 0.95 | 1.35 | 1.55 | 0.20 | 0.25 | 0.25 | Ⅰ |
| | 克拉玛依市 | 427.3 | 0.65 | 0.90 | 1.00 | 0.20 | 0.30 | 0.35 | Ⅰ |
| | 伊宁市 | 662.5 | 0.40 | 0.60 | 0.70 | 0.70 | 1.00 | 1.15 | Ⅰ |
| | 昭苏 | 1851.0 | 0.25 | 0.40 | 0.45 | 0.55 | 0.75 | 0.85 | Ⅰ |
| | 乌鲁木齐县达板城 | 1103.5 | 0.55 | 0.80 | 0.90 | 0.15 | 0.20 | 0.20 | Ⅰ |
| | 和静县巴音布鲁克 | 2458.0 | 0.25 | 0.35 | 0.40 | 0.45 | 0.65 | 0.75 | Ⅰ |
| | 吐鲁番市 | 34.5 | 0.50 | 0.85 | 1.00 | 0.15 | 0.20 | 0.25 | Ⅱ |
| | 阿克苏市 | 1103.8 | 0.30 | 0.45 | 0.50 | 0.15 | 0.25 | 0.30 | Ⅱ |
| | 库车 | 1099.0 | 0.35 | 0.50 | 0.60 | 0.15 | 0.25 | 0.30 | Ⅱ |
| | 库尔勒市 | 931.5 | 0.30 | 0.45 | 0.50 | 0.15 | 0.25 | 0.30 | Ⅱ |
| | 乌恰 | 2175.7 | 0.25 | 0.35 | 0.40 | 0.35 | 0.50 | 0.60 | Ⅱ |
| | 喀什市 | 1288.7 | 0.35 | 0.55 | 0.65 | 0.30 | 0.45 | 0.50 | Ⅱ |
| | 阿合奇 | 1984.9 | 0.25 | 0.35 | 0.40 | 0.25 | 0.35 | 0.40 | Ⅱ |
| | 皮山 | 1375.4 | 0.20 | 0.30 | 0.35 | 0.15 | 0.20 | 0.25 | Ⅱ |
| | 和田 | 1374.6 | 0.25 | 0.40 | 0.45 | 0.10 | 0.20 | 0.25 | Ⅱ |
| | 民丰 | 1409.3 | 0.20 | 0.30 | 0.35 | 0.10 | 0.15 | 0.15 | Ⅱ |
| | 民丰县安的河 | 1262.8 | 0.20 | 0.30 | 0.35 | 0.05 | 0.05 | 0.05 | Ⅱ |
| | 于田 | 1422.0 | 0.20 | 0.30 | 0.35 | 0.10 | 0.15 | 0.15 | Ⅱ |

续表

| 省市名 | 城市名 | 海拔高度（m） | 风压（kN/m²） | | | 雪压（kN/m²） | | | 雪荷载准永久值系数分区 |
|---|---|---|---|---|---|---|---|---|---|
| | | | $n=10$ | $n=50$ | $n=100$ | $n=10$ | $n=50$ | $n=100$ | |
| 新疆 | 哈密 | 737.2 | 0.40 | 0.60 | 0.70 | 0.15 | 0.20 | 0.25 | Ⅱ |
| | 哈巴河 | 532.6 | | | | 0.55 | 0.75 | 0.85 | Ⅰ |
| | 吉木乃 | 984.1 | | | | 0.70 | 1.00 | 1.15 | Ⅰ |
| | 福海 | 500.9 | | | | 0.30 | 0.45 | 0.50 | Ⅰ |
| | 富蕴 | 807.5 | | | | 0.65 | 0.95 | 1.05 | Ⅰ |
| | 塔城 | 534.9 | | | | 0.95 | 1.35 | 1.55 | Ⅰ |
| | 和布克赛尔 | 1291.6 | | | | 0.25 | 0.40 | 0.45 | Ⅰ |
| | 青河 | 1218.2 | | | | 0.55 | 0.80 | 0.90 | Ⅰ |
| | 托里 | 1077.8 | | | | 0.55 | 0.75 | 0.85 | Ⅰ |
| | 北塔山 | 1653.7 | | | | 0.55 | 0.65 | 0.70 | Ⅰ |
| | 温泉 | 1354.6 | | | | 0.35 | 0.45 | 0.50 | Ⅰ |
| | 精河 | 320.1 | | | | 0.20 | 0.30 | 0.35 | Ⅰ |
| | 乌苏 | 478.7 | | | | 0.40 | 0.55 | 0.60 | Ⅰ |
| | 石河子 | 442.9 | | | | 0.50 | 0.70 | 0.80 | Ⅰ |
| | 蔡家湖 | 440.5 | | | | 0.40 | 0.50 | 0.55 | Ⅰ |
| | 奇台 | 793.5 | | | | 0.55 | 0.75 | 0.85 | Ⅰ |
| | 巴仑台 | 1752.5 | | | | 0.20 | 0.30 | 0.35 | Ⅱ |
| | 七角井 | 873.2 | | | | 0.05 | 0.10 | 0.15 | Ⅱ |
| | 库米什 | 922.4 | | | | 0.05 | 0.10 | 0.10 | Ⅱ |
| | 焉耆 | 1055.8 | | | | 0.15 | 0.20 | 0.25 | Ⅱ |
| | 拜城 | 1229.2 | | | | 0.20 | 0.30 | 0.35 | Ⅱ |
| | 轮台 | 976.1 | | | | 0.15 | 0.25 | 0.30 | Ⅱ |
| | 吐尔格特 | 3504.4 | | | | 0.35 | 0.50 | 0.55 | Ⅱ |
| | 巴楚 | 1116.5 | | | | 0.10 | 0.15 | 0.20 | Ⅱ |
| | 柯坪 | 1161.8 | | | | 0.05 | 0.10 | 0.15 | Ⅱ |
| | 阿拉尔 | 1012.2 | | | | 0.05 | 0.10 | 0.10 | Ⅱ |
| | 铁干里克 | 846.0 | | | | 0.10 | 0.15 | 0.15 | Ⅱ |
| | 若羌 | 888.3 | | | | 0.10 | 0.15 | 0.20 | Ⅱ |
| | 塔吉克 | 3090.9 | | | | 0.15 | 0.25 | 0.30 | Ⅱ |
| | 莎车 | 1231.2 | | | | 0.15 | 0.20 | 0.25 | Ⅱ |
| | 且末 | 1247.5 | | | | 0.10 | 0.15 | 0.20 | Ⅱ |
| | 红柳河 | 1700.0 | | | | 0.10 | 0.15 | 0.15 | Ⅱ |
| 河南 | 郑州市 | 110.4 | 0.30 | 0.45 | 0.50 | 0.25 | 0.40 | 0.45 | Ⅱ |
| | 安阳市 | 75.5 | 0.25 | 0.45 | 0.55 | 0.25 | 0.40 | 0.45 | Ⅱ |
| | 新乡市 | 72.7 | 0.30 | 0.40 | 0.45 | 0.20 | 0.30 | 0.35 | Ⅱ |
| | 三门峡市 | 410.1 | 0.25 | 0.40 | 0.45 | 0.15 | 0.20 | 0.25 | Ⅱ |
| | 卢氏 | 568.8 | 0.20 | 0.30 | 0.35 | 0.20 | 0.30 | 0.35 | Ⅱ |
| | 孟津 | 323.3 | 0.30 | 0.45 | 0.50 | 0.30 | 0.40 | 0.50 | Ⅱ |
| | 洛阳市 | 137.1 | 0.25 | 0.40 | 0.45 | 0.25 | 0.35 | 0.40 | Ⅱ |
| | 栾川 | 750.1 | 0.20 | 0.30 | 0.35 | 0.25 | 0.40 | 0.45 | Ⅱ |
| | 许昌市 | 66.8 | 0.30 | 0.40 | 0.45 | 0.25 | 0.40 | 0.45 | Ⅱ |
| | 开封市 | 72.5 | 0.30 | 0.45 | 0.50 | 0.20 | 0.30 | 0.35 | Ⅱ |
| | 西峡 | 250.3 | 0.25 | 0.35 | 0.40 | 0.20 | 0.30 | 0.35 | Ⅱ |
| | 南阳市 | 129.2 | 0.25 | 0.35 | 0.40 | 0.30 | 0.45 | 0.50 | Ⅱ |
| | 宝丰 | 136.4 | 0.25 | 0.35 | 0.40 | 0.20 | 0.30 | 0.35 | Ⅱ |

续表

| 省市名 | 城 市 名 | 海拔高度（m） | 风压（kN/m²） | | | 雪压（kN/m²） | | | 雪荷载准永久值系数分区 |
|---|---|---|---|---|---|---|---|---|---|
| | | | $n=10$ | $n=50$ | $n=100$ | $n=10$ | $n=50$ | $n=100$ | |
| 河南 | 西华 | 52.6 | 0.25 | 0.45 | 0.55 | 0.30 | 0.45 | 0.50 | Ⅱ |
| | 驻马店市 | 82.7 | 0.25 | 0.40 | 0.45 | 0.30 | 0.45 | 0.50 | Ⅱ |
| | 信阳市 | 114.5 | 0.25 | 0.35 | 0.40 | 0.35 | 0.55 | 0.65 | Ⅱ |
| | 商丘市 | 50.1 | 0.20 | 0.35 | 0.45 | 0.30 | 0.45 | 0.50 | Ⅱ |
| | 固始 | 57.1 | 0.20 | 0.35 | 0.40 | 0.35 | 0.50 | 0.60 | Ⅱ |
| 湖北 | 武汉市 | 23.3 | 0.25 | 0.35 | 0.40 | 0.30 | 0.50 | 0.60 | Ⅱ |
| | 郧县 | 201.9 | 0.20 | 0.30 | 0.35 | 0.25 | 0.40 | 0.45 | Ⅱ |
| | 房县 | 434.4 | 0.20 | 0.30 | 0.35 | 0.20 | 0.30 | 0.35 | Ⅲ |
| | 老河口市 | 90.0 | 0.20 | 0.30 | 0.35 | 0.25 | 0.35 | 0.40 | Ⅱ |
| | 枣阳市 | 125.5 | 0.25 | 0.40 | 0.45 | 0.25 | 0.40 | 0.45 | Ⅱ |
| | 巴东 | 294.5 | 0.15 | 0.30 | 0.35 | 0.15 | 0.20 | 0.25 | Ⅲ |
| | 钟祥 | 65.8 | 0.20 | 0.30 | 0.35 | 0.25 | 0.35 | 0.40 | Ⅱ |
| | 麻城市 | 59.3 | 0.20 | 0.35 | 0.45 | 0.35 | 0.55 | 0.65 | Ⅱ |
| | 恩施市 | 457.1 | 0.20 | 0.30 | 0.35 | 0.15 | 0.20 | 0.25 | Ⅲ |
| | 巴东县绿葱坡 | 1819.3 | 0.30 | 0.35 | 0.40 | 0.55 | 0.75 | 0.85 | Ⅲ |
| | 五峰县 | 908.4 | 0.20 | 0.30 | 0.35 | 0.25 | 0.35 | 0.40 | Ⅲ |
| | 宜昌市 | 133.1 | 0.20 | 0.30 | 0.35 | 0.20 | 0.30 | 0.35 | Ⅲ |
| | 江陵县荆州 | 32.6 | 0.20 | 0.30 | 0.35 | 0.25 | 0.40 | 0.45 | Ⅱ |
| | 天门市 | 34.1 | 0.20 | 0.30 | 0.35 | 0.25 | 0.35 | 0.45 | Ⅱ |
| | 来凤 | 459.5 | 0.20 | 0.30 | 0.35 | 0.15 | 0.20 | 0.25 | Ⅲ |
| | 嘉鱼 | 36.0 | 0.20 | 0.35 | 0.45 | 0.25 | 0.35 | 0.40 | Ⅲ |
| | 英山 | 123.8 | 0.20 | 0.30 | 0.35 | 0.25 | 0.40 | 0.45 | Ⅲ |
| | 黄石市 | 19.6 | 0.25 | 0.35 | 0.40 | 0.25 | 0.35 | 0.40 | Ⅲ |
| 湖南 | 长沙市 | 44.9 | 0.25 | 0.35 | 0.40 | 0.30 | 0.45 | 0.50 | Ⅲ |
| | 桑植 | 322.2 | 0.20 | 0.30 | 0.35 | 0.25 | 0.35 | 0.40 | Ⅲ |
| | 石门 | 116.9 | 0.25 | 0.30 | 0.35 | 0.25 | 0.35 | 0.40 | Ⅲ |
| | 南县 | 36.0 | 0.25 | 0.40 | 0.50 | 0.30 | 0.45 | 0.50 | Ⅲ |
| | 岳阳市 | 53.0 | 0.25 | 0.40 | 0.45 | 0.35 | 0.55 | 0.65 | Ⅲ |
| | 吉首市 | 206.6 | 0.20 | 0.30 | 0.35 | 0.20 | 0.30 | 0.35 | Ⅲ |
| | 沅陵 | 151.6 | 0.20 | 0.30 | 0.35 | 0.20 | 0.35 | 0.40 | Ⅲ |
| | 常德市 | 35.0 | 0.25 | 0.40 | 0.50 | 0.30 | 0.50 | 0.60 | Ⅱ |
| | 安化 | 128.3 | 0.20 | 0.30 | 0.35 | 0.30 | 0.45 | 0.50 | Ⅱ |
| | 沅江市 | 36.0 | 0.25 | 0.40 | 0.45 | 0.35 | 0.55 | 0.65 | Ⅲ |
| | 平江 | 106.3 | 0.20 | 0.30 | 0.35 | 0.25 | 0.40 | 0.45 | Ⅲ |
| | 芷江 | 272.2 | 0.20 | 0.30 | 0.35 | 0.25 | 0.35 | 0.45 | Ⅲ |
| | 雪峰山 | 1404.9 | | | | 0.50 | 0.75 | 0.85 | Ⅱ |
| | 邵阳市 | 248.6 | 0.20 | 0.30 | 0.35 | 0.20 | 0.30 | 0.35 | Ⅲ |
| | 双峰 | 100.0 | 0.20 | 0.30 | 0.35 | 0.25 | 0.40 | 0.45 | Ⅲ |
| | 南岳 | 1265.9 | 0.60 | 0.75 | 0.85 | 0.45 | 0.65 | 0.75 | Ⅲ |
| | 通道 | 397.5 | 0.25 | 0.30 | 0.35 | 0.15 | 0.25 | 0.30 | Ⅲ |
| | 武岗 | 341.0 | 0.20 | 0.30 | 0.35 | 0.20 | 0.30 | 0.35 | Ⅲ |
| | 零陵 | 172.6 | 0.25 | 0.40 | 0.45 | 0.15 | 0.25 | 0.30 | Ⅲ |
| | 衡阳市 | 103.2 | 0.25 | 0.40 | 0.45 | 0.20 | 0.35 | 0.40 | Ⅲ |
| | 道县 | 192.2 | 0.25 | 0.35 | 0.40 | 0.15 | 0.20 | 0.25 | Ⅲ |
| | 郴州市 | 184.9 | 0.20 | 0.30 | 0.35 | 0.20 | 0.30 | 0.35 | Ⅲ |

续表

| 省市名 | 城市名 | 海拔高度（m） | 风压（kN/m²） | | | 雪压（kN/m²） | | | 雪荷载准永久值系数分区 |
|---|---|---|---|---|---|---|---|---|---|
| | | | $n=10$ | $n=50$ | $n=100$ | $n=10$ | $n=50$ | $n=100$ | |
| 广东 | 广州市 | 6.6 | 0.30 | 0.50 | 0.60 | | | | |
| | 南雄 | 133.8 | 0.20 | 0.30 | 0.35 | | | | |
| | 连县 | 97.6 | 0.20 | 0.30 | 0.35 | | | | |
| | 韶关 | 69.3 | 0.20 | 0.35 | 0.45 | | | | |
| | 佛岗 | 67.8 | 0.20 | 0.30 | 0.35 | | | | |
| | 连平 | 214.5 | 0.20 | 0.30 | 0.35 | | | | |
| | 梅县 | 87.8 | 0.20 | 0.30 | 0.35 | | | | |
| | 广宁 | 56.8 | 0.20 | 0.30 | 0.35 | | | | |
| | 高要 | 7.1 | 0.30 | 0.50 | 0.60 | | | | |
| | 河源 | 40.6 | 0.20 | 0.30 | 0.35 | | | | |
| | 惠阳 | 22.4 | 0.35 | 0.55 | 0.60 | | | | |
| | 五华 | 120.9 | 0.20 | 0.30 | 0.35 | | | | |
| | 汕头市 | 1.1 | 0.50 | 0.80 | 0.95 | | | | |
| | 惠来 | 12.9 | 0.45 | 0.75 | 0.90 | | | | |
| | 南澳 | 7.2 | 0.50 | 0.80 | 0.95 | | | | |
| | 信宜 | 84.6 | 0.35 | 0.60 | 0.70 | | | | |
| | 罗定 | 53.3 | 0.20 | 0.30 | 0.35 | | | | |
| | 台山 | 32.7 | 0.35 | 0.55 | 0.65 | | | | |
| | 深圳市 | 18.2 | 0.45 | 0.75 | 0.90 | | | | |
| | 汕尾 | 4.6 | 0.50 | 0.85 | 1.00 | | | | |
| | 湛江市 | 25.3 | 0.50 | 0.80 | 0.95 | | | | |
| | 阳江 | 23.3 | 0.45 | 0.70 | 0.80 | | | | |
| | 电白 | 11.8 | 0.45 | 0.70 | 0.80 | | | | |
| | 台山县上川岛 | 21.5 | 0.75 | 1.05 | 1.20 | | | | |
| | 徐闻 | 67.9 | 0.45 | 0.75 | 0.90 | | | | |
| 广西 | 南宁市 | 73.1 | 0.25 | 0.35 | 0.40 | | | | |
| | 桂林市 | 164.4 | 0.20 | 0.30 | 0.35 | | | | |
| | 柳州时 | 96.8 | 0.20 | 0.30 | 0.35 | | | | |
| | 蒙山 | 145.7 | 0.20 | 0.30 | 0.35 | | | | |
| | 贺山 | 108.8 | 0.20 | 0.30 | 0.35 | | | | |
| | 百色市 | 173.5 | 0.25 | 0.45 | 0.55 | | | | |
| | 靖西 | 739.4 | 0.20 | 0.30 | 0.35 | | | | |
| | 桂平 | 42.5 | 0.20 | 0.30 | 0.35 | | | | |
| | 梧州市 | 114.8 | 0.20 | 0.30 | 0.35 | | | | |
| | 龙州 | 128.8 | 0.20 | 0.30 | 0.35 | | | | |
| | 灵山 | 66.0 | 0.20 | 0.30 | 0.35 | | | | |
| | 玉林 | 81.8 | 0.20 | 0.30 | 0.35 | | | | |
| | 东兴 | 18.2 | 0.45 | 0.75 | 0.90 | | | | |
| | 北海市 | 15.3 | 0.45 | 0.75 | 0.90 | | | | |
| | 涠州岛 | 55.2 | 0.70 | 1.00 | 1.15 | | | | |
| 海南 | 海口市 | 14.1 | 0.45 | 0.75 | 0.90 | | | | |
| | 东方 | 8.4 | 0.55 | 0.85 | 1.00 | | | | |
| | 儋县 | 168.7 | 0.40 | 0.70 | 0.85 | | | | |
| | 琼中 | 250.9 | 0.30 | 0.45 | 0.55 | | | | |
| | 琼海 | 24.0 | 0.50 | 0.85 | 1.05 | | | | |

续表

| 省市名 | 城市名 | 海拔高度(m) | 风压(kN/m²) | | | 雪压(kN/m²) | | | 雪荷载准永久值系数分区 |
|---|---|---|---|---|---|---|---|---|---|
| | | | n = 10 | n = 50 | n = 100 | n = 10 | n = 50 | n = 100 | |
| 海南 | 三亚市 | 5.5 | 0.50 | 0.85 | 1.05 | | | | |
| | 陵水 | 13.9 | 0.50 | 0.85 | 1.05 | | | | |
| | 西沙岛 | 4.7 | 1.05 | 1.80 | 2.20 | | | | |
| | 珊瑚岛 | 4.0 | 0.70 | 1.10 | 1.30 | | | | |
| 四川 | 成都市 | 506.1 | 0.20 | 0.30 | 0.35 | 0.10 | 0.10 | 0.15 | Ⅲ |
| | 石渠 | 4200.0 | 0.25 | 0.30 | 0.35 | 0.30 | 0.45 | 0.50 | Ⅱ |
| | 若尔盖 | 3439.6 | 0.25 | 0.30 | 0.35 | 0.30 | 0.40 | 0.45 | Ⅱ |
| | 甘孜 | 3393.5 | 0.35 | 0.45 | 0.50 | 0.25 | 0.40 | 0.45 | Ⅱ |
| | 都江堰市 | 706.7 | 0.20 | 0.30 | 0.35 | 0.15 | 0.25 | 0.30 | Ⅲ |
| | 绵阳市 | 470.8 | 0.20 | 0.30 | 0.35 | | | | |
| | 雅安市 | 627.6 | 0.20 | 0.30 | 0.35 | 0.10 | 0.20 | 0.20 | Ⅲ |
| | 资阳 | 357.0 | 0.20 | 0.30 | 0.35 | | | | |
| | 康定 | 2615.7 | 0.30 | 0.35 | 0.40 | 0.30 | 0.50 | 0.55 | Ⅱ |
| | 汉源 | 795.9 | 0.20 | 0.30 | 0.35 | | | | |
| | 九龙 | 2987.3 | 0.20 | 0.30 | 0.35 | 0.15 | 0.20 | 0.20 | Ⅲ |
| | 越西 | 1659.0 | 0.25 | 0.30 | 0.35 | 0.15 | 0.25 | 0.30 | Ⅲ |
| | 昭觉 | 2132.4 | 0.25 | 0.30 | 0.35 | 0.25 | 0.35 | 0.40 | Ⅲ |
| | 雷波 | 1474.9 | 0.20 | 0.30 | 0.35 | 0.20 | 0.30 | 0.35 | Ⅲ |
| | 宜宾市 | 340.8 | 0.20 | 0.30 | 0.35 | | | | |
| | 盐源 | 2545.0 | 0.20 | 0.30 | 0.35 | 0.20 | 0.30 | 0.35 | Ⅲ |
| | 西昌市 | 1590.9 | 0.20 | 0.30 | 0.35 | 0.20 | 0.30 | 0.35 | Ⅲ |
| | 会理 | 1787.1 | 0.20 | 0.30 | 0.35 | | | | |
| | 万源 | 674.0 | 0.20 | 0.30 | 0.35 | 0.50 | 0.10 | 0.15 | Ⅲ |
| | 阆中 | 382.6 | 0.20 | 0.30 | 0.35 | | | | |
| | 巴中 | 358.9 | 0.20 | 0.30 | 0.35 | | | | |
| | 达县市 | 310.4 | 0.20 | 0.35 | 0.45 | | | | |
| | 奉节 | 607.3 | 0.25 | 0.35 | 0.40 | 0.20 | 0.35 | 0.40 | Ⅲ |
| | 遂宁市 | 278.2 | 0.20 | 0.30 | 0.35 | | | | |
| | 南充市 | 309.3 | 0.20 | 0.30 | 0.35 | | | | |
| | 梁平 | 454.6 | 0.20 | 0.30 | 0.35 | | | | |
| | 万县市 | 186.7 | 0.15 | 0.30 | 0.35 | | | | |
| | 内江市 | 347.1 | 0.25 | 0.40 | 0.50 | | | | |
| | 涪陵市 | 273.5 | 0.20 | 0.30 | 0.35 | | | | |
| | 泸州市 | 334.8 | 0.20 | 0.30 | 0.35 | | | | |
| | 叙永 | 377.5 | 0.20 | 0.30 | 0.35 | | | | |
| | 德格 | 3201.2 | | | | 0.15 | 0.20 | 0.25 | Ⅱ |
| | 色达 | 3893.9 | | | | 0.30 | 0.40 | 0.45 | Ⅱ |
| | 道孚 | 2957.2 | | | | 0.15 | 0.20 | 0.25 | Ⅱ |
| | 阿坝 | 3275.1 | | | | 0.25 | 0.40 | 0.45 | Ⅱ |
| | 马尔康 | 2664.4 | | | | 0.15 | 0.25 | 0.30 | Ⅱ |
| | 红原 | 3491.6 | | | | 0.25 | 0.40 | 0.45 | Ⅱ |
| | 小金 | 2369.2 | | | | 0.10 | 0.15 | 0.15 | Ⅱ |
| | 松潘 | 2850.7 | | | | 0.20 | 0.30 | 0.35 | Ⅱ |
| | 新龙 | 3000.0 | | | | 0.10 | 0.15 | 0.15 | Ⅱ |
| | 理塘 | 3948.9 | | | | 0.35 | 0.50 | 0.60 | Ⅱ |
| | 稻城 | 3727.7 | | | | 0.20 | 0.30 | 0.35 | Ⅲ |
| | 峨眉山 | 3047.4 | | | | 0.40 | 0.50 | 0.55 | Ⅱ |
| | 金佛山 | 1905.9 | | | | 0.35 | 0.50 | 0.60 | Ⅱ |

续表

| 省市名 | 城市名 | 海拔高度（m） | 风压（kN/m²） | | | 雪压（kN/m²） | | | 雪荷载准永久值系数分区 |
|---|---|---|---|---|---|---|---|---|---|
| | | | $n=10$ | $n=50$ | $n=100$ | $n=10$ | $n=50$ | $n=100$ | |
| 贵州 | 贵阳市 | 1074.3 | 0.20 | 0.30 | 0.35 | 0.10 | 0.20 | 0.25 | Ⅲ |
| | 威宁 | 2237.5 | 0.25 | 0.35 | 0.40 | 0.25 | 0.35 | 0.40 | Ⅲ |
| | 盘县 | 1515.2 | 0.25 | 0.35 | 0.40 | 0.25 | 0.35 | 0.45 | Ⅲ |
| | 桐梓 | 972.0 | 0.20 | 0.30 | 0.35 | 0.10 | 0.15 | 0.20 | Ⅲ |
| | 习水 | 1180.2 | 0.20 | 0.30 | 0.35 | 0.15 | 0.20 | 0.25 | Ⅲ |
| | 毕节 | 1510.6 | 0.20 | 0.30 | 0.35 | 0.15 | 0.25 | 0.30 | Ⅲ |
| | 遵义市 | 843.9 | 0.20 | 0.30 | 0.35 | 0.10 | 0.15 | 0.20 | Ⅲ |
| | 湄潭 | 791.8 | | | | 0.15 | 0.20 | 0.25 | Ⅲ |
| | 思南 | 416.3 | 0.20 | 0.30 | 0.35 | 0.10 | 0.20 | 0.25 | Ⅲ |
| | 铜仁 | 279.7 | 0.20 | 0.30 | 0.35 | 0.20 | 0.30 | 0.35 | Ⅲ |
| | 黔西 | 1251.8 | | | | 0.15 | 0.20 | 0.25 | Ⅲ |
| | 安顺市 | 1392.9 | 0.20 | 0.30 | 0.35 | 0.20 | 0.30 | 0.35 | Ⅲ |
| | 凯里市 | 720.3 | 0.20 | 0.30 | 0.35 | 0.15 | 0.20 | 0.25 | Ⅲ |
| | 三穗 | 610.5 | | | | 0.20 | 0.30 | 0.35 | Ⅲ |
| | 兴仁 | 1378.5 | 0.20 | 0.30 | 0.35 | 0.20 | 0.35 | 0.40 | Ⅲ |
| | 罗甸 | 440.3 | 0.20 | 0.30 | 0.35 | | | | |
| | 独山 | 1013.3 | | | | 0.20 | 0.30 | 0.35 | Ⅲ |
| | 榕江 | 285.7 | | | | 0.10 | 0.15 | 0.20 | Ⅲ |
| 云南 | 昆明市 | 1891.4 | 0.20 | 0.30 | 0.35 | 0.20 | 0.30 | 0.35 | Ⅲ |
| | 德钦 | 3485.0 | 0.25 | 0.35 | 0.40 | 0.60 | 0.90 | 1.05 | Ⅱ |
| | 贡山 | 1591.3 | 0.20 | 0.30 | 0.35 | 0.50 | 0.85 | 1.00 | Ⅱ |
| | 中甸 | 3276.1 | 0.20 | 0.30 | 0.35 | 0.50 | 0.80 | 0.90 | Ⅱ |
| | 维西 | 2325.6 | 0.20 | 0.30 | 0.35 | 0.40 | 0.55 | 0.65 | Ⅲ |
| | 昭通市 | 1949.5 | 0.25 | 0.35 | 0.40 | 0.15 | 0.25 | 0.30 | Ⅲ |
| | 丽江 | 2393.2 | 0.25 | 0.30 | 0.35 | 0.20 | 0.30 | 0.35 | Ⅲ |
| | 华坪 | 1244.8 | 0.25 | 0.35 | 0.40 | | | | |
| | 会泽 | 2109.5 | 0.25 | 0.35 | 0.40 | 0.25 | 0.35 | 0.40 | Ⅲ |
| | 腾冲 | 1654.6 | 0.20 | 0.30 | 0.35 | | | | |
| | 泸水 | 1804.9 | 0.20 | 0.30 | 0.35 | | | | |
| | 保山市 | 1653.5 | 0.20 | 0.30 | 0.35 | | | | |
| | 大理市 | 1990.5 | 0.45 | 0.65 | 0.75 | | | | |
| | 元谋 | 1120.2 | 0.25 | 0.35 | 0.40 | | | | |
| | 楚雄市 | 1772.0 | 0.20 | 0.35 | 0.40 | | | | |
| | 曲靖市沾益 | 1898.7 | 0.25 | 0.30 | 0.35 | 0.25 | 0.40 | 0.45 | Ⅲ |
| | 瑞丽 | 776.6 | 0.20 | 0.30 | 0.35 | | | | |
| | 景东 | 1162.3 | 0.20 | 0.30 | 0.35 | | | | |
| | 玉溪 | 1636.7 | 0.20 | 0.30 | 0.35 | | | | |
| | 宜良 | 1532.1 | 0.25 | 0.40 | 0.50 | | | | |
| | 泸西 | 1704.3 | 0.25 | 0.30 | 0.35 | | | | |
| | 孟定 | 511.4 | 0.25 | 0.40 | 0.45 | | | | |
| | 临沧 | 1502.4 | 0.20 | 0.30 | 0.35 | | | | |
| | 澜沧 | 1054.8 | 0.20 | 0.30 | 0.35 | | | | |

续表

| 省市名 | 城市名 | 海拔高度（m） | 风压（kN/m²） |  |  | 雪压（kN/m²） |  |  | 雪荷载准永久值系数分区 |
|---|---|---|---|---|---|---|---|---|---|
|  |  |  | n = 10 | n = 50 | n = 100 | n = 10 | n = 50 | n = 100 |  |
| 云南 | 景洪 | 552.7 | 0.20 | 0.40 | 0.50 |  |  |  |  |
|  | 思茅 | 1302.1 | 0.25 | 0.45 | 0.55 |  |  |  |  |
|  | 元江 | 400.9 | 0.25 | 0.30 | 0.35 |  |  |  |  |
|  | 勐腊 | 631.9 | 0.20 | 0.30 | 0.35 |  |  |  |  |
|  | 江城 | 1119.5 | 0.20 | 0.40 | 0.50 |  |  |  |  |
|  | 蒙自 | 1300.7 | 0.25 | 0.30 | 0.35 |  |  |  |  |
|  | 屏边 | 1414.1 | 0.20 | 0.30 | 0.35 |  |  |  |  |
|  | 文山 | 1271.6 | 0.20 | 0.30 | 0.35 |  |  |  |  |
|  | 广南 | 1249.6 | 0.25 | 0.35 | 0.40 |  |  |  |  |
| 西藏 | 拉萨市 | 3658.0 | 0.20 | 0.30 | 0.35 | 0.10 | 0.15 | 0.20 | Ⅲ |
|  | 班戈 | 4700.0 | 0.35 | 0.55 | 0.65 | 0.20 | 0.25 | 0.30 | Ⅰ |
|  | 安多 | 4800.0 | 0.45 | 0.75 | 0.90 | 0.20 | 0.30 | 0.35 | Ⅰ |
|  | 那曲 | 4507.0 | 0.30 | 0.45 | 0.50 | 0.30 | 0.40 | 0.45 | Ⅰ |
|  | 日喀则市 | 3836.0 | 0.20 | 0.30 | 0.35 | 0.10 | 0.15 | 0.15 | Ⅲ |
|  | 乃东县泽当 | 3551.7 | 0.20 | 0.30 | 0.35 | 0.10 | 0.15 | 0.15 | Ⅲ |
|  | 隆子 | 3860.0 | 0.30 | 0.45 | 0.50 | 0.10 | 0.15 | 0.20 | Ⅲ |
|  | 索县 | 4022.8 | 0.25 | 0.40 | 0.45 | 0.20 | 0.25 | 0.30 | Ⅰ |
|  | 昌都 | 3306.0 | 0.20 | 0.30 | 0.35 | 0.15 | 0.20 | 0.20 | Ⅱ |
|  | 林芝 | 3000.0 | 0.25 | 0.35 | 0.40 | 0.10 | 0.15 | 0.15 | Ⅲ |
|  | 葛尔 | 4278.0 |  |  |  | 0.10 | 0.15 | 0.15 | Ⅰ |
|  | 改则 | 4414.9 |  |  |  | 0.20 | 0.30 | 0.35 | Ⅰ |
|  | 普兰 | 3900.0 |  |  |  | 0.50 | 0.70 | 0.80 | Ⅰ |
|  | 申扎 | 4672.0 |  |  |  | 0.15 | 0.20 | 0.20 | Ⅰ |
|  | 当雄 | 4200.0 |  |  |  | 0.25 | 0.35 | 0.40 | Ⅱ |
|  | 尼木 | 3809.4 |  |  |  | 0.15 | 0.20 | 0.25 | Ⅲ |
|  | 聂拉木 | 3810.0 |  |  |  | 1.85 | 2.90 | 3.35 | Ⅰ |
|  | 定日 | 4300.0 |  |  |  | 0.15 | 0.25 | 0.30 | Ⅱ |
|  | 江孜 | 4040.0 |  |  |  | 0.10 | 0.10 | 0.15 | Ⅲ |
|  | 错那 | 4280.0 |  |  |  | 0.50 | 0.70 | 0.80 | Ⅲ |
|  | 帕里 | 4300.0 |  |  |  | 0.60 | 0.90 | 1.05 | Ⅱ |
|  | 丁青 | 3873.1 |  |  |  | 0.25 | 0.35 | 0.40 | Ⅱ |
|  | 波密 | 2736.0 |  |  |  | 0.25 | 0.35 | 0.40 | Ⅲ |
|  | 察隅 | 2327.6 |  |  |  | 0.35 | 0.55 | 0.65 | Ⅲ |
| 台湾 | 台北 | 8.0 | 0.40 | 0.70 | 0.85 |  |  |  |  |
|  | 新竹 | 8.0 | 0.50 | 0.80 | 0.95 |  |  |  |  |
|  | 宜兰 | 9.0 | 1.10 | 1.85 | 2.30 |  |  |  |  |
|  | 台中 | 78.0 | 0.50 | 0.80 | 0.90 |  |  |  |  |
|  | 花莲 | 14.0 | 0.40 | 0.70 | 0.85 |  |  |  |  |
|  | 嘉义 | 20.0 | 0.50 | 0.80 | 0.95 |  |  |  |  |
|  | 马公 | 22.0 | 0.85 | 1.30 | 1.55 |  |  |  |  |
|  | 台东 | 10.0 | 0.65 | 0.90 | 1.05 |  |  |  |  |
|  | 冈山 | 10.0 | 0.55 | 0.80 | 0.95 |  |  |  |  |
|  | 恒春 | 24.0 | 0.70 | 1.05 | 1.20 |  |  |  |  |
|  | 阿里山 | 2406.0 | 0.25 | 0.35 | 0.40 |  |  |  |  |
|  | 台南 | 14.0 | 0.60 | 0.85 | 1.00 |  |  |  |  |
| 香港 | 香港 | 50.0 | 0.80 | 0.90 | 0.95 |  |  |  |  |
|  | 横澜岛 | 55.0 | 0.95 | 1.25 | 1.40 |  |  |  |  |
| 澳门 |  | 57.0 | 0.75 | 0.85 | 0.90 |  |  |  |  |

注：$n$ 为雪压和风压的重现期。

# 附录3 我国主要城镇抗震设防烈度、设计基本地震加速度和设计地震分组

本附录仅提供我国抗震设防区各县级及县级以上城镇的中心地区建筑工程抗震设计时所采用的抗震设防烈度、设计基本地震加速度值和所属的设计地震分组。

注：本附录一般把“设计地震第一、二、三组”简称为“第一组、第二组、第三组”。

**3.0.1** 首都和直辖市

**1** 抗震设防烈度为8度，设计基本地震加速度值为0.20$g$：

北京（除昌平、门头沟外的11个市辖区），平谷，大兴，延庆，宁河，汉沽。

**2** 抗震设防烈度为7度，设计基本地震加速度值为0.15$g$：

密云，怀柔，昌平，门头沟，天津（除汉沽、大港外的12个市辖区），蓟县，宝坻，静海。

**3** 抗震设防烈度为7度，设计基本地震加速度值为0.10$g$：

大港，上海（除金山外的15个市辖区），南汇，奉贤

**4** 抗震设防烈度为6度，设计基本地震加速度值为0.05$g$：

崇明，金山，重庆（14个市辖区），巫山，奉节，云阳，忠县，丰都，长寿，璧山，合川，铜梁，大足，荣昌，永川，江津，綦江，南川，黔江，石柱，巫溪*

注：**1** 首都和直辖市的全部县级及县级以上设防城镇，设计地震分组均为第一组；

**2** 上标*指该城镇的中心位于本设防区和较低设防区的分界线，下同。

**3.0.2** 河北省

**1** 抗震设防烈度为8度，设计基本地震加速度值为0.20$g$：

第一组：廊坊（2个市辖区），唐山（5个市辖区），三河，大厂，香河，丰南，丰润，怀来，涿鹿

**2** 抗震设防烈度为7度，设计基本地震加速度值为0.15$g$：

第一组：邯郸（4个市辖区），邯郸县，文安，任丘，河间，大城，涿州，高碑店，涞水，固安，永清，玉田，迁安，卢龙，滦县，滦南，唐海，乐亭，宣化，蔚县，阳原，成安，磁县，临漳，大名，宁晋

**3** 抗震设防烈度为7度，设计基本地震加速度值为0.10$g$：

第一组：石家庄（6个市辖区），保定（3个市辖区），张家口（4个市辖），沧州（2个市辖区），衡水，邢台（2个市辖区），霸州，雄县，易县，沧县，张北，万全，怀安，兴隆，迁西，抚宁，昌黎，青县，献县，广宗，平乡，鸡泽，隆尧，新河，曲周，肥乡，馆陶，广平，高邑，内丘，邢台县，赵县，武安，涉县，赤城，涞源，定兴，容城，徐水，安新，高阳，博野，蠡县，肃宁，深泽，安平，饶阳，魏县，藁城，栾城，晋州，深州，武强，辛集，冀州，任县，柏乡，巨鹿，南和，沙河，临城，泊头，永年，崇礼，南宫*

第二组：秦皇岛（海港、北戴河），清苑，遵化，安国

**4** 抗震设防烈度为6度，设计基本地震加速度值为0.05$g$：

第一组：正定，围场，尚义，灵寿，无极，平山，鹿泉，井陉，元氏，南皮，吴桥，景县，东光

第二组：承德（除鹰手营子外的2个市辖区），隆化，承德县，宽城，青龙，阜平，满城，顺平，唐县，望都，曲阳，定州，行唐，赞皇，黄骅，海兴，孟村，盐山，阜城，故城，清河，山海关，沽源，新乐，武邑，枣强，威县

第三组：丰宁，滦平，鹰手营子，平泉，临西，邱县

**3.0.3** 山西省

**1** 抗震设防烈度为8度，设计基本地震加速度值为0.20$g$：

第一组：太原（6个市辖区），临汾，忻州，祁县，平遥，古县，代县，原平，定襄，阳曲，太谷，介休，灵石，汾西，霍州，洪洞，襄汾，晋中，浮山，永济，清徐

**2** 抗震设防烈度为7度，设计基本地震加速度值为0.15$g$：

第一组：大同（4个市辖区），朔州（朔城区），大同县，怀仁，浑源，广灵，应县，山阴，灵丘，繁峙，五台，古交，交城，文水，汾阳，曲沃，孝义，侯马，新绛，稷山，绛县，河津，闻喜，翼城，万荣，临猗，夏县，运城，芮城，平陆，沁源*，宁武*

**3** 抗震设防烈度为7度，设计基本地震加速度值为0.10$g$：

第一组：长治（2个市辖区），阳泉（3个市辖区），长治县，阳高，天镇，左云，右玉，神池，寿阳，昔阳，安泽，乡宁，垣曲，沁水，平定，和顺，黎城，潞城，壶关

第二组：平顺，榆社，武乡，娄烦，交口，隰县，蒲县，吉县，静乐，盂县，沁县，陵川，平鲁

**4** 抗震设防烈度为6度，设计基本地震加速度值为0.05$g$：

第二组：偏关，河曲，保德，兴县，临县，方山，柳林

第三组：晋城，离石，左权，襄垣，屯留，长子，高平，阳城，泽州，五寨，岢岚，岚县，中阳，石楼，永和，大宁

**3.0.4** 内蒙自治区

**1** 抗震设防烈度为8度，设计基本地震加速度值为0.30$g$：

第一组：土默特右旗，达拉特旗*

**2** 抗震设防烈度为8度，设计基本地震加速度值为0.20$g$：

第一组：包头（除白云矿区外的5个市辖区），呼和浩特（4个市辖区），土默特左旗，乌海（3个市辖区），杭锦后旗，磴口，宁城，托克托*

**3** 抗震设防烈度为7度，设计基本地震加速度值为0.15$g$：

第一组：喀喇沁旗，五原，乌拉特前旗，临河，固阳，武川，凉城，和林格尔，赤峰（红山*，元宝山区）

第二组：阿拉善左旗

**4** 抗震设防烈度为7度，设计基本地震加速度值为0.10$g$：

第一组：集宁，清水河，开鲁，傲汉旗，乌特拉后旗，卓资，察右前旗，丰镇，扎兰屯，乌特拉中旗，赤峰（松山区），通辽*

第三组：东胜，准格尔旗

**5** 抗震设防烈度为6度，设计基本地震加速度值为0.05$g$：

第一组：满洲里，新巴尔虎右旗，莫力达瓦旗，阿荣旗，扎赉特旗，翁牛特旗，兴和，商都，察右后旗，科左中旗，科左后旗，奈曼旗，库伦旗，乌审旗，苏尼特右旗

第二组：达尔罕茂明安联合旗，阿拉善右旗，鄂托克旗，鄂托克前旗，白云

第三组：伊金霍洛旗，杭锦旗，四王子旗，察右中旗

**3.0.5** 辽宁省

**1** 抗震设防烈度为8度，设计基本地震加速度值为0.20$g$：

普兰店，东港

**2** 抗震设防烈度为7度，设计基本地震加速度值为0.15$g$：

营口（4个市辖区），丹东（3个市辖区），海城，大石桥，瓦房店，盖州，金州

**3** 抗震设防烈度为7度，设计基本地震加速度值为0.10$g$：

沈阳（9个市辖区），鞍山（4个市辖区），大连（除金州外的5个市辖区），朝阳（2个市辖区），辽阳（5个市辖区），抚顺（除顺城外的3个市辖区），铁岭（2个市辖区），盘锦（2个市辖区），盘山，朝阳县，辽阳县，岫岩，铁岭县，凌源，北票，建平，开原，抚顺县，灯塔，台安，大洼，辽中

**4** 抗震设防烈度为6度，设计基本地震加速度值为0.05$g$：

本溪（4个市辖区），阜新（5个市辖区），锦州（3个市辖区），葫芦岛（3个市辖区），昌图，西丰，法库，彰武，铁法，阜新县，康平，新民，黑山，北宁，义县，喀喇沁，凌海，兴城，绥中，建昌，宽甸，凤城，庄河，长海，顺城

注：全省县级及县级以上设防城镇的设计地震分组，除兴城、绥中、建昌、南票为第二组外，均为第一组。

**3.0.6** 吉林省

**1** 抗震设防烈度为8度，设计基本地震加速度值为0.20$g$：

前郭尔罗斯，松原

**2** 抗震设防烈度为7度，设计基本地震加速度值为0.15$g$：

大安*

**3** 抗震设防烈度为7度，设计基本地震加速度值为0.10$g$：

长春（6个市辖区），吉林（除丰满外的3个市辖区），白城，乾安，舒兰，九台，永吉*

**4** 抗震设防烈度为6度，设计基本地震加速度值为0.05$g$：

四平（2个市辖区），辽源（2个市辖区），镇赉，洮南，延吉，汪清，图们，珲春，龙井，和龙，安图，蛟河，桦甸，梨树，磐石，东丰，辉南，梅河口，东辽，榆树，靖宇，抚松，长岭，通榆，德惠，农安，伊通，公主岭，扶余，丰满

注：全省县级及县级以上设防城镇，设计地震分组均为第一组。

**3.0.7** 黑龙江省

**1** 抗震设防烈度为7度，设计基本地震加速度值为0.10$g$：

绥化，萝北，泰来

**2** 抗震设防烈度为6度，设计基本地震加速度值为0.05$g$：

哈尔滨（7个市辖区），齐齐哈尔（7个市辖区），大庆（5个市辖区），鹤岗（6个市辖区），牡丹江（4个市辖区），鸡西（6个市辖区），佳木斯（5个市辖区），七台河（3个

市辖区），伊春（伊春区，乌马河区），鸡东，望奎，穆棱，绥芬河，东宁，宁安，五大连池，嘉荫，汤原，桦南，桦川，依兰，勃利，通河，方正，木兰，巴彦，延寿，尚志，宾县，安达，明水，绥棱，庆安，兰西，肇东，肇州，肇源，呼兰，阿城，双城，五常，讷河，北安，甘南，富裕，龙江，黑河，青冈*，海林*

注：全省县级及县级以上设防城镇，设计地震分组均为第一组。

**3.0.8** 江苏省

**1** 抗震设防烈度为8度，设计基本地震加速度值为0.30$g$：

第一组：宿迁，宿豫*

**2** 抗震设防烈度为8度，设计基本地震加速度值为0.20$g$：

第一组：新沂，邳州，睢宁

**3** 抗震设防烈度为7度，设计基本地震加速度值为0.15$g$：

第一组：扬州（3个市辖区），镇江（2个市辖区），东海，沭阳，泗洪，江都，大丰

**4** 抗震设防烈度为7度，设计基本地震加速度值为0.10$g$：

第一组：南京（11个市辖区），淮安（除楚州外的3个市辖区），徐州（5个市辖区），铜山，沛县，常州（4个市辖区），泰州（2个市辖区），赣榆，泗阳，盱眙，射阳，江浦，武进，盐城，盐都，东台，海安，姜堰，如皋，如东，扬中，仪征，兴化，高邮，六合，句容，丹阳，金坛，丹徒，溧阳，溧水，昆山，太仓

第三组：连云港（4个市辖区），灌云

**5** 抗震设防烈度为6度，设计基本地震加速度值为0.05$g$：

第一组：南通（2个市辖区），无锡（6个市辖区），苏州（6个市辖区），通州，宜兴，江阴，洪泽，金湖，建湖，常熟，吴江，靖江，泰兴，张家港，海门，启东，高淳，丰县

第二组：响水，滨海，阜宁，宝应，金湖

第三组：灌南，涟水，楚州

**3.0.9** 浙江省

**1** 抗震设防烈度为7度，设计基本地震加速度值为0.10$g$：

岱山，嵊泗，舟山（2个市辖区）

**2** 抗震设防烈度为6度，设计基本地震加速度值为0.05$g$：

杭州（6个市辖区），宁波（3个市辖区），湖州，嘉兴（2个市辖区），温州（3个市辖区），绍兴，绍兴县，长兴，安吉，临安，奉化，鄞县，象山，德清，嘉善，平湖，海盐，桐乡，余杭，海宁，萧山，上虞，慈溪，余姚，瑞安，富阳，平阳，苍南，乐清，永嘉，泰顺，景宁，云和，庆元，洞头

注：全省县级及县级以上设防城镇，设计地震分组均为第一组。

**3.0.10** 安徽省

**1** 抗震设防烈度为7度，设计基本地震加速度值为0.15$g$：

第一组：五河，泗县

**2** 抗震设防烈度为7度，设计基本地震加速度值为0.10$g$：

第一组：合肥（4个市辖区），蚌埠（4个市辖区），阜阳（3个市辖区），淮南（5个市辖区），枞阳，怀远，长丰，六安（2个市辖区），灵璧，固镇，凤阳，明光，定远，肥

东，肥西，舒城，庐江，桐城，霍山，涡阳，安庆（3个市辖区）*，铜陵县*

**3** 抗震设防烈度为6度，设计基本地震加速度值为0.05*g*：

第一组：铜陵（3个市辖区），芜湖（4个市辖区），巢湖，马鞍山（4个市辖区），滁州（2个市辖区），芜湖县，砀山，萧县，亳州，界首，太和，临泉，阜南，利辛，蒙城，凤台，寿县，颖上，霍丘，金寨，天长，来安，全椒，含山，和县，当涂，无为，繁昌，池州，岳西，潜山，太湖，怀宁，望江，东至，宿松，南陵，宣城，郎溪，广德，泾县，青阳，石台

第二组：濉溪，淮北

第三组：宿州

**3.0.11** 福建省

**1** 抗震设防烈度为8度，设计基本地震加速度值为0.20*g*：

第一组：金门*

**2** 抗震设防烈度为7度，设计基本地震加速度值为0.15*g*：

第一组：厦门（7个市辖区），漳州（2个市辖区），晋江，石狮，龙海，长泰，漳浦，东山，诏安

第二组：泉州（4个市辖区）

**3** 抗震设防烈度为7度，设计基本地震加速度值为0.10*g*：

第一组：福州（除马尾外的4个市辖区），安溪，南靖，华安，平和，云霄

第二组：莆田（2个市辖区），长乐，福清，莆田县，平潭，惠安，南安，马尾

**4** 抗震设防烈度为6度，设计基本地震加速度值为0.05*g*：

第一组：三明（2个市辖区），政和，屏南，霞浦，福鼎，福安，柘荣，寿宁，周宁，松溪，宁德，古田，罗源，沙县，尤溪，闽清，闽侯，南平，大田，漳平，龙岩，永定，泰宁，宁化，长汀，武平，建宁，将乐，明溪，清流，连城，上杭，永安，建瓯

第二组：连江，永泰，德化，永春，仙游

**3.0.12** 江西省

**1** 抗震设防烈度为7度，设计基本地震加速度值为0.10*g*：

寻乌，会昌

**2** 抗震设防烈度为6度，设计基本地震加速度值为0.05*g*：

南昌（5个市辖区），九江（2个市辖区），南昌县，进贤，余干，九江县，彭泽，湖口，星子，瑞昌，德安，都昌，武宁，修水，靖安，铜鼓，宜丰，宁都，石城，瑞金，安远，定南，龙南，全南，大余

注：全省县级及县级以上设防城镇，设计地震分组均为第一组。

**3.0.13** 山东省

**1** 抗震设防烈度为8度，设计基本地震加速度值为0.20*g*：

第一组：郯城，临沭，莒南，莒县，沂水，安丘，阳谷

**2** 抗震设防烈度为7度，设计基本地震加速度值为0.15*g*：

第一组：临沂（3个市辖区），潍坊（4个市辖区），菏泽，东明，聊城，苍山，沂南，昌邑，昌乐，青州，临驹，诸城，五莲，长岛，蓬莱，龙口，莘县，鄄城，寿光*

**3** 抗震设防烈度为7度，设计基本地震加速度值为0.10*g*：

第一组：烟台（4个市辖区），威海，枣庄（5个市辖区），淄博（除博山外的4个市辖区），平原，高唐，茌平，东阿，平阴，梁山，郓城，定陶，巨野，成武，曹县，广饶，博兴，高青，桓台，文登，沂源，蒙阴，费县，微山，禹城，冠县，莱芜（2个市辖区）*，单县*，夏津*

第二组：东营（2个市辖区），招远，新泰，栖霞，莱州，日照，平度，高密，垦利，博山，滨州*，平邑*

**4** 抗震设防烈度为6度，设计基本地震加速度值为0.05$g$：

第一组：德州，宁阳，陵县，曲阜，邹城，鱼台，乳山，荣成，兖州

第二组：济南（5个市辖区），青岛（7个市辖区），泰安（2个市辖区），济宁（2个市辖区），武城，乐陵，庆云，无棣，阳信，宁津，沾化，利津，惠民，商河，临邑，济阳，齐河，邹平，章丘，泗水，莱阳，海阳，金乡，滕州，莱西，即墨

第三组：胶南，胶州，东平，汶上，嘉祥，临清，长清，肥城

**3.0.14** 河南省

**1** 抗震设防烈度为8度，设计基本地震加速度值为0.20$g$：

第一组：新乡（4个市辖区），新乡县，安阳（4个市辖区），安阳县，鹤壁（3个市辖区），原阳，延津，汤阴，淇县，卫辉，获嘉，范县，辉县

**2** 抗震设防烈度为7度，设计基本地震加速度值为0.15$g$：

第一组：郑州（6个市辖区），濮阳，濮阳县，长桓，封丘，修武，武陟，内黄，浚县，滑县，台前，南乐，清丰，灵宝，三门峡，陕县，林州*

**3** 抗震设防烈度为7度，设计基本地震加速度值为0.10$g$：

第一组：洛阳（6个市辖区），焦作（4个市辖区），开封（5个市辖区），南阳（2个市辖区），开封县，许昌县，沁阳，博爱，孟州，孟津，巩义，偃师，济源，新密，新郑，民权，兰考，长葛，温县，荥阳，中牟，杞县*，许昌*

**4** 抗震设防烈度为6度，设计基本地震加速度值为0.05$g$：

第一组：商丘（2个市辖区），信阳（2个市辖区），漯河，平顶山（4个市辖区），登封，义马，虞城，夏邑，通许，尉氏，睢县，宁陵，柘城，新安，宜阳，嵩县，汝阳，伊川，禹州，郏县，宝丰，襄城，郾城，鄢陵，扶沟，太康，鹿邑，郸城，沈丘，项城，淮阳，周口，商水，上蔡，临颍，西华，西平，栾川，内乡，镇平，唐河，邓州，新野，社旗，平舆，新县，驻马店，泌阳，汝南，桐柏，淮滨，息县，正阳，遂平，光山，罗山，潢川，商城，固始，南召，舞阳*

第二组：汝州，睢县，永城

第三组：卢氏，洛宁，渑池

**3.0.15** 湖北省

**1** 抗震设防烈度为7度，设计基本地震加速度值为0.10$g$：

竹溪，竹山，房县

**2** 抗震设防烈度为6度，设计基本地震加速度值为0.05$g$：

武汉(13个市辖区)，荆州(2个市辖区)，荆门，襄樊(2个市辖区)，襄阳，十堰(2个市辖区)，宜昌(4个市辖区)，宜昌县，黄石(4个市辖区)，恩施，咸宁，麻城，团风，罗田，英山，黄冈，鄂州，浠水，蕲春，黄梅，武穴，郧西，郧县，丹江口，谷城，老河口，宜城，南漳，保康，神农

架，钟祥，沙洋，远安，兴山，巴东，秭归，当阳，建始，利川，公安，宣恩，咸丰，长阳，宜都，枝江，松滋，江陵，石首，监利，洪湖，孝感，应城，云梦，天门，仙桃，红安，安陆，潜江，嘉鱼，大冶，通山，赤壁，崇阳，通城，五峰*，京山*

注：全省县级及县级以上设防城镇，设计地震分组均为第一组。

**3.0.16** 湖南省

**1** 抗震设防烈度为7度，设计基本地震加速度值为0.15$g$：

常德（2个市辖区）

**2** 抗震设防烈度为7度，设计基本地震加速度值为0.10$g$：

岳阳（2个市辖区），岳阳县，汨罗，湘阴，临澧，澧县，津市，桃源，安乡，汉寿

**3** 抗震设防烈度为6度，设计基本地震加速度值为0.05$g$：

长沙（5个市辖区），长沙县，益阳（2个市辖区），张家界（2个市辖区），郴州（2个市辖区），邵阳（3个市辖区），邵阳县，泸溪，沅陵，娄底，宜章，资兴，平江，宁乡，新化，冷水江，涟源，双峰，新邵，邵东，隆回，石门，慈利，华容，南县，临湘，沅江，桃江，望城，溆浦，会同，靖州，韶山，江华，宁远，道县，临武，湘乡*，安化*，中方*，洪江*

注：全省县级及县级以上设防城镇，设计地震分组均为第一组。

**3.0.17** 广东省

**1** 抗震设防烈度为8度，设计基本地震加速度值为0.20$g$：

汕头（5个市辖区），澄海，潮安，南澳，徐闻，潮州*

**2** 抗震设防烈度为7度，设计基本地震加速度值为0.15$g$：

揭阳，揭东，潮阳，饶平

**3** 抗震设防烈度为7度，设计基本地震加速度值为0.10$g$：

广州（除花都外的9个市辖区），深圳（6个市辖区），湛江（4个市辖区），汕尾，海丰，普宁，惠来，阳江，阳东，阳西，茂名，化州，廉江，遂溪，吴川，丰顺，南海，顺德，中山，珠海，斗门，电白，雷州，佛山（2个市辖区）*，江门（2个市辖区）*，新会*，陆丰*

**4** 抗震设防烈度为6度，设计基本地震加速度值为0.05$g$：

韶关（3个市辖区），肇庆（2个市辖区），花都，河源，揭西，东源，梅州，东莞，清远，清新，南雄，仁化，始兴，乳源，曲江，英德，佛冈，龙门，龙川，平远，大埔，从化，梅县，兴宁，五华，紫金，陆河，增城，博罗，惠州，惠阳，惠东，三水，四会，云浮，云安，高要，高明，鹤山，封开，郁南，罗定，信宜，新兴，开平，恩平，台山，阳春，高州，翁源，连平，和平，蕉岭，新丰*

注：全省县级及县级以上设防城镇，设计地震分组均为第一组。

**3.0.18** 广西自治区

**1** 抗震设防烈度为7度，设计基本地震加速度值为0.15$g$：

灵山，田东

**2** 抗震设防烈度为7度，设计基本地震加速度值为0.10$g$：

玉林，兴业，横县，北流，百色，田阳，平果，隆安，浦北，博白，乐业*

**3** 抗震设防烈度为6度，设计基本地震加速度值为0.05$g$：

南宁（6个市辖区），桂林（5个市辖区），柳州（5个市辖区），梧州（3个市辖区），钦州（2个市辖区），贵港（2个市辖区），防城港（2个市辖区），北海（2个市辖区），兴安，灵川，临桂，永福，鹿寨，天峨，东兰，巴马，都安，大化，马山，融安，象州，武宣，桂平，平南，上林，宾阳，武鸣，大新，扶绥，邕宁，东兴，合浦，钟山，贺州，藤县，苍梧，容县，岑溪，陆川，凤山，凌云，田林，隆林，西林，德保，靖西，那坡，天等，崇左，上思，龙州，宁明，融水，凭祥，全州

注：全自治区县级及县级以上设防城镇，设计地震分组均为第一组。

**3.0.19** 海南省

**1** 抗震设防烈度为8度，设计基本地震加速度值为0.30$g$：

海口（3个市辖区），琼山

**2** 抗震设防烈度为8度，设计基本地震加速度值为0.20$g$：

文昌，定安

**3** 抗震设防烈度为7度，设计基本地震加速度值为0.15$g$：

澄迈

**4** 抗震设防烈度为7度，设计基本地震加速度值为0.10$g$：

临高，琼海，儋州，屯昌

**5** 抗震设防烈度为6度，设计基本地震加速度值为0.05$g$：

三亚，万宁，琼中，昌江，白沙，保亭，陵水，东方，乐东，通什

注：全省县级及县级以上设防城镇，设计地震分组均为第一组。

**3.0.20** 四川省

**1** 抗震设防烈度不低于9度，设计基本地震加速度值不小于0.40$g$：

第一组：康定，西昌

**2** 抗震设防烈度为8度，设计基本地震加速度值为0.30$g$：

第一组：冕宁*

**3** 抗震设防烈度为8度，设计基本地震加速度值为0.20$g$：

第一组：松潘，道孚，泸定，甘孜，炉霍，石棉，喜德，普格，宁南，德昌，理塘

第二组：九寨沟

**4** 抗震设防烈度为7度，设计基本地震加速度值为0.15$g$：

第一组：宝兴，茂县，巴塘，德格，马边，雷波

第二组：越西，雅江，九龙，平武，木里，盐源，会东，新龙

第三组：天全，荥经，汉源，昭觉，布拖，丹巴，芦山，甘洛

**5** 抗震设防烈度为7度，设计基本地震加速度值为0.10$g$：

第一组：成都（除龙泉驿、清白江的5个市辖区），乐山（除金口河外的3个市辖区），自贡（4个市辖区），宜宾，宜宾县，北川，安县，绵竹，汶川，都江堰，双流，新津，青神，峨边，沐川，屏山，理县，得荣，新都*

第二组：攀枝花（3个市辖区），江油，什邡，彭州，郫县，温江，大邑，崇州，邛崃，蒲江，彭山，丹棱，眉山，洪雅，夹江，峨嵋山，若尔盖，色达，壤塘，马尔康，石渠，白玉，金川，黑水，盐边，米易，乡城，稻城，金口河，朝天区*

第三组：青川，雅安，名山，美姑，金阳，小金，会理

6　抗震设防烈度为6度，设计基本地震加速度值为0.05$g$：

第一组：泸州(3个市辖区)，内江(2个市辖区)，德阳，宣汉，达州，达县，大竹，邻水，渠县，广安，华蓥，隆昌，富顺，泸县，南溪，江安，长宁，高县，珙县，兴文，叙永，古蔺，金堂，广汉，简阳，资阳，仁寿，资中，犍为，荣县，威远，南江，通江，万源，巴中，苍溪，阆中，仪陇，西充，南部，盐亭，三台，射洪，大英，乐至，旺苍，龙泉驿，清白江

第二组：绵阳（2个市辖区），梓潼，中江，阿坝，筠连，井研

第三组：广元（除朝天区外的2个市辖区），剑阁，罗江，红原

**3.0.21**　贵州省

1　抗震设防烈度为7度，设计基本地震加速度值为0.10$g$：

第一组：望谟

第二组：威宁

2　抗震设防烈度为6度，设计基本地震加速度值为0.05$g$：

第一组：贵阳（除白云外的5个市辖区），凯里，毕节，安顺，都匀，六盘水，黄平，福泉，贵定，麻江，清镇，龙里，平坝，纳雍，织金，水城，普定，六枝，镇宁，惠水，长顺，关岭，紫云，罗甸，兴仁，贞丰，安龙，册亨，金沙，印江，赤水，习水，思南*

第二组：赫章，普安，晴隆，兴义

第三组：盘县

**3.0.22**　云南省

1　抗震设防烈度不低于9度，设计基本地震加速度值不小于0.40$g$：

第一组：寻甸，东川

第二组：澜沧

2　抗震设防烈度为8度，设计基本地震加速度值为0.30$g$：

第一组：剑川，嵩明，宜良，丽江，鹤庆，永胜，潞西，龙陵，石屏，建水

第二组：耿马，双江，沧源，勐海，西盟，孟连

3　抗震设防烈度为8度，设计基本地震加速度值为0.20$g$：

第一组：石林，玉溪，大理，永善，巧家，江川，华宁，峨山，通海，洱源，宾川，弥渡，祥云，会泽，南涧

第二组：昆明（除东川外的4个市辖区），思茅，保山，马龙，呈贡，澄江，晋宁，易门，漾濞，巍山，云县，腾冲，施甸，瑞丽，梁河，安宁，凤庆*，陇川*

第三组：景洪，永德，镇康，临沧

4　抗震设防烈度为7度，设计基本地震加速度值为0.15$g$：

第一组：中甸，泸水，大关，新平*

第二组：沾益，个旧，红河，元江，禄丰，双柏，开远，盈江，永平，昌宁，宁蒗，南华，楚雄，勐腊，华坪，景东*

第三组：曲靖，弥勒，陆良，富民，禄劝，武定，兰坪，云龙，景谷，普洱

5　抗震设防烈度为7度，设计基本地震加速度值为0.10$g$：

第一组：盐津，绥江，德钦，水富，贡山

第二组：昭通，彝良，鲁甸，福贡，永仁，大姚，元谋，姚安，牟定，墨江，绿春，镇沅，江城，金平

第三组：富源，师宗，泸西，蒙自，元阳，维西，宣威

**6** 抗震设防烈度为6度，设计基本地震加速度值为0.05$g$：

第一组：威信，镇雄，广南，富宁，西畴，麻栗坡，马关

第二组：丘北，砚山，屏边，河口，文山

第三组：罗平

**3.0.23** 西藏自治区

**1** 抗震设防烈度不低于9度，设计基本地震加速度值不小于0.40$g$：

第二组：当雄，墨脱

**2** 抗震设防烈度为8度，设计基本地震加速度值为0.30$g$：

第一组：申扎

第二组：米林，波密

**3** 抗震设防烈度为8度，设计基本地震加速度值为0.20$g$：

第一组：普兰，聂拉木，萨嘎

第二组：拉萨，堆龙德庆，尼木，仁布，尼玛，洛隆，隆子，错那，曲松

第三组：那曲，林芝（八一镇），林周

**4** 抗震设防烈度为7度，设计基本地震加速度值为0.15$g$：

第一组：札达，吉隆，拉孜，谢通门，亚东，洛扎，昂仁

第二组：日土，江孜，康马，白朗，扎囊，措美，桑日，加查，边坝，八宿，丁青，类乌齐，乃东，琼结，贡嘎，朗县，达孜，日喀则*，噶尔*

第三组：南木林，班戈，浪卡子，墨竹工卡，曲水，安多，聂荣

**5** 抗震设防烈度为7度，设计基本地震加速度值为0.10$g$：

第一组：改则，措勤，仲巴，定结，芒康

第二组：昌都，定日，萨迦，岗巴，巴青，工布江达，索县，比如，嘉黎，察雅，左贡，察隅，江达，贡觉

**6** 抗震设防烈度为6度，设计基本地震加速度值为0.05$g$：

第一组：革吉

**3.0.24** 陕西省

**1** 抗震设防烈度为8度，设计基本地震加速度值为0.20$g$：

第一组：西安（8个市辖区），渭南，华县，华阴，潼关，大荔

第二组：陇县

**2** 抗震设防烈度为7度，设计基本地震加速度值为0.15$g$：

第一组:咸阳(3个市辖区),宝鸡(2个市辖区),高陵,千阳,岐山,凤翔,扶风,武功,兴平,周至,眉县,宝鸡县,三原,富平,澄城,蒲城,泾阳,礼泉,长安,户县,蓝田,韩城,合阳

第二组:凤县

**3** 抗震设防烈度为7度，设计基本地震加速度值为0.10$g$：

第一组：安康，平利，乾县，洛南

第二组：白水，耀县，淳化，麟游，永寿，商州，铜川（2个市辖区）*，柞水*

第三组：太白，留坝，勉县，略阳

**4** 抗震设防烈度为6度，设计基本地震加速度值为0.05$g$：

第一组：延安，清涧，神木，佳县，米脂，绥德，安塞，延川，延长，定边，吴旗，志丹，甘泉，富县，商南，旬阳，紫阳，镇巴，白河，岚皋，镇坪，子长*

第二组：府谷，吴堡，洛川，黄陵，旬邑，洋县，西乡，石泉，汉阴，宁陕，汉中，南郑，城固

第三组：宁强，宜川，黄龙，宜君，长武，彬县，佛坪，镇安，丹凤，山阳

**3.0.25** 甘肃省

**1** 抗震设防烈度不低于9度，设计基本地震加速度值不小于0.40$g$：

第一组：古浪

**2** 抗震设防烈度为8度，设计基本地震加速度值为0.30$g$：

第一组：天水（2个市辖区），礼县，西和

**3** 抗震设防烈度为8度，设计基本地震加速度值为0.20$g$：

第一组：宕昌，文县，肃北，武都

第二组：兰州（5个市辖区），成县，舟曲，徽县，康县，武威，永登，天祝，景泰，靖远，陇西，武山，秦安，清水，甘谷，漳县，会宁，静宁，庄浪，张家川，通渭，华亭

**4** 抗震设防烈度为7度，设计基本地震加速度值为0.15$g$：

第一组：康乐，嘉峪关，玉门，酒泉，高台，临泽，肃南

第二组：白银（2个市辖区），永靖，岷县，东乡，和政，广河，临谭，卓尼，迭部，临洮，渭源，皋兰，崇信，榆中，定西，金昌，两当，阿克塞，民乐，永昌

第三组：平凉

**5** 抗震设防烈度为7度，设计基本地震加速度值为0.10$g$：

第一组：张掖，合作，玛曲，金塔，积石山

第二组：敦煌，安西，山丹，临夏，临夏县，夏河，碌曲，泾川，灵台

第三组：民勤，镇原，环县

**6** 抗震设防烈度为6度，设计基本地震加速度值为0.05$g$：

第二组：华池，正宁，庆阳，合水，宁县

第三组：西峰

**3.0.26** 青海省

**1** 抗震设防烈度为8度，设计基本地震加速度值为0.20$g$：

第一组：玛沁

第二组：玛多，达日

**2** 抗震设防烈度为7度，设计基本地震加速度值为0.15$g$：

第一组：祁连，玉树

第二组：甘德，门源

**3** 抗震设防烈度为7度，设计基本地震加速度值为0.10$g$：

第一组：乌兰，治多，称多，杂多，囊谦

第二组：西宁（4个市辖区），同仁，共和，德令哈，海晏，湟源，湟中，平安，民和，化隆，贵德，尖扎，循化，格尔木，贵南，同德，河南，曲麻莱，久治，班玛，天峻，刚察

第三组：大通，互助，乐都，都兰，兴海

**4** 抗震设防烈度为6度，设计基本地震加速度值为0.05$g$：

第二组：泽库

**3.0.27** 宁夏自治区

**1** 抗震设防烈度为8度，设计基本地震加速度值为0.30$g$：

第一组：海原

**2** 抗震设防烈度为8度，设计基本地震加速度值为0.20$g$：

第一组：银川（3个市辖区），石嘴山（3个市辖区），吴忠，惠农，平罗，贺兰，永宁，青铜峡，泾源，灵武，陶乐，固原

第二组：西吉，中卫，中宁，同心，隆德

**3** 抗震设防烈度为7度，设计基本地震加速度值为0.15$g$：

第三组：彭阳

**4** 抗震设防烈度为6度，设计基本地震加速度值为0.05$g$：

第三组：盐池

**3.0.28** 新疆自治区

**1** 抗震设防烈度不低于9度，设计基本地震加速度值不小于0.40$g$：

第二组：乌恰，塔什库尔干

**2** 抗震设防烈度为8度，设计基本地震加速度值为0.30$g$：

第二组：阿图什，喀什，疏附

**3** 抗震设防烈度为8度，设计基本地震加速度值为0.20$g$：

第一组：乌鲁木齐（7个市辖区），乌鲁木齐县，温宿，阿克苏，柯坪，米泉，乌苏，特克斯，库车，巴里坤，青河，富蕴，乌什*

第二组：尼勒克，新源，巩留，精河，奎屯，沙湾，玛纳斯，石河子，独山子

第三组：疏勒，伽师，阿克陶，英吉沙

**4** 抗震设防烈度为7度，设计基本地震加速度值为0.15$g$：

第一组：库尔勒，新和，轮台，和静，焉耆，博湖，巴楚，昌吉，拜城，阜康*，木垒*

第二组：伊宁，伊宁县，霍城，察布查尔，呼图壁

第三组：岳普湖

**5** 抗震设防烈度为7度，设计基本地震加速度值为0.10$g$：

第一组：吐鲁番，和田，和田县，昌吉，吉木萨尔，洛浦，奇台，伊吾，鄯善，托克逊，和硕，尉犁，墨玉，策勒，哈密

第二组：克拉玛依（克拉玛依区），博乐，温泉，阿合奇，阿瓦提，沙雅

第三组：莎车，泽普，叶城，麦盖堤，皮山

**6** 抗震设防烈度为6度，设计基本地震加速度值为0.05$g$：

第一组：于田，哈巴河，塔城，额敏，福海，和布克赛尔，乌尔禾

第二组：阿勒泰，托里，民丰，若羌，布尔津，吉木乃，裕民，白碱滩

第三组：且末

**3.0.29** 港澳特区和台湾省

**1** 抗震设防烈度不低于9度，设计基本地震加速度值不小于0.40$g$：

第一组：台中

第二组：苗栗，云林，嘉义，花莲

**2** 抗震设防烈度为 8 度，设计基本地震加速度值为 $0.30g$：

第二组：台北，桃园，台南，基隆，宜兰，台东，屏东

**3** 抗震设防烈度为 8 度，设计基本地震加速度值为 $0.20g$：

第二组：高雄，澎湖

**4** 抗震设防烈度为 7 度，设计基本地震加速度值为 $0.15g$：

第一组：香港

**5** 抗震设防烈度为 7 度，设计基本地震加速度值为 $0.10g$：

第一组：澳门

# 附录 4 柱的抗侧刚度

柱的抗侧刚度按下式计算：

$$D = \alpha_c \frac{12EI}{h^3}$$

式中 $\alpha_c$——柱抗侧移刚度修正系数，按附表 4-1 计算。

柱抗侧移刚度修正系数表 附表 4-1

| 柱的部位及固定情况 | 一 般 层 | 底层，下面固支 | 底层，下端铰支 |
|---|---|---|---|
| | $i_1$ $i_2$ $i_c$ $i_3$ $i_4$<br>$\bar{i} = \dfrac{i_1 + i_2 + i_3 + i_4}{2i_c}$ | $i_1$ $i_2$ $i_c$<br>$\bar{i} = \dfrac{i_1 + i_2}{i_c}$ | $i_1$ $i_2$ $i_c$<br>$\bar{i} = \dfrac{i_1 + i_2}{i_c}$ |
| $\alpha_c$ | $\alpha_c = \dfrac{\bar{i}}{2 + \bar{i}}$ | $\alpha_c = \dfrac{0.5 + \bar{i}}{2 + \bar{i}}$ | $\alpha_c = \dfrac{0.5\bar{i}}{1 + 2\bar{i}}$ |

# 附录 5　柱修正的反弯点高度比
# $y_0$、$y_1$、$y_2$ 和 $y_3$

均布水平荷载下各层柱标准反弯点高度比 $y_0$　　附表 5-1

| $n$ | $j$ \ $\bar{i}$ | 0.1 | 0.2 | 0.3 | 0.4 | 0.5 | 0.6 | 0.7 | 0.8 | 0.9 | 1.0 | 2.0 | 3.0 | 4.0 | 5.0 |
|---|---|---|---|---|---|---|---|---|---|---|---|---|---|---|---|
| 1 | 1 | 0.80 | 0.75 | 0.70 | 0.65 | 0.65 | 0.60 | 0.60 | 0.60 | 0.60 | 0.55 | 0.55 | 0.55 | 0.55 | 0.55 |
| 2 | 2 | 0.45 | 0.40 | 0.35 | 0.35 | 0.35 | 0.35 | 0.40 | 0.40 | 0.40 | 0.40 | 0.45 | 0.45 | 0.45 | 0.45 |
|  | 1 | 0.95 | 0.80 | 0.75 | 0.70 | 0.65 | 0.65 | 0.65 | 0.60 | 0.60 | 0.60 | 0.55 | 0.55 | 0.55 | 0.50 |
| 3 | 3 | 0.15 | 0.20 | 0.20 | 0.25 | 0.30 | 0.30 | 0.30 | 0.35 | 0.35 | 0.35 | 0.40 | 0.45 | 0.45 | 0.45 |
|  | 2 | 0.55 | 0.50 | 0.45 | 0.45 | 0.45 | 0.45 | 0.45 | 0.45 | 0.45 | 0.45 | 0.45 | 0.50 | 0.50 | 0.50 |
|  | 1 | 1.00 | 0.85 | 0.80 | 0.75 | 0.70 | 0.70 | 0.65 | 0.65 | 0.65 | 0.60 | 0.55 | 0.55 | 0.55 | 0.55 |
| 4 | 4 | −0.05 | 0.05 | 0.15 | 0.20 | 0.25 | 0.30 | 0.30 | 0.35 | 0.35 | 0.35 | 0.40 | 0.45 | 0.45 | 0.45 |
|  | 3 | 0.25 | 0.30 | 0.30 | 0.35 | 0.35 | 0.40 | 0.40 | 0.40 | 0.40 | 0.45 | 0.45 | 0.50 | 0.50 | 0.50 |
|  | 2 | 0.65 | 0.55 | 0.50 | 0.50 | 0.45 | 0.45 | 0.45 | 0.45 | 0.45 | 0.45 | 0.50 | 0.50 | 0.50 | 0.50 |
|  | 1 | 1.10 | 0.90 | 0.80 | 0.75 | 0.70 | 0.70 | 0.55 | 0.65 | 0.55 | 0.60 | 0.55 | 0.55 | 0.55 | 0.55 |
| 5 | 5 | −0.20 | 0.00 | 0.15 | 0.20 | 0.25 | 0.30 | 0.30 | 0.30 | 0.35 | 0.35 | 0.40 | 0.45 | 0.45 | 0.45 |
|  | 4 | 0.10 | 0.20 | 0.25 | 0.30 | 0.35 | 0.35 | 0.40 | 0.40 | 0.40 | 0.40 | 0.45 | 0.45 | 0.50 | 0.50 |
|  | 3 | 0.40 | 0.40 | 0.40 | 0.40 | 0.40 | 0.45 | 0.45 | 0.45 | 0.45 | 0.45 | 0.50 | 0.50 | 0.50 | 0.50 |
|  | 2 | 0.65 | 0.55 | 0.50 | 0.50 | 0.50 | 0.50 | 0.50 | 0.50 | 0.50 | 0.50 | 0.50 | 0.50 | 0.50 | 0.50 |
|  | 1 | 1.20 | 0.95 | 0.80 | 0.75 | 0.75 | 0.70 | 0.70 | 0.65 | 0.65 | 0.65 | 0.55 | 0.55 | 0.55 | 0.55 |
| 6 | 6 | −0.30 | 0.00 | 0.10 | 0.20 | 0.25 | 0.25 | 0.30 | 0.30 | 0.35 | 0.35 | 0.40 | 0.45 | 0.45 | 0.45 |
|  | 5 | 0.00 | 0.20 | 0.25 | 0.30 | 0.35 | 0.35 | 0.40 | 0.40 | 0.40 | 0.40 | 0.45 | 0.45 | 0.50 | 0.50 |
|  | 4 | 0.20 | 0.30 | 0.35 | 0.35 | 0.40 | 0.40 | 0.40 | 0.45 | 0.45 | 0.45 | 0.45 | 0.50 | 0.50 | 0.50 |
|  | 3 | 0.40 | 0.40 | 0.40 | 0.45 | 0.45 | 0.45 | 0.45 | 0.45 | 0.45 | 0.45 | 0.50 | 0.50 | 0.50 | 0.50 |
|  | 2 | 0.70 | 0.60 | 0.55 | 0.50 | 0.50 | 0.50 | 0.50 | 0.50 | 0.50 | 0.50 | 0.50 | 0.50 | 0.50 | 0.50 |
|  | 1 | 1.20 | 0.95 | 0.85 | 0.80 | 0.75 | 0.70 | 0.70 | 0.65 | 0.65 | 0.65 | 0.55 | 0.55 | 0.55 | 0.55 |
| 7 | 7 | −0.35 | −0.05 | 0.10 | 0.20 | 0.20 | 0.25 | 0.30 | 0.30 | 0.35 | 0.35 | 0.40 | 0.45 | 0.45 | 0.45 |
|  | 6 | −0.10 | 0.15 | 0.25 | 0.30 | 0.35 | 0.35 | 0.35 | 0.40 | 0.40 | 0.40 | 0.45 | 0.45 | 0.50 | 0.50 |
|  | 5 | 0.10 | 0.25 | 0.30 | 0.35 | 0.40 | 0.40 | 0.40 | 0.45 | 0.45 | 0.45 | 0.50 | 0.50 | 0.50 | 0.50 |
|  | 4 | 0.30 | 0.35 | 0.40 | 0.40 | 0.40 | 0.45 | 0.45 | 0.45 | 0.45 | 0.45 | 0.50 | 0.50 | 0.50 | 0.50 |
|  | 3 | 0.50 | 0.45 | 0.45 | 0.45 | 0.45 | 0.45 | 0.45 | 0.45 | 0.45 | 0.45 | 0.50 | 0.50 | 0.50 | 0.50 |
|  | 2 | 0.75 | 0.60 | 0.55 | 0.50 | 0.50 | 0.50 | 0.50 | 0.50 | 0.50 | 0.50 | 0.50 | 0.50 | 0.50 | 0.50 |
|  | 1 | 1.20 | 0.95 | 0.85 | 0.80 | 0.75 | 0.70 | 0.70 | 0.65 | 0.65 | 0.65 | 0.55 | 0.55 | 0.55 | 0.55 |

续表

| n | j \ $\bar{i}$ | 0.1 | 0.2 | 0.3 | 0.4 | 0.5 | 0.6 | 0.7 | 0.8 | 0.9 | 1.0 | 2.0 | 3.0 | 4.0 | 5.0 |
|---|---|---|---|---|---|---|---|---|---|---|---|---|---|---|---|
| 8 | 8 | −0.35 | −0.15 | 0.10 | 0.10 | 0.25 | 0.25 | 0.30 | 0.30 | 0.35 | 0.35 | 0.40 | 0.45 | 0.45 | 0.45 |
| | 7 | 0.10 | 0.15 | 0.25 | 0.30 | 0.35 | 0.35 | 0.40 | 0.40 | 0.40 | 0.40 | 0.45 | 0.50 | 0.50 | 0.50 |
| | 6 | 0.05 | 0.25 | 0.30 | 0.35 | 0.40 | 0.40 | 0.45 | 0.45 | 0.45 | 0.45 | 0.45 | 0.50 | 0.50 | 0.50 |
| | 5 | 0.20 | 0.30 | 0.35 | 0.40 | 0.40 | 0.45 | 0.45 | 0.45 | 0.45 | 0.45 | 0.50 | 0.50 | 0.50 | 0.50 |
| | 4 | 0.35 | 0.40 | 0.40 | 0.45 | 0.45 | 0.45 | 0.45 | 0.45 | 0.45 | 0.45 | 0.50 | 0.50 | 0.50 | 0.50 |
| | 3 | 0.50 | 0.45 | 0.45 | 0.45 | 0.45 | 0.45 | 0.45 | 0.45 | 0.50 | 0.50 | 0.50 | 0.50 | 0.50 | 0.50 |
| | 2 | 0.75 | 0.60 | 0.55 | 0.55 | 0.50 | 0.50 | 0.50 | 0.50 | 0.50 | 0.50 | 0.50 | 0.50 | 0.50 | 0.50 |
| | 1 | 1.20 | 1.00 | 0.85 | 0.80 | 0.75 | 0.70 | 0.70 | 0.65 | 0.65 | 0.65 | 0.55 | 0.55 | 0.55 | 0.55 |
| 9 | 9 | −0.40 | −0.05 | 0.10 | 0.20 | 0.25 | 0.25 | 0.30 | 0.30 | 0.35 | 0.35 | 0.45 | 0.45 | 0.45 | 0.45 |
| | 8 | −0.15 | 0.15 | 0.25 | 0.30 | 0.35 | 0.35 | 0.35 | 0.40 | 0.40 | 0.40 | 0.45 | 0.45 | 0.50 | 0.50 |
| | 7 | 0.05 | 0.25 | 0.30 | 0.35 | 0.40 | 0.40 | 0.40 | 0.45 | 0.45 | 0.45 | 0.45 | 0.50 | 0.50 | 0.50 |
| | 6 | 0.15 | 0.30 | 0.35 | 0.40 | 0.40 | 0.45 | 0.45 | 0.45 | 0.45 | 0.45 | 0.50 | 0.50 | 0.50 | 0.50 |
| | 5 | 0.25 | 0.35 | 0.40 | 0.40 | 0.45 | 0.45 | 0.45 | 0.45 | 0.45 | 0.45 | 0.50 | 0.50 | 0.50 | 0.50 |
| | 4 | 0.40 | 0.40 | 0.40 | 0.45 | 0.45 | 0.45 | 0.45 | 0.45 | 0.45 | 0.45 | 0.50 | 0.50 | 0.50 | 0.50 |
| | 3 | 0.55 | 0.45 | 0.45 | 0.45 | 0.45 | 0.45 | 0.45 | 0.45 | 0.50 | 0.50 | 0.50 | 0.50 | 0.50 | 0.50 |
| | 2 | 0.80 | 0.65 | 0.55 | 0.55 | 0.50 | 0.50 | 0.50 | 0.50 | 0.50 | 0.50 | 0.50 | 0.50 | 0.50 | 0.50 |
| | 1 | 1.20 | 1.00 | 0.85 | 0.80 | 0.75 | 0.70 | 0.70 | 0.65 | 0.65 | 0.65 | 0.55 | 0.55 | 0.55 | 0.55 |
| 10 | 10 | −0.40 | −0.05 | 0.10 | 0.20 | 0.25 | 0.30 | 0.30 | 0.30 | 0.30 | 0.35 | 0.40 | 0.45 | 0.45 | 0.45 |
| | 9 | −0.15 | 0.15 | 0.25 | 0.30 | 0.35 | 0.35 | 0.40 | 0.40 | 0.40 | 0.40 | 0.45 | 0.45 | 0.50 | 0.50 |
| | 8 | 0.00 | 0.25 | 0.30 | 0.35 | 0.40 | 0.40 | 0.40 | 0.45 | 0.45 | 0.45 | 0.45 | 0.50 | 0.50 | 0.50 |
| | 7 | 0.10 | 0.30 | 0.35 | 0.40 | 0.40 | 0.40 | 0.45 | 0.45 | 0.45 | 0.45 | 0.50 | 0.50 | 0.50 | 0.50 |
| | 6 | 0.20 | 0.35 | 0.40 | 0.40 | 0.45 | 0.45 | 0.45 | 0.45 | 0.45 | 0.45 | 0.50 | 0.50 | 0.50 | 0.50 |
| | 5 | 0.30 | 0.40 | 0.40 | 0.45 | 0.45 | 0.45 | 0.45 | 0.45 | 0.45 | 0.50 | 0.50 | 0.50 | 0.50 | 0.50 |
| | 4 | 0.40 | 0.40 | 0.45 | 0.45 | 0.45 | 0.45 | 0.45 | 0.45 | 0.45 | 0.50 | 0.50 | 0.50 | 0.50 | 0.50 |
| | 3 | 0.55 | 0.50 | 0.45 | 0.45 | 0.45 | 0.50 | 0.50 | 0.50 | 0.50 | 0.50 | 0.50 | 0.50 | 0.50 | 0.50 |
| | 2 | 0.80 | 0.65 | 0.55 | 0.55 | 0.55 | 0.50 | 0.50 | 0.50 | 0.50 | 0.50 | 0.50 | 0.50 | 0.50 | 0.50 |
| | 1 | 1.30 | 1.00 | 0.85 | 0.80 | 0.75 | 0.70 | 0.70 | 0.65 | 0.65 | 0.65 | 0.60 | 0.55 | 0.55 | 0.55 |
| 11 | 11 | −0.40 | −0.05 | 0.10 | 0.20 | 0.25 | 0.30 | 0.30 | 0.30 | 0.35 | 0.35 | 0.40 | 0.45 | 0.45 | 0.45 |
| | 10 | −0.15 | 0.15 | 0.25 | 0.30 | 0.35 | 0.35 | 0.40 | 0.40 | 0.40 | 0.40 | 0.45 | 0.45 | 0.50 | 0.50 |
| | 9 | 0.00 | 0.25 | 0.30 | 0.35 | 0.40 | 0.40 | 0.40 | 0.45 | 0.45 | 0.45 | 0.45 | 0.50 | 0.50 | 0.50 |
| | 8 | 0.10 | 0.30 | 0.35 | 0.40 | 0.40 | 0.45 | 0.45 | 0.45 | 0.45 | 0.45 | 0.50 | 0.50 | 0.50 | 0.50 |
| | 7 | 0.20 | 0.35 | 0.40 | 0.45 | 0.45 | 0.45 | 0.45 | 0.45 | 0.45 | 0.45 | 0.50 | 0.50 | 0.50 | 0.50 |
| | 6 | 0.25 | 0.35 | 0.40 | 0.45 | 0.45 | 0.45 | 0.45 | 0.45 | 0.45 | 0.45 | 0.50 | 0.50 | 0.50 | 0.50 |
| | 5 | 0.35 | 0.40 | 0.40 | 0.45 | 0.45 | 0.45 | 0.45 | 0.45 | 0.45 | 0.50 | 0.50 | 0.50 | 0.50 | 0.50 |
| | 4 | 0.40 | 0.45 | 0.45 | 0.45 | 0.45 | 0.45 | 0.45 | 0.50 | 0.50 | 0.50 | 0.50 | 0.50 | 0.50 | 0.50 |
| | 3 | 0.55 | 0.50 | 0.50 | 0.50 | 0.50 | 0.50 | 0.50 | 0.50 | 0.50 | 0.50 | 0.50 | 0.50 | 0.50 | 0.50 |
| | 2 | 0.80 | 0.65 | 0.60 | 0.55 | 0.55 | 0.50 | 0.50 | 0.50 | 0.50 | 0.50 | 0.50 | 0.50 | 0.50 | 0.50 |
| | 1 | 1.30 | 1.00 | 0.85 | 0.80 | 0.75 | 0.70 | 0.70 | 0.65 | 0.65 | 0.65 | 0.60 | 0.55 | 0.55 | 0.55 |
| 12以上 | 自上1 | −0.40 | −0.05 | 0.10 | 0.20 | 0.25 | 0.30 | 0.30 | 0.30 | 0.35 | 0.35 | 0.40 | 0.45 | 0.45 | 0.45 |
| | 2 | −0.15 | 0.15 | 0.25 | 0.30 | 0.35 | 0.35 | 0.40 | 0.40 | 0.40 | 0.40 | 0.45 | 0.45 | 0.50 | 0.50 |
| | 3 | 0.00 | 0.25 | 0.30 | 0.35 | 0.40 | 0.40 | 0.40 | 0.45 | 0.45 | 0.45 | 0.50 | 0.50 | 0.50 | 0.50 |
| | 4 | 0.10 | 0.30 | 0.35 | 0.40 | 0.40 | 0.45 | 0.45 | 0.45 | 0.45 | 0.45 | 0.50 | 0.50 | 0.50 | 0.50 |
| | 5 | 0.20 | 0.35 | 0.40 | 0.40 | 0.45 | 0.45 | 0.45 | 0.45 | 0.45 | 0.45 | 0.50 | 0.50 | 0.50 | 0.50 |
| | 6 | 0.25 | 0.35 | 0.30 | 0.45 | 0.45 | 0.45 | 0.45 | 0.45 | 0.45 | 0.45 | 0.50 | 0.50 | 0.50 | 0.50 |
| | 7 | 0.30 | 0.40 | 0.40 | 0.45 | 0.45 | 0.45 | 0.45 | 0.45 | 0.50 | 0.50 | 0.50 | 0.50 | 0.50 | 0.50 |
| | 8 | 0.35 | 0.40 | 0.45 | 0.45 | 0.45 | 0.45 | 0.45 | 0.50 | 0.50 | 0.50 | 0.50 | 0.50 | 0.50 | 0.50 |
| | 中间 | 0.40 | 0.40 | 0.45 | 0.45 | 0.45 | 0.45 | 0.50 | 0.50 | 0.50 | 0.50 | 0.50 | 0.50 | 0.50 | 0.50 |
| | 4 | 0.45 | 0.45 | 0.45 | 0.45 | 0.50 | 0.50 | 0.50 | 0.50 | 0.50 | 0.50 | 0.50 | 0.50 | 0.50 | 0.50 |
| | 3 | 0.60 | 0.50 | 0.50 | 0.50 | 0.50 | 0.50 | 0.50 | 0.50 | 0.50 | 0.50 | 0.50 | 0.50 | 0.50 | 0.50 |
| | 2 | 0.80 | 0.65 | 0.60 | 0.55 | 0.55 | 0.50 | 0.50 | 0.50 | 0.50 | 0.50 | 0.50 | 0.50 | 0.50 | 0.50 |
| | 自下1 | 1.30 | 1.00 | 0.85 | 0.80 | 0.75 | 0.70 | 0.70 | 0.65 | 0.65 | 0.55 | 0.55 | 0.55 | 0.55 | 0.55 |

**上、下梁相对刚度变化时修正值 $y_1$** 　　　　附表 5-2

| $\alpha_1$ \ $\bar{i}$ | 0.1 | 0.2 | 0.3 | 0.4 | 0.5 | 0.6 | 0.7 | 0.8 | 0.9 | 1.0 | 2.0 | 3.0 | 4.0 | 5.0 |
|---|---|---|---|---|---|---|---|---|---|---|---|---|---|---|
| 0.4 | 0.55 | 0.40 | 0.30 | 0.25 | 0.20 | 0.20 | 0.20 | 0.15 | 0.15 | 0.15 | 0.05 | 0.05 | 0.05 | 0.05 |
| 0.5 | 0.45 | 0.30 | 0.20 | 0.20 | 0.15 | 0.15 | 0.15 | 0.10 | 0.10 | 0.10 | 0.05 | 0.05 | 0.05 | 0.05 |
| 0.6 | 0.30 | 0.20 | 0.15 | 0.15 | 0.10 | 0.10 | 0.10 | 0.10 | 0.05 | 0.05 | 0.05 | 0.05 | 0.00 | 0.00 |
| 0.7 | 0.20 | 0.15 | 0.10 | 0.10 | 0.10 | 0.05 | 0.05 | 0.05 | 0.05 | 0.05 | 0.05 | 0.00 | 0.00 | 0.00 |
| 0.8 | 0.15 | 0.10 | 0.05 | 0.05 | 0.05 | 0.05 | 0.05 | 0.05 | 0.05 | 0.00 | 0.00 | 0.00 | 0.00 | 0.00 |
| 0.9 | 0.05 | 0.05 | 0.05 | 0.05 | 0.00 | 0.00 | 0.00 | 0.00 | 0.00 | 0.00 | 0.00 | 0.00 | 0.00 | 0.00 |

注：当 $i_1+i_2<i_3+i_4$ 时，令 $\alpha_1=(i_1+i_2)/(i_3+i_4)$，当 $i_3+i_4<i_1+i_2$ 时，令 $\alpha_1=(i_3+i_4)/(i_1+i_2)$。对于底层柱不考虑 $\alpha_1$ 值，所以不作此项修正。

**上、下层柱高度变化时的修正值 $y_2$ 和 $y_3$** 　　　　附表 5-3

| $\alpha_2$ | $\alpha_3$ \ $\bar{i}$ | 0.1 | 0.2 | 0.3 | 0.4 | 0.5 | 0.6 | 0.7 | 0.8 | 0.9 | 1.0 | 2.0 | 3.0 | 4.0 | 5.0 |
|---|---|---|---|---|---|---|---|---|---|---|---|---|---|---|---|
| 2.0 | | 0.25 | 0.15 | 0.15 | 0.10 | 0.10 | 0.10 | 0.10 | 0.10 | 0.05 | 0.05 | 0.05 | 0.05 | 0.0 | 0.0 |
| 1.8 | | 0.20 | 0.15 | 0.10 | 0.10 | 0.10 | 0.05 | 0.05 | 0.05 | 0.05 | 0.05 | 0.05 | 0.0 | 0.0 | 0.0 |
| 1.6 | 0.4 | 0.15 | 0.10 | 0.10 | 0.05 | 0.05 | 0.05 | 0.05 | 0.05 | 0.05 | 0.05 | 0.05 | 0.0 | 0.0 | 0.0 |
| 1.4 | 0.6 | 0.10 | 0.05 | 0.05 | 0.05 | 0.05 | 0.05 | 0.05 | 0.05 | 0.05 | 0.0 | 0.0 | 0.0 | 0.0 | 0.0 |
| 1.2 | 0.8 | 0.05 | 0.05 | 0.05 | 0.0 | 0.0 | 0.0 | 0.0 | 0.0 | 0.0 | 0.0 | 0.0 | 0.0 | 0.0 | 0.0 |
| 1.0 | 1.0 | 0.0 | 0.0 | 0.0 | 0.0 | 0.0 | 0.0 | 0.0 | 0.0 | 0.0 | 0.0 | 0.0 | 0.0 | 0.0 | 0.0 |
| 0.8 | 1.2 | −0.05 | −0.05 | −0.05 | 0.0 | 0.0 | 0.0 | 0.0 | 0.0 | 0.0 | 0.0 | 0.0 | 0.0 | 0.0 | 0.0 |
| 0.6 | 1.4 | −0.10 | −0.05 | −0.05 | −0.05 | −0.05 | −0.05 | −0.05 | −0.05 | −0.05 | −0.05 | 0.0 | 0.0 | 0.0 | 0.0 |
| 0.4 | 1.6 | −0.15 | −0.10 | −0.10 | −0.05 | −0.05 | −0.05 | −0.05 | −0.05 | −0.05 | −0.05 | 0.0 | 0.0 | 0.0 | 0.0 |
| | 1.8 | −0.20 | −0.15 | −0.10 | −0.10 | −0.10 | −0.05 | −0.05 | −0.05 | −0.05 | −0.05 | −0.05 | 0.0 | 0.0 | 0.0 |
| | 2.0 | −0.25 | −0.15 | −0.15 | −0.10 | −0.10 | −0.10 | −0.10 | −0.05 | −0.05 | −0.05 | −0.05 | −0.05 | 0.0 | 0.0 |

注：$\alpha_2=h_{上}/h$，$y_2$ 按 $\alpha_2$ 查表求得，上层较高时为正值。但对于最上层，不考虑 $y_2$ 修正值。

$\alpha_3=h_{下}/h$，$y_3$ 按 $\alpha_3$ 查表求得，对于最下层，不考虑 $y_3$ 修正值。

# 附录 6　构件的挠度与裂缝控制

**受弯构件的挠度限值** 　　　　附表 6-1

| 构件类型 | 挠度限值 |
|---|---|
| 吊车梁：手动吊车 | $l_0/500$ |
| 　　　　电动吊车 | $l_0/600$ |
| 屋盖、楼盖及楼梯构件： | |
| 当 $l_0<7$m 时 | $l_0/200$（$l_0/250$） |
| 当 7m$\leq l_0\leq$9m 时 | $l_0/250$（$l_0/300$） |
| 当 $l_0>9$m 时 | $l_0/300$（$l_0/400$） |

注：1. 表中 $l_0$ 为构件的计算跨度；

2. 表中括号内的数值适用于使用上对挠度有较高要求的构件；

3. 如果构件制作时预先起拱，且使用上也允许，则在验算挠度时，可将计算所得的挠度值减去起拱值；对预应力混凝土构件，尚可减去预加力所产生的反拱值；

4. 计算悬臂构件的挠度限值时，其计算跨度 $l_0$ 按实际悬臂长度的 2 倍取用。

结构构件的裂缝控制等级及最大裂缝宽度限值　　附表 6-2

| 环境类别 | 钢筋混凝土结构 | | 预应力混凝土结构 | |
|---|---|---|---|---|
| | 裂缝控制等级 | $w_{lim}$（mm） | 裂缝控制等级 | $w_{lim}$（mm） |
| 一 | 三 | 0.3（0.4） | 三 | 0.2 |
| 二 | 三 | 0.2 | 二 | — |
| 三 | 三 | 0.2 | 一 | — |

注：1. 表中的规定适用于采用热轧钢筋的钢筋混凝土构件和采用预应力钢丝、钢绞线及热处理钢筋的预应力混凝土构件；当采用其他类别的钢丝或钢筋时，其裂缝控制要求可按专门标准确定；

2. 对处于年平均相对湿度小于60%地区一类环境下的受弯构件，其最大裂缝宽度限值可采用括号内的数值；

3. 在一类环境下，对钢筋混凝土屋架、托架及需作疲劳验算的吊车梁，其最大裂缝宽度限值应取为 0.2mm；对钢筋混凝土屋面梁和托梁，其最大裂缝宽度限值应取为 0.3mm；

4. 在一类环境下，对预应力混凝土屋面梁、托梁、屋架、托架、屋面板和楼板，应按二级裂缝控制等级进行验算；在一类和二类环境下，对需作疲劳验算的预应力混凝土吊车梁，应按一级裂缝控制等级进行验算；

5. 表中规定的预应力混凝土构件的裂缝控制等级和最大裂缝宽度限值仅适用于正截面的验算；预应力混凝土构件的斜截面裂缝控制验算应符合《混凝土结构设计规范》(GB 50010—2002）第 8 章的要求；

6. 对于烟囱、筒仓和处于液体压力下的结构构件，其裂缝控制要求应符合专门标准的有关规定；

7. 对于处于四、五类环境下的结构构件，其裂缝控制要求应符合专门标准的有关规定；

8. 表中的最大裂缝宽度限值用于验算荷载作用引起的最大裂缝宽度。

# 附录 7　钢筋混凝土轴心受压构件稳定系数表

钢筋混凝土轴心受压构件的稳定系数　　附表 7-1

| $l_0/b$ | ≤8 | 10 | 12 | 14 | 16 | 18 | 20 | 22 | 24 | 26 | 28 |
|---|---|---|---|---|---|---|---|---|---|---|---|
| $l_0/d$ | ≤7 | 8.5 | 10.5 | 12 | 14 | 15.5 | 17 | 19 | 21 | 22.5 | 24 |
| $l_0/i$ | ≤28 | 35 | 42 | 48 | 55 | 62 | 69 | 76 | 83 | 90 | 97 |
| $\varphi$ | 1.00 | 0.98 | 0.95 | 0.92 | 0.87 | 0.81 | 0.75 | 0.70 | 0.65 | 0.60 | 0.56 |
| $l_0/b$ | 30 | 32 | 34 | 36 | 38 | 40 | 42 | 44 | 46 | 48 | 50 |
| $l_0/d$ | 26 | 28 | 29.5 | 31 | 33 | 34.5 | 36.5 | 38 | 40 | 41.5 | 43 |
| $l_0/i$ | 104 | 111 | 118 | 125 | 132 | 139 | 146 | 153 | 160 | 167 | 174 |
| $\varphi$ | 0.52 | 0.48 | 0.44 | 0.40 | 0.36 | 0.32 | 0.29 | 0.26 | 0.23 | 0.21 | 0.19 |

注：表中 $l_0$ 为构件的计算长度，对钢筋混凝土柱可按《混凝土结构设计规范》(GB50010—2002）第 7.3.11 条的规定取用；$b$ 为矩形截面的短边尺寸；$d$ 为圆形截面的直径；$i$ 为截面的最小回转半径。

# 附录 8　轴心受压和偏心受压柱的计算长度 $l_0$

（1）刚性屋盖单层房屋排架柱、露天吊车柱和栈桥柱，其计算长度 $l_0$ 可按附表 8-1 取用。

**刚性屋盖单层房屋排架柱、露天吊车柱和栈桥柱的计算长度　　附表 8-1**

| 柱 的 类 别 | | $l_0$ | | |
|---|---|---|---|---|
| | | 排架方向 | 垂直排架方向 | |
| | | | 有柱间支撑 | 无柱间支撑 |
| 无吊车房屋柱 | 单　跨 | $1.5H$ | $1.0H$ | $1.2H$ |
| | 两跨及多跨 | $1.25H$ | $1.0H$ | $1.2H$ |
| 有吊车房屋柱 | 上　柱 | $2.0H_u$ | $1.25H_u$ | $1.5H_u$ |
| | 下　柱 | $1.0H_l$ | $0.8H_l$ | $1.0H_l$ |
| 露天吊车柱和栈桥柱 | | $2.0H_l$ | $1.0H_l$ | — |

注：1. 表中 $H$ 为从基础顶面算起的柱子全高；$H_l$ 为从基础顶面至装配式吊车梁底面或现浇式吊车梁顶面的柱子下部高度；$H_u$ 为从装配式吊车梁底面或从现浇式吊车梁顶面算起的柱子上部高度；

2. 表中有吊车房屋排架柱的计算长度，当计算中不考虑吊车荷载时，可按无吊车房屋柱的计算长度采用，但上柱的计算长度仍可按有吊车房屋采用；

3. 表中有吊车房屋排架柱的上柱在排架方向的计算长度，仅适用于 $H_u/H_l \geqslant 0.3$ 的情况；当 $H_u/H_l < 0.3$ 时，计算长度宜采用 $2.5H_u$。

（2）一般多层房屋中梁柱为刚接的框架结构，各层柱的计算长度 $l_0$ 可按附表 8-2 取用。

**框架结构各层柱的计算长度　　附表 8-2**

| 楼 盖 类 型 | 柱 的 类 别 | $l_0$ |
|---|---|---|
| 现 浇 楼 盖 | 底　层　柱 | $1.0H$ |
| | 其余各层柱 | $1.25H$ |
| 装配式楼盖 | 底　层　柱 | $1.25H$ |
| | 其余各层柱 | $1.5H$ |

注：表中 $H$ 对底层柱为从基础顶面到一层楼盖顶面的高度；对其余各层柱为上、下两层楼盖顶面之间的高度。

（3）当水平荷载产生的弯矩设计值占总弯矩设计值的 75% 以上时，框架柱的计算长度 $l_0$ 可按下列两个公式计算，并取其中的较小值：

$$l_0 = [1 + 0.15(\psi_u + \psi_l)]H \qquad (附 8\text{-}1)$$

$$l_0 = (2 + 0.2\psi_{min})H \qquad (附 8\text{-}2)$$

式中　$\psi_u$，$\psi_l$——柱的上端、下端节点处交汇的各柱线刚度之和与交汇的各梁线刚度之和的比值；

$\psi_{min}$——比值 $\psi_u$，$\psi_l$ 中的较小值；

$H$——柱的高度。

# 附录 9 混凝土和钢筋特征值

**混凝土强度标准值**(N/mm²) **附表 9-1**

| 强度种类 | 混凝土强度等级 | | | | | | | | | | | | | |
|---|---|---|---|---|---|---|---|---|---|---|---|---|---|---|
| | C15 | C20 | C25 | C30 | C35 | C40 | C45 | C50 | C55 | C60 | C65 | C70 | C75 | C80 |
| $f_{ck}$ | 10.0 | 13.4 | 16.7 | 20.1 | 23.4 | 26.8 | 29.6 | 32.4 | 35.5 | 38.5 | 41.5 | 44.5 | 47.4 | 50.2 |
| $f_{tk}$ | 1.27 | 1.54 | 1.78 | 2.01 | 2.20 | 2.39 | 2.51 | 2.64 | 2.74 | 2.85 | 2.93 | 2.99 | 3.05 | 3.11 |

**混凝土强度设计值**(N/mm²) **附表 9-2**

| 强度种类 | 混凝土强度等级 | | | | | | | | | | | | | |
|---|---|---|---|---|---|---|---|---|---|---|---|---|---|---|
| | C15 | C20 | C25 | C30 | C35 | C40 | C45 | C50 | C55 | C60 | C65 | C70 | C75 | C80 |
| $f_c$ | 7.2 | 9.6 | 11.9 | 14.3 | 16.7 | 19.1 | 21.1 | 23.1 | 25.3 | 27.5 | 29.7 | 31.8 | 33.8 | 35.9 |
| $f_t$ | 0.91 | 1.10 | 1.27 | 1.43 | 1.57 | 1.71 | 1.80 | 1.89 | 1.96 | 2.04 | 2.09 | 2.14 | 2.18 | 2.22 |

注：1. 计算现浇钢筋混凝土轴心受压及偏心受压构件时，如截面的长边或直径小于 300mm，则表中混凝土的强度设计值应乘以系数 0.8；当构件质量（如混凝土成型、截面和轴线尺寸等）确有保证时，可不受此限制；

2. 离心混凝土的强度设计值应按专门标准取用。

**混凝土弹性模量**（$10^4$N/mm²） **附表 9-3**

| 混凝土强度等级 | C15 | C20 | C25 | C30 | C35 | C40 | C45 | C50 | C55 | C60 | C65 | C70 | C75 | C80 |
|---|---|---|---|---|---|---|---|---|---|---|---|---|---|---|
| $E_c$ | 2.20 | 2.55 | 2.80 | 3.00 | 3.15 | 3.25 | 3.35 | 3.45 | 3.55 | 3.60 | 3.65 | 3.70 | 3.75 | 3.80 |

**普通钢筋强度标准值**（N/mm²） **附表 9-4**

| 种类 | | 符号 | $d$/mm | $f_{yk}$ |
|---|---|---|---|---|
| 热轧钢筋 | HPB235（Q235） | Φ | 8～20 | 235 |
| | HRB335（20MnSi） | Φ | 6～50 | 335 |
| | HRB400（20MnSiV，20MnSiNb，20MnTi） | Φ | 6～50 | 400 |
| | RRB400（K20MnSi） | Φ^R | 8～40 | 400 |

注：1. 热轧钢筋直径 $d$ 系指公称直径；

2. 当采用直径大于 40mm 的钢筋时，应有可靠的工程经验。

**普通钢筋强度设计值**（N/mm²） **附表 9-5**

| 种类 | | 符号 | $f_y$ | $f'_y$ |
|---|---|---|---|---|
| 热轧钢筋 | HPB235（Q235） | Φ | 210 | 210 |
| | HRB335（20MnSi） | Φ | 300 | 300 |
| | HRB400（20MnSiV，20MnSiNb，20MnTi） | Φ | 360 | 360 |
| | RRB400（K20MnSi） | Φ^R | 360 | 360 |

注：在钢筋混凝土结构中，轴心受拉和小偏心受拉构件的钢筋抗拉强度设计值大于 300N/mm² 时，仍应按 300N/mm² 取用。

**钢筋弹性模量($10^5N/mm^2$)**　　　　附表 9-6

| 种　　类 | $E_s$ |
|---|---|
| HPB235 级钢筋 | 2.1 |
| HRB335 级钢筋，HRB400 级钢筋，RRB400 级钢筋，热处理钢筋 | 2.0 |
| 消除应力钢丝（光面钢丝、螺旋肋钢丝、刻痕钢丝） | 2.05 |
| 钢绞线 | 1.95 |

**钢筋的计算截面面积及理论质量**　　　　附表 9-7

| 公称直径 /mm | 不同根数钢筋的计算截面面积/$mm^2$ | | | | | | | | | 单根钢筋理论质量 /（kg/m） |
|---|---|---|---|---|---|---|---|---|---|---|
| | 1 | 2 | 3 | 4 | 5 | 6 | 7 | 8 | 9 | |
| 6 | 28.3 | 57 | 85 | 113 | 142 | 170 | 198 | 226 | 255 | 0.222 |
| 6.5 | 33.2 | 66 | 100 | 133 | 166 | 199 | 232 | 265 | 299 | 0.260 |
| 8 | 50.3 | 101 | 151 | 201 | 252 | 302 | 352 | 402 | 453 | 0.395 |
| 8.2 | 52.8 | 106 | 158 | 211 | 264 | 317 | 370 | 423 | 475 | 0.432 |
| 10 | 78.5 | 157 | 236 | 314 | 393 | 471 | 550 | 628 | 707 | 0.617 |
| 12 | 113.1 | 226 | 339 | 452 | 565 | 678 | 791 | 904 | 1017 | 0.888 |
| 14 | 153.9 | 308 | 461 | 615 | 769 | 923 | 1077 | 1231 | 1385 | 1.21 |
| 16 | 201.1 | 402 | 603 | 804 | 1005 | 1206 | 1407 | 1608 | 1809 | 1.58 |
| 18 | 254.5 | 509 | 763 | 1017 | 1272 | 1527 | 1781 | 2036 | 2290 | 2.00 |
| 20 | 314.2 | 628 | 942 | 1256 | 1570 | 1884 | 2199 | 2513 | 2827 | 2.47 |
| 22 | 380.1 | 760 | 1140 | 1520 | 1900 | 2281 | 2661 | 3041 | 3421 | 2.98 |
| 25 | 490.9 | 982 | 1473 | 1964 | 2454 | 2945 | 3436 | 3927 | 4418 | 3.85 |
| 28 | 615.8 | 1232 | 1847 | 2463 | 3079 | 3695 | 4310 | 4926 | 5542 | 4.83 |
| 32 | 804.2 | 1609 | 2413 | 3217 | 4021 | 4826 | 5630 | 6434 | 7238 | 6.31 |
| 36 | 1017.9 | 2036 | 3054 | 4072 | 5089 | 6107 | 7125 | 8143 | 9161 | 7.99 |
| 40 | 1256.6 | 2513 | 3770 | 5027 | 6283 | 7540 | 8796 | 10053 | 11310 | 9.87 |
| 50 | 1964 | 3928 | 5892 | 7856 | 9820 | 11784 | 13748 | 15712 | 17676 | 15.42 |

注：表中直径 $d=8.2$mm 的计算截面面积及理论质量仅适用于有纵肋的热处理钢筋。

# 主 要 参 考 文 献


[1] 高层建筑混凝土结构技术规程（JGJ 3—2002）. 北京：中国建筑工业出版社，2002

[2] 建筑结构荷载规范（GB 50009—2001）. 北京：中国建筑工业出版社，2001

[3] 混凝土结构设计规范（GB 50010—2002）. 北京：中国建筑工业出版社，2002

[4] 建筑抗震设计规范（GB 50011—2001）. 北京：中国建筑工业出版社，2001

[5] 徐培福，黄小坤主编. 高层建筑混凝土结构技术规程理解与应用. 北京：中国建筑工业出版社，2003

[6] 包世华编著. 新编高层建筑结构. 北京：中国水利水电出版社，2001

[7] 方鄂华，钱稼如，叶列平编著. 高层建筑结构设计. 北京：中国建筑工业出版社，2003

[8] 赵西安编著. 高层结构设计. 北京：地震出版社，1992

[9] 沈蒲生主编，梁兴文副主编. 混凝土结构设计原理. 北京：高等教育出版社，2002

[10] 沈蒲生主编，梁兴文副主编. 混凝土结构设计. 北京：高等教育出版社，2003

[11] 沈蒲生编著. 高层建筑结构疑难释义. 北京：中国建筑工业出版社，2003

[12] 沈蒲生，罗国强. 混凝土结构疑难释义（第三版）. 北京：中国建筑工业出版社，2003

[13] 崔鸿超. 框筒（筒中筒）结构空间工作分析及简化计算. 建筑结构学报，1982. 3（2）

[14] B. S. Smith and A. Coull. Tall Building structures: Analysis and Design. John Wiley & Sons, Inc. 1991

[15] 郭仁俊主编. 高层建筑框架-剪力墙结构设计. 北京：中国建筑工业出版社，2004

[16] 沈蒲生编著. 楼盖结构设计原理. 北京：科学出版社，2003